콘크리트 공법 품질해설

姜 昶 求/著

圓技術

머 리 말

건설 공사에서 가장 많은 비중을 차지하고 있는 분야가 콘크리트라 하여도 과언은 아닐 것이며, 다양한 형태와 용도로 쓰이는 데는 콘크리트만이 가지고 있는 장점이 많기 때문이라는 것은 건설기술자라면 재론 할 필요가 없을 것입니다.

이렇게 중요한 건설 자재인 콘크리트에 대하여 우리 기술자들은 일반적으로 특종분야의 기술자만이 알아야하고, 제조된 일종의 제품으로 여기는 잘못된 인식 때문에 그 장점을 최대화하지 못하고 아직까지도 일부 부실화되는 것이 우리의 현실이라고 반성의 기회를 가지면서 본 책을 발간하게 되었습니다.

또한, 건설시장이 개방됨에 따라 치열한 경쟁에서 우위를 지키기 위해서는 우리 건설기술자 스스로가 콘크리트에 대한 지식을 알아야 하며, 철저한 품질관리와 기술개발 및 보급에 역점을 두고 앞서 나아가야 할 것으로 봅니다.

그러한 관점에서 이 책은 건설기술자가 확실한 실력을 갖추도록 하는데 역점을 두었으며 기술자가 안고 있는 의문과 콘크리트를 이해하도록 하기 위하여 노력하였습니다.

특히, 콘크리트의 국가기술자격제도를 신설 시행하는 것도 콘크리트의 중요성과 전문화를 통하여 건설현장의 부실예방과 콘크리트 구조물의 안전을 도모하기 위함일 것입니다.

본 책의 구성은 콘크리트의 재료특성, 콘크리트의 기본성질, 콘크리트의 배합, 생산, 운반, 시공, 품질관리와 구조설계 및 각종 특수콘크리트 등 콘크리트의 전반에 대하여 각각의 편으로 나누어 실었습니다. 특히, 역점을 둔 사항으로는 콘크리트의 기본성질과 실무적으로 필요한 배합설계와 콘크리트 품질관리, 검사부문은 구체적으로 다루었습니다.

본 책은 건설기술자의 기술서는 물론, 대학등에서도 활용할 수 있도록 나름대로는 최선을 다 하였으나 미비한 점이 많을 것으로 생각됩니다. 앞으로도 계속적으로 노력하여 좀더 좋은 기술서가 되고록 하겠으며, 여러분의 아낌없는 조언을 바라겠습니다.

끝으로 이 책의 발간을 위하여 노력하여 주신 원기술의 김대원 사장님과 문경호, 이연주님에게 감사드립니다.

강 창 구 (씀)

목 차

제 1 편 콘크리트용 재료

제1장 골 재

1. 골재의 분류 3
2. 골재의 필요조건 및 암의 품질 4
3. 흡수율과 표면수율 9
4. 비 중 12
5. 입 도 13
6. 굵은 골재 최대치수 21
7. 단위용적 중량 및 실적율 24
8. 유해물 26
9. 내구성 32
10. 마모저항 34
11. 화학적 안정성 34
12. 부순돌·바순모래, 고로슬래그골재 36
13. 경량골재 및 중량골재 42
14. 바다모래 48
15. 육지모래 54

제2장 시 멘 트

1. 시멘트의 종류 57
   1.1 포틀랜드 시멘트 57
   1.2 혼합시멘트 61
   1.3 기타 시멘트 65
2. 시멘트의 성질 69

3. 물리적 성질 ··· 70

제 3 장 물

1. 콘크리트용 물 ··· 77
2. 염분을 포함한 물 ·· 80
3. 砂糖, 턴닝, 아마니유 등을 포함한 물 ·· 80
4. 해수 ·· 81
5. 레디믹스트 콘크리트 공장에 있어서 回收水 ································· 82

제 4 장 혼화재료

1. 혼화재료 ·· 83
2. 포졸란 ·· 84
3. 광물질 미분말 ·· 89
4. 팽창재 ·· 91
5. 표면 활성제 ··· 94
6. AE제 ··· 94
7. 감수제 및 AE감수제 ··· 96
8. 고성능 감수제・유동화제(super plasticizer) ································ 98
9. 촉진제 ·· 101
10. 급결제 ·· 101
11. 지연제 ·· 102
12. 초지연제 ·· 103
13. 발포제 ·· 104
14. 기포제 ·· 104
15. 방수제 ·· 105
16. 방청제 ·· 105
17. 수중불분리성 혼화제 ·· 106
18. 기타 ··· 108

제 5 장 철근 및 강재

1. 철근 일반 ·· 109

2. 굳지 않은 콘크리트에 대한 에어 엔트레인드의 효과 ·· 147
3. 공기량에 영향되는 요인 ··· 147
4. 공기량의 측정원리 ··· 149

제 11 장 진동의 영향

1. 진동력(진동에 의한 콘크리트에 가해지는 압력) ·· 151
2. 진동다짐 ·· 152
3. 진동의 전파 ··· 153
4. 진동다짐도 ··· 155

제 12 장 굳지 않은 콘크리트의 압력·경화전 균열

1. 굳지 않은 콘크리트의 압력 ··· 159
   1.1 측압 ··· 159
   1.2 측압에 영향되는 요인 ··· 160
2. 경화전 균열 ··· 161
【연습문제 : 제6장~제12장】 ··· 162

제 3 편 콘크리트의 강도

제 13 장 압축강도

1. 압축강도의 중요성과 영향요인 ··· 169
2. 사용재료의 영향 ··· 169
3. 배합의 영향 ··· 171
4. 혼합 및 다짐의 영향 ··· 173
5. 양생조건의 영향 ··· 174
6. 시험방법의 영향 ··· 179
7. 표준시험방법 ·· 182
8. 표준 공시체 강도와 설계기준 강도와의 관계 ·· 183

2. 열간 압연봉강 ·· 109
3. 재생봉강 ·· 114
4. PC강재 ·· 116
【연습문제 : 제1장~제5장】·· 121

제 2 편 굳지 않은 콘크리트의 성질

제 6 장 콘크리트의 레오로지와 반죽질기

1. 반죽질기 곡선 ·· 129
2. 레오로지 기초식과 레오로지 정수 ··· 130
3. 반죽질기의 정의와 영향요인 ··· 131
4. 반죽질기 시험방법과 슬럼프 시험의 레오로지적 의미 ················ 132
5. 슬럼프 시험의 레오로지적 의미 ··· 133

제 7 장 작업성, 마감성 등

1. 워커빌리의 정의, 영향요인 및 시험방법 ·································· 137
2. Finishability 및 Pumpbility ·· 138

제 8 장 유동과 변형

1. 굳지 않은 콘크리트의 유동과 변형 ·· 139
2. 굳지 않은 콘크리트의 관내유동 ··· 139

제 9 장 재료 분리

1. 콘크리트의 재료 분리 ··· 143
2. 모르터에서 굵은 꼴재의 분리 ·· 143
3. 블리딩(bleeding) ··· 145

제 10 장 Air entrained

1. 에어 엔트레인드와 그 생성 ··· 147

제 14 장 인장강도 및 휨강도

  1. 인장강도 ··· 185
    1.1 콘크리트의 인장강도 ·· 185
    1.2 인장강도 시험방법 ·· 185
    1.3 순인장강도(일축 인장강도) ·· 188
  2. 휨강도 ··· 188
    2.1 콘크리트의 휨강도 ·· 188
    2.2 휨강도 시험방법 ·· 189

제 15 장 전단강도 및 비틀림강도, 지압강도

  1. 전단강도 ··· 191
    1.1 전단력의 종류 ·· 191
    1.2 전단강도 ··· 192
    1.3 전단강도 시험방법 ·· 192
  2. 비틀림 강도 ··· 194
    2.1 비틀림 전단응력 ·· 194
    2.2 사면 인장응력 ·· 196
    2.3 콘크리트의 비틀림 강도 ·· 197
  3. 지압강도 ··· 198

제 16 장 부착강도ㆍ다축응력을 받는 강도 및 유착강도

  1. 부착강도 ··· 201
    1.1 철근과 콘크리트와의 부착 ·· 201
    1.2 부착강도에 영향을 주는 요인 ·· 201
    1.3 부착강도 시험방법 ·· 202
  2. 다축응력을 받는 콘크리트의 강도 ··· 207
    2.1 이축압축응력을 받는 콘크리트의 강도 ·· 208
    2.2 삼축압축응력을 받는 콘크리트의 강도 ·· 208
    2.3 압축, 인장의 이축응력을 받는 콘크리트의 강도 ··························· 209
  3. 유착강도 ··· 210

제 17 장 콘크리트 조기 강도

1. 일 반 211
2. 콘크리트 강도 조기측정 212
【연습문제 : 제13장~제17장】... 220

제 4 편 콘크리트의 물리·화학·탄소성적 성질

제 18 장 콘크리트 질량 및 체적변화

1. 중 량 227
   1.1 콘크리트 및 철근 콘크리트의 단위질량 227
   1.2 비강도 228
2 체적변화 228
   2.1 건습에 의한 체적변화 228
   2.2 온도변화에 의한 체적변화 231
   2.3 온도변화 및 건조수축에 대한 설계용치 231

제 19 장 동결융해에 대한 저항성

1. 동결융해에 의한 콘크리트의 열화기구 233
2. 동결융해 저항성에 영향을 주는 요인 235
3. 동결융해 시험방법 236
4. 팝아우트 236

제 20 장 화학작용에 대한 내구성

1. 일 반 237
2. 산, 염류에 대한 저항성 237
3. 해수의 작용에 대한 저항성 238
4. 염화물의 작용과 그 허용함유량 239

제21장 전식 및 손식에 대한 내구성

1. 전식에 대한 내구성 241
   1.1 전 식 241
   1.2 철근의 양극전해 241
   1.3 철근의 음극전해 242
   1.4 전식에 대한 대책 243
2. 손식에 대한 내구성 243

제22장 중성화

1. 중성화 245
2. 중성화에 영향을 주는 요인 245
3. 중성화의 시험 246

제23장 알카리 골재반응

1. 알카리 골재반응 247
2. 알카리 실리커반응 247
3. 골재의 반응성 시험방법 249

제24장 열적 성질

1. 열흐름 특성 251
2. 열전도율 251
3. 열확산율 253
4. 비열 253

제25장 내화·내열성

1. 가열에 의한 시멘트페이스트의 상태변화 255
2. 가열에 의한 골재의 상태변화 256
3. 가열에 의한 콘크리트의 열화 257

제 26 장 수밀성

   1. 콘크리트 구조물에서 누수의 원인과 대책 ········· 259
   2. 콘크리트 속의 물 흐름 ········· 259
   3. 콘크리트의 수밀성에 영향을 주는 요인 ········· 263

제 27 장 응력 – 변형곡선

   1. 응력–변형곡선 ········· 265
   2. 응력–변형곡선의 의의 ········· 265
   3. 콘크리트의 응력–변형곡선 ········· 266
   4. 응력–변형곡선식 ········· 267

제 28 장 정탄성계수

   1. 정영계수 ········· 269
   2. 콘크리트의 정영계수 ········· 269
   3. 설계용 영계수 ········· 271

제 29 장 동탄성계수

   1. 동영계수 ········· 273
   2. 소닉법(共鳴진동법) ········· 273
   3. 울트라소닉법(파동법) ········· 274
   4. 동영계수의 값 ········· 274
   5. 동영계수의 이용 ········· 274

제 30 장 포아슨비 및 전단탄성계수

   1. 포아슨비 ········· 275
   2. 전단탄성계수(강성계수) ········· 276

제 31 장 크리이프

   1. 크리이프 ········· 279

2. 크리이프의 발생기구 279
  3. 크리이프 곡선과 크리이프계수 279
  4. 크리이프에 대한 법칙 281
  5. 크리이프에 영향을 주는 요인 282
  6. 크리이프의 득실 283

제 32 장 피로

  1. 피로(疲勞) 285
  2. S-N선도 285
  3. 수정 Goodman圖 286
  4. 수중피로 286
  5. 크리이프 파괴 288
  6. 피로 파괴의 원인 288
  【연습문제 : 제18장~제32장】 289

제 5 편 콘크리트의 배합 및 레디믹스트 콘크리트

제 33 장 배합설계

  1. 개 요 297
  2. 재료의 選定 300
  3. 배합강도 결정 300
  4. 굵은 골재의 최대치수, 슬럼프 및 공기량의 선정 303
  5. 물시멘트비의 산정 305
  6. 잔·굵은 골재량 및 단위수량의 선정 310
  7. 단위시멘트량 314
  8. 각 재료의 단위량 계산 314
  9. 시험 비빔에 의한 배합의 조정 315

제 34 장 콘크리트 배합설계 예 Ⅰ

  1. 적용범위 317

2. 콘크리트 배합설계 319
　　3. 시방배합을 현장배합으로 조정 "예" 328

제 35 장　콘크리트 배합설계 예 Ⅱ

　　1. 일반콘크리트의 배합표 329
　　2. 콘크리트 배합설계(예) 332
　　3. 콘크리트 배합설계(예) 343
　　4. 배합설계계산(예) 354
　　5. 시험 제1배치 355
　　6. 시험 제2배치 356
　　7. 시험 제3배치 357
　　8. 기본 제1배치 358
　　9. 기본 제2배치 359
　　10. 기본 제3배치 360

제 36 장　레디믹스트 콘크리트

　　1. 지역별 레미콘 시설현황 365
　　2. 레미콘 생산시설 및 출하실적 365
　　3. 전국 레미콘 생산실적(수요별, 지역별) 366
　　4. 레디믹스트 콘크리트(1)(재료·종류·품질 및 용적) 367
　　5. 레디믹스트 콘크리트(2) (제조설비) 370
　　6. 레디믹스트 콘크리트(3) (제조작업 및 시험방법) 373
　　7. 레디믹스트 콘크리트(4) (구입, 검사 및 보고) 378
　　【연습문제 : 제34장～제36장】 384

제 37 장　레디믹스트 콘크리트의 품질관리

　　1. 레디믹스트 콘크리트의 흐름도 및 품질기준 387

제 6 편 콘크리트 품질관리·검사 및 유지관리

제 38 장 검사와 품질관리

    1. 검사의 정의와 종류 425
    2. 품질관리 425
    3. 관리특성 426
    4. 관리도 426

제 39 장 콘크리트의 품질관리

    1. 콘크리트의 품질관리의 순서 429
    2. 품질의 목표 429
    3. 제조기 설비의 관리 430
    4. 원재료의 수입검사 431
    5. 관리발취 검사 431
    6. 관리도 434
    7. 관리도를 그리는 방법(강도의 관리도) 435
    8. 관리도의 이용방법 438

제 40 장 콘크리트의 검사

    1. 전수검사와 발취검사 439
    2. 발취검사의 종류 440
    3. 로트를 구성하는 콘크리트의 소군 441
    4. 굳지 않는 콘크리트의 품질에 의한 검사 442
    5. 콘크리트의 강도에 의한 검사 443

제 41 장 콘크리트구조물의 유지관리

    1. 유지관리계획수립 447
    2. 검사항목 및 방법 448
    3. 판 정 451

4. 보수, 보강 및 기록유지 451
【연습문제 : 제38장~제41장】 453

제 7 편 시공 일반

제 42 장 계량 혼합 및 운반

   1. 계　량 457
   2. 비　빔 458
   3. 운　반 461

제 43 장 타설 및 다짐

   1. 타설 준비 469
   2. 타설작업 469
   3. 다지기 472

제 44 장 양　생

   1. 일　반 475
   2. 습윤양생 475
   3. 유해한 작용에 대한 보호 478
   4. 온도제어 양생 및 촉진 양생 478

제 45 장 이　음

   1. 일　반 479
   2. 시공이음 479
   3. 신축이음 482
   4. 균열유발줄눈 483

제 46 장 철근공

   1. 철근의 가공 485

2. 철근의 조립 486
  3. 철근이음 487
  4. 철근의 가공 490
  5. 철근의 조립 491
  6. 겹이음의 겹치는 길이 492

제 47 장 거푸집 및 동바리

  1. 재 료 495
  2. 시 공 496
  3. 특수거푸집 및 특수동바리 497
  4. 하 중 499
  5. 허용응력도 501
  6. 설 계 503

제 48 장 표면 마무리 및 방수공

  1. 표면 마무리 505
  2. 방수공 506
  【연습문제 : 제42장~제48장】 508

제 8 편 각종 콘크리트의 시공

제 49 장 Mass Concrete

  1. 일 반 513
  2. 온도균열의 제어 513
  3. 시공일반 516
  4. 온도균열 해석의 순서 517
  5. 콘크리트 단열온도 상승 517
  6. 온도해석 519
  7. 온도응력 해석 520

8. 온도변형지수 521

제 50 장 한중 콘크리트

1. 일 반 523
2. 재 료 523
3. 배 합 524
4. 비빔, 운반 및 타설 524
5. 양 생 525

제 51 장 서중 콘크리트

1. 일 반 527
2. 재 료 527
3. 배 합 528
4. 혼합, 운반 및 타설 528
5. 養 生 528

제 52 장 수밀 콘크리트

1. 일 반 531
2. 재료 및 배합 531
3. 시 공 532

제 53 장 인공 경량골재 콘크리트

1. 일 반 533
2. 시공상의 주의점 533
3. 구조물로서 경량골재 콘크리트의 경제성 535

제 54 장 해양 콘크리트

1. 일 반 537
2. 海水와 그 화학작용 537

> 3. 재 료 539
> 4. 배 합 539
> 5. 시 공 542

제 55 장 수중 콘크리트

> 1. 일 반 545
> 2. 콘크리트 배합 546
> 3. 일반 수중콘크리트의 시공 546
> 4. 현장타설 말뚝 및 지하연속벽에 이용되는 수중콘크리트의 시공 547
> 5. 수중불분리성 콘크리트 548

제 56 장 프리팩트 콘크리트

> 1. 일 반 553
> 2. 재 료 553
> 3. 주입모르터 배합 554
> 4. 프리팩트 콘크리트의 시공 556
> 5. 거푸집의 설계압력 558
> 6. 주입모르터의 반죽질기 559
> 7. 압송시스템 561
> 8. 대규모 프리팩트 콘크리트 561
> 9. 고강도 프리팩트 콘크리트 562

제 57 장 뿜기 콘크리트

> 1. 일 반 565
> 2. 재료 및 배합 565
> 3. 시 공 568
> 4. 시 험 570

제 58 장 공장 제품

> 1. 일 반 571

2. 제조일반(공장제품 특유의 사항) 571
3. 검 사 575
4. 공장제품 특유의 공법 577
5. 초경련 콘크리트 580

제 59 장 프리스트레스트 콘크리트

1. 일 반 585
2. 콘크리트, PC강재, 정착구 및 접속구 587
3. 긴장재(PC강재 또는 PC강재군)의 배치작업 588
4. 프리스트레싱 588
5. 긴장재 끝에 주는 인장력의 계산 590
6. 프리스트레싱의 관리 592
7. PC그라우트 593

제 60 장 포장 콘크리트

1. 일 반 595
2. 재료 및 콘크리트 배합 595
3. 콘크리트판의 포설 597
4. 전압콘크리트 포장(Rccp) 600

제 61 장 댐 콘크리트

1. 일 반 603
2. 재 료 603
3. 콘크리트 배합 605
4. 시 공 608
5. RCD(Roller Compacted Concrete Dam, 전압콘크리트 댐) 609

제 62 장 투수 콘크리트

1. 일 반 613
2. 투수 콘크리트의 장·단점 614

3. 구조설계 ··· 614
4. 포장재료 ··· 616
5. 투수 콘크리트 혼화제(폴리머) ··· 619
6. 배합설계 ··· 620
7. 시 공 ··· 621
8. 품질관리 및 검사 ·· 623

제 63 장 칼라(착색안료) 콘크리트

1. 일 반 ··· 625
2. 안료의 정의 ·· 625
3. 콘크리트 강도와 안료 ··· 626
4. 콘크리트 착색용 안료의 조건 ·· 626
5. 콘크리트 착색용 안료의 종류 ·· 627
6. 안료 사용시 유의할 점 ·· 627
7. 칼라 콘크리트 완성품의 색조 구성요소 ······························· 628
8. 콘트리트 착색제 사용의 실태와 문제점 ······························· 628
【연습문제 : 제49장~제63장】 ··· 630

제 9 편 콘크리트 시험

제 64 장 재료의 시험

1. 일 반 ··· 639
2. 재료선정을 위한 시험 ··· 639
3. 품질관리를 위한 재료시험 ··· 643

제 65 장 굳지 않은 콘크리트의 시험

1. 일 반 ··· 645
2. 굳지 않은 콘크리트의 유동 및 변형해석에 쓰이는 물성치(물리량)의 시험 ····· 646
3. 공기량 시험 ·· 648
4. 콘크리트 응결속도의 시험 ··· 649

5. 염화물량의 시험 650

제 66 장 경화 콘크리트의 시험

   1. 일　반 651
   2. 정영계수시험 654
   3. 내구성 시험 657
   4. 수밀성 시험 657
   5. 투기성 시험 659
   【연습문제 : 제64장～제66장】 660

제 10 편　구조설계

제 67 장 철근콘크리트의 각종 설계법

   1. 철근콘크리트 665
   2. 설계법의 변천 665
   3. 각종 설계법의 특징 666

제 68 장 허용 응력도 설계법

   1. 계산상의 가정 671
   2. 휨응력의 계산 672
   3. 전단응력 및 부착응력의 계산 674
   4. 사면인장철근의 배치 676
   5. 허용응력도의 할증 679

제 69 장 극한강도 설계법

   1. 일　반 681
   2. 휨모멘트를 받는 철근콘크리트 빔의 파괴의 형식 681
   3. 계산상의 가정 682
   4. 극한 휨모멘트의 계산 683

5. 전단력에 대한 보강 및 부착응력의 계산 ·· 684
   6. 하중계수 ·· 686

제 70 장 한계상태 설계법

   1. 한계상태 ·· 689
   2. 재료의 설계용치 ·· 689
   3. 하중의 설계용치 ·· 692
   4. 안전성의 검토방법과 안전계수 ·· 694
   5. 극한 한계상태에 대한 검토 ·· 696
   6. 사용한계상태에 대한 검토 ·· 698
   7. 피로한계상태에 대한 검토 ·· 701

제 71 장 철근의 배치법

   1. 철근의 명칭 ·· 703
   2. 배근에 관한 구조세목 ·· 704
   3. 배근예 ·· 709
   【연습문제 : 제67장~제71장】 ·· 712

제 11 편 콘크리트 품질관리 검사기준(요약)

제 72 장 콘크리트 자재 품질검사

   ● 시멘트 ·· 717
   ● 혼합수 ·· 717
   ● 잔골재 ·· 718
   ● 굵은 골재 ·· 719
   ● 혼화제 ·· 720
   ● 혼화재 ·· 720

제 73 장 레디믹스트 제조설비 및 공정검사

   ● 제조설비 ·· 721

- 제조공정 721

제 74 장 콘크리트 운반·타설·양생 등의 검사

- 양생 723
- 콘크리트 이음 표준값 724
- 콘크리트 운반 검사 724
- 현장반입된 콘크리트 품질검사 725

제 75 장 레디믹스트 콘크리트 품질

.... 729

제 76 장 철근콘크리트의 품질검사

.... 731

제 77 장 경량콘크리트의 품질검사

.... 735

제 78 장 매스콘크리트의 품질검사

.... 739

제 79 장 한중 및 서중, 수밀콘크리트 품질검사

.... 743

제 80 장 유동화 콘크리트 품질검사

.... 745

제 81 장 고강도 콘크리트 품질검사

.... 749

제 82 장 수중 콘크리트 품질검사

.... 751

제 83 장 프리팩트 콘크리트 품질검사

.... 755

제 84 장 해양 및 팽창 콘크리트 품질검사
.... 757

제 85 장 숏크리트 품질검사
.... 759

제 86 장 섬유보강 및 강콘크리트 품질검사
.... 763

제 87 장 프리스트레스트 콘크리트 품질검사
.... 767

부 록

【콘크리트 용어 정의】 783
【연습문제 해답】 805
참고문헌 814

제 1 편 콘크리트용 재료

제1장 골 재
제2장 시멘트
제3장 물
제4장 혼화재료
제5장 철근 및 강재

우수한 콘크리트품질은 균질하여야 하고 소요의 강도, 내구성, 수밀성 및 강재를 보호하는 성능, 그 밖의 성질을 갖는 콘크리트를 경제적으로 만들어 내는 것이다. 콘크리트는 시멘트 페이스트(Cement paste)의 수화생성물이 결합 그 밖의 골재를 서로 혼합해서 굳힌 것을 말한다.

콘크리트 내에 존재하는 공극상태 등에 따라 지배된다고 할 수 있다. 따라서 이러한 조건에 만족하도록 콘크리트의 배합과 시공을 하여야 하며, 특히 상기 조건에 알맞는 재료를 선택하여 사용하는 것이 중요하다.

콘크리트 구성재료를 살펴보면 일반적으로 골재는 보통 65~80%의 용적을 차지하고 나머지는 Cement paste이다. 콘크리트재료 중 콘크리트의 성질을 지배하는 시멘트는 물과 혼합될 때 경화하는 무기질의 고착재 고체상호를 결합시켜 요구하는 형태로 만들어 일체화되고 그 자신도 구조물의 주요한 구성체로 되어 기계적 강도를 발휘하는 광물질의 풀을 말한다.

골재는 하천 등에서 얻어지는 천연산이 대부분이었으나 댐, 사방공사, 치산, 치수 증대는 그 생산량은 매년 감소하고 더욱이 건설공사의 증대 및 대규모화와 자연환경보존법 등의 강화에 따라 콘크리트용 골재수요를 천연골재로만 충족시킬 수 없어 바순돌 및 모래 등 인공골재로 편중하는 것이 어쩔 수 없는 현실인 것이다.

이러한 점을 미루어 보건데 콘크리트 품질관리에 더욱더 세심한 관심과 관리가 필요하다 하겠다.

콘크리트의 발전에 따라 굳지않은 콘크리트성질과 내구성등을 개선하기 위하여 여러 종류의 혼화재료가 개발되고 있고 또한 유용하게 사용하고 있다.

제 1 장 골 재

1. 골재의 분류

골재는 산지, 크기, 질량 및 구조물 종류에 따라 다음과 같이 분리된다.

1) 산지에 의한 분류

　　천연골재 : 강모래·강자갈, 육지모래·육지자갈, 바다모래(해사)·바다자갈
　　인공골재 : 바순모래(쇄사)·부순돌(쇄석), 고로슬래그 잔골재·굵은 골재,
　　　　　　　인공경량골재, 중량골재

2) 크기에 의한 분류

　　잔 골 재 : 체 10mm를 전부 통과하고, 5mm를 거의 통과,
　　　　　　　0.08mm체에 거의다 남는 것
　　굵은골재 : 체 5mm에 남는 것

단, 현장에서 불편이 생기지 않도록 잔골재는 실용상 10mm를 전부 통과하고, 5mm체를 거의 다 통과하는 것으로 하며 굵은 골재는 5mm에 거의 다 남는 골재이다.

3) 중량에 의한 분류

　　경량골재 : 밀도가 2.50이하인 골재
　　보통골재 : 밀도가 2.50~2.65인 골재
　　중량골재 : 밀도가 2.70이상인 골재

4) 구조물의 종류에 따른 분류

- 댐 콘크리트 : 150mm이하
- 무근콘크리트 : 100mm이하, 부재 최소 치수의 1/4이하
- 철근콘크리트 : 50mm이하, 부재 최소 치수의 1/5이하 철근 순간격의 3/4이하
- 건축구조물 : 25mm이하
- 포장콘크리트 : 40mm이하

2. 골재의 필요조건 및 암의 품질

1) 콘크리트용 골재로 필요한 성질은 다음과 같다.
(1) 콘크리트의 강도 및 내구성에 나쁜 영향을 주지 않도록 깨끗하고, Silt, 점토, 석탄, 유기물, 염류 등의 유해량을 함유하지 않을 것.
(2) 콘크리트의 기상작용에 대한 내구성을 갖기 위해서 물리적으로 안정할 것. 즉 수분의 흡수 또는 습도변화에 의해서 붕괴하거나, 콘크리트에 해를 주는 체적변화를 일으키는 요인이 없을 것.
(3) 골재와 시멘트와의 반응, 가용성 물질의 용출, 시멘트의 수화작용을 방해하는 반응 등을 일으키지 않도록 화학적으로 안정할 것.
(4) Cement Paste의 효과를 충분히 발휘시키기 위해 Cement Paste강도 이상으로 강경할 것.
(5) Cement Paste와 잘 부착될 수 있는 표면구조를 가질 것
(6) 가능한 범위내에서 콘크리트의 단위수량을 적게하고, 골재 하면에 생기는 Bleeding에 의한 공극을 적게 하기 위해서는 얇고 넓은 골재, 또는 가늘고 긴 것 등의 유해량을 함유하지 않을 것.
(7) 콘크리트의 단위수량을 적게 하기 위해 적당한 입도를 가질 것.
(8) 마모저항 또는 충격저항이 큰 콘크리트를 만들기 위해서는 골재 자체가 견경 또는 강인할 것 등이다.

2) 골재로 사용될 암석의 분류 및 품질 등은 다음과 같다.
(1) 골재의 특성은 천연골재이든 인공골재이든 원석의 특성에 좌우되는 것이 많다. 특히 내구성, 내화학성에는 절대적인 영향을 미친다.
(2) 광물은 4000종류, 암석은 600종류 이상이 현재까지 알려지고 있으나 특히 조암광

물로 알려지고 있는 것은 약 20종 정도이며 연석 중에서 보편적으로 알려지고 있는 것은 50종 정도이다.

암석은 생성원인에 따라 화성암, 퇴적암(또는 수성암), 변성암의 3종으로 대별된다. 각각을 세분하면 표 1-1, 표 1-2 및 표 1-3과 같다.

표 1-1 화성암의 분류

	酸成岩	中成岩	塩基成岩	冷却速度	生成位置
深成岩 半深成岩 火山岩	花崗岩 石英斑岩 石英粗面岩 66%以上	閃綠岩 玲岩 安山岩 52~66%	斑糲岩 輝綠岩 玄武岩 52%以下	늦은 것 中 빠른 것	地下깊은 곳 中 地 表
色	白 色	中			
比 重	가벼운 것	中	무거운 것		

표 1-2 퇴적암의 분류

構成物質 \ 粒徑	4mm 以上	2mm	0.05mm 以下
風化生成物	礫岩(角形礫岩, 圓形礫岩)	砂岩 硬砂岩	泥岩 頁岩 粘板岩
火山 噴出岩	凝灰角礫岩 集塊岩	凝 灰 岩	
有機的 化學的 沈澱物	石灰岩(CaCO₃)	챠트(SiO₂)	

표 1-3 변성암의 분류

變成作用	名 稱	例	
		火成岩	岩
高 溫 高 壓 高溫高壓	hornfelz 片麻岩 片 岩	hornfelz 花崗片麻岩(正片麻岩) 綠泥片岩, 角閃片岩	代理岩, 砂岩 hornfelz (準片麻岩) 千枚岩, 黑雲母片岩

火成岩을 표 1-1에서 보는 바와 같이 SiO₂ 함량에 따라 분류할 때 酸性, 中性, 塩基性 岩으로 구분되는데 아스팔트와 附着性은 酸性岩보다 塩基性岩이 좋다. 또 生成位置로 분류된 경우, 아스팔트와 附着性은 深性岩보다는 噴出岩(火山岩)이 좋다. 火成岩의 構成 主要 鑛物은 石英, 長石(正長石 斜長岩), 角閃岩, 輝石, 雲母 등을 들 수 있다.

堆積岩의 특징은 堆積의 一時 休止를 意味하는 層理面이 발달되어 있어 片石이 많이 나온다. 細粒物質로 構成된 岩石의 粒形이 골재의 형상면에서 양호한 상태가 된다. 堆積岩 中에는 比重이 큰 경우나 剝離性을 갖는 경우가 많다.

표 1-5 우리나라 주요 화강암의 物理, 化學的 特性

지역		암석명	물리적 특성										
			밀도	공극율 (%)	흡수율 (%)	마모율 (%)	안정치 (%)	충격치 (%)	피막처리	일축압축강도 kgf/cm²	탄성파속도 m/sec	탄성계수 ×10⁵ kgf/cm²	포아손비
경기·강원	포천	화강암	2.630	0.38	0.15	27.9	0.1	30.7	95% 이상	1,489	4,566	7.011	0.566
	양주	화강섬록강	2.670	0.330	0.12	23.0	0.2	24.6	〃	943	4,162	5.288	0.250
	안양	화강암	2.604	0.48	0.18	20.5	0.1	22.8	〃	1,402	4,515	4.234	0.250
	안성	화강섬록강	2.719	0.25	0.09	15.8	0.1	15.6	〃	1,735	5,452	4.575	0.351
	명주	화강암	2.615	0.81	0.31	18.1	0.2	28.5	〃	1,496	3,519	3.613	0.053
중부지역	온양	화강섬록강	2.652	0.36	0.14	15.4	0.1	23.0	〃	1,244	4,830	5.519	0.310
	대천	〃	2.676	0.35	0.13	16.2	0.1	24.2	〃	1,482	4,680	4.240	0.158
	중원	〃	2.686	0.32	0.12	13.8	0.1	17.0	〃	1,879	4,930	4.016	0.339
	논산	화강암	2.633	0.77	0.29	17.1	0.2	16.3	〃	1,513	4,822	6.578	0.324
	김제	〃	2.641	0.55	0.21	17.5	0.5	31.4	〃	1,516	3,511	3.222	0.200
	익산	〃	2.645	0.56	0.21	18.5	0.1	28.9	〃	1,388	3,486	5.193	0.085
남부지역	남원	〃	2.611	0.93	0.36	22.6	0.2	33.6	〃	1,198	2,992	4.401	0.143
	칠곡	〃	2.661	0.45	0.17	14.2	0.1	17.3	〃	1,400	4,997	10.212	0.327
	안동	〃	2.647	0.65	0.24	26.5	0.1	28.5	〃	825	3,744	4.153	0.175
	광주	〃	2.633	0.54	0.20	17.3	0.0	17.0	〃	1,004	4,133	14.468	1.480
	부산	〃	2.671	0.97	0.37	14.9	4.0	15.0	〃	1,628	5,49	10.659	0.364
	남해	Qz-Monzo-diorite	2.770	0.11	0.04	12.1	0.1	17.3	〃	1,477	5,730	12.076	0.274

지역		암석명	화학적 특성										
			SiO_2	Al_2O_3	Fe_2O_3	FeO	CaO	MgO	K_2O	Na_2O	TiO_2	P_2O_5	MnO
경기·강원	포천	화 강 암	71.85	15.20	0.72	0.89	1.51	0.35	4.83	4.42	0.12	0.05	0.06
	양주	화강섬록강	76.98	12.83	0.52	0.54	0.81	0.03	4.35	3.86	0.02	0.03	0.03
	안양	화 강 암	75.91	13.58	0.48	0.60	0.35	0.03	4.69	4.14	0.02	0.02	0.18
	안성	화강섬록강	71.16	16.17	0.10	1.29	1.43	0.46	5.59	3.42	0.28	0.07	0.03
	명주	화 강 암	68.96	16.18	0.38	2.47	2.79	1.22	3.76	3.67	0.43	0.09	0.05
중부지역	온양	화강섬록강	69.00	15.41	0.55	3.21	2.69	0.94	3.98	3.35	0.70	0.10	0.07
	대천	〃	66.76	15.94	0.47	2.53	2.60	2.22	4.98	3.84	0.44	0.18	0.04
	중원	〃	69.82	15.66	0.99	1.59	3.71	1.20	2.25	3.86	0.36	0.50	0.06
	논산	화 강 암	73.48	14.33	0.26	1.69	1.68	0.41	3.85	3.86	0.34	0.07	0.03
	김제	〃	64.95	16.51	0.92	3.85	3.39	2.04	3.61	3.80	0.72	0.13	0.08
	익산	〃	71.58	14.56	1.46	1.13	2.26	0.75	4.00	3.65	0.37	0.22	0.02
남부지역	남원	〃	71.03	16.45	0.52	1.59	1.75	0.19	3.89	4.31	0.14	0.10	0.03
	칠곡	〃	72.29	15.39	0.92	1.32	2.06	0.50	3.47	3.03	0.26	0.72	0.04
	안동	〃	73.35	15.14	0.15	1.06	2.03	0.34	3.63	3.90	0.29	0.09	0.02
	광주	〃	75.55	13.62	0.09	1.57	0.49	0.28	5.36	2.81	0.18	0.02	0.03
	부산	〃	72.70	14.31	1.30	1.07	1.51	0.51	5.21	2.89	0.38	0.09	0.03
	남해	Qz-Monzo-diorite	62.93	16.86	1.93	3.73	5.17	1.55	3.23	3.53	0.65	0.32	0.10

각종 岩石의 比重, 吸水量 및 壓縮强度를 표 1-4에 提示하였고, 骨材로서의 適否도 평가하였다. 이 표는 日本에서 調査한 成果를 참고로 提示한 것이다.

그밖에 골재의 特性과 그것이 混合物에 미치는 영향 등은 각 節에 記述되었다.

3) 우리나라의 地質은 약 35%가 花崗岩으로 이루어져 있어 建設用 骨材로서 이 岩이 사용되는 경우가 대부분이다. 우리나라 주요 地域의 신선한 花崗岩을 採取, 調査, 시험한 物理的·化學的 特性은 다음 표 1-5와 같다.

표 1-4 岩의 品質 및 골재로서의 適否

名 稱			밀 도	吸收率 (%)	壓縮强度 (kgf/cm^2)	골재로서의 適否
火成岩	深成岩	花崗岩	2.63	0.52	1,640	結晶이 큰 것은 强度가 약하고 풍화되기 쉽다. 輝石, 橄欖石 등의 有色鑛物은 蛇紋岩, 綠泥岩 등에 변질되는 것이 많다.
		閃綠岩	2.73	0.33	1,360	
		斑糲岩	2.81	0.18	1,500	
	反深成岩	石英斑岩	2.61	0.49	1,930	골재로서 良質이다.
		玲岩	2.63	0.40	3,240	골재로서 良質이나 節理가 발달되어 다소 扁平한 작은 조각으로 되는 경향이 있다.
		輝綠岩	2.67	0.38	2,010	변질이 되기 쉬워 부적당하다.
	火山岩	流紋岩	2.45	2.31	973	强度가 다소 약하다.
		安山岩	2.62	1.17	1,570	골재로서 良好하나 岩質이나 岩層의 변화가 심해서 충분한 조사가 필요하다.
		玄武岩	2.72	0.76	1,560	골재로서 良質, 多孔質의 조사를 충분히 할 것. 多孔質의 것은 輕量골재로 적합하다.
堆積岩	新生代	礫岩	—	—	—	不適當하다.
		砂岩	1.26	33.80	26	〃
		泥岩	1.13	45.00	42	〃
	中生代	礫岩	2.64	0.51	1,400	生成이 오래된 것은 良質이다.
		砂岩	2.64	0.52	2,210	生成이 오래된 것은 良質이다.
		頁岩	2.72	0.84	910	板狀으로 쪼개지는 성질이 있어 부적당하다.
	古生代	礫岩	—	—	—	골재로서 良質이다.
		硬砂岩	2.67	0.29	2,890	〃
		粘板岩	2.75	0.39	1,910	板狀으로 쪼개지는 성질이 있어 부적당하다.
		凝灰角礫岩	1.53	16.27	93	부적당하다.
		凝灰岩	1.99	10.61	930	강도가 다소 약하고 흡수량이 많아 부적당하다.
		輝綠凝灰岩	2.86	0.64	860	강도가 다소 약하지만 골재로 사용할 수 있다.
		石灰岩	2.69	0.35	630	扁平하게 쪼개지기 쉬워 부적당하나 球形에 가까운 챠트는 良質이다.
		챠트(SiO_2)	2.65	0.20	1,570	
變成岩		砂岩 hornfelz	2.70	0.17	2,830	破碎에 약하고 岩質의 변화가 많아 대규모 채석에 부적당하다.
		片麻岩	2.77	0.26	1,581	
		綠色片岩	3.03	0.29	1,470	扁平하게 쪼개지기 쉬워 부적당하다.
		石英片岩	2.68	0.27	640	〃
		蛇紋岩	2.87	0.51	1,590	

3. 흡수율과 표면수율

1) 골재의 함수상태
(1) 그림 1-1은 골재의 함수상태의 모식도를 나타내며, 일반적으로 골재성질의 양부는 함수상태, 밀도 및 흡수량으로 대략 판단할 수 있다.

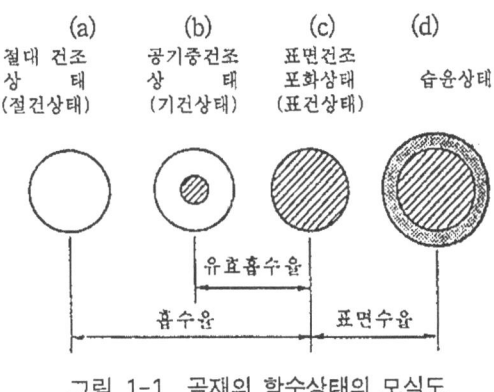

그림 1-1 골재의 함수상태의 모식도

(2) 표면건조 포화상태를 함수상태의 기준으로 한다. 이것은 콘크리트 속에서 골재와 시멘트페이스트 간에 수분의 授受가 없는 상태이다.
(3) 흡수율은 표면건조 포화상태의 골재에 포함되는 물량으로서 골재의 절건질량에 대한 백분율로 나타낸다.
(4) 표면수율은 골재의 표면에 부착되어 있는 물의 양으로 표건상태의 골재의 질량에 대한 백분율로 나타낸다.
(5) 골재의 함수상태는
① 절건상태 : 110℃를 넘지 않는 온도로 건조기 내에서 일정 질량이 될 때까지 건조시킨 상태
② 기건상태 : 실내에 방치하였을 경우 골재입자의 표면은 물론, 내부도 일부 건조되어 있는 상태
③ 표면건조포화상태(표건상태) : 골재입자의 표면에는 물이 없고 내부의 공극이 물로 충만되어 있는 상태
④ 습윤상태 : 골재입자의 내부가 물로 충만되고 표면에도 물이 부착해 있는 상태
⑤ 함수량 : 골재입자의 내부 및 표면에 함유하는 전수량이고 흡수량이란 절건상태 그림 1-1(a)에서 표건상태(c)가 되기까지 흡수된 수량을 뜻하고 기건상태(b)에서 표건상태(c)가 되기까지 흡수한 수량을 유효수량이라 한다. 어느 것이나 통상

24시간 침수에 의한 흡수량이 쓰여지고 있다.
⑥ 표면수량 : 골재입자의 표면에 붙어 있는 수량으로 일반적으로 표건상태에 대한 질량백분율로 표시된다. 골재의 흡수량은 성질에 따라 다르고 통상 밀도가 큰 골재의 흡수량은 적다. 잔골재의 흡수량은 굵은 골재보다 일반적으로 크고 모래에서는 1~5%, 자갈에서는 0.5~3.5%정도가 된다.

2) 흡수율
(1) 흡수율은 골재의 내부공극에 가까운 것(모관작용에 의해 골재 속에 침투된 물량이며 반드시 골재의 전공극량을 나타내지는 않는다)이기 때문에 보통 골재의 품질의 양부를 판단하는 좋은 척도가 된다. 그림 1-2는 부순 돌의 흡수율과 KS F 2507에 의한 골재의 안정성 시험의 불합격율과의 관계이며 흡수율이 3%를 초과하면 불합격은 급격히 증가되어 50%를 넘는 흡수율과 골재의 내동해성과의 사이에 밀접한 관계가 있다는 것을 표시한다.
(2) 암석의 종류별 흡수율 범위는 표 1-7과 같다.

표 1-7 岩石의 吸收率

岩의 種類	吸水率 (%)
黑雲母 花崗岩	0.3~0.6
石英 閃綠岩	0.4~0.8
玲 岩	0.6~1.7
角閃 安山岩	0.2~4.6
石 灰 岩	0.2~1.6
硬質 砂岩	0.3~1.6

3) 흡수율등에 의한 내구성 평가
(1) 밀도, 흡수량과 황산Natrium($NaSO_4$)에 의한 골재의 안정성, Los-Angeles 시험기에 의한 마모감량 등의 상관성에 관해서 부순돌, 부순모래를 함유한 골재 다수에 대하여 내구성으로 본 골재를 3개 Group으로 분류한 것이 표 1-6에 있다.
(2) 여기서 A군은 내구성이 가장 좋고, C군은 Dam과 같이 내구성을 필요로 하는 콘크리트에는 사용치 않는 것이 좋다고 하고 있다.
　　콘크리트의 배합을 나타낼 때에는 골재는 표건상태에 있는 것을 전제로 하고 있다. 그러나 현장에서의 잔·굵은 골재는 습윤상태에 있을 때가 많기 때문에 배합을 현장배합으로 수정할 때는 표면수량을 가능한 한 신속하고, 정확히 측정할 필요가 있다.

표 1-6 내구성으로부터 본 골재의 분류

골 재	군	밀 도	흡 수 량 (%)
잔골재	A	2.65 이상	1.5 이하
	B	2.65~2.50	1.5~3.5
	C	2.50 이하	3.5 이상
굵은골재	A	2.68 이상	1.0 이하
	B	2.68~2.56	1.0~2.0
	C	2.56 이상	2.0 이상

4) 표면수율

표면수율은 골재의 재질과는 관계가 없으나 콘크리트의 품질관리상 극히 중요하다. 젖은 골재를 사용하면 콘크리트 속의 물량은 골재의 표면수량만큼 늘고 마른 골재를 이용하면 유효 흡수량만큼 시멘트 페이스트 속의 물이 골재에 흡수된다.(그림 1-2 참조)

현장의 골재는 젖어 있는 경우가 많고 그 표면수율은 항상 변동되기 때문에 표면수율의 변화에 따라서 콘크리트의 현장배합을 조정하는 것이 콘크리트의 품질관리 활동의 중요한 작업이 된다.

표면수율은 자주 측정할 필요가 있다. 굵은 골재의 표면수율의 측정에는 특히 곤란은 없으나 잔골재의 간편 신속한 표면수율 측정법의 확립이 중요하다.

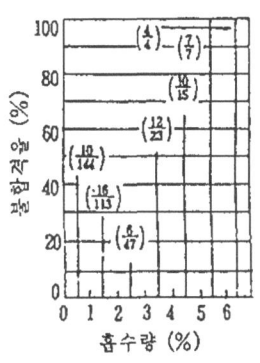

그림 1-2 부순돌의 흡수율과 안정성 시험 불합격율과의 관계

5) 잔골재의 표면수율의 측정

(1) 잔골재 표면수량 측정은 KS F 2509에 따르면 좋으나, 현장에서 간단히 구하기에는 Mess Flask를 사용하는 방법과 Alcohol등으로 건조시키는 방법 그 밖에 여러 가지가 있다.

(2) KS F 2509「잔골재의 표면수 측정방법」: 적외선 수분계, 가스버너 등을 이용하여 젖은 골재를 신속히 건조하여 전수함수율을 구하고 흡수량을 차인하여 표면수의 양을 구한다.

(3) 기타, 중성자 수분계, 매스실린더에 의한 간이 시험법 KS F 2509의 방법 등이 있다. 중성자 수분계는 수분의 존재에 의한 중성자의 감속현상을 이용한 것으로 감속된 중성자는 열중성자로 바꿔서 열중성자의 밀도를 측정하는데 따라 골재의 전

함수량을 구한다.

KS F 2509 「잔골재의 표면수율 시험방법」(매스플라스크법)은 비교적 정밀도가 높은 측정을 필요로 하기 때문에 이용도가 떨어지고 있다.

4. 밀도

1) 골재의 밀도에는 다음의 3종이 있다.

골재의 밀도
- 진 밀 도 : 공극을 포함하지 않은 석질의 밀도, 골재를 미분쇄하여 구해진다.
- 절건밀도 : 절건상태의 골재의 질량을 겉보기 용적(공극을 포함한 골재의 전용적)으로 나눈 것.
- 표건밀도 : 표면건조 포화상태의 골재의 질량을 겉보기 용적으로 나눈 것.

2) 밀도가 큰 것일 수록 치밀하고 양질이라는 극히 일반적인 경향은 있으나 흡수율만큼 밀접한 관련은 없으며 재질평가의 척도로서 이용하기는 어렵다. 예를 들면, 색이 검은 것은 보통 흰 것보다 무거우나 이것은 Fe, Mg를 포함하기 때문이다. 흰 것은 SiO_2로 강도는 크다.

3) 골재의 밀도란 일반적으로 표면건조포화상태의 골재입자의 밀도를 말한다. 골재의 밀도로부터 골재의 견강성, 모암종별과 그의 혼합비율, 어느 정도의 내구성에 관계되는 수치 등을 검토할 수 있으므로 골재로서의 중요한 성질이다. 또한 이는 콘크리트의 배합설계, 실적치, 공극율 등의 계산에 쓰여진다.

4) 골재의 밀도는 일반적으로 잔골재에서 2.50~2.70 정도이고 밀도가 큰 것은 일반적으로 보아 조직이 치밀하여 견경하고 공극이 적고, 흡수량도 적으며 내구성이 크다.

5) 중력 Dam Concrete에서는 밀도가 클 수록 유리하므로 콘크리트표준시방서 Dam Concrete편에서는 굵은 골재의 밀도를 2.50 이상을 표준으로 하고 있다. 잔골재의 밀도 및 흡수량은 KS F 2504에, 굵은 골재에 관해서는 KS F 2503에 그 시험방법이 규정되어 있다.

6) 밀도별 계산은 다음과 같다.

　　A : 乾燥試料의 空氣中 질량(gr)
　　B : 물을 채운 플라스크의 질량(gr)
　　C : Bulk, 물, 試料, 플라스크의 질량(gr)

(1) 밀도(Bulk Specific Gravity) : $\dfrac{A}{B+500-C}$

(2) 表面乾燥飽和狀態의 밀도[Bulk Specific Gravity(Saturated Surface-Dry Basis)] :
$\dfrac{500}{B+500-C}$

(3) 겉보기 밀도(Apparent Specific Gravity) : $\dfrac{A}{B+A-C}$

(4) 吸水率(질량 百分率) : $\dfrac{500-A}{A}\times 100$

5. 입도

1) 골재

(1) 골재의 입도는 대소립이 혼합되어 있는 정도를 말하고 콘크리트를 경제적으로 만드는데 중요한 성질이다.

(2) 입도가 좋은 골재(대소립이 적당히 혼합되어 있는 것)를 이용하면 소요의 워커빌리티의 콘크리트를 얻기 위한 단위수량을 적게 할 수가 있다.

2) 시험

(1) 입도는 각 규격의 체를 사용하여 각 체를 통과하는 것의 질량백분율을 표시한다. 이것을 체가름이라 한다. 입도의 결과는 표 또는 입도의 곡선으로 표시하는 것이 보통이다.

(2) 입도 KS A 5101「표준체」의 규정한 망체를 이용하여 KS F 2502「골재의 체가름 시험방법」에 따라 체가름 시험을 실시하고 그 결과를 입도곡선, 조립율 등으로 나타낸다.

(3) 체는 KS L 5101에 표준체가 정해져 있으나 토목학회 및 건축학회에서는 호칭 치수와의 관계 등에 따라 콘크리트용 체의 규격을 별도로 규정하고 있다.

(4) 가는체의 呼稱번호는 美國과 英國에서 사용하는 番號를 引用한 것으로 1인치 길이 안에 있는 구멍의 수를 意味한다. 土木 建築에서 많이 사용되고 있는 체를 各 國別로 비교하면 표 1-8과 같다.

(5) 체에는 板체와 그물체(網체)가 있다. 板체는 金屬板에 체눈크기와 같은 直徑을 갖는 圓으로 구멍이 뚫린 것이고 網체는 線材사이의 純間隔이 체눈의 크기로 짜여진 것이다. 이들 두 종류의 체는 다음과 같은 관계가 있다.

$$l' = \frac{1+\sqrt{2}}{2} \cdot l' \fallingdotseq 1.21 l$$

여기서 l': 網體와 동등한 板體의 눈의 크기, l: 網體의 눈의 크기

표 1-8 체눈 크기의 呼稱

區分	Openning Size (mm)	呼稱치수 및 番號					
		KS	KS A 5101	KS F 2523	ASTM	JIS	日本의 土木 建築
		(mm)			(in)	(mm)	(mm)
굵은체	101.6	100	106	106	4	101.1	100
	88.9	90	90	90	3 1/2	88.9	-
	76.2	80	75	75	3	76.2	80
	63.5	65	63	63	2 1/2	63.5	60
	50.8	50	53	53	2	50.8	50
	38.1	40	37.5	37.5	1 1/2	38.1	40
	31.7	30	26.5	31.5	1 1/4	31.7	30
	25.4	25	19	26.5	1	25.4	25
	19.1	20	13.2	19.0	3/4	19.1	20
	15.9	15	9.5	16.0	5/8	15.9	15
	12.7	13	4.75	13.2	1/2	12.7	-
	9.52	10	2.36	9.5	3/8	9.52	10
			1.18				
가는체	4.75	5			(No) 4	(μ)4,760	5
	3.35	3.5			8	2,380	2.5
	2.36	2.5			10	2,000	-
	1.7	1.7			12	1,680	1.7
	1.18	1.2			16	1,190	1.2
	600μm	0.6			20	840	-
	425μm	0.4			30	590	0.6
	300μm	0.3			40	420	-
	150μm	0.15			50	297	0.3
	75μm	0.08			60	250	-
					80	177	-
					100	149	0.15
					120	125	-
					170	88	0.088
					200	74	-

(6) 잔골재와 굵은 골재시험방법은 동일하나 시험기만 다르고 골재치수별 그 필요시료의 표준량은 표 1-9와 같다.

표 1-9 체가름용 시료의 표준량

잔 골 재	2.5mm체를 95%(질량비)이상 통과한 것	100g
	5mm체를 90% 이상 통과하고, 2.5mm체에 5%(질량비)이상 남는 것	500g
굵은 골재	굵은 골재의 최대 치수 10mm 정도의 것	1,000g
	〃 13mm 〃	2,500g
	〃 19mm 〃	5,000g
	〃 25mm 〃	10,000g
	〃 40mm 〃	15,000g
	〃 50mm 〃	20,000g
	〃 65mm 〃	25,000g
	〃 80mm 〃	30,000g
	〃 90mm 〃	35,000g

3) 입도곡선

(1) 입도곡선은 횡축에 체의 호칭치수(대수눈금), 종축에 각 체의 통과 백분율 또는 잔류백분율을 취하여 점으로 표시하고 그것들을 연결한 것이다. 체의 호칭치수는 순차 2배가 되어 있으므로(0.15, 0.3, 0.6, 1.2mm 등) 대수눈금으로 하면 등간격이 된다(log 2a−log a=log 2). 입도곡선의 예를 그림 1-3에 표시한다. 그림 중의 점선은 입도의 표준범위이다.

(2) 입도곡선은 골재의 입도를 완전히 나타내나 도식표시로 수량표시에서는 없으므로 그 유용성은 한정된다. 시각적으로 입도의 양부를 판정하는데 이용된다.

(3) 골재입도가 콘크리트에 미치는 영향은 주로 Workability와 AE 콘크리트의 공기량으로 인해 자연적으로 시멘트량, 수량 등에 영향을 준다. 입도가 적당하면 소요의 Workability를 얻는데 필요한 단위수량이 감소되고, 또한 재료의 분리경향도 적어져 경제적인 콘크리트를 만들 수 있다.

(4) 적정입도에 관해서는 입형, 표면조직, 콘크리트의 배합, 연행공기의 유무 등에 따라 다르므로 법률적인 최적입도를 규정할 수 없다.

그러나 실제상, 경험상으로 일반적인 표준입도를 구할 수 있으므로 KS 및 콘크리트 표준시방서에서는 표준입도를 각각 표 1-10, 11로 규정하고 있다.

표 1-10 잔골재의 입도의 표준

체의 호칭(mm)	체를 통과한 것의 질량 백분률(%)
10	100
5 (No. 4)	90~100
2.5 (No. 8)	80~100
1.2 (No. 16체)	50~90
0.6 (No. 30체)	25~65
0.3 (No. 50체)	10~35
0.15 (No. 100체)	2~10

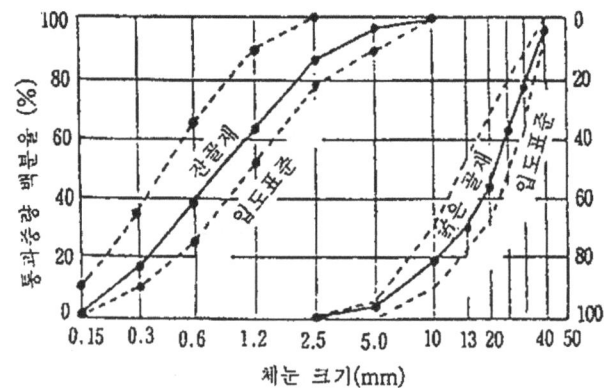

그림 1-3 골재의 입도곡선

표 1-11 굵은골재의 입도의 표준

골재 번호	골재의 크기(mm) \ 체의호칭(mm)	각 체를 통과하는 것의 질량 백분율											
		100	90	80	65	50	40	25	20	13	10	5	2.5	1.2
1	90~40	100	90~100		25~60		0~15		0~5					
2	65~40			100	90~100	35~70	0~15		0~5					
3	50~25				100	90~100	35~70	0~15		0~5				
357	50~5				100	95~100		35~70		10~30		0~5		
4	40~20					100	90~100	20~55	0~15		0~5			
467	40~5					100	95~100		35~70		10~30	0~5		
57	25~5						100	95~100		25~60		0~10	0~5	
67	20~5							100	90~100		20~55	0~10	0~5	
7	15~5								100	90~100	40~70	0~15	0~5	
8	10~2.5									100	85~100	10~30	0~10	0~5

4) 組粒率

(1) 조립율은 0.15, 0.3, 0.6, 1.2, 2.5, 5, 10, 20, 40, 80mm의 1조(10개)의 체를 이용하여 (상기 이외의 체는 조립율의 계산에 써서는 안된다) 체분류 시험을 실시하여 각 체에 잔류하는 시료의 질량 백분율의 합을 100으로 나눈 값이다.

$$\text{조립율 } FM = \frac{\sum R_i}{100}$$

그러므로 R_i : 각 체에 잔류하는 시료의 질량백분율(%)

표 1-12에 조립율의 계산 예를 표시한다. 이것들의 계산 예에서 알 수 있는 것처럼 예를 들면, 조립율 3.01은 모래(A)의 평균입경이 작은 쪽부터 대개 3번째의 체의 눈, 즉 0.6mm라는 것을 의미한다.

표 1-12 조립율의 계산예

체의 호칭 치수 (mm)	채가름시험 결과 잔류질량 백분율 (%)			
	굵은 골재	잔골재(A)	잔골재(B)	(A)(B)를 $m=n$에 혼합한 잔골재
80	0			($m+n=1$)
40	5			
30	25*			
25	38*			
20	57			
13	70*			
10	82	0		
5	97	4		$M \times 4$
2.5	100	15		$m \times 15$
1.2	100	37		$m \times 37$
0.6	100	62	14	$m \times 62 n \times 14$
0.3	100	85	51	$m \times 85 n \times 51$
0.15	100	98	90	$m \times 98 n \times 90$
Pan				
F.M	(500+57+82+97+5)/100=7.41 굵은골재 (4+15+62+85+98)/100=3.01			$\frac{(m \times 301) + (n \times 155)}{100}$ =$3.01m + 1.55n$
최대치수	25mm(90%이상 통과하는 체의 최소치수) *조립율의 계산에서 제외			

(2) 조립율은 골재의 입도를 완전히 나타낼 수는 없다. 그것은 각체의 잔류백분율이 반환되어도 그 총합이 일정한 조합은 무수하게 있기 때문에 조립율에서 一義的으로 입도를 정할 수 없다. 그러나 입도의 균등성의 판단이나 콘크리트의 배합설계의 기초자료로서 편리하게 이용된다.

(3) 콘크리트표준시방서에서는 잔골재의 조립률이 ± 0.2이상 변화시는 배합을 변경토록 규정하고 있다. 이는 균등질의 콘크리트를 만들기 위해서는 현장의 플랜트에 공급되는 잔골재의 입도가 일정하게 되도록 처리하지 않으면 안된다. 보통의 공사현장에 있어서 잔골재의 입도변화의 허용범위를 규정한 것이다. 잔골재의 조립률이 콘크리트의 배합을 정할 때 사용한 조립률에 비하여 0.20이상 변화할 경우에는 슬럼프가 변동하기 때문에 콘크리트의 배합을 바꾸어야 한다. AE콘크리트를 사용할 경우에는 입도변화의 허용치를 앞의 값보다 작게 규정하는 것이 좋다.

(4) 조립율은 입경이 클수록 크고, 일반적으로 잔골재는 2.3~3.1, 굵은 골재는 6~8이다.

(5) 품질이 좋은 콘크리트를 만들기 위해서는 잔골재의 조립율은 일반적으로 표 1-10의 입도의 범위 내에 있고 또한 조립률이 2.3~3.1의 잔골재를 쓰는 것이 바람직하다. 조립률이 이 범위를 벗어난 잔골재를 쓰는 경우에는, 2종 이상의 잔골재를 혼합하여 입도를 조정해서 쓰는 것이 좋다. 또 표 1-10에 표시된 연속된 2개의 체 사이를 통과하는 양의 백분율이 45%를 넘어서는 안된다. 공기량이 3%이상이고, 단위시멘트량이 250kg/m³이상인 AE콘크리트의 경우, AE계를 사용하지 않는 콘크리트에서 단위시멘트량이 300kg/m³이상인 경우, 양질의 광물질 미분말을 사용해서 세립의 부족분을 보충할 경우 등에는 표 1-10의 0.3mm체 및 0.15mm체를 통과하는 것의 질량백분률의 최소치를 각각 5% 및 0%로 줄여도 좋다. 빈배합 콘크리트의 경우나 굵은 골재의 최대치수가 작은 굵은골재를 쓰는 경우에는, 비교적 세립이 많은 잔골재를 사용하면 워커빌리티가 좋은 콘크리트를 얻을 수 있다.

(6) 조립율은 골재의 크기 정도를 나타내는 것이지만 같은 조립율을 나타내는 골재일지라도 입도분포는 같다고 볼 수 없어, 조립율은 입도곡선만큼 정확히 입도분포를 나타내지 못한다. 그러나 동일 하천의 동일장소에서 채취한 골재의 입도분포 경향은 같으므로 이 경우에는 조립율에 의해 골재의 입도변화를 알 수 있다.

5) 혼합잔골재의 조립율

조립율 γ_1 및 γ_2의 모래를 $m : n$의 비율로 혼합한 경우 혼합모래 조립율 γ는 표 1-12에 표시한 계산 예에서 알 수 있는 것처럼 다음 식으로 계산된다.

$$m\gamma_1 + n\gamma_2 = (m+n)\gamma$$

예를 들면, FM=3.0과 1.0의 모래를 5 : 3으로 혼합한 경우

혼합모래 FM $\gamma = \dfrac{1}{5+3}(5 \times 2.0 + 3 \times 2.0) = 2.0$

6) 입도의 영향 및 시방서

(1) 그림 1-4는 모래의 입도가 모르터 및 콘크리트의 단위시멘트량에 미치는 영향을 표시하였다. 단, FM=2.3~3.1로 대부분 입도의 표준범위에 들어가는 것이다.

모르터에 있어서 모래입도의 영향은 극히 현저하며 조립율을 2.5에서 3.3으로 변화시키는데 따라 단위수량 및 단위시멘트량은 20%가까이 감소된다. 이에 대해 콘크리트의 경우는 FM=2.3~3.1의 범위로 잔골재율이 일정해도 단위시멘트량은 거의 변화되지 않는다. 이것은 굵은 골재를 포함한 골재 전체의 입도는 별로 변화되지 않기 때문이다.

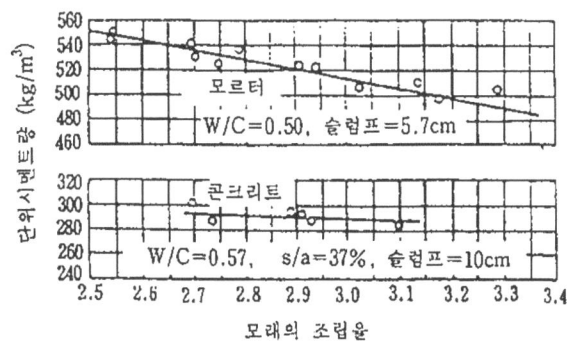

그림 1-4 모래의 조립율과 모르터 및 콘크리트의 단위시멘트량과의 관계(콘크리트 매뉴얼)

그러나 표 1-13에 표시한 바와 같이 조립율이 매우 과소(또는 과대)의 모래를 이용한 경우에는 잔골재율을 조정해도 단위수량은 10~20% 증가된다.

표 1-13 모래의 조립율과 콘크리트의 단위수량과의 관계

잔골재		콘크리트의 배합			슬럼프 (cm)	압축강도 (28일) (kgf/cm^2)	비 고
기호	조합율	W(kg/m^3)	W/C	s/a(%)			
A_1	2.76	142(1.00)		39			최대치수=40mm (쇄석)
B_1	2.22	147(1.04)	0.42	36	3.0		
C_1	1.00	174(1.23)		30			
A_2	2.96	167(1.00)		41		363(1.00)	최대치수=25mm (강자갈)
B_2	2.13	175(1.05)	0.50	38	6.0	362(1.00)	
C_2	1.58	183(1.10)		35		338(0.93)	

* 쇄석 혹은 고로슬래그 잔골재를 단독으로 해도 좋다.

(2) 굵은 골재 입도의 영향은 최대치수가 일정한 경우는 작다. 표 1-14에 표시한 바와 같이 입도가 변화되어도 잔골재율의 조정에 따라 단위수량을 증가시키지 않고 소요의 워커빌리티의 콘크리트를 만들 수가 있다.

표 1-14 굵은 골재의 입도와 콘크리트의 단위수량과의 관계

(W/C, 슬럼프를 일정하게 한 경우)

굵은 골재의 입도 (mm)			적당한 잔골재율 s/a(%)	단위시멘트량 (kg/m³)	
4.75~10	10~19	19~40		적당한 s/a의 경우	s/a=35%의 경우
35	0	65	40	300	320
25	30	45	41	300	345
0	40	60	46	300	390

(3) 골재의 시방입도를 결정할 때는 구조물의 耐久性과 經濟性 및 作業性을 고려하여야 한다.

　　Talbot는 다음과 같이 골재의 입도를 결정하는 식을 제시하였다.

$$P = 100 \cdot \left(\frac{d}{D}\right)$$

　　여기서 D는 최대입경, d는 임의의 입경이며, P는 d 입경의 통과질량 백분율이다. Fuller와 Thompson이 1907년 굵은 골재와 잔 골재의 합성입도가 최대밀도가 되는 경우를 시험한 결과 n=0.5이었다. 그러나 이러한 입도는 혼합물이 너무 緻密하여 작업성이 좋지 않았고 n=3.5~0.45 부근이 작업성, 경제성, 내구성을 고려해서 추천할 만하여 일반적으로 사용하고 있는 입도와 類似한 입도가 된다.

(4) 콘크리트표준시방서에서는 골재입도의 표준범위를 표시하고 있으나(표 1-10, 표 1-11 및 그림 1-3 참조), 이것들의 범위를 벗어나면 사용해서는 안된다는 것을 표시한 것이 아니라 이 범위에 들어가는 입도의 골재를 이용하면 보통 소요의 품질의 콘크리트를 경제적으로 만들 수가 있다는 것을 의미한다.

(5) 근년에 들어 양질의 골재를 구득하기가 점차 어려워지고 또 자연골재의 고갈화로 인하여 바다모래, 바순자갈을 사용하는 빈도가 증가하는 추세로 입도가 표준범위를 벗어나는 경우가 많은 편이다. 좋은 품질의 콘크리트를 얻기 위해서는 과거에 비하여 골재생산비용이 높아질 수밖에 없는 현실이다. 이러한 품질과 경제적인 면에서 품질관련 전문기술자의 판단이 필요하다 하겠다.

(6) 굵은 골재 입도의 영향은 최대치수가 일정한 경우는 작다. 표 1-14에 표시한 바와 같이 입도가 변화되어도 잔골재율의 조정에 따라 단위수량을 증가시키지 않고 소요의 워커빌리티의 콘크리트를 만들 수가 있다.

(7) 굵은 골재의 입도가 콘크리트의 워커빌리티에 미치는 영향은 잔골재의 입도보다 큰 영향은 없으나, 잔골재와 마찬가지로 대소의 알이 적당히 혼입되어 있는 것이 좋다.

　　알의 크기가 고르면 간극율이 커지기 때문에 같은 정도의 콘크리트를 만드는데

다량의 모르터가 필요하게 된다. 따라서 콘크리트의 단가(單價)가 높아진다. 표 1-11은 콘크리트표준시방서 규정으로 각국의 규정 및 실험결과를 참고로 하여 정한 것인데, 이것에 따르면 보통의 경우에 경제적으로 소요의 목적에 달하는 콘크리트를 만들 수 있을 것이다.

6. 굵은 골재 최대치수

1) 굵은골재 최대치수

중량으로 90%이상이 통과되는 최소한의 체의 호칭치수를 나타내며 콘크리트표준시방서에서는 표 1-15와 같이 표준으로 하고 있다.

표 1-15 굵은골재의 최대치수(mm)

구조물의 종류	굵은골재의 최대치수(mm)
일반적인 경우	20 또는 25
단면이 큰 경우	40
무근콘크리트	40 부재 최소치수의 1/4을 초과해서는 안됨

굵은골재의 최대치수는 부재의 최소치수의 1/5 및 철근의 최소수평, 수직 순간격의 3/4을 초과해서는 안되는 것으로 콘크리트표준시방서는 규정하고 있다.

2) 최대치수의 영향

(1) 콘크리트를 경제적으로 제조한다는 관점에서 될 수 있는 대로 최대치수가 큰 굵은골재를 사용하는 것이 일반적으로 유리하다.

그러나 철근콘크리트 부재에서는 철근이 몹시 복잡하게 조립되어 있고 부재의 치수가 그다지 크지 않은 경우가 많으며 부재의 모양이 복잡한 경우도 있으므로 콘크리트가 구석구석까지 잘 채워지게 하기 위해서는 너무 큰 굵은골재를 사용하는 것은 적당하지 않다. 그래서 콘크리트표준시방서 규정을 두는 동시에 종래의 경험에 의하여 적당하다고 인정되는 굵은골재최대치수의 대체적인 표준을 제시한 것이다. 일반적으로는 굵은골재최대치수 25mm의 것을 사용하는 경우가 대부분이지만, 부재치수, 철근간격, 펌프압송 등의 사정에 따라 20mm를 사용하는 경우도 있다.

무근콘크리트의 경우에는 일반적으로 단면이 크기 때문에 최대치수가 약간 큰 굵은골재를 사용할 수 있다. 그러나 이 경우에도 일반적으로 40mm 정도 이상은 그다지 많이 사용되고 있지 않으므로 표 1-15와 같이 정한 것이다. 사실상 최대치수가 100mm 이상되는 굵은골재를 사용하면 보통은 완전하게 비벼지지 않고 재료가 분리하기 쉬우며 표면마무리가 곤란해지는 등 문제가 생기므로 주의할 필요가 있다.

(2) 굵은골재의 최대치수가 클수록 소요의 워커빌리티의 콘크리트를 얻기 위한 단위수량이 감소된다. 그림 1-5에 굵은 골재의 최대치수를 19mm에서 40mm로 증대하는데 따라 단위수량은 약 30kg/m³ 감소되는 것을 보인다.

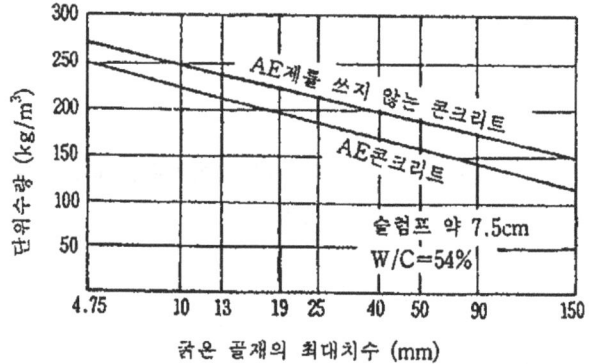

그림 1-5 굵은 골재의 최대치수와 단위수량과의 관계(콘크리트 매뉴얼)

단위수량이 감소되기 때문에 단위시멘트량이 일정한 경우는 물시멘트비가 감소된다. 그러나 그에 수반하는 비례적인 강도증가는 기대할 수 없다. 이것은 물시멘트비의 저하에 따라 모르터 부분의 강도는 증대되나 모르터와 굵은골재의 계면의 부착강도는 별로 변하지 않기 때문이다. 그림 1-6에 소요강도가 280kgf/cm² 정도 이하의 경우는 굵은 골재 최대치수가 클수록 단위시멘트량은 감소되고 있으나 350kgf/cm² 정도 이상의 고강도의 경우에는 최대치수가 60mm정도 이상에서 소요의 단위시멘트량이 증가 경향으로 달라지는 것을 나타낸다.

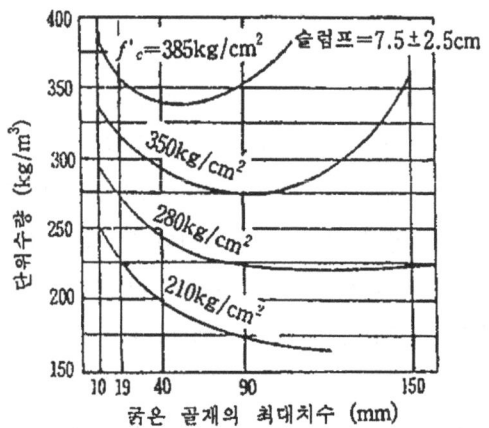

그림 1-6 굵은 골재의 최대치수와 단위시멘트량과의 관계(콘크리트 매뉴얼)

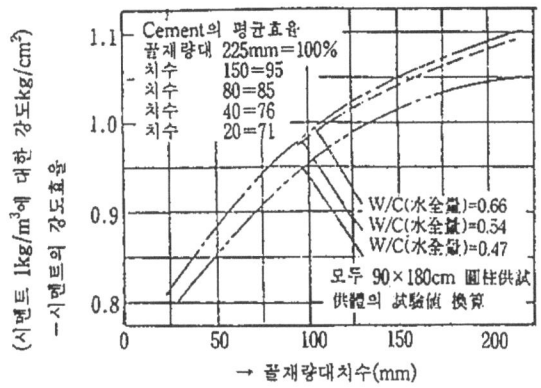

그림 1-7 시멘트 강도효율과 골재 최대치수

그림 1-7에서는 Slump를 7.5cm로 정했을 때의 시멘트 강도의 효율(Cement 1kg/m³에 대한 콘크리트 강도 kgf/cm²)을 나타내고 있다.

그림 1-7에서도 아는 바와 같이 사정이 허용되는 한 최대치수가 큰 굵은 골재를 사용하는 것이 경제적이고 또한 건조수축, Greep 및 그밖의 제특성을 개선할 수 있다. 한편 시공면에서 볼 때 최대치수가 커지면 혼합, 취급에 불편이 많으므로 골재의 최대치수는 구조물의 종류, 철근간격, 시공기계 등에 의해 정해진다.

토목·건축학회에서는 이와 같은 점을 고려해서 굵은 골재 최대치수의 표준치를 정해 주고 있다. 표 1-16은 단면치수와 굵은 골재 최대치수의 표준치이다.

표 1-16 단면치수와 굵은 골재 최대치수의 규정치

단면의 최대 치수(cm)	굵은 골재의 최대치수(mm)			
	철근의벽·빔·주	무근벽	다량의 철근slab	소량의 철근slab
6~13(13이하)	15~20	20	20~25(20~40)	20~40
15~28	20~40	40	40	40~75
30~75	40~75	75	40~75(75)	75(75~150)
75 이상	40~75	150	40~75(75)	75~150(150)

* (   )는 Concrete manual 수차임.

7. 단위용적질량 및 실적율

1) 단위용적질량

(1) 골재의 단위용적질량은 단위용적의 골재질량(보통 kg/m³로 표시)을 뜻하고 골재의 밀도, 입형, 입도, 함수량, 계량용기의 형상, 대소, 다짐방법, 용기에의 투입방법에 따라 다르다. 이때 단위용적질량은 골재의 공극율, 콘크리트의 제조, 배합의 결정, 현장에서의 골재계량 등에 필요하다.

(2) 골재의 단위질량값은 콘크리트의 용적배합, 골재운반비, 또는 저장면적 등의 산출에도 사용되지만, 골재, 공극 및 실적율 계산에 없어서는 안된다.

　　KS 시험법의 다짐방법으로 측정했을 때 일반적으로 잔 골재는 1.40~1.70kg/l이나 입도가 굵은 것일수록 그 값은 커진다. 굵은 골재의 경우는 1.50~1.85kg/l이고 좋은 입도를 가진 혼합골재는 2.00kg/l정도로 높게 나오는 것도 있다. 그림 1-8은 골재 각 호수별로 측정한 한 예이다. 호수가 큰 것일 수록 그 값이 커지는 이유는 입도가 양호하기 때문이다.

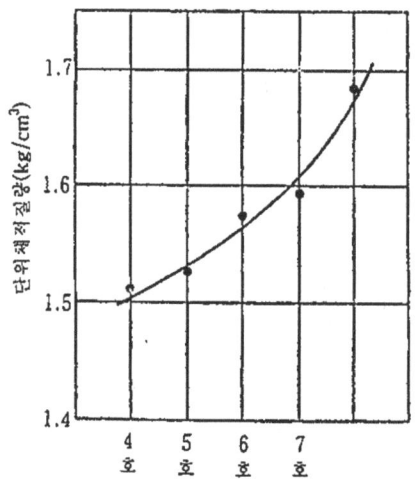 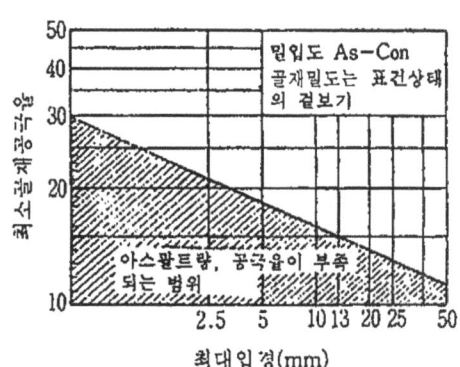

그림 1-8 各 粒度別 單位質量의 一例　　그림 1-9 粒徑別 最小 VMA의 關係

(3) 골재의 집합체는 그 용적중에 반드시 공극을 갖고 있다. 단위체적 중에 공극율(v), 실적율(d)는 다음과 같이 구한다.

$$v(\%) = \left(1 - \frac{W}{G}\right) \times 100$$

$$d(\%) = \frac{W}{G} \times 100 = 100 - d$$

여기서 G는 골재 밀도이고, W는 單位重量이다.

골재의 공극률이 적고 실적율이 크면 일반적으로 콘크리트의 경우 시멘트풀의 量이 적어 所要 强度를 構造物을 경제적으로 만들 수 있다. 또한 密度, 耐磨耗性, 水密性, 耐久性이 증가하며 單位 시멘트量이 減少하기 때문에 乾燥 收縮이 적고 收縮 龜裂의 위험도 줄어든다.

아스팔트 混合物에서도 골재 공극률이 적어지면 좋아지는 것은 틀림없지만 어느 한계를 지나치면 반대로 안정성이 나빠지고 아스팔트량이 감소하기 때문에 撓性(Flexibility) 또는 耐久性이 부족한 혼합물로 된다.

그러므로 아스팔트 混合物의 경우에는 그림 1~9와 같이 最小限의 필요한 골재 공극율을 갖는 입도라야 한다.

(4) 잔 골재의 경우는 含水量에 따라 단위 질량이 크게 달라진다. 이러한 현상을 「부품 現象」이라 한다. 보통 含水量이 4~6%일 때에 모래의 體積은 최대가 된다. 모래를 容積으로 購入할 경우에는 含水狀態에 留意하여야 한다.

(5) 골재의 공극율이 작으면 콘크리트를 만들 때 Cement Paste 양이 적어도 되며 경제적인 소요강도의 콘크리트를 제조할 수 있는 이점이 있다.

일반적으로 표준계량에 대한 공극율은 잔골재에서 45~50%, 굵은 골재에서 35~40%이나, 잔·굵은 골재가 적당한 입도를 가지고 있으며, 적당한 혼합비율시의 공극율은 약 25% 이하이다.

2) 실적률

골재의 입형, 입도의 영향을 받기 때문에 콘크리트 배합설계의 기초 자료로서 유효하게 이용되며 또 쇄석이나 경량골재의 입형판정에 이용된다.

골재의 입형은 둥근 구형의 것이 바람직하다. 굵은 골재가 편평한 석편, 가늘고 긴 석편 등을 다량함유할 경우에는 콘크리트의 Workability가 나빠지므로 모래의 양이 많은 배합이 되어야 하며, 그 결과 시멘트 및 물의 사용량이 증가하기 때문이다. 이들 석편의 혼입한도에 관해서는 정설은 없으나, 일반적으로 10~15%로 되어 있다.

굵은 골재의 형상이 나쁘면 공극율이 크게 되므로 콘크리트용 부순돌에 대한 규격 KS F 2527에서는 실적율에 의해 입형의 양부를 판단하도록 되어 있다. 즉 기건상태의 20~10mm 부순돌을 60%, 10~5mm 부순돌을 40%의 비율로 혼합골재를 시료로 다음 식에 따라 실적율을 구하여 그 결과가 59%를 넘으면 좋으므로, 따라서 55% 이상으로 규정하고 있다.

$$\text{입도판정 실적율(\%)} = \frac{T}{D_D} \times 100$$

T : 단위용적질량(kg/l)
D_D : 밀도(g/cm³) (절대건조밀도)

8. 유해물

골재에 함유되어 있는 먼지, 점토괴, silt, 운모질물질, 이탄질, 부식토 등의 유기물 및 화학염류 등은 콘크리트의 강도, 내구성, 안정성을 해치는 유해물질이다.

골재 중에 silt, 점토, 운모질의 미세한 입자가 많이 있으면 소요로 하는 workability의 콘크리트를 얻기 위한 단위수량이 증가하고, 또한 이들 미세입자가 골재 표면에 부착되었을 때 골재와 Paste와의 부착이 저해되고, 내구성 및 강도의 저하를 가져온다. 이들에 대한 시험방법에는 KS F 2511 골재에 포함된 잔입자(0.08mm체를 통과하는) 시험방법이 규정되어 있다.

석탄, 이탄 등은 강도가 낮아 콘크리트 강도상의 약점이 되고, 또한 석탄, 이탄 및 황화철광 등과 같이 황화물이 골재 중에 함유할 경우에는 물과 접촉하여 황산을 생성하고 시멘트 중의 Alumin산석회 및 산화칼슘과 반응하여 팽창성 결정을 생성시키며 콘크리트에 균열을 발생시키므로 유해하다.

부식토, 이탄 등의 유해물질은 Fumin산 및 그밖의 유기산을 함유하고 있다. 이들 유기산에 오염된 모래를 사용하면 유기물이 시멘트 중의 석회와 화합하여 시멘트의 경화를 방해하고 콘크리트의 강도를 크게 저하시켜 최악의 경우는 경화하지 않을 때도 있다.

천연사에 함유되는 유기물의 유해량에 대한 개략을 결정하는 방법으로 KS F 2510에 모래의 유기물 시험방법이 있다. 이것은 표준색액을 만들어서 모래를 수산화나트륨의 3% 용액에 넣은 시험용액의 색을 비교함으로써 알 수 있다. 이 시험결과 시험용액의 색이 표준용액의 색보다 짙을 경우일지라도 그 모래의 사용이 부적합하다고 할 수 없다. 이와 같은 경우 KSF 2514에 의해 Mortar 압축강도 시험을 하여 모래의 사용 여부를 결정하는 것이 좋다.

바다 모래와 바다 자갈은 염분을 함유하고 있고, 그 양은 채취위치에 따라 다르나 대체로 0.004~0.13%이다. 이 정도의 염분을 함유하고 있으면, 무근 콘크리트에 사용되어도 문제점은 없고, 철근콘크리트에 사용하면 철근이 녹슬게 되어 콘크리트를 파괴할 위험이 있어 사전에 검토하여야 한다. 모래의 염분 함유량 시험방법은 KS F 2515에 규정하고 있으나 염분함유량의 허용한도는 건조중량으로 0.04%(NaCl)로 규정하고 있다.

모래의 제염을 주수 또는 물씻기에 의하면 좋다.

1) 유해물 함유량의 한도

골재에 포함된 유해물과 그 허용 함유량은 콘크리트표준시방서에 표 1-17, 18과 같이 규정하고 있다.

점토덩어리 시험은 KS F 2512(0.08mm체 통과량 시험은 KS F 2511, 석탄, 갈탄 등 밀도 2.0g/cm³의 액체에 뜨는 것에 대한 시험은 KS F 2513에 따른다. 또 염화물 함유량의 시험은, KS F 2515「골재중의 염화물 함유량 시험방법」에 따른다.)

표 1-17 잔골재의 유해물 함유량의 한도(중량백분율)

종 류	최 대 치
점토 덩어리(%)	1.0 [1]
0.08mm체 통과량(%) 콘크리트의 표면이 마모작용을 받는 경우 기타의 경우	 3.0 [2] 5.0 [2]
석탄, 갈탄 등으로 밀도 2.0g/cm³의 액체에 뜨는 것 콘크리트이 외관이 중요한 경우 기타의 경우	 0.5 [3] 1.0 [3]
염화물(염화물이온량)	0.02 [4]

(1) 시료는 KS F 2511에 의한 골재씻기시험(0.08mm체 통과량)을 한 후에 체에 남는 것을 사용한다.
(2) 바순모래 및 고로슬래그잔골재의 경우, 0.08mm체를 통과하는 재료가 점토나 조개껍질이 아닌 돌가루인 경우에는 그 최대치를 각각 5%와 7%로 하여도 좋다.
(3) 고로슬래그잔골재에는 적용하지 않는다.
(4) 잔골재의 절대건조중량에 대한 백분율이며, 염화나트륨으로 환산하면 약 0.04%에 상당한다.

표 1-18 굵은골재의 유해물 함유량의 한도(중량백분율)

종 류	최 대 치
점토 덩어리	0.25 [1]
연한 석편	5.0 [2]
0.08mm체 통과량	1.0 [3]
석탄, 갈탄 등으로 밀도 2.0g/cm³의 액체에 뜨는 것 콘크리트의 외관이 중요한 경우 기타의 경우	 0.5 [4] 1.0 [4]

(1) 시료는 KS F 2511에 의한 골재씻기시험(0.08mm체 통과량)을 한 후에 체에 남는 것으로부터 채취한다.
(2) 교통이 심한 슬래브 또는 표면의 경도(硬度)가 특히 요구되는 경우에 적용한다.
(3) 부순돌의 경우, 0.08mm체를 통과하는 재료가 돌가루인 경우에는 최대치를 1.5%로 해도 좋다. 다만, 고로슬래그굵은골재의 경우에는 최대치를 5.0%로 해도 좋다.
(4) 고로슬래그굵은골재에는 적용하지 않는다.

점토덩어리 시험은 KS F 2512, 연한 석편의 시험은 KS F 2516, 0.08mm체 통과량 시험은 KS F 2511, 석탄, 갈탄 등 밀도 2.0g/cm³의 액체에 뜨는 것에 대한 시험은 KS F 2513에 따른다.

2) 염화물 함유량의 한도

(1) 콘크리트표준시방서에서는 콘크리트 중의 염화물 함유량은 콘크리트 중에 함유된 염화물이온의 총량으로 표시하고 콘크리트 비빌 때 전 염화물이온량은 0.30kg/m³ 이하로 하도록 규정하고 있다.

(2) 염화물은 염소를 조직성분으로 하는 화합물의 총칭으로서, 콘크리트용 재료에 함유되어 있는 염화물로서는 염화나트륨, 염화칼륨, 염화칼슘, 염화마그네슘, 기타가 있다. 이들 염화물이 콘크리 중에 어느 한도 이상 존재하면 콘크리트 중의 강재의 부식이 촉진되어 구조물이 조기에 열화(劣化)하는 원인이 된다. 이것이 소위 콘크리트의 염해라 하는 것이며 이 염해의 영향을 최소한으로 억제시키기 위해 콘크리트 중의 염화물 함유량에 대한 규제가 필요한 것이다. 그렇지만 강재의 부식에 실제로 관여하는 것은 염화물 중의 염화물이온(Cl^-)이며, 또 염화물에 함유되어 있는 염화물이온의 비율은 염화물의 종류에 따라 다르다는 것 등을 고려하면 강재의 부식방지의 관점에서는 염화물의 양을 염화물이온량으로 환산해서 표시하고, 콘크리트 중의 염화물이온의 측정은 비교적 간단하게 할 수가 있다. 이들 여러가지를 고려해서 콘크리트 중의 염화물 함유량은, 콘크리트 중에 함유되어 있는 염화물이온의 총량으로 표시하는 것으로 하였다.

(3) 시멘트, 잔골재로서의 바다모래, 굵은 골재로서의 바다자갈, 혼화제 등은 각종의 염화물을 내포하고 있고 이들의 염화물에서 콘크리트에 염화물이온이 공급된다. 또 비비는 물로 사용되는 상수도 물이나 해안 근처의 우물물도 염화물이온을 내포하고 있다.

콘크리트를 비비는 시점에서의 콘크리트 중의 전염화물이온량이란, 현장배합을 바탕으로 계산한 경우에, 이들 각 재료로부터 콘크리트 중에 공급된다고 생각되는 염화물이온량의 총합을 말한다.

이와 같이 현장배합을 바탕으로 염화물이온의 총량에 대해 규제를 하기로 한 것은 각 재료의 염화물이온함유량이 일반적으로는 서로 현저하게 상이한 경우가 많기 때문에 실제로 제조되는 콘크리트 중의 염화물이온의 총량에 대하여 규제하는 것이 적당하다고 판단됐기 때문이다. 따라서 콘크리트를 비빌 때에는 미리 개개의 사용재료에 함유되어 있는 염화물이온량을 파악해 둘 필요가 있다. 그리고 상수도 물을 혼합수로 사용할 때 여기에 함유되어 있는 염화물이온량이 불분명한 경우에는 혼합수로부터 콘크리트 중에 공급되는 염화물이온량을 $0.04 kg/m^3$로 보아도 좋다. 현장배합을 바탕으로 계산한 염화물이온의 총량이 허용한도보다 커질 경우에는 사용재료의 일부 또는 전부를 다른 것으로 변경하지 않으면 안된다.

콘크리트표준시방서의 규제치는 강재의 부식이 절대로 생기지 않는다는 것을 보증하는 것은 아니고 기왕의 연구나 조사결과를 바탕으로, 강재의 부식에 의한 구조물의 열화를 용인할 수 있을 정도 이하로 억제하는 실현가능한 값으로 보고 정한 것이다. 즉 염화물이온량 $0.30kg/m^3$의 값은 콘크리트용 잔골재로서 공급되고 있는 바다모래의 염화물 함유량의 실태도 고려해서, 각 재료로부터의 염화물이온 공급량을 이 값 이하로 억제하는 것이 가능하다는 것을 확인한 후에, 강재부식의 정도를 염화물이온량이 극히 적은 경우와 거의 같은 정도로 억제가능한 상한값으로 선정한 값이다. 따라서 부식응력이 생기기 쉬운 프리텐션방식의 프리스트레스트 콘크리트, 염해나 전식(電飾)의 염려가 있는 조건 하에서 공급되고, 더욱이 내구성이 특히 요구되는 철근콘크리트나 포스트텐션방식의 프리스트레스트 콘크리트 등의 경우에는 콘크리트 중의 염화물의 양은 규제치보다 될 수 있는 한 적게 하는 것이 요망된다.

(4) 일반적인 조건 하에서 공급되는 철근콘크리트나 포스텐션방식의 프리스트레스트 콘크리트 및 가외철근을 갖는 무근콘크리트의 경우에 염화물이온량이 적은 재료의 입수가 매우 곤란한 경우에는 콘크리트 중의 전 염화물이온량의 허용상한치를 $0.60kg/m^3$으로 증가시켜도 좋다. 다만, 이 경우에는 크게 할 것 등에 특히 배려하면서 주의깊게 시공을 할 필요가 있다.

그런데 지난번에 개정된 KS F 4009「레디믹스트 콘크리트, 1994년 개정」에도 품질규정에서 염화물함유량을 다음과 같이 규정하고 있다. 즉, 4. 품질, 4.2 염화물 함유량에서「레디믹스트 콘크리트의 염화물 함유량은 배출지점에서 염화물이온(Cl^-)량으로서 $0.30kg/m^3$이하이어야 한다. 다만, 구입자의 승인을 얻은 경우에 $0.60kg/m^3$할 수 있다」

바다바람이나 물보라를 받는 콘크리트 구조물의 경우에는 구조물의 외부로부터도 염분이 침입하기 때문에 염해를 억제시키기 위해서는 콘크리트를 비빌 때 콘크리트 중의 염화물이온량을 가급적 작게 할 것, 적당량의 방청제를 사용할 것 등의 대책을 고려할 필요가 있다.

이들 대책이 채용되지 못할 경우나, 구조물의 유지관리나 보수하기가 곤란하다고 예상되는 경우에는 에폭시수지 도장철근을 쓴다든지, 콘크리트 표면에 방염도장(防鹽塗裝)이나 마무리시공을 하는 등의 대책을 강구하면 좋다.

무근콘크리트에서는 가외철근도 배근이 안된 경우에는 이 조의 규정은 적용되지 않는다. 그러나 이와 같은 구조물에 사용하는 콘크리트라 하더라도 염화물이온량이 많아지면 장기재령에서의 강도증진이 작아진다든지 백화(efflorescence)가 생기기 쉬운 것 등의 나쁜 영향이 지적되고 있으므로 염화물이온량의 총량을 되도록 작게하는 것이 바람직하다.

3) 유기불순물

(1) 유기불순물을 유해량 포함한 골재를 쓰면 시멘트의 응결지연이나 경화불량이 일어난다.

(2) 부식토, 니탄 등에 함유된 주요한 유기불순물은 Fumin산이며 시멘트의 수화에 의해 생성된 수산화칼슘과 결합하여 시멘트입자 표면에 석회Fumin산 비누를 석출하여 시멘트와 물과의 접촉을 일시적으로 차단하여 초기수화를 방해한다. 그 후 완만한 수화의 진행에 수반하여 시멘트 입자는 차츰 용적을 더하므로 석회Fumin산 비누의 간극이 확대되어 정상적인 수화의 진행이 된다.

후민산이 시멘트 질량의 0.1%혼입된 경우, 응결시간(종결)은 약 1시간 지연, 시멘트 질량의 1% 혼입되면 표 1-19에 표시한 것처럼 모르터는 재령 1일에서는 경화되지 않는다. 그러나 28일 강도는 후민산이 혼입되지 않은 것의 90%까지 회복된다.

표 1-19 Fumin산의 모르터의 압축강도에 미치는 영향

종 류	응결시험			압축강도(kgf/m^2)			
	W/C	초결	종결	1일	3일	7일	28일
없 음	0.25	2-00	3-10	38 (1.00)	120 (1.00)	225 (1.00)	415 (1.00)
시멘트 질량의 1%	0.278	응결치 않음		0 (0)	41 (0.34)	126 (0.56)	370 (0.89)

비고) 1) 압축강도 시험은(시멘트 모래比 1 : 2, 물시멘트비 65%)를 쓰면 4×4×4cm입방형 공시체에 의해 실시하였다.

(3) 콘크리트표준시방서에서는 잔골재에 함유되는 유기불순물은 KS F 2510에 의하여 시험해야 하고 이 때 모래위에 있는 용액의 색깔은 표준색보다 엷어야 한다고 규정하고 있다.

모래위에 있는 용액의 색깔이 표준색보다 진한 경우라도 그 모래로 만든 모르터 공시체의 압축강도가 그 모래를 3%의 수산화나트륨 용액으로 씻고, 다시 물로 씻어서 사용한 모르터 공시체의 압축강도의 90%이상으로 된다면 책임기술자의 승인을 얻어 그 모래를 사용해도 좋으며, 이 때 모르터 공시체의 재령은 보통 포틀랜드시멘트, 중용열포틀랜드시멘트 및 혼합시멘트에 대해서는 7일과 28일, 조강포

틀랜드시멘트에 대해서는 3일과 7일로 하며, 모르터의 압축강도에 의한 잔골재의 시험은 KS F 2514에 따르도록 규정하고 있다.

(4) 표준시험방법은 유해한 유기물의 함유정도의 대략을 표시할 뿐이고, 이 시험에 불합격한 모래는 콘크리트 또는 모르터에 사용해서는 안된다고 단정할 정도로 결정적인 결과를 주는 것은 아니며, 이 시험에 불합격한 모래의 사용에 대해서는 강도, 기타의 시험을 실시할 필요가 있다는 것을 표시할 뿐이다.

따라서 이 시험에 불합격한 모래라도 KS F 2514의「모르터의 압축강도에 의한 잔골재의 시험방법」에 의해 시험한 모르터의 강도시험에 합격하면 사용해도 좋은 것이다.

모래를 수산화나트륨 용액으로 씻으려면 용기에 넣은 모래가 완전히 침수될 정도로 수산화나트륨 용액을 가하여 충분히 휘저은 후 그대로 약 한시간 동안 방치하여 두면 된다. 그리고 씻은 물을 유출시킬 때 올이 고운 마포 등을 사용하여 모래의 미립분자가 손실되지 않도록 주의해야 한다.

시험시의 모르터 공시체의 재령은, 보통포틀랜드시멘트, 중용열표틀랜드시멘트 및 혼합시멘트의 경우에는 7일 및 28일, 조강포틀랜트시멘트 및 초조강포틀랜드시멘트의 경우에는 1일 및 3일로 한다.

(5) (3)의 시험에서 콘크리트용 잔골재를 표준색과 비교하지 않고 판정하려면 표 1-20을 이용할 수 있다.

표 1-20 有機不純物의 허용함량 판정

色	適否 判定	모르터의 7 및 28日의 壓縮强度 低下(%)(시멘트 : 모래 =1 : 3)
無色~淡黃色	重要콘크리트에 사용할 수 있다	0
濃 黃 色	사용할 수 있다	10~20
赤 黃 色	低强度 콘크리트에 사용할 수 있다	15~30
淡 赤 褐 色	사용할 수 없다	25~50
暗 赤 褐 色	사용할 수 없다	50~100

9. 내구성

1) 2. 1)에서와 같이 골재는 견경하고 내구적이어야 한다. 연질이나 풍화된 것(이것을 연석 또는 사석이라 함)이 혼입되면 예를 그림 1-10에 보여 주는 바와 같이 콘크리트 강도가 저하된다.

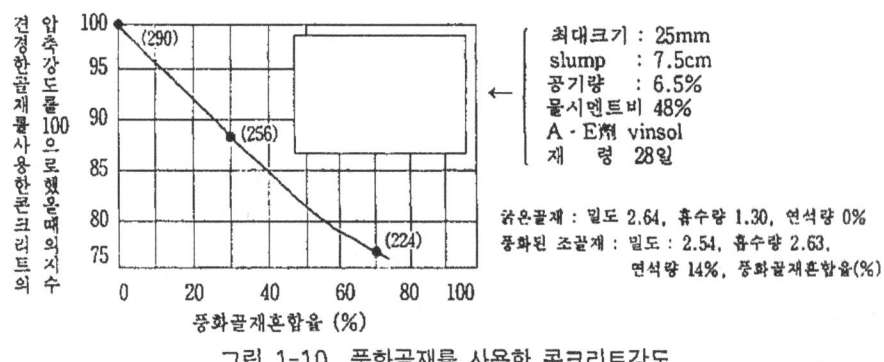

그림 1-10 풍화골재를 사용한 콘크리트강도

일반적으로 골재 성질의 양부는 밀도 및 흡수량으로 대략 판단할 수 있다. KS F 2516에서는 황동봉의 굵기 시험에 의한 연석량의 측정방법이 규정되어 있고, 토목학회에서는 전골재 중의 연석량은 질량으로 5% 이하로 규정하고 있다.

콘크리트가 내구적이기 위해서는 콘크리트 중의 골재가 온·습도의 변화 및 동결 용해작용에 의해 분해 또는 큰 용적변화를 일으키는 불안정한 것이 있어서는 안된다.

골재의 내구성 시험방법으로는 KS F 2507의 골재의 안정성 시험방법이 있다. 토목학회에서는 이 시험으로부터 구해지는 황산Natrium(Na_2SO_2)에 의한 손실중량 백분율의 허용최대치를 잔골재에서는 10%, 굵은 골재에서는 12%로 하고 있다. 그러나 이 한도를 넘었을 때에도 이러한 골재를 사용한 같은 정도의 콘크리트가 예기되는 기상작용에 만족할 만한 내구성을 나타낸 실례가 있을 때는 책임 기술자의 승인을 얻어 사용해도 좋고 또한 실례가 없는 경우에도 이것을 사용한 동결융해시험 결과로 부터 책임기술자가 만족하다고 인정할 때는 사용해도 좋다. 물론 기상작용을 받지 않는 구조물에 사용하는 골재에 대해서는 이와 같은 내구성을 고려하지 않아도 좋다.

2) 골재는 溫度, 濕度 변화에 安定함과 동시에 凍結, 融解작용에 내구적이어야 한다.

불안정하고 내구적이 아닌 골재는 일반적으로 軟質이고 吸收率이 크며 凍結, 融解작용을 받을 때에 파쇄되기 쉽다.

이와 같이 品質이 좋지 않은 岩石의 대표적인 것은 軟質砂岩, 變朽安山岩, 擬灰岩, 頁岩, 一部 雲母質岩石 등이 있다.

3) 골재의 吸水量이 적으면 凍結融解에 대한 抵抗性도 그만큼 크다고 認定되어 英國

에서는 吸水量이 1.5%이상인 골재만 이 시험을 하도록 규정되어 있다.

그러나 日本 北海道 開發局 土木試驗所에서 도내 골재를 대상으로 연구한 결과로는 안정성이 밀도, 吸水量, 로스엔젤레스磨耗값과 명확한 상호연계가 확인되지 않았다고 한다.

4) 굵은 골재의 강경(强硬)의 정도에 대해서는 KS F 2508「로스엔젤레스 시험기에 의한 굵은 골재의 닳음 시험방법」KS F 2516「굵은 골재의 연석량 시험방법」또는 KS F 2503「굵은 골재의 밀도 및 吸水量 시험방법」에 의한 시험 또는 굵은 골재를 사용한 콘크리트의 압축강도 시험 중 책임기술자가 필요하다고 인정한 시험을 실시하여 그 결과에 의하여 판단하는 것이 좋다.

일반적으로 밀도가 2.5미만, 흡수량이 3%를 넘는 굵은 골재에는 부적격한 것이 많으므로 주의를 요한다.

얇은 석편이나 가느다란 석편의 양은 시료로 부터 주워내어서 측정하는 것이지만, 그 유해량은 품질 관련의 책임기술자의 판단에 의하여 한다.

〈주〉(1) 골재의 안정성 시험방법(KS F 2507)

(a) 제1회 조작 : 절건골재를 시료로 하고 이것을 황산나트륨 포화액에 16~18시간 침지하고 골재 중에 포화액이 충분히 스며들게 한다. 『浸漬』

시료를 6~8시간 100~105℃로 건조한다. 공극 속의 황산나트륨 포화액은 무수황산 나트륨(Na_2SO_4)이 된다. 『乾燥』

(b) 제2회 조작 : 시료를 다시 황산나트륨 포화액에 침지한다. Na_2SO_4는 결정수를 취하여 황산나트륨의 결정($Na_2SO_4 \cdot 10H_2O$)이 되며 용적을 더한다 『浸漬』. 시료를 건조한다. 공극 속의 $Na_2SO_4 \cdot 10H_2O$ 및 황산나트륨 포화액은 Na_2SO_4가 된다. 『乾燥』

(c) 이상의 조작을 5회 반복한다. 그 과정에 있어서 골재파괴의 매카니즘은 다음과 같다. 지금, 간단히 하기 위해 골재 속의 공극의 용적을 100cc로 한다.

황산나트륨 포화액 1cc중의 Na_2SO_4의 양 : 0.1978g/cc

Na_2SO_4의 밀도 : 2.698g/cm³

1cc의 Na_2SO_4가 황산나트륨 포화액에 수화되어 생기는 $Na_2SO_4 \cdot 10H_2O$의 양 : 5.6589cc

1cc의 $Na_2SO_4 \cdot 10H_2O$에 포함된 Na_2SO_4의 양 : 0.6454cc

제1회 조작

건조시 공극내에 잔류된 Na_2SO_4의 양(cc)=(100×0.1978)/2.698=7.33

제2회 조작

침지시 $Na_2SO_4 \cdot 10H_2O$의 양(cc)=7.33×5.659=41.48

황산나트륨 포화액의 양(cc)=100-41.49=58.52

건조시 Na_2SO_4의 양(cc)=(41.48×0.6454+58.52×0.1978)/2.698=14.21

건조시 Na_2SO_4의 양(cc)=(41.48×0.6454+58.52×0.1978)/2.698=14.21

이와 같이하여 침지시에 생성되는 $Na_2SO_4 \cdot 10H_2O$의 양을 계산하면 제3회 조작일 때 80.41cc, 제4회 조작일 때 117cc가 되며 제4회 조작 이후에 이론상 결정압력이 발생하게 된다. 그림 1-11에 각회에 대한 공극의 충전상황을 표시한다.

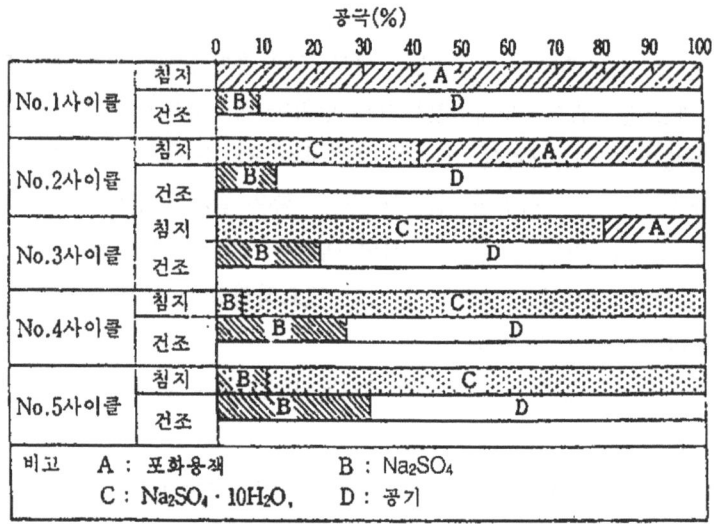

그림 1-11 황산나트륨 시험에 대한 공극 충전도

10. 마모저항

포장콘크리트나 댐의 월류부의 콘크리트는 마모저항이 큰 것이 중요하며 콘크리트의 마모저항은 굵은 골재의 마모저항에 의존한다. 굵은 골재의 마모시험은 KS F 2508 「로스앤젤레스 시험에 의한 굵은 골재의 마모시험 방법」에 의한다. 콘크리트표준시방서에서는 포장 콘크리트에 쓰이는 굵은 골재의 마모(KS F 2508에 의함)의 최대치를 35%이하로 규정하였으며 적설 한냉지에서는 25%이하가 바람직하다고 한다. 또한 댐 콘크리트에 쓰이는 굵은 골재의 마모감량은 40%이하로 규정하였다.

11. 화학적 안정성

1) 콘크리트표준시방서에서는 화학적 혹은 물리적으로 불안정한 잔골재는 사용해서는 안되며 다만, 그 사용실적, 사용조건, 화학적 혹은 물리적 안정성에 관한 시험결과 등에서 유해한 영향을 주지 않는다고 인정되는 경우에는 이것을 사용해도 좋다라고 규정하고 있다.

2) 골재의 화학적 안정성에 관한 사항으로서는, 알칼리골재반응이 있다. 이 반응은 반응성이 있는 골재가 시멘트, 바다모래, 혼화제 등에서 콘크리트 중에 유입되든가 혹은 해수나 융빙제(融氷劑)등에 의한 외부로 부터 들어오는 알칼리금속(Na, K)과 습도가 높

은 조건에서 반응하여 이상팽창을 발생시켜 균열을 일으키는 것이다.

알칼리골재반응은 알칼리와 반응하는 광물의 종류에 따라, 알칼리·실리카반응, 알칼리·탄산염반응, 알칼리·실리케이트반응 등으로 대별할 수 있지만, 특히 우리나라에서는 알칼리·탄산염반응이나 알칼리·실리케이트반응에 의한 큰 피해는 아직 보고된 바가 없다.

알칼리·실리카반응을 일으키기 쉬운 광물로서는 오팔(opal), 옥수(玉髓, chalcedony), 트리디마이트(tridymite), 화산성유리, 은미정질(隱微晶質)의 석영 등이 있다. 이들의 광물을 함유한 암석으로는 안산암, 석영안산암, 유문암(流紋岩)이나 응회암(凝灰岩), 현무암, 혈암(頁岩), 사암, 챠트(chert), 이암(泥岩), 기타 등으로 그 종류가 상당히 많다. 그러나 이런 종류의 암석이라도 실제로 콘크리트에 異常을 발생시키는 것은 그리 많지 않으므로 과거의 사용실적에 의해 안정성이 확인되어 있는 경우에는 이것을 써도 좋을 것이다. 사용실적이 적은 골재나 과거에 알칼리골재반응에 의한 피해를 발생시킨 골재가 쓰여질 가능성이 있는 경우에는, 미리 골재의 화학적 안정성에 관한 시험을 하여 그 품질을 확인하는 것이 중요하다.

알칼리골재반응에 대한 안정성은 우선 ASTM C 289「골재의 잠재반응성 시험방법(화학법)」혹은 KS F 2545「골재의 알칼리 잠재반응 시험방법」또는 이에 준하는 방법으로 시험하고, 이에 따라「유해」혹은「잠재적으로 유해」하다고 판정한 것에 대해서는 다시 ASTM C 227「시멘트-골재의 잠재적 알칼리 반응성 시험방법(모르터 방법)」혹은 KS F 2546「시멘트와 골재의 배합에 따른 알칼리 잠재반응 시험방법」또는 이에 준하는 방법에 의해, 재령 6월에서 0.10%(혹은 재령 3월에서 0.05%)보다 큰 팽창을 나타내는가 아닌가에 의해 판정하고 있는 예가 많다. 이 경우 팽창량은 모르터의 알칼리 농도에 따라 달라지므로, 시험에 있어서의 알칼리 농도는 사용하는 시멘트의 품질이나 바다모래 등의 사용재료로 부터 오는 알칼리 금속의 양 등을 고려해서 시공시의 조건에 맞는 값을 정하는 것으로 한다.

또한 알칼리골재반응성은 콘크리트 공시체에 의한 장기시험의 결과에 의해 판정해야 한다고 하는 지적도 있다.

반응성의 골재를 부득이 쓰지 않으면 안될 경우에는 저알칼리형시멘트(전알칼리 0.6% 이하) 소요량의 혼합재를 혼합한 고로시멘트 또는 플라이애쉬시멘트 등의 사용에 의해 알칼리골재반응은 충분히 억제할 필요가 있다. 이 경우, 사용하는 시멘트의 품질 및 콘크리트의 배합은 구조물의 종류나 환경조건을 고려해서 정해야 한다.

골재의 물리적 안정성에 관해서는, 건습의 되풀이조건 하에서 현저한 체적변화를 일으키는 광물이 있고 이를 함유한 골재를 사용하면 콘크리트에 팽창균열이나 골재알이 뽑히는(pop out)등의 현상이 생긴다. 이와 같은 유해광물로서는 예로서 몬모리로나이트

(montmorillonite) 및 로몬타이트(laumontite)가 있고, 이들은 암석의 구성물질의 일부로서 혹은 갈라진 눈을 채운 모양으로 거의 모든 종류의 암석에 존재하고 있는 것이다.

따라서 사용실적이 적거나 분말X선회절법(粉末X線回折法) 등에 의해 이들 광물의 존재가 확인된 골재에 있어서는 이의 사용 가부에 대하여 충분히 검토할 필요가 있다.

12. 부순돌・바순모래, 고로슬래그골재

1) 부순돌

(1) 부순돌

부순돌은 KS F 2527「콘크리트용 부순돌」에 적합한 것을 사용한다.

부순돌(碎石)은 내구적인 玄武岩, 安山岩, 경질화강암, 경질사암, 경질석회암 또는 이들에 준하는 암석을 원석으로 하여 만드는 한, 콘크리트용 골재로서 본질적으로 다른 점이 없다. 그러나 부순돌은 환경규제 등으로 인하여 습윤상태로 생산되기 때문에 다량의 돌가루가 골재 표면에 부착되므로 이를 별도로 깨끗이 씻은 후에 사용해야 한다. 다만, 강자갈과 다른 점은 부순돌 특유의 모가 나 있고 표면조직이 거칠다는 등으로 같은 워커빌리티의 콘크리트를 얻기 위해서는 단위수량의 증가나 잔골재율 등의 증가가 있게 된다.

특히 편평한 것이나 가느다란 것은 그 영향이 크기 때문에 부순돌을 사용할 경우에는 부순돌 입자의 모양이 좋고 나쁨에 대하여 고려할 필요가 있다. 그러나 골재알의 균일성이나 강도 등에 관해서는 오히려 강자갈에 비하여 우수한 경우가 많다.

KS F 2527(콘크리트용 부순돌)에서는 낱알의 형상판정에 실적률을 사용할 것을 규정하고 있으며, 최대치수 20mm의 콘크리트용 부순돌에 대해서는 그 값이 55%이상으로 규정되어 있다. 이 값은 최대치수 40mm전후의 부순돌의 경우에는 약 58%에 해당된다.

최대치수 40mm인 부순돌의 경우, 실적률 시험에 쓰이는 입도의 표준은 40~30mm가 25%, 30~20mm가 25%, 20~10mm가 30%, 10~5mm가 20%로 한다.

(2) 입형

① 골재의 입형 표현으로서 세장율, 방형율 등 여러 가지의 형상계수가 있으나 이것들의 계수와 그 골재를 이용한 콘크리트의 워커빌리티와의 사이에 관련성이 거의 인정되지 않고 실용성이 빈약하다.

② 부순돌의 실적율은 그림 1-12에 표시한 것처럼 소정의 워커빌리티의 콘크리트를 얻기 위한 단위수량과 밀접하게 관련되며 시험도 간단하므로 입형평가에 실

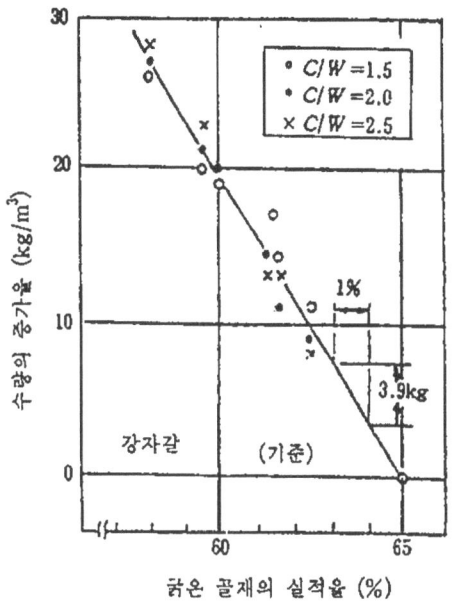

그림 1-12 굵은 골재의 실적율과 단위수량과의 관계

용상 가장 적당하다. KS F 2527에서는 부순돌 67에 대해서는 입형판정 실적율을 55%이상으로 규정하고 있다.

(3) 품질

부순돌의 품질은 KS F 2527에 규정하고 있으며 표 1-20과 같다.

표 1-20 쇄석의 품질규정(KS F 2527)

절대건조밀도 (g/cm³)	흡수량	안정성	마모감량	0.08mm체 통과량(%)
2.5이상	3%이하	12%이하	40%이하	1.0%이하

주) 안정성 시험은 황산나트륨으로 5회 실시한다.

(4) 쇄석콘크리트의 품질

① 쇄석의 모난형상 및 거친 표면조직 때문에 쇄석콘크리트는 같은 워커빌리티의 자갈콘크리트보다 단위수량이 10%정도 증대된다. 그러나 시멘트 페이스트와의 부착이 좋으므로 표 1-21에 표시한 것처럼 자갈콘크리트와 동등 이상의 강도를 발현한다.

② 콘크리트의 수밀성, 내동해성 등은 물시멘트비에 지배되기 때문에 강도와 같은 경향은 표시하지 않으며 쇄석콘크리트의 수밀성, 내동해성은 같은 단위시멘트량 및 슬럼프의 자갈콘크리트보다 떨어진다.

표 1-21 쇄석을 이용한 콘크리트의 강도

강도비	W/C, 슬럼프 일정			시멘트량, 슬럼프 일정		
	압축	인장	휨	압축	인장	휨
A/B	1.20~1.35	1.05~1.32	1.14~1.25	0.95~1.10	1.03~1.11	1.03~1.00

주) A : 쇄석 콘크리트의 강도, B : 자갈콘크리트의 강도
굵은 골재의 최대치수=40mm 및 19mm, 슬럼프=0~10cm, W/C=0.50~0.69

③ 쇄석콘크리트 품질의 특성은 다음과 같다.
○ 골재 표면은 매끄러운 것보다 거칠은 표면적이 많아야 시멘트풀의 부착력을 크게 하여 콘크리트의 강도를 높여준다.
　- 부순돌 사용 콘크리트가 천연골재보다 일반적으로 강도가 높다.
○ 부순돌은 강자갈에 비하여 표면적이 크기 때문에 강자갈을 쓸 경우 보다 약 10% 정도의 단위수량이 증가한다.
　- 부순돌을 쓴 콘크리트 강도는 시멘트 풀과의 부착성이 좋아서 강자갈을 쓸 경우 보다 강도가 15~30%정도 더 커진다.(W/C 동일)
　- 포장 콘크리트, 된비빔 콘크리트는 휨강도도 커야 하고 마모저항이 필요함에 부순돌을 사용한다.
○ 부순돌 콘크리트는 단위수량이 증가함에도 불구하고 단위 시멘트량을 동일하게 한 경우 강자갈의 경우와 같은 정도의 강도를 얻을 수 있다.(수밀성, 기타 성질은 저하된다)
　- 부순돌 사용시 수밀성을 위해 AE제, 시멘트 분산제를 사용한다.
　- 혼화제 사용시 작업성이 현저하게 개선되므로 단위수량을 8%이상 감할 수 있어 강도증진, 경제성 그리고 수밀성도 개선된다.
④ 쇄석을 사용할 때는 보통 신선한 암석의 파쇄편이며, 반응성 물질을 포함하는 경우가 있으므로 알카리골재 반응 등에 주의해야 한다.

2) 바순모래
　(1) 바순모래
　　바순모래는 KS F 2558「콘크리트용 바순모래」에 적합한 것을 사용한다.

　(2) 입형 및 미립분의 함유율
　　바순모래는 입형(粒形)이 모가 나 있을 뿐 아니라, 석분을 상당히 함유하는 경우가 많다. 이 때문에 콘크리트를 만들 때 바순모래를 쓰면 소요의 워커빌리티를 얻

는데 필요한 단위수량의 값이 어느 정도 커진다.

　바순모래의 입형은 주로 원석의 종류나 제조시의 파쇄방법에 따라 달라지므로, 이의 양부가 콘크리트의 소요단위수량이나 워커빌리티에 미치는 영향은 상당히 크다.

　따라서 바순모래를 쓸 경우에는 석질이 좋은가를 확인함과 동시에 되도록 모가 적고 긴 것이나 편평한 알갱이가 적은 것을 선정하는 것이 좋다.

　바순모래에 함유되는 석분은 일반적으로 블레인(Blaine)값으로 1,500~8,000cm^2/g 정도의 범위에 있는 입자로 되어 있으므로, 콘크리트의 단위수량을 증가시키는 요인은 있지만, 재료분리를 감소시키는 효과도 갖고 있다. 따라서 바순모래의 경우에는 차라리 3~5%의 석분이 혼입되어 있는 편이 좋다. 그러나 석분의 양이 너무 많으면 단위수량의 증가가 현저해지고, 콘크리트의 강도가 떨어진다든지, 건조수축이 크게 일어나는 등의 좋지 못한 영향이 발생하므로 이 점에 대해서도 고려해야 한다.

　KS F 2558(콘크리트용 바순모래)에는 바순모래의 입형의 양부를 판정하는 입형판정 실적률의 시험방법이 제시되어 있으며, 이 값은 53%이상이 되지 않으면 안된다고 규정하고 있다.

　또 석분 등의 씻기시험에서 손실되는 양은 7%이하로 규정되어 있다. 이에 적합한 바순모래이면 그 입형이나 석분이 콘크리트의 품질에 미치는 영향은 거의 문제가 되지 않는다.

(3) 품질 및 입도

　KS F 2558에는 바순 모래의 품질 및 입도에 대해서 규정하고 있다. 부순돌의 재질로서 절건밀도 2.5이상, 흡수율 3%이하, 안정성 10%이하로 씻기시험에서 손실된 양 7%이하로 정하고 입도분포의 허용한도를 ±0.15% 이내로 하고 있다.

3) 슬래그 골재

(1) 슬래그 골재

　KS F 2544 · KS F 2559 「콘크리트용 슬래그 골재」에 적합한 것을 쓴다.

(2) 종류

① 고로슬래그 굵은 골재 용광로로 제철과 동시에 생성하는 용융 슬래그를 서서히 냉각시켜 파쇄하여 입도 조정한 것.

② 고로슬래그 잔골재 용광로로 제철과 동시에 생성하는 용융슬래그를 물 또는 공기로 급냉시켜 입도 조정한 것

③ Ferronickel슬래그 잔골재(FNS) 爐로 Ferronickel과 동시에 생성하는 용융슬래그를 서서히 냉각 또는 급냉하여 입도 조정한 것

(3) 구분 및 호칭법

① 입도에 의한 고로슬래그 굵은 골재는 467, 4, 57, 67, 7의 5종으로 高爐 및 Ferronickel슬래그 잔골재는 5mm이하, 2.5mm이하, 1.2mm이하 및 5~0.3mm 의 4종으로 구분한다.

② 高爐슬래그 굵은 골재는 절건밀도, 흡수율 및 단위용적 질량에 따라 A, B로 구분한다. A, B경계치는 표 1-22(*인)에 나타내고 있다.

(4) 품질 및 입도

① 슬래그 골재 품질은 표 1-22에 적합한 것으로 한다.

표 1-22 슬래그 골재의 품질(KSF 2544, KSF 2559)

품 질		高爐슬래그 골재			Ferronickel슬래그 골재
		고로슬래그 굵은 골재		고로슬래그 잔골재	Ferronickel슬래그 잔골재
		A	B		
화학성분	산화칼슘(CaO로)%	45.0이하		45.0이하	15.0이하
	전황(S로)%	2.0이하		2.0이하	0.5이하
	삼산화황(SO_3로)%	0.5이하		0.5이하	-
	전철(FeO로)%	3.0이하		3.0이하	13.0이하
	산화마그네슘(MaO로)	-		-	40.0이하
	금속철(Fe로)	-		-	1.0이하
절대밀도(kg/㎥)		2.2이상	2.4이상*	2.5이상*	2.7이상
흡수율(%)		6.0이하	4.0이하*	3.5이하*	3.0이하
단위용적 질량(kg/ℓ)		1.25이상	1.35이상*	1.45이상*	1.50이상
씻기시험으로 잃은 것의 량					7.0이하
수중침적		균열, 분해, 泥狀化, 분화 등의 현상이 없는 것.		-	-
자외선(360.0mm조사)		발광하지 않는가 또는 한결같이 자색으로 빛나고 있는 것.		-	-
실리커 반응				-	無害

② 슬래그 잔골재는 입도조정이나 염분조정 목적으로 바다모래, 산모래 등과 혼합 사용되는 경우가 많으므로 (2)에 나타낸 4종의 입도가 규정되어 있다. 조립율의 편차는 견본품에 대해 고로슬래그 굵은 조골재인 경우 ±0.30이내, 슬래그 잔골

재인 경우 ±0.20 이내로 한다.

③ KS F 2559(콘크리트용 고로슬래그 잔골재)에 적합한 잔골재는 유리질로서 알갱이의 표면조직이 미끄럽기 때문에, 천연산의 잔골재보다 보수성(保水性)이 적다. 또 바순모래나 부수어서 만들어지는 고로슬래그 잔골재는 모가 난 알갱이를 많이 함유하고 있다. 이들의 잔골재의 경우에는 미립분이 많은 편이 콘크리트의 워커빌리티, 블리딩 등에 좋은 결과를 준다. 또한 고로슬래그 잔골재의 경우에는 알맹이가 작은 것일수록 밀도가 커질 경향이 있으므로, 입도분포의 용적비율을 일반의 경우와 같게 해도 세립부분의 질량백분률이 커지게 된다. 이런 것들을 고려해서 바순모래 혹은 고로슬래그 잔골재를 단독으로 쓰는 경우에는 0.15mm체를 통과하는 것의 질량백분률의 상한을 일반적인 경우보다 크게 해도 좋도록 하였다.

바순모래 혹은 고로슬래그 잔골재를 다른 골재와 혼합해서 사용하는 경우에 있어 0.15mm체 통과분의 상한은 이 체를 통과하는 부분의 골재의 종별에 의한 비율에 따라 적당히 정하면 좋지만, 0.15mm체 통과분의 대부분이 바순모래 혹은 고로슬래그 잔골재인 경우에는 15%로 해도 좋다.

④ 고로슬래그 굵은골재는 용광로에서 나온 고온의 용융고로슬래그를 서서히 냉각시켜서 응고시킨후 크러셔로 파쇄하여 만든 것이다. 고로슬래그 굵은골재는 냉각방법, 파쇄과정의 차이 등에 따라 골재로서 적당하지 않은 것도 있다.

또 같은 제철소에서 제조된 것이라 하더라도 생산시기에 따라 품질에 약간의 차이가 생길 수 있다. 그래서 중소기업청에서는 KS F 2544「콘크리트용 고로슬래그 굵은골재」를 제정하였으며, 이 시방서에서도 이 규정에 적합한 것을 사용하도록 규정하였다.

KS F 2544에서는 고로슬래그 굵은골재를 A 및 B로 분류하고 있지만, 이 시방서에서는 B에 속하는 고로슬래그 굵은골재를 사용하는 것을 원칙으로 하며, A에 속하는 것은 내구성이 중요하지 않고, 또 설계기준강도가 210kgf/cm^2 미만인 콘크리트에 한해서 사용하는 것으로 한다.

알루미나시멘트나 고로슬래그 굵은골재를 병용하면 급결성을 나타내므로 특수한 경우 이외에는 사용을 피하는 것이 좋다. 또, 고로슬래그로 만든 굵은 골재는 고로슬래그 굵은골재와 달라서 불안정하므로 콘크리트용 골재로 사용해서는 안된다.

(5) 사용상의 유의사항

① 고로슬래그 굵은골재는 결정질의 안정된 것이다. 토목 구조물의 설계기준 강도 210kgf/cm^{2}미만으로 내동해성을 중시하지 않을 경우에 사용하면 좋다. 또, 고로

슬래그외에 轉爐슬래그가 있으나 이런 것은 석회분이 많고 自壞하기 쉬우므로 콘크리트용 골재로 쓰여지지 않는다.

② 고로슬래그 잔골재는 불안정 유리질로 잠재수경성을 가지므로 시멘트 페스트와의 계면 결합이 강화되어 콘크리트의 장기강도가 증대한다(그림 1-13 참조 W/C= 53%, 재령 1년 이후 슬래그 모래 콘크리트 압축강도는 70~110kgf/cm² 크게 된다). 이 반면 높은 기온시에 저장 중 고결하기 쉬우므로 하계절에는 고결성이 적은 것(KSF 2559 참고 2「고로슬래그 잔골재 저장의 안정성 시험방법」에 의해 A라 판정된 것)을 쓰든가 구입계획을 면밀하게 세워 장기간 저장을 피하도록 한다.

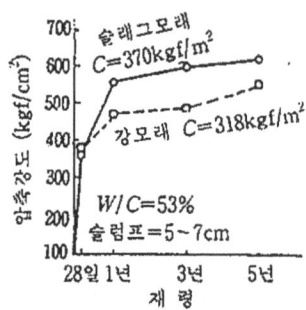

그림 1-13 압축강도의 증진상황

③ Ferronickel의 슬래그 잔골재는 알카리 골재반응을 고려해서 오토크레이브 양생을 하는 콘크리트에는 적용하지 않는다.

13. 경량골재 및 중량골재

1) 경량골재

경량골재에는 천연과 인공골재가 있다. 천연경량골재에는 경석, 용암, 화산력 등이 있으나, 어느 것이나 흡수량이 크고 골재 자체의 강도가 적어 일반적으로 구조용으로 사용되는 고강도의 콘크리트는 얻을 수 없고, 주로 피복, 단열용으로 사용되고 있다.

근년 구조용 콘크리트로 사용되는 고강도 경량골재가 제조, 시판되고 있으며, 이것을 인공경량골재라 부르고 있다.

인공경량골재는 혈암, 점토, Fly Ash 등, 가열하면 팽창하는 성질을 갖는 광물을 주원료로 해서 제조되고 그 제조방법에 따라 a) 비조립형 b) 조립형 c) 파쇄형 등의 3종으로 구분한다.

비조립형 골재는 원료로 팽창혈암 또는 점토를 조쇄기로 20~5mm이하로 조쇄하고 체가름하여 입도를 조정한 후 Rotary kiln으로 소성한 것이다.

조립형 골재는 팽창점토, 혈암, Fly Ash의 원료를 조합 후 미분쇄하여 조립한 다음 Rotary kiln으로 소성한 것이다.

어느 것이나 소성 과정에서 발포하여 내부에는 다수의 미세한 기포를 갖는 조직이 되지만 표면은 소결되어 Glass상의 치밀한 표면각이 생긴다.

파쇄형 골재는 원석을 조쇄하여 소성한 후 파쇄해 입도조정을 한 것으로 표면각이 없는 것으로서 흡수량이 크고 강도가 적어 시판되고 있지 않다.

비조립형, 조립형에 따라 약간 다른 점은 있지만 어느 것이나 흡수량은 천연경량골재에 비해 매우 적고 특히 조립형 골재의 흡수량은 극히 적다. 단위질량은 KS F 2534에 규정되어 있다. 그렇지만 골재 자체의 강도는 높아 Prestress Concrete에도 사용될 수 있을 정도의 고강도 콘크리트를 만들 수가 있고, 단순히 천연골재의 부족을 보충하는 의미가 아니며 구조물의 경량화로 장기화하고 고층화라는 이점을 이용하여 금후 사용의 증대가 기대되고 있다.

일반적으로 콘크리트의 밀도로 2.0이하의 것을 경량콘크리트라고 부르고 있다. 현재 시판되는 경량골재를 사용한 콘크리트에서의 잔·굵은 골재가 경량골재일 경우는 1.5~1.7tf/m^{3}이며, 잔골재로 천연모래를 사용한 경우는 1.70~2.0tf/m^{3}이다.

인공경량골재를 사용한 콘크리트는 young계수가 보통콘크리트에 비해 적고, 또한 압축강도에 대한 휨 및 인장강도비가 콘크리트가 건조했을 때 약간 저하하는 것이 특징이라 할 수 있다.

KS F 2534「구조용 경량콘크리트골재」에 적합한 것을 사용한다. 이 규격에는 인공경량골재, 천연경량골재(화산자갈) 및 副産경량골재가 규정되어 있으나 토목구조물에는 천연경량골재는 쓰지 않으므로 이하 인공경량골재에 대해서 기술한다.

인공경량골재를 쓰면 단위질량 1.6~1.8tf/m^3, 압축강도 30~50kgf/cm^{2}의 고강도 경량 콘크리트를 만들 수가 있다.

2) 인공경량골재

급속한 경제발전으로 건설구조물은 대형화와 급속화로 골재 수요량이 급증함에 따라 국내 골재수급 사정은 천연골재가 앞으로 약 30년 이내에 고갈될 위기에 당면하고 있다.

따라서 골재난의 해결방안으로 현재 콘크리트용 골재로 활용하고 있는 천연골재의 대체 재료를 개발함이 급선무라 할 수 있겠고 이는 국내뿐만 아니라 세계적인 추세로 볼 수 있겠다.

그리하여 선진외국에서는 산업폐기물을 활용하여 인공골재를 생산하고 있으며 국내 일부기업에서도 개발하고 있는 실정이다. 인공골재의 특성은 콘크리트구조물의 하중을 경감시켜 고성능화와 연약지반의 시공으로 침하·붕괴의 방지등의 효과를 기대할 수 있겠다.

일반적인 인공경량골재의 생산은 파쇄 또는 조립된 팽창혈암, 팽창점토, 플라이애쉬 등을 1000~1200℃로 燒性하여 만든다. 이 때 기화물질이 기포를 형성하고(주로 Fe_2O_3→

$2FeO + 1/2 \cdot O_2 \uparrow$) 내부에 다수 독립 기포를 가지며 표면은 녹아서 단단한 표피로 씌워진 골재가 된다.

인공경량골재는 그 용도에 따라 구조용과 비구조용(단열, 방음), 생산과정에 따라 천연경량골재, 인공경량골재 및 제철소 등에서 발생되는 부산경량골재로 나뉜다.

이중 구조용 경량골재는 하중을 받는 내력벽에 사용하는 골재로 고로광재, 점토, 규조암토, 플라이애쉬·점판암 등을 팽창, 소성, 소괴하여 생산하는 골재와 경석, 화산암, 응회암과 같은 천연골재를 가공한 골재를 말하고, 비구조용 경량 골재는 흡음, 방음, 단열의 목적으로 사용하는 골재 즉, 진주석, 질석 등을 팽창시켜 만든 골재와 고로슬래그, 점토, 규조토, 플라이애쉬, 혈암, 점판암, 지오라이트등을 팽창, 소성 또는 조립하여 만든 골재 및 경석, 화산암, 응회암 등의 천연재료로 만든 골재를 말한다.

3) 경량골재의 요구성질

(1) 분리를 일으키지 않는 범위에서 될 수 있는 한 가볍고 각 입자의 밀도의 차이가 없어야 한다.
(2) 견고하고 내구성이 높아야 하며, 입도분포가 좋아야 한다.
(3) 흡수율을 너무 많이 내포하지 않아야 하며, 유해물이 포함되지 않아야 한다.
(4) 골재의 형상이 구형에 가깝고, 골재표면은 Cement paste와의 부착성이 좋아야 한다.
(5) 가격이 싸고, 고른 품질의 상태로 대량 공급이 가능하여야 한다.

4) 경량골재의 구분과 호칭법

(1) KS F 2534에서는 경량골재를 재료(표 1-23), 절건밀도 [표 1-24(a)], 실적율 [표 1-24(b)] 및 콘크리트로서의 압축강도 및 단위용적 질량 [표 1-24(c, d)]에 의해 구분된다. 실적율에 의한 구분은 입형판정의 기본적인 자료가 될 수 있다.

표 1-23 재료에 의한 구분(KS F 2534)

분 류	설 명
인공 경량골재	고로광재, 점토, 규조토암, 석탄회, 질편암 같은 것을 팽창, 소괴하여 생상되는 골재
천연 경량골재	경석, 화산암, 응회암과 같은 천연골재를 가공한 골재

(2) 호칭명은 「인공경량 굵은 골재 MA-417」 등으로 한다.
　　　　　　　　　　　밀입강중
　　　　　　　　　　　도형조량

시방서 시공편에서는 토목 구조물에 쓰이는 경량골재는 세립조립 모두 인공경량 골재로 규정되었다.

표 1-24(a) 절건 밀도에 의한 구분

종 류	절 건 밀 도	
	잔골재	굵은 골재
L	1.3미만	1.0미만
M	1.3이상 1.8미만	1.0이상 1.5미만
H	1.8이상 2.3미만	1.5이상 2.0미만

표 1-24(b) 절건 밀도에 의한 구분

종 류	모르터 중의 잔골재 실적율[1]	굵은 골재의 실적율[2]
A	50.0이상	60.0이상
B	45.0이상 0.0미만	50.0이상 60.0미만

표 1-24(c) 절건 밀도에 의한 구분

종 류	압 축 강 도
400	400이상
300	300이상 400미만
200	200이상 300미만
100	100이상 200미만

표 1-24(d) 절건 밀도에 의한 구분

종 류	압 축 강 도
15	1.6미만
17	1.6이상 1.8미만
19	1.8이상 2.0미만
21	2.0이상

주) 1. 모르터의 배합 : 시멘트 모래비 1 : 3, 플로우 180±5mm

$$모르터 속의 모래의 실적율\ D(\%) = \frac{모래의\ 절대용적(ml)}{모르터의\ 거래량(ml)} \times 100$$

따라서, D는 입형과 입도의 종합적 평가를 준다.
2. 굵은 골재의 입도(질량백분율)
 19~10mm : 50%, 10~NO.4 : 50%
3. 콘크리트의 배합 : 물시멘트비=40%, 슬럼프=8cm, 재령 28일
4. 압축강도 시험에 사용되는 콘크리트에 대해 아직 굳지 않은 콘크리트의 단위 용적 질량을 측정한다.

5) 경량골재의 입도

(1) 입도는 표 1-25에 적합한 것이 아니면 안된다. 이것들의 표준적 입도가 아니라 공업제품으로서의 규격한계를 표시하기 때문에 이 입도범위를 벗어나면 불합격품이 된다.

입도분포의 허용한도는 조립율로 7%이상 틀리면 안된다.

표 1-25 경량골재의 입도의 범위(KS F 2534)

		각 체를 통과하는 질량 백분율%							
		25	20	13	10	5	2.5	1.2	0.3	0.15
잔골재	5~0	-	-	-	100	85~100	-	40~80	10~35	5~25
	25~5	95~100	-	25~60	-	0~10	-	-	-	-
	20~5	100	90~100	-	10~50	0~15	-	-	-	-
	13~5	-	100	90~100	40~80	0~20	0~10	-	-	-
	10~2.5	-	-	100	80~100	5~40	0~20	0~10	-	-
잔골재와 굵은골재 의 혼합물	13~0	-	100	95~100	-	50~80	-	-	5~20	2~15
	10~0	-	-	100	90~100	65~90	35~65	-	10~25	5~15

주(²) 여기에서 체는 각각 KS A 5101에 규정한 표준체 26.5mm, 19mm, 13.2mm, 9.5mm, 4.75mm, 2.36mm, 1.18mm, 300㎛ 및 150㎛에 해당한다.

(2) 씻기시험에서 손실된 양을 10%까지 허용하고 있는(보통골재는 5%이하)것은 燒結된 것으로 점토, 실트만큼 미분은 아니며 또, 약간의 포졸란 반응도 기대되기 때문이다.

6) 경량골재의 유해물

유해물 함유량의 한도를 표 1-26에 표시한다. 표 1-26 중 浮粒率은 물에 뜰 정도의 가벼운 입자의 함유율이며 압축강도 400kgf/cm² 정도의 고강도 경량콘크리트에 있어서는 浮粒率이 10%이상이 되면 압축강도도 10%이상 저하된다.

표 1-26 유해물 함유량의 한도(질량백분율)

종 류	절 건 밀 도
강열감량	1.0
무수황산(SO₃로써)	0.5
염화물(NaCl로써)	0.01
유기불순물	시험용액의 색이 표준색보다 짙지 않을 것
점토덩어리	1.0
굵은골재 중의 부립율	10.0

7) 혈암계 인공경량골재의 성질

(1) 밀도, 흡수율 및 단위용적 질량의 대강의 값을 표 1-27에 표시한다. 흡수율은 보통 골재에 비하여 현저하게 크게 보이나 이것은 골재의 질량에 대한 백분율로 나타나게 되었기 때문이며 용적 백분율로 나타내면 보통골재의 2배정도(24시간 흡수시)이다.

(2) KS F 2507「황산나트륨에 의한 골재의 안정성 시험방법」에 의해 골재의 내동해성을 적절하게 평가할 수 없으므로 이 규격시험은 적용하지 않는다. 그러므로 콘크리트로서의 동결 융해시험 또는 과거의 사용실적에 의해 평가할 필요가 있다.
(3) 인공경량골재의 강도는 강자갈보다 작으나 화산자갈보다 크다. 영국 규격에 규정되어 있는 파쇄시험에 의한 10%파쇄시는 강자갈, 인공경량 및 화산자갈에 대해 각각 약 30tf, 약 10tf 및 5tf이다.
(4) 인공경량골재는 실리커질이지만 알카리실리커 반응의 발생의 우려는 없다.

표 1-27 경량골재의 밀도, 흡수율, 단위용적 질량

종류 \ 항목 골재	절건 밀도		24시간 흡수율 (질량 백분율)		단위용적 질량(kg/l)	
	잔골재	굵은골재	잔골재	굵은골재	잔골재	굵은골재
팽창혈암	1.5~1.8	1.2~1.4	8~12	6~10	0.80~1.20	0.650~0.90

8) 중량골재
(1) 중량골재는 주로 원자로 등의 生體차폐용 콘크리트에 사용된다. 이것은 콘크리트의 밀도가 클수록 γ선이나 중성자에 대한 차폐성이 크기 때문이다.
(2) 중량 골재에는 중정석, 갈철광, 자철광 등이 있으며 이것들의 밀도 및 중량골재 콘크리트의 밀도는 표 1-28과 같다.

표 1-28 중량골재 및 중량 콘크리트에 밀도의 일례

골재명	중정석	갈철광	자철광
골재의 밀도	4.2~4.7	2.8~3.8	4.5~5.2
콘크리트의 밀도	3.3~3.6	2.6~2.7	3.5~3.8

(3) 그림 1-14은 물질의 밀도와 중량 흡수계수와의 관계를 표시한 것으로 양자 사이에 일차 비례관계가 성립된다. 중량 흡수계수 μm은 차폐성을 나타내는 지수이며 선흡수계수 μ와의 사이에 다음 관계가 있다.

$$\mu m = \rho \mu$$

여기서, ρ : 차폐재의 밀도

선흡수계수는 방사선의 종류에 따라 정해진 정수이며 예를 들면, Co^{60}의 γ선의 경우 0.055cm³/g이다. 따라서 선원과 차폐재가 결정되면 식(1.1)에서 차폐성을 산정할 수가 있다.

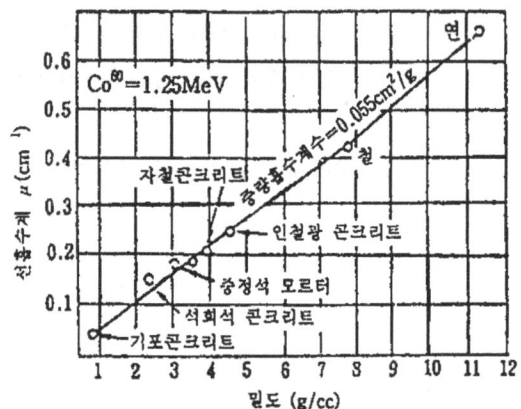

그림 1-14 각종 물질의 밀도와 $Co^{60} \gamma$선의 흡수계수

14. 바다모래

최근 건설공사의 급격한 증가와 건축 및 토목공사의 대규모화에 따른 Cement Concrete용 골재수요가 날로 증가하여 그 수급이 심각한 문제로 대두되기 시작하였다.

특히, 자연 환경 보존법의 강화로 인한 골재채취 금지구역의 증대와 댐건설등으로 인하여 자연산골재 채취가능구역 감소는 물론, 유입량 마저 줄어들게 되어 구득난의 심각성을 더해주고 있다.

따라서 새로운 골재원 개발은 시급한 당면 문제이다. 석산개발은 하천 골재 채취와 마찬가지로 자연환경 보전차원에서 규제 대상으로 장기적인 안목에서는 기대할 만한 방안이 되지 못한다.

이러한 골재난 해결방안으로써 해사는 일찍이 각국에서 활용되어 일본의 경우 해사가 전체 사용량의 40%이상을 점유하고 있는 실정이며, 국내에서도 지역에 따라서는 전망이 좋은 자원이다. 특히 임해지역의 건설공사 경우 근처의 해사를 활용하면 이에 따른 경제적 이익은 대단히 클 것이다.

사실상 국내의 경우에도 해사는 상당량 활용되고 있는 실정이나 활성화되지 못한 이유로는 해사의 부존량이 조사되지 못한 점과, 해사의 품질에 대한 확실한 자료 부족과 1970년말까지 염화물함량이 0.01%이하로 엄격하게 규정된 것이 제약조건으로 작용하였다.

따라서, 해사 사용시 우려되는 제반 문제점들을 검토, 연구하여 규명함으로써 장, 단기적인 구조물의 품질 확보가 가능하도록 긍정적인 측면에서 시급한 대책이 수립되어야 할 것이다.

해사사용이 부정적인 측면보다 긍정적인 측면에서 활용되어져야 하므로 전국의 세골재 예측량과 주요 해안의 해사 품질 및 사용상의 문제점을 검토하고 주요 문제점으로 부각되는 염분 함유량에 의한 철근의 부식 문제에 대한 대책에 대하여 계속 연구검토 되어야 한다.

1) 우리나라 바다모래의 품질
   (1) 입도
      해안사의 입도분포상 조립률은 동해안이 양호하며 남해안은 50%정도가 규격미달 이고 서해안은 편차가 심한 편이다.

   (2) 조개 껍질 함유량
   ① 남해안은 다량의 조개껍질을 함유하고 있는 것으로 나타나고, 서해안은 대천지역에서 나타나고 있으며 그외지역은 1%미만이거나 없는 것으로 나타나고 있다.
   ② 조개껍질의 함유 허용치는 30%로 규정하고 있어 함유지역에서는 체로 선별 사용하면 거의 문제시되지 않는다.

   (3) 염분 함유량
   ① 수중사의 경우 0.1%~0.5%범위로 동해안, 남해안, 서해안 순으로 커지고 해안사의 경우 0.01%~0.05%로 남해안, 동해안, 서해안 순으로 커지고 있는 경향을 보인다.
   ② 염분 규정은 건설부 및 토목학회 표준시방서에서는 0.1%이하, 건축공사 표준시방서에서는 0.04%(1급골재), 0.1%이하(2, 3급 골재)로 규정하고 있다.
   ③ 수중사는 규정치를 초과하고 해안사의 경우 동해안 및 남해안은 대체로 0.4% 상한치 규격에 합격하나 서해안의 경우는 대부분 이 규정치를 초과하고 있음을 알 수 있다.
   ④ 개선방향은 염분이 함유되지 않은 모래를 혼합하든지 제염법이나 방청제 사용이 검토되어야 한다.

   (4) 기타 품질
   ① 비중 및 흡수는 동해안이 양호하고 대부분 적정범위이다.
   ② 단위 중량, 안정성, No.200체 통과량은 전해안 모두 양호하나 남서해안에서 단위 중량이 약간 적정치에 미달한 경향을 가지고 있다.

2) 바다모래가 Concrete에 미치는 영향

(1) 조개껍질
① 조개껍질의 크기, 풍화도 및 모양에 따라 콘크리트에 미치는 영향이 다르다.
② 영국 및 일본에서는 5mm이하인 것이 30%이하로 혼입량을 규제하고 있다.
③ 5mm이하의 조개껍질은 형상이 모래알과 비슷하고 입경이 적어 부착파괴되지 않는다.
④ 5mm이상은 평평한 것이 많아 Concrete 유동성을 저하시키고 Slump를 적게한다.

(2) 응결시간
① 염분은 다소 응결을 촉진시키는 역할을 한다.(한중 Concrete : 경화제로 사용)
② 염분 함량이 높으면 수화반응이 빨라져, 응결 시간이 짧아진다.
③ 염분이 함유된 Concrete사용시는 Concrete플랜트가 원거리에 위치하거나, 레미콘을 사용할 때 운반거리 및 시간이 길 경우 응결시간을 고려하여야 한다.

(3) 건조 수축
염분이 1~3% 함유시는 염분이 없을 때보다 수축량이 약 1.5배 증가하나 건조수축이 크게 나타나는 농도는 해수를 혼합수로 사용한 경우와 비슷하므로 일반적으로 별 문제가 없다.

(4) Slump 및 압축강도
Slump에는 영향이 없으며 압축강도는 초기 재령은 약간 증가하나 장기재령에서는 비슷하다.

(5) 염분 함유량
① Concrete의 모든 성분 중에 다소는 함유되고 있다.
② Concrete의 경화와 부식을 촉진시키나 Workability, 강도 등에 대해서는 큰 영향을 주지 않는다.
③ 염분 함유량을 낮추는 대책은 물로 씻는 방법이 가장 기본적이며 하천모래나 산모래를 혼합하기도 한다.
④ 철근 부식에 대한 문제점 및 대책
Concrete중 철근의 부식인자는 PH변화(중성화), 산소, 수분, 염소이온 등을 들 수 있다.

3) 염소 이온

(1) 다량의 염소이온이 Concrete 중에 존재하거나 침입하면 철근의 부동태화를 방해하거나 파괴한다.
(2) 염소이온이 Concrete에 존재시 알카리 용액 중에서 생성된 수산화 제1철에 대하여 염소이온(Cl^-)이 국부전지를 형성시켜 부식이 촉진된다.
(3) 0.04%까지는 부식속도가 작지만 0.04%를 초과하면 부식속도가 커진다.
(4) 철근의 부식촉진은 습기와 산소가 계속 공급되어야 하며, 다른 인자에 따라서도 발생된다.

4) 염분량에 의한 부식판정

(1) 촉진폭로 시험결과 염분함유량이 0.1%까지는 부식면적의 확산이 시간경과에 따른 큰 변화가 없으나 0.2% 함유시부터는 급속히 확산됨을 알 수 있다.
(2) 10주까지는 부식면적의 큰 변화가 없으나 10주 이상부터 0.12%함유시 급속히 부식면적이 확산되며 염분량 0.04%까지는 20주에서도 부식면적은 발생하지 않는다.

5) 부식 판정

(1) 전극전위가 -방향을 가리키면 철근 부식이 되기 쉽고 +방향은 부식이 되기 어려움을 알 수 있다.
(2) 염화물이 없는 Concrete에서 PH가 12보다 작으면 철근에 녹이 발생하기 쉽다.
(3) NaCl 0.04%보다 크면 고알카리(PH 12)에서도 녹이 발생하게 된다.
(4) 염분의 존재유무는 질산은용액을 콘크리트면에 뿌려 건조시킨 후 크롬산 칼리움 용액을 뿌리고 건조 후에 색깔(노란색)로 판정한다.

6) 염분에 대한 대책

(1) 해사의 제염
① 실외에 야적하는 방법
　　염화물은 모래의 표면수로 존재하므로 강우량, 야적높이, 모래입도에 따라 차이가 있으며, 심층부까지의 제염효과를 기대하기는 어렵다.
② 기계적인 제염
　　Trommel, Crasher를 사용, 수세하여 제염하는 방법으로 다량의 물이 필요하고 공해설비 및 부지확보 등 경제적인 문제가 따른다.
(2) 방청제 사용
　　아초산염, 크롬산염, 규산염등 방청제를 사용, 철근의 부식을 보호할 수 있다.

(3) 에폭시 수지도장 철근

에폭시 수지도장 철근을 사용할 때 굽힘가공시 손상과 이형철근의 균일한 도막 두께 피복과 Concrete에 대한 부착력이 저하됨을 감안 사용하여야 한다.

7) 시공적인 측면의 대책

(1) 해사의 염화물 함유량을 허용치 이하로 한다.

NaCl 0.04%이하, W/C 55%이하, 철근 피복두께 크게하고, Slump 18cm(유동화제 사용할 때 21cm)이하, 방청제 사용등 특별한 대책 시공시 0.1%이하로 한다.

(2) 양질의 Concrete 시공

W/C 및 단위 수량을 적게 하고, 중성화를 늦추고, 철근의 산소도달량을 적게 하여야 한다.

8) 염분함유량과 허용한도

(1) 바다모래의 염분함유량은 NaCl 환산치로 모래의 절건질량에 대해 해변모래의 경우 0.01~0.02%, 해저모래의 경우 0.10~0.20%이다. 모래에 이 정도의 염분이 포함되어 있어도 콘크리트의 강도 등에는 거의 영향되지 않으므로 무근콘크리트(용심 철근이 배치되어 있는 무근콘크리트는 제외)에 사용하는 것은 지장이 없으나 철근콘크리트에 사용하면 철근을 녹슬게 할 우려가 있다.

(2) 바다모래의 염화물 함유량의 한도는 염화물 이온량으로 모래의 절건질량의 0.02% 이하로 한다. 혼합시에는 콘크리트 속에 존재하는 염화물은 시멘트, 골재, 혼화재료 및 물에 포함되어 있던 총합이므로 건설교통부에서는 콘크리트의 염화물량의 허용한도를 전염화물 이온량으로 $0.30 kg/m^3$이하로 규정하고 있다. 바다모래 중의 염화물량의 허용한도는 콘크리트에 있어 상기의 규정치를 만족하도록 또 바다모래 씻기 공정의 실정도 고려해서 정한 것이다.

(3) 바다모래 중의 염화물 함유량의 시험은「바다모래의 염화물 이온함유물 시험방법」에 의한다. 이 방법은 지시약으로 fluorene세인나트륨을 사용하는 방법으로 그 요점은 아래와 같다.

① 바다모래의 대표적 시료 약 10kg를 채취하여 잘 혼합, 그 중에서 약 200g을 분취해서 절건질량(WD)을 측정한다.

② 정제수(증류수 또는 이온교환지수로 정제한 물) 500ml를 더해서 교반하여 24시간 정지하고 염화물 이온을 충분히 용출시켜 시험액으로 한다.

③ 시험액의 상등액 50ml를 분취하여 지시약으로 fluorene세인 나트륨 0.2%용액을 3~5방울 더한다.

④ 0.1 규정소산은 용액을 적하하여 시험액이 황녹색으로 황색을 거쳐 황등색으로 될 때의 소산은 용액의 적정량(c)을 구한다.

⑤ 염화물 이온함유율은 다음 식에서 계산한다.

$$\text{염화물 이온함유율} \quad CL(\%) = 1.42 \times \frac{c \times f}{W_D}$$

여기서, c : 소산은 용액의 양(ml), W_D : 시료의 절건질량(g), g : 소산은 용액의 농도계수(시판품인 경우 기재하고 있는 값)

(4) 바다모래의 염화물 함유량의 관리시험은 「바다모래의 염화물 이온함유율 시험방법(간이 측정법)」에 의한다.

① 이 시험은 이온전극법, 전극 전위측정법, 모르법 또는 전량적정법을 측정원리로 하는 간이측정기(염화물 이온농도가 0.05%, 0.10% 및 0.20의 염화나트륨 용액을 사용해서 검정했을 때) 오차가 각각 ±10%, ±5% 및 ±5%이내로 되는 성능의 것을 사용한다. 일본 국토개발 기술센터에서 간이염분 측정기의 평가규준이 정해져 있고 이 기술평가를 받은 기종은 제36장 표 5-33에 표시하고 있다.

② 바다모래의 대표 시료 약 10kg부터 약 500kg을 분취하여 절건질량을 측정하고 200ml의 증류수 또는 수도물을 더해 시험액으로 한다(측정오차를 적게 하기 위해 시험액의 염화물 이온농도가 농하게 되도록 배려한 것이다).

③ 측정기에 의해 시험액의 염화물 이온농도를 측정하고 시료의 염화물 이온함유율을 구한다.

④ 간이염분 농도 측정계에 대해서는 제36장 참조

결론적으로 건설공사의 급격한 증가와 골재채취 금지구역 증대, 자연산 골재의 고갈로 인하여 해사의 사용에 대하여는 그 적극적인 활용 대책이 시급한 실정이다.

해사의 이용시 이점으로는 대량채취시 가격이 싸고, 공급량이 안정되며 자연훼손의 염려가 없으며 도서지방 등 동해안 연안에서는 수송비와 조작비용을 절약할 수 있다.

우리나라 해사의 품질은 동해안사는 대체적으로 양호한 편이고 남해안은 조개껍질이 일부기준치 이상 포함된 것과 입도가 약간 벗어나고 있으며 서해안의 경우는 염분함유량, 조개껍질, 입도등이 규정치를 벗어나므로 철근의 부식방지책을 세워 사용하여야 한다.

해사 사용시 Concrete에 대한 영향은 염화물 함유량, 압축 강도, 응결시간, 조개껍질, 건조수축 등을 들 수 있으나 가장 문제점은 염분함유량은 NaCl로 환산하여 0.04% (0.3kg/m^3)이하로 Concrete에 사용하여야 하며 규정치 이상의 경우는 별도의 대책을 세워야 한다.

그 대책으로는 해사의 제염, 방청제 사용, 에폭시수지 도장철근 사용과 시공시 W/C와 Slump 및 철근 피복두께 등을 들 수 있다.

또한 해사의 품질을 특별히 관리할 수 있는 제도나 규정정비 등에 관한 사항 및 제염 등 기술적인 문제점의 검토를 위하여 국가뿐 아니라 골재생산업자 및 사용자의 협동노력이 필요하며 이미 해사를 적극적으로 활용하고 있는 영국, 일본 등으로부터 많은 기술 정보를 수집, 분석하여 우리 실정에 맞는 연구 및 검토가 계속적으로 이루어져야 할 것으로 본다.

15. 육지모래

1) 육지모래(山砂 : 산모래)

육지모래의 사용에 있어서는 微粒分, 특히 점토의 혼입 및 유기불순물의 혼입에 대해서 주의할 필요가 있다.

2) 골재 관련규격 및 규준
(1) 골재관련의 KS는 시험방법 규격이지만 제품규격으로서 다음의 5가지가 있다.
　　KS F 2534 「구조용 경량 콘크리트 골재」
　　KS F 2558 「콘크리트 쇄사」
　　KS F 2527 「콘크리트 쇄석」
　　KS F 2544 「콘크리트용 고로슬래그 굵은 골재」
　　KS F 2559 「콘크리트용 고로슬래그 잔골재」
(2) 골재의 시험방법의 KS에 있어서 경량골재의 밀도 및 흡수율 시험방법의 규격은 보통 골재와는 별개로 규정되었다.
　　KS F 2529 「구조용 경량 잔골재의 밀도 및 흡수율 시험방법」
　　KS F 2533 「구조용 경량 굵은 골재의 밀도 및 흡수율 시험방법」
(3) 건교부 시방서 중의 골재의 유해물 중에서 유연한 석편의 함유율의 한도가 삭제되었으므로 보통골재의 품질검사를 위한 시험방법에서 KS F 2516 「굵은 골재 중의 연석량 시험방법」은 제외된다.
(4) KS의 시험방법 이외로 건교부 기준, KS F 4009 「레디믹스트 콘크리트 부속서」에 다음 시험이 표시되었다.
　　「콘크리트용 체의 규격」 (KS A 5101)
　　「해사 중의 염화물 함유량 시험방법(간이측정법)」

KS F 4009 「레디믹스트 콘크리트」附屬書
골재중의 밀도 2.0의 액체에 뜨는 입자의 시험방법
모르터의 압축강도에 의한 모래의 시험방법
경량 굵은 골재의 부립율의 시험방법
골재의 알카리실리커 반응성 시험방법(화학법)
골재의 알카리실리커 반응성 시험방법(모르터법)

제 2 장 시 멘 트

1. 시멘트의 종류

1) 시멘트의 종류는 다음과 같다.

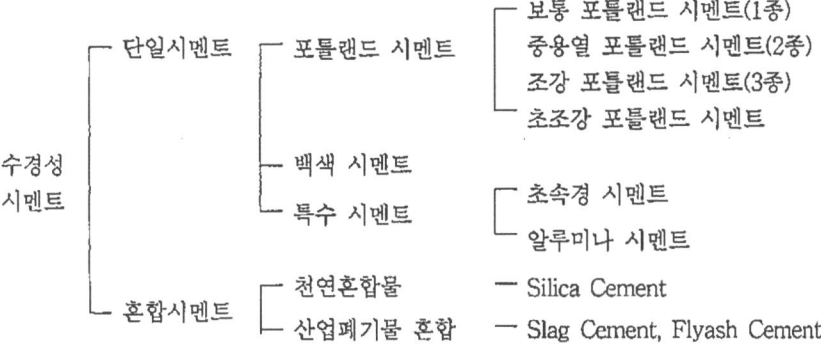

2) KS화되어 있는 시멘트는 포틀랜드 시멘트와 혼합시멘트이며 기타의 시멘트는 아직 KS화 되어 있지 않다. KS L 5205 「알루미나 시멘트」는 건설용은 아니며 내화물용의 알루미나 시멘트의 규격이다.

3) 건설교통부 콘크리트 표준시방서 시공편에서는 포틀랜드시멘트 및 혼합시멘트는 KS에 적합한 것을 사용할 것, 또 기타의 시멘트 사용에 있어서는 그 품질을 확인하고 사용방법을 충분히 검토하지 않으면 안된다고 규정되어 있다.

4) 알카리 골재반응의 우려가 있는 경우에는 저알카리형을 사용하는 것이 좋다. 저알카리형 시멘트의 전알카리 함유량(等價 Na_2O量)은 0.6%이하로 한정되었다.

$$等價\ Na_2O量 : R_2O = Na_2O + 0.658 K_2O \leq 0.6\%$$

또, 영국에서는 슬래그 함유율 50%이상의 고로시멘트를 사용하는 경우를 제외하고 포틀랜드 시멘트에서 공급되는 콘크리트 중의 전알카리량을 $3kg/m^3$이하로 한정하고 있다.

1.1 포틀랜드 시멘트

1) 제조
(1) 제조원리는 다음과 같다.
   ① 석회석과 점토를 중량비로 약 4 : 1의 비율로 혼합하여 철분 보급의 목적으로 산화철을 2%정도 첨가한다.
   ② 약 1500℃로 소성하고 염기성 성분(CaO)과 산성성분(SiO_2, Al_2O_3, Fe_2O_3)을 혼합시켜 냉각한다. 이것을 클링커라고 한다.
   ③ 클링커에 완결제로서 적당량의 석고를 가하여 미분쇄한다. 단, 자원절약의 차원에서 보통 포틀랜드시멘트의 경우에 한하여 그 5%이하의 범위에서 고로슬래그, 실리커질 혼화제, 플라이애쉬 또는 시멘트 제조용 석회석을 단독 또는 조합시켜서 혼합해도 좋다.
(2) 시멘트의 소성에는 NSP법(뉴서스팬존프레히터법)이 일반적으로 이용되고 있다. 이 방법에 의하면 1시간당 350~370t시멘트의 대량생산이 가능하다.

2) 화학성분
(1) 각종 포틀랜드 시멘트의 화학성분을 표 1-29에 표시한다.
(2) 표 2-1과 같이 각 성분의 함유량은 시멘트의 종류에 따라 거의 차이는 적으며 주요성분인 CaO는 65%전후, SiO_2는 20%전후이다.
(3) 저열 및 내황산염형의 것은 Al_2O_3의 함유량이 적고, 조강형의 것은 SO_3의 함유량이 많다.
(4) KS에서는 MgO 및 SO_3의 상한치를 규정하였다.(표 1-29의 굵은 글자)

3) 조성 화합물
(1) 표 1-29에 표시한 각 성분은 시멘트 중에서 단독이 아니고, 화합물의 형식으로 존재한다. 주요한 화합물은 규산 3칼슘(C_3S), 알루민산(alite) 철4칼슘(territe C_4AF) 및 알루미나산 3 칼슘(aluminate C_3A)의 4종이다. 표 1-30에 4종의 2종의 주요화합물의 특성 및 각종 포틀랜드 시멘트에 있어서 주요 화합물의 함유비율을 표시한다.

표 1-29 포틀랜드 시멘트의 화학성분(%)

시멘트 종류	주 성 분				부 성 분		강열감량	불용해잔재
	SiO₂	Al₂O₃	Fe₂O₃	CaO	MgO	SO₃		
보 통	21.8	5.1	3.0	63.8	1.7	2.0	0.8	0.1
조 강	20.7	4.6	2.8	65.0	1.5	2.8	1.0	0.1
초 조 강	20.5	5.2	2.7	64.5	1.9	3.9	0.9	0.1
중 용 열	23.5	3.7	3.9	63.7	1.3	1.8	0.6	0.1
내 황 산 염	21.9	3.5	3.0	64.6	1.1	1.9	0.6	0.1
규 격 치					5.0이하	3.0이상 단조강 시멘트 3.5%이하 초조강 시멘트 4.5%이하	3.0이하	

본 값은 일반적인 평균치와 규격치임.

표 1-30 포틀랜드 시멘트의 조성화합물의 성질 및 함유비율

주요화합물	조성광물	주 성 분					부 성 분					규격치
		조기강도	장기강도	발열량	건조수축	화학저항	*보통시멘트	조강시멘트	초조강시멘트	중용열시멘트	내황산염시멘트	
C₃S	아리트	大	3~28일의 강도 발현을 취한다.	中	中	中	-	50	65	57	44	60	중용열 시멘트 50%이하
C₂S	베리트	小	大 3~28일의 강도 발현을 취한다.	小	中		25	11	16	34	18	
C₃AF	페라페트	小	小	中	小	大	9	9	8	12	15	
C₃A	알루미네이트	大 1일강도 발현을 취한다.	小	大	大	小	8	7	9	4	1	중용열 시멘트 8%이하 내황산시멘트 4%이하

본 값은 일반적인 평균치 및 규격치임.
*보통 시멘트는 혼합재를 포함하므로 참조치이다.

(2) 주요 화합물의 함유비율은 포틀랜드 시멘트의 종류에 따라 다르며 화합물의 특성과 함유비율에 따라 각각의 시멘트에 특성(예를 들면, 조강성, 저열성, 내황산염 등)을 부여하고 있다.

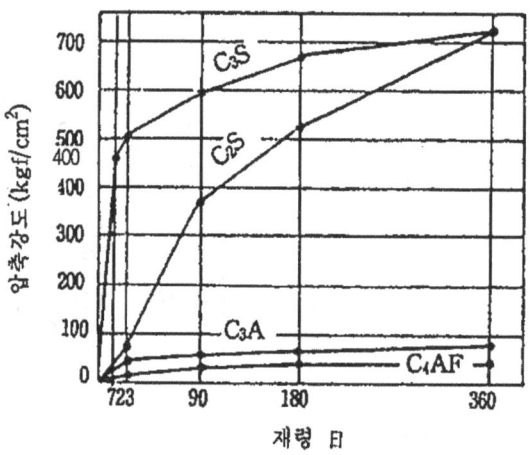

그림 1-15 순화합물의 재령과 강도와의 관계

(3) ① C_3S 및 C_2S는 강도 발현성이 크고 C_3S는 초기강도(재령 28일 이전), C_2S는 장기강도 발현성이 크다.(그림 1-15 참조)

② C_3A는 발열성, 수축성이 크다. C_3S도 발열성은 C_3A에 이어서 크다.(표 1-31 참조)

표 1-31 시멘트의 조성화합물의 발열량 및 수축율

조성 화합물	발열량 (Cal/g)			수축율($\times 10^5$)
	2 일	7 일	28일	규격치
C_3S	98	110	114	79
C_2S	19	18	44	77
C_4AF	29	43	48	49
C_3A	170	188	202	234

③ C_4AF는 발열성, 수축성이 작고 강도 발현성도 작다. 따라서 어느 포틀랜드 시멘트도 C_3S+C_2S의 총량은 약 75%로 거의 일정하나 C_3S량은 보통 조강 및 중용열 시멘트에 대해 각각 약 50%, 65% 및 45%로 되어 있다.

C_3A량은 보통 및 조강형 시멘트의 경우 7~9%인데 대해 중용열 시멘트는 발열성을 저감시키기 위해 약 4%로 한다. 내황산염 시멘트의 경우는 팽창인자인 에트링가이트의 생성을 가급적 적게 하기 위해 C_3A를 1%정도로 줄이고 있다. 그 결과 내유황산염 시멘트의 황산염 용액 중의 팽창량은 다른 시멘트에

비하여 현저하게 작다.(그림 1-16 참조)
(4) KS에서는 중용열 시멘트의 C_3S와 C_3A량, 내황산염 시멘트의 C_3A량에 대해 상한 치를 두고 있다.(표 1-30중의 굵은 글자)

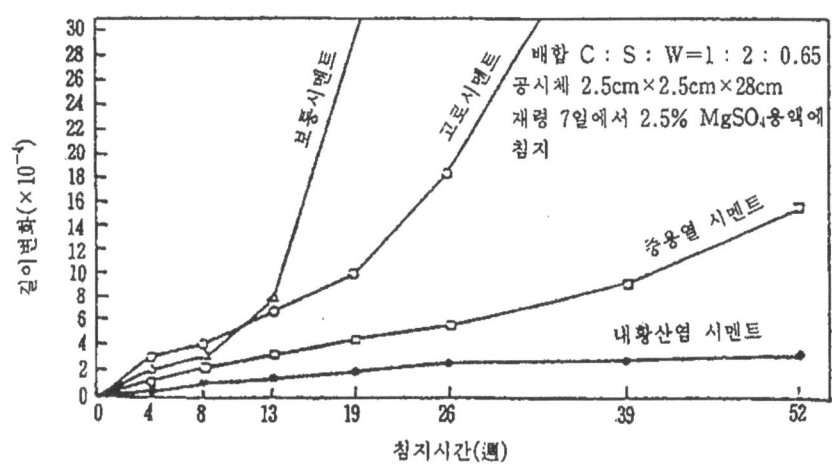

그림 1-16 각종 시멘트의 황산염 저항성

1.2 혼합시멘트

포틀랜드 시멘트는 수화시에 다량의 $Ca(OH)_2$를 생성한다. 이 때문에 콘크리트는 강한 알카리성을 표시하며 철근의 부식을 방지하나 $Ca(OH)_3$는 가용성이므로 화학작용에 대해서 약점이 된다. 혼합시멘트는 이점을 개선하는 것을 목적으로 포틀랜드시멘트에 고로슬래그 또는 실리커질 분말을 혼합한 것이다. 혼합시멘트는 화학저항성이나 장기강도가 개선되는 반면 초기강도의 저하나 중성화 등의 문제점도 생긴다.

1) 고로슬래그 시멘트
(1) 제조

고로슬래그 포틀랜드 시멘트 클링커 및 소량의 석고를 가하여 동시분쇄하던가 또는 불리분쇄한 다음 혼합한다. 고로슬래그의 양에 의해 A종, B종, C종으로 구분된다.(표 1-32 참조)

표 1-32 고로시멘트의 종류

종류	고로슬래그의 분량(질량 %)
A종	30이하
B종	30을 초과 60이하
C종	60을 초과 70이하

(2) 고로슬래그와 그 수화

① 고로슬래그는 그 화학성분이 포틀랜드 시멘트와 유사하며(표 1-33 참조) 제조시의 급냉에 따라 결정되면 잠시 후 고화되기 때문에 불안정 유리구조로 되었으며 활성을 가지고 있다. 그러나 이 자체에서는 수경성은 없으며 외부에서의 자극에 따라 비로소 수경성을 표시한다. 이것을 잠재수경성이라 한다. 고로슬래그의 잠재수경성은 염기도 $(CaO+MgO+Al_2O_3)SiO_2$에 의해 변화되며 KS L 5210 에서는 고로슬래그 시멘트에 쓰이는 슬래그 염기도는 1.4이상으로 규정되어 있다.

표 1-33 고로슬래그의 화학성분의 일례 (%)

SiO_2	Al_2O_3	TeO	CaO	MgO	MnO	TiO_2	S
31.6	16.4	0.5	40.4	5.6	1.0	1.8	1.8

② 고로슬래그의 유리구조는 그림 2-3에 표시한 것처럼 Si-Al-O의 망눈내에 Ca^{++}가 충만되어 있는 불안정 구조이며 외부에서의 자극에 따라 Ca^{++}이온이 연속적으로 유출되고 고화된다. 석회, 석고 등이 자극재가 될 수 있으나 고로슬래그 시멘트의 경우는 포틀랜드 시멘트의 수화에 따라 생긴 수산화칼슘이 자극제가 된다.

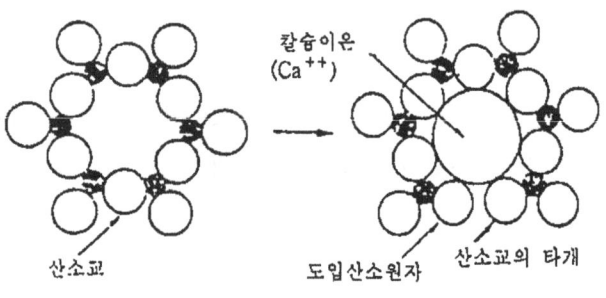

(a) 결정상태   (b) 유리상태

그림 1-17 고로슬래그의 유리구조

③ 고로슬래그 시멘트에 있어서 포틀랜드 시멘트 클링커의 역할은 고로슬래그에 대한 자극재의 공급과 고로슬래그 시멘트의 초기강도를 보강하는 일이며 고로슬래그 시멘트의 경화의 주체는 고로슬래그의 고화이다.

(3) 성 질

① 분말도 : 고로슬래그의 브레인비 표면적인 4000~4500cm²/g로 할 필요가 있으므로 고로슬래그 시멘트의 분말도는 보통 포틀랜드 시멘트보다 높고 3800~3900cm²/g 정도이다.

② 강도 : 고로시멘트 습윤상태의 장기 강도는 크나 초기강도는 낮고 저온건조의 경우 특히 심하다.(그림 1-18 참조)

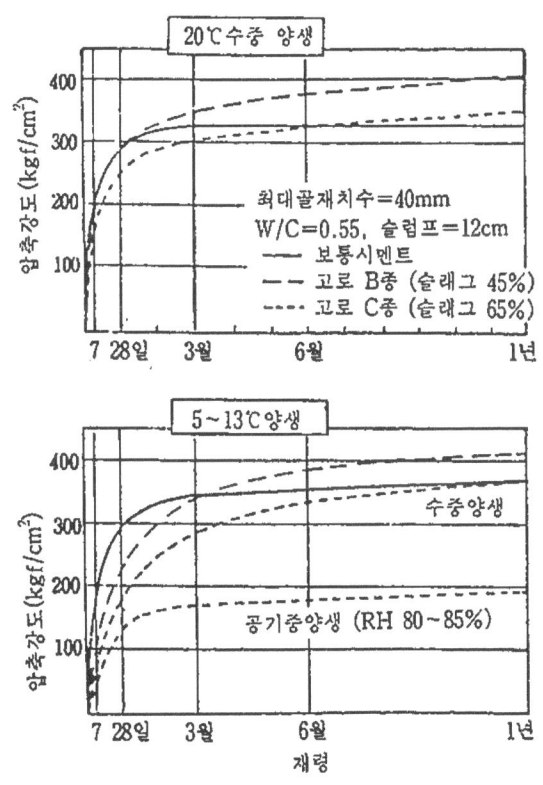

그림 1-18 고로시멘트 콘크리트의 재령과 압축강도와의 관계

③ 화학저항성 : 그림 1-19는 보통 및 고로시멘트 등을 사용한 콘크리트의 강도에 미치는 海水의 영향이며, 수중의 강도에 대한 비로 표시하였다. 고로시멘트 B종 및 플라이애쉬 시멘트 B종을 사용한 콘크리트에도 海水에 의한 침식의 영향을 약간 받으나 장기강도는 안정하고 보통시멘트보다 내해수성이 우수하다.

④ 내열성이 크며 수밀성이 양호하므로 내열, 수밀 구조물에 적합하며 수화열이 적어 매스콘크리트에 적합하므로 하천, 하안, 수리, 하수공사에 사용된다.

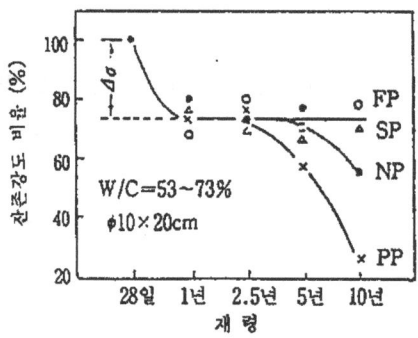

그림 1-19 잔존 강도비율의 추이

2) 포틀랜드 포졸란 시멘트 및 플라이애쉬 시멘트

(1) 제조

포틀랜드 시멘트 클링커에 실리커질 혼합재와 소량의 석고를 가하여 미분쇄한다. 실리커질 혼합재로서 규산백토 등의 천연품을 이용하는 것을 포틀랜드 포졸란 시멘트, 플라이애쉬 시멘트라고 한다. KS L 5401 및 KS L 5211에서는 포틀랜드 시멘트 및 플라이애쉬 시멘트를 혼합재의 양에 의해 A종, B종, C종으로 구분하였다.(표 1-34 참조)

표 1-34 포틀랜드 포졸란 시멘트 및 플라이애쉬 시멘트의 종류

종 류	혼합재의 혼화량(무게 %)
A종	5 초과 10이하
B종	10 초과 20이하
C종	20 초과 30이하

(2) 수화

실리커질 혼합재는 그 자체 수경성은 없으나 포틀랜드 시멘트의 수화에 의해 생긴 수산화칼슘과 물의 존재 하에서 상온으로 서서히 혼합하여 불용성의 규산 칼슘 수화물 및 알루민산 칼슘 수화물을 생성한다. 이것을 포졸란 반응이라 한다.

(3) 성질

① 습윤에 유지되는 경우 장기강도, 수밀성, 내해수성(그림 1-19 참조) 등이 개선된다.

② 초기강도는 작고 특히 저온건조의 경우 심하다.

1.3 기타 시멘트

1) 알루미나 시멘트
(1) 보크사이트의 석회석을 燒性 또는 용융하여 미분쇄한 것이다.
(2) 알루미나 시멘트는 초조강성을 가지며 24시간 강도가 400kgf/cm²정도의 콘크리트를 만들 수가 있으나 그 후 결정의 轉移에 따라 固相의 일부가 차츰 액상으로 바뀌며 강도가 저하된다. 콘크리트 온도가 높을수록 초기강도 발현이 늦고 전이에 의한 강도저하도 조기에 일어나므로 알루미나 시멘트 콘크리트는 타설 후 냉각이 시공상 극히 중요하다.
(3) 산, 염류, 해수 등에 대해서 내화학성이 크다.
(4) 특징
① 초기강도와 재령 28일 강도까지는 보통 포틀랜드 시멘트보다는 약간 늦으나 장기 강도는 조금 높은 편이며 작업성은 양호하다.
② 수밀성이 있어 터널, 도로공사에 적합하고, 해수 등에 대한 내화학성이 커서 항만공사에 적합하며 수화열이 낮아서 매스콘크리트로서 댐공사에 적합하다.
③ 플라이애쉬 시멘트는 워커빌리티가 개선되고, 건조수축은 약간 적으며 포졸란 시멘트는 건조수축이 크다.
④ 혼합시멘트이므로 밀도가 적고 장기양생이 필요하다.

2) 超速硬 시멘트
초속경 시멘트는 알루미나 시멘트와 동등의 초조강성을 갖는 동시에 전이를 일으키지 않고 장기에 걸쳐 안정적으로 강도를 발현한다.

(1) 제조
포틀랜드 시멘트의 원료에 보크사이트(알루미나원)와 형석(불소원)을 가하여 燒成한다. 클링커에 특수한 석고첨가물을 가하여 미분쇄한다.

(2) 수화
초조강성의 발현은 주로 $C_7A_{11}CaF$의 수화에 따라 그 후의 안정된 강도증진은 C_3S, C_2S의 수화에 의한 규산칼슘 수화물의 생성에 의한다. 기타 에트링가이트 등의 알루민산황산칼슘 수화물 등이 생성되고 수화생성물은 포틀랜드 시멘트와 거의 동일하다.

(3) 성질

① 초속경 시멘트의 KS L 5104에 의한 물리시험 성적을 표 1-35에 표시한다. 초속경시멘트의 응결시간은 현저하게 빠르고 또한 재령 1일에서 200kgf/cm² 이상의 압축강도를 발현한다.(one hour cement라고도 부른다)

표 1-35 超速硬 시멘트의 물리 시험성적(예)

밀 도 (g/cm³)	분말도 (cm²/g)	응결			휨강도(kgf/cm²)						
		물량(%)	초결(분)	종결(분)	2시간	3시간	6시간	1일	3일	7일	28일
3.03	5500	28.0	10	15	24	25	28	30	34	50	72

압축강도(kgf/cm²)							화학성분 (%)				
2시간	3시간	6시간	1일	3일	7일	28일	SiO_2	Al_2O	Fe_2O_3	CaO	SO_3
73	95	140	215	270	370	470	13.8	11.4	1.5	59.1	10.2

② 超速硬 시멘트는 초조강 콘크리트로서 이용되므로 통상 고성능 감수제를 병용하여 물시멘트비를 40%이하로 하고 기온에 따라서 전용의 지연제를 정량 첨가하여 콘크리트의 취급시간을 30분 정도로 유지한다. 이와 같이하여 만든 超速硬 시멘트는 3시간 강도 200kgf/cm²이상을 확보할 수 있다. 또, 28일 강도는 600~700kgf/cm²가 된다.

③ 저온에서 강도발현이 우수하고, 건조수축이 적으며 Jet Setter를 사용하여 응결을 임의로 조절할 수 있다.

3) 유정시멘트

(1) 油井시멘트는 유정의 굴착에 있어서 케이싱과 공벽 사이에 주입하는 그라우트용의 특수 시멘트이다.

(2) 유정은 깊을수록 온도, 압력이 높아지며(심도 6000m로 온도 170℃, 압력 1500kgf/cm²) 주입작업에도 장시간을 요하기 때문에 유정시멘트는 고온, 고압하에서 주입작업 중은 유동성을 유지하며(시크닝타임이라 함) 작업완료 후는 신속히 경화되는 것이 요구된다.

(3) 유정시멘트는 베이스가 되는 포틀랜드 시멘트에 疑結遲延劑, 보수제, 촉진제를 적당히 첨가하여 제조한다. 베이스시멘트로서 보통 시멘트, 내황산염계의 시멘트가 사용된다.

(4) 유정시멘트의 규격으로서 AP(미국 석유협회) 규격이 국제적으로 적용되고 있으며 유정의 심도와 베이스 시멘트의 종류에 따라 8종으로 구분되고 있다.

4) 초미분말 시멘트(코로이드 시멘트)

최대 입자지름을 40μm정도로 미분쇄한 시멘트이며 주로 암반균열의 지수용 그라우트에 이용된다. 시멘트 원료로서 보통 또는 조강 포틀랜드 시멘트, 고로슬래그 시멘트를 쓰며 이것들을 미분쇄하는 정도는 일본의 靑函터널공사에 사용한 코로이드 시멘트 규격에 의하면 브레인 비표면적 5600cm^2/g이상, 40μ체의 잔류분 2%이하, 15μ체의 잔류분 30%이하로 되어 있다.

5) 백색 포틀랜드 시멘트 및 컬러 시멘트
(1) 백색 포틀랜드 시멘트는 일반 포틀랜드 시멘트의 색조의 색소원이 되어 있는 Fe_2O_3의 함유율을 0.03%이하로 하는 이외에 제조공정, 물리적 성질 등은 보통 포틀랜드 시멘트와 거의 변함이 없다.
(2) 백색 포틀랜드 시멘트는 원료로서 철분이나 점토분이 적은 석회석 및 배점토를 쓰며 밀(mill)용 볼(ball)로서 석구를 이용한다.
(3) 컬러시멘트는 백색 포틀랜드 시멘트에 표 1-36에 표시한 안료를 첨가한 것이다.

표 1-36 각종 顔料

色	혼합재의 혼화량(무게 %)
흑	철흑(四三酸化鐵) 흑색산화철(Fe_3O_4)
청	군청
적	적색산화철(Fe_3O_3)
황	황색산화철
녹	산화크롬(Cr_2O_3)
갈	갈색산화철
백	산화지당(TiO_2)

6) 저발열형 시멘트
(1) 저발열형 시멘트는 매스콘크리트에 수화열에 의한 온도상승을 저감하고 온도균열을 막는 것을 목적으로 한 것이다.
(2) 표 1-37은 주로 RCD(전압 콘크리트 댐)용 시멘트를 목표로 한 개발연구 성과의 일부이며 종래 RCD공사에 상용하고 있다. 「중용열 시멘트 70%+플라이애쉬 30%」에 비해 재령 7일에서 91일까지 동등이상 압축강도를 발현해서 또 단열온도 상승량의 최종치가 3℃이상 적은 것을 나타낸다. 이것은 어느 것도 혼합재의 비율이 60%이상 이성분계(혼합재 1종) 또는 삼성분계(혼합계 2종) 혼합시멘트이다. 또 시험에 이용한 콘크리트 배합은 RCD용 콘크리트(굵은 골재 최대치수 150mm, 단위시멘트량 130kg/m^3)에서 40mm웨트스크리닝 상당의 배합(단위시멘트량

186kg/m³)으로 이 배합으로 보통시멘트 단독을 쓴 경우의 최종 단열온도 상승량은 약 33℃이다.

표 1-37 저발열형 시멘트의 예(최종온도 상승과 91일 압축강도 시험결과)
(일본시멘트협회 재료개발 전문위원회 시멘트, 콘크리트 1990년 12월)

No.	혼합시멘트	최종온도 상승량 (℃)	91일 압축강도 (kgf/cm²)	최종온도 상승량/91일 강도
1	M(3,000)70+F30	25.5	316	0.081
2	M(3,000)40+S30+L30	22.3	332	0.067
3	H(4,300)20+S80	20.6	370	0.056
4	H(4,300)20+S60+L20	21.0	316	0.066
5	IV(3,200)40+S60	20.7	364	0.057
6	N(3,200)20+S55+F25	19.0	300	0.063

주) M : 중용열 시멘트, H : 조강시멘트, IV : 저열시멘트(C_2S 54%, C_3S 25%)
N : 보통시멘트, F : 플라이애쉬, S : 고로슬래그 분말, L : 석회석 분말
( ) 내는 블레인 비표면적(cm²/g)

7) 救狀化 시멘트

(1) 분쇄방식

특수한 분쇄방식에 따라 구형입자로 만든 시멘트로 콘크리트 워커빌리티를 현저하게 개량함과 아울러 충전시에 입자 간극이 작게 되므로 밀실한 조직의 경화체를 만들 수 있다.

(2) 救狀化

「고속기류 충격법」에 의한다. 즉, 분체를 고속기류 중에서 교반, 혼합함에 따라 입자를 충돌시켜 철부나 각을 잡는 것과 더불어 표면에 강한 기계적 에너지를 주어 조립자 표면에 미립자(지름이 조립자의 약 1/10이하)를 부착, 고정화한다.

(3) 구상화 시멘트의 입자특성

① 직경 10~30μm의 미분이 부착, 고정화되어 있고 30μm이상의 입자 및 3μm이하의 미분은 아주 적다.
② 구상도(입자의 투영면적에 같은 원의 주상과 투영 윤각의 실제길이와의 비)는 약 0.85로 보통 시멘트의 약 0.67에 비해 眞救(救狀度=1.0)에 아주 가깝다.
③ 비표면적은 미분이 없는 것 및 구상입자이므로 2500cm²/g정도이다.

(4) 구상화 시멘트 모르터 및 콘크리트
① 모래, 시멘트비=2.0의 모르터에서 같은 플로우를 얻기 위해 물시멘트비는 救狀化 시멘트 사용에 의해 보통시멘트를 쓴 경우보다 약 0.10감소한다.
② 救狀化 시멘트 사용에 따른 콘크리트 단위수량을 10~30%저감할 수 있어 예를 들면, 물시멘트=14%(실리커홈 10%첨가)로 슬럼프 21cm(보통시멘트이 경우 슬럼프 0cm)7일 강도 약 1400kgf/cm^2(표준양생) 고강도 콘크리트가 얻어진다.

2. 시멘트의 성질

1) 수 화

(1) 포틀랜드 시멘트에 물을 가하여 혼합하면 시간의 경과에 따라 차츰 유동성을 잃고 응결, 경화된다. 이것은 시멘트와 물의 화합에 의한 것이며 이것을 시멘트의 수화라고 한다.

(2) 시멘트의 수화반응은 복잡하고 수화생성물도 시간과 함께 변화되기 때문에 정확히 표시하기는 어렵다.

① 가장 중요한 반응은 포괄적으로 C-S-H로 나타내는 여러 가지의 규산칼슘 수화물과 수산화칼슘의 생성이다.

$$H_2O + \begin{matrix} C_3S \\ C_2S \end{matrix} \Big\rangle \rightarrow (C-S-H) + Ca(OH)_2$$

(규산칼슘 수화물)　　(수산화 칼슘)

② 기타 주요한 반응으로서

$$H_2O + C_3A \begin{cases} C_3A \cdot 6H_2O \\ C_3A \cdot 6H_2O + 3CaSO_4 \cdot 2H_2O \xrightarrow{H_2O} C_3A \cdot 3CaSO_4 \cdot (31 \sim 32)H_2O \end{cases}$$

(석고)　　(에트링가이트)

C_3A의 수화반응은 가장 빠르나 공존하는 석고가 C_3A의 표면에 치밀한 에트링가이트의 피막을 만들며 C_3A의 수화를 억제하여 시멘트의 급결을 막는다(석고의 완결작용).

③ 이와 같이 시멘트의 수화란 시멘트와 물이 반응하여 규산칼슘, 알루민산 칼슘, 알루민산 황산칼슘 등의 각종 수화물을 생성하는 일이며 이것들의 수화물을 총칭하여 시멘트겔이라 한다.

(3) 수화에 의한 시멘트 페이스트의 응결, 경화는 다음과 같이 설명된다.

수화에 의해 시멘트겔이 생기며 그 비표면적은 $2 \sim 3 \times 10^6 cm^2/g$으로 극히 세밀하다. 미세립자가 근접하여 존재하기 때문에 큰 분자간 인력이 작용하는 동시에 물의 존재에 의한 수소결합, 전하의 불균형에 의한 화학결합 등에 따라 서로 응집 교차하여 망상구조를 형성한다. 시간의 경과와 함께 겔의 성장, 경화에 의한 상호 결합이 진행되어 강도를 발현한다.

(4) 수화반응은 물을 가하면 즉시 시멘트입자 표면에서 차츰 내부에 진입하고 미수화 부분과 물이 존재하는 한 오랫동안 계속된다. 포틀랜드 시멘트의 완전수화에 요하는 수량은 시멘트 입자와 화학적으로 결합되는 결합수와 겔의 표면에 흡착하여 입자간 결합에 기여되는 흡착수로 이루어지며 전자는 시멘트 질량의 약 25%, 후자는 약 15%, 합계 약 40%라고 말한다.

2) 풍 화

(1) 시멘트가 공기 중에 노출되면 습기 및 탄산가스를 흡수하여 가벼운 수화반응을 일으켜 탄산화가 되며 입상 또는 괴상으로 固化하는 현상을 시멘트의 풍화라고 한다.

$$Ca(OH)_2 + CO_2 \rightarrow CaCO_3 + H_2O$$

(2) 풍화된 시멘트는 강열감량이 증가하고 밀도, 강도가 저하된다. 3개월 간의 노출로 압축강도(표준모르터)가 약 1/2로 저하된 예가 있다.

(3) 측정법은 강열감량으로 시멘트에 1000℃열을 가했을 경우의 감량을 보는 방법을 많이 사용하고 있다.

(4) 풍화한 시멘트는 강열감량이 증가하고 밀도가 저하되어 응결이 지연되고 강도의 발현도 저하된다.

3. 물리적 성질

1) 밀 도

(1) 포틀랜드 시멘트의 밀도는 3.10~3.20의 범위이며 SiO_2, Fe_2O_3가 많으면 크고, CaO, Al_2O_3가 많으면 작으며 조강형의 것은 작고 철분이 많은 저열형의 것이 크다.

(2) 시멘트의 밀도는 Clinker의 소성이 불충분할 때 혼합물이 섞여 있을 때, 풍화한

경우 및 저장기간이 길 때 그 값이 일반적으로 작아지는 경향이 있다.

2) 분말도
(1) 시멘트의 화학조성에 불구하고 분말도가 높을수록 일정량의 시멘트의 입자표면적의 총합이 커지므로 수화반응이 촉진되고 응결이 빠르며 조강성으로 된다. 그러나 겔의 생성이 많아지므로 건조수축이 커지는 경향이 있으며 따라서 건조 후의 내구성, 수밀성이 미세균열에 따라 상당히 저하될 우려가 있다.
(2) 시멘트의 분말도는 브레인공기 투과법에 의한 비표면적으로 나타낸다. 이것은 시멘트입자를 구형으로 가정한 경우의 1g당 입자표면적의 총합(cm^2/g)이다.
(3) 시멘트의 분말도는 시멘트의 색, 단위용적 질량, 수화속도, 응결, 건조수축, 강도, 수화열, Workability 등 많은 인자와 관련이 있다.
(4) 시판되는 포틀랜드 시멘트의 분말도와 규격치를 표 1-38에 표시한다. 보통 중용열 및 내황산염 시멘트의 비표면적이 3100~3300cm^2/g인데 비해 조강시멘트는 4000cm^2/g이상, 초조강 시멘트는 약 5,500cm^2/g이상으로 되었으며 조강성의 발현이 분말도에 크게 의존되고 있다는 것을 나타낸다.
(5) 시멘트 분말도가 가늘수록 색은 밝고, 단위수량이 가볍고 수화속도와 응결이 빠르고 수축이 크며 강도가 증가되며 수화열이 높으며 단기재령의 영향이 크다.

표 1-38 포틀랜드 시멘트의 비표면적

시멘트의 종류	시판품의 평균치(cm^2/g)	규격치(cm^2/g)
보 통 시 멘 트	3310	2500이상
조 강 시 멘 트	4380	3300이상
초 조 강 시 멘 트	5560	4000이상
중 용 열 시 멘 트	3090	2500이상
내 황 산 시 멘 트	3240	2500이상

본 값은 일반적인 규격 및 평균치임.

3) 응 결
(1) 콘크리트 시공에서는 운반, 타설, 다지기 등을 위한 취급시간을 필요로 하기 때문에 시멘트는 적절한 응결시간을 갖지 않으면 안된다. 그러나 시멘트의 응결과정은 연속적인 수화의 진행이며 이 사이에 화학적인 특이점은 없으므로 관입법을 써서 어느 압력에 견딜 수 있는 굳기가 되었을 때를 초결 또는 큰 압력에 견딜 수 있는 굳기로 되었을 때를 종결로 약속하고 있다.

(2) 표 1-39에 각종 포틀랜드 시멘트의 응결시간과 규격치를 표시한다. 응결시간은 온도, 습도의 영향을 받기 때문에 KS에서는 온도 20±3℃, 습도 80%이상으로 규정하고 있다. 응결시간은 규격치를 초결 1시간 이상, 종결 10시간 이내이나 초조강 시멘트의 경우만 초결 45분 이상으로 되어 있다.

(3) 보통공사에 사용되는 콘크리트의 응결속도는 시멘트의 규격시험의 경우보다 훨씬 적다. 이것은 규격시험에 있어서 시멘트 페이스트의 물시멘트비가 30%정도로 작기 때문이다.

(4) 시멘트에 물을 가한 후 5~10분 이내에 약간 굳어지며, 이것을 다시 반죽하면 연화되고 이후 통상의 응결과정을 표시하는 수가 있다. 이것을 疑凝結이라 한다. 이것은 클링커 중의 이수석고($CaSO_4 \cdot 2H_2O$)가 밀(mill)내의 고온에 의해 반수석고($CaSO_4 \cdot 1/2H_2O$) 또는 무수석고($CaSO_4$)가 되며 제조 직후에 출하되는 경우 주수에 의해 또다시 이수석고로 되돌아가며 약간 응고를 나타내는 것으로 생각된다.

(5) 시멘트의 표준 Consistency란 침의 관입 후 30초 경과시 관입량이 10±1mm의 반죽상태이다.

(6) 시멘트의 응결은 석고량 및 형태, 시멘트 화합물의 배합비, 분말도 미립분의 특성, W/C, 양생조건, 풍화의 정도, 혼화제 등의 영향을 받는다.

(7) 시멘트의 응결은 분말도가 가늘수록, 알카리가 많을수록, 양생온도가 높을수록 빨라지며 시멘트가 풍화되어 강열감량이 증가할 수록 지연된다.

표 1-39 포틀랜드 시멘트의 응결시간

시멘트의 종류	시판품의 평균치(cm^2/g)			규격치(cm^2/g)	
	물량(%)	초결(시-분)	종결(시-분)	초결(시-분)	종결(시-분)
보통시멘트	27.7	2-41	3-42	1-00이후	10-00이내
조강시멘트	29.3	2-16	3-20	1-00이후	10-00이내
초조강시멘트	34.2	1-33	2-32	1-00이후	10-00이내
중용열시멘트	27.2	4-01	5-21	1-00이후	10-00이내
내황산시멘트	27.0	3-31	4-52	1-00이후	10-00이내

1985년 일본 시멘트협회 연구소자료.

4) 안정성

시멘트 입자 내에 미소성 석회가 존재하는 경우 시멘트의 경화 후에 이것이 수화되면 팽창하여 경화체에 균열 또는 변형이 생긴다. 이것을 안정성이라 한다. 오늘날의 시멘트는 제조시설과 기술면에서 소성이 충분하여 분말도가 높으므로 입자내부에 미소성 석회가 잔존하지 않고 따라서 불안정한 시멘트는 거의 없다.

5) 강 도

(1) 시멘트의 강도는 KS L 5100에 규정하는 표준모르터(W/C=65%, C/S=1:2, 표준모래 사용)의 강도로 평가한다. 이것은 시멘트 품질의 변화에 의한 시멘트 페이스트의 강도가 콘크리트 강도에 반드시 비례되지는 않기 때문이다.

(2) 표준모르터에 의한 시멘트 강도 K와 콘크리트 강도 $f'c$와의 사이에는 다음 1차 비례관계가 성립된다.

$$f'_c = K(Ax+B)$$

여기서, f'_c : 콘크리트이 재령 28일 압축강도(kgf/cm²), K : 표준모르터의 28일 압축강도(kgf/cm²), x : 콘크리트 시멘트물비, A, B : 정수

(3) 표 1-40에 각종 포틀랜드 시멘트의 휨강도, 압축강도와 규격치를 표시한다. 휨강도는 규격치가 정해져 있지 않으므로 참고치로 한다. 표 1-40에 있어서 보통 시멘트의 7일 강도와 조강시멘트의 3일 강도 및 초조강 시멘트의 1일 입도가 대개 비등하다.

표 1-40 포틀랜드 시멘트의 강도(시판품의 평균치)

시멘트의 종류	후로치	휨강도(kgf/cm²)				압축강도(kgf/cm²)			
		1일	3일	7일	28일	1일	3일	7일	28일
보통시멘트	249	—	34	49	70	—	153 (70이상)	253 (150이상)	417 (300이상)
조강시멘트	241	35	51	64	78	141 (65이상)	262 (130이상)	356 (230이상)	470 (330이상)
초조강시멘트	233	54	65	74	83	236 (130이상)	335 (200이상)	394 (200이상)	471 (350이상)
중용열시멘트	247	—	27	36	61	—	102 (100이상)	161 (100이상)	335 (230이상)

(4) 시멘트 강도는 풍화되어 강열감량이 많을 수록 저하되며, 모세관 공극의 분포나 양은 시멘트 분말도, 단위수량에 영향을 받으며 분말도와 강도는 시멘트 입도분포보다 비표면적에 큰 영향을 받는다.

6) 수화열

(1) 시멘트가 물과 혼합하면 발열반응이 생겨 응결 경화되는데 물을 가하고부터 어떤 재령까지의 일정기간 중에 발생한 열량의 합을 그 재령의 수화열이라고 하며 수화열은 시멘트의 화학적 組成, 분말도, 단위시멘트량, 물-시멘트比, 혼화재료 및 양생

조건의 영향을 받는다.
(2) 시멘트가 물과 완전히 반응하면 125cal/gr정도 열을 발생하고, 강열감량이 1%증가하면 약 3~4cal/gr비율로 수화열은 감소한다.
(3) 수화열은 콘크리트의 내부온도를 상승시키므로 한중 Concrete공사에는 유효하지만 Dam과 같이 단면이 큰 Concrete에서는 온도상승으로 초기 완료 후 냉각시 내외의 온도차에 의해 균열발생의 원인이 된다.
(4) 물-시멘트비, 양생온도가 클수록 수화열은 높아지고, 혼화제(염화칼슘, 팽창제)를 사용할 때에도 수화열은 상승된다.
(5) 표 1-41에 중용열 시멘트의 수화열 측정치와 규격치를 표시한다.

표 1-41 중용열 포틀랜드 시멘트의 수화열 (cal/g)

재령 (일)	시판품의 평균치	규격치
7	61.8	70이하
28	77.1	83이하

수화열 규격치는 중용열 시멘트만 규정되어 있으나 보통시멘트도 매스콘크리트에 사용될 경우가 있으므로 보통 포틀랜드 시멘트 시험성적표에는 수화열 측정결과를 참고치로 기재하도록 되어 있다.(표 1-42 참조)

7) 수축(shrink)
(1) 시멘트의 수축은 시멘트겔의 주위에 있는 미세한 모세관 속의 수분이 증발하여 모세관수의 표면장력이 커지므로 발생한 현상으로 습도가 커지면 모세관이 물을 흡수하여 표면장력이 작아지며 팽창한다.
(2) 경화한 시멘트 풀의 수축은 물의 증발에 의한 건조수축으로서 경화체의 균열을 발생시키는 원인이 된다.
(3) 건조수축량은 시멘트의 조성, 분말도, 석고첨가량, 혼화재료, 물시멘트비 및 양생조건에 따라 달라짐을 알 수 있다.

8) 전알카리량 및 염화물 함유량
KS L 5201에는 모든 포틀랜드 시멘트에 대해 다음 값을 규정하고 있다.
  ① 전알카리량(R2O)은 0.76%이하로 한다.
  ② 염화물 이온 함유율은 0.02%이하로 한다.
이런 값은 보통 포틀랜드 시멘트에 대한 규정치와 같다.

9) 시험결과 보고

시멘트 품질시험결과 보고는 KS에 정해진 양식 「시멘트 시험성적표」에 의한다. 이 양식 및 기재 예를 표 1-42에 나타낸다.

표 1-42 시멘트 시험성적표 기재예

시멘트의 종류		보통 포틀랜드 시멘트			
		KS규격치	시험성적		
			평균치	표준편차	최대치(최소치)
밀 도		—	3.15	—	—
비표면적 cm²/g		2800	3,280	83	—
응 결	수 량 %	—	27.8	—	(1-55)
	초결 h-min	60min이상	2-25	—	—
	종결 h-min	10h이하	3-35	—	—
안전성	오토클레이브 팽창도(%)	0.8이하	0.6	—	—
압축강도 kgf/cm²	1d	130이상	160	9.0	—
	7d	200이상	262	12.1	—
	28d	290이상	420	14.8	—
수화열 cal/g	7d	—	78.3	—	—
	28d	—	90.4	—	—
산화마그네슘	%	5.0이하	2.0	—	2.4
3산화황산	%	3.0이하	2.0	—	2.3
강열감량	%	3.0이하	1.8	—	2.5
전알카리	%	0.6이하	0.69	—	0.75
염화물이온	%	0.02이하	0.009	—	0.018

(일반적인 평균 및 규격치임)

제 3 장 물

1. 콘크리트용 물

혼합수로서 통상 사용되고 있는 水道水, 하천수, 지하수, 湖沼水 등은 수질적으로는 거의 문제가 없다. 그러나 하천수나 지하수에도 특별한 성분을 포함한 경우, 공장 배수나 도시하수가 유입되는 경우, 해안 가까운 경우에는 콘크리트의 응결이나 강도발현, 강재의 발청에 영향될 우려가 있기 때문에 사용 여부에 대해서 신중하게 검토해야 한다.

사용 여부에 대한 의문이 있는 경우에는 수질시험을 실시하여 유해물 함유량을 확인하고 과거 시험결과와 비교하여 판단하던가, 콘크리트 표준시방서에 의해 검수를 이용한 모르터 강도가 水道水 또는 증류수를 이용한 경우의 90%이상이라는 것을 확인하면 좋다.

국내 수도수의 수질기준

시험 종목	원수의 수질기준	고로슬래그의 분량 (질량 %)
색 도	5도 이하	2도 이하
탁 도	—	3도 이하
경 도	300ppm이하	300ppm이하
수 소 이 온	—	5.8~8.0
황 산 이 온	250ppm이하	200ppm이하
염 소 이 온	150ppm이하	150ppm이하
규 산	50ppm이하	50ppm이하
증 발 잔 류 물	—	500ppm이하
유 기 물	—	10ppm이하

국내 하천의 수질

수계	항목 지점	pH	탁도 (도)	Ca²⁺ (ppm)	Mg²⁺ (ppm)	Na⁺ (ppm)	So₄²⁻ (ppm)	Cl⁻ (ppm)	유기물 (ppm)	총경도 (ppm)	증발잔유물 (ppm)	부유물질 (ppm)
한강	양평	6.3	3	7.62	1.86	4.82	8.28	8.55	1.27	45	79.30	9.5
	영월	7.4	1	8.97	1.77	4.37	9.91	4.47	5.06	44	80.45	30.2
낙동강	구미	6.6	18	8.67	3.57	4.83	4.34	5.76	5.06	57	185.15	3.6
	남강 (진양호)	6.5	4	3.48	1.30	5.99	2.96	5.49	4.43	27	68.25	10.8
	영주 (서천)	6.8	0	6.29	1.67	6.74	9.35	8.24	2.21	34	69.60	1.2
금강	영동	6.9	8	6.02	1.73	7.45	4.44	6.74	1.90	32	63.30	1.6
	논산 (논산천)	0.2	4	14.03	2.76	8.46	14.37	17.88	0.63	63	112.50	6.7
영산강	몽탄	6.7	12	11.30	3.19	0.18	10.16	19.00	10.44	44	138.60	19.0
	나주 (지석원)	6.5	6	15.34	4.96	8.87	20.06	13.84	6.64	56	108.20	26.0
섬진강	남원 (요천)	6.7	1	7.28	1.31	5.58	3.49	4.97	2.85	28	69.65	5.0
만경강	전미 (전주천)	6.9	5	5.78	8.10	8.10	5.62	5.60	2.21	34	74.10	5.0

표 1-43 시멘트 페이스트의 응결에 미치는 각종 염분의 영향 (염분농도 10,000ppm)

염의 종류	응결시간(h-m)		기준에 대한 응결시간의 차(h-m)	
	초결	종결	초결	종결
수 도 물	2-14	3-18	-0-05	-0-19
규 비 화 나 트 륨	6-37	7-47	+4-18	+4-10
염 화 나 트 륨	2-01	2-41	-0-18	-0-46
염 화 칼 슘	1-46	2-32	-0-33	-0-55
염 화 암 모 늄	1-49	3-00	-0-30	-0-27
탄 산 나 트 륨	0-15	3-00	-2-04	-0-27
황 산 칼 륨	2-28	3-20	+0-09	-0-07
황 산 마 그 네 슘	2-40	3-41	+0-27	+0-14
황 산 암 모 늄	2-38	3-44	+0-19	+0-17
초 산 나 트 륨	1-54	2-44	-0-25	-0-43
초 산 칼 륨	2-39	3-12	+0-20	-0-15
초 산 칼 슘	1-41	2-38	-0-28	-0-49
초 산 염	6-40	8-16	+4-21	+4-49
초 산 아 연	5-19	7-58	+3-00	+4-31
인 산 나 트 륨	3-46	5-04	+1-17	+1-37
봉 사	0-18	3-05	-2-01	-0-22
황 화 나 트 륨	2-22	3-27	+0-03	0-00
옥 화 나 트 륨	3-33	4-41	+1-14	+1-14
후 민 산 나 트 륨	4-45	5-45	+2-26	+2-17

표 1-44 모르터강도에 미치는 각종 염분의 영향(염분농도 10,000ppm)

exp.NO.	시료 No.	염의 종류	flow (mm)	공기량 (%)	압축강도(kgf/cm²)				
					1일	3일	7일	28일	91일
1		증류수	258	1.04	29.4	120	210	394	479
	36	수도물	260	1.13	30.0	122	210	404(1.03)	525
	1	규비화나트륨	238	1.04	29.0	122	240	422(1.07)	532
	2	염화나트륨	245	0.96	67.2	184	248	378(0.96)	450
	3	염화칼슘	238	1.04	70.7	212	281	426(1.08)	512
	4	염화암모늄	237	1.04	57.0	180	276	416(1.06)	478
	5	탄산나트륨	175	1.97	35.6	91.5	134	234(0.59)	308
	6	황산칼륨	240	1.04	51.3	144	242	427(1.08)	480
	7	황산마그네슘	223	1.22	44.6	13.4	228	384(0.97)	468
	9	초산나트륨	255	0.87	22.2	107	198	368(0.93)	481
	11	초산칼슘	251	1.04	19.6	117	205	411(1.04)	480
	14	인산나트륨	243	1.04	14.0	135	240	413(1.05)	471
	18	후민산나트륨	255	1.22	24.8	92.4	172	352(0.89)	440
2		증류수	253	2.04	39.0	132	206	381	…
	10	초산칼슘	227	2.25	31.0	125	212	400(1.02)	…
	11	초산연	228	2.25	0	133	252	460(1.21)	…
	13	초산아연	226	2.25	0	141	244	388(1.02)	…
	15	붕사	226	2.25	34.0	51.5	126	330(0.87)	…
	16	황화나트륨	225	2.15	36.0	92.5	182	315(0.83)	…
	17	옥화나트륨	228	2.25	30.0	116	184	366(0.96)	…

혼합수는 콘크리트의 응결경화, 강도의 발현, 체적변화, 워커빌리티 등의 품질에 나쁜 영향을 미치거나 강재를 녹슬게 하는 물질의 함유량을 초과해서는 안된다. 혼합수의 품질에 대하여 의심나는 경우에는 수질시험을 하여 유해물의 함유량을 조사하고, 기왕의 시험결과와 비교해서 그의 사용여부를 판단하지 않으면 안된다.

혼합수는 특별한 맛, 냄새, 빛깔, 탁도(濁度) 등이 없는 음료수 정도로 깨끗한 물이어야 한다. 공장하수 및 도시하수 등으로 오염된 하천수, 호소수(湖沼水), 저류수(貯溜水) 등에는 황산염, 옥화물(沃化物), 인산염, 붕산염, 탄산염이나 납, 아연, 동, 주석, 망간 등의 화합물이나 알칼리 등의 무기물 및 당류, 펄프폐액, 부식물질 등의 유기불순물이 함유되어 있는 수가 있는데, 미량이라도 이와 같은 물질을 함유하는 물을 혼합수로 사용하면 콘크리트의 응결경화, 강도의 발현, 체적변화, 워커빌리티 등에 나쁜 영향을 미칠 수가 있다.

따라서 이와 같은 오염의 염려가 있는 물을 사용하고자 할 경우에는 수질시험 등에 의해 확인해서 사용하는 것이 좋다.

혼합수에 염화물이나 초산염, 황산염 등을 함유한 물을 쓰면 강재의 부식을 촉진시킬 우려가 있다. 특히 프리스트레스트 콘크리트용의 긴장재는 항상 높은 응력을 받고 있기 때문에 응력부식(應力腐植)을 일으키기 쉽고, 또 미주전류(迷走電流)가 있는 곳에서는 전식(電蝕)에 의한 강재의 부식이 촉진된다.

레디믹스콘크리트 공장이나 프리캐스트콘크리트 공장에서 믹서 또는 트럭애지테이터 등을 씻은 윗부분의 맑은 물이 콘크리트의 강도, 워커빌리티 등에 나쁜 영향을 주지 않는 것이 확실하면 혼합수로 사용해도 좋다. 또 쓰고 남은 콘크리트나 모르터에서 골재를 회수한 시멘트 등의 미분말이 혼탁되어 있는 슬러지물은 콘크리트에 나쁜 영향이 없다는 것을 확인한 후 혼탁농도, 혼탁물질의 단위시멘트량에 대한 비율 등을 충분히 관리할 수 있는 것이라면 이 물을 혼합수로 사용해도 좋다. 다만, 회수물 중에는 염화물이나 알칼리가 함유되어 있으므로 사용에 있어서는 이들을 고려할 필요가 있다.

양생수에 대해서는 혼합수만큼 엄격한 판정기준을 적용하지 않지만 기름, 산, 염류 등 콘크리트의 표면을 해칠 물질의 유해량을 함유해서는 안된다.

2. 염분을 포함한 물

염분의 농도가 1000ppm정도 이하의 경우는 염분의 종류에 불구하고 콘크리트의 응결, 경화에 거의 영향을 미치지 않는다. 농도가 10,000ppm 정도가 되면 염분의 종류에 따라서 영향이 나타난다. 시멘트 페이스트의 응결시간 및 모르터의 압축강도에 미치는 각종 염분의 영향을 표 1-43 및 표 1-44에 표시한다. 이것들의 염분 농도가 10,000ppm의 경우이다.

응결시간에 심한 영향을 미치는 것은 탄산나트륨, 봉산이 촉진측에 규비화나트륨, 초산연, 인산나트륨, 옥화나트륨, 후민산나트륨이 지연측에 작용한다. 강도발현에 영향되는 염분은 비교적 적고 탄산나트륨의 경우 모르터강도는 약 40%저하되며 후민산 나트륨의 경우 약 10%정도로 조화된다.

3. 砂糖, 턴닝, 아마니유 등을 포함한 물

사탕, 턴닝, 아마니유 등은 시멘트의 응결경화에 현저하게 영향된다. 표 1-45에 표시한 것처럼 농도 1%로 콘크리트가 경화하지 않은 현상을 일으킨다.

표 1-45 혼합물 중의 불순물이 콘크리트의 강도에 미치는 영향

혼합물 중의 불순물	한천		턴닝		그리세린		아마니유	모래탕
함유량 (%)	0.14	1.00	0.14	1.00	0.14	1.00	1.00	1.00
압축강도비 7일	70	0	57	0	118	18	0	0
8일	70	0	77	0	130	75	0	0

* 깨끗한 물을 사용한 경우의 압축강도를 100으로 하였다.

4. 해수

해수는 강재를 부식시킬 염려가 있으므로 철근콘크리트, 프리스트레스트콘크리트, 철골철근콘크리트 및 가외철근이 배치된 무근콘크리트에서는 혼합수로서 해수를 사용해서는 안된다. 가외철근이 배치안된 무근콘크리트에서는 해수를 써도 상관없으나 해수를 사용하면 장기 재령에서의 콘크리트의 강도증진이 떨어지고, 내구성이 적어지는 경향이 있으며, 백화(efflorescence)가 생기기 쉬운 점 등의 실험결과도 보고되어 있으므로 주의할 필요가 있다.

또 해안 근처의 우물물에서는 염화물이 함유되어 있는 경우가 많다. 부득이 염화물을 많이 함유한 우물물 등을 사용하는 경우에는 혼합수 이외의 재료에 함유된 염화물의 양도 고려해서, 콘크리트 중의 염화물이온의 총량이 허용한도를 넘지 않는다는 것을 확인하여야 한다.

1) 해수는 강재를 녹슬게 하므로 프리스트레스 콘크리트, 철근콘크리트 철근을 갖는 무근콘크리트 등에 사용해서는 안된다. 해안 가까운 우물물에는 염분이 포함되어 있는 경우가 많다는 데 주의를 요한다. 이 경우 Cl⁻이온 농도로 200ppm이하이면 보통 지장이 없다.

수도수의 수질비교

성 분		한국서울시 3개소 수도의 수질평균(1)			일본의 5대도시수도수의 수질(2)			미국의 100대 도시 수도수의 수질	
		최대치	최소치	평균치	최대치	최소치	평균치	최대치	최소치
pH									
탁도	(ppm)	7.1	6.5	6.9	7.3	6.3	6.7	105	5.0
알카리도	(ppm)	0.8	0.2	0.5	—	—	—	—	—
염소이온	(ppm)	—	—	—	81.0	17.3	33.4	—	—
황산이온	(ppm)	20.1	6.9	14.4	24.8	4.9	13.5	540.0	0.0
칼슘이온	(ppm)	14.7	7.0	10.8	130.0	12.1	41.6	572.0	0.0
마그네슘	(ppm)	17.5	8.9	13.2	—	—	—	—	—
과망간산칼륨		7.6	2.4	4.6	—	—	—	—	—
소비량	(ppm)	3.9	0.3	1.6	4.7	0.7	2.2	—	—
총경도	(ppm)	73.0	33.0	18.7	96.0	31.9	57.4	962.5	0.0
증발 잔류물	(ppm)	72.7	27.0	44.7	305.0	72.0	138.1	1580.0	22.0
비전도율	(ppm)	—	—	—	490.0	99.4	211.2	1660.0	18.0

(주) (1) 서울시 3개소의 수도수는 팔당, 노량진, 뚝섬 앞
 (2) 일본의 5대도시는 東京, 橫浜, 大阪, 神戶, 北九州市임.

여러 가지 물의 수질분석 예

항목\물의 종류	pH	증발잔류물 (ppm)	용해성 증발잔류물 (ppm)	총경도 (ppm)	Ca^{2+} (ppm)	Mg^{2+} (ppm)	Na^+ (ppm)	SO_4^{2-} (ppm)	Cl^- (ppm)	유기물 (ppm)
수 도 수 (팔당)	6.9	—	35	46	13	3.7		13.7	11.6	1.0
지 하 수	7.27	344	344	176	35	21.6	30.0	78.4	35.5	—
해 수	7.43	—	38700	5100	340	1032.8	—	—	154.99	56.1
하수처리수(중랑)	7.10	—	—						44.0	14.0
후민산계오수	6.67	—	23700	710	144	85.6		—	660.2	180.1
한 강 수 (팔당)	7.20		132	45	12	3.0	—	—	6.9	3.6

  2) 염분 함유량은 NaCl로 환산하여 0.04%(0.3kg/m³)이하로 콘크리트에 사용하여야 하며 규정치 이상의 경우는 별도의 대책을 세워야 한다.
  3) 무근 콘크리트에는 보통 해수를 사용해도 좋으나 다음 점에 유의를 요한다.
    ① 해수에 포함된 염분의 작용에 따라 콘크리트의 초기강도는 증대되나 장기강도는 감소되는 경향이다.
    ② 해수는 나트륨염, 칼륨염으로써 알카리를 함유하기 때문에 알카리 골재반응을 촉진하는 경향이 있다.

5. 레디믹스트 콘크리트 공장에 있어서 回收水

  1) 레디믹스트 콘크리트 공장에 있어서 세차수나 콘크리트 제품 공장에 대한 잔여 콘크리트의 저류조에 있어서 맑은 물은 콘크리트용 혼합수로서 재사용해도 지장이 없다.
  2) 골재는 체를 통과한 후의 시멘트 및 미세한 모래로 이룬 슬러지수는 환경보호의 견지에서 콘크리트의 워커빌리티, 강도 등에 나쁜 영향을 미치지 않는 범위에서 이것을 혼합수의 일부로서 사용해도 좋다. 이것을 回收水라 한다. 사용한도는 슬러지의 고형분이 단위시멘트량의 2~3%이하로 되어 있다. 따라서, 슬러지 농도를 혼합수의 3%이하로서 사용하면 매우 안전하다.

제 4 장 혼화재료

1. 혼화재료

1) 정의

(1) 혼화재료

시멘트, 물, 골재 이외의 재료로 타설을 실시하기 전까지 필요에 따라서 시멘트 페이스트, 모르터 또는 콘크리트에 가해지는 재료이며 굳지 않았을 때 또는 경화 후의 시멘트 페이스트, 모르터 또는 콘크리트의 성질을 개선하는 것을 목적으로 한다.

(2) 혼화재료를 편의상 混和材와 混和劑로 대별하고 있다.

混和材는 포졸란과 같이 사용량이 비교적 많고 그 자체의 용적이 콘크리트 배합의 계산에 관계되는 것을 말하며 混和劑는 AE제와 같이 그 사용량이 적고 약품적인 사용방법을 하는 것을 말한다.

2) 종류

국내에서 실용되고 있는 혼화재료를 대상으로 하여 분류하면 다음과 같다.
관련 KS의 혼화재료 중 다음의 것이 규격화되어 있다.

      KS F 4049 「플라이애쉬」
      KS F 2562 「콘크리트용 팽창제」
      KS F 2560 「콘크리트용 화학혼화제」 (AE제, 감수제, AE감수제)
      KS F 2561 「콘크리트용 방청제」

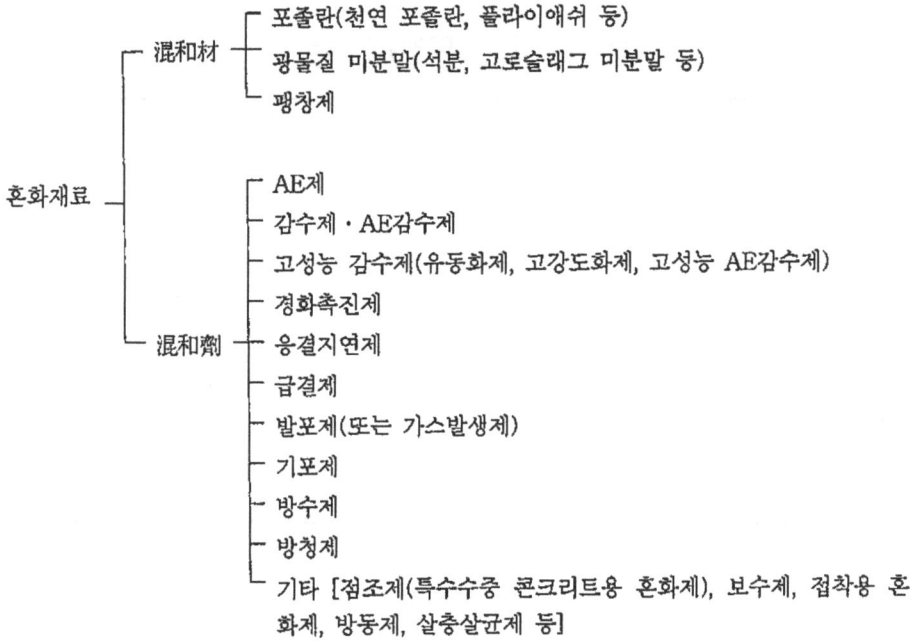

2. 포졸란

1) 일반

(1) 포졸란

  실리커질 또는 실리커질 및 알루미나질의 미분말로 그 자신은 수경성을 갖지 않으나 시멘트의 수화에 의해 생기는 $Ca(OH)_2$와 물의 존재 하에서 상온으로 화합하여 불용성의 화합물(규산칼슘염, 알루민산 칼슘염)을 만드는 것을 말하며 이 반응을 포졸란 반응이라 한다.

(2) 포졸란에는 천연 포졸란(화산회, 규산백토 등)과 인공포졸란(플라이애쉬, 실리커흄 등)이 있다.

  천연포졸란은 보통 입자가 不整形하고 콘크리트의 단위수량을 더하기 때문에 混和材로서 사용하는 일은 드물고 주로 실리커시멘트의 원료로서 이용된다. 이에 대해 플라이애쉬 표면은 매끈한 구형입자로 되었고 실리커흄은 구형의 초미분말이라는 점 등의 현저한 특징을 가졌기 때문에 각각 유용한 混和材로서 이용된다.

2) 플라이애쉬

(1) 플라이애쉬란

화력발전 등의 분탄연소 보일러에서 나오는 廢가스 중에 포함된 재의 미분립자를 코트렐 집진기로 浦集한 것이다.

(2) 플라이애쉬의 작용과 효과

① 감수작용 : 시멘트(부정형 입자)의 일부를 플라이애쉬(구형입자)로 치환하면 콘크리트 속의 분체 표면적의 총화가 감소되어 콘크리트의 유동성이 증대된다. 그림 1-20은 플라이애쉬의 치환율 30%로 콘크리트의 슬럼프는 약 100mm 증대하는 것을 나타내고 있다. 일반적으로 같은 워커빌리티를 얻기 위한 단위수량의 감소율은 플라이애쉬의 품질 및 사용량 콘크리트의 배합 등에 의해 상위되나 AE감수제를 사용한 콘크리트의 경우 4~12%이다.

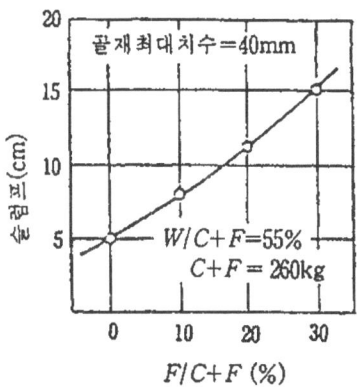

그림 1-20 플라이애쉬의 치환율과 콘크리트의 슬럼프와의 관계

② 포졸란 작용 : 충분한 습윤양생을 실시하면 포졸란 작용에 의해 장기재령에 대한 콘크리트의 강도 및 수밀성(그림 1-21 참조), 화학저항성 등이 개선된다.

③ 시멘트의 일부를 플라이애쉬로 치환하는데 따라 수화열이 줄고 콘크리트의 온도 상승을 저감하므로 ① 및 ②의 효과도 겸하여 플라이애쉬는 매스콘크리트용 및 수리구조물용 혼화재로서 극히 적당하다. 그러나 건축물과 같이 건조되기 쉬운 콘크리트의 사용은 좋지 않다.

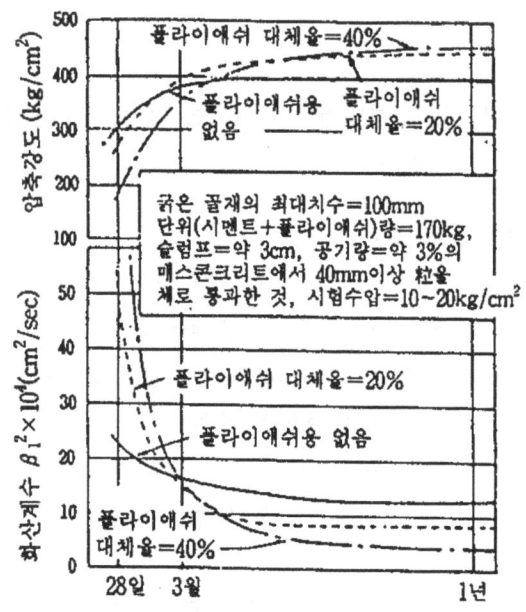

그림 1-21 플라이애쉬의 사용이 매스콘크리트의 압축강도 및
수밀성의 증진에 미치는 영향

(3) 플라이애쉬 품질규격치

플라이애쉬 KS L 5405「플라이애쉬」에 적합한 것을 이용한다. 품질 규격치를 표 1-46에 표시한다.

표 1-46 플라이애쉬의 규격

이산화규소 (%)	습윤 (%)	강열감량 (%)	밀도	비소면적 (브레인법) (cm^2/g)	단위수량비 (%)	압축강도비(%)	
						28일	91일
5 이상	1이하	5이하	1.95이상	2400이상	102이하	60이상	70이상

주) 단위수량비는 KS L 5100의 표준모르터에 있어서 플라이애쉬를 시멘트의 25%치환하고 플로우를 표준모르터와 같게 한 모르터의 단위수량 표준모르터의 단위수량의 비로 나타낸다. 압축강도비는 양자의 모르터의 압축강도의 비이다.

3) 실리커흄

(1) 실리커흄이란

경소합금(실리콘, 페로실리콘, 코롬실리콘, 실리콘 망간 등)을 전기로 제조할 때 폐가스 속에 부유하여 발생하는 초미분 부산물이다. 따라서 실리커흄 성질은 주제품의 종류나 그레이드에 따라 좌우된다. 예를 들면, 50%, 75% 및 90%의 페로실리콘 및 금속실리콘의 실리커흄 SiO_2함율은 각각 72~77%, 84~88%, 92~95% 및 93~98%로 대폭 변화하므로 실리커흄을 콘크리트 혼화재로 이용하기 위해서는 품종 규격이나 사용기준의 제정이 요망된다.

(2) 실리커흄의 성질

① 직경 1μm의 비정질 구형입자로 비표면적은 15~25m^2/g, 평균 약 20m^2/g(질소흡착법)의 초미분말이다.

② 밀도는 2.1~2.2, 단위용적 질량은 미분 때문에 70~430kgf/m^3로 작다.

(3) 실리커흄 콘크리트의 성질

① 실리커흄 사용에 따라 콘크리트의 블리딩의 저감, 강도, 화학저항성, 수밀성, 기밀성의 증대가 기대되는 반면 Plastic 수축균열의 증가, 건조수축의 증대가 일어난다. 또 내동해성 및 알카리 골재반응 억제효과에 대해서는 각각 상반한 연구성과가 발표되었다. 실리커흄의 혼입에 따라 소요수량이 늘어나므로 고성능 감수제를 병용하는 것을 원칙으로 한다.

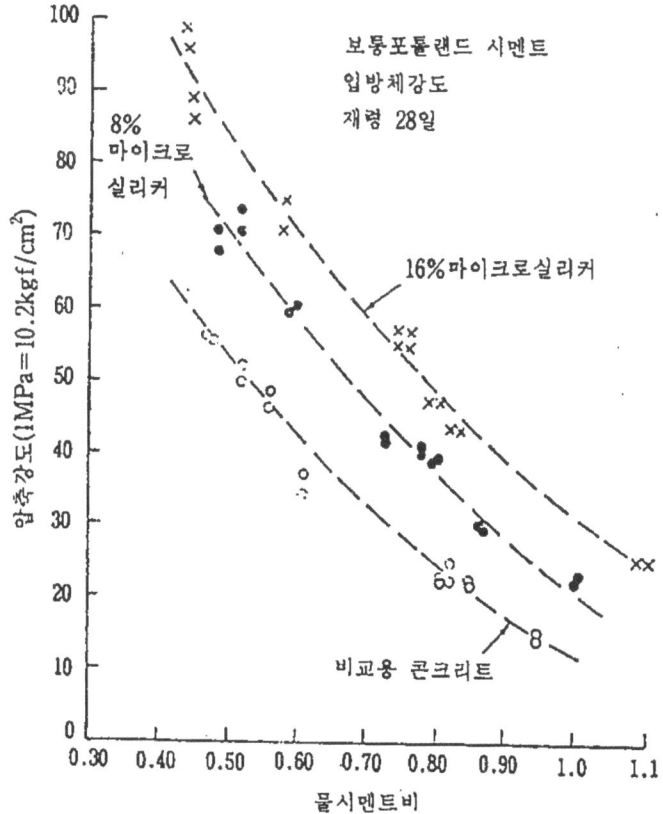

그림 1-22 실리커흄 콘크리트의 물시멘트비와 압축강도와의 관계

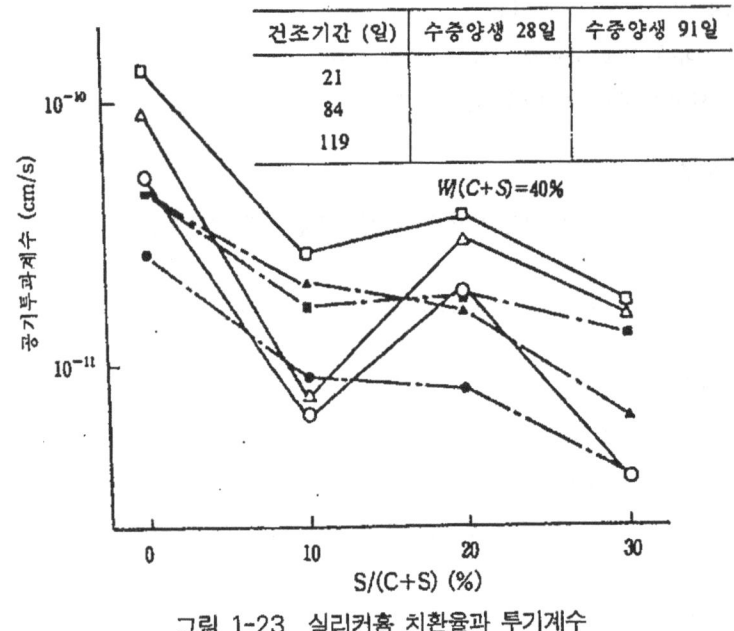

그림 1-23 실리커흄 치환율과 투기계수

② 그림 1-22는 실리커흄 콘크리트 압축강도 시험결과의 일례로서 실리커흄 혼입을 16%로 28일 강도 약 1000kgf/m²의 고강도 콘크리트가 얻어지는 것을 나타내고 있다.

③ 그림 1-23은 실리커흄의 치환율과 콘크리트의 투기성과의 관계를 나타낸 것으로 실리커흄의 마이크로필러 및 분리억제 효과에 의한 기밀성의 대폭개량이 인정된다.

(4) 품질규격과 사용기준

① 캐나다, 노르웨이, 덴마크 등의 규격이 있다. 중요시되는 항목은 강열감량(5.0~6.0%이하 : 불순물의 판정) SiO_2함유량(캐나다, 덴마크 85%이상) 및 포졸란 활성지수이다. 캐나다 규격에는 발생원(주제품)을 실리콘과 75S이상의 페로실리콘에 한한다.

② 각국의 사용기준에는 사용시의 형태(분상, Pellet상, 슬러리상), 사용량 한도(노르웨이 外割 10%, 덴마크 內割 10%이하, 독일 外割 15%이하 : Plastic 수축균열 방지, 내동해서 저하방지 등을 위해) 계량오차(노르웨이, 덴마크 ±5%, 독일 ±3%이내), 혼합시간 등이 규정되어 있다.

3. 광물질 미분말

 1) 포졸란 이외의 광물질 미분말로써 석분, 고로슬래그 분말(약간의 포졸란 반응을 갖는다) 등이 있다.

 2) 석분은 시멘트 페이스트 중에서 상온에서는 화학반응을 일으키지 않는다. 그러나 그림 1-24에 표시한 바와 같이 콘크리트의 강도를 증대시킨다. 예를 들면, 석회석분말(브레인 비표면적 $3600cm^2/g$)을 外割로 시멘트 질량의 10~15% 첨가하면 압축강도는 약 20%증대된다. 이것은 미세한 석분이 시멘트입자의 플로크(flock)사이에 들어가는 시멘트 입자를 분산시켜 수화되기 쉬운 상태로 된다.(그림 1-25 참조)

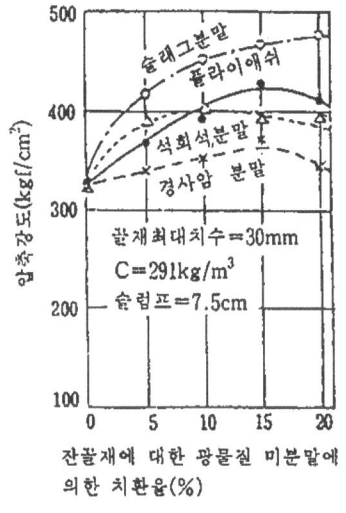

그림 1-24 광물질 미분말의 첨가가 콘크리트의 압축강도에 미치는 영향
(일본토목학회 논문집 85호, 1962)

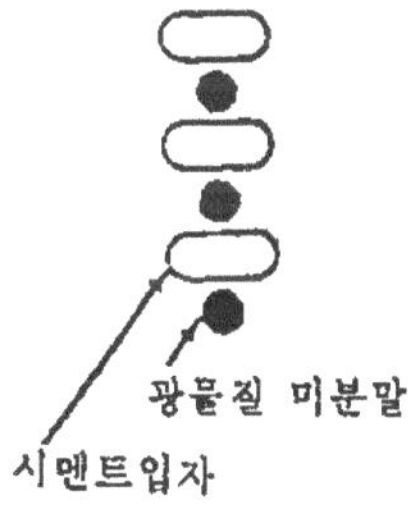

그림 1-25 광물질 미분말의 분산작용

 3) 고로슬래그 분말은 수쇄의 건조미분말로 잠재 수경성을 갖기 때문에 석분의 경우보다 더욱 콘크리트강도가 증대된다(그림 1-24 참조). 또 고로슬래그 미분말은 시멘트 중량의 50%이상 치환하는데 따라 콘크리트의 화학저항성의 개선, 알카리골재 반응의 억제가 기대되며 70%정도 이상의 치환에 의해 수화열에 의한 콘크리트의 온도상승을 저감할 수가 있다고 한다.(그림 1-26 참조)

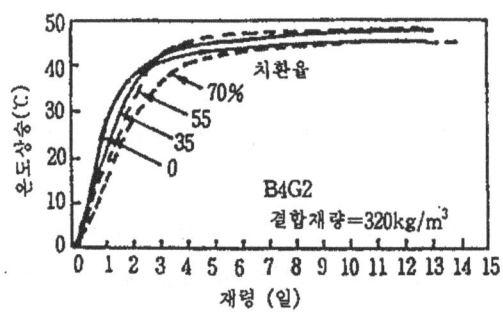

그림 1-26 슬래그 혼입율이 콘크리트의 단열 온도상승에 미치는 영향

4) 일본 토목학회에서는 「콘크리트용 고로슬래그 미분말 규격(안)」을 규정하였다.(표 1-47 참조)

표 1-47 콘크리트용 고로슬래그 미분말 규격

염기도[1] b	화학성분 (%)			습분 (%)	밀 도	비표면적 (브래인) (cm^2/g)	활성도 지수(SAI)[2](%)		
	S	SO_3	MgO				7일	28일	91일
1.4 이상	2.0이하	3.0이하	5.0이상	10.0이상	2.8이상	1750이상	55이상	75이상	95이상

주) 1) 염기도 b=(CaO+MgO+Al_2O_3)/SiO_2
    2) 고로슬래그 미분말을 이용한 배합비 1 : 2 물비 50%의 모르터의 압축강도와 기준시 멘트를 이용한 동배합의 강도와의 비로서 나타낸다.

5) 브레인 비표면적이 6000cm^2/g이상의 고분말도 슬래그가 개발되어 있다.
  ① 슬래그의 분말도가 높을수록 같은 슬럼프의 콘크리트를 얻기 위해 단위수량은 일반적으로 감소한다(그림 1-27 참조). 이것은 미립자 정도와 표면 평활도, 치밀도가 늘어난다고 생각된다.

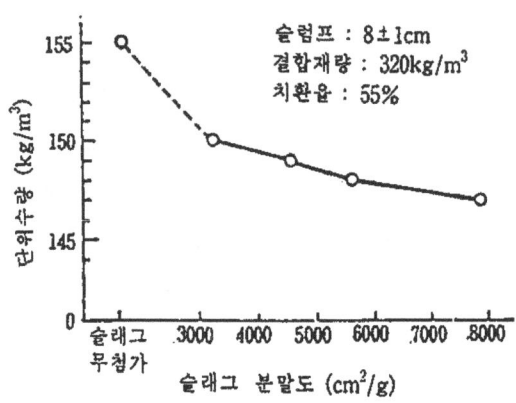

그림 1-27 슬래그의 분말도와 콘크리트의 단위수량의 관계

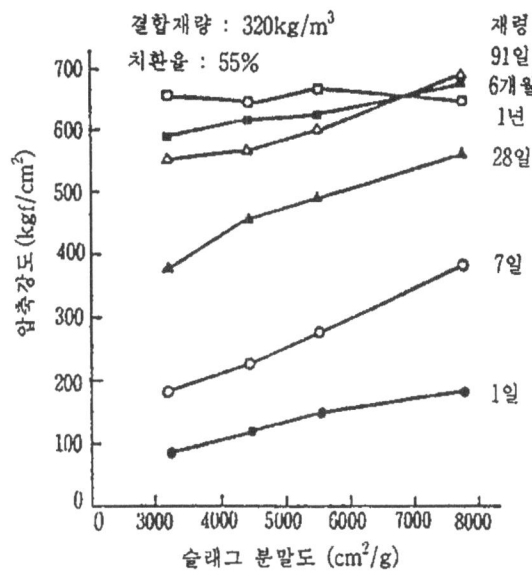

그림 1-28 슬래그의 분말도와 콘크리트의 압축강도와의 관계

② 고분말도 슬래그를 사용하면 특히 콘크리트의 초기강도가 크게 된다. 예를 들면, 단위결합재량 320kgf/cm², 슬래그 치환율 55%의 콘크리트에서 재령 7일의 압축강도는 슬래그의 비표면적이 6000kgf/cm²인 경우 약 230kgf/cm², 7000cm/g인 경우 약 300kgf/cm², 8000cm²인 경우 약 680kgf/cm²로 되어 있다. 그러나 1년 강도는 약 650kgf/cm²로 슬래그의 분말도에 따라 대부분 변치 않는다.(그림 1-28 참조)

③ 콘크리트의 중성화도 슬래그의 분말도가 높을수록 작게 되나 내동해성이나 내황산염 저항성은 변치 않는다.

4. 팽창재

1) 팽창재

팽창재는 시멘트의 경화과정에서 팽창하여 침하수축이나 건조수축의 보상 케미켈 프리스트레스트 도입 등에 이용된다. 팽창재에는 철분계 및 시멘트계의 것이 있으며 전자는 철분의 발청, 후자는 석회 또는 에트링가이트의 팽창작용에 의한다.

2) 철분계 팽창제

(1) 산화조제를 혼합한 철분이며 산화조제에 의해 알카리 환경 하에서 발청하여

[Fe(OH)$_2$수산화 제1철이라고 한다.], 그림 1-29에 표시한 바와 같이 재령 3~7일 정도까지 팽창한다.

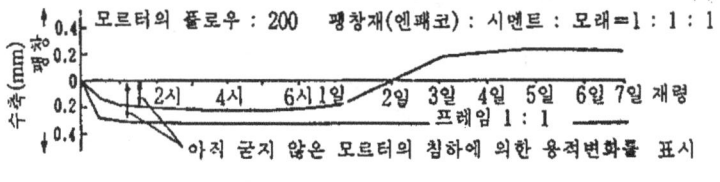

그림 1-29 철분계 팽창제에 쓰이는 모르터의 팽창과정

(2) 모르터

자중의 증가에 의해 시공성이 양호하며 또 밀도, 고강도 특히 피로강도가 큰 팽창 모르터를 만들 수가 있으므로 받침용이나 기계의 대좌용의 무수축 그라우트에 이용된다.

3) 시멘트계 팽창제

(1) 시멘트계 팽창제에는 석회를 주성분으로 하는 것과 칼슘·분포 알루미네이트(소석회와 석고 및 알루미나를 조합, 소성한 것)(CSA)를 주성분으로 한 것이 있으며 팽창반응은 어느 것이나 수화에 의해 전자는 소석회의 생성, 후자는 에트링가이트의 생성에 의한다.

석회를 주성분으로 하는 것 : $CaO + H_2O \rightarrow Ca(OH)_2$

CSA를 주성분으로 하는 것 : $C_2A \cdot 2CaSO_4 + (31\sim32)H_2O \rightarrow C_3A \cdot 3CaSO_4 + (31\sim32)H_2O$(에트링가이트)

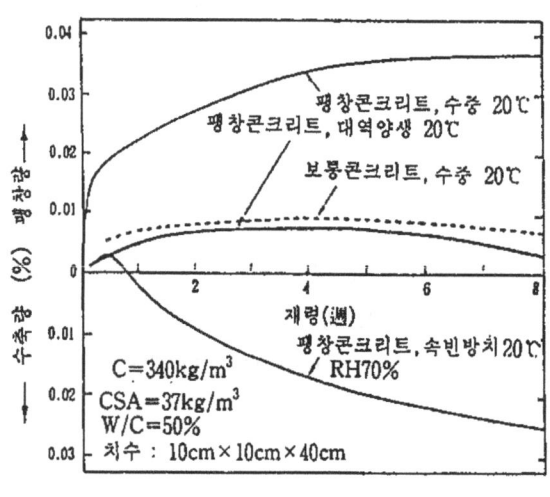

그림 1-30

표 1-48 콘크리트용 팽창재의 품질규격치

화학성분		물리적 성질								
MgO (%)	강열감량 (%)	브레인 비표면적 (cm^2/g)	1.2mm체 잔류분 (%)	응결		팽창성(길이변화율)		압축강도		
				초결(min)	종결(h)	7일	28일	3일	7일	28일
5.0이하	3.0이하	2000이상	0.5이하	60이후	10이내	0.00030 이상	-0.00020 이상	70 이상	150 이상	300 이상

주 1) 1.2mm체는 KS A 5101에 규정하는 표준체 1.18mm이다.

(2) 팽창반응은 어느 것이나 수화작용이기 때문에 만족한 팽창반응을 기대하는 것은 타설 후 충분히 수분을 주어서 양생하는 것이 중요하다. 그림 1-30은 여러 가지의 양생조건에 따라 팽창량이 크게 다른 것을 표시한다.

(3) 시멘트계 팽창재는 무수축 그라우트, 건조수축 보상에 의한 일반구조물의 균열방지용, 케미컬 프리스트레스 도입에 이용된다. 그 사용량은 건조수축 보상의 경우 20~30kg/m³, 케미컬 프리스트레스 도입의 경우 50~60kg/m³정도로 한다.

(4) 팽창재는 KS F 2562「콘크리트용 팽창재」에 적합한 것을 이용한다. KS F 2562에 규정되어 있는 팽창재의 품질규격을 표 1-48에 표시한다. 표중의「팽창성」은 40×40×135mm모르터 공시체의 중심축에 ø11mm의 건조나사봉강을 매립하여 이것과

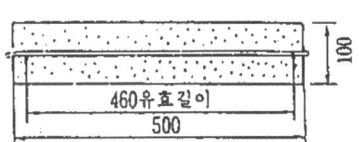

그림 1-31 케미칼 프리스트레스 측정용 공시체

단판으로 구속하며 7일 수중이후 恒蒸室 중(RH 58±1%)에 정치되었을 때의 구속변형을 측정한다. 모르터의 배합은 KS L 5104의 표준모르터와 같고 시멘트의 5%를 팽창재로 치환한다. 압축강도는 팽창성시험과 같은 배합의 모르터를 쓰며 시험은 KS L 5104와 같이 실시한다.(그림 1-31 참조)

(5) 팽창재의 케미컬 프리스트레스 도입효과를 평가하는데는 중심축에 강봉을 매립한 콘크리트 공시체를 이용한다. 강봉과 콘크리리트는 전조나사 등에 의해 충분히 부착시킨다. 콘크리트의 팽창에 의해 강봉에 인장응력 σ_s가 생기고 콘크리트는 강봉에 의해 팽창이 구속되며 압축응력 σ_c가 생기며 양자가 균형되어 정지된다. 콘크리트의 단면적을 A_c, 강봉의 단면적을 A_s, 강봉의 영계수를 E_s로 하면,

$$\sigma_c A_c = \sigma_s A_s$$
$$f_c A_c = f_s A_s$$

케미컬프리스트레스 $\sigma_c = \dfrac{A_s}{A_c} = \sigma_s = p\varepsilon E_s$, $f_c = \dfrac{A_s}{A_c} = f_s = \rho\varepsilon E_s$

여기서, p : 강재비, ε : 구속팽창 변형, E_s : 강재의 영계수(kgf/cm^2)

5. 표면 활성제

 AE제, 감수제는 표면활성제의 일종이다. 표면활성제는 용액 중에서 액-기, 액-액, 액-고의 계면에 흡착하고 계면의 성질을 크게 바꾸는 것으로 계면에 기포, 분산, 습윤, 유화, 청정 등의 특성을 부여한다. AE제는 기포작용이 탁월한 것이고 감수제는 주로 분산작용이 탁월한 것이다. 또 감수제에는 단독 감수제와 AE제를 사전에 첨가한 AE감수제 및 고성능 감수제가 있다.

6. AE제

1) AE제
 콘크리트 속에 미세한 독립기포(직경 0.025~0.25mm정도)를 분포시키는 혼합제이며, AE제에 도입된 공기를 에어앤트레인드(air entrained)라고 한다.

2) 작용과 효과
(1) 콘크리트의 작업성(Workability)을 개량한다. 이것은 기포가 모래입자의 주위에서 볼베어링(ball bearing)과 같은 작용을 하며 유동성을 크게 더하는 동시에 기포가 물의 이동을 허용하는 유효면적을 줄이고 블리딩을 줄이는 역할을 한다. 공기량 1%의 증가에 의해 슬럼프는 약 2.5cm증대된다.

(2) 콘크리트의 동결융해에 대한 저항성을 크게 증대한다. 이것은 콘크리트 속의 큰 공극내의 물이 동결하여 체적을 더하고 작은 공극을 향하여 물이 이동된다. 移動水는 에어앤트레인드(air entrained)에 유입되어 수압을 감하는 동시에 빙압도 흡수하여 팽창응력을 저감하게 된다.

3) AE제의 종류 및 품질규격
(1) AE제에는 빈졸(vinsol, 레진산의 나트륨염) 기타 다종의 것이 시판되고 있다.

(2) AE제의 KS F 2500「콘크리트용 화학혼화제」에 적합한 것을 이용한다. AE제의 품질규격을 표 1-49 및 표 1-50에 표시한다.

표 1-49 화학혼화제의 염화물량(KS F 2560)

종류	염화물량(염소이온량) %
I 종	0.02이하
II 종	0.02~0.20이하
III 종	0.20~0.60이하

표 1-50 콘크리트용 화학혼화제의 품질(KS F 2560)

품질항목		AE제	감 수 제			A E 감 수 제		
	종류		표준형	지연형	촉진형	표준형	지연형	촉진형
감 수 율 (%)		6이상	4이상	4이상	4이상	10이상	10이상	8이상
불리딩의 비 (%)		75이상	100이하	100이하	100이하	70이하	70이하	70이하
응결시간의 차 (min)	초결	-60~+60	-60~+90	+60~+210	+30이하	-60~+90	+60~+210	+30이하
	종결	-60~+60	-60~+90	+210이하	0이하	-60~+90	+210이하	0이하

품질항목		AE제	감 수 제			A E 감 수 제		
	종류		표준형	지연형	촉진형	표준형	지연형	촉진형
압축강도의 비 (%)	재령 3일	95이상	115이상	105이상	125이상	115이상	105이상	125이상
	재령 7일	95이상	110이상	110이상	115이상	110이상	110이상	115이상
	재령 28일	90이상	110이상	110이상	110이상	110이상	110이상	110이상
길이변화비 (%)		120이하	120이하	120이하	120이하	120이하	120이하	120이하
상대동탄성계수(%)		80이상	-	-	-	80이상	80이상	80이상

슬럼프 80mm 및 180mm 중 어느 콘크리트에 대해서도 규격에 적합하지 않으면 안된다. 단, 동결융해에 대한 저항성의 규격치는 슬럼프 80mm의 콘크리트에 대해서만 적합하다.

기준콘크리트의 배합
단위시멘트량 : 슬럼프 80mm의 경우, 280kg/m³, 슬럼프의 180mm의 경우 300kg/m³
단 위 수 량 : 비빔이 끝날 때의 슬럼프가 80±10mm 또는 180±10mm가 되는 양.
공 기 량 : 2.0%이하
잔 골 재 율 : 40~50%
시험콘크리트의 배합 - 단위시멘트량 : 기준콘크리트와 같다.
단 위 수 량 : 기준콘크리트와 같다.
공 기 량 : 기준콘크리트의 공기량에 3.0%를 가한 것에 대해 0.5%이상의 차이가 있어서는 안된다.
잔 골 재 율 : 기준콘크리트의 잔골재율에서 1~3%를 감한 값으로 한다.

(3) AE제, 감수제 또는 AE감수제를 적절하게 사용함으로써 콘크리트의 워커빌리티가 개선되고, 단위수량이 감소되며, 내동해성이 향상되고, 수밀성이 개선되는 등 많은 이익을 얻을 수 있다.

그러나 AE제, 감수제 또는 AE감수제의 효과는 사용하는 시멘트의 품질, 골재의 품질, 콘크리트의 배합, 시공방법에 따라 다르다. 또 공기량이 같더라도 기포의 지름이나 분포가 다르면 그 효과도 달라진다.

현재 시판되고 있는 AE제, 감수제 및 AE감수제의 품질은 적어도 KS F 2560 「콘크리트용 화학혼화제」의 규정에 맞는 것을 사용해야 한다.

KS F 2560은 콘크리트용 화학혼화제의 종류를, AE제, 감수제(표준형, 지연형, 촉진형) 및 AE감수제(표준형, 지연형, 촉진형)로 분류하고, 콘크리트의 제성질을 개선함과 동시에 콘크리트의 응결 및 초기경화의 속도를 조절할 수 있도록 규정하고 있다.

표 1-51의 규정값은 시험콘크리트(혼화제를 사용한 콘크리트)의 기준콘크리트(혼화제를 사용하지 않은 콘크리트)에 대한 비를 나타낸 것으로, 이 때 사용한 콘크리트의 슬럼프 값은 80mm 및 180mm에 대해 시험하되, 동결융해에 대한 저항성(상대동탄성계수)시험을 슬럼프 80mm의 콘크리트에 대해서만 적용한다. 기타 구체적인 사항은 KS F 2560을 참조하기 바란다.

7. 감수제 및 AE감수제

1) 감수제는 시멘트입자의 분산이나 초기수화의 억제 등에 의해 콘크리트의 단위수량을 감소시키는 혼화제이다.

2) 감수제는 음이온계의 것과 비이온계의 것으로 대별된다. 국내에서는 대부분 AE제를 수반하는 AE감수제로서 시판되고 있다.

음이온계 ┌ 리그닌 설폰(Lingninsulfone)산염계(포졸리스, 산폴로우 등)
　　　　 └ 옥시카본(Oxycarbon)산염계(파리크, 플라스틱멘트 등)

비이온계 － 알카리아릴 에틸렌 또는 에틸렌계(츄포르 등)

3) 감수제의 작용

(1) 시멘트 페이스트 중에서 시멘트입자의 10~30%는 응집되어 플로크를 형성하고 있다.

(2) 리그닌설폰산염계 감수제의 작용은 시멘트페이스트 중에서 리그닌설폰산 음이온과 칼슘 양이온에 解離, 강한 음이온 활성을 표시한다. 그리고 시멘트 입자 표면에 흡착하여 시멘트 입자는 부(-)에 帶電된다. 그 결과 시멘트 입자는 정전기적으로 상호에 반발하여 개개로 분산된다.(그림 1-32 참조)

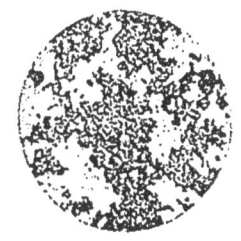 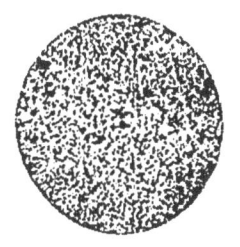

(a) 응집된 시멘트입자　　　(b) 감수제의 사용에 의한
　　(감수제를 사용하지 않음)　　　시멘트 입자의 분산

그림 1-32 감수제의 분산효과

(3) 옥시카아본산염계 감수제의 작용은 시멘트입자 표면에 흡착하여 초기 수화를 억제하여 크는 것을 지연시키고 페이스트의 연도를 더한다.
(4) 알카리아릴에틸렌 또는 에틸렌계 감수제의 작용은 시멘트입자 표면에 흡착되어 시멘트와 물의 부착력을 물의 응집력보다 크게 하고 시멘트입자를 잘 젖게 하여 페이스트의 연도를 더한다. 이 종류의 감수제를 親水劑라고 말한다.

4) 감수제의 효과
(1) 감수제의 효과는 감수제 종류, 시멘트, 골재의 성질, 콘크리트의 배합 등에 의해 다르나 AE감수제를 사용하면 소요의 워커빌리트를 얻기 위한 단위수량을 12~18% 저감할 수 있다.
(2) 상기의 결과와 같은 워커빌리티, 압축강도의 콘크리트를 얻기 위한 단위시멘트량을 약 10%감소할 수 있다.
(3) AE감수제에 의해 에어엔트레인드가 도입되므로 콘크리트의 동결융해에 대한 저항성을 개선한다.

5) 감수제의 종류 및 품질규격
(1) 감수제 및 AE감수제는 각각 표준형, 촉진형 및 지연형의 3종이 있다. 예를 들면 포졸리스 No. 70(표준형), No. 75(촉진형)가 있으며 이것들은 모두 염화물량에 의해 2종에 구분된다.

(2) 감수제 및 AE감수제의 품질은 KS F 2560에 규정되어 있다.(표 1-49 및 표 1-50 참조)

8. 고성능 감수제 · 유동화제(super plasticizer)

1) 고성능 감수제는 분산성이 탁월하며 기포성은 거의 없는 표면 활성제이다. 기포성이 없으므로 다량 사용할 수가 있고 따라서 대폭 감소효과가 기대된다.

2) 고성능 감수제는 나프탈렌셀폰산 축합물(마이티 NP10 등), 멜라민설폰산 축합물(NL4000, NP20등)이 있으며 분산작용은 어느 것이나 전기의 리그닌설폰산염계 감수제와 같이 帶電에 의한 정전기적 反撥力에 의한다.

그림 1-33은 고성능 감수제의 사용량에 수반하는 시멘트 입자의 흡착력 및 제이터전위(시멘트 입자 표면에 형성된 대전층의 전위차)의 증가, 이것에 기인되는 시멘트 페이스트의 점도저하(유동성의 증가)를 표시하였다.

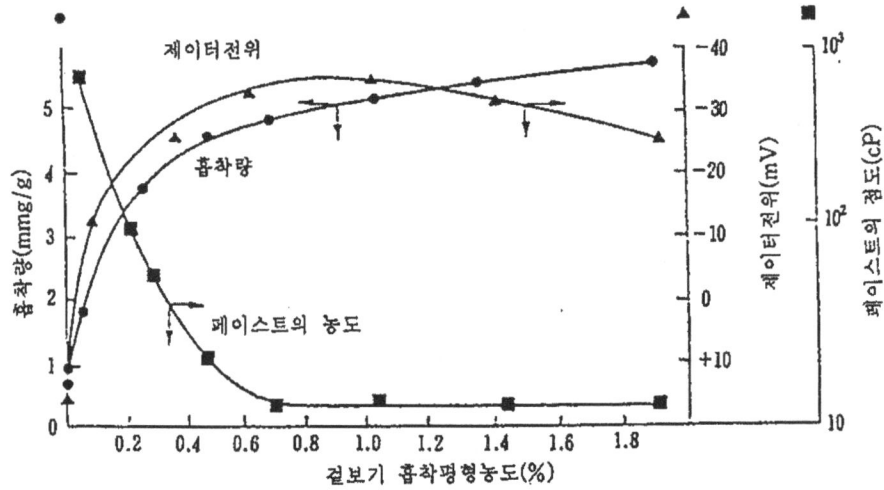

그림 1-33 고성능감수제의 겉보기 흡착평형 농도와 흡착량, 제이터전위, 페이스트의 점도의 관계(콘크리트 공학 Vol.14, No.3, 1776)

3) 고성능 감수제는 고강도화제 또는 유동화제로써 사용된다. 고강도화제는 다량 사용에 의한 심한 감수효과(감수율 20%정도)에 의해 소요의 워커빌리티를 유지하며 물시멘트비를 대폭으로 저감한다. 슬럼프 100mm정도 이상으로 압축강도 $80\sim100N/mm^2$의 고강도 콘크리트를 용이하게 만들 수가 있고 PC말뚝의 제조에 이용된다.

4) 유동화제는 콘크리트의 품질을 바꾸지 않고 유동성만을 증대하여 시공성을 크게

개선한다. 유동화제는 건교부 「콘크리트용 流動化劑 규격(案)(표 1-51 참조)에 적합한 것을 이용한다.

5) 고성능 감수제를 사용한 콘크리트 비빔 후의 시간경과에 伴슬럼프의 저하(슬럼프로스)가 심하다(그림 1-34 참조). 이것은 단위수량이 일반적으로 적은 것으로 시멘트입자의 물리적인 응집이 일어나기 쉬운 점(그림 1-34에 있어서 시멘트 대신 고로슬래그 미분말을 사용한 경우도 슬럼프로스가 일어난다) 및 고성능 감수제가 점차로 시멘트 수화물에 받아들여져서 분산작용에 기여하는 分이 감소하게 된다.

슬럼프로스는 시공상 부적합하므로 이것을 일으키지 않는 流動化劑(고성능 AE감수제라 부른다)로 옥시카아본산염이나 폴리카아본산염을 주성분으로 하는 것 이외 종래 고성능 감수제에 알카리용액 중 서서히 이온화하는 서방제를 첨가한 것 등이 개발되었다.

6) 유동화콘크리트는 콘크리트의 단위수량을 증가시키지 않고 유동화제의 첨가에 의해 콘크리트의 유동성을 높여주기 때문에 콘크리트의 품질이 저하되지 않으며, 콘크리트의 치기와 다지기가 쉬워진다. 또 단위수량이 보다 작은 콘크리트도 치기가 가능하다. 예로서 보통의 공법으로도 시공 가능한 교대, 교각, 수조, 옹벽, 정화설비, 터널의 라이닝공, 포장슬래브 등에 적용하면 시공성이 대폭적으로 개선될 뿐 아니라, 종래의 공법으로는 곤란한 콘크리트 펌프시공도 가능하고, 수중콘크리트나 연속지중벽 등의 시공에도 뛰어난 효과를 발휘하는 등 그 응용성은 대단히 넓다.

그러나 유동화콘크리트는 유동화제에 의해 강제적으로 유동성을 주는 콘크리트이므로 유동화제의 품질, 성능은 콘크리트의 워커빌리티, 강도 등의 품질특성을 좌우한다. 이

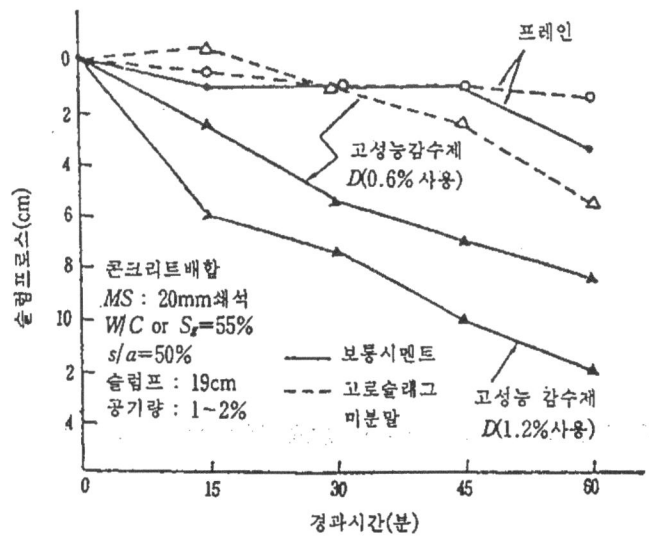

그림 1-34 보통시멘트 또는 고로슬래그 미분말을 이용한 콘크리트의 슬럼프로스
(일본대학 유동화 콘크리트 연구위원회 보고, 1986)

때문에 토목학회에서는 「콘크리트용 유동화제 품질 규격」을 만들어 이것을 유동화제의 품질평가의 기초로 하고 있다. 공사에 이용할 유동화제는 적어도 이 규격에 적합한 것이어야 한다.

또한 유동화제는 베이스콘크리트(base concrete)에 쓰이는 AE제, 감수제 또는 AE감수제와의 상호작용에 의하여 각각의 효과에 나쁜 영향을 주어서는 안된다.

표 1-51 콘크리트용 유동화제 규격(일본)

항 목	유동화제의 형		표준형	지연형
시험조건	슬럼프(mm)	베이스콘크리트	80±10	
		유동화콘크리트	180±10	
	공기량(%)	베이스콘크리트	4.5±0.5	
		유동화콘크리트	4.5±0.5	
블리딩량의 차(cm^3/cm^2)			0.1이하	0.2이하
응결시간의 차(min)		초결	-30~+90	-60~+210
		종결	-30~+90	+210이하
슬럼프의 경시(15분간) 저하량(cm)			4.0이하	4.0이하
공기량의 경시(15분간) 저하량(%)			1.0이하	1.0이하
압축강도[1] (%)		재령3일	90이상	90이상
		재령7일	90이상	90이상
		재령28일	90이상	90이상
길이변화[1] (%)			120이하	120이상
응결융해에 대한 저항성[1] (상대동탄성 계수비%)			90이상	90이상

<주> 1) 이 값은 보통 시험오차를 고려하여 정한 것이며 유동화 콘크리트가 베이스 콘크리트와 동등의 품질을 가진 것을 의미한다.

7) 표준형 유동화제는 보통의 콘크리트 공사에 쓰이는 것으로서 사용실적도 많아 일반적으로 쓰이고 있다.

지연형 유동화제는 유동화 효과와 응결지연 효과를 겸한 것으로, 주로 서중콘크리트나 운반시간이 긴 경우에 유동화 후의 슬럼프 로스(slump loss)를 감소시키기 위해 쓰인다. 지연형 유동화제의 응결지연시간은 슬럼프 증대량에 따른 첨가량의 대소에 의해 변동되고, 콘크리트의 사용조건이나 배합에 따라서는 소정의 응결지연 효과를 얻지 못하는 수도 있으므로 목적에 따라 적당량을 사용해야 할 것이다. 또 지연형 유동화제를 쓴 콘크리트는 베이스콘크리트에 쓴 다른 혼화제에 의해 과대한 지연성을 나타내며, 경우에 따라서는 내구성이 떨어지는 수도 있으므로 주의하지 않으면 안된다.

9. 촉진제

1) 촉진제는 시멘트의 수화반응을 촉진하고 초기강도를 높이는 혼화제이며 한중공사, 긴급공사 등에 적용한다.

2) 촉진제로서 보통 촉진제 감수제가 이용되고 있다.

염화칼슘 또는 염화칼슘을 포함한 감수제는 철근의 발청을 助長하는데 사용을 피한다.

3) 감수제는 보통 지연성을 표시하나 고성능 감수제 중 멜라민설폰산 축합물(NL4000)은 초기강도의 증진에 유효하게 작용하므로 촉진제로서도 이용된다. 표 1-52는 양생온도를 30℃로 한 공장제품용 콘크리트의 강도 증진 상황을 표시하였으며, 재령 24시간까지의 압축강도는 혼화제를 쓰지 않는 경우의 2~3배로 한다.

표 1-52 고성능 감수제(멜라민산설폰산 축합물의 강도촉진 효과)

혼화제	단위수량 (kg/m^3)	물시멘트 (%)	슬럼프 (cm)	공기량 (%)	압축강도(kgf/cm^2)				
					12시간	16시간	24시간	3일	28일
쓰지 않는다	171	48	7.2	1.5	69	98	150	280	492
NL4000 4000cc : 시멘트 100kg당	140	31.1	7.4	1.2	209 (3.0)	283 (2.9)	355 (2.4)	505 (1.8)	657 (1.3)

C=450kg/m^3, s/a=35%, 굵은 골재의 최대치수=25mm, 양생온도=30℃

10. 급결제

1) 모르터 또는 콘크리트의 응결시간을 수분이내로 빠르게 하고 뿜기 콘크리트(shotcrete건식)의 리바운드의 방지나 물막이공법에 쓰이는 혼화제이며 일본에서는 촉진제와는 별도로 급결제로서 구분하고 있다.

2) 급결제에는 탄산나트륨($NaCO_3$), 알루민산 나트륨($NaAlO_2$), 규산나트륨(Na_2SiO_3 : 물유리) 등을 주성분으로 하는 것이 있다. 급결제를 사용하면 모르터의 응결시간(프록터 관입저항의 초결 : 500psi)은 5분 이내가 된다(그림 1-35 참조).

단, 시멘트가 풍화된다든지 건식뿜기 공법으로 표면수가 많은 골재를 프리믹스하였기 때문에 시멘트가 경미한 수화를 일으키고 있는 경우는 급결제의 작용이 상당히 저하되므로 주의를 요한다.

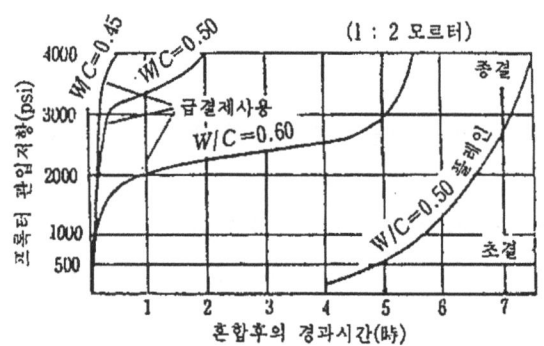

그림 1-35 모르터의 응결시간에 미치는 급결제의 영향

3) 급결제의 사용에 의해 재령 2일 이전의 압축강도는 1.5~2배로 증대되나 28일 강도는 60~70%로 저하된다.

11. 지연제

1) 지연제는 시멘트의 응결을 지연시켜 서중 콘크리트의 시공이나 레디믹스트 콘크리트의 장시간 운반을 가능케 하고 또 콜드조인트를 막을 목적으로 사용된다.
2) 지연제는 다음의 2종류가 있다.
   ① 리그닌설폰산염계 또는 옥시카아본산염계 지연형 감수제(유기질)
   ② 규비화물(무기질)

   지연형 감수제의 사용은 콘크리트의 워커빌리티나 강도에도 영향을 주나 규비화물은 지연효과 이외의 콘크리트의 성질에 변화를 주지 않으므로 사용상 편리하다.
3) 지연제의 작용은 지연형 감수제의 경우는 분자가 비교적 크고 이것이 시멘트 입자표면에 흡착하고 또 규비화물의 경우는 시멘트 입자표면에 비화칼슘의 피막을 만들어서 시멘트와 물과의 접촉을 일시적으로 차단하고 수화반응을 지연시킨다. 그러나 수화는 서서히 진행하여 시멘트입자는 용적을 더하므로 표면의 피막이 파괴되던가 틈이 확대되어서 수화반응은 점차로 정상이 된다. 따라서 지연제를 사용해도 콘크리트의 강도발현에 지장은 없다.
4) 그림 1-36은 지연제의 효과의 예이며 규비화물(리터르)을 이용한 모르터의 표준량 사용에 의해 30℃의 콘크리트의 응결과정을 20℃의 지연제를 쓰지 않는 콘크리트와 거의 같게 얻을 수 있는 것을 표시하였다.

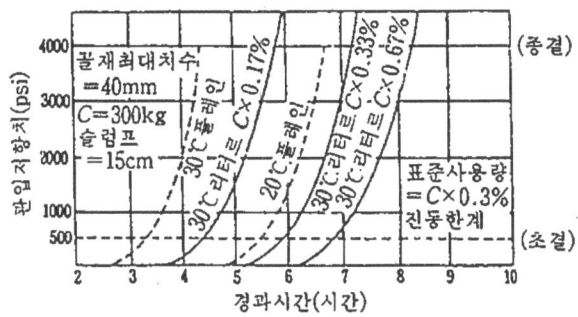

그림 1-36 모르터의 응결과정에 미치는 지연제(리터르)의 영향

12. 초지연제

1) 지연제에 의한 콘크리트의 응결지연은 통상 3~4시간(초결)이지만 초지연제는 24~48시간의 지연효과를 가졌다.

2) 초지연제는 옥시카아본산을 주성분으로 하는 것이며 다량 사용해도 공기 연행이나 굳지 않는 작용은 없으므로 콘크리트의 강도발현을 저해하지 않고 응결시간만을 크게 지연할 수가 있다.

그림 1-37은 지연제의 사용량과 지연효과를 표시하며 초지연제를 적절히 이용하면 콜드조인트의 방지는 물론 슬립폼 공법이나 해양구조물에 대한 최고최저 조수위간과 같이 연속타설을 필요로 하는 개소에서도 야간공사를 피하는 등 여러 가지의 효과가 기대된다

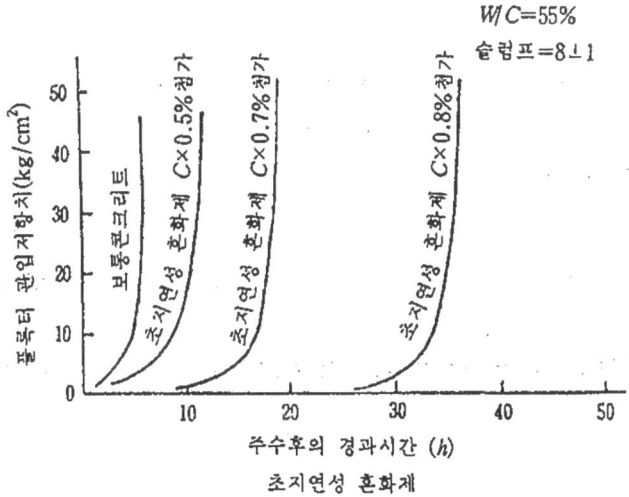

그림 1-37 응결시간에 미치는 초지연제의 영향

13. 발포제

1) 발포제로서 일반적으로 알루미늄 분말이 사용된다.

알루미늄 분말은 시멘트의 수화에 의해 생긴 수산화칼슘과 반응하여 수소가스를 발생하고 모르터 또는 콘크리트 속에 미세기포를 분포시킨다.

$$2Al + 3Ca(OH)_2 + 6H_2O \rightarrow 3CaO \cdot Al_2O_2 + 6H_2O + 3H \uparrow$$

이와 같이 발포작용은 시멘트의 응결과정에 대한 화학반응이며 AE제의 기포생성과는 전혀 다르다.

2) 기포제는 프리팩트 콘크리트용 그라우트나 PC그라우트에 이용된다.

그라우트의 주입 후 발포에 의해 팽창시켜서 굵은 골재의 간극이나 PC강재의 간극에 충분히 미치게 한다.

3) 알루미늄 분말은 그 발포 성능에서 인편상의 것에 한한다.(기타 침상, 粒狀의 것이 있다)

사용량은 시멘트의 품질, 배합, 온도 등에 따라서 미묘하게 변화되나 일반적으로 시멘트 또는 결합재(시멘트+포졸란)의 중량 0.010~0.15%로 하고 저온도일수록 많이 사용한다. 또, 발포작용은 20℃에서는 비빈 후 1.5~4시간 정도 계속하나 30℃이상에서는 30~40분 이내이다.

14. 기포제

1) 모르터 또는 콘크리트에 다량의 기포를 혼입하는 혼화제로 토목관계에서는 터널의 뒤채움용 및 비탈면 방호용 에어모르터(공기량 10~60%)로 하고 건축관계에서는 경량 또는 단열용 부재(공기량 70~80%)의 제조에 이용된다.

2) 기포제는 강력한 기포력과 탁월한 기포 안정성을 가진 혼화제로 단백질의 유도체, 지방산 비누, 합성표면 활성제(알카리아릴설폰산염) 등이 있으며 기포 안정제(메틸셀로즈등)가 첨가된다.

15. 방수제

  1) 방수제는 탄산나트륨계(급결제)의 것과 포졸란계의 것, 지방산 비누, 합성수지 및 아스팔트의 에밀존, AE제, 감수제계의 것 등 대단히 다종류의 것이 시판되고 있다.
  2) 이러한 방수제는 각각 방수효과가 상이되기 때문에(급결에 의한 지수치밀화나 발수성의 부여에 의한 수밀성의 향상 워커빌리티의 개선에 의한 내부결함의 감소 등) 적재적소에 사용할 것과 방수성능은 물론 강도 내구성에 미치는 영향 등을 확인하는 것이 중요하다.
  3) 콘크리트 구조물에서의 漏水원인은 거의 모두 다지기가 불안정한 데 있다. AE감수제의 사용은 콘크리트의 워커빌리티를 개선하여 부분적인 결함이 적은 균등질한 콘크리트가 얻어지기 쉽다. 또 流動化劑를 사용하면 고품질의 콘크리트 유동성을 더하고 결함이 적은 콘크리트를 용이하게 만들 수 있다. 따라서 이러한 혼화제의 사용은 수밀구조물을 만들기 위한 유효한 수단이다.

16. 방청제

  1) 海砂의 사용이나 구조물이 해수 또는 해풍에 시달리기 때문에 철근 콘크리트에 염분이 포함되는 경우에 철근의 방청 목적으로 이용되는 혼화제이다.
  2) 콘크리트 속과 같은 강알카리 환경하(pH≒12)에서는 강재는 그 표면에 수산화 제일철 $Fe(OH)_2$의 부동태 피막이 형성되어 부식은 일어나지 않는다. 그러나 염소이온 Cl^-가 존재하면 부동태 피막은 코로이드화하여 작은 구멍이 생기고 철은 이온화 Fe^{++}하여 유출되고 부식이 진행된다.
  3) 방청제로서 사용되고 있는 아초산소다 $NaNO_3$는 산화제이며 수산이온 $2OH^-$의 용출을 조장하며 Fe^{++}와 $Fe(OH)_2$을 만들면 부동태 피막에 작은 구멍이 생기는 것을 막고 또 작은 구멍을 보수한다. 그림 1-38은 사용한 해사의 염분 함유량과 철근의 부식에 관한 측진시험의 결과이며 방청제의 효과가 표시된다.
  4) 하천모래가 점차 품귀해짐에 따라 바다모래의 사용이 늘고 있는 실정이다. 바다모래 중의 염분이 어느 정도를 초과하면 철근의 부식이 예상되므로 이에 대한 대책이 필요하다. 철근콘크리트용 방청제는 이 바다모래 중의 염분에 의한 철근의 부식을 억제하기 위해 콘크리트에 첨가하는 혼화제이다.
  현재 시판중인 방청제는 여러 종류가 있지만, 어느 것이든 장기에 걸쳐 방청효과가 커야 하고, 콘크리트의 응결, 경화나 내구성을 해치지 않고 다루기가 쉬우며, 인체에 유해한 성분을 함유해서는 안된다.

공사에 사용되는 방청제는 KS F 2561 「철근콘크리트용 방청제」에 적합한 것이 아니면 안된다.

콘크리트 구조물의 외부로부터 다량의 염화물이온이 침입해 오는 환경하에서는 바다모래 중의 염분에 의한 강재의 부식방지를 목적으로 한 양의 방청제를 가해도 소기의 효과를 얻지 못하고 역으로 강재의 국부부식이 현저하게 생긴 경우의 보고도 있다. 따라서 이와 같은 환경하에서의 콘크리트 구조물의 시공에서 방청제를 사용할 경우에는 사용하는 방청제의 첨가량과 사용효과에 대해 미리 충분한 검토가 있어야 할 것이다.

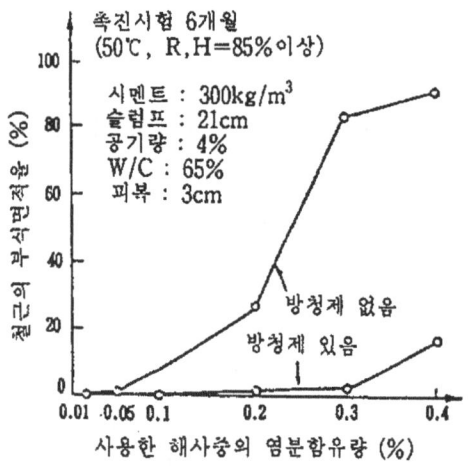

그림 1-38 해사의 염분함유량과 철근의 부식

17. 수중불분리성 혼화제

1) 수중불분리성 혼화제는 콘크리트에 높은 粘稠性을 부여하고 물씻기 작용에 대한 분리저항성을 현저하게 증대시켜 수중낙하도 가능하게 하는 수중불분리성 콘크리트 제조에 이용되는 것으로 cellulose계 (cellulose, ester류를 주성분으로 하는 것), 아크릴계 (아크릴·아미드를 주성분으로 하는 것)가 있다.

2) 수중불분리성 혼화제는 일본의 경우는 토목학회 기준 「콘크리트용 수중 불분리성 혼화제 품질규격(안)」 (표 1-53 참조)에 적합한 것을 사용한다. 또 전알카리량은 $0.30kg/m^3$ 이하, 염화물 이온량은 $0.20kg/m^3$ 이하, 유해물질 함유량 및 독성에 문제가 없는 것으로 한다.

3) 수중불분리성 혼화제는 수중에서도 분리가 잘 안되는 성질을 콘크리트에 줄 수 있

는 특징을 가진 혼화제이다. 이 수중불분리성의 정도는 일반적으로 수중불분리성 혼화제의 사용량에 따라 조정할 수 있고, 사용량을 증가시키면 해양 오염 등의 문제도 생기지 않고도 수중콘크리트를 칠 수가 있다는 것이다. 또 콘크리트의 수중불분리성을 크게 함에 의해 수중에서도 공기중에서 타설한 콘크리트와 거의 같은 정도의 품질의 콘크리트를 만들 수 있다. 그렇지만 시판되고 있는 수중불분리성 혼화제에는 각종의 것이 있고 그 중에는 상기와 같은 효과를 얻기 어려운 것도 있을 것이다. 이 때문에 토목학회에서는 「콘크리트용 수중불분리성 혼화제 품질규격」을 만들어 여기에 적합한 품질의 것을 사용하도록 규정하고 있다.

표 1-53 콘크리트 수중불분리성 혼화제 품질규격(일본안)
수중불분리성 혼화제의 성능규정

품질	종류	표준형	지연형
블리딩율 (%)		0.01이하[1]	0.01이하[1]
공기량 (%)		4.5이하	4.5이하
슬럼프 플로우의 경시저하량(mm)	30분후	30이하	—
	2시간후	—	30이하
수중분리도	현탁물질량(mg/l)	50이하	50이하
	pH	12.0이하	12.0이하
응결시간(시간)	초결	5이상	18이상
	종결	24이내	48이내
수중제작공시체의 축압강도(kgf/cm^2)	재령 7일	150이상	150이상
	재령 28일	250이상	250이상
수중기중 강화비[2](%)	재령 7일	80이상	80이상
	재령 28일	8이상	80이상

<주> 1) 이 값은 블리딩 시험결과 표시의 최소치로서 실질적으로는 블리딩이 인정되지 않는 것을 의미한다.
2) 기중제작 공시체의 압축강도에 대한 수중제작 공시체의 압축강도 비율

수중콘크리트의 경우에는 콘크리트를 칠 때 다짐은 하지 않으므로 수중불분리성 혼화제를 사용한 콘크리트의 경우에는 그의 유동성이나 충전성을 개선할 목적으로 보통은 고성능감수제 또는 유동화제가 병용된다. 그러나 이들 혼화제에 의한 유동성이나 충전성의 개선효과는 수중불분리성 혼화제와의 서로간의 성질차이로 인해 크게 달라진다. 또 병용하는 혼화제의 종류에 따라서는 수중불분리성콘크리트의 강도, 기타의 품질에 손상을 줄 수도 있다. 따라서 고성능감수제나 유동화제를 병용하는 경우에는 그의 상대 성질의 문제에 관하여 충분히 조사하고 적절한 혼화제를 선정하여 사용해야 할 것이다.

18. 기타

1) 보수제 또는 분리방지제 : hydroxy ProPyl cellulose, methylcellulose 등의 화학합성제로 그라우트나 펌프콘크리트 분리방지에 사용된다.

2) 접착용 혼화제 : 천연고무, 합성고무, 폴리염화비닐 등으로 타설이음의 접합강화에 사용된다.

3) 방동제 : 무기계 질소화합물에 고성능 감수제를 조합한 것으로 굳지 않은 콘크리트 동결온도를 $-4 \sim -5℃$까지 저하시켜(표준사용량의 경우) 초기동해를 방지한다.

4) 살균·살충제 : 폴리하로겐화 페놀 등으로 주로 흰개미의 구제에 사용된다.

제 5 장 철근 및 강재

1. 철근 일반

1) 현재 철근은 열간압연봉강과 재생봉강이 있다.
2) 열간압연봉강에는 고로철근과 전로철근이 있으며 양자는 공통으로 KS D 3504 「철근 콘크리트용 봉강」으로 규정되었다. 전로철근의 시중의 강재를 전기로에서 용융하여 소요의 성분의 강으로 하고 압연된 것으로 일본에서는 전철근의 85%이상을 차지한다.
3) 재생봉강은 강재제조 도중 또는 시중발생의 재생용 강재를 재압연한 것으로 KS D 3527 「철근 콘크리트 재생봉강」에 규정되어 있다.

2. 열간 압연봉강

1) 종 류
(1) 환강 SR 24, SR 30의 2종, 이형봉강은 SD 30, SD 35, SD 40, SD 50, SD 40W, SD 50W 합계 6종이 있다.
(2) 기호 SR 24는 STEEL(鋼), ROUND BAR(丸捧), 다음의 숫자는 보정항목이 235N(24kgf/mm^2)이라는 것을 표시한다. 또한 D는 DEFORMED BAE(이형봉강)을 나타내기 때문에 예를 들면, SD 35는 보정항복점 345N(35kgf/mm^2)의 이형봉강을 표시한다.
(3) SD 30A와 DS 30B의 품질은 현저하게 다르다. SD 30A는 통상 탄소강이지만 SD 30B는 용접성에 배려하여 화학성분을 정하였으며 또, 항복점의 상하한을 정하고 SD 30A보다 높은 품질을 보정했다.

3) 화학성분
(1) 철근의 화학성분으로서 KS D 3504에서는 표 1-54와 같이 규정하였다. 즉, SR 24~SD 50는 유해성분으로서의 P(인) 및 S(황)의 상한치만을 규정하였다. C(탄소)의 양이 더할수록 강은 고강도가 되나 연성 및 용접성이 나빠진다. SD 40W~SD

50W은 강도를 더하기 위해 Si(실리콘), Mn(망간) 등을 첨가하여 C를 제한하고 다시 Ceq (탄소당량)을 규정하여 양호한 용접성이 얻어지도록 배려하였다.

$$Cep = C + \frac{Mn}{6} + \frac{Cr + V + Mo}{5} + \frac{Cu + Ni}{15}$$

표 1-54 철근의 화학성분(KS D 3504)

종류의 기호	화학성분 (%)						
	C[2]	Si	Mn	P	S	N[3]	Ceq[2]
SR 240							
SR 300							
SD 300	—	—	—	0.05이하	0.05이하	—	—
SD 350							
SD 400							
SD 500							
SD 400W	0.22이하	0.60이하	1.60이하	0.05이하	0.05이하	0.012이하	0.50이하
SD 500W	(0.24이하)[4]	(0.65이하)	(1.7이하)	(0.055이하)	(0.055이하)	(0.013이하)	(0.52이하)

주[2] SD400W와 SD500W에서 치수가 호칭명 D32를 초과하는 것에 대해서는 탄소함량 0.22%이하 (0.27%이하), 탄소당량 0.55% 이하 (0.57% 이하)로 한다.
[3] 질소 결합원소가 충분히 있을 경우에는 질소함량이 높아도 좋다.
[4] 괄호안의 값은 제품 분석의 경우에 적용된다.

(2) 표 1-55는 전로철근과 고로철근에 있어서 미량성분 [Cu(동), Cr(크롬), Ni(니켈), Sn(주석)]의 함유량을 비교한 것이며 전로철근의 경우 보통 매우 많고 이것이 전로철근과 고로철근의 현저한 상이점이다.

이 정도의 미량성분의 혼입은 적정한 압접법에 의하면 압접성에 나쁜 영향을 미치지는 않으나 용접성이 뒤지는 경우가 있다.

표 1-55 미량성분의 함유량(%) SD 35 (SD 345)

	Cu	Cr	Ni	Sn
전로철근	0.15~0.45	0.06~9.18	0.05~0.13	0.015~0.055
고로철근	0.015	0.030	0.022	트러스

3) 형상 및 치수
(1) 이형철근의 공칭단면적, 공칭직경 및 공칭둘레길이

이형철근은 콘크리트와의 부착을 좋게 하기 위해 표면에 돌기를 두므로 그 단

면은 같은 형이 아니라 또 길이에 따라서 단면적이 일정하지 않은 경우가 많다. 그러므로 공칭 직경, 공칭단면적 및 공칭둘레길이를 이용한다. 공칭직경, 공칭단면적 및 공칭둘레길이는 이형철근의 단면형상에 관계없이 표 1-56에 표시하는 단위질량[단위길이 당 질량(kgf/m)]과 같은 단위질량을 가진 원형강의 직경, 단면적 및 둘레길이로 나타낸다. 공칭직경은 표 1-56에 표시한 값이 되나 인치사이즈 때문에 호칭명과는 약간 상위된다.

공칭단면적 및 공칭둘레길이는 다음 식에서 계산한다. 공칭단면적은 이형철근의 길이에 맞는 평균 단면적을 표시하게 된다.

공칭 단면적(cm^2) : $\frac{0.7854 \times d^2}{100}$ (유효숫자 4자리에 마무리한다.)

공칭둘레길이(cm) : $0.3142d$(소숫점 이하 한자리를 마무리한다.)

여기서, d : 공칭직경(mm)

(2) 이형철근의 표면 돌기 중 축선방향의 것을 리브라 하며 축선방향 이외의 것을 마디(절)라고 한다.(그림 1-39 참조)

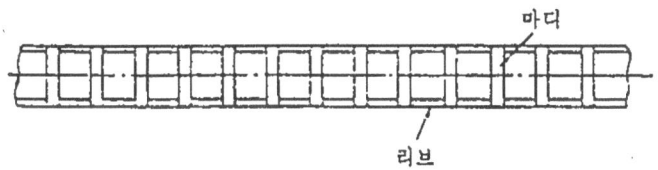

그림 1-39 리브 및 마디

마디는 철근의 전장에 걸쳐서 동일형상의 것을 거의 일정한 간격으로 배치하고 간격은 공칭직경의 70%이하로 한다. 또 마디 높이의 최소치는 D 13이하에 대해 공칭직경의 4%, D 16에 대해 4.5%, D 19이상에 대해 5%로 하고 최대치는 각각 최소치의 2배로 한다.(표 1-56 참조)

(3) 이형철근은 콘크리트와의 부착성은 우수하나 표면에 돌기가 있기 때문에 응력집중이 일어나기 쉽고 원형강에 비하여 내피로성이 작다. 그 때문에 D 16 이상의 이형철근의 마디의 부근에는 공칭직경의 10~20%의 반경을 가진 원호를 두고 응력집중이 적은 형상으로 한다. 큰 하중을 되받아 피로가 문제가 되는 철근 콘크리트 부재는 도로교의 슬래브, 철도교의 주빔 등이므로 피로에 대한 배려는 D 16 이상으로 한다. 또, 마디측면의 경사각은 45°정도로 하는 것이 바람직하다.

(4) 이형철근의 치수는 호칭명이며 D 6~D 51의 13종(표 1-56 참조), 환강의 직경은 6, 9, 13, 16, 19, 22, 25, 29, 32mm 등이 있다. 철근의 표준길이는 표 1-57과 같으며 이외에는 특주품이 된다.

표 1-56 이형철근의 치수 및 마디의 허용한도 (KS D 3504)

호칭명	공칭직경 (d) (mm)	공칭둘레길이 (l) (cm)	공칭단면적 (S) (cm²)	단위질량 (kgf/m)	마디의 평균간격의 최대치 (mm)	마디의 높이 최소치 (mm)	마디의 높이 최대치 (mm)	마디의 틈합계의 최대치 (mm)	마디와 축선과의 각도
D 6	6.35	2.0	0.3167	0.249	4.4	0.3	0.6	5.0	
D 10	9.53	3.0	0.7133	0.560	6.7	0.4	0.8	7.5	
D 13	12.7	4.0	1.267	0.995	8.9	0.5	1.0	10.0	
D 16	15.9	5.0	1.986	1.56	11.1	0.7	1.4	12.5	
D 19	19.1	6.0	2.865	2.25	13.4	1.0	2.0	15.0	
D 22	22.2	7.0	3.871	3.04	15.5	1.1	2.2	17.5	45°이상
D 25	25.4	8.0	5.067	3.98	17.8	1.3	2.6	20.0	
D 29	28.6	9.0	6.424	5.04	20.0	1.4	2.8	22.5	
D 32	31.8	10.0	7.942	6.23	22.3	1.6	3.2	25.0	
D 35	34.9	11.0	9.566	7.51	24.4	1.7	3.4	27.5	
D 38	38.1	12.0	11.40	8.95	26.7	1.9	3.8	30.0	
D 41	41.3	13.0	13.40	10.5	28.9	2.1	4.2	32.5	
D 51	50.8	16.0	20.27	15.9	35.6	2.5	5.0	40.0	

표 1-57 철근의 표준길이 (KS D 3504)

단위 : m

3.5	4.0	4.5	5.0	5.5	6.0	6.5	7.0	8.0	9.0	10.0	11.0	12.0

비고 : 코일의 경우에는 적용하지 않는다.

4) 기계적 성질

(1) 철근의 기계적 성질로서 KS D 3504에서는 항복점 또는 내력, 인장강도, 신장 및 휨특성을 규정하였다(표 1-58 참조). 비교적 고장력의 철근에서는 항복점이 명료하게 나타나지 않는 경우가 있다. 그와 같은 경우에는 0.2%내력을 이용한다.

(2) 일반적으로 철근의 응력·변형관계는 그림 1-40에 표시한 바와 같이 항복점을 초과하면 변형이 크게 증대하기 때문에 철근 콘크리트 부재에 있어서 철근의 내력은 실용상 항복점이 된다.

또 그림 1-40에 표시한 바와 같이 철근의 강도 레벨이 상위되어도 응력-변형곡선의 탄성력의 구배는 거의 변하지 않는다. 그러므로 모두 철근에 대해 설계용 영계수로서 $2.0 \times 10^6 kgf/cm^2$를 이용한다.

표 1-58 철근의 종류 및 기계적 성질(KS D 3504)

종류 기호	항복점 또는 0.2% 항복 강도 N/mm²	인장 강도 N/mm²	인장 시험편	연신율(⁵) %	굽힘성 굽힘각도	굽힘성 안쪽 반지름
SR 240	240 이상	380 이상	2호	20 이상	180°	공칭 지름의 1.5배
			3호	24 이상		
SR 300	300 이상	440 이상	2호	18 이상	180°	지름 16mm 이하 공칭지름의 1.5배
			3호	20 이상		지름 16mm 초과 공칭지름의 2배
SD 300	300 이상	440 이상	2호에 준한 것	16 이상	180°	D16 이하 공칭지름의 1.5배
			3호에 준한 것	18 이상		D16 초과 공칭지름의 2배
SD 350	350 이상	490 이상	2호에 준한 것	18 이상	180°	D16 이하 공칭지름의 1.5배
			3호에 준한 것	20 이상		D16 초과 D41 이하 공칭지름의 2배
						D51 공칭지름의 2.5배
SD 400	400 이상	560 이상	2호에 준한 것	16 이상	180°	공칭지름의 2.5배
			3호에 준한 것	18 이상		
SD 500	500 이상	620 이상	2호에 준한 것	12 이상	90°	D25 이하 공칭지름의 2.5배
			3호에 준한 것	14 이상		D25 초과 공칭지름 3배
SD 400W	400 이상	560 이상	2호에 준한 것	16 이상	180°	공칭 지름의 2.5배
			3호에 준한 것	18 이상		
SD 500W	500 이상	620 이상	2호에 준한 것	12 이상	90°	D25 이하 공칭지름의 2.5배
			3호에 준한 것	14.이상		D25 초과 공칭지름의 3배

주(⁵) 이형 봉강에서 치수가 호칭명 D32를 초과하는 것에 대해서는 호칭명 3을 증가할 때마다 표 3의 연신율의 값에서 각각 2%를 감한다. 다만, 감하는 한도는 4%로 한다.

(3) 항복점, 인장강도 및 신장은 KS B 0802 「금속재료 인장시험 방법」에 의한다. 이 경우 표 1-58에 표시한 바와 같이 시험편은 일반적으로 16mm를 초과하는 것은 3호(표점거리 : 직경의 4배)를 쓴다.

(4) 휨 특성은 KS B 0804 「휨시험 방법」에 의해 표 1-58에 표시한 휨내측 반경으로 180°까지 구부리고 그 외측에 균열이 생기지 않는가를 확인한다. 또, 공사현장에 있어서 개

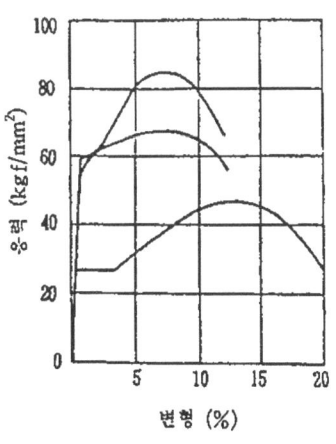

그림 1-40 철근의 응력·변형곡선

구부나 타설이음부에서 철근의 휘어돌림이 부득이한 경우가 있으므로 SD 30 B 및 SD 30 B 및 SD 35의 D 32이하의 철근에 대해 휨시험 대신 다시 휘는 시험을 실시할 수 있도록 하고 다시 휘는 특성을 보정하였다. 단, 휨에 대한 적절한 시험방법이 아직 정해져 있지 않으므로 시험조건은 당사자간의 협의에 의한다. 전로철근에 관한 광범위한 실험결과에 의하면 현장에서 부득이 다시 구부림을 하는 경우에는 휨 내반경을 $4d$ 이상으로 하는 것이 안전하다고 한다.

5) 철근의 종류의 표시방법

철근의 종류는 본래 한 개마다 압연마크로 표시해야 하나 압연마크를 부주의하게 붙이면 빼내는 효과에 따라 피로강도가 저하되는 경우가 있으므로 환강은 색별에 따라 이형철근은 압연에 의한 간단한 돌기로 표시한다.

표 1-59 단면 색 표시

종류의 기호	양단면 색깔
SR240	청 색
SR300	녹 색
SD300	녹 색
SD350	적 색
SD400	황 색
SD500	흑 색
SD400W	백 색
SD500W	분홍색

3. 재생봉강

1) 재료 및 제조방법
(1) 재생봉강은 재생용 강재를 재압연한 것으로 KS D 3527「철근 콘크리트용 재생용 강」에 규정되었다.
(2) KS D 3527에서는 재생용 강재로써 강재제조 도상에 발생하는 재생용 강재에 한정되었다.(단, SBCR 24(SBCR 235), SBCR 24D(SBCR 235)의 경우 시중발생의 형강, 강널말뚝 또는 선박의 외관을 사용해도 좋다.)
(3) 재생용 강재는 시료를 발취하여 불꽃시험, 경도시험, 시압연 중에서 어느 것인가

에 의해 그 품질을 확인한다.

2) 종류 및 기호

재생원형강 SBCR 24(SBCR 235), SBCR 30(SBCR 295) 및 재생이형봉강 SBCR 24 D(SBCR 235), SBCR 30 D(SBCR 295), SBCR 35 D(SBCR 345)등 5종이 있다.

3) 형상 및 치수
(1) 재생봉강은 직경 13mm이하에 한하며 다음의 것이 있다.
　　원 형 강　6, 9, 13mm
　　이형봉강　D6, D8, D10, D13
(2) 표준길이는 3.5~8.0m까지 0.5m간격으로 되어 있다.
(3) 이형봉강의 마디의 형상, 간격, 축선과 이루는 각도 등에 관한 KS의 규정은 열간 압연봉강의 경우와 같다.

4) 기계적 성질

재생봉강의 기계적 성질의 규격치를 표 1-60에 표시한다.

표 1-60 재생봉강의 기계적 성질 (KS D 3527)

종류의 기호		인장시험			굽힘 시험		
		항복점 또는 내력[1] kgf/mm^2 (N/mm^2)	인장강도 kgf/mm^2 (N/mm^2)	시험편	연신율 %	휨각도	내 측 반지름
재생 원형강	SBCR 24 (SBCR 235)	24(235)이상	39~60 (382~588)	2호	20이상	180°	공칭지름의 1.5배
	SBCR 30 (SBCR 295)	30(294)이상	45~63 (441~628)		180이상		
재생 이형 봉강	SBCR 24D (SBCR 235)	24(235)이상	39~60 (382~588)	2호에 준한 것			
	SBCR 30D (SBCR 295)	30(294)이상	45~63 (441~618)		16이상		
	SBCR 35D (SBCR 345)	35(343)이상	50~70 (490~686)				

주) (1) 내력은 연구변형 0.2%로 측정한다.

4. PC강재

1) PC강재

(1) PC강재는 프리스트레스트 콘크리트에 있어서 콘크리트에 프리스트레스를 주기 위해 이용하는 강재로 도립후의 프리스트레스의 감소에 대응하기 위해 또, 소량의 강재로 큰 프리스트레스를 도입하기 위해 고장력강이 이용된다.

(2) PC강재는 PC강선, PC강연선 및 PC강봉 등이 있으며 이것들은 고탄소강 또는 합금강을 냉각 가공하다든지 열처리를 하여 고장력으로 한 것이다. 고장력강은 보통 그림 1-41에 표시한 바와 같이 명료한 항복점을 표시하지 않기 때문에 殘留變形이 0.2%에 상당한 응력 (0.2% 내력)을 항복점으로 간주한다.

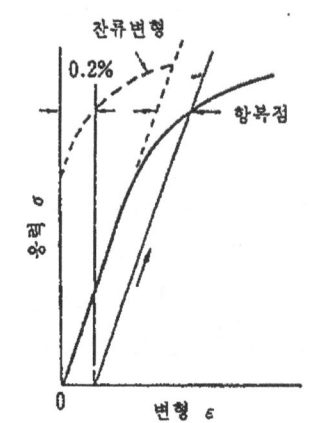

그림 1-41 고장력강의 응력변형 곡선과 내력

2) PC강선 및 PC강연선

(1) PC강선 및 PC강연선은 피아노선재(KS D 3509)를 패텐칭(700~800℃로 가열 후 500℃의 욕조를 통하는 처리)한 후 냉각 인발한 것으로 가공시의 殘留變形을 제외하기 위해 블루잉(저온소독 : 300~400℃ 가열처리)을 실시하였다. PC강선 및 PC강연선의 종류 및 품질규격은 KS D 7002에 규정되었다(표 1-61 참조).

(2) PC강연선은 선을 꼬아서 가공한 다음 블루잉을 실시한다. 연선에는 표 1-61에 표시한 바와 같이 2연선, 3연선(이형), 7연선 및 19연선이 있다. 연선이라면 소선에 비하여 배치가 용이하며 또 콘크리트와의 부착이 양호하다.

(3) 호칭 : 선 및 연선의 호칭은 표 1-62, 1-63에 따른다.

표 1-61 종류 및 기호

종 류			기 호	단면
PC 강선	원형선	A종	SWPC1AN. SWPC1AL	○
		B종	SWPC1BN, SWPC1BL	○
	이형선		SWPC1N, SWPD1L	○
PC 강연선	2연선		SWPC2N, SWPC2L	8
	이형 3연선		SWPD3N, SWPD3L	⊛
	7연선	A종	SWPC7AN, SWPC7AL	⊛
		B종	SWPC7BN, SWPC7BL	⊛
	19연선		SWPC19N, SWPC19L	⊛ ⊛

비고 1. 원형선 B종은 A종보다 인장 강도가 100N/mm² 높은 종류를 나타낸다..
    2. 7연선 A종은 인장 강도 1720N/mm²급을, B종은 1860N/mm²급을 나타낸다.
    3. 릴랙세이션 규격값에 따라 보통선은 N, 낮은선은 L의 기호를 끝에 붙인다.
    4. 19연선에서 단면이 28.6mm인 것은 실형이나 워링톤형으로 하고, 그 외의 19연선 단면은 실형으로 한다.

표 1-62 호 칭

기 호	호 칭
SWPC1AN SWPC1AL SWPC1BN SWPC1BL SWPD1N SWPD1L	(2.9mm) (3.5mm) (4mm) (4.5mm) 5mm(6mm) 7mm 8mm 9mm
SWPC2N SWPC2L	2.9mm 2연선
SWPD3N S'WPD3L	2.9mm 3연선
SWPC7AN SWPC7AL	(7연선 6.2mm) (7연선 7.9mm) 7연선 9.3mm 7연선 10.8mm 7연선 12.4mm 7언선 15.2mm
SWPC7BN SWPC7BL	7연선 9.5mm 7연선 11.1mm 7연선 12.7mm 7연선 I5.2mm
SWPC19N SWPC19L	19연선 17.8mm 19연선 19.3mm 19연산 20.3mm 19연선 21.8mm /. 1]9연선 28.6mm

비고 (　)를 붙인 호칭의 선 및 연선을 사용하지 않는 것이 좋다.

표 1-63 기계적 성질

기호	호칭	0.2% 영구 연신율에 대한 하중 kN	인장 하중 kN	연신율 %	릴랙세이션 값 % N	L
SWPC1AN SWPC1AL SWPD1N SWPD1L	(2.9mm)	11.3 이상	12.7 이상	3.5 이상	8.0 이하	2.5 이하
	(3.5mm)	14.2 이상	16.2 이상	3.5 이상	80 이하	2.5 이하
	(4mm)	18.6 이상	21.1 이상	3.5 이상	8.0 이하	2.5 이하
	(4.5mm)	22.6 이상	25.5 이상	40 이상	8.0 이하	2.5 이하
	5mm	27.9 이상	31.9 이상	4.0 이상	8.0 이하	2.5 이하
	(6mm)	38.7 이상	44.1 이상	4.0 이상	8.0 이하	2.5 이하
	7mm	51.0 이상	58.3 이상	4.5 이상	8.0 이하	2.5 이하
	8mm	64.2 이상	74.0 이상	4.5 이상	8.0 이하	2.5 이하
	9mm	78.0 이상	90.2 이상	4.5 이상	8.0 이하	2.5 이하
SWPC1BN SWPC1BL	5mm	29.9 이상	33.8 이상	4.0 이상	8.0 이하	2.5 이하
	7mm	54.9 이상	62.3 이상	4.5 이상	8.0 이하	2.5 이하
	8mm	69.1 이상	78.9 이상	4.5 이상	8.0 이하	2.5 이하
SWPC2N SWPC2L	2.9mm 2연선	22.6 이상	25.5 이상	3.5 이상	8.0 이하	2.5 이하
SWPD3N SWPD3L	2.9mm 3연선	33.8 이상	38.2 이상	3.5 이상	8.0 이하	2.5 이하
SWPC7AN SWPC7AL	(7연선 6.2mm)	33.8 이상	40.2 이상	3.5 이상	8.0 이하	2.5 이하
	(7연선 7.9mm)	54.9 이상	64.7 이상	3.5 이상	8.0 이하	2.5 이하
	7연선 9.3mm	75.5 이상	88.8 이상	3.5 이상	8.0 이하	2.5 이하
	7연선 10.8mm	102 이상	120 이상	3.5 이상	8.0 이하	2.5 이하
	7연선 12.4mm	136 이상	160 이상	3.5 이상	8.0 이하	2.5 이하
	7연선 15.2mm	204 이상	240 이상	3.5 이상	8.0 이하	2.5 이하
SWPC7BN SWPC7BL	7연선 9.5mm	86.8 이상	102 이상	3.5 이상	80 이하	2.5 이하
	7연선 11.1mm	118 이상	138 이상	3.5 이상	8.0 이하	2.5 이하
	7연선 12.7mm	156 이상	183 이상	3.5 이상	8.0 이하	2.5 이하
	7연선 15.2mm	222 이상	261 이상	3.5 이상	8.0 이하	2.5 이하
SWPC19N SWPC19L	19연선 17.8mm	330 이상	387 이상	3.5 이상	8.0 이하	2.5 이하
	19연선 19.3mm	387 이상	451 이상	3.5 이상	8.0 이하	2.5 이하
	19연선 20.3mm	422 이상	495 이상	3.5 이상	8.0 이하	2.5 이하
	19연선 21.8mm	495 이상	573 이상	3.5 이상	8.0 이하	2.5 이하
	19연선 28.6mm	807 이상	949 이상	3.5 이상	8.0 이하	2.5 이하

3) PC강봉

PC강봉은 직경 약 10~32mm의 고장력강이며 킬드강(제강시 탈산을 충분히 실시한 고급강)을 열간 압연한 후 스트레팅, 인발, 열처리(고주파 소입)중 어느 것인가의 방법 또는 그 조합에 의해 고장력으로 한 것이다. PC강봉은 강선에 비하여 인장강도가 작다(50~80%). 단부에 전조나사를 깎아서 너트정착, 나사이음이 가능하다. PC강봉의 종류 및 품질규격은 KS D 3505에 규정되어 있다(표 1-62 참조). PC강봉의 기호는 SBPR 95/110(930/1080) 등으로 표시한다. 이것은 내력 930N/mm^2(95kgf/mm^2)이상으로 인장강도 1080N/mm^2(110kgf/mm^2)이상의 이형봉강을 가리킨다.

4) PC강선

PC경강선은 경강강재(KS D 3559) 또는 이와 동등이상의 선재를 쓰며 열처리 후 냉각 가공한 것이며 그 종류 및 품질규격은 KS D 7009「PC경강선」에 규정되어 있다. PC경강선은 PC말뚝이나 폴 등의 특수한 용도에만 사용되며 기타에 비하여 리렉세이션이 크다.

5) PC강재의 리렉세이션 및 응력부식

PC강재의 특유한 문제로서 리렉세이션 및 응력 부식이 있다.

(1) 리렉세이션이란 강재에 긴장력을 가하여 장시간 일정한 길이로 유지하면 강재가 이완되어 인장응력이 감소되는 성질을 말한다. 프리스트레스트 콘크리트 부지 내에서는 PC강재는 거의 일정한 길이로 긴장되기 때문에 리렉세이션을 일으켜서 프리스트레스가 감소된다. 리렉세이션은 PC강재의 종류, 긴장력의 크기, 온도 등에 의해 상위되는 것이 보통 1~3%정도이다.

KS D 7002「PC강봉」에서는 1%이하(표 1-64 참조), KS D 7009「PC경강선」에서는 5%이하로 규정되었다.

표 1-64 PC강봉의 종류와 품질규격(KS D 3505)

종류			기 호	인장시험		호칭명	공칭단면적 (mm)^2
				항복점 또는 내력 (kgf/mm^2)	인장강도 (kgf/mm^2)		
원형봉	A종	1호	SBPR 80/95 (785/930)	80이상 (0.785)이상	95이상 (0.932)이상	9.2mm (4mm)	66.48 95.03
		2호	SBPR 80/105 (930/1080)	80이상 (0.785)이상	105이상 (1.030)이상	13mm (15)mm	132.7 176.7
	B종	1호	SBPR 95/110 (930/1180)	95이상 (0.930)이상	110이상 (1.080)이상	17mm (19)mm	227.0 283.5
		2호	SBPR 95/120 (930/1180)	95이상 (0.930)이상	110이상 (1.180)이상	(21)mm 23mm	346.9 415.5
	C종	1호	SBPR 110/125 (1080/1230)	110이상 (1.080)이상	125이상 (1.230)이상	26mm (29)mm	530.9 660.5
		2호	SBPR 110/135 (1080/1320)	110이상 (1.080)이상	135이상 (1.320)이상	32mm	804.2
이형봉	B종	1호	SBPD 95/110 (930/1080)	95이상 (0.930)이상	110이상 (1.080)이상	7.4mm	40.0
	C종	1호	SBPD 110/125 (1080/1230)	110이상 (1.080)이상	125이상 (1.230)이상	9.2mm	64.0
	D종	1호	SBPD 130/145 (1275/1420)	130이상 (1.275)이상	145이상 (1.420)이상	11mm상 13mm	90.0 125.0

(주) 1) 리렉세이션 시험은 리렉세이션치(%)로 표시, 모두 30%이하로 한다.
    2) ( )을 붙인 호칭명의 선 및 연선은 사용하지 않는 것이 바람직하다.
    3) 기호( )는 일본 PC강선 및 PC강연선 기호임.

(2) 강재에 응력이 가해져 있는 상태로 부식환경 하에 놓이게 되면 강재의 부식이 촉진된다. 이것을 응력부식이라 한다. 해안 가까운 프리스트레스트 콘크리트 부재로 PC강재가 염분에 의해 녹슬기 쉽고, 코일상으로 감은 PC강재가 녹슬기 쉬운 것은 응력부식에 기인되는 것이다.

【연습문제

제 1 장 골 재

다음 기술 내용의 적정 여부를 판단하고, 물음에 답하시오.

(1) 젖은 모래 710g을 노건조하면 650g이 되었다. 이 모래의 흡수율이 2.1%인 경우 표면수율은 7.0%이다.

(2) 골재의 밀도는 내부공극이 다소에 의존하기 때문에 재질의 양부를 판단하기 위한 가장 좋은 척도가 된다.

(3) 밀도 2.65, 흡수율 3.0%의 골재의 절건밀도는 2.57이다.

(4) 밀도 2.65, 흡수율 3%의 골재의 진밀도는 2.78이다. 단, 표면건조 포화상태에서 내부 공극은 완전히 만수되는 것으로 가정한다.

(5) 다음에 표시하는 잔골재의 체분류 시험의 결과에서 계산한 조립율은 3.08이다.

체의 호칭치수(mm)	10	5	2.5	1.2	0.6	0.3	0.15
통과백분율(%)	100	98.0	86.3	62.2	30.9	12.2	3.2

(6) 조립율 3.0의 모래와 2.2의 모래를 혼합해서 조립율 2.5의 모래를 만드는 경우, 그 혼합비는 3 : 5로 한다.

(7) 굵은 골재의 최대치수를 크게 할수록 소요의 워커빌리티를 얻기 위한 단위수량이 감소되므로 단위시멘트량을 일정하게 한 콘크리트의 압축강도는 커진다.

(8) 골재의 실적율은 쇄석이나 경량골재의 입형판정에 이용된다.

(9) 골재의 실적율이 크면 콘크리트의 밀도, 수밀성, 내구성, 마모 저항성이 감소하게 된다.

(10) 골재중의 석회, 갈탄 등의 경량입자는 콘크리트 표면에 손상이 생기기 쉬우므로 외관을 중시하는 경우에 중요하다.

(11) 골재에 다량의 유기불순물이 포함되어 있으면 콘크리트는 응결지연이나 초기경화 불량을 일으킬 우려가 있으나 28일 강도에 미치는 영향은 적다.

(12) KS F 2507「황산나트륨에 의한 골재의 안정성 시험방법」에 불합격한 골재는 내동해성을 요하는 콘크리트에 사용해서는 안된다.

(13) 콘크리트의 마모저항은 주로 굵은 골재의 마모저항에 의존한다.

(14) 쇄석 및 쇄사에 대해 KS가 정해져 있으나 고로슬래그 골재의 KS는 아직 제정되어 있지 않다.

(15) 쇄석을 써서 자갈 콘크리트와 같은 워커빌리티의 콘크리트를 만들기 위해서는 단위수량을 약 10% 더할 필요가 있기 때문에 단위시멘트를 일정하게 한 경우 쇄석 콘크리트의 강도는 자갈 콘크리트보다 작아진다.

(16) 轉爐 슬래그나 電爐슬래그는 自壞되는 우려가 있으므로 굵은 골재로서 쓰지 않

(17) 고로슬래그 잔골재는 잠재 수경성을 가졌으므로 콘크리트 속에서 시멘트페이스트와의 결합이 양호한 반면 하절 저장 중에 고결되기 쉽다.

(18) 혈암계 인공경량 골재를 사용하면 단위용적 질량 $1.6 \sim 1.8 t/m^3$, 압축강도 $300 \sim 500 kgf/cm^2$의 고강도 경량 콘크리트를 만들 수가 있다.

(19) 인공경량 골재의 내동해성은 KS F 2507「황산나트륨에 의한 골재의 안정성 시험방법」에 의해 평가된다.

(20) 중정석, 자철광 등을 골재로써 사용하면 밀도 3.5이상의 중량 콘크리트를 만들 수가 있다.

(21) 물질의 포물선에 대한 차폐성은 물질의 밀도와 방사선의 선흡수계수에 1차 비례한다.

(22) 시방서에서는 바다모래의 염화물 함유량의 한도는 주로 콘크리트에서 염화물량의 규정치를 만족하도록 정해져 있다.

(23) 바다모래는 무근 콘크리트에는 무조건 사용해도 좋다.

(24) 바다모래는 10mm트롬멜을 통과하는 것을 사용한다.

(25) 산모래의 사용에 있어서 주의하여야 할 사항은 유기불순물의 함유상태와 혼분량 특히 점토의 혼입이다.

제 2 장 시멘트

1. 다음 기술 내용의 적정 여부를 판단하고, 물음에 답하시오.

(1) KS L 5201에서는 모든 포틀랜드 시멘트에 대해 저알카리형을 규정하고 있다.

(2) KS L 5201에서는 자원절약의 입장에서 모든 포틀랜드 시멘트에 대해 질량으로 5%이하의 범위에서 고로슬래그, 플라이애쉬등을 혼화해도 좋다고 규정되어 있다.

(3) KS L 5201에서는 중용열 포틀랜드 시멘트에 있어서 C_3S 및 C_3A의 함유율에 대해 상한치를 두고 있다.

(4) 내황산염 시멘트에 있어서 C_3A의 함유율을 제한하고 있는 것은 황산염의 작용에 의한 에트링가이트의 생성을 적게 하기 위함이다.

2. 다음 기술 내용의 적정 여부를 판단하고, 물음에 답하시오.

(1) 포틀랜드 시멘트의 주요한 수화생성물은 규산칼슘 수화물과 탄산칼슘이다.

(2) 포틀랜드 시멘트의 강도발현은 수화에 의해 생긴 시멘트겔의 생장, 교차 및 경화, 겔의 분자간 인력, 수소결합 등에 의한다.

(3) 포틀랜드 시멘트의 완전 수화물량은 시멘트질량의 약 40%, 이중 결합수는 약 25%, 흡착수는 약 15%이다.

(4) KS L 5104에 의한 시멘트의 응결시험에 있어서 시발 및 종결은 시멘트 페이스트의 응결과정에 있어서 화학적 특이점이다.

(5) 시멘트의 분말도는 시멘트의 색, 단위용적 질량, 응결, 건조수축, 강도, 수화열, Workability와 관련이 있다.

(6) 시멘트의 밀도는 시멘트에 혼합물이 섞여 있고 clinker의 소성 불충분하며 저장기간이 길 때 그 값이 커진다.

3. 다음 기술 내용의 적정 여부를 판단하고, 물음에 답하시오.

(1) 고로슬래그 시멘트의 수화는 주로 고로슬래그의 잠재수경성에 의하기 때문에 고로슬래그 시멘트 콘크리트는 저온도에 있어서도 초기강도가 크다.

(2) 고로슬래그 시멘트에 포함되는 포틀랜드 시멘트의 주요한 역할은 고로슬래그의 수경성을 유발하기 위한 자극재 및 조기강도의 발현이다.

(3) 플라이애쉬 시멘트의 사용에 의해 콘크리트의 강도, 수밀성, 내구성을 개선하기 위해서는 장기에 걸쳐 충분한 습윤양생을 계속하는 것이 중요하다.

(4) 알루미나 시멘트도 超速硬 시멘트도 초조강성을 갖지만 초속경 시멘트는 결정의 전이에 따라 그 후 강도가 저하된다.

제 3 장 물

1. 다음 기술 내용의 적정 여부를 판단하고, 물음에 답하시오.

(1) 해수는 무근 콘크리트나 철근콘크리트에도 혼합수로서 이용해서 안된다.

(2) 혼합수 중의 염분의 허용한도는 다른 콘크리트 재료에 포함되는 염분양에 의해 상위되나 Cl^- 이온농도로 대개 200ppm이하로 생각해도 좋다.

(3) 레디믹스트 콘크리트 공장에 있어서 세차수의 상징수는 혼합수로서 재사용해도 지장이 없으나 골재를 체에 통과한 후의 슬러지수는 사용해서는 안된다.

(4) 혼합수로서의 사용 가부를 정하기 위한 시험으로서 건설부에서는 「모르터의 압축강도에 의한 콘크리트용 혼합수의 시험방법」을 규정하고 있다.

(5) 콘크리트에 사용되는 염분 함유량은 NaCl로 환산하여 $0.3kg/m^3$이하로 사용하여야 한다.

제 4 장 혼 화 재 료

1. 다음 기술 내용의 적정 여부를 판단하고, 물음에 답하시오.

(1) 현재 혼화재료의 KS에는 「플라이애쉬」와 「콘크리트용 화학혼화제」의 1가지가 있다.

(2) 콘크리트용 화학혼화제의 규격에는 AE제, 감수제 및 AE감수제가 규정되어 있다.

(3) 플라이애쉬가 다른 천연 포졸란과 크게 상위되는 점은 표면이 매끈한 구형입자로 된 것이다.

(4) 실리커흄의 특징은 비표면적이 약 $20m^2/g$의 초미분말이라는 점이다.

(5) 혼화재료는 물리적, 화학적 작용에 의하여 콘크리트의 제성질을 개선하고 경제성을 향상시키며 또한 콘크리트에 새로운 특성을 부여한다.

2. 다음 기술 내용의 적정 여부를 판단하고, 물음에 답하시오.

(1) 고로슬래그 미분말을 질량으로 시멘트의 50%정도 치환하는 것은 알카리 골재반응의 억제, 단열온도 상승량을 대폭 저감에 유효하다고 한다.

(2) 슬래그의 분말도가 높을수록 일반적으로 같은 슬럼프의 콘크리트를 얻기위해 단위수량이 증가한다.

(3) 시멘트계 팽창재의 팽창반응은 수화에 기인되기 때문에 팽창콘크리트에 충분한 팽창성을 발현시키기 위해서는 가급적 수분을 주어서 양생하는 것이 좋다.

(4) 직경 10cm, 길이 40cm의 팽창콘크리트의 원주형 공시체의 중심축에 직경 10mm의 강봉을 매립하고 양자는 완전히 부착되어 있다. 공시체의 길이변화(구속팽창 신장)의 측정치가 0.48mm이었다. 도입된 케미컬 프리스트레스는 $25.2kg/cm^2$이다. 단, 강재의 영계수는 $2.0×10^6 kgf/cm^2$으로 한다.

3. 다음 기술 내용의 적정 여부를 판단하고, 물음에 답하시오.

(1) AE제는 표면활성제의 일종으로 기포성이 탁월한 것이다.

(2) AE제의 KS는 이미 제정되어 있으나, 감수제 AE감수제의 KS는 아직 정해져 있지 않다.

(3) 감수제의 작용은 시멘트 입자표면에 흡착되고 전하를 주는데 따른 정전기적 발발작용, 초기수화의 억제작용, 습기작용 등에 기인된다.

(4) 고성능 감수제는 분산성은 탁월하나 기포성은 거의 없으므로 이것을 다량 사용하는데 따라 심한 감수효과가 기대된다.

(5) 유동화 콘크리트란 보통방법으로 제조된 된반죽의 콘크리트에 분산성이 우수한 고성능 유동화제를 나중에 첨가함으로서 콘크리트의 유동성을 일시적으로 증가시키는 역할을 한다.

4. 다음 기술 내용의 적정 여부를 판단하고, 물음에 답하시오.

(1) 촉진제로서 염화칼슘이 가장 적당하다.

(2) 시멘트가 경미한 수화를 일으키는 경우 급결제의 작용은 상당히 저하된다.

(3) 지연제의 작용은 시멘트입자 표면에 피막을 형성하여 물의 접촉을 차단하기 때문에 응결지연과 함께 장기강도를 저하시킨다.

(4) 초지연제는 기포성이나 굳지 않은 작용을 표시하지 않으므로 다량 사용에 의해 콘크리트의 강도발현을 막지 않고 응결시간을 24~48시간에 지연된다.

5. 다음 기술 내용의 적정 여부를 판단하고, 물음에 답하시오.

(1) 알루미늄의 분말의 발포작용은 시멘트의 수화에 의해 생긴 수산화칼슘과의 반응에 의한 수소가스의 발생이기 때문에 AE제의 발포작용과는 근본적으로 상위된다.

(2) 기포제는 기포력 및 기포안정성이 큰 혼화제로 니어모르터 등에 사용된다.

(3) AE감수제나 유동화제의 사용은 콘크리트의 워커빌리티를 개선하고 부분적인 결점이 적은 콘크리트가 얻어지기 쉽기 때문에 콘크리트구조물의 수밀성을 증대하기 위한 최량의 수단의 하나이다.

(4) 콘크리트 속과 같은 강알카리 환경하에서는 강재가 부식되지 않는 것은 강재표면에 수산화 제일철의 부동태 피막이 형성되기 때문이다.

제 5 장 철근 및 강재

1. 다음 기술 내용의 적정 여부를 판단하고, 물음에 답하시오.

(1) 열간압연 봉강에는 고로철근과 전로철근이 있으며, 각각 별도의 KS에 규정되어 있다.

(2) SD 50은 인장강도가 490N/mm^2(50kgf/mm^2)이상의 이형철근을 나타낸다.

(3) SD 30B가 SD 30A와 상위되는 점은 P, S이외로 C, Si, Mn의 함유량의 한도를 규정하였으며, 용접성을 보증한 것과 항복점의 상하한치를 설정한 것 등이다.

(4) 철근의 항복점의 상한치를 정한 이유는 철근 콘크리트 부재가 불안정한 취성적 전단파괴를 일으키기 이전에 휨에 의한 파괴가 확실히 일어나도록 배려한 것이다.

2. 다음 기술 내용의 적정 여부를 판단하고, 물음에 답하시오.

(1) KS D 3527「철근콘크리트용 재생봉강」에서는 재생봉강의 치수는 직경 13mm이하, 강도레벨은 SBCR 35(345)이하로 규정되었다.

(2) PC강봉의 인장강도는 열간 압연 봉강(철근)의 약 10배이다.

(3) 강재의 리렉세이션이란 강재에 긴장력을 가하여 장시간 일정한 길이로 유지한 경우 응력이 차츰 감소되는 현상을 말한다.

(4) 프리스트레스 콘크리트 부재내의 PC강재에는 큰 인장응력이 생기게 되므로 응력이 부식에 의해 녹슬기 쉬운 상태가 된다.

제 2 편 굳지 않은 콘크리트의 성질

제6장 콘크리트의 레오로지와 반죽질기
제7장 작업성, 마감성 등
제8장 유동과 변형
제9장 재료 분리료
제10장 Air entrained
제11장 진동의 영향
제12장 굳지 않은 콘크리트의 압력·
    경화전 균열

최근 수년 전에는 레오로지라고 말해도 풍사약과 틀림이 없는 것 같았으나 레오로지란 뚜렷한 학문의 명칭이며 물리학의 한 분야이다. 레오로지(Rheology)의 어원은 그리스어의 Rheos(흐른다)이기 때문에 레오로지의 번역은 유동학이라 한 것이다.

19세기말의 산업혁명 중에서 인쇄용 잉크나 식품, 화장품 등의 공업화에 수반하여 품질관리나 제품개발의 목적으로 점성이 큰 액상의 것이나 반 고체상의 유동 및 변형 특성의 수량화나 이론화가 불가피하게 되었다. 그러나 이런 현상은 기존의 훅(hook)탄성이나 뉴톤 점성의 법칙에서는 설명이 안된다. bingham은 액체와 고체의 중간물질을 대상으로 하여 소성 유동의 법칙을 제창하였으며 미국에 레오로지학회를 창설(1929)하여 레오로지의 기초를 다졌다.

종래 굳지 않은 콘크리트의 거동의 이론화는 불가능하여 사용을 꺼려하였으나 굳지 않은 콘크리트도 액체와 고체의 중간 물이며 레오로지의 적용에 의해 해석적인 연구의 길이 열려왔다. 건설현장에 있어서 콘크리트 작업의 시스템화, 로봇화에 의한 성력화의 기운이 점차로 높아지고 있으나 이것을 달성하기 위해서는 레오로지의 힘을 빌려 굳지 않은 콘크리트의 거동의 법칙성을 분명히 하고 거동의 계측기술을 확립하는 것이 가장 중요하다. 콘크리트 기술자에 있어서 레오로지적인 것의 고찰을 몸에 익히는 것은 이와 같은 의미에서 중요한 것이다.

제 6 장 콘크리트의 레오로지와 반죽질기

1. 반죽질기 곡선

1) 횡축에 전단응력, 종축에 변형속도(유동속도)를 취하여 양자의 관계를 묘사한 곡선을 반죽질기 곡선이라 한다(그림 2-1 참조).

고체의 경우에는 응력-변형곡선이 기본이 되어 있으나 유체의 경우에는 「변형」이라는 개념은 사용하지 않는다. 그러므로 예를 들면, 일정한 구배를 가진 홈통 중의 물은 무한으로 흘러간다. 이것은 일정한 응력 하에서도 변형은 무한으로 증대되는 것을 표시한다. 그러므로 변형을 시간으로 미분된 변형속도(단위 : S^{-1})를 쓴다. 또 유동되는 유체에 생기는 응력은 전단응력에 한한다. 이것은 유체 중의 상인되는 유선 간에 생기는 착오응력(단위 : g/cm^2)이다. 또한 응력-변형곡선에서는 세로 축에 응력, 가로에 변형을 취하기 때문에 곡선의 구배가 급할수록 강성이 크다(단단함)는 것을 나타내나 반죽질기 곡선의 경우는 관습상 세로축에 변형속도, 가로축에 전단응력을 취하므로 곡선의 구배가 급할수록 유동되기 쉬운(유연함) 것을 나타낸다.

2) 그림 2-1은 대표적인 반죽질기 곡선이다. 이 그림에서 표시한 바와 같이 반죽질기 곡선에는 원점을 통하는 직선(A선)과 가로 축에 절편을 가진 직선(B선)이 있다(물론 곡선상의 것도 있으나 여기서는 생략한다). 전자는 외력을 가하면 즉시 유동을 시작하는 것을 표시하며 이것을 뉴톤유동이라 한다. 후자는 외력을 가해도 어느 전단응력을 넘지 않으면 유동을 시작하지 않는 것을 나타내며 이것을 Bingham유동이라 한다. 유동을 개시하는 전단응력을 항복응력 또는 항복치라 한다.

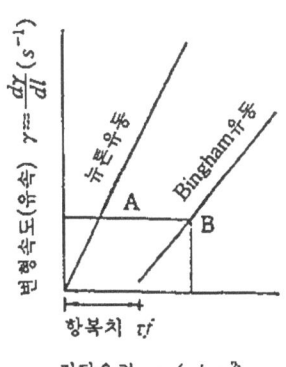

그림 2-1 반죽질기 곡선

3) 물이나 알코올 등의 단순액체는 뉴톤 유동을 나타내며 점토의 사스펜죤(액체 중에 미소한 고체입자가 분산되는 계)은 보통 고분자의 고농도액 Bingham유동을 나타낸다. 굳지 않은 콘크리트는 일종의 고농도 사스펜죤이기 때문에 특히 된 비빔의 경우(유체로 보지 않음)를 제외하고 근사적으로 Bingham유동하는 것으로 생각하면 된다.

굳지 않은 콘크리트 반죽질기 곡선은 이중워너통형 회전점도계 등에 의해 구할 수가 있다.

2. 레오로지 기초식과 레오로지 정수

1) 그림 2-1의 두 직선을 식으로 나타내면,

A선(뉴톤유동) $\quad \tau = \eta \dot{\gamma}$ (2-1)

B선(Bingham유동) $\quad \tau = \eta_{pl} \dot{\gamma} + \tau_f$ (2-2)

여기서, τ : 전단응력(g/cm^2)

$\dot{\gamma} = \dfrac{d\gamma}{dt}$: 변형속도(S^{-1})

τ_f : 항복치(g/cm^2)

η 및 η_{pl} : 점성계수 및 소성점도($g \cdot s/cm^2$)

식(2-1) 및 (2-2)이 각각 뉴톤체 및 Bingham의 레오로지 기초식이다.

2) 점성계수 η 및 소성점도 η_{pl}은 전단응력 τ 및 유효전단응력($\tau - \tau_f$)과 변형속도 $\dot{\gamma}$ 간의 비례정수이며 그림 2-1의 직선 A, B의 역구배이다. 즉, η 또는 η_{pl}이 클수록 A, B선의 구배는 유연하며 잘 흐르지 않는 것을 표시하였다. 또 η 및 η_{pl}의 단위를 dyne·s/cm^2로 나타내며 이것을 Poise(포화즈)라 한다. 따라서 $1g \cdot s/cm^2$=980, dyne·s/cm^2=980Poise이다.

(3) 점성계수 η를 뉴톤체의 레오로지 정수, 소성점도 η_{pl} 및 항복치 τ_f를 Bingham체의 레오로지 정수라 한다. 레오로지 정수에 의해 유체의 유동성이 수량적으로 표현되며 레오로지 기초식에 의해 유체의 거동을 해석할 수가 있기 때문에 굳지 않은 콘크리트의 소성점도 및 항복체를 써서 그 유동성을 수량적으로 나타낼 수가 있고 Bingham의 레오로지 기초식을 써서 시공시의 콘크리트의 거동을 이론화하는데 가능하다. 표 2-1에 이중 원통형 회전점도계에 의해 측정한 굳지 않은 페이스트, 모르터 및 콘크리트의 레오로지 정수의 예를 표시한다.

표 2-1 시멘트페이스트, 모르터 및 콘크리트의 레오로지 정수측정 결과의 예
(이중 원통형 회전점도계 사용)

시 료	콘크리트	소성점도 (Poise)	항복치 (gf/cm^2)	적 요
시멘트페이스트 (PC용 그라우트)	(J로트) 6~12초	18~46	0.45~0.63	W/C=0.46~0.40
모르터 프리팩트콘크리트용 그라우트	(P로트) 16~20초	23~42	0.07~0.10	W/C+F=0.5, W/C+F=0.2 S/C+F=1.20~1.28
콘크리트 보통	(슬럼프) 130~220mm	4000~2000	2.2~1.5	W/C=0.53
콘크리트 경량	(슬럼프) 140~220mm	6800~1800	1.9~0.8	W/C=0.53

3. 반죽질기의 정의와 영향요인

1) 정의

「변형 혹은 유동에 대한 저항성으로 표시되는 굳지 않은 콘크리트, 굳지 않은 모르터 혹은 굳지 않은 페이스트의 성질」을 말한다. 즉 반죽질기가 클수록 묽은 비빔이라는 것을 표시한다.

2) 영향요인

반죽질기에 가장 큰 영향을 주는 요인은 단위수량과 공기량이며 단위수량 3% 혹은 공기량 1%의 증감에 따라 슬럼프는 약 25mm 증감된다. 단위수량 및 공기량 기타에 (a) 굵은 골재의 최대치수가 클수록, (b) 골재의 입도가 거칠고 구형에 가까울수록, (c) 시멘트의 분말도가 낮을수록, (d) 혼화제의 감수효과가 크고 사용량이 많을수록 보통 유동성은 커진다.

3) 단위수량이 일정한 법칙

같은 골재를 사용하는 경우, 단위수량이 일정하면 물시멘트비가 변화되어도 슬럼프는 일정치가 된다. 이것을 「단위수량이 일정한 법칙」이라 하며 콘크리트의 배합조정에 편리하게 이용되고 있다. 예를 들면, 물시멘트비 55%, 슬럼프 75mm의 배합이 표 2-2의 상단과 같다고 한다.

$$\tau_x = \frac{p_x}{2} = \frac{1}{2}\frac{W_x}{\pi r x^2}K = w\frac{H + x^3 - H^3}{6(H+x)^2} \tag{2-3}$$

여기서, x : 콘 정면에서 생각하고 있는 단면까지의 거리(cm)]

τ_x 및 p_x : 생각하고 있는 단면에 작용하는 최대 전단응력 및 연직응력(g/cm^2)

W_x : 생각하고 있는 단면에서 위 부분의 콘크리트의 자중(g)

rx : 생각하고 있는 단면의 반경(cm)

w : 콘크리트의 단위용적 질량(g/cm^2)

H : 슬럼프 콘의 총높이(=30cm)

K : 관성에 관한 계수(천천히 변형하기 때문에 $K=1$로서 좋다)

식(2-3)에서 계산한 최대 전단응력의 높이방향의 분포를 그림 2-3의 중앙에 표시한다. 이 전단응력 분포도에 있어서,

$\tau_x \leq \tau_f$ (h_0 구간) : 유동되지 않은 부분

$\tau_x > \tau_f$ (h 구간) : $\tau_x = \tau_f$가 될 때까지 유동되는 부분

불변형 구간 구간 h_0는 식 2-3에 있어서 $\tau_x = \tau_f$로 했을 때의 $x=h_0$로써 구해진다. h 구간의 변형 후의 높이를 구하는 데는 이 구간을 두께 dx의 다수의 얇은 원판요소로 분할하여 개개의 원판요소의 변형을 그림 2-4와 같이 생각한다. 체적불변의 법칙을 적용하여 변형전후의 원판요소의 체적은 같은 것으로 한다면,

$$h_1 = \int_{h_0}^{H} dx_1 = \int_{h_0}^{H} \frac{r_x^2}{r_{x_1}^2} dx = \int_{h_0}^{H} \frac{\tau_f}{\tau_x} dx = \frac{2\tau_f}{w} ln \frac{7H_2}{(H+x)_3 - H^3} \tag{2-4}$$

여기서, h_1 : 변형후의 높이(cm)

dx_1 및 r_{x_1} : 변형후의 원판요소의 두께 및 반경(cm)

식(2-4)에서 변형 후의 높이는 콘크리트의 항복치에 비례하며 단위용적 질량에 반비례하는 것을 알 수 있다. 콘 저면에 작용하는 마찰저항력을 고려하여 h_1를 보정하고 h_1'로 하면 슬럼프치는 다음 식이 된다.

$$S_L = H - (h_0 + h_1') \tag{2-5}$$

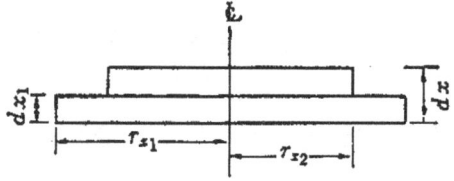

그림 2-4 원판요소의 변형

여기서, S_L : 슬럼프치(cm)

h_1' : 변형부분의 변형 후의 높이(cm)

$h_1''=kh_1$ 근사적으로 $k=1.5$로 해도 좋다.

다음에 그림 2-5는 보통 경량골재 콘크리트의 항복치와 슬럼프와의 관계를 표시한 것으로 점찍은 것은 실험치, 곡선은 식(2-5)에 의한 계산치이다. 이 그림에서 슬럼프 12~15cm이상의 묽은 비빔의 콘크리트의 경우는 식(2-5)을 이용하여 슬럼프치를 만족하도록 추정할 것과 콘크리트의 질량이 다르면 슬럼프가 같아도 반죽길기는 다르다는 것을 알 수 있다.

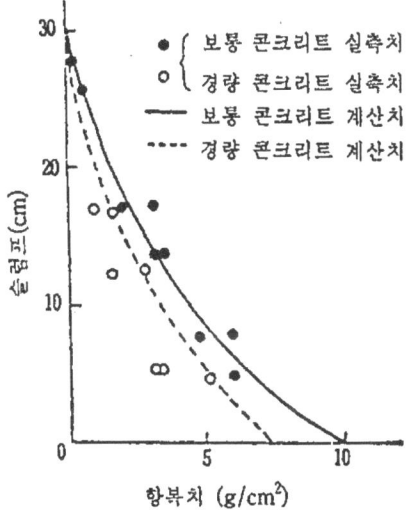

그림 2-5 항복치와 슬럼프치와의 관계

제 7 장 작업성, 마감성 등

1. 워커빌리의 정의, 영향요인 및 시험방법

1) 정의

「반죽질기 및 재료분리에 대한 저항성의 정도에 따라 정하는 굳지 않은 콘크리트, 굳지 않은 모르터 또는 굳지 않은 페이스트의 성질이며 운반, 타설, 다짐, 마무리 등의 작업의 용이성을 나타낸다」이며 시공성과 분리저항성의 상호 상반되는 성질을 포함한 굳지 않은 콘크리트의 특징이다.

2) 영향요인 및 시험방법

반죽질기 및 재료분리에 영향되는 요인은 모두 포함된다. 즉, 시멘트의 분말도, 골재의 입형 및 입도(굵은 골재의 최대치수를 포함), 콘크리트의 배합(단위시멘트량, 단위수량, 잔골재율, 혼화재료의 종류 및 사용량, 공기량 등) 등이 있다. 이와 같이 워커빌리티는 복잡한 성질이므로 이것을 정확히 판정하는 시험방법은 아직 없다. 진동대식 반죽질기 시험은 굳지 않은 콘크리트에 소정의 변형을 주는데 필요한 작업량을 측정하는 것이며 된비빔 콘크리트를 대상으로 하기 때문에 분리성상에 대해서 특히 고려할 필요가 없어 된비빔 콘크리트의 워커빌리티 시험방법으로 유용하다.

3) 워커빌리티의 레오로지적 표현

그림 2-6은 워커빌리티가 다른 3종의 콘크리트의 반죽질기 곡선을 표시한다. AB는 횡축상위 절편(항복치)이 가장 작고 구배(소성점도의 역수)가 가장 크기 때문에 유동되기 쉽고 시공이 좋은 것을 표시한다.

유체의 반죽질기 곡선은 보통 흐름이 난류가 되지 않은 범위에서는 무한으로 길다. 이에 대해 콘크리트의 반죽질기 곡선은 유한길이가 된다. 이것은 전단응력이 어느 값을 초과하면 응력이 콘크리트 속을 전달하지 못하는 것을 표시하며 그림 속의 B, N 및 Q점은 분리 한계점을 표시하게 된다. 즉, 반죽길이 곡선의 횡축상위 절편, 구배 및 길이 (분리 한계점의 좌표)에 의해 워커빌리티를 수량적으로 표현할 수가 있다.

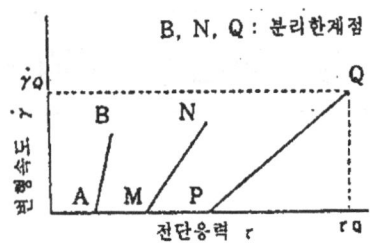

그림 2-6 반죽질기 곡선에 의한 워커빌리트이 수량표시

2. Finishability 및 Pumpbility

1) 피니쉬어빌리티는 마무리 작업에 대한 정도를 표시하는 굳지 않은 콘크리트의 성질이며 굵은 골재의 최대치수, 잔골재의 입도, 잔골재율, 반죽질기 등에 관계된다. 콘크리트 포장에 있어서는 평탄성이 가장 중요한 성질의 하나이므로 피니쉬어빌리티는 특히 중요하다.

2) 펌프빌리티는 펌프 壓送에 대한 정도를 표시하는 굳지 않은 콘크리트의 성질이 있으며 굵은 골재의 아치작용에 의한 압송관의 폐쇄성과 어느 압력 구배에 대한 管內의 유동성으로 대별된다.

제 8 장 유동과 변형

1. 굳지 않은 콘크리트의 유동과 변형

1) 굳지 않은 콘크리트는 자중, 압력, 진동 등의 외력에 의해 유동되며 그 후 내적저항 혹은 외적 장애물에 의해 정지된다. 유동개시에서 정지까지의 항상 변화에 변형이다.
2) 굳지 않은 콘크리트의 유동해석은 펌프압송이나 슈트 등에 대한 유량의 예측 등 운반작업의 기초이론으로서 중요하며 변형해석은 거푸집 내에 대한 굳지 않은 콘크리트의 최종 형상의 예측 등 조형작업의 기초이론으로서 중요하다.
3) 굳지 않은 콘크리트의 최종형상은 그대로 경화 콘크리트의 형상이 되므로 시공시에 콘크리트가 철근의 간극이나 거푸집의 구석구석까지 미치지 않으면 경과 후 부착불량이나 단면 손실이 나타나며 구조물의 안전성에 중대한 영향을 준다.

2. 굳지 않은 콘크리트의 관내유동

굳지 않은 콘크리트의 변형해석에 대해서는 제6장에 슬럼프 콘의 변형을 예로 들어 말하였으므로 본 장에서는 원관내에 대한 굳지 않은 콘크리트의 유동해석에 대하여 기술한다. 원관내에 流線으로 이룬 가상원통을 생각한다(그림 2-7 참조). 원통에 작용하는 힘의 균형을 생각한다.

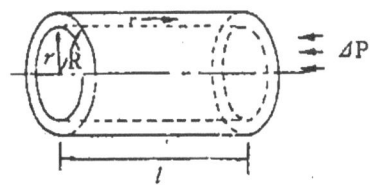

그림 2-7 원관내의 가상원통의 힘의 균형

$$2\pi r l \tau = \pi r^2 \Delta P$$

$$\tau = \frac{r}{2} \frac{\Delta P}{l}$$

여기서 r 및 l : 가상원통의 반경 및 길이(cm)
 τ : 流線간에 작용하는 전단응력(g/cm^2)
 ΔP : 구간 1에 있어서 압력차(g/cm^2)

$\Delta P/l$: 압력구배(g/cm²/cm)

식(2-6)은 전단응력이 반경에 일차 비례하며 원관내에서 직선분포되는 것을 표시한다 (그림 2-8 참조).

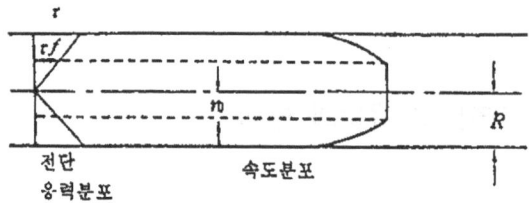

그림 2-8 원관내에 있어서 Bingham의 유속분포 및 전단응력 분포

식(2-6)을 식(2-2)에 대입하면,

$$\frac{\gamma}{2l} \Delta P = \eta_{pl} \dot{\gamma} + \tau_f + \eta_{pl}\left(-\frac{dv}{dr}\right) + \tau_f \tag{2-7}$$

여기서, v : 유속(cm/s)

식(2-7)은 細管內의 Bingham(점성액체)의 흐름을 주는 미분방정식이며 γ에 대해서 적분하면 유속이 구해진다.

$$v = \frac{1}{\eta_{pl}}\left\{\frac{\Delta P}{4l}(R^2 - r^2) - \tau_f(R - r)\right\} \tag{2-8}$$

여기서 R : 원관의 반경(cm)

그림 2-8에 있어서 $\tau \leq \tau_f$의 부분은 흐름이 없으며 일체로서 이동된다. 이 부분을 栓流라 한다. 전류의 반경 r_0는 식(2-6)에 있어서 $\tau = \tau_f, \gamma = \gamma_0$로써 다음 식에서 구해진다.

$$r_0 = \frac{2l}{\Delta P} \tau_f \tag{2-9}$$

따라서 관내의 유속분포는 그림 2-8과 같으며 유량은 다음 식으로 주어진다.

$$Q_B = \int_{r_0}^{H} 2\pi r v dr + \pi r_0^2 v_0 = \frac{\pi R^4}{8\eta_{pl}} \frac{\Delta P}{l}\left\{1 - \frac{4}{3}\left(\frac{r_0}{R}\right) + \frac{1}{3}\left(\frac{r_0}{R}\right)^4\right\} \tag{2-10}$$

여기서, Q_B : 유량(cc/s)
   r_0 : 전류반경(cm)

식(2-10)을 백킹검·라이너의 소성유동식이라 한다. 굳지 않은 콘크리트 경우는 보통 관의 내벽과의 사이에 미끄럼이 생기므로 유량은 다음 식으로 주어진다.

$$Q_B = Q_B + \pi R^2 v_R \tag{2-11}$$

여기서, Q : 관벽과 사이에서 미끄럼이 생기는 경우의 유량(cc/s)

  v_R : 미끄럼 속도(cm/s)

미끄럼 속도 v_R는 다음과 같이 하여 구해진다.

관벽과 콘크리트 간의 러빙(rubbing) 저항 f_R(비빔저항)은 액체마찰상태(고체와 액체 간의 마찰)에 있으므로 유속에 비례하고 이 크기는 관벽에 작용 전단응력 τ_R에 같다.

$$f_R = \alpha v_R + A = \tau_R = \frac{R}{2} \frac{\Delta P}{l} \tag{2-12}$$

$$\therefore v_R = \frac{1}{\alpha}\left(\frac{R}{2}\frac{\Delta P}{l} - A\right) \tag{2-13}$$

여기서, α : 점성 마찰계수($g \cdot s/cm^2$)

  A : 부착력(g/cm^2)

슬럼프 20cm정도 묽은 비빔 콘크리트인 경우도 QB/Q≤3~4%에 불과하다. 즉, 압송량의 대부분은 관벽과의 사이의 미끄럼에 따라 콘크리트는 토코로덴과 같이 압출된다. 따라서 콘크리트 유량은 QB를 무시하고 일반적으로 다음 식으로 계산해도 좋다.

$$Q = \pi R^2 v_R = \pi \frac{R^3}{\alpha}\left(\frac{\Delta P}{2l} - \frac{A}{R}\right) \tag{2-14}$$

프리팩트 콘크리트용 그라우트나 PC용 그라우트와 같은 액상의 그라우트의 유량은 식(2-10)에서 계산되어 콘크리트나 유동성의 약간 작은 그라우트 유량은 식(2-14)에서 계산된다. 이 경우 부착력 A는 항복치 τ_f의 함수로 나타내므로 콘크리트나 그라우트의 관내유량은 각각의 물성치로 소성점도와 항복치를 알면 이것을 계산할 수 있어 펌프압송의 계획, 관리의 합리화에 필요하다.

제 9 장 재료 분리

1. 콘크리트의 재료 분리

콘크리트의 구성재료의 비중, 입경 등을 달리하여 각 입자의 중량이 상위되므로 중력의 장에 있어서 각 재료의 분리는 피할 수 없다. 재료분리의 주요한 것은 모르터에서 굵은 골재의 분리와 물의 상승분리(블리딩)이다. 전자는 콘크리트의 운반, 타설, 다짐 등의 취급 중에 일어나며 후자는 주로 거푸집에 타설된 후에 발생한다.

2. 모르터에서 굵은 골재의 분리

콘크리트의 취급 중 굵은 골재의 분리경향은 다음과 같이 생각할 수가 있다.
1) 콘크리트 덩어리가 낙하될 때 이것에 포함된 골재입자의 분리경향은 콘크리트 덩어리의 낙하속도를 v로 하고 골재입자를 救形으로 가정하면(그림 2-9 참조), 굵은 골재 입자의 운동에너지 F는,

$$F = \frac{1}{2} mv^2 = \frac{1}{2}\left(\rho \frac{4}{3}\pi r^3\right)v^2$$

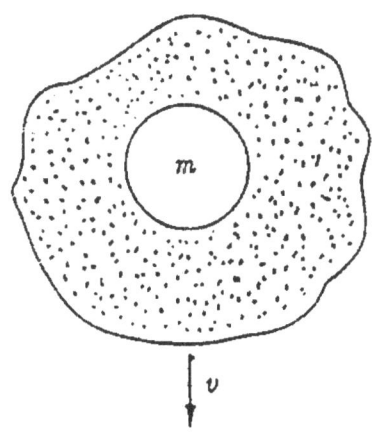

그림 2-9 콘크리트 덩어리의 낙하

여기서 m, ρ 및 γ : 굵은 골재입자의 질량(g)

밀도(g/cm^2) 및 반경(cm)

υ : 낙하속도(cm/s)

굵은 골재 입자의 표면적은 $S=4\pi\gamma^2$이기 때문에 분리경향 β는 다음 식으로 나타낸다.

$$\beta=\frac{F}{K\mu S}=\frac{\frac{1}{6}\upsilon^2\gamma\rho}{K\mu} \tag{2-15}$$

여기서 K : 반죽질기에 관한 계수

μ : 골재입자와 모르터와의 부착에 관한 계수

식(2-15)은 굵은 골재의 입경, 밀도 및 낙하속도가 클수록 모르터와의 부착이 작을수록 분리경향이 큰 것을 표시한다.

2) 모르터 속을 천천히 침강하는 굵은 골재가 받는 힘의 균형은 입자질량, 부력 및 모르터의 점성 저항력이 균형하여 다음 식이 된다. 단, 굵은 골재 입자형은 救形으로 가정한다.

$$\frac{4}{3}\pi\gamma^3\rho g-\frac{4}{3}\pi\gamma^3\rho_m g-E=o \tag{2-16}$$

여기서, ρ_m : 모르터의 밀도(g/cm^3)

E : 모르터의 점성저항력(g)

모르터의 점성저항력은 모르터를 뉴톤체로 가정하고 스토우크스(stokes')법칙을 적용하면,

$$E=6\pi\gamma\eta\upsilon \qquad (2-17)$$

여기서, η : 모르터의 점성계수(g·s/cm^3)

υ : 굵은 골재입자의 침강속도(cm/s)

식(2-17)을 식(2-16)에 대입하여,

$$\upsilon=\frac{2}{9\eta}\gamma^2 g(\rho-\rho_m) \tag{2-18}$$

침강속도는 굵은 골재의 입경, 모르터와의 밀도차가 클수록 모르터의 점성계수가 작을수록 크며 분리경향이 심하다.

3. 블리딩(bleeding)

블리딩이란「출혈」의 뜻으로 콘크리트를 거푸집 내에 타설한 후 고체입자가 침강되고 대신 물이 상승하여 콘크리트 상면에 스며 나오는 현상을 말한다.

1) 블리딩의 영향

블리딩은 아래와 경화 콘크리트에 여러 가지의 나쁜 영향을 주나, 한편 약간의 블리딩이 없으면 콘크리트의 상면 마무리가 곤란하다.

① 블리딩에 의한 물은 경화 후에도 남아 있기 때문에 특히 상층부 콘크리트를 多孔化하여 강도, 내구성, 수밀성 등을 잃는다. 30×30×30cm공시체에서 채취된 ø15×30cm코어를 상중하로 삼등분하여 콘크리트의 타설방향과 같은 방향으로 수압을 가했을 때의 투수계수는 상층부에서는 약 700×10^{-9}cm/s, 중층부로 약 3×10^{-9}cm/s와 큰 차이가 인정됐다(그림 2-10 참조).

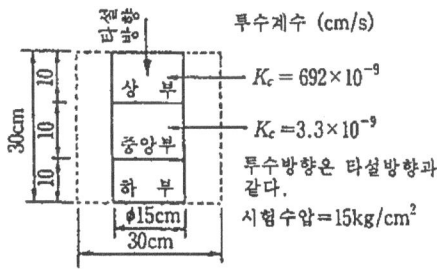

그림 2-10 블리딩 콘크리트의 수밀성에 미치는 영향

표 2-3 수평시공 이음매의 인장강도 시험결과

콘크리트의 배합 최대골재 치수=22mm	시공이음매의 인장강도 / 타설이음매가 없는 것의 인장강도		
	구콘크리트면의 레이턴스의 위에 신콘크리트를 쳐서 잇는다.	와이어브러쉬로 구콘크리트면을 깎아서 품질이 나빠진 부분을 제외한다.	
		시공이음면을 물로 씻어서 시공이음을 한다.	시공이음면에 모르터를 1cm 깔아서 시공이음을 한다.
W/C=0.53 슬럼프=100mm	0.47	0.77	0.94
W/C=0.60 슬럼프=100mm	0.43	0.76	0.99

또 표 2-3은 수평타설 이음매의 인장강도 시험결과이며 구 콘크리트의 표층부의 품질이 나빠진 부분을 제거하지 않고 단순히 水洗만으로 타설이음과 인장강도는 1/2이하가 되는 것을 표시하였다.

② 굵은 골재의 하면이나 수평철근의 하측에 연속된 큰 水膜을 형성하여 모르터와의 부착을 해치고 투수성이 현저하게 큰 부분이 된다. 인발시험에 의한 수평철근의 부착강도는 수직철근의 1/2이하가 된다.

③ 블리딩과 함께 시멘트 및 잔골재 중의 微粒分이 상승하여 콘크리트 상면에 퇴적되어 피막을 만든다. 이것을 레이턴스라 하며 강도, 수밀성이 극히 작다.

2) 블리딩(bleeding)을 저감하는 방법

AE제, 감수제 또는 AE제 감수제를 써서 단위수량을 적게 하는 것이 가장 효과적이다(그림 2-11 참조). 기타 세립분이 많은 잔골재의 사용, 잔골재율의 증대에 의한 모르터의 보수성의 증가, 過度의 진동다짐 작업을 피하는 것 등이 고려된다.

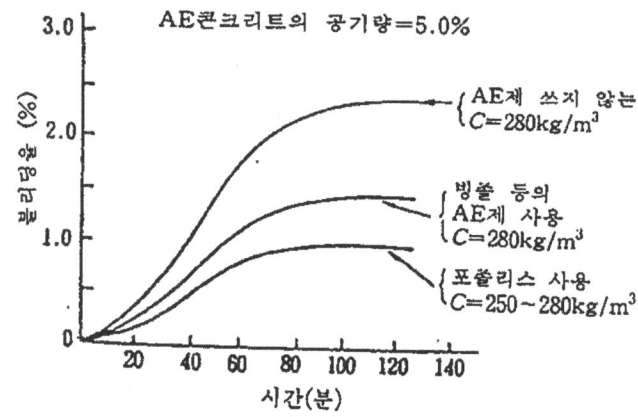

그림 2-11 AE제 또 AE감수제의 사용이 블리딩에 미치는 영향

3) 블리딩(bleeding)시험 방법

KS F 2414에 의해 실시하고 블리딩량 또는 블리딩율로 표시한다.

블리딩량 : 콘크리트 표면의 단위면적당의 浮水量 (cm^3/cm^2)

블리딩율 : 콘크리트 시료 중의 수량에 대한 浮水量의 백분율 (%)

제 10 장 Air entrained

1. 에어 엔트레인드와 그 생성

1) 에어 엔트레인드는 AE제 또는 AE감수제의 사용에 의해 혼합시에 콘크리트 속에 도입된 미세기포(직경 약 25~250μm)이다. 기포의 주위는 AE제의 피막으로 보호되었으므로 凝集 합체되지 않고 콘크리트 속에 서로 독립으로 분산된다.

2) 에어 엔트레인드는 시멘트 페이스트의 교반에 따라 혼입되는 공기이며 그 생성은 세탁기 중의 세제에 의한 발포와 같다. 따라서 시멘트 페이스트의 점도가 낮을수록 발포되기 쉽고 또 파괴되기 쉽다. 기포가 콘크리트 속에 유지되는 것은 어느 범위의 크기의 모래입자의 격자에 의해 닫혀져 버리게 된다. 즉, 기포의 발생에는 시멘트 페이스트의 점도가 그 유지에는 잔골재의 입도가 중대한 역할을 다하는 것이다.

2. 굳지 않은 콘크리트에 대한 에어 엔트레인드의 효과

공기량 1%의 증가는 단위수량 약 3%의 증가에 상당하며 콘크리트의 워커빌리티를 크게 개선한다. 그 개선기구는,

1) 기포는 변형에 대한 저항을 갖지 않으며 또 모래입자의 둘레에서 볼베어링적 작용을 하는데 따라 콘크리트의 유동성을 더한다.

2) 기포의 크기는 미세한 모래입자와 동등 하므로 가는 모래의 증가와 같은 효과에 따라 모르터 부분의 보수성을 더한다.

3. 공기량에 영향되는 요인

1) 시멘트량 또는 결합재량

시멘트 페이스트 또는(시멘트+포졸란) 페이스트의 농도가 짙을수록 페이스트 점도가 높기 때문에 1.(2)에서 말한 바와 같이 기포가 발생하기 어렵다. 따라서 보통 부배합 콘

크리트일수록 에어 엔트레인드의 발생이 적다. 또, 플라이애쉬를 사용하는 경우 함유된 미연 탄소량이 많을수록 AE제의 흡착량이 많기 때문에 기포가 잘 발생하지 않는다.

2) 잔골재의 입도

1. 2)에서 말한 바와 같이 어느 입경의 모래입자는 기포를 유지하는 역할을 다한다. 표 2-4는 잔골재의 입도와 공기량과의 관계이며 1.2~0.15mm의 모래입자가 유효하며 특히 0.3~0.15mm의 모래입자의 효과가 크다.

3) 콘크리트 온도

콘크리트 온도가 높을수록 수화에 의한 시멘트 페이스트의 점성증가가 크기 때문에 공기량은 감소된다. 그림 2-12는 콘크리트의 온도와 공기량의 관계이며 온도 1℃의 증가에 대해 공기량은 약 0.1%감소되는 것을 알 수 있다.

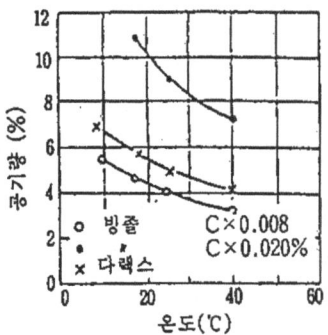

그림 2-12 콘크리트의 온도와 공기량과의 관계

표 2-4 잔골재의 입도가 공기량에 미치는 영향

모래의 입경(mm)	공기량 (%)
1.2~0.6	15~20
0.6~0.3	30~35
0.3~0.15	45~50
0.15이하	0~1

주) 시멘트를 쓰지 않고 단일입경의 모래에 AE제를 가하여 공기량을 측정한다.

4) 콘크리트의 진동다짐

진동다짐에 따라 콘크리트 속의 기포가 상승하여 표면에서 도피, 공기량은 3/4~2/3으로 감소된다. 단, 기포는 그 직경의 3승에 비례되는 부력을 받기 때문에 비교적 대립 에어 엔트레인드가 도피, 에어 엔트레인드 대부분은 잔존한다.

4. 공기량의 측정원리

굳지 않은 콘크리트의 공기량 측정법에는 질량법(KS F 2409), 압력법(KS F 2417 및 KS F 2421)이 있으나 이중 공기실 압력법(워싱톤법)의 원리는 다음과 같다. 워싱톤 에어미터(그림 2-13 참조)의 공기실(내용적 V_0) 내의 압력을 소정압력 P_0까지 높이고 밸브를 열어서 압축공기를 개방하고 공기실 콘크리트 시료상면의 틈(용적 V_1) 및 콘크리트에 포함되는 기포(용적 a) 내의 압력을 균형시켜서 그 압력을 P로 한다.

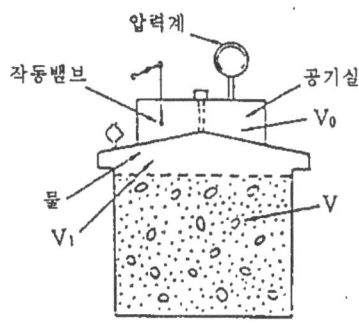

그림 2-13 워싱턴 에어미터

보일의 법칙을 이용하여

$$V_0 P_0 = (V_0 + V_1 + a)P \tag{2-19}$$

$$a = \left(\frac{P_0}{P} - 1\right)V_0 - V_1 \tag{2-20}$$

콘크리트 시료의 용적을 V로 하면 공기량 $A(\%)$는

$$A = \frac{a}{V} \times 100(\%) \tag{2-21}$$

단, 콘크리트 시료와 용기의 덮개와의 틈에 물을 채워서 측정하는 경우는 식(2-20)에 있어서 $V_1 = 0$으로 한다.

제 11 장 진동의 영향

1. 진동력(진동에 의한 콘크리트에 가해지는 압력)

1) 진동기의 진동에 의해 콘크리트에 가해지는 힘은 다음과 같이 고려된다. 진동기의 진동파형은 일반적으로 정현파로 간주된다. 정현파는 그림 2-14에 표시한 바와 같이 중점 P가 최대 진폭 a와 같은 반경의 원주상을 등속도로 운동하는 경우의 縱距(변위) u를 종축으로 하고 횡축의 시간을 t로 취해서 그린 것이다. 중점 P의 각속도를 w(rad/s)로 하면,

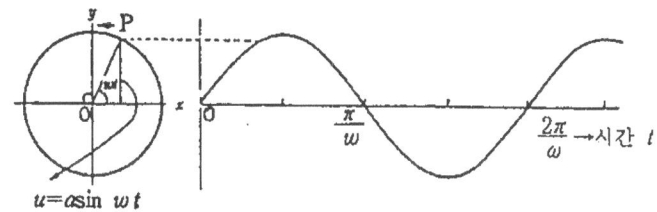

(a) 복소수 평면상의 힘과 변형   (b) 힘과 변형의 시간적 변화

그림 2-14 정현파

변위 $u = a \sin \omega t$ (2-22)

속도 $\dot{u} = \dfrac{du}{dt} = a \cos \omega t$ (2-23)

가속도 $\ddot{u} = \dfrac{d^2 u}{dt^2} = -a \omega^2 \sin \omega t$ (2-24)

진동에 의해 콘크리트 속의 각 점에 가해지는 힘은 뉴톤의 제2법칙(힘=중량×가속도)에 의해 다음 식이 된다. 여기에서 부호는 관성력과 가속도와는 방향이 반대이기 때문에,

$$F = -m\ddot{u} = ma\omega^2 \sin \omega t \tag{2-25}$$

여기서, F : 관성력(dyne)
              m : 콘크리트의 질량(g)
              a : 응답변위의 최대치(cm)

ω : 각속도(rad/s) $\omega 2\pi f$ (f : 진동수 Hz)

t : 시간(s)

가속도는 $\omega t = \dfrac{\pi}{2}$ 일 때 최대가 되기 때문에 최대의 관성력은,

$$F_{max} = na\omega^2 = 4m\pi^2 af^2 \tag{2-26}$$

이와 같이 진동기에 의해 콘크리트에 주기적인 변위가 주어지며 그 가속도와 콘크리트 자체의 질량에 따라 관성력이 발생되고 이것이 다짐을 실시하기 위한 외력이 된다. 이 힘은 식(2-23)에 따라 표시한 바와 같이 응답진폭 및 진동수가 커질수록 크다.

2. 진동다짐

1.에서 기술한 바와 같이

1) 질량이 상위되는 구성입자는 다른 관성력(진동력)에 의해 입자간 결합이 해결되기 때문에 콘크리트는 액상화된다. 액상화되면 각 구성입자는 중력의 작용에 따라 자유로 침강되고 다져진다. 이것이 콘크리트의 진동다짐의 기구로 생각된다.

2) 그림 2-15는 콘크리트의 진동 다짐 과정을 모식적으로 그린 것이다. 그림 속의 PQ간의 다짐이 진행되어 콘크리트에서 기포가 추출되고 밀도가 점차로 증가되는 영역을 표시한다. 한편 QR간은 다짐이 완료되어 밀도가 일정하게 정상적인 진동이 되는 영역을 표시하였다.

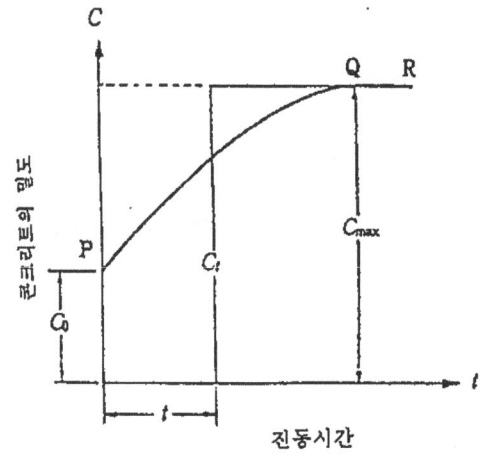

그림 2-15 진동시간과 다짐도와의 관계

3) 콘크리트의 진동다짐의 특징은 시료의 밀도변화를 수반하는 과정에서 정상 진동에 도달할 때까지의 과도적 현상이며 진동수가 50~200Hz로 높으며 진동파형은 일반적으로 정현파라는 것이며 이것들이 일반의 지진동의 경우와 상위되는 점이다.

4) 그림 2-15의 곡선 PQ는 다음 식으로 표현된다.

$$C_t = C_{max} - (C_{max} - C_0)e^{\frac{\omega^2 a}{g} t \cdot R \cdot K} \tag{2-27}$$

여기서, C_t : 시간 t에 대한 다짐도(콘크리트의 밀도)
C_0 및 C_{max} : 진동을 가하기 전 및 최대의 다짐도
ω : 각속도(rad/s)
$w=2\pi f$, f : 주파수(Hz)
a : 진폭(cm)
R : 반죽질기에 관한 계수
K : 실험정수

따라서 다짐도에 영향되는 요인은 진동수 f, 진폭 및 진동시간 t (이상, 가력조건), 반죽질기 R(매질조건)이다.

5) 진동다짐 과정에 대한 굳지 않은 콘크리트의 거동을 해석하는 경우(예를 들면, 그림 2-15의 PQR곡선의 예측)에는 콘크리트의 밀도가 시간적으로 변화되기 때문에 이에 대응하여 콘크리트의 物性値가 시시각각 변화되는 것으로 취급할 필요가 있다. 이 경우 보통 콘크리트를 점탄성체로 모델화하기 때문에 物性値로서 동적 점성율 및 동적탄성율이 이용된다. 이러한 물성치는 파동법(굳지 않은 콘크리트 속의 초음파의 전파속도와 감쇄율을 측정하여 이것에서 동적 점성율 및 동적탄성율을 계산하는 방법)에 의해 구해지나 주파수 특성(초음파의 주파수에 의해 物性値가 변화되는 성질)을 가지므로 초음파의 주파수를 진동다짐시의 진동수와 일치시키는 것이 필요하다.

3. 진동의 전파

1) 내부 진동기를 콘크리트 속에 삽입하면 콘크리트의 점성저하에 의해 진동봉의 진폭은 無負荷時보다 감소되고 진동수도 약간 저하된다. 이것을 부하감쇠파라고 한다. 진동기의 진폭 및 진동수를 무부하시 A_0 및 N_0, 삽입시 A 및 N으로 하면,

$$\begin{aligned} A &= k_1 A_0 \\ N &= k_2 N_0 \end{aligned} \tag{2-28}$$

k_1, k_2는 콘크리트의 반죽질기에 의해 거의 변화되지 않고 대개 $k_1=0.7$, $k_2=0.95$이다.

2) 그림 2-16에 표시한 것처럼 진동봉 주위의 콘크리트는 부분적으로 액상화하여 콘크리트의 진폭(응답변위)은 급격히 감소된다. 이 부분을 「흐트러진 영역」이라 한다.

3) 흐트러진 영역의 외측에서는 응답변위는 진폭에서의 거리에 따라 지수함수적으로 감쇄되며(그림 2-16 참조), 그 관계는 다음 식으로 나타낸다.

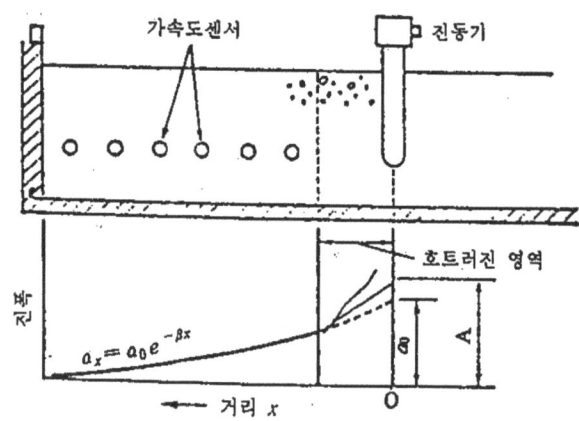

그림 2-16 콘크리트 속의 진동전파

$$a_x = a_0 e^{-\beta x} \qquad (2\text{-}29)$$

여기서, a_x : 전원에서 x의 거리에 대한 콘크리트의 진폭(응답변위)(cm)

a_0 : $x=0$에 대한 콘크리트의 진폭의 추정치(cm)

x : 전원에서의 거리(cm)

β : 감쇄율

또, 콘크리트 속에서 진동수는 거의 변화되지 않기 때문에 식(2-29)은 가속도를 이용하여 다음과 같이 나타낼 수도 있다. ($\because a = 4\pi^2 a f^2$)

$$\alpha_x = \alpha_0 e^{-\beta x} \qquad (2\text{-}30)$$

여기서, α_x : 전원에서 x의 거리에 대한 콘크리트의 가속도(g)

α_0 : $x=0$에 대한 콘크리트의 가속도의 추정치(g)

단진동형 진동기(진동파가 한 방향에만 발생하는 특수한 진동기)를 써서 실시한 실험결과에 의하면 감쇄율 β는 슬럼프 약 6cm의 콘크리트의 경우 0.065정도, 슬럼프 10~14cm의 경우 0.035정도이다. 통상의 내부 진동기의 경우는 진동이 방사상으로 발생하여 파문상 정형파로 되고 기하학적인 감쇄가 증가하므로 감소는 크게 되어 $a_x = a_0 \frac{1}{\sqrt{x}} e^{-\beta x}$ 가 된다.(전원이 원형형의 경우 기하학적 감쇄는 x의 $-\frac{1}{2}$ 곱으로 비례한다).

4) 식(2-29)의 관계를 이용하여 진동봉의 위치에 대한 콘크리트의 가상의 진폭 a_0를 추정하고 흐트러진 영역의 영향 $\lambda = a_0/A$(진동의 전달율이라 한다)를 계산하면 슬럼프 약 6cm의 콘크리트의 경우 $\lambda=0.6$, 슬럼프 10~14cm의 경우 $\lambda=0.3$~0.2이다. 이와 같이 콘크리트 속의 진폭은 전원에서의 거리에 따라 감소되나 진동수는 변화되지 않고 삽입 시 진동봉의 진동수 N과 같다. 즉, 콘크리트 속의 임의점의 진동수와 N과의 비 $\lambda_2=1.0$ 이다.

이상 無負荷時 진동기의 성능과 콘크리트 속의 응답진폭 및 진동수와의 관계를 통합하여 일람표로 하면 표 2-5와 같다.

4. 진동다짐도

1) 콘크리트의 진동다짐의 보통 압축강도에 의해 평가되고 있다. 이 방법은 가장 확실하고 실용적 평가도 높으나 경화 후에 판명되는 것이기 때문에 진동 다짐 작업의 계획이나 관리에는 유효하게 이용되지 않는다.

표 2-5 진동기의 성능과 콘크리트 속의 응답진폭 및 진동수와의 관계

콘크리트의 슬럼프(cm)	부하에 의한 진동기의 성능저하계수		흐트러진 영역의 영향		감쇠율 β (진폭 또는 가속도)
	k_1 (진폭)	k_1 (진폭)	λ_1 (진폭)	λ_1 (진동수)	
6	0.6	0.95	0.6	1.0	0.065
10~14	0.6	0.95	0.3~0.2	1.0	0.35

비고 : 단진동형 내부진동기를 이용한 경우의 값이다.

그림 2-17은 콘크리트 속의 각점에 있어서 총 진동에너지와 압축강도와의 관계를 모식적으로 표시한 것이며 대수 표시한 총진동 에너지와 압축강도의 사이에 거의 직선적인 관계가 인정된다. [대수표시를 이용하지 않으면 총진동에너지와 압축강도의 관계는 (제57장 그림 8-16에 표시한 곡선상이 되며 그 관계는 식 8-16으로 표시된다.)]

2) 진동에너지는 보통 운동에너지 식 $W=\frac{1}{2}mv^2$(W : 운동에너지, m : 질량, v : 속도)에서 구해진다. 식(2-23)을 쓰며,

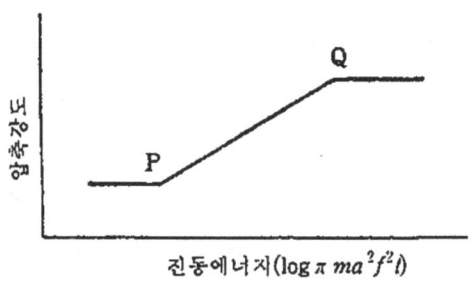

그림 2-17 진동에너지와 압축강도와의 관계

2) 진동에너지는 보통 운동에너지 식 $W=\frac{1}{2}mv^2$(W: 운동에너지, m: 중량, v: 속도)에서 구해진다. 식(2-23)을 쓰며,

$$W=\frac{1}{2}m(aw\cos\omega t)^2 \qquad (2-31)$$

1주기의 진동에너지 E_0는

$$W=\int_0^{\frac{2\pi}{\omega}}Wdt=\frac{1}{2}ma^2\omega^2\int_0^{\frac{2\pi}{\omega}}\cos^2\omega t\,dt=\frac{1}{2}ma^2\omega\int_0^{\frac{2\pi}{\omega}}\frac{1}{2}(\cos^2\omega t+1)dt$$

$$=\frac{1}{2}\pi ma^2\omega \qquad (2-32)$$

t 초간의 진동에너지의 총합(총진동 에너지) E 는,

$$E=\frac{1}{2}\pi ma^2(2\pi f)\cdot f\cdot t \qquad (2-32)$$

$$=\pi^2 ma^2 f^2 t \qquad (2-33)$$

여기서, E: 총진동 에너지(erg·s)
   m: 질량(g)
   t: 진동시간(s)

콘크리트 단위질량 당의 총진동 에너지는

$$E_\rho=\pi^2\rho a^2 f^2 t \qquad (2-34)$$

여기서, E_ρ: 단위질량 당의 총진동 에너지(erg·s/cm²)
   ρ: 콘크리트의 단위용적 질량(g/cm²)

3) 그림 2-17에 있어서 Q점은 최대밀도에 도달하며 이 이상의 진동을 주어도 유효하지 않다는 것을 표시하였다. 또 P점 이하의 진동에너지는 다짐에 대해서 전혀 효과가 없다는 것을 표시하였다. 여러 가지 반죽질기 콘크리트에 대해 그림 2-17에 표시한 관

계선이 묘사되었으며 어떤 진동조건에 대해 다짐에 필요한 진동시간을 예측할 수가 있다.

4) 그림 2-17은 총진동 에너지를 더하면 다짐이 진행된다는 것을 표시하였으나 어떤 진동조건(진폭, 진동수) 이하에서는 장시간 진동을 주어도 실제상 다짐은 진행되지 않는다. 즉, 최저의 진동조건이 존재한다. 유효한 최소진폭은 0.04mm라고 말한다.

제 12 장   굳지 않은 콘크리트의 압력·경화전 균열

1. 굳지 않은 콘크리트의 압력

1.1 측 압

1) 굳지 않은 콘크리트의 압력은 거푸집의 설계에 필요하며 이 경우 측압이 된다. 콘크리트의 측압은 수직방향의 타설속도와 응결시간에 가장 관계가 깊고 양자의 積을 유효헤드라 하여 유효헤드의 구간의 측압은 액압과 같이 직선분포로 생각하면 된다.

$$H = Rt \qquad (2\text{-}35)$$

여기서, H : 유효헤드(m), R : 수직방향의 타설속도(m/h), t : 응결시간(h)

또, $P_{max} = \rho H$ \qquad (2-36)

여기서, P_{max} : 최대측압(t/m^2)
ρ : 콘크리트의 단위용적 질량(t/m^3)

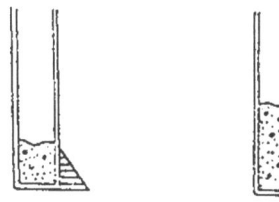
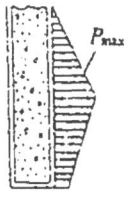

콘크리트타설 초기 / 타설높이가 유효헤드와 같을 때 / 유효헤드를 초과할 때 / 콘크리트 타설이 끝날 때

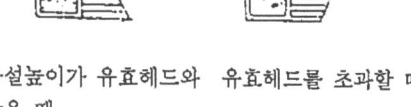

그림 2-18 타설 높이에 수반하는 측압의 변화

2) 그림 2-18은 타설높이의 증가에 따른 측압의 변화를 표시한 것이다. 타설높이가 유효헤드를 초과하면 먼저 타설한 콘크리트는 응결을 개시하므로 측압은 감소되는 경향을 표시한다. 식(2-26)에 의해 최대 측압을 계산하는 경우 콘크리트의 단위용적 질량은 보통 $\rho = 2.4$t/m^{3}를 이용한다.

1.2 측압에 영향되는 요인

콘크리트의 단위용적 질량, 콘크리트의 타설속도 및 응결시간 기타, 다음의 것이 영향된다.

1) 콘크리트의 온도
콘크리트의 응결시간을 변화시켜 유효헤드 및 최대측압에 영향된다.

2) 진동다짐
진동다짐에 의한 모르터의 액상화 및 굵은 골재의 아치작용의 해결에 의해 최대 측압은 증대된다. 내부 진동기를 사용하여 다짐을 하면 최대 측압은 30~50% 증대된다.

3) 거푸집 면의 조도
거푸집면이 거친 면 아래 쪽에 전해지는 콘크리트의 연직응력이 감소되므로 최대측압이 작아진다. 메탈폼은 수밀적이므로 최대 측압이 커진다.

표 2-6 침하균열과 플라스틱 수축균열의 대비

	침하균열	플라스틱 수축균열
발생원인	굳지 않은 콘크리트의 침하가 표면 가까이 철근이나 큰 굵은 골재에 따라 부분적으로 억제하는데 따른다. 블리딩이 많고 연하게 반죽하는 콘크리트에 발생하기 쉽다.	건조, 특히 강풍시 블리딩 속도가 증발속도보다 작은데 따른다. 보통 증발속도가 $1kg/m^2/h$이상이 되면 균열발생의 우려가 있다. 블리딩이 적은 된비빔 콘크리트에 발생하기 쉽다.
균열의 패턴	주로 철근에 따르는 균열 균열폭은 1mm이상에 도달하여 철근의 발청원인이 된다.	불규칙적인 균열. 균열폭은 0.1mm이하
방지대책	블리딩이 적은 콘크리트를 쓰며 침하량을 적게 한다.	증발속도가 $0.5kg/m^2/h$정도 이상이 되는 경우, 해받이, 바람받이를 설치한다. 또 골재를 흡수시켜서 사용한다.
균열의 보수	균열을 조기에 발견하여 경화 전에 다시 마무리를 한다. 경화 후에 보수하는 데는 수지 주입을 실시한다.	左同 左同

4) 콘크리트의 반죽질기
콘크리트의 유동성이 클수록 측압은 커진다.

2. 경화전 균열

콘크리트의 경화전 균열에는 침하균열과 플라스틱 수축균열이 있다. 이것들의 발생원인, 균열 패턴 등은 전혀 다르나 그 보수방법은 동일하다. 이것들을 대비하여 표시하면 표 2-6과 같다.

【연습문제】

제 6 장 콘크리트의 레오로지와 반죽질기

1. 다음 기술 내용의 적정 여부를 판단하고, 물음에 답하시오.

(1) 반죽질기 곡선은 세로축에 변형속도, 가로축에 전단응력을 취하여 양자의 관계를 묘사한 것으로 유체의 유동의 난이를 표시한다.

(2) 콘크리트의 반죽질기 곡선의 구배가 급할수록 소성점도가 크고 된비빔이라는 것을 표시한다.

(3) 어떤 뉴톤의 유동속도(변형속도)가 $1s^{-1}$일 때 전단응력이 $1\times10^{-5}g/cm^2$의 경우 점성계수는 0.0098 poise이다.

(4) 비교적 묽은 비빔의 콘크리트는 Bingham체로 간주하기 때문에 그 레오로지 정수는 소성점도와 항복치이다.

(5) 반죽질기가 큰 콘크리트일수록 슬럼프치가 크고 묽은 비빔이다.

(6) 같은 골재를 사용한 콘크리트에 있어서 물시멘트비가 변화되어도 단위수량을 일정하게 하면 슬럼프는 거의 일정하다.

(7) 포장 콘크리트의 반죽질기는 침하도에서 30초 이하를 표준으로 한다.

(8) 묽은 비빔 콘크리트의 슬럼프치는 단위수량과 항복치에 밀접한 관계가 있다.

(9) 콘크리트가 자중에 의해 변형을 일으키는 힘과 변형에 저항하려는 힘이 같아질 때 Slump가 완료된다.

(10) 워커빌리티는 반죽질기와 재료분리에 대한 저항성에 의해 결정되는 굳지 않은 콘크리트의 성질이다.

(11) 반죽질기 곡선도에 있어서 직선 AB로 나타내는 콘크리트는 직선 PQ로 나타내는 콘크리트 보다 유동성이 크고 재료분리의 경향도 크다.

(12) 반죽질기 곡선도에 있어서 직선 PQ로 나타내는 콘크리트는 직선 AB로 나타내는 콘크리트에 비하여 항복점은 크나 소성점도는 작다.

(13) 피니쉬어빌리티에 가장 큰 영향을 주는 요인은 굵은 골재의 최대치수와 물시멘트비이다.

(14) 굳지 않은 콘크리트의 유동해석은 콘크리트의 운반작업의 합리화, 변형해석은 조형작업의 합리화의 기초자료로서 중요하다.

(15) 원관내를 흐르는 Bingham체 중의 전단응력은 반경방향으로 직선분포된다.

(16) 원관내에 있어서 Bingham체의 흐름에는 전류부가 존재한다.

(17) 압송관의 지름 및 압력구배가 주어지는 경우 콘크리트의 소성점도를 알고 있으면 콘크리트의 압송량을 계산할 수가 있다.

(18) 모르터 속의 굵은 골재입의 침강속도는 굵은 골재의 입경, 밀도가 클수록 모르터

의 입도가 작을수록 크다.

(19) 블리딩은 경화 콘크리트의 性狀에 여러 가지의 나쁜 영향을 주나 콘크리트의 표면마무리 작업에는 약간의 블리딩이 필요하다.

(20) 수평철근의 부착강도는 보통 연직철근의 부착강도보다 크다.

(21) 재료분리 상태의 경화는 공극발생, 강도 및 수밀성의 감소, 철근부식의 원인이 될 수 있다.

(22) 재료분리의 형상은 벌집모양(honey comb) 모래길(sand streak) 레이턴스, 블리딩 등을 들 수 있다.

(23) 에어 엔트레인드는 시멘트 페이스트의 교반에 의해 도입되며 잔골재의 격자에 의해 모르터 속에 유지된다.

(24) 콘크리트의 반죽질기에 미치는 영향에 대해서 공기량 1%의 증감의 단위수량 약 3%의 증감에 상당하다.

(25) 단위 AE제량이 일정해도 콘크리트의 온도가 높을수록 공기량은 커진다.

(26) 굳지 않은 콘크리트의 공기량 측정법에는 질량법, 용적법, 압력법 등이 있으나 이중 공기실 압력법만 KS의 표준 시험방법이 정해져 있다.

(27) 진동기의 진동에 의해 콘크리트에 가해지는 외력은 콘크리트의 변위가속도에 콘크리트 자체의 질량을 곱한 관성력이다.

(28) 내부 진동기를 콘크리트에 삽입하면 콘크리트의 점성 저항에 의해 진동기의 진동수로 진폭도 無負荷時의 1/2이하로 감소된다.

(29) 내부 진동기 주위의 콘크리트는 부분적으로 액상화하고 진동기에서 콘크리트에 진동의 전달을 저해한다.

(30) 콘크리트 속의 응답진폭은 진원에서의 거리의 증가에 따른 지수함수적으로 감쇄되나 진동수는 거의 변하지 않는다.

(31) 콘크리트에 가한 총 진동에너지는 진동다짐도의 평가에 극히 유효하다.

(32) 콘크리트의 측압은 타설후의 경과시간에 불구하고 액압과 같이 직선분포로 생각한다.

(33) 측압의 유효헤드란 콘크리트의 연직방향 타설속도에 응결시간을 곱한 것이다.

(34) 경화 전에 上端筋에 따라 발생한 균열은 침하균열로 추정된다.

(35) 플라스틱 수축균열은 단위수량이 많은 콘크리트일수록 발생하기 쉽다.

제 7 장 작업성, 마감성 등

다음 기술 내용의 적정 여부를 판단하고, 물음에 답하시오.

(1) 워커빌리티는 반죽질기와 재료분리에 대한 저항성에 의해 결정되는 굳지 않은 콘

크리트의 성질이다.

(2) 반죽질기 곡선도에 있어서 직선 AB로 나타내는 콘크리트는 직선 PQ로 나타내는 콘크리트 보다 유동성이 크고 재료분리의 경향도 크다.

(3) 반죽질기 곡선도에 있어서 직선 PQ로 나타내는 콘크리트는 직선 AB로 나타내는 콘크리트에 비하여 항복점은 크나 소성점도는 작다.

(4) 피니쉬어빌리티에 가장 큰 영향을 주는 요인은 굵은 골재의 최대치수와 물시멘트비이다.

제 8 장 유동과 변형

다음 기술 내용의 적정 여부를 판단하고, 물음에 답하시오.

(1) 굳지 않은 콘크리트의 유동해석은 콘크리트의 운반작업의 합리화, 변형해석은 조형작업의 합리화의 기초자료로서 중요하다.

(2) 원관내를 흐르는 Bingham체 중의 전단응력은 반경방향으로 직선분포된다.

(3) 원관내에 있어서 Bingham체의 흐름에는 전류부가 존재한다.

(4) 압송관의 지름 및 압력구배가 주어지는 경우 콘크리트의 소성점도를 알고 있으면 콘크리트의 압송량을 계산할 수가 있다.

제 9 장 재료 분리

다음 기술 내용의 적정 여부를 판단하고, 물음에 답하시오.

(1) 모르터 속의 굵은 골재입의 침강속도는 굵은 골재의 입경, 밀도가 클수록 모르터의 입도가 작을수록 크다.

(2) 블리딩은 경화 콘크리트의 성상에 여러 가지의 나쁜 영향을 주나 콘크리트의 표면마무리 작업에는 약간의 블리딩이 필요하다.

(3) 수평철근의 부착강도는 보통 연직철근의 부착강도보다 크다.

(4) 레이턴스는 블리딩과 함께 시멘트 및 잔골재 중의 미입분이 부상하여 콘크리트 표면에 퇴적된 것이다.

(5) 재료분리 상태의 경화는 공극발생, 강도 및 수밀성의 감소, 철근부식의 원인이 될 수 있다.

(6) 재료분리의 형상은 벌집모양(honey comb) 모래길(sand streak) 레이턴스, 블리딩 등을 들 수 있다.

제 10 장 Air Eutrained

다음 기술 내용의 적정 여부를 판단하고, 물음에 답하시오.

(1) 에어 엔트레인드는 시멘트 페이스트의 교반에 의해 도입되며 잔골재의 격자에 의해 모르터 속에 유지된다.

(2) 콘크리트의 반죽질기에 미치는 영향에 대해서 공기량 1%의 증감은 단위수량 약 3%의 증감에 상당하다.

(3) 단위 AE제량이 일정해도 콘크리트의 온도가 높을수록 공기량은 커진다.

(4) 굳지 않은 콘크리트의 공기량 측정법에는 질량법, 용적법, 압력법 등이 있으나 이 중 공기실 압력법만 KS의 표준 시험방법이 정해져 있다.

제 11 장 진동의 영향

다음 기술 내용의 적정 여부를 판단하고, 물음에 답하시오.

(1) 진동기의 진동에 의해 콘크리트에 가해지는 외력은 콘크리트의 변위가족도에 콘크리트 자체의 질량을 곱한 관성력이다.

(2) 정현파는 중점이 등속도로 원운동을 하는 경우 횡축에 시간을, 그리고 종축에 중점의 거리를 취하여 묘사한 것이다.

(3) 콘크리트의 진동 다짐도에 영향되는 요인은 진폭, 진동수, 진동시간 및 콘크리트의 반죽질기 등이다.

(4) 콘크리트의 진동다짐의 진동수는 5~10Hz가 가장 적당하다.

(5) 내부 진동기를 콘크리트에 삽입하면 콘크리트의 점성저항에 의해 진동기의 진동수로 진폭도 무부하시의 1/2이하로 감소된다.

(6) 내부 진동기 주위의 콘크리트는 부분적으로 액상화하고 진동기에서 콘크리트에 진동의 전달을 저해한다.

(7) 콘크리트 속의 응답진폭은 진원에서의 거리의 증가에 따른 지수함수적으로 감쇄되나 진동수는 거의 변하지 않는다.

(8) 콘크리트에 가한 총 진동에너지는 진동다짐도의 평가에 극히 유효하다.

제 12 장 굳지 않은 콘크리트의 압력·경화전 균열

다음 기술 내용의 적정 여부를 판단하고, 물음에 답하시오.

(1) 콘크리트의 측압은 타설후의 경과시간에 불구하고 액압과 같이 직선분포로 생각한다.

(2) 측압의 유효헤드란 콘크리트의 연직방향 타설속도에 응결시간을 곱한 것이다.

(3) 경화전에 상단근에 따라 발생한 균열은 침하균열로 추정된다.

(4) 플라스틱 수축균열은 단위수량이 많은 콘크리트일수록 발생하기 쉽다.

제 3 편 콘크리트의 강도

제13장 압축강도
제14장 인장강도 및 휨강도
제15장 전단강도 및 비틀림강도, 지압강도
제16장 부착강도·다축응력을 받는 강도 및 유착강도
제17장 콘크리트 조기강도

제 13 장 압축강도

1. 압축강도의 중요성과 영향요인

1) 콘크리트의 강도 중 압축강도는 가장 중요하다. 그 이유는 ① 다른 강도에 비하여 압축강도는 수배나 크기 때문에 콘크리트를 구조재로서 사용하는 경우 압축강도를 이용한다. 철근 콘크리트 부재의 설계에서는 콘크리트의 인장저항력은 무시하고 壓縮强度만 유효하게 계산한다. ② 다른 강도는 압축강도에 대체로 비례하며 耐久性, 수밀성 등도 압축강도가 클수록 커지므로 압축강도는 콘크리트의 품질을 대표할 수가 있는 강도로 볼 수 있다.

2) 압축강도에 영향을 주는 요인으로서 사용재료, 배합, 시공조건, 시험방법 등이 열거된다.

2. 사용재료의 영향

1) 시멘트

콘크리트의 壓縮强度는 KS의 시멘트 강도시험에 쓰이는 표준모르터에 의한 시멘트의 압축강도에 비례하며 양자의 관계는 다음 식으로 나타낸다.

$$f'_c = K\{A(C/W) + B\} \qquad (3\text{-}1)$$

여기서, f'_c : 콘크리트의 압축강도(kgf/cm^2)

  K : KS L 5100에 의한 시멘트의 압축강도(kgf/cm^2)

  A, B : 실험정수(보통 포틀랜드 시멘트를 이용한 보통콘크리트를 標準養生한 경우의 28일 강도에 대해, A=0.61, B=-0.34로 해도 좋다.)

2) 골재

(1) 골재강도

골재의 강도는 통상 주위의 시멘트 페이스트 또는 모르터 강도에 비해 상당히 크기 때문에 골재가 취약한 경우를 제외하고 골재강도는 콘크리트 강도에 거의 영향을 주지 않는다.

(2) 굵은 골재의 최대치수

저강도 콘크리트의 경우는 굵은 골재의 최대치수가 변화되어도 壓縮强度에 차이가 없다. 그러나 고강도의 콘크리트에서는 물시멘트비가 일정해도 굵은 골재 최대치수가 클수록 압축강도는 저하된다(그림 3-2 참조). 이것은 골재 최대치수가 클수록 모르터와의 연속된 부착면이 커지며 界面의 付着强度는 비교적 작고 물시멘트비에 의해 별로 변화되지 않기 때문이다.

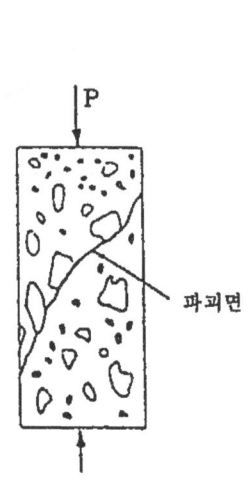
그림 3-1 압축력에 의한 콘크리트의 파괴면

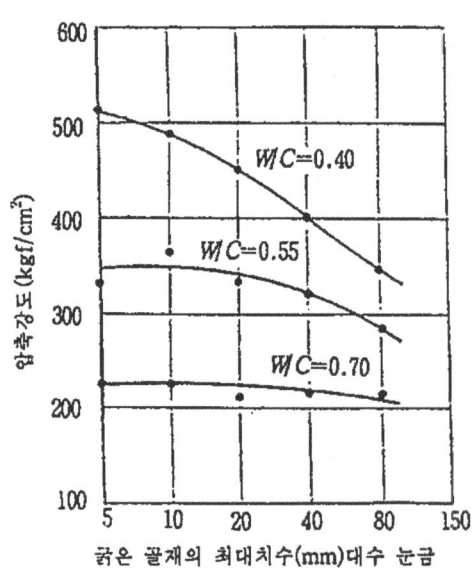
그림 3-2 굵은 골재의 최대치수가 압축강도에 미치는 영향
(Cordon 他, A.C.I. Journal. Aug. 1963)

(3) 굵은 골재의 형상

쇄석 콘크리트의 강도에 대해서는 제1장에서 기술하였으나 굵은 골재의 입형의 영향은 고강도 콘크리트에 있어서 특히 심하다. 표 3-1에 있어서 C=700kg, W/C=30%의 강자갈 콘크리트의 압축강도가 약 670kgf/m^{2}인데 대해 쇄석콘크리트는 약 820~940kgf/m^{2}로 되어 있다.

(1), (2)는 모두 굵은 골재와 모르터의 계면의 부착력이 콘크리트의 압축강도에 많은 영향을 준다는 것을 표시하였으나 양자의 부착이 완전히 일치한 경우는 어떻게 될 것인가? 표면에 실리콘 라바를 도포한 자갈을 이용한 콘크리트의 압축강도는 실리콘 라바를 도포하지 않는 경우의 약 1/10으로 된 실험결과가 있다.

3) 물 및 혼화재료의 영향에 대해서

표 3-1 고강도 콘크리트에 대한 굵은 골재의 입형의 영향

굵은 골재	최대치수(mm)	슬럼프(cm)	공기량(%)	28일 압축강도 (kgf/cm²)
강자갈	25	14	12	667(1.00)
쇄석-1	20	9.0	1.0	828(1.24)
쇄석-1	20	9.8	1.7	943(1.43)

주) C=700kg, W/C=30%, S/a=25%, 혼화제 $NL1400$ 사용.

3. 배합의 영향

1) 물시멘트비

① 콘크리트의 복합칙 : 종래 콘크리트 강도에 관한 법칙으로 최대밀도설, 표면적설, 물시멘트비설, 공극시멘트비설 등이 제안되었다. 이 중 물시멘트비설은 현재 가장 널리 실용되고 있으며 콘크리트의 가장 중요한 복합칙으로 되어 있다.

② 물시멘트비설 : 물시멘트비설이란, 「강경하고 깨끗한 골재를 이용한 플라스틱한 콘크리트를 적당히 시공한 경우, 콘크리트의 강도 및 기타의 성질은 시멘트 페이스트의 물시멘트비에 지배된다.」이며 이것은 콘크리트 강도가 모르터 부분의 파괴에 의한(그림 3-1 참조) 경우에 쉽게 추측된다. 물시멘트비와 콘크리트의 압축강도와의 관계는 다음 식으로 나타낸다.

$$f'_c = \frac{C}{B^x} \tag{3-2}$$

여기서, f'_c : 콘크리트의 압축강도(kgf/cm²)

x : 물시멘트비

A, B : 재료의 성질 시험조건 등에 의해 정하는 정수

식(3-2)의 양변의 대수를 취하여

$$\log f'_c = \log A - x \log B = A' - B'\left(\frac{W}{C}\right) \tag{3-3}$$

(그림 3-3(a) 참조)

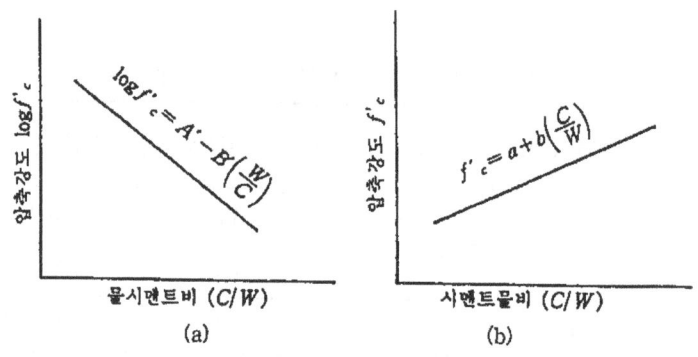

그림 3-3 물시멘트비 및 시멘트물비와 압축강도와의 관계

식(3-3)은 강도가 대수표시로 되어 있어 불편하다. 물시멘트비의 별로 넓지 않은 범위에서는 시멘트물비(C/W)와 압축강도와는 직선관계로 간주할 수가 있기 때문에 식(3-3)을 변환하여,

$$f'_c = a + b\left(\frac{C}{W}\right) \tag{3-4}$$

(그림 3-3(b) 참조)

콘크리트의 배합설계 기타에 식(3-4)이 일반적으로 실용되고 있다.

③ 공극 시멘트 설 : 플라스틱한 콘크리트에 있어서는 일반적으로 에어 엔트레인드는 무시될 정도로 적기 때문에 물시멘트비 법칙이 성립되나 공극율이 4%를 초과하는 초경량 콘크리트의 경우에는 공극을 고려한 법칙이 필요하며 공극시멘트비설이 필요하다. 공극시멘트비설이란 「공극으로서 수량+공극량, 시멘트량으로서 그 절대용적을 취하면 콘크리트의 압축강도는 공극시멘트비에 의해 지배된다」이며 양자의 사이에는 식(3-2)과 같은 관계식이 성립되기 때문에 시멘트 공극비와 압축강도와는 직선관계로 볼 수가 있다.(그림 3-4 참조)

$$f'_c = p + q\left(\frac{c}{w+v}\right) \tag{3-5}$$

여기서, f'_c : 콘크리트의 압축강도(kgf/cm^2),　　w : 수량(l),　　v : 공극량(l),
　　　　c : 시멘트의 절대용적(l),　　　　p, q : 정수

2) 공기량

물시멘트비가 일정한 AE콘크리트에 있어서 에어 엔트레인드 1%의 증가에 의해 압축강도는 4~6% 감소된다. 그러나 에어 엔트레인드에 의해 콘크리트의 슬럼프는 증대되므로 단위시멘트량과 슬럼프를 일정하게 한 경우에는 플레인 콘크리트와 동등의 압축강도를 발현한다.

제13장 압축강도   173

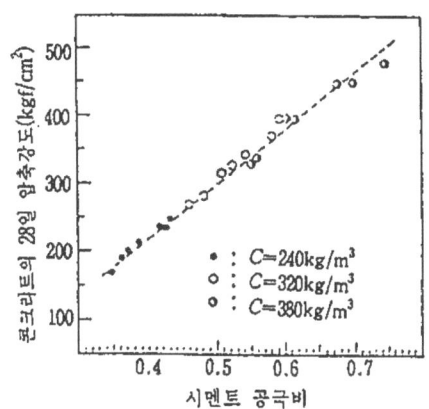

그림 3-4 시멘트공극비와 콘크리트의 강도와의 관계

4. 혼합 및 다짐의 영향

1) 비교적 묽은 비빔의 플라스틱한 콘크리트에 있어서는 묽은 비빔, 다짐의 정도는 압축강도에 거의 영향을 주지 않는다.

2) 된비빔 콘크리트의 경우에는 혼합시간, 진동다짐 시간이 길수록 보통 압축강도는 커진다.

그림 3-5는 쌓는 블럭용 초경량 콘크리트의 진동다짐 시간과 압축강도와의 관계를 표시한다. 충전시에 어느 정도의 공극이 잔존하는 초경량 콘크리트에 있어서는 진동다짐 시간은 공극율에 영향을 주며 압축강도에 큰 영향을 준다.

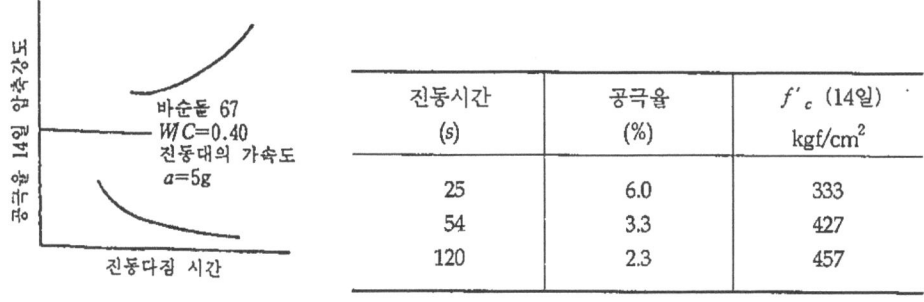

진동시간 (s)	공극율 (%)	f'_c (14일) kgf/cm²
25	6.0	333
54	3.3	427
120	2.3	457

그림 3-5 초경량 콘크리트에 대한 진동다짐 시간과 공극율 및 압축강도와의 관계

5. 양생조건의 영향

1) 건습의 영향

(1) 습윤양생을 계속하면 그림 3-6에 표시한 바와 같이 콘크리트의 압축강도는 재령과 함께 증대된다.

(2) 거푸집떼기 직후에 건조되면 처음은 약간의 강도증진이 인정되나 수분이 없어져서 수화가 정지되면 강도증가는 전혀 인정되지 않고 오히려 건조 균열 등에 의해 다소 저하되는 경향이 있다. 이 강도의 추이는 건조조건에 따라서 달라진다. 그림 3-6의 건조조건은 ø15×30cm 공시체를 온도 20℃, 습도 50%의 기온에 방치한 경우이며 재령 6개월의 압축강도는 濕潤養生을 계속한 경우의 약 40%에 지나지 않는다.

옥외에 자연방치된 콘크리트는 강우에 의해 수분의 보급이 있기 때문에 적어도 재령 7일 정도까지 濕潤養生된 콘크리트는 이후 옥외에 방치해도 장기에 걸쳐 습윤양생에 가까운 강도증진을 표시한다.

(3) 濕潤養生된 공시체를 건조하면 일시적으로 압축강도가 증대된다(그림 3-6 참조). 이것은 주로 수분의 증발에 의한 시멘트겔의 응집력의 증가에 의한다고 말한다. 따라서 다시 습윤상태로 되돌아가지 않고 可逆的으로 강도는 저하된다.

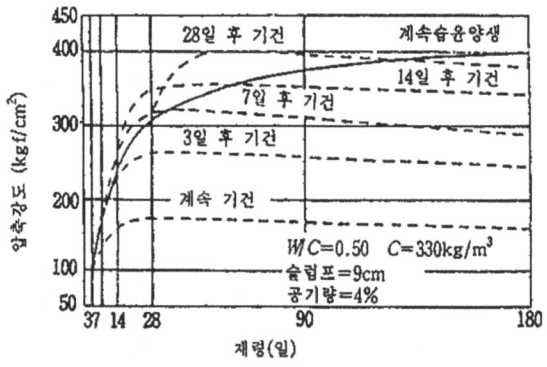

그림 3-6 공시체의 건습이 콘크리트의 압축강도 증진에 미치는 영향

2) 고온의 영향

(1) 타설시 온도 : 타설시의 콘크리트 온도가 높을수록 장기강도는 작아진다. 그림 3-7은 타설온도를 5~45℃로 하고 2시간에 온도로 보전한 후 21℃로 양생한 경우의 압축강도의 증진상황을 표시한다. 초기에 고온일수록 장기강도가 작은 것은 시멘트 입자 표면에 빠져 나오는 결정이 크고 그 후의 물의 침투를 방해하기 때문이라고 말한다.

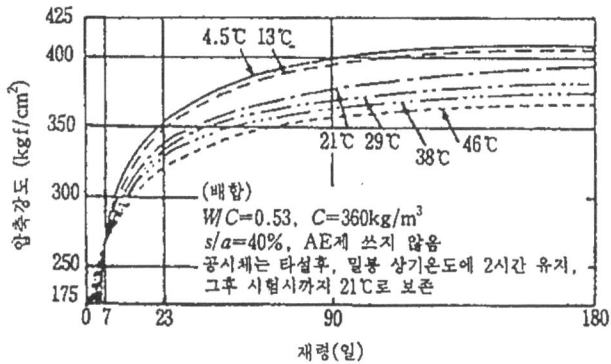

그림 3-7 타설온도가 콘크리트의 압축강도 증진에 미치는 영향

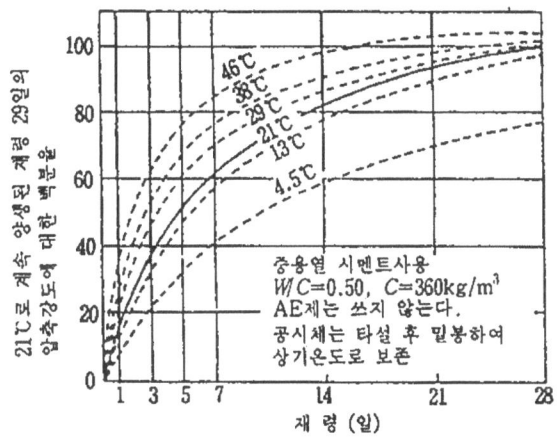

그림 3-8 양생온도와 초기압축강도와의 관계

(2) 양생온도 : 45℃정도 이하의 범위로 습윤양생의 온도가 높을수록 초기강도는 증대되며 그 증대되는 정도는 28일 강도로 양생온도 1℃당 2~4kgf/cm²이다(그림 3-8 참조).

(3) 상압증기 養生 : (2)의 경우보다 높은 온도로 양생하면 재령 수시간까지의 초기강도는 매우 커지나 그후의 강도증진은 적다(그림 3-9 참조). 상압증기 양생에 대한 최적온도는 55~75℃이며 85℃이상은 유해하다. 공장제품의 KS에서는 증기양생의 최고온도를 여유를 봐서 65℃로 한다.

(4) 오터크레이브(autoclave) 養生 : 오터크레이브 양생(고압 증기양생)에 의하면 100℃ 이상에도 충분히 안전된 고강도 콘크리트가 얻어진다.

오터크레이브 양생에 대한 온도 및 압력은 통상 180℃, 10kgf/cm²정도이며 단시간에 압축강도 600~1000kgf/cm²를 얻는다. 이것은 수열반응에 의한 結晶性의 규석회 수화물(트벨모라이트)의 생성, 시멘트 페이스트와 골재의 界面의 화학결합 등에 의한다.

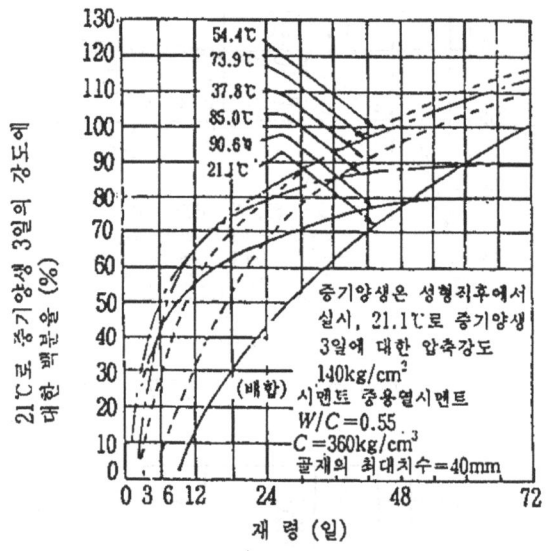

그림 3-9 증기양생된 콘크리트의 초기강도

(5) 고온폭로 : 원자로용 콘크리트는 가동 중 고온에 시달린다. 그림 3-10은 재령 28일까지 20℃ 수중에서 養生되며 충분히 경화시킨 후 고온에 시달린 경우의 압축강도의 변화를 표시한 것이며 60℃이하의 경우는 전혀 문제가 없으나 그 이상의 온도에서는 온도가 높을수록 강도가 저하된다. 이것은 골재와 시멘트 페이스트와의 팽창율의 차이에 의한 조직의 이완, 수분의 散逸 등에 기인된다.

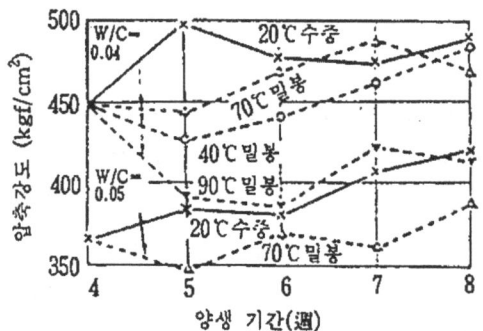

그림 3-10 재령 28일까지 20℃수중양생, 그 후 고온밀봉 양생의 콘크리트의압축강도

3) 저온의 영향

(1) 초기저온 : 경화 전에 콘크리트의 동결온도(-2℃정도) 이하의 저온에 시달리면 콘크리트는 동결되고 겉보기 강도를 發現한다. 그림 3-11에 있어서 타설직후에 -8℃로 한 경우 28일 표준양생강도의 약 50%의 겉보기 강도를 발현한다(곡선 ②). 동결

된 콘크리트를 융해하면 그 실질강도는 극히 작다(곡선 ③). 다시 20℃에서 養生을 계속하면 압축 강도의 증진이 인정되나 재령 28일에 있어서 標準養生 强度의 약 70%이다(곡선 ④).

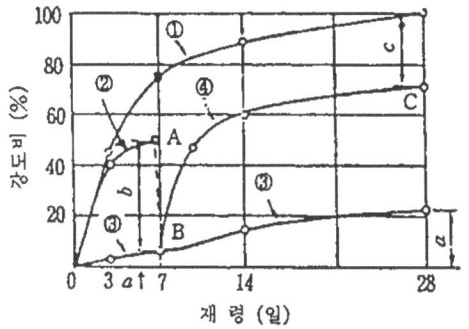

① 20℃양생
② 타설직후부터 -8℃로 보존동결 시킨다.
③ 타설직후부터 -8℃로 보존동결 시킨 후, 각 재령의 시험전 20℃로 녹인다.
④ 재령 7일까지 -8℃로 보존이후 20℃양생

그림 3-11 동결 콘크리트 강도

(2) 경화 후 저온에 시달린 경우는 콘크리트의 압축강도가 35kgf/cm²이상에 도달하면 동결되어도 강도 증진이 지연될 뿐이며 그 후 회복된다. 강도발현의 지연은 고로시멘트 등 경화속도가 늦은 시멘트일수록 심하다.

(3) 극저온 : 천연가스는 액화되는데 따라 용적이 약 1/400이 되기 때문에 액화천연가스(LNG)로서 저장된다. 이 경우 LNG의 비점 -165℃이므로 -180℃정도로 유지할 필요가 있다. 저장용 콘크리트 탱크의 내면에는 단열층을 시공하기 때문에 콘크리트 온도는 LNG투입 직후에 -30℃전후, 장기에서 -80℃의 경우 상온의 약 1.5배, -50℃의 경우 약 2배, -100℃의 경우 약 2.5배, -100℃이하의 경우 2.5~3배가 된다.

저온에 의한 콘크리트의 강도증가는 간극수나 시멘트페이스트 중의 겔수가 동결하여 공극이 고체로 충전되는 데 의한다. 일반적으로 공극의 크기가 작을수록 동결온도가 저하되기 때문에 저온일수록 미세공극 내까지 結氷하여 압축강도는 증대된다.

그림 3-12에 있어서 습도 50%로 乾濕狀態가 된 콘크리트는 저온으로 해도 공극수의 동결이 거의 없으므로 강도증가가 극히 적다.

4) 매추리티(maturity : 成熟度)

일정한 강도의 콘크리트를 얻기 위한 양생기간은 일반적으로 養生溫度가 높을 수록 짧다. 즉, 양생온도에 양생기간을 곱한 적산온도와 압축강도와의 사이에 밀접한 관계가 있기 때문에 적산온도는 경화의 정도를 표시하는 지수로서 유리하며 이것을 매추리티라 한다.

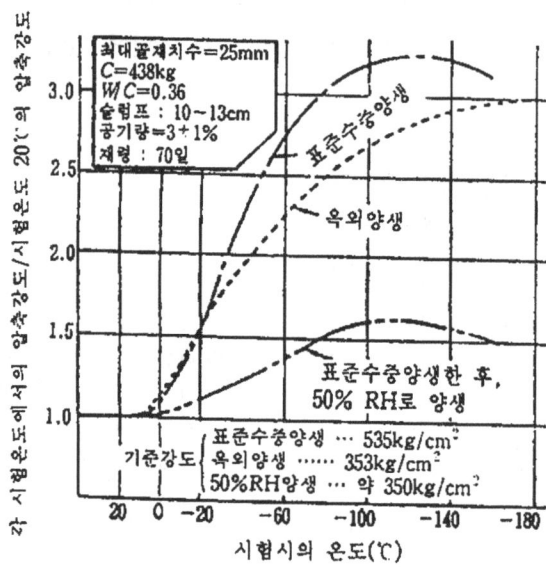

그림 3-12 극저온하의 콘크리트의 압축강도

메추리티는 다음 식으로 나타낸다.

$$M = \sum(\theta + A)\Delta t \tag{3-6}$$

여기서, M : 메추리티 또는 적산온도(度時)
　　　　θ : 양생온도(℃)
　　　　A : 10℃(시멘트의 수화는 -10℃까지 진행되는 것)
　　　　Δt : 온도 θ로 양생된 기간 (時)

그림 3-13은 대수표시한 적산온도와 압축강도와의 관계의 일례를 표시하였으며 상당히 장기에 걸쳐 직선관계가 인정된다.

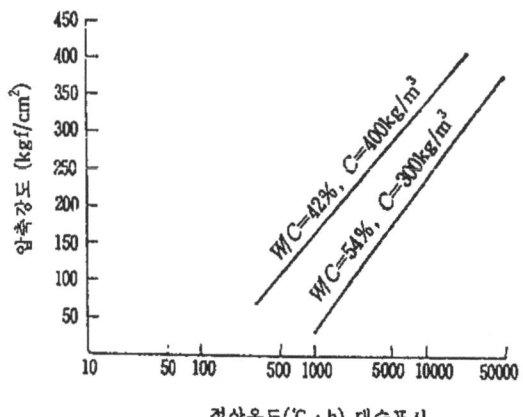

그림 3-13 콘크리트의 적산온도와 압축강도와의 관계

6. 시험방법의 영향

1) 공시체의 형상의 영향

(1) 원주 공시체의 높이와 직경과의 비(H/D)와 압축강도와의 관계를 그림 3-14에 표시한다. 이 그림은 $H/D=2.0$의 경우의 압축강도를 1.0으로 하여 표시한다. 그림 3-14에 있어서 $H/D<1.5$로 압축강도는 급격히 증가되며 $H/D=0.5$의 경우 강도비는 1.6이상으로 되어 있다. 또, $H/D=1.5\sim4.0$의 범위에도 H/D가 클수록 압축강도는 약간 저하된다.

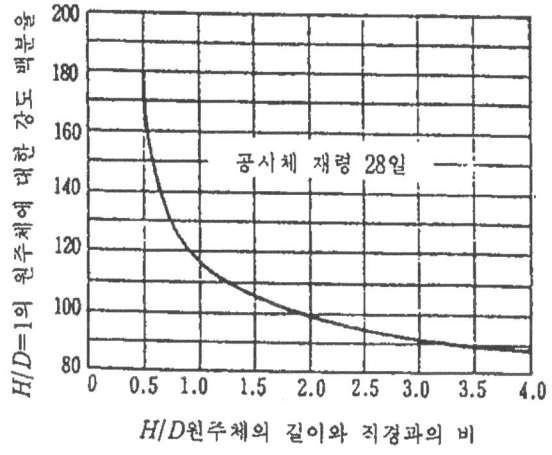

그림 3-14 원주형 공시체의 높의와 직경과의 비가 압축강도에 미치는 영향(콘크리트매뉴얼)

(2) 공시체의 높이가 낮을수록 압축강도가 증가되는 것은 시험기의 가압판과 공시체 끝면과의 사이의 마찰에 기인된다. 즉, 마찰계수를 μ, 압축응력을 σ로 하면, 마찰저항력(단위면적당) $R=\mu\sigma$가 중심을 향하여 반경방향으로 작용하며 공시체 끝부분의 횡방향 변형을 구속한다(그림 3-15 참조). 이 구속의 영향범위는 끝면에서 직경의 70% 정도라고 하기 때문에 H/D가 1.5정도 이하가 되면 압축강도는 급격히 증대된다.

만약, 공시체가 순압축으로 파괴된다면 H/D가 1.5를 초과하면 횡방향 구속을 받지 않은 부분에서 파괴되며 공시체의 높이가 커지더라도 압축강도는 변형되지 않는 것이다. 그러나 제13장 그림 3-1에 표시한 바와 같이 공시체는 일반적으로 전단에서 파괴되고 파면은 축선에 대해 55°전후의 기울기가 된다.

$D\tan 55°≒1.43D$이기 때문에 이것을 끝부 구속력 1.5D에 가산하여 H/D가 3~4 이상이 되면 압축강도는 거의 일정하게 된다고 생각된다. 또 다시 H/D가 증가하여 10~13을 초과하면 長柱가 되며 다시 강도저하가 나타난다.

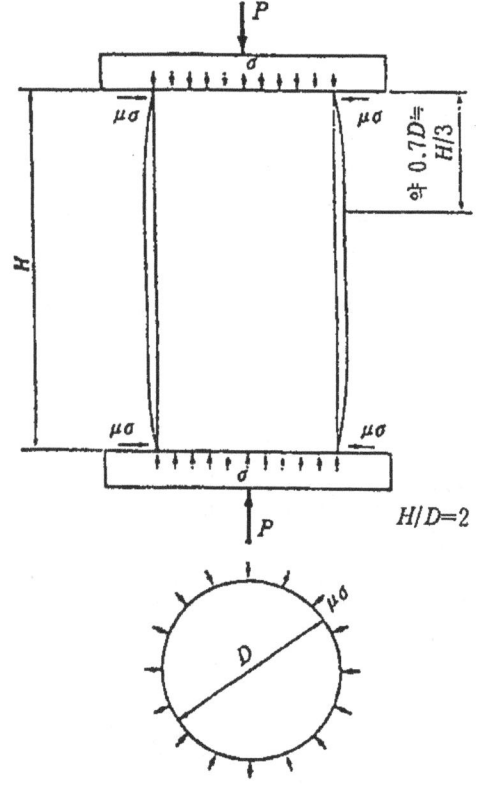

그림 3-15 공시체끝면의 마찰의 영향

(3) 원주형 공시체($H/D=2.0$)의 압축강도와 입방공시체의 압축강도와의 사이에는 대개 다음 관계가 있다.

원주형 공시체 강도=약 $0.80 \times$ 입방형 공시체강도

2) 원주형 공시체 치수의 영향

그림 3-16은 $H/D=2.0$의 원주형 공시체의 치수와 압축강도와의 관계이며 공시체의 치수가 클수록 압축강도는 작아진다. 이것은 공시체의 체적이 클수록 결점수가 많아지기 쉬우며 공시체 주변의 치밀한 모르터의 두께(굵은 골재의 최대치수의 1/2 정도로 생각된다)는 공시체의 단면치수에 관계없이 일정하다는 것에 기인한다. 그림 3-17과 같이 주변모르터층의 두께를 t, 공시체 직경을 D로 하면 공시체 단면적에 대한 모르터층의 면적의 비는,

$$\gamma = \frac{\pi D t}{\pi D^2/4} = \frac{4t}{D} \tag{3-7}$$

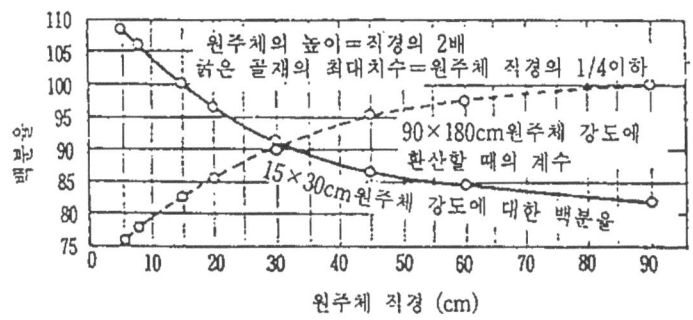

그림 3-16 원주형의 크기가 콘크리트의 압축강도에 미치는 영향(콘크리트매뉴얼)

즉, γ는 공시체의 치수가 클수록 감소된다. 그림 3-16에 있어서 직경이 45cm정도 이상이 되면 강도백분율의 변화는 적고 80~85%가 된다. 이 관계는 φ 15×30cm표준공시체 강도에서 큰 단면의 실부재의 콘크리트 강도를 추정하는 경우에 사용되고 있다.

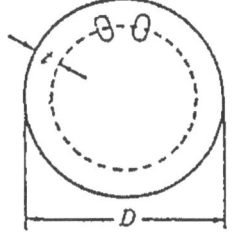

그림 3-17 주변 모르터층

3) 공시체 끝면의 평면도의 영향

공시체 끝면의 평면도(그림 3-18 참조)가 0.05mm이내라면 압축강도에 거의 영향을 주지 않는다. 凸면의 쪽이 凹면보다 압축강도가 미치는 영향이 크고 0.1mm 凸의 경우 압축 강도의 저하는 6~10%, 0.25mm의 경우 약 35% 감소된다.

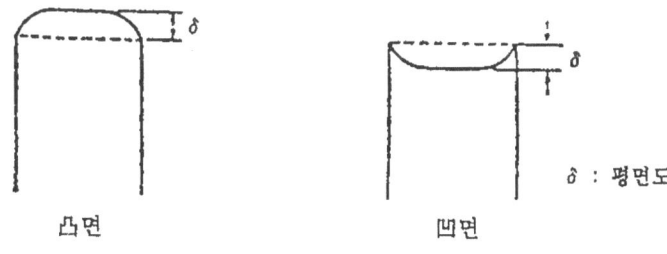

그림 3-18 평면도

4) 하중속도의 영향

하중속도에 의해 압축강도는 다르게 되나 그림 3-19에 표시한 바와 같이 하중속도의 영향이 나타나는 것은 초속 100kg/cm²이상의 큰 속도의 경우이다.

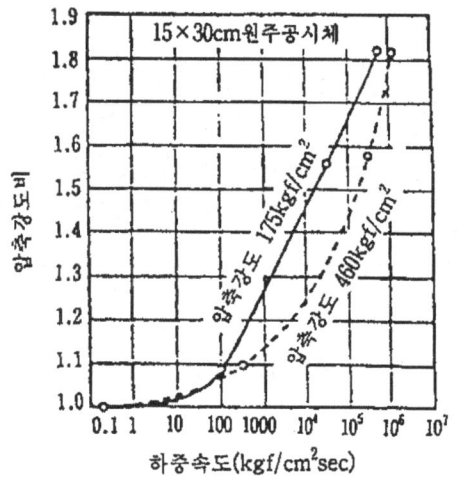

그림 3-19 하중속도와 압축강도와의 관계(콘크리트 매뉴얼)

7. 표준시험방법

콘크리트의 압축강도는 공시체의 형상, 치수, 養生조건, 재하방법 등 여러 가지의 영향을 받으므로 각국 모두 표준시험방법을 정하였다. 여기에서는 KS F 2403「콘크리트의 강도시험용 공시체의 제작방법」이 정해졌으며 이것들의 요점은 다음과 같다.

1) 공시체의 치수

굵은 골재 최대치수가 50mm이하는 ø15×30cm로 하고 굵은 골재 최대치수가 30mm이하의 경우에는 ø10×20cm를 이용해도 좋다.

2) 공시체 끝면의 평면도

0.05mm이내로 한다.

3) 養生조건

20±3℃의 수중으로 한다.

4) 시험재령

28일을 표준으로 한다.

5) 하중속도

매초 2~3kgf/cm²이하(정적재하 : 가속도가 무시될 정도로 늦은 속도의 재하)

8. 표준 공시체 강도와 설계기준 강도와의 관계

1) 콘크리트의 설계기준 강도는 구조물의 설계시에 기준으로 하는 강도이다. 예를 들면, 허용응력도 설계법에 있어서는 콘크리트의 압축에 대한 허용응력도는 설계기준강도를 안정률(보통 3)로 나눈 값으로 한다. 그리고 일반의 구조물에 있어서는 표준 시험방법에 의한 재령 28일의 압축강도를 이용한다.

2) 구조물의 콘크리트의 養生조건은 표준 시험방법과 다르므로 강도증진도 표준공시체 강도와 다른 것은 당연한 일이다. 그럼에도 불구하고 20℃ 수중양생 공시체의 28일 강도(이하 표준공시체 강도라 기술한다)를 설계기준강도로 하는 것은 무슨 이유일까. 그림 3-20은 구조물의 콘크리트의 코어강도와 표준공시체 강도의 증진상황을 모식적으로 표시한 것이다. 이 그림에 있어서 현장 養生 28일 강도는 표준 양생 28일 강도보다 매우 작으나 그 후 점차로 증가되고 28일 표준 공시체 강도에 도달한다. 그러나 일반 현장의 養生條件에서는 이것을 대폭 상회하지는 않는다. 구조물의 설계하중이 재하되는 재령은 적어도 3개월 이상, 길면 1년 이상이므로 설계기준강도로써 28일 표준공시체 강도를 이용해도 별로 무리가 없는 것 같다.

단, 매스콘크리트와 같이 養生條件이 좋은 경우에는 91일 표준공시체강도를 이용해도 좋다. 미국 개척국의 조사에 의하면 댐 콘크리트의 코어강도(중용열 시멘트사용, 코어의 재령 6~12월)와 28일 표준공시체 강도와의 비는 1.40~2.38, 평균 1.75가 되었으며 28일 표준공시체 강도를 충분히 웃돈다. 이 강도비는 부재의 치수나 養生條件에 의해 상당히 다르게 된다. 두께 15cm콘크리트 슬럼프를 타설 후 즉시 封緘劑를 살포하여 재령 14일까지 습포양생 후 실내에서 氣乾한 것 및 타설후 즉시 氣乾한 것(보통시멘트 사용)에 걸쳐 재령 1년의 코어강도를 구한다. 이것들의 28일 표준공시체 강도와의 비는 전자의 경우 0.80~1.00, 후자의 경우 0.50~0.60과 28일 표준공시체 강도에 도달하지 못하였다. 이와 같이 부재치수가 얇고 양호한 양생이 기대되지 않는 경우나 조기에 설계하중이 재하되는 경우에는 설계기준강도로서 재령 28일 이전의 표준 공시체 강도를 이용해야 한다.

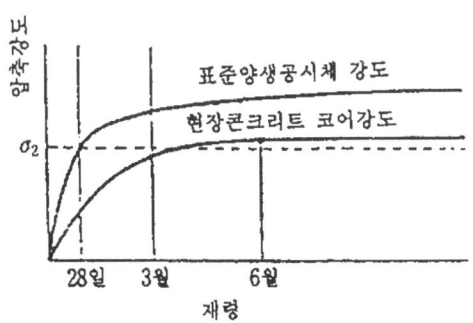

그림 3-20 구조물의 콘크리트의 코어강도와 표준공시체 강도와의 관계

제 14 장 인장강도 및 휨강도

1. 인장강도

1.1 콘크리트의 인장강도

1) 콘크리트의 인장강도는 압축강도의 1/10정도로 작다. 따라서, 철근콘크리트 부재의 설계에서는 안전을 위해 일반적으로 이것을 무시하고 휨인장력을 모두 철근으로 부담하기로 한다. 그러나 전단력(사면 인장력)에 대해서는 콘크리트의 인장강도를 유효로 하였으며, 또 균열의 발생에 직접 관계되며 부재의 내구성을 좌우하므로 인장강도는 중요한 특성이다.

2) 압축강도와 引張强度의 비를 脆度係數라 하며 재료의 연함을 표시한다.

$$脆度係數 = \frac{압축강도}{인장강도}$$

콘크리트의 脆度係數는 10~13정도(강재의 경우 1.0)이며 압축강도가 클수록 크다.(그림 3-21 참조)

3) 현재 콘크리트 단독으로 그 인장강도를 비약적으로 증대시킬 수는 없다. 단, 강섬유의 혼입에 의해 콘크리트의 인장강도를 2배 정도까지 증대시키는 것이 가능하며 140kgf/cm²가 얻어진다.

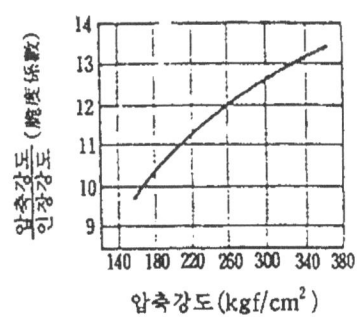

그림 3-21 콘크리트의 壓縮强度와 脆度係數와의 관계

1.2 인장강도 시험방법

1) KS F 2423의 방법

콘크리트의 인장강도는 KS F 2423「콘크리트의 쪼갬 인장강도 시험방법」에 의해 시험한다. 이 방법은 원주형 공시체를 가로로 하고 상하에서 선하중을 가하여 연직직경에 따라 균열되는 것이다. 그 원리는 탄성원판의 직경방향으로 직중하중을 가하면 그림

3-22에 표시한 것처럼 재하방향의 직경 AB면에는 일정한 인장응력 f_x, 이것에 직교되는 직경 CD면에는 압축응력 f_y가 생기며 그 크기는,

$$f_x = 2P/\pi dl \tag{3-8}$$

$$f_y = 6P/\pi dl (最大値) \tag{3-9}$$

여기서, P : 선하중(kg), d : 원판의 직경(cm), l : 원판의 두께(cm)

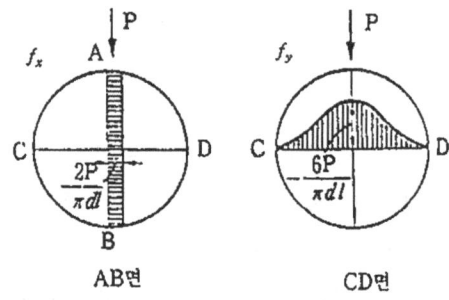

그림 3-22 탄성원판의 직경에 따른 응력분포

이와 같이 인장력의 3배의 압축응력이 생기지만 콘크리트의 인장강도는 압축강도의 1/10이하가 되므로 인장파괴가 선행되고 식(3-8)에서 인장강도를 구할 수가 있다고 설명되고 있다. 또한 식(3-9)에서 계산되는 균열 인장강도는 순인장강도(일축인장강도)와 거의 비등하다.

2) AB면에 대한 연직방향 압축응력에 대해서

직경 AB면에는 연직방향의 압축응력 σ_y도 생기며 그 분포는 그림 3-23과 같이 재하점에서 이론상 무한대가 된다. 따라서 재하점 부근의 압축파괴에 의해 공시체가 파괴되는 것으로 생각된다. 그러나 하중은 가압판을 통하여 실시되므로 재하와 함께 재하점 근방의 콘크리트는 변형되고 線荷重이 아니라 면 접촉에 의한 분포하중이 작용하게 된다. 하중분포폭 a가 아주 작은 경우에는($a \leq d/10$), A, B면에 작용하는 수평응력 f_x는 다음 식으로 주어진다.

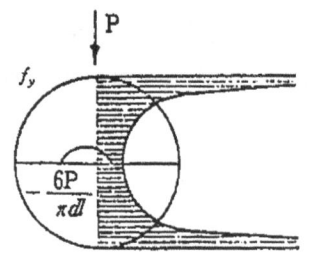

그림 3-23 AB면의 연직응력 σ_y의 분포

$$f_x = \frac{2P}{\pi dl}\left[1 - \frac{d}{2a}(\alpha - \sin\alpha)\right] = \frac{2P}{\pi dl} \cdot \gamma \tag{3-10}$$

여기서, α : 직경 AB상의 임의의 점에 있어서 하중분포폭을 낀 각도(그림 3-24 참조)

그림 3-24의 우측그림은 $a=d/20$인 경우 AB면상의 f_x의 분포를 표시한 것이며 중앙부분에 거의 균등한 인장응력이 생기며 재하점 근방에서는 반전하여 큰 압축응력이 생긴다. 식(3-10)에 있어서 a가 작은 경우에는 $a \fallingdotseq \sin a$이기 때문에 $\gamma \fallingdotseq 1$이 되며 $f_x \fallingdotseq \dfrac{2P}{\pi dl}$가 된다.

예를 들면, $a=10mm$, $d=15cm$인 경우 $a=1°10'$, $\sin a=0.0291$, $\gamma=0.9985$가 된다. 또 A 및 B점에 대한 수평압력 응력도 식(3-10)에서 계속되나 이 값은 다음 식으로 계산되는 연직방향 압축응력 σ_y와 거의 같다.

$$f_y = \frac{P}{al} \tag{3-11}$$

그림 3-24의 경우 최대수평 압축응력은 최대수평 인장응력의 약 18배가 되어 있으나 상기와 같이 재하점 부근은 이축압축응력 상태가 되어 강화되었으므로 이 부분에서 파괴는 일어나지 않고 중앙부분의 인장응력에 의해 파괴된다. 이 경우의 콘크리트 인장강도는 실용상 식(3-8)을 써서 계산해도 좋다. 또 모든 외국에서는 하중분포폭 a를 일정하게 유지하기 때문에 가압판과 공시체 측면과 사이에 하중분포판으로서 合板細片, 금속판 등을 삽입하였다(그림 3-25 참조).

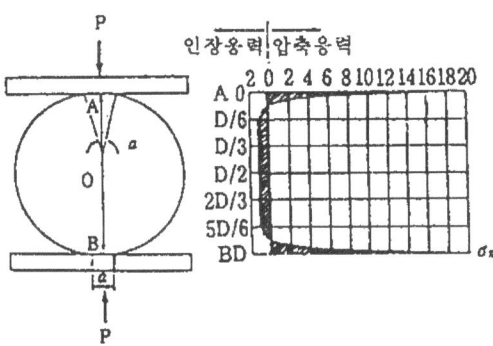

그림 3-24 하중분포에 의한 AB면의 σ_x분포

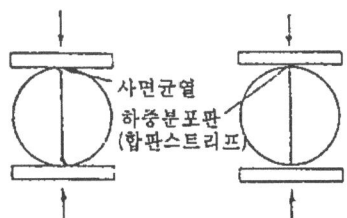

그림 3-25 하중분포판의 사용

3) 이축응력 하의 인장강도

원판의 중심점 0점에는 수평인장응력과 이것에 직교되는 연직압축응력이 작용한다. 이와 같은 이축응력하의 인장강도는 일축인장강도보다 작아진다.

AB면에 작용하는 연직압축응력은 하중분포폭을 고려하면 다음 식으로 주어진다.

$$f_y = \frac{2P}{\pi dl}\left[\frac{d}{2a}(a+\sin a)+\frac{d}{d-r}-1)\right] = \frac{2P}{\pi dl}\psi \qquad (3-12)$$

여기서, r : 직경 AB상의 임의의 점에서 재하점까지의 거리. 단, $r \leq d/2$

$r=d/2$, $a=d/10 \sim d/20$의 경우 $\psi \fallingdotseq 3$이 되며 분포하중으로 한 경우도 연직압축응력은 식(3-9)와 같다. 따라서 인장응력과 이것에 직교되는 3배 크기의 압축응력이 작용하게 되며 이 경우의 인장강도는 제14장을 적용하여 계산하면 일축인장강도의 77%정도가 된다. 前記와 같이 균열 인장강도와 일축 인장강도의 시험치는 거의 일치된다고 말하며 미해결의 문제로써 남아 있다.

1.3 순인장강도(일축 인장강도)

일축인장시험에 있어서 공시체의 중심축에 따라 정확히 인장력을 가할 것과 공시체 양끝부의 잡는 부분에 응력집중이 생기지 않도록 하는 것은 대단히 어렵다. 그러나 따낸 코어공시체의 측면은 반드시 평활하지 않으므로 균열 인장강도시험을 적용할 수 없는 경우가 많다. 이 때문에 유럽에서는 공시체 양끝면을 에폭시 수지로 가압판에 접착하여 인장력을 가하는 방법이 이용되고 있다. 이 경우 끝부구속의 영향을 소거하기 위해 공시체 길이를 직경의 2배 이상(원주형 공시체) 또는 일변의 3배 이상(각주형 공시체)으로 한다.

2. 휨강도

2.1 콘크리트의 휨강도

1) 콘크리트의 휨강도는 대략 압축강도의 1/5~1/7, 인장강도의 1.6~2배이다.

2) 상기의 휨강도는 다음에 표시하는 KS의 시험방법에 의해 공시체를 탄성빔으로 가정하여 구한 값이며 콘크리트의 실제 휨강도는 아니다. 그러므로 모든 외국에서는 이것을 파괴계수(modulus of rapture)라 부르고 있다. 그러나 포장용의 콘크리트 슬래브는 이것을 탄성판으로 가정하여 설계를 실시하기 때문에 판의 안정성의 검토에 이 휨강도

2.2 휨강도 시험방법

1) KS F 2408「콘크리트의 휨강도 시험방법」에 의한다.

공시체의 치수는 굵은 골재의 최대치수가 50mm이하의 경우, 단면 15×15cm, 지간 45cm의 빔(빔의 길이 53cm)으로 한다. (골재의 최대치수가 30mm이하의 경우에는 단면 10×10cm, 지간 30cm의 빔을 이용해도 좋으나 단면 15×15cm의 경우와 휨강도 시험치가 다르게 되는데 주의를 요한다)

공시체 빔의 양끝을 지지하고 3등분점에 재하하여 파괴시의 하중을 판독한다. 휨강도는 탄성빔의 내부응력식(3-13)을 이용하여 계산한다.

$$f_b = \frac{M}{I} y \tag{3-13}$$

여기서, f_b : 휨강도 (kgf/cm^2)

M : 최대휨모멘트 (kg·cm)

I : 단면 2차 모멘트 (cm^4)

y : 빔높이의 중심선에서 인장연까지의 거리 (cm)

$M = \frac{Pl}{6}$, $I = \frac{bh^3}{12}$, $y = \frac{b}{2}$ 을 식(3-13)에 대입하여,

$$f_b = \frac{6M}{bh^2} = \frac{Pl}{bh^2} \tag{3-14}$$

여기서, P : 최대하중(시험기의 파악 kg)

b 및 h : 공시빔의 폭 및 높이 (cm)

l : 공시빔의 지간 (span) (cm)

식(3-13) 및 식(3-14)은 콘크리트빔 내의 휨응력의 분포를 그림 3-26(a)에 표시한 것처럼 직선분포로 가정한 것이다. 그러나 실제로는 인장소성이 현저하게 나타나며 그림 3-26(b)와 같다. KS F 2408에 의해 구해진 콘크리트의 휨강도가 인장강도보다 대단히 큰 것은 이런 이유에 의한다.

2) 재하방법으로서 지간(span) 중앙에 1점 재하되는 경우도 생각되나 그림 3-27(a)에 표시한 것처럼 파괴면의 위치는 일반적으로 불규칙적이며 지간중앙 단면과 일치되지 않는 경우가 많고 파괴 휨모멘트를 취하는 방법이 문제가 되며 전단력의 영향을 받아서 시험치의 편차가 커지는 경향이다. 이에 대해 그림 3-27(b)에 표시한 것처럼 3등분점 재하의 경우는 재하점의 사이라면 어디에서 파괴되어도 휨모멘트는 일정하며 전단력은 0이며 시험방법으로서 바람직하다. 또한 3등분점 재하의 경우는 일반적으로 재하점 간의

가장 약한 부분에서 파괴되므로 그 휨강도는 1점 재하의 경우보다 작다. 양자의 차이는 휨강도가 30~50kgf/cm² 의 경우 7~9kgf/cm² 이다.

3) 단면 10×10cm의 빔에 의한 휨강도는 단면 15×15cm의 빔에 의한 휨강도보다 크다. 이것은 휨파괴가 부분적 약점에 기인되며 부분적 약점의 수는 공시체가 클수록 많은 것이 중요한 요인이다. 휨강도가 30kgf/cm²정도의 경우에는 양자는 거의 동등하나 휨강도가 50kgf/cm²정도의 경우는 단면 10×10cm빔의 휨강도 편이 약 10%보다 크다.

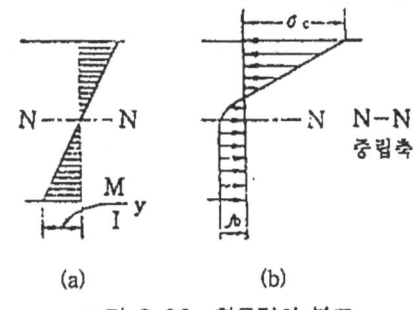

그림 3-26 휨응력의 분포

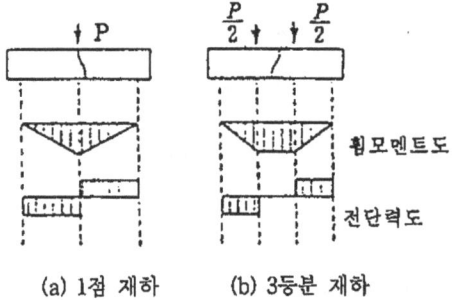

(a) 1점 재하   (b) 3등분 재하

그림 3-27 1점재하와 3등분점 재하에 대한 빔의 휨모멘트 및 전단력

제 15 장 전단강도 및 비틀림강도, 지압강도

1. 전단강도

1.1 전단력의 종류

부재에 생기는 전단 현상에는 다음의 3가지가 있다. 휨전단, 비틀림전단 및 눌러 빼기 전단이다.

1) 휨전단은 그림 3-28(a)에 표시한 것처럼 빔이 다수의 수평 또는 鉛直 얇은 要素로 이룬 것으로 가정한 경우에 연직하중에 의해 이것들의 요소가 서로 수평 또는 연직방향으로 어긋나는 것과 같은 역학현상이다. 이 경우 빔의 임의점에 있어서 수평 및 연직방향의 전단응력은 서로 같고 이것들은 서로 공약 전단응력이라 한다.

2) 비틀림 전단은 예를 들면, 원형봉의 비틀림인 경우 그림 3-28(b)에 표시한 바와 같이 얇은 원판요소가 회전착오를 일으키려고 하는 현상이다. 이 경우도 원판면에 따르는 전단응력과 공액전단응력으로서 원형봉의 축선방향의 전단응력이 생긴다.

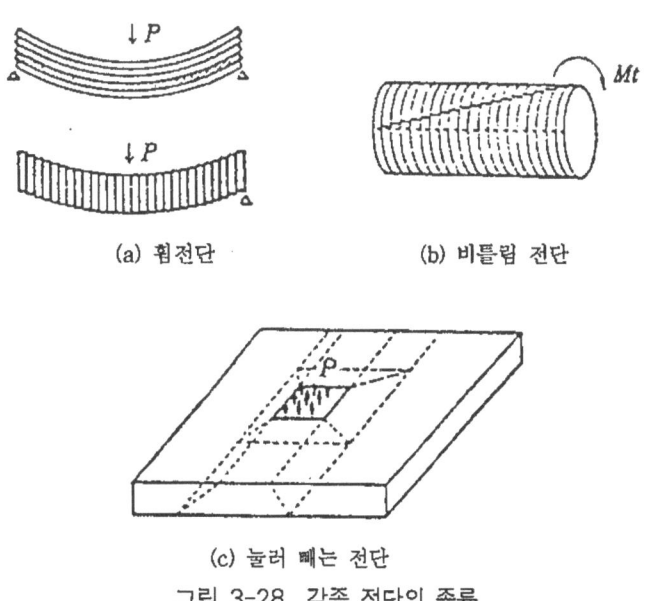

(a) 휨전단   (b) 비틀림 전단

(c) 눌러 빼는 전단
그림 3-28 각종 전단의 종류

3) 눌러 빼기 전단은 그림 3-28(c)에 표시한 바와 같이 넓은 판상의 부재에 하중이 집중적으로 가해져서 재하면이 눌러 빼는 형상이다. 그러나 콘크리트의 전단강도는 인장강도 보다 크기 때문에 상기의 어느 전단 형식의 경우에도 순수한 전단파괴를 일으키기 전에 전단력과 인장력의 합성에 의한 사면 인장력 등에 의해 파괴된다.

1.2 전단강도

직접전단 시험에 의한 콘크리트의 전단강도는 압축강도의 1/4~1/7정도이다.

1.3 전단강도 시험방법

1) 콘크리트의 전단강도를 시험하기 위한 적절한 방법은 아직 없으며 KS의 표준 시험방법은 제정되어 있지 않다. 보통 직접 전단시험 및 삼축압축에 의한 간접적인 시험이 실시되고 있다.

2) 직접 전단시험 : 1면 전단시험(그림 3-29) 또는 2면 전단시험(그림 3-30 참조)에 의한다. 전단강도는 AB 및 CD면에 전단응력이 일정하게 분포되는 것으로 가정하여 다음 식에서 계산한다.

$$\tau_u = \frac{P}{A} \tag{3-15}$$

여기서,

τ_u : 전단강도(kgf/cm^2)

P : 최대하중(kg)

A : 전단면적(1면 전단시험인 경우 AB면, 2면 전단시험의 경우, B면의 합) (cm^2)

그러나 어느 경우나 인장응력이나 휨응력 등 전단응력 이외의 힘이 작용하며 순전단강도는 얻어지지 않는다. 예를 들면, 1면 전단시험(그림 3-29)의 경우, AB면에는 연직방향에 전단응력이 작용하는 동시에 제14장에 기술한 균열 인장강도 시험의 경우와 완전히 같고 수평방향으로 인장응력이 작용한다. 따라서 1면 전단시험은 전단인장 시험이다.

제15장 전단강도 및 비틀림강도, 지압강도   193

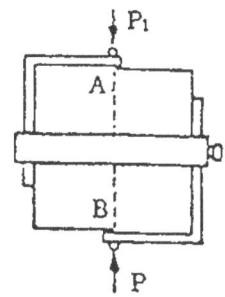
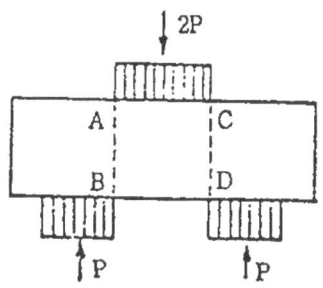

그림 3-29 1면 전단시험(허가의 방법)   그림 3-30 2면 전단시험

3) 삼축압축시험

(1) 콘크리트의 삼축압축시험장치를 이용하여 측압 σ_3을 3~4단계로 변화시켰을 때의 삼축압축강도 σ_1을 측정하고 그림 3-31에 표시한 모아원을 묘사하고 그 파괴 包絡線과 τ 축과의 교점의 종거를 구하여 전단강도로 한다. 모아원의 중심좌표는 $[(\sigma_1+\sigma_3)/2, 0]$, 반경은 $(\sigma_1-\sigma_3)/2$이다. 이 방법은 시료가 均等質한 탄성체의 경우에 실지의 전단강도를 준다.

(2) 그림 3-32는 단축의 압축강도 및 인장강도를 시험하여 각각의 모아원을 그리고 파괴 포락선의 근사로써의 공통접선과 τ 축과의 교점을 구하고 그 종거를 전단강도의 근사치로 한 것이다. 이 때의 모아원은 $\sigma_3=0$이므로 중심의 σ 좌표 및 반경은 함께 f'_c, f_t은 각 단축의 압축강도 및 인장강도이다.

$$\tau = \frac{f'_c - f_t}{2\sqrt{f'_c f_t}} \sigma + \frac{\sqrt{f'_c f_t}}{2} \tag{3-16}$$

이 되므로 공통접선과 τ 축과의 교점의 종거 τ_u는 식(3-16)에 $\sigma=0$을 대입하여 다음 식으로 주어진다.

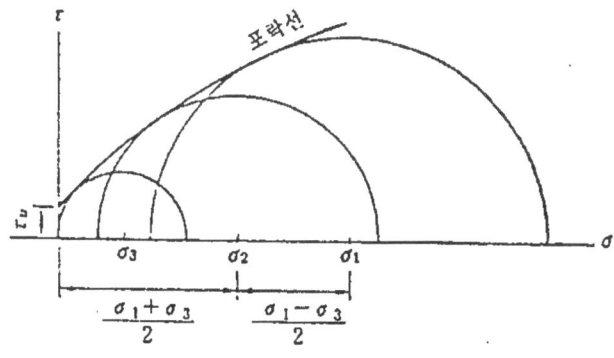

그림 3-31 모아원과 포락선

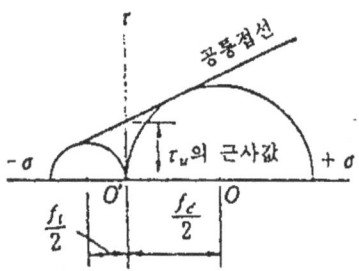

그림 3-32 모아원과 공통접선

$$\tau_u = \frac{\sqrt{f'_c \cdot f_t}}{2} \tag{3-17}$$

여기서, τ_u : 전단강도의 근사치(kgf/cm²)
 f'_c : 압축강도(kgf/cm²)
 f_t : 인장강도(kgf/cm²)

식(3-17)은 콘크리트의 전단강도의 간이식으로써 편리하게 이용되고 있다.

2. 비틀림 강도

비틀림을 받는 철근 콘크리트 부재의 균열 모멘트는 무근 콘크리트의 종국 비틀림모멘트와 거의 같으므로 콘크리트의 비틀림 강도는 실용상 중요한 의미를 가졌다.

2.1 비틀림 전단응력

1) 원형단면

원형봉의 양단을 고정시키고 비틀림인 경우 원형봉이 탄성체라면 단면에 생기는 전단응력의 분포는 그림 3-33(a)에 표시한 바와 같이 직선적으로 반경에 비례하며 최대 전단응력은 봉의 표면에 생긴다. 비틀림 모멘트 M_t는 그림 3-34에 표시한 바와 같이 단면 내에 미소폭 $d\gamma$의 원환부분을 고려하여 이것에 작용하는 전단응력에 중심에서의 거리 γ를 곱하고 이것을 중심에서 단면의 반경 R까지 적분하여 구할 수가 있다.

$$M_t = \int_0^R 2\pi\gamma \cdot d\gamma \cdot \tau \cdot \gamma = \int_0^R 2\pi\gamma^2 \left(\frac{\gamma}{R}\tau_{max}\right) d\gamma = \frac{\pi R^3}{2}\tau_{max} \tag{3-18}$$

또,

제15장 전단강도 및 비틀림강도, 지압강도   195

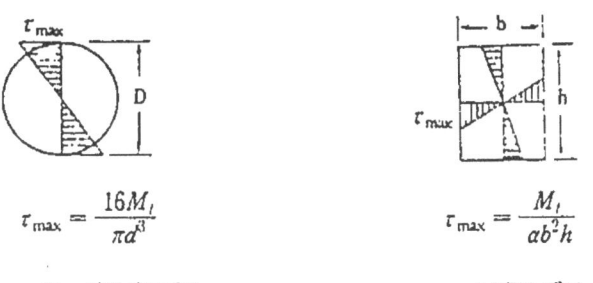

그림 3-33 비틀림 전단응력의 분포

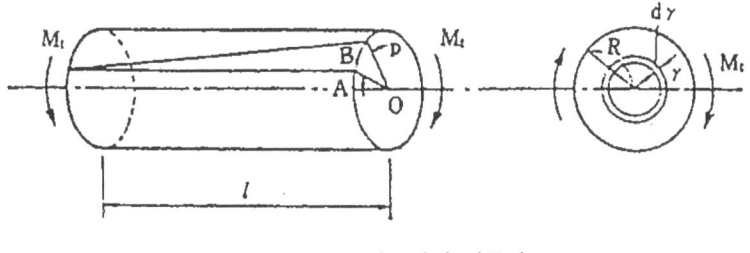

그림 3-34 원통형의 비틀림

$$\tau_{max} = \frac{16M_t}{\pi D^3} \tag{3-19}$$

여기서, M_t : 비틀림 모멘트(kg·cm)

　　　　R : 원형봉의 반경(cm)

　　　τ_{max} : 최대 전단응력(kgf/cm^2)

　　　　D : 원형봉의 직경(cm)

2) 장방형 단면

각진 봉의 비틀림인 경우 장방형의 단면은 비뚤어진 단면이 되므로 전단응력은 간단하게 구해지지 않으나 탄성체의 경우 최대 전단응력은 다음 식으로 주어지며 그림 3-33에 표시한 바와 같이 최대 전단응력은 長邊의 중앙의 표면이 생긴다.

$$\tau_{max} = \frac{M_t}{\alpha b^2 h} \tag{3-20}$$

여기서, b : 단면의 단변의 길이(cm)

　　　　h : 단면의 장변의 길이(cm)

α는 h/b에 의해 정하는 정수로 $h/b=1\sim\infty$에 대해 $\alpha=0.208\sim0.333$, $h/b\geq 2$인 경우 α

≒1/3으로 해도 좋다.

2.2 사면 인장응력

봉에 비틀림 모멘트를 부여했을 때의 봉의 표면응력 상태는 그림 3-35에 표시한 바와 같이 봉의 표면의 微小직육면체를 가상하여 생각한다. 6면체의 연직면에 비틀림 전단응력이 발생하는 동시에 수평면에도 이것과 크기가 같은 共軛 전단응력이 생긴다. 그림 3-36에 주시한 바와 같이 이것들의 전단응력과 대각선을 포함하는 면에 생기는 직응력(주응력)과의 균형을 생각하면,

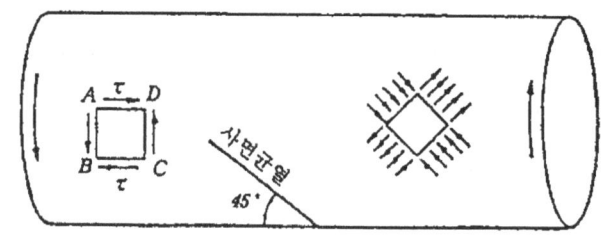

그림 3-35 사면인장응력 및 사면압축응력

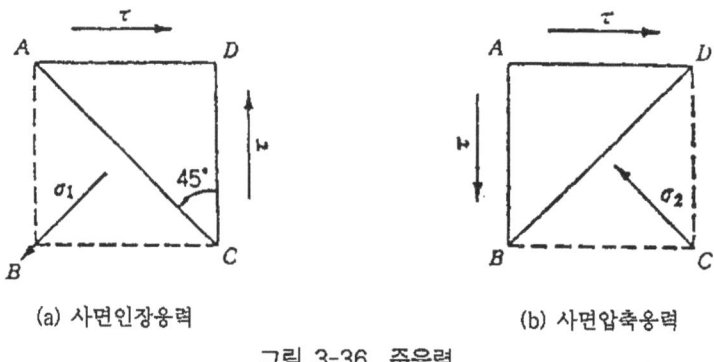

(a) 사면인장응력   (b) 사면압축응력

그림 3-36 주응력

그림 3-36(a)에 있어서 연직방향의 힘의 균형식은

$$\tau \overline{CD} = \sigma_1 = \cos 45° \overline{AB} = \sigma_1 \overline{CD} \tag{3-21}$$

$$\therefore \sigma_1 = \tau$$

그림 3-36(b)에 있어서도 동일하게

$$\sigma_2 = \tau \tag{3-22}$$

여기서, σ_1은 면에서 멀어지는 방향에 작용하는 힘으로 사면인장응력, σ_2는 면에 가까운 방향에 작용하는 힘으로 사면압축응력이라 한다. 즉, 봉에 비틀림을 주면 선축과 45°를 이루는 사면인장응력 σ_1과 이것에 직교되는 사면압축응력 σ_2가 일어나며 양자는 모두 비틀림 전단응력 τ와 같다. 따라서, 콘크리트와 같이 인장강도가 작은 재료에서는 전단파괴를 일으키기 이전에 사면인장 응력이 인장강도를 초월했을 때 축선과 45°를 이루는 균열(그림 3-35 참조)이 발생하여 파괴된다.

2.3 콘크리트의 비틀림 강도

비틀림을 받는 콘크리트 빔은 사면인장 파괴를 일으키기 때문에 식(3-19) 또는 식(3-20)[탄성식]을 이용하여 비틀림 강도를 계산할 수는 없다. 종래 장방형단면의 콘크리트 빔에 비틀림 내력식으로서 다음에 표시하는 「사면 휨식」이 흔히 적합하다고 말한다.

$$M_t = \frac{bh^3}{3} k f_b \tag{3-23}$$

여기서, f_b : 콘크리트 휨강도(kgf/cm^2)

k : 실험정수로 보통 $k = 0.85$

이것은 콘크리트와 같은 脆性재료에서는 나선상의 전형적인 비틀림 파괴면을 나타내지 않고 그림 3-37에 표시한 바와 같이 우선 장변 예를 들면, BC면에 축선과 45°를 이루는 균열 pq가 발생하고 다음 AB 및 CD면에 축선으로 직각인 파면 qr 및 ps를 형성하여 파괴된다. 파괴면 $pqrs$는 축선과 45°를 이루는 휨파괴면(폭 $h\sec 45°$, 높이 : b, pq : 인장측, rs : 압축측)으로 생각되기 때문에 식(3-23)을 유도한다.

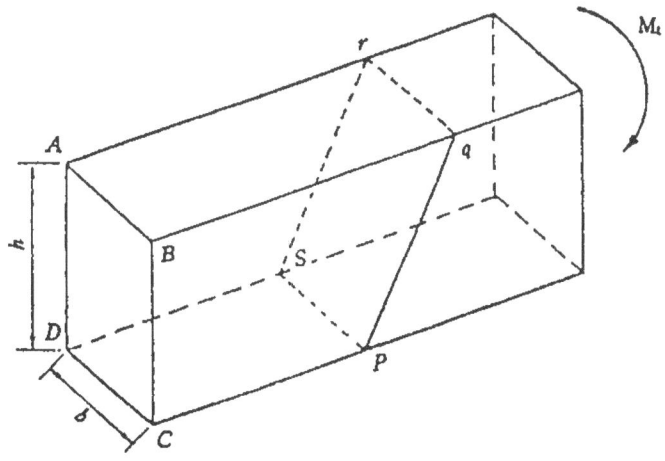

그림 3-37 사면 휨파괴

3. 지압강도

1) 교각이나 교대의 받침부와 같이 재하면이 받침면보다 작은 경우, 즉, 압축력이 부분적으로 가해지는 경우 이것을 지압이라 한다.

2) 그림 3-38에 표시한 바와 같이 받침면의 면적을 A, 재하면의 면적을 A'로 하고 콘크리트의 압축강도 및 지압강도를 f'_c 및 f'_a로 하면 지압강도는 다음과 같이 표시된다.

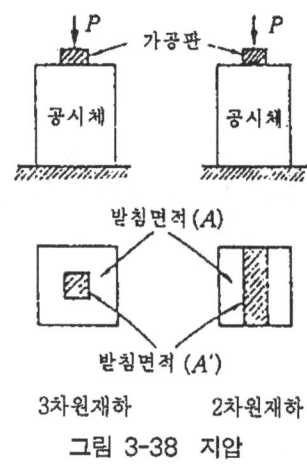

그림 3-38 지압

$$f_b = \alpha f'_c \sqrt[n]{\frac{A}{A'}} \tag{3-24}$$

여기서, n : 2 또는 3
  α : 정수

식(3-24)의 양변의 대수를 취하면,

$$\log \frac{f_b}{f'_c} = \log \alpha + \frac{1}{n} \log \frac{A}{A'} \tag{3-25}$$

대수표시된 f'_a/f'_c와 A/A'는 그림 3-39와 같이 직선관계가 된다.

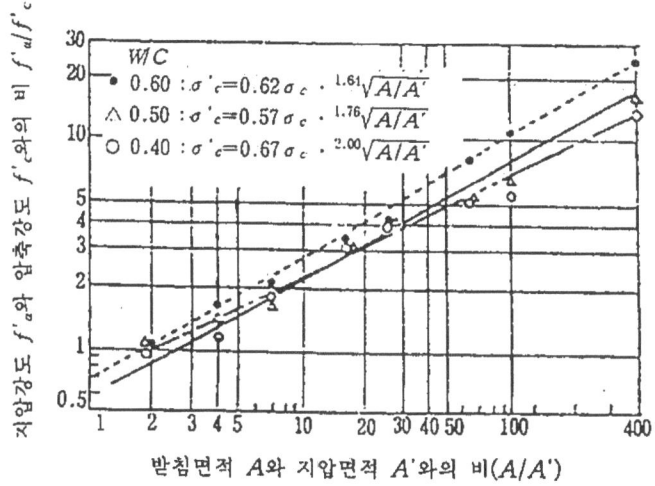

그림 3-39 지압강도시험 결과(경량 골재콘크리트의 경우)

제 16 장 부착강도·다축응력을 받는 강도 및 유착강도

1. 부착강도

1.1 철근과 콘크리트와의 부착

1) 제15장 3-28(a)에 표시한 바와 같이 빔이 수평의 얇은 층 요소로 된다고 판정된 경우, 휨에 의해 얇은 층 요소 간에 어긋나는 응력이 발생한다. 철근(헌치부)과 콘크리트 간의 어긋나는 응력(전단응력)을 부착응력이라 부른다.

2) 철근 콘크리트 부재의 설계에서는 부재 내의 같은 위치에 있어서 철근과 콘크리트에 상대 이동이 없으며 완전히 부착된 것으로 가정하여 계산을 실시하기 때문에 철근과 콘크리트와의 부착강도는 매우 커야 한다.

3) 부착 강도는 다음의 3가지의 힘으로 이루어진다.

부착강도 ┬ 철근 콘크리트의 부착력
 ├ 콘크리트의 경화수축, 건조수축에 기인되는 마찰력
 └ 이형철근의 마디에 의한 기계적 지지력

이중 마디에 의한 기계적 지지력이 가장 크고 접착력은 가장 작다. 따라서 부착강도를 더하기 위해서는 이형철근을 쓰는 것이 가장 유효하다.

1.2 부착강도에 영향을 주는 요인

부착강도에 영향을 주는 요인으로서 콘크리트의 강도 및 건조상태, 철근의 표면형상 및 직경, 시험 방법 등을 든다.

(1) 콘크리트의 압축강도가 클수록 부착강도도 크다(그림 3-40 참조)

(2) 콘크리트가 건조되면 수축응력에 따라 마찰력이 발생하며 부착강도가 커진다.

(3) 이형철근의 마디에 의한 맞물림 작용(기계적 지지) 때문에 그 부착강도는 원형강의 경우 2배 이상이 된다. 원형강의 부착강도는 콘크리트 압축강도의 약 1/10이다(그림 3-40 참조).

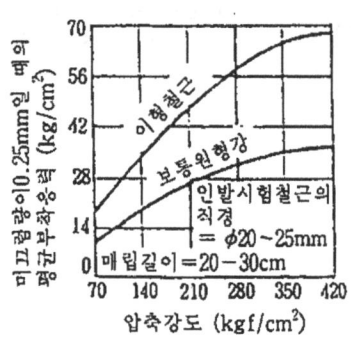

그림 3-40 콘크리트의 압축강도와 부착강도와의 관계

이상은 1.3에 표시하는 인발시험의 결과에 의거하여 기술한 것이다. 또 철근직경의 영향에 대해서는 1.3 참조.

1.3 부착강도 시험방법

부착강도 시험에는 인발 눌러빼기, 양쪽당기기 및 빔의 시험 등이 있다. 철근 콘크리트 구조물 내에 있어서 철근과 콘크리트와의 부착성은 양자에 작용하는 응력상태, 피복두께, 횡방향 철근에 의한 보강상태 등에 따라 다르게 되므로 한 종류의 시험방법에 의해 부착강도를 평가하는 것은 어렵다. 그러므로 시험의 목적에 따라 구조물에 대한 부착파괴의 성상에 가급적 유사한 시험방법을 선택하여 실시하는 것이 좋다.

1) 인발시험

① 콘크리트 블록에 매립된 철근을 구멍 뚫린 가압판을 통하여 인발방법으로(그림 3-41 참조) 철근에 인장응력, 콘크리트빔의 인장측과 응력상태가 다르다. 그러나 시험이 간단하고 콘크리트의 품질이나 철근의 표면현상의 영향이 현저하게 나타나므로 재료의 부착특성의 평가시험으로서 유효하다. 그러므로 미국 규격(ASTM)이나 영국규격(BS)에서는 표준 시험방법으로서 채용되고 있다.

② 이형철근의 부착응력의 분포는 그림 3-41에 표시한 형태가 되나 간단히 하기 위해서 일정한 분포로 가정하여 다음 식에서 부착강도를 계산한다.

$$f_{b0} = \frac{P}{\pi \phi l} \tag{3-26}$$

여기서, f_{b0} : 부착강도(kgf/cm^2)

P : 최대인발력(kg)

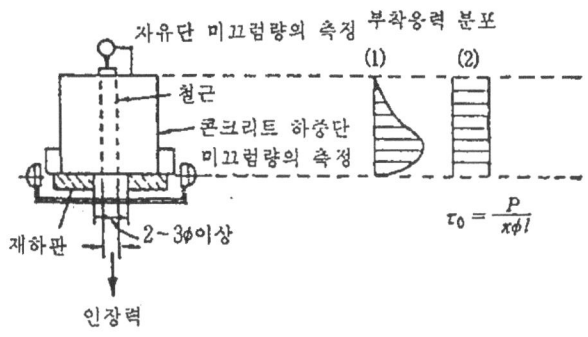

그림 3-41 인발시험방법

ϕ : 철근직경(cm)

l : 매립길이(cm)

③ 인발시험에서는 공시체의 보강의 정도에 따라 부착강도가 크게 다르다. ASTM 에서 콘크리트의 부착강도를 시험하는 것을 목적으로 하여 무보강으로 하고 BS 에서 철근의 부착 특성을 평가하는 것을 목적으로 하여 공시철근 직경에 따른 양의 나선철근으로 보강하기로 한다.

2) 균열인발시험 및 편심인발시험

① 시험방법의 특징

이형철근의 부착파괴는 원형강과 같이 철근과 콘크리트 계면의 부착이 끊겨서 철근이 완전히 빠져나오는 상태와는 아주 다르므로 원형강을 대상으로 한 종래의 부착강도 시험과는 다른 시점에서 검토할 필요가 있다.

콘크리트에 매립된 이형철근에 인발력을 가하면(그림 3-42 참조) 그 반력으로 마디의 경사면에 지압응력 σ_n이 발생하고 그 수평분력 σ_r는 콘크리트를 밀어 펼치도록 하고 작용한 콘크리트는 균열된다. 이것이 이형철근의 쐐기 작용이며 피복 콘크리트의 철근에 따라 세로균열이 발생한다. 이 때 부착의 대부분이 소실된다. 따라서 피복 부분의 세로균열 발생시의 부착강도는 중요한 부착특성이며 이것을 시험하는 것이 균열 인발시험이다. 그러나 실제의 철근 콘크리트 부재에서 인장 주철근은 스터럽 등의 가로방향 철근으로 보강되기 때문에 철근에 따른 세로 균열이 발생해도 즉시 부착파괴는 되지 않는다. 하중의 증가와 함께 점차로 세로균열이 벌어져 철근이 빠져나오며 최종적으로 마디간의 콘크리트가 전단파괴되어 부착파괴가 된다. 이 파괴과정을 매우 충실히 표현한 방법이 편심인발시험이며 종국 부착강도가 구해진다.

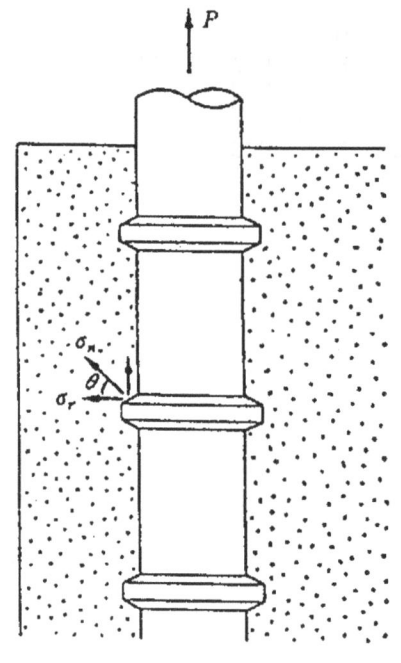
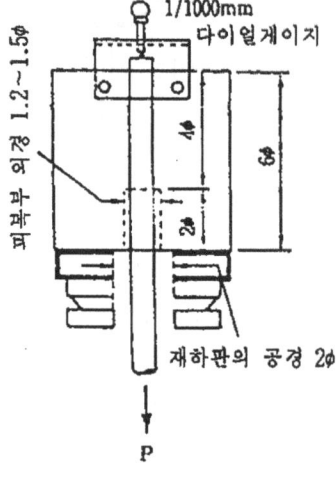

그림 3-42 이형철근의 쐐기작용   그림 3-43 균열인발시험

② 균열인발 시험방법

일변을 철근직경(ϕ)의 6배로 한 입방형 공시체에 있어서 그림 3-43에 표시한 것처럼 하중단측에 비부착구간 2ϕ를 두고 부착구간을 4ϕ로 하여 부보강으로 한다. 철근에 인발력을 가하여 콘크리트가 균열되었을 때의 하중을 이용하여 세로균열 발생시의 부착강도를 다음 식에서 계산한다.

$$f_{b0} = \frac{P}{4\pi\phi^2}\alpha \tag{3-27}$$

여기서, f_{b0} : 균열부착강도(kgf/cm^2)

P : 최대인발력(kg)

ϕ : 철근직경(cm)

α : 압축강도에 대한 보정계수

$\alpha = \dfrac{300}{f'_c}$, f_c : 동시에 만든 압축시험을 공시체의 강도(kgf/cm^2)(목표 강도를 300kgf/cm^{2}으로 한 경우)

균열부착강도는 피복과 철근직경과의 비 및 콘크리트 강도가 일정한 경우, 마디 측면의 경사각에 관계된다. 그림 3-44는 마디측면의 경사각이 45°이하의 경우 경사가 느슨할수록 균열 부착강도가 작아지는 것을 표시하였다.

제 16 장 부착강도·다축응력을 받는 강도 및 유착강도   205

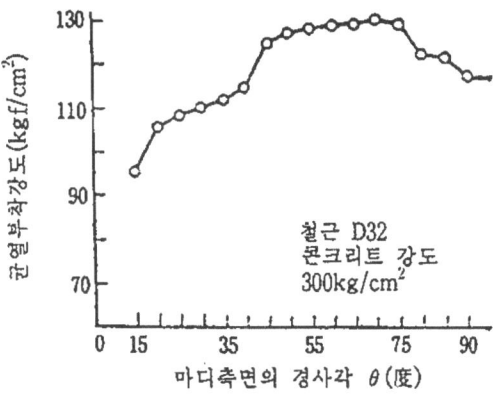

그림 3-44 마디측면의 경사각과 균열 부착강도와의 관계

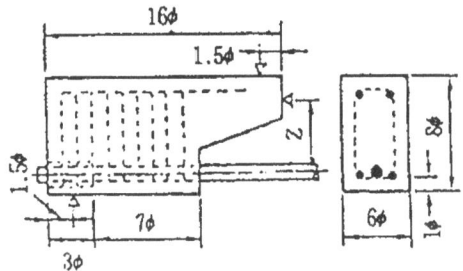

그림 3-45 편심인발시험

③ 공시체는 그림 3-45에 표시한 바와 같이 빔 전단지간부를 모델화한 것이며 그 치수 및 스터럽의 배치는 사면 균열발생 이전에 부착파괴가 일어나도록 배려한 것이다. 철근의 부착길이를 7ø, 피복을 1ø로 하였다. 공시체를 3점에서 지지하고 철근에 인발력을 주어서 다음 식에서 종국 부착강도를 계산한다.

$$f_{bo} = \frac{P}{7\pi\phi^2} \tag{3-28}$$

여기서, f_{bo} : 종국 부착강도(kgf/cm²)

　　　　P : 최대인발력(kg)

　　　　ϕ : 철근직경(cm)

종국 부착강도는 마디의 간격에 관계되며 그림 3-46에 표시한 바와 같이 마디간격이 철근직경의 2.5배 정도까지는 마디간격이 클수록 부착강도는 크다.

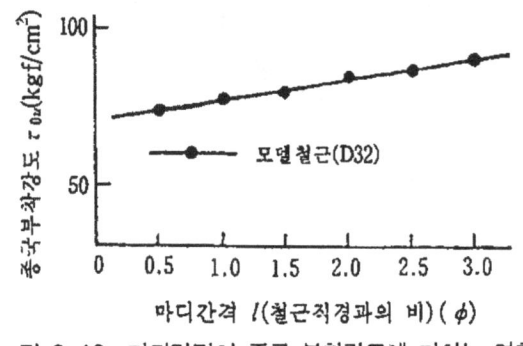

그림 3-46 마디간격이 종국 부착강도에 미치는 영향

3) 양인발시험

콘크리트 角柱의 중심 축에 철근을 매립하고 돌출된 철근의 양단에 인장력을 가하는 것으로 철근 콘크리트 빔의 인장부를 모델화 한 것이다. 공시체의 축선에 직교하여 발생되는 균열의 수나 간격을 측정하는데 따라 균열의 분산성을 평가할 수가 있다. 최대 균열간격은 일반적으로 다음 식으로 주어진다.

$$l_{max} = \frac{1}{2K} \frac{\phi}{p} \frac{f_t}{f_{b0}} \tag{3-29}$$

여기서, l_{max} : 최대 균열간격(cm)

ϕ : 철근직경(cm)

P : 철근비

f_t : 콘크리트의 인장강도(kgf/cm^2)

f_{b0} : 부착강도(kgf/cm^2)

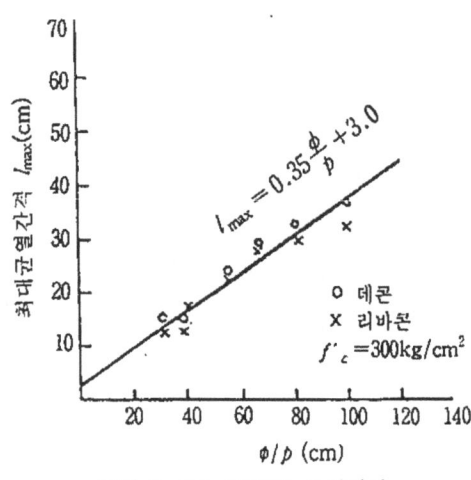

그림 3-47 양인발 시험결과

제 16 장 부착강도 · 다축응력을 받는 강도 및 유착강도   207

콘크리트의 인장강도와 부착강도는 서로 비례관계에 있으므로 최대 균열간격은 콘크리트의 품질에는 거의 관계가 없으며 철근직경에 비례하고 철근비에 반비례한다. 그림 3-47은 시판의 이형철근(D16~D51)의 양쪽 당기는 시험결과이며 ø/P와 최대 균열간격과의 관계는 다음 식으로 나타낸다.

$$l_{max} = 0.35\frac{\phi}{p} + 3.0 \tag{3-30}$$

2. 다축응력을 받는 콘크리트의 강도

실구조물에 있어서 콘크리트는 거의 모두 다축응력 상태가 있다고 해도 과언이 아니다. 주응력방향 이외의 응력은 작은 점이나 다축응력 상태가 극히 국부적인 점 등에서 설계상 특별한 경우를 제외하고 단축응력 상태로서 취급된다. 그러나 아치댐이나 2방향 슬래브(2방향에서 지지되어 있는 슬래브) 등은 다축응력 상태로써 취급된다. 따라서 다축응력을 받는 콘크리트의 강도가 필요하다. 다축응력을 받는 콘크리트 강도는 응력의 종류(압축 또는 인장)나 작용방향에 따라 크게 다르다.

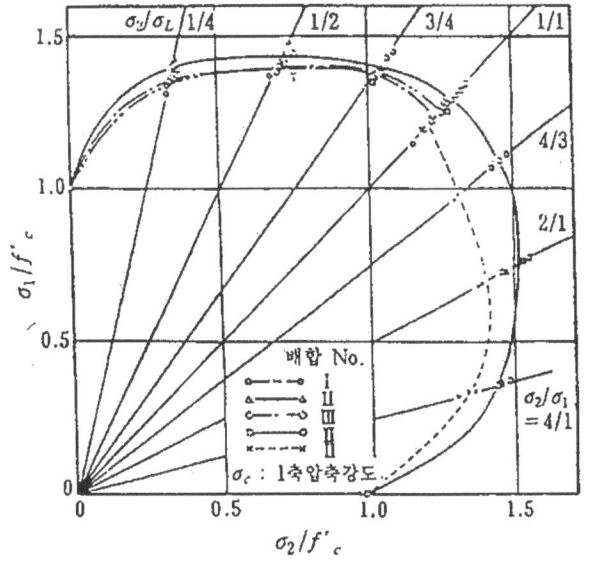

일축압축강도*

배합 No.	I	II	III
시험시의 강도** (kgf/cm²)	343	520	692

주) *최대 주응력방향이 타설방향과 평행
  ** 재령 140~170일

그림 3-48 이축압축시험에 있어서 상호작용선도

2.1 이축압축응력을 받는 콘크리트의 강도

1) 입방형 공시체의 상대되는 2면에 압축 σ_2를 가하여 이것과 직교되는 방향으로 압축력 σ_1을 가하고 파괴시까지 재하된다. 일축압축강도를 f'_c로 하고 σ_2/f'_c에 대한 σ_1/f'_c의 관계곡선을 그리면 그림 3-48에 표시하는 상호작용도 얻어진다. 이 그림에 표시한 것처럼 측압의 증가에 수반하여 처음은 압축강도(σ_2/f'_c)가 증가되나

$\sigma_2/f'_c = 1/2 \sim 2/3$인 경우 5 $\sigma_1/f'_c = 1.4$정도로 최대가 된다.

$\sigma_2/f'_c = 1$일 때는 $\sigma_1/f'_c = 1.2$정도로 저감된다.

2) 이축압축시험은 KS F 2442「직방체에 의한 콘크리트의 이축압축 시험방법」에 규정되어 있다. 이 시험에서는 공시체의 재하면에 減摩材를 이용한다. 그러므로 일축압축강도도 減摩材를 이용하여 시험한 값이다.

2.2 삼축압축응력을 받는 콘크리트의 강도

원주형 공시체를 쓰는 삼축압축시험에 있어서는 측압은 유압 또는 수압에 의한 일정한 압력 σ_1은 매우 커지며 그 관계는 다음의 지수식으로 주어진다.

$$\sigma_1 = f'_c + a\sigma_3^c \tag{3-31}$$

여기서, σ_1 : 삼축응력하의 콘크리트 압축강도(kgf/cm^2)

σ_3 : 측압(kgf/cm^2)

f'_c : 일축압축강도(kgf/cm^2)

a, c : 정수

그림 3-49는 σ_3/f'_c와 σ_1/f'_c로 나타내는 것이며 측압이 일축강도의 50%정도에도 삼축압축강도는 단축인 경우의 2.5배 이상으로 증대되는 것을 표시한다.

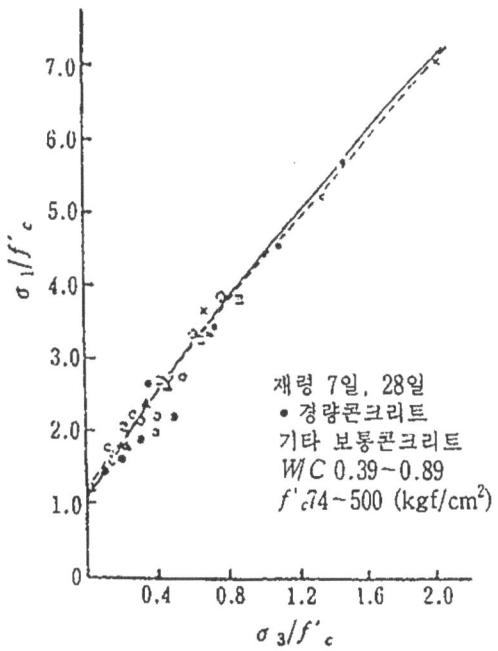

그림 3-49 삼축압축응력을 받는 콘크리트 강도

2.3 압축, 인장의 이축응력을 받는 콘크리트의 강도

그림 3-50에 표시한 것처럼 角柱 공시체의 축방향에 인장응력 σ_3을 가하고 이것에 직각 방향으로 압축하중을 가해서 파괴시키는 경우 파괴조건 식은 다음과 같다.

$$\frac{\sigma_1}{f'_c} + \frac{\sigma_3}{f_t} = 1$$

여기서, σ_1 : 인장응력을 받는 콘크리트
        압축강도(kgf/cm^2)
σ_3 : 인장응력(kgf/cm^2)
f'_c : 일축압축강도(kgf/cm^2)
f'_t : 일축인장강도(kgf/cm^2)

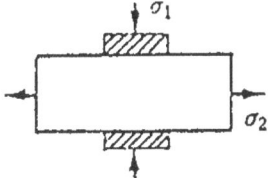

그림 3-50 압축인장응력을 받는 공시체

3. 유착강도(癒着强度)

1) 콘크리트에 생긴 균열을 폐쇄파면을 밀착시켜 충분히 수분을 주어서 양생하면 균열은 상당한 정도까지 自癒된다. 이것을 콘크리트의 유착작용이라 한다.

2) 유착작용은 균열에 의해 시멘트입자 내부의 미수화부분이 노출되며 습윤양생에 수화가 재개된다.

3) 유착강도는 균열 발생시의 재령이 낮을수록 균열이 막힌 후의 養生기간이 길수록 커진다. 휨공시체에 있어서 파면을 충분히 밀착시킨 3개월의 濕潤養生에 의한 癒着强度는 균열이 없는 공시체의 휨강도의 약 80%에 도달할 수가 있다.

4) 유착강도를 적극적으로 이용하는 것은 실제상 어려우나 예를 들면, 콘크리트 댐으로 초음파 전파속도의 경시변화를 측정, 온도 균열에 의해 파속이 일시적으로 저하되나 그 후 다시 증대되는 경향이 인정되며 이것은 콘크리트의 유착작용에 의하는 것으로 설명된다.

제 17 장 콘크리트 조기 강도

1. 일 반

　콘크리트 사용량이 증가함에 따라 콘크리트 소요 품질확보가 중요한 문제로 대두되고 있으나 콘크리트 품질은 28일 압축강도로 관리되는 것이 표준이지만 그 품질 확인에 장기간이 소요되고 있다. 따라서 여러 가지 방법에 따라 콘크리트의 강도를 단기간에 발현하도록 한 후 조기에 강도시험을 수행하여 얻어진 결과로 부터 재령 28일의 강도를 추정하는 것이 콘크리트 강도 조기측정방법이다. 콘크리트 강도발현을 촉진시킬 수 있는 가장 간단한 방법으로 양생 온도를 높이거나 특수한 급결제를 사용하여 콘크리트의 경화속도를 촉진시키는 것이다. 이런 개념에 의해 조기강도를 측정하는 방법을 분류하면 아래와 같다.

　1) 물시멘트비, 단위시멘트량의 시험

　　① 씻기 분석에 의한 방법
　　② 비중계에 의한 방법
　　③ 화학적 방법
　　④ 진동법에 의한 방법

　2) 염화물 및 혼화재료 함유량의 시험

　　① 염화물 함유량 시험 : 시험지법, 모세관법, 이온전극법
　　② 혼화재료 함유량 시험 : 시험지법, 비색법, 르샤틀리에 캘리퍼

　3) 콘크리트 강도 조기 측정방법
　여기서는 최근에 연구되고 있는 조기강도 추정방법에 대한 문헌조사를 하고 그 중 건설현장에 가장 쉽게 적용될 수 있는 55°온수양생 방법, 비중계법, 급결 촉진양생법을 소개하여 건설현장에서 활용화될 수 있도록 하는데 그 목적이 있다.

표 3-2 콘크리트강도 조기 측정방법

물 리	화 학	역 학	전기, 음파, 기타

○ 셋기 분석법
○ RAM
○ 원심 탈수법
 	
○ 비중계법
○ 기타
	○ 염산용해열법
	○ 역적정법
	○ 담광 분석법
	  (칼슘 이온측정법)
	○ 색차법
	○ pH-Meter법
	○ 산중화법
	
	○ 기타
		○ 온수법
		○ 지불법
		
		○ 자열 양생법
		○ 압력과 열에 의한 방법
		○ 급결촉진 양생법
		○ 초기재령 공시체 강도
		  시험에 의한 추정법
		○ 기타
			○ 전기 저항법
			○ 초음파 속도법
			
			○ 중성자 활성화
			○ 분석법
			○ 복합법
			○ 방사선 동위원소
			  추정법
			○ 기타

2. 콘크리트 강도 조기측정

1) 갖추어야 할 조건
① 콘크리트의 재료 특성을 적합하게 판정할 수 있을 것
② 시험방법이 신속하고 간단할 것
③ 판정정도가 양호할 것
④ 판정기준 및 그 수치가 개념적으로 쉽게 표준화될 수 있을 것

2) 측정방법
① 55℃온수 양생방법

공시체 성형 후 3시간 동안 상온에서 블리딩이 거의 종료되기를 기다렸다가 55℃의 물속에서 20시간 30분간 온수양생을 한 후 수조에서 꺼내 몰드째 20±3℃ 물 속에서 30분간 식힌 후 캡핑을 하여 압축강도 시험을 실시한다. 따라서, 압축강도시험은 그림 3-51에서와 같이 24시간 싸이클로 실시될 수 있다. 이러한 온수법에서 물의 양생온도는 55~80℃정도를 사용할 수 있지만 성형 후 조기에 물 속에 담글 경우에는 물과 콘크리트의 직접 접촉을 막기 위해 몰드 윗면을 덮개로 밀봉해야 한다.

이러한 온수양생법 중 55℃가 자주 사용되는 이유는 첫째, 화상의 염려없이 물 속에 손을 넣을 수 있는 최고온도로 작업하기가 쉽고 둘째, 촉진양생 온도가 고온이 될수록 전치시간이 필요하여 전치시간이 길게 되면 그만큼 몰드 주위온도의 영향을 받기 쉽고 작업시간도 길어지며 세째, 고온으로 될수록 항온 제어

제 17 장 콘크리트 조기 강도   213

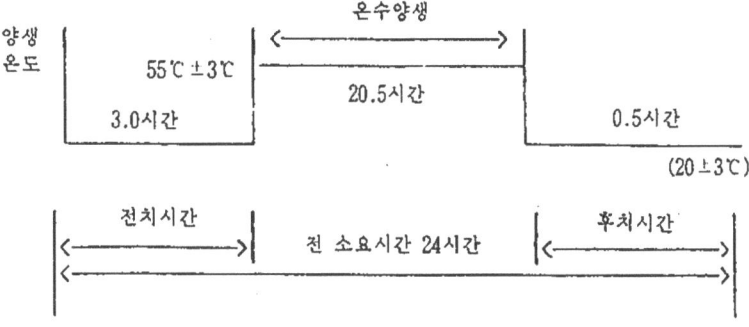

그림 3-51 55℃ 온수양생 과정

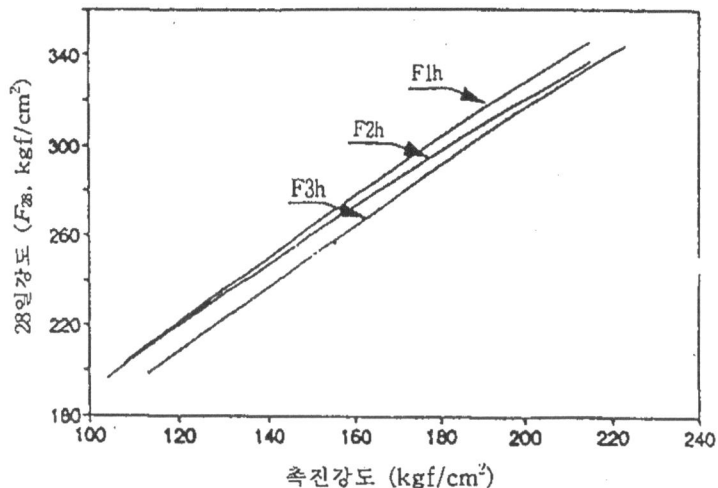

F1h : 전치 1시간후 양생   F2h : 전치 2시간 후 양생
F3h : 전치 3시간 후 양생

그림 3-52 전치시간별 상관관계 변화

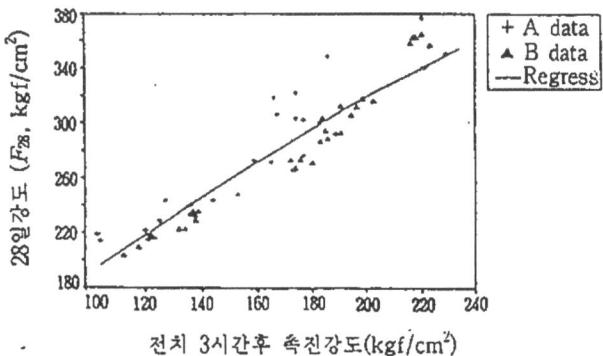

* 건설교통부 국립건설시험소 시험결과

* $F_{28} = \dfrac{F_1}{0.4331 + 0.00021 F_1}$ (시험싸이클 3 + 20.5(55℃) + 0.51 = 24)

그림 3-53 촉진강도와 28일 강도비교

에 필요한 열원의 용량이 크게 되어 많은 온도를 수중냉각에 의해서 표준온도까지 내리는데 드는 최소시간이다.

② 비중계법에 의한 조기강도 추정방법

㉮ 실험개요

판정기준을 준비하는 흐름도는 다음과 같다. 아래의 흐름도에 향후 사용할 콘크리트의 28일 강도와 밀도 사이의 상관관계가 공사 착공 전에 얻어진 후에는 반입되는 콘크리트의 밀도만을 측정하면 10분만에 28일 강도를 추정할 수 있다. 그림의 상관관계 실험으로부터 상관도의 한 예를 구하면 그림과 같다.

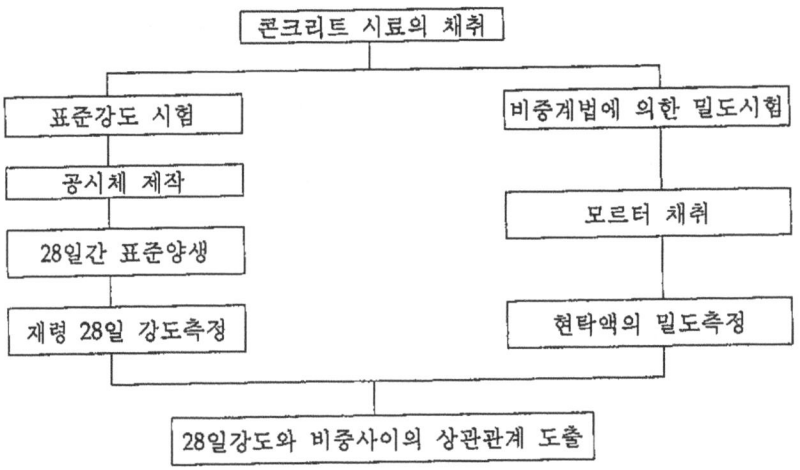

그림 3-54 비중계법에 의한 28일 강도-비중 상관도 도출

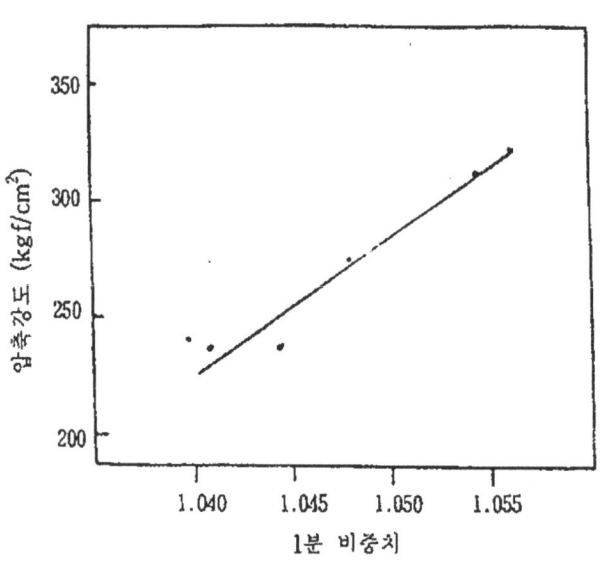

그림 3-55 밀도치와 압축강도 관계

㉴ 비중계법의 실험장치와 실험방법
- 실험장치

  No.4 Sieve   Mass Cylinder
  비중계   Mixer
  압축시험기   저울

- 실험과정

  Step 1. 모르터 300g채위
  Step 2. 모르터 1000cc 매스실린더에 투입
  Step 3. 분산제인 리그날 G 0.5cc투입
  Step 4. 물을 실린더에 1000cc눈금까지 투입
  Step 5. 입구를 막고 29초 동안 10회 반전
  Step 6. 반전완료 후 15초 이내에 brush로 거품제거
  Step 7. 현탄액속에 비중계를 띄운 후 1분~5분 사이에 30초 간격으로 비중 측정(가장 상관관계가 좋은 시간 선정)
  Step 8. 기 설정된 비중-압축강도 관계로부터 강도추정

* 연세대학교 시험검증
  - 실험방법

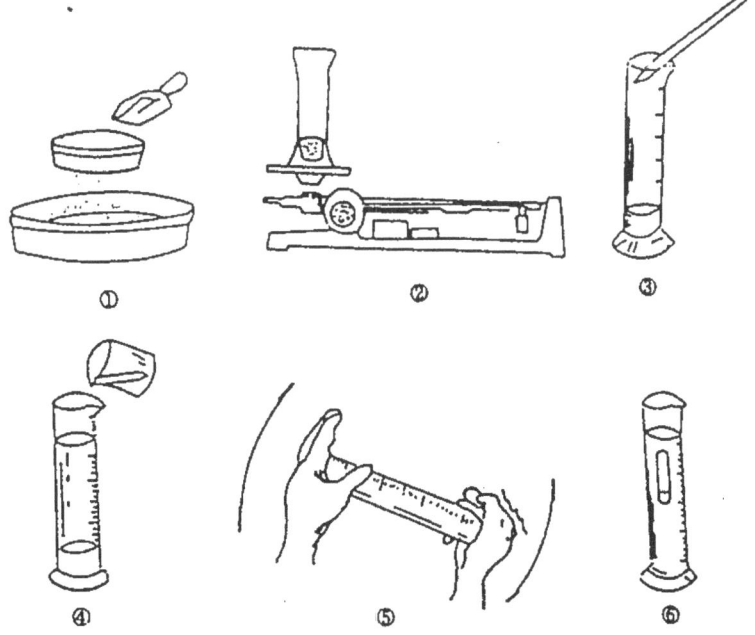

그림 3-56 비중계법 실험순서

③ 급속촉진 양생방법에 의한 콘크리트 강도의 조기판정
㉮ 기본개념

그림 3-57에서 볼 수 있는 바와 같이 무더기에서 채취한 콘크리트와 모르터 압축강도 사이의 관계는 선형관계가 성립된다. 따라서 콘크리트 공사 개시 2개월 전에 향후 사용할 콘크리트의 조기 모르터 강도와 재령 28일 압축강도 사이의 관계를 미리 도출한 후 이 상관관계를 이용하여 현장에 반입되는 콘크리트의 28일 강도를 90분 이내에 추정할 수 있도록 하는 방법이 급속촉진 양생방법이다.

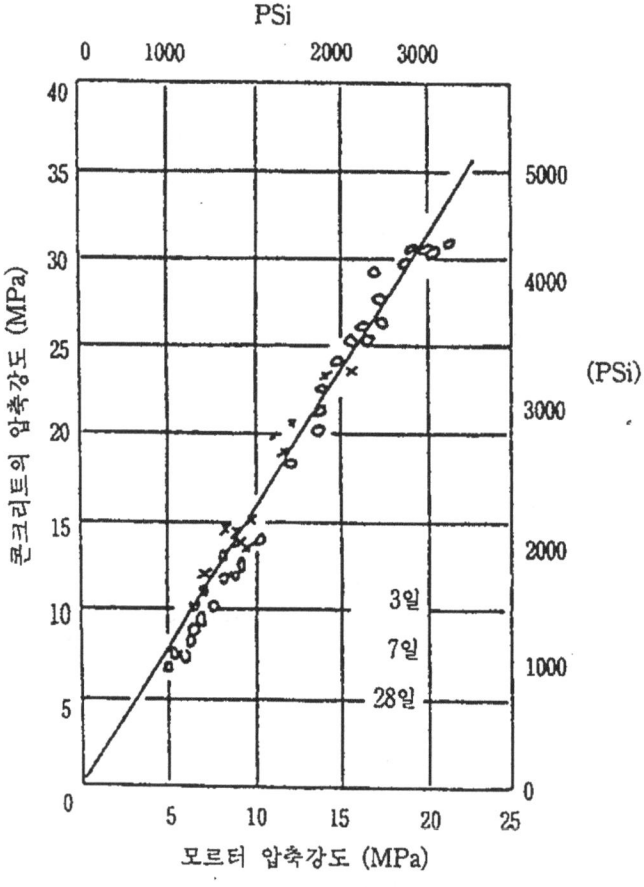

그림 3-57 모르터 강도와 콘크리트 강도

2) 조기판정 기준의 도출

모르터 조기강도와 재령 28일의 콘크리트 강도사이의 상관관계를 도출하는 과정을 도시하면 그림 3-58과 같고 도출된 상관관계의 한 예를 도시하면 그림 3-59, 3-60과 같다.

제17장 콘크리트 조기 강도   217

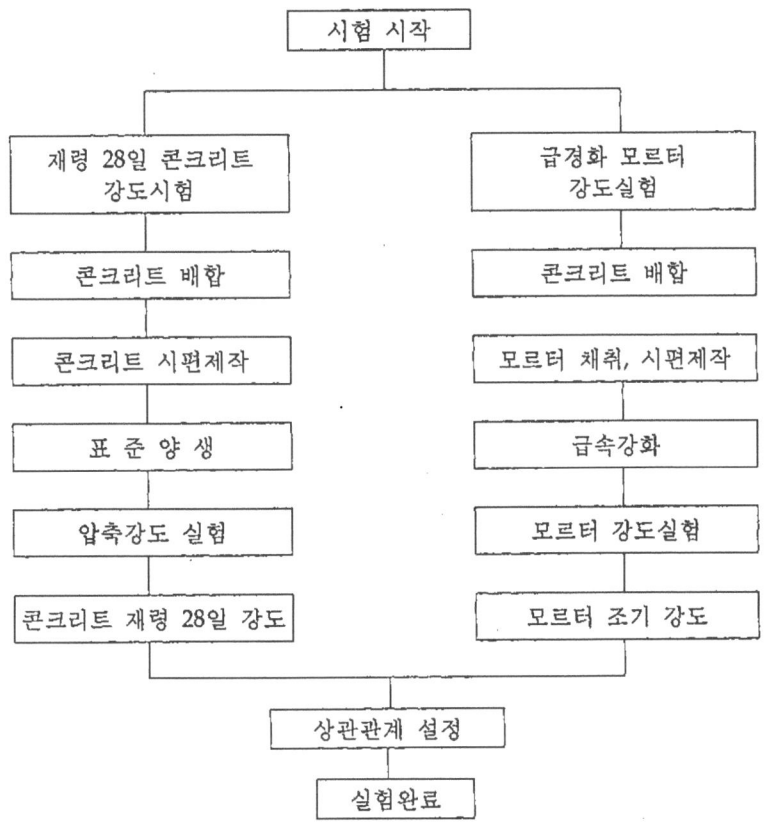

그림 3-58 압축강도 시편과 조기 강도 측정시편의 실험방법

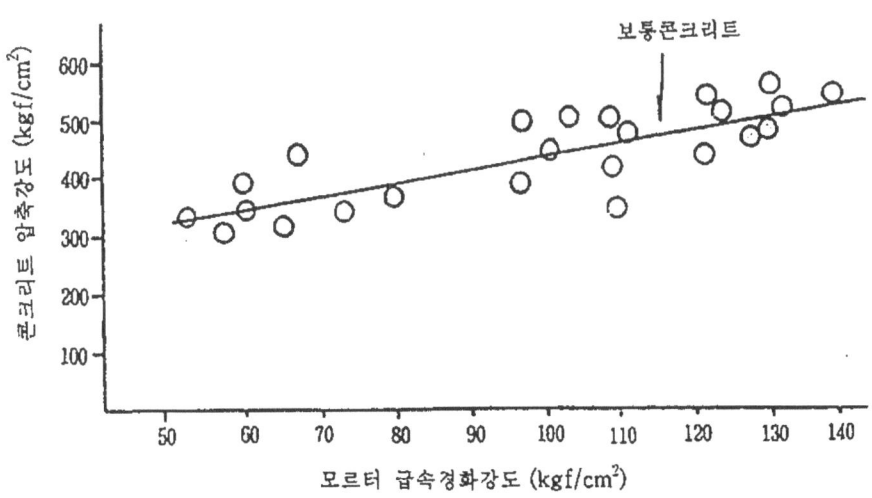

그림 3-59 모르터 급속경화강도와 표준양생 콘크리트
압축강도와의 관계(보통 콘크리트의 경우)

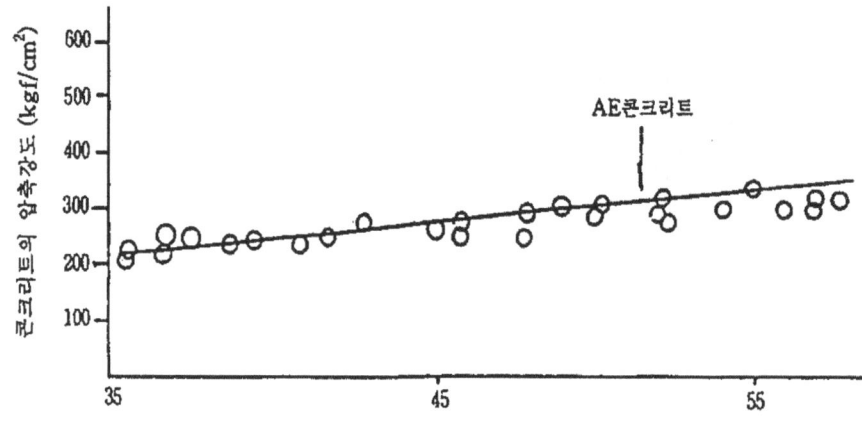

그림 3-60 모르터 급속경화강도와 표준양생 콘크리트
압축강도와의 관계(AE콘크리트의경우)

① 급속경화법에 의한 콘크리트 조기강도 추정방법
  ㉮ 실험장치

장 치	용량 및 규격	비 고
콘크리트 믹서명	60ml	중력 가경형
콘크리트 공시체 몰드	ø21cm×20cm	주철 원주형
모르터 공시체 몰드	5cm×5cm×5cm	3연 주철몰드
압축 강도기	100 ton	국산 콘크리트 강도측정
만능 시험기	200 ton	일산, 모르터 강도측정
저울	4kg	강도 0.1g
항온 항습기	95℃, 100% RH	국 산

  ㉯ 실험과정

  • 채취하는 콘크리트 시료량은 사용하는 형틀의 치수, 공시체 수에 따라 다르겠지만 5cm입방 3연 몰드로 시멘트 모르터를 제작한다면 약 5kg(또는 2.2ℓ)를 채취한다.
  • 0.5m/m체로 젖은 상태에서 체가름하여 모르터 500g당 6g정도의 일정량 급결제를 첨가하고 1분간 모르터 믹서로 교반시킨 후 모르터 공시체를 만든다.
  • 70℃, 100% RH로 유지된 항온항습기에 넣어서 1.5시간 모르터 공시체를 양생시키고 탈형후 압축강도를 시험한다.
  • 모르터 압축강도 결과를 미리 구한 추정식을 이용하여 재령 28일 콘크리트 강도를 구한다.

㈐ 판정과정

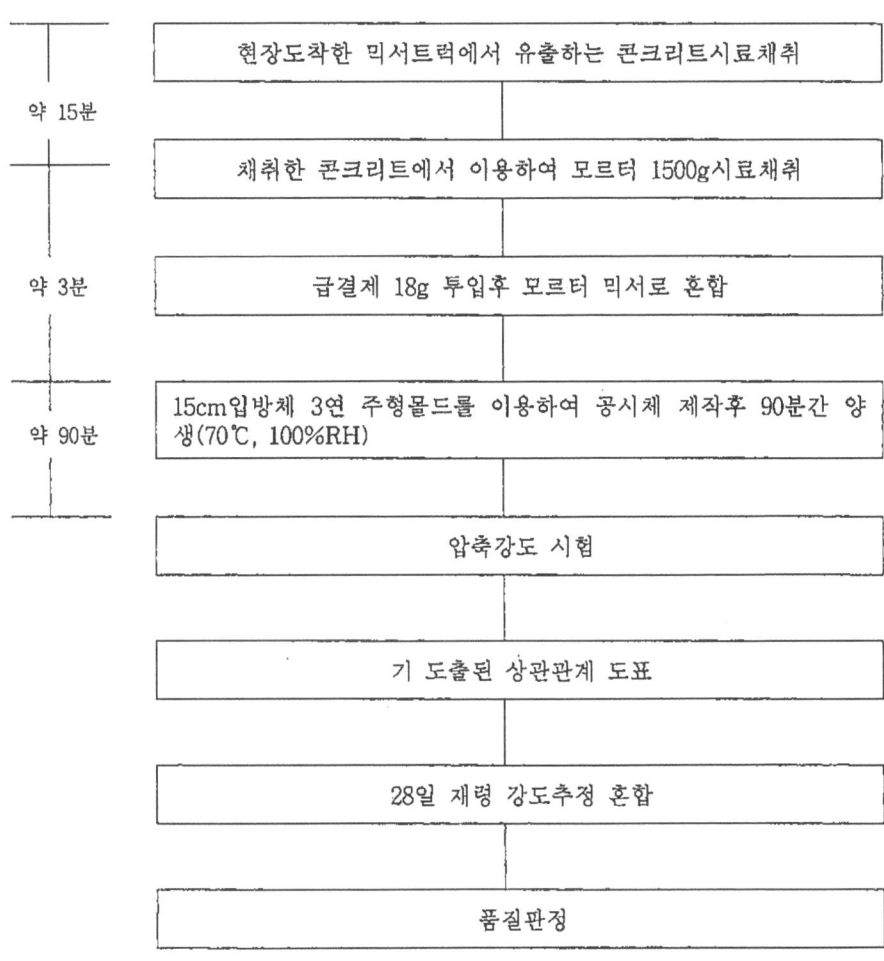

그림 3-61 급속경화법에 의한 콘크리트 품질평가 과정

220 제3편 콘크리트의 강도

【연습문제】

제 13 장 압축강도

1. 다음 기술 내용의 적정 여부를 판단하고, 물음에 답하시오.

(1) 콘크리트의 압축강도는 KS표준모르터에 의한 시멘트의 압축강도에 비례되지 않는다.

(2) 물시멘트비 설은 일반적으로 다음 식으로 표시된다.

$$f'_c = \frac{A}{B^x}$$

여기서, f'_c : 콘크리트의 압축강도 (kgf/cm²)
  x : 시멘트물비
  A, B : 정수

(3) 시멘트물비와 압축강도와의 관계가 다음 식으로 나타내는 경우

$$f'_c = a + b\left(\frac{C}{W}\right)$$

물시멘트비가 50%의 콘크리트는 압축강도 380kgf/cm² 발현하는 것으로 추측된다. 단, $a=-70$, $b=225$로 한다.

(4) 물시멘트비가 일정하면 굵은 골재의 최대치수가 변화되어도 콘크리트의 압축강도는 변화되지 않는다.

2. 다음 내용의 적정 여부를 판단하고, 물음에 답하시오.

(1) 콘크리트의 반죽질기에 관계없이 비빔시간을 길게 할수록 압축강도는 심하게 증대된다.

(2) 타설시의 콘크리트의 온도가 높을수록 압축강도는 커진다.

(3) 함수율의 다소에 불구하고 극저온하의 콘크리트의 압축강도는 상온하에서 비약적으로 증대된다.

(4) 대수표시된 적산온도와 콘크리트의 압축강도 사이에는 일반적으로 장기에 걸쳐 직선관계가 인정된다.

3. 다음 내용의 적정 여부를 판단하고, 물음에 답하시오.

(1) 원주형 공시체의 높이와 직경의 비가 작을수록 콘크리트의 압축강도가 커지므로 주로 시험기의 加壓板과 공시체 단면간의 마찰에 의한 공시체의 횡방향 변형의 구속에 기인된다.

(2) 높이와 직경의 비가 2.0의 원주형 공시체에 있어서 직경이 클수록 콘크리트의 압축강도는 크다.

(3) 콘크리트의 압축강도시험에 있어서 하중속도가 KS F 2405의 규정치를 약간이라

도 초과하면 시험치가 매우 커지기 때문에 하중속도의 규정치를 엄격히 지켜야 한다.

(4) 콘크리트의 설계기준강도는 일반의 경우 현장 양생한 재령 28일의 표준공시체강도로 한다.

(5) 콘크리트 압축강도에 영향을 미치는 요인으로는 재료의 품질, 배합, 시공방법, 양생방법, 시험방법, 공기량의 영향 등을 들 수 있다.

제 14 장 인장강도 및 휨강도

1. 다음 기술 내용의 적정 여부를 판단하고, 물음에 답하시오.

(1) 콘크리트의 脆度係數는 3~5이다.

(2) 철근콘크리트 부재의 설계에서는 안전을 위해 콘크리트의 휨인장응력, 사면인장응력은 이것을 무시하고 인장응력은 모두 철근으로 부담시키는 것이다.

(3) KS F 2423 「콘크리트의 인장강도 시험방법」에 의해 얻어지는 인장강도는 압축, 인장의 이축응력하의 값이 되므로 일축인장강도 보다 매우 작다.

(4) KS F 2423「콘크리트의 인장강도 시험방법」에서는 재하점 부근에 매우 큰 압축응력이 작용하나 연직수평의 이축압축 응력상태에 따라 강화되므로 이 부분에서는 파괴되지 않고 재하점을 연결하는 직경면에 작용하는 수평인장 응력에서 파괴된다.

2. 다음 기술 내용의 적정 여부를 판단하고, 물음에 답하시오.

(1) KS F 2408 「콘크리트의 휨강도 시험방법」에서는 콘크리트를 탄성체로 가정하여 휨강도를 계산하므로 그 값은 KS F 2423 「콘크리트의 인장강도 시험방법」에 의해 구한 인장강도와 거의 같다.

(2) 단면 10×10cm, 지간 30cm의 빔 공시체에 3등분점 재하를 했을 때 최대하중은 1.0tf이었다. 콘크리트의 휨강도는 $30 kgf/cm^2$이다.

(3) 콘크리트와 같은 불균질 脆性재료의 휨강도 시험방법은 지간 중앙에 1점 집중하중을 가하는 것이 가장 이상적인 방법이다.

(4) 단면 15×15cm, 지간 45cm의 콘크리트 빔의 휨강도 편이 단면 10×10cm, 지간 30cm의 경우보다 크다.

제 15 장 전단강도 및 비틀림강도, 지압강도

1. 다음 기술 내용의 적정 여부를 판단하고, 물음에 답하시오.

(1) 철근콘크리트 부재에 있어서 전단현상에는 휨전단, 비틀림 전단 및 눌러 빼는 전단이 있다.

(2) 직접 전단시험에 의한 콘크리트의 전단강도는 압축강도는 대개 1/4~1/7이다.

(3) 콘크리트의 전단강도는 직접 전단시험방법에 의해 정확히 구할 수가 있다.

(4) 콘크리트의 전단강도의 간이식으로서 $\tau_u = \sqrt{f'_c \cdot f_t}/2$ 가 이용되고 있으나 이것은 단축의 압축 및 인장강도 시험결과를 모아원으로 나타내며 그 공통접선과 τ축과의 교점의 종거를 식으로 표시한 것이다.

2. 다음 기술 내용의 적정 여부를 판단하고, 물음에 답하시오.

(1) 棒狀의 콘크리트에 비틀림 모멘트를 준 경우 콘크리트는 사면 인장응력에 의해 破斷된다.

(2) 장방형 단면의 콘크리트 빔의 비틀림 내력의 계산에는 사면 휨식을 적용하는 것이 좋다.

(3) 재하면이 받침면보다 작고 압축력이 局部的으로 작용하는 경우를 지압이라 한다.

(4) 콘크리트의 지압강도와 압축강도와의 비는 받침면과 재하면의 면적비가 클수록 거의 직선적으로 증대된다.

제 16 장 부착강도·다축응력을 받는 강도 및 유착강도

1. 다음 기술 내용의 적정 여부를 판단하고, 물음에 답하시오.

(1) 이형철근과 콘크리트의 부착강도는 양자의 접착력, 마찰저항 및 마디의 맞물림 작용에 의한 기계적 지지로 되며 이중 접착력이 가장 크다.

(2) 이형철근의 부착강도는 보통 원형강의 2배 이상이지만 부착파괴의 상태는 전부 같은 것이다.

(3) 인발시험에 있어서 철근과 콘크리트의 응력상태가 철근 콘크리트빔의 인장부와 유사하다.

(4) 양쪽 당기는 시험은 철근 콘크리트의 균열 분산성을 평가하는 것을 목적으로 한 것이다.

2. 다음 기술 내용의 적정 여부를 판단하고, 물음에 답하시오.

(1) 이축압축응력을 받는 콘크리트의 강도는 측압이 클수록 크다.

(2) 콘크리트의 이축압축 시험방법은 KS에 규정되어 있으나 삼축압축 시험방법은 KS에 규정되어 있지 않다.

(3) 인장력이 직교되는 방향으로 압축력을 가한 경우, 가한 인장력이 클수록 콘크리트의 압축강도는 거의 직선적으로 저하된다.

(4) 균열발생시의 재령이 낮을수록 균열이 막힌 후의 양생기간이 길수록 유착강도는 크다.

제 17 장 콘크리트 조기강도

다음 기술 내용의 적정 여부를 판단하고, 물음에 답하시오.

(1) 콘크리트강도 조기측정방법 중 가장 편리하게 많이 이용되는 방법은 온수법, 비중계법, 급속촉진 양생방법을 들 수 있다.

(2) 콘크리트강도 조기측정 조건으로는 시험방법이 신속, 간단하고 판정정도가 양호하며 판정기준이 표준화될 수 있어야 한다.

(3) 55℃온수 양생방법은 전치시간과 온수양생의 시험과정으로 시행한다.

(4) 비중계법에 의한 조기강도 측정방법은 비중시험-모르터채취-현탁액의 비중측정으로 구별하여 시행한다.

제 4 편 콘크리트의 물리·화학·탄소성적 성질

제18장 콘크리트의 질량 및 체적변화
제19장 동결융해에 대한 저항성
제20장 화학작용에 대한 내구성
제21장 전식 및 손식에 대한 내구성
제22장 중성화
제23장 알카리 골재반응
제24장 열적 성질
제25장 내화·내열성
제26장 수밀성
제27장 응력-변형곡선
제28장 정탄성계수
제29장 동탄성계수
제30장 포아송비 및 전단탄성계수
제31장 크리이프
제32장 피 로

ary # 제 18 장 콘크리트 질량 및 체적변화

1. 중 량

1.1 콘크리트 및 철근 콘크리트의 단위질량

1) 콘크리트의 단위체적질량은 콘크리트 용적의 60~80%가 골재이기 때문에 주로 골재의 비중의 영향을 받는다. 기타 콘크리트의 배합, 건습의 정도에 따라서도 다르다.

2) 콘크리트의 단위체적질량은 통상 2.3~2.4t/m^{3}이나 굵은 골재의 최대치수가 100~150mm의 매스콘크리트에서는 2.5t/m^{3}에 도달하는 수가 있다. 인공경량골재를 사용하면 1.5~1.8t/m^{3}의 콘크리트가 얻어지며 중량골재를 사용하면 3~5t/m^{3}의 콘크리트를 만들 수가 있다.

3) 사하중의 계산에 쓰이는 콘크리트 및 철근 콘크리트의 단위체적질량은 시험에 의해 정하는 것을 원칙으로 하나 일반적으로 표 4-1의 값을 이용해도 좋다. 표 4-1의 철근 콘크리트의 단위체적질량은 RC용 콘크리트의 단위체적질량을 2.35t/m^{3}로 하고 이것에 철근의 평균적인 사용량 150kg/m^{3}를 가한 것이다.

표 4-1 계산에 쓰이는 콘크리트 및 철근콘크리트의 단위체적량(t/m^3)

콘크리트의 종류	무근 콘크리트	철근 콘크리트
보통골재 콘크리트	2.3	2.5(2.35+0.15)
경량골재 콘크리트	골재의 전부가 경량 1.7 골재의 일부가 경량 1.9	1.85(1.7+0.15) 2.05(1.9+0.15)

또, 시방서에서는 공장제품 RC 및 PC의 단위질량에 대해 시험을 실시하지 않는 경우는 진동다짐의 경우 2.5t/m^3, 원심력다짐 가압다짐의 경우 2.6t/m^{3}을 사용해도 좋으며, 댐편에서는 댐콘크리트의 단위질량의 설계시는 2.3t/m^{3}을 일반적으로 표준으로 하고 있다.

1.2 비강도

비강도(단위질량당의 강도)는 구조재료의 특성으로써 극히 중요하다.

표 4-2는 각종 콘크리트의 비강도의 개략치를 표시한 것으로 강재의 것과 비교하였다. 단, 강도의 단위를 kgf/cm², 질량의 단위를 t/m³로써 표시한 것이다.

표 4-2 콘크리트의 단위질량강도(비강도)

재 료	압축강도(kgf/cm²)	단위질량(t/m³)	비 강 도
보통콘크리트	300	2.3	130(0.34)
경량골재콘크리트	300	1.5	200(0.52)
고강도콘크리트	1000	2.4	417(1.08)
강 재	3000*	7.8	385(1.00)

*항복점

표 4-2에 표시한 것처럼 보통강도의 보통 콘크리트의 비강도는 강재의 약 1/3이지만, 인공경량골재를 이용하면 약 1/2이 된다. 고강도 콘크리트의 경우는 강재를 상회하는 경우가 있으며, 구조재료로써 콘크리트의 유용성을 표시하였다. 단 이것들은 압축강도의 경우이다.

2. 체적변화

콘크리트의 체적변화의 주요한 것은, 건습에 의한 것 및 온도변화에 의한 것이다.

2.1 건습에 의한 체적변화

1) 습윤팽창과 건조수축

水和에 의해 생긴 시멘트젤이 수분을 흡수하여 팽창되고 건조에 의해 수축되는데 기인된다. 콘크리트를 제조 후 수중에서 養生하면 $10 \sim 20 \times 10^{-5}$ 정도 팽창된다. 이 현상은 완만하게 일어나고 구속을 받는 부재의 팽창에 의한 응력은 압축응력이며, 그 값도 작으므로 특별히 문제가 안된다. 이에 대해 콘크리트를 완전히 건조하면 $50 \sim 60 \times 10^{-5}$ 정도 수축된다. 실제의 구조물에서는 단면치수, 건조조건 등이 공시체인 경우와 다르나 건조수축에 의한 인장응력에 의해 균열이 생기기 쉽다.

2) 건조수축에 영향을 주는 요인

① 콘크리트의 배합조건 : 건조수축에 가장 큰 영향을 주는 것은 단위수량이며, 단위시멘트량이나 물시멘트비의 영향은 비교적 적다(그림 4-1 참조). 단위수량이 같은 콘크리트에서는 공기량이 많을수록 건조수축은 크나 슬럼프를 일정하게 유지하면 단위수량이 감소되므로 수축량은 별로 변화되지 않는다(그림 4-2 참조).

② 재료의 품질 : 시멘트, 골재의 품질도 콘크리트 건조수축에 약간 영향을 준다. 시멘트 품질의 영향은 C_3A가 많을수록, SO_3가 적을수록, 분말도가 가늘수록 수축량은 커진다. 또 골재의 건조수축량은 시멘트페이스트보다 작으므로 골재는 콘크리트 속에서 수축구속재로써 작용한다. 따라서 사용골재의 강성이 작을수록 (연질사암, 점판암 등) 콘크리트의 수축량은 커진다.

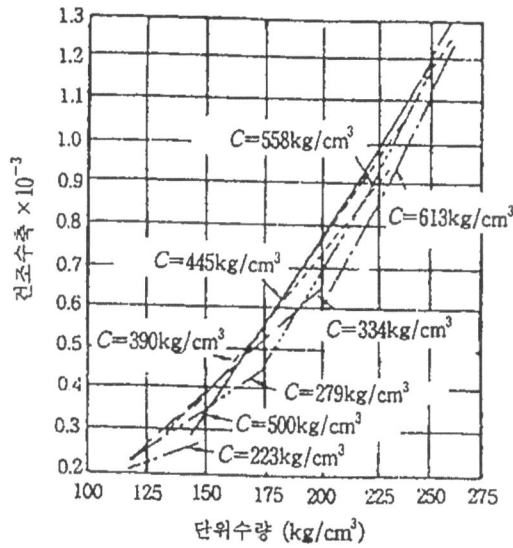

그림 4-1 단위수량 및 단위시멘트량이 콘크리트의 건조수축에 미치는 영향
(콘크리트 매뉴얼)

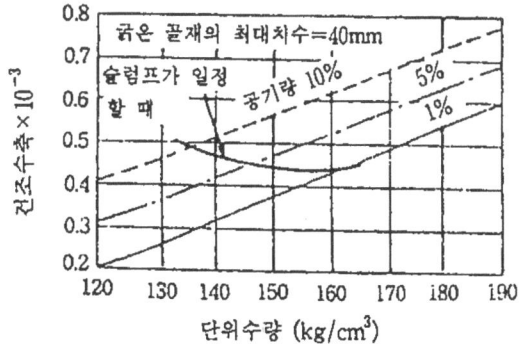

그림 4-2 공기량이 콘크리트 건조수축에 미치는 영향(콘크리트 매뉴얼)

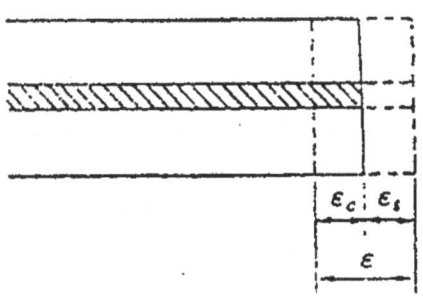

그림 4-3 철근콘크리트의 수축

③ 철근량 : 철근은 건조수축이 일어나지 않으므로 콘크리트 건조수축에 대해서 구속재료로써 작용하며 큰 영향을 준다.

철근구속의 영향을 다음의 간단한 예로 설명한다. 그림 4-3은 콘크리트단면의 도심과 철근단면의 도심이 일치하도록 배치된 경우이다. ε_s는 철근으로 구속된 압축변형으로 되어 있다. ε_c는 철근 구속에 의해 콘크리트에 생긴 인장변형으로 생각할 수가 있다.

그림 4-3의 철근 콘크리트 부재에서 건조에 의해 철근에 압축응력, 콘크리트에 인장응력이 발생하며, 양자가 균형 있게 정지되고 있다. 균형식은,

$$A_s \varepsilon_s E_s - A_c \varepsilon_c E_c = 0 \tag{4-1}$$

(철근에 작용하는 전압축응력)　(콘크리트에 작용하는 전인장응력)

여기서, A_s 및 A_c : 철근 및 콘크리트의 단면적
　　　　E_s 및 E_c : 철근 및 콘크리트의 영계수
　　　　ε_s : 철근의 압축변형(철근콘크리트의 수축변형)
　　　　ε_c : 콘크리트의 인장변형

$$\varepsilon_s = \frac{A_c}{A_s} \frac{E_c}{E_s} \varepsilon_c = \frac{1}{np}(\varepsilon - \varepsilon_s) \tag{4-2}$$

여기서, $n = E_s/E_c$: 영계수비, $p = A_s/A_c$: 철근비

$$\varepsilon_s = \frac{1}{1+np} \varepsilon \tag{4-3}$$

철근 콘크리트의 수축변형은 콘크리트의 자유수축변형의 $1/(1+np)$가 된다. 이 경우 n의 값은 일반적으로 콘크리트 크리이프를 고려하여 $n=20$정도를 사용해도 좋다.

3) 경량골재 콘크리트의 건조수축

인공경량골재는 보통 골재보다 강성이 작기 때문에 경량골재 콘크리트의 건조수축은

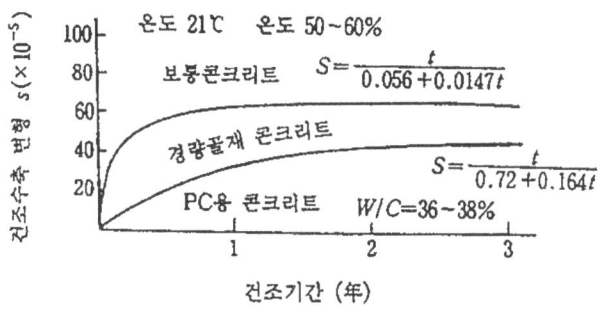

그림 4-4 인공경량골재 콘크리트의 건조수축

보통 골재 콘크리트보다 커지는 것이 예상되나 실험결과는 그림 4-4와 같이 보통 경량 골재 콘크리트편이 작다. 이것은 경량골재 콘크리트의 건조수축이 본질적으로 작은 것이 아니라 골재에 포함된 다량의 수분이 주위의 모르터 건조에 수반하여 모관작용에 의해 서서히 빠져나와 콘크리트가 여간해서 건조되지 않는 원인이 되기 때문이다.

건조수축의 진행과정도 크리이프인 경우와 같이 보통 쌍곡선식으로 나타낸다. 그림 4-4중에 표시한 실험식을 써서 건조수축변형의 최종치를 추정하면 보통 골재 콘크리트인 경우 68×10^{-5}, 경량골재콘크리트인 경우 61×10^{-5}로 양자는 거의 같다.

2.2 온도변화에 의한 체적변화

콘크리트의 열팽창계수는 사용재료, 배합에 따라 다소 다르나 100℃ 이하에 있어서는 1℃당 $0.7 \sim 1.3 \times 10^{-5}$, 평균 1×10^{-5}이며 골재량이 작을수록 크다(시멘트 페이스트의 열팽창계수는 $1.5 \sim 1.8 \times 10^{-5}/℃$). 또한 인공 경량골재 콘크리트의 열팽창계수는 보통 골재 콘크리트의 70~80%이다.

2.3 온도변화 및 건조수축에 대한 설계용치

不靜的 構造物에 있어서 不靜定力의 계산, 단순지지보라도 그 받침부의 설계, 프리스트 레스트 콘크리트 등에서는 온도변화, 건조수축의 영향을 고려한다. 일반적으로 콘크리트의 건조수축 변형의 설계치로서 표 4-3을 부여한다. 표의 값은 축방향에 철근이 배치되고 있는 일반의 부재에 대한 것이다. 또, 부정정력의 계산에는 크리이프의 영향을 포함하여 15×10^{-5}를 쓴다. 온도변화에 대한 영향을 고려하는 경우에는 통상 온도강하 15℃를 생각한다.

표 4-3 건조수축변형($\times 10^{-6}$)

환경조건 \ 콘크리트의 재령*	3일 이내	4~7일	29일	3개월	1년
옥외인 경우	250	200	180	160	120
옥내인 경우	400	350	270	210	120

*설계에서 건조수축을 고려할 때의 건조개시 재령
이 표의 값은 슬럼프가 10~18cm인 경우는 25% 증가한다.

【계산예】

철근 콘크리트 단순슬래브교의 받침용 고무슈의 형상, 치수를 정하기 위해 슬래브의 최대수축량을 계산한다. 단, 슬래브의 지간은 l=8m로 한다(그림 4-5 참조).

철근 콘크리트의 열팽창계수 $\alpha = 1 \times 10^{-5}$/℃, 온도강도 $t=15$℃로 하고 건조수축변형 $\varepsilon = 20 \times 10^{-5}$로 한다.

최대의 부재단축량

$$\Delta l = l(\alpha t + \varepsilon_s) = 8000(15 \times 1 \times 10^{-5} + 20 \times 10^{-5})$$

$$= 8000 \times 35 \times 10^{-5} = 2.8 \text{ mm}$$

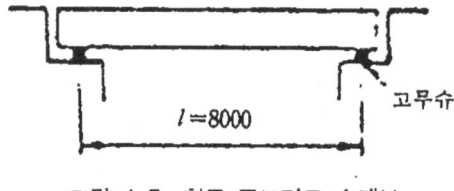

그림 4-5 철근 콘크리트 슬래브

제 19 장 동결융해에 대한 저항성

1. 동결융해에 의한 콘크리트의 열화기구

1) 결빙에 의한 팽창암

얼음의 밀도는 0℃에서 0.917g/cm³이기 때문에 물이 동결되면 그 체적은 약 1.09배가 된다. 이 체적팽창이 구속되면 팽창압이 생겨서 파괴작용이 일어난다. 얼음의 팽창압이 생기는 데에는 물의 용적이 공극용적의 91.7%이상이 아니면 안된다. 이것을 한계포수도 라고 한다.

2) 콘크리트의 열화기구

콘크리트 속의 공극은 미세한 겔 간 공극에서 블리딩에 의해 생긴 비교적 큰 모세관까지, 여러 가지 잡다한 콘크리트 속의 물이 동결에 의한 팽창압의 발생은 1)에서 말한 바와 같이 단순한 것은 아니다.

① 콘크리트는 일반적으로 외부에서 냉각되므로 먼저 표층부 모세관내 물이 0℃로 동결된다. 이 때 내부물은 미동결이므로 표층부 동결 팽창에 알맞는 중심부로 향하여 수분이동이 일어난다.

② 콘크리트가 0℃가 되었을 때 공극 내의 물이 일제히 동결되는 것은 아니다. 미세공극 내의 물은 표면장력의 영향에 의해 空隙지름이 작을수록 동결온도가 저하된다. 이것을 「모세관 응축액의 동결 저하이론」이라 하며 空隙지름과 동결온도와의 관계는 다음 식으로 주어진다.

$$T_r = T_0 e^{-\frac{A}{r}} \tag{4-4}$$

여기서, T_r : 반경 γ세공내 물의 동결온도(°K)

T_0 : 물의 빙점(°K),

γ : 세공반경(cm)

A는 Valmer(바르마)에 의하면 $A = \dfrac{2\sigma M}{\rho Q}$

여기서, σ : 물과 얼음의 계면장력(10.2dyne/cm=10.2erg/mol)

M : 물의 분자량(18.02g/mol)

Q : 얼음의 분자융해열(1,430col/mon=59.89×10^7erg/mol)

  ($\because$ 1col=4.18×10^7erg)

ρ : 얼음의 밀도(0.917g/cm³)

계산결과는 그림 4-6의 실선에 나타낸 것과 같이 거칠고 큰 空隙 중의 물이 0℃에서 동결하는데 대해 예를 들면, 반경 1000Å(Å : 온그스트롬 10^{-7}mm)의 가는 구멍내(細孔內)의 물은 -0.6℃이며 100Å의 가는 구멍내의 물은 -1.8℃, 10Å로는 -17.7℃ 동결하게 된다. 그러나 이 결과는 세공반경과 모관수 동결온도와의 관계에서 일반적 경향은 나타내고 있으나, 0℃ 물의 표면장력 σ=75.62 dyne/cm²을 사용한 경우(파선)쪽이 사실에 근접한다(1000Å : -1.2℃, 100Å : -12.2℃, 10Å : -99.9℃).

③ 그림 4-7은 콘크리트 속의 空隙의 모식도이다. 굵은 모세관 속의 물은 0℃에서 동결되나 가지모양의 가는 지름의 모세관 중의 물은 아직 얼지 않기 때문에 결빙에 의한 체적증가에 따른 굵은 모세관에서 가는 모세관을 향하여 수분이동이 일어난다. 이 수분이동은 온도의 강하에 따라 점차로 가는 모세관으로 진행된다.

세관내의 물의 흐름에 대해서는 다음 식으로 나타내는 법칙이 있다. 이것을 Hagen Poiseuille(하겐·포아이주)의 법칙이라 한다.

$$Q = \frac{\pi \gamma^4}{8\eta} \frac{\Delta P}{l} \tag{4-5}$$

여기서, Q : 유량(cc/s) η : 물의 점성계수(g·s/cm²)

  γ : 세관의 반경(cm) l : 세관의 길이(cm)

  ΔP : 압력차(g·g/cm²)

결빙에 의한 팽창량에 상당한 물이 보다 가는 모세관 내를 흐르기 위해 압력이 발생하며 압력의 크기는 다음 식과 같이 관경의 4승에 반비례하며 관의 길

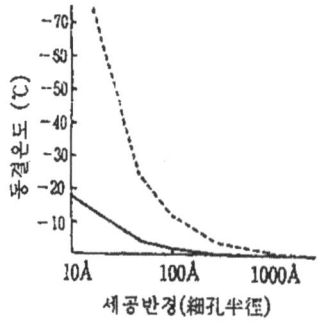
그림 4-6 細孔半徑과 모관액의 동결온도와의 관계

그림 4-7 콘크리트 속의 空隙의 모식도

이에 비례한다.

$$\Delta P = \frac{8\eta l}{\pi \gamma^4} Q \tag{4-6}$$

이와 같이 비교적 큰 空隙 내의 빙압 및 미세공극 내의 유수압의 되풀이에 의한 조직의 이완, 균열의 발생 등에 의해 콘크리트는 차츰 열화되는 것이다.

2. 동결융해 저항성에 영향을 주는 요인

1) 그림 4-8에 표시한 바와 같이 콘크리트의 동결융해 저항성은 에어 엔트레인드에 의해 비약적으로 증대하고, 또, 물시멘트비가 작을수록 커진다.

2) 콘크리트의 경화 후도 에어 엔트레인드 내는 공기로 가득 차 있기 때문에 온도저하에 의해 空隙 內를 유동하는 압력수는 에어 엔트레인드 내에 흘러 들어 압력은 감소 또는 소멸된다. 그러므로 공기량이 4~6%(에어 엔트레인드 3~4%)라면, 그림 4-8에 표시한 것처럼 콘크리트의 동결융해 저항성은 크게 증대된다. 또 그림 4-7의 기포 간의 거리 l은 식(4-6) 속의 모세관 길이 l에 상당하기 때문에 기포의 간격이 좁을 수록 유수압은 작으며 내구성의 개선에 유효하다는 것을 안다. 즉, 가급적 가느다란 기포가 다수 분산되는 것이 바람직하다. 기포의 간격을 나타내는데 보통 기포간격 계수 $\overline{L}$이 이용된다. 이것은 모든 기포를 같은 지름의 球로 가정했을 때 기포표면간의 거리 1/2로써 산

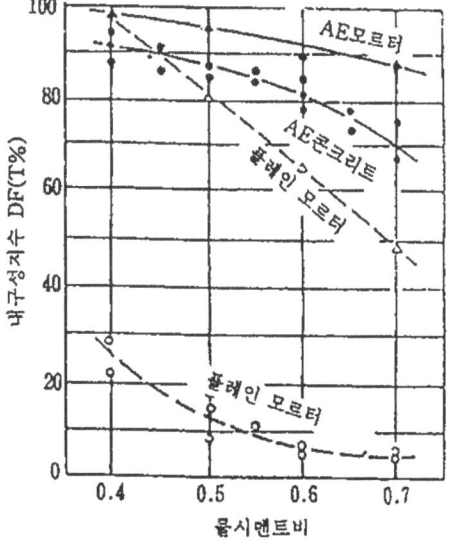

그림 4-8 공기량 및 물시멘트비가 콘크리트의 동결융해 저항성에 미치는 영향

출하는 것이며 $\bar{L} \leq 0.2 \sim 0.25$mm가 推獎되고 있다.

3) 물시멘트비가 작을수록 시멘트 페이스트에 대한 空隙지름이 작으며 동결수량이 적게 되는 등에 따라 동결융해 저항성이 개선된다.

3. 동결융해 시험방법

1) 콘크리트의 동결융해 시험방법은 KS F 2560「콘크리트용 화학혼화제」의 부속서에 규정되어 있으나 내용은 ASTM C 66 A법「급속수 중 동결융해 시험방법」과 거의 같다. 즉, 10×10×40cm의 角柱供試體의 중심부 온도는 5℃~18℃에서 1일 6사이클의 속도로 상승시켜 이 사이 공시체의 動彈性係數 및 중량의 변화를 측정한다.

動彈性係數와 저하는 공시체 내의 조직이 이완이나 균열발생에 의한 열화를 시사하여 중량감소는 스케일링에 의한 표면박리의 정도를 표시한다. 잔존동탄성계수가 당초의 60%가 되었을 때를 열화의 경향으로써, 다음의 내구성지수(Durability Factor)를 동결융해 저항성의 척도로서 이용한다.

$$\text{내구성지수 (DF) (\%)} = \frac{PN}{M}$$

여기서,
  P : N 사이클시의 상대동탄성계수(시험개시시의 동탄성계수에 대한 백분율(%))
  N : P가 60%가 되었을 때의 사이클수, P가 60%이하가 되지 않았을 때는 M 사이클
  M : 규정의 사이클수(ASTM에서는 300사이클, KS F 2560부속서에서는 간편을 위해 200사이클로 하였다)

기타, 열화의 척도로써 凍伸度가 이용된다. 이것은 동결시에 공시체에 팽창변형이 생기며 융해시에 그 일부가 잔류되고 동결융해의 되풀이에 의해 잔류팽창변형이 누적된다. 잔류팽창 변형의 총합을 凍伸度 말한다.

4. 팝아우트

연질의 굵은 골재가 콘크리트 표면 가까이에서 동결팽창하여 표면의 얇은 모르터층을 부수고 튀어나와 후에 원추상의 구멍이 남는 현상을 팝아우트라 한다. 팝 아우트는 모르터 부분의 열화와는 관계가 없기 때문에 AE콘크리트를 써도 막을 수는 없다.

제 20 장 화학작용에 대한 내구성

1. 일 반

골재는 석회암질의 것을 제외하고 화학적으로 극히 안정하기 때문에 알카리 금속에 대한 반응성골재 등의 특별한 경우를 제외하고 콘크리트의 화학적 침식은 시멘트페이스트 부분에 일어나며 특히 화학작용을 받기 쉬운 수산화칼슘에 기인되는 것이 많다.

2. 산, 염류에 대한 저항성

1) 산의 작용과 그 대책
① 황산, 염산, 초산 등의 강한 무기산은 수산화칼슘을 용해하고 또한 알루민산 석회염, 규산석회염을 분해한다.
② 초산 등의 유기산의 분해작용은 무기산보다 약하고 콘크리트를 접차로 침해한다. 단, 수산 등 콘크리트에 영향을 주지 않는 것도 있다.
③ 무기산의 작용에 대해 사용재료, 배합의 선정에 대해 대응할 수는 없다. 산화염, 타일의 특수 시공 등의 보호공을 필요로 한다. 침식성 유기산의 작용을 받는 경우는 아스팔트 또는 특수 와니스를 도포한다(표 4-4 참조).

2) 염류의 작용과 그 대책
① 나트륨, 칼슘 및 마그네슘의 황산염이 수화페이스트 속의 수산화칼슘과 반응하여 석고를 만들고 다시 C_3A의 수화물($3CaO \cdot Al_2O_3 \cdot 12H_2O$)과 결합하여 에트링가이트를 생성한다. 에트링가이트는 다량의 결정수를 잡고 용적을 더하고 콘크리트를 팽창 파괴한다. 황산나트륨에 의한 반응식을 표시하면 다음과 같다.

$$Na_2SO_4 \cdot 10H_2OCa(OH)_2 = CaSO_4 \cdot 2H_2O + 2NaOH = 8H_2O$$
$$(\text{이수석고})$$

$$3CaO \cdot Al_2O_3 \cdot 12H_2O + 3(CaSO_4 \cdot 2H_2O) = 13H_2O$$
(수화 C_3A)

$$3CaO \cdot Al_2O_3 \cdot 3CaSO_4 \cdot 32H_2O$$

(에트링가이트)

② 황산염에 의한 팽창반응은 C_3A량에 기인하기 때문에 C_3A의 함유량이 적은 내황산염 시멘트의 사용 또는 플라이애쉬의 사용에 의한 $Ca(OH)_2$의 불용화가 유효하다.

3. 해수의 작용에 대한 저항성

1) 해수에 포함된 염류의 작용

① 콘크리트는 해수에 포함된 염화마그네슘, 황산마그네슘, 황산나트륨, 중탄산안티몬 등의 화학작용을 받는다.

표 4-4 경화콘크리트에 미치는 여러 가지 물질의 영향 및 보호공
(ASCE Joint Report. ACI, 1945)

물질	영향의 정도	보호공
석유(증유, 경유, 휘발유)	영향없음	
코르타르 중유액	없음 또는 경미	
무기산	파괴	산화연, 연 및 고무 위에 유리·소과연와 또는 타일을 늘어놓는다.
유기산, 초산	점차로 파괴	아스팔트, 베크라이트계 와니스, 수퍼와니스, 고무
수산 및 건조된 탄산	없음	
수중의 탄산	점차로 침해	아스팔트, 타르, 규불소화물, 규산나트륨, 수퍼와니스, 베크라이트계 와니스, 수지
유산 및 턴닝산	점차로 침해	동상 및 아마니유, 파라핀
식물유	약간 침해정도	
무기염, 칼슘, 나트륨, 마그네슘, 칼슘, 알루미늄, 철의 황산염	크게 침해	규불소화물, 규산나트륨, 아마니유, 아스팔트의 도표, 유리·타일·소과연와를 산화염 및 고무 위에 늘어놓는다.
나트륨, 칼슘의 염화물	없음	
마그네슘, 칼슘의 염화물	약간 침해	
기타, 우유, 사료즙	점차로 침해	규불소화물, 규산나트륨, 아마니유, 아스팔트의 도표, 유리·타일·소과연화를 산화염 및 고무 위에 늘어놓는다.
감밀, 곡물의 사료프 및 포도당	점차로 침해 약간 침해	동상

② 염화마그네슘은 수화페이스트 속의 수산화칼슘과 화합하여 염화칼슘을 생성하며 容易하게 녹고 경화체가 多孔化된다.
③ 마그네슘, 나트륨 등의 황산염은 수산화칼슘 및 C_3A의 수화물과 화합하여 에트링가이트를 생성한다.

2) 해수 중의 콘크리트강도

물시멘트비 53~73%의 콘크리트를 재령 7일까지 표준 養生하고 이후 해수에 沈積된 경우 압축강도는 재령 1~2년까지는 점차로 증가되나 그 후 거의 일정하며 재령 5년 정도부터 저하의 경향을 나타낸다. 이것을 표준양생을 계속한 공시체의 각 재령에 대한 강도와 비교하면 재령 10년에 있어서는 보통 포틀랜드 시멘트를 이용한 경우 약 55%, 고로시멘트 B종, 플라이애쉬 시멘트 B종을 이용한 경우에도 각각 약 70% 및 약 80%이다. 이 시험결과는 공시체 치수가 $\phi 10 \times 20cm$로 작은 경우이지만 해수의 화학작용이 상당히 큰 것을 표시한다.

3) 해양 콘크리트 구조물

상기의 화학작용 이외에 干滿에 대한 건습, 동결융해 작용, 파도에 의한 기계적 침식 작용을 받기 때문에 밀실한 콘크리트로 하는 것이 중요하다.

4. 염화물의 작용과 그 허용함유량

1) 콘크리트 속의 염화물의 작용
① 콘크리트 속에 다량의 염화물이 포함되면 철근의 부식을 진행하여, 구조물의 내구성을 손실하고 심한 경우에는 내하력을 저감한다.
② 염화나트륨, 염화칼륨의 존재는 알카리골재 반응을 촉진할 우려가 있다.

2) 혼합시의 콘크리트 속의 염화물 허용함유량의 한도
① 콘크리트 속의 염화물 함유량은 콘크리트에 포함된 염화물 이온총량으로 나타낸다. 이것은 혼합시 콘크리트에는 물, 시멘트, 골재, 혼화재에 따라 $NaCl$, KCl, $CaCl_2$, $MgCl_2$ 등의 염화물이 포함되나 철근의 부식에 직접 관여하는 것은 염소 이온 Cl^-이며 염소이온량으로 측정은 비교적 용이하므로 화합물로서의 양이 아니고 염화물 이온의 총량으로 나타내기도 했다.
② 콘크리트 속의 철근의 발청에는 염화물의 함유량뿐 아니라 콘크리트의 배합, 시

공의 양부, 피복두께, 구조물의 환경조건(외부에서의 염분의 침투 유무 등) 등도 영향이 되므로 콘크리트 속의 염화물 함유량의 허용한도를 임의적으로 정하기는 어렵다.

시방서에서는 혼합시 콘크리트 속의 염소이온 총량은 원칙으로서 $0.30kg/m^2$ 이하로 규정하고 있다. 이것은 일반적으로 철근 및 프리스트레스 콘크리트(용심 철근을 배치한 무근콘크리트를 포함)에 대한 값으로 응력부식을 받기 쉬운 프리텐션방식의 프리스트레스 콘크리트, 전식이나 염해를 받는 구조물인 경우에는 되도록 작은 값으로 하는 것이 바람직하다. 또 철근 콘크리트나 포스트텐션방식의 프리스트레스 콘크리트(강재와 구체 콘크리트가 직접 접촉하지 않는다)로 부득이 염화물 함유량이 많은 재료를 사용하지 않아도 좋다.

③ 염화물이온 총량은 일반적으로 현장배합에 기초하여 각 재료 중의 염화물 이온량의 총합으로 산정한다. 이 경우 혼합수로 상수도물을 사용하고 여기에 포함되는 염화물이온량이 불명확할 때는 $0.04kg/m^2$로 생각해도 좋다.

제 21 장 전식 및 손식에 대한 내구성

1. 전식에 대한 내구성

1.1 전 식

전류의 작용은 콘크리트 건습, 철근 콘크리트인가 무근 콘크리트인가, 직류전류인가 교류전류인가에 따라 완전히 다르다.

(1) 콘크리트는 건조상태에서 극히 약간인 通電性 밖에 표시되지 않으나 습윤상태에서는 良導體가 된다.
(2) 무근 콘크리트인 경우는 건습에 관계없이 직류, 교류 어느 쪽에 대해서도 害를 받지 않는다.
(3) 습윤상태의 철근 콘크리트에 직류가 흐르면, 전기분해가 일어나며 전류방향에 의해 다른 전식작용을 받는다.
(4) 교류인 경우는 極이 계속하여 交互로 변화되므로 전식작용은 실제로 일어나지 않는다. 따라서 전식은 구조물의 지하부분이나 전차선의 터널 등 항시 습윤상태의 철근 콘크리트에 직류의 미주 전류가 흐를 경우에 일어난다.

1.2 철근의 양극전해

1) 철근에서 콘크리트에 고압의 전류가 흐르는 경우(철근 : 양극)

전해(철이온의 용출)에 의해 철근이 부식(녹의 발생)하여 용적을 2배 이상으로 더하고 피복 콘크리트에 균열 또는 박락이 생긴다.

2) 전식계수
① 裸철근에 직류를 통전하면 양극분해가 일어나 부식량과 적산전류량과의 관계는 패러디(Faraday)의 법칙에 의해 다음 식으로 주어진다.

$$W_0 = Kit \qquad (4\text{-}7)$$

법칙은 성립되며 다음 식으로 관계가 있다.

여기서, W_0 : 부식량(g)
it : 적산전류량(Ah)
K : 금속의 전기화학적 當量(g) (철의 경우 $K=1.042$)

그림 4-9에 표시한 것처럼 식(4-7)의 관계는 실험결과와 잘 일치된다.

② 모르터 또는 콘크리트에 매립된 철근에 통전되면 전해효율은 나철근보다 저하되나 패러디(Faraday)의 법칙은 성립되며 다음 식으로 관계가 있다.

$$W= \eta Kit = 1.042\eta \qquad (4-8)$$

전식계수에 의해 매립철근의 부식속도를 평가할 수가 있다.

③ 매설철근의 전식에 미치는 콘크리트 배합의 영향은 극히 적으나 염화물 혼입의 영향은 매우 크다. 즉, 염화물을 포함하지 않은 모르터의 전식계수가 0.025이하인데 대해 NaCl을 시멘트 중량의 0.5% 포함하는 경우의 전식계수는 0.25~0.45이다. 피복두께도 부식량에 거의 영향되지 않으나 피복이 얇을수록 균열, 剝落이 생기기 쉽다.

1.3 철근의 음극전해

(1) 콘크리트에서 철근에 직류가 흐르는 경우(철근 : 음극)에서는 철근의 전해는 정지 또는 저감되나 콘크리트 속의 나트륨 및 칼륨의 알카리이온이 음극에 이동하여 전

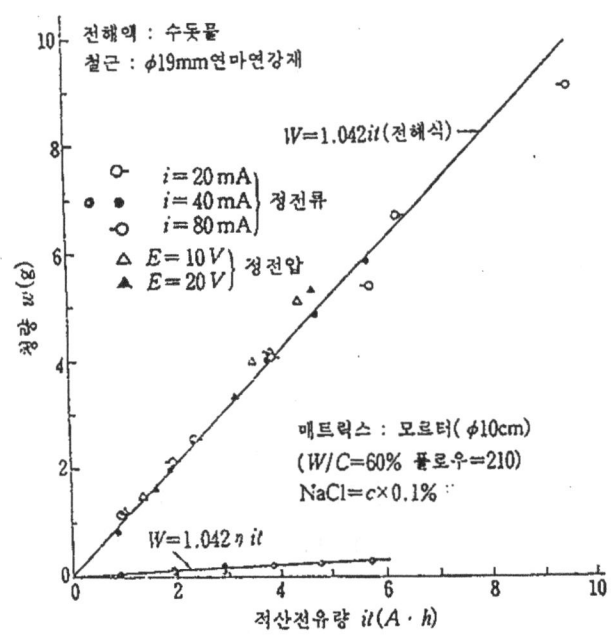

그림 4-9 적산전류량과 철근의 부식량(녹량)과의 관계

하를 잃고 수산화물이 되어 철근 주위에 집적된다. 이 때문에 철근 주위의 5~6mm두께의 모르터가 연화하여 철근과 콘크리트의 부착을 해친다. 이 현상은 저전압에도 일어나기 때문에 주의를 요한다.

(2) 그림 4-10은 음극전해의 실험결과의 예이며 ø5×10cm의 시멘트페이스트 공시체의 중심축에 ø9mm의 연마원형강을 매립한 경우의 통전시간과 Na, K의 이동 및 부착강도의 저하를 표시한 것으로 철근주위(1.5~3mm두께의 연화부분)의 Na량은 당초의 7~11배, K량은 9~14배가 되며 부착강도는 20%이하로 저감되는 경우가 있다는 것을 표시한다.

1.4 전식에 대한 대책

(1) 콘크리트를 가급적 건조상태로 유지한다.
(2) 구조물의 지하부분에는 방수공을 실시한다.
(3) 직류전력선을 직접 접촉하지 않도록 한다.

2. 손식에 대한 내구성

(1) 손식의 원인으로써 윤하중이나 유수에 의한 감량작용, 캐비테이션 등이 있으나 이것들 중 캐비테이션에 의한 손식이 가장 심하다.

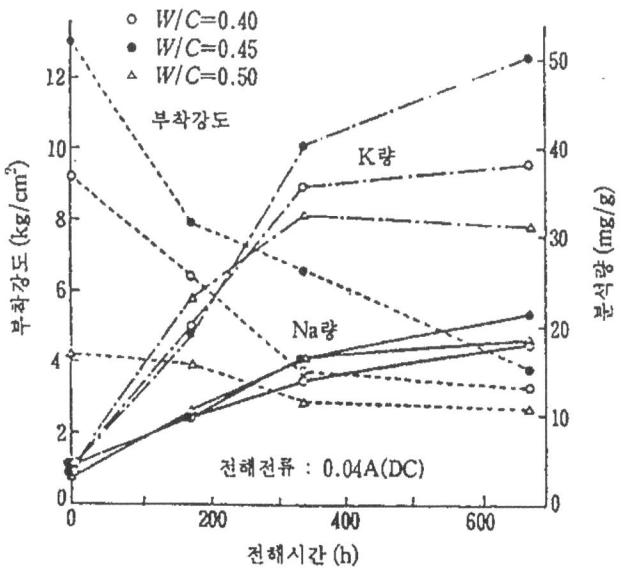

그림 4-10 전해시간과 알카리분석치 및 부착강도와의 관계

(2) 不陸 등의 돌기물이 있는 수로면을 물이 고속으로 흐르면 물이 표면에서 떨어져 내부는 부압이 되며 수중에 녹아 있던 공기의 기화에 의해 공동부가 생긴다. 이와 같은 공동현상을 캐비테이션이라 한다. 공동부가 수류에 따라 눌러 터질 때 약 7000kg/cm²의 큰 충격력이 발생하여 콘크리트를 손식한다. 캐비테이션이 일어나는 한계유속은 개수로로 12m/sec, 관로로 7.5m/sec이다.

(3) 강경한 골재를 이용하여 물시멘트비가 작은 밀실한 콘크리트를 세심하게 시공하면 교통이나 유수에 의한 감량작용에 대한 저항성을 크게 할 수가 있으나 캐비테이션을 막기는 어렵다. 캐비테이션에 대해서는 수로의 形을 유수의 形으로 일치시키는 동시에 수로의 표면을 평활하게 마무리하고 캐비테이션이 일어나는 원인을 제거하는 것이 가장 중요하다.

제 22 장 중 성 화

1. 중성화

(1) 콘크리트 속에 공기중의 이산화탄소(옥외 0.03%정도, 옥내 0.1%정도 함유한다)가 침투되면 시멘트의 수화생성물인 수산화칼슘과 반응하여 비활성의 탄산칼슘을 생성한다. 이것은 탄산화반응이라 한다.

$$Ca(OH)_2 + CO_2 = CaCO_3 + H_2O$$

수산화칼슘 부분의 pH는 12~13이므로 이에 대해 탄산화한 부분 pH는 8.5~10로 된다. 즉 탄산화 반응에 따라 콘크리트는 알카리성을 손실하므로 중성화라 부른다.

(2) 콘크리트는 $Ca(OH)_2$이외에 KOH, NaOH 등의 강염기성염에 의해 강한 알카리성을 나타내고 있으나 철근위치까지 중성화가 진행되면 발청의 우려가 있으며 철근 콘크리트 부재의 내구성에 중대한 영향을 미친다.

(3) 중성화 깊이와 경과년수와의 사이에 다음의 관계가 있다.

$$x = \frac{1}{b}\left(\frac{W}{C} - a\right)\sqrt{t} \tag{4-9}$$

여기서, x : 평균중성화 깊이(mm),
t : 경과년수(년),
W/C : 물시멘트비
a, b : 정수, 보통포틀랜드 시멘트를 사용하여 W/C=55~75%의 콘크리트를 옥외폭로한 경우 a=38.4, b=12.0

식(4-9)에 있어서 어떤 경과년수에 대한 평균중성화 깊이는 물시멘트비에 비례하는 것을 표시한다.

2. 중성화에 영향을 주는 요인

앞에서 기술한 경과년수, 물시멘트비, 기타 시멘트의 종류, 혼화제의 영향이 현저하다.

1) 시멘트의 종류

산화칼슘(CaO)을 많이 포함한 시멘트일수록 잘 중성화되지 않는다. 따라서, 조강성의 시멘트는 잘 중성화되지 않고 혼합시멘트는 중성화가 빠르다. 예를 들면, 조강시멘트 콘크리트의 중성화깊이는 보통 시멘트를 사용한 경우의 약 60~80%이며 고로시멘트(A종~C종)의 중성화 깊이는 보통 시멘트를 사용한 경우의 약 1.2~1.8배가 된다(표 4-5 참조).

표 4-5 시멘트의 종류에 의한 중성화 속도비

보통포틀랜드 시멘트	조강포틀랜드 시멘트	고로시멘트			플라이애쉬 시멘트 B종	실리커시멘트 B종
		A종	B종	C종		
100	0.79	1.29	1.41	1.82	1.82	1.82

2) 혼화제

AE제 및 AE감수제의 사용에 따라 중성화 깊이는 이것을 쓰지 않는 경우의 약 60% 및 약 40%가 된다.

3) 수중에서의 콘크리트의 탄산화 반응

수중에서는 콘크리트의 탄산화 반응이 일어나는 진행속도는 아주 늦다. 이것은 수중의 탄산가스량, 예를 들면 보통 하천수인 경우 용전하는 탄산가스와 탄산이온으로 용해하고 있는 분을 합계하여 이것을 탄산가스 농도로 나타내면 0.001~0.003%로 아주 적기 때문이다. 또 탄산칼슘의 습윤상태에서 pH는 10정도이므로 중성화정도가 적다. 누수된 콘크리트의 중성화가 진행 못함도 같은 이유에 의한다.

3. 중성화의 시험

콘크리트 단면에 페놀프탈레인(Phenolphthalein) 1%에탄올 용액을 분무 또는 適下하여 적색으로 착색되지 않는 부분을 중성화역으로 간주한다. 페놀프탈레인은 알카리성에 대해서 적색으로 착색하여 유효한 지시약이라는 것은 잘 알려져 있으나 변색역이 pH=8.3~10의 폭을 가진 것으로 확실히 赤變하는 것은 pH>10인 경우이다. 따라서 이 시험은 pH 10정도 이상을 중성화하는 것으로 볼 수 있게 된다.

제 23 장 알카리 골재반응

1. 알카리 골재반응

(1) 콘크리트 속에 존재하는 알카리(Na_2O, K_2O)와 골재에 포함된 어떤 종류의 성분이 반응하여 그 생성물이 수분을 흡수하여 팽창하며, 콘크리트에 균열·파괴 혹은 팝아웃트를 일으키게 하는 현상을 말한다.
(2) 알카리 골재반응에는 골재에 포함된 반응성 성분에 의해 알카리실리커 반응, 알카리탄산염 반응 및 알카리실리케이트 반응으로 대별된다.
   ① 알카리실리커반응은 골재에 포함된 반응성 물질을 고실리커질 광물로 골재 주위에 알카리실리케이트를 생성하고 수분을 흡수하여 팽윤한다(2 참조).
   ② 알카리탄산염 반응은 탄산기 CO_3을 갖는 골재 예를 들면, 도로마이트계 석회암($MgCO_3$를 포함)과 수산화알카리가 반응하여 수산화마그네슘을 생성하여 팽창한다.
   ③ 알카리실리케이트 반응은 層狀 경산염을 포함, 천매암 등으로 층상 경산염은 긴 세월의 알카리에 접촉해서 팽창한다. 이 중 ② 및 ③는 특정의 골재에 한정되어 드문 일로 일본에서 알카리골재 반응은 대부분 알카리실리커 반응에 한정되어 있다.
(3) 알카리는 대부분 시멘트 클링커에 포함되는 것이나 골재 혼화재료에 포함된 경우 외부에서 콘크리트에 침투할 경우(예를 들면, 해수)도 있다.

2. 알카리 실리커반응

(1) 반응성 골재는 고실리커질의 반응성 광물(오팔(opal), 옥수, 어떤 종류의 石英 등)을 다량으로 포함한 것이며 예를 들면, 오팔질(Opaline), 옥수질 및 석영질의 챠트, 실리커질 석회암, 석영질 안산암 등이다. 그러나 이것들은 반응의 가능성이 있을 뿐이며 모두가 반응을 일으키지는 않는다.
(2) 반응생성물은 주로 $Na_2O \cdot SiO_2 \cdot 9H_2O$(알카리실리케이트)이며 골재의 주위에 석

출된다. 생성물은 수분의 흡수에 의해 팽창되므로 알카리실리커 반응은 교대, 교각 등의 대단면 콘크리트, 터널의 복공콘크리트 등 습윤상태가 유지되는 구조물에 일어난다.

(3) 알카리실리커 반응을 억제하는 방법은 반응성 골재의 사용을 피할 것 및 콘크리트에 포함된 알카리 총량을 되도록 적게 하는 것이므로 알카리 공급원의 대부분은 시멘트이기 때문에 알카리 함유량이 적은 시멘트를 사용하는 것이 가장 유효하다.

① 수종의 반응성 골재를 사용한 콘크리트(골재 최대치수 20mm, 슬럼프 12cm)에 의한 알카리 반응성시험에서 재령 30개월(팽창이 최정치에 달한 재령)까지 팽창이 나타난 콘크리트 속의 알카리 총량은 공시체가 기중폭로인 경우는 4.7~7.0kg/m^{2}이상이므로 알카리 총량이 일반적으로 4.5kg/m^{2}이하이면 팽창은 일어나지 않는 것이 확인되어 있다. 또, 균열이 발생하는 알카리 총량은 기중폭로인 경우 5.1~8.0kg/m^{2}이상, 20℃ 해수반복침지인 경우 5.5~8.0kg/m^{2}이상이었다(시멘트협회 콘크리트 전문위원회 시멘트 콘크리트 1990. 10월).

② 일본 JIS에서는 모든 포틀랜드 시멘트에 대해 「저알카리형」을 규정하고 있다. 저알카리형 시멘트에는 알카리함유량(등가 Na$_2$O량, R$_2$O=Na$_2$O+0.658K$_2$O)을 0.6%이하로 한다. 따라서 단위시멘트량 500kg/m^{2}까지의 콘크리트 속의 알카리 총량은 대개 3kg/m^{2}이하(④ 참조)이다.

③ 고로슬래그 미분말을 시멘트 중량의 50%이상 치환하는 것이 유효하다. 이것은 고로슬래그에 의한 시멘트 경화제의 치밀화가 기인한 이온이동의 억제, 슬래그 수화물에의 알카리 화학적 고정 등에 의한다. 플라이애쉬 시멘트는 플라이애쉬 혼입율이 B종으로 20%이하, C종으로 30%이하로 비교적 적고 또, 플라이애쉬의 품질에 따라서는 알카리실리커반응 억제에 유효하지 못한 것도 있다고 한다.

④ 일본 JIS에서 규정한 알카리골재 반응 억제 대책에는 골재를 알카리 실리커반응성시험(3. 참조)에 의해 골재 A(무해라고 판정한 것)와 골재 B(해가 있다고 판정된 것 및 시험을 하지 않은 것)로 구분하고 골재 B를 사용할 경우에는 다음의 알카리 골재반응 억제 대책을 강구한다.

㉮ 일본 JIS에서의 「포틀랜드 시멘트(저알카리형)」를 사용한다.

㉯ 알카리 골재반응 억제에 효과가 있는 혼합시멘트를 사용한다. 즉, KS L 5201「고로슬래그」B종, C종 또는 KS L 5211「플라이애쉬 시멘트」B종 또는 C종을 사용한다. 단, 고로슬래그 시멘트 B종에서 슬래그 혼합율은 베이스시멘트의 알카리량(R$_2$O)이 0.8이하인 경우는 40%이상, 기타인 경우는 50%로 한다. 또 플라이애쉬 시멘트 B종에서 플라이애쉬 혼합율은 베이스 시멘트의 알카리량이 0.8%이하인 경우는 15%이상, 기타인 경우는 20%로 한다.

㉰ 콘크리트 속의 알카리총량(R_2O)을 3.0kg/m²이하로 한다. 단, 시멘트에 포함된 알카리량만으로 계산할 경우는 2.5kg/m²이하로 해도 좋다. 이것은 ①에 나타난 연구성과 등에 기본해서 정한 것이다.

3. 골재의 반응성 시험방법

일본 JIS에는 골재의 잠재적인 알카리 실리커 반응성을 판정하기 위한 시험방법으로써 「화학법」과 「모르터법」이 규정되어 있다.

1) 화학법
① 1규정의 수산화나트륨(NaOH) 표준액에 미립화된 골재시료(0.15~0.3mm)를 24시간 80℃로 浸積하고 미립자 사이에 있는 NaOH용액의 알카리농도 감소량 및 골재에서의 실리커 용출량을 측정하고 그림 4-11을 써서 「무해」, 「잠재적 유해」 또는 「유해」로 판정한다.
② 이 방법은 신속하게 시험결과가 얻어지는 반면 콘크리트에 다량의 알카리가 포함되는 경우에 알카리 실리커반응이 일어날 가능성 경향이 있다. 그러나 시험에 의해 유해하다고 판정된 골재를 이용해도 콘크리트에 유해한 팽창이 생기지 않는 경우도 많다.

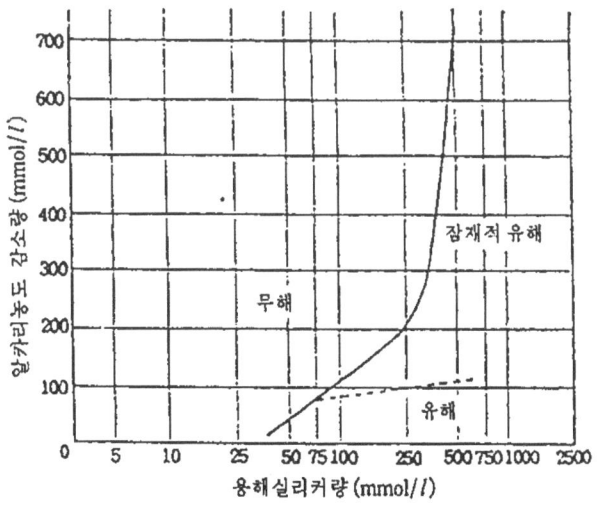

그림 4-11 골재의 유해도의 판정도

2) 모르터법

① 5mm이하로 파쇄된 굵은 골재 또는 잔골재를 입도조정(표 4-6 참조)하여 골재시료로 한다. 전 알카리함유량(R_2O)이 1.2%에 상당한 시멘트를 써서 4×4×16cm의 모르터 바를 만들어 온도 40℃, 습도 95%이상으로 저장한다. 재령 6개월에 대한 팽창율이 0.100%미만의 경우「무해」, 0.100%이상의 경우「유해」라고 판정한다.

표 4-6 잔골재의 입도분포

체의 호칭치수		중량
통과	잔류	백분율(%)
5mm	2.5mm	10
2.5mm	1.2mm	25
1.2mm	0.6mm	25
0.6mm	0.3mm	25
0.3mm	0.15mm	15

② 모르터 배합은 중량비로 시멘트 : 물 : 잔골재=1 : 0.5 : 2.25로 한다. 시멘트는 저알카리형의 보통 포틀랜드 시멘트로 하고 사전에 그 전알카리함유량(R_2O)을 측정해 놓고 물의 일부에 수산화나트륨 용액을 이용하여 알카리형의 총화가 1.25가 되도록 조정한다.

③ 길이변화의 측정은 KS F 2424「모르터 및 콘크리트의 길이, 변화시험 방법」의 다이얼게이지법에 의해 재령 24시간 거푸집떼기 직후의 길이는 측정하고 이후 온도 40℃, 습도 95%이상에 놓고 측정재령을 2주, 4주, 8주, 3개월 및 6개월로 한다.

④ 조기에 판정을 필요로 하는 경우에는 재령 3개월의 팽창율이 0.050%인 경우「유해」로 판정할 수가 있다.

⑤ 이 시험에서는 사용 시멘트의 알카리성이 1.2%가 되도록 조정하기 때문에 KS L 5201「포틀랜드 시멘트」의 전알카리량은(6.75%로 규정되어 있으므로) 이 시험에서「무해」라고 판정된 골재를 알카리 실리커반응에 대해 충분히 완전하다고 생각된다. 또「유해」라 판정된 골재를 사용한 경우에도 반드시 유해한 알카리 실리커반응을 일으키는 것이 아니다. ASTM C 227「시멘트 골재의 잠재반응성 시험방법(모르터법)」에서는 공사에 사용하는 시멘트와 골재의 조합으로 시험하도록 규정되어 있다.

제 24 장 열적 성질

1. 열흐름 특성

콘크리트의 열적 성질로써 중요한 것은 열전도율, 열확산율, 비열 및 열팽창계이지만 이중 약 100℃이하에 있어서 열팽창계수에 대해서는 제18장에서 기술하였으므로 여기서는 주로 앞에서 말한 세가지에 대해서 기술한다.

(1) 열전도율, 열확산율 및 비열은 재료 중에 열흐름에 관한 지수이며 열흐름 특성이라 부르고 수화열에 매스콘크리트 각부의 온도상승의 추정이나 건축물의 단열벽의 설계에 이용된다.

(2) 열전도율 K, 열확산율 D 및 비열 C 사이에는 재료의 밀도 ρ를 통하여 다음 관계가 있다.

$$D = \frac{K}{C_0} \qquad (4\text{-}10)$$

(3) 콘크리트의 열흐름 특성은 콘크리트를 구성하는 골재 및 시멘트페이스트의 특성, 함수상태 등의 영향을 받기 때문에 표 4-7에 골재, 경화페이스트, 콘크리트 및 물의 열흐름 특성을 일람으로 하여 표시하였다. 표 4-7에서 콘크리트의 열흐름 특성에 대한 구성재료의 영향이나 건습의 영향 등이 계통적으로 유추된다.

예를 들면 열전도율에 대해서 보면 골재의 열전도율은 경화페이스트에 비하여 보통 매우 크기 때문에 콘크리트의 열전도율은 골재의 영향을 받기 쉬우며, 또 공기의 열전도율은 대단히 작기 때문에 건조상태의 콘크리트 열전도율은 포화상태의 경우보다 상당히 작아진다는 것 등이 추측된다.

2. 열전도율

1) 정의와 단위

① 열전도율은 재료 중에 열흐름이 쉬운 것을 표시하는 지수이다. 단위는 kcal/m·h·℃가 널리 이용되고 있다. 이것은 단위시간(1시간)에 단위면적(1m^2)을 단위

온도구배(두께 1m에 대해 1℃) 하에서 흐르는 열량을 가리키고 있다. 따라서 열을 물로 치환하여 온도구배를 압력구배로 바꾸면 열전도율은 투구계수에 상당한 것이다.

② 두 평면간의 온도차가 있는 경우 그 사이의 열량은 열전도율을 이용하여 다음식으로 나타낸다.

$$Q = K\frac{\theta_2 - \theta_1}{d} At \tag{4-11}$$

여기서, Q : 열량(Kcal), K : 열전도율(Kcal/m·h·℃), $\theta_2 - \theta_1$: 온도차(℃)
d : 두 평면간의 거리(m), A : 평면의 면적(m^2), t : 시간(時)

2) 콘크리트의 열전도율에 영향되는 요인

① 콘크리트의 열전도율은 재료, 배합, 함수율 등에 의해 다르나 대개 1~4 Kcal/m·h·℃이다(표 4-7 참조).

표 4-7 콘크리트 및 그 구성재료의 열흐름 특성(온도 21℃에 있어서)

재 료	열전도율 K (kcal/h·m·℃)	열확산율 D (m^2/h, 1×10^{-3})	비열 C (cal/g·℃)
골 재	0.75~8.9	25~56 (석영질 재료) 10.5~12.1	0.12~0.22
경화된 시멘트페이스트	0.51~0.99	1.1<1.8	0.15~0.41
콘 크 리 트	0.9~4.5	0.9~9.3	0.12~0.27
물	0.519	0.519	1.0

② 골재는 콘크리트용적의 60~80%를 차지하기 때문에 콘크리트의 열전도율은 사용골재에 지배된다. 골재의 열전도율은 암질에 의해 약 19Kcal/m·h·℃로 변화된다.

③ 경화페이스트의 열전도율은 1Kcal/m·h·℃ 이하이고 작기 때문에 보통 콘크리트인 경우는 일반적으로 골재량이 많을수록 열전도율은 크다. 그러나 경량골재 콘크리트인 경우에는 골재 중에 공극을 포함하기 때문에 골재량이 많을수록 열전도율이 다소 감소되는 경향이 있다(그림 4-12 참조).

④ 공기의 열전도율은 물의 1/20이하가 되므로 건조상태의 콘크리트 열전도율은 포화상태의 콘크리트에 비하여 매우 작다. 예를 들면 절건상태의 콘크리트 열전도율은 상온에 있어서 포화상태의 콘크리트인 경우의 대개 60%이다.

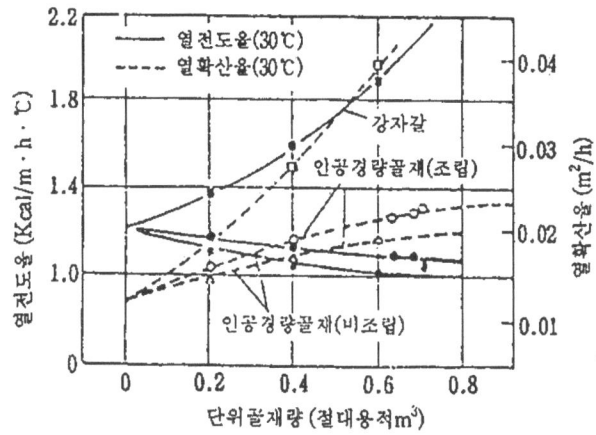

그림 4-12 단위골재량과 콘크리트의 열전도율 및 열확산율의 관계

3. 열확산율

1) 정의와 단위

열확산율은 콘크리트 속에서 온도변화가 생기기 쉬운 것을 표시하는 지수이며 열을 물로 치환한 경우 온도변화는 콘크리트 내의 수압변화에 상당하며 열확산율은 콘크리트 속에 물의 확산계수와 같은 의미를 가졌다. 단위는 m^2/h가 사용되며 열확산율은 매스콘크리트에 대한 온도분포의 추정 등에 이용된다.

2) 콘크리트의 열확산율에 영향되는 요인
① 콘크리트의 열확산율은 주로 골재의 암질, 량 등에 의해 다르나 대충 $2 \times 10^{-3} \sim 6 \times 10^{-3} m^2/h$이다.
② 골재의 열확산율은 경화페이스트에 비하여 크기 때문에(표 4-7 참조), 골재시멘트 비가 클수록 또는 물시멘트비가 작을수록 콘크리트의 열확산율은 크다.

4. 비열

1) 정의와 단위

재료가 흡수할 수 있는 열용량의 정도를 표시하는 지수이며 1g의 물질을 온도 1℃상승시키기 위한 흡열량으로 표시한다. 단위는 cal/g/℃를 쓴다. 물의 비열은 1cal/g/℃이다.

2) 콘크리트의 비열에 영향되는 요인
　① 콘크리트의 비열은 주로 함수율에 의해 다르나 대개 0.2~0.3cal/g/℃로 비교적 좁은 범위에 있다(표 4-7 참조).
　② 골재의 비열과 시멘트페이스트 비열과의 사이에 차이는 적으므로(표 4-7 참조) 골재시멘트비의 영향은 적다.
　③ 물의 비열은 골재나 경화페이스트에 비하여 수배나 크기 때문에 콘크리트의 비열에 가장 영향이 큰 것은 함수율이다. 콘크리트의 함수율을 5.5%에서 11%로 했을 때 비열은 약 20% 증대된다.

제 25 장 내화·내열성

콘크리트가 화재시와 같이 일시적으로 고온에 시달리는 경우의 성질을 내화성, 공업 爐 등과 같이 지속적으로 고온에 시달리는 경우의 성질을 내열성이라 한다.

가열에 의한 콘크리트 구조물의 열화는 ① 콘크리트의 물리화학적 열화기타, ② 철근과의 부착열화, ③ 화재시의 국부가열에 의한 이상변형에 기인되는 균열 등이 있다.

1. 가열에 의한 시멘트페이스트의 상태변화

① 100℃이하 : 시멘트 수화물은 안정되어 있으므로 가열·냉각에 의한 열팽창계수에 따라 가역적인 팽창수축을 일으킨다.

② 105℃이상 : 모세관 내의 수분이 손실되는 동시에 규산석회 수화물 결정수의 일부가 손실되므로 열팽창과 함께 열수축도 일어난다.

③ 500~580℃ : 수산화칼슘이 분해되고 탈수하여 산화칼슘이 된다.

$$Ca(OH)_2 \rightarrow CaO + H_2O$$

열팽창과 함께 열수축이 생긴다.

④ 약 750℃이상 : 탄산칼슘이 분해하여 산화칼슘이 되는 동시에 일부는 기화하여 탄산가스가 된다.

$$CaCO_3 \rightarrow CaO + CO_2$$

열팽창과 함께 열수축이 생긴다.

이와 같이 시멘트페이스트는 약 100℃이상에는 열팽창과 열수축이 공존되어 겉보기의 열변형은 다음 식으로 표시된다.

$$\varepsilon_h = \varepsilon_t - \varepsilon_s = (\alpha_t - \alpha_s)\Delta_t \tag{4-12}$$

여기서, ε_h : 겉보기의 열변형, ε_t : 열팽창변형, ε_s : 열수축변형

α_t : 열팽창계수, α_s : 열수축계수, Δ_t : 온도차

그림 4-13은 시멘트페이스트의 가열온도와 열변형과의 관계를 표시한다. 그림 중의

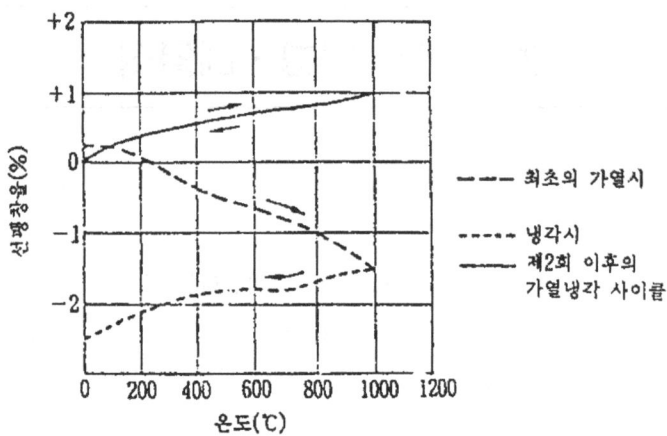

그림 4-13 시멘트페이스트의 가열·냉각사이클에 대한 변형변화

최초의 「가열시곡선」을 보면 100℃ 정도까지는 팽창되고 이것을 초과하면 반전하여 수축경향으로 옮긴다.

약 200℃이하에서 아직 팽창변형 쪽이 크기 때문에 팽창 측에 있으나, 200℃를 초과하면 수축변형쪽이 탁월하여 수축측이 되며, 가열온도 1000℃에 대한 겉보기의 열변형은 약 -1.5%이다. 이것을 냉각하면 「냉각시곡선」에 따라 수축되며 0℃에 있어서 수축변형 -2.5%는 1000℃가열에 대한 열수축변형 ε_s를 나타내며, 그림 속의 $\overline{PQ}$는 열팽창변형 ε_t에 상당한다.

열수축변형은 非可逆的인 것이기 때문에 제2회 이후의 가열시는 가장 빨리 나타나지 않고 그림 속의 「제2회 이후의 가열시곡선」에 의해 변화된다.

2. 가열에 의한 골재의 상태변화

골재의 내열성은 암질에 의해 크게 다르므로 사용골재의 종류는 콘크리트의 내열성에 크게 영향을 준다.

① 안산암질골재, 경량골재 : 고온까지 안전하다.
② 석회암질골재 : ①에 대해서 안정하나 750℃ 전후에서 시멘트페이스트와 같이 탄산칼슘이 분해되어 연화된다.
③ 석영질골재 : 석영은 575℃에서 변태점을 가지며 α석영에서 β석영으로 변화하여 급격한 팽창을 나타낸다.

3. 가열에 의한 콘크리트의 열화

1) 고온 하에서 시멘트페이스트는 탈수에 의해 수축되나 골재는 팽창되므로 콘크리트 내부에 열응력이 발생하여 조직이 파괴된다.

열화된 콘크리트를 냉각 후 수분을 주어서 양생하면 미세균열부분은 재수화에 의해 유착되고 열화는 매우 회복된다. 단, 이것은 가열온도가 500℃이하인 경우이며 500℃를 초과한 경우에는 전기와 같이 내부조성이 변질되는 동시에 생성된 산화칼슘(CaO)이 흡수팽창 하기 때문에 열화는 회복되지 않는다.

그림 4-14는 보통 및 경량콘크리트의 가열온도와 잔존강도와의 관계이며, 가늘고 굵은 인공경량골재를 이용한 콘크리트는 보통 콘크리트보다 200℃에 있어서는 약 50%, 400℃ 이상에서 10%이하이다.

2) 가열에 의한 콘크리트의 열화에 미치는 배합의 영향은 극히 작고 빈배합의 쪽이 오히려 영향이 적다.

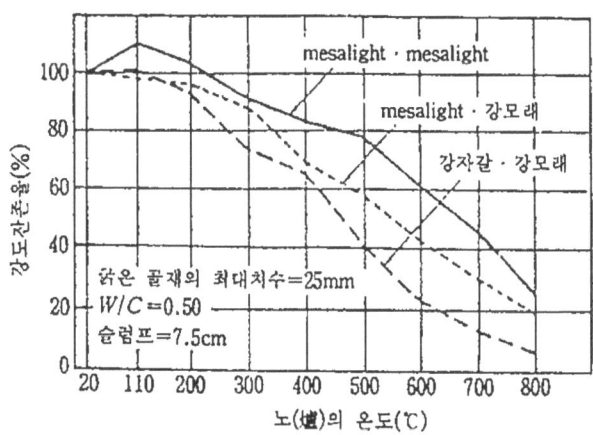

그림 4-14 콘크리트의 내열성

제 26 장 수 밀 성

1. 콘크리트 구조물에서 누수의 원인과 대책

부적절한 설계 또는 시공에 의해 생긴 균열(예를 들면, 과대한 신축 이음매간격, 용심 철근의 부족, 과대하중의 재하, 수화열에 의한 온도상승 등에 기인되는 균열)을 제외하면 구조물의 콘크리트에서 누수의 원인은 거의 모두 다짐불량에 의한 두판(豆板)이나 벌집모양의 공극에 의한다.

따라서 수밀구조물을 만들기 위해서는 워커블한 콘크리트를 이용하여 시공을 용이하게 하고 부분적인 결함이 적은 콘크리트로 하는 것이 중요하다. 이 때문에 방수제 사용보다 AE제 또는 AE감수제를 사용할 것, 굵은 골재의 최대치수를 작게 선택할 것, 또 유동화 콘크리트의 활용 등이 유력한 수단이 된다.

2. 콘크리트 속의 물 흐름

세심하게 다져진 균등질의 콘크리트에 있어서 물 흐름은 다음과 같다.

1) 콘크리트 속의 물길

콘크리트 속을 물이 흐를 때의 물길은, ① 시멘트페이스트에 대한 겔간의 가느다란 공극, ② 블리딩에 의한 모세관상의 물길 ③ 굵은 골재에 하면의 연속된 큰 간극에 있어서 크기, 형상이 아주 다른 다수의 공극을 이룬 복잡한 조직으로 되어 있다. 그러나, 콘크리트 속의 물 흐름을 해석하는 경우에는 이것을 균등질한 다공화(多孔化)로써 취급한다.

2) 콘크리트 속의 흐름 종류

콘크리트 속의 물 흐름법에는 가압투과류, 가압침투류 및 모관침투류의 3종류가 있다.

3) 가압투과류

모래층이나 콘크리트와 같은 다공층(多孔層) 또는 다공체(多孔体)속을 압력구배를 따라 물이 흐르는 경우 기본이 되는 법칙은 「다르시」의 속도방정식이다. 이것은 다공체중의 유속은 압력구배에 비례하며 그 비례상수를 투수계수로 정리하는 것이며, 다음 식으로 표시된다.

$$u = \frac{k}{w_o} \frac{dp}{dx} \tag{4-13}$$

여기서, u : 유속(cm^2/cm)　　　　　k : (m/s)
　　　　w_o : 물의 단위용적질량(g/cm^3)　dp/dx : 압력구배($g/cm^2/cm$)

그림 4-15에 표시한 바와 같이 콘크리트체의 측면을 아스팔트 등으로 수밀하게 유지, 일단면에 압력수를 가한 경우의 일차원 흐름에 대해서 생각한다. 콘크리트 속에 극소거리가 떨어진다면 Ⅰ 및 Ⅱ에 대한 유입량과 유출량을 Q_i로 Q_o로 하면 가압투과류는 $Q_i = Q_o = Q$(일정)인 경우의 흐름이다.

$u = Q/A$(A : 콘크리트체의 단면적)이기 때문에 식(4-13)에서 dp/dx는 일정하며, 콘크리트체내의 압력분포는 그림 4-15에 표시한 바와 같이 직선분포가 된다. 따라서, $dp/dx = P/L$(L : 콘크리트체의 길이)이 되기 때문에 투수계수는 다음 식으로 주어지며 콘크리트 수밀성의 척도로써 이용된다.

$$k = \frac{Q}{A} \frac{L}{P}, \quad w_o = \frac{Q}{A} \frac{L}{H} \tag{4-14}$$

여기서 H : 수두(cm)

4) 가압침투류

비교적 다공질의 콘크리트나 두께가 얇은 경우에는 前記의 가압투과류가 된, 보통 치밀한 콘크리트인 경우에 어느 두께이상에서는 물의 투과는 생기지 않는다. 이와 같은 흐름을 가압침투류라 한다. 이 흐름인 경우에는 단면 Ⅰ에 유입량 Q_i보다 단면 Ⅱ에서 유출량 Q_o이 적고, 따라서 Ⅰ, Ⅱ단면 간에 $\Delta Q = Q_i - Q_o$만 잔류한다. 이것은 Ⅰ, Ⅱ단면간의 부분에 탄성변형이 생기는 것을 의미한다.

이 경우의 압력에 관한 기초방정식은, 식(4-15)에 표시하는 확산형의 미분방정식이 되기 때문에 식중의 확산계수를 수밀성의 척도로써 이용할 수가 있다.

$$\frac{\partial p}{\partial t} = \beta^2 \frac{\partial^2 p}{\partial x^2} \tag{4-15}$$

여기서, β^2 : 콘크리트 속의 물 확산계수(cm^2/s)

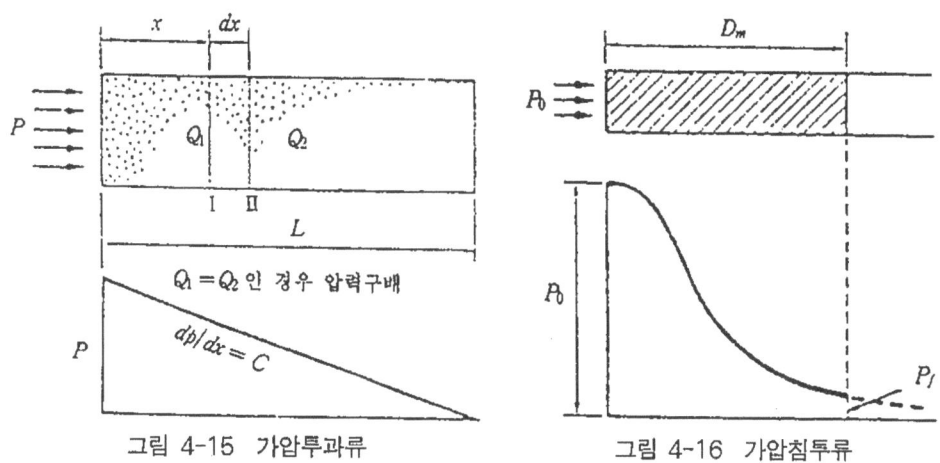

그림 4-15 가압투과류   그림 4-16 가압침투류

식(4-15)의 풀이로써 얻어지는 압력분포는 그림 4-16에 표시한 바와 같이 정규분포곡선과 같은 형상이 된다. 확산계수는 그림 4-16에 표시한 물의 평균침투깊이 D_m을 실측하여 침투부의 첨단수압 P_f를 적당히 가정하는 데 따라 다음 식에서 계산할 수가 있다.

$$\beta_i^2 = \alpha \frac{D_m^2}{4t\xi^2} \tag{4-16}$$

여기서, β_i^2 : 초기 확산계수(cm^2/s), D_m : 평균침투깊이(cm), t : 경과시간(s)

   α : 경과시간에 관한 계수(표 4-8 참조)

   ξ : 수압에 관한 계수(표 4-9 참조)

5) 모관침투류

기체로 채워져 있는 다공체의 일단이 물에 접하면 표면장력에 의해 물의 첨단부에 추진력이 작용하여 흐름이 생긴다. 이것을 모관침투류라 하며, 가압투과류나 가압침투류와는 흐름의 기구가 기본적으로 다르다.

구미에서는 빌딩의 지면에 접하는 부분에 물이 흡상하여 이끼 등이 생기는 것을 싫어하고 있으며 모관침투류를 중시하고 있다. 이와 같은 모관침투류의 해석에는 콘크리트나 다수의 수직모세관을 이룬 것으로 가정한다.

표 4-8 α의 값

t (sec)	1	24×60^2	48×60^2	72×60^2	120×60^2	312×60^2
α	1	130.5	175.7	209.0	259.6	391.8

표 4-9 ξ의 값

P_0 (kg/cm²)	2.5	5	10	10	20
ξ	0.594	0.905	1.163	1.301	1.386

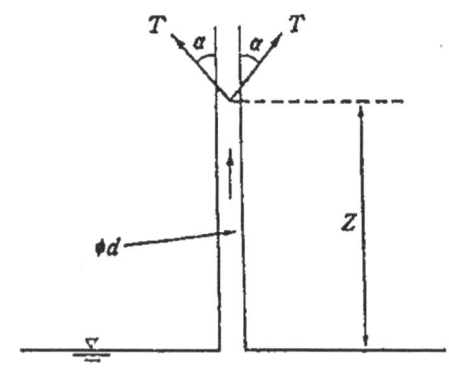

그림 4-17 수직모세관 모델

그림 4-17에 표시한 1개의 수직모세관에 대해서 다음의 운동방정식을 세운다(물은 천천히 상승하므로 관성항력은 무시한다).

$$\pi dT \cos \alpha - \pi d\tau_0 - \rho_g \frac{\pi d^2}{4} = 0 \qquad (4\text{-}17)$$

여기서, d : 모세관의 직경(cm),

T : 표면장력(g/cm)

α : 접촉각(rad),

τ_0 : 판벽에 작용하는 전단응력(g/cm²),

ρ_g : 물의 단위질량(g/cm²)

식(4-17)을 기초방정식으로서 고찰을 추진하면 모관침투계수로서 다음 식이 얻어지며 모관침투류에 대한 수밀성의 척도로서 이용할 수가 있다.

$$K_c = \varepsilon V_0 \qquad (4\text{-}18)$$

여기서, K_c : 모관침투계수(cm/s), ε : 콘크리트의 공극율,

V_0 : 최종침투 높이의 1/2에 대한 흡인속도(cm/s) [실험에 의해 구한다.]

또, 물이 점차로 흡상하여 흡인력과 물기둥의 질량이 균형되었을 때의 정지 상태에서 최종침투높이는 Z_e가 된다. Z_e도 수밀성이 중요한 척도가 된다.

3. 콘크리트의 수밀성에 영향을 주는 요인

세심하게 다져진 균등질의 콘크리트인 경우에도 사용재료, 배합, 養生 방법 등이 그 수밀성에 영향을 준다.

(1) 시멘트 종류의 영향은 각종 시멘트의 강도특성과 거의 같은 경향을 표시한다.
(2) AE제, AE감수제 및 고성능 감수제는 콘크리트의 워커빌리티를 좋게 하고 단위수량, 물시멘트비를 감하여 수밀성을 상당히 개선한다. 콘크리트용 팽창제는 균열방지에 유효하다.
(3) 굵은 골재의 최대치수 및 물시멘트비가 작을수록 수밀성은 커진다(그림 4-18 참조). 시방서에서 수밀 콘크리트의 물시멘트비를 55%이하로 규정하였다.
(4) 시멘트 입자는 수화의 진행에 따른 그 용적을 더하고 젤사이 공극을 점차로 좁혀서 치밀화하기 때문에 활발한 初期養生을 확실히 실시하는 것이 수밀성을 더하기 위해 극히 중요하다.

초기양생을 충분히 실시해도 그 후 건조하면 겔이 수축되고 수밀성이 상당히

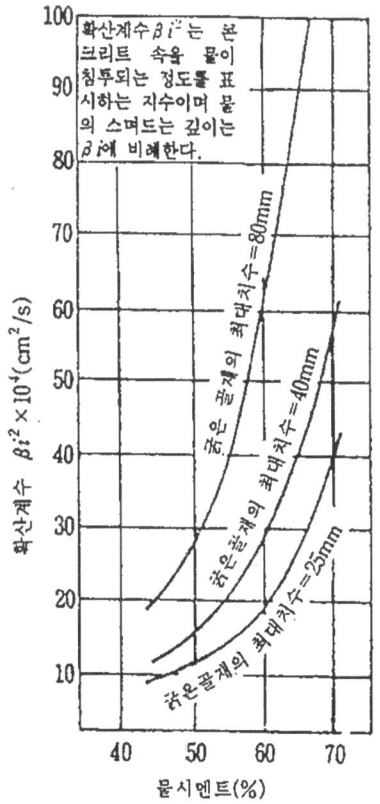

그림 4-18 굵은골재 최대치수 및 물시멘트비와 콘크리트의 수밀성과의 관계

저하되기 때문에 초기양생 뿐 아니라 콘크리트가 물에 접할 때까지 습윤양생을 계속하는 것이 중요하다.

제 27 장 응력-변형곡선

1. 응력-변형곡선

그림 4-19에 표시한 바와 같이 일정한 단면을 가진 棒狀 부재의 축선에 따라 인장력 또는 압축력을 가하면 부재에 신장 또는 수축이 일어난다. 이 길이변화량을 Δl, 본래의 길이를 l로 하면 변형은 $\varepsilon = \Delta l / l$로 표시된다. 봉의 단면적을 A, 인장력 또는 압축력을 P로 하면 단위면적당 응력은 $\sigma = P/A$가 된다. 종축에 σ, 횡축에 ε를 취하여 양자의 관계를 묘사한 것을 응력-변형곡선이라 한다.

2. 응력-변형곡선의 의의

(1) 길이변화는 눈에 보이나 응력은 눈에 보이지 않는다. 그러나 응력-변형곡선의 관계를 알게 되면 길이변화량을 측정하는데 따라 응력을 추정할 수가 있다.
(2) 응력-변형곡선의 형에서 그 재료의 역학특성을 알 수가 있다. 예를 들면, 그림 4-20의 A선은 응력과 변형이 정비례의 관계이다. 즉, 탄성체인 것을 표시하였으며 B선은 어떤 응력 이상에서는 변형만이 증가된다. 즉, 소성을 가진 것을 표시한다.

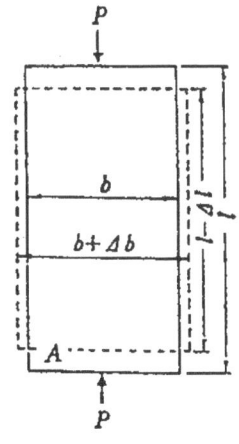

그림 4-19 봉의 변형

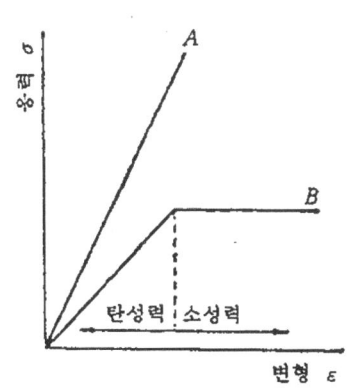

그림 4-20 응력-변형곡선

3. 콘크리트의 응력-변형곡선

1) 콘크리트의 응력-변형곡선의 특징은,
   ① 곡률을 가질 것.
   ② 작은 응력 하에서도 殘留變形이 생길 것. 즉, 그림 4-21에 표시한 것처럼 어떤 재하응력으로 하중을 0으로 돌리더라도 원점에 돌아오지 않고(히스테리시스를 그린다고 한다) 잔류변형 δ가 남는다.

2) 1) ① 및 ②는 콘크리트에 있어서 내부균열에 기인된다. 그림 4-22에 표시한 것처럼 콘크리트 내부에서는 하중 증가에 따른 굵

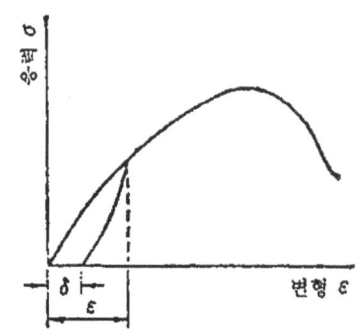

그림 4-21 콘크리트의 응력-
변형곡선과 잔류변형

은 골재와 모르터 사이의 표면 벗겨지기 균열(부착균열이라고 함)이 점차로 증가되고 이어서 모르터 부분에도 균열(모르터 균열이라고 함)이 발생한다. 이런 균열은 응력의 증가에 대한 변형량의 증가비율을 크게 하여 응력과 변형의 관계에 곡률을 준다. 또 하중을 제외해도 균열은 완전히 막히지 않고 殘留變形이 되어 나타난다.

시멘트페이스트 경화체의 경우는 내부균열은 거의 발생되지 않으므로 응력-변형곡선은 거의 직선이 된다. 또 인공 경량 골재 콘크리트의 응력-변형곡선은 그림 4-23에 표시한 바와 같이 보통 골재 콘크리트에 비하여 구배는 작으나 직선적이다. 이것은 인공경량 골재의 강성이 작고 주위의 모르터와 같은 정도이므로 굵은 골재와 모르터와의 계면 부착, 균열의 발생이 대단히 적어지기 때문이다.

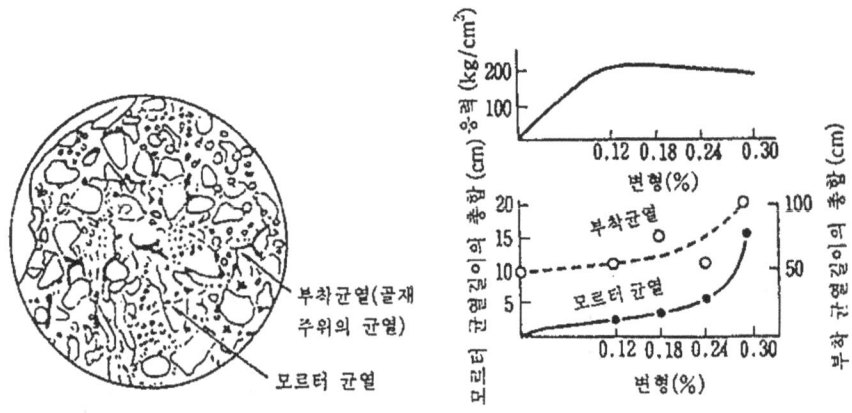

그림 4-22 콘크리트의 내부균열과 변형(T.HSU, Jour of ACI, 1963)

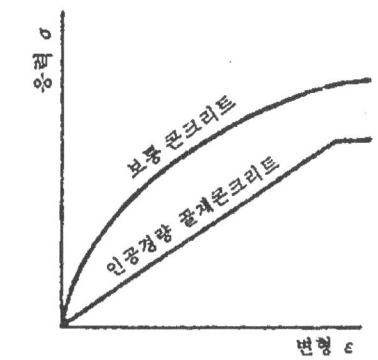

그림 4-23 인공경량골재 콘크리트의 응력변형

4. 응력-변형곡선식

응력 σ를 최대응력 σ_0으로 나누고 변형 ε를 최대 응력시의 변형 ε_0로 나눈 무차원 표시로 한다. 즉, 그림 4-24에 표시한 것처럼 세로축에 상대응력 $\eta = \sigma/\sigma_0$, 가로축에 상대변형 $\xi = \varepsilon/\varepsilon_0$을 취한다. 응력-변형곡선은 단조증가가 아니라 극대치를 가지며 하강곡선부를 갖는다. 곡선식의 예를 다음에 표시한다.

$$\left. \begin{array}{l} \eta = a\xi^3 + b\xi^2 + c\xi \\ \eta = \xi e^{1-\xi} \end{array} \right\} \tag{4-19}$$

어느 것이나 $\eta=0$, $\xi=0$(원점) 및 $\left.\dfrac{d\eta}{d\xi}\right|_{\substack{\eta=1\\\xi=1}}=0$(최대응력점)을 만족한다.

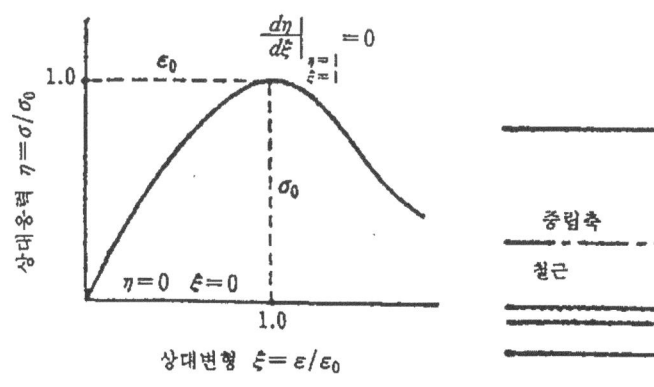

그림 4-24 상대 응력-변형곡선

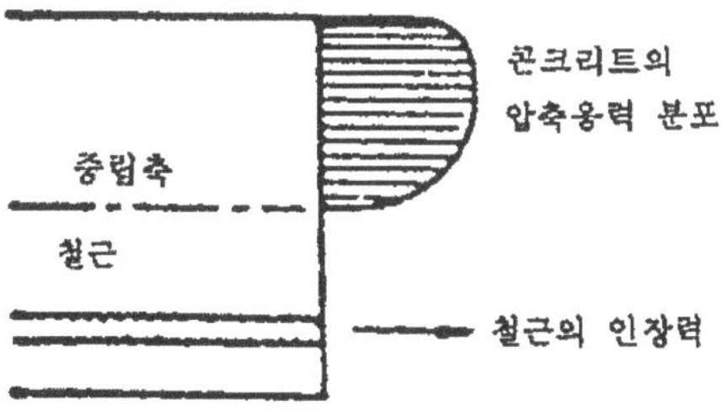

그림 4-25 철근콘크리트 빔에 있어서 압축측 콘크리트의 응력분포

철근 콘크리트 빔의 휨파괴시에 있어서 압축측 콘크리트의 응력분포는 상기의 곡선식으로 나타낸다(그림 4-25 참조). 이 응력블럭의 형상은 빔의 휨내력의 계산에 필요하다. 단, 실용계산에서는 단순화된 형상의 응력블럭을 사용한다.(예를 들면, 장방형 블럭)

제 28 장 정탄성계수

영계수, 포아송비 및 전단탄성계수를 총칭하여 탄성계수라 하나 영계수를 편의상 탄성계수라고 하는 경우가 많다.

1. 정영계수

대단히 늦은 속도로 재하될 때(가속도에 의한 관성력을 무시할 수 있는 경우이며 靜的載荷라 한다)의 응력과 변형의 비를 정영계수라 한다.

정영계수는 탄성체에 대한 응력과 변형의 비례상수이며

$$F = E\varepsilon, \quad E = f/\varepsilon \tag{4-20}$$

여기서, f : 응력(kgf/cm^2), ε : 탄성변형, E : 정영계수(kgf/cm^2)

콘크리트와 같은 비탄성체에서는 엄밀한 의미에서의 영계수는 존재하지 않는다. 그러나 철근 콘크리트와 같은 복합재료에 있어서 철근과 콘크리트의 응력분담 등을 계산하는 경우 각각의 영계수가 반드시 필요하다.

2. 콘크리트의 정영계수

1) 응력-변형관계가 곡선으로 나타나므로 다음의 3종의 겉보기 영계수가 고려된다(그림 4-26 참조).

① 초기 영계수 $\tan \alpha_0$: 원점에 대한 곡선의 접선의 구배

② 접선 영계수 $\tan \alpha_T$: 곡선상의 어느 응력점에 대한 곡선의 접선의 구배

③ 할선 영계수 $\tan \alpha_A$: 곡선상의 어떤 응력점과 원점을 연결하는 직선의 구배

이런 것 중 통상 할선영계수가 이용된다. 이것은 할선영계수가 전변형에 대한 응력비이기 때문이다.

2) 그림 4-27에 표시한 철근 콘크리트 기둥에 중심축 P가 작용하는 경우의 철근과

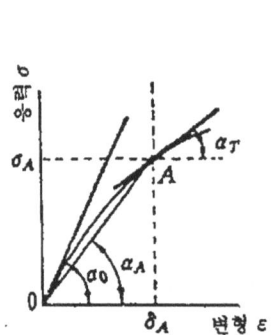 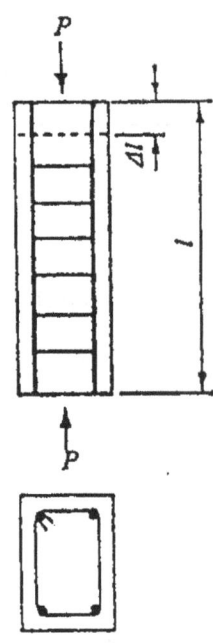

그림 4-26 각종 영계수   그림 4-27 철근콘크리트 기둥

콘크리트의 응력분담을 계산한다.

$$P = f_c A_c + f_s A_s \tag{4-21}$$

여기서, f_c 및 f_s : 콘크리트 및 철근의 압축응력(kgf/cm^2)
A_c 및 A_s : 콘크리트 및 철근의 단면적(cm^2)

$$\varepsilon = \frac{f_c}{E_c} = \frac{f_s}{E_s} = n \tag{4-22}$$

여기서, ε : 기둥의 압축변형

E_c 및 E_s : 철근콘크리 및 철근의 영계수(kgf/cm^2)

$$\frac{f_s}{f_c} = \frac{E_s}{E_c} = n \tag{4-23}$$

$$f_s = n f_c \tag{4-24}$$

철근과 콘크리트의 응력의 비는 영계수비 n과 같고 철근의 응력은 콘크리트 응력의 영계수비(n)는 배가 된다. 식(4-24)를 식(4-21)에 대입하여,

$$f_c = \frac{P}{A_c + nA_s} \brace f_s = nf_c \qquad (4\text{-}25)$$

이와 같이 철근 콘크리트와 같은 복합체의 응력계산에는 구성소재의 영계수가 필요하며 또 전변형에 대한 영계수가 필요하다는 것을 안다.

3. 설계용 영계수

1) 설계용 영계수로써 보통 압축강도의 1/3~1/4의 응력에 대한 割線영계수가 이용된다. 이것은 콘크리트의 압축응력·변형곡선이 압축강도의 60%정도 이하의 범위에서는 직선 근사로 봐도 좋고 따라서 이 응력 범위 내라면 할선영계수에 실용상 차이가 없으며 설계하중 작용시(항시) 또는 사용한계 상태에 대한 콘크리트의 응력이 압축강도의 1/3전후가 된다.

2) 콘크리트의 영계수는 단위체적 질량과 압축강도에 밀접한 관계가 있으며 설계용 영계수로써 다음 식이 제시된다. 또한 각각의 값은 제65장 및 제67장 참조

$$E_c = \alpha W^m {f'_c}^n \qquad (4\text{-}26)$$

여기서, E_c : 콘크리트의 영계수(kgf/cm^2)

W : 단위용적 질량(kg/l)

f'_c : 압축강도(kgf/cm^2)

α, m 및 n : $\alpha = 4,270$, $m = 1.5$, $n = 0.5$

3) 인장응력하에 있어서 콘크리트의 정영계수는 압축응력에 대한 값보다 다소 작지만 설계용 값으로서는 실용상 압축영계수를 사용해도 좋다.

제 29 장 동탄성계수

1. 동영계수

진동가력과 같이 빠른 속도로 작은 힘을 가함에 따라 얻어지는 영계수를 동영계수라 한다. 동영계수의 측정법에는 소닉법(공명진동법)과 울트라소닉법(파동법)이 있다.

2. 소닉법(共鳴진동법)

그림 4-28에 표시한 장치를 이용한다. 발진에서 임의의 주파수의 전기진동을 발진하여 이것을 구동자에 의해 기계진동으로 변환한다. 공시체의 단면을 경타하여 공시체에 탄성진동(압축변형의 발생과 소실의 반복으로 강체로써의 진동은 아니다)을 준다. 이것을 수진자에 의해 전기진동으로 변환하여 출력(변형량에 상당한다)으로써 미터에 표시한다. 발진주파수를 순차 변화시켜 공시체가 共鳴되었을 때(출력이 격단으로 증대했을 때)의 주파수를 구하고 이것을 공시체의 고유 진동수로 하여 가느다란 봉이 축방향에 자유진동하는 경우의 기본 식에서 동영계수를 산정한다.

$$\text{기본식} \quad 2fl = v = \sqrt{\frac{E_d}{\rho}} \tag{4-27}$$

여기서, l : 봉의 길이(cm), f : 고유 진동수(Hz)

E_d : 동영계수(gf/cm^2), ρ : 봉의 밀도(g/cm^3)

v : 탄성파 전파속도(cm/s)(울트라 소닉법 참조)

콘크리트 공시체는 일반적으로 길이에 비하여 단면치수가 크기 때문에 치수에 관한 보정을 실시할 필요가 있다(KS F 2437「공명 진동에 의한 콘크리트의 동탄성계수, 동

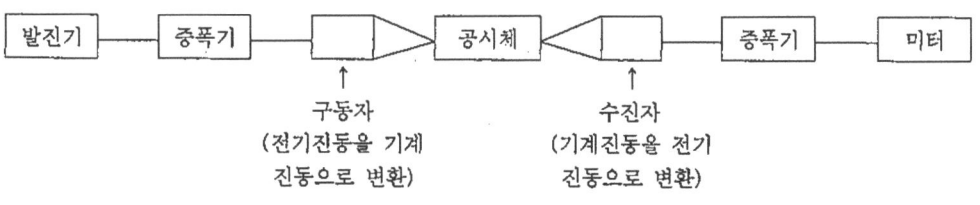

그림 4-28 소닉시험 장치(고유진동수 측정기)

전단탄성계수 및 포아슨비 시험방법」 참조). 또, 상기는 종진동법이지만 휨진동법(빔 끝에서 0.224l의 위치를 지탱한다. l : 공시체의 길이)에 의할 수도 있다.

3. 울트라소닉법(파동법)

공시체의 끝면에 구동자에 의해 초음파 펄스타(1파)를 주어 기타 끝면에 수진자를 대고 펄스타가 투과되는데 요하는 시간을 측정하여 공시체의 길이로 나누어 탄성파의 전파 속도를 구하고 식(4-26)에서 동영계수를 계산한다. 구조물에 있어서 2점 간의 파속을 측정하면 구조물의 콘크리트의 동영계수를 구할 수가 있다.

4. 동영계수의 값

콘크리트의 동영계수는 정영계수의 2배 정도이다. 이것은 빠른 속도로 加力될 때의 변형량이 작은 점과 발진자에 의해 경타될 때의 응력은 1~2kg/cm²정도로 작다는 것 등에서 초기 영계수에 근사한 값이 되기 때문이다. 동영계수로서 다음 식이 주어진다.

$$E_d = 6,000 W^{1.5} f'^{0.5}_c \tag{4-28}$$

여기서, E_d : 동영계수(kgf/cm²)
　　　　W : 콘크리트의 단위체적 질량(kg/l)
　　　　f'_c : 압축강도(kgf/cm²)

5. 동영계수의 이용

콘크리트 내부에 균열이나 큰 공극이 존재하면 탄성파에 반사, 산란 등의 흐트러짐이 생겨서 고유진동수나 전파속도가 변화되기 때문에 동영계수는 비파괴식의 탐상법으로써 극히 유효하다. 소닉법은 콘크리트의 동결융해 시험에 있어서 공시체의 열화과정의 측정에 울트라소닉법은 주로 구조물의 경년변화의 측정에 이용되고 있다. 그러나 동영계수에서 압축강도의 추정은 어렵다. 강도추정은 내부결함의 탐사가 아니라 품질수준의 평가이며 재료・배합의 변화에 대해 영계수의 편이 압축강도보다 둔감하기 때문이다. 동영계수에서 압축강도의 추정오차는 ±20%정도라고 말한다.

제 30 장 포아슨비 및 전단탄성계수

1. 포아슨비

1) 봉부재의 축방향에 인장력 또는 압축력을 가했을 때의 세로방향 변형에 대한 가로방향 변형의 비를 포아슨비라 한다.

$$\frac{1}{m} = \frac{\varepsilon_b}{\varepsilon_l} = \frac{\Delta b}{b} \bigg/ \frac{\Delta l}{l} \tag{4-29}$$

여기서, $\frac{1}{m}$: 포아슨비(m : 포아슨수라고 함), ε_l : 세로변형,

ε_b : 가로변형, l : 봉부재의 원길이(cm),

Δl : 축방향 변형량(cm), b : 봉부재의 원가로치수(cm),

Δb : 가로방향 변형량(cm)(그림 4-19 참조)

따라서, 포아슨비는 콘크리트강도의 강약에 의해 거의 변화되지 않는다.

2) 압축강도의 1/3 부근에 있어서 포아슨비는 보통 콘크리트인 경우 1/5~1/7, 인공경량골재 콘크리트인 경우 1/4~1/6이며 설계용 값으로서 어느 경우에도 0.2를 이용한다. 하중레벨의 증가와 동시에 포아슨비도 증가하여 파괴하중 부근에서는 1/2.5~1/4가 된다. 이것은 하중증가에 수반하여 내부변형이 증가되는데 의한다.

【계산연습】

$\phi 10 \times 20$cm 콘크리트 공시체에 축하중 $P=9.42$t를 가한 경우의 축방향 수축량 및 높이의 중앙부근에 있어서 직경의 증분을 계산한다. 콘크리트의 영계수 $E_c = 2.5 \times 10^5$ kg/cm², 포아슨비 $1/m = 1/6$으로 한다.

【풀이】

압축응력 $f_c = \dfrac{P}{A} = \dfrac{9,420}{\dfrac{10^2}{4} \times 3.14} = 120 \, \text{kg/cm}^2$

세로변형 $\varepsilon_l = \dfrac{f_c}{E_c} = \dfrac{120}{2.5 \times 10^5} = 4.8 \times 10^{-4}$

축방향 수축량 $\Delta l = \varepsilon \cdot l = 4.8 \times 10^{-4} \times 200 = 0.096 \, mm$

가로변형 $\varepsilon_b = \varepsilon_l \times \dfrac{1}{m} = 0.2 \times 4.8 \times 10^{-4} = 0.96 \times 10^{-4}$

직경의 증분 $\Delta D = \varepsilon_b D = 0.96 \times 10^{-4} \times 100 = 0.0096 \, mm$

2. 전단탄성계수(강성계수)

1) 전단응력과 전단변형의 비를 전단탄성계수 또는 강성계수라 한다.

$$G = \dfrac{v}{\gamma} \tag{4-30}$$

여기서, G : 전단탄성계수(kgf/cm²)
  v : 전단응력(kgf/cm²)
  γ : 전단변형

2) 직방체의 상대되는 2면에 전단력을 주면 성냥갑이 구겨진 것같이 변형된다. 그림 4-27에 표시하는 것처럼 ABCD면은 A'BCD'로 변형된다.

전단변형은 $\gamma = \dfrac{\Delta l}{h}$ 이다. $\Delta l \fallingdotseq h \cdot \Delta \theta$를 이용하면 $\gamma = \Delta \theta$가 된다.

3) 콘크리트의 전단탄성계수를 구하는 경우 그림 4-29와 같이 직방체에 剪斷力을 주어 이상적인 상태를 실현하는 것은 실험의 실시상 곤란하다. 그러므로 통상 콘크리트 환봉 공시체의 양단을 쥐고 토크(비틀림 모멘트)를 부여한다.

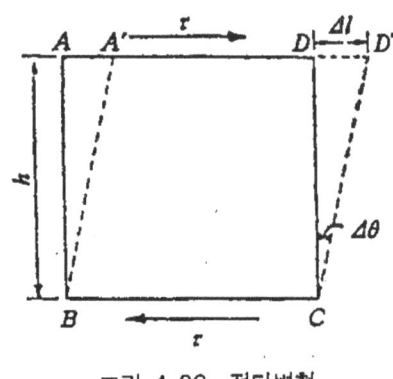

그림 4-29 전단변형

$$\left. \begin{aligned} v &= \dfrac{2M_l}{\pi \gamma^3} \\ \gamma &= \gamma \dfrac{d\theta}{dl} = \dfrac{\gamma \theta}{l} \end{aligned} \right\} \tag{4-31}$$

여기서, M_l : 비틀림 모멘트
  γ : 환봉단면의 반경(cm)

θ : 회전각(라디언)

l : 봉의 길이(cm)

콘크리트의 비틀림 시험은 용이하지 않으므로 탄성체에 대한 영계수와 전단탄성계수와의 다음의 관계식을 이용하여 값을 구하는 경우가 많다.

$$G = \frac{E}{2} \frac{m}{m+1} \tag{4-32}$$

여기서, E : 할선영계수(kgf/cm^2)

m : 포아슨수

제 31 장 크리이프

1. 크리이프

그림 4-30에 표시한 바와 같이 콘크리트체에 추를 놓으면 순간변형(편의상 탄성변형이라고 한다)이 일어난다. 추를 놓은 채 그대로 두면 응력은 변하지 않는데도 불구하고 변형은 시간과 함께 쌍곡선적으로 증대된다. 이와 같이 지속하중(압축, 인장에 불구하고) 하에서 변형만이 점차로 증가되는 현상을 크리이프라 한다. 이 현상은 액체의 유동과 유사하므로 플라스틱플로우라고 한다. 크리이프 변형은 탄성변형보다 크고 그 종국치는 탄성변형의 2배 이상이 된다.

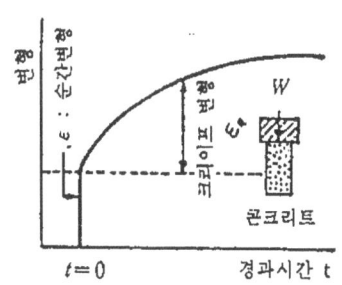

그림 4-30 지속하중의 콘크리트의 변형

2. 크리이프의 발생기구

크리이프의 발생원인은 시멘트의 수화에 의해 생긴 겔의 간극수(흡착수)의 압축 및 結晶간의 滑動에 기인된다.

3. 크리이프 곡선과 크리이프계수

1) 크리이프곡선
   ① 콘크리트의 크리이프의 진행상황은 그림 4-29에 표시한 바와 같이 쌍곡선상으로 다음 식에 의해 표시한다.

$$\varepsilon_\phi = \frac{t}{A+B_t} \tag{4-33}$$

여기서, ε_ϕ : 크리이프 변형, t : 재하기간, A, B : 실험정수

식(4-33)을 이용하여 크리이프변형의 종국치를 다음과 같이 추정한다.

$$\max \varepsilon_\phi = \lim_{t \to \infty} \frac{t}{A+Bt} = \lim_{t \to \infty} \frac{1}{\frac{A}{t}+B} = \frac{1}{B} \qquad (4\text{-}34)$$

즉, 종국 크리이프변형은 실험정수 B의 역수로서 주어진다.

② 크리이프 곡선을 다음 식으로 나타내는 수도 있다.

$$\varepsilon_\phi = K \log(1+t) \qquad (4\text{-}35)$$

여기서, K : 실험정수

식(4-35)은 종국치가 없고 이론상 모순되나 직선표시가 되기 때문에 실용상 편리하다(그림 4-33 참조).

③ 지속재하된 후 재하되면 크리이프 곡선은 그림 4-31과 같다. 즉 除荷時에 순간적으로 탄성회복(재하시 탄성변형)이 일어나며 그 다음에 시간과 함께 차츰 변형회복이 일어난다. 이것을 회복성 크리이프라 한다. 殘留變形이 남아 있는 것을 비회복성 크리이프라 한다.

2) 크리이프계수

순간변형에 대한 크리이프변형의 비를 크리이프계수라 한다.

$$\varphi = \varepsilon_\varphi / \varepsilon \qquad (4\text{-}36)$$

여기서, φ : 크리이프계수

지속하중을 받는 콘크리트 구조물의 어떤 단면에 대한 크리이프변형에서 그 단면에 작용하는 응력 σ가 계산되면,

$$\varepsilon_\varphi = \varphi \varepsilon = \varphi \frac{f}{E} \qquad (4\text{-}37)$$

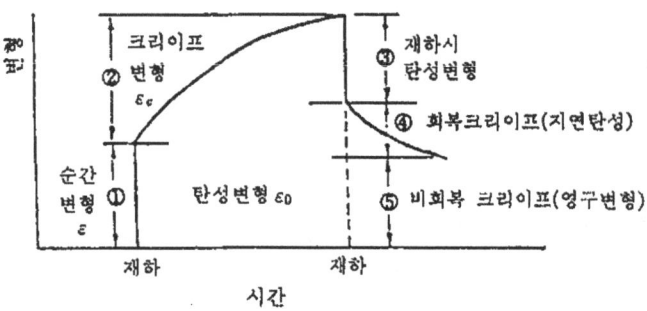

그림 4-31 회복성 크리이프와 비회복성 크리이프

따라서, 전변형량은 $\frac{f}{E} + \varphi \frac{f}{E} = \frac{f}{E}(1+\varphi)$가 되며, 설계상 크리이프계수 φ가 필요하다.

시방서 설계편에서는 프리스트레스 도입시기 4~7일에 보통 콘크리트에 대해 2.8, 인공경량골재 콘크리트에 대해 2.1로 정하였다. 이것은 인공경량골재 콘크리트의 크리이프는 보통 콘크리트보다 크기나 탄성변형이 크기 때문에 크리이프계수는 오히려 보통 콘크리트보다 작은 것이다. 그림 4-32에 프리스트레스트 콘크리트용의 고강도 경량콘크리트의 크리이프 시험 결과의 예를 표시한다.

4. 크리이프에 대한 법칙

1) Davis-Glanville(데이비스-그란빌)의 법칙

콘크리트에 가해지는 지속응력이 파괴강도의 1/3정도 이하의 경우 크리이프변형은 재하응력에 비례한다. 이 법칙은 재하응력이 압축, 인장에 관계없이 성립된다.

$$\varepsilon_\varphi = K_\varphi f \left(f < \frac{f'_c}{3} \text{ 또는 } f < \frac{ft}{3} \right) \tag{4-38}$$

여기서, ε_φ : 크리이프변형

f : 지속응력(kgf/cm^2)

K_φ : 비례상수

f'_c 및 ft : 압축강도 및 인장강도(kgf/cm^2)

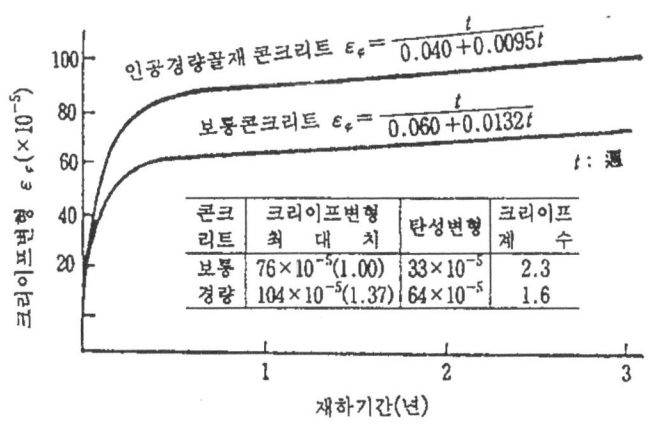

그림 4-32 인공경량골재콘크리트의 크리이프
(PC용 콘크리트, f_{28}=570~630kgf/cm^2)

따라서, 재하응력이 강도의 1/3이하의 범위에서 크리이프변형을 재하응력으로 나눈 단위응력당 크리이프변형은 재하응력의 크기에 따라 변화되지 않는다. 이것을 단위크리이프변형이라 한다.

$$\varepsilon_{\varphi 0} = \varepsilon_{\varphi} / f \tag{4-39}$$

여기서, $\varepsilon_{\varphi 0}$: 단위 크리이프변형

2) Whitney(하이트니)의 법칙

동일 콘크리트에서는 단위 크리이프변형의 진행상황은 일정하다. 즉 그림 4-33에 있어서 재하재령을 t_1 및 t_2로 한 경우의 단위 크리이프곡선 AB를 f_0만 아래쪽으로 평행이동한 것과 같다. 이 법칙은 확실히 정확하지 않으나 실용상 극히 편리하다.

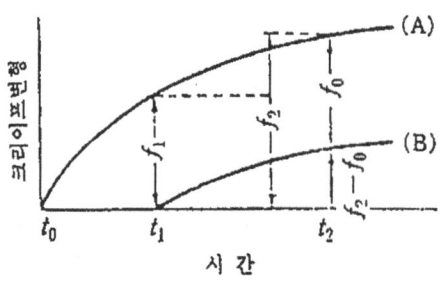

그림 4-33 Whithey의 법칙

예를 들면 곡선 AB를 알고 있으면 재하재령, 재하응력이 다른 곡선 CD상의 f_2는 다음 식에서 추정된다.

$$f_2 = f_1 - f_0 \tag{4-40}$$

5. 크리이프에 영향을 주는 요인

크리이프는 여러 가지의 요인에 의해 영향을 받는다. 중요한 영향요인을 다음에 표시한다.

1) 재 령

재하시의 재령이 짧을수록, 재하기간이 길수록, 크리이프변형은 커진다. 실용상 재하기간 3개월에 전크리이프의 약 50%, 1년에 약 80%가 완료되었다고 생각하면 된다.

2) 재하응력

재하응력이 클수록 크리이프변형은 커진다(4.(1) Davis-Glanville의 법칙 참조).

3) 콘크리트의 품질

고강도의 콘크리트일수록 크리이프변형은 적다.

4) 콘크리트의 온도

콘크리트의 온도가 높을수록 크리이프변형은 크고, 온도 20℃~80℃의 범위에서는 온도에 거의 비례된다. 그림 4-34는 원자로 압력용기용 프리스트레스트 콘크리트의 크리이프에 대해서 온도의 영향을 시험한 예이다.

5) 부재치수

부재의 단면적에 비하여 표면적이 큰 것일수록 크리이프변형은 크다.

6) 습 도

온도가 낮을수록 크리이프변형만은 커진다. 수중에서의 있어서 크리이프가 가장 작고 이것을 기본 크리이프라 말한다.

6. 크리이프의 득실

크리이프변형을 고려한 겉보기의 영계수 E_φ는,

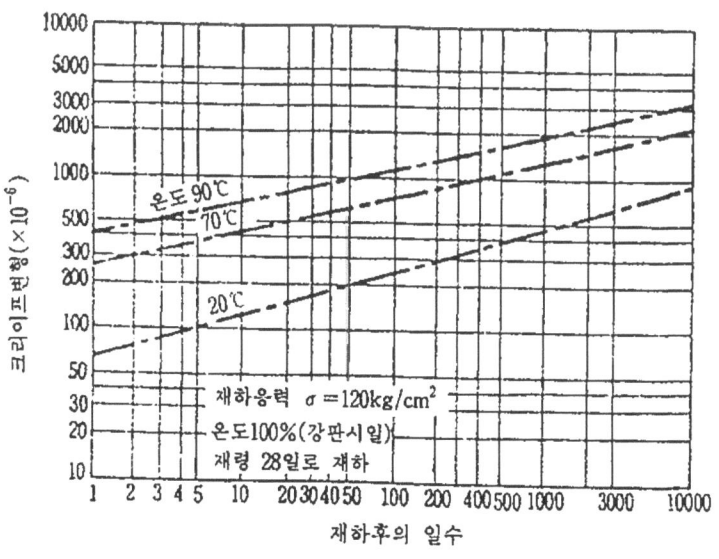

그림 4-34 콘크리트의 온도와 크리이프의 관계

$$E_\varphi = \frac{f}{\varepsilon + \varepsilon_\varphi} = \frac{f}{\varepsilon(1+\varphi)} = \frac{E}{1+\varphi} \qquad (4\text{-}41)$$

즉, 크리이프의 영향은 콘크리트의 영계수가 1/(1+ϕ)로 저하되는데 상당하기 때문에 콘크리트 구조물에 대해 다음과 같은 득실을 준다.

1) 장기간에 걸쳐서 서서히 진행되는 건조나 온도변화, 지반의 부등침하 등에 기인되는 변형에 대해 응력이 작아지며, 따라서 균열의 발생이 적어진다.

2) 지속하중에 의해 빔, 슬래브의 변형이 증대된다.

3) 프리스트레스트 콘크리트에 있어서 프리스트레스트는 지속하중으로써 작용하므로 부재단축이 일어나고 프리스트레스가 감소된다.

제 32 장 피 로

1. 피로(疲勞)

재료에 다수회의 반복하중을 가하면 정적인 파괴하중보다 작은 하중으로 파괴된다. 이것을 재료의 피로라 한다. 철도교의 주빔, 도로교의 슬래브, 일부의 해양구조물 등 큰 하중을 되풀이해서 받는 구조물의 설계시공에는 피로를 고려하지 않으면 안된다.

2. S-N선도

1) S-N선도는 그림 4-34에 표시한 바와 같이 횡축에 반복회수 $\log N$, 종축에 응력진폭 $\left(\dfrac{\sigma_{max} - \sigma_{min}}{2}\right)$ 또는 전진폭 $(\sigma_{max} - \sigma_{min})$을 취하여 묘사한 것이다. 종축은 강재의 경우 대수 표시, 콘크리트의 경우 자연수 표시로 하는 경우가 많다.

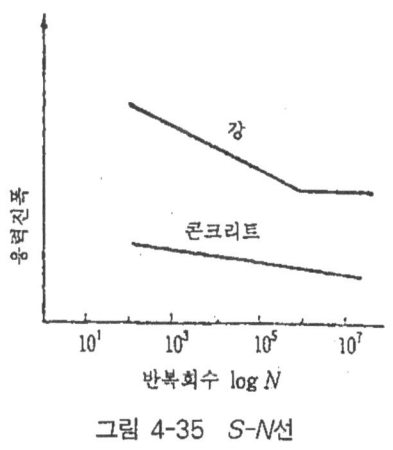

그림 4-35 S-N선

2) 그림 4-35에 있어서 강재의 S-N선도는 어떤 응력으로 수평선을 표시하고 있다. 이것은 그 응력이하의 경우 무한회 되풀이해도 파단되지 않는 것을 나타내며 이 응력을 피로한도라 한다. 연강의 경우, 피로한도에 도달할 때의 반복회수는 약 200만회라고 말한다.

3) 되풀이 회수 1000만회의 범위에서는 콘크리트의 피로한도는 명료하게 나타나지 않는다. 이와 같은 경우는 되풀이 회수를 임의적으로 정하고 그때의 파괴응력으로 표시하며, 이것을 피로강도라 한다. 예를 들면 200만회 피로강도 등이라 한다. 또, 41,000만회 피로강도를 실용상의 피로한도로 생각하면 콘크리트의 압축피로한도는 정적강도의 50~60%범위에 있다.

3. 수정 Goodman圖

반복하중을 받는 구조물에 있어서 하한응력(σ_{min})은 일반적으로 사하중응력이며, 상한응력(σ_{max})은 사하중 응력과 활하중응력의 합이다. 하한응력의 크기에 따라 피로한도는 변화되고 그 관계를 일반화한 것이 그림 4-36의 수정 Good-man圖이다. 이 그림은 횡축에 하한응력, 종축에 상한응력을 각각 정적강도(σ_{ult})로 무차원 표시한 것이다. 직선 AB는 여러 가지의 하한응력에 대응하는 피로한도(強度)(상한응력)를 표시하며 OP線(45°線)은 하한응력을 표시하기 때문에 AB선과 OP선에 끼워진 부분이 전진폭 응력이 된다.

A점은 하한응력이 0kg/cm²의 경우 피로한도를 표시하면 콘크리트의 경우 약 55%가 된다. 예를 들면 하한응력이 정적강도의 40%의 경우 피로한도(強度)는 약 73%, 전진폭 응력은 약 33%가 된다. 이와 같이 수정 Goodman圖에 의해 임의의 하한응력에 대응하는 피로한도(強度) 또는 전진폭응력을 추정할 수가 있다.

4. 수중피로

1) 수중에 있어서 콘크리트의 피로강도는 기중에 있어서 피로강도보다 상당히 저하되며 약 2/3가 된다. 그림 4-37은 수중피로와 기중피로를 비교한 실험결과의 예이다.

2) 棧橋의 지주 등의 해양구조물에서는 被浪에 의해 정부(正負) 교번의 되풀이 하중을 받는다. 표 4-10은 40×40cm의 복철로 단면의 지주모델의 정부(正負) 교번휨 피로시험의 결과이며 수중에 있어서 피로수명은 기중에 있어서 피로수명의 1/2이하로 되어 있

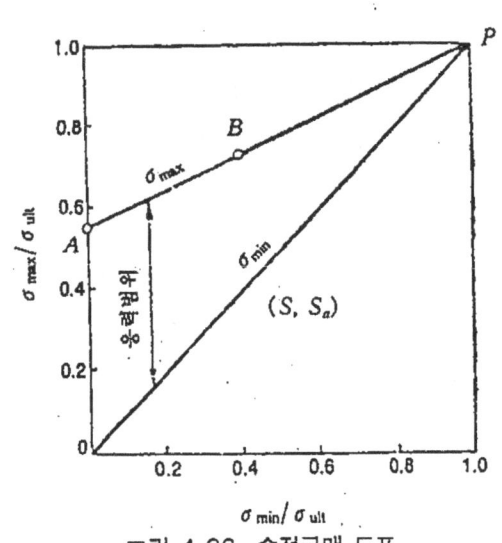

그림 4-36 수정굿맨 도표

다. 이것은 정(正)의 휨 모멘트에 의해 開口된 휨 균열이 부(負)의 휨 모멘트에 의해 닫힐 때 균열 내에 침입된 물이 고속으로 분출되고(펌프작용이라 함), 이때 파면의 시멘트, 모래 등을 세굴, 배출한다. 이 때문에 균열폭은 점차로 확대되고 수밀리에 도달하며 콘크리트에 의해 압축응력을 전달할 수 없게 된다. 그 때문에 압축력은 모두 철근으로 부담하게 되므로 철근의 압축응력은 심하게 증대되고 따라서 철근의 전진폭응력이 커지며 철근이 조기에 피로파단되는 것으로 생각된다.

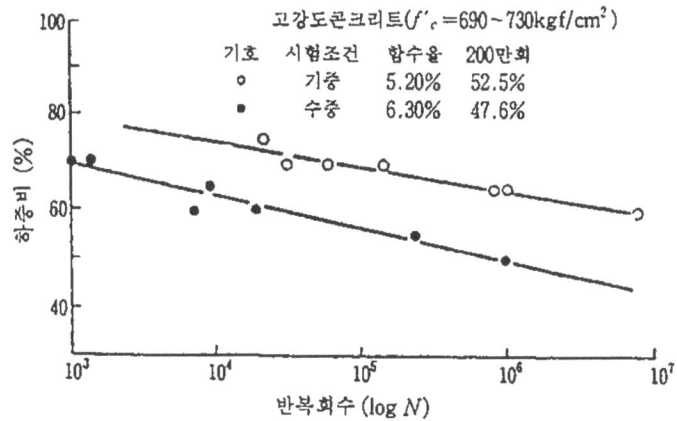

그림 4-37 콘크리트의 기중피로와 수중피로의 비교

표 4-10 철근콘크리트 부재의 수중피로 정부(正負) 교번 휨피로

공시체의 상태	피로수명의 $N \times 10^4$회	적 요
기 중	112	하중 $P=13.8tf$ 콘크리트의 압축응력 $f_c=158 kgf/cm^2$ 철근의 인장응력 $f_c=1900 kgf/cm^2$
수 중	42.5	철근의 압축응력 $f_s'=700 kgf/cm^2$

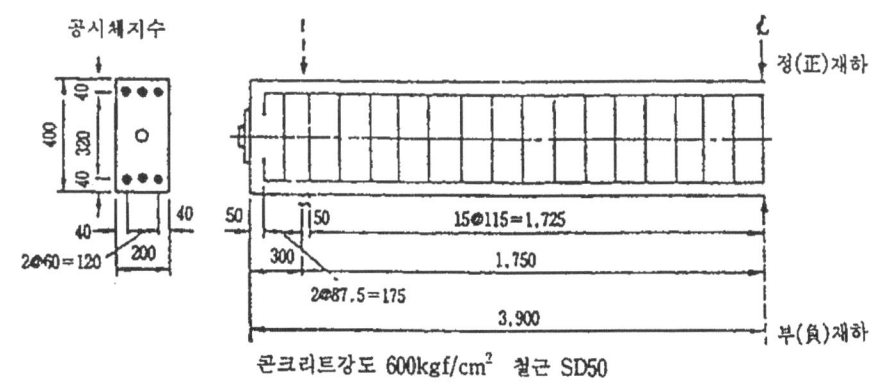

콘크리트강도 600kgf/cm² 철근 SD50

5. 크리이프 파괴

콘크리트에 압축강도의 80~90%이상의 지속응력을 가해 두면 변형이 점차로 증대하여 결국 파괴된다. 이것을 크리이프파괴라 하며, 피로 가운데에 포함되어 있는 압축강도의 85%의 지속응력에 의해 약 100분 간에 파괴되고 80%의 지속응력에 의해 약 7일 간에 파괴된 예가 있다.

6. 피로 파괴의 원인

그림 4-38은 응력의 증가에 수반하는 포아슨비 및 체적변형의 변화와 내부균열의 진전상황을 표시하였다.

그림 4-38에 있어서 포아슨비가 증가 경향으로 바뀌는 응력(초기 응력이라 한다.)은 부착균열이 급증되는 응력에 대응하여 그 응력비는 0.5전후이다. 또, 체적변형이 정(正)측에서 부(負)방향으로 반전되는 응력(임계응력이라 한다)은 모르터 균열이 급증되는 응력에 대응하여 그 응력비는 0.8정도이다. 즉, 피로한도는 부착균열이 급증하는 응력에 크리이프파괴는 모르터 균열의 급증하는 응력에 상당하기 때문에 이것들의 피로현상은 모두 내부균열의 진전에 기인되는 것으로 생각된다. 이와 같이 피로파괴는 파손이 집적되기 때문에 편차가 많아진다.

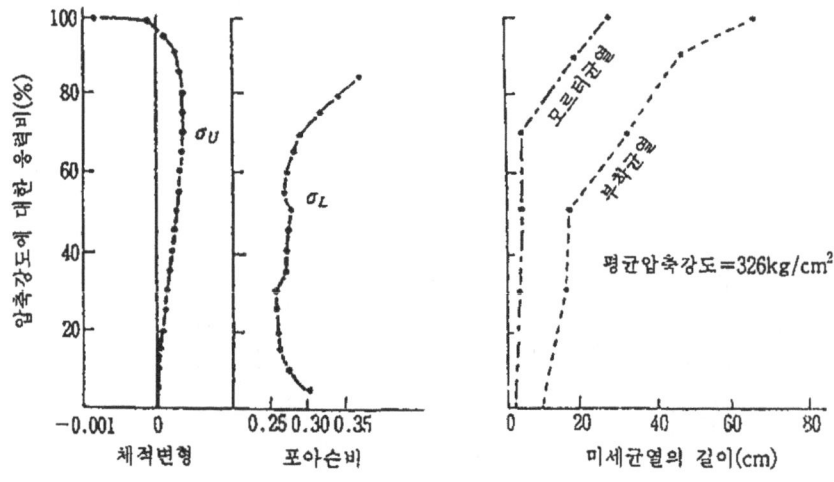

그림 4-38 포아슨비 및 체적변형과 내부균열과의 관계
(Snah S.P.Jour. of ACI. Vol.65, No.9 1968)

【연습문제】

제 18 장 콘크리트의 질량 및 체적변화

1. 다음 기술 내용의 적정 여부를 판단하고, 물음에 답하시오.

(1) 콘크리트의 피로한도는 응력의 반복회수가 107회의 범위에서는 확실히 나타나지 않는다. 10회에 있어서 콘크리트의 피로강도는 정적강도의 약 55%이다.

(2) 수중에 대한 콘크리트의 피로강도는 기중에 대한 것보다 크다.

(3) 콘크리트에 압축강도의 80~90%의 지속응력을 가해 두면 콘크리트는 파괴된다.

(4) 콘크리트의 피로파괴 및 크리이프파괴는 반복응력 및 지속응력에 의한 내부균열의 진전에 기인된다.

19. 다음 기술 내용의 적정 여부를 판단하고, 물음에 답하시오.

(1) 배합조건 중 콘크리트의 건조수축에 가장 큰 영향을 주는 것은 물시멘트비이다.

(2) 공기량이 증가되어도 단위수량을 조절하여 슬럼프를 일정하게 유지하면 콘크리트의 건조수축은 거의 변화되지 않는다.

(3) 보통 골재 콘크리트와 경량골재 콘크리트의 건조기간과 수축변형이 다음의 쌍곡선식으로 주어지는 경우, 종국 수축변형은 경량골재 콘크리트 쪽이 크다고 추측된다.

보통 콘크리트 $S = \dfrac{t}{0.056 + 0.0154t}$

경량 콘크리트 $S = \dfrac{t}{0.72 + 0.0164t}$ (그림 8.4 참조)

(4) 길이 10m의 철근콘크리트 기둥재(인공경량 골재사용)의 온도변화 및 건조수축에 의한 단축량은 3.5mm이다. 단, 기둥재는 구속되지 않는 것으로 한다. 또, 인공경량 골재를 쓰고 철근 콘크리트의 열팽창계수는 $1 \times 10^{-5}/℃$, 건조수축변형은 20×10^{-5}로 한다.

제 19 장 동결융해에 대한 저항성

1. 다음 기술 내용의 적정 여부를 판단하고, 물음에 답하시오.

(1) 경화 콘크리트 속의 모든 空隙水는 0℃에서 동결되며 이 빙압에 의해 콘크리트는 열화된다.

(2) 에어 엔트레인드는 콘크리트의 경화 후도 자연 변형되며 콘크리트의 동결시의 빙압에 대해서 쿠션재로서 작용하기 때문에 콘크리트의 동결융해 저항성을 비약적으로 증대시킨다.

(3) 콘크리트의 동결융해 시험방법은 KS F 2560 「콘크리트용 화학혼화제」의 부속서에 표시되어 있다.

(4) 팝아웃트는 굵은 골재의 동결에 기인되나 AE콘크리트로 시공하는데 따라 막을

수가 있다.

제 20 장 화학작용에 대한 내구성

다음 기술 내용의 적정 여부를 판단하고, 물음에 답하시오.

(1) 콘크리트는 무기산의 침식작용에 대해 저항되지 않으므로 보호공을 둘 필요가 있다.

(2) 황산염에 의한 콘크리트의 열화는 수산화칼슘의 용출에 의한 다공화에 기인된다.

(3) 콘크리트 공시체를 해수에 沈積된 경우 보통 압축강도는 재령 1~2년 정도까지는 증가 경향을 표시하나 그 후는 거의 일정하며 재령 5년정도 이후 감소경향을 나타낸다.

(4) KS F 4009 「레디믹스트 콘크리트」에서는 하역지점에 대한 콘크리트 속의 염소이온의 총량을 규정하였다.

제 21 장 전식 및 손식에 대한 내구성

다음 기술 내용의 적정 여부를 판단하고, 물음에 답하시오.

(1) 철근의 양극 전해에 의한 부식량(녹의 량)과 적산전류량과의 사이에 거의 직선적인 관계가 있다.

(2) 철근의 양극전해에 의해 녹이 생기고 녹의 팽창압에 의해 피복콘크리트에 균열 또는 박락이 일어난다.

(3) 철근의 양극전해에 의해 콘크리트 속의 알카리가 철근 주위에 쌓여서 철근과 콘크리트 부착을 해친다.

(4) 캐비테이션은 강경한 골재를 이용하여 물시멘트가 작은 AE콘크리트를 세심하게 시공하는데 따라 완전히 막을 수가 있다.

제 22 장 중성화

다음 기술 내용의 적정 여부를 판단하고, 물음에 답하시오.

(1) 콘크리트의 중성화란 공기 중에 이산화탄소가 침투되고 수산화칼슘과 반응하여 탄산칼슘이 되며 산성을 잃는 일이다.

(2) 콘크리트의 내부는 강한 알카리성을 나타내기 때문에 매립된 철근은 절대로 녹슬지 않는다.

(3) 콘크리트의 중성화 깊이는 경과년수의 평방근에 거의 정비례한다.

(4) 콘크리트의 중성화의 진행정도는 페놀프탈레인의 1%에탄올 용액을 이용하여 판정할 수가 있다.

제 23 장 알카리 골재반응

다음 기술 내용의 적정 여부를 판단하고, 물음에 답하시오.
(1) 알카리 탄산염반응, 알카리 실리커반응 등을 총칭하여 알카리골재 반응이라 한다.
(2) 콘크리트는 시멘트수화물로서의 수산화칼슘에 의해 알카리성을 나타내므로 알카리골재 반응은 피할 수 없다.
(3) 알카리실리커 반응에 의한 균열은 콘크리트 부재의 단면이 얇고 건조되는 경우에 생기기 쉽다.
(4) 골재의 알카리실리커 반응성시험은 일본 JIS A 5308「레디믹스트 콘크리트」의 부속서에 규정되어 있다.

제 24 장 열적 성질

다음 기술 내용의 적정 여부를 판단하고, 물음에 답하시오.
(1) 열전도율, 열확산율 및 열팽창계수를 총칭하여 열흐름 특성이라 한다.
(2) 열전도율 K, 열확산율 D 및 비열 C의 다음 관계가 성립된다.

$$D = \frac{K}{C} \rho \quad \text{단, } \rho : 밀도$$

(3) 공기의 열전도율은 크기 때문에 건조상태의 콘크리트 열전도율은 포화상태의 경우보다 크다.
(4) 비열은 1g 물질의 온도를 1℃ 상승시키는 데 필요한 열량으로 표시되며 단위는 cal/g/℃이다.

제 25 장 내화·내열성

다음 기술 내용의 적정 여부를 판단하고, 물음에 답하시오.
(1) 가열온도가 200℃ 이상인 경우, 시멘트페이스트 열팽창계수는 열수축계수보다 크다.
(2) 100℃를 초과하는 고온 하에 있어서 콘크리트의 열화는 시멘트페이스트의 열수축과 골재의 팽창에 의한 열응력에 기인된다.
(3) 콘크리트가 500℃ 이상으로 가열된 경우에도 냉각 후 수분을 주어서 양생하면 고온에 의한 열화는 매우 회복된다.
(4) 고온에 의한 콘크리트의 열화는 압축강도 보다도 탄성계수에 있어서 현저하다.

제 26 장 수밀성

다음 기술 내용의 적정 여부를 판단하고, 물음에 답하시오.

(1) 수밀적인 콘크리트 구조물을 만들기 위해서는 워커빌리티가 좋은 콘크리트를 이용하며 정성껏 시공하는 것이 가장 중요하다.

(2) 굵은 골재의 최대치수를 가급적 크게 선택하는 것은 단위수량을 줄이고 콘크리트의 수밀성을 더하기 위해 유효한 수단이다.

(3) 건설부 콘크리트 표준시방서에서 수밀콘크리트의 물시멘트비를 55%이하로 규정하였다.

(4) 콘크리트와 같은 다공체에 있어서 압력구배를 수반하는 물흐름을 해석하는 경우에는 유속이 압력구배에 비례한다는 법칙(다르시의 법칙)을 기본으로 한다.

제 27 장 응력 - 변형곡선

다음 기술 내용의 적정 여부를 판단하고, 물음에 답하시오.

(1) 재료의 응력-변형곡선을 알고 있으면 변형량을 측정하는 데 따라 응력을 추정할 수가 있다.

(2) 콘크리트의 응력-변형곡선이 곡률을 가지며 殘留變形을 표시하는 것은 내부 균열에 기인된다.

(3) 콘크리트의 응력-변형곡선은 단조증가 곡선이다.

(4) 콘크리트의 응력 - 변형곡선은 ($\eta=0$, $\xi=0$) 및 $\frac{d\eta}{d\xi}\big|_{\xi=1}^{\eta=1}=0$을 만족한다. 단, η는 상대응력, ξ는 상대변형이다.

제 28 장 정탄성 계수

다음 기술 내용의 적정 여부를 판단하고, 물음에 답하시오.

(1) 콘크리트의 영계수로써 보통 압축강도의 1/3~1/4의 응력에 대한 접선영계수를 이용한다.

(2) 콘크리트의 인장영계수는 압축영계수보다 다소 작다.

(3) 콘크리트의 영계수는 단위체적 질량과 압축강도의 함수로 나타낸다.

(4) 콘크리트 단면적 $A_c=2,000cm^2$, 축방향 철근의 총단면적 $A_s=20cm^2$, 철근콘크리트 기둥에 軸壓縮力 $P=214tf$가 가해졌을 때의 콘크리트의 응력 $f_c=100kgf/cm^2$, 철근의 응력 $f_s=700kgf/cm^2$, 기둥의 압축변형 $\varepsilon=0.00033$이다. 단, 콘크리트의 영계수 $E_c=3\times10^5 kg/cm^2$, 철근의 영계수 $E_s=2.1\times10^6 kg/cm^2$으로 한다.

제 29 장 동탄성 계수

다음 기술 내용의 적정 여부를 판단하고, 물음에 답하시오.

(1) 동영계수는 공시체의 고유진동수 또는 2점 간의 탄성파 전파속도에서 계산한다.

(2) 동영계수를 구할 때의 진동가력의 크기는 극히 작으므로 割線彈性係數와 근사한 값이 된다.

(3) 동영계수 측정법은 콘크리트의 압축강도를 추정하기 위한 비파괴시험법으로써 극히 유효하다.

(4) 동영계수 측정법은 콘크리트의 내부결함 탐사법으로써 유효하다.

제 30 장 포아슨비 및 전단탄성계수

다음 기술 내용의 적정 여부를 판단하고, 물음에 답하시오.

(1) 보통골재 콘크리트, 인공경량 골재 콘크리트 동시에 포아슨비의 설계용 값은 0.2로 한다.

(2) 단면적 $A_c=100\text{cm}^2$의 콘크리트 기둥에 축압축력 $P=6\text{tf}$를 가한 경우 세로(縱)변형 $\varepsilon_l=0.0003$, 가로(橫)변형 $\varepsilon_b=0.00005$이다.

단, 콘크리트의 영계수 $E_c=2.0\times10^5\text{kg/cm}^2$, 포아슨비 $\dfrac{1}{m}=0.2$ 로 한다.

(3) 콘크리트의 환봉공시체의 순비틀림 시험을 실시하는데 따라 콘크리트의 전단탄성계수를 구할 수가 있다.

(4) 콘크리트의 영계수 $3.0\times10^5\text{kg/cm}^2$, 포아슨비 0.2인 경우, 전단탄성계수는 약 $1.25\times10^5\text{kg/cm}^2$이다. 전단탄성계수의 계산에는 다음 식을 이용해도 좋다.

$$G=\frac{E}{2}\frac{m}{m+1}$$

여기서, G : 전단탄성계수 (kg/cm^2)
　　　　E : 영계수 (kg/cm^2)
　　　　m : 포아슨수

제 31 장 크리프

다음 기술 내용의 적정 여부를 판단하고, 물음에 답하시오.

(1) 지속응력이 콘크리트강도의 1/3정도 이하인 경우 크리프변형은 지속응력의 크기에 비례된다.

(2) 크리프곡선이 다음 식으로 주어지는 경우 크리프변형은 종국치 80×10^{-5}이다.

$$\varepsilon_\varphi = \frac{t}{A+Bt} \times 10^{-5}$$

여기서, ε_φ : 크리이프변형, t : 재하기간 (주),
A, B : 정수, $A=0.073$, $B=0.0125$

(3) 수중에 있어서 콘크리트의 크리이프는 기중에 대한 크리이프보다 크다.

(4) 단면 $A=100\text{cm}^2$, 길이 l : 40cm의 콘크리트기둥에 지속압축하중 $P=10\text{tf}$를 가한 경우의 최종수축량은 0.48mm 이다.

단, 콘크리트의 영계수 $E_c=2.5\times10^{-5}\text{kg/cm}^2$, 크리이프계수 $\varphi=2.0$으로 한다.

제 32 장 피로

다음 기술 내용의 적정 여부를 판단하고, 물음에 답하시오.

(1) 콘크리트의 피로한도는 응력의 반복횟수가 10^7회의 범위에서는 확실히 나타나지 않는다. 10^7회에 있어서 콘크리트의 피로강도는 정적강도의 약 55%이다.

(2) 수중에 대한 콘크리트의 피로강도는 기중에 대한 것보다 크다.

(3) 콘크리트에 압축강도의 80~90%의 지속응력을 가해 두면 콘크리트는 파괴된다.

(4) 콘크리트의 피로파괴 및 크리이프파괴는 반복응력 및 지속응력에 의한 내부균열의 진전에 기인된다.

제 5 편 콘크리트의 배합 및 레디믹스트 콘크리트

제33장 　배합설계
제34장 　콘크리트 배합설계 예 Ⅰ
제35장 　콘크리트 배합설계 예 Ⅱ
제36장 　레디믹스트 콘크리트
제37장 　레디믹스트 콘크리트의
　　　　 품질관리

콘크리트품질은 콘크리트 구성재료인 시멘트, 골재, 혼합수 및 필요에 따라 첨가되는 혼화재료 등의 제조과정과 이를 배합하여 생산하는 과정, 생산된 콘크리트를 운반하여 타설하고 양생하여 관리하는 모든 과정이 콘크리트품질과 밀접한 관계를 가지고 있다.

콘크리트란 구조물의 종류, 특성 등에 따른 제반조건 등을 감안하여 배합설계를 통하여 각 재료 량을 산출함으로써 반드시 그 배합결과에 따라 콘크리트가 생산되어야 하나, 우리의 실정은 그렇지 않은 경우가 많음을 알 수 있다.

최초 건설공사 현장에서는 콘크리트를 직접 제조하는 경우가 드물고 Ready Mixed Concrete를 주로 사용하는 경우가 일반화된 추세이다.

이에 대한 품질관리 또한 생산자와 사용자로 이원화된 관리를 하고 있는 것도 건설공사 현장의 실정이다. 콘크리트 생산과 시공의 전 과정에서 레미콘의 장점을 충분히 이용하면서 콘크리트품질을 향상시켜야 하는 게 우리 기술자의 과제라 하겠다.

우리의 콘크리트는 발주자, 시공자, 콘크리트 생산자, 감리감독자 등 관련 기술자의 상호 유기적인 협조체제 하에 상당한 노력의 정도에 따라서 콘크리트품질향상이 이루어질 수 있다고 생각된다.

제 33 장 배합설계

1. 개 요

1) 배합설계의 기본
콘크리트의 배합은 설계의 요구 조건을 만족시키는 범위 내에서 소요의 강도, 내구성 균일성 및 필요한 경우는 수밀성을 갖는 작업에 적합한 워커빌리티를 가진 콘크리트가 가장 경제적으로 얻어지도록 사용재료의 비율을 설정하는 것이다.

2) 배합의 표시방법
① 배합은 시방배합 및 현장배합으로 표시된다.
② 시방배합은 설계도서 시방서 또는 책임기술자에 의해 지시되는 배합이며 잔골재는 5mm체를 거의 다 통과하는 것, 굵은 골재는 5mm체에 거의 다 남는 것으로 하고 동시에 표면건조 포화상태로서 표시한다.
③ 현장배합은 현장에서 계량하는 각 재료의 양으로 표시하며 시방배합이 얻어지도록 현장 골재의 함수율, 잔골재 중의 5mm에 남는 양 및 굵은 골재 중의 5mm 체를 통과하는 양 등을 고려하여 시방배합을 수정한 것이다. 또한 혼화제를 얇게 하여 녹이든지 하여 사용하는 경우는 회석수량을 단위수량의 일부로 생각한다.
④ 시방서에서 시방배합의 표시방법으로서 표 5-1에 표시된다. 배합은 각 재료의 중량으로 나타내는 것이 원칙이나 인공 경량골재인 경우는 골재내부에 완전히 흡수될 때까지는 오랜 세월이 필요하며 실제상 표면건조 포화상태로 할 수는 없으므로 함수율에 관계가 없는 절대용적(ℓ)으로 표시하기로 하고 현장에서 사용할 때의 유효흡수율에 따른 밀도를 쓰며 질량으로 환산한다. 배합표는 이 밖에 구조물의 종류, 설계기준 강도, 배합강도, 시멘트의 종류, 잔골재의 조립율, 굵은 골재의 실적율, 혼화제의 종류, 운반시간, 시공시기 등에 대해서도 아울러 기술하는 것이 이상적이다.

3) 배합의 선정방침

① 打設이 가능한 범위 내에서 최초의 單位水量, 즉 최초의 Slump의 콘크리트일 것.

單位水量이 커지면 콘크리트의 Consistency가 增加하고 打設이 용이하지만, 콘크리트의 運搬, 打設, 다짐 중에 材料의 分離가 현저하게 되고 上部의 콘크리트는 물이 많은 나쁜 品質이 되거나, 鐵筋 또는 骨材의 附着性能이 저해되어 均質이며 결함이 적은 콘크리트를 만들 수 없게 된다.

더우기 所要의 强度, 耐久性을 얻기 위해서 많은 시멘트를 必要로 하고 非經濟的인 配合이 된다.

② 設計 및 施工上 許容되는 범위 내에서 가능한한 最大치수의 굵은 骨材를 쓸 것이며 이것은 單位水量과 單位시멘트量을 減少시키고 콘크리트의 品質을 改善할 수 있기 때문이다.

③ 氣象的 作用, 化學的 作用에 破壞, 侵食作用에 충분히 低抗토록 적당한 耐久性을 가져야 한다.

④ 所要의 强度를 가질 것이다.

표 5-1 배합의 표시방법

굵은골재의 최대치수	슬럼프의 범위	공기량의 범위	물시멘트비[1]	골재율	단위량(kg/m³)						
					물	시멘트	잔골재	굵은 골재		혼화재료	
								mm ~ mm	mm ~ mm	혼화재	혼화제[2]
(mm)	(mm)	W/C (%)	W/C (%)	s/a (%)	W	C	S				

주) 1) 포졸란 반응성이나 잠재 수경성을 갖는 혼화재를 사용할 때 물시멘트비는 물 결합재비로 된다.
2) 혼화제의 사용량은 cc/m³ 또는 g/m³로 표시하며 얇거나 녹지 않는 것을 표시한다.

4) 배합설계법

① 배합설계의 기본적인 견해

㉮ 배합설계의 기본적인 견해는 소요의 강도, 내구성, 수밀성, 균열저항성 등(경화콘크리트의 품질)에서 물시멘트비를 정하고 소요의 반죽질기에서 수량을 정하는 동시에 분리가 적은 플라스틱한 콘크리트가 얻어지도록 잔·굵은 골재의 비율을 정한다.

㉯ 배합설계법에는 試的方法과 簡易方法이 있다. 현재로 試的方法에 의하는 것이 가장 확실하기 때문에 레디믹스트 콘크리트나 프리캐스트 콘크리트의 공

장, 대규모 공사 등 시험설비, 인원 등이 갖추어 있는 곳에서는 試的方法에 의하지 않으면 안된다. 소규모 공사에서는 배합참고표 등을 이용해도 좋다.
② 試的方法
㉮ 물시멘트비를 어떤 값으로 정하더라도 시멘트의 종류 및 성분, 골재의 품질 등에 따라서 강도, 기타의 경화콘크리트의 품질은 다르며 소요의 반죽질기를 얻기 위한 단위수량은 골재의 입형, 입도에 의해 변화되며 골재의 입형, 입도의 적절한 수량표시의 방법이 아직 확립되어 있지 않기 때문에 콘크리트의 배합을 탁상의 계산만으로 정할 수는 없으며 시험비빔을 수반하는 試的方法에 의하게 된다.
㉯ 試的方法은 공사에 사용하는 재료의 대표적 시료를 쓰며 실험실에서 시험배치를 만들어 검토하고 적당하다고 생각되는 배합을 정한다. 다음에 이것을 현장의 믹서로 혼합하고 믹서의 상위나 운반 중의 슬럼프, 공기량의 저감 등에 대해서 조정을 실시한다.

5) 배합설계 순서
① 구조물의 특성, 시공조건을 고려한 재료의 성질
　시멘트 종류 및 골재의 종류(하천 골재, 깬 골재)
② 사용할 장비 성능 및 시공정도에 따른 콘크리트 품질의 변동계수를 정하고, 시공하려는 구조물의 중요도를 감안하여 표준편차의 보정계수를 결정한 후 설계기준 강도에 적용하여 배합강도를 정한다.
③ 다짐방법, 부재의 단면, 배근상태를 감안하여 슬럼프 값을 정한다.
④ 작업성과 내구성에서 공기량을 정한다.
⑤ 부재의 형상과 치수, 배근상태, 골재의 특성을 고려한 굵은 골재 최대치수를 정한다.
⑥ 배합강도로서 물·시멘트비 결정
⑦ 슬럼프 굵은 골재의 최대치수에 따라 단위수량 결정
⑧ 잔골재율 결정
⑨ $1m^3$당 소요중량 결정
⑩ 상기순서로 결정된 배합을 비벼서 시험배치를 만들어 단위수량 보정 및 압축강도 시험 후, 배합강도를 얻을 수 있는 최소의 C/W를 결정

2. 材料의 選定

1) 시멘트는 일반적인 경우 보통 포틀랜드 시멘트를 사용한다. 특수한 경우 즉 거푸집 除去를 早期에 한다든가 構造物의 着工時期를 앞당기든가 등의 養生時期를 단축시키려면 早强 포틀랜드 시멘트를 사용한다. 그러나 현재 國內 각종 土木, 建築工事는 대부분 보통 포틀랜드 시멘트를 사용하고 특수한 경우에도 여기에 混和材料를 加味하여 所期의 목적을 달성하고 있다.

2) 골재는 山岳地帶인 우리 나라의 경우 河川骨材를 싼 값으로 쉽게 求할 수 있어 대부분 自然産인 河川骨材를 사용해 왔으며 극히 일부에서만 生産骨材인 깬 자갈을 사용하였다. 그러나 河川의 多目的 開發을 위한 댐이 建設되고 森林 보호 및 育成政策에 따라 沙汰 현상 등을 볼 수 없게 되어 自然骨材생산이 극히 감소된 반면 최근에 급격한 産業 발달로 土木, 建築工事가 번창하여 골재의 消費가 增大됨으로써 일부 地域에서는 河川骨材가 枯渴된 형편이므로 새로운 骨材開發을 고려할 단계라 하겠다. 따라서 配合을 결정하는 방법도 修正할 필요가 생길 것이다.

3) 混和材料의 선택은 신중을 期하여야 한다. 이는 보관, 운송 및 사용방법이 어렵고 약간의 변화에도 콘크리트의 성질을 크게 변화시키며 경우에 따라서는 본의 아닌 逆效果를 초래하는 수도 있으므로 사용한 실적이 있든가 試驗配合과 試驗施工 결과에 따르는 것이 안전하다.

3. 배합강도 결정

1) 배합강도

구조물에 사용된 콘크리트의 압축강도가 설계기준강도보다 작아지지 않도록 현장 콘크리트의 품질변동을 고려하여 콘크리트의 배합강도(f_{cr})를 설계기준강도(f_{ck})보다 충분히 크게 정하여야 한다.

2) 콘크리트 품질 변화요인
  ① 골재의 입도, 입형, 밀도, 강도, 시멘트 및 혼화재료의 물리·화학적 변화, 그리고 배합에 사용하는 물의 수질변화 등
  ② 시설의 변화 즉, 계량기의 정도, 믹서의 성능
  ③ 작업원의 숙련도와 성의
  ④ 콘크리트 배합, 운반, 타설 및 양생 등 시공의 정도

⑤ 구조물 부재의 크기, 주위환경 등 작업조건
⑥ 기상

3) 압축강도의 표준편차

콘크리트 압축강도의 표준편차는 실제 사용한 콘크리트의 30회 이상의 시험실적으로부터 결정하는 것을 원칙으로 한다. 그러나 압축강도의 시험횟수가 29회 이하이고 15회 이상인 경우는 그것으로 계산한 표준편차에 표 5-2의 보정계수를 곱한 값을 표준편차로 사용할 수 있다.

표 5-2 시험횟수가 29회 이하일 때 표준편차의 보정계수

시험횟수	표준편차의 보정계수
15	1.16
20	1.08
25	1.03
30 이상	1.00

주) 위 표에 명시되지 않은 시험횟수에 대해서는 직선보간한다.

표준편차는 다음 식에 의해 구한다.

$$s = \left[\frac{\sum (X_i - \overline{X})^2}{(n-1)} \right]^{1/2} \tag{5-1}$$

여기서, s : 표준편차
X_i : 각 강도 시험값
$\overline{X}$: n회의 압축강도 시험값의 평균값
n : 연속적인 압축강도 시험횟수

위 식에서 표준편차를 정하는데 우리 나라의 각 콘크리트 표준시방서에는 배합강도를 산출하는 기준조건이 다음과 같이 규정되어 있다.

① 일반콘크리트 : 콘크리트의 배합강도는 현장에서의 3개의 연속한 시험값의 평균이 설계기준 강도 σ_{ck}이하로 내려갈 확률을 1%이하로 하고, 또 각 시험값이 설계기준강도 σ_{ck}보다 3.5MPa 작게 될 확률을 1%로 이하의 확률로 일어나서는 안된다.

② 포장콘크리트 : 공시체의 휨강도 평균치가 0.8σ_{ck}이하로 되는 일이 3.3%이하의 확률로 일어나지 않을 것, 또 σ_{ck}이하로 되는 일이 20%이하의 확률로 일어나서는 안된다.

③ 댐콘크리트 : 압축강도 시험치가 $0.8\sigma_{ck}$이하로 되는 일이 5%이하의 확률로 일어나지 않을 것, 또 σ_{ck}이하로 되는 일이 25%이하의 확률로 일어나서는 안된다.

㉮ 이러한 결정방법은 콘크리트 강도시험치를 분석하면 정규분포를 이룬다는 점을 기본가정으로 한 것이다. 따라서 표준편차나 보정계수는 최소한 연속적으로 시행한 30개 이상의 시험성과나 실적자료를 이용하여 구하는 것이 원칙이다. 그러나 이러한 자료가 없을 때는 아래의 표에 의하여 정한다.

표 5-3 압축강도의 시험횟수가 14회 이하인 경우의 배합강도

설계기준강도 f_{ck}(MPa)	배합강도 f_{ck}(MPa)
21 미만	$f_{ck}+7$
21 이상 35 이하	$f_{ck}+8.5$
35 초과	$f_{ck}+10$

㉯ 이 때 콘크리트용 재료의 품질 변동, 작업상의 오차, 경제성 등을 고려하여 차가 있을 때는 배합을 변동시켜야 하고 지속적인 품질관리와 작업개선을 통해 경제적인 콘크리트가 생산되도록 해야 한다.

㉰ 일반적으로 관리가 잘되는 경우의 변동계수는 시험실 2%이하, 공사현장 3%이하, 보통의 경우 시험실 4~5%, 공사현장 5~6%이고, 시험실 5%이상, 공사현장 6%이상을 초과하는 현상은 관리를 재고하여야 한다. 또 적용시 참고할 수 있도록 시방서에 규정된 콘크리트의 품질관리 표준을 나타내면 다음 표 5-4와 같다.

표 5-4 콘크리트 품질관리 기준

변동발생위치 및 시험장소		표준편차(MPa)		배치 내의 변동계수	
		공사현장	시험실	공사현장	시험실
관리상태	매우 우수	2.8 이하	1.4 이하	3.0 이하	2.0 이하
	우수	2.8~3.5	1.4~1.8	3.0~4.0	2.0~3.0
	양호	3.5~4.2	1.8~2.1	4.0~5.0	3.0~4.0
	보통	4.2~4.9	2.1~2.5	5.0~6.0	4.0~5.0
	불량	4.9 이상	2.5 이상	6.0 이상	5.0 이상

4. 굵은 골재의 최대치수, 슬럼프 및 공기량의 선정

1) 굵은 골재의 최대치수의 선정

콘크리트를 경제적으로 만들기 위해서는 보통 굵은 골재의 최대치수를 가급적 크게 선정하는 것이 유리하나 혼합, 타설에 지장이 없고 균등질한 부재를 만들기 위해서는 너무 큰 굵은 골재를 사용하는 것은 적당치 않다. 일반적으로 굵은 골재의 최대치수에 의한 제한과 표준치가 표 5-5와 같이 주어지고 있다.

표 5-5 굵은 골재의 최대치수

구조물의 종류	굵은 골재의 최대치수
일반적인 경우	20 또는 25
단면이 큰 경우	40
무근콘크리트	40 부재 최소치수의 1/4을 초과해서는 안됨

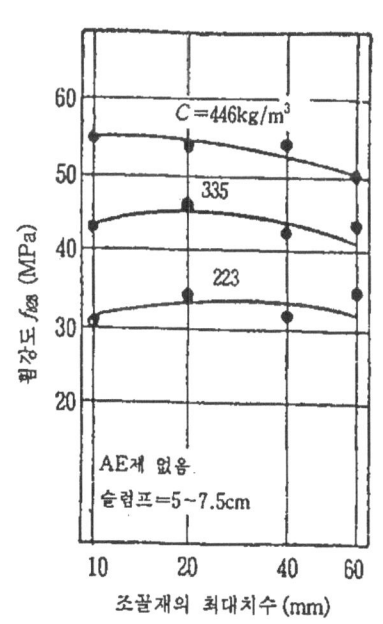

그림 5-1 굵은 골재의 최대치수가 포장용 콘크리트의 휨강도에 미치는 영향

① 경량 골재는 大粒의 것일수록 보통 약하고 제조상으로도 어렵다. 일본에서는 통상 최대치수 15mm의 것이 제조되고 있다.
② 포장콘크리트의 굵은 골재의 최대치수를 40mm이하로 한 이유는 그림 5-에 표

시한 바와 같이 최대치수를 40mm이상으로 하여 물시멘트비를 저감해도 콘크리트의 휨강도는 증대되지 않고 균등질의 콘크리트판이 잘 만들어지지 않고 포장면의 평탄성이 얻어지기 어렵기 때문이다.

2) 슬럼프의 선정

① 콘크리트의 슬럼프는 작업에 적당한 범위 내에서 가급적 작게 선택하는 것이 좋다. 그러나 슬럼프가 너무 작으면 다짐이 다소 부족해도 구조물에 중대한 결함이 생길 우려가 있으므로 주의를 요한다.

② 시방서에서는 각종 콘크리트의 타설장소에 대한 슬럼프의 표준치를 표 5-5와 같이 표시하였다. 단, 최대치수 40mm이상의 굵은 골재를 이용한 콘크리트인 경우는 40mm이상의 粒을 체로 통과한 콘크리트의 슬럼프라 한다.

③ 포장콘크리트의 반죽질기는 진동대식 반죽질기 시험방법에 의한 침하도로 표시하며 30초 이상을 표준으로 한다. 이 값은 대개 슬럼프 25mm이하에 상당한다.

④ 펌프 압송을 원활히 실시하기 위해 표 5-6에 표시하는 표준치보다 큰 슬럼프로 하는 경우에는 단위수량을 더하지 않고 유동화 콘크리트로 하는 것을 원칙으로 한다.

표 5-6 콘크리트의 슬럼프 표준
(수중콘크리트 이외는 진동다짐을 하는 경우의 값)

콘크리트의 종류		슬럼프의 표준
무근 및 철근 콘크리트	철근콘크리트	일반의 경우 50~150mm, 단면이 큰 경우 60~120mm
	무근콘크리트	일반의 경우 50~150mm, 단면이 큰 경우 50~100mm
	인공경량 골재콘크리트	50~120mm
	수중콘크리트	트레미, 콘크리트펌프 130~180mm 밑벌림 상자, 밑벌림푸대 100~150mm 현장타말뚝, 지하연속벽 180~210mm
	진동기를 이용치 않는 경우에는 상기의 값보다 다소 크게 해도 좋다.(수중콘크리트의 경우를 제외)	
포장콘크리트	침하도 30초 이상(슬럼프는 25이하)	
댐콘크리트	20~50mm	

3) 공기량의 선정

① 공기량의 표준은 타설시 보통 콘크리트인 경우 4.5±1.5% 경량 골재콘크리트인 경우는 이것보다 0.5%크게 한다.

② 표 5-9 및 표 5-10의 값은 엄한 기상조건에 대응하는 것이므로 온화한 기후에서 워커빌리티의 개량을 목적으로 AE콘크리트로 할 경우에는 표의 값보다 적은 값을 써도 좋다. 표준 공기량은 굵은 골재의 최대치수가 적을수록 외관상 크게 되어 있으나 모르터 속의 공기량이 대체로 같게 정해져 있다.

5. 물시멘트비의 산정

1) 물시멘트비는 소요의 강도, 내구성, 수밀성 및 균열저항성을 요하는 경우
물시멘트비는 수밀성을 고려하여 정하고 그 중 최소의 값을 소요의 물시멘트비라 한다.

2) 콘크리트의 강도를 기본으로 하여 물시멘트비를 정하는 경우

① 물시멘트비 법칙 $f_c = A + B\dfrac{C}{W}$를 이용하여 정한다. 즉, 적당하다고 생각되는 범위 내에서 물시멘트비를 3점 이상 선정하여 콘크리트를 만들고 일반의 경우 재령 28일의 압축강도를 시험하여 위 식 중의 A, B를 실험적으로 정한다. 이 경우 각 배합별로 2배치 이상의 콘크리트를 혼합하는 것이 바람직하다. 또 포장콘크리트인 경우는 재령 28일의 휨강도, 댐콘크리트인 경우는 재령 91일의 압축강도로 한다.

② AE콘크리트인 경우는 공기량을 일정하게 한 $C/W - f_c$의 관계직선을 이용한다.

다음에 열거한 공식들은 미국 콘크리트시방서에서 얻은 자료로서, 굵은골재의 최대치수가 40mm인 경우의 압축강도의 범위에 따른 C/W와 f_{28}과의 관계식을 나타내었으며 참고자료로 제시한다..

① AE제를 사용하지 않은 콘크리트

$f_{28} = 16 \sim 23$ MPa인 경우

$$f_{28} = -13.9 + 23.0 C/W \tag{5-2}$$

$f_{28} = 23 \sim 33$ MPa인 경우

$$f_{28} = -7.6 + 19.0 C/W \tag{5-3}$$

$f_{28} = 33 \sim 39$ MPa인 경우

$$f_{28} = 2.2 + 14.4 C/W \tag{5-4}$$

② 공기량이 4%인 AE콘크리트

$f_{28} = 14.0 \sim 25.0\,\mathrm{MPa}$인 경우

$$f_{28} = -7.4 + 16.2\,C/W \tag{5-5}$$

$f_{28} = 25.1 \sim 32.0\,\mathrm{MPa}$인 경우

$$f_{28} = -1.8 + 13.4\,C/W \tag{5-6}$$

시멘트의 품질평가를 위한 각국의 대표적인 시험방법을 나타내면 표 5-7과 같다. 이 표에서 알 수 있는 바와 같이 시멘트 강도를 결정하는 방법이 나라마다 다르며, 일본에서 제안된 표 5-8을 사용하기 위해서는 시멘트강도 시험방법의 차이에 따른 변화를 고려하여야 한다.

표 5-7 시멘트 강도의 표준시험방법

		배합(질량비)	비고
한국 (KS L 5105 : 1987)		시멘트 : 표준사 = 1 : 2.45 물-시멘트비 = 48.5%	다만, 포틀랜드시멘트가 아닌 경우 흐름값 105~115가 되는 물량 사용
미국 (ASTM C 109-95)		시멘트 : 표준사 = 1 : 2.75 물-시멘트비 = 48.5%	
일본 (JIS R 5201)	1997년 개정 전	시멘트 : 표준사 = 1 : 2 물-시멘트비 = 65%	다질 때 개정 전은 다짐봉에 의한 방법이었으나 개정 후는 탁상용 진동기에 의한 방법으로 변경됨
	1997년 개정 후	시멘트 : 표준사 = 1 : 3 물-시멘트비 = 50%	
유럽연합 (European Standard EN 196-1 : 1987)		시멘트 : 표준사 = 1 : 3 (표준사 입도범위 : 80 μm ~ 1.6mm) 물-시멘트비 = 50%	

주) 시멘트 강도시험에 사용하는 표준사로는, KS에서는 주문진 향오리산 표준사를, ASTM에서는 Ottawa sand를, BS에서는 Leighton Buzzard sand를 각각 규정하고 있다. JIS에서는 1997년 4월 개정 이전은 독자적으로 정한 입도를 가지는 豊浦標準砂를 사용하였으나 개정 후는 ISO와 동일한 크기의 입자로 구성된 새로운 표준사를 사용하도록 규정하고 있다.

표 5-8 시멘트 종류에 따른 W/C의 산출식

시멘트 종류		W/C 범위 (%)	W/C 산출 공식 (%)
포틀랜드 시멘트	보통	40~65	$W/C = \dfrac{51}{f_{28}/k + 0.31}$
	조강	40~65	$W/C = \dfrac{41}{f_{28}/k + 0.17}$
	중용열	40~65	$W/C = \dfrac{66}{f_{28}/k + 0.64}$
고로 시멘트	A종	40~65	$W/C = \dfrac{46}{f_{28}}$
	B종	40~60	$W/C = \dfrac{51}{f_{28}/k + 0.29}$
	C종	40~60	$W/C = \dfrac{44}{f_{28}/k + 0.29}$

3) 콘크리트의 내동해성을 기본으로 하여 물시멘트비를 정하는 경우

① 내동해성에서 필요한 물시멘트비는 표 5-9에서 정한다. 표의 값은 KS에 적합한 포틀랜드 시멘트 및 혼합시멘트에 안정한 골재를 이용하며 타설, 다짐, 養生 등이 확실히 실시되는 경우, 물시멘트비의 최대치를 표시한 것이다.

② 양질인 포졸란을 이용하여 충분한 습윤양생이 기대되는 경우에는 W/C의 분모를 시멘트 중량과 포졸란 중량의 합으로 해도 좋다.

표 5-9 콘크리트의 내동해성을 기본으로 하여 물시멘트를 정하는 경우의 AE콘크리트의 최대물시멘트비(%)

구조물의 노출상태	기상조건 단면	기상작용이 심한 경우 또는 동결융해가 종종 반복되는 경우		기상작용이 심하지 않은 경우, 빙점 이하의 기온으로 되는 일이 드문 경우	
		얇은 경우[2]	보통의 경우[3]	얇은 경우[2]	보통의 경우[3]
① 계속해서 또는 종종 물로 포화되는 부분[1]		45	50	50	55
② 보통의 노출상태에 있으며 ①에 해당하지 않는 경우		50	55	55	60

주 1) 수로, 수조, 교대. 교각, 옹벽, 터널의 라이닝 등으로서 수면에 가까워 물로 포화되는 부분 및 이들 구조물 외에 보. 슬래브 등으로서 수면으로부터 떨어져 있기는 하나 융설, 유수. 물보라 등 때문에 물로 포화되는 부분
2) 단면 두께가 약 0.2m 이하인 구조물.
3) 단면이 두꺼운 경우에도 보통의 경우와 같음.

③ 현장에 있어서 골재 함수율의 변동, 계량오차 등을 고려하여 실제로 이용하는 물시멘트비(목표치)는 표 5-9 및 표 5-10에서 정하는 물시멘트비에서 2~3% 감한 값으로 한다. 이것은 물시멘트비의 표준편차를 0.7~1%로 생각하여 그 3배(3×표준편차)를 차인한 것이다.

④ 인공경량 골재 콘크리트의 동결융해 저항성은 보통 골재 콘크리트보다 뒤지므로 물시멘트비의 한도를 5% 작게 하였다.

4) 콘크리트의 화학작용에 대한 내구성을 기초로 하여 물시멘트비를 정하는 방법

① 표 5-10은 본래 해양 콘크리트의 내구성에서 정하는 AE콘크리트의 물시멘트비를 표시한 것이며 해수의 작용을 받는 경우의 물시멘트비는 표 5-10의 값 이하로 한다.

② 황산근 SO_4로서 0.2%이상의 황산염을 흙이나 물에 접하는 콘크리트에 대해서는 표 5-11의 값 이하로 한다.

③ 염화칼슘의 융빙제를 이용하는 것이 예상되는 콘크리트에 대해서는 강재의 발청, 콘크리트의 침식을 고려하여 표 5-10 중 (b)에 표시한 값 이하로 한다.

④ 전항 (3)②~③에 표시한 주의 사항을 그대로 적용한다.

표 5-10 해양콘크리트에 있어서 내구성으로 정하여진 AE콘크리트의 최대 물-시멘트비(%)

시공조건 환경구분	일반 현장시공의 경우	공장제품 또는 재료의 선정 및 시공에서 공장제품과 동등 이상의 품질이 보증될 때
(a) 해중	50	50
(b) 해상 대기중[1]	45	50
(c) 물보라 지역[2]	45	45

주 1) 해상 대기중이란 물보라의 위쪽에서 항상 조풍을 받으며 파도의 물보라를 가끔 받는 열악한 환경을 말함.
2) 물보라 지역은 평균 간조 면에서 파고의 범위에 있으므로 조석의 간만, 파랑의 물보라에 의한 건습의 반복작용을 받는 내구성 면에서 가장 열악한 환경이기 때문에 콘크리트 속의 강재부식, 동해, 화학적 침식 등의 손상을 받을 가능성이 큼.
3) 실적, 연구성과 등에 의하여 확증이 있을 때는 물-시멘트비를 위 값에 5~10% 정도 더한 값으로 할 수 있음.

표 5-11 황산염을 포함한 용액에 노출된 콘크리트의 최대 물-시멘트비(%)

황산염 노출정도	토양내의 수용성 황산염(SO_4) 질량(%)	물속의 황산염(ppm)	시멘트 종류	물-시멘트비 (%)
무시할 수 있음	0.00~0.10	0~150	—	—
보 통[1]	0.10~0.20	150~1,500	보통포틀랜드시멘트 + 포졸란[2] 플라이애쉬시멘트 중용열포틀랜드시멘트 고로슬래그시멘트	50
심함	0.20~2.00	1,500~10,000	내황산염 포틀랜드시멘트	45
매우 심함	2.00 초과	10,000 초과	내황산염포틀랜드시멘트 + 포졸란[3]	45

주 1) 바닷물
2) 여기서 포졸란이란 플라이애쉬, 고로슬래그 미분말 등의 혼화재를 말한다.
3) 황산염에 대한 저항성을 개선시킬 수 있다는 입증된 자료가 있거나 실험에 의해 그 효과가 증명된 포졸란을 말한다.

5) 콘크리트의 수밀성을 기본으로 하여 물시멘트비를 정하는 경우

① 시방서에는 보통 및 인공경량 골재 콘크리트에 대해 50%이하, 댐편에서는 댐의 내부 콘크리트에 대해 60%이하로 규정하였다. 인공경량 골재 콘크리트의 수밀성은 보통 골재 콘크리트와 동등 이상이라는 것이 확인되고 있다.

② 공사현장에는 물시멘트비의 변동이 있으므로 공사에 실제로 사용하는 물시멘트비(목표치)는 시방서에 정한 물시멘트비의 최대치보다 2~3% 적은 값으로 한다.

③ 콘크리트 부재의 수밀성은 물시멘트비뿐 아니라, 부재의 두께나 수압의 크기에 관계된다. 그림 5-2는 콘크리트의 투수시험 결과를 기본으로 하여 물시멘트비, 수압의 크기 및 물의 침투깊이(부재의 소요두께)의 관계를 표시한 것으로 수밀성에서 필요한 물시멘트비를 정하는데 실용상 편리하다. 이 그림을 이용하는 경우 설계수압을 부재에 실제로 가해지는 수압의 10배 정도로 하는 것이 좋다.

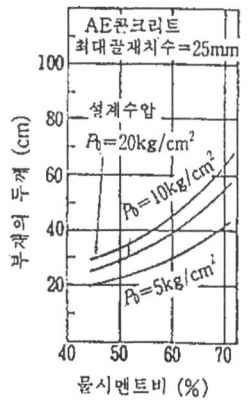

그림 5-2 수밀성에 정한 물시멘트의 목표치

6. 잔·굵은 골재량 및 단위수량의 선정

1) 잔·굵은 골재 비율을 작게 할수록 골재의 표면적의 총화가 적어지며 소요의 반죽 질기를 얻기 위한 단위수량이 감소되므로 보통 경제적인 콘크리트가 얻어지나 반면에 점차로 플라스틱시티를 잃고 재료분리의 경향이 현저해진다. 따라서 잔·굵은 골재 비율의 소요 워커빌리티가 얻어지는 범위 내에서 단위수량의 최소가 되도록 시험에 의해 정한다.

2) 잔·굵은 골재 비율을 표시하는데 국내 잔골재율이 널리 이용되고 있다.

$$\text{잔골재율 } S/a(\%) = \frac{\text{잔골재의 절대용적}}{\text{전골재의 절대용적}} \times 100$$

잔골재율 대신 단위 굵은 골재용적을 이용해도 좋다. 단위 굵은 골재용적은 굵은 골재의 단위용적 질량에 대한 1m³에 쓰이는 굵은 골재단위량의 비이며 이 값을 일정하게 해도 굵은 골재의 입형, 입도에 따라서 단위용적 질량은 변화되므로 단위량도 자동적으로 조정되는 것이 특징이다.

$$\text{단위 굵은 골재용적 } a = \frac{\text{콘크리트 1m}^3\text{에 쓰이는 굵은 골재의 단위량}}{\text{굵은 골재의 단위용적 질량}}$$

3) 시험배치를 만들기 위한 잔·굵은 골재의 비율 및 단위수량의 표준을 얻는데는 표 5-12, 표 5-13, 표 5-14 등이 참고가 된다. 이것들은 보통 골재콘크리트, 인공경량 골재 콘크리트 및 포장 콘크리트에 대한 배합설계 참고표이다.

4) 표 5-12은 재료 및 배합조건으로 쇄석을 써서 모래의 FM=2.80정도, 물시멘트비= 약 0.55, 슬럼프=약 8cm인 경우이며, 조건이 다르게 될 때는 아래 난의 (2)표를 이용하여 수정한다. 표 5-13, 표 5-14에 대해서도 마찬가지이다.

표 5-12 보통골재 콘크리트의 배합설계 참고표

① 배합 수정표

구분	S/a의 보정 (%)	W의 보정
모래의 조립률이 0.1만큼 클(작을) 때마다	0.5만큼 크게(작게) 한다.	보정하지 않는다.
슬럼프값이 1cm만큼 클(작을) 때마다	보정하지 않는다.	1.2%만큼 크게(작게) 한다.
공기량이 1%만큼 클(작을) 때마다	0.5~1.0만큼 작게(크게) 한다.	3%만큼 작게(크게) 한다.
물-시멘트비가 0.05 클(작을) 때마다	1만큼 크게(작게) 한다.	보정하지 않는다.
S/a가 1% 클(작을) 때마다	보정하지 않는다.	1.5kg만큼 크게(작게) 한다.
자갈을 사용할 경우	3~5만큼 작게 한다.	9~15kg만큼 작게 한다.
부순모래를 사용할 경우	2~3만큼 크게 한다.	6~9kg만큼 크게 한다.

주) 단위굵은골재용적에 의하는 경우에는 모래의 조립률이 0.1만큼 커질(작아질) 때마다 단위굵은골재 용적을 1%만큼 작게(크게) 한다.

③ 우리 나라 콘크리트 시방서에 제시된 콘크리트의 단위 굵은 골재 용적, 잔골재율 및 단위수량의 추정치

굵은골재의 최대치수 (mm)	단위 굵은골재 용적 (%)	AE제를 사용하지 않은 콘크리트			AE 콘크리트				
		갇힌 공기 (%)	잔골재율 S/a (%)	단위수량 W (kg)	공기량 (%)	양질의 AE제를 사용한 경우		양질의 AE 감수제를 사용한 경우	
						잔골재율 S/a(%)	단위수량 W(kg)	잔골재율 S/a(%)	단위수량 W(kg)
15	58	2.5	49	190	7.0	47	180	48	170
20	62	2.0	45	185	6.0	44	175	45	165
25	67	1.5	41	175	5.0	42	170	43	160
40	72	1.2	36	165	4.5	39	165	40	155

주 1) 이 표의 값은 보통의 입도를 가진 모래(조립률 2.8 정도)와 부순돌을 사용한 물-시멘트비 55% 정도 슬럼프 80mm 정도의 콘크리트에 대한 것이다.
2) 사용재료 또는 콘크리트의 품질이 주1)의 조건과 다를 경우에는 위의 표의 값을 아래 표에 따라 보정한다.

표 5-13 인공경량 골재 콘크리트의 배합설계 참고표

① W/C=0.55, 슬럼프=약 7.5cm, 경량모래의 FM=2.75(용적백분율 표시)의 경우

굵은 골재의 최대치수 (mm)	AE제를 쓰는 경우					AE감수제를 쓰는 경우	
	적당한 공기량 (%)	적당한 공기량 AE 감수제를 쓰는 경우		AE제를 쓰는 경우		S/a (%)	W (kg)
		S/a (%)	W (kg)	S/a (%)	W (kg)		
15	6±1	40	163	40	172	44	185
19	5±1	38	157	38	165	41	178
19*	5±1	38	150	38	157	41	170

* 19-10mm는 강자갈, 10mm이하는 경량골재를 이용한 경우.

② 수정표

조건의 변화		수정치	
		S/a	W
W/C	0.05의 증감	±1%	0
FM	0.1의 증감	±0.5%	0
슬럼프	1cm의 증감	0	±1.12%
공기량	1%의 증감	±(0.5~1)%	±3
S/a	1%의 증감	—	±1.5kg

주) 1) 표의 값은 잔·굵은 것도 비조립형 팽창혈암을 이용한 경우에 적용된다. 굵은 골재에 조립형의 것을 이용하는 경우는 단위수량을 2~3% 감해도 좋다.
2) 표의 값은 잔골재의 조립율이 용적 백분율을 표시로 약 2.75의 경우이다. 사용잔골재의 체분류 시험결과(중량 백분율)에서 계산한 용적백분율을 표시로 환산하는 데는 통상 0.15를 가하면 좋다.
3) 표의 값은 시멘트비가 45%정도 사이의 보통 콘크리트 부재에 이용되는 콘크리트에 적용된다. 물시멘트비가 37~38% 이하의 프리스트레스트 콘크리트 부재에 쓰이는 콘크리트의 경우에는 단위수량을 15~20% 증가할 필요가 있으며, 이 경우 슬럼프 1cm의 증감에 대한 단위수량의 증감도 약 3.6%가 된다.
4) 경량골재 콘크리트의 혼합상태는 믹서의 형식·종류·혼합시간에 따라 다르다. 표의 단위수량은 혼합이 확실히 실시된 경우의 값이다.
5) 표의 값은 골재를 프리웨팅(frewetting) 등으로서 콘크리트의 혼합 중에 별로 흡수가 잘 안되는 상태로 한 것을 이용한 경우이다.

표 5-14 포장콘크리트의 배합설계 참고표

①

굵은 골재의 최대치수 (mm)	강자갈 콘크리트		부순돌 콘크리트	
	단위 굵은 골재 용적	단위수량 (kg)	단위 굵은 골재 용적	단위수량 (kg)
40	0.76	115(135)	0.73	130(150)
30		120(140)		135(155)
25		125(145)		140(160)

주) 이 표의 값은 조립율 FM=2.80의 잔골재를 이용한 침하도 30초(슬럼프 약 2.5cm)의 AE콘크리트 (양질의 감수제를 이용하여 공기량 4%의 경우)로 믹서에서 배출직후의 것에 적용된다.

② 상기와 조건이 다른 경우의 보정

조건의 변화	단위 굵은 골재 용적	단위 수량
잔골재의 FM의 증감에 대해서	단위 굵은 골재용적=(상기 단위 굵은 골재 용적)×(1.37-0.133MF)	보정치 않음
침하도 10초의 증감에 대해서 공기량 1%의 증감에 대해서	보정치 않음	±2.5kg ±2.5%

주) 1) 자갈에 부순돌이 혼입되어 있는 경우의 단위수량 및 단위 굵은 골재 용적은 상기표의 값이 직선적으로 변화되는 것으로서 구한다.
2) 단위수량과 침하도와의 관계는(log 침하도) 단위수량이 직선적 관계에 있어서 침하도 10초에 상당한 단위수량의 변화는 침하도 30초 정도의 경우는 2.5kg, 침하도 50초 정도의 경우는 1.5kg, 침하도 80초 정도의 경우는 1kg이다.
3) 단위수량과 슬럼프와의 관계는 슬럼프 1cm에 상당한 단위수량의 변화는 슬럼프 5cm정도의 경우는 2kg, 슬럼프 2.5cm경우는 4kg, 슬럼프 1cm정도의 경우는 7kg이다.
4) 단위수량에 있어서 ( )내의 숫자는 보통 콘크리트의 경우이다.
5) 잔골재의 FM증감에 수반하는 단위 굵은 골재용적이 보정은 잔골재의 FM이 2.2~3.3의 범위에 있는 경우에 적용되는 식을 표시한다.

【계산예】

쇄석 2005, FM=2.50의 모래를 쓰며 W/C=0.60, 슬럼프=12cm, 공기량 5.0%의 AE감수제를 이용하는 콘크리트의 잔골재율 및 단위수량은 다음과 같다. 표 5-8(1)에서 S/a=45%, 공기량=6.0%를 얻는다. (2)표에 의해 수정한다.

조건	S/a의 보정	W의 보정	S/a의 보정	W(kg/m³)
모래의 FM=2.50	$-\frac{2.80-2.50}{0.1} \times 0.5$ $= -1.5\%$	—	43.5	165
슬럼프=12cm	—	$+(12-8) \times 1.2$ $= +4.8\%$	43.5	169.8
W/C=0.60	$+\frac{0.60-0.55}{0.05} \times 1$ $= +1\%$	—	44.5	169.8
부순돌	—	+12		181.8

1) 포장콘크리트 미끄럼 저항이 큰 것이 가장 중요하다. 이 때문에 W/C를 적게 할 필요가 있으므로 침하도 30초 이상(슬럼프 2.5cm이하에 상당한다)된 비빔 콘크리트로 한다.

2) 쇄석의 형상이 나쁠수록 단위수량을 많이 할 필요가 있는 것은 당연하므로 쇄석의 실적율과 쇄석콘크리트 단위수량과의 사이에 대개 직접적인 관계가 있으며 실적율 1%의 감소에 대해 단위수량을 3~4kg/m³ 더할 필요가 있다(그림 5-3 참조).

7. 단위시멘트량

단위시멘트량은 단위수량과 물시멘트비에서 계산된다. 단, 최소단위 시멘트량으로서 시방서에는 수중 콘크리트에 대해 370kg/m³를 표준으로(현장치기 말뚝 및 지하연속벽에 쓰이는 수중콘크리트에 대해서는 350kg/m³), 포장편에서는 포장콘크리트에 대해 280~340kg/m³을 표준으로 하며 댐편에서는 댐의 내부콘크리트에 대해 140kg/m³을 일반적으로 사용하고 있다.

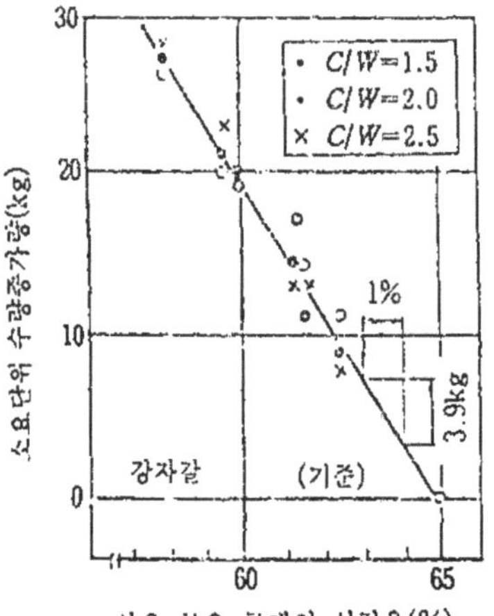

그림 5-3 골재의 실적율과 단위수량 증가량과 관계

8. 각 재료의 단위량 계산

물시멘트비, 잔골재율, 단위수량 및 공기량이 선정된 경우, 각 재료의 단위량 계산을 예를 들어 표시하면 아래와 같다.

W/C=53%, S/a=35.2%, W=154kg/m³, 공기량 4.5%, 시멘트, 잔·굵은 골재의 비중이 3.15, 2.60 및 2.70의 경우

단위시멘트 $\quad C=\dfrac{154}{0.53}=290\,\text{kg/m}^3$

골재의 절대용적 $\quad a=1000-\left(45+154+\dfrac{290}{3.15}\right)=708.9\,l$

단위 잔골재량 $\quad S=708.9\times 0.352\times 2.60=649\,\text{kg/m}^3$

단위 굵은 골재량 $\quad G=708.9\times 0.648\times 2.70=1240\,\text{kg/m}^3$

9. 시험 비빔에 의한 배합의 조정

1) 계산에 의해 정한 배합에서 소요의 슬럼프 및 공기량이 얻어지는가의 여부, 잔골재율이 적정한가의 여부를 확인하기 위해 시험비빔을 실시하고 필요에 따라 조정한다.

2) 콘크리트 시료를 만드는 방법은 KS F 2425 「시험실에 있어서 콘크리트를 만드는 방법」에 의한다.

3) AE제의 사용량은 콘크리트의 재료, 배합, 온도 등에 따라서 다르기 때문에 표 5-15에 표시하는 표준 사용량을 참고로 가정한다.

4) 시험배치에 대해 수량 및 AE제량을 가감하여 우선 소요의 슬럼프 및 공기량의 콘크리트를 만든다. AE감수제를 이용한 경우는 부속된 AE제의 양을 가감한다. 다음에 위

표 5-15 혼화제의 표준사용량

구 분	혼화제명	표준사용량
AE제	빈솔 다렉스 AEA	시멘트 중량의 0.03%~0.06% 〃 0.04%
감수제	포조리스 No. 100L 파리크 #1	시멘트 100kg당 200~350cc 시멘트 중량의 0.2%
AE감수제	포조리스 No. 70 포조리스 No. 8 포조리스 No. 10L 파리크 S 샘프로 S 리그나르 GL 츄포르 EX	시멘트 100kg당 200~350cc 시멘트 중량의 0.25% 〃 0.5% 〃 0.2% 〃 0.25% 〃 0.2~0.25% 〃 0.1%

커빌리티를 판단하여 슬럼프 및 공기량을 일정하게 유지하며 잔골재율을 적절히 정한다. 워커빌리티의 판단에는 슬럼프시험 완료 후 콘크리트의 측면을 輕打하여 콘크리트가 변형되는 상태를 판단하고 점성의 다소를 평가하는 것이 상당히 효과적이다.

5) 슬럼프 6~7cm정도 이하의 비교적 된 비빔 콘크리트의 경우, 진동대식 반죽질기 시험방법에 의한 침하도와 잔골재율과의 관계는 그림 5-4와 같다. 침하도가 최소라는 것은 진동다짐 작업량의 최소라는 것을 표시하기 때문에 그 때의 잔골재율은 최적 잔골재율이라 할 수 있다.

6) 시험실에서 시험비빔에 의해 정해진 배합을 현장의 믹서로 혼합하여 운반 중의 슬럼프 및 공기량의 변화를 확인한다. 이것들의 영향을 고려하여 최종적으로 배합을 결정하는 것이다.

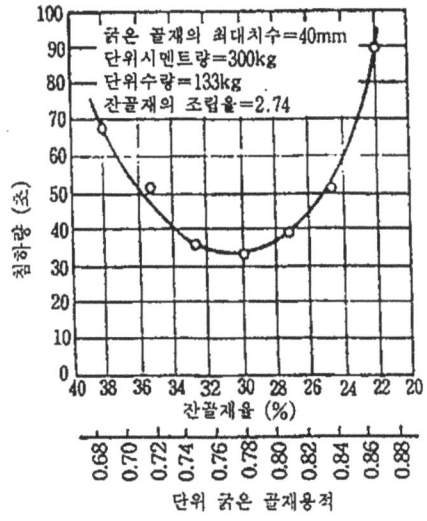

그림 5-4 침하도와 잔골재율과의 관계

제 34 장 콘크리트 배합설계 예 I

1. 적용범위

콘크리트의 배합은 콘크리트를 만드는 각 재료의 배율을 말하며 시멘트, 잔골재, 굵은 골재 및 혼화재료를 가장 경제적으로 소요의 워커빌리트 내구성 및 강도를 얻을 수 있도록 그 혼합비율을 산정하는 것이다.

① AE제를 사용하지 않은 콘크리트

$f_{28} = 16 \sim 23$ MPa인 경우

$$f_{28} = -13.9 + 23.0 C/W \tag{5-7}$$

$f_{28} = 23 \sim 33$ MPa인 경우

$$f_{28} = -7.6 + 19.0 C/W \tag{5-8}$$

$f_{28} = 33 \sim 39$ MPa인 경우

$$f_{28} = 2.2 + 14.4 C/W \tag{5-9}$$

② 공기량이 4%인 AE콘크리트

$f_{28} = 14.0 \sim 25.0$ MPa인 경우

$$f_{28} = -7.4 + 16.2 C/W \tag{5-10}$$

$f_{28} = 25.1 \sim 32.0$ MPa인 경우

$$f_{28} = -1.8 + 13.4 C/W \tag{5-11}$$

표 5-16 시멘트 강도의 표준시험방법

		배합(질량비)	비고
한국 (KS L 5105 : 1987)		시멘트 : 표준사 = 1 : 2.45 물-시멘트비 = 48.5%	다만, 포틀랜드시멘트가 아닌 경우 흐름값 105~115가 되는 물량 사용
미국 (ASTM C 109-95)		시멘트 : 표준사 = 1 : 2.75 물-시멘트비 = 48.5%	
일본 (JIS R 5201)	1997년 개정 전	시멘트 : 표준사 = 1 : 2 물-시멘트비 = 65%	다질 때 개정 전은 다짐봉에 의한 방법이었으나 개정 후는 탁상용 진동기에 의한 방법으로 변경됨
	1997년 개정 후	시멘트 : 표준사 = 1 : 3 물-시멘트비 = 50%	
유럽연합 (European Standard EN 196-1 : 1987)		시멘트 : 표준사 = 1 : 3 (표준사 입도범위 : 80μm~1.6mm) 물-시멘트비 = 50%	

주) 시멘트 강도시험에 사용하는 표준사로는, KS에서는 주문진 향오리산 표준사를, ASTM에서는 Ottawa sand를. BS에서는 Leighton Buzzard sand를 각각 규정하고 있다. JIS에서는 1997년 4월 개정 이전은 독자적으로 정한 입도를 가지는 豊浦標準砂를 사용하였으나 개정 후는 ISO와 동일한 크기의 입자로 구성된 새로운 표준사를 사용하도록 규정하고 있다.

표 5-17 시멘트 종류에 따른 W/C의 산출식

시멘트 종류		W/C 범위 (%)	W/C 산출 공식 (%)
포틀랜드 시멘트	보통	40~65	$W/C = \dfrac{51}{f_{28}/k + 0.31}$
	조강	40~65	$W/C = \dfrac{41}{f_{28}/k + 0.17}$
	중용열	40~65	$W/C = \dfrac{66}{f_{28}/k + 0.64}$
고로 시멘트	A종	40~65	$W/C = \dfrac{46}{f_{28}}$
	B종	40~60	$W/C = \dfrac{51}{f_{28}/k + 0.29}$
	C종	40~60	$W/C = \dfrac{44}{f_{28}/k + 0.29}$

2. 콘크리트 배합설계

(규격 : 25-27-15)

1) 배합조건

1) 설계기준강도(Fo) : 27MPa	2) 굵은골재 최대치수 : 25mm
3) 슬럼프 : 15cm	4) 공 기 량 : 3~6%
5) 혼화제 : 고성능 AE감수제(C×0.5%)	6) 시멘트 밀도 : 3.15
7) 잔골재(S1) 밀도 : 2.60	8) 잔골재(S2) 밀도 : 2.60
9) 굵은골재 밀도 : 2.64	10) 잔골재(S1) 조립율 : 2.90
11) 잔골재(S2) 조립율 : 2.90	12) 굵은골재 조립율 : 6.88
13) 슬래그미분말 밀도 :	14) 플라이애쉬 밀도 : 2.24

2) 배합강도(F) 결정

콘크리트 표준시방서에 의거 아래의 두식중 큰값을 적용한다.

$f_{cr} = f_{ck} + 1.34s \, (MPa)$ (조건 1)

$f_{cr} = (f_{ck} - 3.5) + 2.33s \, (MPa)$ (조건 2)

(s : 압축강도의 표준편차)

(제1조건) $27 + 1.34 \times 2.84 = 30.8$

(제2조건) $(27 - 3.5) + 2.33 \times 2.84 = 30.1$

∴ 위의 두 식중 큰 값을 적용하여 배합강도(f_{cr})는 30.8 MPa으로 결정

3) 물-시멘트비(W/C) 결정

(1) 강도를 고려한 콘크리트의 C/W 적용 관계식 : $\sigma_{28} = -1.8 + 13.4 C/W$ 에서

$30.8 = -1.8 + 13.4 C/W$

∴ $W/C = 13/(30.8 + 1.8) = 41.1$

(2) 내구성은 무근 및 철근 콘크리트 안전을 고려하여 $W/C = 55.0\%$ 이하로 한다.

(3) 수밀성은 무근 및 철근콘크리트에서 수밀성을 고려하여 $W/C = 55.0\%$ 이하로 한다.

∴ 위 항에 모두 만족하는 구조물의 안전을 고려하여 $W/C = 41.1\%$로 계산되나 시험에 의하여 조정될 것을 감안하여 물-시멘트비를 44.4%로 조정한다.

4) 굵은골재 최대치수 결정
콘크리트 표준 시방서에 의거 25mm로 결정

5) 절대 잔골재율(S/A) 및 단위수량(W)의 결정

굵은골재의 최대치수 (mm)	단위 굵은 골재 용적 (%)	공기량 (%)	AE 콘크리트			
			양질의 AE제를 사용한 경우		양질의 AE감수제를 사용한 경우	
			잔골재율(S/A) %	단위수량(W) kg	잔골재율(S/A) %	단위수량(W) kg
25	67.0	5.0	42.0	170	43.0	160

주) 이 표의 값은 보통의 입도를 가진 골재를 사용하였고, $W/C=55\%$, 슬럼프$=8cm$ 정도의 콘크리트에 대한 것이며, 모래의 조립율(F.M)이 2.8 정도일 때

(1) 잔골재율(S/A) 및 단위수량(W)의 보정

구 분	S/A의 보정(%)	W의 보정(kg)
기 준	43.0	160
모래의 조립률이 0.1만큼 클(작을) 때마다	$\frac{2.90-2.80}{0.1} \times 0.5 = 0.5$	—
슬럼프값이 1cm만큼 클(작을) 때마다	—	$\frac{15.0-8.0}{1.0} \times 0.012 \times 160 = 13.44$
공기량이 1%만큼 클(작을) 때마다	$\frac{5.0-4.5}{1.0} \times 1.0 = 0.5$	$\frac{5.0-4.5}{1.0} \times 0.03 \times 160 = 2.4$
물-시멘트비가 0.05 클(작을) 때마다	$\frac{44.4-55.0}{5.0} \times 1.0 = -2.12$	—
S/A가 1% 클(작을) 때마다	—	$(47.0-43.0) \times 1.5 = 5.94$
부순돌을 사용할 경우	3.0	9.0
부순모래를 사용할 경우	2.0	6.0
보정결과	47.0	197

6) 제1시험배치(m^3당 소요 재료량 계산)

$W/C = 44.4\%$, $S/A = 47.0\%$, $W = 197kg$, 공기량 4.5%, $C = 443kg$

(1) 절대용적(1000L)

$C_v = C/$시멘트밀도$=146L$, $W_v = W/1 = 197L$, AIR $= 30L$

골재용적 = $1000-(C_v+W_v+AIR)$ = 627L
잔골재(S1) 용적 = 골재용적×S/A / 100×0.5 = 147L
잔골재(S2) 용적 = 골재용적×S/A / 100×0.5 = 147L
굵은골재(G) 용적 = 골재용적 − (S1+S2) = 332L

(2) 단위 재료량(kg/m³)

W=197kg   C=443kg
S1=383kg   S2=383kg
G=878kg   A.D=2.22 kV

(3) 시험배치 자료량 산출(40L)

W=7.87kg   C=17.73kg
S1=15.31kg   S2=15.31kg
G=35.11kg   A.D=0.089kg

(4) 시험결과

슬럼프=24.0cm   공기량=4.0%

7) 제2시험배치(m²당 소요 재료량 계산)

(1) 시험 결과에 의한 보정

구 분	S/A의 보정(%)	W의 보정(kg)
슬럼프값이 1cm만큼 클(작을) 때마다	−	$\frac{15.0-24.0}{1.0} \times 0.012 \times W = -21.3$
공기량이 1%만큼 클(작을) 때마다	$\frac{4.5-4.0}{1.0} \times 1.0 = 0.5$	$\frac{4.5-4.0}{1.0} \times 0.03 \times W = 2.95$
S/A가 1% 클(작을) 때마다	−	$(47.5-47.0) \times 1.5 = 0.75$
보정결과	47.5	179

W/C=44.4%, S/A=47.5%, W=179kg, 공기량=4.5%, C=404kg

(2) 단위 재료량(kg/m³)

W=179kg   C=404kg
S1=406kg   S2=406kg
G=912kg   A.D=2.02kg

(3) 시험배치 재료량 산출(40L)

W=7.17kg   C=16.15kg
S1=16.22kg   S2=16.22kg
G=36.47kg   A.D=0.081kg

(4) 시험결과

슬럼프=18.5cm   공기량=4.4%

8) 제3시험배치(m^2당 소요 재료량 계산)

(1) 시험 결과에 의한 보정

구 분	S/A의 보정(%)	W의 보정(kg)
슬럼프값이 1cm만큼 클(작을) 때마다	—	$\frac{15.0-18.5}{1.0} \times 0.012 \times W = -7.5$
공기량이 1%만큼 클(작을) 때마다	$\frac{4.5-4.4}{1.0} \times 1.0 = 0.1$	$\frac{4.5-4.4}{1.0} \times 0.03 \times W = 0.538$
S/A가 1% 클(작을) 때마다	—	$(47.6-47.5) \times 1.5 = 0.15$
보정결과	47.6	172

W/C=44.4%, S/A=47.6%, W=172kg, 공기량=4.5%, C=388kg

(2) 단위 재료량(kg/m^3)

W=172kg   C=388kg
S1=414kg   S2=414kg
G=927kg   A.D=1.94kg

(3) 시험배치 재료량 산출(40L)

W=6.90kg   C=15.53kg
S1=16.55kg   S2=16.55kg
G=37.07kg   A.D=0.078kg

(4) 시험결과

슬럼프=15.0cm   공기량=4.5%

9) 물-시멘트비 (±)5%, S/A (±)1% 조정

9-1) 제1시험 배치(-5% 조정)

W/C=39.4%, S/A=46.6%, W=172kg, 공기량=4.5%, C=438kg

(1) 단위 재료량(kg/m³)

   W=172kg   C=438kg
   S1=395kg   S2=395kg
   G=921kg   A.D=2.19kg

(2) 시험배치 재료량 산출(40L)

   W=6.90kg   C=17.50kg
   S1=15.81kg   S2=15.81kg
   G=36.85kg   A.D=0.088kg

(3) 시험결과

   슬럼프=15.0cm   공기량=4.6%

9-2) 제2시험 배치(0% 조정)

   W/C=44.4%, S/A=47.6%, W=172kg, 공기량=4.5%, C=388kg

(1) 단위 재료량(kg/m³)

   W=172kg   C=388kg
   S1=414kg   S2=414kg
   G=927kg   A.D=1.94kg

(2) 시험배치 재료량 산출(40L)

   W=6.90kg   C=15.53kg
   S1=16.55kg   S2=16.55kg
   G=37.07kg   A.D=0.078kg

(3) 시험결과

   슬럼프=15.0cm   공기량=4.5%

9-3) 제3시험 배치(+5% 조정)

   W/C=49.4%, S/A=48.6%, W=172kg, 공기량=4.5%, C=349kg

(1) 단위 재료량(kg/m³)

   W=172kg   C=349kg
   S1=431kg   S2=431kg

G=927kg   A.D=1.74kg

(2) 시험배치 재료량 산출(40L)

W=6.90kg   C=13.96kg
S1=17.23kg   S2=17.23kg
G=37.06kg   A.D=0.070kg

(3) 시험결과

슬럼프=15.0cm   공기량=4.5%

10) 시험배치의 압축강도 시험결과

W/C(%)	C/W	S/A(%)	W(kg)	C(kg)	슬럼프(cm)	압축강도(MPa) 28일		평균
39.4	2.54	46.6	172	438	15.0	1	33.8	33.7
						2	33.4	
						3	34.0	
44.4	2.25	47.6	172	388	15.0	1	30.2	30.6
						2	31.0	
						3	30.5	
49.4	2.02	48.6	172	349	15.0	1	25.9	26.3
						2	26.0	
						3	26.9	

11) 물-시멘트비 계산식

(1) $\sigma = A + B\ C/W$에서 A와 B를 구한 후 W/C를 계산한다.

$A - [x \cdot x](y) - [x](x \cdot y)/3(x \cdot x) - (x)^2$

$B = 3(x \cdot y) - (x)(y)/3(x \cdot x) - (x)^2$

x	y	$x \cdot x$	$x \cdot y$
2.538	34	6.442	85.6
2.252	31	5.073	68.8
2.024	26	4.098	53.2
6.81	91	15.512	208

$A = [15.61] \times (91) - [6.81] \times (208)/3 \times (15.61) - (6.81)^2 = (2.50)$

$B = 3[208] - (6.81) \times (91)/3(15.61) - (6.81)^2 = 14.39$

$$C/W = \frac{30.8-(2.50)}{14.39} = 2.31$$

$$W/C = 1/2.31 \times 100 = 43.2\%$$

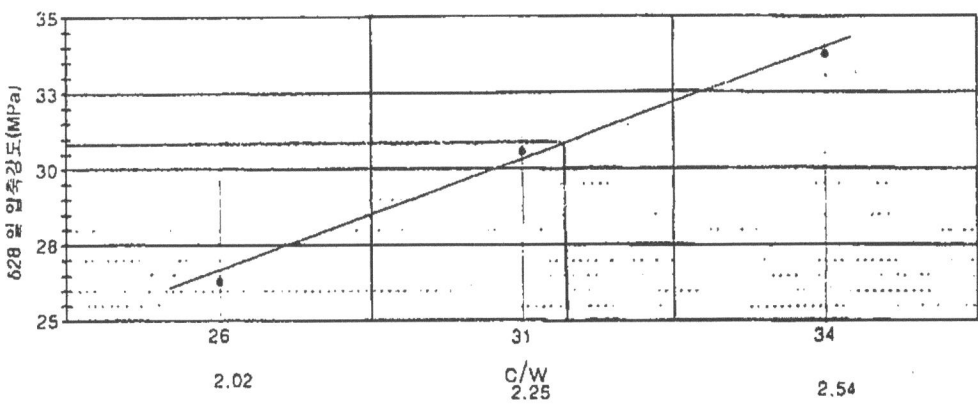

구 분	S/A의 보정(%)	W의 보정(kg)
물-시멘트비가 0.05 클(작을) 때마다	$\frac{43.2-44.4}{5.0} \times 1.0 = -0.24$	—
보정결과	47.6 + (0.2) = 47.5	172

12) 최종 시방배합 결정

   $W = 43.2\%$, $S/A = 47.3\%$, $W = 172$kg, 공기량 = 4.5%, $C = 399$kg

(1) 절대용적(1000L)

   Cv = C/시멘트 밀도 = 132L, Wv = W/1 = 172L, AIR = 30L

   골재용적 = 1000 − (Cv + Wv + AIR) = 666L

   잔골재(S1) 용적 = 골재용척 × S/A/100 × 0.5 = 158L

   잔골재(S2) 용적 = 골재용적 × S/A/100 × 0.5 = 158L

   굵은골재(G) 용적 = 골재용적 − (S1+S2) = 351L

(2) 단위 재료량(kg/m³)

   W = 172kg   C = 399kg
   S1 = 410kg   S2 = 410kg
   G = 926kg   A.D = 1.99kg

(3) 시방배합

굵은골재 최대치수 (mm)	설계기 준강도 (MPa)	슬럼프 범위 (cm)	공기량 범위 (%)	물-시멘트 비(w/c) (%)	잔골재 율(s/a) (%)	단위재료량(kg/cm^2)						
						물 W	시멘트			잔골재		굵은골 재(G)	혼화제 A.D
							C1	C2	C3	S1	S2		
25	27	15±2.5	3~6	43.2	47.3	172	399			820		926	1.99

13) 최종 결정배합의 시험결과

   (1) 슬럼프 : 15.0cm

   (2) 공기량 : 4.5%

   (3) 워커빌리티 : 양호

   (4) 28일 압축강도(평균) : 31.4MPa

【예제1】

> C/W = 2.56, 2.27, 2.04
> σ = 323, 282, 240

$(aa) = 2.56^2 + 2.27^2 + 2.04^2 = 15.8681$

$(aM) = (2.56 \times 323) + (2.27 \times 282) + (2.04 \times 240) = 1956.02$

$(M) = 323 + 282 + 240 = 845$

$(a) = 2.56 + 2.27 + 2.04 = 6.87$

$A = \dfrac{(15.8681 \times 845) - (6.87 \times 1956.62)}{(3 \times 15.8681) - (6.87)^2} = -82.07$

$B = \dfrac{(3 \times 1956.62) - (6.87 \times 845)}{(3 \times 15.8681) - (6.87)^2} = 158.84$

$276 = -82.07 + 158.84 C/W$

$\dfrac{C}{W} = \dfrac{276 + 82.07}{158.84} = 2.25$

$\dfrac{C}{W} = \dfrac{1}{2.25} \times 100 = 44\%$

【예제 2】

공시체의 압축강도 시험 결과

W/C (%)	공시체	지름	단면적	파괴시 하중	응력
40 %	1번	10.02cm	78.85cm²	28250kg	358.28kg/cm²
	2번	10.01cm	78.70cm²	24500kg	311.31kg/cm²
	3번	10.04cm	79.17cm²	26600kg	335.99kg/cm²
45 %	1번	9.98cm	78.23cm²	22100kg	282.50kg/cm²
	2번	10.09cm	79.96cm²	22500kg	281.39kg/cm²
	3번	10.00cm	78.54cm²	24800kg	315.76kg/cm²
50 %	1번	10.05cm	79.33cm²	18540kg	233.71kg/cm²
	2번	10.02cm	78.85cm²	21200kg	268.68kg/cm²
	3번	10.02cm	78.85cm²	17750kg	225.11kg/cm²

W/C (%)	C/W	재령 28일의 압축강도의 평균 σ_{28} (kg/cm²)
40	2.5	335.19
45	2.22	293.21
50	2	242.56

(W/C와 σ_{28}의 관계표)

일반적으로 C/W - σ_{28}의 관계는 $\sigma_{28} = A + B(C/W)$의 관계식으로 표시되므로 A, B의 상수를 다음과 같이 구한다.

C/W = Xi	2.5	2.22	2
σ_{28} = Yi	335.19	293.21	242.56

i	Xi	Yi	Xi²	Xi*Yi
1	2.5	335.19	6.25	837.975
2	2.22	293.21	4.9284	650.9262
3	2	242.5	4	485
합계 Σn=3	6.72	870.9	15.1784	1973.901

$$A = \frac{\sum x_i^2 \sum y_i - \sum x_i \sum (x_i y_i)}{n \sum x_i^2 - (\sum x_i)^2}$$

$= (15.1784 \times 870.9 - 6.72 \times 1973.901)/(3 \times 15.1784 - 6.72^2) =$ 약 -121

$$B = \frac{n \sum (x_i y_i) - \sum x_i^2 \sum y_i}{n \sum x_i^2 - (\sum x_i)^2}$$

$= (3 \times 1973.901 - 6.72 \times 870.9)/(3 \times 15.1784 - 6.72^2) =$ 약 184

∴ $\sigma_{28} = -121 + 184(C/W)$

3. 시방배합을 현장배합으로 조정 "예"

현장골재의 조건
    모래의 표면수량 : 3%(c)
    자갈의 표면수량 : 0.7%(d)
    모래가 No.4체에 남은 양 : 4%(a)
    자갈이 No.4체에 통과하는 양 : 3%(b)

1) 입도를 고려한 조정
x : 모래의 중량, y : 자갈의 중량

$$x = \frac{100S - b(S+G)}{100 - (a+b)}$$

$$= \frac{100 \times 647 - 3(647 + 1200)}{100 - (4+3)} = 636\,\text{kg}$$

$$y = \frac{100G - a(S+G)}{100 - (a+b)}$$

$$= \frac{100 \times 1280 - 4(647 + 1280)}{100 - (4+3)} = 1293\,\text{kg}$$

2) 표면수를 고려한 수정
    x' : 계량하여야 할 현장의 모래
    y' :   〃   자갈
    z' :   〃   물

$$x' = \frac{x(100+c)}{100} = \frac{633(100+3)}{100} = 652\,\text{kg}$$

$$y' = \frac{y(100+d)}{100} = \frac{1293(100+0.7)}{100} = 1302\,\text{kg}$$

$$z' = \frac{100w - (cx+dy)}{100} = \frac{(100 \times 149) - (3 \times 633 + 0.7 \times 1293)}{100} = 121\,\text{kg}$$

제 35 장 콘크리트 배합설계 예 Ⅱ

1. 일반콘크리트의 배합표

표 5-18 보통 콘크리트, 굵은 골재 최대치수 25mm에 대한 배합표

설계기준 강 도 MPa(N/mm²)	슬럼프치 (mm)	물시멘트비 W/C (%)	단위수량 W (kg)	단 위 시멘트량 (kg)	절 대 잔골재율 S/a(%)	단 위 잔골재율 S(kg)	단위 굵은 골재량 G(kg)
12	50	69	167	242	38	741	1222
	80	69	173	251	38	734	1206
16	80	60	173	288	36	684	1225
	120	60	178	297	36	676	1214
21	50	52	167	321	35	660	1238
	80	52	173	333	35	652	1220

표 5-19 보통 콘크리트, 굵은 골재 최대치수 40mm에 대한 배합표

설계기준 강 도 MPa(N/mm²)	슬럼프치 (mm)	물시멘트비 W/C (%)	단위수량 W (kg)	단 위 시멘트량 (kg)	절 대 잔골재율 S/a(%)	단 위 잔골재율 S(kg)	단위 굵은 골재량 G(kg)
12	50	68	158	232	34	676	1320
	80	68	167	245	34	663	1299
16	80	61	167	274	34	665	1283
	120	63	175	278	34	645	1267
21	50	52	163	313	33	629	1262
	80	50	169	338	33	616	1262

표 5-20 감수제를 사용한 AE콘크리트, 굵은 골재 최대치수 25mm에 대한 배합표

설계기준 강도 (N/mm²)	슬럼프치 (mm)	물시멘트비 W/C (%)	단위수량 W (kg)	단위 시멘트량 (kg)	절대 잔골재율 S/a(%)	단위 잔골재율 S(kg)	단위 굵은 골재량 G(kg)	감수재량 S (g)
12	50	67	158	235	36	670	1225	558
	80	70	163	234	36	668	1217	583
16	80	63	164	259	34	629	1260	648
	120	64	169	263	34	626	1263	658
21	50	50	160	318	35	626	1198	795
	80	50	166	332	35	616	1180	830

표 5-21 감수제를 사용한 AE콘크리트, 굵은 골재 최대치수 40mm에 대한 배합표 (공기량 4.5%)

설계기준 강도 (N/mm²)	슬럼프치 (mm)	물시멘트비 W/C (%)	단위수량 W (kg)	단위 시멘트량 (kg)	절대 잔골재율 S/a(%)	단위 잔골재율 S(kg)	단위 굵은 골재량 G(kg)	감수재량 S (g)
12	50	67	150	223	33	629	1313	558
	80	67	154	231	33	624	1303	578
16	80	57	160	282	33	605	1263	705
	120	61	166	272	33	603	1257	680
21	50	50	145	291	35	652	1146	728
	80	49	148	305	35	645	1231	763

표 5-22 쇄석 보통콘크리트, 굵은 골재 최대치수 25mm에 대한 배합표

설계기준 강도 (N/mm²)	슬럼프치 (mm)	물시멘트비 W/C (%)	단위수량 W (kg)	단위 시멘트량 (kg)	절대 잔골재율 S/a(%)	단위 잔골재율 S(kg)	단위 굵은 골재량 G(kg)
12	50	76	185	243	41	780	1132
	80	76	190	250	41	775	1118
16	80	65	190	292	40	739	1116
	120	66	195	295	40	731	1107
21	50	57	185	329	40	735	1110
	80	58	190	328	40	721	1100

표 5-23 쇄석 보통콘크리트, 굵은 골재 최대치수 40mm에 대한 배합표

설계기준 강 도 (N/mm²)	슬럼프치 (mm)	물시멘트비 W/C (%)	단위수량 W (kg)	단 위 시멘트량 (kg)	절 대 잔골재율 S/a(%)	단 위 잔골재율 S(kg)	단위 굵은 골 재 량 G(kg)
12	50	73	175	240	38	739	1214
	80	71	180	254	38	729	1198
16	80	68	180	265	38	726	1198
	120	68	185	272	38	719	1182
21	50	55	175	318	38	714	1174
	80	57	180	316	38	710	1166

표 5-24 쇄석 AE콘크리트, 굵은 골재 최대치수 25mm에 대한 배합표

설계기준 강 도 (N/mm²)	슬럼프치 (mm)	물시멘트비 W/C (%)	단위수량 W (kg)	단 위 시멘트량 (kg)	절 대 잔골재율 S/a(%)	단 위 잔골재율 S(kg)	단위 굵은 골 재 량 G(kg)	감수재량 S (g)
12	50	64	165	256	39	717	1143	1280
	80	65	170	261	39	711	1129	1305
16	80	59	170	290	37	668	1156	1450
	120	65	176	269	37	667	1153	1345
21	50	49	167	344	37	661	1143	1720
	80	50	172	345	37	646	1119	1725

표 5-25 쇄석 AE콘크리트, 굵은 골재 최대치수 40mm에 대한 배합표

설계기준 강 도 (N/mm²)	슬럼프치 (mm)	물시멘트비 W/C (%)	단위수량 W (kg)	단 위 시멘트량 (kg)	절 대 잔골재율 S/a(%)	단 위 잔골재율 S(kg)	단위 굵은 골 재 량 G(kg)	감수재량 S (g)
12	50	53	156	249	39	677	1226	1245
	80	63	161	256	36	672	1213	1280
16	80	55	160	290	35	645	1218	1450
	120	57	166	290	35	638	1205	1450
21	50	48	156	324	36	656	1185	1620
	80	47	161	339	36	641	1159	1695

2. 콘크리트 배합설계(예)

(규격 : 25-21-12)

1) 설계조건

주어진 재료를 사용하고 콘크리트 표준시방서의 규정에 따라 배합설계를 시행하였음. 설계기준강도는 재령 28일에서 압축강도 21MPa이며, 목표로 하는 슬럼프는 120±25mm이고, 공기량은 4.5±1.5%이다. 또 굵은골재는 최대치수 25mm의 부순돌을 사용하며, 잔골재는 최대치수 5mm의 부순잔골재를 60% 치환하여 사용한다. 구조물은 보통의 노출상태에 있으며, 감리원에 승인을 득한 혼화제 고성능 AE 감수제 사용량은 시멘트 질량의 0.5%이다.

또한, 콘크리트용 플라이애쉬 1종을 혼화재료로 사용했으며 사용량은 시멘트 질량의 10.0%를 치환하였음.

2) 재료시험

주어진 재료를 10회 이상 시험한 결과 다음 값이 얻어졌다.

재료시험 및 원재료 산지

재료명	종 류	밀 도 (g/cm^3)	조립률 (%)	비 고
시멘트	보통포틀랜드	3.15	-	-
잔골재	잔골재(강사)	2.59	2.21	배합설계 적용 밀도 : 2.61 조립률 : 2.76
	부순잔골재	2.62	3.12	
굵은골재	부순굵은골재	2.63	6.72	-
혼화제	고성능AE감수제	1.10	-	-
혼화재	플라이애쉬	2.18	-	시멘트 질량에 10% 치환
사용수	지하수	-	-	-

3) 배합강도 계산

구조물의 설계에서 고려한 안전도를 확보하기 위해서는 콘크리트의 품질이 변동한 경우에도 압축강도의 조건을 만족하도록 하여야 한다. 이 때문에 배합강도 f_{cr}은 설계기준강도 f_{ck}를 변동의 크기에 따라 증가시켜 정하여 한다. 이 때 표준편차 s를 2.91MPa이면, 콘크리트 표준시방서 식 2.1 및 식 2.2에 따라 배합강도를 다음과 같이 계산한다.

$$f_{cr}=f_{ck}+1.34s=21+(1.34\times2.91)=24.9\,(\text{MPa})$$

$$f_{cr}=f_{ck}+2.33s-3.5=\{21+(2.33\times2.91)\}-3.5=24.3\,(\text{MPa})$$

따라서, 배합강도 f_{cr}은 큰 값인 24.9MPa로 정한다.

4) 물-결합재비의 추정

지금까지의 실험에서 시멘트-물비 B/W와 재령 28일 압축강도 f_{28}과의 관계가 다음과 같이 얻어졌다.

이를 참고하여 W/B를 추정한다.

$$f_{28}=-11.9+20.8B/W(\text{MPa}) \quad \therefore 24.9=-11.9+20.8B/W(\text{MPa})$$

위의 식으로부터 $B/W=1.769$, 따라서 $W/B=56.5\%$로 정한다.

콘크리트의 내동해성을 기준으로 한 최대 물-시멘트비는 아래 표로부터 정해진다.

내동해성을 기준으로 하여 물-시멘트비를 정하는 경우
AE콘크리트의 최대 물-시멘트비(%)

구조물의 노출상태	기상조건 단면	기상작용이 심한 경우, 또는 동결융해가 종종 반복되는 경우		기상작용이 심하지 않은 경우, 빙점 이하의 기온으로 되는 일이 드문 경우	
		얇은 경우[2]	보통의 경우[3]	얇은 경우[2]	보통의 경우[3]
① 계속해서 또는 종종 물로 포화되는 부분[1]		45	50	50	55
② 보통의 노출상태에 있으며 ①에 해당하지 않는 경우		50	55	55	60

주 1) 수로, 수조, 교대, 교각, 옹벽, 터널의 라이닝 등으로서 수면에 가까워 물로 포화되는 부분 및 이들 구조물 외에 보, 슬래브 등으로서 수면으로부터 떨어져 있기는 하나 융설, 유수, 물보라 등 때문에 물로 포화되는 부분
2) 단면 두께가 약 0.2m 이하인 구조물
3) 단면이 두꺼운 경우에는 보통의 경우와 같음.

5) 잔골재율 및 단위수량

표 3을 참고로 하여 굵은골재 최대치수 25mm에 대한 단위수량 및 잔골재율의 대략의 값을 정한다. 이 때 사용재료와 콘크리트의 품질이 다음 페이지 (p334)표의 조건과 다르기 때문에 보정을 하면 다음페이지(p335)표를 얻는다.

콘크리트의 단위굵은골재 용적, 잔골재율 및 단위수량의 대략값

굵은골재의 최대치수 (mm)	단위 굵은골재 용적 (%)	갇힌 공기 (%)	잔골재율 S/a (%)	단위수량 W (kg)	AE 콘크리트				
					공기량 (%)	양질의 AE제를 사용한 경우		양질의 AE감수제를 사용한 경우	
						잔골재율 S/a(%)	단위수량 W(kg)	잔골재율 S/a(%)	단위수량 W(kg)
15	58	2.5	49	190	7.0	47	180	48	170
20	62	2.0	45	185	6.0	44	175	45	165
25	67	1.5	41	175	5.0	42	170	43	160
40	72	1.2	36	165	4.5	39	165	40	155

주 1) 이 표의 값은 보통의 입도를 가진 모래(조립률 2.8 정도)와 부순돌을 사용한 물-시멘트비 55% 정도, 슬럼프 80mm 정도의 콘크리트에 대한 것이다.
 2) 사용 재료 또는 콘크리트의 품질이 주1)의 조건과 다를 경우에는 위의 표의 값을 아래 표에 따라 보정한다.

구 분	S/a의 보정(%)	W의 보정
모래의 조립률이 0.1만큼 클(작을) 때 마다	0.5만큼 크게(작게) 한다.	보정하지 않는다.
슬럼프값이 1cm만큼 클(작을) 때마다	보정하지 않는다.	1.2%만큼 크게(작게) 한다.
공기량이 1%만큼 클(작을) 때마다	0.5~1.0만큼 작게(크게) 한다.	3%만큼 작게(크게) 한다.

구 분	S/a의 보정(%)	W의 보정
물-시멘트비가 0.05 클(작을) 때마다	1만큼 크게(작게) 한다.	보정하지 않는다.
S/a가 1% 클(작을) 때마다	보정하지 않는다.	1.5kg만큼 크게(작게) 한다.
자갈을 사용할 경우	3~5만큼 작게 한다.	9~15kg만큼 작게 한다.
부순모래를 사용할 경우	2~3만큼 크게 한다.	6~9kg만큼 크게 한다.

주) 단위굵은골재용적에 의하는 경우에는 모래의 조립률이 0.1만큼 커질(작아질) 때마다 단위굵은골재용적을 1%만큼 작게(크게) 한다.

6) 단위량의 계산
    ⓐ 단위결합재량   : $C = 184/56.5 \times 100 = 326\,\text{kg}$
    ⓑ 결합재의 절대용적 : $V_c = 326/3.15 = 103\,\ell$
    ⓒ 공기량   : $1000 \times 2.5\% = 25\,\ell$
    ⓓ 골재의 절대용적   : $a = 1000 - (103 + 184 + 25) = 688\,\ell$

S/a 및 W의 보정

보정항목	p334 표의 조건	배합 조건	$S/a=43.0\%$	$W=160$kg
			S/a의 보정량	W의 보정량
잔골재의 조립률	2.80	2.76	$(2.76-2.8)/0.1 \times 0.5 = -0.2$	—
물-시멘트비	55.0	56.5	$(56.5-55)/5.0 \times 1.0 = 0.3$	—
슬럼프	8.0	12.0	—	$(12-8)/1.0 \times 0.012 \times W = 7.68$
공기량	5.0	4.5	$(5-4.5)/1.0 \times 0.75 = 0.38$	$(5-4.5)/1.0 \times 0.03 \times W = 2.4$
잔골재율	43.0	46.5	—	$(46.5-43)/1.0 \times 1.5 = 5.25$
자갈		미사용	$-(3.0\sim5.0)=0$	$-(9.0\sim15.0)=0$
부순모래		사용	$+(2.0\sim3.0)=3$	$+(6.0\sim9.0)=9$
합계			3.48%	24.33kg
보정설계치			$S/a=43+3.48=46.5\%$	$W=160+24.33=184$kg

ⓔ 잔골재의 절대용적 : $s = 688 \times 0.465 = 320\,\ell$
ⓕ 단위잔골재량 : $S = 320 \times 2.61 = 835$kg
ⓖ 굵은골재의 절대용적 : $V_g = 688 - 320 = 368\,\ell$
ⓗ 단위굵은골재량 : $G = 368 \times 2.63 = 968$kg
ⓘ 단위AE감수제량 : $326 \times 0.5\% = 1.63$kg

7) 시험비비기

① 제1배치

앞에서 계산한 단위량과 1배치 $45\,\ell$로 하였을 때의 양을 나타내면 아래 표와 같다. 시험비비기를 할 때 잔골재는 5mm 체를 전부 통과하는 것, 굵은골재는 5mm 체에 전부 잔류하는 것, 또 함수상태는 표면건조포화상태로 조정하여 시험비비기를 함.

제1배치 단위량 및 배치량

구 분	굵은골재 최대치수 (mm)	슬럼프 범위 (cm)	공기량 범위 (%)	물-결합재비 W/B (%)	잔골재율 S/a (%)	단위재료량 (kg/m³)				
						물 W	결합재 $C+F$	잔골재 S	굵은골재 G	혼화제 (g/m³)
단위량	25	12±2.5	4.5±1.5	56.5	46.5	184	326	835	968	1630
45ℓ	25	12±2.5	4.5±1.5	56.5	46.5	8.28	14.67	37.58	43.56	73.35

제1배치 시험 결과

항 목	슬럼프	공기량	워커빌리티	재료분리상태	비 고
결 과	16cm	4%	불 량	있 음	

② 제2배치

슬럼프 40mm의 차에 대하여 보정을 한다. 슬럼프 10mm의 보정을 위해 수량은 1.2%의 증감이 필요하기 때문에 $(12-16)/1.0 \times 0.012 \times W = -8.83$kg만큼 수량을 감소시킨다. 또, 공기량은 1.0%의 보정을 위해서 수량은 3.0%의 증감이 필요하기 때문에 $(4-4.5)/1.0 \times 0.03 \times W = -2.76$kg만큼 수량을 감소시킨다. 공기량 0.5%의 차에 대하여 보정을 한다. 공기량 1.0%의 보정을 위해 잔골재율은 0.75%의 증감이 필요하기 때문에 $(4.5-4)/1.0 \times 0.75 = 0.38\%$만큼 잔골재율을 증가시킨다.

따라서, 단위수량을 (-8.83), (-2.76kg)만큼 증가시키면 $184 + (-8.83 + -2.76) = 172$kg이 된다. 잔골재율은 0.38%만큼 증가시키면 $46.5 + 0.38 = 46.9\%$가 된다.

단위량의 계산은 $W/B = 56.5\%$, $S/a = 46.9\%$, $W = 172$kg, 갇힌공기량$=2.5\%$를 기준으로 한다.

  ⓐ 단위결합재량   : $C = 172/56.5 \times 100 = 304$kg
  ⓑ 결합재의 절대용적 : $V_c = 304/3.15 = 97\,\ell$
  ⓒ 공기량   : $1000 \times 2.5\% = 25\,\ell$
  ⓓ 골재의 절대용적   : $a = 1000 - (97 + 172 + 25) = 706\,\ell$
  ⓔ 잔골재의 절대용적 : $s = 706 \times 0.469 = 331\,\ell$
  ⓕ 단위잔골재량   : $S = 331 \times 2.61 = 864$kg

제2배치 단위량 및 배치량

구 분	굵은골재 최대치수 (mm)	슬럼프 범 위 (cm)	공기량 범 위 (%)	물-결합재비 W/B (%)	잔골재율 S/a (%)	단위재료량(kg/m³)				
						물 W	결합재 $C+F$	잔골재 S	굵은골재	혼화제 (g/m³)
단위량	25	12±2.5	4.5±1.5	56.5	46.9	172	304	864	986	1520
45 ℓ	25	12±2.5	4.5±1.5	56.5	46.9	7.74	13.68	38.88	44.37	68.40

제2배치 시험 결과

항 목	슬럼프	공기량	워커빌리티	재료분리상태	비 고
결 과	13.5cm	4.3%	약간 불량	없 음	

주) 작업에 적합한 워커빌리티의 콘크리트를 얻기 위해서는 잔골재율 S/a를 3 % 정도 높이는 것이 좋을 것으로 판단됨.

ⓖ 굵은골재의 절대용적 : $V_g = 706 - 331 = 375\ \ell$

ⓗ 단위굵은골재량 : $G = 375 \times 2.63 = 986\text{kg}$

ⓘ 단위AE감수제량 : $304 \times 0.5\% = 1.52\text{kg}$

③ 제3배치

잔골재율 S/a를 3%만큼 낮추어 49.9%로 정한다. S/a를 1% 증감하는데 따라 수량은 1.5kg 증감시키므로 $(49.9-46.9)/1.0 \times 1.5 = 4.5\text{kg}$만큼 수량을 증가시킨다. 또 공기량은 1.0%의 보정을 위해서 수량은 3.0%의 증감이 필요하기 때문에 $(4.3-4.5)/1.0 \times 0.03 \times W = -1.03\text{kg}$만큼 수량을 감소시킨다. 슬럼프 15mm의 차에 대하여 보정을 한다. 슬럼프 10mm의 보정을 위해 수량은 1.2%의 증감이 필요하기 때문에 $(12-13.5)/1.0 \times 0.012 \times W = -3.1\text{kg}$만큼 수량을 감소시킨다.

따라서, 단위수량을 (4.5), (-1.03), (-3.1kg)만큼 증가시키면 $172 + (4.5 + -1.03 + -3.1) = 172$가 된다.

단위량의 계산은 $W/B = 56.5\%$, $S/a = 49.9\%$, $W = 172\text{kg}$, 갇힌공기량 $= 2.5\%$를 기준으로 한다.

ⓐ 단위결합재량 : $C = 172/56.5 \times 100 = 304\text{kg}$

ⓑ 결합재의 절대용적 : $V_c = 304/3.15 = 97\ \ell$

ⓒ 공기량 : $1000 \times 2.5\% = 25\ \ell$

ⓓ 골재의 절대용적 : $a = 1000 - (97 + 172 + 25) = 706\ \ell$

ⓔ 잔골재의 절대용적 : $s = 706 \times 0.499 = 352\ \ell$

ⓕ 단위잔골재량 : $S = 352 \times 2.61 = 919\text{kg}$

ⓖ 굵은골재의 절대용적 : $V_g = 706 - 352 = 354\ \ell$

ⓗ 단위굵은골재량 : $G = 354 \times 2.63 = 931\text{kg}$

ⓘ 단위AE감수제량 : $304 \times 0.5\% = 1.52\text{kg}$

제3배치 단위량 및 배치량

구 분	굵은골재 최대치수 (mm)	슬럼프 범 위 (cm)	공기량 범 위 (%)	물-결합재비 W/B (%)	잔골재율 S/a (%)	단위재료량(kg/m³)				
						물 W	결합재 $C+F$	잔골재 S	굵은골재 G	혼화제 (g/m³)
단위량	25	12±2.5	4.5±1.5	56.5	49.9	172	304	919	931	1520
45 ℓ	25	12±2.5	4.5±1.5	56.5	49.9	7.74	13.68	41.36	41.90	68.40

제3배치 시험 결과

항 목	슬럼프	공기량	워커빌리티	재료분리상태	비 고
결 과	12cm	4.5%	양 호	없 음	

8) W/B-f_{28} 관계식을 구하기 위한 공시체 제작

W/B-f_{28} 관계식을 구하기 위해서 3종류 이상의 다른 W/B를 사용한 콘크리트에 대하여 시험을 한다. 그래서 공시체의 제작에 있어서의 W/B는 56.5%와 그 전후인 (±5.0%) 51.5%와 61.5%의 3종류를 대상으로 한다.

① W/B=51.5%의 단위량 계산

S/a는 W/B를 0.05의 증감에 대하여 1.0%의 증감이 필요하다. W/B가 56.5%에서 51.5%로 변화하면 S/a는 다음과 같이 수정한다. (51.5−56.5)/5.0×1.0=−1% 감하면 되어, S/a=49.9+−1=48.9%가 된다.

단위량의 계산은 W/B=51.5%, S/a=48.9%, W=172kg, 갇힌공기량=2.5%를 기준으로 한다.

    ⓐ 단위결합재량   : C=172/51.5×100=334kg
    ⓑ 결합재의 절대용적   : V_c=334/3.15=106 ℓ
    ⓒ 공기량   : 1000×2.5%=25 ℓ
    ⓓ 골재의 절대용적   : a=1000−(106+172+25)=697 ℓ
    ⓔ 잔골재의 절대용적   : s=697×0.489=341 ℓ
    ⓕ 단위잔골재량   : S=341×2.61=890kg
    ⓖ 굵은골재의 절대용적 : V_g=697−341=356 ℓ
    ⓗ 단위굵은골재량   : G=356×2.63=936kg
    ⓘ 단위AE감수제량   : 334×0.5%=1.67kg

W/B=51.5%, S/a=48.9%의 단위량 및 배치량

구 분	굵은골재 최대치수 (mm)	슬럼프 범위 (cm)	공기량 범위 (%)	물-결합재비 W/B (%)	잔골재율 S/a (%)	단위재료량 (kg/m³)				
						물 W	결합재 $C+F$	잔골재 S	굵은골재 G	혼화제 (g/m³)
단위량	25	12±2.5	4.5±1.5	51.5	48.9	172	334	890	936	1670
45 ℓ	25	12±2.5	4.5±1.5	51.5	48.9	7.74	15.03	40.05	42.12	75.15

② W/B=56.5%의 단위량 계산

W=172kg, S/a=49.9%로 계산하는데 이것은 앞에서 시험비비기를 할 때 제3배치의 계산한 것과 같다.

③ W/B=61.5%의 단위량 계산

S/a는 W/B를 0.05의 증감에 대하여 1.0%의 증감이 필요하다. W/B가 56.5%에서 61.5%로 변화하면 S/a는 다음과 같이 수정한다. (61.5−56.5)/5.0×1.0=1% 증가

제 35장 콘크리트 배합설계 예 II   339

시키면 되어, $S/a=49.9+1=50.9\%$가 된다.

단위량의 계산은 $W/B=61.5\%$, $S/a=50.9\%$, $W=172\text{kg}$, 갇힌공기량=2.5%를 기준으로 한다.

ⓐ 단위결합재량 : $C=172/61.5 \times 100 = 280\text{kg}$
ⓑ 결합재의 절대용적 : $V_c=280/3.15=89\,\ell$
ⓒ 공기량 : $1000 \times 2.5\% = 25\,\ell$
ⓓ 골재의 절대용적 : $a=1000-(89+172+25)=714\,\ell$
ⓔ 잔골재의 절대용적 : $s=714 \times 0.509 = 363\,\ell$
ⓕ 단위잔골재량 : $S=363 \times 2.61 = 947\text{kg}$
ⓖ 굵은골재의 절대용적 : $V_g=714-363=351\,\ell$
ⓗ 단위굵은골재량 : $G=351 \times 2.63 = 923\text{kg}$
ⓘ 단위AE감수제량 : $280 \times 0.5\% = 1.4\text{kg}$

$W/B=61.5\%$, $S/a=50.9\%$의 단위량 및 배치량

구 분	굵은골재 최대치수 (mm)	슬럼프 범위 (cm)	공기량 범위 (%)	물-결합재비 W/B (%)	잔골재율 S/a (%)	단위재료량 (kg/m³)				
						물 W	결합재 $C+F$	잔골재 S	굵은골재 G	혼화제 (g/m³)
단위량	25	12±2.5	4.5±1.5	61.5	50.9	172	280	947	923	1400
45 ℓ	25	12±2.5	4.5±1.5	61.5	50.9	7.74	12.60	42.62	41.54	63.00

④ 시험배치의 압축강도 시험결과

W/B (%)	B/W (%)	S/a (%)	W (kg)	C (kg)	Slump (cm)	압축강도 MPa(=N/mm²)			
						X1	X2	X3	평균
51.5	1.942	48.9	172	334	11.5	28.7	28.3	28.2	28.4
56.5	1.770	49.9	172	304	12.0	24.6	24.7	23.0	24.1
61.5	1.626	50.9	172	280	13.0	18.0	17.1	16.8	17.3

9) 물-결합재비(W/B)의 결정 및 W/B-f_{28} 그래프

구 분	$X(=B/W)$	$Y(=f_{28})$	XX	XY	비 고
1	1.942	28.400	3.771	55.153	
2	1.770	24.100	3.133	42.657	n : 시험횟수
3	1.626	17.300	2.644	28.130	$n=3$
합 계	5.338	69.800	9.548	125.940	

① 물-결합재비의 계산식

W/B와 σ_{28}의 관계에서 배합강도에 대응하는 W/B를 다음 식에서 구한다.
즉, $\sigma_{28}=A+(B\times B/W)$에서 A 및 B를 구한 후 W/B를 계산한다.

$$A=\frac{(\Sigma XX\Sigma Y)-(\Sigma X\Sigma XY)}{(3\Sigma XX)-\Sigma X^2} \qquad B=\frac{(3\Sigma XY)-(\Sigma X\Sigma Y)}{(3\Sigma XX)-\Sigma X^2}$$

여기서, $A=-38.845$, $B=34.907$이다.

② $\sigma_{28}=A+(B\times B/W)$ 관계식

$24.9=-38.845+34.907B/W \qquad B/W=(24.9--38.845)/34.907=1.826$
$\qquad\qquad\qquad\qquad\qquad\qquad\qquad W/B=(1/1.826)\times100=54.8\%$

10) 시방배합

콘크리트 1m³에 사용하는 단위수량은 172kg이며, 물-결합재 W/B는 54.8%이다. 잔골재율 S/a는 W/B가 56.5%의 경우 49.9%이었다. W/B가 0.05 증감하면 S/a는 1.0%의 증감이 필요하기 때문에 $(56.5-54.8)/5.0\times1.0=-0.34\%$만큼 증감시킨다. 따라서, $S/a=49.9+-0.34=49.6\%$가 된다.

단위량을 계산하면 다음과 같고 이를 시방배합표에 나타낸 것이 아래 표이다.

ⓐ 단위결합재량　　　　: $C=172/54.8\times100=314$kg
ⓑ 결합재의 절대용적　　: $V_c=314/3.15=100\ \ell$
ⓒ 공기량　　　　　　　: $1000\times2.5\%=25\ \ell$
ⓓ 골재의 절대용적　　　: $a=1000-(100+172+25)=703\ \ell$
ⓔ 잔골재의 절대용적　　: $s=703\times0.496=349\ \ell$
ⓕ 단위잔골재량　　　　: $S=349\times2.61=910$kg
ⓖ 굵은골재의 절대용적　: $V_g=703-349=354\ \ell$
ⓗ 단위굵은골재량　　　: $G=354\times2.63=932$kg
ⓘ 단위AE감수제량　　　: $314\times0.5\%=1.57$kg

시방배합표

굵은골재 최대치수 (mm)	슬럼프 범위 (cm)	공기량 범위 (%)	물-결합재비 W/B (%)	잔골재율 S/a (%)	단위재료량 (kg/m³)						
					물 W	결합재 C+F	잔골재 S1	부순 잔골재 S2	굵은 골재 G	혼화제 (AD)	단위중량 (kg)
25	12±2.5	4.5±1.5	54.8	49.6	172	314	364	546	932	1.57	2330

제 35 장 콘크리트 배합설계 예 Ⅱ   341

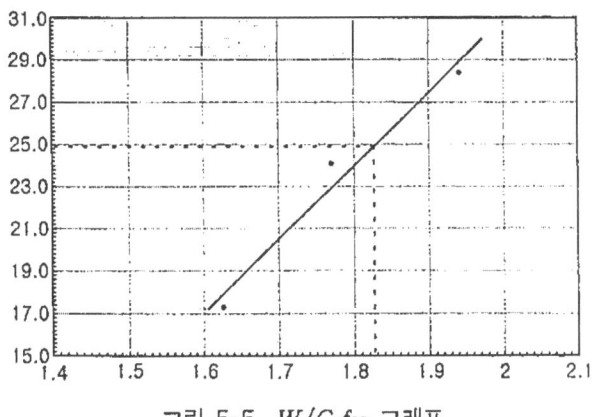

그림 5-5 W/C-f_{28} 그래프

레디믹스트 콘크리트 배합보고서

2004 년 1 월   일

수신 : _____   제조회사명·공장명 _____

배합계획자명	

공사명칭	
소 재 지	
납품예정시간	2005년
본배합의 적용기간	당사 배합 변경시
콘크리트의 치기부위	

배합설계조건

호칭방법	골재의 종류에 의한 구분	호칭강도 MPa(=N/mm²)	슬럼프 (cm)	굵은골재의 최대치수에 의한 구분	시멘트의 종류에 의한 구분
	보통콘크리트	21	12	25mm	보통포틀랜드

지정사항	단위용적질량	2,330kg/m³	공기량	4.5±1.5%
	콘크리트의 온도	5~30℃	사용 혼화재료의 종류	플라이애쉬
	호칭강도를 보증하는 재령	28일	단위 시멘트량의 하한치 또는 상한치	kg/m³
	물시멘트비의 상한치	%		
	유동화 베이스 콘크리트의 슬럼프 증대량			cm

사용재료

시멘트	제조회사명			밀도		3.15	
잔골재	산지 또는 품명		조립률	2.21	밀도	절건	2.57
				3.12		표건	2.61
굵은골재	산지 또는 품명	-	실적률 또는 조립률	6.72	밀도	절건	
						표건	2.63
혼화제	제품명		종류	고성능 AE감수제 표준형	잔골재의 염분(NaCl)		0.04% 이하
혼화재	제품명	플라이애쉬	종류	콘크리트용	물구분		상하수도 이외의 물

배 합 표 (kg/m³)

시멘트	물	잔골재	부순잔골재	굵은골재(1)	굵은골재(2)	혼화제	혼화재 F/A
276	172	364	546	932		1.57	38

물시멘트비	54.8%	잔골재율	49.6%	콘크리트에 포함된 염화물 함유량(염소이온)	0.3kg/m³ 이하

비 고

A4(210×297mm)

3. 콘크리트 배합설계(예)

(규격 : 25-24-12)

1) 설계조건

주어진 재료를 사용하고 콘크리트 표준시방서의 규정에 따라 배합설계를 시행하였음. 설계기준강도는 재령 28일에서 압축강도 24MPa이며, 목표로 하는 슬럼프는 120±25mm 이고, 공기량은 4.5±1.5%이다. 또, 굵은골재는 최대치수 25mm의 부순돌을 사용하며, 잔골재는 최대치수 5mm의 부순잔골재를 60% 치환하여 사용한다. 구조물은 보통의 노출 상태에 있으며, 감리원에 승인을 득한 혼화제 고성능 AE 감수제 사용량은 시멘트 질량의 0.5%이다.

또한, 콘크리트용 플라이애쉬 1종을 혼화재료로 사용했으며 사용량은 시멘트 질량의 10.0%를 치환하였음.

2) 재료시험

주어진 재료를 10회 이상 시험한 결과 다음 값이 얻어졌다.

재료시험 및 원재료 산지

재료명	종 류	밀 도(g/cm³)	조립률(%)	비 고
시멘트	보통포틀랜드	3.15	—	—
잔골재	잔골재(강사)	2.59	2.21	배합설계 적용
	부순잔골재	2.62	3.12	밀도 : 2.61, 조립률 : 2.76
굵은골재	부순굵은골재	2.63	6.72	—
혼화제	고성능 AE감수제	1.10	—	—
혼화재	플라이애쉬	2.18	—	시멘트 질량에 10% 치환
사용수	지하수	—	—	—

3) 배합강도 계산

구조물의 설계에서 고려한 안전도를 확보하기 위해서는 콘크리트의 품질이 변동한 경우에도 압축강도의 조건을 만족하도록 하여야 한다. 이 때문에 배합강도 f_{cr}은 설계기준강도 f_{ck}를 변동의 크기에 따라 증가시켜 정하여 한다. 이 때 표준편차 s를 3.32MPa이면, 콘크리트 표준시방서 식 2.1 및 식 2.2에 따라 배합강도를 다음과 같이 계산한다.

$$f_{cr} = f_{ck} + 1.34s = 24 + (1.34 \times 3.32) = 2.84 \text{ (MPa)}$$

$$f_{cr} = f_{ck} + 2.33s - 3.5 = \{24 + (2.33 \times 3.32)\} - 3.5 = 28.2 \, (\text{MPa})$$

따라서, 배합강도 f_{cr}은 큰 값인 28.4MPa로 정한다.

4) 물-결합재비의 추정

지금까지의 실험에서 시멘트-물비 B/W와 재령 28일 압축강도 f_{28}과의 관계가 다음과 같이 얻어졌다. 이를 참고하여 W/B를 추정한다.

$$f_{28} = -11.9 + 20.8 B/W \, (\text{MPa}) \quad 28.4 = -11.9 + 20.8 B/W \, (\text{MPa})$$

위의 식으로부터 $B/W = 1.938$, 따라서 $W/B = 51.6\%$로 정한다.

콘크리트의 내동해성을 기준으로 한 최대 물-시멘트비는 아래 표로부터 정해진다.

내동해성을 기준으로 하여 물-시멘트비를 정하는 경우
AE콘크리트의 최대 물-시멘트비(%)

구조물의 노출상태	기상조건 / 단면	기상작용이 심한 경우, 또는 동결융해가 종종 반복되는 경우		기상작용이 심하지 않은 경우, 빙점 이하의 기온으로 되는 일이 드문 경우	
		얇은 경우[2]	보통의 경우[3]	얇은 경우[2]	보통의 경우[3]
① 계속해서 또는 종종 물로 포화되는 부분[1]		45	50	50	55
② 보통의 노출상태에 있으며 ①에 해당하지 않는 경우		50	55	55	60

주 1) 수로, 수조, 교대, 교각, 옹벽, 터널의 라이닝 등으로서 수면에 가까워 물로 포화되는 부분 및 이들 구조물 외에 보, 슬래브 등으로서 수면으로부터 떨어져 있기는 하나 융설, 유수, 물보라 등 때문에 물로 포화되는 부분
2) 단면 두께가 약 0.2 m 이하인 구조물
3) 단면이 두꺼운 경우에는 보통의 경우와 같음.

5) 잔골재율 및 단위수량

표 3을 참고로 하여 굵은골재 최대치수 25mm에 대한 단위수량 및 잔골재율의 대략의 값을 정한다. 이 때 사용재료와 콘크리트의 품질이 표 3의 조건과 다르기 때문에 보정을 하면 표 4를 얻는다.

콘크리트의 단위굵은골재 용적, 잔골재율 및 단위수량의 대략값

굵은골재의 최대치수 (mm)	단위 굵은골재 용적 (%)	갇힌 공기 (%)	잔골재율 S/a (%)	단위수량 W (kg)	AE 콘크리트 공기량 (%)	양질의 AE제를 사용한 경우 잔골재율 S/a(%)	양질의 AE제를 사용한 경우 단위수량 W(kg)	양질의 AE감수제를 사용한 경우 잔골재율 S/a(%)	양질의 AE감수제를 사용한 경우 단위수량 W(kg)
15	58	2.5	49	190	7.0	47	180	48	170
20	62	2.0	45	185	6.0	44	175	45	165
25	67	1.5	41	175	5.0	42	170	43	160
40	72	1.2	36	165	4.5	39	165	40	155

주 1) 이 표의 값은 보통의 입도를 가진 모래(조립률 2.8 정도)와 부순돌을 사용한 물-시멘트비 55% 정도 슬럼프 80mm 정도의 콘크리트에 대한 것이다.
2) 사용 재료 또는 콘크리트의 품질이 주1)의 조건과 다를 경우에는 위의 표의 값을 아래 표에 따라 보정한다.

구 분	S/a의 보정 (%)	W의 보정
모래의 조립률이 0.1만큼 클(작을) 때마다	0.5만큼 크게(작게) 한다.	보정하지 않는다.
슬럼프값이 1cm만큼 클(작을) 때마다	보정하지 않는다.	1.2%만큼 크게(작게) 한다.
공기량이 1%만큼 클(작을) 때마다	0.5 ~ 1.0만큼 작게(크게) 한다.	3%만큼 작게(크게) 한다.

구 분	S/a의 보정 (%)	W의 보정
물-시멘트비가 0.05 클(작을) 때마다	1만큼 크게(작게) 한다.	보정하지 않는다.
S/a가 1% 클(작을) 때마다	보정하지 않는다.	1.5kg만큼 크게(작게) 한다.
자갈을 사용할 경우	3~5만큼 작게 한다.	9~15kg만큼 작게 한다.
부순모래를 사용할 경우	2~3만큼 크게 한다.	6~9 kg만큼 크게 한다.

주) 단위굵은골재용적에 의하는 경우에는 모래의 조립률이 0.1만큼 커질(작아질) 때마다 단위굵은골재 용적을 1%만큼 작게(크게) 한다.

S/a 및 W의 보정

보정항목	p345표의 조건	배합 조건	$S/a=43.0\%$	$W=160\text{kg}$
			S/a의 보정량	W의 보정량
잔골재의 조립률	2.80	2.76	$(2.76-2.8)/0.1=-0.2$	—
물-시멘트비	55.0	51.6	$(51.6-55)/5.0=-0.68$	—
슬럼프	8.0	12.0	—	$(12-8)/1.0 \times 0.012 \times W = 7.68$
공기량	5.0	4.5	$(5-4.5)/1.0 \times 0.75 = 0.38$	$(5-4.5)/1.0 \times 0.03 \times W = 2.4$
잔골재율	43.0	45.5	—	$(45.5-43)/1.0 \times 1.5 = 3.75$
자 갈		미사용	$-(3.0\sim5.0)=0$	$-(9.0\sim15.0)=0$
부순모래		사용	$+(2.0\sim3.0)=3$	$+(6.0\sim9.0)=9$
합 계			2.5%	22.83kg
보정설계치			$S/a=43+2.5=45.5\%$	$W=160+22.83=183\text{kg}$

6) 단위량의 계산

    ⓐ 단위결합재량 : $C=183/51.6 \times 100 = 355\text{kg}$

    ⓑ 결합재의 절대용적 : $V_c=355/3.15=113\,\ell$

    ⓒ 공기량 : $1000 \times 2.5\% = 25\,\ell$

    ⓓ 골재의 절대용적 : $a=1000-(113+183+25)=679\,\ell$

    ⓔ 잔골재의 절대용적 : $s=679 \times 0.455=309\,\ell$

    ⓕ 단위잔골재량 : $S=309 \times 2.61=806\text{kg}$

    ⓖ 굵은골재의 절대용적 : $V_g=679-309=370\,\ell$

    ⓗ 단위굵은골재량 : $G=370 \times 2.63=973\text{kg}$

    ⓘ 단위AE감수제량 : $355 \times 0.5\% = 1.78\text{kg}$

7) 시험비비기

    ① 제1배치

  앞에서 계산한 단위량과 1배치 $45\,\ell$로 하였을 때의 양을 나타내면 제1배치 단위량 및 배치량의 표와 같다. 시험비비기를 할 때 잔골재는 5mm 체를 전부 통과하는 것, 굵은골재는 5mm 체에 전부 잔류하는 것, 또 함수상태는 표면건조포화상태로 조정하여 시험비비기를 함.

제 35 장 콘크리트 배합설계 예 II   347

제1배치 단위량 및 배치량

구 분	굵은골재 최대치수 (mm)	슬럼프 범위 (cm)	공기량 범위 (%)	물-결합재비 W/B (%)	잔골재율 S/a (%)	단위재료량 (kg/m³)				
						물 W	결합재 C+F	잔골재 S	굵은골재 G	혼화제 (g/m³)
단위량	25	12±2.5	4.5±1.5	51.6	45.5	183	355	806	973	1780
45 ℓ	25	12±2.5	4.5±1.5	51.6	45.5	8.24	15.98	36.27	43.79	80.10

제1배치 시험 결과

항 목	슬럼프	공기량	워커빌리티	재료분리상태	비 고
결 과	15.5cm	4.1%	불 량	있 음	

② 제2배치

슬럼프 35mm의 차에 대하여 보정을 한다. 슬럼프 10mm의 보정을 위해 수량은 1.2%의 증감이 필요하기 때문에 $(12-15.5)/1.0 \times 0.012 \times W = -7.69$kg만큼 수량을 감소시킨다. 또, 공기량은 1.0%의 보정을 위해서 수량은 3.0%의 증감이 필요하기 때문에 $(4.1-4.5)/1.0 \times 0.03 \times W = -2.2$kg만큼 수량을 감소시킨다. 공기량 0.4%의 차에 대하여 보정을 한다. 공기량 1.0%의 보정을 위해 잔골재율은 0.75%의 증감이 필요하기 때문에 $(4.5-4.1)/1.0 \times 0.75 = 0.3$%만큼 잔골재율을 증가시킨다.

따라서, 단위수량을 (-7.69), (-2.2kg)만큼 증가시키면 $183+(-7.69+-2.2)=$ 173kg이 된다. 잔골재율은 0.3%만큼 증가시키면 $45.5+0.3=45.8$%가 된다.

단위량의 계산은 $W/B=51.6$%, $S/a=45.8$%, $W=173$kg, 갇힌공기량=2.5%를 기준으로 한다.

　ⓐ 단위결합재량　　　　: $C=173/51.6 \times 100=335$kg
　ⓑ 결합재의 절대용적　　: $V_c=335/3.15=106$ ℓ
　ⓒ 공기량　　　　　　　: $1000 \times 2.5\% = 25$ ℓ
　ⓓ 골재의 절대용적　　　: $a=1000-(106+173+25)=696$ ℓ
　ⓔ 잔골재의 절대용적　　: $s=696 \times 0.458=319$ ℓ
　ⓕ 단위잔골재량　　　　: $S=319 \times 2.61=833$kg
　ⓖ 굵은골재의 절대용적　: $V_g=696-319=377$ ℓ
　ⓗ 단위굵은골재량　　　: $G=377 \times 2.63=992$kg
　ⓘ 단위AE감수제량　　　: $335 \times 0.5\% = 1.68$kg

제2배치 단위량 및 배치량

구 분	굵은골재 최대치수 (mm)	슬럼프 범위 (cm)	공기량 범위 (%)	물-결합재비 W/B (%)	잔골재율 S/a (%)	단위재료량 (kg/m³)				
						물 W	결합재 C+F	잔골재 S	굵은골재 G	혼화제 (g/m³)
단위량	25	12±2.5	4.5±1.5	51.6	45.8	173	335	833	992	1680
45ℓ	25	12±2.5	4.5±1.5	51.6	45.8	7.79	15.08	37.49	44.64	75.60

제2배치 시험 결과

항 목	슬럼프	공기량	워커빌리티	재료분리상태	비 고
결 과	13.5cm	4.2%	약간 불량	없 음	

주) 작업에 적합한 워커빌리티의 콘크리트를 얻기 위해서는 잔골재율 S/a를 2.9% 정도 높이는 것이 좋을 것으로 판단됨.

③ 제3배치

잔골재율 S/a를 2.9%만큼 낮추어 48.7%로 정한다. S/a 를 1% 증감하는데 따라 수량은 1.5kg 증감시키므로 (48.7−45.8)/1.0×1.5=4.35kg만큼 수량을 증가시킨다. 또, 공기량은 1.0%의 보정을 위해서 수량은 3.0%의 증감이 필요하기 때문에 (4.2−4.5)/1.0×0.03×W=−1.56kg만큼 수량을 감소시킨다. 슬럼프 15mm의 차에 대하여 보정을 한다. 슬럼프 10mm의 보정을 위해 수량은 1.2%의 증감이 필요하기 때문에 (12−13.5)/1.0×0.012×W=−3.11kg만큼 수량을 감소시킨다.

따라서, 단위수량을 (4.35), (−1.56), (−3.11kg)만큼 증가시키면 173+(4.35+−1.56+−3.11)=173이 된다.

단위량의 계산은 W/B=51.6%, S/a=48.7%, W=173kg, 갇힌공기량=2.5%를 기준으로 한다.

  ⓐ 단위결합재량   : C=173/51.6×100=335kg

  ⓑ 결합재의 절대용적 : V_c=335/3.15=106 ℓ

  ⓒ 공기량   : 1000×2.5%=25 ℓ

  ⓓ 골재의 절대용적   : a=1000−(106+173+25)=696 ℓ

  ⓔ 잔골재의 절대용적 : s=696×0.487=339 ℓ

  ⓕ 단위잔골재량   : S=339×2.61=885kg

  ⓖ 굵은골재의 절대용적 : V_g=696−339=357 ℓ

  ⓗ 단위굵은골재량   : G=357×2.63=939kg

  ⓘ 단위AE감수제량   : 335×0.5%=1.68kg

제3배치 단위량 및 배치량

구 분	굵은골재 최대치수 (mm)	슬럼프 범위 (cm)	공기량 범위 (%)	물-결합재비 W/B (%)	잔골재율 S/a (%)	단위재료량 (kg/m³)				
						물 W	결합재 $C+F$	잔골재 S	굵은골재 G	혼화제 (g/m³)
단위량	25	12±2.5	4.5±1.5	51.6	48.7	173	335	885	939	1680
45 ℓ	25	12±2.5	4.5±1.5	51.6	48.7	7.79	15.08	39.83	42.26	75.60

제3배치 시험 결과

항 목	슬럼프	공기량	워커빌리티	재료분리상태	비 고
결 과	1 cm	4.5%	양 호	없 음	

8) W/B-f_{28} 관계식을 구하기 위한 공시체 제작

W/B-f_{28} 관계식을 구하기 위해서 3종류 이상의 다른 W/B를 사용한 콘크리트에 대하여 시험을 한다. 그래서 공시체의 제작에 있어서의 W/B는 51.6%와 그 전후인 (±5.0%) 46.6%와 56.6%의 3종류를 대상으로 한다.

① W/B=46.6%의 단위량 계산

S/a는 W/B를 0.05의 증감에 대하여 1.0%의 증감이 필요하다. W/B가 51.6%에서 46.6%로 변화하면 S/a는 다음과 같이 수정한다. (46.6-51.6)/5.0×1.0=-1% 감하면 되어, S/a=48.7+(-1)=47.7%가 된다.

단위량의 계산은 W/B=46.6%, S/a=47.7%, W=173kg, 갇힌공기량=2.5%를 기준으로 한다.

  ⓐ 단위결합재량   : C=173/46.6×100=371kg
  ⓑ 결합재의 절대용적 : V_c=371/3.15=118 ℓ
  ⓒ 공기량   : 1000×2.5%=25 ℓ
  ⓓ 골재의 절대용적   : a=1000-(118+173+25)=684 ℓ
  ⓔ 잔골재의 절대용적 : s=684×0.477=326 ℓ
  ⓕ 단위잔골재량   : S=326×2.61=851kg
  ⓖ 굵은골재의 절대용적 : V_g=684-326=358 ℓ
  ⓗ 단위굵은골재량   : G=358×2.63=942kg
  ⓘ 단위AE감수제량   : 371×0.5%=1.86kg

② W/B=51.6%의 단위량 계산

W=173kg, S/a=48.7%로 계산하는데 이것은 앞에서 시험비비기를 할 때 제3배치의 계산한 것과 같다.

W/B=46.6%, S/a=47.7%의 단위량 및 배치량

구 분	굵은골재 최대치수 (mm)	슬럼프 범위 (cm)	공기량 범위 (%)	물-결합재비 W/B (%)	잔골재율 S/a (%)	단위재료량 (kg/m³)				
						물 W	결합재 $C+F$	잔골재 S	굵은골재 G	혼화제 (g/m³)
단위량	25	12±2.5	4.5±1.5	46.6	47.7	173	371	851	942	1860
45 ℓ	25	12±2.5	4.5±1.5	46.6	47.7	7.79	16.70	38.30	42.39	83.70

③ W/B=56.6%의 단위량 계산

S/a는 W/B를 0.05의 증감에 대하여 1.0%의 증감이 필요하다. W/B가 51.6%에서 56.6%로 변화하면 S/a는 다음과 같이 수정한다. (56.6−51.6)/5.0×1.0=1% 증가시키면 되어, S/a=48.7+1=49.7%가 된다.

단위량의 계산은 W/B=56.6%, S/a=49.7%, W=173kg, 갇힌공기량=2.5%를 기준으로 한다.

    ⓐ 단위결합재량 : C=173/56.6×100=306kg
    ⓑ 결합재의 절대용적 : V_c=306/3.15=97 ℓ
    ⓒ 공기량 : 1000×2.5%=25 ℓ
    ⓓ 골재의 절대용적 : a=1000−(97+173+25)=705 ℓ
    ⓔ 잔골재의 절대용적 : s=705×0.497=350 ℓ
    ⓕ 단위잔골재량 : S=350×2.61=914kg
    ⓖ 굵은골재의 절대용적 : V_g=705−350=355 ℓ
    ⓗ 단위굵은골재량 : G=355×2.63=934kg
    ⓘ 단위AE감수제량 : 306×0.5%=1.53kg

W/B=56.6%, S/a=49.7%의 단위량 및 배치량

구 분	굵은골재 최대치수 (mm)	슬럼프 범위 (cm)	공기량 범위 (%)	물-결합재비 W/B (%)	잔골재율 S/a (%)	단위재료량 (kg/m³)				
						물 W	결합재 $C+F$	잔골재 S	굵은골재 G	혼화제 (g/m³)
단위량	25	12±2.5	4.5±1.5	56.6	49.7	173	306	914	934	1530
45 ℓ	25	12±2.5	4.5±1.5	56.6	49.7	7.79	13.77	41.13	42.03	68.85

④ 시험배치의 압축강도 시험결과

W/B (%)	B/W (%)	S/a (%)	W (kg)	C (kg)	Slump (cm)	압축강도 MPa(=N/mm²)			
						X1	X2	X3	평균
46.6	2.146	47.7	173	371	12.0	32.5	32.4	30.2	31.7
51.6	1.938	48.7	173	335	12.0	25.4	26.5	26.4	26.1
56.6	1.767	49.7	173	306	13.0	23.4	22.8	24.6	23.6

9) 물-결합재비(W/B)의 결정 및 W/B-f_{28} 그래프

구 분	$X(=B/W)$	$Y(=f_{28})$	XX	XY	비 고
1	2.146	31.700	4.605	68.028	n : 시험횟수 $n=3$
2	1.938	26.100	3.756	50.582	
3	1.767	23.600	3.122	41.701	
합 계	5.851	81.400	11.483	160.311	

① 물-결합재비의 계산식

W/B와 σ_{28}의 관계에서 배합강도에 대응하는 W/B를 다음 식에서 구한다. 즉, $\sigma_{28}=A+(B\times B/W)$에서 A 및 B를 구한 후 W/B를 계산한다.

$$A=\frac{(\Sigma XX\Sigma Y)-(\Sigma X\Sigma XY)}{(3\Sigma XX)-\Sigma X^2} \qquad B=\frac{(3\Sigma XY)-(\Sigma X\Sigma Y)}{(3\Sigma XX)-\Sigma X^2}$$

여기서, $A=-15.193$, $B=21.702$이다.

② $\sigma_{28}=A+(B\times B/W)$ 관계식

$28.4=-15.193+21.702\,B/W$ $B/W=(28.4--15.193)/21.702=2.009$

$W/B=(1/2.009)\times 100=49.8\%$

10) 시방배합

콘크리트 1m³에 사용하는 단위수량은 173kg이며, 물-결합재 W/B는 49.8%이다. 잔골재율 S/a는 W/B가 51.6%의 경우 48.7%이었다. W/B가 0.05 증감하면 S/a는 1.0%의 증감이 필요하기 때문에 (51.6-49.8)/5.0×1.0=-0.36%만큼 증감시킨다. 따라서, S/a=48.7+-0.36=48.3%가 된다.

단위량을 계산하면 다음과 같고 이를 시방배합표에 나타낸 것이 다음 표이다.

 ⓐ 단위결합재량 : $C=173/49.8\times 100=347$kg
 ⓑ 결합재의 절대용적 : $V_c=347/3.15=110\,\ell$

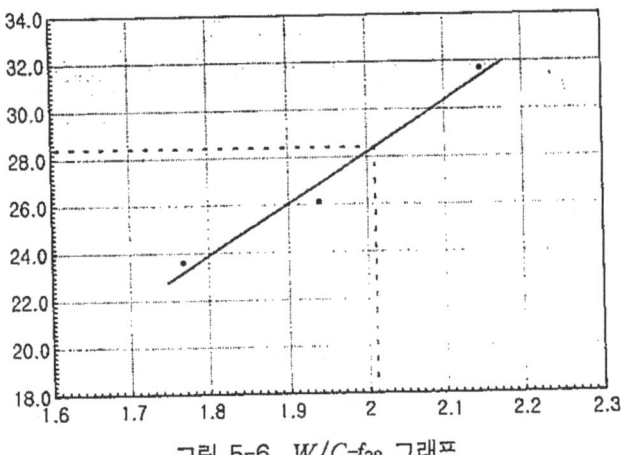

그림 5-6 W/C-f_{28} 그래프

ⓒ 공기량 : $1000 \times 2.5\% = 25\,\ell$

ⓓ 골재의 절대용적 : $a = 1000 - (110 + 173 + 25) = 692\,\ell$

ⓔ 잔골재의 절대용적 : $s = 692 \times 0.483 = 334\,\ell$

ⓕ 단위잔골재량 : $S = 334 \times 2.61 = 872\,kg$

ⓖ 굵은골재의 절대용적 : $V_g = 692 - 334 = 358\,\ell$

ⓗ 단위굵은골재량 : $G = 358 \times 2.63 = 941\,kg$

ⓘ 단위AE감수제량 : $347 \times 0.5\% = 1.74\,kg$

시방배합표

굵은골재 최대치수 (mm)	슬럼프 범위 (cm)	공기량 범위 (%)	물-결합재비 W/B (%)	잔골재율 S/a (%)	단위재료량 (kg/m³)						
					물 W	결합재 C+F	잔골재 S1	부순잔골재 S2	굵은골재 G	혼화제 (AD)	단위중량 (kg)
25	12±2.5	4.5±1.5	49.8	48.3	173	347	349	523	941	1.74	2335

레디믹스트 콘크리트 배합보고서

No. _____
2004 년   월   일

수신 :   귀하   제조회사명·공장명

	배합계획자명	
공사명칭		
소재지		
납품예정시간	2005년	
본배합의 적용기간	당사 배합 변경시	
콘크리트의 치기부위		

배합설계조건

호칭방법	골재의 종류에 의한 구분	호칭강도 MPa(≒N/m²)	슬럼프 (cm)	굵은골재의 최대 치수에 의한 구분	시멘트의 종류에 의한 구분
	보통콘크리트	24	12	25mm	보통포틀랜드

지정사항				
	단위용적질량	2,335 kg/m³	공기량	4.5±1.5%
	콘크리트의 온도	5~30℃	사용 혼화재료의 종류	플라이애쉬
	호칭강도를 보증하는 재령	28일	단위 시멘트량의 하한치 또는 상한치	kg/m³
	물시멘트비의 상한치	%		
	유동화 베이스 콘크리트의 슬럼프 증대량		cm	

사용재료

시멘트	제조회사명		밀도	3.15
잔골재	산지 또는 품명	조립률	2.21	밀도	절건	2.57
			3.12		표건	2.61
굵은골재	산지 또는 품명	실적률 또는 조립률	—	밀도	절건	
			6.72		표건	2.63
혼화제	제품명	종류	고성능AE감수제 표준형	잔골재의 염분 (NaCl)	0.04% 이하
혼화재	제품명	플라이애쉬	종류	콘크리트용	물구분	상하수도 이외의 물

배합표 (kg/m³)

시멘트	물	잔골재	부순잔골재	굵은골재(1)	굵은골재(2)	혼화제	혼화재 F/A
305	173	349	523	941		1.74	42

물시멘트비	49.8%	잔골재율	48.3%	콘크리트에 포함된 염화물 함유량(염소이온)	0.3kg/m³ 이하

비고

A4(210×297mm)

4. 배합설계계산(예)
(포장 CON'C)

1) 조 건
   가. 설계기준강도 : $\sigma bk28 = 4.5 N/mm^2$
   나. 골재최대치수 : 32mm
   다. SLUMP   : 4.0cm   공기량 : 4.0%
   라. 굵은골재밀도 : 32mm→2.63   흡수율 : 1.16%
   마. 잔골재 밀도 :   →2.61   흡수율 : 0.58%
   바. 잔골재조립율 :   →2.86

2) 배합기준강도의 결정
   가. $\sigma bk = \sigma 28 \times 1.15$ 증가계수 : 1.15
   나. $\sigma bk = 4.5 \times 1.15 = 5.2 N/mm^2$

3) W/C의 결정
   가. 휨강도에 소요되는 c/w
       $\sigma bk = 26 + 12 c/w$
       $52 = 26 + 12 c/w$
       $c/w = (1 \div 12) \times (52 - 26) = 2.166$ ∴ W/C = 26%
   나. 내구성에 의한 경우
       내구성에 소요되는 최대 W/C = 50%
       ∴ W/C = 46%로 결정

4) W의 보정
◎ W = 140kg(Slump = 8cm, w/c = 55%, F.M = 2.80일 때)
   가. Slump에 대한 보정

       $(4.0 - 8.0) \times 0.0012 \times 140 = -6.7 kg$

   나. 부순돌을 사용할 때 보정(5~9% 크게 함)
       → +7% 적용
       $140 \times 0.07 = 9.8 kg$
   다. 포장용 콘크리트의 경우의 보정(-3% 감소)

$140 \times (-0.03) = -4.2 kg$

∴ $W = 140 - 6.7 + 9.8 - 4.2 = 138.9 ≒ 139 kg$

5) S/a의 보정

◎ S/a=36%(Slump=8cm, w/c=55%, F.M=2.80일 때)

가. 모래의 조립율에 대한 보정

$(2.86 - 2.80) \div 0.1 \times 0.5 = 0.3\%$

나. 부순돌을 사용할 때 보정(3~5% 크게 함)

→ +4% 적용

다. W/C에 대한 보정

$(46 - 55) \div 5 \times 1 = -1.8\%$

라. 포장용 콘크리트인 경우의 보정(-3% 감소)

→ -3% 적용

∴ $S/a = 36 + 0.3 + 4.0 - 1.8 - 3.0 = 35.5 ≒ 36\%$

6) 상기 배합조건 결과

W/C=46%, S/a=36%, W=139kg을 기본배합으로 한다.

5. 시험 제1배치

◎ W/C=46%　　　　　　　　　◎ S/a=36%
◎ W=139kg　　　　　　　　　◎ C=302kg
◎ 단위수량　　　　　　　　　　　　　　139 ℓ
◎ 단위시멘트량　　　　　　　　　　　　96 ℓ
◎ 공기량(4.0%)　　　　　　　　　　　40 ℓ
　계(물+시멘트+공기량)　　　　　　　275

▶골재용적　　　　: 1000 - 275 = 725 ℓ
　조골재(32mm)　: 725 × 0.64 = 464 ℓ
　세골재　　　　　: 725 × 0.36 = 261 ℓ

▶골재중량
- 조골재(32mm)   : 464 × 2.63 = 1220kg
- 세골재   : 261 × 2.61 = 681kg
- 혼화제량(0.5%)   : 302 × 0.005 = 1.51kg

▶시험배합재료량 → (15)ℓ
- 단위수량   : 139 × 0.015 = 2.085kg
- 단위시멘트량   : 302 × 0.015 = 4.530kg
- 단위조골재량(32mm)   : 1220 × 0.015 = 18.300kg
- 단위세골재량   : 681 × 0.015 = 10.215kg
- 단위혼화제량   : 1510 × 0.015 = 22.650g

▶시험배합재료량 → Slump : 1.0cm → Air : 3.8%
  (1) 굵은골재 과다로 재료분리 발생
  (2) S/a률 2.8% 상향조정하여 38.8%로 함
    → S/a률 2% 증가하므로 W = +4.2kg
  (3) 단위수량의 보정
    → (4.0−1.0) × 0.012 × 139 = 3.3kg
    ∴ W = 139 + 4.2 + 3.3 = 147kg

6. 시험 제2배치

◎ W/C = 46%   ◎ S/a = 38.8%
◎ W = 147kg   ◎ C = 320kg
◎ 단위수량   147 ℓ
◎ 단위시멘트량   102 ℓ
◎ 공기량(4.0%)   40 ℓ
─────────────────────────────────
  계(물+시멘트+공기량)   289

▶골재용적   : 1000 − 289 = 711 ℓ
- 조골재(32mm)   : 711 × 0.61 = 434 ℓ
- 세골재   : 711 × 0.388 = 276 ℓ

▶골재중량

　조골재(32mm)　　　: 434 × 2.63 = 1141kg

　세골재　　　　　　: 276 × 2.61 = 720kg

　혼화제량(0.5%)　　: 320 × 0.005 = 1.6kg

▶시험배합재료량 (15) ℓ

　단위수량　　　　　　　: 147 × 0.015 = 2.205kg

　단위시멘트량　　　　　: 320 × 0.015 = 4.800kg

　단위조골재량(32mm) : 1141 × 0.015 = 17.115kg

　단위세골재량　　　　　: 720 × 0.015 = 10.800kg

　단위혼화제량　　　　　: 1600 × 0.015 = 24.000g

▶시험배합재료량 → Slump : 2.5 cm → Air : 3.9%

　(1) 재료분리 없슴, Workability 양호

　(2) 단위수량의 보정

　　→ (4.0−2.5)×0.012×147≒2.6kg

　　∴ W=147+2.6=150kg

7. 시험 제3배치

◎ W/C=46%　　　　　　◎ S/a=38.8%

◎ W=150kg　　　　　　◎ C=326kg

◎ 단위수량　　　　　　　　　　　　　　150 ℓ

◎ 단위시멘트량　　　　　　　　　　　　103 ℓ

◎ 공기량(4.0%)　　　　　　　　　　　　40 ℓ

　계(물+시멘트+공기량)　　　　　　　　293

▶골재용적　　　　: 1000 − 293 = 707 ℓ

　조골재(32mm)　: 707 × 0.61 = 431 ℓ

　세골재　　　　　: 707 × 0.388 ≒ 274 ℓ

▶ 골재중량
  조골재(32mm)   : 431 × 2.63 = 1134kg
  세골재   : 274 × 2.61 = 715kg
  혼화제량(0.5%)   : 326 × 0.005 = 1.63kg

▶ 시험배합재료량 → (15) ℓ
  단위수량   : 150 × 0.015 = 2.250kg
  단위시멘트량   : 326 × 0.015 = 4.890kg
  단위조골재량(32mm) : 1134 × 0.015 = 17.010kg
  단위세골재량   : 715 × 0.015 = 10.725kg
  단위혼화제량   : 1630 × 0.015 = 24.450g

▶ 시험배합재료량 → Slump : 4.0cm → Air : 3.9%
  (1) 재료분리 없슴. Workability 양호
  (2) 시험 제3배치를 기본배합으로 결정함.

8. 기본 제1배치

◎ W/C=46%   ◎ S/a=38.8%
◎ W=150kg   ◎ C=326kg
◎ 단위수량   150 ℓ
◎ 단위시멘트량   103 ℓ
◎ 공기량(4.0%)   40 ℓ
───────────────────────────────────────
  계(물+시멘트+공기량)   293

▶ 골재용적   : 1000 - 293 = 707 ℓ
  조골재(32mm)   : 707 × 0.61 = 431 ℓ
  세골재   : 707 × 0.388 = 274 ℓ

▶ 골재중량
  조골재(32mm)   : 431 × 2.63 = 1134kg
  세골재   : 274 × 2.61 = 715kg

혼화제량(0.5%)   : 326 × 0.005 = 1.63kg

▶시험배합재료량 → (45) ℓ
  단위수량   : 150 × 0.045 = 6.750kg
  단위시멘트량   : 326 × 0.045 = 14.670kg
  단위조골재량(32mm) : 1134 × 0.045 = 51.030kg
  단위세골재량   : 715 × 0.045 = 32.175kg
  단위혼화제량   : 1630 × 0.045 = 73.350g

▶시험배합재료량 → Slump : 3.5cm → Air : 3.8%

9. 기본 제2배치

◎ W/C=51%   ◎ S/a=39.8%
◎ W=150kg   ◎ C=294kg
◎ 단위수량   150 ℓ
◎ 단위시멘트량   93 ℓ
◎ 공기량(4.0%)   40 ℓ
  계(물+시멘트+공기량)   283

▶골재용적   : 1000 − 283 = 717 ℓ
  조골재(32mm)   : 717 × 0.6 = 430 ℓ
  세골재   : 717 × 0.398 = 285 ℓ

▶골재중량
  조골재(32mm)   : 430 × 2.63 = 1131kg
  세골재   : 285 × 2.61 = 744kg
  혼화제량(0.5%)   : 294 × 0.005 = 1.47kg

▶시험배합재료량 → (45) ℓ
  단위수량   : 150 × 0.045 = 6.750kg
  단위시멘트량   : 294 × 0.045 = 13.230kg

단위조골재량(32mm) : 1131 × 0.045 = 50.895kg
단위세골재량   : 744 × 0.045 = 33.480kg
단위혼화제량   : 1470 × 0.045 = 66.150g

▶시험배합재료량 → Slump : 4.0cm → Air : 4.1%

10. 기본 제3배치

◎ W/C=41%   ◎ S/a=37.8%
◎ W=150kg   ◎ C=366kg
◎ 단위수량   150 ℓ
◎ 단위시멘트량   116 ℓ
◎ 공기량(4.0%)   40 ℓ
───
계(물+시멘트+공기량)   306

▶골재용적   : 1000 − 306 = 694 ℓ
  조골재(32mm)   : 694 × 0.62 = 430 ℓ
  세골재   : 694 × 0.378 = 262 ℓ

▶골재중량
  조골재(32mm)   : 430 × 2.63 = 1131kg
  세골재   : 262 × 2.61 = 684kg
  혼화제량(0.5%)   : 366 × 0.005 = 1.83kg

▶시험배합재료량 → (45) ℓ
  단위수량   : 150 × 0.045 = 6.750kg
  단위시멘트량   : 366 × 0.045 = 16.470kg
  단위조골재량(32mm) : 1131 × 0.045 = 50.895kg
  단위세골재량   : 684 × 0.045 = 30.780kg
  단위혼화제량   : 1830 × 0.045 = 82.350g

▶시험배합재료량 → Slump : 3.0cm → Air : 4.0%

콘크리트(포장) 배합설계 결과표
DATA SHEET FOR DESIGN CONCRETE MIXTURE

시 방 배 합 표

설계기준 휨강도 (N/mm²)	굵은골재 최대치수 (mm)	슬럼프 범위 (cm)	공기량 범위 (%)	단위수량 (kg)	단위 시멘트량 (%)	물-시멘 트비 (%)	절대 잔골재율 (%)	단위 잔골재량 (kg)	단위굵은 골재량 (kg)	단위 혼화제량 (kg)	비 고
4.5	32	4.0	4.0	150	357	42	38	691	1137	1.79	

재 료 산 지

굵은골재	춘천시 신동면	시 멘 트	강원도 영월군 서면 쌍용리(쌍용)
잔 골 재	가평군 가평읍	혼 화 제	충북 음성군 금왕읍(태영케미칼)
부순잔골재	춘천시 신동면		

골 재

골 재	최대치수	조립율	밀 도	물먹음	단위중량	마모율	안전성	잡기량	비 고
굵은골재	32		2.63	-	1519	22.8	3.9	-	
잔골재	5	2.86	2.61	-	1546	-	4.7	-	

시 멘 트

밀 도	분말도	군음시험		정상질기	안정도	3일강도		28일강도		비 고
		초결	종결			하중	강도	하중	강도	
3.15	3288	238	6.18	-	0.08		225		372	

비 고 : 잔골재 - 자연사(40%) + 부순모래(60%)

생산자 :

시험배치 및 강도

BATCH	W/C (%)	S/a (%)	물 (kg)	시멘트 (kg)	잔골재 (kg)	굵은골재 (kg)	혼화제량 (kg)	슬럼프 (cm)	공기량 (%)	휨 강도 (N/mm²)	
										σ_7	σ_{28}
1	41	37.8	150	366	684	1131	1.83	3.0	4.0	3.7	5.4
2	46	38.8	150	326	715	1134	1.63	3.5	3.8	3.4	4.4
3	51	39.8	150	294	744	1131	1.47	4.0	4.1	3.1	3.9

설계기준 휨강도 (kmf/cm²)	굵은골재 최대치수 (mm)	슬럼프 범위 (cm)	공기량 범위 (%)	단위 수량 (kg)	단위혼화제량 (kg)	물-시멘트비 (%)	절대잔골재율 (%)	단위잔골재량 (kg)	단위굵은골재량 (kg)	단위혼화제량 (kg)	비고
45	32	4.0	4.0	150	357	42.0	38.0	691	1137	1.785	

골재용적	$=1000-(150+357\div3.15+40)=$ 697 ℓ
세골재량	$=697\times0.38\times2.61=$ 691kg
조골재량(32mm)	$=697\times0.62\times2.63=$ 1137kg
혼화제량	$=357\times0.005=$ 1.785kg

콘크리트 휨강도 시험표

1. 공 사 명 :
2. 시료종류 : 포장용 Con'c(σ_{bk}=4.5)
3. 시험번호 :
4. 시험일자 : 2004년   월   일
5. 채취일자 : 2004년   월   일
6. 채취위치 :

시료번호	배합비	재령	시료크기 (cm)	파괴하중 (KN)	휨강도 (N/mm^2)	설계강도 (N/mm^2)	비 고
1	W=41%	28	15×15×55	41.605	5.3	4.5	
				41.605	5.3		
				43.175	5.5		
				평균	5.4		
2	W=46%	28	15×15×55	34.540	4.4	4.5	
				34.540	4.4		
				35.325	4.5		
				평균	4.4		
3	W=51%	28	15×15×55	30.615	3.9	4.5	
				32.185	4.1		
				29.830	3.8		
				평균	3.9		
				이 하 여 백			

참고사항 :

콘크리트 휨강도 시험표

1. 공 사 명 :
2. 시료종류 : 포장용 Con'c(σ_{bk}=4.5)
3. 시험번호 :
4. 시험일자 : 2004년   월   일
5. 채취일자 : 2004년   월   일
6. 채취위치 :

시료번호	배합비	재 령	시료크기 (cm)	파괴하중 (KN)	휨강도 (N/mm²)	설계강도 (N/mm²)	비 고
1	W=41%	7	15×15×55	29.045	3.7	4.5	
				29.045	3.7		
				29.830	3.8		
				평 균	3.7		
2	W=46%	7	15×15×55	26.690	3.4	4.5	
				26.690	3.4		
				25.905	3.3		
				평 균	3.4		
3	W=51%	7	15×15×55	24.335	3.1	4.5	
				23.550	3.0		
				24.335	3.1		
				평 균	3.1		
				이 하 여 백			

참고사항 :

제 36 장 레디믹스트 콘크리트

1. 지역별 레미콘 시설현황

(2004년 6월 30일 基準)

지역 \ 구분	업체수	공장수	배쳐플랜트 기수	배쳐플랜트 레미콘 생산능력 m³/hr	배쳐플랜트 레미콘 생산능력 천m³/yr	레미콘 믹서트럭 보유대수 (대)	시멘트 사이로 (Ton)
서울·경인 Seoul-Kyongin	118	185	313	65,060	130,120	8,389	203,110
강원 Kangwon	80	91	99	14,400	28,800	1,110	43,970
충북 Chungbuk	45	46	53	8,580	17,160	784	27,920
대전·충남 Daejeon-Chungnam	74	93	119	20,894	41,788	1,818	84,370
전북 Jeonbuk	55	58	73	13,120	26,240	986	43,800
광주·전남 Gwangju-Jeonnam	80	87	116	19,815	39,630	1,821	62,325
경북 Gyeongbuk	93	96	120	19,170	38,340	1,536	62,850
대구 Daegu	22	22	35	6,410	12,820	674	24,900
경남 Gyeongnam	68	69	87	15,090	30,180	1,610	54,000
울산 Ulsan	17	19	30	5,130	10,260	500	15,410
부산 Busan	22	25	39	7,490	14,980	1,019	28,400
제주 Jeju	20	20	24	4,020	8,040	376	11,959
전국총계 Whole Country	663	811	1,108	199,179	398,358	20,623	663,014

주) 1) 전국 업체수는 지역 중복을 피한 수치임.
2) 연간 생산능력은 연 250일, 1일 8시간 가동 기준임.
3) 시멘트사이로는 각 레미콘공장 보유 시멘트사이로의 합계임.

2. 레미콘 생산시설 및 출하실적

(2004년 6월 30일)

생산능력(B/P)		출하실적(m³)		
m³/hr	千m³/年	民需	官需	계
199,179	398,358	54,989,894	14,630,766	69,620,660

3. 전국 레미콘 생산실적(수요별, 지역별)

(단위 : m³, %)

지역	수요별	상 반 기		
		2003년	2004년	증감(%)
서울·경인	민수	26,623,288	24,368,069	▲8.47
	관수	2,214,242	2,533,465	14.42
	계	28,837,530	26,901,534	▲6.71
강 원	민수	1,844,080	2,167,605	17.54
	관수	2,047,971	2,017,078	▲1.51
	계	3,892,051	4,184,683	7.52
충 북	민수	1,744,461	1,589,629	▲8.88
	관수	849,689	700,375	▲17.57
	계	2,594,150	2,290,004	▲11.72
대전·충남	민수	5,360,129	5,618,685	4.82
	관수	1,154,550	1,152,933	▲0.14
	계	6,514,679	6,771,618	3.94
전 북	민수	1,914,934	1,888,551	▲1.38
	관수	1,031,254	850,190	▲17.56
	계	2,946,188	2,738,741	▲7.04
광주·전남	민수	3,569,929	3,942,559	10.44
	관수	1,876,910	1,544,799	▲17.69
	계	5,446,839	5,487,358	0.7
경 북	민수	3,351,108	3,028,432	▲9.63
	관수	2,143,365	2,384,005	11.23
	계	5,494,473	5,412,437	▲1.49
대 구	민수	2,237,633	2,090,466	▲6.5
	관수	203,340	306,471	50.7
	계	2,440,973	2,396,936	▲1.8
경 남	민수	4,003,74	4,323,792	7.9
	관수	1,690,54	2,229,296	31.8
	계	5,694,290	6,553,088	15.0
울 산	민수	1,680,950	1,338,029	▲20.40
	관수	288,440	240,041	▲16.78
	계	1,969,390	1,578,070	▲19.87
부 산	민수	3,607,235	3,915,366	8.54
	관수	272,371	368,088	35.14
	계	3,879,606	4,283,45	10.41
제 주	민수	628,568	718,71	14.34
	관수	277,500	304,025	9.56
	계	906,068	1,022,737	12.88
전국총계	민수	56,566,063	54,989,894	▲2.79
	관수	14,050,174	14,630,766	4.13
	계	70,616,237	69,620,660	▲1.41

4. 레디믹스트 콘크리트(1) (재료·종류·품질 및 용적)

1) 일 반

KS F 4009 「레디믹스트 콘크리트」에는 레디믹스트 콘크리트의 재료, 종류, 제품의 호칭방법, 품질, 용적배합, 제조방법, 시험방법, 검사방법 및 보고가 규정되었으며, 그 부속서에 레디믹스트 콘크리트용 골재의 품질 및 시험방법, 굳지 않는 콘크리트 속의 염소이온 농도나 혼합물의 수질 등이 규정되어 있다.

2) 종 류

2-1) 1종류

(1) KS F 4009에서는 레디믹스트 콘크리트를 보통(골재) 콘크리트와 경량(골재) 콘크리트 강도 및 슬럼프의 조합에 따라 표 5-52와 같이 구분한다.
(2) 공기량은 보통 콘크리트인 경우 4.5±1.5%, 경량 콘크리트인 경우 5.0±1.5%로 한다.
(3) 기타, 다음 사항은 구입자가 생산자와 협의 후에 지정할 수가 있다.
① 시멘트의 종류
② 골재의 종류
③ 굵은 골재의 최대치수
④ 혼화재료의 종류

표 5-52 레디믹스트 콘크리트의 종류

콘크리트의 종 류	굵은골재의 최대치수 mm	슬럼프 cm	호 칭 강 도 MPa(N/mm^2)[1]									
			18	21	24	27	30	35	40	45	50	휨4.0[2]	휨4.5[2]
보 통 콘크리트	20, 25	2.5, 6.5	−	−	−	−	−	−	−	−	−	○	○
		8, 12, 15	○	○	○	○	○	○	○	○	○	−	−
		18	○	○	○	○	○	○				−	−
		21	−	○	○	○	○	○				−	−
	40	2.5, 6.5	−	−	−	−	−	−	−	−	−	○	○
		5, 8, 12, 15	○	○	○	○	○					−	−
경 량 콘크리트	15, 20	8, 12, 15, 18, 21			○	○	−	−	−	−	−	−	−

주) 1) 종래단위의 시험기를 사용하여 시험할 경우 국제단위계(SI)에 따른 수치의 환산은 1kgf =9.8N으로 환산한다. 즉, 1MPa=10.2kgf/cm^{2}가 된다.
2) 휨 4.0, 휨 4.5는 포장용 콘크리트에서의 휨 호칭강도를 의미한다.

⑤ 3-1), (4)에 표시한 염화물 함유량의 상한치와 다른 경우는 그 상한치
⑥ 호칭강도를 보증하는 재령
⑦ 표에 정한 공기량과 다른 경우는 그 값
⑧ 경량 콘크리트의 경우는 콘크리트의 단위용적중량
⑨ 콘크리트의 최고 또는 최저온도
⑩ 공기량 물 시멘트의 상한치
⑪ 단위수량의 상한치
⑫ 단위시멘트량의 하한치 또는 상한치
⑬ 유동화 콘크리트의 경우는 유동화하기 전 레디믹스트 콘크리트에서 슬럼프의 증대량
⑭ 그 외 필요사항

3) 콘크리트의 품질 및 용적

3-1) 품질규준

하역지점에서 강도, 슬럼프, 공기량 및 염화물량의 한도에 대해서는 다음 조건을 만족하지 않으면 안된다.

(1) 강 도
① 1회의 시험결과는 구입자가 지정한 호칭강도의 85% 이상으로 할 것
② 3회의 시험결과의 평균치는 구입자가 지정한 호칭강도 이상으로 할 것. 강도시험에서 공시체의 재령은 특히, 지정이 없는 경우는 28일로 한다.

(2) 슬럼프
슬럼프의 허용치는 각각 표 5-54의 범위로 한다.

(3) 공기량
공기량의 허용자는 구입자가 지정한 값에 대하여 표 5-53의 범위로 한다.

표 5-53 공기량의 허용차

콘크리트의 종류	공기량	공기량의 허용차(%)
보통 콘크리트	4.5	±1.5
경량 콘크리트	5.0	±1.5

(4) 염화물량

KS F 4009에는 염화물 함유량은 배출지점에서 염소이온(Cl^-)양으로서 $0.3kg/cm^2$로 지정하고 있다. 다만, 구입자의 승인을 얻은 경우에는 $0.60kg/m^3$이하로 할 수 있다.

표 5-54 슬럼프의 허용차

단위 : cm

슬럼프	슬럼프의 허용범위
2.5	±1
5 및 6.5	±1.5
8 이상	±2.5

3-2) 용 적

배달된 레디믹스트 콘크리트의 용적은 납입서에 기재된 양 이상이 아니면 안된다.

4) 배 합

(1) 레디믹스트 콘크리트의 배합은 구입자와 합의하여 3-1)에 표시한 품질에 만족하고 또 검사에 합격하도록 생산자와 정한다.

(2) 생산자는 레디믹스트 콘크리트 배합 보고서를 원칙으로 콘크리트 배달에 앞서 구입자는 제출한다.

(3) 구입자의 요구가 있는 경우는 생산자는 배합설계자료, 콘크리트 속에 포함된 염화물량의 계산에 사용한 자료, 알칼리골재 반응 억제 방법의 기초가 되는 자료 등을 제시해야 한다.

5) 재 료

(1) 재료

시멘트 KS에 적합한 포틀랜드 시멘트, 고로슬래그 시멘트, 포틀랜드 포졸란 시멘트, 폴라이애쉬 시멘트이다(KSL 5201, KSL 5210, KSL 5211, KSL 5401).

(2) 골 재

① 골재는 KS F 2526(콘크리트용 골재), KS F 2527(콘크리트용 부순돌), KS F 2534(구조용 경량골재), KS F 2544(콘크리트용 고로슬래그 굵은 모래), KS F 2558(콘크리트용 부순모래), KS F 2559(콘크리트용 고로슬래그 잔골재)에 따른다.

② 천연골재는 염분의 한도가 KS F 2515(골재 중의 염화물 함유량 시험방법)에 따라 시험하였을 때 0.04%이하여야 한다. 단, 0.04%를 초과한 것에 대하여는 주문자의 승인을 얻어야 한다. 그러나 그 한도는 0.1%를 초과할 수 없다.
③ 다른 골재를 혼합해서 사용하는 경우에는 혼합하는 골재의 종류 및 그 비율을 표시한다.

(3) 물

물은 KS F 4009 부속서 2 「레디믹스트 콘크리트 혼합에 사용하는 물」에 적합한 것을 사용한다.

(4) 혼화재료

혼화재료는 콘크리트 및 강재에 유해한 영향을 미치지 않는 것으로 KS 것도 이것에 적합한 것을 사용하는 「플라이애쉬(KS L 5405), 팽창제(KS F 2562), 화학혼화제(KS F 2560), 방청제(KS F 2561)」

5. 레디믹스트 콘크리트(2) (제조설비)

1) 재료 저장설비
(1) 시멘트의 저장 설비는 종류별로 구분하여 시멘트의 풍화를 방지할 수 있는 것이어야 한다.
(2) 골재의 저장설비
 ㉮ 골재의 종류, 품종별로 칸을 막아 크고 작은 골재가 분리되지 않도록 되어 있어야 한다.
 ㉯ 골재저장 장소의 바닥을 콘크리트로 하고 배수 설비를 한다.
 ㉰ 저장 장소의 용량은 콘크리트의 최대 출하량의 1일분 이상에 상당한 골재량 이상으로 한다.
 ㉱ 골재의 저장설비 및 저장설비에서 배치플랜트까지의 운반설비는 균등한 골재를 공급할 수 있는 것이어야 한다
 ㉲ 인공 경량골재를 사용하는 경우는 골재에 살수하는 설비를 갖출 필요가 있다.
(3) 혼화재료는 종류 및 품질별로 구분한다. 혼화재료에는 일광, 습기 등에 따라 변질되는 것이 있기 때문에 주의를 요한다

2) 배치플랜트
(1) 계량기는 각 재료를 표 5-55에 표시하는 계량오차 이내에서 계량하는 정밀도를 갖는 것으로 한다. 표 5-55의 허용오차는 1회 계량분량에 대한 백분율로 표시되며, 계량기 그 자체에 의한 오차와 계량기의 재료투입조작에 의한 오차를 합한 것이다.

표 5-55 재료의 계량방법 및 계량오차의 허용범위

재료의 종류	측정단위	1회 분량의 한계오차
시멘트	질 량	1% 이내
골 재	질 량	3% 이내
물	질량 또는 부피	1% 이내
혼화재	질 량	2% 이내
혼화제	질량 또는 부피	3% 이내

(2) 투입조작에 의해 생기는 계량오차를 적게 하기 위해 조킹장치를 두는 것이 좋다. 조킹장치는 재료의 투입이 계량치에 가까울 때 재료가 서서히 투입되는 것이다.
(3) 허용오차는 1회 계량분량에 대한 백분율로 표시되며 계량기의 정밀도는 그 용량에 대해서 정해져 있기 때문에 계량정밀도를 유지하기 위해서는 믹서의 용량에 맞는 용량의 계량기를 갖추고 계량기의 능력의 최대치에 가까운 양을 계량하도록 한다.
(4) 레미콘 공장에서는 다른 배합의 콘크리트를 차례차례로 출하하지 않으면 안되기 때문에 단시간에 차이가 없이 계량이 실시되도록 배합설정장치를 설비한다. 이것은 미리 수종의 배합을 세트해 놓고 배합의 변경에 따라 자동적으로 계량치를 세트할 수 있는 장치이며 믹스셀렉터방식(펀치카드방식), 컴퓨터방식 등이 있다.
(5) 콘크리트 품질의 편차 최대 원인은 모래의 표면수율의 변동이다. 모래의 표면수율의 변화에 따라서 그때마다 잔골재 및 물의 계량치를 바꾸는 것은 번잡하므로 수분보정장치(모이스처 콘뽈센터)를 설비하는 것이 좋다. 이것은 잔골재와 물의 계량기를 연동시켜 간단한 조작으로 표면수의 보정을 실시하는 장치이다. 굵은 골재의 경우는 물을 끓여서 사용하면 통상 표면수율에 큰 변동은 없으므로 수분 보정장치는 필요가 없다.

3) 믹 서
(1) 공장에 설치된 고정믹서를 이용한다.
(2) 고정믹서에는 가경식 믹서와 강제혼합믹서가 있으며 강제혼합믹서는 KS F 8009

(강제 혼합믹서)에 적합한 것으로 이용한다.(가경식 믹서에도 KS F 8008(가경식 믹서)가 있으나 이 규격에는 용량 0.8m³이하의 소형의 것에 대해서 규정되어 있다.

(3) 이것들의 믹서는 공장에서 출하되는 대표적인 배합 콘크리트의 소정량을 소정시간에 혼합했을 때, 각 재료가 균등하게 섞여서 용이하게 배출되는 성능의 것이 아니면 안된다.

(4) 믹서의 혼합성능은 KS F 2455(믹서로 혼합한 콘크리트 속의 모르터의 차 및 굵은 골재량의 차의 시험방법)에 의해 시험하고 다음의 관계가 성립되면 충분한 혼합성능을 가졌다고 판단해도 좋다.

$$\left. \begin{array}{l} \text{모르터의 단위 용적 질량차} \\ \Delta M = \dfrac{2}{M_1 + M_2}(M_1 \sim M_2) \times 100 \leq 0.8\% \\ \text{단위 굵은 골재량의 차} \\ \Delta G = \dfrac{2}{G_1 + G_2}(G_1 \sim G_2) \times 100 \leq 5.0\% \end{array} \right\} \tag{5-12}$$

여기서, ΔM, 및 ΔG : 각각 채취시료 중의 모르터 단위용적 질량의 차 및 단위 굵은 골재량의 차이(%),

M_1, M_2 : 채취된 두 시료 중의 모르터 단위용적 질량(kg/m³),

G_1, G_2 : 채취된 두 시료 중 굵은 골재의 단위량(kg/m³),

시료는 믹서에서 배출된 콘크리트 흐름의 앞부분 및 뒷부분의 전단면에서 채취된 것, 또는 믹서내의 2개소에서 채취된 것으로 한다.

(5) KS F 2455에 의해 시험한 결과 $\Delta M > 0.8\%$의 경우는 혼합시간이 부족하다고 판단하고, $\Delta G > 5\%$인 경우는 날개의 형상, 위치, 각도 등이 부적당하다고 판단된다. 믹서의 혼합성능은 날개의 마모 등에 따라 경시 변화되기 때문에 정기적으로 시험을 실시하고 필요에 따라서 보수를 실시한다.

4) 운반차

(1) 운반차는 운반 중 콘크리트를 균등하게 유지하고 하역지점에서 용이하게 완전히 배출되는 것으로 한다. 보통 에지테이터 트럭이 이용되지만 특히 된비빔 콘크리트의 경우에는 덤프트럭을 이용할 수가 있다.

(2) 통상의 회전드럼형의 에지테이터 트럭(agitator truck)은 배출이 완전히 실시되는 것으로써 슬럼프 70~80mm이상의 콘크리트에 적용된다. 에지테이터 트럭의 성능을 간단히 시험하는 방법으로서 KS F 4009에는 배출되는 콘크리트 1/4과 3/4의 2부분에서 시료를 채취하고 슬럼프시험을 실시하여 그 차가 30mm이하가 아니면

안된다고 규정되었다.
(3) 슬럼프 25mm의 포장용 콘크리트 등의 된비빔 콘크리트의 경우는 운반 중 에지테 이트하지 않더라도 분리경향이 적으며, 또 에지터이터에서는 배출이 곤란하므로 덤프트럭을 이용할 수가 있다. 덤프트럭의 하대는 평활하고 방수밀적인 것으로 필요하면 풍우에서 보호하기 위해 방수덮개를 한다.

6. 레디믹스트 콘크리트(3) (제조작업 및 시험방법)

1) 제조작업

   (1) 계량 및 혼합

   ① 계량오차에는 계량기 그 자체에 의한 오차와 재료와 투입조작 기타에 의한 오차가 있으며 레디믹스트 콘크리트 공장에서는 일반적으로 후자의 편이 커지기 쉽다. 따라서 양자를 합하여 계량오차 내에 거두기 위해서는 계량설비의 전반에 걸쳐서 정기적인 점검, 조사가 중요하다.

   ② 혼합량 및 혼합시간은 KS F 2455에 의해 모르터의 단위용적중량의 차가 0.8% 이하가 되는 범위에서 정한다.

   ③ 필요 이상으로 장시간 혼합하면 골재의 파쇄 기타에 따른 워커빌리티가 변화될 우려가 있다. 이것을 피하기 위해서는 혼합소정시간 이상이 되면 믹서가 자동적으로 정지되는 장치, 믹서타이머를 설치하는 것이 편리하다.

   (2) 운 반

   ① KS F 4009에서는 에지터이터 트럭(agitator truck)에 의한 운반시간(혼합개시에서 하역까지의 시간)을 상온에서 1.5시간 이내로 규정하였다. 온도가 높은 경우는 1시간 이내로 하는 것이 바람직하다.

   ② 운반 중의 슬럼프 저하는 여러 가지의 요인에 의해 영향을 받지만 상온 하에서 운반시간이 1시간 이내의 보통인 경우는 시멘트의 종류나 지연제의 효과는 거의 인정되지 않는다. 이것은 슬럼프 저하가 화학적인 원인이 아니라, 공기량의 감소나 시멘트입자의 응집, 골재의 파쇄 등, 주로 물리적인 현상에 기인되는 것을 시사한 것이다.

   ③ 온도 약 20℃의 것으로 1시간의 운반에 의한 슬럼프 저하는 20~30mm로 생각하면 된다. 온도 30℃의 하에서는 水和의 촉진에 의해 슬럼프 저하가 현저하다. 그림 5-7에 운반시간 및 온도와 슬럼프 저하량과의 관계를 표시한다.

④ 덤프트럭을 이용하는 경우, 재료분리가 심하지 않도록 운반시간을 보통 1시간 이내로 한다. 운반시간의 한도는 도로의 평탄성, 기온 등에 따라서 다르다. 화물의 표면으로부터 대개 1/3과 2/3의 깊이에서 채취된 시료의 슬럼프의 차이가 20mm이내가 되는 범위 내에서 운반시간을 정한다.

⑤ 유동화 콘크리트의 경우는 슬럼프의 경시변화가 특히 크기 때문에 유동화제의 현장첨가가 보통 실시된다. 이 경우 베이스 콘크리트는 KS F 4009의 규격품으로서 발주된다. 그러나 최근 슬럼프 로스가 적은 고성능 AE감수제가 개시되어 플랜트 첨가가 가능하게 되었다.

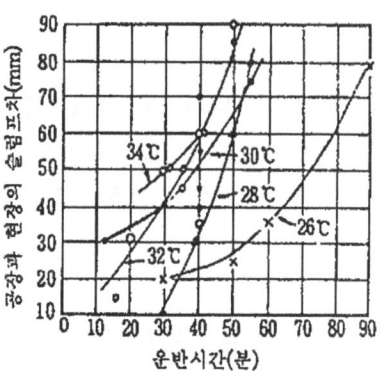

그림 5-7 운반시간 및 온도와 슬럼프 저하량과의 관계

재래의 유동화제에 의한 슬럼프 로스는 주로 혼합 후의 시간경과와 함께 유동화제의 일부가 시멘트의 수화생성물에 들어가서 혼합수 중의 유동화제 농도가 점차로 감소되는데 의한다고 한다.

고성능 AE감수제는 여러 가지 있으나 일례를 들면 고성능 감수제에 서방제 미립자를 혼탁하게 하는 것이 있다. 徐放濟는 알칼리용액 중에서 서서히 이온화하여 시멘트입자에 마이너스(-)의 전하를 주어 분산시켜서 슬럼프로스를 보강한다. 서방속도는 서방제의 형이나 크기에 따라 조절된다. 일반적으로 입경 0.5~1mm정도의 것이 이용된다.

그림 5-8에 서방제의 첨가에 따라 온도 20℃에 있어서 유동화 콘크리트 슬럼프 로스가 거의 없어진다는 것을 표시하였다.

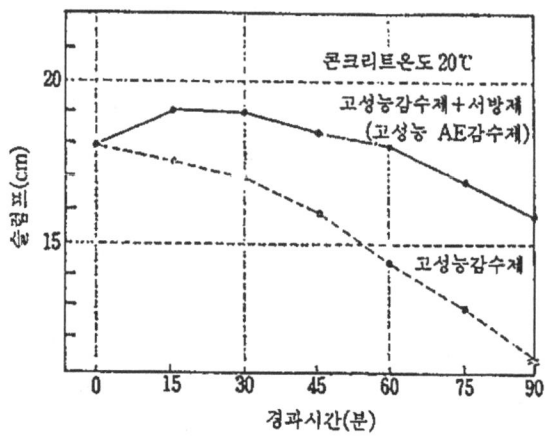

그림 5-8 슬럼프로스 저감에 미치는 서방제의 효과

2) 시험방법

(1) 강도시험

① 압축강도 및 휨강도 시험은 KS F 2405「콘크리트의 압축강도 시험방법」및 KS F 2408「콘크리트의 휨강도 시험방법」에 의한다. 공시체의 작성방법은 KS F 2403「콘크리트의 강도시험용 공시체의 작성방법」에 의하나 압축강도 시험용 공시체의 치수는 원칙으로 굵은 골재의 최대치수가 25mm이하인 경우 $\phi 10 \times 20$cm, 굵은 골재의 최대치수가 40mm인 경우 $\phi 15 \times 30$cm로 된다.

② 시험재령은 구입자로부터 특별히 지정이 없는 경우는 28일로 하고 공시체의 양생은 어느 것이나 20 ± 3℃의 수중으로 한다.

(2) 염화물량의 시험

① 콘크리트에 포함된 염화물량의 규격시험방법은 KS F 4009의 부속서에 규정되어 있는「굳지 않는 콘크리트 속의 염소이온 농도시험방법」에 의한다. 이것은 콘크리트 속에 물의 염소이온 농도분석법을 규정한 것으로 그 시험결과와 콘크리트 배합에서 콘크리트 속의 염화물량을 산정한 것이다.

㉮ 콘크리트 또는 웨트스크링인하여 얻은 모르터 대표적 시료에서 흡인여과 또는 원심분리에 의해, 연하게 비빈 경우는 블리딩수에서 여액을 채취하여 시료로 한다.

표 5-56 기술평가를 받은 염화물 측정기(일본)

개발메이커	측정기명	측정원리
吉川産業 (株)	염분농도계 솔더 C-6	電極電波測定法
(株) 小野田	염분농도계 캔터프	모르法
東亞電波工業 (株)	염분농도계 CS-10A	이온電極性
(株) 堀場製作所	염분농도계 U-7CL	〃
(株) 東興化學硏究所	염분농도계 SALT-99, SALT-9H	〃
韓日 life science (株)	염분농도계 솔메이트 100	電氣適定法
光明理化學工業 (株)	比川武監分深知機(SL형)	모르法
電氣化學計器 (株)	염분농도계 PCL-1	이온電極法
理硏計器 (株)	염분농도계 CL-1A, CL-1B	〃
笠原理化工業 (株)	염분농도계 CL-203	〃
(株) 케트科學硏究所	염분농도계 AG-100	〃
(株) 가스텍	深知管 솔테스	모르法
(株) 타케더메디칼	염분농도계 AD-4721	錄電極法
(株) 間組	염분농도계 HS-5	이온電極法
新코스모스전기 (株)	염분농도계 EM-250	〃

㉰ 염소이온 분석은 KS M 0100(공업용수의 시험방법)에 규정된 흡광광도법, 질산은 적정법, 이온적극법 또는 KS M 0013(전기화학적 분석 방법)에 준한 전위차 적정법에 따른다.

② 간이법
㉮ 염화물량의 현장시험에는 다음에 표시한 간이법을 이용하면 좋다. 규격시험법은 보통 간이측정기의 검정에 사용되고 있다.
㉯ 간이시험법에는 염소이온 전극법, 전극전위법, 전류량적정법, 초산은적정법, 은전극법이 있으며 일본 국토개발 기술센터의 평가 규준(수용액의 염소이온 농도 0.05~0.5%의 범위에서 측정오차가 10%이내)에 적합한 것으로 한다.
㉰ 간이측정기는 전극 또는 센서를 콘크리트시료 중 또는 여액, 블리딩 수중에 삽입하여 간이적으로 신속히 염소이온 농도를 측정하고 콘크리트의 배합조건에서 염화물이온량을 산정한다.

③ 간이염분농도 측정계
중크롬산은(다갈색)이 축여진 여지를 투명한 플라스틱편에 끼운 것으로(그림 5-9 참조), 흡수구를 콘크리트 속에 삽입하면 물이 흡인되어 염소이온이 존재하면 반응하여 염화은(백색)이 된다. 상부의 습기지시부까지 흡인시키는데(약 20분을 요함) 시료여액의 흡수량을 일정한 양으로 하고 이것에 포함된 염소이온량에 따른 백색부 높이를 판독하여 간이염소이온농도를 측정한다.

(3) 경량콘크리트의 단위용적 질량시험
일반적으로 경량 골재콘크리트의 단위용적 질량은 KS F 2409「굳지 않은 콘크

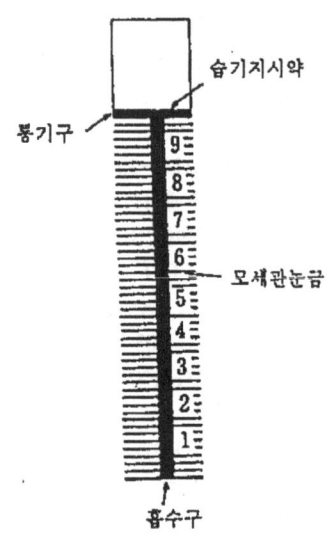

그림 5-9 염소이온 농도의 시험치

리트의 단위용적 질량시험 방법」에 의해 시험하고, 그 값이 설계용 값(잔·굵은 모두 경량골재를 이용한 경우 1.7t/m², 골재 일부에 경량골재를 이용한 경우 1.9t/m²) 보다 작으면 사용할 수 있다.

(4) 콘크리트의 용적시험

콘크리트의 용적은 1운반차에 적재된 전질량을 굳지 않은 콘크리트의 단위용적 질량으로 나누어 구한다.

1운반차의 전적재질량은 사용한 각 재료의 질량(계량치)를 종합하여 구하든가 하역 전후의 운반차의 질량을 트럭스케일에 의해 측정하고 그 차에서 구한다. 또, 슬럼프 100mm이상의 콘크리트인 경우는 운반차의 드럼 용적이나 수입호퍼의 용적에서 구하면 된다. 측정된 용적은 납입서에 기재된 용적보다 적어서는 안된다.

(5) 콘크리트 생산공정관리용 시험방법

① 콘크리트 생산공정관리를 위한 시험은 반드시 정밀한 시험결과를 얻지 못해도 간이로 신속하게 결과를 판명하는 것이 요망된다.

② 모래당량 시험은 콘크리트의 워커빌리티에 현저한 영향을 주는 미분량의 간이측정법으로 씻기시험을 대신하는 것이다.

  ㉮ 시험용액 : 염화칼슘용액과 글리세린의 혼합액에 formaldehyde를 첨가하여 이것을 희석한 것을 시험용액으로 한다

  ㉯ 높이 400mm까지 눈금이 있는 메스실린더에 시험용액의 일부로 계량용기로 용적.계량한 잔골재를 투입하여 세조관을 사용해서 시료의 저부에 시험용액을 보니 미세물질을 위쪽에 몰아내도록 한다.

  ㉰ 시험용액을 400mm눈금까지 채우고 잘 교반한 후 20분간 정치하는 모래당량 F는 모래의 상단을 읽어 [H_1, (mm)] 미세물질의 상단을 읽어 [H_2, (mm)] 잡고 다음식으로 계산한다.

$$잔골재의\ 모래당량\ F(\%) = \frac{H_1}{H_2} \times 100$$

  ㉱ 모래당량은 잔골재 중의 5μm 이하의 입자 함유량과의 상관이 있다(그림 5-10 참조). 그리고 동일 종류의 잔골재에서 씻기시험으로 손실량과 모래당량과의 사이에 일정관계가 인정되므로 모래당량 시험은 잔골재 중의 미세물질의 관리시험으로 유용하다.

③ 원심력에 의한 잔골재의 표면수율시험은 원심기(삼각현수식, 능력 5000G정도)에 의해 습사를 기계적으로 표건상태로 표면수율을 구하는 간이시험이다.

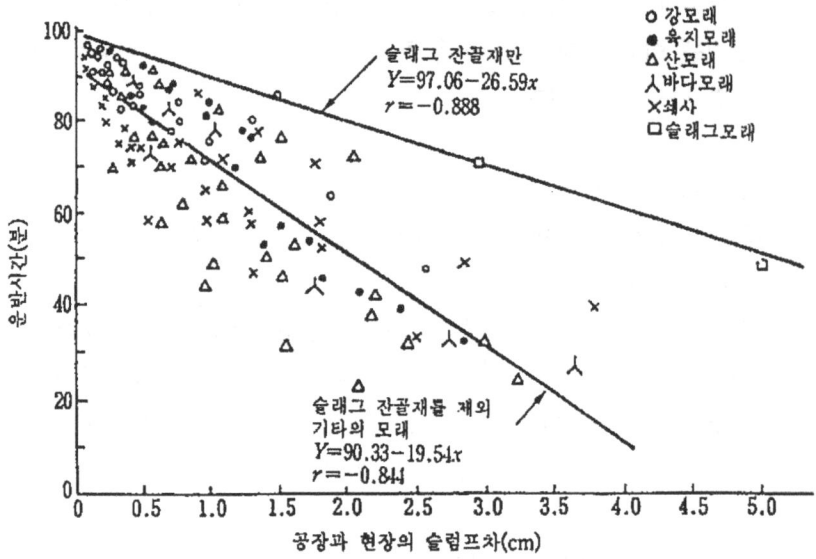

그림 5-10 잔골재중의 5μm이하 미세물질의 양과 모래당량과의 관계

㉮ 시료약 100g을 원심가속도 4000G로 20분간 탈수할 때를 표건상태로 보고 표면수율을 계산한다.

㉯ 원심력에 따른 탈수는 잔골재 상호 간에 접점 미량의 물은 남는다. 따라서 원심기에 의해 구한 표면수율은 KS F 2509에 의해 구한 표면수율보다 일반적으로 적은 값으로 되므로, 전자를 특히 「원심 표면수율」이라 부른다.

㉰ 원심 표면수율은 본래 잔골재의 표면수관리를 목적으로 하나 「원심표건상태」와 KS F 2504에 의한 「표건상태율」에서 흡수율의 차를 사전에 구해 두면 현장배합의 수정 등에도 적용하는 것이 가능하다.

7. 레디믹스트 콘크리트(4) (구입, 검사 및 보고)

1) 구 입

(1) 공장의 선정

① 콘크리트의 타설현장을 중심으로 하여 운반시간이 1.5시간 이내의 범위에서 선정한다. 단, 운반시간은 혼합개시부터 하역까지(KS F 4009) 또는 타설종료까지(콘크리트 시방서)로 한다. 따라서 공사현장에 있어서 대기시간이나 교통정체 등도 고려할 필요가 있다. 또 하절의 공사에서는 운반시간이 1시간 이내의 공장이 바람직하다.

(2) 배합의 지정
① 레디믹스트 콘크리트의 배합은 호칭강도와 슬럼프의 조합에서 지정한다.
② 구입자는 각각 생산자와 협의하고 기타의 필요사항을 지정한다.
③ 호칭강도의 선택법에 대해서는 (3) 참조.

(3) 호칭강도의 의미와 선정방법
① 호칭강도란 KS F 4009에 규정하는 품질조건에 의해 보증되는 강도이다. 즉, 호칭강도는 레디믹스트 콘크리트의 상품으로써의 강도구분이며, 설계기준강도와는 직접적인 관계는 없다. 이것은 레디믹스트 콘크리트의 강도는 타설, 다짐, 養生 등에 의존하며, 여기까지 보증되지 않으므로 설계기준강도와는 별도의 용어를 제정하는 것이다.
② 구입자는 소요의 설계기준강도 및 내구성, 수밀성이 얻어지도록 호칭강도 중에서 적당한 값을 선정한다.
③ 그림 5-11은 시방서에 의한 설계기준강도에 대한 할증계수와 KS F 4009의 품질조건에서 계산한 호칭강도에 대한 할증계수를 비교한 것이다. 단 KS F 4009의 품질조건에 대한 불량율을 약 1/740(호칭강도와 배합강도와의 차를 3σ로 한 경우)으로 하여 다음 식에서 계산한다.

$$\left. \begin{array}{ll} m=0.85S_L+3\sigma & \alpha=m/S_L=0.85/(1-3V) \\ m=S_L+3\sigma/\sqrt{3} & \alpha=m/S_L=1/\left(1-\dfrac{3V}{\sqrt{3}}\right) \end{array} \right\} \quad (5\text{-}13)$$

여기서, m : 평균치(배합강도), S_L : 하한규격치(호칭강도), α : 할증계수,
σ : 표준편차, V : 변동계수($V=\sigma/m$)

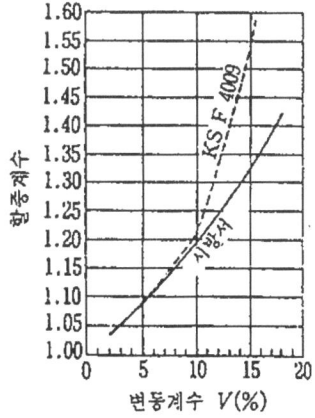

그림 5-11 할증계수의 비교

그림 5-11에 있어서 KS F 4009의 품질조건에서 계산되는 할증계수는 시방서 조건에서 계산되는 값보다 약간 크지만 KS 마크표시 허가공장에 대한 콘크리트강도의 변동계수는 10%정도 이하라고 말하기 때문에 양자의 차이는 무시된다. 따라서 일반의 경우 설계기준강도에 상당한 호칭강도를 선택하면 좋다.

④ 내동해성, 화학저항성 또는 수밀성에서 물시멘트비가 정하는 경우는 생산자가 제시하는 물시멘트비와 강도와의 관계자료를 이용하여 내구성 수밀성에서 정하는 물시멘트비(현장에 대한 물시멘트비의 변동을 고려하여 규정치에서 2~3% 저감한 값)에 대응하는 강도를 구하여 이것을 배합강도로 하고 이 배합강도가 얻어지도록 호칭강도를 선정하면 된다.

⑤ 최소 단위 시멘트량이 정해져 있는 경우는 생산자가 제시하는 배합설계자료를 이용하여 소정의 단위 시멘트량을 초과하는 배합 중 최소의 호칭강도를 선정한다.

2) 검 사

(1) 생산자는 출하된 레디믹스트 콘크리트의 품질보증을 위한 자기검사를 실시하고 구입자는 배달된 레디믹스트 콘크리트의 합격판정을 위한 수입검사를 실시한다. KS F 4009에 규정한 검사방법은 양쪽에 적용되는 것이다. 따라서 구입자는 생산자가 실시하는 검사에 입회하는 데에 따라 이것을 수입검사로 할 수가 있다.

(2) 검사는 강도, 슬럼프, 공기량, 염화물량 등에 의해 실시한다.

(3) 검사는 하역지점에서 채취된 시료에 대해서 실시한다. 단, 1현장에 출하량이 적은 경우(50m³정도 이하)는 공장에서 채취된 시료의 실험결과를 이용해도 좋다. 또 콘크리트속의 염화물량은 공장출하시와 하역시에 보통 변화되지 않으므로 공장 출하시에 검사할 수가 있다.

(4) 강도에 의한 검사

① 원칙으로써 150m³에 1회의 비율로 시료를 채취하고 강도시험을 실시하며 다음의 조건을 만족하면 합격으로 한다.

㉮ 1회의 시험결과는 구입자가 지정한 호칭강도치 85%이상으로 할 것.

㉯ 3회의 시험결과의 평균치는 구입자가 지정한 호칭강도치 이상일 것.

강도에 의한 검사는 발취검사이므로 편차와 관계없이 상기와 같은 합격조건이 정해져 있는 것은 이론적으로 합리성을 이룬 면이 있고 합격·불합격 판정이 명백하고 레디믹스크 콘크리트 공장에서 품질관리가 충분히 실시되어 불량율이 적고 안정되어 있는 것으로 생각되기 때문에 실용성을 중시하여 이와 같이 정하였다.

② 3회의 시험결과에 의해 합부판정을 실시하므로 로트의 크기는 원칙적으로 150× 3=450m³로 하고 450m³씩 구분하여 검사를 실시하게 된다. 그러나 구조물의 크기 또는 구획, 1일의 타설량 등에 따라 로트의 크기는 반드시 450m³는 되지 않으므로 로트의 크기는 당사자간에 협의하여 정한다. 또 출하량이 300m³ 미만인 경우는 공장에서 품질관리 데이터와 병행하여 합부판정을 실시할 수가 있다.

③ 1회의 시험은 임의의 1운반차에서 채취한 시료로 만든 공시체 3개의 시험치의 평균치로 한다.

(5) 슬럼프 및 공기량에 의한 검사는 육안에 의한 전수검사를 전제로 하여 異常을 인정했을 때, 그 때마다 시험을 실시하는 것이 원칙이나 실제로는 150m³ 오차에 1회 비율로 시험을 실시하는 경우가 많다.

슬럼프는 지정된 값이 25mm인 경우는 ±10mm, 50mm 및 65mm인 경우는 ±15mm, 80mm 이상인 경우는 ±25mm의 범위를 초과하지 않으면 합격으로 하고 (제36장 표 5-54 참조), 공기량은 보통 콘크리트, 경량 콘크리트 및 포장 콘크리트에 대해 지정된 값에서 ±1.5%를 초과하지 않으면 합격으로 한다.

(6) 염화물에 의한 검사

KS F 4009에는 염화물 기준은 명시되지 않았으나 당사자간에 협의하여 실시하고 염소이온으로써 0.3kg/m³ 이하, 구입자의 승인을 받은 경우 0.6kg/m³로 할 수 있다.

(7) 기타의 검사

경량 콘크리트의 단위용적중량, 콘크리트의 최고 또는 최저온도, 콘크리트용적 등의 검사는 당사자 간의 협의에 의한다.

3) 보 고

생산자는 구입자에게 납품서 및 배합보고서를 제출한다. 이것의 표준적인 양식을 표 5-57 및 표 5-58에 표시한다. 또 납품서는 운반할 때마다 1운반차 별로 제출한다.

표 5-57 납품서

레디믹스 콘크리트 납품서

_____ 귀하

No. _____
년   월   일
제조회사명·공장명

납품장소				
운반차번호				
납품시각	출발		시	분
	도착		시	분
납품용적		m³	누계	m³
호칭방법	골재의 종류에 따른 구분	호칭강도	슬럼프	굵은 골재의 최대치수에 따른 구분	시멘트 종류에 따른 구분
지정사항[1]				
비고				
인수자 확인		출하계 확인		

A5 (148×210)

주) 1) 호칭 방법란 이외에 특히 지정한 사항을 기입한다.

표 5-58 배합 보고서

배합 보고서

No. _____
년   월   일

_____귀하   제조회사명·공장명

		배합계획자명	
공 사 명 칭			
소 재 지			
납품예정시간			
본 배합의 적용기간			
콘크리트의 치기부위			

배합설계조건

호칭방법	골재의 종류에 의한 구분	호칭강도	슬럼프	굵은골재의 최대 치수에 의한 구분	시멘트의 종류에 의한 구분

지정사항[1]	단위용적질량	(kg/m³)(t/m³)	공기량	%
	콘크리트의 온도	최고·최저 ℃	혼화재료의 종류	
	호칭강도를 보증하는 재령	일	단위시멘트량의 하한치 또는 상한치	kg/m³
	물시멘트비의 상한치	%		
	유동화 베이스 콘크리트의 슬럼프 증대량			cm

사용재료[2]

시 멘 트	제조회사명	밀도(kg/m³)					
잔골재	산지 또는 품명			조립률		밀도	절건
							표건
							절건
							표건
굵은골재	산지 또는 품명			실적률 또는 조립률		밀도	절건
							표건
							절건
							표건
혼화제	제품명		종류		잔골재의 염분(NaCl)		%
혼화제	제품명		종류		물구분		

배합표(kg/m³)[3]

시멘트	물	잔골재(1)	잔골재(2)	굵은골재(1)	굵은골재(2)	혼화제	혼화제

물시멘트비	%	잔골재율	%	콘크리트에 포함된 염화물 함유량(염소이온)	kg/m³이하
비 고					

A4(210×297mm)

주) 1) 호칭 방법란 이외에 특히 지정한 사항을 기입한다.
　　2) 배합설계에 사용한 재료에 대하여 기입한다.
　　3) 골재에 대한 보통 골재인 경우에는 표면건조포화 상태의 질량, 인공 경량골재인 경우에는 절대 건조상태의 질량을 표시한다

【연습문제】

제 34 장 콘크리트 배합설계 예 I

다음 기술 내용의 적정 여부를 판단하고 물음에 답하시오.

(1) 공기량을 더할수록 같은 워커빌리티의 콘크리트를 얻기 위한 잔골재율 및 단위수량을 줄일 수 있다.

(2) 굵은 골재의 단위량은 굵은 골재 단위용적 중량을 단위굵은 골재용적으로 나누어 구해진다.

(3) 단위시멘트량을 단위수량과 물시멘트비에서 정해지지만 구조물에 따라서는 최소 단위 시멘트량이 정해지는 것도 있다.

(4) $C=290 kg/m^3$, $W=154 kg/m^3$, 공기량=4.5%, 단위굵은 골재용적 $\alpha=0.67$의 경우, 단위잔골재량 $S=746.4 kg/m^3$이다. 단, 시멘트, 잔·굵은골재의 비중은 각각 3.15, 2.60 및 2.76, 굵은 골재의 단위용적 중량은 $17,000 kg/m^3$로 한다.

제 35 장 콘크리트 배합설계 예 II

다음 기술 내용의 적정 여부를 판단하고 물음에 답하시오.

(1) 비교적 된비빔 콘크리트의 경우에는 진동대식 반죽질기 시험에 의한 침하도가 최대가 되는 잔골재율을 최적잔골재율로 생각할 수가 있다.

(2) 할증계수는 설계기준강도와 현장 콘크리트 강도의 변동계수가 정한다.

(3) 현장에 있어서 예상되는 휨강도의 변동계수가 10인 경우, 시방서 포장편에 따라서 포장 콘크리트의 할증계수를 계산하면 1.09 이상이 된다.

(4) 설계기준강도의 85%를 밑도는 확률을 0.13% 이하로 하는 것을 조건으로서 할증계수를 계산하면 1.33 이상이 된다. 단, 변동계수를 12%로 한다.

제 36 장 레디믹스트 콘크리트

다음 기술 내용의 적정 여부를 판단하고 물음에 답하시오.

(1) KS F 4009에는 레디믹스트 콘크리트로 보통 콘크리트, 경량 콘크리트, 포장 콘크리트 및 댐 콘크리트의 4종류를 규정하고 있다.

(2) KS F 4009에는 레디믹스트 콘크리트 품질로 강도, 슬럼프, 공기량 및 염화물량에 대해 규정하고 있다.

(3) 레디믹스트 콘크리트 배합은 구입자와 협의 후 생산자가 적절히 정한다.

(4) 레디믹스트 콘크리트 품질 중 콘크리트에 포함된 염화물함량은 염소이온(Cl^-)으로서 $0.3 kg/m^2$ 이하로 규정하고 있다.

(5) 골재 저장장소의 용량은 콘크리트 최대 출하량의 1일분 이상에 상당한 골재량이 저장되는 것으로 한다.

(6) 믹서의 혼합성능을 KS F 2455에 의해 시험한 경우 콘크리트 속의 모르터 단위중량 차가 0.8% 이상이면 혼합시간이 부족한 것으로 판단된다.

(7) 레디믹스트 콘크리트 공장에서는 간단한 조작으로 다른 배합을 연속적으로 정확히 계량할 필요가 있으므로 배합설정 장치나 모이스 차콘펜센터를 설비한다.

(8) KS F 4009에서는 운반차의 성능을 간단히 시험하는 방법으로서 운반차에서 배출된 콘크리트 흐름의 2부분에서 채취된 시료중의 모르터 단위용적 중량의 차에서 판정되는 방법을 규정하였다.

(9) 상온하에 있어서 운반시간 1시간 정도까지의 콘크리트의 슬럼프 저하는 시멘트의 수화에 기인되기 때문에 시멘트의 종류나 지연제의 사용에 따라 크게 영향된다.

(10) 레디믹스트 콘크리트의 강도시험의 재령은 구입자로부터 특히 지정이 없는 경우 시험재령 28일, 공시체의 양생은 20±2℃의 수중으로 하나 지정이 있는 경우는 시험재령은 구입자가 지정한 일수로 공시체 양생은 현장양생으로 한다.

(11) 굳지 않은 콘크리트 속의 염화물량은 콘크리트에 포함된 물의 염소이온농도를 측정하여 그 경과와 콘크리트의 배합에서 산정한다.

(12) 슬럼프 10cm 이상의 콘크리트 용적은 운반차의 드럼 용적이나 수입호퍼의 용적에서 구하면 된다.

(13) 레디믹스트 콘크리트 공장에 있어서 강도의 변동계수가 10%인 경우, KS F 4009의 품질조건을 만족하기 위한 할증계수는 1.21이다. 단, 할증계수를 정하기 위한 불량율을 1/741로 한다.

(14) 콘크리트 시방서 시공편과 KS F 4009에 규정하는 품질조건을 각각 만족할 강도의 할증계수는 보통인 경우 거의 차이는 없다고 생각해도 좋기 때문에 보통 설계기준강도와 호칭강도를 지정해도 좋다.

(15) 레디믹스트 콘크리트의 중요한 검사항목은 강도, 슬럼프, 공기량 및 염화물량이며 이것들은 반드시 하역지점에서 시험하지 않으면 안된다.

(16) 레디믹스트 콘크리트의 생산자는 배달할 때마다 1운반차 별로 납품서와 배합보고서를 구입자에게 제출하지 않으면 안된다.

제 37 장 레디믹스트 콘크리트의 품질관리

1. 레디믹스트 콘크리트의 흐름도 및 품질기준

1) 콘크리트 공사의 품질관리 조직의 예
2) 콘크리트 공사의 흐름에 따른 품질관리 항목
3) 레디믹스트 콘크리트 공장 조사표
4) 사용재료 조사 및 선정흐름도
5) 사용재료의 품질기준 및 시험검사 요령
6) 배합설계를 정하는 법
7) 제조공장에 있어 제조시의 품질관리시험
8) 레디믹스트 콘크리트 제조설비 및 설비관리시험
9) 현장에서 제품관리시험 및 판정기준
10) 공시체 검사로트를 정하는 법과 검사방법
11) 콘크리트의 타설 전, 중, 후 관리항목 및 역할분담방법
12) 공시체 강도부족의 원인 추정의 흐름
13) 레미콘 품질관리 지침
14) 레미콘 공장 점검시 지적사례

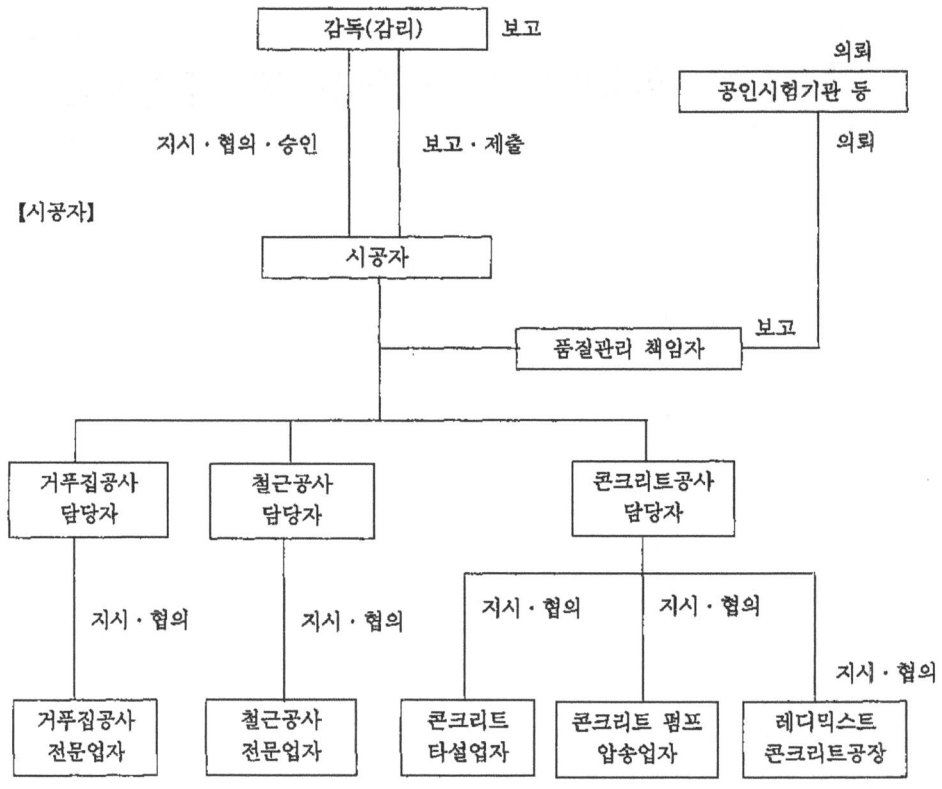

그림 5-12 콘크리트공사의 품질관리 조직의 예

제37장 레디믹스트 콘크리트의 품질관리   389

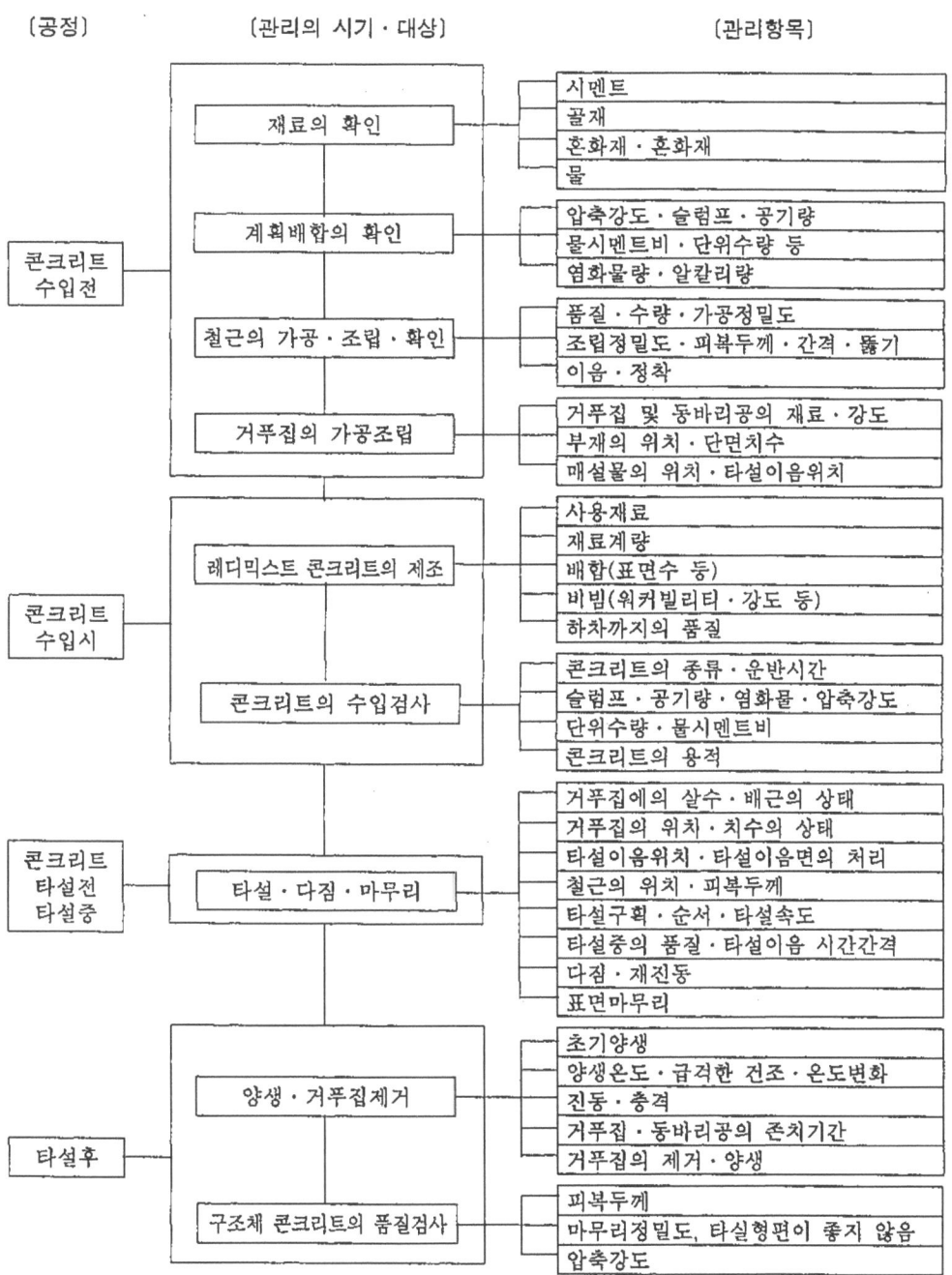

그림 5-13 콘크리트공사의 흐름에 따른 품질관리항목

표 5-31 레디믹스트 콘크리트 공장의 조사표(예)

(a) 공장개요

공장명				조업년월일		
소재지				Tel Fax		
협동조합명				부지면적		
KS표시	보통	허가번호		허가년월일		
	경량	허가번호		허가년월일		
종업원수		명	건설재료기사 품질관련기사	명 명	건설재료기능사 콘크리트관련기능사	명 명
품질관리책임자	(자격)	(경력)		가 격		
현장까지의 거리	직선	km		(평균)	분 (최대)	분

(b) 설비개요

조사항목		내 용	비 고
배차플랜트 (계량설비)		제조 회사(설치년월)	
		조작방식	
혼합설비		믹서형식, 용량(m³), 수	
재료저장설비	시멘트사이로	종류별 용량(t), 수	
	골재병	종류별 용량(t), 수	
	골재야드	저장방식, 종류별 용량, 지붕, 면적	
	수조 회수수의 경우	용량(t) 회수방식	
	혼화제	종류별 용량(t), 수	
	혼화재	종류별 저장방식	
재료운반설비		수입방식, 운반방식	
시험설비		시험실(m²), 양생수로(크기) 주요 시험기기	
운반차		자사, 관련 회사명 운반차 형식, 대수	
폐기물 처리설비			
제조능력		m²/h, m²/월	

주) 요구조건에 병용해서 조사항목, 내용을 바꾼다.

(c) 사용재료

조사항목				내 용	비 고
종 류	시 멘 트			종류별-제조회사	
	굵 은 골 재			종류별-산지(제조회사) 혼합비율(혼합장소)	
	잔 골 재			종류별-산지(제조회사) 혼합비율(혼합장소)	하천, 산, 바다 등
	인 공 경 량 골 재			상 표(제조회사) 2종의 경우-혼합비율	
	물			종류	
	混 和 劑			종류별-제조의사(상표)	
	混 和 材			종류별-제조회사(상표)	
	시 멘 트			제조회사시험성적서(년 월 일)	
	굵 은 골 재			시험성적서(년 월 일) (단품 및 혼합물에 대해서)	외주의 경우 : 시험 기관명
	잔 골 재			시험성적서(년 월 일) (단품 및 혼합물에 대해서)	
	물			시험성적서(시험기관명)(년 월 일)	
	혼 화 제			제조회사시험성적서(년 월 일)	
	혼 화 재			제조회사시험성적서(년 월 일)	

(d) 제조관리

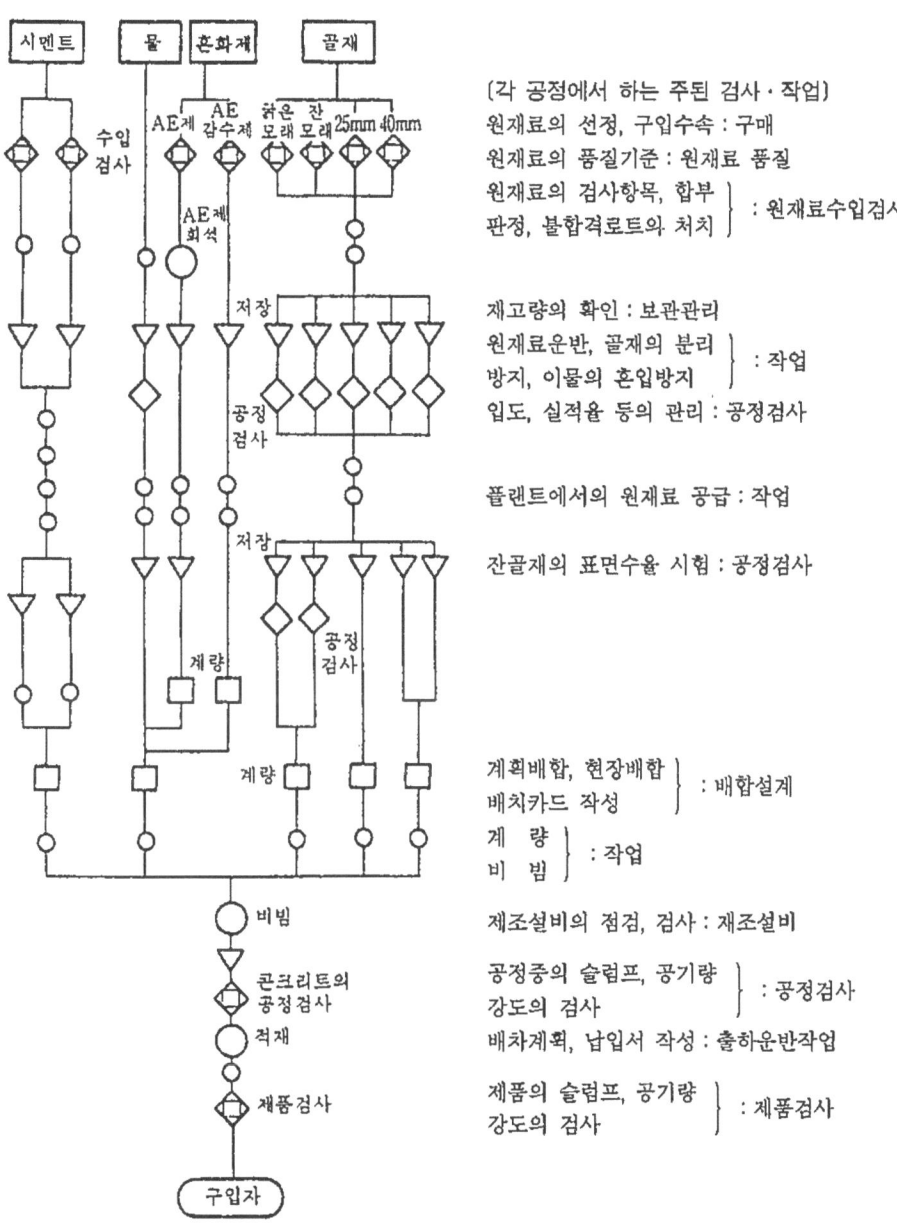

그림 5-14 레미콘의 제조공정과 각 공정에서 하는 주된 검사작업(예)

(e) 배합방법

조사항목	내 용	비 고
배합강도 (종류별)	배합강도 (f_{cr}) 조건식 ① $f_{cr} \geq f_{ck} + 1.64S$ ② $f_{cr} \geq 0.85f_{ck} + 3S$ S : 압축강도의 표준편차	두 식에 의한 값 중 큰 값을 적용
배합비율 (종류별)	표준 배합표-(계절별) 슬럼프, 공기량, 사율	
보정방법	조건이 변한 경우 수량, S/A, W/C, 혼화재료	

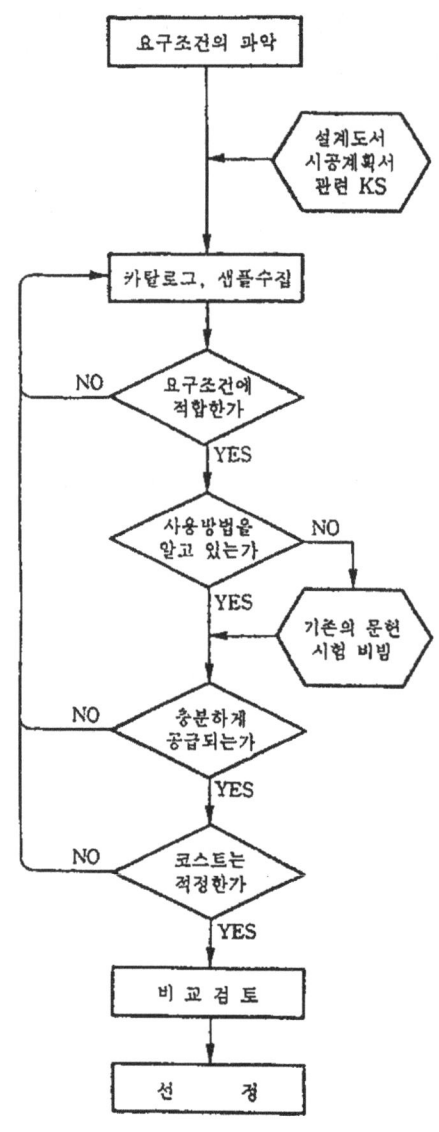

그림 5-15 사용재료의 조사·선정 흐름도

표 5-60 모래의 표준 입도

종류\체의 공칭치수 (mm)	체를 통한 것의 중량 백분율 (%)						
	10	5	2.5	1.2	0.6	0.3	0.15
모래	100	95~100	80~100	50~85	25~60	10~30	2~10

주 1) 쇄사 또는 고로 슬래그 모래를 혼합해서 사용하는 경우의 혼합한 잔골재의 체를 통한 것의 중량 백분율은 2~15%로 한다.

표 5-61 굵은 골재의 입도의 표준

골재번호	체의 호칭치수(mm)\체의 크기(mm)	체를 통과하는 것의 중량 백분율 (%)											
		100	90	75	65	50	40	25	20	15	10	5	2.5	1.2
1	90~40	100	90~100		25~60		0~15		0~5					
2	65~40			100	90~100	35~70	0~15		0~5					
3	50~25				100	90~100	5~70	0~15		0~5				
357	50~5				100	95~100		35~70		10~30		0~5		
4	40~20					100	90~100	20~55	0~15		0~5			
467	40~5					100	95~100		35~70		10~30	0~5		
57	25~5						100	95~100		25~60		0~10	0~5	
67	20~5							100	90~100		20~55	0~10	0~5	
7	15~5								100	90~100	40~70	0~15	0~5	
8	10~2.5									100	85~100	10~30	0~10	0~5

주) 공장제품에서는 최대치수가 10mm 정도인 굵은 골재를 사용하는 것이 적당한 경우도 있으므로 8번 골재에 대해서도 표준을 나타냈다.

표 5-62 자갈·모래의 품질

종류	절건밀도	흡수율 (%)	점토 덩어리 (%)	씻는 시험에 의해서 손실량 (%)	유기 불순물	염화물 (염화물 이온량)
자갈	2.5 이상	3.0 이하	0.25 이하	1.0 이하	-	-
모래	2.5 이상	3.5 이하	1.0 이하	3.0 이하	표준색보다 진하지 않다	0.04

표 5-63 물의 품질 규정
(a) 상수도수 이외의 물의 품질

항 목	물 질
현탁물질의 양	2g/l 이하
용해성 증발잔류물의 양	1g/l 이하
염소이온량	200ppm 이하
시멘트의 응결시간의 차	초결은 30분 이내, 종결은 60분 이내
모르터의 압축강도의 비	재령 7일 및 재령 28일에서 90% 이상

(b) 회수수의 품질

항 목	품 질
염소이온량	150ppm 이하
시멘트의 응결시간의 차	초결은 30분 이내, 종결은 60분 이내
모르터의 압축강도의 비	재령 7일 및 28일에서 90% 이상

표 5-64 사용 재료의 시험·검사

관리항목		품질특성	시험방법	시험빈도	비 고
시멘트	신선도		육안·촉지(손가락으로 만짐)	입하마다·전차	이물·고정분의 유무 및 시멘트온도도 병행해서 체크한다.
	품질	KS에 규정하는 품질 항목	KS L 5201, 5210, 5211 및 KS L 5401	1회 1일	제조공장의 시험성적표로 확인한다. 염화물량 및 포틀랜드시멘트의 경우의 알칼리량에 대해서도 확인한다.
골재	외관·이물혼입		육안	입하마다·전차	석질·입형·목편·육석들의 혼입 등
	입도	체가름, 조립율	KS F 2502, 2526	1회/월 이상	산지, 종류
	입형판정실적율	실적율	KS F 2504	1회/월 이상	산지, 종류
	밀도	밀도		1회/월 이상	경량 골재는 입하할 때마다
	흡수율	흡수율	KS F 2503 KS F 2560	1회/월 이상	검사·高爐 슬래그 골재의 경우는 절건 비중
	유해물	유기불순물	KS F 2510	1회/월 이상	
		점토덩어리	KS F 2526	1회/월 이상	부속서 16.1에 주기에 의함
		씻는 시험에서 손실량	KS F 2526	1회/월 이상	산모래는 주 1회 이상
		부드러운 석편	KS F 2526	산지가 변할 때마다	건축용 골재의 경우는 불요
		질량 2.0의 액체에 뜨는 것	부속서 2	산지가 변할 때마다 품질이 변할 때마다	
	단위용적질량	단위용적질량	KS F 2505	1회/월 이상	
	염화물함유량	NaCl 함유량	KS F 2515	1회/주 이상	해사를 사용하는 경우
	미끄럼감량	미끄럼감량		1회/년 이상 산지가 변할 때마다 품질이 변할 때마다	건축용 골재의 경우는 불요
	안정성	안정성	KS F 2507 KS F 2526	1회/월 이상 산지가 변할 때마다 품질이 변할 때마다	쇄석 쇄사의 경우 보통 골재의 경우
	경량골재의 부입율	경량골재의 부입율	KS F 2534		인공 경량골재의 경우
	알칼리 골재반응	알칼리실리카 반응성	KS F 2546 KS F 2545 KS F 2547	산지가 변할 때마다	골재 생산자가 제출하는 시험성적서에서 확인하면 좋다.
물	수질	KS F 4009 부속서 2에 규정하는 품질	KS F 2548 부속서 2	1회/년 이상	상수도수 이외의 물
				1회/6개월 이상	회수수
혼화재료	플라이애쉬	KS L 5405에 규정하는 품질	KS L 5405에 규정하는 방법	반입시마다 제조회사마다	제조 공장의 시험 성적표에서 체크한다.
	팽창재	KS F 2652에 규정하는 품질	KS F 2652에 규정하는 방법		
	화학혼화제	KS F 2560에 규정하는 품질	KS F 2560에 규정하는 방법		
	방청제	KS F 2561에 규정하는 품질	KS F 2561에 규정하는 방법		
	상기 이외의 혼화재료	콘크리트 및 강재에 유해가 없는 것	외부 시험기관에 의해서 성능율 확인하든가 사용실적에 의해서 성능율 확인한 시험 성적표	1회/월 이상	염화물량과 알칼리량을 시험 성적표에 의해서 확인할 것

표 5-65 제조공장에 있어 제조시의 품질관리 시험

공정	관리항목	품질특성	시험방법	시험회수	비고
배합	잔골재의 조립율	조립율	KS F 2502, 2526	1회/일 이상	경량골재는 사용할 때마다
	굵은골재의 실적율	실적율	KS F 2502, 2526	적시	
	슬러지 고형분율	농도	KS F 4009 부속서 2 및 비중법	(수동식)2회/일 또는 조정의 상태 (자동식)1회/일 또는 조정할 때마다	회수수를 사용하는 경우
	잔골재의 표면수율 인공경량골재는 함수율	표면수율 인공경량골재는 함수율	KS F 2526	(세골재)2회/일 이상 (경량골재)사용할 때마다	
재료계량	계량정도	계량정도	육안조사 계기의 지시계	전배치	영점, 설정침(치), 표시침(치)의 확인
			동하중 시험	1회/월 이상	임의의 조합의 연속 10배치
혼합	외관 워커빌리티 균일성	균일성	육안검사	전배치	
		슬럼프	육안검사 KS F 2402	전배치 2회/일 이상	
	공기량	공기량	KS F 2421, 2449	2회/일 이상	
	강도	압축강도	KS F 2405	1회/일	출하량이 많은 대표적인 콘크리트관리용 공시체
	용적		육안검사	전배치 또는 전차	실측은 적재량 또는 계량치와 실측 단위용적질량에 의함
		단위용적질량		1회/월 이상	
	콘크리트온도	온도	온도계	1회/일	
	단위용적질량	단위용적질량	KS F 2409	출하 때마다 1회	단위용적질량이 지정된 콘크리트
	염화물량	염화물량 (Cl로써)	KS F 4009 부속서 1 일상관리는 정도가 확인된 간편한 측정기	1회/일 이상	해사의 경우
				1회/주 이상(무)	해사 이외의 경우
				1회/월 이상	

주) KS F 2560(콘크리트용 화학 혼화제)의 혼화제를 사용하고 있는 경우
  재료 계량치는 배차마다에 표자 기록한다.
  시험결과가 관리기록 기준치에 부적합한 경우는 원인을 조사해서 필요한 조치를 한다.

레디믹스트 콘크리트 공장의 주요한 제조설비는 그림 5-16에 예시하는 것 같이 다음 것이 있다.

① 시멘트 저장설비
② 골재의 저장설비 및 운반설비
③ 혼화재료 저장설비
④ 배칭플랜트
　　· 저장빈
　　· 재료 계량장치
⑤ 믹서
⑥ 콘크리트 운반차

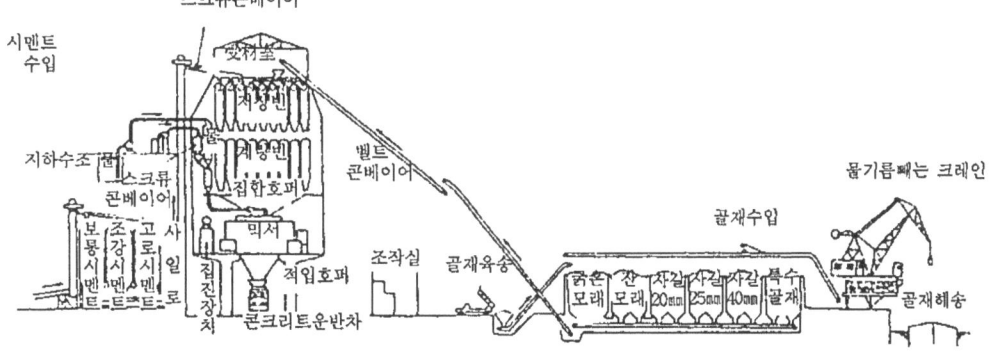

그림 5-16 레디믹스트 콘크리트의 제조 설비의 예

표 5-66 주된 설비 관리시험

설 비	관리항목	시험방법	시험회수	비 고
재료계량장치	계량장치 정도	정하중시험	1회/6개월 이상	동시에 배합 설정장치, 표면수 보정장치 용량반환장치도 병용해서 체크한다.
믹 서	혼합성능	KS F 4009	1회/6개월 이상	슬럼프별로 혼합량, 혼합시간을 체크한다.
운반차	아지데이터의 성능	KS F 4009	1회/년 이상	

표 5-67 검정 공차와 사용공차

표 량	표 시 량	검정공차		사용공차
		아날로그 표시	디지탈 표시	
30kg이하	표량의 1/4 이하	눈금의 값의 1/2	단속지시 간격 등의 값 (1간격의 값)	검정공차의 2배
	표량의 1/4을 넘을 때	1눈금의 값	단속지시 간격 등의 값의 1.5배(1간격의 값의 1.5배)	
30kg을 넘는 것	표량의 1/2 이하	1눈금의 값의 1/2	단속지시 간격 등의 값 (1간격의 값)	
	표량의 1/2을 넘을 때	1눈금의 값	단속지시 간격 등의 값의 1.5배(1간격의 값의 1.5배)	

표 5-68 사용하는 지점에 있어 제품의 품질관리시험

공정	관리항목	품질특성	시험방법	시험회수	비 고
운반	출하콘크리트의 품질	슬럼프	KS F 2402	원칙으로서 150m³에 1회	사용하는 지점에서 KS F 4009 검사에 규정하는 검사를 한다.
		공기량	KS F 2421, 2449		
		압축강도	KS F 2405		
		온 도	온도계		
		단위용적질량	KS F 2409		단위용적질량이 지정된 콘크리트
		염화물량 (Cl^-으로서)	부속서 1의 일상관리는 정도가 확인된 간편한 측정기	당사자 간의 합의에 의함	시험은 공장 출하 전에 할 수 있다.

표 5-69 제품검사 항목과 판정기준

관리항목	판정기준
① 슬럼프 (cm)	5 및 21 → ±1.58 이상, 18 이하 → ±2.5
② 공기량 (%)	보통 콘크리트 4.5±1.5 경량 콘크리트 5.0±1.5
③ 염화물량(kg/m^3) (Cl^-)	0.30 이하(구입자의 승인에 의해 0.60)
④ 압축강도 (20±3℃ 수중양생)	① 1회의 시험결과는 구입자가 지정한 호칭강도의 값의 85% 이상 ② 3회의 시험결과의 평균치는 구입자가 지정한 호칭강도의 값 이상

주) 강도시험에 있어 공시체의 재령은 28일을 기준으로 함.

제 37 장 레디믹스트 콘크리트의 품질관리 399

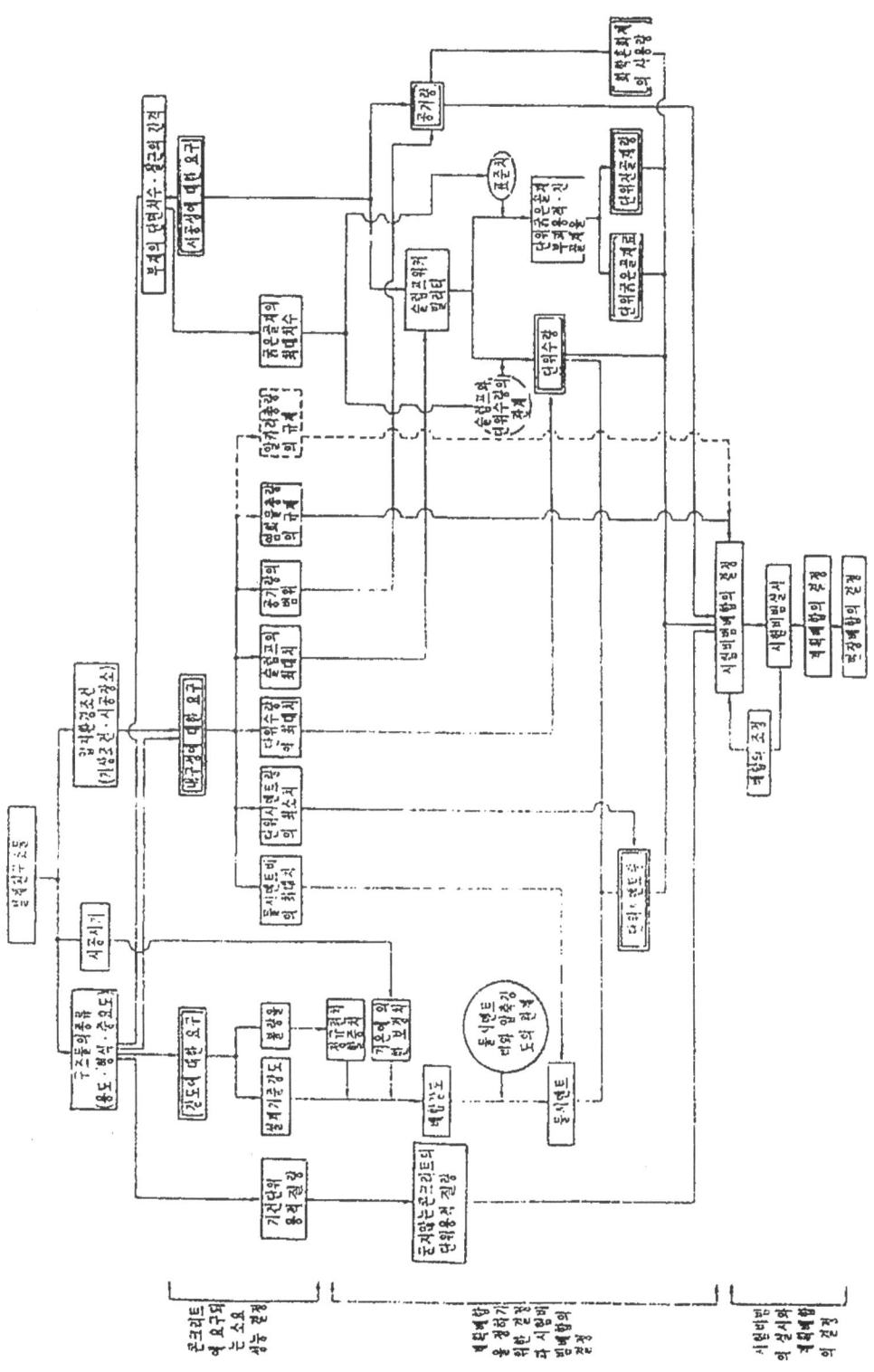

그림 5-17 배합 설계를 정하는 법

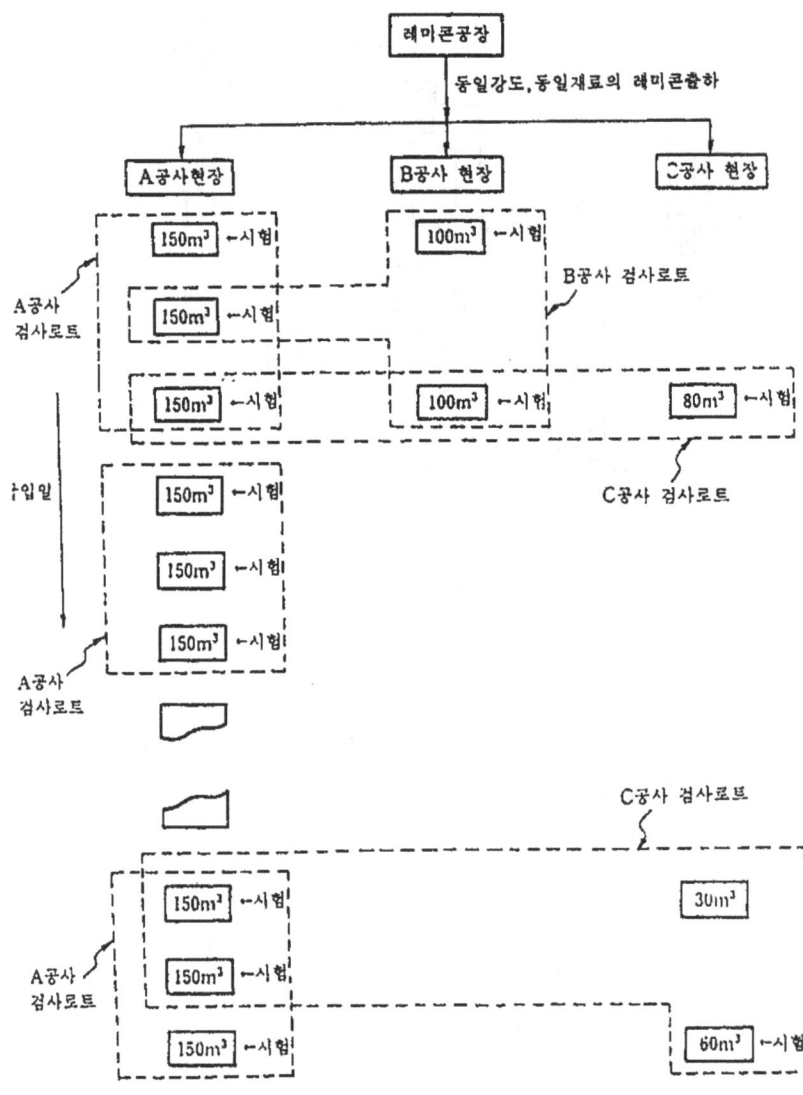

그림 5-18 검사로트의 정하는 법의 예

제37장 레디믹스트 콘크리트의 품질관리 401

표 5-70 검사 로트의 정하는 법과 검사방법

계약수량 (m^3)	1검사 로트의 크기(m^3)	검사로트의 수	시험의 회수	검사방법
600 이상	300~600	n	n×3회	3회 1조로서 합부 판정한다(타설되는 콘크리트의 양과 순서를 고려해서 300~600m^3의 범위로 합리적인 로트의 크기를 정한다. 전시험 회수가 3의 배수로 되도록 한다.
300 이상 600 미만	300~600	1	3회	3회의 결과로 합부 판정을 한다.
300미만	약 300	1	3회	계약수량이 300m^3에 가까운 양으로 1회의 타설량 타설간격 등을 고려해서 쌍방 협의하에 좌기의 검사로트를 정한 경우 그 현장에서는 행한 3회의 시험 결과로 합부 판정한다.
	약 300 (약 200+ 다른 현장)	1	2회+다른 현장 1회	계약수량이 200m^3에 가까운 양으로 1회 타설량 타설간격 등을 고려해서 쌍방 협의하에 좌기의 검사로트를 정한 경우 그 현장에서 행한 2회의 시험결과와 전후에 타설된 동일 종류의 콘크리트의 다른 현장의 1회의 시험 결과를 포함 3회로서 합부 판정한다.
	약 300 (약 100+ 다른 현장)	1	1회+다른 현장 2회	계약수량이 100m^3에 가까운 량으로 1회 타설량 타설간격 등을 고려해서 쌍방 협의하에 좌기의 검사로트를 정한 경우 그 현장에서 행한 1회의 시험결과와 전후로 타설된 동일 종류의 콘크리트의 다른 현장의 2회의 시험 결과를 포함 3회로서 합부 판정한다.
	약 300 (약 50+ 다른 현장)	1	다른 현장 3회	계약수량이 50m^2 미만의 경우로 1회의 타설량 타설간격 등을 고려해서 쌍방 협의하에 좌기의 검사로트를 정한 경우 전후로 타설된 동일 종류의 콘크리트의 다른 현장의 3회의 시험 결과로 합부 판정한다.

표 5-71 콘크리트 강도의 수입 검사와 구조체 검사의 차이점

항 목	수입 검사	구조체의 검사	
		관리 재령 28일	관리 재령 28일~91일
검사의 주체	시공자	공사감리자	
검사로트의 크기	약 450m³	1타설공구, 1일의 타설구획 150m³ 이하	
검사회수	약 150m³ 1회 1로트로 3회	1로트로 1회	
공시체의 채취 (1회의 검사)	임의의 1운반차에서 3개[1]씩	임의의 3운반차에서 1개씩, 계 3개 예비 : 동상계 3개[2]	임의의 3운반차에서 1조 1개씩, 2조 계 16개
공시체의 양생	표준양생	현장 수중양생 예비 : 현장 봉함 양생	현장 봉함 양생
시험재령	28일	28일 예비 : 28~91일(n일)	3개 : 28일 3개 : 28~91일(n일)
시험기관	시공자 또는 제삼자	공인시험 기관 등	
판정의 기준	호칭강도의 값(F_N)	설계기준강도(F_C)	
합격판정 조건식	① $x_{28i} \geq 0.85 F_N$ 또 ② $x_{28} \geq F_N$	Ⅰ. $\overline{x}_{28} \geq F_C$ 또는 Ⅱ. $F_C > \overline{x}_{28} \geq 0.85 F_C$의 경우, 예비공시체 $\overline{x}_\eta \geq F_C$	① $\overline{x}_{28} \geq 0.7 F_C$ ② $\overline{x}_\eta \geq F_C$

주) 1) 재령 7일로 조기 검사를 할 때는 또 3개
   2) 예비 공시체는 구조체에서 채취한 콘크리트 코어에도 좋다.

제 37 장 레디믹스트 콘크리트의 품질관리   403

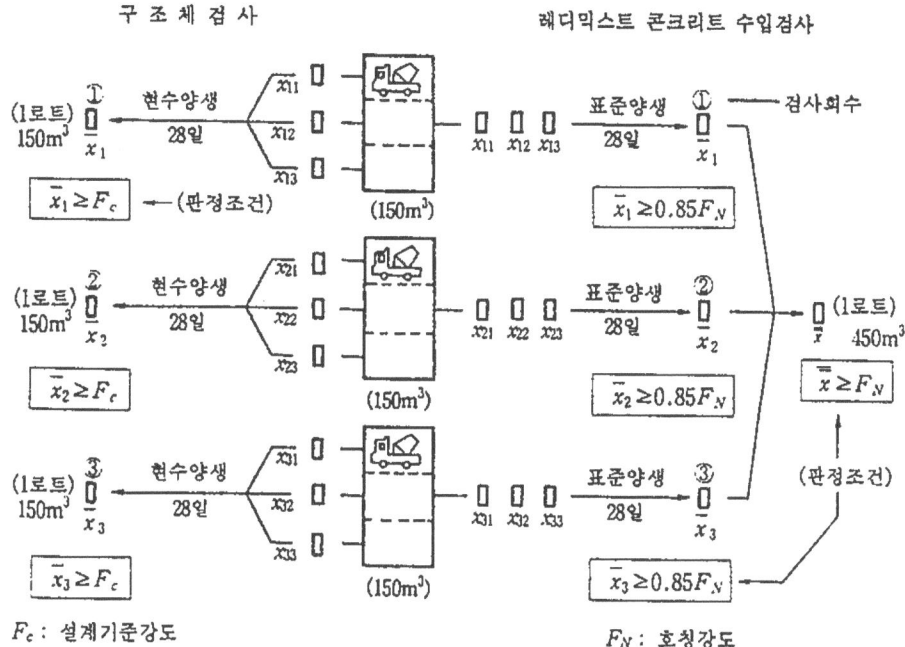

그림 5-19 레디믹스트 콘크리트의 수입검사와 구조체 콘크리트의 강도 검사의 차이

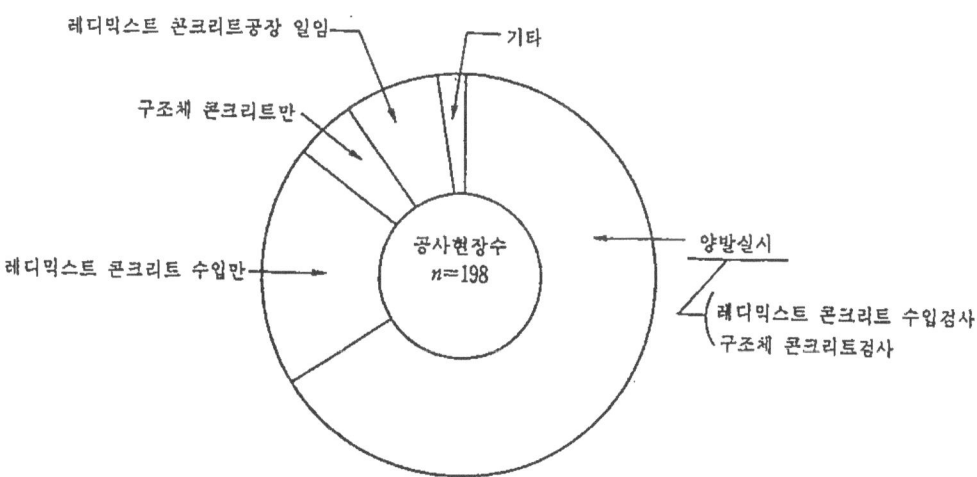

그림 5-20 레디믹스트 콘크리트의 수입검사와 구조체 콘크리트의 검사의 실시상황

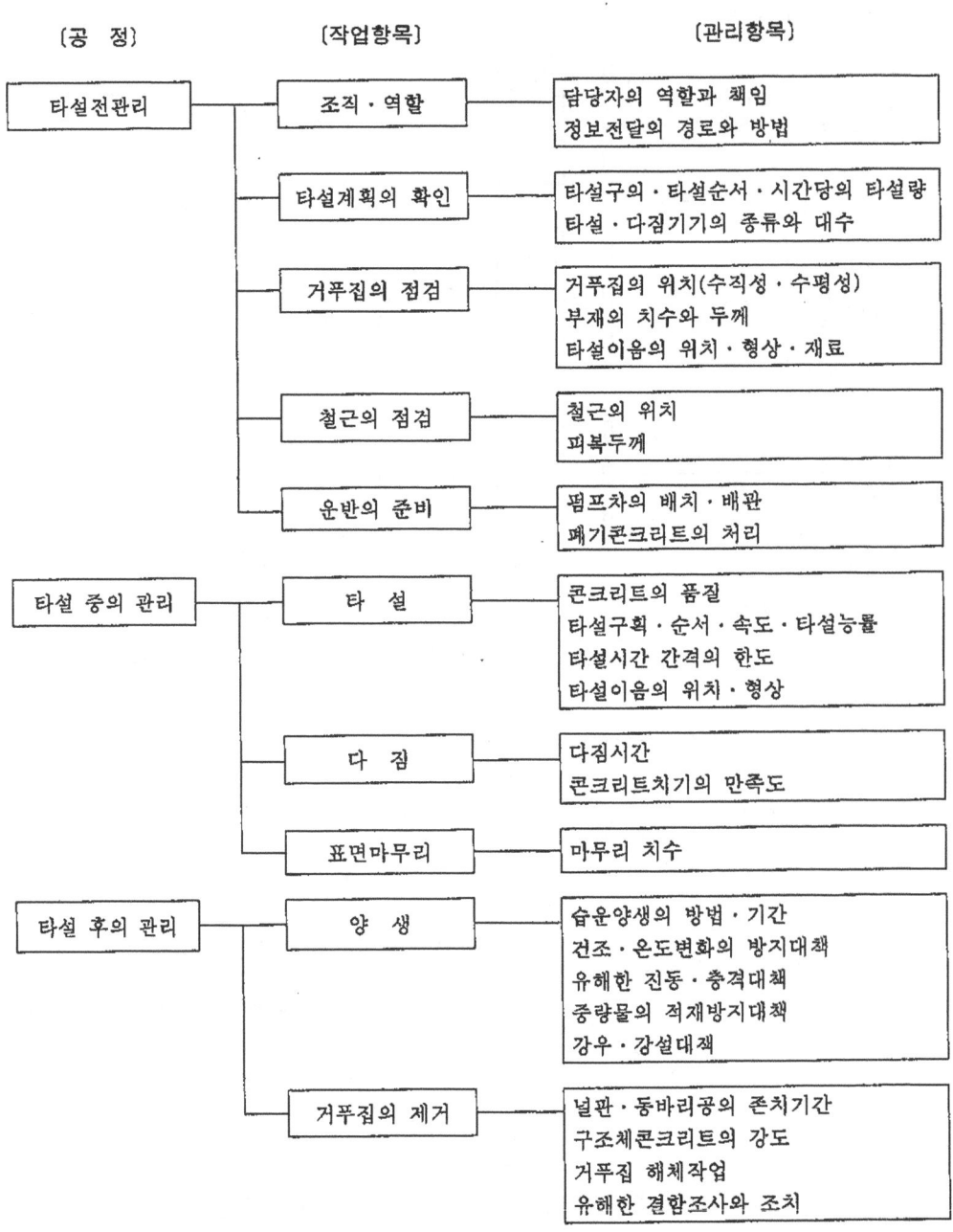

그림 5-21 타설전·타설중 및 타설후의 관리항목

제 37 장 레디믹스트 콘크리트의 품질관리 405

표 5-72 타설전의 관리항목의 방법

공정	작업항목	품질관리항목	관리방법	시기·회수	판정기준	관계자료	관리분야 품질책임자	공사책임자	담당자	협력업자
타설전의 관리	조직역할	담당자의 역할	회의에서 지시철저	타설일의 전일마다	지시의 확인		◎	○	□	△
		정보전달과 방법	·상동 ·육안확인	타설일의 전일과 수시	상동		◎	○	□	△
	거푸집의 조립	먹줄의 치수·정도	·스케일 ·레벨 ·트란시트	먹줄 종료시-전수	설계 도서 또는 시공도대로일 것				○	△
		거푸집의 위치 수직도 수평도	·추 ·트란시트 ·스케일	조립 중 수시 및 조립후-전수	·거푸집계획도 및 공작도에 합치할 것 ·±1/750(±10mm) ·-5~0mm		◎	○		△
	거푸집의 조립	부재의 단면치수의 허용도	·스케일	조립 중 수시 및 조립 후-전수의 20%	기둥·보 -5~+10mm 벽 ±5 mm 바닥·지붕슬래브 0~+10mm 기초 -10mm(규정 않음)	시방서	@	○		△
		타설이음의 위치, 형상 및 재료	육안확인	조립중 수시 및 조립후 전수	거푸집 계획도 및 공작도에 합치할 것		◎	○	□	△
	철근의 조립	철근의 위치	스케일 ·기둥은 상하 2점의 네 구석 ·보는 양단과 중앙의 3점으로 양측과 바닥 ·슬래브는 보끝과 밴드 위치의 중앙	조립 중 또는 조립 후 수시-전수의 20%	설계도서 또는 시공도대로일 것 기둥철근의 넘어짐 10mm 기둥철근의 휨 20mm 보철근의 기둥 내 경사간의 상·하 좌우방향의 이동 10mm 상동의 힘 20mm 슬래브두께 30cm 미만의 경우 (소정의 위치에서) 20mm 슬래브두께 30cm 이상의 경우 (소정의 위치에서) 20mm 벽건물의 외부 10mm 벽건물의 내부 20mm	시방서	◎	○	□	
		바서포스트 스페스 배치, 수량	육안, 재질의 확인	조립 후 수시-전수	시공도대로일 것		-	◎	□	△
		철근 상호일 때	스케일	조립후 중 또는 조립후 수시-전수의 20%	〃	시방서	-	◎	□	△
		피복두께	·스케일 파코메타 ·기둥은 상하 2점의 네 구석 ·보는 양끝과 중앙의 3점으로 양측과 밑 ·슬래브는 보끝과 밴드위치의 중앙	상동	설계도서 또는 시공도대로일 것	시방서	◎	○	□	△
타설 다짐		타설구획·순서 및 단위타설량	육안확인	타설일의 전일	시공계획서대로일 것		◎	○	□	△
		단위타설량	시공계획서의 체크 반입계획서의 체크	타설일의 전일	시공계획서대로일 것			◎	□	
		타실다짐 기기의 종류와 대수	육안확인	타설일의 전일 및 타설일-전수	시공계획서대로일 것 (봉형진동기 8000~10000rpm, 형틀진동기 7000~8000rpm, 대수 3~수대/펌프차·대)				◎	△
운반		펌프차 및 배관의 배치	육안확인	타설일의 전일 및 타설일-전수	시공계획서대로일 것				◎	△

표 5-73 타설 중의 관리항목과 방법

공정	작업항목	품질관리항목	관리방법	시기·회수	판정기준	관계자료	관리분야			
							품질관리책임자	공사책임자	담당자	협력업자
타설중의 관리	운반	펌프차, 펌프배관의 정비와 배치	육안확인	타설전일 및 타설일 전수	시공계획서대로일 것			◎	□	△
		전송 모르터	육안확인 계측	부재에 타설전-전수	·외벽에는 투입하지 않음 ·사용하는 콘크리트의 배합강도보다 30~40% 고강도로 되는 시멘트비의 모르터로 한다.		◎	○	□	△
	타설	콘크리트의 품질	슬럼프, 공기량, 온도, 단위용적질량의 시험	(1) 압축강도시험용 공시체 채취시 (2) 구조체 콘크리트의 강도검사용 공시체 채취시 (3) 타설중 품질변화가 인정된 때	시공계획서대로일 것	KS F 2402 KS F 2449 KS F 2409	◎	○	□	△
		타설능률	육안확인	타설중-수시	·20~30m³/h·대 ·다짐이 충분히 될 것				◎	△
		타설구획 순서 및 속도	육안확인	타설중-전수	시공계획서대로일 것		◎	○	□	△
		거푸집 내면을 물로 축인다.	육안확인	타설중-전수	콘크리트를 타설할 때까지는 습하여 있을 것				◎	△
		계속타설 시간간격의 속도	육안확인 타임측정	타설중-전수	외기온 25℃ 이상일 때 120분 이내 외기온 25℃ 미만일 때 150분 이내		◎	○	□	△
		타설높이	스케일	타설중-전수	콘크리트가 분리하지 않는 범위로 한다.				◎	△
		거푸집의 변형	트란시트, 레벨물질, 육안확인	타설중-전수	거푸집에 이상한 변형이 인정되지 않을 것			◎	□	△
		타설이음의 위치 형상	육안확인	타설중-전수	시공 계획대로일 것		◎	○	□	△
	다짐	콘크리트 봉형진동기를 거는 시간	육안확인	타설중-전수	·10~15m³/hr·대 ·시멘트페이스트가 뜰 때까지의 시간			◎	□	△
		콘크리트의 계속타설이음	·육안확인 ·타격음(두들김)에 의한 변화의 확인	타설중-전수	시공계획서대로일 것			◎		△
		거푸집 진동기를 거는 시간·위치	·타임측정 ·스케일	타설중-전수	시공계획서대로일 것 콘크리트 표면보다 30cm 내려감			◎	□	△
	표면마무리	마무리 치수	·천단레벨 레벨봉에 의한 측정 ·모르터콘크리트의 측정	타설중-전수	시공계획서대로일 것 (천단레벨 0~+10mm)		◎	○	□	△
		시공상의 형편이 좋지 않음	육안확인 스케일	타설중-전수	시공계획서대로일 것		◎	○	□	△

표 5-74 타설 후의 관리항목과 방법

공정	작업항목	품질관리항목	관리방법	시기·회수	판정기준	관계자료	관리분야 책임자관리	품질책임자	담당자	협력업자
타설후의 관리	양생	습윤양생의 방법·기간	육안·일수확인	타설후의 7일간-전수	시공계획서대로일 것 (7일간 살수 양생으로 습윤상태 유지)		◎	○	□	△
		급격한 건조 온도변화 방지	·풍속측정 ·온도측정	타설후의 2일간-전수	시공계획서대로일 것 풍속 3m 이하 콘크리트 표면온도 2℃ 이상으로 5일간 확보		◎	○	□	△
		유해한 진동이나 충격방지	육안·일수확인	타설후의 1일간-전수	시공계획서대로일 것 (집중하중·외력을 주지 않도록)			◎	□	△
		중량물의 적재방지	·적재량의 측정 ·육안확인	타설후 7일간	상 동			◎	□	△
		강설·강우 의 대책	·기상예보 확인 ·강우·적설측정	타설일 및 타설 후-수시	시공계획서대로일 것			◎	□	△
	거푸집의 해체	보축·기둥 및 벽의 석판의 존치기간	·타설후의 기온 ·일수 ·압축강도	석판 제거 전, 타설부재·부위마다-전수	· 압축강도 50kgf/cm² 이상 · 소정의 평균 가온 및 일수 이상일 것 · 거푸집공사관리표에 의함		◎	○	□	
		슬래브 아래 보 아래의 거푸집·동바리의 존치기간	·압축강도 ·계산서의 확인	동바리공의 철거전, 타설부재·부위마다-전수	·압축강도가 설계기준강도의 100% 이상 ·계산결과의 강도가 120kgf/cm² 이상 ·거푸집공사관리표에 의함		◎	○	□	△
		회 복	·압축강도 ·회복범위·방법의 확인	거푸집제거전 및 제거시	·방법에 적합할 것			◎	□	△
		現水 양생의 공시체강도	·압축강도 ·양생온도 측정	거푸집제거전-전수	·소정의 강도 이상 ·균일한 온도분포일 것		◎	○	□	△
		거푸집 제거작업의 안전대책 작업구역 해체방법 재료의 집적장소	·육안확인표시 (구분장소) ·재령표시의 확인 ·안전확인	·거푸집해체중 ·거푸집해체후	·해체중에 이상이 없을 것 ·거푸집해체작업의 방법·수순·안전대책이 준수되고 있을 것			◎	□	△

채취한 공시체는 구조체 콘크리트에 가까운 온도조건으로 하기 위해 현장 수중 양생 또는 현장 봉함 양생으로 한다.

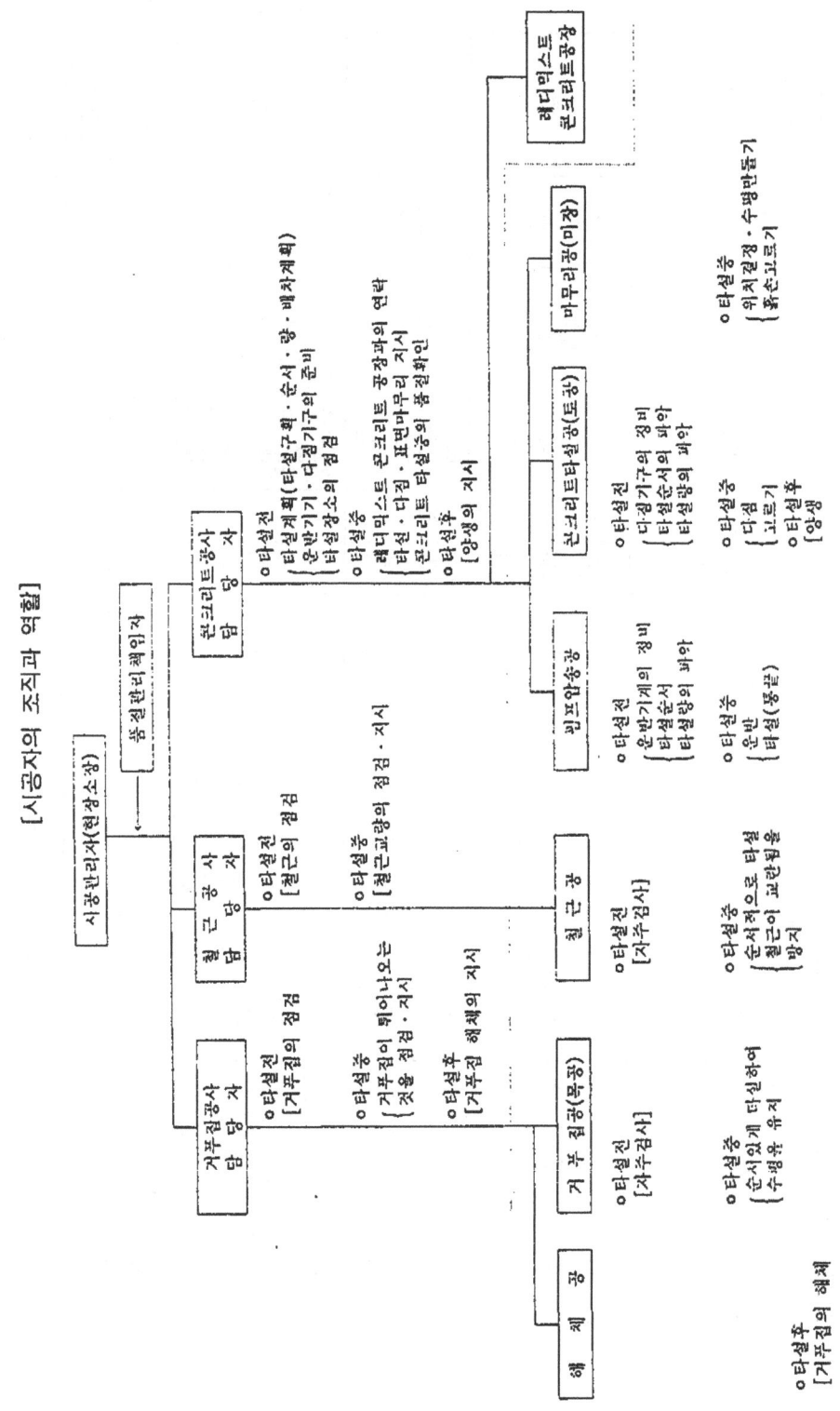

그림 5-22 콘크리트 타설 조직과 역할분담(예)

제 37 장 레디믹스트 콘크리트의 품질관리 409

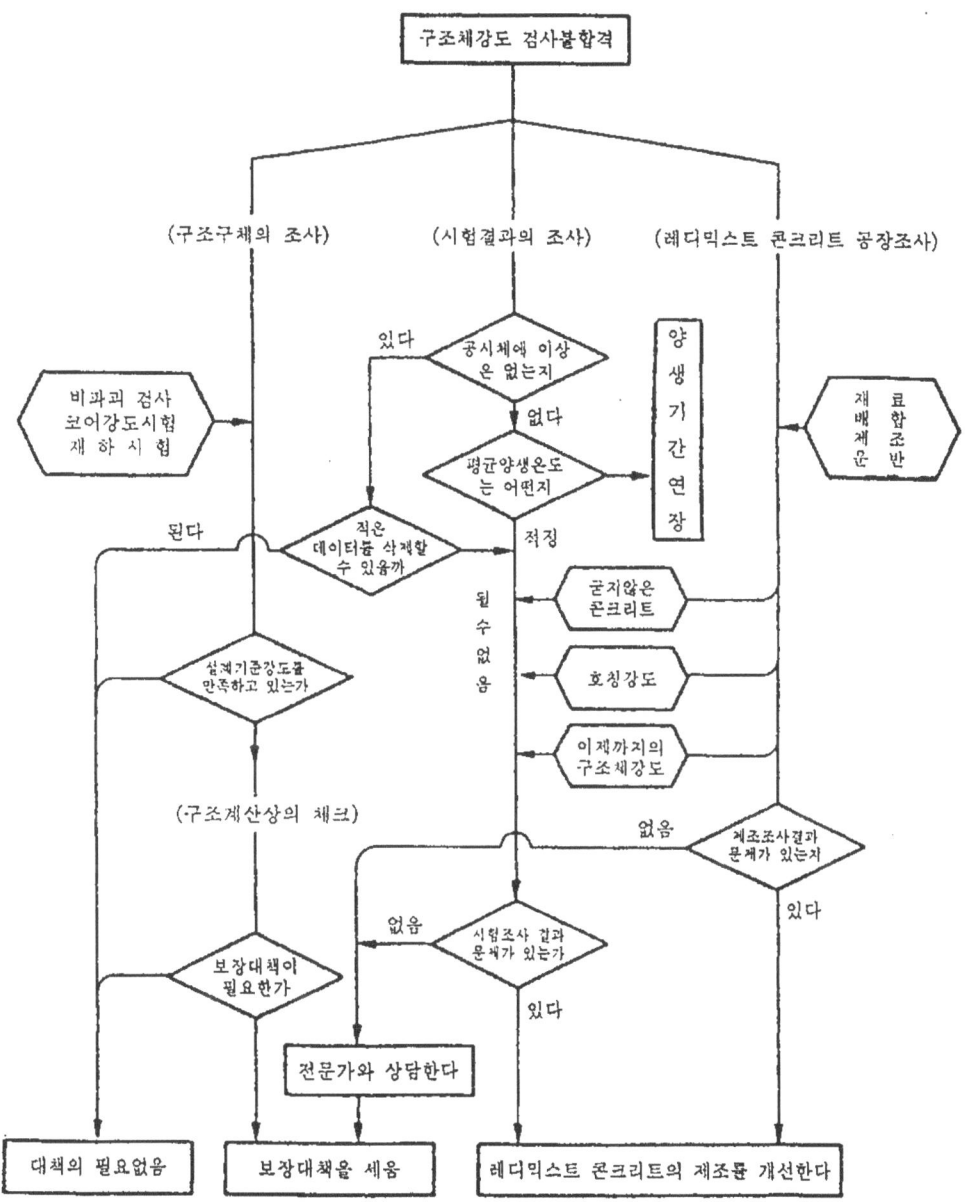

그림 5-23 강도 부족의 원인 추정의 흐름

레미콘 품질관리 지침

제1조(목적) 본 지침은 건설기술관리법 제24조의2의 규정에 의거 레디믹스트콘크리트 (이하 "레미콘"이라 한다)의 생산·공급 및 사용함에 있어 부실시공을 방지하여 콘크리트구조물의 품질확보에 필요한 사항을 정하는데 목적이 있다.

제2조(적용범위) 본 지침은 건설기술관리법시행령 제41조의 규정에 의한 대상공사로서 레미콘을 구입하여 사용하는 콘크리트공사에 적용한다.

제3조(현장 반입 전 품질관리업무) ① 감리원과 시공자는 레미콘공장의 선정 및 품질에 대한 지정시 검토해야 할 사항은 다음 각호와 같다.
 1. KS표시허가 공장 여부 확인
 2. 재료시험기사 자격 소지자 또는 이와 동등 이상의 기술자 상주여부
 3. 공장의 제조설비 및 기술인력, 품질관리상태 등 콘크리트의 품질확보에 필요한 조치
 4. 현장까지의 운반시간에 대하여는 KS F 4009 규정에 의한 시간 준수 가능 여부
 5. 사용 가능한 플랜트믹서 및 운반차의 형식·용량·대수
 6. 폐 레미콘 재생설비 구비 및 운용여부
 7. 품질시험 수행능력(강도, 공기량, 슬럼프, 염화물함량 시험 등)
 8. 시험결과 부적정시 반품처리시스템의 적정 여부
② 감리원과 시공자는 레미콘 반입 전 다음 각호를 레미콘공장과 협의하여야 한다.
 1. 납품일시 및 제품규격
 2. 배차간격, 차량대수
 3. 배출장소
 4. 운반시간 및 타설 속도
 5. 품질시험업무(레미콘 폐기 확인서 징구 포함)
③ 시공자는 전항의 사항이 확인되면 공급원 승인서류를 감리원에게 제출하여 승인을 득한 후 레미콘을 반입하여야 한다.
④ 시공자는 콘크리트구조물 시공 전 불량레미콘이 공사현장에 사용되지 않도록 레미콘공장에 대한 사전점검을 실시하여야 한다.

제4조(현장 반입후 품질관리업무) ① 감리원과 시공자는 현장 반입시 다음 각호의 품질시험을 실시하여야 한다.

1. 슬럼프
2. 공기량
3. 염화물 함량
4. 강도(재령 28일 강도를 원칙으로 하되 7일 강도 시험도 실시)
5. 시험빈도는 1일 1회 이상, 구조물별 150m³마다 1회 시험
6. 일일 현장 배합표

② 감리원과 시공자는 납품서 관리시 다음 각호를 확인하여야 한다.
1. 레미콘 출하시각, 도착시각, 규격 등 차량번호와 납품서(송장)와의 동일여부
2. 인수자
3. 감리업무수행지침서(별지 제9호 서식)에 따른 구조물별 콘크리트 타설 현황 작성 여부(구조물별 집계)
4. 납품서·보관에 있어 회사별, 규격별 집계, 자재수불대장 기록, 감리단 확인 및 생산기록지(SUPER-PRINT) 등 제출 여부

③ 반품처리시 검토해야 할 사항은 다음 각호와 같다.
1. 반품된 제품의 처리과정 확인 및 기록비치
2. 불량레미콘 폐기확인 및 기록비치

제5조(불량레미콘의 처리) ① 감리원과 시공자는 제2항의 경우와 같은 불량레미콘이 발생한 경우 즉시 반품 처리하고, 불량레미콘 폐기 처리사항을 확인하여 기록을 비치하여야 하며, 발주자에게 매월말 그 결과를 보고하여야 한다.

② 불량레미콘 유형
1. Slump 측정결과 기준에 벗어나는 경우
2. 공기량 측정결과 기준에 벗어나는 경우
3. 염화물함량 측정결과 기준에 벗어나는 경우
4. 레미콘 생산 후 KS F 4009 규정시간을 경과하는 경우
5. 기타의 경우

③ 반품 처리된 레미콘의 타현장 반입을 방지하기 위해 불량레미콘 폐기확인서(별지 제1호 서식)를 징구(운전자, 공장장 등 서명)토록 하여야 한다.

④ 제3항에 대하여 사실확인결과 허위로 판명될 경우는 한국건설감리협회로 하여금 회원사에 통보 및 일간건설지 등에 게재하는 등 해당 제품의 사용을 금지하도록 한다.

⑤ 불량레미콘이 사용되었을 경우에는 불량레미콘이 타설된 부위는 재시공을 원칙으로 한다. 다만 정밀안전진단을 실시하여 구조물의 안전·품질에 이상이 없다고 판명된 경우는 정밀안전진단결과에 따르도록 한다.

제6조(레미콘공장 점검) ① 감리원과 시공자는 레미콘공장점검표(별지 제2호 서식)에 의거 분기별 1회 이상 점검을 실시하여야 하며, 발주자에게 매분기말 그 결과를 보고하여야 한다.

② 지방국토관리청장 및 제주개발건설사무소장은 레미콘공장점검표(별지 제2호 서식)에 의거 반기별 1회 이상 점검을 실시하여야 하며, 장관에게 그 결과를 보고하여야 한다.

부 칙

이 지침은 2001년 7월 1일부터 시행한다.

[별지 제1호 서식]

레미콘 폐기 확인서

운반차 번호	
반품현장	
반품일시	
반품사유	
레미콘 규격	
폐기장소	
폐기시간	
폐기방법	
폐기용적 (m³)	

폐 기 확 인 자

구분(직책)	성 명	주민등록번호	주 소	서 명
운전기사				
품질관리책임자				

위 사실을 확인합니다.

       2001. . .
   공 장 장 : 소속 성명 서명
   감 리 원 : 소속 성명 서명

※ 첨부 : 레디믹스트 콘크리트 납품서(구입자용) 첨부

[별지 제2호 서식]

레미콘 공장 점검표

공종별 Code No.		점검일자		년 월 일
공 사 명		점검 공장명		
점 검 자	소속	성명	서명	
확 인 자	소속	성명	서명	

점검 부위	점검항목	점검 결과	조치 결과
계량 장치	1. 시멘트, 골재계량 장치의 작동상태는 이상이 없는가?		
	2. 물, 혼화제 등 액상상태로 계량하는 장치는 벨브의 작동상태 및 개폐시 유출여부는 없는가?		
	3. 시멘트, 골재, 물, 혼화제(재)는 중량으로 계량하고 있는가?		
	4. 계량기 정밀도는 이상이 없는가?		
	5. 각 재료별 계량오차의 허용범위 내에 계량되고 있는가?		
운반 및 배출장치	1. 조, 세골재 배출문의 개폐상태는 이상이 없는가?		
	2. 시멘트, 물, 혼화제(재) 공급관의 누수여부는 없는가?		
	3. 조, 세골재 운반용 버켓, 벨트컨베이어 베어링의 조립 및 작동상태는 이상이 없는가?		
시멘트 저장소	1. 시멘트는 입하 순서대로 배출되는가?		
	2. 배출구 개폐장치의 작동상태는 이상이 없는가?		
	3. 시멘트 창고 또는 시멘트 사일로는 방습이 되어 있는가?		
	4. 시멘트 저장설비는 종류별로 구별되어 있는가?		
	5. 입하시 신선도 검사를 하고 무게를 확인하는가?		
	6. 시멘트 저장량은 최소 2일간의 콘크리트 물량을 확보하고 있는가?		

점검 부위	점검항목	점검 결과	조치 결과
골재 저장소 및 야적장	1. 우수, 빙설, 직사광선에 보호될 수 있는 시설은 설치되어 있으며 사용은 하고 있는가?		
	2. 야적장에는 적당한 배수시설을 설치하였는가?		
	3. 야적장 바닥의 토사가 골재에 혼입되지 않도록 CON'C 바닥으로 되어 있는가?		
	4. 골재의 혼입을 방지하기 위해서 규격별로 저장할 수 있도록 칸막이를 설치하였는가?		
혼화제(재) 저장소	1. 드럼통으로 보관되는 혼화제가 직사광선 또는 동해 우수의 침입에 의해 변질되지 않도록 저장되고 있는가?		
	2. 저장탱크의 청소상태 및 교반장치 작동상태는 이상이 없는가?		
	3. 혼화제(재)의 저장은 종류별, 품질별로 구분되어 있는가?		
	4. 혼화제에 대해 월 1회 이상 제조처 시험성적서를 확인하고 있거나 자체에서 시험을 실시하고 있는가?		
	5. 액상으로 된 것을 변질 및 희석시 침전되지 않고 교반기가 부착된 밀폐식 용기에 보관하고 있는가?		
	6. 혼화재료(팽창제, 플라이애쉬 등)를 사용시에는 구입자의 승인을 사전에 얻었는가?		
	7. 혼화제(재)의 반입시기를 기록하고 있는가?		
수 질	1. 오폐수 정화시설은 갖추고 있는가?		
	2. 세륜 세차시설은 갖추고 있는가?		
	3. 사용수와 회수수의 수질검사는 하고 있는가?		
믹 서	1. 교반날개는 혼합에 지장이 없도록 부착되어 있는가?		
	2. 교반날개 부위의 마모점검은 하였는가? (끝부분 2cm 이상시 교체)		
	3. 배합전 모르타르로 믹서를 돌려주는가?		
	4. 계량조에는 믹서로 배출후 재료가 남은 것이 있는가?		

점검 부위	점검항목	점검 결과	조치 결과
믹 서	5. 믹서의 혼합시간 결정시험은 제대로 하고 있는가?		
	6. 믹서의 혼합시간은 규정대로 지키고 있는가?		
자동작동 및 기록	1. 계기판 또는 모니터의 작동 및 유지관리 상태는 이상이 없는가?		
	2. 각종 스위치 및 작동장치의 작동상태는 원활한가?		
	3. 입력한 배합대로 생산되는가?		
	4. 표면수를 1일 2회 이상 측정하여 표면수율에 따른 현장배합 보정을 실시하고 있는가?		
	5. 잔골재 조립율 변동 및 회수수 농도(사용의 경우)에 따라 시방배합을 보정하고 있는가?		
	6. 자동장치에 따라 계량, 작동 및 제어가 되고 있는가?		
품질 관리	1. CON'C 타실시 플랜트에 품질관리 직원을 상주시켜 자재, 품질관리 상태 및 계기성능을 점검하고 있는가?		
	2. 레미콘 반입시 슬럼프, 공기량, 염화물 등 규격확인 및 시험, 기록은 하고 있는가?		
	3. 골재의 유해불순물 제거 정리 및 마모율, 입도, 비중 등 골재 품질시험을 수시로 실시하고 있는가?		
	4. 원자재는 승인된 자재를 사용하고 있는가?		
	5. 레미콘 현장 반입 1~2일전 사용골재가 선정시의 골재 품질과 동일여부를 확인하여 상이할 경우 시방규정에 맞도록 골재 합성비율을 재조정 및 재배합을 하고 있는가?		
	6. 현장에 반입되기 전 슬럼프, 공기량, 염화물 등 중간시험을 실시하는가?		
	7. CON'C 생산에서부터 도착 및 타설시까지의 시간이 규정 시간 이상 초과되어 타설되는 것은 있는가?		
	8. 시멘트의 검사항목에 대하여 제조공장의 시험성적서를 월 1회 이상 확인하고 있거나 또는 자체 검사를 실시하는가?		
	9. 시멘트 반입시 모르타르 압축강도 시험을 실시하고 있는가?		
	10. 시험기구의 검·교정 관리는 규정대로 실시하고 있는가?		

레미콘공장 점검시 지적사례

확인 사 항

1. 레미콘에 가수시행

   레미콘에 가수는 슬럼프를 크게 하고 강도저하의 원인이 발생함.

   예 ① 레미콘 적재 전에 운반차량 드럼(믹서)을 확인결과 잔여수를 배출하지 않은 상태에서 상차.(확인결과 : 약 20~50ℓ)

   ② 레미콘 적재 후 투입구 세척으로 주수하여 가수시행.(확인결과 : 약 5초~20초 주수)

2. 표면수 측정 미흡

   콘크리트 시방배합을 현장배합으로 조정시 실시하는 표면수의 측정은 건설기술관리법 시행규칙(제15조의 4 제1항 관련)에 명시된 시험빈도는 작업개시 전 1회 이상 실시토록 되어 있고, KS표시 인증 심사기준(Ⅲ. 공정관리. 1.배합관리. 1) 골재의 표면수의 검사 또는 공정관리방법)은 표면수를 1일 2회 이상 측정하여 표면수율에 따른 현장배합보정을 실시하여 생산토록 되어 있음.

   예 ① 5mm 체 잔류 또는 통과하는 입도(KS F2502) 보정 및 표면수에 대한 측정을 실시하지 않고 플랜트 조작원 경험에 의하여 콘크리트 생산.

   ② 굵은 골재 표면수 측정생략.

   ③ 잔 골재 표면수 측정을 KS규정과 상이하게 측정.
   (급속 수분측정기를 사용하여 노 건조 상태에서 보정)

   ④ 잔골재 표면수 측정을 간이측정법에 의하여 보정 생산함에 있어 조립율 변화, 산지 등에 변함없이 동일한 그래프를 계속 사용하여 불합리하게 생산.

   ⑤ 레미콘 혼합 통에 누수발생.

3. 콘크리트 배합설계 부적정

   콘크리트의 배합은 콘크리트를 만드는 각 재료의 배율을 말하며 시멘트, 잔골재, 굵은골재 및 혼화재료를 가장 경제적으로 소요의 워커빌리티 내구성 및 배합강도를 얻을 수 있도록 그 혼합비율을 산정하는 목표가 되는 것임.

확 인 사 항			
예 ① 골재품질시험 결과 상이			
구 분	배합설계 적용	한국건자재 시험연구원	자체시험
부순모래 조립율	2.95	① 2.91 ② 2.93	2.83
부순모래 비중	2.60	① 2.58 ② 2.60	2.59
굵은골재 비중	2.62	2.62	2.60

② 재령 28일에 실시한 콘크리트 압축강도 시험성과표 미비치.
③ 표준공시체($\phi 15 \times 30$cm)를 사용하지 않고 $\phi 10 \times 20$cm 공시체 사용시 강도보정계수 0.97 미적용.
④ 잔골재 조립율을 산정시 5mm에 남는 골재를 포함하여 시방배합 설계를 실시.
⑤ 온도변화에 따른(혹서기, 혹한기 등) 배합설계 미실시.
⑥ 배합설계 미실시.

4. 압축강도에 의한 콘크리트 관리부적정

콘크리트 압축강도는 KS F 4009 레디믹스트 콘크리트 5. 품질종목에 따라 강도시험을 KS F 2403 및 KS F 2404에 의하여 시험을 실시하며 공시체의 재령은 지정이 없는 경우 28일, 지정이 있는 경우는 구입자가 지정하는 일수로 관리하여야 함.

예 ① 압축강도 시험을 실시하지 않고 재령 28일이 지난 공시체를 양생수조 또는 야적장에 방치.
② 콘크리트 강도시험용 공시체 몰드는 KS F 2403. 4. 2. 1항에 관련하여 변형 및 누수가 없는 금속제 원통을 사용토록 명시되어 있음에도 플라스틱 몰드를 사용.

5. 콘크리트 배합관리 부적정

KS F 2526. 콘크리트용 골재 6.3, 6.4, 6.5에 관련하여 잔골재 입도의 연속된 두 체 사이의 잔류량이 45% 이하이고 조립율이 2.3~3.1의 범위에 있으며 잔골재의 조립율이 콘크리트의 배합을 정할 때의 조립율에 비하여 ±0.20 이상(KS F 2527. 부순잔골재 ±0.15)의 변화를 나타냈을 때는 배합을 변경시키지 않고서는 그 잔골재를 사용하여서는 안되도록 되어 있음.

예 ① 배합변경 미실시(부순잔골재)
    - 배합설계시 조립율 : 2.95

확 인 사 항

- 확인시험시 조립율 : 2.323(기준 2.3~3.1)
    - 배합설계와 차 : 0.373
  ② 배합변경 미실시(자연사)
    - 배합설계시 조립율 : 2.79
    - 확인시험시 조립율 : 1.91(기준 2.3~3.1)
    - 배합설계와 차 : 0.88
    - 연속된 두 체의 잔유량 : 78.5%(기준 45% 이하).
 	
6. 굳지 아니한 콘크리트의 품질시험 부적정
  콘크리트의 소요강도, 균일성, 내구성, 수밀성 및 경제성 등을 확인하기 위하여 무엇보다도 굳지 아니한 콘크리트의 타설 전 및 타설 중 검사가 철저하게 실시되어야 하며 시험종목은 KS F4009에 규정되어 있음.
 예 ① 공기량 시험시 골재수정계수 측정미흡
    - KS F2421 압력법에 의한 굳지 아니한 콘크리트의 공기량 시험시는 골재 수정계수의 측정은 골재가 다르면 계수가 다르기 때문에 실시하여야 하고 또한 동일한 로트의 골재에서도 가끔은 확인이 되어야 함에도 일반적으로 월별단위로 실시하여 적용.
  ② 공기량 기준 미달
    - 규격 25-24-15에 대한 콘크리트 시험결과 2.2%(기준 4.5±1.5%)로 기준 미달.
    - 규격 25-21-08에 대한 콘크리트 시험결과 6.0%(기준 4.5±1.5%)로 기준 미달.
  ③ 슬럼프 기준 미달
    - 규격 25-24-15에 대한 콘크리트 시험결과 12.0cm(기준 15±2.5cm)로 기준 미달.
    - 규격 25-21-08에 대한 콘크리트 시험결과 2.5cm(기준 0.8±2.5cm)로 기준 미달.
  ④ 콘크리트 압축강도 관리부적정
    - 콘크리트시험을 표준공시체(415×30cm)를 사용치 않고 ϕ10×20cm 공시체를 사용함에도 강도보정계수 0.97을 적용치 않음.
  ⑤ 콘크리트 단위용적질량시험 미실시

확 인 사 항
- KS F 4009 레디믹스트 콘크리트 9.6. 단위용적 질량시험은 KS F 2409에 따라 실시토록 되어 있으며 KS표시 인증심사기준(Ⅲ. 공정관리 4. 운반. 3. 용적(단위용적질량))은 월 1회 이상 실시하여 관리하여야 함에도 이를 이행치 않음.

7. 레미콘 운반차 세차설비 부적정
  - KS표시 인증심사기준. 4. 세차설비는 레미콘 운반차의 대수에 따라 적당한 설비를 갖추고 작업환경개선에 지속적으로 노력하여야 함.
  예 ① 배수처리가 되지 않아 레미콘차량이 청결치 않은 상태에서 운행.
      ② 차량 진·출입로에 설치된 세차시설이 고장으로 방치.
      ③ 설치된 세차설비를 이용하지 않고 갓길을 이용하여 차량통행.

8. 골재저장실비 및 운반설비 부적정
  - KS F4009 레디믹스트 콘크리트 8.1.1. 골재저장설비 및 KS표시 인증심사 기준 V. 제조설비의 관리 2. 골재의 저장 및 운반실비구비요건에 따라 관리하여야 함.
  예 ① 방풍·방수시설 불합리
        - 골재투입장소 방풍·방수시설에 대비한 투입구 측면 및 후면에 간막이 미설치 및 파손.
      ② 골재저장설비 불합리
        - 골재의 저장설비는 종류별, 품종별로 간막이가 되어 있고 대소입자의 분리 및 이물질이 혼합되지 않도록 관리하여야 함에도, 칸막이를 낮게 또는 분리대 미설치, 덮개 등을 설치하지 않아 대소입자가 혼합되고 분리 야적이 불합리하며 이물질이 혼합되어 있음.
      ③ 배수처리불량
        - 골재저장장소의 바닥은 콘크리트 등으로 하여 배수설비가 되어 있어야 하고 이물질이 혼입되지 않는 시설이어야 함에도 배수처리가 적절하지 못해 물고임 현상이 발생하며 바닥의 곤죽이 야적된 골재 하단에 혼입되어 있음.
        - 배수가 집수정 처리시설로 유입되지 않고 일부공장 밖으로 유출
      ④ 기타
        - 스프링쿨러 미설치 및 설치위치 부적정으로 잔골재 야적 부위로 유수되어 함수량 과다로 표면수 측정이 불합리.

확 인 사 항
- 골재를 토사 법면에 아무런 조치 없이 야적하여 우기시 세굴로 인하여 토사유입

9. 콘크리트용 골재품질시험 불합리

  콘크리트용 골재는 몰탈 또는 콘크리트를 제작하기 위해 시멘트, 물과 같은 결합재로서 결합고화하여 콘크리트를 만드는 재료이다. 골재 그 자체는 결합고화하지는 않지만 이것이 시멘트 등과 결합하여 콘크리트의 성분이 되는 주요재료임.

  예 ① 밀도시험시 물의 온도보정 미적용

    KS F 2503 굵은 골재의 밀도 및 흡수율시험방법 및 KS F 2504 잔골재의 밀도 및 시험방법에 따라 밀도시험을 완료 후 계산시 시험온도에서의 물의밀도g/cm^{3}를 미적용.

  ② 밀도시험시 물의 온도(수온) 불합리

    밀도시험은 20±5℃의 온도로 조정한 후 플라스크 시료 물의 질량을 측정하여야 함에도 13℃ 이하 또는 25℃ 이상으로 시험실시하여 물의 온도 불합리

10. 레미콘 운반차 관리부적정

  레미콘 운반차가 혼합한 콘크리트를 충분히 균일하게 유지하고 재료분리가 없도록 쉽고도 안전하게 배출할 수 있는 운반차인가를 확인하기 위한 시험방법이 KS F 4009 레디믹스트 콘크리트 8.1.4항에 따라 콘크리트의 1/4과 3/4의 부분에서 각각 시료를 채취하여 슬럼프시험을 하였을 경우 양쪽의 슬럼프 차가 3cm 이내가 되는가를 확인토록 되어 있음.

제 6 편 콘크리트 품질관리·검사 및 유지관리

제38장 검사와 품질관리

제39장 콘크리트의 품질관리

제40장 콘크리트의 검사

제41장 콘크리트 구조물의 유지관리

제 38 장   검사와 품질관리

1. 검사의 정의와 종류

1) 정 의

검사란,「제품이 이어지는 공정에 적당한가의 여부 또는 최종 제품을 구입자에게 인도해도 좋은가의 여부를 결정하는 것」이며 품질관리의 각 단계에서 실시하는 검사나 최종 제품의 합부판정을 위한 검사 등 각종의 것이 있다.

2) 종 류
① 수입검사
　재료, 반제품 또는 제품을 받을 때에 실시하는 검사를 말하며 외부에서 받는 경우를 특별히 구입검사라 한다.
② 관리 발취검사
　재료나 제조공정에 변화가 없었는가의 여부를 조사하기 위한 검사이며 보통 관리도를 이용한다.
③ 공정검사(중간검사)
　먼저 제조 공정이 끝나고 다음 공정에 옮길 때에 실시하는 검사이며 불량품이 다음 공정에 흐르게 되어 불리한 경우, 이것을 피하기 위해 실시한다.
④ 최종검사
　제조 공정의 최종단계에서 실시하는 제품의 검사이며, 제품의 합부가 결정된다. 이상 중 ①~③은 일반적으로 품질관리를 위한 검사이며 ④는 최종 제품의 합부판정을 위한 검사이다.

2. 품질관리

품질관리란「품질의 변동에 따른 목표를 정하고 제조공정 중 여러 가지의 검사에 의해 이상의 발생을 신속히 발견하여 즉시 교정조치를 받아 제품의 품질을 소기의 범위

내에 거두도록 하는 것」을 말한다. 콘크리트의 경우 품질목표란 배합강도 및 슬럼프, 공기량의 목표치이다. 또 소기의 범위란 관리한계를 가리킨다.

3. 관리특성

1) 관리특성이란 관리의 대상이 되는 재료의 품질을 수량적으로 나타내는 것을 말한다. 예를 들면, 골재의 조립율, 콘크리트 강도 등이다.

2) 콘크리트의 관리 특성은 본래 완성된 구조물의 콘크리트 품질(모든 변동요인을 포함한 최종 위치의 콘크리트 품질, 예를 들면 코어 강도)에서 선정하는 것이 원칙이나, 이것은 사실상으로 어렵다. 한편, 콘크리트 품질의 편차는 대부분 믹서에서 배출되기 이전에 그 요인을 가지므로 보통 믹서에서 배출직후 콘크리트의 시험치에서 선정된다. 즉 슬럼프, 공기량, 물시멘트비의 측정치, 강도이다.

3) 표준양생 공시체의 재령 28일의 압축강도는 구조설계 및 배합설계의 기본으로 되었으며 콘크리트의 다른 성질도 추측되기 때문에 가장 중요한 관리특성이다. 그러나 시험 결과가 판명될 때까지 장기일을 요하므로 관리특성으로서는 유효하지 않다. 품질관리를 효과적으로 실시하기 위해서는 촉진강도 또는 조기강도 및 이것에서 추정한 28일 강도, 물시멘트비의 측정치 및 이것에서 수정한 28일 강도를 관리특성으로 하는 것이 좋다.

4. 관리도

1) 관리도
   ① 관리도는 그림 6-1에 표시한 바와 같이 횡축에 시험번호(일시순), 종축에 관리특성의 시험치를 취하여 타점하고 이것들을 순차로 연결한 것으로 이것에 중심선과 상하의 관리 한계선을 기입하였다.

2) 관리한계
   ① 관리한계로서 보통 3σ 한계가 이용되고 있다. 3σ 한계란 (평균치)±3×(표준 편차)를 상하의 한계로 하는 것이며 품질이 정규분포 되는 경우 3σ 한계의 외측에 타점되는 확률은 0.0013×2≒0.25(%), 또는 약 371회에 1회의 비율이며 극히 드물게 밖에 일어나지 않는 것이므로 이상치로 생각해도 좋은 것이다(그림 6-2 참조). 또 콘크리트의 압축강도는 정규분포에 따른 것이 인정되었다.

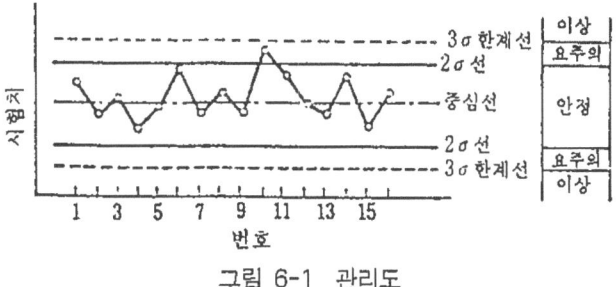

그림 6-1 관리도

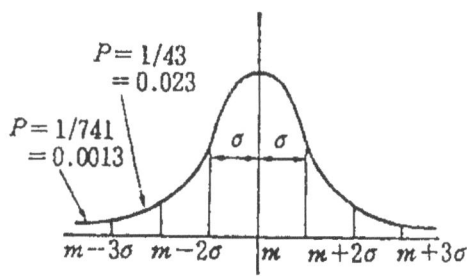

그림 6-2 3σ 한계외의 품질이 나오는 확률

② 통상 2σ선도 기입하고 2σ와 3σ 한계사이에 타점된 경우 요주의로 생각하는 것이 실시되었다. 2σ선의 최상측에 타점되는 확률은 0.023×2=4.6 (%)이다(그림 6-2 참조).

3) 조정용 관리도와 해석용 관리도

① 관리도에는 조정용 관리도와 해석용 관리도가 있다. 조정용 관리도는 모집단의 평균치 및 표준편차를 이미 알고 있는 경우에 적용된다. 즉 레미콘 공장에서 항시 출하되고 있는 콘크리트나 제품공장의 콘크리트인 경우는 그 평균치도 편차도 과거의 실적에서 알고 있기 때문에 조정용 관리도를 이용할 수가 있다. 관리도의 중심선은 모평균 m, 관리한계선은 (모평균)±3×(표준편차)가 된다.

② 해석용 관리도는 모집단의 평균치 및 分散을 모르는 경우에 이용되는 것으로 보통 현장 비빔 콘크리트나 레디믹스트 콘크리트도 출하경험이 적은 것에 적용된다. 이 경우에는 공사 개시후 가급적 빨리, 20~30 회의 시험을 실시하여 그 평균치 및 불편 분산의 평방근(모집단의 표준편차의 추정치)을 구하고 중심선으로서 평균치, 관리한계선으로서 (평균치)±3×(불편분산의 평방근)을 이용한다.

제 39 장 콘크리트의 품질관리

1. 콘크리트의 품질관리의 순서

콘크리트의 품질관리에서 최종 검사까지의 플로챠트는 다음과 같다.

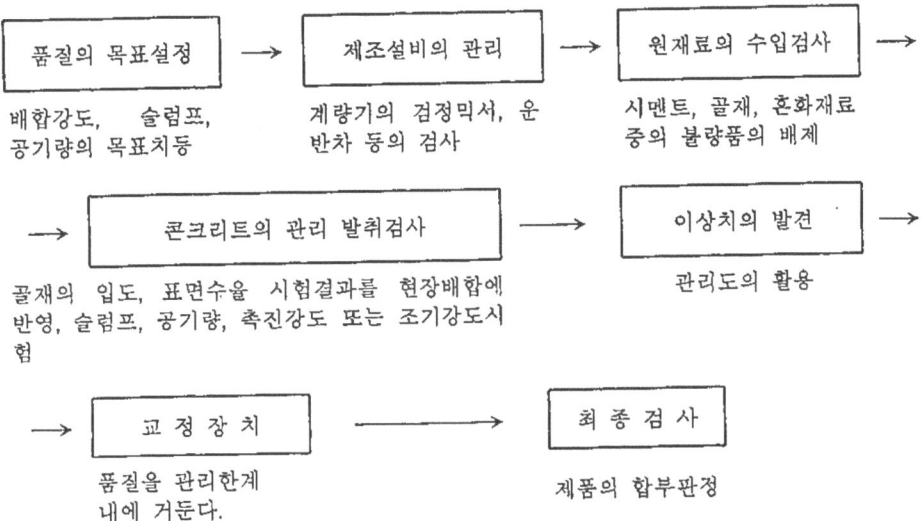

2. 품질의 목표

1) 배합강도

일반의 무근 및 철근 콘크리트인 경우

$$f'_{cr} = \geq \frac{f'_{ck}}{1-1.34V} \tag{6-1}$$

포장콘크리트인 경우

$$f_{br} \geq \frac{f_{bk}}{1-0.842V}$$
$$f_{br} \geq \frac{0.8 f_{bk}}{1-1.83V} \tag{6-2}$$

댐콘크리트인 경우

$$f'_{cr} \geq \frac{f'_{ck}}{1-0.674V}$$
$$f'_{cr} \geq \frac{0.8f'_{ck}}{1-1.64V}$$
(6-3)

여기서, f'_{cr} 및 f_{br} : 배합강도(kgf/cm^2), f'_{ck} : 설계기준강도(kgf/cm^2), f_{bk} : 설계기준휨강도(kgf/cm^2), V : 예상되는 강도의 변동계수

레디믹스트 콘크리트인 경우

$$m \geq 0.85S_L + 3s$$
$$m \geq S_L + 3\left(\frac{s}{\sqrt{3}}\right)$$
(6-4)

여기서, m : 배합강도(kgf/cm^2), S_L : 호칭강도(kgf/cm^2) s : 표준편차(kgf/cm^2)

2) 물시멘트비

물시멘트비가 콘크리트의 내동해성, 화학저항성 또는 수밀성에서 정해지는 경우에는 각각 소정의 값에서 0.02~0.03을 뺀 값을 목표치로 한다.

3. 제조기 설비의 관리

흐트러짐이 적은 콘크리트를 제조하기 위해서는 제조용 기기의 보존관리에 노력하는 것이 극히 중요하다. 그 때문에 계량기의 정밀도, 믹서, 운반차 등의 성능에 대해서 정기적으로 검사를 실시하고 이상의 유무를 확인한다. 시험방법, 회수의 표준을 표 6-1에 표시한다. 또 믹서, 운반차는 날개의 마모 등에 의한 성능의 경시변화가 생기므로 시험회수를 6개월에 1회로 한다. 또 계량기의 0점 조합은 매일 아침 작업 개시 전에 실시해야 한다.

표 6-1 제조설비의 관리시험

제조설비	관리항목	시 험 방 법	시 험 회 수
계량기	계량정밀도	動하중 검사 靜하중 검사	1회 이상/2주 1회 이상/년
믹 서	혼합상태	KS F 2455「믹서로 반죽한 콘크리트 속의 모르터차 및 굵은 골재의 시험방법」	1회 이상/6월
운반차	운반성능	에지테이터차에서의 배출된 콘크리트의 균등성 시험(KS F 4009)	1회 이상/6월
봉형 및 거푸집 진동기	진동성능	진폭, 진동수 및 가속도의 측정	1회 이상/6월
진동식 성형기 (공장 제품용)	진동성능	진폭, 진동수 및 가속도의 측정	1회 이상/3월

4. 원재료의 수입검사

원재료의 수입에 있어서 품질검사를 실시하여 불량품을 배제하고 원재료의 품질을 소정의 레벨이상으로 유지한다. 검사는 원재료의 생산지 종류, 메이커 등에 변화가 없는 한 월 1회 정도로 해도 좋으나 변화가 있는 경우는 그때마다 시험을 실시한다. 시험항목, 시험방법 및 시험회수의 표준은 표6-2와 같으며 입도시험은 주 1회 정도 안정성 시험은 연 1회 정도로 한다.

5. 관리발취 검사

1) 골재의 관리시험

골재의 표면수율 시험을 1일 2회 정도, 굵은 골재 중의 5mm이하의 양 및 잔골재 중의 5mm이상의 양 측정을 1일 1회 정도 실시하고 그 결과를 현장배합에 반영시킨다. 또 잔골재의 조립율에 ±0.2이상의 변화가 인정된 경우에는 소요의 워커빌리티가 얻어지도록 시방배합을 수정한다.

2) 콘크리트 관리시험

슬럼프, 공기량 시험을 1일 2회 정도, 압축강도시험(포장 콘크리트의 경우, 휨강도시험)을 1일 1회 정도 실시하고 이것을 관리도에 타점하여 품질의 변동상태를 살핀다. 강도는 촉진강도 또는 조기강도, 물시멘트비의 측정치에서의 추정치로 한다.

표 6-2 원재료의 수입검사

자재명	품질	수입검사 방법	시험회수
시멘트	KS L 5201 「포틀랜드 시멘트」	메이커의 시험성적표의 확인	1회/월 이상
	KS L 5210 「고로 시멘트」 KS L 5401 「실리카 시멘트」	메이커의 시험성적표의 확인과 포대 채움의 경우는 육안에 의한 검사	입하 때마다
	KS L 5211 「플라이애쉬 시멘트」	메이커의 시험성적표의 확인과 신성도의 확인	입하 때마다
혼화재료	KS F 4049 「플라이애쉬」 KS F 2562 「콘크리트용 팽창제」 KS F 2560 「콘크리트용 화학혼화재」 KS F 2561 「철근콘크리트용 방청제」	메이커의 확인, 성분, 품질 등을 메이커의 시험성적표에 의해 확인	1회/월 이상 또는 입하로트마다
골재	KS F 2558 「콘크리트용 쇄사」 KS F 2527 「콘크리트용 쇄석」 KS F 4009 부속물 「토목용 및 건축용 골재」	KS마크의 확인, 메이커의 시험성적표의 확인. 기타의 경우는 다음 항목에 대해서 검사한다.	입하 때마다 1회/2월이상
	KS F 2534 「구조용 경량 콘크리트골재」 KS F 2544 「콘크리트용 고로슬래그 굵은 골재」 KS F 2559 「콘크리트용 고로슬래그 잔골재」	메이커의 시험성적표의 확인	입하 때마다 1회/2월이상
	입도	육안에 의한 전수 검사 KS F 2502 「골재의 체가름 시험방법」에 의함.	입하 때마다 1회/주이상*
	밀도·흡수율	KS F 2504 「잔골재의 밀도 및 흡수율 시험방법」 KS F 2503 「굵은 골재의 밀도 및 흡수율 시험방법」에 의함	1회/월이상*
	유해물	유기불순물(KS F 2510), 씻기시험으로 없어진 것(KS F 2411), 점토덩어리(KS F 2512), 밀도 2.0미만의 입자량(KS F 4009 부속서)에 의함.	1회/월이상*
	내구성	안정성(KS F 2507), 감량(KS F 2508)에 의함.	1회/년이상*
	단위용적 질량	KS F 2505 「골재의 단위용적 질량 시험방법」에 의함	1회/월이상*
	염화물량(해사)	JSCE 「해서 중의 염화물 함유량 시험방법(모르법)」에 의함.	1회/주이상*
	알카리 실리커반응성	KS F 4009 부속서 「골재의 알카리 실리커 반응성 시험방법(화학법 및 모르터법)」에 의함.	2회/년이상*
물	수질	무해인 것을 확인하고 JSCE「모르터의 압축강도에 의한 콘크리트용 비빔수의 시험 방법」에 의한 검사	공사개시시

* 정기적인 검사 기타, 채취지를 변경한 경우, 품질의 변동이 인정된 경우는 그 때마다 검사한다.

3) 콘크리트 강도의 조기 판정법

품질관리를 효과적으로 실시하기 위해 조기강도가 이용되는 동시에 여러 가지의 초기 강도 시험법이나 물시멘트비의 측정시험법이 고안되고 있다. 다음에 유력한 방법의 예를 표시한다.

① 촉진강도 시험

콘크리트를 습식 체가름하여 얻은 모르터를 시료로 하는 시험방법도 제안되고 있으나 콘크리트강도는 매트릭스강도, 골재강도 및 양자 계면의 부착강도로 구성되어 있으므로, 콘크리트 공시체를 이용하는 것이 원칙이며, 또 강도시험시에 있어서 공시체 내의 힘 전달기구를 고려하면 촉진강도가 가급적 28일 강도에 근사하는 것이 요망된다.

<일본 건설성 토목연구소의 방법>

전양생(15~24시간)→70℃ 온수양생(24시간)→압축강도시험(재령 50시간)

이 방법에 의한 촉진강도와 재령 14일 및 28일의 표준양생 강도와의 사이에는 직선관계가 인정되며 그 관계는 다음 식으로 나타낸다.

보통 포틀랜드 시멘트 사용인 경우

$$\left. \begin{array}{l} f'_{c14} = 1.04 f'_{c\phi} - 0.94 \\ f'_{c28} = 1.12 f'_{c\phi} + 71.6 \end{array} \right\} \quad (6-5)$$

여기서, f'_{c14}, f'_{c28} : 각각 재령 14일, 28일의 標準養生 강도(kgf/cm^2)

$f'_{c\phi}$: 촉진강도(kgf/cm^2)

② 물시멘트비의 측정시험

일반적으로 혼합 후 30분 정도 이내에 결과가 판명되기 때문에 타설 전에 양호, 불량의 가부가 얻어지며 적절한 조치가 취해지는 것이 이 방법의 특징이다. 비중계법, 반응열법, 씻기 분석법 등이 있으며 각각의 원리는 다음과 같다.

㉮ 비중계법 : 콘크리트에서 습식 채가름하여 얻은 모르터에 물을 가하여 교반하고 모래를 침강시켜서 시멘트 현탁액을 만든다. 시멘트 현탁액의 농도와 비중과의 사이에 밀접한 관계가 있는 것을 이용하여 시멘트량을 결정한다(그림 6-3 참조). 수량은 모르터를 爐乾燥하여 정한다.

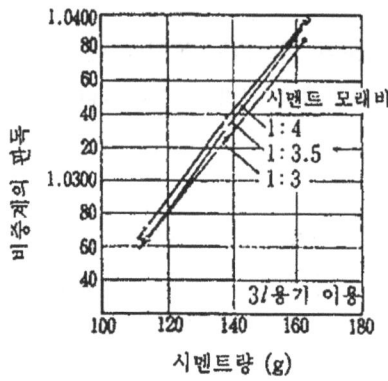 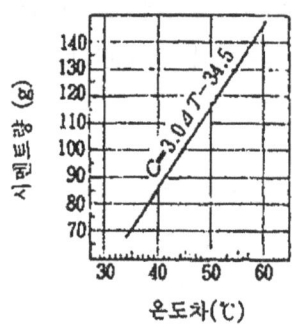

그림 6-3 시멘트량과 현탁액의 비중과의 관계   그림 6-4 시료 중의 시멘트량과 온도차의 관계

㉯ 반응열법 : 습식 체가름하여 얻은 모르터를 이용하여 모르터 현탁액을 만들고 염산을 첨가했을 때의 반응열에 의한 상승온도가 시멘트량에 비례하는 것을 이용하여 시멘트량을 결정한다(그림 6-4 참조). 수량은 모르터 시료의 공중 및 수중 질량에서 계산한다.

㉰ 씻기 분석법 : KS F 2411에 의한다. 기타 원심 분리기를 이용하는 방법도 있다.

6. 관리도

1) 관리도는 이용하는 동계량에 따라 x관리도, Rs관리도, $\bar{x}-R$관리도, $\sum_{}^{k} x_i/k$ 관리도(이동평균) 등이 있다.

2) x관리도는 각 회의 시험결과를 그대로 타점하는 것이다. Rs관리도는 相隣되는 각 회의 시험결과의 차를 타점하는 것으로 배치간의 변동을 나타낸다. x관리도와 Rs관리도를 조합하여 $x-Rs$관리도로서 이용하는 경우가 많다.

$\bar{x}-R$관리도는 시험결과를 k회마다 구분하고 구분된 각 군내의 평균치 $\bar{x}$와 범위(최대치-최소치) R을 조합한 것이다. 이동평균 1회씩으로 k회 1조의 군을 만든 그 평균치이다.

$\bar{x}-R$ 관리도는 군내의 편차에 비추어서 군간의 변동을 판단할 수 있고 군이 3~4회 정도 이상의 시험으로 구성되는 경우, 모집단이 정규분포가 아니더라도 평균치의 분포는 정규분포로 보는 것 등에서 검출력이 높으므로 이것을 이용하는 것이 바람직하지만

시험회수가 많이 필요하다. 현장 콘크리트의 강도시험은 1일 1회 정도 밖에 실시하지 않으며 콘크리트의 강도는 정규분포로 하는 것이 일정하게 되어 있으므로 통상 $x-R_s-R_m$ 관리도가 이용되고 있는 R_m은 각 회의 시험에 있어서 공시체 3개 간의 시험오차를 표시한다.

7. 관리도를 그리는 방법(강도의 관리도)

1) 조정용 관리도

모평균 m=340kgf/cm², 표준편차 s=27kgf/cm²(변동계수 V=8%), 중심선 m=340kgf/cm², 3σ한계선 m±3σ=259kgf/cm² 및 421kgf/cm², 2σ선 m±2σ=286kgf/cm² 394kgf/cm²

표 6-3 28일 강도의 시험결과

회	압축강도(kgf/cm²) 각 공시체의 시험치			평균치 x	시험오차 x의 최대치와 최소치의 차 R_i (kgf/cm²)	변동계수 V_i (%)	$\sum \overline{x_i}/5$ (kgf/cm²)	배치간의 변동 R_5 (kgf/cm²)	연속 2개의 강도차 R_5 (kgf/cm²)	n(x-300)² (kgf/cm²)
	x_1	x_2	x_3							
1	302	288	294	294	14	3.0	-	-	-	36
2	315	318	320	317	5	1.2	-	23	-	289
3	270	398	306	291	36	7.1	-	26	-	81
4	320	339	333	331	19	3.5	-	40	-	961
5	346	334	350	343	16	3.0	315	12	52	1,849
6	271	266	281	272	15	3.5	311	71	-	784
7	347	337	309	331	38	6.5	314	59	-	961
8	310	315	300	308	15	3.0	317	23	-	64
9	302	273	311	295	38	7.7	310	13	-	25
10	237	230	222	229	15	4.1	287	66	102	5,041
11	322	338	311	323	27	4.7	297	94	-	529
12	402	375	400	392	27	4.1	309	69	-	8,464
13	347	330	361	346	31	5.3	317	46	-	2,116
14	327	314	314	318	13	2.4	322	28	-	324
15	330	345	322	332	23	4.1	342	14	74	1,204
16	338	342	324	334	18	3.0	344	2	-	1,156
17	280	301	304	295	24	4.7	325	39	-	25
18	271	271	398	280	27	5.9	312	15	-	400
19	314	02	253	299	61	11.8	308	19	-	1
20	276	298	352	292	26	5.3	300	7	54	64
계				6,222	488	93.9	-	666	282	24,194
평균				$\overline{x}$=311.1	$\overline{R_i}$=24.4	$\overline{V_i}$=4.70	-	35.1	70.5	1209.7

주) x의 표준편차의 추정치 : $u = \sqrt{\dfrac{n}{u-1}\left(\sum\limits_{i=1}^{n}\dfrac{x_i^2}{n} - 2\overline{x}\right)} = \sqrt{\dfrac{20}{19}(1209.7 - 123.2)} = 32.1$

$(\overline{x} - 300)^2 = 123.2 t$

계산을 간단히 하기 위해 $(\overline{x} - 300)^2$ 을 계산한다. 이것은

$\sum\limits_{i=1}^{n}\dfrac{(x_i - A)^2}{n} - (\overline{x} - A)^2 = \dfrac{1}{n}\left\{\sum\limits_{i=1}^{n}x_i^2 - 2A\overline{x}_i + nA^2\right\} - \overline{x}^2 + 2A\overline{x} - A^2 = \sum\limits_{i=1}^{n}\dfrac{x_i^2}{n} - \overline{x}^2$

x의 변동계수 : $V = \dfrac{u}{\overline{x}} \times 100 = 10.3\%$

시험오차를 제외한 강도의 변동계수 : $V_m = \sqrt{V^2 - \dfrac{\overline{V_t}^2}{N}} = \sqrt{106.6 - \dfrac{22.1}{3}} = 9.9\%$

2) 해석용 관리도

1회의 시험 공시체 3개씩 만들고 20회의 시험결과(28일 강도의 추정치)가 표 6-3과 같다

① x관리도

중심선 $\overline{x} = 311 \text{ kg/cm}^2$

3σ한계선 $\overline{x} \pm 3u = 311 \pm 3 \times 32.1 = 470 \text{ kg/cm}^2$ 및 215 kg/cm^2

2σ선 $\overline{x} \pm 2u = 311 \pm 2 \times 32.1 = 375 \text{ kg/cm}^2$ 및 274 kg/cm^2

② $\sum\limits_{i=1}^{k} x_i/k$ 관리도 ($k=5$의 경우)

중심선 $\overline{x} = 311 \text{ kg/cm}^2$

3σ한계선 $\overline{x} \pm 3\dfrac{u}{\sqrt{k}} = 311 \pm 3 \times \dfrac{32.1}{\sqrt{5}} = 355 \text{ kg/cm}^2$ 및 267 kg/cm^2

2σ선 $\overline{x} \pm 2\dfrac{u}{\sqrt{k}} = 311 \pm 2 \times \dfrac{32.1}{\sqrt{5}} = 340 \text{ kg/cm}^2$ 및 282 kg/cm^2

③ Rs 관리도

중심선 $Rs = 35.1 \text{ kg/cm}^2$

3σ한계선 $d_3 \overline{R_s} = 3.27 \times 35.1 = 115 \text{ kg/cm}^2$ 및 0 kg/cm^2

2σ선 $d_2 \overline{R_s} = 2.51 \times 35.1 = 88 \text{ kg/cm}^2$ 및 0 kg/cm^2

Rs의 분포의 표준편차를 σ_{RS}, x의 표준편차를 σ_x로 하면

$\sigma_{RS} = d' \sigma_x = d' \dfrac{\overline{R_s}}{d}$

3σ한계선 $\overline{R_s} + 3d' \dfrac{\overline{R_s}}{d} = \overline{R_s}\left(1 + 3\dfrac{d'}{d}\right) = \overline{R_s} d_3$

여기서 $N=2$일 때 $d = 1.128$, $d' = 0.853$, $R_s - 3d'\dfrac{\overline{R_s}}{d} < 0$이므로 0으로 한다.

(표 6-4 참조)

표 6-4 d_2, d_2', d_3, d_3' 의 값

N_t	2	3	4	5	6
d_3	3.27	2.57	2.28	2.11	2.00
d_3'	0	0	0	0	0
d_2	2.51	2.05	1.86	1.74	1.67
d_2'	0	0	0.14	0.26	0.33

④ R_k 관리도 ($k=5$의 경우)

중심선 $\overline{R_s} = 70.5 \text{kg/cm}^2$

3σ 한계선 $d_3\overline{R_S} = 2.11 \times 70.5 = 149 \text{kg/cm}^2$ 및 0kg/cm^2

2σ 선 N $d_2\overline{R_S} = 1.74 \times 70.5 = 123 \text{kg/cm}^2$ 및 $d_2\overline{R_S} = 0.26 \times 70.5 = 18 \text{kg/cm}^2$

⑤ V_t (또는 R_m) 관리도(시험오차)

중심선 $\overline{V_t} = 4.70\%$

3σ 한계선 $d_3\overline{V_t} = 2.57 \times 4.70 = 12.1 \text{kg/cm}^2$ 및 $d_3\overline{V_t} = 0\text{kg/cm}^2$

2σ 선 $d_{2t}\overline{V} = 2.05 \times 4.70 = 9.6 \text{kg/cm}^2$ 및 $d_2\overline{V_t} = 0\text{kg/cm}^2$

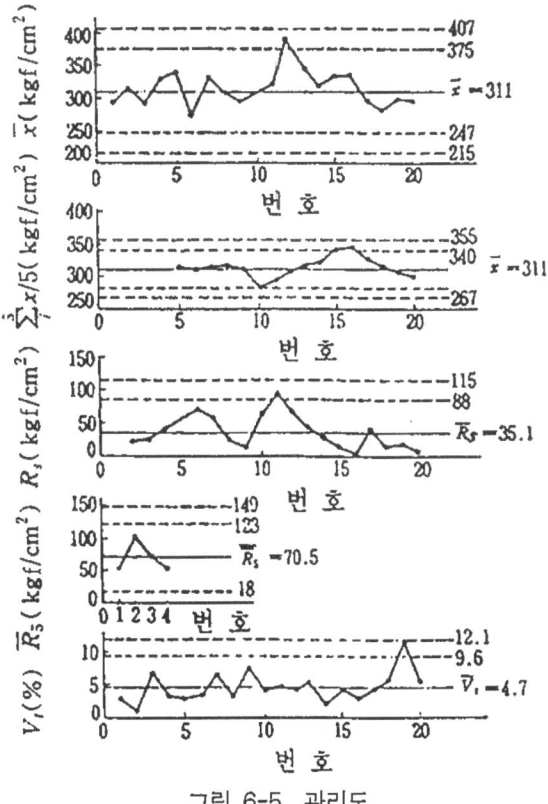

그림 6-5 관리도

또, 표 6-3에 있어서 $V_t = 59.1 \frac{R_t}{x}$ 를 이용한다.

이것은 $V_t = 100 \frac{R_t}{d_x}$ 에 있어서 공시체 수 $N_t=3$ 일 때 $d=1.693$ 이 되기 때문이다. $N_t=2$일 때, $d=1.128$, $N_t=4$일 때는 $d=2.059$, 그림 6-5는 이것들의 관리도를 표시한다.

8. 관리도의 이용방법

1) 관리도에 시험치를 타점했을 때 3σ 한계선 내에 있으면 대개 정상으로 생각해도 좋으나 2σ 선과 3σ 한계선의 사이에 타점되었을 때에는 要注意로 생각한다.

2) 시험치가 관리한계 내에 타점된 경우에도 중심선의 상하에 大體同數, 交互로 분포되어 있는 경우는 안정된 관리상태로 생각해도 좋으나 중심선의 편측에 점이 연속되어 나타나든지 점이 위쪽 또는 아래 쪽으로 향하여 이동해 갈 때는 주의를 요한다. 보통 5점 연속하여 나오면 要注意로 생각하고 6점이 나오면 조사를 개시하고 7점이 나오면 기술적 활동을 개시하는 것이 좋다.

제 40 장 콘크리트의 검사

1. 전수검사와 발취검사

1) 모든 제품에 대해서 검사를 실시하는데 따라 그 품질을 완전히 보증할 수 있기 때문에 품질검사는 전수검사에 의하는 것이 바람직하나 제품의 파괴검사와 같이 전수검사가 불가능한 경우나 전수검사를 실시하는 것이 경제적으로 불리한 경우에는 발취검사를 적용한다.

2) 발취검사는 한 개 한 개의 제품품질을 보증할 수는 없으나, 어느 확률로 로트마다의 품질을 보증할 수가 있다. 로트란 같은 재료, 제조방법 및 제조환경에서 만들어진 제품으로 구성되는 제품군을 말한다.

3) 전수검사를 필요로 하는 경우
   ① 불량품이 조금이라도 혼입되는 것이 허용되지 않는 경우(人身傷害의 우려가 있는 경우 예를 들면 자동차의 브레이크, 고압용기 등).
   ② 불량품을 발송하면 다음의 공정에서 중대한 손실을 받는 경우.
   ③ 검사가 간단하여 경비도 들지 않고 전수검사가 용이하게 실시되는 경우(예를 들면, 자동차 검사나 간이 게이지에 의한 검사)

4) 발취검사가 적용되는 경우
   ① 제품이 로트로서 처리되고 그 중에서 샘플이 랜덤으로 발취되는 경우.
   ② 합격로트라도 약간의 불량품의 혼입이 허용되는 경우, 로트는 무한모집단으로써 취급하기 때문에 합격 로트에도 이론상 일부에 불량품이 포함되는 수가 있다.(그림 6-6 참조)

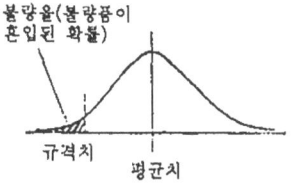

그림 6-6 합격 로트

5) 콘크리트 검사
   콘크리트의 강도에 의한 검사에 있어서는,
   ① 강도시험은 상당한 수준과 경비를 요한다.
   ② 로트의 극히 일부에 불량품이 혼입되더라도 구조물 전체로서는 실제상 문제가 되지 않는 경우가 많다.

③ 로트 전체로서 불량품으로 판정된 경우에도 그 정도에 따라 養生의 강화, 설계하중 재하시에 연기 등 조치에 로트마다 구제되는 경우가 있다. 이러한 이유에 의해 콘크리트의 강도검사는 발취검사에 의한다. 슬럼프 공기량에 의한 검사는 육안에 의한 전수검사를 전제로 하고 이상이 생겼을 때 또는 정기적으로 검사를 실시한다.

2. 발취검사의 종류

1) 발취검사에는 규준형, 조정형, 선별형 및 연속생산형의 4종이 있다.
   ① 규준형
   바로 앞에 있는 로트 그 자체의 합부를 판정하는 것으로 생산자 위험율(품질을 잘못하여 불량품으로 판정하는 확률)을 정하여 생산자와 소비자의 양자를 보호하며 검사가 실시되도록 조립되어 있는 것을 특징으로 한다.
   ② 조정형
   발취검사를 엄격한 검사, 보통검사, 완만한 검사의 3단계로 나누고 구입자가 생산자의 공정관리 상태의 良否에 따라 검사를 엄격히 한다든지 느슨하게 한다든지 조정하는 것을 특징으로 한다.
   ③ 선별형
   발취검사에 의해 불합격으로 판정된 로트에 대해서 전수검사를 실시하여 불량품을 제거하는 것을 특징으로 한다. 따라서 합격기준에 맞는 로트와 불량품을 전혀 포함하지 않는 로트가 混在하게 되나 불합격 로트 중의 양품이 생기는 이점이 있다.
   ④ 연속생산형
   이미 구성된 로트를 대상으로 하는 것이 아니라 연속생산으로 제품이 흘러오는 상태 그대로 적용되는 것을 특징으로 한다. 예를 들면, 최초 1개씩 검사하고 양품이 일정한 개수로 이어지면 일정한 개수별로 발취검사를 하며 불합격 로트가 나오면 다시 1개마다의 검사로 되돌아가는 방법이다. 선별형은 합리적이지만 콘크리트의 강도검사의 경우는 전수검사의 적용이 사실상 곤란하며, 또 불합격 로트가 후처리에 의해 합격 로트로 전환되는 경우가 있다는 것 등에서 규준형이 이용되고 있다.

표 6-5 계수검사와 계량검사의 특징

	계수발취검사	계량발취검사
품질을 나타내는 방법	良, 不良의 2종으로 나누어 나타낸다. 또는 결점의 수로 나타낸다.	특정치로 나타낸다.
검사방법	검사에 숙련을 요하지 않는다. 검사에 요하는 시간이 적다. 검사기록이 간단하다. 계산이 간단하다.	일반적으로 검사에 숙련을 요한다. 검사에 요하는 시간이 길다. 검사기록이 복잡하다. 계산이 복잡하다.
적용에 있어서 이론상의 제약	시료를 발취하는 경우에 랜덤성이 유지되면 좋고 발취검사를 적용하는 조건이 일반적으로 용이하게 충만된다.	시료를 발취하는 경우에 랜덤성이 요구되며 다시 그 적용범위가 정규분포를 하는 경우 또는 기타의 특수한 경우에 제한된다.
로트가 좋고 나쁜 것을 정확히 판단하는 능력과 검사개수	동등의 판별능력을 얻는 데는 시료의 크기가 커진다. 검사개수가 같은 경우에는 판별능력이 낮아진다.	동등한 판별능력을 얻는 데는 시료의 크기가 작게 끝난다. 검사개수가 같은 경우에는 판별능력이 높아진다.

2) 규준형 발취검사에는 계수규준형과 계량규준형이 있다. 전자는 품질결점수 등에 의한 양호, 불량의 2수준으로 나타내며 후자는 특성치에 의해 수량적으로 나타낸다. 표 6-5에 표시한 바와 같이 계수규준형은 품질의 분포가 임의로도 좋고 검사작업도 간단하다. 이에 대해 계량규준형은 품질의 분포가 정규분포되는 경우에 한하지만 검사 정밀도가 높다.

콘크리트의 강도검사에는 어느 방법도 적용되지만 콘크리트 강도는 정규분포하는 것이 인정되었으며, 또 小數個의 시험결과에서 합부판정을 실시하는 경우가 많으므로 보통 계량규준형 일회 발취검사가 적용되고 있다.

3. 로트를 구성하는 콘크리트의 소군

콘크리트에서는 몇 m^3에 1회의 비율로 시험을 실시하여 이 분할된 소군의 콘크리트 합으로서 로트를 구성하고 합부판정을 실시한다. 콘크리트의 소군이 지나치게 커서 편차가 과대하게 평가되면 양품질의 부분이 불량품으로 판정되어 대량 콘크리트가 불합격이 되며, 또 불량부분을 양품으로 판정하여 나쁜 품질의 대량 콘크리트를 받아들일 우려가 있다. 이런 것을 고려하여 일반적으로 콘크리트의 소군을 1일에 타설하는 콘크리트, 구조물의 중량도, 공사의 규모에 따라 20~150m³로 규정하였다.

4. 굳지 않는 콘크리트의 품질에 의한 검사

일반적으로 슬럼프, 공기량, 염화물량, 단위용적 중량 등에 의한다.

1) 슬럼프 및 공기량
KS F 4009에 하역 지점에 있어서 슬럼프, 공기량의 허용한도를 규정하였다(제33장 참조).

2) 염화물량
① 일반적으로 시방서에는 일반 철근 콘크리트 및 포스트텐션 방식의 프리스트레스트에 대해 염소이온 총량으로 0.6kg/m³이하, 프리텐션 방식의 프리스트레스트 콘크리트 및 염분 환경 하의 철근 콘크리트 및 프리스트레스트 콘크리트에 대해 0.3kg/m³ 이하로 규정되었다.
② 일반 규정에서는 토목, 건축구조물을 대상으로 하였기 때문에 일반의 경우, 0.3kg/m³ 이하로 규정하고 있다. 일본의 경우 구입자의 승인을 받는 경우(일반 토목 구조물을 가리킴) 0.6kg/m³ 이하로 규정되어 있다.

3) 단위용적 질량
경량콘크리트의 굳지 않을 시의 단위용적 질량이 설계용치 이하일 것을 확인하였다.

4) 물시멘트비
내동해성, 화학저항성, 수밀성 등에서 물시멘트비를 정한 경우, 굳지 않은 콘크리트의 물시멘트비의 측정치가 소정의 값 이하라는 것을 확인한다. 측정치는 2회의 시험치의 평균치가 된다. 또 콘크리트의 압축강도가 소정의 물시멘트비에 상당한 압축강도를 웃돌면 소정의 물시멘트비 이하라고 판단해도 좋다.

5. 콘크리트의 강도에 의한 검사

강도에 의한 검사는 발취검사에 의한다. 이 경우 모집단 분포를 설정하고 발취된 샘플의 강도가 합격로트의 분포에 맞는가 여부를 檢定하는 방법과 특히 모집단을 설정하지 않고 결정론적인 합부판정 조건을 설치하는 방법이 있다. 또, 보통 압축강도에 의해 검사를 실시하나 포장 콘크리트의 경우는 원칙적으로 휨강도에 의한다.

1) 콘크리트시방서의 검사방법
   ① 주로 현장비빔 콘크리트를 대상으로 하며 이 경우는 강도의 균형이 공사 개시 전에 알고 있는 것은 거의 없으므로 KS A 3104 「계량규준형 일회 발취검사(표준편차를 모르는 상한 또는 하한 규격치만 규정된 경우)」에 준하여 검사를 실시한다. 단, 시험회수가 적고 그것들의 불편분산의 평방근이 모집단의 표준편차가 좋은 추정치가 안되는 경우에는 표준편차를 크게 가정하고 KS A 3103 「계량규준형 일회 발취검사(표준편차를 이미 알고 있는 로트의 불량을 보증하는 경우)」에 준하여 실시하는 것이 오히려 적당하다. 또, 현장 비빔 콘크리트에도 대규모의 공사인 경우나 공장제품과 같이 실적에서 강도의 편차가 명확한 경우는 KS A 3103에 의해 좋다는 것은 당연한 일이다.
   ② 합격조건으로서 보통 무근 및 철근 콘크리트에 대해 원주 공시체에 의한 압축강도의 시험치가 설계기준강도를 밑도는 확률이 5%이하라는 것을 적당한 위험률로 추정된다면 콘크리트는 소요의 품질을 가졌다고 해도 과언이 아니다. 이 경우 콘크리트의 강도는 20±3℃의 수중에서 養生된 재령 28일의 압축강도로 한다. 시험은 전기의 1검사로트에 대해 1회 실시하고 1회의 시험결과는 시료에서 만든 공시체 3개의 시험치의 평균치로 한다. 포장 및 댐용 콘크리트강도의 허용한계(규격 하한치 및 불량율)를 표 6-6에 표시한다.

표6-6 콘크리트강도의 하한규격치 및 불량율

종 류	하 한 규 격 치 $S_L(kgf/cm^2)$	불 량 율 P_o
무근 및 철근 콘크리트	f'_{ck}	1/20
포장 콘크리트	$0.8 f_{bk}$ f_{bk}	1/30 1/5
댐 콘크리트	$0.8 f'_{ck}$ f'_{ck}	1/20 1/4

③ 일반 무근 및 철근 콘크리트에 대해 표준편차를 알지 못함으로써 검사를 실시하는 경우는 각 회의 시험결과의 총 평균치와 $\bar{x}$ 불편분산의 평방근 σ_e를 계산하고 그림 6-7에서 합격판정계수 k를 구하며 다음의 관계가 성립되면 합격으로 한다.

$$\bar{x} \geq f'_{ck} + k\sigma_e$$

여기서 $\bar{x}$: 시험치의 총평균치(kgf/cm^2), f'_{ck} : 설계기준강도(kgf/cm^2) σ_e : 불편분산의 평방근(kgf/cm^2), k : 합격판정계수(그림 6-7 참조)

또 표준편차를 이미 알고 있는 경우는 다음 식이 성립되면 합격으로 한다.

$$\bar{x} \geq f'_{ck} + k'\sigma \tag{6-7}$$

여기서 σ : 표준편차(kgf/cm^2),
k' : 합격판정계수(그림 6-7)

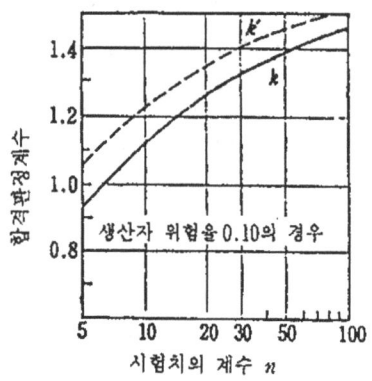

그림 6-7 합격판정계수

④ 합격판정 계수 k 및 k'는 다음과 같이 구해진다. k'의 쪽이 이해하기 쉬우므로 k'(표준편차를 이미 알고 있는 경우)에 대해서 설명한다. 지금 콘크리트강도의 모집단이 그림 6-8와 같이 정규분포되는 것으로 한다.

그림 중의 기호는 S_L : 하한규격치(이 경우 설계기준 강도 f'_{ck}), x : 1회의 시험결과(공시체 3개의 시험치의 평균치), p_0 ; S_L을 밑도는 확률(불량율, 이 경우 5%), m : 평균강도, σ : 표준편차, X : 합격판정치. α : 생산자 위험율

그림에 표시하는 모집단의 콘크리트에서 랜덤에 N회 1조의 샘플을 다수조 발취하여 각각의 평균치 $\bar{x}$를 구하고 그 분포를 그리면 그림에 표시한 바와 같이 평균치 m, 표준편차 $\sigma/\sqrt{N}$의 정규분포가 된다. 따라서,

상도에서 $m = S_L + k_{p0}\sigma$ (6-8)

하도에서 $X_L = m - T_a \dfrac{\sigma}{\sqrt{N}}$ (6-9)

여기에서, k_{p0} : p_0에 대한 정규편차

T_a : α에 대한 정규편차

식 (6-8) 및 (6-9)에서

$$X_L = S_L + \left(k_{p0} - \dfrac{T_a}{\sqrt{N}}\right)\sigma = S_L + k'\sigma \qquad (6-10)$$

p_0 : 5%의 경우, k_{p0}=1.64, α=10%로서 T_a=1.28을 써서(제33장 표 5-14 참조) $k = k_{p0} - T_a/\sqrt{N}$ 를 계산하여 그림 6-7의 k' 곡선을 표시했다.

k 곡선(표준편차를 알지 못한 경우)은 근사적으로 다음 식에서 계산한 것이다.

$$k = K_{p0} - T_a\sqrt{\dfrac{1}{N} + \dfrac{k^2}{2(N-1)}} \qquad (6-11)$$

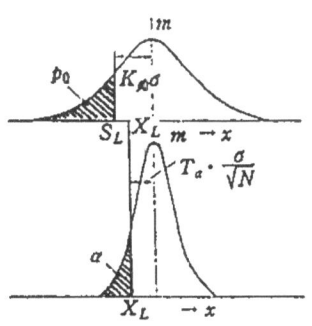

그림 6-8 x 및 x의 분포

전기와 같이 규준형 발취검사는 본래 생산자 및 소비자 위험율을 작게 정하고 양자를 보호하도록 설계되지만 이와 같이 하면 시험회수가 정해지고 보통 회수는 상당히 많아지며 콘크리트강도의 검사에 사실상 적용하기 어렵다. 따라서 생산자 위험율만을 정한 형식으로 검사를 설계하였다. 단 생산자 위험율은 5%로 하는 것이 보통이나 검사가 이완되지 않도록 이것을 10%로 한 것이다.

⑤ 포장 콘크리트 및 댐 콘크리트의 경우는 표(6-7)에 표시한 바와 같이 어느 것이나 만족해야 할 하한규격치 및 불량율이 2가지로 되어 있기 때문에 합격판정식은 포장 콘크리트의 경우, 다음 식이 된다.

표준편차를 알지 못한 경우
$$\left.\begin{array}{l}\overline{x} \geq 0.8 f_{bk} + k_a \sigma_e \\ \overline{x} \geq f_{bk} + k_b \sigma_e\end{array}\right\} \quad (6\text{-}12)$$

표준편차를 이미 알고 있는 경우
$$\left.\begin{array}{l}\overline{x} \geq 0.8 f_{bk} + k'_a \sigma \\ \overline{x} \geq f_{bk} + k'_b \sigma\end{array}\right\} \quad (6\text{-}13)$$

댐 콘크리트의 경우는 식(6-12) 및 (6-13) 중의 f_{bk} 대신 f'_{ck}로 하면 된다. 합격판정 계수 k_a, k_b 및 k'_a, k'_b는 그림 6-9(포장 콘크리트) 및 그림 6-10(댐 콘크리트)이 된다.

2) 레디믹스트 콘크리트의 검사방법(KS F 4009)은 제36장 참조, 공장제품의 검사방법은 제8편 10장 참조

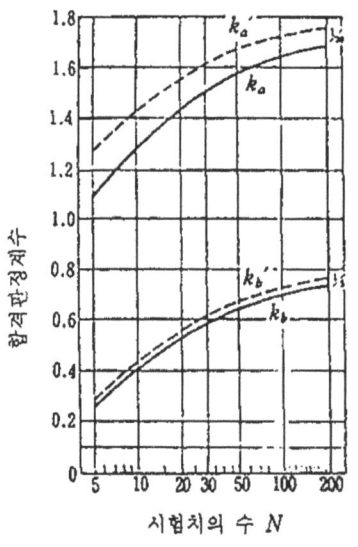
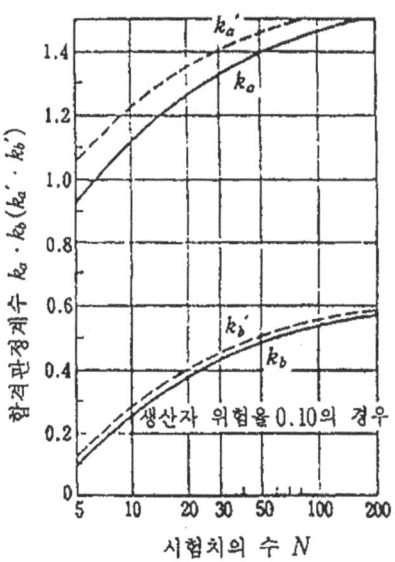

그림 6-9 합격판정 계수(포장 콘크리트)   그림 6-10 합격판정 계수(댐 콘크리트)

제 41 장 콘크리트구조물의 유지관리

1. 유지관리계획수립

1) 계획사상

유지관리계획을 수립하기 위해서는 구조물의 성격, 규모 및 중요도에 따라 과거의 유지보수비의 실적, 구조물대장, 부속조서, 교통량 조사표, 기상자료 등의 기초자료를 이용해야 한다. 또한, 유지관리계획에는 작업량의 적절한 배분, 공종에 알맞는 적절한 시기 등을 고려하여야 하며, 작업이 특정 시기에 집중되지 않도록 다음과 같은 사항을 배려하여야 한다.

(1) 작업의 시기를 정하는 경우 작업 공종의 특수성, 교통상황, 연도의 상황 등을 고려하여 최적의 시기를 선정한다.
(2) 작업인원, 자재, 사용장비를 적정하게 배치한다.
(3) 구조물의 종류에 따라 구조진단에는 기온, 강우, 강설 등의 기상조건을 고려한다.
(4) 교통통제, 소음, 진동 등 작업의 난이도를 고려하여 공법, 시기, 작업시간대를 선정한다.
(5) 작업에 따른 여러 가지 제한사항을 최소화하는 계획을 수립해야 한다.
(6) 다른 공사와의 조정을 도모해야 한다.
(7) 작업 공종이 변경되는 경우에는 이에 따른 계획수정이 신속히 이루어져야 한다.

2) 조직

유지관리조직은 본부, 중간단계 관리조직과 실제 유지관리업무를 수행하는 현장 조직체계가 효율적인 유지관리를 위하여 유기적인 관계를 가지도록 구성하여야 한다.

(1) 각 조직의 부서책임자는 풍부한 경험과 기술로 효과적인 유지관리를 실시할 수 있어야 한다.
(2) 실제 유지관리를 수행하는 현장조직에서는 유지관리에 필요한 충분한 장비를 확보하여야 하며, 소요의 장비는 안전하고 작업성이 우수하며 또한 유지관리작업에 적합한 것이어야 한다.
(3) 유지관리조직의 인원은 전문기술자, 감독자, 숙련 및 비숙련 요원을 포함한 세부

(4) 유지관리조직의 인원은 전문영역의 기능과 지식의 향상 및 유지관리와 관련된 지식의 습득을 위해 유지관리를 체계적으로 수행할 수 있도록 정기적인 교육을 받아야 한다.

2. 검사항목 및 방법

1) 일상 및 정기점검

일상 및 정기점검은 콘크리트 구조물의 표면 균열, 박리, 탈락, 녹의 용출에 의한 콘크리트의 변색 등 콘크리트 표면상태의 변화, 누수 등을 육안 또는 쌍안경 등을 이용해서 검사하여 기록한다.

철근의 녹에 의한 콘크리트 표면의 변색상태는 시간의 경과에 따른 변색부분의 확장정도 및 칼라 사진 등을 이용한 변색부의 색의 농도변화를 검사하는 것 등이 효과적이다.

2) 상세점검

(1) 균열측정 - 균열위치, 균열폭, 균열깊이, 균열길이, 진행상황 등

균열 측정은 균열폭, 길이, 깊이, 관통유무 및 균열부분의 상황 등을 상세하게 검사한다.

(2) 콘크리트 비파괴검사

콘크리트의 비파괴검사는 콘크리트 구조물의 열화정도를 추정하기 위해 실시한다. 현재 일반 현장에서 이용할 수 있는 방법은 반발경도법에 의한 방법과 초음파 방법이 있다. 반발경도법은 간편한 강도추정법이지만, 콘크리트 표면이 극도로 열화되어 있는 경우나, 골재입자가 표면에 노출되어 있는 경우, 또는 화재에 의한 피해를 받은 경우 등에는 반발경도와 강도와의 관계가 명확하지 않으며, 또한 내부강도와 표면강도의 관계도 명확하지 않다. 초음파에 의한 방법도 거친면을 가진 콘크리트에는 적용하기 어렵고, 투과속도는 배합변화에 둔감하다. 따라서 이들 초음파검사를 이용할 때는 그 검사방법을 사용하는 것의 적부 또는 얻어진 결과에 대한 판단에 충분한 주의를 기울여야 한다.

(3) 코어에 의한 콘크리트의 검사(강도, 투수성 등)

코어에 의한 콘크리트의 검사는 KS F 2422 「콘크리트에서 절취한 코어 및 보의 강도시험방법」에 의해 콘크리트 구조물로부터 대표적인 시료를 채취하여 실시한다.

구조물로부터 코어를 채취할 때 그 장소는 손상부위나 열화가 확대되고 있는 곳을 취해도 되므로 절취장소는 구조물의 기능을 손상하지 않는 범위로 한정되도록 구조물의 안전성, 내구성 등에 영향이 적은 것을 확인하고, 채취부위에 대해서는 적절한 보수를 실시해야 한다. 절취한 코어공시체는 외관검사, 압축강도시험, 특히 목적에 따라서는 투수성과 흡수성 등의 물리적 시험 및 화학분석시험 등을 실시한다.

외관검사에서는 주로 콘크리트의 다짐과 재료분리상태, 중성화 깊이, 균열 등을 검사하며, 철근을 절단한 경우에는 철근의 지름, 종류, 위치, 부식상태 등을 검사한다.

(4) 콘크리트의 중성화 깊이 측정

콘크리트의 중성화깊이 측정에는 페놀프탈레인 1% 알콜용액을 이용하는데 콘크리트를 철근위치까지 부분적으로 절취하거나 또는 코어공시체를 채취해서 검사한다.

(5) 경화 콘크리트의 분석(배합, 염화물함유량 등)

경화 콘크리트의 배합분석은 경화 콘크리트의 배합추정 방법 등에 따라 물-시멘트비, 단위시멘트량, 혼화재료량, 골재의 단위량 등을 구하는 것이 좋다. 콘크리트 중의 염화물 함유량 측정은 특히 해양 콘크리트 구조물의 열화검사에 있어서 철근의 부식에 직접 관계하는 중요한 판정결과가 되기 때문에 반드시 실시하여야 한다. 콘크리트를 절취 또는 코어공시체를 채취하는 등에 의해 분석용 시료를 입수해서 경화 콘크리트 중에 함유된 염분의 분석 방법 등에 의한 염화물이온의 정량분석을 실시한다.

(6) 골제의 반응성유무

골재의 반응성 유무에 대해서는 코어표면에서 반응링 및 겔상 물질의 확인, KS F 2546「시멘트와 골재의 배합에 따른 알카리 잠재반응 시험방법(모르터바 시험방법)」에 의한 팽창량, 겔의 전자주사현미경(SEM)에 의한 관찰과 X선마이크로아날라이져(micro-analyzer)에 의한 원소분석, 반응링 부분의 성분분석, KS F 2545「골재의 알칼리 잠재 반응 시험방법(화학적 방법)」에 의한 유해성 등에 의해 판단한다.

(7) 철근, 강재의 검사(피복두께, 위치 등)

철근의 검사는 콘크리트를 주철근의 위치까지 절취하여 피복두께, 철근의 위치 및 철근량, 부식상태 등을 검사한다. 피복두께, 배근상태를 조사하기 위해서는 철근탐지기를 이용하지만, 그 정도는 그다지 높지 않기 때문에 주요부재에 대해서는 부분적으로 절취한 후 조사하는 것이 확실하다.

(8) 철근, 강재의 부식상태 검사

철근의 부식상태 검사에는 철근위치까지 콘크리트를 절취해 낸 다음 철근을 직접 관찰하는 방법과 철근의 자연전위측정이나 해머의 타격음에 의해 비파괴적으로 부식위치와 부식정도를 추정하는 방법이 있다. 철근의 자연전위(自然電位)로 부터 부식위치를 추정할 때에는 조합전극(照合電極)을 이용해서 전위분포를 측정하고, 측정결과를 등전위선도(等電位線圖), 또는 누가빈도도(累加頻度圖)로 정리하여 분석한다.

해머에 의한 타격음 검사는 검사용 해머에 의해 철근 부식에 의한 표면 콘크리트의 박리 유무를 검사하는 것으로서, 콘크리트 중의 철근이 심한 부식을 일으키고 있는 범위의 진전상황을 추정하는데 이용할 수 있으나 숙련을 요한다.

(9) 응력, 처짐, 진동 측정

구조물에 발생하는 응력은 일반적으로 작용하는 하중 또는 시험을 위한 하중을 재하했을 때의 변형률을 스트레인 게이지 등에 의해 측정함으로써 구할 수 있다. 단, 이 방법에서는 증가하중에 의해 발생하는 응력을 구할 수 있으나, 사하중에 의한 영향을 알 수는 없다. 사하중에 의해 발생하는 응력을 구하기 위해서는 강재를 절단, 응력을 개방하는 등 별도의 특수한 방법이 이용된다. 또한 일반적으로 작용하는 하중 또는 시험을 위한 하중을 재하했을 때의 처짐량을 측정해서 이것과 부재치수의 측정결과를 이용한 계산에 의한 처짐량과 비교함으로써 부재강성, 하중분담, 탄성계수 등의 변화를 알기 위한 자료를 얻을 수 있다.

구조물은 균열, 열화 등에 의해 고유진동수가 변화한다. 안전시의 고유진동수 측정값과 현재의 고유진동수 측정값을 비교함으로써 안전도 판정을 위한 하나의 자료를 얻을 수 있다.

(10) 기타 측정

그 밖의 측정으로서는 분극저항법, 방사선법, 적외선법, 레이다법 등이 있다. 특히, 콘크리트 중의 강재 전위 등의 자동측정장치, 텔레비젼·카메라 또는 Acoustic Emission 등에 의한 모니터링 장치 등이 설치되어 있는 경우에는 이들에 의한 점검 및 기록을 실시하는 것 등을 들 수 있다.

3. 판 정

 사용의 가부, 보수 또는 보강의 여부는 구조물의 열화정도, 열화원인, 재하하중의 크기를 파악한 다음, 구조물의 중요도, 안전성 및 파괴가 일어날 경우의 영향 등에 대하여 검토를 실시한 후 이것을 결정해야 한다.

 1) 사용성의 검토는 구조물이 보유해야 할 수준의 사용성을 가지고 있는가 어떤가를 검토한다. 균열 등에 의해 구조물의 강성이 저하해서 사용성이 손상받은 경우에 대해서는 일반적으로 작용하는 하중을 고려하면 좋다.

 2) 안전성 검토는 결손단면을 고려해서 철근, PS강재 및 콘크리트의 응력을 검토한다. 검토에 이용되는 하중은 재하하중의 실태에 따라 시방서 등에 규정되어 있는 값을 수정해서 이용하는 것도 고려할 수 있다. 사용의 가부, 보수 또는 보강 여부의 판정은 같은 정도의 열화가 발생한 구조물이라도 구조물의 종류가 다르면 기능에 미치는 영향이 다르고, 또 그 구조물의 중요도, 파괴된 경우의 영향 등이 서로 다르므로 일률적으로 정하기 어렵다. 그러나 하나의 큰 기준은 열화 및 손상의 진행여부이다.

 3) 구조물마다 열화의 원인, 정도를 분류해서 어느 정도 통일된 판정기준을 설정하는 것이 바람직하다.

4. 보수, 보강 및 기록유지

 1) 보수 및 보강

 보수 또는 보강공법의 선정에 있어서는 기술적, 경험적으로 가능한 공법 중에서 보수 및 보강의 유효성, 시공성, 안전성, 경제성 등을 고려하여 결정한다.

 현재 일반적으로 실시하고 있는 보수 및 보강공법의 예로서는 표 6-7의 방법 등이 있다.

표 6-7 보수 및 보강공법의 종류

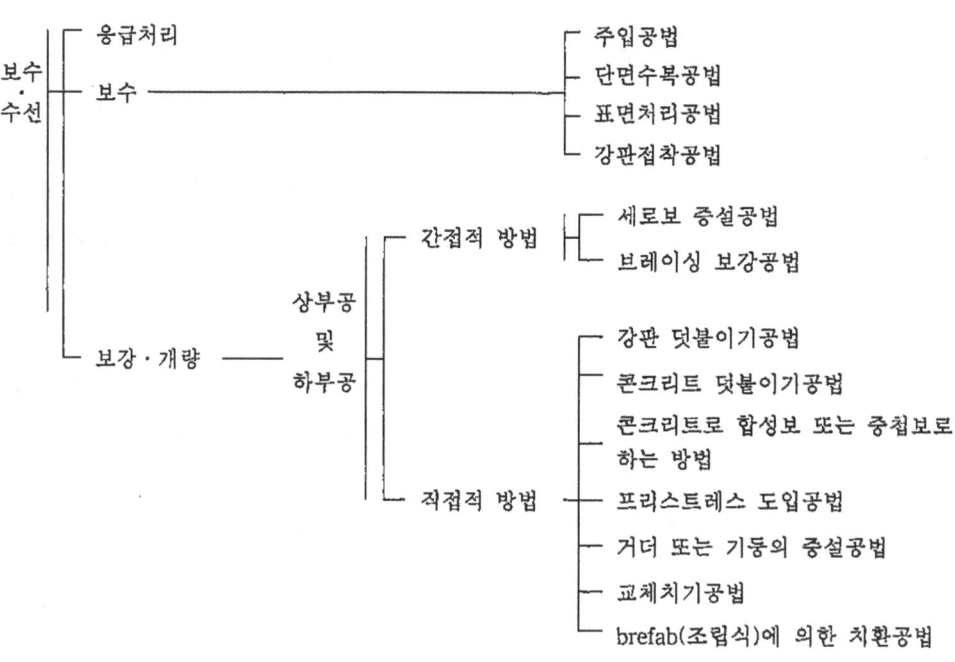

2) 기록유지
(1) 점검방법 및 결과, 검토내용, 판정, 보수·보강공사의 내용 및 시공상황 등을 필요에 따라 기록하여 장기간 보존해야 한다.
(2) 점검을 실시하는 데는 기존의 유지관리기록을 참고로 하여 실시계획을 세우는 것이 좋다. 또한 대상으로 하는 구조물의 사용가부, 보수 또는 보강 여부 등을 판정하는 데는 대상 구조물의 이력이 크게 참고된다. 따라서 점검의 방법 및 결과, 판정의 경위 및 결과, 보수·보강공사의 내용, 시공상황 등의 유지관리 결과는 적절히 기록해서 장기간 보존하여야 한다.

【연습문제】

제 38 장 검사와 품질관리

다음 기술 내용의 적정 여부를 판단하고, 물음에 답하시오.
(1) 검사란 최종제품의 합부를 판정하는 것을 말한다.
(2) 콘크리트의 품질관리에 대한 품질의 목표로서 보통 배합강도 및 슬럼프, 공기량의 목표치가 이용된다.
(3) 표준양생 공시체의 재령 28일의 압축강도는 구조설계 및 배합설계의 기본으로 되었기 때문에 콘크리트의 관리특성으로써 가장 적합하다.
(4) 레디믹스트 콘크리트나 공장제품의 경우 보통 조정용 관리도를 적용할 수 가 있다.

제 39 장 콘크리트의 품질관리

다음 기술 내용의 적정 여부를 판단하고, 물음에 답하시오.
(1) 콘크리트의 품질관리의 순서는 품질의 목표설정, 원재료 및 사용설비의 관리, 콘크리트 관리, 발취검사, 관리도에 의한 이상치의 발견도 교정조치이다.
(2) 배치플랜트에 대한 계량기의 정하중시험, 믹서 및 운반차의 성능시험은 년 1회 정도 실시할 필요가 있다.
(3) 콘크리트의 관리 발취검사에서는 슬럼프 및 공기량 시험, 촉진강도 또는 조기강도 시험, 물시멘트비의 측정시험 등을 실시하여 그 결과를 관리도에 타점하여 품질의 변동 상태를 조사한다.
(4) 콘크리트에서 촉진강도시험에서는 콘크리트 공시체의 강도를 시험할 필요는 없으며 콘크리트에서 습식 체가름하여 얻은 모르터의 강도를 시험하면 충분하다.
(5) 콘크리트의 압축강도의 분포는 보통 정규분포가 안되나 평균치의 분포는 정규분포가 된다.
(6) 표 6-3에 표시한 시험결과에 있어서 제12회의 시험결과는 이상치로 생각한다.
(7) 모집단의 표준편차의 추정치로서 불편분산의 평방근이 이용된다.
(8) 시험치가 관리도의 중심선의 편측에만 타점이 되도 관리한계 내에 분포되어 있기만 하면 정상인 관리상태라고 생각해도 좋다.

제 40 장 콘크리트의 검사

다음 기술 내용의 적정 여부를 판단하고, 물음에 답하시오.
(1) 발취검사에 의해 합격으로 판정된 로트에도 그 극히 일부에 불량품이 포함되어

있다.

(2) 콘크리트 강도에 의한 검사는 파괴검사이기 때문에 전수검사는 적용되지 않으므로 발취검사를 적용한다.

(3) 생산자 위험율이란 양품을 잘못하여 불량품으로 판정하는 확률을 말한다.

(4) 계량규준형 1회 발취검사는 품질의 분포가 임의로 되며 검사정밀도도 높으므로 콘크리트의 강도검사에는 이 방법을 적용한다.

제 41 장 콘크리트 구조물의 유지관리

다음 기술 내용의 적정 여부를 판단하고, 물음에 답하시오.

(1) 검사 로트를 구성하는 콘크리트는 소군은 크면 클수록 이상적이다.

(2) 물시멘트비에 의한 검사에 있어서는 굳지 않은 콘크리트의 물시멘트비의 추정치가 배합설계에 대한 물시멘트비의 목표치보다 작으면 합격으로 한다.

(3) 시방서에 규정되어 있는 콘크리트 강도에 의한 검사방법은 계량규준형 일회 발취검사에 준한 것이다.

(4) 설계기준 강도 f'_{ck} =270fkg/cm^{2}의 일반 철근콘크리트 구조물의 검사에 있어서 10회 시험결과의 평균치 $\overline{x}$=302fkg/cm^2 불편분산의 평방근 σ_e=32kgf/cm^2 이었다. 건설부 시방서에 따라서 검사를 실시한 결과 합격으로 판정해도 좋다.

제 7 편 시공 일반

제42장 계량 혼합 및 운반
제43장 타설 및 다짐
제44장 양생
제45장 이음
제46장 철근공
제47장 거푸집 및 동바리
제48장 표면 마무리 및 방수공

고령화 사회와 고학력화 사회의 이행에 수반하여 현장작업원의 부족은 필수불가결한 것이 되어 왔다. 이미 몇 가지의 작업에 대해서 로봇이 개발되어 있으나, 대개는 작업원이 실시하는 일종 또는 수종의 작업순서를 충실히 되풀이하는 형식의 것으로 그 나름대로 절약화와 작업의 균일화에 쓸모가 있다. 그러나 현장의 작업조건은 항상 변화되고 이에 대응하는 적절한 시공을 필요로 하기 때문에 작업 로봇도 단순작업의 되풀이에 그치지 않고 작업상황을 로봇 자신이 감지하여 이것에 맞는 작업명령을 내리지 않으면 안된다. 즉, 로봇은 적절한 센서와 작업을 슈미레이트한 다수의 프로그램을 내장하지 않으면 안된다. 따라서 순수한 작업용 로봇개발의 열쇠(key)는 비빔, 운반, 타설, 다짐 등의 각 작업에 있어서 콘크리트의 특성 중 무엇을 감지하는 센서를 개발하면 좋은가, 작업프로그램의 개발을 위해 각 작업에 따라 콘크리트에 가해지는 외력(자중, 압력, 진동 등)에 의한 콘크리트의 응답거동을 예측하는 데는 어떻게 하면 좋은가의 2가지 점이 된다. 이것들 중에는 콘크리트의 거동의 메카니즘을 모르는 채 과거의 공사경험에서 해답이 얻어지는 것도 있으나 여러 가지의 조건변화에 대응하기 때문에 각종 외력에 의한 콘크리트의 유동과 변형 법칙성을 이론적, 실험적으로 분명히 하여 이것을 정식화하는 것이 필요하다. 이와 같이 굳지 않은 콘크리트 거동의 해석적 연구는 비교적 단순한 현상에 대해서는 이미 상당히 전진되어 있으나, 실공사의 복잡한 문제에 적합시키는 데는 아직 길이 멀다. 그러나 이 어프로치는 먼길로 보이나 실은 가장 가까운 길인 것이다.

제 42 장 계량 혼합 및 운반

1. 계 량

1) 계량

콘크리트의 품질변동의 주요한 원인이 되기 때문에 공사의 중요도에 따라서 소요의 계량 정밀도가 얻어지는 계량장치(累加자동식, 개별자동식, 전자동식 등의 배치 플랜트)를 적당히 선택한다.

2) 계량방법
① 재료는 1배치분씩 질량으로 계량하는 것을 원칙으로 하나 물 및 혼화제 용액은 용적으로 계량해도 좋다.
② 연속믹서의 경우는 재료를 연속적으로 계량하고 공급할 필요가 있으므로 기구상 용적계량이 된다.
③ 포대의 시멘트 또는 혼화재를 이용하는 경우는 포대단위로 계량해도 좋으나 단수가 나오지 않도록 1배치의 콘크리트량을 가감한다.

3) 계량 오차
① 건설부 시방서에 표시되어 있는 계량오차의 허용치는 KS F 4009 「레디믹스트 콘크리트」에 규정되어 있는 값과 같다.
② 계량오차 값은 일반공사 현장에 있어서 최대치를 표시한 것으로 중요한 구조물의 콘크리트인 경우는 골재는 2%이내가 바람직하다. 또 고로슬래그 미분말 혼화재로 사용하고 이 사용량이 많은 경우에는 계량오차를 1%이내로 하는 것이 바람직하다.
③ 콘크리트 플랜트용의 계량기의 정밀도는 보통 0.5%정도이다. 그러나, 계량오차는 계량기 자체에 의한 오차와 재료를 계량기에 공급할 때에 생기는 오차로 되었으며 후자의 저감은 매우 어려우므로 계량오차를 시멘트 1%, 골재 2%이내에 들어가도록 하는 것은 용이하지가 않다.
④ 계량기의 차이는 대개 먼지에 의하기 때문에 공사현장에서는 계량기에 집진장치

를 두고 또, 조킹장치 등을 갖추어서 재료공급 방법에 의한 오차를 작게 하도록 배려한다.

2. 비빔

1) 비빔에 필요한 요건
비빔 성능이 충분한 믹서의 사용과 재료의 투입순서 및 비빔 시간의 적정화이다.

2) 믹서
① 믹서는 다음과 같다.

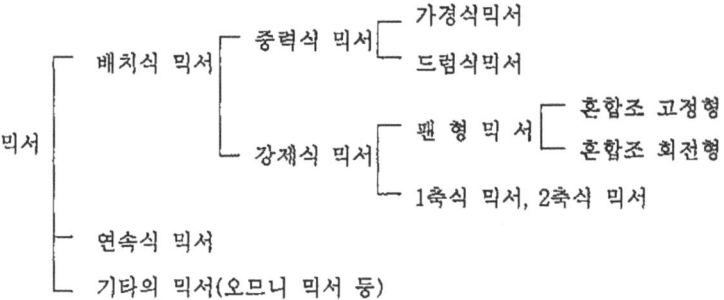

② 믹서의 비빔성능은 다음에 의해 평가한다. 배치믹서 : KS F 2455「믹서로 비빈 콘크리트 중의 모르터차 및 골재량 차의 시험방법」.
③ 중력식 배치믹서는 KS F 8008「가경식 믹서」에, 강도비빔 배치믹서는 KS F 8009「강제 비빔믹서」에 적합한 것을 이용한다. 전자는 최대용량 0.8m³까지, 후자는 최대용량 3m³까지 규정되어 있다. 이것을 초과하는 용량의 것은 KS F 2455에 의해 그 성능을 검토할 필요가 있다.
④ 강제비빔 믹서는 된비빔 콘크리트, 부배합 콘크리트, 경량골재 콘크리트 등 비빔에 적당하며 중력식 믹서보다 보통비빔시간을 단축할 수 있다.

3) 비빔작업
① 배치믹서에서 재료투입 순서 및 혼합시간은 원칙적으로 KS F 2455에 따라서 시험하고 모르터의 단위용적 질량차가 0.8%이하, 단위 굵은 골재료차가 5%이하가 되도록 정한다. 시험을 실시하지 않는 경우의 비빔시간은 가경식 믹서의 경우, 1분 30초 이상, 강제 비빔 믹서의 경우 1분 이상으로 한다.

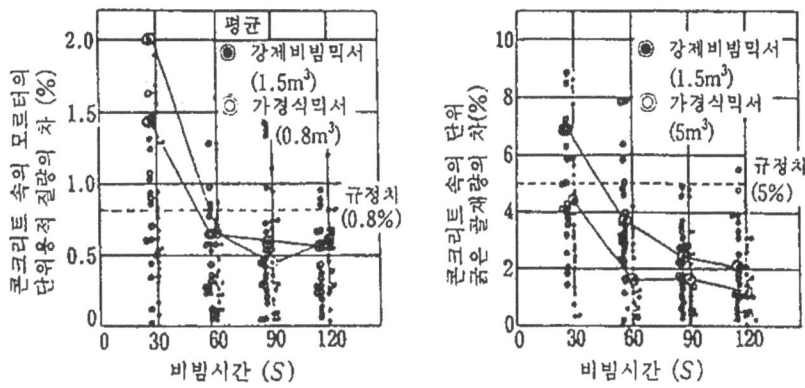

그림 7-1 비빔시간과 콘크리트 속의 모르터의 단위용적 질량의 차 및 단위 굵은 골재량의 차 관계

② 그림 7-1은 가경식 및 강제 비빔 믹서의 혼합성능 시험결과의 예이며 비빔시간이 길수록 모르터의 단위용적 질량 차이도 단위 굵은 골재량 감소경향도 인정된다. 시판믹서의 조사결과에 의하면 모르터의 단위용적 질량 차 0.8%이하, 단위 굵은 골재량 차 5%이하를 얻기 위한 비빔시간의 최대치는 가경식 믹서의 경우 1분 30초, 강제 비빔믹서의 경우 1분이었으나 평균치는 그 70%의 약 1분 및 40초였다.

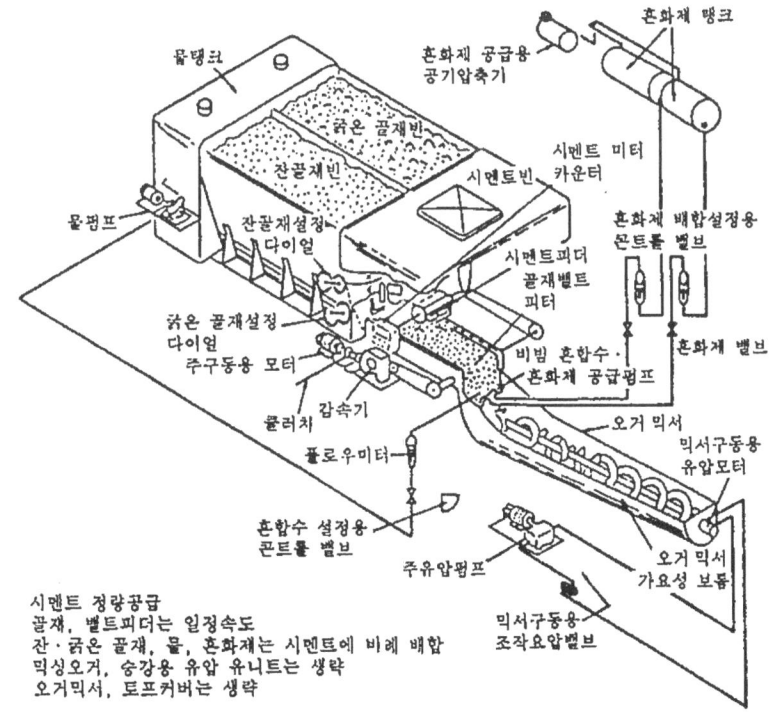

그림 7-2 연속믹서의 개요

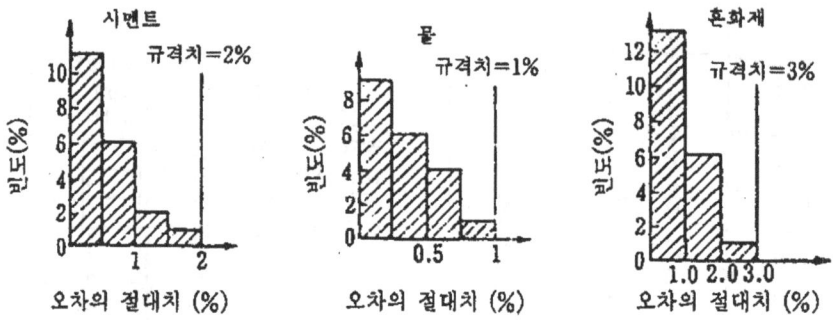

그림 7-3 연속믹서에 대한 계량오차의 시험결과

4) 연속믹서

① 연속믹서는 재료의 개량, 공급 및 혼합을 연속적으로 실시하여 콘크리트를 연속하여 제조하는 장치로 그 예를 그림 7-2에 표시한다.

② 계량, 공급장치와 그 정밀도

㉮ 시멘트는 로터리피더, 물 및 혼화제 용액은 유량계, 골재는 카트게이트와 벨트피더에 의해 용적계량 한다.

㉯ 계량오차는 1분당 계량분량을 질량으로 환산하여 그 변동이 허용오차 이내가 아니면 안된다. 그림 7-3은 시멘트, 물, 혼화제 용액의 각각 절대치 및 빈도에 의한 계량오차의 히스토그램이며 표 7-1의 규정치를 충분히 만족할 수 있다. 골재의 경우도 입도, 표면수율에 대해서 충분한 관리를 실시하고 예를 들면, 세골재의 표면수율 1~1.5%이상 변화된 경우는 케리브레이션을 실시하여 계량치를 조정하면 계량오차 1~2%가 된다.

표 7-1 허용차

공기량차(%)	1
슬럼프차(cm)	3
모르터의 단위용적 질량차(%)	0.8
단위 굵은 골재료차(%)	5
압축강도차(%)	2.5

주) 압축강도차

$$Af'_c = \frac{f'_{c1} - f'_{c2}}{f'_{c1} + f'_{c2}} \times 100(\%)$$

여기서, f'_{c1}, f'_{c2} : 압축강도 시험치(kgf/cm^2)

③ 비빔장치와 그 성능

반원형 단면의 경질고무제 용기 내에 장치된 오거타입의 회전날개가 고속회전하여 콘크리트를 연속적으로 비벼서 배출한다.(용량 25m³/h의 경우, 믹서부의 길이 270cm, 폭 40cm, 경사각 15°, 회전수 180rpm, 비빔시간 약 15초)

시료는 믹서부의 용적에 상당한 콘크리트 량을 배출한 후와 4분 간의 가동 또는 100ℓ 중 어느 것인가 적은 양을 배출한 후에 채취한다. 시료의 양은 어느것이나 100ℓ 이상으로 하고 표 7-1에 표시한 시험을 하여 2시료의 시험치의 차가 표에 표시하는 값 이하이면 합격으로 한다. 물시멘트비 47~76%, 슬럼프 5~21cm 6종의 콘크리트에 대해서 실시한 시험의 결과에 의하면 모르터의 단위용적 질량차는 0.16~0.36%, 단위 굵은 골재량 차는 0.78~2.14%이었다.

④ 연속믹서의 사용상의 주의
㉮ 골재의 입도, 표면수율에 대해 충분한 관리를 실시한다.
㉯ 공사 개시전 및 재료의 품질에 변동이 인정될 때 중량에 의한 캐리브레이션을 실시하여 계량불량을 조정한다.
㉰ 최초에 배출된 믹서의 용적에 상당한 양의 콘크리트량은 원칙으로 폐기한다.
㉱ 비빔시간이 10~20초로 짧기 때문에 사용 시멘트의 수화속도와의 관련에 대해서 배려한다.

3. 운 반

1) 일 반
(1) 시방서에서는 일반적으로 콘크리트의 비빔에서 타설완료까지의 시간을 기온이 온난하고 건조한 경우는 1시간 이내, 저온이고 습윤한 경우는 2시간 이내를 원칙으로 하는 것을 규정하였다. (일본의 경우 25℃초과 1.5시간, 25℃이하 2시간 이내임)
(2) 콘크리트의 운반은 가급적 재료분리가 적은 방법으로 실시한다.
(3) 콘크리트의 운반방법에는 다음 각종의 것이 있으며, 운반거리, 콘크리트의 종류 및 품질, 타설량 및 타설속도 등을 고려하여 적절하게 선정한다.

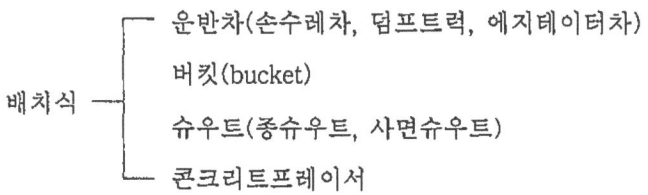

연속식 ─┬─ 콘크리트펌프
　　　　└─ 벨트 콘베이어

콘크리트 타설시간(일본토목학회 시방서기준)

KS F 4009	콘크리트 표준시방서		건축공사 표준시방서		
90분(*)			기온	등급 1종	등급 2종
	기온 25℃초과	90분	25℃이상	60분	90분
	기온 25℃이하	120분	25℃미만	90분	120분

주(*) : 구입자와 협의한 후 운반시간의 한도를 변경(단축 또는 연장)할 수 있다. 일반적으로 무더운 계절에는 이 한도를 짧게 하는 것이 좋다. 또 덤프트럭으로 콘크리트를 운반하는 경우 운반시간은 60분 이내이어야 한다.

2) 배치식 운반방식

(1) 운반차

① 손수레차 : 운반거리가 50~100m이하의 경우에 사용된다. 운반로를 정비하여 평지로 하는 것이 필요하다.

② 덤프트럭 : 슬럼프 5cm이하, 운반거리 10km이하, 또는 운반시간이 1시간 이내로 콘크리트의 재료분리가 크지 않은 경우에 이용된다.

③ 에지테이터차 : 슬럼프 7~8cm 이상. 배출되는 콘크리트 1/4과 3/4의 2부분 슬럼프 시험차가 3cm 이하의 균질한 콘크리트에 이용된다.

(2) 버킷(bucket)

버킷과 크레인의 조합은 각종 운반방법 중 콘크리트의 재료분리를 가장 적게 할 수 있고 된비빔 콘크리트도 용이하게 배출할 수가 있기 때문에 그 사용이 권장되고 있다.

(3) 슈트(Chute)

① 슈트를 이용하는 경우는 원칙으로 연직슈트로 한다. 사면슈트는 콘크리트의 유하를 잘하기 위해 슬럼프를 크게 하기 쉬우므로 재료분리를 촉진하므로 가급적 사용을 피한다.

② 연직슈트를 쓰는 경우, 콘크리트가 1개소에 집중되지 않도록 투입구의 간격, 투입순서 등에 대해서 타설전 검토해 준다.

③ 경사슈트를 이용하는 경우, 그 구배는 수평 2, 수직 1정도가 적당하다.

(4) 콘크리트 프레이서(Conctete placer)

① 콘크리트를 투입한 압력 용기 속에 압축공기를 送込하여 소정압력까지 상승되면 배출밸브를 열어서 수송관내로 콘크리트를 압송하는 것이며 좁은 장소의 콘크리트 치기, 특히 터널공사에 유효하다.

② 공기압의 대소에 따라 1배치분씩 연속적으로 압송하는 방식과 완속으로 거의 연속적으로 압송하는 방식이 있다. 전자의 경우 분리를 막기 위해 관의 첨단을 타설하는 콘트리트 속에 매립하여 압송 중에 슬럼프가 5m정도 저하되는데 주의를 요한다.

3) 콘크리트 펌프

(1) 콘크리트 펌프는 적절한 배합의 콘크리트를 이용하면 재료분리가 적은 상태에서 콘크리트를 수송할 수 있는 방법이다.

(2) 콘크리트 펌프를 이용하는 경우는 시방서에 의한다.

(3) 콘크리트의 펌프시공의 요점은 다음과 같다.

① 압송용 콘크리트

㉮ 굵은 골재의 최대치수는 보통의 경우 50mm(일본의 경우 25mm)정도 이하로 한다.

㉯ 슬럼프는 8~15cm의 범위가 적절하다. 단, 슬럼프가 12cm를 초과하는 경우는 베이스 콘크리트의 슬럼프를 12cm이하로 하는 유동화 콘크리트로 하지 않으면 안된다.

㉰ 단위 시멘트량 약 $300kg/m^3$ 이상을 이용할 것, 0.3mm이하의 미립분을 15%이상 포함한 잔골재를 이용할 것, 잔골재율을 다소 크게 할 것 등에 의해 점조성이 많은 콘크리트로 하는 것은 폐쇄를 막기 위해 유효하다.(일본의 경우)

㉱ 인공경량 골재 콘크리트를 원활히 압송하기 위해서는 보통 유동성을 크게 할 필요가 있으며 이 경우, 유동화 콘크리트로 하지 않으면 안된다. 베이크 콘크리트의 슬럼프를 8~12cm로 하고 유동화 후의 슬럼프를 15~18cm로 한다.(일본의 경우)

② 배관계획

㉮ 수송관은 가급적 휨을 적게 하여 수평 또는 상향으로 한다.

㉯ 관경은 클수록 관내 압력손실이 적으며 압송하기 쉽다.

압력에 따라 콘크리트의 관내 유동은 대부분 콘크리트와 관벽 간의 미끄럼에 의하기 때문에 그 유량은 근사적으로 식(7-1)으로 주어진다.

$$Q \fallingdotseq \frac{\pi R^3}{\alpha}\left(\frac{i}{2}-\frac{A}{R}\right) \tag{7-1}$$

여기서, Q : 콘크리트의 유량(cc/s)

R : 수송관의 반경(cm)

α : 점성마찰계수 $(g \cdot s/cm^3)$

i : 압력구배(g/cm^3)

A : 콘크리트와 관벽면과의 부착력(g/cm^2)

즉 유량은 관경의 거의 3승에 비례하며 압송의 난이에 관경이 극히 큰 영향을 미치는 것을 알 수 있다.

㉯ 관경으로서 100A, 125A, 150A(내경 100mm, 125mm, 150mm의 것과 4B, 5B, 6B관이라고 한다) 등이 있으나 보통 125A가 이용되고 있다. 최대치수의 크고 굵은 골재를 이용한 콘크리트를 압송하는 경우 수송관은 표 7-2에 표시한 치수의 것을 이용한다.

표 7-2 굵은 골재의 최대치수와 사용하는 수송관지름(일본시방서 시공편)

굵은 골재의 최대치수(mm)	50	60	80
수송관의 관경	150A(6B)	175A(7B)	200A(8B)

③ 콘크리트 펌프의 기종의 선정

㉮ 콘크리트 펌프는 스퀴즈(squeeze)식과 피스톤(piston)식의 2형식이 있다. 스퀴즈식 콘크리트 펌프기구는 호퍼에 접속된 고무제 펌핑 튜브를 회전하는 수개의 로울러로 콘크리트를 짜내는 것이므로 비교적 연비빔 콘크리트 압송에 적합하다. 피스톤식 콘크리트 펌프는 된비빔, 연비빔 어느 것에도 적용되며 높은 곳에 압송도 가능하다.

㉯ 콘크리트 펌프의 종류는 콘크리트 종류 및 품질, 배관조건, 토출량에 기초로 펌프에 걸린 최대압송 부하를 구하고 폐쇄에 대한 안정도 등을 고려하여 이 값이 콘크리트 펌프 최대이론 토출압력의 80%이하가 되도록 기종을 선정한다.

최대압송부하 : P_{max} =(수평관 1mm당의 관내 압력 손실)×

(수평 환산거리) (7-2)

여기서 수평관 1m당의 관내압력 손실은 콘크리트의 종류 및 품질, 토출량 및 관경에 의해 그림 7-4(보통 콘크리트) 또는 7-5(인공경량 골재 콘크리트)에서 구하면 된다. 또, 수평환산 거리는 수직관, 밴드(곡)관, 테이퍼관 및 고무호수에 대해서 표 7-3의 값을 쓰며 각각의 수평환산 길이를 구하고 그것들과 수평관의 길이의 합으로서 구한다.

표 7-3 각종 수송관의 수평환산길이(일본 콘크리트 펌프의 시공지침)

항 목	단위	호칭치수 mm(inch)	수평환산길이(m)	
			보통 콘크리트	인공경량 골재 콘크리트
상향 수직관	1m당	100A(4B)	3	4
		125A(5B)	4	5
		150A(6B)	5	6
테이퍼(taper)관*	1개당	175A→150A	4	4
		150A→125A	8	10
		125A→100A	16	20
밴드(곡)관	반지름 0.5m	1개당	90°	6	12
	반지름 1.0m				9
고무호스		5~8m의 것 1개	20	30

* 테이퍼관은 길이 1m를 표준으로 하는 값이며, 이 수평 환산길이는 작은 쪽이 지름에 대응하는 값이다.

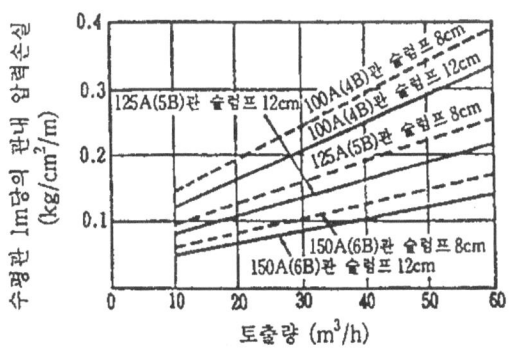

그림 7-4 수평관 1m당의 관내 압력손실의 표준
(보통 콘크리트, 굵은 골재의 최대치수 20~25mm)

㉰ 콘크리트 펌프의 대수는 단위시간당의 소요 압송량과 예정기종의 토출량을 고려하여 정한다. 콘크리트 펌프의 최대 압송거리는 기종에 따라 수평 550~970mm, 수직 50m(수평 200m이하 수직 25m의 것도 있다)이다.

④ 콘크리트의 펌프시공
㉮ 수송관은 충분히 견고하게 지지하여 압송 중의 진동이 타설된 콘크리트나 거푸집에 나쁜 영향을 미치지 않도록 한다.
㉯ 수공관 내의 폐쇄는 콘크리트의 슬럼프 이외에 단위 시멘트량에도 영향된다.

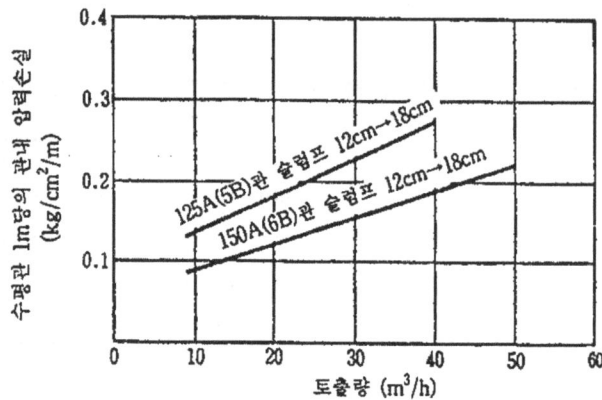

주) 1. 그림 7-4, 그림 7-5의 값은 단위 시멘트량이 280~350kg/m³의 콘크리트에 대해서 설정된 것이다.
2. 슬럼프 12cm의 콘크리트에 유동화제를 첨가하여 18cm로 한 것을 표시한다.

그림 7-5 수평관 1m당의 관내 압력손실의 표준

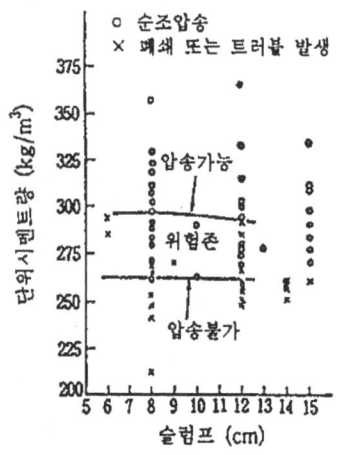

그림 7-6 압송의 가부와 단위시멘트량과의 관계
(굵은 골재의 최대치수 20~25mm 천연모래 사용)

그림 7-6은 굵은 골재의 최대치수 20~25mm, 천연모래 사용, 슬럼프 8~12cm, 공기량 약 4%, 수송관 125~150A, 압송거리 약 100m인 경우의 실적을 압송가능, 위험 및 압송불가의 존으로 구분한 것이므로 단위 시멘트량 약 290kg/m³ 이상이 필요하다는 것을 표시하였다. 쇄사를 이용한 경우, 최소단위 시멘트량은 약 300kg/m³이다.

㉰ 폐쇄에 대한 조치는 다음과 같다. 폐쇄의 징조가 인정되면 펌프의 토출량의 감소, 피스톤의 스트로크의 단축 경우에 따라서는 역전운전을 실시하여 폐쇄

를 막는다. 또 폐쇄된 경우는 나무망치 등으로 수송관을 두들겨서 해제에 노력하고 그래도 해제되지 않는 경우는 폐쇄개소의 수송관을 해체하여 콘크리트를 배출한다.

4) 벨트 콘베이어

콘크리트를 연속적으로 운반하는데 편리하나 운반거리가 멀면 일광, 바람 등에 노출되어 콘크리트가 건조되며 벨트의 종점에서 콘크리트가 강하될 때 재료분리를 일으키기 쉬운데 주의를 요한다. 이 때문에 벨트 콘베이어는 가급적 일광이나 바람을 피하도록 적당한 위치에 설치하고 벨트의 종단에 버플플레이트 누드관을 설치할 필요가 있다(그림 7-7 참조).

그림 7-7 벨트 콘베이어의 종단의 조치

제 43 장 타설 및 다짐

1. 타설 준비

1) 타설전에 배근검사, 거푸집 검사를 실시하고 이것이 설계도 대로 되어 있는가 여부를 확인한다.

2) 운반설비나 타설설비에 오래된 모르터나 콘크리트가 부착되어 있는 경우는 이것을 제거하고 또 거푸집 내의 목편, 철편 등을 청소하여 이것들의 이물질이 타설할 때 콘크리트에 들어가지 않도록 한다.

3) 운반장치가 건조하면 콘크리트가 부착되어 운반이 곤란한 경우가 있다. 또, 거푸집이 흡수되면 거푸집 해체 후 좋은 마무리면이 얻어지지 않기 때문에 타설 전에 이것들을 적당히 적셔 두는 것이 필요하다.

4) 콘크리트를 직접 지반 상에 타설하는 경우에는 미리 고른 콘크리트를 까는 것이 좋다.

5) 기초 내의 물은 타설 전에 배제하고 기초 내에 용수 또는 유입수가 있는 경우는 펌프, 배수구 등의 배수설비를 두고 콘크리트가 경화될 때까지 물이 접하지 않도록 한다. 이와 같이 기초 내의 콘크리트는 기중 콘크리트로 하는 것을 원칙으로 한다.

2. 타설작업

1) 타설작업 중 철근의 배치나 거푸집이 흐트러지지 않도록 충분히 주의한다. 흐트러졌을 경우는 즉시 대응할 수 있도록 철근공 및 거푸집공을 배치해 두는 것이 요망된다.

2) 콘크리트는 취급을 거듭할 수록 재료분리가 촉진되기 때문에 콘크리트는 최종목적의 위치에 놓도록 배려하고 1개소에 산적하여 이것을 진동기로 넓은 범위에 가로이동시켜서는 안된다. 가로 이동의 거리는 재료분리가 심하지 않은 범위로 하고 통상 0.5~1m 이내로 한다. 단, 시공작업의 기계화, 절약화를 위해 분리방지제 등을 활용하여 가로 이동 거리의 확대에 대해서 검토하는 것도 중요하다.

3) 타설이음매는 구조물의 약점이 되기 쉬우므로(제9장) 1작업 구획 내의 콘크리트는

타설완료까지 연속적으로 타설한다. 이 경우 1층의 타설두께는 내부진동기의 치수 등을 고려하여 일반적으로 40~50cm이하로 한다.

4) 2층 이상으로 나누어 타설하는 경우
   ① 하층의 표면에 나타난 블리딩 물을 스폰지 등으로 제거한 후가 아니면 상측의 콘크리트를 쳐서는 안된다.
   ② 하층의 콘크리트가 굳기 시작한 경우에 그대로 상측의 콘크리트를 타설하면 코울드 조인트가 될 우려가 있으므로 주의를 요한다. 코울드 조인트가 되는가 여부를 사전에 판정하는 방법은 아직 없다.

5) 높이가 큰 구조물의 타설
   ① 벽, 기둥, 거푸집이 높은 경우는 재료분리의 방지와 상부 철근이나 거푸집에 부착된 콘크리트가 경화되고 후에 구조물의 결함이 되지 않도록 거푸집에 콘크리트 투입용의 적당한 일시적 개구를 두는 것이 좋다.(그림 7-8 참조)

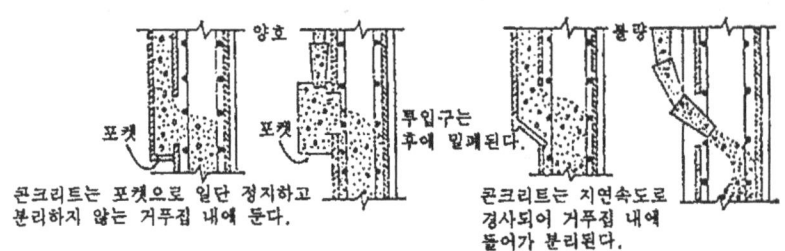

그림 7-8 거푸집의 일시적 개구

   ② 연직슈트 또는 콘크리트 펌프를 이용하는 경우는 각각의 토출구를 가급적 타설면 가까이까지 내려서 콘크리트가 자유로 낙하되는 낙차를 1.5m이하로 한다.
   ③ 높이가 큰 콘크리트를 연속하여 타설하는 경우 타설속도를 너무 빨리하면 거푸집에 큰 압력을 미치게 한다든지 블리딩에 의한 상부 콘크리트의 품질저하, 수평철근의 부착강도 저하 등의 우려가 있다(제9장 참조). 타설속도는 단면치수나 콘크리트의 배합 등에 의해 다르지만 일반적으로 30분에 대해 1~1.5m이하로 한다.

6) 경사면에 콘크리트를 타설 진동다짐을 실시하는 경우는 낮은 쪽에서 타설하는 것을 원칙으로 한다.(그림 7-9 참조)

제43장 타설 및 다짐 471

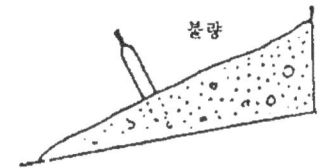

하측에서 치기 시작한다.
새로 친 콘크리트의 무게와 진동으로 잘 다져진다.

상부에서 시작하면 상측의 콘크리트를 잡아당기는
경향이 있어서 하부에서 진동하면 유동되기 시작한다.

그림 7-9 경사면의 콘크리트치기

7) 캔틸레버부가 있는 구조물의 콘크리트 치기
 ① 슬래브 또는 빔의 콘크리트가 벽 또는 기둥의 콘크리트와 연결되어 있는 경우나 캔틸레버부가 있는 구조물의 경우는 단면이 다른 부분에서 침하량이 다르기 때문에 한 번에 콘크리트를 타설하면 경계면 부근에 침하균열이 발생하는 경우가 많다. 그 때문에 벽, 기둥의 콘크리트 침하가 거의 완료된 다음(2~4시간 후), 슬래브, 빔의 콘크리트를 타설한다.(그림 7-10 참조)
 ② 침하균열은 가급적 조기에 발견하고 즉시 탬핑을 실시하여 지우도록 한다(제2편 7장 참조).

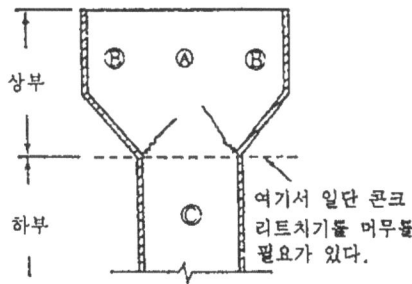

① 하부 콘크리트 ⓒ를 타설한 후 적어도 2시간(단, 일체로서 작동하지 않으면 안되는 부재에서는 4시간) 지나면
② 캔틸레버부를 포함한 상부콘크리트 Ⓐ, Ⓑ를 타설한다.
③ 연속으로 치면 균열이 생긴다.

그림 7-10 캔틸레버부의 콘크리트치기(예를 들면, 교각의 머리부)

3. 다지기

1) 콘크리트 다지기
콘크리트를 다지는 데에는 내부진동기를 이용하는 것을 원칙으로 한다. 단, 얇은 벽등 내부 진동기는 사용이 곤란한 개소에는 거푸집 진동기를 이용해도 좋다.

2) 진동기
① 진동기는 KS F 8004 「콘크리트 봉형진동기」, 또는 KS F 8005 「콘크리트 거푸집 진동기」에 적합한 것을 쓴다.
② 시판의 내부진동기에는 봉지름 27~100mm, 진동수 8000~14000vpm의 각종의 것이 있다. 1대의 내부진동기로 다져지는 콘크리트용적의 목표는 소형의 것으로 4~8m³/h, 2인의 조작하는 대형의 것으로 30m³/h정도이다.

3) 내부진동기의 사용방법
① 진동기는 콘크리트 속에 거의 수직으로 삽입하고 전층에 10cm이상 삽입한다. 진동기를 인발할 때는 천천히 실시하여 구멍이 남지 않도록 한다.
② 진동기의 삽입간격은 진동이 유효하게 전파되는 범위의 직경 이하로 하고 보통 50cm이하로 하면 된다.
③ 진동시간은 콘크리트가 전면적으로 충분히 다짐할 때까지의 시간으로 한다. 다짐이 충분히 실시되었는가 여부는 경험적으로 다음 관찰에서 판단된다.
　㉮ 콘크리트와 방축널과의 사이에 페이스트의 선이 나타난다.
　㉯ 콘크리트의 용적감소가 거의 나타나지 않는다.
　㉰ 모르터 또는 물의 빛이 표면에 나타나며 콘크리트 전체가 균일하게 용융된 것처럼 되는 등이다.
④ 상기는 진동기의 삽입간격, 진동시간에 대한 시간적 판정법이 있으나 진동기의 성능이나 콘크리트의 품질에 의거하여 수량화도 시도된다.

콘크리트의 진동다짐도는 콘크리트에 주어진 총진동 에너지를 $(E\rho)$로 나타내며(제11장 참조), 무부하시의 진동기의 가속도(A), 삽입시의 부하에 의한 진동기의 가속도 감쇄율(ξ), 진동기에서 콘크리트에의 가속도 전달율(λ), 콘크리트 속의 진동의 감쇄율(β), 콘크리트 밀도(ρ), 콘크리트의 응답진동수(f)를 알고 있으면 다음식을 써서 어느 진동시간(t)에 대한 진동의 유효전파거리x를 추정할 수가 있다.

$$E_\rho = \pi^2 \rho a^2 f^2 t$$

가속도비 $\alpha = 4\pi^2 f^2 a/g$

따라서,

$a = \dfrac{g}{4\pi^2 f^2}\alpha$ 를 사용 또, $\alpha = \xi\lambda A\left(\dfrac{1}{\sqrt{x}}\right)e^{-\beta x}$ 를 사용되면,

$$E_\rho = \dfrac{\rho g^2}{16\pi^2 f^2}\xi^2\lambda^2 A^2\left(\dfrac{1}{\sqrt{x}}\right)^2[\exp(-\beta x)]^2 \tag{7-3}$$

양변의 대수를 잡아

$$\ln x + 2\beta x = -\ln\left(\dfrac{16\pi^2 f^2 E_\rho}{\rho g^2 \xi^2 \lambda^2 A^2}\right) \tag{7-3}$$

슬럼프 2cm콘크리트에 대해서 식(7-3)을 써서 진동의 유효한 전파범위를 계산한다. 거의 완전한 다짐에 필요한 총진동 에너지(단위중량당)

$E\rho$=220erg·s/cm^3, ρ=2.39g/cm^3, f=187Hz, A=89g, ξ=0.77, λ=1.0, β=0.048, t=67.5s일 때, x=32cm가 된다. 따라서 진동기의 삽입간격은 약 60cm이하로 하면 된다.

4) 재진동 다짐

① 재진동에 의해 콘크리트 속의 공극, 수극이 더욱 배제되며 콘크리트 강도 철근과의 부착강도의 증가가 기대된다. 또한 수직타설 이음매의 유일하고 확실한 시공법이라고 말할 수 있다.

② 재진동 다짐은 적용하는 시기가 중요하며 지나치게 지연되면 오히려 콘크리트 속에 균열이 남으며 나쁜 영향을 준다. 콘크리트가 다시 액상화되는 범위에서 늦을수록 좋으나 작동시킨 진동기가 그 자중에 의해 콘크리트 속에 침강되는 정도로 한다.

제 44 장 양 생

1. 일 반

1) 양생의 良否에 따라 경화 콘크리트의 품질이 크게 영향되는 데도 불구하고 양생이 콘크리트 제조작업의 최종공정이어야 하며, 양생의 良否는 콘크리트의 외관 만으로는 판정할 수 없는 일이기 때문에 특히 간략화되기 쉬우므로 엄격히 해야 한다.

2) 양생작업을 대별하면
   ① 타설 직후부터 경화개시까지 일광의 직사나 바람으로 부터 보호하는 작업 및 경화 개시 후, 일정기간 이상 속도의 온도로 유지하는 동시에 충분한 습기를 주는 작업(습윤양생)
   ② 콘크리트 강도가 매우 커질 때까지 과대한 하중이나 진동, 충격 등에서 보호하는 작업
   ③ 기타 매스 콘크리트, 署中 콘크리트 및 한중 콘크리트 등으로 방열, 급열에 의한 온도제어양생, 주로 공장제품에 대한 촉진양생이 있다.

2. 습윤양생

1) 타설 직후에 콘크리트 상부에 시트 등의 해가림, 바람막이를 설치하여 일광의 직사나 바람으로 부터 보호하는 작업은 콘크리트 표면부에서 물의 급격한 逸散을 막고 방지하는 것을 목적으로 하고 그 후 충분한 습기를 주는 작업은 수화반응에 의한 만족할 만한 강도발현을 얻는 것을 목적으로 한다.

2) 포틀랜드 시멘트의 이론 완전 수화수량은 시멘트 질량의 약 40%라고 말한다(제1편 2장 참조). 일반공사에 쓰이는 콘크리트의 물시멘트비는 40~70%정도이기 때문에 콘크리트에서 수분의 증발이 전혀 없으면 양생을 위해 加水할 필요는 없는 것이다. 그러나 통상 노출상태의 콘크리트에서는 표면에서 증발이 생기며 그에 따라 모관작용에 의해 내부물도 점차로 참출된다. 그리고 결국 시멘트의 수화반응에 필요한 수분이 부족하고 강도증진이 정지된다. 그림 7-11은 습윤양생을 계속한 경우와 타설 후 10일 및 1개

월만 습윤양생하고 이후 기중에 방치한 경우의 콘크리트 공시체의 강도증진의 일례를 표시한 것으로 예를 들면, 초기의 10일간만 습윤 양생한 것은 재령 2개월 이후 강도증진은 인정되지 않으며 그 값은 계속 습윤양생된 재령 1년의 압축강도의 약 60%로 되어 있다.

3) 타설 후 콘크리트 표면을 상하지 않게 작업이 될 수 있는 정도로 경화된 후 콘크리트의 노출면을 적신 양생 즉, 가마니, 마포, 모래, 매트, 천 등으로 씌우던가 살수 또는 침투하여 습윤상태로 유지한다.

4) 습윤양생 기간

① 가급적 긴 습윤상태로 유지하는 것이 바람직하다. 그러나 강도증진은 재령의 초기에 있어서 현저하고 장기간의 습윤양생은 일반구조물에서는 곤란하며 또 보통 불경제가 되기 때문에 너무 오래 하는 것은 실용적이 아니다(표 7-4 참조).

② 그림 7-11에 있어서 처음의 10일간만 습윤양생을 실시한 것에도 계속 습윤으로 유지하는 공시체보다 단면이 크기 때문에 이 강도비율은 더욱 큰 것으로 추측된다. 또 포장 콘크리트의 실험결과에 의하면 표준양생 28일의 휨강도의 70%이상에 도달할 때까지 습윤양생을 실시하면 그 후 건조되어도 재령 29일에 있어서는 표준양생된 것과 동등의 휨강도를 발현할 수가 있다. 그리고 표준양생 28일 강도의 70%에 도달하기 위해 필요한 습윤양생 기

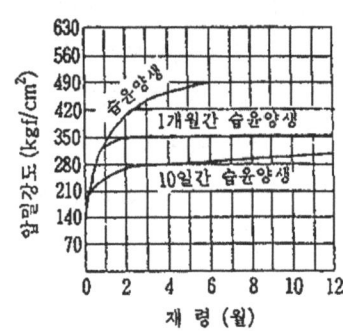

그림 7-11 습윤양생의 기간과 콘크리트강도 증진과의 관계

간은 보통 시멘트를 이용한 경우 4~14일 조강시멘트를 사용한 경우 3~7일 중용 열 시멘트 및 고로시멘트 B종을 사용한 경우 7~14일이었다.

③ 상기 사항을 고려하여 건설부 시방서에서는 최소 습윤양생일수의 표준을 표 7-4와 같이 규정한다.

표 7-4(a) 습윤양생 기간의 표준(콘크리트 표준시방서)

일평균기온	보통포틀랜드 시멘트	고로슬래그시멘트 플라이애쉬시멘트 B종	조강포틀랜드 시멘트
15℃ 이상	5일	7일	3일
10℃ 이상	7일	9일	4일
5℃ 이상	9일	12일	5일

표 7-4(b) 습윤양생 기간의 표준(일본시방서 시공편 및 포장편)

사용시멘트 \ 구조물	일반구조물	포장판
보통시멘트	5일 이상	14일 이상
조강시멘트	3일 이상	7일 이상
중용시멘트	—	21일 이상
고로시멘트 B종	—	7일 이상(일평균 기온이 10℃이하인 경우는 9일 이상
플라이애쉬시멘트 B종	—	7일 이상(일평균 기온이 10℃이하인 경우는 9일 이상

(주) 포장 콘크리트에서는 상기의 기간은 시험을 실시하지 않은 경우의 표준이며 휨강도가 35kgf/cm²이상이 되는 기간으로 하면 좋다.

5) 막양생

① 막양생은 콘크리트 표면에 합성수지 등의 피막을 형성하여 수분의 증발을 막는 공법으로 통상 습윤양생이 안되는 경우나 습윤양생이 끝난 후 다시 장기간의 양생이 필요한 경우에 사용된다. 이 공법은 콘크리트에서 수분증발을 막는 것 뿐이므로 통상의 습윤양생보다 양생효율이 약간 뒤진다.

② 막양생제

㉮ 막양생제에는 합성수지계와 유지계가 있으며 또 용제형과 유제형으로 분류된다. 어느 것이나 일사에 의한 열흡수를 적게 하기 위해 백색도료를 혼합하여 백색 또는 회백색으로 한다.

㉯ 터널 내와 같이 통풍이 나쁜 장소에서는 휘발성 붐에 의한 독성을 받을 우려가 있기 때문에 유제형과 같은 것을 이용하는 것이 안전하다. 또 포장 콘크리트와 같이 일사면적이 넓은 것은 백색제를 이용하는 것이 유리하다.

㉰ 막양생제에 관한 KS는 아직 제정되어 있지 않으나 미국 재료시험협회의 규격(ASTM, C 156)에 막양생제의 시험방법으로서 「모르터의 습분손실을 막는 능력을 시험방법」이 표시되었다. 시방서 시공편에는 막양생제의 요구성능으로 정성적이나 ㉠ 습기를 통하지 않음, ㉡ 살포 또는 도포가 용이, ㉢ 콘크리트 면에서 부착이 양호, ㉣ 폭풍우, 일사에 대해서 내구적, ㉤ 피복재 등과의 부착을 해치지 않는 것을 표시하고 있다.

③ 시공

㉮ 막양생제는 콘크리트 표면의 수광이 없어진 직후(약 2시간 후)에 얼룩지지 않도록 살포한다. 부득이 살포의 시기가 지연될 때는 살포까지 콘크리트를 습윤상태로 유지한다.

㉰ 살포는 방향을 바꾸어 2회 이상 실시하여 충분한 양을 살포한다. 또한 살포시 막양생제가 철근이나 이음매 등에 부착되지 않도록 주의한다.

3. 유해한 작용에 대한 보호

충분히 경화되지 않은 콘크리트는 과대한 하중이나 진동, 충격 등에 의해 균열 등의 손상을 받기 쉬우므로 양생 기간 중에 재료의 일시적인 저장소로 활용한다든지 중량물을 낙하시키지 않도록 보호한다.

4. 온도제어 양생 및 촉진 양생

온도제어 양생은 콘크리트의 경화가 충분히 진행될 때까지 경화에 필요한 온도 조건으로 유지하고 저온, 고온 또는 급격한 온도변화 등에 유해한 영향을 받지 않도록 하는 작업으로 각각 제8편 1장 「매스콘크리트(1)」, 제8편 2장 「한중 콘크리트」, 제8편 3장 「署中 콘크리트」에 기술하였다. 촉진양생에 대해서는 제8편 10장 「공장제품」에 표시하였다.

제 45 장 이 음

1. 일 반

(1) 콘크리트 구조물의 이음에는 시공이음, 신축이음, 균열유발 줄눈 등이 있다.

(2) 이음에는 그 위치, 구조가 설계도에 명기되어 있는 것과 현장의 시공계획에서 적의 정해져 있는 것이 있다. 이음은 구조물의 내력, 내구성 혹은 외관에 큰 영향이 되므로 설계도에 표시되어 있는 이음은 현장 형편으로 아무렇게나 변형해서는 안된다.

2. 시공이음

1) 시공이음에 관한 기본사항
① 시공이음은 전단력에 대해서 약점이 되기 쉬우므로 가급적 전단력이 작은위치, 또는 시공이음면에 거의 수직으로 압축력이 가해지는 위치(압축, 전단의 복합응력 상태가 되며 전단내력은 5~10%이상 증대된다)에 둔다.
② 부득이 전단력이 큰 위치에 시공이음을 두는 경우에는 시공이음에 장부 또는 홈을 만들거나 철근을 통하여 보강한다. 철근으로 보강하는 경우의 정착길이는 철근 직경이 20배 이상으로 하고 원형강을 쓰는 경우는 양단에 혹을 부친다.

2) 수평 시공이음의 시공법
① 콘크리트 구조물의 측면에 나타나는 수평 시공이음의 선을 미관상 가급적 수평인 직선이 되도록 시공이음 위치를 거푸집 패널의 이음에 맞추거나 시공이음의 높이를 표시하는 적절한 표시를 한다.
② 구콘크리트면의 경화의 정도에 따라 고압의 공기 및 물, 와이어 브러쉬 또는 샌드브라스트(습기모래의 뿜칠)와 물씻기에 의해 레이턴시, 품질이 나쁜 콘크리트 및 나쁜 골재립을 제거하고 충분히 흡수시킨 다음 시멘트 페이스트 또는 모르터를 깔아서 신콘크리트를 시공이음한다. 이와 같이 하면 일체 부분과는 동등의

강도를 가진 수평시공 이음을 만들 수가 있다.
③ 시공이음 가까이 폼파이나 세퍼레이터를 배치해 두고 신콘크리트의 타설시에 거푸집을 잘 연결하여 구콘크리트면에 모르터가 흐르거나 시공이음에 단차가 생기지 않도록 한다.
④ 역타 콘크리트 경우에는 구콘크리트의 하면이 시공이음면이 되기 때문에 신콘크리트의 블리딩이나 침하에 의해 시공이음면의 일체화는 어렵다. 시공이음 방법으로서 직접법, 충전법 및 주입법이 있다.
　㉮ 직접법 : 구콘크리트의 하면을 L형 또는 V형으로서 블리딩수나 기포를 피하기 쉽게 하고 신콘크리트로서 블리딩이 적은 콘크리트를 충분히 진동다짐을 한다. [그림 7-12(a) 참조]
　㉯ 충전법 : 신콘크리트를 구콘크리트로 하면 보다 약간 하측에서 타설을 중지하고 그 간극에 팽창재나 알루미늄 분말을 혼입한 모르터를 충전한다. [그림 7-12(b) 참조]
　㉰ 주입법 : 주입용 파이프를 미리 구콘크리트에 매립해 놓고 신·구 콘크리트의 틈에 팽창제를 혼입한 시멘트 페이스트를 주입한다. [그림 7-12(c) 참조]

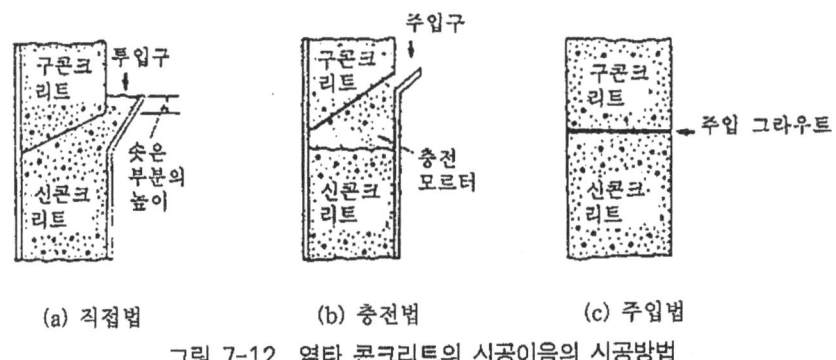

(a) 직접법　　　(b) 충전법　　　(c) 주입법

그림 7-12 역타 콘크리트의 시공이음의 시공방법

3) 연직 시공이음의 시공법
① 연직 시공이음면의 거푸집은 특히 간단한 것으로 하기 쉬우나 구콘크리트를 충분히 다질 필요가 있기 때문에 견고한 것으로 한다. 격자상의 철근으로 보강한 5mm눈 정도의 철망을 이용해도 좋다.
② 구콘크리트면을 샌드브라스트, 와이어브러쉬 또는 치핑에 의해 거칠게 하고 시멘트 페이스트, 모르터 또는 습윤면용 에폭시 수지를 칠하여 신콘크리트를 이어친다.
③ 신콘크리트의 타설에 있어서는 신·구콘크리트가 충분히 밀착되도록 세심하게

다진다. 이 경우 신콘크리트에서 분리된 물이 시공이음면에 집수되는 경향이 있으므로 적당한 시간에 재진동 다짐을 실시하여 이 분리수를 배제하는 것이 바람직하다(제36장 참조). 표 7-5는 수직타설 이음의 강도에 관한 실험결과이며 재진동 다짐의 유효성이 표시된다. 그러나 이와 같은 세심한 시공을 실시해도 수직타설 이음의 수밀성은 유지되기가 곤란하여 수밀시공 이음을 만들기 위해서는 적당한 지수판을 이용할 필요가 있다.

표 7-5 수직 시공이음의 인장강도

시공이음 방법	구콘크리트 시공이음면에 그대로 이어서 친다.	시공이음면에 시멘트 페이스트를 칠하여 이어친다.	시공이음면을 거칠게 하고 시멘트 페이스트를 칠하여 이어친다.	시공이음면에 시멘트 페이스트를 칠해서 이어치고 약 3시간후 재진동 다짐을 실시한다.
$\left(\dfrac{\text{시공이음의 인장강도}}{\text{시공이음을 갖지 않은 것의 인장강도}}\right)$	0.57	0.77	0.83	0.98

주) 콘크리트의 물시멘트비 =0.60~0.67, 슬럼프=7.5~15cm

4) 각종 구조체의 시공이음의 합리적 위치

① 바닥틀과 일체가 된 기둥 또는 벽의 시공이음은 그림 7-13에 표시한 바와 같이 헌치의 하단부분에 둔다. 이것은 침하균열의 방지와 헌치부가 보통 구조적으로는 바닥틀과 일체가 되어 작용하기 때문이다.

② 바닥틀의 시공이음 : 슬래브 또는 빔의 경간 중앙부근에 둔다. 이것은 이 위치가 전단력이 작고, 또 시공이음에 수직으로 작용하는 압축응력이 크기 때문이다. 단, 그림 7-14와 같이 빔의 경간 중앙에 작은 빔이 놓이는 경우에는 작은 빔의 폭이 약 2배의 거리를 거쳐서 시공이음을 두고 시공이음을 통하는 사면의 전단보강 철근을 배치한다. 시공이음을 작은 빔의 위치에서 떼어 놓는 것은 응력 급변부를 피하기 위함이다. 경간 중앙은 작은 빔이 놓이더라도 전단력은 상대적으로 최소이지만 작은 빔에 의해 전달되는 하중에 의해 전단력의 절대치는 크기 때문에(그림 7-14의 전단면 참조) 전단보강 철근을 배치할 필요가 있다.

③ 아치의 타설이음 : 아치의 축선에 수직으로 둔다.

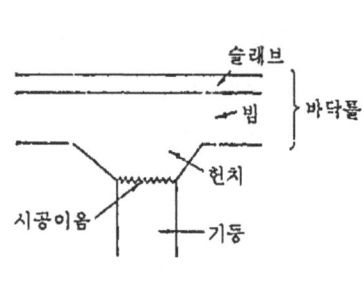

그림 7-13 바닥틀과 일체가 된 기둥, 벽의 시공이음

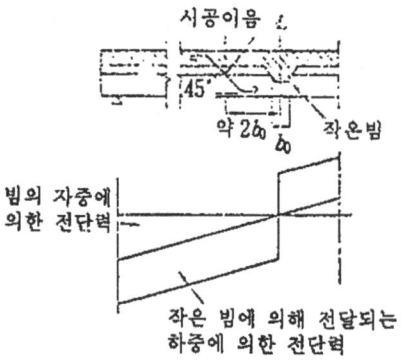

그림 7-14 바닥틀의 시공이음

3. 신축이음

1) 콘크리트 구조물은 온도강하나 건조에 의해 수축되기 때문에 연속된 긴 벽 등에서는 지반 기타의 구속에 의해 수축응력이 발생하며 단면을 관통하는 균열이 생길 우려가 있다. 그 때문에 예를 들면, 철근 콘크리트 옹벽에서는 30cm이하의 간격으로 신축이음매를 두고 있다.

2) 신축이음의 구조
① 신축이음의 양측부재는 완전히 절연되며 특별한 경우를 제외하고 철근도 연속시켜서는 안된다.(그림 7-15 참조)
② 신축이음의 양측이 단차이가 될 우려가 있는 경우에는 장부 또는 홈을 두던가 슬리버를 배치한다.(그림 7-15 (b), (c) 및 (d) 참조)
③ 신축이음매의 간극에 토사 등이 들어갈 우려가 있는 경우에는 줄눈재를 삽입한다.(그림 7-15 (e) 참조)
④ 수밀을 요하는 구조물의 신축이음에는 신축성이 있는 지수판을 이용한다.(그림 7-15 (e) 참조)

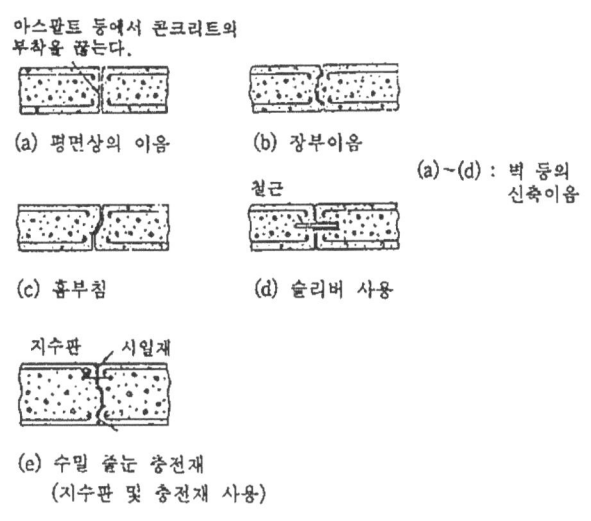

그림 7-15 신축줄눈의 구조도

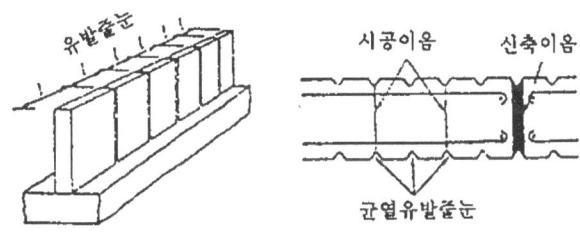

그림 7-16 균열유발 줄눈

4. 균열유발줄눈

옹벽 등 넓은 노출면을 가진 구조물에서는 온도변화, 건조수축에 의해 표면에 균열이 생기기 쉽다. 외관상 이것들의 균열을 1개소에 집중시키기 위해 그림 7-16에 표시한 바와 같이 V노치를 두고 표면부 콘크리트의 신축을 자유로 하는 동시에 다념 수축부를 두는 것이며 이것을 균열 유발 줄눈이라 한다.

제 46 장 철 근 공

1. 철근의 가공

1) 철근의 가공은 설계도에 표시한 형상, 치수와 정확히 일치되도록 실시하지 않으면 안된다. 그렇기 때문에 철근 원치수도를 그리는 것이 좋다.

2) 휨가공
   ① 철근의 휨내 반경은 통상 설계도에 표시되어 있으나 표시되어 있지 않은 경우는 철근 끝의 혹은 표 7-6에 표시한 표준 혹의 값 이상으로 하고 기타 부분의 휨 내 반경에 대해서는 제45장을 참조할 것. 표 7-6에 표시한 표준 혹의 휨내 반경은 KS D 3504 「철근콘크리트용 봉강」의 휨시험에 규정되어 있는 휨내 반경보다 다소 큰 값으로 정해진 것이다.(SR 24의 일부를 제외)

표 7-6 표준 혹의 휨내 반경

철근의 종류		휨내 반경		KS D 3504의 휨반경의 규격치
		축방향 철근	스터럽·帶철근	
보통 원형강	SR24 (235)	2.0φ	1.0φ	1.5φ
	SR30 (295)	2.5φ	2.0φ	1.5~2.0φ
이형봉강	SD30 (295)	2.5φ	2.0φ	1.5~~2.0φ
	SD35 (345)	3.0φ	2.5φ	2.5φ
	SD40 (390)	3.5φ	3.0φ	2.5φ
	SD50(490)	3.5φ	3.0φ	2.5~3.0φ

   ② 표준 혹에는 반원형 혹(180°휨), 예각 혹(135°휨) 및 직각 혹(90°휨)이 있으며 각각의 형상을 그림 7-17에 표시한다. 보통 원형강의 표준 혹은 모두 반원형 혹으로 해야 한다. 이형 철근을 축방향 인장철근으로 사용하며 혹을 두는 경우는 보통 직각 혹으로 하고 스터럽, 대철근에 이용하는 경우는 직각 혹 또는 예각 혹으로 해도 좋다.

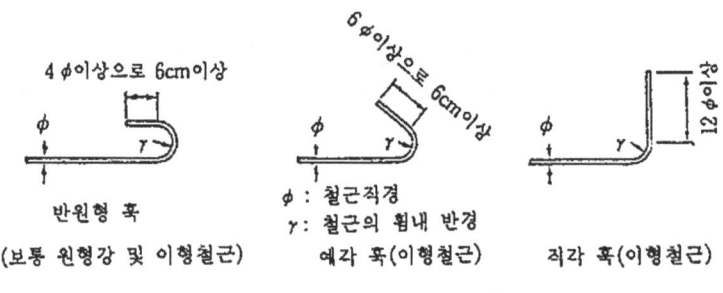

그림 7-17 표준 훅의 형상

③ 휨가공은 바 벤더(bar bender)에 의한 냉간 휨(상온하의 휨가공)을 원칙으로 한다. 냉간 휨에 의하면 가공에 기인한 재질 저하는 거의 없다. 바 벤더(bar bender)에 의해 직경 51mm의 굵은 철근까지 냉간 휨가공이 가능하다. 가열 휨도 경우에 따라서는 실시해도 좋다. 그 방법은 제7편 5장 참조.

2. 철근의 조립

1) 철근의 조립 전에 뜬녹, 진흙, 기름 등 콘크리트와 부착을 저해하는 것을 제거한다.
2) 철근은 설계도에 표시되어 있는 위치에 정확히 고정하고 콘크리트 치기를 할 때는 움직이지 않도록 충분히 견고하게 조립한다. 철근위치가 약간 어긋나거나 부재의 강도에 큰 영향을 주는 수가 있으므로 주의를 요한다(제45장 참조). 철근의 조립오차의 허용치는 부재의 치수나 중요도, 오차의 방향 등에 따라서 다르나 예를 들면, 보통 슬래브의 유효높이에서 5mm정도 휘거나 이음의 위치에서 20mm정도이다.
3) 철근을 정확한 위치에 견고하게 조립하기 위해서
  ① 조립용 철근을 배치한다.
  ② 철근의 교점요소를 직경 0.9mm이상의 불에 달군 철사 또는 클립으로 긴결한다.

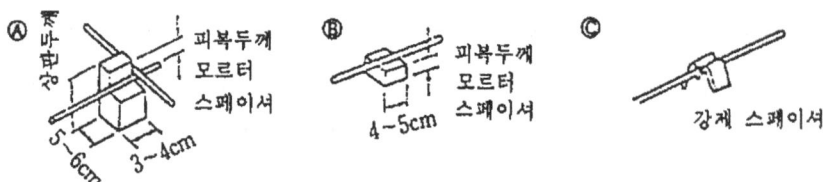

그림 7-18 스페이서

③ 철근과 거푸집 사이에 콘크리트제 또는 모르터제의 스페이서를 배치한다.(이것은 피부두께 확보(그림 7-18 참조))

등이 유효하다. 철근교점의 점용접 및 강제 스페이서에 대해서는 제7편 5장 참조.

4) 철근의 조립 후 반드시 배근검사를 한다. 체크포인트는 철근의 직경, 길이 및 개수, 철근의 위치 및 간격, 구부림과 이음의 위치 거푸집 내의 지지상태 등이다. 철근의 조립에서 콘크리트 치기까지 장시간 경과된 경우에는 콘크리트 치기 직전에 다시 배근 검사를 하여 청소한다.

3. 철근이음

1) 철근의 이음위치가 설계도에 표시되지 않은 경우

철근의 응력이 큰 위치를 피한다. 또 이음위치는 상호 비켜서 1단면에 모이지 않도록 하는 것을 원칙으로 한다. 이 경우 비키는 거리는(이음길이 +25ϕ)이상으로 한다.

여기서 ϕ : 철근직경

2) 이음의 종류

① 철근의 이음에는 다음의 각종의 것이 있다.

철근의 이음
- 겹이음
- 가스용접이음 및 자동가스압접이음
- 용접이음(아크용접이음, 앤크로즈용접이음)
- 기계이음(압착이음, 앤크로즈용접이음)
- 슬래브이음(모르터충전이음, 용융금속충전이음)

② 각종 이음은 각각 특징을 가졌으므로 철근의 재질, 직경, 하중의 종류(되풀이 하중의 유무) 등에 의해 적재적소에 이용한다. 현재 직경 16mm정도 이하에 대해 겹이음, 직경 16~51mm에 대해 수동 및 자동가스 압접이음, 직경 41mm정도 이상의 굵은 지름의 것에 기타의 이음이 주로 이용되고 있다.

3) 겹이음

① 겹이음은 그림 7-19에 표시한 바와 같이 철근의 단부를 소정길이 이상 겹치게 하여 수개소를 직경 0.9mm 이상의 불에 달군 철사로 연결한 것이며 콘크리트

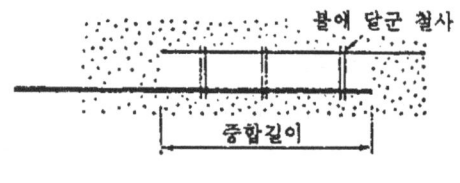

그림 7-19 겹이음

를 통하여 부착력에 의해 철근의 인장력을 전달하는 것으로 한다.

② 불에 달군 철사에 의한 긴결은 이음부의 철근위치를 유지하는 것만으로 이음강도는 전혀 관계가 없기 때문에 완전히 긴결할 필요는 있으나 너무 길게 감게 되면 모르터가 잘 미치지 않아 부착을 저해할 우려가 있으므로 주의한다.

③ 이음강도는 이음부 주위의 콘크리트 충전도나 균열의 유무에 의존하기 때문에 콘크리트 타설다짐을 특히 세심하게 실시하는 것이 중요하며 또 철근의 인장력에 의해 이음부의 콘크리트에 철근에 따른 종균열이 발생되기 쉬우므로 겹이음부를 횡방향 철근으로 보강하는 것이 유효하다.

④ 겹치는 길이는 철근의 전강도를 철근과 콘크리트와의 부착력으로 안전하게 전달할 수 있는 길이로 한다.

4) 가스압접이음 및 자동가스압접이음

① 가스압접이음은 철근단을 산소·아세틸렌가스로 가열하여 용융 전의 고온상태로 (가열온도는 약 1240~1250℃, 철근 용융점은 약 1500℃) 축방향에 가압함으로 (강압력 300~400kg/cm²) 접합한 고상접합의 일종이라 한다. 가스압접이음은 작업이 용이하고 싸서 전이음 공법 중 가장 많이 이용되고 있다.

② 가스압접이음에서는 ㉮ 접합하는 2개 철근의 축선을 일치시킬 것, ㉯ 접합면에 산화피막(플래트)이 생기지 않도록 접합면의 연마를 확실히 실시하는 것과 초기의 가열시에 환원염을 이용하는 것과 ㉰ 가열가담 공정을 확실히 실시하는 것 등이 중요하다. 이음성능은 압접공의 기량에 의존하는 것으로 일본의 경우, 용접협회에서는 용접기술 검정에 대한 시험방법 및 판정기준에 따라 기술검정을 실시하고 기술자격을 인정하였다. 기술자격의 종별 및 각각의 자격을 가진 압접공이 작업할 수 있는 범위를 표 7-7에 표시한다.

③ 자동가스압접이음은 가열, 가압공정을 거의 완전히 자동화하는 장치를 이용하는 것으로 압접공의 기술부족이나 유단 등에 좌우되는 일이 없이 항상 확실한 이음을 하는 것이 가능하다. 일본 용접협회에서는 자동가스압접공 기술자격을 정해 놓고 있으며 자동가스압접은 이러한 유자격자에 의해 건설부 「이음지침」에

따라 시공된다.

표 7-7 용접공의 기술자격(일본 용접협회)

기술자격 종별	작업가능 범위	
	철근의 재질	철근 지름
1종	SR 24, SR 30 SD 30A,B, SF 35, SD 40	지름 25mm이하 호칭명 D 25이하
2종	SR 24, SR 30 SD 30A,B, SF 35, SD 40	지름 32mm이하 호칭명 D 32이하
3종	SR 24, SR 30 SD 30A,B, SF 35, SD 40	지름 38mm이하 호칭명 D 38이하
4종	SD 30A,B, SF 35, SD 40	호칭명 D 41 및 D 51

5) 기타의 이음

① 압착이음 : 이형철근의 이음부에 소정길이의 강제 슬래브를 끼고 잭으로 눌러서 마디사이에 서로 먹히게 하여 접합하는 이음이다.

② 나사이음 : 나사마디 철근 이음은 열간 압연에 의해 철근전장에 걸쳐서 나사형의 마디를 붙인 것이며 나사가공 이음은 철근단부를 단조에 의해 확대하고 나사를 깎은 것을 이용한다. ① 및 ②의 기계이음은 날씨나 작업원의 기술에 영향되지 않고 확실한 이음을 할 수가 있다.

③ 슬래브이음 : 이형철근의 이음부에 소정 길이의 강제 슬래브를 끼고 철근과 슬래브와의 간극에 용융금속을 흘려 넣던가 (용융금속 충전이음), 무수축 모르터를 충전하던가(모르터 충전이음) 하여 슬래브를 통해서 철근응력을 전달하는 것이다. 모르터 충전이음은 프리캐스트 블록의 접합에 특히 적당하다. 이것은 그림 7-20에 표시한 바와 같이 블록의 접합면을 밀착시킬 수가 있고 블록의 이음부에 후타설 콘크리트를 필요로 하지 않기 때문이다.

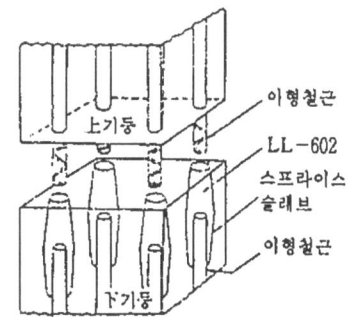

그림 7-20 모르터 충전이음에 의한 프리캐스트 블록의 접합

6) 장래의 이음을 위해 구조물에서 노출해 두는 철근

① 손상, 부식 등을 받지 않도록 보호한다. 시멘트 페이스트를 여러번 칠한다든지 모

르터 또는 아스팔트를 적신 천 또는 고분자의 피막으로 감싸두는 방법이 있다.
② 작업에 장해가 되지 않도록 노출된 철근을 구부려 두는 수가 많다. 이 철근은 장래 다시 휘게 되므로 철근의 재질을 해치지 않도록 가급적 큰 휨내 반경으로 한다. 휨반경을 8ϕ 이상으로 하면 좋다고 한다.

4. 철근의 가공

1) 각종 철근의 휨내 반경
① 구부림 철근의 휨내 반경은 내측의 콘크리트에 가해지는 지압응력이 커지지 않도록 5ϕ 이상으로 한다. 단, 콘크리트 측면에 가까운 구부림 철근(측면에서 $2\phi+2cm$이내)의 경우는 7.5ϕ 이상으로 한다.(그림 7-21)
② 라멘우각부의 우측에 따르는 철근의 휨내 반경은 10ϕ 이상으로 한다.(그림 7-22 참조)
③ 헌치, 라멘우각부의 내측에 따르는 철근은 빔의 인장철근을 구부린 것으로 하지 않고 별도의 직선상의 철근을 이용한다.(그림 7-21 참조)

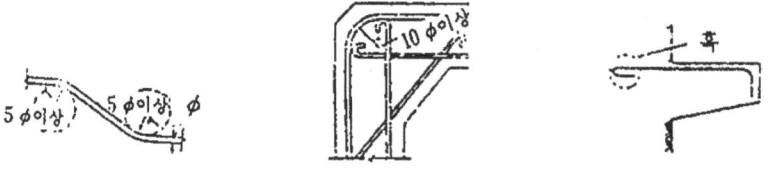

그림 7-21 구부림 철근의 휨내 반경   그림 7-22 라멘 우각부의 외측 및 내측에 따르는 철근   그림 7-23 고정단의 훅

2) 이형철근의 훅

이형철근에는 특별한 경우를 제외하고 단부에 훅을 두지 않아도 된다. 특별한 경우란 고정빔의 고정단과 같이 철근이 전강도를 받는 부분의 정착(그림 7-23), 벨의 인장철근의 받침상에 있어서의 정착(그림 7-24 참조), 후팅의 정철근의 첨단에 있어서의 정착(그림 7-25 참조) 등이 있다.

3) 철근의 가열휨에서는 가열에 의해 재질을 해치지 않기 때문에 가공부를 900~950℃로 가열하여 450℃이상에서 휨가공을 완료할 필요가 있다. 그러나 현장에 있어서 온도 관리가 곤란하기 때문에 가열휨은 장려치 않는다.

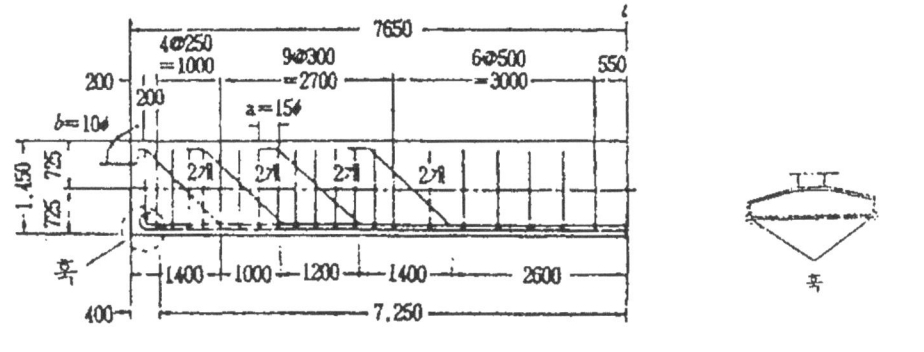

그림 7-24 단순빔의 인장철근의 훅   그림 7-25 후팅 인장철근의 훅

5. 철근의 조립

1) 조립오차

얇은 슬래브 등에서는 주철근의 위치가 약간의 잘못 되어도 부재강도에 크게 영향을 주게 되므로 주의를 요한다. 예를 들면 두께 h=20cm, 유효 높이 d=16cm, 인장 철근으로서 D16을 20cm간격으로 배치한 슬래브(그림 7-26 참조)에 있어서 인장철근이 위쪽으로 0.5cm 및 1.0cm 벗어난 경우 슬래브의 휨강도(종국 모멘트)는 다음 식으로 주어진다.(그림 7-27 참조)

$$M_v = f_y A_s (X - \Delta Z) \tag{7-4}$$

여기서 M_v : 슬래브의 폭 1m당 종국 모멘트(kg·cm), f_y : 철근의 항복점(kgf/cm^2), A_s : 슬래브폭 1m당 철근의 전단면적(m^2), Z : 콘크리트의 전압축력의 작용점과 인장철근의 도심과의 거리(암길이)(cm), ΔZ : 조립오차(cm).

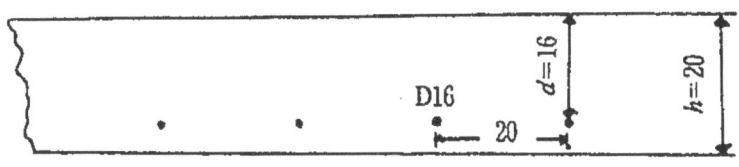

그림 7-26 RC슬래브의 단면

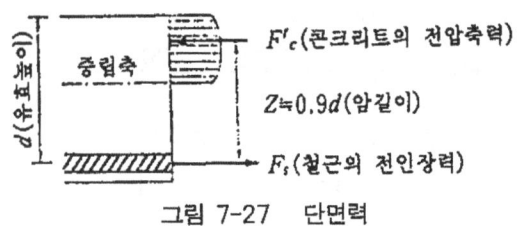

그림 7-27 단면력

근사적으로 $Z=0.9d$로서 각각인 경우, 종국 모멘트를 계산하면 표 7-8이 된다. 단 철근의 항복점 $f_y=3000\,kgf/cm^2$로 한다. 표 7-8에서 표시한 것처럼 인장철근의 위치가 부재의 압축 측에 벗어나면 휨강도는 저하되고, 저하되는 정도는 벗어나는 것이 0.5cm인 경우 3.5%, 1.0cm인 경우 약 7%로 되어 있다. 계산과정에서 아는 것처럼 종국 모멘트의 저하율은 (철근위치의 벗어남)÷(0.9×유효높이)=$\Delta Z/0.9d$에서 거의 추측된다.

표 7-8 철근의 조립오차의 영향

조립오차 ΔZ	엄길이 $Z-\Delta Z$ (cm)	철근량(슬래브 폭 1m당) $A_s(cm^2)$	종국모멘트(슬래브 폭 1m마다) $M_v(kg/cm)$
0 (설계도와 같음)	14.4		4.298 (1.00)
0.2 (상측에)	13.9	5D16 = 9.93	4.14 (0.96)
1.0 (상측에)	13.4		3.99 (0.93)

2) 철근 교점의 점용접 및 강제 스페이서

① 교점의 점용접은 철근의 조립에 매우 편리하다. 그러나 부분적 열영향이나 형상 변화(노치의 형성)에 의해 철근이 전성을 잃고, 또 내피로성이 크게 저하되므로 주요한 철근에는 이용하지 않는 것으로 한다.

② 강제 스페이서는 거푸집에 접하는 면에는 방식처리가 실시되고 있으나 스페이서를 통하여 철근의 녹을 유발할 우려가 있기 때문에 부식환경 하의 구조물에는 사용하지 않는 것이 좋다.

6. 겹이음의 겹치는 길이

1) 겹이음에 있어서는 철근의 응력을 부착력에 의해 전달되는 것으로 생각하기 때문에 겹치는 길이는 식(7-5)에서 계산한다. 단, 이 식은 극히 일반적인 경우 즉, 겹이음의

위치에 배치되어 있는 철근량이 계산상 필요로 하는 철근량의 2배 이상이며 또, 동일 단면의 철근에 있어서 이음의 비율이 1/2이하의 경우에 적용하며 이 조건을 만족하지 못하는 경우는 식(7-5)의 값을 적의 할증하는 것으로 한다.

$$l_d = \alpha \frac{f_{yd}}{4\pi f_{bod}} \phi \tag{7-5}$$

여기서, l_d : 겹치는 길이(cm), f_{yd} : 철근의 설계항복점(kgf/cm^2), f_{bod} : 설계부착강도(kgf/cm^2), ϕ : 철근직경(cm), α : 계수((3)항 참조)

식(7-5)은 (철근의 전강도)÷(철근의 단위길이당 전부착강도)= $\frac{\pi}{4}\phi^2 f_{yd} / \pi\phi f_{bod}$ 에서 유도된다.

2) f_{yd}는 공칭항복점(규격치 SD30 (295)의 3000kgf/cm^2, SD40 (390)의 경우 4000 kg/cm^{2}등)을 이용해도 좋다. 설계부착강도 f_{bod}는 다음 식에서 구한다.

$$f_{bod} = 0.6 f'_{ck}{}^{\frac{2}{3}} / \gamma_c \tag{7-6}$$

여기서, f'_{ck} : 콘크리트 압축강도의 특성치(설계기준 강도와 같음 kg/cm^2)

γ_c : 재료계수(콘크리트 강도에 대한 안전율로 1.3으로 한다.)

3) α의 값은

$\alpha = 1.0 (K_c \leq 1.0$인 경우)

$= 0.9 (1.0 < K_c \leq 1.5$인 경우)

$= 0.8 (1.5 < K_c \leq 2.0$인 경우)

$= 0.7 (2.0 < K_c \leq 2.5$인 경우)

$= 0.6 (2.5 < K_c$인 경우)

여기서,

$$K_c = \frac{c}{\phi} + \frac{15 A_t}{s\phi}$$

c : 주철근의 하측 피복의 값과 정착하는 철근의 여백반분의 값 중 적은 쪽(cm)

A_t : 가정되는 활열파괴 단면에 수직한 횡방향 철근의 단면적(cm^2)

s : 방향 철근의 중심간격(cm)

4) 겹이음의 콘크리트 타설할 때 타설종료면에서 30cm의 깊이보다 위쪽의 위치로 수평에서 45℃이내의 각도로 배치되어 있는 경우는 식(7-5)에 의해 구하는 l_d값의 1.3배로 한다.

5) 압축철근의 겹이음에 있어서 (1)~(4)에 의해 구하는 l_d의 0.8배로 해도 좋다.

제 47 장 거푸집 및 동바리

1. 재 료

1) 거푸집 재료로서 목판, 합판, 강재 등이 있으며 콘크리트용 거푸집 합판은 KS(농림규격)에 강제 거푸집 패널은 KS F 8006 「강제틀 합판 거푸집 패널」에 적합한 것을 이용한다. 표 7-9에 강제 거푸집 패널의 표준치수(평판만)를 표시한다. 거푸집에는 기타, 경질섬유판 거푸집, 합성수지 거푸집, 지제원통 거푸집(호로슬래브의 속빈형성용의 매살 거푸집) 등이 있다.

(2) 동바리에 쓰이는 강관받침 기둥은 KS F 8001 「강재파이프 서포트」에 적합한 것으로 한다.

표 7-9 호칭 방법 및 호칭 치수(KS F 8006))

단위 : mm

호 칭	나비×길이	호 칭	나비×길이	호 칭	나비×길이	호 칭	나비×길이
6018	600×1 800	5015	500×1 500	4012	400×12800	3009	300× 900
6015	600×1 500	5012	500×1 200	4009	400× 900	2518	250×1 800
6012	600×1 200	5009	500× 900	3518	350×1 800	2515	250×1 500
6009	600× 900	4518	450×1 800	3515	350×1 500	2512	250×1 200
5518	550×1 800	4515	450×1 500	3512	350×1 200	2509	250× 900
5515	550×15800	4512	450×1 200	3509	350× 900	2018	200×1 800
5512	550×1 200	4509	450× 900	3018	300×1 800	2015	200×1 500
5509	550× 900	4018	400×1 800	3015	300×1 500	2012	200×1 200
5018	500×1 800	4015	400×1 500	3012	300×1 200	2009	200× 900

2. 시 공

1) 거푸집 및 동바리의 조립

① 거푸집의 조임재로서는 볼트 또는 강재를 이용한다(그림 7-28 참조). 철사는 끊기거나 헐거워지기 때문에 중요한 구조물에는 쓰지 않는 것이 좋다.

② 조임용구의 단말을 콘크리트 표면에 남기면 녹이나서 콘크리트면을 오염하거나 물의 침입로가 되므로 예를 들면, 그림

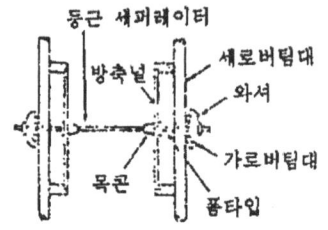

그림 7-28 거푸집 조임용구의 일례

7-28에 표시하는 바와 같은 조임용구를 쓰며 강봉의 끝면을 콘크리트 표면에서 2.5cm이상의 깊이로 고정하고 구멍에 모르터를 채운다.

③ 동바리의 조립에 앞서 기초지반을 정지하여 소요의 지지력이 얻어지도록 하고 성토의 장소는 충분히 전압한다.

④ 동바리를 충분한 강도와 안전성을 갖도록 기울기, 높이, 관통 등에 주의하며 조립한다.

⑤ 설계도에 표시된 치수대로의 구조물이 얻어지도록 콘크리트의 자중에 의한 변형이나 동바리의 침하 등을 고려하여 상월을 실시해야 한다.

2) 거푸집 및 동바리의 검사

① 콘크리트를 타설하기 전에 형상, 치수, 조임 등에 대해서 검사를 실시하는 것은 물론, 타설 중에도 거푸집의 부풀음, 모르터의 누설, 기울기, 침하, 접속부의 이완 등에 대해서 검사를 실시하고 필요에 따라서 적당한 조치를 한다.

② 구조물의 완성시공 정밀도는 구조물의 종류, 중요도에 따라서 다르게 되나 보통 표준으로서 교량의 경우 기둥 및 빔 :±20mm, 슬래브 두께 : ±10mm, 슬래브폭 : ±30mm, 옹벽의 경우는 : ±30mm정도이다.

3) 거푸집 및 동바리의 해체

① 거푸집은 콘크리트가 상당히 경화되어 그 압력을 받지 않게 될 때까지 지보공은 콘크리트 부재가 그 자중 및 시공시 하중을 완전히 받을 때까지 해체를 해서는 안된다.

② 표 7-10에 철근 콘크리트에 대한 거푸집을 해체해도 좋을 때, 콘크리트 압축강도의 지수를 표시한다. 단, 전설계하중 중 사하중이 차지하는 비율이 큰 구조물

의 경우에는 거푸집, 동바리를 해체했을 때에 전하중의 대부분이 작용되기 때문에 소요강도를 표 7-10에 표시하는 값보다 커야 할 필요가 있다.

③ 거푸집, 동바리의 해체시기를 지연시키는 것은 보통 안전하다. 그러나 고정보, 라멘, 아치 등의 부정정 구조물에서는 콘크리트의 클립을 이용하면 구조물에 균열이 생기는 것을 적게 할 수가 있으므로 콘크리트가 자중 및 시공 중에 가해지는 하중에 대해 필요한 강도에 도달하면 가급적 빨리 거푸집 및 동바리를 해체하는 것이 상책이다.

④ 거푸집, 동바리의 해체순서는 해체에 의해 가해지는 하중이 비교적 작은 부분을 먼저하고 발생하는 응력이 큰 부분을 후에 한다. 예를 들면, 기둥을 먼저 하고 빔를 후에 한다. 이것은 빔의 중량은 그 거푸집, 지보공으로 부담시켜 놓고 재하량이 거의 없는 기둥의 거푸집을 먼저 해체하는 것이다.

표 7-10 콘크리트의 압축강도를 시험할 경우(콘크리트 시방서)

부 재	콘크리트의 압축강도 (f_{cu})
확대기초, 보옆, 기둥 등의 측벽	5 MPa 이상
슬래브 및 보의 밑면, 아치 내면	설계기준강도×2/3 ($f_{cu} \geq 2/3 f_{ck}$) 다만, 14 MPa 이상

주) 콘크리트 압축강도를 14 MPa 이상이어야 함.

표 7.11 콘크리트의 압축강도를 시험하지 않을 경우 기초, 보옆, 기둥 및 벽의 측벽

시멘트의 종류 평균 기온	조강포틀랜드시멘트	보통포틀랜드시멘트 고로슬래그시멘트(특급) 포틀랜드포졸란시멘트(A종) 플라이애쉬시멘트(A종)	고로슬래그시멘트(1급) 포틀랜드포졸란시멘트(B종) 플라이애쉬시멘트(B종)
20℃ 이상	2일	4일	5일
20℃ 미만 10℃ 이상	3일	6일	8일

3. 특수거푸집 및 특수동바리

1) 특수거푸집이나 특수동바리

슬립폼, 터널거푸집, 트라베링폼, 이동동바리 등이 있다. 슬립폼은 높은 교각이나 수조

등을 대상으로 하여 연직방향으로 활동시키는 것이고 터널 거푸집은 수평방향으로 활동시키는 것이며 트라베링폼은 가동골조 비계로 지지된 거푸집으로 일구획 콘크리트의 타설, 양생이 끝나면 구조물에 따라 다음 구획으로 이동되는 것이다. 이동 지보공은 고가교 등의 시공에 이용되고 있다.

2) 슬립폼 공법
  ① 콘크리트가 시간과 함께 점차로 응결경화되는 성질을 묘하게 이용한 것으로 콘크리트를 거푸집 내에 타설하여 자립할 수 있는 정도로 굳었을 때 거푸집이 위쪽으로 뽑아 올려진다. 뽑아 올려진 거푸집 내에 철근을 조립하고 콘크리트를 타설한다.
  ② 슬립폼 공법의 특징은 다음과 같다.
    ㉮ 콘크리트는 연속적으로 타설되기 때문에 시공이음이 없는 일체구조물을 만들수가 있다.
    ㉯ 슬립폼 공법의 시공속도는 5~10m/일 정도이며 보통 공법의 2~4배이므로 공기를 단축할 수가 있다. 이에 대한 주의 점은
      ㉠ 뽑아 올리는 기간 중은 주야를 통하여 작업을 중단할 수 없다. 최근에 노무관리상 초지연제를 이용하여 야간작업을 피하고 있다.
      ㉡ 콘크리트는 극히 낮은 재령으로 거푸집을 떼기 때문에 콘크리트 품질관리 및 양생의 관리를 확실히 실시할 필요가 있다. 거푸집떼기시 콘크리트는 소요강성을 가져야 되나 편의상 압축강도를 평가하고 그 값은 $0.6~1.0kg/cm^2$ 이상으로 되어 있다.
  ③ 그림 7-29에 슬립폼 공법의 개요를 표시한다.

3) 기타 특수거푸집(프리캐스트 콘크리트 거푸집, 특수거푸집, 흡수거푸집)
  ① 프리캐스트 콘크리트 거푸집은 폴리머 시멘트, 모르터나 수지함침 콘크리트를 제작한 것으로 그대로 매설한 거푸집으로 사용한 구체콘크리트의 표면을 보호한다.
  ② 특수거푸집 및 흡수거푸집은 콘크리트 표면 근방의 물시멘트비를 저감함과 더불어 기포나 자국을 없애고 밀실한 표면을 얻는 것이다. 이들은 특히 내구성이 요구되는 구조물로 사용된다.

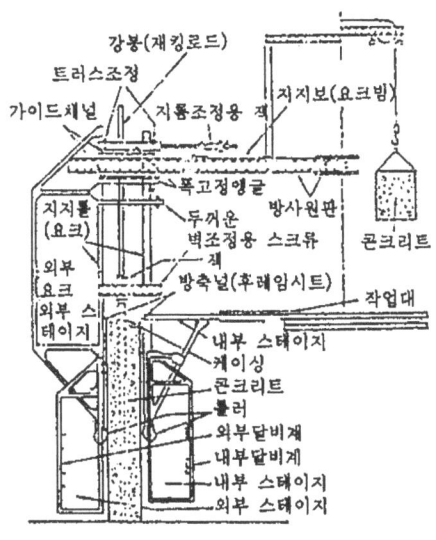

그림 7-29 슬립폼 공법

4. 하중

1) 거푸집 및 동바리의 설계
시공조건을 고려하여 연직방향 하중, 횡방향 하중, 굳지 않은 콘크리트의 측압 및 특수하중을 고려한다.

2) 연직방향 하중
① 연직방향 하중은 거푸집 수평부 및 동바리의 설계에 고려하는 것으로 콘크리트 또는 철근 콘크리트의 질량, 거푸집 질량, 작업원 및 작업기기의 질량 등이다.
② 콘크리트의 단위질량은 보통 콘크리트인 경우 $2.4t/m^3$, 잔·굵은 것도 경량 골재를 이용한 콘크리트인 경우 $1.7t/m^3$, 일부에 경량골재를 이용한 콘크리트인 경우 $1.9t/m^3$로 해도 좋다. 철근 콘크리트인 경우는 철근질량으로서 일반적으로 $0.15t/m^3$을 가산한다.
③ 작업원, 콘크리트 운반차 등의 활하중(시공하중)은 계산의 편의상 등분포 하중으로 취급, 일반적으로 $0.25t/m^3$이상으로 한다.

3) 횡방향 하중
① 동바리의 도괴사고는 횡방향 하중에 의하는 경우가 많기 때문에 횡방향 하중의

가정은 신중하게 실시할 필요가 있다. 횡방향 하중은 작업시의 진동이나 충격, 콘크리트의 편심타설이나 자재의 치우친 적재 등에 의하나 이것들을 정확히 예측하는 것은 곤란하기 때문에 편의상 사하중의 0.02이상 또는 지보공 상단의 단위 길이당 150kg/m이상 중 큰 편의 하중의 지보공 정상부에 수평방향으로 작용하는 것으로 가정한다.

② 옹벽과 같은 벽이 거푸집인 경우는 거푸집 측면 전체에 50kgf/m²의 횡방향 하중이 작용하는 것으로 한다.

③ 풍압, 유수압, 지진력 등의 영향을 크게 받을 우려가 있는 경우는 별도로 고려한다.

4) 굳지 않은 콘크리트 측압

① 굳지 않은 콘크리트의 측압은 타설속도, 타설높이, 응결시간(콘크리트의 배합 및 온도, 지연제의 사용 등에 의한다.), 진동다짐, 철근량 등에 영향을 받는다.(제12장 참조)

② 거푸집 및 그 부속품(조임재료 등)의 설계는 보통 포틀랜드 시멘트를 이용하며 단위질량 2.4tf/m³, 슬럼프 10cm이하의 콘크리트를 내부진동기에 의해 다지는 경우 보통 다음 식을 이용하여 측압의 최대치를 계산해도 좋다.

㉮ 기둥인 경우

$$P_{max} = 0.8 + \frac{80R}{T+20} \leq 1.5 \,(tf/m^2) \text{ 또는 } 2.4H(tf/m^2) \tag{7-7}$$

㉯ 벽인 경우로, $R \leq 2m/h$일 때

$$P_{max} = 0.8 + \frac{80R}{T+20} \leq 10 \,(tf/m^2) \text{ 또는 } 2.4H(tf/m^2) \tag{7-8}$$

㉰ 벽의 경우로, $R \geq 2m/h$일 때

$$P_{max} = 0.8 + \frac{120+25R}{T+20} \leq 10 \,(tf/m^2) \text{ 또는 } 2.4H(tf/m^2) \tag{7-9}$$

여기서, P_{max} : 측압의 최대치(tf/m²), R : 타설속도(m/h), T : 거푸집내 콘크리트 온도(℃), H : 생각하고 있는 점에서 위의 콘크리트 높이(m)

그림 7-30은 식(7-7), 식(7-8) 및 식(7-9)을 도시한 것이며 타설속도 및 콘크리트 온도와 측압의 최대치의 관계를 표시한 것이다. 또는 그림 7-30에서 P_{max}를 구하고 이것을 콘크리트의 단위질량(=2.4 tf/m³)으로 나누어 유효헤드를 구한다.

$$H_0 = P_{max}/2.4 \tag{7-10}$$

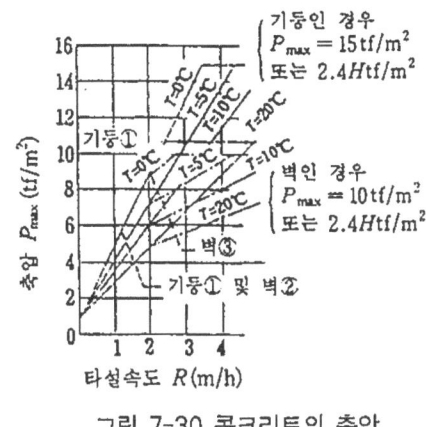
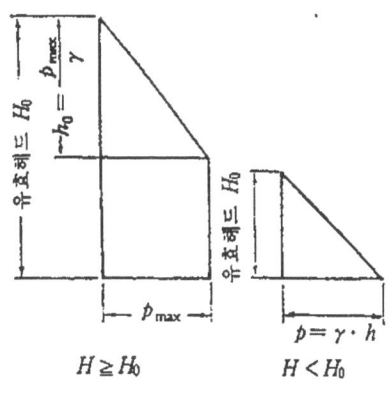

그림 7-30 콘크리트의 측압   그림 7-31 측압의 분포

여기서, H_0 : 유효헤드(m)

그림 7-31에 표시한 바와 같이 유효헤드 이하의 부분은 P_{max}와 비등한 것으로 한다. 또 경량골재 콘크리트인 경우는 위식 P_{max}에 (1.7/2.4) 또는 (1.9/2.4)를 곱하면 된다.

5) 특수하중

시공 중에 예상되는 특수한 하중으로 콘크리트의 비대칭 타설에 의한 편재하중, 호로 슬래브의 매살 거푸집에 작용하는 등 揚壓力 등이다.

5. 허용응력도

일본의 「노동성 안전위생규칙」(노동성령)에서는 거푸집, 동바리용 재료의 허용응력을 다음과 같이 정하였다.

1) 강재

① 허용휨응력, 허용인장 응력 및 허용압축응력 ≤ 2/3 × (항복강도) 또는 1/2 × (인장강도)

② 허용전단응력 ≤ 4/5 × (허용인장응력)

③ 허용좌굴응력

$$\left. \begin{array}{l} l/i \leq 100 \text{인 경우}, \sigma_c = \sigma - (\sigma - 1000)(l/100i)^2 \\ l/i > 100 \text{인 경우}, \sigma_c = 1000/l/100i)^2 \end{array} \right\} \quad (7\text{-}11)$$

여기서, l : 지주의 길이 (지주의 수평방향 변위가 구속되어 있을 때는 구속점 간의 길이중 최대의 길이)(cm), i : 최소단면 2차반경($i=\sqrt{I/A}$), I : 단면 2차모멘트, A : 단면적(cm), σ_c : 허용좌굴 응력(kgf/cm^2), σ : 허용압축응력(kgf/cm^2)

2) 목재

① 섬유방향의 허용휨응력, 허용압축응력 및 허용전단응력은 표 7-12에 표시한 값 이하로 한다.

표 7-12 거푸집 동바리용 재료의 허용응력의 표준(일본 노동성 위생안전규칙)

목재의 종류		허용응력의 값(kgf/cm^2)		
		휨	압축	전단
침엽수	적송, 흑송, 낙엽송, 나한백, 노송나무, 솔송나무, 미송, 미나한백	135	120	10.5
	삼목, 단풍나무, 가문비나무, 일본 개문비나무, 미삼목, 미솔송나무	105	90	7.5
광엽수	떡갈나무	195	135	21.0
	밤나무, 졸참나무, 너도밤나무, 느티나무	150	105	15.0
합판		165	135	10.5

주) 합판의 허용응력은 시방서 시공편의 값

② 섬유방향의 허용좌굴 응력은 다음 식에 의한다.

$$\left. \begin{array}{l} l_k/i \leq 100 \text{인 경우}, \sigma_k = \sigma_c(1-0.007 l_k/i)^2 \\ l_k/i > 100 \text{인 경우}, \sigma_k = 0.3\sigma_c/(l_k/100i)^2 \end{array} \right\} \quad (7\text{-}12)$$

여기서, l_k : 지주의 길이 (지주가 수평방향의 변위를 구속하고 있을 때는 구속점 간의 길이 중 최대의 길이)(cm), i : 최소단면 2차반경(cm), σ_k : 허용좌굴 응력(kgf/cm^2), σ_c : 허용압축응력(kgf/cm^2)

6. 설 계

1) 거푸집의 설계
   ① 거푸집은 그것이 받는 하중에 대해 형상, 위치를 정확히 유지할 수 있도록 요소에 조임재료 등을 배치한다.
   ② 거푸집은 조립, 해체가 용이하고 또 모르터가 새지 않는 구조로 하고 코너에 못 따기 재료를 둔다.
   ③ 거푸집의 내부를 청소하기 위해서는 검사에 편리하도록 거푸집의 저부 등에 일시적 개구를 둔다, 또 거푸집의 높이가 큰 경우에는 콘크리트 타설에 편리하도록 콘크리트의 투입구를 두는 것이 좋다.(제43장, 그림 7-8 참조)

2) 동바리의 설계
   ① 지주는 연직하중을 확실히 지반에 전달할 수 있는 구조로 한다. 이 때문에 가위 등으로 지주를 고정하는 동시에 빔을 이용하여 부등침하가 생겨도 하중을 각 지주에 분포될 수 있도록 배려한다.
   ② 지주설계는 횡방향 하중을 고려치 않는다. 횡방향 하중에 대해서는 동바리 상부의 빔 양끝을 기설구조물, 기타의 지지물로 고정하여 저항시킨다.
   ③ 동바리는 구조물에 손상을 주지 않고 용이하게 해체할 수 있도록 잭 또는 쐐기를 이용하는 구조로 하고, 지주의 이음은 맞댐이음 또는 꽂아 넣기로 한다.

제 48 장 표면 마무리 및 방수공

1. 표면 마무리

1) 표면 마무리
콘크리트 구조물의 외관뿐 아니라 치밀한 표면을 형성하여 기상작용이나 마모에 대한 저항성을 더하기 위해서도 중요하다.

2) 방축널에 접하지 않는 면의 마무리
① 다짐이 종료하고 콘크리트 상면에 빠져나온 블리딩수가 비친 후 또는 블리딩수가 많은 경우는 이것을 제거한 후가 아니면 표면마무리를 실시해서는 안된다. 이것은 흘러 내린 물을 제거하지 않으면 레이턴스가 된다든지 마무리된 후에 콘크리트 표면에 실금이 발생할 우려가 있기 때문이다.
② 마무리 작업은 나무흙손을 이용하는 것이 바람직하다. 또 최근 로터리스크리드 등을 갖춘 마무리 기계가 고안되고 있기 때문에 그 성능을 충분히 조사하여 사용해도 좋다. 마무리 작업을 과도하게 실시하면 표면에 시멘트 페이스트가 집중되고 수축균열이 생기기 쉬우므로 주의를 요한다.
③ 마무리 작업 후에 콘크리트 표면이 급격히 건조되면 플라스틱 수축균열이 생기지 않도록 배려하는 동시에 발생된 경우에는 가급적 조기에 발견하여 탬핑 또는 재마무리에 의해 균열을 없앤다.
④ 평활하고 치밀한 표면을 필요로 하는 경우에는 마무리작업이 되는 범위에서 가급적 지연시기에 쇠흙손을 이용하여 힘을 가해서 마무리를 실시한다.

3) 거푸집에 접하는 면의 처리
① 판판한 모르터면이 얻어지도록 단차이동이 없는 판판한 면의 방축널을 이용할 것, 이음에서 모르터가 새지 않도록 주의하는 동시에 타설, 다짐을 세심하게 하고 가능한 경우는 스페이딩(spading)을 실시하는 것이 좋다.
② 콘크리트 표면에 생긴 두판이나 결손부에는 콘크리트 또는 모르터의 패칭을 실시하여 온도 응력이나 건조수축에 의해 경화 후 생긴 균열은 필요에 따라서 에

폭시 수지 등을 이용하여 보수한다.

4) 감량을 받는 면의 마무리

포장, 댐의 월류부, 수로, 배사로와 같이 마모저항이 큰 표면을 필요로 하는 경우에는 다음 점에 주의하여 시공한다.
① 견고하고 마모저항이 큰 양질의 골재를 이용한다.
② 물시멘트비를 적게 한다.
③ 세심한 다짐을 실시하여 치밀한 콘크리트를 만드는 동시에 충분한 양생을 실시한다. 양생기간을 가급적 길게 하는 것이 좋다.
④ 마모저항을 특히 크게 하고자 하는 경우는 철분 또는 철립골재의 사용이나 레진 콘크리트, 폴리머 콘크리트, 강섬유보강 콘크리트, 폴리머함침 콘크리트의 사용을 고려한다.

5) 특수 마무리

개체 마무리, 연마 마무리, 씻기 마무리, 모래뿜기 마무리, 공구 마무리, 모르터칠 마무리, 테라조 마무리, 모르터 뿜기 마무리, 도장마무리 등이 있으며 일반적으로 장식용으로 이용되고 있다.

2. 방수공

1) 일반

① 양질인 재료와 적절한 시공, 충분한 부재 두께에 의해 수밀적인 콘크리트 구조물을 만들 예정이지만 현장에 있어서 약간의 시공불비에 의해 누수가 생기므로 터널이나 지하도 등의 수밀 구조물에서는 방수공이 필요하다.
② 방수공을 필요로 하는 구조물에서는 배수공을 완전히 시공하는 것이 중요하다.
③ 일면은 직접 수압을 받고 타면은 건조되어 있지 않으면 안되는 구조물에서는 방수공은 수압을 받는 면에 시공하는 것을 원칙으로 한다. 이것은 수압을 받지 않는 측의 면에 시공하면 콘크리트면과의 사이에 물이 고이고 동결되면 방수공에 손상을 주기 때문이다.

2) 각종 방수공

① 도포방수공 : 콘크리트 면에 방수재료를 도포한 것으로 시공이 용이하고 비교적

값도 싸다. 모르터도포, 파라핀도포(paraffin water proofing), 아스팔트 또는 피치 도포, 모르터뿜기 등이 있다. 그러나 이것들은 단순한 도포이기 때문에 도포 층에 균열이 생기거나 박리되면 그 방수 효과는 상실된다. 이것에 대해 투수성 도포방수제는 콘크리트면에 도포하면 콘크리트가 습윤이라면 이온 확산에 의해 내부에 침투되어 규산석회염, 알루민산 석회염 등을 생성하여 알루민산 석회염 등을 생성하여 콘크리트 내부에 방수층을 형성한다. 따라서 도포층이 박리되어도 상당한 방수효과가 잔존한다.(그림 7-32 참조)

② 방수막공 : 아스팔트 또는 피치의 루핑 펠리트와 블로운 아스팔트, 아스팔트 콘파운드 등을 교호로 수층 겹쳐서 방수층을 형성하여 그 위에 모르터 또는 콘크리트의 보호층을 시공할 것으로 가장 확실한 방수공으로 되어 있다. 그러므로 이 공법은 균열발생의 우려가 있는 넓은 콘크리트면, 예를 들면, 지하도나 교량의 슬래브 방수에 이용되고 있다.

③ 기타의 방수공 : 매스틱(아스팔트 또는 피치에 모래, 시멘트 또는 석회석 분말을 혼합한 것) 합성수지, 합성고무의 도포공 및 방수막공이 있다.

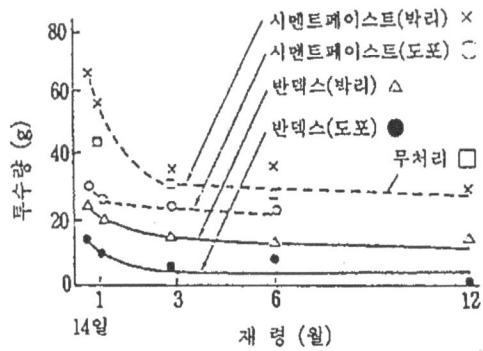

그림 7-32 침투성 도포방수제의 방수효과

【연습문제】

제 42 장 계량 혼합 및 운반

다음 기술 내용의 적정 여부를 판단하고, 물음에 답하시오.

(1) 계량오차는 계량기 자체에 의한 오차와 재료를 계량기에 공급할 때에 생기는 오차로 되었으며, 일반적으로 후자는 저감하는 것은 전자에 비하여 어렵다.

(2) 믹서의 혼합성능은 배치믹서의 경우나 연속믹서 경우도 KS F 2455에 의해 평가한다.

(3) 믹서에 의한 콘크리트의 비빔시간은 길면 길수록 좋다.

(4) 슈트를 이용하는 경우는 가급적 사면슈트를 하고 그 구배는 수평 2에 대해 수직 1정도로 한다.

(5) 콘크리트 펌프는 적절한 배합의 콘크리트를 이용하면 재료분리가 적은 상태로 콘크리트를 운반할 수 있는 방법의 하나이다.

(6) 펌프 압송용 콘크리트의 슬럼프는 8~15cm가 적절하며 슬럼프 12cm를 초과하는 것은 유동화 콘크리트로 하는 것을 원칙으로 한다.

(7) 최근 콘크리트 펌프의 성능은 압송이 가능한 거리로 수평 약 500~1000m, 수직 50m에 달한다.

제 43 장 타설 및 다짐

다음 기술 내용의 적정 여부를 판단하고, 물음에 답하시오.

(1) 경사면상의 콘크리트 타설로 진동다짐을 실시하는 경우 상측에서 하측을 향하여 진행하는 것이 좋다.

(2) 상부에 캔틸레버부를 가진 기둥의 콘크리트를 한번에 타설하면 기둥과 캔틸레버의 경계면 부근에 침하균열이 발생되기 쉽다.

(3) 콘크리트의 다짐은 내부진동기에 의하는 것을 원칙으로 한다. 이것은 내부 진동기에 대해서 KS가 제정되었기 때문이다.

(4) 재진동 다짐은 콘크리트의 내부에 다수의 미세균열을 발생시키므로 어느 경우에도 실시해서는 안된다.

제 44 장 양 생

다음 기술 내용의 적정 여부를 판단하고, 물음에 답하시오.

(1) 포틀랜드 시멘트의 이론 완전 수화물량은 시멘트 중량의 약 40%이지만 일반 콘크리트 구조물의 노출상태에서는 콘크리트 속에서 수분이 증발되므로 가수양생이 필요

하다.

(2) 습윤양생 기간은 가급적 오래 한하는 편이 바람직하나 실제상 곤란하며 불경제가 되므로 건설부 시방서에서는 최소의 습윤양생 기간을 규정하였다.

(3) 막양생은 콘크리트에서 물의 증발을 완전히 막을 수가 있으므로 통상의 습윤양생보다 양생효율이 좋다.

(4) 막양생제는 콘크리트 표면을 건조시킨 후에 살포하면 콘크리트 면과의 부착도 좋고 수밀효과도 크다.

제 45 장 이 음

다음 기술 내용의 적정 여부를 판단하고, 물음에 답하시오.

(1) 연직시공 이음의 시공에 있어서는 신 콘크리트의 재진동 다짐이 대단히 유효하다.

(2) 빔의 경간 중앙은 보통 휨모멘트가 크기 때문에 이 위치에 시공이음을 두어서는 안된다.

(3) 시공이음에서는 철근이 연속되어도 좋으나 신축이음에서는 보통 철근을 연속시켜서는 안된다.

(4) 균열 유발 줄눈은 여기에 균열을 집중시킬 목적으로 두는 것이므로 부재의 표면에서 이면까지 관통된 이음이 아니면 안된다.

제 46 장 철 근 공

다음 기술 내용의 적정 여부를 판단하고, 물음에 답하시오.

(1) 표준 훅에는 반원형 훅, 예각 훅 및 직각 훅이 있으며 원형강의 경우는 항상 반원형 훅으로 하지 않으면 안된다.

(2) 철근은 가열하면 재질을 강하지 않게 구부리기가 쉬우므로 열간가공을 원칙으로 한다.

(3) 가스압접이음은 철근 끝을 가스버너로 가열용융한 후 축방향으로 가압하여 접합하는 용접이음의 일종이다.

(4) 겹이음에 있어서는 불에 달군 철사에 의한 긴결에 의해 철근의 응력이 전달되기 때문에 가급적 굵은 철사를 사용하며 좁은 간격으로 견고하게 긴결하지 않으면 안된다.

(5) 라멘우각부의 내측에 따른 철근은 빔의 인장철근을 구부린 것으로 한다.

(6) 이형철근의 경우에도 전강도를 받는 부분의 정착단에는 훅을 둔다.

(7) 단순지지의 철근 콘크리트빔 인장철근의 위치가 하측으로 벗어나면 빔의 휨강도는 저하된다.

(8) 겹이음의 겹치는 길이는 철근의 응력을 부착력에 의해 안전하게 전달될 수 있는

길이로서 산정하고 이것을 철근량 1단면에 대한 이음의 비율, 철근응력의 正(+), 負(-) 철근의 위치 및 피복을 고려하여 조정한다.

제 47 장 거푸집 및 동바리

다음 기술 내용의 적정 여부를 판단하고, 물음에 답하시오.

(1) 설계도와 같은 구조물을 만들기 위해 거푸집, 동바리의 조립에 있어서 콘크리트의 자중에 의한 변형, 동바리의 침하 등을 고려하여 상월을 실시해야 한다.

(2) 라멘, 아치 등에는 클립을 이용하여 균열을 적게 할 수가 있기 때문에 콘크리트가 소요의 강도에 도달하면 가급적 빨리 거푸집 및 동바리를 해체하는 것이 좋다.

(3) 기둥은 빔을 받치는 중요한 부재이기 때문에 기둥의 거푸집 및 동바리의 해체는 빔의 거푸집, 동바리의 해체 전에 실시해서는 안된다.

(4) 슬립폼 공법에 의하면 시공이음이 없는 일체적 구조물을 만들 수가 있다.

(5) 거푸집, 동바리에 가하는 작업원, 작업기기 등의 하중은 편의상 등분포하중으로서 취급한다.

(6) 거푸집에 미치는 굳지 않은 콘크리트의 측압분포는 거푸집의 전 높이에 걸쳐서 수압과 같이 삼각형 분포로 한다.

(7) 거푸집 및 동바리의 설계는 시공조건을 고려하여 연직방향, 횡방향 하중, 콘크리트의 측압 등 특수하중을 고려하여야 한다.

(8) 동바리에 가해지는 횡방향 하중은 지주로 받는 것이 아니라 동바리 상부의 빔을 기설구조물에 고정하여 저항시킨다.

제 48 장 표면 마무리 및 방수공

다음 기술 내용의 적정 여부를 판단하고, 물음에 답하시오.

(1) 콘크리트 상면의 마무리는 다짐 종료 후 블리딩수가 남아 있는 사이에 재빨리 실시해야 한다.

(2) 콘크리트 상면의 마무리 작업을 과도하게 실시하면 표면에 시멘트 페이스트가 집중되어 수축균열이 생기기 쉽다.

(3) 일면은 직접 수압을 받고 타면은 건조되지 않으면 안되는 구조물에 있어서 방수공은 안전을 위해 수압을 받지 않는 면에 시공하는 것을 원칙으로 한다.

(4) 콘크리트 구조물의 방수공으로서 방수막공은 가장 확실한 공법으로 되어 있다.

제 8 편 각종 콘크리트의 시공

제49장 Mass Concrete
제50장 한중 콘크리트
제51장 서중 콘크리트
제52장 수밀 콘크리트
제53장 인공 경량 골재 콘크리트
제54장 해양 콘크리트
제55장 수중 콘크리트
제56장 프리팩트 콘크리트
제57장 뿜기 콘크리트
제58장 공장제품
제59장 프리스트레스트 콘크리트
제60장 포장 콘크리트
제61장 댐 콘크리트
제62장 투수 콘크리트
제63장 칼라(탁색안료) 콘크리트

핀란드의 라하티는 헬싱키의 북방 약 100km에 있으며 아름다운 호수에 면한 일대 리조트, 스포츠시설을 가진 신흥도시이며 과거 동계 올림픽이 개최된 곳이다. 1963년 4월 중순, 라하티시에 건설 중이던 9층의 철근콘크리트 빌딩이 돌연 붕괴되었다. 붕괴는 봄의 햇빛을 가득히 받았던 동남쪽에서 시작되었으며 모래와 자갈로 구불구불 구부러진 철근이 인간의 키만큼 산적되었으며 부재는 전혀 원형을 볼수 없는 완전한 붕괴였다는 것에서 원인이 경화전 콘크리트의 동결이라는 것이 한눈에 판명되었다.

이 건물의 콘크리트치기는 1962년 12월 초부터 다음해 3월 초순까지 9회로 나누어 실시되었다. 이 지방의 겨울 평균기온은 -8℃정도이기 때문에 가열양생이 실시되도록 설비되었으나 무엇인가의 차이로 충분한 기능이 되지 못한 것 같다. 그 결과 콘크리트는 경화 전에 동결되어 버렸다. 동결된 콘크리트는 경화된 콘크리트와 외관상 구별이 안되었으며 동결에 의한 콘크리트는 겉보기 강도는 표준양생강도의 반정도에 도달했기 때문에 동결콘크리트를 충분히 경화된 콘크리트 오인하고 9층까지 프레임을 세워 버렸던 것이다. 그 때문에 봄이 오는 동시에 동결 콘크리트는 동남쪽 구석부터 녹기 시작하여 산산조각으로 붕괴되어 버렸다.

한랭시 콘크리트치기는 이와 같은 대사고로 직결되기 쉬우므로 우선 한중콘크리트 시공법의 원칙을 엄수할 것과 그 외에 내한용 혼화제의 이용 등이 권장된다. 콘크리트가 동결되는가, 여부를 판단하는 것은 대단히 어려우나, 동결되지 않은 콘크리트는 타설 후 수일 간은 회색인데 대해 동결되면 표면이 희게 된다. 의심나는 경우에는 열양을 가하는 것이 제일 좋다.

제 49 장 Mass Concrete

1. 일 반

댐으로 대표되는 대개의 콘크리트(매스콘크리트)에서는 시멘트의 수화열에 기인되는 온도응력에 의한 균열의 발생이 문제가 된다. 그러나 최근 구조물의 대형화에 따른 대형단면의 철근콘크리트에서는 대립골재나 된비빔 콘트리트를 사용할 수 없으며 고강도를 요하는 등에서 비교적 부배합이 되며 온도균열에 대한 검토가 필요하게 된다. 따라서 너무 크지 않은 구조물에도 온도균열 발생의 우려가 있는 경우는 모두 매스콘크리트로서 취급하기로 하고, 그 치수의 겨냥은 펼쳐진 어느 두꺼운 슬래브로 두께 80~100cm 이상 하단이 구속되어 있는 벽으로 두께 50cm이상으로 생각한다.

2. 온도균열의 제어

1) 온도균열의 제어

매스콘크리트 구조물에 요구되는 기능에 따라 온도균열을 방지하는 경우와 균열폭, 간격 또는 위치를 제어하는 경우 등이 있다. 온도균열을 제어하기 위해서는,
① 재료 및 배합의 선정
② 콘크리트 칠 때의 블록 분할
③ 타설시간 간격
④ 콘트리트의 냉각 및 표면의 보온
⑤ 양생방법 등

시공전반에 걸쳐 검토할 필요가 있다. 또 균열 유발 줄눈을 두고 균열의 위치를 제어하는 편이 효과적인 경우도 있으며 팽창콘크리트나 균열제어 철근의 사용 등의 방법도 있다.

2) 재료 및 배합
① 중용열 시멘트, 고로시멘트, 플라이애쉬 시멘트 등의 저열형의 시멘트를 이용한

다. 단, 고로시멘트는 슬래브 혼입율이 70%정도 이상이 아니면 콘크리트 온도상
승의 저감에 유효하지 않은 경우가 있다. 중용열 시멘트에 고로슬래브 미분말
또는 플라이애쉬를 혼합한 것은 유효하다.

② 저열형 시멘트를 이용한 콘크리트의 초기강도는 작으나 장기 재령에 대한 강도
증진이 크고 일반적으로 매스콘크리트의 양생조건은 양호하므로 설계기준강도
로서 재령 91일의 압축강도를 이용하는 것이 좋다. 이와 같이 하면 표 8-1에 표
시한 바와 같이 기준 재령을 28일로 한 경우에 비하여 같은 압축강도를 얻기
위한 단위 시멘트량은 보통시멘트를 사용한 경우 약 30kg/m³, 중용열 시멘트를
사용한 경우 약 100kg/m³ 저감하여 그 결과 콘크리트의 온도상승량은 각각 약
3℃ 및 약 8℃감소되고 저열형 시멘트의 유리성을 표시하였다.

③ 콘트리트의 배합은 소요의 워커빌리티 및 강도가 얻어지는 범위 내에서 단위 시
멘트량이 가급적 적게 되도록 정한다. 단위 시멘트량 10kg/m³당 콘크리트 온도
상승량은 약 1℃ 감소된다.

표 8-1 기준재령을 28일 및 91일로 한 경우의 단위 시멘트량
및 콘크리트 최고온도의 비교

기준재령 (일)	보통시멘트		중용열시멘트	
	단위시멘트량 (kg/m³)	최고온도 (℃)	단위시멘트량 (kg/cm³)	최고온도 (℃)
28	319	34.2	333	30.4
91	288	31.3	238	22.0

주) 각 값은 $C/W \sim f'_c(28)$, $C/W - f'_c(91)$의 식 및 온도상승식을 이용하여 계산한 것으로
콘크리트의 최고온도는 두께 1.2m의 중심온도이다.

3) 타설

① 콘크리트의 타설온도를 가급적 낮게 한다. 그 결과 콘크리트의 최고온도 와 外
氣溫과의 차이를 저감할 수가 있다. 이를 위한 방법으로써 재료를 사전에 냉각
시키는 프리쿠울링(precooling)이 있다. 콘크리트의 타설 온도를 1℃저하시키는
데는 대개 골재온도를 5℃ 또는 물의 온도를 4℃ 또는 시멘트의 온도를 8℃ 저
감하면 좋다. 혼합물에 얼음을 혼입하는 경우에는 타설 전에 얼음이 완전히 녹
지 않으면 안된다. 또 하루중 고온시를 피하여 타설을 실시하는 것은 타설온도
를 낮게 하는데 유효한 수단이다.

② 매스콘크리트에서는 일반적으로 대량의 콘크리트를 몇 개의 구획으로 나누어 타
설한다. 수평방향의 블럭분할 및 연직방향의 리프트 분할의 크기는 소요의 수축

줄눈 간격, 방열조건 및 콘크리트 플랜트의 능력에서 정하는 1회의 타설가능량 등을 고려하여 정한다. 그림 8-1은 허용균열폭을 0.23mm로 한 경우 수축줄눈 간격과 온도강하의 한계관계를 표시한 것이다.

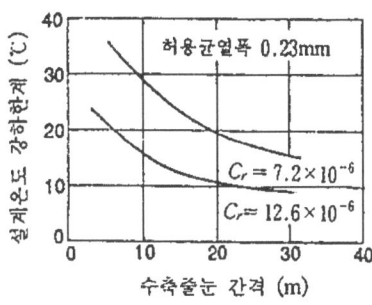

그림 8-1 수축줄눈간격과 온도강하의 한계치와의 관계

③ 한 블록의 타설완료 후 이것을 접하는 블록의 콘크리트를 타설할 때까지의 시간을 타설시간 간격이라 한다. 새로 타설되는 콘크리트는 먼저 콘크리트의 구속을 받아 신·구 콘크리트의 온도차에 의해 응력이 발생한다. 이 온도응력은 타설시간 간격이 길어질수록 신·구 콘크리트의 유효영계수(클립 등을 포함한 겉보기 영계수) 및 온도차가 커지기 때문에 커진다. 한편 암반 등 강성이 크고 따라서 구속도가 큰 것 위에 수 층에 걸쳐 콘크리트를 타설이음하는 경우 타설시간 간격을 너무 짧게 하면 리프트 두께에 따라서는 콘크리트 전체의 온도가 높아지며 균열발생의 가능성이 커진다.

④ 벽상 구조물에서는 온도균열의 발생위치를 제어하고 기타부분에 있어서 균열발생을 방지하는 동시에 균열의 사후처리를 용이하게 할 목적으로 균열유발 줄눈을 두는 경우가 있다. 예정 개소에 균열을 확실히 넣기 위해서는 유발줄눈에 있어서 단면감소율 20%이상으로 할 필요가 있다.

4) 양생시의 온도제어

① 매스콘크리트의 양생에서는 보통 콘크리트에 필요한 양생의 조건에 가하여 온도균열을 제거하기 위한 조치가 필요하다. 즉,
㉮ 온도상승을 적게 한다.
㉯ 부재내외부의 온도차를 가급적 작게 한다.
㉰ 부재 전체로서의 온도강하가 급격하지 않도록 한다.

② 상기의 ㉮, ㉯, ㉰의 목적을 달성하기 위해 파이프쿠우링(pipe cooling)이 유효하다. 그러나 파이프쿠울링은 댐콘크리트에서는 시공예가 많으나 일반의 매스콘크

리트에서는 실시가 곤란한 경우가 많고, 또 댐콘크리트보다 부배합으로 최고온도에 도달하는 시기가 빠르고, 최고온도의 저하에 대해서는 댐콘크리트인 경우만큼 효과적이 아니다.
③ 부재내외의 온도차 및 온도강하속도를 저감하기 위해 보온성의 거푸집이나 온수침수에 의해 효과를 올린 예가 있다.

5) 균열 유발 줄눈

균열유발줄눈의 간격은 구조물의 치수, 철근량, 타설온도 등에 영향되나 4~5m를 대체의 목표로 한다. 균열 유발 줄눈에 발생한 균열에서 누수나 철근부식을 방지할 필요가 있는 경우에는 적당한 보수를 한다. 보수방법의 예로서 사전에 지수판을 설치하고 균열에 에폭시 수지주입을 하여 줄눈에 탄성 실링 또는 수지모르터를 시공한다. (그림 8-2참조)

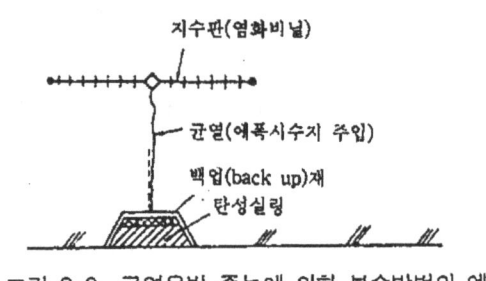

그림 8-2 균열유발 줄눈에 의한 보수방법의 예

3. 시공일반

매스콘크리트는 대량의 비교적 된비빔의 빈배합 콘크리트의 연속시공이 되기 때문에 운반, 타설 다짐, 양생의 전반에 걸쳐서 보다 면밀한 시공계획과 시공관리가 필요하며 이하의 점에서 특히 유의해야 한다.
1) 넓은 면적에 콘크리트를 타설하는 경우의 합리적인 시공순서의 결정
2) 빈배합 때문에 침하균열이 생기기 쉽고 이것이 구조적 결함은 되지 않으나 온도균열의 시점이 되기 쉬우므로 재마무리 등에 의해 소거한다.
3) 내부온도의 상승에 따라 표면이 건조되기 쉬우므로 충분히 수분을 공급하여 양생한다.

4. 온도균열 해석의 순서

온도균열 발생의 평가는 균열지수(=콘크리트의 인장강도/온도응력)에 의하기로 하고 그 계산순서는 다음과 같다.

1) 매스콘크리트에 있어서 열원은 시멘트의 수화열이기 때문에 부재중심부 온도의 시간적 변화는 수화열에 의한 단열온도 상승곡선에 따른 것으로 한다.

2) 콘크리트의 열흐름 특성(열전도율, 열확산율, 비열)을 쓰며 부재계면의 열적경계조건을 고려하여 각 시각에 대한 부재 내의 온도분포를 구한다.

3) 온도균열 발생의 가능성이 큰 위치 및 재령에 대해서 부재내의 온도분포, 내부구속작용 및 외부구속작용을 고려하여 온도변형을 구하고 이것에 콘크리트의 유효영계수를 곱해서 온도응력을 산정한다.

4) 부재 내의 온도응력의 최대치로 그 재령 콘크리트의 인장강도를 나누어 균열지수를 구하고 균열지수가 소정의 값 이상이라는 것을 확인한다.

5. 콘크리트 단열온도 상승

콘크리트의 재령과 단열온도 상승량과의 관계(단열온도 상승곡선)는 일반적으로 다음 식으로 표시할 수 있다.

$$Q(t) = Q_\infty (1 - e^{-\gamma t}) \tag{8-1}$$

여기서, $Q(t)$: 재령 t일에 대한 단열온도 상승량(℃), Q_∞ : 종국단열온도 상승량(℃), γ : 온도상승속도에 관한 정수, t : 재령(일)

Q_∞ 및 γ는 시멘트의 종류, 단위 시멘트량, 콘크리트의 타설온도 등에 따라 다르기 때문에 시험에 의해 정하는 것이 바람직하나 표 8-2 및 표 8-3을 이용하여 추정해도 좋다. 또, Q_∞에 도달할 때까지의 재령은 14일 전후이다.

표 8-2 $Q_\infty \gamma$의 표준치

시멘트의 종류	타설온도 (℃)	$Q(t)=Q\infty(1-e^{-\gamma t})$			
		$Q(C)=AC+B$		$\gamma(C)=gC+h$***	
		a	b	g(×10^{-3})	h
보통포틀랜드 시멘트	10	0.12	9.0	1.5	0.135
	20	0.1	10.0	3.8	-0.036
	30	0.1	16.0	4.0	0.337
중용열 포틀랜드 시멘트	10	0.1	4.0	0.3	0.303
	20	0.01	11.0	1.5	0.279
	30	0.11	5.0	2.1	0.299
고로시멘트 B종*	10	0.11	5.0	1.4	0.073
	20	0.10	15.0	2.5	0.207
	30	0.10	9.0	3.5	0.332
플라이애쉬 시멘트 B종**	10	0.15	-3.0	0.7	0.141
	20	0.12	-8.0	2.8	-0.143
	30	0.11	11.0	3.0	0.059

$C : kg/m^3$

* : 슬래그 혼입율은 40%인 경우, 혼입율이 40%이외인 경우에서는 데이터 또는 시험에 의해 구하는 것이 좋다.

** : 플라이애쉬 혼입율은 20%

*** : g, h는 일본콘크리트 시방서 시공편 참조

표 8-3 γ의 값

시멘트의 종류	타설온도 T_D (℃)	온도상승 속도에 관한 실험정수 γ와 단위 시멘트량 C와의 관계 $\gamma(C)=aC+b$	
		a(×10^{-3})	b
보통포틀랜드 시멘트	10	1.6	-0.017
	20	1.6	0.4096
	30	3.7	0.273
중용열 포틀랜드 시멘트	20	2.4	0.032
	30	2.5	0.160
고로시멘트 B종*	20	0.2	0.746
	30	1.5	0.341
플라이애쉬 시멘트 B종**	20	0.2	0.746

제49장 Mass Concrete

6. 온도해석

1) 기본식

부재중심의 콘크리트 온도의 시간적 변화를 단열온도 상승곡선으로 나타내며, 콘크리트의 열특성 및 부재계면의 경계조건을 고려하여 부재내 온도의 장소적, 시간적 변화를 계산한다. 기본식은 다음에 표시하는 시멘트의 소화열을 고려한 비정상의 열전도식이 된다.

$$\frac{\partial T}{\partial t} = \frac{\lambda_c}{C_c \rho_c}\left(\frac{\partial^2 T}{\partial x^2} + \frac{\partial^2 T}{\partial y^2} + \frac{\partial^2 T}{\partial z^2}\right) + \frac{dQ(t)}{dt} \tag{8-2}$$

여기서, T : 콘크리트의 온도(℃), t : 시간(시), Q : 단열온도 상승량(℃)

λ_c : 열전도율(kcal/mh℃), C_c : 비열(kcal/kg℃), ρ_c : 단위체적 질량(kg/m³)

식(8-2)은 열류의 온도에 관한 확산형의 미분방정식이므로 $\lambda_c/C_c\rho_c = h^2$로 하고 h^2를 열확산율(m²/h)이라 한다. 따라서 (식 8-2)는 다음 식이 된다.

$$\frac{\partial T}{\partial t} = h^2\left(\frac{\partial^2 T}{\partial x^2} + \frac{\partial^2 T}{\partial y^2} + \frac{\partial^2 T}{\partial z^2}\right) + \frac{dQ(t)}{dt} \tag{8-3}$$

2차원 문제로서 취급하는 경우는 $\partial^2 T/\partial z^2$의 항을 생략하면 된다.

부재를 적당히 요소분할하고 유한요소법 또는 유한 차분법을 적용하여 각 시각마다 각 마디점의 온도를 逐次 계산한다.

2) 콘크리트의 열특성치

계산에 쓰이는 콘크리트의 열특성치는 실험에 의해 정하는 것이 바람직하나 일반의 구조물에 이용하는 콘크리트에 대해 다음의 범위로서도 좋다.

열전도율 $\lambda_c = 2.2 \sim 2.4$ Kcal/mh℃

비　　열 $C_c = 0.25 \sim 0.3$ Kcal/kg℃

열확산율 $h^2 = 0.003 \sim 0.004$ m²/h

3) 부재계면의 열적경계조건

부재계면에 있어서 열적경계조건은 해석결과에 크게 영향받기 때문에 적절히 정하지 않으면 안된다. 열적경계조건에는 열전도경계, 단열경계 및 고정온도 경계가 있다.

① 열전도 경계는 대기와의 사이에 열의 출입이 있는 경계로 그 특성은 열전도율로 나타낸다. 열전달율은 거푸집의 유무, 종류, 두께 및 존치기간, 양생방법, 풍속 등에 의해 다르나 통상 콘크리트의 노출면에서 풍속 2~3m인 경우, 10~

12Kcal/mh℃이다. 기타의 경우 다음 식에서 계산할 수가 있다.

$$\eta = 1 / \left(\frac{1}{\beta} + \Sigma \frac{dF_i}{\lambda F_i} \right) \tag{8-4}$$

여기서, η : 열전도율(kcal/mh℃), β : 외기에 접하는 면의 열전도율(일반적으로 10~12kcal/mh℃로서 좋다.), dF_i : 양생재의 두께(m), λF_i : 양생재의 열전도율(kcal/mh℃)

② 단열경계는 열의 출입이 없는 경계, 고정온도 경계는 온도가 일정한 경계이다.

7. 온도응력 해석

1) 해석순서

① 온도해석 결과에 의거하여 균열발생의 가능성이 가장 큰 위치 및 재령부근에 대해서 내부 및 외부 구속작용을 고려하여 온도변형을 구하고 이것에 콘크리트의 유효영계수를 곱해서 온도응력을 산정한다. 각부의 온도응력의 계산은 유한요소법에 의하는 것이 좋으나 초동역학에 의한 근사계산을 실시하는 경우도 있다.

② 온도균열은 내부 구속작용 및 외부구속작용에 의해 발생된다. 내부구속 작용은 신콘크리트 블록 내의 온도차에 의한 자기 구속이며, 외부 구속작용은 신콘크리트 블록의 자유로운 열변형에 대해 이것에 접하는 암반이나 구콘크리트에 의한 외적인 구속이다. 외부구속작용은 구속체가 암반, 경화콘크리트, 말뚝기초, 점토, 모래지반 등에 의해 그 구속효과(구속체와 피구속체의 강성비 및 양자 간의 활동)는 크게 다르다. 또, 암반, 경화콘크리트인 경우는 계면에 활동은 생기지 않는 것으로 한다.

2) 콘크리트의 유효영계수

온도변형을 응력으로 환산하기 위해 사용되는 유효영계수의 간이 추정법으로써 다음 식이 표시된다.

$$E_e(t) = \varphi(t) \times 1.5 \times 10^4 \sqrt{f'_c(t)} \tag{8-5}$$

여기서, $E_e(t)$: 재령 t일의 유효영계수(kgf/cm²), $\varphi(t)$: 클립을 고려한 보정계수로 재령 3일까지 $\varphi(t)$=0.73, 재령 5일 이후 $\varphi(t)$=1.0, 재령 3일에서 5일까지는 직선보간으로 해도 좋다. $f'_c(t)$: 재령 t일의 압축강도의 추정치(kgf/cm²)로 식(8-7)에 의한다.

8. 온도변형지수

1) 온도균열 지수의 계산
① 온도균열 지수는 다음 식으로 나타낸다.

$$\text{온도균열지수 } I_{cr}(t) = f_{sp}(t)/f_t(t) \tag{8-6}$$

여기서, $f_t(t)$: 부재내의 온도응력의 최대치(kgf/cm^2), $f_{sp}(t)$: $\sigma_t(t)$을 산정한 시각에 있어서 콘크리트의 인장강도(kgf/cm^2)

② 재령과 콘크리트의 인장강도와의 관계는 미리 시험에 의해 정하는 것이 바람직하다. 실용상 재령 91일의 압축강도(배합강도)를 기점으로 하여 다음의 관계에서 구해도 좋다.

$$f'_c(t) = \frac{t}{a+bt} f'_c(91) \tag{8-7}$$

$$= C\sqrt{f'_c(t)} \tag{8-8}$$

여기서, $f'_c(t)$ 및 $f'_{c(91)}$: 각각 재령 t일 및 91일에 대한 콘크리트의 압축강도(kgf/cm^2), t : 재령(일), a 및 b : 정수로 표 8-4의 값을 이용해도 좋다. $f_t(t)$: 재령 t일에 있어서 콘크리트의 인장강도(kgf/cm^2), C : 계수, 일반적으로 1.4로 해도 좋다.

2) 온도균열 지수의 선정
구조물의 기능 및 중요도, 환경조건 등을 고려하여 온도균열 지수를 다음과 같이 선정한다.

균열을 방지하고자 하는 경우	1.5이상
균열발생율을 제한하고자 할 경우	1.2이상 1.5미만
유해한 균열발생을 제한하고자 할 경우	0.7이상 1.2미만

이러한 수치는 실구조물에 있어서 균열의 관측결과나 실험결과를 정리하여 얻은 온도균열 지수와 균열발생 확률과의 관계(그림 8-3 참조)를 참고로 하여 정해진 것이다.

표 8-4 a, b의 값

	a	b
조강포틀랜드 시멘트	2.9	0.97
보통포틀랜드 시멘트	4.5	0.95
중용열 포틀랜드 시멘트	6.2	0.93

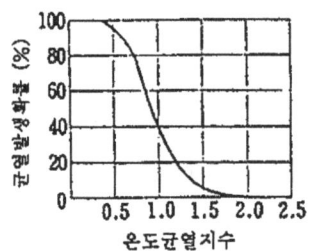

그림 8-3 온도균열치수와 균열발생 확률

제 50 장   한중 콘크리트

1. 일 반

1) 일평균 기온이 4℃이하가 되는 기상조건 하에서는 콘크리트의 응력, 경화가 매우 지연되고 야간, 이른 아침 뿐 아니라 하루 종일 콘크리트가 동결될 우려가 있으므로 한중 콘크리트로의 시공을 실시해야 한다.

2) 콘크리트의 동결온도는 물시멘트비, 혼화제 등에 의해 −0.5~2℃이며 빙점하가 되면 경화전의 콘크리트는 용이하게 동결되고 팽창하여 초기동결을 받는다. 초기동해를 받은 콘크리트는 그 후 충분히 양생을 실시해도 결빙부분이 공극이 되어 남게 되므로 강도를 회복할 수가 없고 내구성, 수밀성도 향상되지 않는다.

3) 기온에 대응하는 시공법은 구조물의 중요도 등에 따라서 다르나 대개의 목표는 다음과 같다.

   4℃이상 상온에 있어서의 시공법이 좋다.
   4℃ ~ 0℃ : 간단한 주의와 보온에서 시공된다.
   0℃ ~ 3℃ : 어느 정도의 보온, 물만 또는 물과 골재의 가열을 필요로 한다.
   −3℃이상 : 본격적인 한중 콘크리트의 시공을 실시한다.

2. 재 료

1) 시멘트는 포틀랜드 시멘트를 표준으로 이용한다. 매스콘크리트의 경우를 제외하고 조강계의 시멘트를 이용하는 것이 바람직하다. 초속경 시멘트는 응력시간 조절제의 적절한 사용에 의해 양생이 극히 단시간에 한정되며 동기에도 수시간 내에 공용개시 할 수가 있다.

2) 동결 또는 빙설이 혼입되어 있는 골재는 그대로 사용해서는 안된다. 또 유기불순물 등 시멘트의 응결을 지연시키는 유해물을 포함하는 골재의 사용을 피한다.

3) AE제, AE감수제는 단위수량을 줄여서 경화전의 콘크리트를 동결하기 어렵게 할뿐 아니라 에어엔트레인드에 의해 양생종료 후 봄까지의 동결융해에 대한 저항성을 증대시

키기 때문에 반드시 AE콘크리트로 한다.

  4) 고성능 감수제에 의한 대폭적인 감수, 방동제 또는 내한용 혼화제에 의한 콘크리트의 동결온도의 저하는 어느 것이나 초기동결의 방지에 유효하다.

  5) 재료의 가열
    ① 재료의 가열 중 물의 가열은 작업이 용이하고 열용량이 크기 때문에 가장 유리하다.
    ② 시멘트는 직접 가열해서는 안된다. 이것은 일정한 가열이 곤란하고 고온의 시멘트는 급결될 우려가 있기 때문이다.
    ③ 골재는 직접 가열해도 좋으나 취급이나 시멘트의 부분적 급결을 피하기 위해 65°C이상으로 가열하지 않는 것이 좋다.
    ④ 재료를 가열했을 때 완성콘크리트의 대개 온도는 다음 식에서 계산하다.

$$T = \frac{C_s(T_a \overline{W}_a + T_c \overline{W}_c) + T_w \overline{W}_w}{C_s(\overline{W}_a + \overline{W}_c) + \overline{W}_w} \tag{8-9}$$

여기서, T : 완성콘크리트의 온도(°C),
         C_s : 시멘트 및 골재의 비열(0.2로 해도 좋다.)
         $\overline{W}_a$ 및 T_a : 골재의 질량(kg) 및 온도(°C),
         $\overline{W}_c$ 및 T_c : 시멘트의 질량(kg) 및 온도(°C),
         $\overline{W}_w$ 및 T_w : 혼합수의 질량(kg) 및 온도(°C)

3. 배 합

  1) AE콘크리트로 하는 것을 원칙으로 한다.
  2) 초기동해를 막기 위해 소요의 워커빌리티가 얻어지는 범위 내에서 단위수량을 가급적 적게 한다.

4. 비빔, 운반 및 타설

  1) 믹서 내에서 더운물과 시멘트가 접촉되면 급결될 우려가 있으므로 재료의 투입순서는 우선 더운물과 굵은 골재, 다음에 잔골재를 투입하여 믹서내의 재료온도를 일정하게 한 후 시멘트를 투입한다.

2) 콘크리트의 비빔온도는 소요의 타설온도를 기준으로 하여 이것에 운반, 타설작업 중의 온도저하를 고려하여 정한다. 비빔시와 타설종료시의 콘크리트 온도와의 관계는 대개 다음 식으로 나타낸다. 이 식은 단위시간당 콘크리트의 온도저하가 비빔시의 온도와 기온과의 차를 15%로 한 것이다.

$$T_2 = T_1 - 0.15(T_1 - T_0)t \tag{8-10}$$

여기서, T_1 및 T_2 : 각각 비볐을 때 및 타설종료시의 콘크리트 온도(℃),
T_0 : 기온 (℃),
t : 비빈 후에서 타설종료까지의 시간(h)

3) 타설시 콘크리트의 온도는 기상조건 뿐 아니라 콘크리트 단면치수도 고려하여 5~20℃의 범위로 하나 기상조건이 심한 경우나 부재두께가 얇은 경우에는 10℃이상으로 할 필요가 있다. 그러나 온도를 너무 높게 하면 단위수량의 증가, 과조경화, 건조에 의한 균열발생의 우려가 있으므로 적당하지 않다.

4) 콘크리트를 치는 지반이 얼어 있으면 콘크리트의 온도가 저하될 뿐 아니라 융해된 후에 침하되기 때문에 마무리지반을 시트로 덮거나 투광기, 히터 등으로 보온한다. 또 타설에 앞서 철근, 거푸집에 빙설이 부착되어 있는 경우, 콘크리트면이 동결되어 있는 경우는 더운물 또는 증기에 의해 녹인다.

5) 거푸집은 보온성이 좋은 것을 쓴다. 발포 스티로울판 등과 조합시키면 좋다. 지보공을 직접 지반상에 조립하는 경우, 지반이 동상 또는 용해에 의해 변위되어 구조물의 정확한 형상과 치수가 얻어지지 않게 될 뿐 아니라 지보공이 倒壞될 우려가 있으므로 지반의 도열을 막던가, 말뚝기초로 한다.

5. 양 생

1) 콘크리트는 초기동해를 받으면 이후 양생을 계속해도 강도증진은 적으므로 타설된 콘크리트는 동결되지 않도록 보호하고 특히 바람을 막아야 한다(초기양생). 바람은 기화열을 뽑아 콘크리트 표면부근의 온도를 저하시킴과 더불어 콘크리트에서 수분을 없앤다.

2) 심한 기상작용을 받는 콘크리트는 초기양생 후 표 8-5에 나타낸 압축강도에 도달할 때까지 보온 또는 급열양생을 하여 5℃이상 유지, 급냉을 피하기 위해 다시 2일간 0℃이상 유지 양생종료시 압축강도가 표 8-5의 값 이상이면 이후 봄까지 동결융해 작용에 대해 충분히 견딜 수 있게 한 것이다. 또, 표 8-5에 이들의 압축강도에 도달할 때까지 양생

기간의 목표를 ( )안에 표시하고 있다.

3) 구조물 콘크리트가 소요의 강도에 도달하고 있는가 어떤가를 확인하기 위해서는 구조물과 같은 상태로 양생한 공시체의 압축강도에 의한다. 또 구조물의 콘크리트 온도를 측정하고 적산온도(온도×시간)와 압축강도와의 관계에서 강도를 추정할 수도 있다. 적산온도 계산에는 일반적으로 다음 식을 이용해서 대수 표시한 적산온도와 압축강도와의 관계는 장기간의 재령에 걸쳐 직선관계에 있는 것을 인정하고 있다.

표 8-5 극심한 기상작용을 받는 콘크리트의 양생종료시의 소요압축강도의 표준(kgf/cm²) 및 소요양생기간(일)의 겨냥

구조물의 노출상태 \ 단면	얇은 경우	보통인 경우	두꺼운 경우
(1) 계속해서 또는 자주 물로 포화 되는 부분	150	120 (보통9일,7일 / 조강5일,4일)	100
(2) 보통 노출상태에 있고 (1)에 속 하지 않는 부분	50	50 (보통4일,3일 / 조강3일,2일)	50

주) ( )내는 양생기간을 표시하며 보통시멘트, 조강시멘트를 이용한 경우 각각 왼쪽은 5 ℃ 양생, 오른쪽은 10℃양생인 경우이다.

$$M = \Sigma(\theta + A)\Delta t \tag{8-11}$$

여기서, M : 적산온도(도·일),

θ : Δt에 대한 콘크리트의 온도(℃),

A : 10℃(제3편 1장 참조),

Δt : 시간(일)

4) 급열에 의해 콘크리트를 양생하는 경우에는 건조를 막기 위해 덮어씌우던가 散水한다. 또 양생온도가 높으면 양생종료시에 급격하게 냉각되어 균열이 생기기 쉽다.

5) 초기 동해를 받은 콘크리트는 이것을 제거해야 한다.

제 51 장 서중 콘크리트

1. 일 반

1) 타설시 콘크리트의 온도가 30℃를 초과하면 보통 서중콘크리트로서의 제성상이 현저하게 되므로 일평균 기온이 25℃를 초과하는 시기에는 暑中 콘크리트로서의 시공이 되는 것으로 준비해 둔다.

2) 콘크리트 타설온도의 상승에 따라 단위수량의 증가, 운반 중의 슬럼프저하, 過早한 응력, 수분의 증발에 의한 균열의 발생, 장기강도의 저하 등이 생기므로 재료, 배합, 기타, 시공전반에 걸쳐서 특별한 주의를 기울일 필요가 있다.

2. 재 료

1) 시멘트의 온도가 콘크리트 온도에 미치는 영향은 그다지 크지 않으나 [표 8-6의 개략치 참조 또는 제50장 식(8-10)에서도 계산된다.] 고온의 것도 사용을 피하는 것이 좋다. 공장 출하조건에 따라 고온의 시멘트가 공급되는 경우가 있으므로 주의를 요한다.

2) 골재온도의 영향은 표 8-6에 표시한 바와 같이 비교적 크고 장시간 酷暑에 시달린 골재를 그대로 사용하면 콘크리트의 온도는 쉽게 40℃이상이 된다. 따라서 골재는 저장중 직사광선을 피할 것과 굵은 골재의 경우, 냉수를 살포하여 냉각하는 동시에 기화열을 이용하여 온도침하를 도모하는 것이 좋다.

표 8-6 콘크리트온도 1℃ 변화시키는 각 재료의 온도변화

재 료	콘크리트의 온도 1℃변화시키는 재료의 온도변화(℃)
시 멘 트	±8
골 재	±5
물	±4

3) 콘크리트의 온도를 저하시키는 데는 냉수를 이용하는 것이 가장 효과적이므로 (표 8-6참조), 물탱크나 송수관은 일광의 직사를 받지 않도록 하고 또 백색으로 도

장한다. 얼음조각을 이용하는 것은 콘크리트의 온도강하에 아주 유효하다.
 4) 감수제, AE감수제 및 유동화제는 자연형의 것을 이용한다.

3. 배 합

 서중콘크리트 배합은 단위 시멘트량이 과대하지 않도록 정한다. 콘크리트의 비빔온도 1℃상승에 의해 소요의 워커빌리티를 얻기 위한 단위수량은 2~5%증대하고 이것에 따른 단위 시멘트량도 증가한다. 단위수량이 증가하지 않기 위해서는 감수제, AE제, AE감수제 혹은 유동화제를 이용하는 것이 좋다.

4. 혼합, 운반 및 타설

 1) 콘크리트 비빔온도는 기온, 운반시간 등을 고려하고 타설온도가 허용한도를 넘지 않도록 한다.
 2) 레디믹스트 콘크리트를 이용하는 경우 에지테이터차를 酷暑에 장시간 대기시키는 일이 없도록 배차계획을 포함하여 면밀한 타설계획을 세운다. 또, 콘크리트 펌프의 수송관은 습포로 덮는다.
 3) 타설 전에 지반, 거푸집 등 콘크리트에서 흡수될 우려가 있는 부분은 적셔 둔다. 또 고온으로 되어 있는 거푸집이나 철근에 콘크리트가 접속되면 급결하여 조잡한 조직이 되는 경우가 많으므로 타설까지 덮개를 가하여 직사광선을 피한다.
 4) 혼합한 후 타설종료까지 시간은 1.5시간 이내로 하고 가급적 1시간 이내로 하는 것이 바람직하다.
 5) 콘크리트 타설온도는 35℃이하로 한다. 타설온도가 30℃이하이면 지연제의 이용이나 시공의 신속화에 따라 별지장이 없이 콘크리트치기가 실시되었다.그러므로 타설온도는 30℃이하가 바람직하나 실용을 고려하여 상한을 35℃로 한 것이다. 서중콘크리트에서는 콜드조인트가 생기기 쉬우므로 타설계획을 특히 세심하게 세우는 것이 중요하다.

5. 養 生

 1) 서중콘크리트 양생의 주안점은 콘크리트 표면의 건조를 막는 일이다.

2) 타설후 콘크리트면이 직사광선이나 더운 바람에 시달리면 급격히 건조되어 균열이 생기므로 타설후 적어도 24시간은 노출면을 습윤상태로 유지한다.

3) 타설후 5일간 이상 습포, 散水 등에 의해 습윤양생을 계속한다. 이것이 안되는 경우는 막양생을 실시한다. 막양생제는 열흡수가 적은 백색의 것을 이용한다.

제 52 장 수밀 콘크리트

1. 일 반

1) 수조나 지하구조물 등 수밀을 요하는 콘크리트 구조물에서는 누수의 원인이 되는 결함의 원인을 막는 것이 가장 중요하다.
2) 콘크리트의 결함으로써 다음 사항을 든다.
    ① 재료분리에 의한 불균등성
    ② 하중, 건조수축, 수화열 등에 의한 균열
    ③ 콜드 조인트
    ④ 타설이음부의 결함

①은 주로 재료, 배합, 다짐에 ②는 구조설계, 재료, 설계, 양생 등에 ③, ④는 시공의 계획, 작업에 관련된다. 또, 유해한 균열의 방지는 신축이음의 간격, 온도균열 지수를 취하는 방법, 균열간격 제어 철근(제49장 참조), 사용한계 상태에 있어서 인장주철근의 응력제한($800 \sim 1000 kgf/cm^2$이하) 등 설계에 깊이 관련되고 있기 때문에 수밀구조물에 있어서는 설계단계에서 충분한 균열대책의 검토가 필요하다.

2. 재료 및 배합

타설된 콘크리트는 분리에 의한 부분적인 결점이 생기지 않도록 워커블한 콘크리트를 세심하게 다진다.
1) 굵은 골재의 하면에는 동수저항이 심하고 작은 틈이 형성되기 때문에 굵은 골재의 최대치수는 별로 크지 않게 한다.
2) 워커빌리티를 개선하기 위해 AE제, 감수제 또는 AE감수제를 적절히 이용하는 동시에 잔골재율을 다소 크게 선택하는 것이 좋다.
3) 물시멘트비를 55%이하로 한다.
4) 건조수축 균열을 막고 콘크리트 구조물의 수밀성을 더하기 위해서는 팽창재의 사용이 유효하다.

3. 시 공

1) 콜드조인트는 구조물의 수밀성을 잃는 중대한 결함이 되므로 콜드조인트의 발생을 막기 위해 타설이음 간격의 축소, 타설공정의 원활화를 위한 면밀한 시공계획을 세운다.

2) 시공이음도 시공이 불충분하면 누수의 원인이 되기 쉬우므로 시공이음 시공의 원칙을 지키고 세심한 시공을 해야 한다.

3) 연직시공 이음에서는 신콘크리트 속의 물이 구콘크리트면을 따라 상승하므로 수밀적인 시공이음을 만드는 것은 어렵다. 그러므로 수밀 구조물에서는 가급적 연직시공 이음을 피하고 부득이 두는 경우는 적당한 지수판을 삽입한다. 이 경우, 시공이 불안전하면 지수판을 이용하지 않는 경우보다 오히려 나쁜 결과가 되기 때문에 주의를 요한다.

4) 거푸집 조임재로서의 볼트나 봉강에 따라 누수되는 수가 있으므로 날밑을 붙여서 水途를 길게 한 것을 이용하는 것이 좋다. 또 콘크리트 표면의 구멍은 수지 모르터로 메운다.

5) 타설 후 가급적 빨리 습윤상태로 유지하고 콘크리트가 물에 접할 때까지 가급적 장기간 습윤양생을 계속하고 마르지 않도록 한다.

6) 필요에 따라서 배수공, 방수공을 계획하고 시공하지만 예기치 않은 누수가 생기는 경우 다량의 누수에 대해서는 급결성의 방수제 사용이 적합하며 콜드조인트나 시공이음부 콘크리트 면의 결점부에서 물의 滲出에 대해서는 침투성 도포방수제의 사용이 유효하다.

제 53 장 인공 경량 골재 콘크리트

1. 일 반

1) 토목구조물에 쓰이는 경량골재는 인공경량 골재에 한하며 시방서에서는 잔·굵은 골재도 KS F 2534(구조용 경량콘크리트 골재)에 적합한(밀도가 중정도, 입형이 양호하여 콘크리트로서 단위용적 질량이 $1.6 \sim 1.8 t/m^3$로 압축강도 $300 kgf/cm^2$이상 또는 $400 kgf/cm^2$이상을 발현되는 것으로 호칭법을 이용할 것을 규정하였다.

2) 인공경량 골재의 성질에 대해서는 인공경량 골재 콘크리트의 성질에 대해서는 콘크리트의 강도, 콘크리트의 물리·화학·탄소적 성질에서 말했으므로 본장에서는 인공경량 골재콘크리트의 시공상 특유사항에 대해서만 기술한다. 또 이하 인공경량 골재 콘크리트를 경량골재 콘크리트로 말하기로 한다.

(3) 경량골재 콘크리트를 사용하는데 있어서는 콘크리트 표준시방서 「인공경량골재콘크리트」를 참조하면 된다.

2. 시공상의 주의점

1) 경량골재 및 경량골재 콘크리트의 관리
   ① 경량골재는 극히 특별한 경우를 제외하고 프리웨팅(Prewetting)을 실시하여 사용한다. 이 경우 함수율이 가급적 균등하도록 관리한다. 경량골재 콘크리트를 펌프 압송하는 경우에는 골재 제조공장에서 골재의 강제흡수를 실시하므로 레미콘 공장에서도 스프링쿨러에 의해 골재에 撒水를 계속한다.
   ② 경량골재의 단위용적 질량은 ±5%의 범위로 정리한다.
   ③ 경량 골재 콘크리트의 단위용적 질량은 일반적으로 설계용치 이하로, 살포률 ±3%(약 $±50kg/m^3$)이하로 관리한다.

2) 경량골재 콘크리트의 배합
   ① 워커빌리티 및 내동해성을 고려하여 AE콘크리트로 한다. 공기량은 일반적으로

보통 콘크리트인 경우보다 1%정도 크게 한다.
② 내동해성에서 정하는 물시멘트비의 최대치는 보통 콘크리트인 경우보다 5%작게 한다. 또 수밀성에서 정하는 물시멘트비는 보통 콘크리트와 같이 55%이하로 한다.

3) 혼합, 운반 및 타설
① 혼합시간은 KS F 2455「믹서로 혼합된 콘크리트 속의 모르터의 차 및 굵은 골재량의 차 시험방법」에 의하는 것을 원칙으로 하나 강제 비빔믹서를 이용하는 경우 1분 이상, 가경사 믹서를 이용한 경우 2분 이상을 표준으로 한다.
② 슬럼프 8cm이상인 경우, 경동형 애지테어터차를 이용할 수가 있다.
③ 현행 콘크리트 펌프에서는 슬럼프 17~20cm이상이 아니면 압송이 안되므로 원칙으로 유동화 콘크리트로 한다. 이 경우 유동화 후의 슬럼프는 18cm이하로 하고 유동화폭은 5~8cm로 한다.
④ 다짐은 진동수가 10,000vpm이상 내부진동기를 사용하는 것을 원칙으로 한다.
　일반적으로 경량골재 콘크리트의 진동에 의한 다짐효과는 보통 콘크리트보다 뒤진다고 하며 따라서 진동기의 삽입간격을 작게 하고 진동시간을 길게 하는 것이 좋다고 한다. 그러나 이것은 진동력 [(관성력)=(콘크리트의 질량)×(진동의 가속도)]에서 직감적으로 추정한 것이며 콘크리트 속의 삽입에 의한 진동기의 가속도에 감쇄량(부하감쇄)은 콘크리트의 질량에 비례하며(경량일 수록 감쇄가 적다), 진동기에서 콘크리트에 진동의 전달(전달율), 콘크리트 속에 진동의 전파과정에 있어서 가속도의 감쇄(거리감쇄율) 등이 어떻게 되는가는 불분명하며 경량골재 콘크리트가 진동다짐에 대해서 유리한가 불리한가는 명확하지 않다. 진동기의 삽입간격 및 진동시간은 말할 필요도 없이 안정을 생각하여 표 8-7에 의하면 된다.

표 8-7 경량골재 콘크리트에 있어서 내부 진동기의 삽입간격 및 진동시간의 표준

콘크리트의 종류	삽입간격 (cm)	진동시간 (초)
유동화 되지 않은 것	30	30
유동화 된것	40	10

⑤ 콘크리트의 상면은 굵은 골재를 압입하도록 하여 마무리한다. 이 경우 작업이 과대하여 블리딩이 많아지기 쉬우므로 주의를 요한다. 상판상면에는 콘크리트 타설 후 30~60분에 가끔 龜甲狀의 플라스틱 수축균열이 발생하기 때문에 약 1시간 후에 탬퍼로 재마무리를 실시할 것을 예정하는 것이 좋다.

4) 양생

타설 후 적어도 5일간 습윤상태로 유지한다. 얇은 부재의 경우는 건조에 의해 인장강도 또는 휨강도가 저하되기 때문에 막양생을 시공하는 것이 바람직하다.

5) 구조세목
① 경량골재 콘크리트는 빠뜨리기 쉬우므로 충격을 받는 부분에는 보강철근을 배치한다. 또 부재의 모서리는 큰 면따기를 실시한다.
② 큰 충격하중을 받을 우려가 있는 도로교의 지복, 난간 등에는 사용을 피하는 것이 안전하다.

3. 구조물로서 경량골재 콘크리트의 경제성

경량골재 콘크리트의 사용에 의한 구조물 전체로서의 경제성을 구체적으로 검토하기 위해 합성빔도로교를 들어 보통 콘크리트를 이용한 경우와 비교설계하고 공사비를 비교하였다. 그 결과는 다음과 같다.(일본의 인공 경량골재 콘크리트 설계시공 매뉴얼에서)

1) 구조물
강단순 합성빔 도로교, 경간 30m
하부 : T형 철근 콘크리트교각, 현장타설 말뚝(ø1.0×26m)

2) 설계조건
철근콘크리트의 단위용적 질량 : 보통 콘크리트 $2.5t/m^3$, 경량골재 콘크리트 $1.85t/m^3$,
콘크리트의 설계기준 강도 : 상부구조 $300kgf/cm^2$, 하부구조 $240kgf/cm^2$.
강재 및 철근 : SS41, SM50 및 SD35
철근 콘크리트 상판의 두께 24cm

3) 경제비교
상기의 설계조건 하에서 허용응력법에 의해 단면을 산정하여 경제비교를 실시하였다. 단, 콘크리트의 단가를 보통 콘크리트 $17,000원/m^3$, 경량골재 콘크리트 $22,500원/m^3$로 가정한다. 경량골재 콘크리트의 사용에 의한 상부 구조반력, 강중 및 공사비의 감소는 다음과 같다.

① 상부구조 받침부 반력
　　사하중만의 경우 15% 감소
　　사활하중 재하의 경우 10% 감소
　　(지점반력의 감소율은 경간과 거의 무관계였다.)
② 강중 8% 감소
③ 교체의 직접 공사비 4% 감소
④ 하부구조 공사비(상부구조는 경량골재 콘크리트)

　　　교각 $\begin{cases} \text{보통 콘크리트를 쓰는 경우 7\% 감소} \\ \text{경량골재 콘크리트를 쓰는 경우 3\% 감소} \end{cases}$

⑤ 상하부 구조 직접공사비 합계
　　㉮ 하부구조에 보통 콘크리트를 이용하는 경우 5% 감소
　　㉯ 상하부구조에 경량골재 콘크리트를 이용하는 경우 4% 감소
구조물 전체로서 경량골재 콘크리트 사용에 의한 유리성이 인정된다.

제 54 장 해양 콘크리트

1. 일 반

1) 해양콘크리트란 각종 항만시설 등 해양부근에 건설되는 구조물, 해저터널, 해저 저유시설, 양상가교의 해중기초 등의 해중구조물, 부상식 또는 고정식의 해상비행장, 발전소, 공장 등의 해상 구조물에 사용되는 콘크리트이다.

2) 해양콘크리트란 이하에 표시한 바와 같이 해양구조물 독특한 환경조건 하에서 시공이 실시되며 완성 후도 엄격한 자연조건에 시달리게 되므로 재료, 배합의 선정, 시공계획 및 시공작업에 대해서 특별한 배려가 필요하다.

① 해양콘크리트의 시공에 있어서 조풍, 파랑, 조류, 조석 등의 영향을 고려하는 동시에 선박의 항해, 해양오염시에 주변어장의 영향 등을 고려한다.

② 해양콘크리트는 부위에 따라 해수의 화학적 침식작용, 모래, 자갈을 포함한 파랑에 의한 파손작용, 강재부식에 의한 팽창파괴작용, 물보라(飛沫帶)에 대한 건습되풀이 작용, 한냉지에 대한 염분용액에 의한 동결융해 작용 등 엄격한 열화작용을 받는다. 이것들을 종합적으로 고려하면 해양구조물에는 프리캐스트 콘크리트의 사용이 극히 유리하다.

3) 해양 콘크리트의 시공 규격으로서 콘크리트 시방서에 있다.

2. 海水와 그 화학작용

1) 해수의 화학조성의 예를 표 8-8에 표시한다.

표 8-8 해수의 화학조성(%)의 예

NaCl	$MgCl_2$	$MgSO_4$	$CaSO_4$	KCl	$Ca(HCO_3)_2$	$MgBr_2$	$SrSO_4$	H_3BO_3	계
2.685	0.314	0.227	0.116	0.072	0.011	0.007	0.002	0.002	3.441

2) 콘크리트 및 강재에 대한 해수 중의 침식성 물질의 주요한 것은 $MgSO_4$, $MgCl_2$

및 NaCl이며 해수의 화학작용은 다음과 같이 분류된다.

① $Ca(OH)_2$의 용출에 의한 조직의 해이.

② $MgSO_4$의 침투에 의한 애트린가이트(ettringite), 2수석고의 석출에 기인되는 팽창균열 또는 파괴

③ $MgCl_2$, NaCl의 침투에 의한 $CaCl_2$(이용성)의 생성에 기인되는 경화체의 다공화 및 염소이온에 의한 강재의 발청

표 8-9 25g/l, $MgCl_2$ 용액에 침지된 시멘트 모르터 공시체의 강도비
(각 재령의 진수양생 강도=100)

시 멘 트 종 별	압 축 강 도 비			
	4주	13주	26주	52주
보 통	84	71	64	47
중 용 열	87	69	63	58
조 강	91	71	67	62
내황산염형 SR-1S	87	74	64	54
R-2	87	72	62	55
SR-3	88	71	65	53
고 로 B 종	95	88	74	72
고 로 C 종	104	102	100	94
고 로 H S	101	100	98	97
플라이애쉬 B종	93	87	69	60
플라이애쉬 C종	95	79	65	63

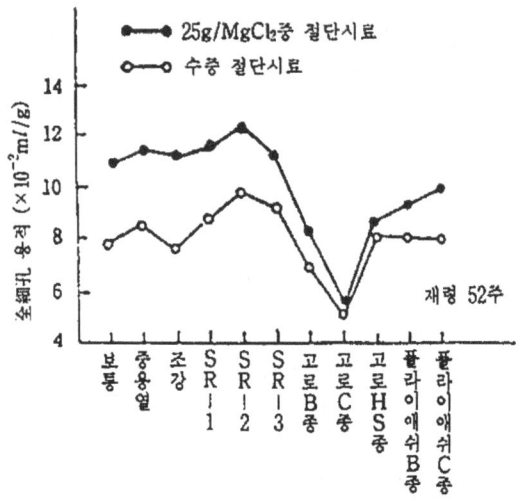

그림 8-4 $MgCl_2$용액 침지에 의한 모르터 공급증가
(침지기간 1년 공시체 표면에서 5mm깊이까지의 부분)

④ NaCl, KCl의 라트륨, 칼륨이온에 의한 알카리 골재반응의 조강, 표 8-9는 상기 ③에 관한 실험결과이며 표준 모르터(C : S : W=1 : 2 : 0.65, 표준모래 사용)를 $MgCl_2$용액(농도 25g/l, 해수의 6배)에 浸漬된 경우의 강도비(진도양생과의 비)를 표시한 것으로 고로시멘트 C종, 고로 HS(내황산염 고로슬래브 미분말을 혼합한 것)가 우수하다고 한다. 그림 8-4는 $MgCl_2$액중의 강도저하가 모르터 경화제의 다공화에 기인되는 것을 실증하고 있다.

3. 재 료

1) 시멘트
    ① C_3A의 함유량이 제어되어 있는 중용열 시멘트, 내황산염 시멘트 및 고로슬래브 분말 또는 플라이애쉬를 다량으로 혼합한 혼합시멘트가 적당하다.
    ② 이것들의 시멘트는 耐海水性이 클 뿐만 아니라 장기강도가 크고 수화열이 적은 이점이 있다. 그러나 보통 초기강도가 작기 때문에 초기에 대한 습윤양생 및 보호에 대해서 특히 주의해야 한다.

2) 골재
치밀하고 강경한 내구적인 것이 바람직하다. 해수의 알카리 금속이온에 의해 알카리 골재반응이 조장될 우려가 있으므로 반응성 골재의 사용은 피한다.

3) 강재
    ① 염분에 의한 통상부식 기타, 부식피로(부식환경에서 강재가 되풀이 응력을 받는 경우 피로강도가 저하되는 현상)나 응력부식(부식환경하에서 강재가 지속응력을 받는 경우, 부식이 촉진되는 현상)이 있으므로 부재가 큰 되풀이 하중이나 지속 하중을 받는 경우에 주의를 요한다.
    ② 방식 철근으로서 에폭시 수지도장 철근, 아연도금 철근 등이 있다.

4. 배 합

1) 배합
해양콘크리트는 원칙으로서 AE제, AE감수제 또는 고성능 감수제를 이용한 AE콘크리트로 하고 워커빌리티를 개량하여 부분적인 결점이 적은 콘크리트로 한다.

2) 물시멘트비 및 단위 시멘트량

표 8-10 내구성을 고려하여 정하는 AE콘크리트의 최대 물시멘트비
(일본콘크리트시방서)

구조물의	노출상태 단면 기상조건	동결융해가 자주 반복되는 지역			빙점이하의 기온이 되는 경우가 드문지역		
		(주1) 얇은 경우	(주3) 보통 경우	(주2) 두꺼운 경우	(주1주) 얇은 경우	(주3주) 보통 경우	(주2주) 두꺼운 경우
(a) 조풍을 받는 부분, 물보라를 받는 부분		50	55	55	50	60	65
(b) 조석간만의 작용을 받는 부분, 해수로 씻기는 부분		45	50	55	45	50	55
(c) 늘 해중에 있는 부분		55	60	65	55	60	65

(주 1) 단면의 두께가 20cm이하인 구조물의 부분
(주 2) 매시브한 구조물의 표면부분
(주 3) (주 1)이나 (주 2)에 속하지 않는 부분

표 8-11 내구성에서 정하는 AE콘크리트 최대의 물시멘트(%)
(우리 나라 콘크리트 시방서)

환경구분 시공조건	일반의 현장시공의 경우	공장제품 또는 재료의 선정 및 시공에 있어서 공장제품과 동등 이상의 품질이 보증되는 경우
(a) 수중 해수의 화학작용·마모작용	50	50
(b) 해상대기중 항시해풍 가끔 파도치는 작용	45	50
(c) 물보라 상시 기타 조수의 간만파도에 의한 건습의 되풀이 작용, 동결 융해작용	45	45

주 : 실적, 연구성과 등에 따라 확인된 것에 대해서는 내구성에서 정하는 최대는 물시멘트비를 표 8-11의 값에 5~10(%) 정도를 더한 값으로 해도 좋다.

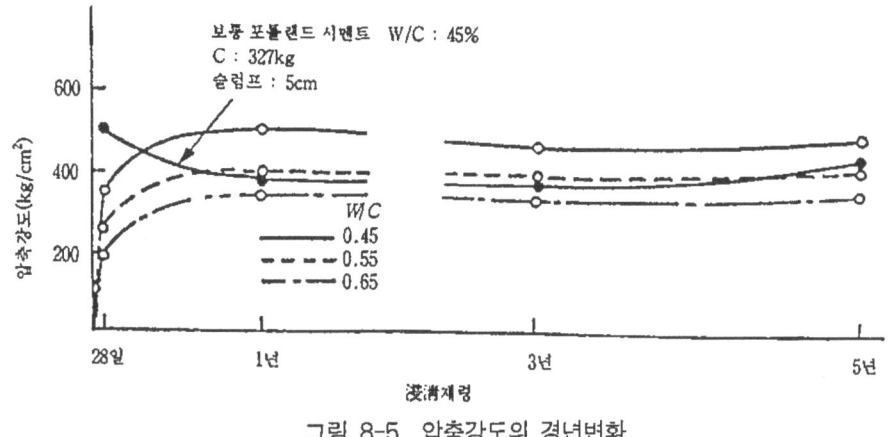

그림 8-5 압축강도의 경년변화

① 내구성에서 정하는 AE콘크리트 최대의 물시멘트비는 표 8-10, 표 8-11에 표시하는 값 이하로 한다. (철근 콘크리트인 경우)
② 파랑의 영향을 받으며 콘크리트를 타설하는 시공조건이 나쁜 경우는 표 8-11에 표시한 「일반 현장시공인 경우」의 값보다 5%정도 작게 한다.
③ 무근콘크리트의 최대 물시멘트비는 표 8-11의 값보다 10%정도 크게 해도 좋다.
④ 밀실한 콘크리트로 하기 위해 시방서 시공편에서는 단위시멘트량을 海中에 대해 300kg/m³이상, 해상대기중 및 물보라에 대해 330kg/m³이상(굵은 골재의 최대치수 25mm인 경우)으로 규정되었다. 그러나 이것은 C_3A의 함유량이 적은 시멘트를 사용한 경우이며 그림 8-5에 표시된 보통 시멘트를 쓰면 단위 시멘트량을 약 330kg/m³(W/C=45%)로 한 콘크리트의 해수침지강도는 재령과 함께 저감되는 경우가 있는데 주의해야 한다. 이 실험에서는 침지기간 3년의 압축강도는 약 80%로 되었으며 공시체(ϕ15×30cm)의 표면에 큰 팽창균열이 인정되었다.

3) 공기량

염분용액에 의한 동결융해 작용은 眞水의 경우보다 엄격하다. 해양콘크리트의 공기량은 표 8-12를 기준으로 한다.

표 8-12 AE콘크리트 공기량의 표준치(%)(콘크리트 시방서)

환경조건		굵은 골재의 최대치수 (mm)	
		25	40
동결융해작용을 받을 우려가 있는 경우	(a) 물보라	6	5.5
	(b) 해상대기중	5	4.5
동결 융해 작용을 받을 우려가 없는 경우		4	4

5. 시 공

1) 시공계획
   ① 해양콘크리트의 시공은 바람, 파도, 조류, 조수 등의 엄격한 조건 하에서 실시되기 때문에 위험이 따르기 쉽고 안전관리를 특히 중시할 필요가 있으며 또 선박의 航行, 환경보전에 관해서 이하의 법규가 정해져 있다.
      · 선박의 항행에 관한 것으로 … 항로 표식법, 해상교통 안전법, 해상 충돌 예방법
      · 환경보전에 관한 것으로 … 공해대책 기본법, 해양오염 방지법, 수질오염 방지법, 수자원 보호법, 자연공원법
   ② 일상적으로는 풍속, 파도높이 등에 대해 사전에 작업환경 조건을 정해 둔다. 예를 들면, 풍속 10m이상의 크레인선에 의한 거푸집이나 프리캐스트 부재의 설치는 피한다.

2) 혼합 및 운반
   ① 콘크리트 량이 적고 운반거리가 비교적 가까운 경우는 지상에 플랜드를 설치하여 해상수송을 한다.
   ② 콘크리트 량이 많고 지상에서 먼 경우는 플랜트선에 의하든가 해상작업대를 설치한다. 플랜트선은 연속믹서를 탑재한 것이 유리하다. 이것은 용적계량이기 때문에 선박의 동요에 의한 계량오차가 질량계량보다 작기 때문이다.

3) 타설 및 양생
   ① 해양 콘크리트에서는 특히 타설이음에서 피해를 받기 쉬우므로 적어도 최저조위에서 아래 60cm 및 최고조 위에서 위 60cm의 범위는 콘크리트를 연속하여 타설한다. 간만의 차가 매우 큰 경우는 초지연제를 활용하여 이어치기 하던가 제45장에 표시한 타설 이음 시공법을 엄수해야 한다.
   ② 해양 콘크리트 구조물에서는 일반적으로 보수가 곤란하기 때문에 피복이 확실히 유지되도록 적절히 시공한다. 스페이서와 타설콘크리트와의 틈에서 해수가 침입될 우려가 있으므로 가급적 균형 철물을 이용하는 것이 바람직하다. 스페이서를 이용하는 경우는 본체 콘크리트와 동등 이상의 품질의 모르터 또는 콘크리트제로 한다. 피복두께는 표 8-13의 값 이하로 한다.
   ③ 타설 후 시멘트의 유출을 막고 상당한 강도, 수밀성이 얻어지도록 하여 보통 포틀랜드 시멘트를 사용하는 경우로 재령 5일까지 해수에 씻기지 않도록 보호한

다. 혼합 시멘트등을 이용하는 경우는 보통 시멘트와 동등의 강도가 얻어질 때까지의 재령으로 한다.

표 8-13 해양 콘크리트의 최소피복
(콘크리트 강도 180~350kgf/cm² 의 경우)

환경조건 \ 부재	슬럼프	빔	기둥
해중, 해상대기중	4	5	6
물보라	5	6	7

비고 : 공장제품의 경우는 상기의 값을 20%까지 감해도 좋다.

제 55 장 수중 콘크리트

1. 일 반

1) 수중콘크리트는 시공법상 다음의 2종류로 분류된다.
   ① 일반 수중콘크리트 : 해양이나 하천의 수면 하의 넓은 장소에서 비교적 넓은 면적에 콘크리트를 타설하는 경우로 무근 콘크리트의 경우가 많다.
   ② 현장타설말뚝 및 지하연속벽에 쓰이는 수중콘크리트 : 지중부의 비교적 좁은 개소에 콘크리트를 타설하는 경우로 孔壁의 붕락을 막기 위해 안정액 공법(泥水공법)이 요구된다. 구조는 철근 또는 철골철근 콘크리트이며 고품질의 수중콘크리트가 요구된다. 수중 콘크리트는 타설된 콘크리트의 품질을 확인할 수가 없기 때문에 상기의 ①에 속하는 구조물은 가급적 가물막이를 실시하여 수중 콘크리트로 하는 경우가 바람직하다. ②는 본체 구조물 또는 흙막이벽이며 안정액의 관리, 콘크리트의 품질관리 등, 특히 고도의 시공관리가 필요하다.
   ③ 수중불분리성 콘크리트 : 점조성이 큰 수중불분리성 혼화제를 쓰고 수중에서 재료 분리는 아주 저감한 것으로 소규모에서 대규모 구조물이 넓은 범위에 적용되어 구조도 무근, 철근 및 철골철근 콘크리트 등을 나타내고 있다.
2) 수중 콘크리트에는 다음의 특징이 있다.
   ① 타설된 콘크리트가 물로 씻기게 되므로 점조성이 큰 부배합의 콘크리트를 이용한다.
   ② 진동기 등으로 다지는 경우가 불가능하기 때문에 콘크리트는 자중에 의해 흐르고 소정의 형상이 되는 유동성을 가질 필요가 있다.
   ③ 트레미나 콘크리트 펌프의 수송관의 토출구에서의 거리가 커지면 콘크리트의 품질, 철근과의 부착이 상당히 저하된다.
3) 수중 콘크리트는 수중불분리성 콘크리트인 경우를 제외하고는 수중에 낙하시키지 않는 것을 원칙으로 한다. 또 수중 콘크리트에 프리팩트 콘크리트를 이용하는 경우는 제56장 참조.

2. 콘크리트 배합

콘크리트 배합은 점성이 풍부하고 재료분리가 적으며 또 유동성이 크고 시공중 多少라도 시멘트가 씻겨 내려가는 것을 고려하여 부배합으로 잔골재율을 크게 하고 표 8-14의 범위에서 정한다.

표 8-14 수중 콘크리트의 배합표준

항목		일반 수중콘크리트	현장치기 말뚝, 지하연속벽에 쓰이는 수중콘크리트
굵은 골재의 최대치수		40mm이하	철근의 띄움의 1/3이하 또 25mm이하
슬럼프	트레미, 콘크리트 펌프 밑 열린 상자, 밑열린 포대	13~18 10~15	5~21[1]
단위 시멘트량 (kg/m^3)		370이상	350이상[2]
물시멘트비 (%)		50이하	55이하[2]
잔골재율 (%)		40~45(쇄석사용 3~5증)	

주 1) 사용간격이 좁은 경우는 최대치를 24cm로 해도 좋다.
　　2) 설계기준강도 240~300kgf/cm²을 만족하기 위한 것으로 한다.

3. 일반 수중콘크리트의 시공

1) 수중콘크리트에서는 타설 중 및 타설 후 경화할 때까지 시멘트의 유출을 최소로 하기 위해 정수 중에 타설하는 것을 원칙으로 한다. 이 때문에 물이 흐르고 있는 경우는 물막이를 실시한다. 단, 완전한 물막이가 곤란한 경우에는 유속의 허용한도를 매분 3m(5m/s)정도 이하로 해도 좋다.

2) 수중 콘크리트에서는 레이턴스가 발생하기 쉽고, 레이턴스 기타를 제거하여 만족한 시공이음을 만드는 것이 실제상 안되기 때문에 콘크리트는 소정의 높이 또는 수면상까지 연속하여 타설하고 원칙으로 시공이음을 두지 않는다.

3) 수중콘크리트의 타설에는 트레미 또는 콘크리트펌프를 사용할 것을 원칙으로 한다.
　① 트레미의 내경은 수심에 의해 다르고 표 8-15를 겨냥으로 한다. 또, 굵은 골재의 최대치수의 8배 정도 이상으로 한다.

표 8-15 트레미의 내경의 표준

수심(m)	트레미의 내경 (cm)
3이하	25
3~5	30
5이상	30~50

② 콘크리트는 수중을 낙하시켜서는 안되므로 최초에 타설콘크리트인 경우 관내에서 수중을 이동하지 않도록 예를 들면, 콘크리트 마개 등을 이용하여 관내를 콘크리트로 채운다.

③ 타설 중 관의 선단 30~40cm을 콘크리트 속에 삽입하는 동시에 적어도 관의 하반부분은 항상 콘크리트로 채워 둔다.

④ 트레미에서 유출된 콘크리트가 수중을 너무 멀리까지 유동되면 품질이 저하된다. 그림 8-6은 1개의 트레미에서 수평거리와 수평콘크리트의 압축강도, 단위체적 중량 및 부착강도와의 관계의 일례이며 압축강도는 트레미에서 거리가 2.5m 이내이면 그 저하는 10~20%이하이나 2.5m를 초과하면 급격히 저하된다. 또, 부착강도는 3m의 거리에서 연직철근인 경우 약 1/3, 수평철근의 경우 약 1/2로 되어 있다.

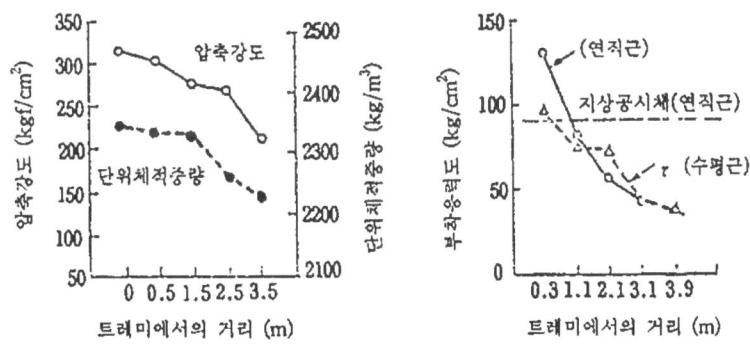

그림 8-6 트레미에서의 거리가 콘크리트 압축강도에 미치는 영향
(τ: 하중단에 대한 미끄럼량이 0.25mm일 때의 부착응력도, 부착길이=150mm)

4. 현장타설 말뚝 및 지하연속벽에 이용되는 수중콘크리트의 시공

안정액(泥水공법)에 의한 수중콘크리트의 시공을 작업순서에 따라 말하면 다음과 같다.

1) 철근상자의 조립
   ① 철근상자는 취급 중 변형되지 않도록 견고하게 조립한다.
   ② 콘크리트의 주의를 잘하기 위해 철근의 떠움을 크게 하고 피목은 10cm 이상으로 한다. 여기에서 피목은 철근의 외측에서 말뚝 또는 벽의 설계 유효단면의 외연까지의 거리이다.
   ③ 피목을 보호하기 위해 철근상자에는 반드시 스페이서(깊이방향 3~5m간 격동일 높이에 4~6개소)를 설치한다.

2) 철근상자의 균형 및 콘크리트 치기의 준비
   ① 굴착종료 후 가급적 빠른 시기에 철근상자를 말뚝 내에 넣는다.
   ② 콘크리트 치기에 앞서 슬라임(말뚝 밑에 침전된 토사)을 제거한다. 이것은 말뚝의 선단지지력의 저하 및 슬라임의 감김에 따른 콘크리트의 품질저하를 막기 위함이며, 확실히 제거하기 위해서는 굴착 후와 타설 전의 2회 실시하는 것이 바람직하다.

3) 콘크리트의 타설
   ① 확실한 시공을 실시하기 위해 트레미를 사용하는 것을 원칙으로 한다.
   ② 타설 중 트레미하단의 삽입깊이가 적으면 타설면적이 좁기 때문에 콘크리트면에서 콘크리트가 분출되어 분리되므로 삽입깊이는 2m이상, 6m이하로 하고 연속적으로 타설한다.

4) 타설 후의 조치
   ① 콘크리트 상면부는 슬라임의 혼입이나 레이턴스의 발생 등에 따라 품질이 저하되므로 타설높이를 설계면보다 50cm정도 높게 하여 경화 후 이부분을 제거한다.
   ② 사용 후의 안정액 (內需)은 침전탱크나 버큠차 등의 처리시설을 준비하고 주변 지역이 오염되지 않도록 확실히 처리한다.

5. 수중불분리성 콘크리트

1) 혼화제(점조제)
   ① 수중불분리성 콘크리트는 물씻기 작용에 대한 저항성을 증대하기 때문에 중점 효과가 큰 수중불분리성 혼화제를 사용한다. 이 때문에 다른 수중콘크리트보다

단위수량이 크게 되므로 고성능 감수제(유동화제) 등을 혼입할 경우가 많다.
② 감수제, AE감수제, 고성능 감수제 등이 수중불분리성 혼화제와의 상호작용에 따라 각각 악영향을 미치지 않는 것으로 한다.

2) 배합
① 수중 불분리성 콘크리트 배합은 수중에서 소요의 분리저항성, 다짐없이 시공되는 유동성 및 소요강도, 내구성을 가지도록 정한다.
② 굵은 골재 최대치수는 40mm이하를 표준으로 하고 부재 최소치수의 1/5이하, 철근의 최소벌림 1/2이하로 한다. 보통은 20~25mm로 하고 있는 경우가 많다.
③ 유동성

표 8-16 수중 불분리성 콘크리트의 슬럼프 플로우 표준범위

시공조건	슬럼프 플로우 범위(cm)
급경사면의 장석(1 : 1.5~1 : 1.2)다짐, 경사면이 얇은 슬럼(1 : 8경도까지)시공 등으로 유동성을 적게 억제한 경우	35~40
단순한 형상부분에 타설할 경우	40~50
보통인 경우 표준적인 RC구조물에 타설할 경우	45~55
복잡한 형상부분에 타설할 경우 특별히 양호한 유동성이 구해지는 경우	55~60

㉮ 수중에 있어 셀프레베링성을 부여하기 위해서는 슬럼프를 23~26cm(단위수량 190~240kg/m³ 정도)로 할 필요가 있다. 그러나 이와 같이 큰 유동성에 대해 슬럼프값은 예민도에 결여되므로 슬럼프 플로우로 표시하는 것으로 하고 이 표준점 위를 표 8-16에 표시한다.
㉯ 슬럼프 플로우 시험 중 넓은 지름의 측정은 슬럼프콘을 끌어 올려서 5분경과 후에 실시한다.
④ 공기량은 4%이하를 표준으로 한다.
　공기량을 적게 하기 위한 이유는 콘크리트 수중 유동 중에 기포가 부상해서 수질오염의 원인이 되는 것 등을 고려한 것이다.
⑤ 물시멘트비는 소요강도 및 내구성에서 정한다.
㉮ 배합강도를 정하기 위한 설계기준 강도는 「수중 제작공시체」에 의한 재령 28일의 압축강도로 한다.
㉯ 철근의 부식이나 콘크리트 화학적 침식에 대한 내구성을 기본으로 하여 물시멘트비를 정하는 표 8-17의 값을 표준으로 한다.

표 8-17 내구성에서 정하는 수중 불분리성 콘크리트 최대 물시멘트비(%)

환경 \ 콘크리트 종류	무근 콘크리트	철근 콘크리트
담수중	65	55
해수중	60	50

⑥ 수중 불분리성 콘크리트 배합예를 표 8-18에 표시한다.

표 8-18 수중 불분리성 콘크리트 배합 예

G_{max}	목표 슬럼프 플로우 (cm)	배합강도 (kgf/cm²)	W/C (%)	S/a (%)	단위량(kg/m³)						
					물 W	시멘트 C	잔골재 S	굵은골재 G	혼화재		
									수중불분리성 혼화제	유동화제	감수제
20	50	240	56	42	213	380	686	989	2.5	1.9*	-
20	50	180	614	40	215	350	645	1013	2.58	6.63	-
40	45	135	70	42.3	205	293	714	1018	2.46	6.32	-

3) 시공

① 혼합

㉮ 수중불분리성 콘크리트는 점조성이 크므로 강제혼합 배치믹서를 사용하는 것을 원칙으로 1회 혼합량은 부하의 증대를 고려하여 믹서의 공칭용량의 80% 이하로 한다.

㉯ 혼합시간은 KS F 2455 등의 혼합 시험에 따라 정한다. 보통은 90~180초를 표준으로 한다.

② 수중 불분리성 콘크리트를 레디믹스트 콘크리트로 구입할 경우는 보통 지정사항 외에 슬럼프 플로우 수중 제작공시체의 압축강도, 수중 기중강도비, 수중 불분리성 혼화제의 종류 등을 생산자와 협의하여 지정한다.

③ 타설

㉮ 수중 불분리성 콘크리트의 경우도 안전을 고려해서 정수중(유속 약 5cm/s이하)으로 타설하는 것을 원칙으로 하나 수중낙하 높이를 50cm이하, 수중유동거리를 5m이하로 할 수 있다. 또 상기 조건으로 타설한 수중불분리성 콘크리트에서 채취한 코어의 압축강도를 (2)⑤에 표시했다. 「수중제작 공시체」에 의한 압축강도를 상회하는 것이 명확하게 된다.

㉯ 안전하게 타설작업을 하기 위해서는 트레미 또는 콘크리트 펌프를 사용하는 것이 바람직하다. 이 경우 통끝은 되도록 보통 수중콘크리트의 경우와 같이 타설한다. 매립한 상태에서 시공하는 것이 좋다.

㉰ 그림 8-7은 길이 15m의 수조 내에서 트레미를 사용해서 행한 수중불분리성 콘크리트 타설시험 결과이므로 타설속도가 0.1m/h인 경우는 유동거리에 따라 강도에 차이가 없고 타설속도가 0.4m/h인 유도거리가 10m이내이면 강도 저하는 적을 것을 표시하고 있다.

㉱ 수중불분리성 콘크리트를 콘트리트펌프로 압송할 경우 보통의 수중콘크리트에 비해 압송압력은 2~3배, 타설속도 1/2~1/3로 되는 것에 주의를 요한다.

4) 「수중 불분리성 콘크리트의 압축강도 시험용 수중제작 공시체의 제작법」의 요점

① 원통형 거푸집(ø15~30cm 또는 ø10×20cm)을 수조 중에 설치하고 거푸집 상단에서의 수심이 항상 10cm가 되도록 溢流에 의해 정수위로 보전하고 수온은 20±3℃로 한다.

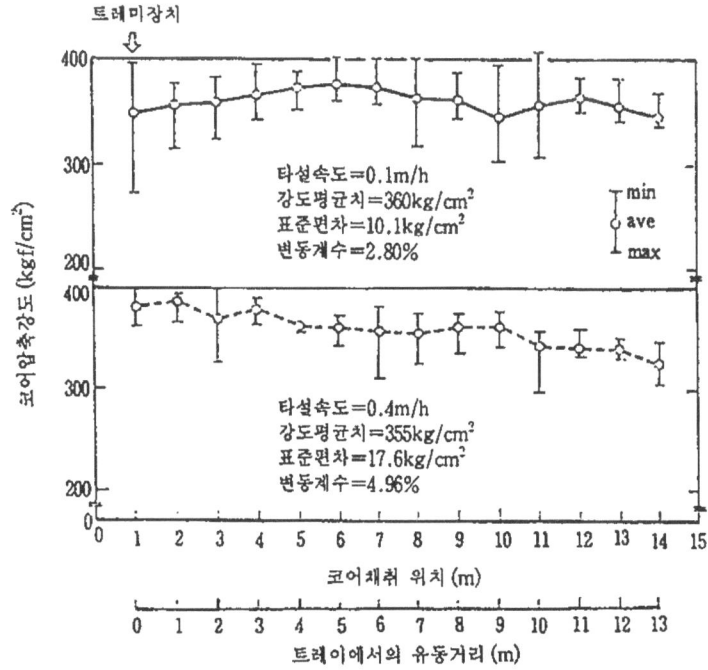

특수 수중 콘크리트용 혼화제 A : 셀로즈계,
유동화제 N : 멜라민설폰산염계

그림 8-7 수중콘크리트의 유동거리와 코어강도

② 거푸집 용적의 약 10%를 1회분의 시료로 수면에서 거푸집 내에 조용히 재주껏 투입한다. 투입은 시료가 거푸집에 산봉우리가 될 때까지 계속 완료 때까지의 소요시간은 30~40초로 한다.
③ 공시체를 거푸집마다 수조에서 집어내어 15분간 정치한 후 상면을 고르게 한다.
④ 이후 기중 공시체와 완전히 같게 재령 1일 이후에 캡핑(capping), 거푸집떼기, 20℃수중 양생을 거쳐 압축강도 시험에 제공한다.

제 56 장 프리팩트 콘크리트

1. 일 반

1) 프리팩트 콘크리트란 거푸집 내에 미리 거친 입자의 굵은 골재(일반적으로 15mm 이상)를 채우고, 그 간극에 특수한 모르터를 적당한 압력으로 주입하여 만드는 콘크리트이다. 특수한 모르터란 미세한 입자의 잔골재(2.5mm이하)를 쓰며 여러 가지의 혼화재료의 첨가에 의해 유동성이 크고 재료분리가 적으며 또 적당한 팽창성을 갖는 주입모르터이다.

2) 프리팩트 콘크리트는 종래 수중콘크리트 공법에서의 가장 신뢰성이 높은 것이라고 하며 수중콘크리트의 시공계가 많으나 기중 콘크리트로서도 사용되고 있다.

3) 최근 대립의 굵은골재(일반적으로 최소치수 40mm이상)를 쓰며 대량 또는 급속히 시공하는 대규모 프리팩트 콘크리트나 고성능 감수제를 이용하여 압축강도 400~600kgf/cm^{2}의 고강도 프리팩트 콘크리트가 실용되고 있다. 이것들의 특수한 프리팩트 콘크리트에 대해서는 제56장에서 기술하였다.

2. 재 료

1) 결합재
① KS L 5201에 적합한 보통 포틀랜드 시멘트에 KS F 4049에 적합한 플라이애쉬를 혼합하는 것 또는 KS L 5211에 적합한 플라이애쉬 시멘트를 이용한다. 시멘트와 혼화제의 혼합물을 결합재라 한다. 플라이애쉬는 주입모르터에 유동성, 응결지연성을 부여하는 것을 목적으로 한 것이며 화학저항성, 장기강도도 증대된다.
② 상기 이외의 결합재를 이용하는 경우는 시험에 의해 그 사용의 적부를 정한다.

2) 혼화제
주입모르터에 유동성, 보수성, 지연성, 팽창성 등을 부여할 목적으로 사용되는 것으로 감수제(리그닌설폰산염 등, 유동성, 지연성), 보수제(메틸셀로즈 등) 및 발포제(알루미늄 분말)를 프리믹스한 프리팩트 콘크리트용 혼화제가 시판되고 있다.

3) 잔골재

주입모르터의 굵은 골재의 투과성 및 보수성을 잘하기 위해 통상의 콘크리트에 쓰이는 잔골재보다 입도가 미세한 것으로 한다. 시방서에서 규정한 입도의 표준을 표 8-19에 표시한다. 입도는 2.5mm이하로 조립율은 1.4~2.2의 범위이다.

표 8-19 잔골재의 입도표준(콘크리트 시방서)

체의 호칭치수 (mm)	2.5	1.2	0.6	0.3	0.15
통과백분율(%)	100	90~100	60~80	20~50	5~30

4) 굵은 골재

① 굵은 골재의 최소치수가 모르터 주입이 용이하기 때문에 가급적 크게 선택하는 것이 좋고 어떤 경우에도 15mm이상으로 한다.

② 굵은 골재의 최대치수가 거푸집 내에 투입될 때 파손되지 않을 것, 부재 최소치수의 1/4이하, 철근 띠움의 2/3이하로 하는 것을 고려하고, 한편 최소치수와의 차이가 작으면 실적율이 과소하여 모르터량이 증가되므로 최소치수의 2~4배의 범위에서 정한다.

3. 주입모르터 배합

1) 주입모르터 배합은 표 8-20에 표시한 조건을 만족하도록 정한다.

표 8-20 주입모르터 재합설계조건의 표준

반죽질기[1] P로트 유하시간(초)	블리딩율[2] (3시간 후)(%)	팽창율[3] (%)
16~20	3이하	5~10

주 1) 일본토목학회 기준「프리팩트 콘크리트의 주입모르터 유동성 시험방법」에 의한다.
    2), 3) 일본토목학회 기준「프리팩트 콘크리트의 주입모르터 블리딩 율 및 팽창율 시험방법」에 의한다.

2) 반죽질기의 척도로서 보통 P로트 유하시간이 이용되고 있으나 유하시간 10~20초는 P로트에 의해 비교적 명확히 측정되는 범위를 표시하였을 뿐이며, 이 범위와의 주입모르터의 반죽질기로서 부적당한지의 여부는 금후 충분히 검토할 필요가 있다. 주입모르터 반죽질기의 적절한 시험방법에 대해서는 제56장 6. 참조.

3) 팽창률
① 주입모르터에 팽창성을 부여하는 목적은 블리딩에 의한 침하량을 보상하여 굵은 골재와 모르터 간에 틈이 생기는 것을 막고 다시 상호 부착강도를 증대시키는 것이다. 따라서 팽창율을 上回하는 것이 필요하며 블리딩율의 2배 정도 이상을 하는 것이 바람직하다.
② 팽창률은 결합재의 품질, 모르터의 온도, 작용압력 등에 의해 미묘하게 변화되기 때문에 시험에 의해 알루미늄 분말의 혼입량을 조절한다. 한중시공의 경우 팽창률이 과소하게 되기 쉽고 서중 시공의 경우는 과소, 과대하기 쉬우므로 주의한다.
③ 심해 중에 시공하는 경우는 피압하의 모르터의 팽창률이 적정치가 되도록 보일의 법칙을 이용하여 대기압 하의 팽창률을 추정하고 이 값에 의거하여 알루미늄 분말의 혼입율을 정한다.

4) 혼화제율, 물결합재비 및 모래결합재비
① 혼화제율 $F/(C+F)$는 일반적으로 20~30%로 하고 특히 내동해성을 요하는 경우 10%로 한다.
② 물결합재비
㉠ 혼화재율이 일정한 경우, 물결합재비와 강도와의 사이에 직선관계가 성립되기 때문에 이 관계와 배합강도에서 소유의 물결합재비를 정할 수가 있다. 설계기준 강도는 91일 강도로 하는 경우가 많다.
㉡ 프리팩트 콘크리트의 압축강도 시험은 일본토목학회 기준 「프리팩트 콘크리트의 압축강도 시험방법」에 의한다. 단, 주입모르터의 배합설계 목적으로 간편하게 시험을 실시하는 경우에는 모르터강도와 프리팩트 콘크리트 강도와의 관계를 고려하여 「프리팩트 콘크리트의 주입모르터 압축강도 시험방법」에 의해 겨냥을 얻어도 좋다. 종래 프리팩트 콘크리트의 압축강도는 사용한 주입모르터 압축강도의 80~90%라고 한다.
③ 모래결합재는 0.8~1.6의 범위로 선정한다. 어떤 반죽질기를 얻기 위한 모래결합비는 물결합재비와 연동하여 그 관계는 그림 8-8과 같다. 또 모래결합재비 0.1의 변화는 단위수량 ±1.5kg/m³에 상당하며 모래의 조립율±0.1의 변화에 대해 모

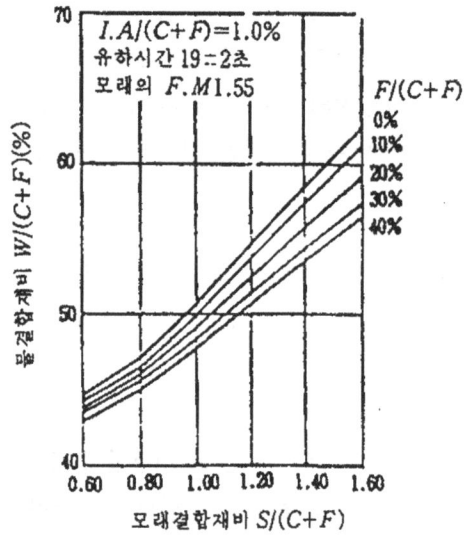

그림 8-8 모래결합재비와 물결합재비와의 관계

래결합재비는 ±0.03변화되면 좋다.

5) 프리팩트 콘크리트 배합의 표시방법은 표 8-21에 의한다.

표 8-21 프리팩트 콘크리트 배합의 표시방법(콘크리트 시방서)

굵은 골재			주입모르터									
최소 치수 (mm)	최대 치수 (mm)	공극율 (%)	유하시간 범위 (S)	물결합재비 $W/(C+F)$ (%)	혼화재율 $F/(C+F)$ (%)	모래결합재비 $S/(C+F)$	단위량 (kg/m³)					
							W (kg)	C (kg)	F (kg)	S (kg)	혼화제* (kg)	알루미늄분말** (kg)

* 혼화제의 사용량은 ml 또는 g로 나타내며 흐리던가 녹지 않는 것의 양으로 한다.
** 알루미늄 분말의 사용량은 g로 나타내며 프리팩트 콘크리트용 혼화제에 포함된 것 이외의 양을 표시한 것이다.

4. 프리팩트 콘크리트의 시공

1) 시공순서

프리팩트 콘크리트의 시공순서는 ① 거푸집의 조립, ② 철근의 배치 및 주입관, 검사관의 세움, ③ 굵은 골재의 충전, ④ 모르터 제조 및 주입

2) 거푸집의 조립

① 거푸집은 투입된 굵은 골재의 골재압 및 주입된 모르터 유체압에 견딜 수 있도록 충분히 견고한 것으로 한다. 특히 대형구조물에서 연속주입하는 경우, 하층의 모르터는 이미 경화되고 상층의 모르터는 액상이기 때문에 거푸집의 높은 위치에 큰 수평력이 작용하므로 타이바 등으로 보강할 필요가 있다.

② 모르터의 누수를 막고 거푸집과 기초 사이를 봉지채움의 모래 또는 콘크리트, 점토 시멘트, 포제시트, 특수 스폰지로 밀패한다. 또, 거푸집의 이음은 종이, 천, 스폰지 등을 끼워서 조임을 하나 시일재의 도포나, 고무테이프의 이면 부침에 의해 밀폐한다.

3) 주입관, 검사관을 세움

① 주입관의 내경(일반적으로 25~65mm)은 수송관과 같은 지름 또는 그 이하로 한다.

② 연직주입관의 수평간격은 2m정도를 표준으로 한다. 주입개시할 때에 모르터가 과도한 수중낙하를 일으키지 않도록 토출구를 거푸집 바닥판에서 약 5cm의 위치에 유지하기 위해 주입관 선단을 경사면으로 절단하던가 봉강 등을 이용한 스페이서를 붙여 준다.

③ 수평주입관의 수평간격은 2m정도, 연직간격은 1.5m정도를 표준으로 하고 역류방지 장치를 설치한다.

④ 모르터의 상승상황을 확인하기 위해 ø32~65mm정도의 강관에 적당한 슬리트 또는 둥근 구멍을 뚫은 검사관을 배치한다. 검사관의 수는 보통인 경우 연직주입관의 약 1/2로 하고 특히 중요한 구조물의 경우에는 같은 수로 한다. 주입시에는 검사관내에 삽입된 浮子, 추를 붙인 실, 혹은 전기적 방법, 초음파법 등에 의해 모르터면의 높이를 관측한다.

4) 굵은 골재의 충전

① 굵은 골재는 충분히 씻어 미분말을 제외하고 깨끗한 것을 이용하는 것이 극히 중요하다. 이것은 모르터와의 부착을 좋게 하는 동시에 수중공사인 경우에 汚泥가 1개소에 침전하여 모르터 공급을 나쁘게 하는 것을 피하기 위함이다. 또 해중공사인 경우에는 깨끗한 굵은 골재를 이용해도 충전 후, 해초·패류가 부착될 우려가 있으므로 충전 후 가급적 빨리 모르터 주입을 실시할 필요가 있다.

② 굵은 골재의 투입개소가 고정되면 거푸집 내에 대한 굵은 골재의 입도분포가 불균일하게 되므로 굵은 골재의 토출구를 이동시키며 투입한다.

③ 굵은 골재는 가급적 낮은 위치에서 투입한다. 부득이 높은 위치에서 낙하시키는 경우에는 파손을 막기 위해서라도 래더(ladder, 사다리단)를 이용한다.

5) 모르터 제조 및 주입
① 모르터 믹서는 고속회전의 것일수록 혼합효율이 높으나 모르터온도가 상승하여 過부의 팽창성 및 유동성 저하를 일으킨다. 통상 회전수 125~500rpm으로, 5분 이내에 소유의 품질을 믹서용량의 3~5배로 한다.
② 수송관의 배관계획 및 모르터 펌프의 부하에 대해서는 제56장 참조
③ 프리팩트 콘크리트에 있어서는 타설이음은 중대한 결함부가 되기 때문에 설계 또는 시공계획에서 정한 타설면까지 연속하여 주입해야 한다. 기계의 고장 등으로 부득이 중단되는 경우에는 중단된 시간이 2~3시간 이내에 모르터가 아직 충분히 유동성을 유지하는 경우는 특별한 조치를 강구하지 않고 작업을 개시해도 좋다. 그러나 중단시간이 긴 경우에는 시공이음면에서 상부의 굵은 골재를 제거하고 레이턴스를 제거하여 부배합의 시멘트 페이스트를 주입한 후 모르터를 주입한다.
④ 주입은 최하부에서 시작하여 상측을 향하여 가급적 천천히 실시하고 모르터면의 상승속도는 0.5~2m/h를 표준으로 한다.
⑤ 연직주입관은 관을 뽑으며 주입한다. 이 경우 관의 선단은 항상 모르터 속에 0.5~2m 삽입된 상태로 유지한다.

5. 거푸집의 설계압력

1) 거푸집에 가해지는 압력
① 굵은 골재 투입시의 충격을 수반하는 골재압, ② 모르터 주입시의 유체압과 골재압(충격력은 이미 소실되고 있다.)과의 합으로 나누어 생각한다.

2) 굵은 골재 투입시의 압력
충격을 고려하여 식 (8-12)에서 계산해도 좋다.

$$P = (1+i)W_a h_a \tag{8-12}$$

여기서, P : 굵은 골재 투입시에 거푸집에 작용하는 압력(tf/m^2)
i : 충격계수 0.6~0.7,

h_a : 굵은 골재층의 상면에서의 깊이(m)
$W_{(a)}$: 굵은 골재의 단위용적 질량(tf/m³)

    기중인 경우 $W_a = \rho_a(100-V)/100$

    수중인 경우 $W_a = (\rho_a-1)(100-V)/100$

V : 굵은 골재의 공극율 40~80%
ρ_a : 굵은 골재의 밀도

3) 프리팩트 콘크리트의 측압

골재압과 모르터압의 합으로서 식(8-13)에 의해 계산해도 좋다.

$$P_{max} = K_a W_a h_a + \frac{2W_m RtV}{100} \tag{8-13}$$

단, 응결의 영향을 생각치 않는 경우는 $2Rt$를 모르터 상면에서의 깊이(m)로 한다.
여기서, P_{max} : 프리팩트 콘크리트의 최대측압(tf/m²)
    K_a : 굵은 골재의 측압계수, K_a=1.0으로 한다(충격소실)
    W_m : 모르터 단위용적 질량(t/m²), 수중인 경우는 W_m^{-1}로 한다.
    R : 모르터면의 상승속도(m/h)
    t : 모르터 응결시간(h)

이밖에 해중공사의 경우는 예정지점까지의 거푸집 曳航中의 파력, 침설시의 수압 및 충격 등에 고려하여 소요의 강도와 강성을 갖도록 설계한다.

6. 주입모르터의 반죽질기

1) 로트법에 의한 반죽질기의 평가

주입모르터 단위수량과 P로트 유하시간과의 관계는 그림 8-9에 표시한 바와 같이 유하시간이 21초 정도 이상이 되는 수량이 약간의 변화에 따라 겉보기상반죽 질기가 크게 변화된 것처럼 보이며 15초 정도 이하에서는 수량이 상당히 증대되어도 반죽질기의 변화는 거의 인정되지 않는다. 이것은 짧은 유출관을 가진 로트의 특징이며 기타에도 로트의 형상을 바꾼 수종의 시험방법이 제안되고 있으나 유출관이 짧은 한 로트의 형상을 바꾸어도 별로 의미가 없다. 이와 같이 모르터 반죽질기 推奬値가 어떤 시험방법의 측정가능 범위에서 정하는 것이 합리적이라고는 말할 수 없다.

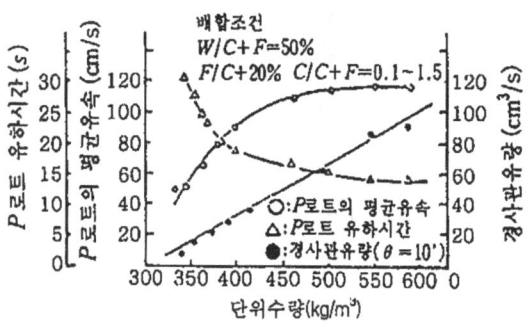

그림 8-9 주입모르터 단위수량과 경사관류량 P로트
유하시간 및 평균유속과의 관계

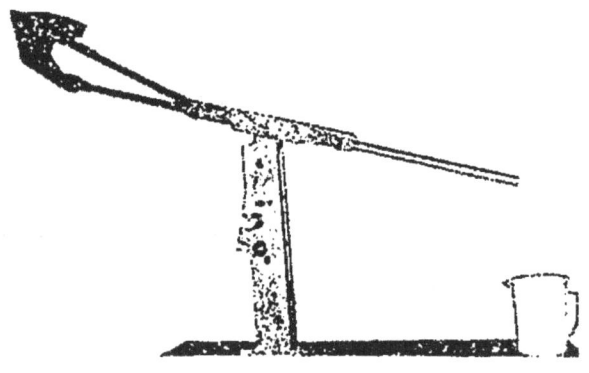

그림 8-10 경사관 시험장치

2) 경사관법에 의한 반죽질기의 평가

① 경사관법은 유출관을 길게 하는 동시에 그 경사를 완만하게 하여 시료와 관벽 간에 미끄럼이 생기지 않도록 하여 로트에 오버플로우를 두어서 관내에 정상류가 실현되도록 연구되었으며 세관내의 유량을 반죽질기의 척도로 하는 것이다. (그림 8-10 참조 : 유출관내경 2.0cm, 길이 70cm, 경사각 10°, 로트의 상단내경 20cm)

② 모르터 단위수량과 경사관류량과의 사이에는 넓은 범위에 걸쳐 직선관계가 인정되며(그림 8-9 참조) 유량과 모르터의 물성치(소성점도, 항복치) 및 관로의 조건(관경, 압력구배)과의 관계는 이론적으로 명백하며 또 세관현 점도계로서도 이용되는 등의 이점이 있다.

본래 주입모르터 유동성은 재료분리가 현저하지 않은 범위에서 큰 것이 요망된다. 이런 종류의 시험방법에 의해 반죽질기를 정확히 평가하고, 주입모르터 반죽질기의 추정 치에 대해서 재검토하는 것이 필요하다.

7. 압송시스템

1) 압송시스템의 계획에 있어서 어느 배관조건 및 압송응력하에 대한 유량의 예측이나 어느 배관조건 하에서 소요의 주입량을 얻기 위한 펌프압력 부합의 예측 등이 필요하다.

2) 보통압력구배 [(압력차)/(직관환산거리)] $\Delta P/l' \leq 1.0 \mathrm{gf/cm^2/cm}(0.1 \mathrm{kgf/cm^2/m})$의 경우, 모르터와 수송관의 벽면과 사이에 미끄럼은 생기지 않으므로 수평직관로에 대한 유량이 계산된다. 직관환산 거리 l'를 이용하여 표시하면,

$$Q = \frac{\pi R^4}{8\eta_{pl}} \frac{\Delta p}{l'} \left[1 - \frac{4}{3}\left(\frac{\gamma_0}{R}\right) + \frac{1}{4}\left(\frac{\gamma_0}{R}\right)^4\right] \qquad (8\text{-}14)$$

여기서, Q : 유량(cc/s), R : 수송관의 반경(cm),

$\Delta P/l'$: 압력구배(g/cm²/cm), ηpl : 모르터의 소성점도(g·s/cm²),

γ_0 : 전류반경(cm) $\gamma_0 = 2\tau_f \dfrac{l'}{\Delta P'}$, τ_f : 항복치 (g/cm²)

3) 휨관이 배치되어 있는 경우에는 다음 식을 써서 직관환산 길이를 구한다.

$$L_{90} = 5.1\left(\frac{R}{R_b}\right) + 1.0 \qquad (8\text{-}15)$$

$$L_\theta = L_{90} - 0.006(90 - \theta) \qquad (8\text{-}16)$$

여기서, L_{90} 및 L_θ : 휨각도가 90° 및 θ도의 경우 직관환산길이(m),

R : 관의 반경(cm), R_b : 휨관의 곡률반경(cm)

직관환산거리는 다음 식이 된다.

[직관환산거리(l')]=(직관부의 전장)+(휨관의 직관환산길이의 총합)

연직관이 배치되어 있는 경우 또는 관로에 高低差가 있는 경우는 압력차를 ($\Delta P - \rho g h$)로 하면 좋다.(상승의 경우)

여기서, ρg : 모르터 단위용적 중량(g/cm³), h : 고저차(cm)

8. 대규모 프리팩트 콘크리트

1) 장대교의 해중기초 등의 대규모 구조물에 대량 또는 급속히 시공되는(시공속도 40~80m³/이상, 또는 일구획의 시공면적 50~250m³이상) 대규모 프리팩트 콘크리트가 이용되고 있다.

2) 대규모 프리팩트 콘크리트에 있어서는 굵은 골재의 최소치수를 40mm정도 이상으

로 하여 모르터 투과성을 양호하게 하고 주입관의 간격을 확대하여 시공능률의 증대를 도모한다. 주입관의 간격은 5m전후로 한다.

3) 주입관 1개당 시공면적이 크기 때문에 모르터가 굵은 골재의 간극이나, 거푸집의 구석구석까지 미치는데 시간을 요하기 때문에 모르터 응결초결 시간은 8시간 이상, 16시간 이내가 적당하다. 또 모르터 유동거리가 길기 때문에 그 사이의 분리를 적게 하기 위해 부배합으로 한다.

4) 주입

① 재료 공급설계, 계량설비, 모르터 믹서, 애지테이터 및 모르터 펌프를 갖추고 모르터 제조에서 주입까지 일련의 공정을 자동적으로 실시하는 모르터 플랜트를 설비한다.

② 일반적으로 모르터면의 평균상승 속도가 3m/h정도 이상으로 크기 때문에 주입관을 세우고 인발작업 등의 편의 때문에 2중관 방식으로 한다. 미세관은 직경 20cm정도의 강관에 적당한 크기와 간격의 구멍을 뚫어 모르터는 자유로 유출되나 굵은 골재는 침입되지 않는 것으로 이 속에 주입관을 삽입한다.

③ 모르터 주입은 연속하여 실시하고 모르터 유동성의 저하를 피하기 위한 평균상승 속도는 0.3m/h이상으로 해야 한다.

④ 복수의 주입관을 이용하는 경우 각 주입관이 분담하는 범위는 주입관에 공급되는 모르터의 유량에 비례하기 때문에 각 주입관에 보내지는 모르터의 유량을 충분히 관리한다.

9. 고강도 프리팩트 콘크리트

1) 고강도 프리팩트 콘크리트

고성능 감수제를 이용하여 물결합비를 40%이하로 저감하고 재령 91일에서 400~600kgf/cm²의 압축강도가 얻어지는 프리팩트 콘크리트를 말한다.

2) 주입모르터

① 주입모르터 배합은 표 8-22에 표시하는 조건을 만족하도록 정한다.

표 8-22 고강도 프리팩트 콘크리트

반죽질기 P로트 유하시간 (초)	블리딩율 (3시간후) (%)	팽창율 (%)
25~50	1이상	2~5

주) 시험방법은 일본토목학회 기준 주입모르터 각 시험방법에 의함.(제55장 표 8-18과 같음)

② P로트 유하시간이 25초 이하가 되면 분리가 심하고 50초 이상에서는 주입성이 저하되는 것이 극히 대개의 겨냥으로서 경험적으로 얻어지고 있다. 그러나 점성 액체로서의 주입모르터 반죽질기를 나타내는 물성치는 소성점도와 항복치이며, 굵은 골재 간극과 투과성은 주로 항복치에 의존하는데 대해 P로트 유하시간은 소성점도에 크게 의존하며 로트법의 적용은 반드시 적당하지 않다.

표 8-23은 보통 프리팩트 콘크리트와 고강도용의 주입모르터 육안에 의해 반죽질기가 동등하다고 판단되는 것이다. 고강도용 주입모르터의 소성점도는 일반용의 약 2배이며 P로트 유하시간도 약 2배로 되어 있다. 그러나 항복치는 0에 근사하고 소성점도와 항복치를 종합적으로 표시하는 경사관류량은 거의 일치되며 경사관 시험과 같이 세관내의 유량을 이용하는 시험방법에 의하면 특수한 주입모르터 반죽질기도 만족하게 평가되는 것을 표시하였다.

표 8-23 일반 프리팩트 콘크리트용 주입모르터와 고강도용 주입모르터 반죽질기 시험결과

주입 모르터	혼화제	혼화재율 (%) $F/(C+F)$	물결합재비 (%) $W/(C+F)$	모래결합 재비	소성점도 (Poise)	항복치 (g/cm^2)	P로트 유하시간 (s)	경사관류량 (경사각 10°) (cc/s)
일반용	포조리스 No.8	20	50	1.12	3.9	0.13	18.0	35.5
고강도용	GF800	20	38.5	1.20	7.6	0	36.5	31.3

③ 점성이 큰 고강도용 주입모르터의 블리딩은 아주 작으므로 이것을 보상하기 위한 팽창률도 작은 것이 좋고, 2~5%를 표준으로 한다.
④ 혼화제로서 고성능 감수제, 보수제, 발포제를 프리믹스한 시판의 고강도 프리팩트 콘크리트용 혼화제를 이용하는 것이 편리하다. 표 8-23 표시한 GF800은 그 일종이다.

2) 단위결합재량의 저감

단위결합재량의 저감을 도모하기 위해 잔골재는 약간 조립의 것이 좋고 조립율에서 1.8~2.2가 적당하다.

3) 모르터 믹서 및 펌프

① 고강도용 주입모르터는 점성 및 단위중량이 크기 때문에 혼합하는데 요하는 에너지는 보통 주입모르터인 경우는 1.5배 정도 이상이 되며 고성능 믹서를 설비할 필요가 있다.

② 고강도용 모르터 펌프의 압력부하는 보통인 경우 2배 이상이 된다. 이와 같은 경우 피스톤식 펌프보다 스크류식 펌프 쪽이 적합하다.

제 57 장 뿜기 콘크리트

1. 일 반

1) 뿜기 콘크리트란, 압축공기에 의해 시공면에 뿜어 붙이는 모르터 또는 콘크리트이며 쇼크리트(shotcrete)또는 건나이트(gunite)라고도 한다.
2) 뿜기 공법에는 건식법, 습식법 및 그 중간의 공법이 있다.
   ① 건식법 : 시멘트와 골재의 드라이믹스를 한쪽의 노즐의 물을 다른 노즐에 분사하여 드라이믹스가 시공면에 도달할 때까지 물이 첨가되는 공법으로 반발이나 분진의 발생, 뿜어 붙인 콘크리트의 품질이 노즐맨의 숙련도에 의존하는 것 등의 문제점은 있으나 가장 널리 이용되고 있다.
   ② 습식법 : 믹서로 전재료를 혼합한 것을 뿜기 공법으로 주로 모르터 뿜기에 이용되고 있다.
   ③ 중간공법 : 드라이믹스와 물 및 결합제를 뿜기 직전에 혼합하는 것이다.
3) 뿜기 콘크리트는 ㉮ 거푸집이 필요치 않다. ㉯ 타설작업이 신속하고 급속시공이 가능하다. ㉰ 위쪽, 옆쪽을 포함한 임의방향으로 시공되며 또 작업원수도 적게 드는 등의 이점이 있는 반면, ㉮ 숙련된 작업원을 필요로 한다. ㉯ 반발에 의한 재료의 손실이나 타설된 콘크리트의 실배합의 예지가 어려운 등 결점이 있다. 그러므로 종래 뿜기 콘크리트는 비탈면 방호나 터널, 大空洞 구조물(지하발전소 등)의 1차 복공에 이용되어 왔다. 그러나 최근에 있어서 뿜기기구나 급결제의 개발에 의해 뿜기 콘크리트에 대한 신뢰도가 더하고 얇은 철근 콘크리트 또는 프리스트레스트 콘크리트 구조물(수조, 사일로 등)에도 이용되고 있다.

2. 재료 및 배합

1) 골재
   ① 잔골재의 입도는 보통 철근 콘크리트에 이용되는 입도범위를 표준으로 한다.
   ② 건식법에는 적당히 젖은 잔골재를 이용하는 것이 좋다. 표면수가 과소인 경우는

급결제의 효과를 막는 수가 있으며 과다인 경우는 분진을 더한다. 표면수는 3~6%가 적당하다고 한다.
③ 굵은 골재의 최대치수는 혼합재료의 압송성 및 반발량을 고려하여 10~15mm로 한다.

2) 급결제 및 분지 저감제
① 급결제는 뿜어 붙인 콘크리트가 벗겨지는 것을 방지하거나 구조체로서의 부착콘크리트 경화촉진의 목적으로 사용된다.
② 급결제의 사용량은 연직뿜기면인 경우, 시멘트질량의 1%정도 이하, 수평하향면인 경우 4~8%를 표준으로 한다. 급결제의 성분 등에 대해서는 표 8-24 참조.

표 8-24 급결제의 품질규격(안)

항 목		규격치
압축강도	재령 12시간	10kgf/cm^{2}이상
	24시간	90kgf/cm^{2}이상
	28일	무첨가 모르터 75%이상
응결시간 (프럭터관입저항)	초결(35kgf/cm^2)	5분 이내
	종결(280kgf/cm^2)	15분 이내

주) 모르터배합 : W/C=50%, C/S=1/3자연모래(FM=2.60~2.80)이상
강도시험체 : 4×4×16cm각주, 20±3℃ RH 80%이상(재령 1일 이강 20±3℃ 수중)에서 양생, KS F 2405에 따라 축방향으로 재하.

③ 분진저감제는 메이커에 의해 사용량이 대폭으로 다르기 때문에 신뢰되는 자료나 시공실적을 참고로 하던가 시험에 의해 그 사용량을 정한다.

3) 콘크리트 배합
① 뿜기 콘크리트의 배합은 강도 등의 소요 품질을 갖는 범위 내에서 반발이 될 수 있는 한 적게 하고 양호한 작업성을 표시하도록 한다.
② 뿜기 콘크리트의 배합은 부착배합을 기준으로 하는 것이 바람직하나 건습법의 경우, 실제상 곤란하므로 토출배합에 대해서 각 재료의 중량으로 표시한다.
③ 부착배합은 뿜기면의 상태나 노즐맨의 숙련도에 따라 크게 변동되므로 기왕의 공사예를 참고로 하는 동시에 원칙으로서 공사의 실시에 앞서 시험을 실시한다. 배합의 대개의 겨냥을 표 8-25에 표시한다.

표 8-25 뿜기 콘크리트의 토출배합의 겨냥

항 목	범 위	건식 방식(평균치)	습식 방식
굵은 골재의 최대치수(mm)	10~15	10~15	10~15
잔골재율 (%)	55~75	61.6%	62%
단위시멘트량 (kg/m³)	300~400	359kg/m³	360kg/m³
물시멘트비 (%)	40~60	53%	56%
급결제 (%)	시멘트 중량의 2~8	6.7%	5.9%

표 8-26 토출배합과 부착배합과의 관계
토출배합 $C=300$kg, $W=135$kg, $W/C=45\%$, $s/a=60\%$

모래의 표면수율 (%)	급결제 사용량	급결제	단위시멘트량 (kg/m³)	단위수량 (kg/m³)	물시멘트비 (%)	모래율 (%)
	-	쓰지 않음	393(1.31)	170(1.26)	43.0(0.96)	76.1(1.27)
3	C×3%	Q	323	167	51.7	67.3
		S	350	173	49.5	72.5
		H	330	178	53.2	66.0
		평균	344	173	51.5	68.6
	C×4%	Q	314	219	64.3	72.0
		S	327	181	55.3	70.2
		H	349	205	59.0	69.2
		평균	339	202	59.5	70.5
	평 균		337(1.12)	188(1.38)	53.3	69.6
7	C×3%	Q	320	197	61.6	66.0
		S	350	180	50.0	69.7
		평균	340	189	55.8	67.9
	C×4%	Q	322	194	60.2	65.9
		S	379	200	52.8	71.7
		평균	351	197	56.5	68.8
	평 균		346(1.15)	193(1.43)	56.2	68.4
평 균 (급결제 사용)			341(1.14)	191(1.41)	55.9	69.0

주) 표중의 수치는 부착배합을 표시. ( )내는 토출배합에 대한 비율을 표시.
급결제(Q, S, H) : 탄산소다 및 알루민산 소다를 주성분으로 하는 것.
뿜기기 : 아리파 300형
시공면 : 수평면과 약 70℃를 이룬다.
배합분석 시험 : 굵은 골재 : 5mm체의 잔류분
　　　　　　　수　　량 : 가열건조
　　　　　　　시멘트량 : 5mm이하인 건조분을 HCl에서 용해하여 적정에 의해 CaO를 정량.

④ 표 8-26은 뿜어 붙인 콘크리트의 배합분석 시험결과이며 토출배합과 부착배합의 관계를 표시한 것이다. 표 8-26에 있어서 부착배합은 토출배합보다 항상 부배합이 되나 물시멘트비도 증가되는 경향이 있으며 또 결합제의 사용에 따라 반발이 줄어지는 결과 부착배합의 단위시멘트량을 평균 60kg/cm^{3}정도로 줄이는 것 등이 표시된다.

3. 시 공

1) 뿜기면의 사전처리
   ① 작업 중 낙하의 우려가 있는 뜬돌(부석), 풀, 나무 등은 작업의 안전성과 양호한 부착을 얻기 위해 세심하게 제거한다.
   ② 시공 면에 용수가 있는 경우에는 뿜기 콘크리트의 부착, 고결을 해치거나 고결 후, 배면에 수압이 발생할 우려가 있으므로 물빼기 파이프나 배수필터를 설치한다.
   ③ 뿜기면이 흡수성인 경우에는 뿜기 콘크리트에서 과도하게 수분이 없어지지 않도록 撒水 또는 수분이 많은 시멘트 페이스트를 살포한다.
   ④ 시공면이 동결된다든지 빙설이 있는 경우는 융해하여 표면의 물을 배제한 후 뿜어 붙인다.
   ⑤ 보강철근이나 철망을 설치하는 경우에는 뿜기 작업 중 이동 등이 일어나지 않도록 시공면에 콘크리트 못이나 앵커핀을 이용하여 견고하게 고정한다. 시공면과의 간격은 2~3cm로 한다. 철망은 용접철망(KS D 7017) 또는 마름모형 철망(KS D 7016)으로 하고 터널 등의 지하구조물의 경우 ø4~6mm, 망눈치수 10~15cm의 것, 비탈면인 경우 ø2~2.6mm, 망눈치수 5~7.5cm의 것이 이용된다. 철근의 간격은 보통 20cm이상으로 한다.

2) 재료의 계량, 혼합 및 운반
   ① 재료의 계량은 원칙으로서 중량계량으로 한다. 단, 물 및 액상급결제에는 순간유량계, 분말급결제에는 용접계량이 이용된다. 연속믹서를 이용하는 경우 全材料가 용접계량이 된다.
   ② 재료의 혼합에는 보통 배치믹서를 이용한다. 연속믹서는 터널 내 등의 좁은 장소에 유효하게 이용된다.
   ③ 혼합물의 운반거리는 습식법인 경우 100m까지, 건식법인 경우는 500m정도까지 가능하다.

3) 뿜기(shotcrete)작업

① 뿜기 작업은 반발량이 최소가 되도록 하고 노즐을 가급적 시공면에 직각으로 하여 적당한 거리에서 실시한다. 시공면과 노즐과의 각도 및 거리와 반발량과의 관계를 대충 그림 8-11 및 그림 8-12에 표시한다. 뿜기면까지의 거리가 1m정도인 경우 반발량이 최소가 된다. 또 반발된 골재는(원칙적으로) 재사용해서는 안된다.

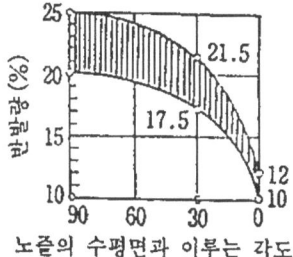 

그림 8-11 시공면에 대한 노즐의 각도와 반발량과의 관계
O.Drögsler : Zur, Berg und Hütenmannische Monatschefte 1961

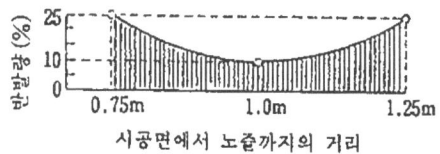

그림 8-12 시공면과 노즐과의 거리와 반발량과의 관계
Acl committee 506, Acl Jour 1966

② 건식법에 있어서 수량은 반발량이 최소가 되도록 노즐맨의 手加減에 의해 결정되기 때문에 재료의 품질변화는 그대로 콘크리트의 품질변동이 되어 나타난다. 따라서 골재의 입조 표면수율을 균등하게 유지하는 동시에 숙련된 노즐맨에 의해 시공하는 것이 중요하다.

③ 1회의 뿜기 두께는 콘크리트가 흘러내리던지, 떨어지지 않는 범위로 하고 경화 후 다음 층을 뿜기하여 소정의 두께가 될 때까지 작업을 반복한다. 소정두께에 도달하였는가 여부는 검침편 등에 의해 판단한다.

④ 강제동바리의 설치개소에 뿜기를 하는 경우에는 원지반과 동바리와의 사이에 공극이 생기지 않도록 하고 또 변위를 받는 동바리의 플랜지는 뿜기 콘크리트를 띄우는 경향이 있으므로 그림 8-13에 표시한 바와 같이 뿜기 한다.

⑤ 뿜기 콘크리트에 있어서는 마무리작업에 의해 부착을 해칠 우려가 있으므로 특히 필요한 경우를 제외하고 뿜기에만 의하는 마무리로 한다.

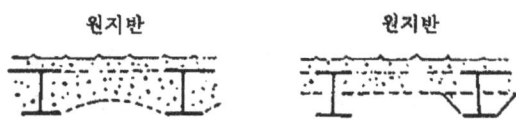

그림 8-13 뿜기 콘크리트의 마무리

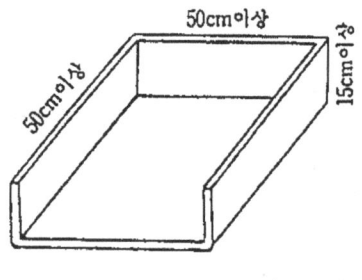

그림 8-14 패널거푸집 그림

4. 시 험

뿜기 콘크리트의 압축강도 시험용 공시체의 제조는 「뿜기 콘크리트의 강도시험용 공시체를 만드는 방법」에 의한다. 즉,

1) 공시체는 실제로 터널이나 비탈면에 뿜어 붙이는 개소 또는 패널거푸집에 뿜어 붙인 콘크리트에서 채취한다. 패널거푸집은 그림 8-14에 표시한 바와 같이 최소치수 50×50×15cm이고 한쪽의 단판을 개방한 것이며, 뿜기시 개방단을 아래 쪽으로 하여 반발재료가 혼입되지 않도록 연구되었다.

2) 공시체는 뿜기 콘크리트에서 채취한 원주 또는 각주로서 그 치수는 원주공시체 ø5×10cm이상(높이가 직경의 2배 이하의 경우는 KS F 2403에 의해 보정된다.) 각주 공시체의 단면 10×10cm이상의 정방형 공시체의 수는 1조 3개 이상으로 한다.

3) 공시체의 절취의 시기, 방법 및 시험의 준비에 대해서는 KS F 2403에 의한다.

제 58 장 공장 제품

1. 일 반

1) 공장제품은 제조공정이 일관하여 관리되고 있는 공장에서 계속적으로 대량으로 제조되는 것이기 때문에 균형의 차가 적은 안정된 품질의 제품이 얻어지기 쉽고 제조공정의 기계화, 시스템화를 쉽게 하는 등의 특징이 있다. 그 때문에 공장제품 특유의 공법으로서 강력 진동다짐, 원심력 다짐, 가압다짐 및 양생, 상압 및 고압증기양생, 하트콘크리트 등의 공법이 있다.

2) 주요한 공장제품으로서 관류, 폴, 말뚝, 널말뚝, 침목 PC교빔, 보도용 평판, L형, U형, 경계블럭, 적층블럭, 세그멘트, 컬버트 등이 있으며 그 대부분은 KS화되었다.

3) 공장제품을 제조하는 공장에는 콘크리트 주임기사, 콘크리트 분야 기사자격을 가진 기술자 또는 공장제품 관계의 자격을 가진 기술자가 상주하는 것이 바람직하다.

2. 제조일반(공장제품 특유의 사항)

1) 공장제품에 있어서 콘크리트 강도
   ① 공장제품에 대한 콘크리트는 일반적으로 물시멘트비가 적고 촉진양생이 실시되는 경우가 많기 때문에 초기의 강도 발현이 빠르나 재령에 수반하는 강도증진은 별로 기대되지 않는다. 그러므로 공장제품에 있어서 콘크리트 강도는 다짐, 양생방법을 제품과 같게 한 재령 14일의 공시체 강도를 기준으로 한다. 단, 제품에 쓰이는 콘크리트의 품질평가는 KS F 2413에 의해 제조하고 표준양생된 공시체 강도에 의한다.
   ② 여러 가지의 목적으로 실시하는 제품 콘크리트의 압축강도 시험의 방법 및 기준 재령을 표 8-27에 일람표로 표시하였다.

표 8-27 공장제품에 있어서 콘크리트 강도

기준이 되는 재령	(1) 일반 공장제품 : 재령 14일 (2) 오터크리브 등 특별한 촉진양생을 실시하는 경우 : 14일 이내 　(예를 들면, 촉진양생 종료직후) (3) 제조법이 일반 철근 콘크리트 부재와 같은 경우 : 재령 28일
강도시험방법	(1) 일반인 경우 : 제품과 같은 다짐, 양생방법에 따라 만든 ø10 ×20cm공시체에 의함(원심력 성형의 경우는 KS F 2454 「원심력 다짐 콘크리트의 압축강도 시험」에 의함) (2) 제품에 쓰이는 콘크리트의 품질평가인 경우 : KS F 2413에 의해 제조하고 표준양생된 공시체의 압축강도에 의함(재령 14일 또는 28일) (3) KS에 정해져 있는 제품의 거푸집 떼기시 강도, 프리스트레스 도입시 강도, 출하시 강도 등은 KS의 규정에 의한다.

2) 재 료

① 굵은 재료의 최대치수는 부재 최소두께의 2/5이하, 강재의 최소수평 벌림의 4/5 이하로 한다. 일반적으로 20~25mm로 하는 경우가 많고 경우에 따라 10mm 또는 15mm로 하는 수도 있다.

② 촉진양생을 실시하는 경우, 염화물의 시멘트에 고정도가 줄어서 철근이 녹슬기 쉬우므로 바다모래의 사용을 피하거나 염화물 함유량을 엄격히 제한한다.

③ 공장제품에는 9mm 또는 6mm이하의 선재나 일반교량 등에서는 별로 사용치 않는 PC강재가 이용되므로 그것들의 규격을 다음에 표시한다. 이것들의 규격에 적합한 것 또는 이와 동등 이상의 기계적 성질을 가진 것을 이용한다.

　　KS D 3504 「철근 콘크리트용 봉강」
　　KS D 3527 「철근 콘크리트용 재생 봉강」
　　KS D 3544 「연강선재」
　　KS D 3510 「경강선」
　　KS D 3552 「철사」에 규정하는 보통철사
　　KS D 3505 「PC강봉 및 이형 PC강봉」
　　KS D 7002 「PC강선, 이형 PC강선 및 PC강 연선」
　　KS D 7009 「PC경강성 및 이형 PC경강선」

3) 된비빔 콘크리트 반죽질기의 평가

① 슬럼프 2cm이상의 콘크리트 반죽질기는 슬럼프 시험에 의해 평가해도 좋다.

② 슬럼프 2cm미만의 콘크리트 반죽질기는 진동에 의한 콘크리트의 변형도 또는

충전도 혹은 낙하충격에 의한 충전도(다짐 계수시험) 등을 이용한 방법 중 적절한 것을 이용한다. 이 경우 측정기의 진동조건이 제품의 진동조건과 유사한 것을 선택하는 것이 좋다.

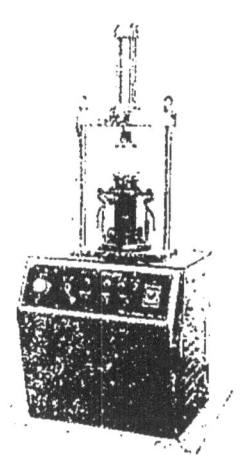

그림 8-15 초경련 콘크리트용 공시체 성형기

표 8-28 각종 진동식 반죽질기 시험의 진동조건

시 험	측정항목	진동조건		
		진폭 a (cm)	진동수 f (Hz)	가속도 $a=4\pi^2 af^2$
진동대식 반죽질기 시험	변형도	0.4	25	1g
VB시험(영국규격 BS, 1881 Part 2)	변형도	0.35	50	3.5g
공시체 성형기에 의한 초경련 콘크리트의 반죽질기 시험(일본토목 콘크리트 블럭협회)	충전도	0.5	75	11g

표 8-28은 각종의 진동식 반죽질기 시험기의 진동조건을 표시한 것으로 건설부의 진동대식 반죽질기 시험은 슬럼프 2~5cm의 포장용 콘크리트에는 적합하나 즉시 거푸집폐기 방식에 의한 블록용의 초경련 콘크리트에는 유효하게 이용되지 않는다. 블럭머싱의 진동가속도는 보통 10g정도이므로 초경련 콘크리트용 공시체 성형기를 이용하는 방법에 의한 것이 좋다.

③ 진동대식 반죽질기 시험(제6장 참조) 및 VB시험은 모두 진동대상의 콘크리트 콘의 변형도(일정한 형상으로 변형될 때까지의 진동시간)를 반죽질기의 척도로 한다. 공시체 성형기(그림 8-15 참조)에 의한 방법은 진동대상에 고정된 거푸집(ø10×20cm)에 콘크리트의 충전도를 척도(표 8-28에 표시한 진동조건으로 진동시간을 30초로 했을 때의 충전율)로 한다.

다짐계수 시험(BS 1881 Part 2)은 자유낙하에 의해 일정한 용기(ø15×30cm)내에 채워진 콘크리트의 질량과 진동다짐에 의해 밀실하게 채워진 콘크리트의 질량과의 비(다짐계수 또는 CF치)를 척도로 한다.

4) 성형
   ① 콘크리트를 거푸집에 채운 후 기계적 다짐을 실시한다. 기계적 다짐에는 진동다짐, 원심력 다짐, 가압다짐, 진동다짐 등이 있으며 원심력 다짐 이하에 대해서는 제58장 참조
   ② 콘크리트의 진동다짐에 관해 다음의 법칙이 밝혀졌다. 콘크리트의 다짐도는 진폭, 진동수, 진동시간에 관계없이 콘크리트에 주어진 총진동 에너지에 의해 결정되며 그 관계는 다음 식으로 표시된다.

$$f'_c = A(1 - W_R^{-B}) \tag{8-17}$$

여기서, f'_c : 다짐도로서의 콘크리트압축강도(kgf/cm^2),
W_R : 총진동 에너지($erg \cdot s/cm^3$), A, B : 정수,

$$W_R = \rho \pi^2 a^2 f^2 t \tag{8-18}$$

(제2편 6장 참조) 여기서, a : 진폭(cm),
ρ : 콘크리트의 단위질량(g/cm^3),
f : 진동수(Hz), t : 진동시간(s),

그림 8-16은 여러 가지의 반죽질기의 콘크리트에 대한 총진동 에너지와 다짐도와의 관계곡선이 진동조건(a, f)에 대해 소요의 다짐도를 얻기 위한 진동시간의 예측이나 소정의 진동시간 내에서 다짐을 완료하기 위한 진동조건의 예측 등이 가능하다. 또, 식 (8-18)중의 a 및 f는 본래 콘크리트의 응답치이지만 진동대상이 소형제품의 경우에는 진동대의 값을 이용해도 좋다.

5) 촉진양생
   ① 촉진양생으로서 상압증기 양생이 널리 이용되고 있으며 그 순서는 다음과 같다.
      ㉮ 거푸집 그대로 증기양생실에 넣어 양생실의 온도를 균등하게 상승시킨다.
      ㉯ 혼합 후 2~3시간 이상 지난 후(전양생 기간) 증기양생을 개시한다.
      ㉰ 온도상승 속도는 1시간에 대해 20℃이하로 하고 최고온도는 65℃로 한다.

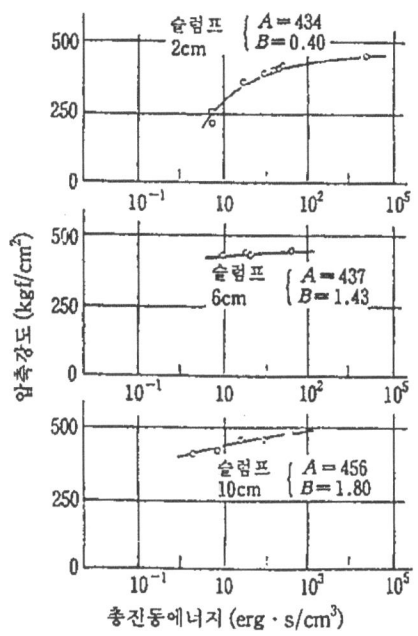

그림 8-16 총진동에너지와 다짐도(압축강도)와의 관계

 ㉔ 양생실의 온도를 서서히 낮추고 외기의 온도와 대차가 없도록 한 다음 제품을 꺼낸다.
 ② 상압증기양생 이외의 촉진 양생도 실시한다.

3. 검 사

1) 공장제품의 검사

 보통 형상, 치수 및 외관, 강도 등에 의해 실시한다. (검사의 기본사항 및 현장 비빔 콘크리트의 검사방법에 대해서는 기술하였으며 어느 것이나 본항의 중요한 참고가 된다.)

2) 형상, 치수 및 외관의 검사

 대부분의 제품은 외관 및 형상에 대해서는 전수검사, 치수에 대해서는 계수 선별형 발취검사가 적용되고 있다. 단, 일부의 소형제품에서는 생산개수가 많으므로 외관, 형상, 치수에 대해서 계수 선별형 발취검사가 적용되고 있다. 예를 들면, KS F 4416「콘크리트 적층블럭」에는 1로트에 대해 랜덤에 5개를 추출하여 측정을 실시하고 5개 모두 규정에 적합하면 그 로트를 합격으로 하고 1개라도 적합하지 않은 경우는 그 로트를 전부 검사한 것으로 규정하였다.

3) 강도에 의한 검사

① 공장제품의 강도검사는 많은 제품에 대해 계수 발취검사가 일부의 소형제품에 대해 계량발취검사가 적용되고 있다.

② 계수검사는 모집단의 분포에 제한이 없고 검사가 간단하나 합부의 판별능력이 낮다. 또, 강도라는 수량적 특성을 시험하며 良·不良의 두 수준에 의해 합부를 판정하는 것은 합리적이라고는 말하기 어렵다. 그럼에도 불구하고 많은 공장제품에 재검사를 인정한 계수검사가 적용되고 있는 것은 실용적 배려에 의한 것이다.

③ 그림 8-17은 계수 2회 발취검사의 OC곡선(검사특성 곡선 : 로트의 불량율과 그 로트가 합격으로 판정되는 확률과의 관계를 표시한 것)으로 예 불량율 40%라는 로트가 3회에 1회 정도 이상이 합격으로 판정되는 확률은 매우 크고 제품의 품질이 안정되지 않은 경우는 KS검사는 심하지 않은 검사로 인식되나 합격 판정되는 확률도 97~99%와 샘플의 크기에 의한 차이도 비교적 적다. 그러나 불량율이 매우 적은 경우 5%이하인 경우는 거의 확실하게 합격이라 판정된다.

그림 8-17의 OC곡선은 다음 식에서 계산된다.

합격이라 판정되는 활률 P

$$P_1 + P_2 \tag{8-19}$$

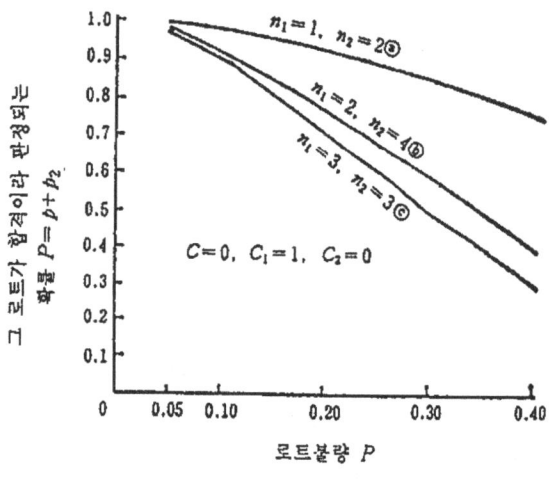

그림 8-17 강도검사의 OC곡선

여기서, P_1 : 본검사에서 합격이라 판정되는 확률
P_2 : 재검사에서 합격이라 판정되는 확률

본검사 및 재검사에서 샘플의 크기 : n_1 및 n_2, 합격판정계수 : $C=C_2=0$, 재검사가 가능한 불량개수 : $C_1=1$이므로,

$$P_1 = {}_{n_1}C_0 \cdot P^0(1-P)^{n_1} = (1-p)^{n_1} \tag{8-20}$$

$$P_2 = {}_{n_1}C_1 \cdot P(1-P)^{n_1-1} \cdot {}_{n_2}C_0 \cdot P^0(1-P)^{n_2}$$

$$풀 = n_1 P(1-P)^{n_1-1} \cdot (1-P)^{n_2} \tag{8-21}$$

원심력 ⓒ인 경우 ($n_1=n_2=3$) $C=C_2=0$, $C_1=1$

$P=0.05$일 때 $P_1=0.857$, $P_2=0.116$, $P=P_1+P_2=0.973$
$P=0.40$일 때 $P_1=0.216$, $P_2=0.093$, $P=P_1+P_2=0.309$

④ 계량검사는 모집단이 정규분포되는 경우에 한하지만 판별능력이 높다. 종래 콘크리트의 강도는 정규분포되는 것이 인정되었으며, 또 콘크리트의 검사에서는 샘플수가 너무 많지 않으므로 가급적 계량기준형 1회 발취검사를 적용하는 것이 좋다. KS F 4416 「콘크리트 적층블럭」의 강도에 의한 검사는 KS A 3103 「계량기준형 1회 발취검사(표준편차 기지로 불량율을 보증하는 경우)」을 적용하였다. 즉, 가급적 합격으로 하고자 하는 로트의 불량율의 상한 $P_0=0.5\%$, 가급적 불합격으로 하고자 하는 로트 불량율의 하한 $P_1=25\%$, 생산자 위험율 $\alpha=0.05$, 소비자 위험율 $\beta=0.10$으로서 검사를 설계한 결과 샘플수 $n=2$개가 되며 1로트(1일의 생산량)에서 랜덤으로 채취한 2개의 제품에서 1개씩 채취한 코어의 압축강도의 평균치가 다음 식을 만족하면 합격으로 한다.

$$\bar{x} \geq S_L + 1.50\sigma \tag{8-22}$$

여기서, $\bar{x}$: 0압축강도의 평균치(kg/cm^2),
S_L : 하한규격치($=180$kg/cm^2),
σ : 표준 편차(kg/cm^2)

4. 공장제품 특유의 공법

1) 원심력 다짐

① 풀, 말뚝, 관 등의 속빈원통형 제품의 성형에 쓰이고 있다. 즉, 원통거푸집에 콘크리트를 투입하여 고속회전하고 그 때 발생하는 원심력(반경방향력)에 의해 주

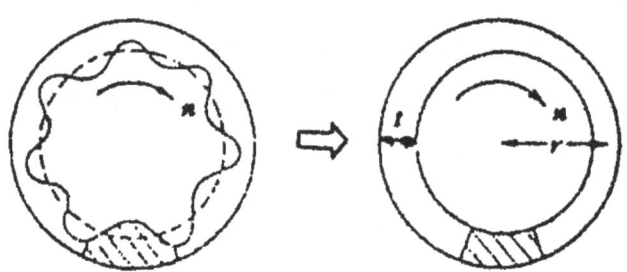

그림 8-18 관체형성 전후의 모델도

력에 따라 형성되는 동시에 다짐을 실시한다(그림 8-18 참조)

② 반경 r의 원주상을 중점이 각 속도 w로 원운동을 할 때 주속은 rw로 정속운동이기 때문에 접선방향의 가속도는 0이 되며 반경방향의 가속도 a는 w^2/r가 된다.

$w=2\pi n$(n: 회전수)을 이용하면,

$$a = w^2/r = 4\pi^2 rn^2 \tag{8-23}$$

여기서, a : 가속도(cm/s^2), r : 반경(cm), n : 회전수(s^{-1})

제품 전체에 작용하는 원심력 $F_{(dyne \cdot 다인)} = m\alpha$ \hspace{1em} (8-24)

여기서, m : 제품의 질량(g)

그림 8-18에 표시한 바와 같이 제품단면의 중심선의 반경을 r, 두께를 t로 하면 단위 면적당 원심력 f는 다음 식이 된다. 이 경우 f의 단위를 g/cm^{2}로 나타내기 위해 중력 가속도 g로 나눈다.

또 $m = \rho 2\pi rtl$을 이용하여, $f = ma\dfrac{1}{2\pi rl} \cdot \dfrac{1}{g}$ 또는 $\rho t \dfrac{a}{g}$ \hspace{1em} (8-25)

여기서, f : 원심력(gf/cm^2), r : 제품단면의 중심선의 반경(cm), t : 제품단면의 두께(cm), l : 제품의 길이(cm), ρ : 콘크리트 단위질량(g/cm^3), g : 중력의 가속도(cm/s^2), a/g : 가속도비

③ 원심력은 회전수의 2승에 비례하기 때문에 회전수가 더할 수록 다짐효과는 커진다. 통상 초속, 고속의 순으로 상승시켜 원심가속도는 제품의 크기에 따라 30g~50g이 가해진다.

④ 콘크리트의 배합에는 단위 시멘트량 400kg/m^{3}이상 물시멘트비 37~45%, 슬럼프 5~12cm의 것이 이용된다.

⑤ 원심성형 콘크리트의 압축강도는 KS F 2454「원심력 다짐콘크리트의 압축강도 시험방법」에 의한다. 이것은 속빈 원통공시체(ø20×30cm, 두께 3cm)를 원심력 성형기로 만들어 축방향으로 재하하여 압축강도를 구한다.

2) 가압다짐 및 가압양생

① 가압다짐은 거푸집에 채워진 콘크리트에 압력을 가하여 물을 짜내고 성형시키는 방법으로 진동다짐을 병용하는 경우가 많다.

② 가압양생은 상기의 압력을 유지한 채 고온양생을 실시하는 것이다.

③ 가압양생은 일본의 요시다도꾸지로 박사의 고안(1940)에 의한 것으로 100kgf/cm^{2}의 가압 그대로 3시간 찐 양생 후, 수중 양생을 실시하여 재령 28일의 압축강도 1040kgf/cm^{2}을 얻었다. 고강도가 얻어지는 원인은 自由水를 짜내는데 의한 물시멘트비의 저감, 공극감소에 의한 침밀화, 수화의 촉진, 거푸집에 의한 열팽창의 구속 등이다. 공업적으로는 7~10kg/cm^{2}의 가압화의 고온양생에 의해 널말뚝, 세그멘트 등이 제조되고 있다.

④ 진동공법은 가압다짐의 일종으로 콘크리트 표면을 특수한 진공매트로 씌워서 진공 펌프에 의해 15~20분간 감압하고 잉여의 자유수를 흡인하는 동시에 대기압에 의해 6~8tf/m^{2}가압하는 것이다.

3) 오터크레이브 양생(고압증기 양생)

① 오터크레이브 양생은 고온고압(175~200℃, 8~15atm) 하에서 수중반응에 의해 염기도가 낮은 규산칼슘 수화물(트벨모라이트)을 생성하여 경화하는 것으로 양생종료시에 표준양생 28일 강도와 동등의 강도가 얻어진다.

② 공업적으로는 내경 2.5~4m, 길이 40~60m의 압력솥을 이용하여 통상 180℃ 10atm정도로 한다. 온도조건은 표 8-29를 표준으로 한다.

표 8-29 오터크레이브 양생 과정

전양생기간(시)	온도상승시간(시)	정온도시간(시)	온도강하시간(시)
1~4	3~4	3	3~7

제품으로서 고강도 콘크리트 말뚝(AC파일) 등이 있으나 수열반응이므로 시멘트가 없어도 CaO-SiO$_2$-H$_2$O계의 경화체를 만들 수가 있다. 그러므로 석회, 고로슬래그, 규사, 플라이애쉬 등을 주원료로 하여 석면시멘트관이나 기포콘크리트(ALC)가 제조된다.

③ 오터크레이브 양생에 의해 건조수축, 클립은 반감되고 내동해성 황산염 저항성은 커지며 백화(애프로렛센스)가 잘 생기지 않은 제품이 된다.

4) 하트콘크리트

① 하트콘크리트란 재료 또는 믹서 내의 콘크리트를 가열하는데 따라 40~60℃의

고온도에서 반죽된 콘크리트를 말한다. 일부 시방서에서 「반죽 후의 온도를 40℃이상으로 한 콘크리트」라고 정의하고 있다.

② 재료방식은 증기 또는 열풍에 의해 가열된 골재와 온수를 사용하는 혼합방식이며 하트방식은 날개 부분에서 증기를 분사하는 특수한 믹서를 이용하고 혼합 중에 가열하는 것으로 1964년 덴마크에서 개발하였으며 실용화되었다.

③ 조강시멘트를 써서 50~55℃로 한 하트콘크리트를 같은 정도의 온도로 프리히트 한 거푸집에 충전 후 70~100kgf/cm^{2}를 약 3시간에 얻었다. 전양생을 생략할 수 있으므로 1일 2사이클의 고정으로 제품을 만들 수가 있다. 그러나 비빔후의 시간경과에 따른 슬럼프 저하가 심하기 때문에(그림 8-19 참조) 복잡한 형상의 제품에는 적합하지 않고 주택용 대형 프리캐스트판이나 철도의 직결궤도 슬래브 등이 만들어진다.

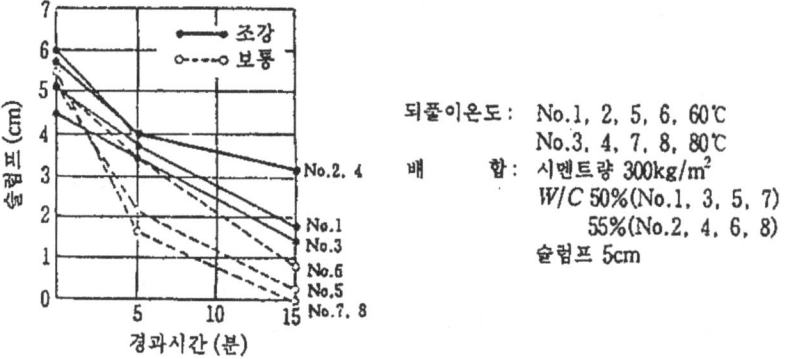

그림 8-19 하트콘크리트의 시간경과에 의한 슬럼프의 저하

5. 초경련 콘크리트

1) 공장제품용의 초경련 콘크리트는 즉시 거푸집떼기를 목적으로 하는 것이며 적층 블럭이나, 인터록킹 블록 등에 이용되고 있다.

2) 굳지 않은 콘크리트 성질

① 워커빌리티 : 초경련 콘크리트의 워커빌리티로서 거푸집에의 충전성 뿐만 아니라 즉시 거푸집 떼기성 및 거푸집 떼기 후의 변형저항성이 요구된다. 초경련 콘크리트가 된비빔이 될 수록 충전성은 불량하지만 즉시 거푸집 떼기성 및 변형저항성은 양호하며 이것들은 상반되는 특성이다.

② 충전율 : 초경련 콘크리트의 반죽질기는 어떤 진동조건 하에 있어서 충전율로 나타낸다. 「토목형 콘크리트블럭 제조지침(일본 토목콘크리트 블록협회)」(이하 「블럭지침」이라 약기한다.)에서는 충전율을 다음과 같이 정의하였다.

$$r = 100 - v \tag{8-26}$$

여기서, r : 충전율(%)
v : 성형시 공극율(%)(성형시에 혼입된 비교적 큰 공극이 있어서 혼합시에 도입된 에어앤트레인드(air entrained) 및 앤트럽트에어(entrapped air)는 포함하지 않음.)

충전율은 소요의 강도, 내구성, 수밀성이 얻어지는 범위에서 작게 선택하는 것이 즉시 거푸집 떼기성이나 변형저항성을 잘하기 위한 득책이다. 블록지침에서는 일반인 경우 95%정도 이상, 내동해성을 요하는 경우 96%이상으로 규정되었다. 충전율은 단위수량을 적게 하고 잔골재율을 크게 할 수록 작아진다(그림 8-20 참조). 쌓는 블록용은 초경련 콘크리트의 잔골재율은 45~55%, 단위수량은 90~120kg/m³로 충전율은 95% 전후가 이용되고 있다.

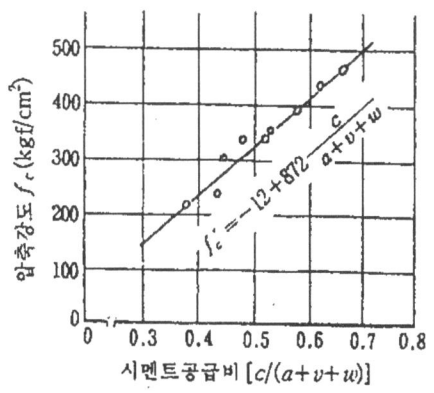

그림 8-20 잔골재율 및 단위수량과 충전율과의 관계

3) 경화콘크리트의 성질

초경련 콘크리트의 강도, 내구성, 수밀성은 물시멘트비에서 공극율 및 공기량의 영향이 극히 크다.

① 강도 : 그림 8-21은 초경련 콘크리트의 시멘트 공극비와 압축강도와의 관계이며 다음 식으로 나타낸다.

$$f'_c = A + B \frac{c}{a+v+w} \tag{8-27}$$

582   제8편 각종 콘크리트의 시공

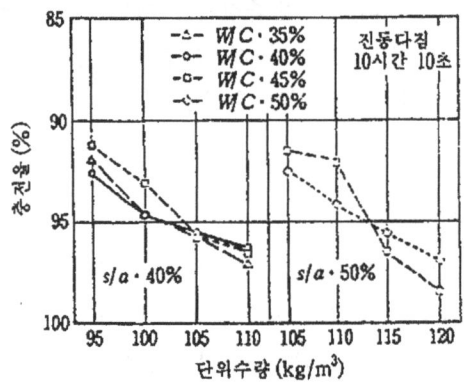

그림 8-21 시멘트 공극비와 압축강도와의 관계

여기서, fc : 압축강도(kgf/cm^2), c : 시멘트의 절체용적(l),
       w : 물의 용적(l), a : 에어앤트레인드 및 앤트럽트 에어(l),
       v : 성형시 공극량(l), A, B : 정수

② 내동해성

㉮ 충전시에 혼입되는 거친 공극에는 용이하게 물이 침입하여 결빙해서 동해를 조장하는 성형시 공극율이 1~5%의 플레인 콘크리트의 내구성지수(DF)는 6~23%정도에 지나지 않는다.

㉯ AE콘크리트로 하는데 따라 내동해성을 개설할 수 있으나 그림 8-22에 표시한 바와 같이 내동해성은 성형시 공극율에 크게 영향된다. 성형시 공극율이 3%정도 이하라면 2~4%의 에어앤트레인드에 의해 내구성지수는 약 90%이상이 된다. 또, 고로슬래그 모래의 사용은 내동해성을 개선한다.

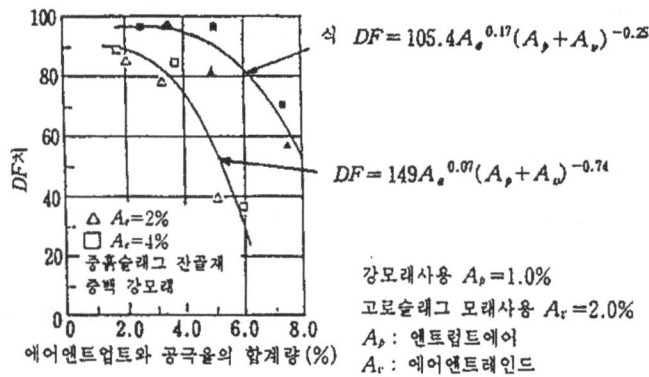

그림 8-22 에어앤트럽트와 성형시 공극율의 합과 내구성 지수와의 관계

㉰ 초경련 AE콘크리트의 제조에는 기포력 및 기포의 안정성이 우수한 AE제를 사용하는 것이 중요하며 예를 들면, 황산 에스텔염을 주성분으로 하는 기포제가 유효하다.

③ 수밀성

㉮ 그림 8-23은 초경련 콘크리트의 투수시험결과이며 對數 표시한 투수계수는 물시멘트비에 관계없이 성형시 공극율에 1차 비례하며 수밀성에는 거친 공극량이 지배적으로 영향되는 것을 표시한다.

㉯ 護岸의 지수용 점토의 투수계수는 10^{-7}cm/s 정도이므로 호안에 사용되는 콘크리트 블럭의 투수계수도 그 이하로 할 필요가 있으며 그 때문에 성형시 공극율 5%이하(충전율 95%이상)로 한다.

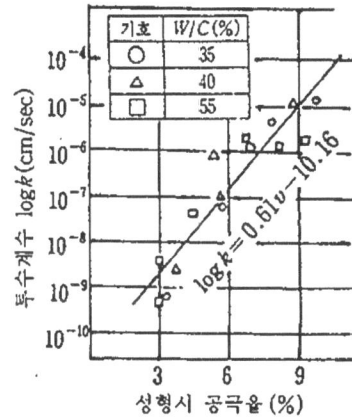

그림 8-23 초경련 콘크리트의 투수시험 결과

제 59 장 프리스트레스트 콘크리트

1. 일 반

1) 프리스트레스트 콘크리트란 하중에 의해 콘크리트 부재에 생기는 인장응력을 없애도록 미리 계획적으로 압축응력을 주는 일종의 철근 콘크리트이며 미리 주어지는 응력을 프리스트레스라 한다. 그림 8-24에 표시한 바와 같이 프리스트레스를 주는데 따라 하중에 의한 응력과의 합성응력은 모두 압축응력이 되며 부재의 전단면이 유효하게 작용하여 균열이 생기지 않는 경쾌한 구조물을 만들 수가 있다.

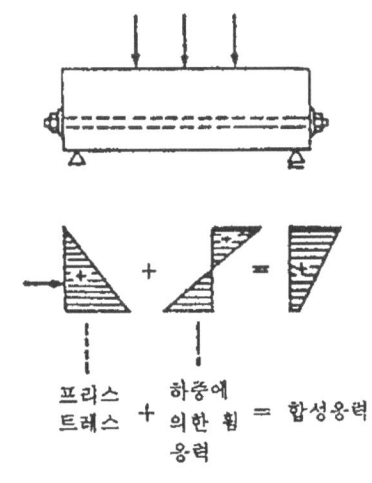

그림 8-24 프리스트레스의 효과

2) 프리스트레스를 주는 데는 통상 고장력의 강재(PC강재)가 이용되며 다음의 두 방법으로 대별된다.
  ① 프리텐션 방식 : 거푸집 속의 소정위치에 배치된 PC강재에 인장력을 준 다음 콘크리트를 쳐 놓는다. 콘크리트의 경화 후 강재의 긴장력을 서서히 늦추어 콘크리트와 강재와의 부착에 의해 프리스트레스를 주는 방식이다.
  ② 포스트텐션 방식 : 거푸집 속의 소정위치에 PC강재를 통한 쉬스를 배치해 놓고 콘크리트를 쳐 놓는다. 콘크리트의 경화 후 PC강재에 긴장력을 주어 강재단을

콘크리트 부재에 정착하여 프리스트레스를 주는 방식, 통상 프리스트레스를 준 다음 쉬스 내에 시멘트 페이스트 그라우트를 주입하여 콘크리트와 PC강재와의 부착을 생기게 한다.

3) 프리텐션 방식의 대표예

공장생산의 비교적 소형치수의 부재에 이용되는 롱라인 방식을 그림 8-25에 표시한다. PC강재를 100~150mm떨어진 지지대 간에 긴장, 정착하여 동시에 다수의 제품을 만들 수가 있다.

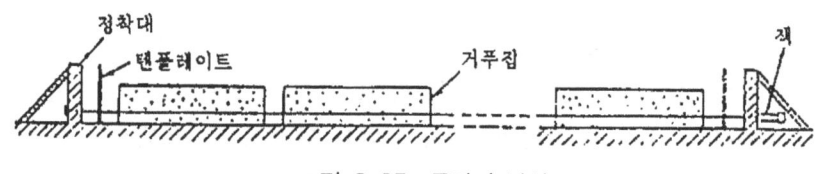

그림 8-25 롱라인 방식

포스트텐션 방식은 비교적 대형 부재나 프리캐스트 부재의 접합에 이용된다. 포스트텐션 방식에서는 사용하는 긴장재에 의해 여러 가지의 정착구가 고안되고 있다. 그 주요한 것은 쐐기 고정(플레시네, MDC, 후프콘, OSPA 등), 강선재두와 너트고정(BBRV), 전조사나·너트고정(DB더크) 등이 있다. 그림 8-26에 플레시네콘(스파이러 보강모르터제)과 그 정착상황을 표시한다.

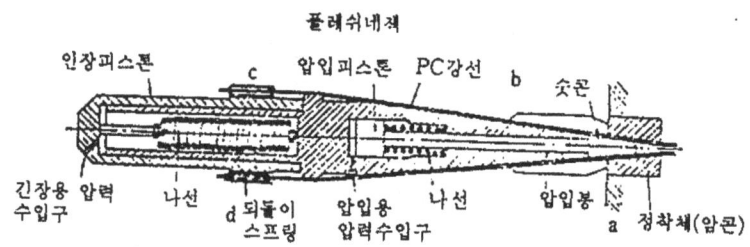

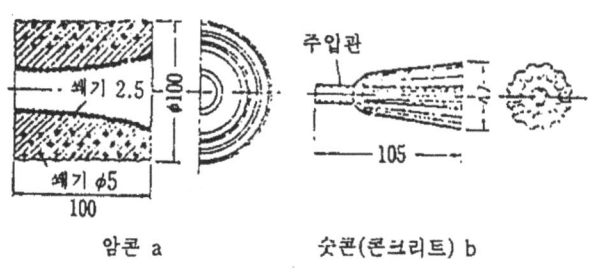

그림 8-26 플레시네 공법

4) 프리스트레스트 콘크리트의 시공

일반적으로 전문업자에 의해 실시되고 있다. 본 장에서는 프리스트레스트 콘크리트 시공의 순서나 시공과정에서 배려해야 할 역학적 기구 등, 일반 기술자로서 이해해야 할 주요한 사항에 대해서 말한다.

2. 콘크리트, PC강재, 정착구 및 접속구

1) 콘크리트

프리스트레스 콘크리트에는 고강도의 콘크리트 및 강재를 이용할 필요가 있다. 이것은 당초 주어진 프리스트레스가 콘크리트의 클립, 건조수축이나 PC강재의 리렉세이션 (응력이완)에 의해 점차로 감소되기 때문에 큰 프리스트레스를 도입하고 또 이것을 오래 잔존시키기 위해서는 클립, 건조수축이 적은 고강도의 콘크리트를 필요로 하기 때문이다. 일반적으로 굵은 골재의 최대치수 25mm를 표준으로 하고 압축강도 $400kg/cm^2$ 이상의 콘크리트가 이용되고 있다.

2) PC강재

① PC강재의 종류, 치수, 기계적 성질에 대해서는 제1편 5장 표 1-61, 표 1-62에 종류와 품질규격이 규정되어 있다.

② PC강재의 저장에 있어서

㉮ 코일상에 감은 PC강재를 세로로 몇 단이나 겹치게 되면 유해한 휨이 지속적으로 작용하여 응력부식의 우려가 있으므로 겹치는 수를 제한할 필요가 있다.

㉯ 코일을 푸는 경우에 말려 있던 습성이 남지 않도록 하기 위해 코일의 감기는 직경을 강재의 직경의 150배 이상으로 한다.

3) 정착구 및 접속구

① 정착구, 접속구에는 쐐기방식, 나사방식 등 여러 종류가 있으나 다음 항목을 만족하는 것으로 한다.

㉮ 정착구와 콘크리트를 조합한 시험에 있어 정착제는 긴장재의 규격인장 하중의 100%이상 견디어 낼 것.

㉯ 정착구 또는 접속구와 긴장재를 조합한 시험에 있어 부착 없는 상태에서의 정적 인장시험으로 정착구의 정차효율 또는 접속구의 접속효율은 긴장재의 규격인장 하중의 96%이상일 것. 단, 효율이 96%미만 90%이상인 경우는 새로운 규격치를 정해 사용해도 좋다.

② 정착구 및 접속구의 시험은 「PC공법의 정착구 및 접속구의 시험방법(안)」에 의한다.

3. 긴장재(PC강재 또는 PC강재군)의 배치작업

1) 긴장재의 배치상황은 프리스트레스의 크기나 부재의 파괴안전도에 중대한 영향을 미치기 때문에 설계에 표시된 위치 및 형상에 정확히 배치해야 한다. 허용되는 배치오차는 주로 부재치수에 의해 다르며 긴장재의 도심위치의 착오는 부재높이가 1m미만의 경우 5mm이하, 1m이상의 경우는 부재높이가 1/20이하로 10mm이하가 된다.

2) 배치작업 중 PC강재가 열영향을 받지 않도록 주의한다. 이 때문에 용접봉을 접촉시키지 않도록 하는 것은 물론 아크용접 불꽃을 받지 않도록 주의한다.

4. 프리스트레싱

1) 콘크리트에 주어진 프리스트레스는 여러 가지의 요인에 따라 감소되기 때문에 이러한 프리스트레스의 손실을 고려하여 긴장재를 인장하지 않으면 안된다. 즉, 긴장재 끝에 주는 인장력은 다음 식으로 표시된다.

$$P_i = p(x) + [\Delta P_i(x) + \Delta P(x)] \tag{8-28}$$

여기서, P_i : 긴장재 끝에 주는 인장력(kg)

$P(x)$: 설계단면에 있어서 소요의 프리스트레스힘(kg)

ΔP_i : 프리스트레싱 직후에 있어서 설계단면에 생기는 프리스트레스력의 손실(kg)에서
① 콘크리트의 탄성변형에 의한 손실
② 긴장재와 덕트(쉬스기타에 의함)와의 마찰에 의한 손실
③ 긴장재를 정착할 때의 세트(정착구의 변형이나 유회)에 의한 손실
등

$\Delta P_t(x)$: 설계단면에 있어서 프리스트레스힘의 경과시 손실(kg)에서,
① 콘크리트의 클립 및 건조수축에 의한 손실
② PC강재의 리렉세이션에 의한 손실

2) 프리텐션 방식의 경우

보통 다수의 PC강재를 동시 긴장하여 콘크리트의 경화 후 동시에 해방하기 때문에 해방시에 부재단축(콘크리트의 탄성변형)이 일어나며 그 결과 긴장재가 풀려서 프리스트레스가 감소되므로 반드시 이것을 고려해야 한다.

3) 포스트텐션 방식의 경우

① 프리스트레싱의 경우 반력을 콘크리트 부재자체에서 받기 때문에 긴장재를 동시 긴장하도록 하는 경우에는 탄성변형에 의한 손실은 없다. 그러나 일반적으로 PC강재를 순차로 인장하기 때문에 앞서 정착된 PC강재의 인장력은 그후의 프리스트레싱에 의한 콘크리트의 탄성변형에 의해 감소된다. 통상 간략하기 위해 평균감소량을 구하고 이것을 모든 PC강재의 인장력에 일정하게 가산한다.

② 긴장재 끝에 인장력을 줄 때 긴장재와 덕트 사이의 마찰에 의해 인장 끝에서 멀어짐에 따라 인장력은 점차로 작아지기 때문에 이것을 고려하여 긴장재 끝에 주는 인장력을 할증해 둘 필요가 있다. 마찰손실이 크기 때문에 긴장재 끝에 주는 인장력이 과대해지는 경우에는 감마제를 이용한다. 감마제로서 중성세제, 수용성 그리스 등, 긴장 후 용이하게 제거될 수 있는 것을 이용한다. 단, 부착이 생기지 않는 경우는 방청효과를 겸한 그리스, 파라핀, 왁스 등이 이용된다.

4) 프리스트레싱을 실시해도 좋을 때 콘크리크의 강도

① 프리스트레싱을 실시해도 좋을 때 콘크리트의 압축강도는 프리스트레스를 준 직후에 콘크리트에 생기는 최대압축 응력의 1.7배 이상으로 한다. 이것은 콘크리트에 생기는 최대압축 응력은 긴장재의 리렉세이션, 콘크리트의 클립, 건조수축 등에 의해 차츰 감소되기 때문에 일반의 설계하중에 대해 안전도를 작게 해도 좋은 것이다. 또한 콘크리트의 압축강도는 가급적 구조물의 콘크리트와 같은 상태로 제조 및 양생한 공시체 압축강도로 한다.

② 프리텐션 방식의 경우는 콘크리트와 PC강재와 사이에 충분한 부착강도가 필요한 것도 고려하여 $300 kgf/cm^2$이상으로 한다. 부재길이가 짧은 경우는 부착길이도 짧기 때문에 부착에 대해서 특히 배려를 요한다. 보통 프리스트레싱시 압축강도는 $400 kgf/cm^2$이상이 된다.

5) 프리스트레싱 중의 위험방지

프리스트레싱에 의해 인장력이 주어지는 긴장재는 큰 에너지를 갖기 때문에 만일 긴장재가 파단된다든지, 정착구나 인장장치가 파손된다든지 하면 순식간에 에너지가 개방

되어 추출될 우려가 있다. 그러므로 작업원의 위험방지를 위해 **프리스트레싱 작업 중 어떠한 경우라도 인장장치나 고정장치의 이면에 서지 않도록** 지도하는 동시에 인장장치의 후방에 방호판을 둔다.

5. 긴장재 끝에 주는 인장력의 계산

제8편 11장에 기술한 바와 같이 긴장재 끝에 준 인장력은 여러 가지의 원인에 의해 감소된다. 이하에 인장력 또는 프리스트레스 힘의 손실의 계산법의 개요를 말한다.

1) 콘크리트의 탄성변형에 의한 손실

포스트텐션 방식에 있어서 긴장재를 순차 인장하는 경우 앞에 정착된 긴장재의 인장력은 그 후의 프리스트레싱에 의한 콘크리트의 탄성변형에 의해 감소되기 때문에 최초에 인장재의 손실이 가장 크고 순차 손실량은 작아진다. 그러나 이와 같이 하여 개개의 긴장재의 인장력을 계산하는 것은 번잡하므로 다음 식에 의해 평균인장 응력 감소량을 계산한다.

$$\Delta \sigma_p = \frac{1}{2} n \sigma_{cpg} \frac{N-1}{N} \tag{8-29}$$

여기서, $\Delta \sigma_p$: 평균 인장응력 감소량(kgf/cm^2)

n : PC강재와 콘크리트의 영계수비(E_p/E_c)

σ_{cpg} : 프리스트레싱에 의한 긴장재 도심위치의 콘크리트의 압축응력에서 프리스트레스 힘 및 동시에 작용하는 영구하중(빔의 변형에 의한 자중재하)을 고려하여 구하는(kgf/cm^2)

N : 긴장회수(긴장재의 조수)

각조의 긴장재의 단면적을 a_p로 하고 간단히 하기 위해 각조의 긴장재의 인장력에 $a_p \Delta \sigma_p$를 일정하게 가산한다.

2) 마찰에 의한 손실

① 마찰손실은 덕트의 물결치는 것에 의한 길이에 따른 마찰손실과 후미에 의한 마찰 손실에서 구성되는 것으로 한다.

② 긴장재 끝의 인장력을 P_i : 설계단면에 대한 인장력을 P_x로 하면 마찰의 영향은 다음 식으로 나타낸다.(그림 8-27 참조)

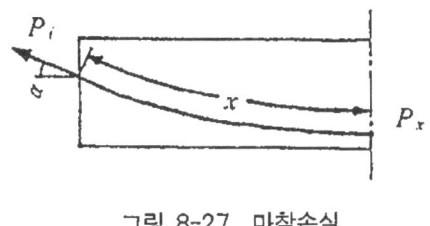

그림 8-27 마찰손실

표 8-30 마찰계수

	λ	μ
강선속·강연선	0.004	0.30
강 봉	0.003	0.30

$$P_x = P_i e^{-(\mu\alpha+\lambda x)} \tag{8-30}$$

여기서, P_x 및 P_i : 설계단면 및 긴장재단에 대한 인장력(kg), α : 긴장재의 각변화(rad), x : 긴장재의 길이(m), μ: 각변화 1rad당 마찰계수(휨의 영향), λ : 긴장재의 길이 1m당 마찰계수(파도치는 영향), μ, α는 실측치가 없는 경우 표 8-30으로 해도 좋다.

③ 긴장재의 길이 40m이하 각변화 30℃ 정도 이하의 경우는 근사식으로서 식 (8-30)을 사용할 수가 있다.

$$P_i = P_x / (1 - \mu\alpha - \lambda x) \tag{8-31}$$

3) 정착구의 세트에 의한 손실

세트량은 정착구의 종류에 따라 다르며 쐐기방식의 경우 2~4mm로 가장 크다. 그러나 세트에 의해 긴장재의 단부부근이 변형되어도 긴장시와 같은 마찰저항이 역방향으로 작용하여 부재가 극히 짧은 경우를 제외하고 부재의 중앙부까지 그 영향을 미치는 일은 없으며 보통 긴장재 끝의 인장력의 산정에 세트의 영향을 고려하지 않아도 된다.

4) 콘크리트의 크리이크, 건조수축 및 PC강재의 리렉세이션에 의한 손실

이것들의 경과시 손실의 영향은 다음 식으로 표시하는 유효계수로 나타낸다.

$$\eta = P_e/P_t = (\sigma_{pt} - \Delta\sigma_{pcs} - \Delta\sigma_{pr})/\sigma_{pt} \tag{8-32}$$

여기서, η : 유효계수, P_e : 유효인장력(kg), P_t : 프리스트레싱 직후의 긴장재의 인장력(kg), σ_{pt} : 프리스트레싱 직후의 긴장재의 인장응력(kgf/cm^2), $\Delta\sigma_{pr}$: PC강재의 리렉세이션에 의한 긴장재의 인장응력의 감소량(kgf/cm^2)으로 식(8-32)에서 구한다.

$$\Delta\sigma_{pcs} = \frac{n\varphi(\sigma'_{cd} + \sigma'_{cpt}) + E_p\varepsilon'_{cs}}{1 + n\dfrac{\sigma'_{cpt}}{\sigma_{pt}}(1 + \dfrac{\varphi}{2})} \tag{8-33}$$

여기서, φ : 콘크리트의 크리이프계수(표 8-31 참조), ε'_{cs} : 콘크리트의 건주수축 변

형(표 8-32), σ'_{cd} : 긴장재 도시위치에 대한 영구하중(자중 및 사하중)에 의한 콘크리트의 압축응력(kgf/cm^2), σ'_{cpt} : 긴장재의 도심에 있어서 프리스트레싱 직후의 프리스트레싱(kgf/cm^2), σ_{pt} : 프리스트레싱 직후의 긴장재의 인장응력(kgf/cm^2)

$$\Delta\sigma_{pr} = \gamma \sigma_{pt} \tag{8-34}$$

여기서, γ : 겉보기의 리렉세이션(콘크리트의 크리이프, 건조수축에 의해 부재가 점차로 단축되는 것을 고려한 경우의 리렉세이션)로 표 8-33에 의한다.

표 8-31 콘크리트의 크리이프계수

시멘트의 종류	환경조건	프리스트레스를 주었을 때 또는 재하할 때의 콘크리트의 재령				
		4~7일	1~4일	2~8일	3개월	1년
조강 시멘트	옥 외	2.6	2.3	2.0	1.7	1.2
	옥 내	4.0	3.0	2.8	2.1	1.3
보통 시멘트	옥 외	2.8	2.5	2.2	1.9	1.4
	옥 내	4.3	3.6	3.1	2.4	1.6

표 8-32 콘크리트의 건조수축변형 ($\times 10^{-6}$)

환경조건 \ 콘크리트의 재령*	3일 이내	4~7일	28일	3개월	1년
옥외의 경우	250	200	180	160	120
옥내의 경우	400	350	270	210	120

*설계에서 건조수축을 고려할 때의 건조개시 재령

표 8-33 PC강재의 겉보기의 리렉세이션율 γ

종 류	γ(%)
PC강선, 강연선	5
PC강봉	3
저리렉세이션 PC강재	1.5

6. 프리스트레싱의 관리

1) 프리스트레싱에 있어서 긴장재와 덕트 간의 마찰상태 등에 의해 설계단면에 있어서 인장응력은 변동되기 때문에 이 편차를 고려하여 설계에서 정한 인장력을 밑돌지 않도록 긴장재 끝에 인장력을 주어야 한다.

2) 개개 긴장재의 프리스트레싱의 관리는 다음 방법에 의하는 것이 편리하다.
① 긴장작업 중 잭의 하중계의 示度와 긴장재의 빼낸 량을 측정하여 이것을 관리특성이라 한다.
② 그림 8-28에 표시한 바와 같이 임의의 마찰계수치 μ_A 및 μ_B를 이용하여 해당 긴장재에 대해서 긴장재 끝에 주는 인장력과 빼낸(拔出)량과의 관계식을 구한다 (8-35). 이 경우 물결치는 영향 λ는 각 변화로 환산한다.

$$\lambda = \mu \Delta \alpha \tag{8-35}$$

여기서, $\Delta \alpha$: 긴장재 1m당 부가각도화로 보통 $\Delta \alpha = 0.012$rad로서 만족한다.
③ 긴장시에 있어서 하중계의 시도와 빼낸량과의 관계직선을 묘사하여 직선 AB와의 교점을 구하고 이점이 표시하는 인장응력에 2~3%를 할증한 것을 만류한다.
④ 하중계의 시도와 빼낸 량이 선형관계가 되지 않는 경우는 무엇인가의 이상이 생긴 것으로 판단되므로 프리스트레싱을 다시 고쳐야 한다.

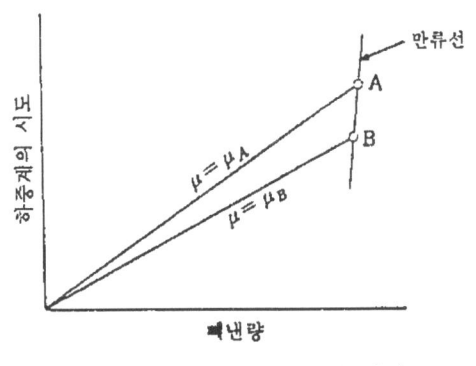

그림 8-28 프리스트레싱 관리도

7. PC그라우트

1) PC그라우트

PC그라우트는 덕트 내에 완전히 충전하고 긴장재를 녹슬지 않도록 보호하는 동시에 콘크리트 부재와 긴장재를 부착에 의해 일체화할 것을 목적으로 한다. 일반 설계하중 작용시에는 부착의 유무에 따라 프리스트레스트 콘크리트 부재의 역학적 거동에 변함이 없으나 파괴시의 내력은 부착이 없는 경우는 상당히 저하된다. 설계상은 보통 단면내력을 30%저감한다.

2) PC그라우트의 성질

PC그라우트는 다음 조건을 만족하는 것으로 하고 시험은 「PC그라우트 시험방법(안)」에 의한다.

① 유동성 : 덕트의 길이, 형상, 시공시기 등에 의한 JA로트 유하시간 15~30초(통상 감수제를 이용하는 경우)
② 팽창률 : 10%이하에서 주입완료까지(30분 정도) 블리딩율을 상회할 것.
③ 블리딩율 : 3%이하
④ 압축강도(28일) : 200kgf/cm^{2}이상
⑤ 염화물 함유량 : 그라우트 속에 전염화물 이온량은 0.30kg/m^{3}이하로 한다.

3) PC그라우트의 시공

① PC그라우트의 배합은 물시멘트비 40~45%의 시멘트 페이스트로 하고 발포제, 감수제 등의 혼화재료를 적당히 첨가한다. 고성능 감수제를 이용하여 물시멘트비를 35%정도로 하는 것도 있다.
② 주입작업 순서
  ㉮ 덕트 내에 물을 통하여 이물질을 제거하는 동시에 충분히 적신다.
  ㉯ PC그라우트를 그라우트 펌프에 넣기 전에 1.2mm체를 통과시킨다.
  ㉰ 주입을 개시하여 유출구에서 일정한 유동성의 그라우트가 충분한 양이 유출될 때까지 중단하지 않고 실시한다.
  ㉱ 유출구를 닫고, 주입압을 높이는데 유지하여 주입을 마친다.
③ 한중시공의 경우는 덕트 주변을 5℃이상, 주입시의 그라우트의 온도를 10~25℃로 하고 주입 후 5일간 50℃이상으로 유지한다. 고성능 감수제를 이용하여 물시멘트비를 저감한 경우는 한중시공에 대해서 유리하다. 즉, 덕트주변을 5℃, 그라우트 온도를 10.25℃로 하면 주입완료 후 기온이 -5℃에 도달할 때까지에 10시간이상 경과되면 그 후 단속적으로 기온이 -5℃가 되어도 凍害는 인정되지 않았다.
④ PC그라우트의 시험
  공사 개시 전에 유동성, 팽창률, 블리딩율, 압축강도의 시험을 실시한다. 공사 중의 시험으로서는 상기 중 블리딩시험을 생략해도 좋다.

제 60 장 포장 콘크리트

1. 일 반

1) 콘크리트 포장은 일반적으로 두께 15~30cm의 얇은 무근 콘크리트판으로 노출면이 크고, ① 주행차량의 윤하중에 의한 큰 휨의 반복작용 및 감량 작용을 받으며, ② 기온의 변화에 따라 온도응력의 반복작용을 받고, ③ 직사일광, 풍우, 상설 등의 기상작용을 받는 등 심한 역학적 기상조건에 시달리므로 타는 기분이나 안전성 노면의 평탄성, 균열의 억제가 강력히 요망된다. 따라서 포장용 콘크리트가 요구되는 성질,
　① 휨강도가 크고 편차가 작은 점
　② 마무리성이 좋고 평탄성이 양호한 점
　③ 감량저항성이 큰 점
　④ 기상작용에 대한 내구성이 크고(내동해성이 크며 건조수축이 작은 점 등)
2) 통상의 무근 콘크리트 포장(철망삽입, 테두리부 보강철근을 포함), 기타 이음이 없는 연속철근 콘크리트 포장, 프리스트레스트 콘크리트포장 및 팽창 콘크리트 포장이 있으며 또 조기공용 개시가 가능한 전압 콘크리트 포장(초경련 콘크리트 사용) 및 프리캐스트 콘크리트 포장이 있다.
3) 포장 콘크리트 시공은 시방서 포장면 등의 포장 요강에 의한다.

2. 재료 및 콘크리트 배합

1) 굵은 골재
　① 포장콘크리트 굵은 골재 최대치수는 노면의 평탄성과 휨강도의 유지를 고려하여 40mm이하로 한다.(제33장 그림 5-1 참조)
　② 콘크리트의 마모저항성은 사용 굵은 골재의 마모저항성에 의존한다. 굵은 골재의 마모저항성은 그 골재의 사용실적에 의해 판단하는 것이 가장 확실하나 재료가 없는 경우에 KS F 2508 「로스엔젤레스 시험기에 의한 굵은 골재의 마모시험 방법」에 의해 마모감량이 35%이하, 적절한 냉지의 경우 25%이하의 것을

사용한다.

2) 포장콘크리트 배합

① 설계기준 강도와 배합강도

㉮ 설계기준 강도는 통상 표준양생 28일 휨강도 45kgf/cm²로 한다. 단, 양질인 골재가 입수되지 않고 단위 시멘트량이 과대한 경우에는 40kgf/cm²로 해도 좋다.

㉯ 배합강도는 시방서 포장편에 표시하는 품질조건(설계기준 휨강도를 1/5이상의 확률에서 밑돌지 않을 것 및 설계기준 휨미강도의 80%를 1/30이상의 확률에서 밑돌지 않을 것)에 의하면 현장콘크리트의 휨강도의 변동계수와 할증계수와의 관계는 표 8-34와 같다. 단, 실용상 설계기준 휨강도 45kgf/cm²에 대해 배합강도를 45×1.15=52kgf/cm²로 하는 경우가 많다. 소규모 공사의 경우 배합강도를 정하는 조건으로서 KS F 4009「레디믹스트 콘크리트」의 품질조건에 의하는 것이 좋다. 이 경우의 할증계수도 표 8-34에 아울러 기록되었다.

표 8-34 할증계수

변동계수(%)		7.5	10	12.5	15	16
할증계수	도로포장	1.06	1.09	1.12	1.15	1.15
	공항	1.15	1.21	1.36	1.55	1.63

② 반죽질기

포설위치에 있어서 포설방법에 따라 다음 값을 표준으로 한다.

기계포설에 의한 경우…슬럼프 2.5cm 또는 침하도 30초

   간이포장기계 또는 인력에 의한 경우, 또 철근량이 많은 포장판이나 운반에 덤프트럭을 사용하지 않는 경우…슬럼프 6.5cm정도

③ 배합설계

㉮ 내구성에서 정하는 최대의 물시멘트비는 기상조건에 따라 47%내지 50%로 한다.

㉯ 단위 굵은 골재 용적, 단위수량 등은 배합설계에 참고표에서 구한다.

㉰ 일반적으로 단위수량은 110~120kg/m³(강자갈 사용의 경우 쇄석을 쓰는 경우는 이보다 10~20kg/m³ 증가한다.), 단위 시멘트량은 280~350kg/m³가 된다. 배합의 한 예를 표 8-35에 표시한다.

표 8-35 포장콘크리트의 배합예

굵은 골재의 최대치수 (mm)	침하도 (초)	슬럼프 (cm)	공기량 (%)	W/C (%)	s/a (%)	단위량(kg/m³)				혼화제
						W	C	S	G	
40	30	25	4	41	31	128		598	1350	

3. 콘크리트판의 포설

1) 포설작업의 순서

일반적인 포설작업의 순서는 그림 8-29와 같다. 이러한 포설작업을 실시하기 위해서 가장 일반적으로 사용되고 있는 포설기계의 조합은 브레이드형, 스프레이더, 표면진동식, 피니셔, 진동줄눈 끊기 기계 및 종형 표면마무리 기계 등이 있다.

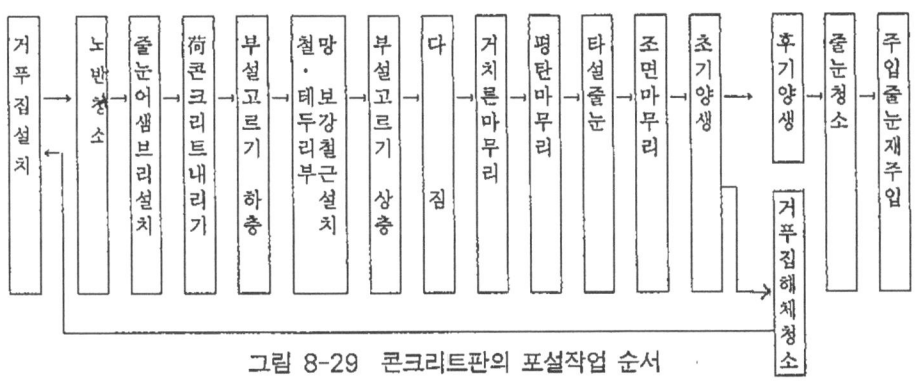

그림 8-29 콘크리트판의 포설작업 순서

2) 거푸집

거푸집은 콘크리트판의 두께, 폭 및 평탄성이 기준이 되는 동시에 거푸집 상면에 포설기계가 실리는 레일을 支函을 통하여 고정하는 것이기 때문에 변형이 적고 견고하지 않으면 안된다. 거푸집 단면을 그림 8-30에 표시한다. 거푸집은 취급상 1개의 길이를 3m로 하고 그 사이의 상하방향의 휨은 3mm이내로 한다.

3) 부설고르기

① 부설고르기는 브레이드형, 스프레이더, 박스형 스프레이더 등을 이용하여 콘크리트를 소정의 높이에서 균등한 밀도가 되도록 효율적으로 실시한다.

② 콘크리트는 진동다짐시에 낮은 쪽에 유동되기 때문에 횡단구배가 높은 쪽으로 보단(통상 15~20%)을 하며 낮은 쪽은 보단이 없거나 또는 낮게 한다.

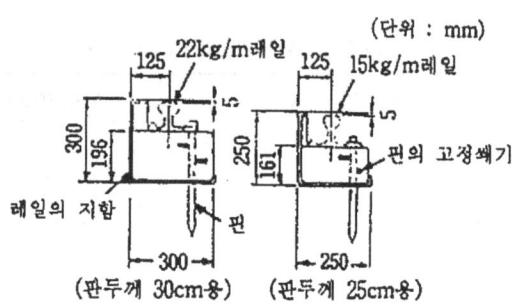

그림 8-30 거푸집 단면의 예(단위 : mm)

③ 부설고르기 한 콘크리트에 과부족이 있으면 후에 계속하여 피니셔 다짐이 효율적으로 크게 영향되며 포설능력을 저하시키기 때문에 항상 다짐상태를 주시하며 고르기를 교정한다.

4) 다짐

① 보통 표면진동식 피니셔를 이용하여 세심하게 다짐한다. 진동기의 가속도 a는 중력의 가속도 g의 배수로 나타내면 다음 식이 된다. 단, a는 진폭(cm), n에는 진동수(vpm)이다.

$$a(g) = 1.2an^2 \times 10^{-6} \tag{8-36}$$

$a = 1.5g$정도라면 슬럼프 2.5cm. 두께 30cm정도까지의 콘크리트판을 1층에서 충분히 다질 수가 있다.

② 거푸집 부근이나 줄눈부는 사전에 봉형내부 진동계에 의해 다짐된다.

5) 표면마무리

① 포장콘크리트의 표면은 ㉮ 치밀, 견고, ㉯ 평탄성이 양호, ㉰ 粗面(주행차량의 미끄럼방지와 노면반사의 방현효과를 높이기 위해)이 아니면 안된다. 이 때문에 표면마무리는 거친 마무리, 매끈한 마무리 및 거친면 마무리의 순서로 실시한다.

② 거친면 마무리는 피니셔에 의해, 평탄 마무리는 표면마무리 기계에 의한다.

③ 마무리면의 평탄성은 레일의 평탄성에 의존하기 때문에 레일의 정확한 설치, 청소에 주의해야 한다.

④ 마무리 작업 중에 콘크리트가 부족한 경우 이것을 모르터로 보충해서는 안된다.

⑤ 마무리 작업을 용이하게 하기 위해 물을 이용해서는 안된다. 또 서중공사에서 건조가 심한 경우에는 포그스플레이를 실시하는 것이 좋다.

⑥ 조면마무리는 콘크리트 표면에서 물빛이 없어진 다음 나이론 브러시, 슈로브러

쉬 등을 이용하여 포장 중심선에 직각으로 조면을 형성한다.

6) 양생

① 조면마무리 종료 후, 후기 양생 개시까지의 사이의 콘크리트 표면을 바람이나 일광에서 보호하고 균열을 막기 위한 초기양생을 실시한다. 양생방법으로서 삼각지붕양생, 막양생 등이 이용된다. 또 콘크리트 면에서 수분의 증발속도는 풍속, 습도 및 콘크리트 온도에 비례하며(표 8-36 참조) 보통 증발속도가 매분 $0.5l$ 를 초과하면 균열발생의 가능성이 있다고 한다.

표 8-36 풍속, 상대습도, 기온 및 콘크리트온도와 수분의 증발속도와의 관계

콘크리트온도(℃)	풍속(m/s)	0					2.0					4.5				
	상대온도(%) 기온(℃)	70	60	50	40	30	70	60	50	40	30	70	60	50	40	30
35	35	0.1	0.2	0.2	0.3	0.3	0.3	0.4	0.5	0.6	0.7	0.6	0.8	1.0	1.2	1.5
	25	0.3	0.3	0.4	0.4	0.4	0.6	0.7	0.8	0.8	0.9	1.2	1.4	1.6	1.7	1.8
	15	0.4	0.4	0.4	0.5	0.5	1.0	1.0	1.1	1.1	1.2	1.7	1.8	1.9	1.9	2.0
25	15	0.2	0.2	0.2	0.2	0.2	0.4	0.4	0.4	0.5	0.5	0.7	0.8	0.9	1.0	1.0
15	5	0.1	0.1	0.1	0.1	0.1	0.2	0.2	0.3	0.3	0.3	0.4	0.4	0.4	0.5	0.5
비고	양생에 대해서 ▭ 요주의 □ 특히 주의를 표시															

② 後期養生은 콘크리트를 충분히 경화시킬 목적으로 스폰지 매트, 마포 등으로 씌워서 撒水한다. 養生기간은 원칙으로 현장 양생 공시체의 휨강도가 35kgf/cm²이상에 도달 할 때까지로 한다. 이것은 그림 8-31에 표시한 바와 같이 소요 곡선강도의 약 70%)까지 습윤 養生을 실시하면 그후 양생을 중단하여 공용개시 해도 소정의 휨강도에 도달하는 것이 명확해졌기 때문이다.

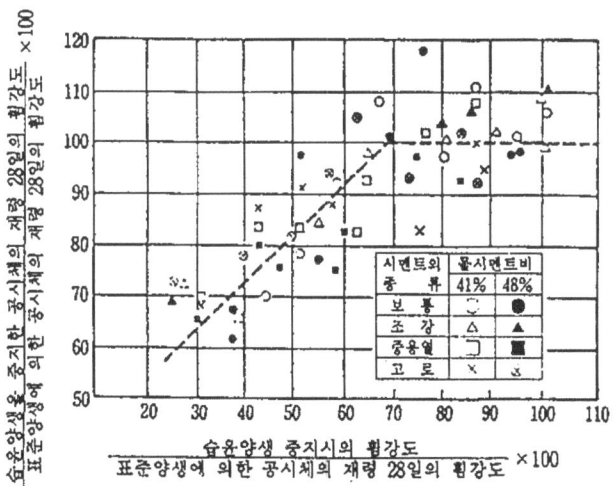

그림 8-31 습윤양생의 중지가 휨강도에 미치는 영향

7) 줄눈

① 콘크리트 줄눈에는 판의 건습, 온도변화에 의한 응력을 완화하기 위한 팽창줄눈 및 수축줄눈, 1일 작업의 종료에 시공상의 필요에서 두는 시공줄눈이 있다. 단, 시공줄눈은 팽창줄눈 또는 수축줄눈으로서 이용된다.

② 팽창줄눈은 건습, 온도변화에 의한 콘크리트판의 신축을 어느 정도 자유로 일으키게 하는 것으로 포장 전폭에 걸쳐서 일직선상에 둔다. 그림 8-32 팽창줄눈의 시공도(부설고르기시)의 예이다. 콘크리트 경화 후에 가삽입물을 제거한다.

③ 수축줄눈은 1일의 포장작업의 종료에 시공줄눈으로서 두는 맞댐 줄눈 이외에는 모두 더미줄눈으로 한다. 더미 줄눈에는 콘크리트 경화 후 커터로 줄눈홈을 끊는 것과 시공줄눈이 있다. 시공줄눈은 콘크리트의 포설 후 커터줄눈을 만들 때까지의 사이에 발생하는 균열을 막는 것으로 줄눈위치에 미리 가삽입물을 묻어 놓고 콘크리트의 경화 후 커터러 가삽입물의 위쪽을 깎아 내어 줄눈 홈으로 한다. 그림 8-33에 시공줄눈의 예를 표시한다.

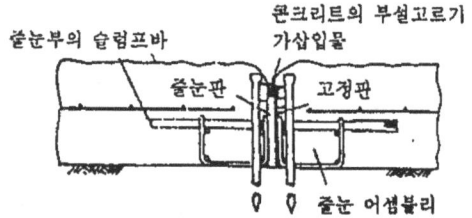

그림 8-32 팽창줄눈의 시공도(부설고르기 시)의 예

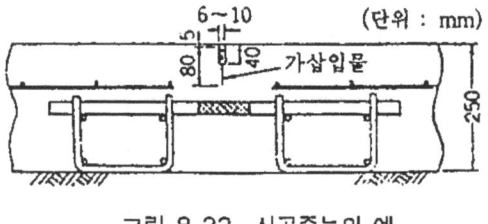

그림 8-33 시공줄눈의 예

4. 전압콘크리트 포장(Rccp)

1) 전압 콘크리트 포장

단위수량 90~110kg/m³ 정도의 초경련 콘크리트를 아스팔트 피니셔 등으로 노반 위에 깔아 고르고 진동로울러, 타이어로울러 등에 의해 전압하고 콘크리트판으로 한 포장

으로,
① 대형 콘크리트포장 전용기계를 사용치 않고 끝남
② 초기강도가 크므로 조기 교통 개시가 가능하다.

2) 전압콘크리트의 배합
① 배합강도는 다음 식에서 정한다.
$$f_{cr} = (\sigma_{bk} + \sigma_b)p \tag{8-37}$$

여기서, f_{cr} : 배합강도(kgf/cm^2), f_{ck} : 설계기준 휨강도(kgf/cm^2), f_b : 할증강도(다짐도의 편차를 고려하기 위한 할증강도로 보통 f_b=8kgf/cm^{2}로 해도 좋다.), p : 할증계수 (표 8-34의 값을 이용한다.)

② 굵은 골재의 최대치수는 2mm를 표준으로 한다.
③ 반죽질기는 마샬시험에 의해 그 다짐율은 96%를 표준으로 한다.
④ 단위량 등의 실적치
  단위시멘트량 : 250~320kg/m^3
  단위수량 : 90~115kg/m^3
  굵은 골재율 : 35~50%
⑤ 배합예를 표 8-37에 표시한다.

표 8-37 시방배합예

종별	굵은 골재의 최대치수 (mm)	반죽질기의 목표차 (다짐율%)	잔골재율 s/a (%)	물시멘트비 W/C (%)	단위 굵은 골재 용적	단위량(kg/m^3) 물 W	시멘트 C	잔골재 S	굵은 골재 G	혼화제	단위용적 중량 (kg/m^3)	함수비 w (%)
이론 배합	20	—	—	—	—	103	277	849	1285	0.693	2514	—
시방 배합	20	96.7	40	37.2	0.77	99	266	815	1234	0.665	2414	5.1

비고
(1) 설계기준 휨강도=45kgf/cm^2
(2) 배합강도= 58kgf/cm^2
(3) 설계공극율=4%
(4) 시멘트의 종류 : 보통포틀랜드시멘트
(5) 혼화제의 종류 : AE감수제
(6) 굵은 골재의 종류 : 부순돌 67
(7) 잔골재의 종류 FM : 2.86
(8) 반죽질기 평가법 : 마샬다짐 시험방법
(9) 시공기간 : 10월
(10) 전압콘크리트 운반시간 : 30분

주) 함수비(w)는 다음 식에 의해 계산한다.
$$w(\%) = \frac{W + G \times G_g/(100+Q_g) + S \times Q_s/(100+Q_s)}{C + G/(1+Q_g/100) + S/(1+Q_s/100)} \times 100$$

(여기서, W, C, S, G는 시방배합에 있어 물, 시멘트, 잔골재, 굵은 골재의 단위량(kg/cm^3), Q_s, Q_g는 잔·굵은 골재의 흡수율(%)이다.)

3) 전압

① 초전압 : 깔아 고른 콘크리트 표면을 내려 부치기 위해 7~10t의 전동로울러를 사용 무진으로 2회(1왕복)정도 전압한다.

② 2차 전압 : 상기의 진동로울러를 사용 유진으로 소정의 다짐도(다짐율 96% 이상)가 얻어질 때까지 충분히 전압한다. 보통 4~8회(2~4 왕복) 행한다. 또, 판두께에 의해 진동수 진폭을 조정한다.

③ 마무리 전압 : 단단성과 치밀성을 위해 타이어로울러 등을 사용 2~8회(1~4 왕복) 전압한다.

제 61 장 댐 콘크리트

1. 일 반

1) 댐은 유수를 저류하는 구조물이므로 이것에 이용되는 콘크리트는 큰 수밀성과 소요의 단위중량 및 강도를 갖는 동시에 내구성, 균등성이 필요하다. 또 대량의 콘크리트를 연속적으로 시공하기 때문에 매스콘크리트로서 소요의 성질을 구비하지 않으면 안된다.

2) 매스콘크리트 시공의 중점은 시멘트의 수화열에 기인되는 온도 균열 제어이며 이미 제49장 「매스콘크리트」에서 기술하였으나 이들 장에서는 두께 50~100cm이상의 철근 콘크리트를 포함하는 넓은 범위의 구조물을 대상으로 하였기 때문에 일반론적 기술로 되어 있다. 본 장에서는 댐에 있어서 온도균열 제어방식으로서 시멘트의 종류 및 배합 1리프트의 높이 및 완성속도, 인공냉각(이상 콘크리트온도의 제어), 수축이음매(균열위치의 설정) 등에 대해서 구체적으로 표시한다.

3) 콘크리트댐에는 중력식 및 아치식이 있으며 시방서에서는 각각에 대해 다음과 같이 정의하였다.

· 중력식 콘크리트 댐 : 작용하는 하중(수압, 지진력 등에 대해서 주로 提體 콘크리트의 자중에 의해 저항되고 바닥부의 암반까지 그 힘을 전하는 형식의 콘크리트댐(그림 8-34 참조).

· 아치식 콘크리트 댐 : 작용하는 하중에 대해 주로 아치작용에 의하여 저항하고 兩岸의 암반까지 그 힘을 전달하는 형식의 콘크리트 댐(그림 8-35 참조)

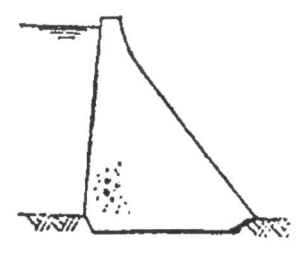

그림 8-34 중력식 댐

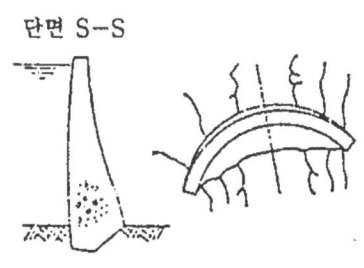

그림 8-35 아치식 댐

2. 재 료

1) 시멘트
   ① 시방서에서는 KS에 적합한 보통시멘트, 중용시멘트, 플라이애쉬 시멘트 및 고로 시멘트의 사용을 규정하였다.
   ② 댐용 시멘트는 저열형, 장기강도의 증진형 등이 있는 것이 바람직하고 중용열 시멘트, 플라이애쉬 시멘트가 적당하다. 그러나 댐공사에서는 장기간에 걸쳐 균등한 품질의 시멘트를 대량으로 필요로 하기 때문에 시멘트의 선택에 있어 그 공급, 조달에 대해서도 충분히 유의해야 한다.

2) 골재
   ① 댐 콘크리트는 보통 빈배합이 되므로 잔골재는 미세한 것이 좋고, 입도의 표준은 표 8-38과 같다.

표 8-38 잔골재 입도의 표준

체의 호칭치수 (mm)	체를 통과하는 것의 중량 백분율	체의 호칭치수 (mm)	체를 통과하는 것의 중량 백분율
10	100	0.6	25~65
5	90~100	0.3	10~35
2.5	80~100	0.15	2~10
1.2	50~90		

잔골재 입도의 표준

체의 호칭치수 (mm)	입경별 백분율	체의 호칭치수 (mm)	입경별 백분율
10~5	0~8	0.6~0.3	15~30
5~2.5	5~20	0.3~0.15	12~20
2.5~1.2	10~25	0.15이하	2~15
1.2~0.6	10~30		

   ② 굵은 골재는 비중 2.50이상 최대치수 150mm이하로 입도는 표 8-39를 표준으로 한다.
   ③ 로스엔젤레스 마모시험(KS F 2508)에 의한 굵은 골재의 감량은 40%이하로 한다. 또 표 8-40은 구조물의 환경조건 등의 요구에 대해서 사용가능한 굵은 골재의 품질의 조합을 표시한 것으로 굵은 골재의 산정에 있어서 판단의 목표가 된다.

표 8-39 굵은 골재의 입도의 표준

체의 호칭치수(mm) 굵은 골재 최대치수(mm)	입경별 백분율					
	150~80	120~80	80~40	40~20	20~10	10~5
150	35~20		32~20	30~20	20~12	15~8
120		25~10	35~20	35~20	25~15	15~10
80			40~20	40~20	25~15	15~10
40				55~40	35~30	25~15

표 8-40 환경조건과 굵은 골재의 품질한도의 조합

환경조건 항목		설계기준 강도(kg/cm²)		
		180미만	180~300	300이상
내구성을 필요로 하는 경우	흡수율 (%)	3이하	5이하	3이하
	안정성 손실량 (%)	40이하	12이하	12이하
내구성을 특히 필요로 하지 않는 경우	흡수율 (%)	5이하	3이하	5이하
	안정손실량 (%)	40이하	40이하	12이하

④ 균등질의 콘크리트를 얻기 위해 굵은 골재는 3종 이상, 최대치수 150mm의 경우는 가급적 4종 이상(150~80, 80~40, 40~20, 20~5mm)의 잔골재도 필요에 따라서 2종 이상으로 분급하고 소정의 비율로 배합하여 사용한다.

3) 혼화재료
① 플라이애쉬의 사용은 콘크리트의 온도상승의 저감에 유효하다. 고로슬래그 미분말은 온도상승 속도를 지연시킬 수는 있으나 치환율은 70%정도 이상으로 하지 않으면 최고온도의 저감은 기대할 수 없다.
② 수화열 저감제로서 요소, 굴코스의 폴리머 등이 유효하다고 한다. 요소는 주로 그 가수분해에 의한 흡열반응을 이용하여 굴코스의 폴리머는 그 용출속도가 온도에 의해 다르다는 것을 이용하여 수화열을 억제한다.

3. 콘크리트 배합

1) 일반
① 중력식 댐에서는 보통 외부 콘크리트, 내부콘크리트, 岩着콘크리트 및 구조용 콘크리트로 구분하고(그림 8-36 참조), 아치식 댐에서는 단면이 얇으므로 특히 배합구분을 하지 않는 경우가 많다.

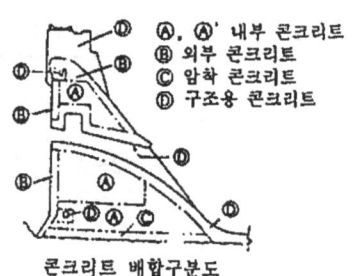

그림 8-36 중력식 콘크리트댐의 배합구분

② 중력식 댐의 외부 콘크리트의 배합은 주로 소요의 내구성, 수밀성, 강도를 기본으로 하고 내부콘크리트 배합은 단위중량 및 균등성을 얻기 위한 워커빌리티를 기본으로 하여 정했다. 아치식 댐의 콘크리트 배합은 소요의 강도에서 정한다. (일반적으로 강도에서 필요한 물시멘트비는 내구성과 수밀성에서 필요한 물시멘트비보다 적다.) 어떤 경우나 온도균열의 방지를 위해 이러한 조건을 만족하는 범위 내에서 단위 시멘트량을 최소로 한다.

2) 설계기준 강도 및 배합강도
① 설계기준강도는 댐 내에 생기는 설계응력의 4배 이상으로 정하였다.
② 댐 콘크리트의 설계기준 강도는 일반적으로 표준양생한 재령 91일의 압축강도로 한다. 최대 골재치수 150mm의 표준 양생강도(ø45×90cm)는 40mm 습식체가름 콘크리트의 표준양생 강도(ø15×30cm)약 77%로 한다.
③ 배합강도를 정하기 위한 품질조건은 ㉮ 설계기준 강도는 80%를 밑도는 확률이 1/20이하, ㉯ 설계기준 강도를 밑도는 확률 1/4이하일 것, 할증계수에 대해서는 제35장 참조.

3) 반죽질기 및 공기량
① 웨트스크리닝을 실시하여 40mm이상의 굵은 골재를 제외한 콘크리트의 슬럼프는 타설장소에서 2~5cm를 표준으로 한다.
② 댐콘크리트는 AE콘크리트로 하는 것을 원칙으로 하고 공기량(운반, 다짐후)은 내구성을 필요로 하는 경우(외부 콘크리트) 표 8-41 표준으로 하여 워커빌리티의 개량을 목적으로 하는 경우(내부 콘크리트)는 소요의 워커빌리티가 얻어지는 범위로 가급적 적게 한다.

표 8-41 내구성을 기본으로 하는 경우의 공기량의 표준(운반, 다짐완료 후)

굵은 골재의 최대치수(mm)	150	80	49
공기량 (%)	3.0±1	3.5±1	40±1

③ 실무적으로 반죽직후에 있어서 40mm이상의 굵은 골재를 체분류한 콘크리트의 공기량 측정치를 5±1%로 한다. (내구성을 필요로 하는 경우)

4) 물시멘트비, 단위수량 및 시멘트량

① 내구성에서 정하는 물시멘트비의 최대치는 기상작용에 따라 60% 또는 65%로 한다.(제33장 표 5-4 참조)

② 수밀성에서 필요한 물시멘트비는 60%이하로 한다. ①, ②어느 경우로 골재의 표면수율의 측정오차나 재료의 계량오차 등을 고려하여 배합에 이용되는 물시멘트비는 상기의 값보다 2~3%작게 한 값으로 한다.

③ 댐콘크리트의 단위수량은 120kg/m³이하를 표준으로 한다. 굵은 골재의 최대치수 150mm의 경우, 90~150kg/m³으로 한다.

④ 중력식 댐의 내부콘크리트의 단위 시멘트량은 온도상승을 막기 위해 소요의 워커빌리티, 강도, 단위중량이 얻어지는 범위에서 극히 작게 한다. 140kg/m³잔골재 입도의 표준잔골재 입도의 표준도로 하는 경우가 많다. 외부콘크리트의 단위 시멘트량은 단위수량과 물시멘트비에서 정한다.

⑤ 댐콘크리트의 배합예를 표 8-42에 표시한다.

표 8-42 댐콘크리트의 배합예

댐형식		높이 (m)	굵은 골재의 최대치수 (mm)	슬럼프 (범위) (cm)	공기량의 범위 (%)	W/(C+F) (%)	F/(C+F) (%)	s/a (%)	단위량 (kg/m³)						혼화재
									W	C	F	S	G	분급점	
중력	내외	157	150	2.5±1	3.5±1 3.5±0.5	70 47	30	24	95 147	98 63	42	525 485	1675 1640	80 40 20 5	벤 졸
중력	내외	145	150	3±1	4±1	59 41	25 0	23 23	83 89	105 220	35 0	493 399	1719 1755	80 40 20 5	벤 졸
아치		186	180	3±1	3±1	47	—	20	89	190	—	413	1734	80 40 20 5	포졸리스

4. 시공

1) 운반
콘크리트 운반은 원칙으로 버키트에 의한다. 단, 소규모 댐에서는 콘크리트 펌프(관경 20cm)를 이용한 예가 있다.

2) 타설 및 다짐
① 타설면(암반 또는 시공이음면)은 압력수나 압축공기로 청소하여 모르터를 바른 후(암분의 경우 두께 2cm, 시공이음면의 경우 1cm정도)신콘크리트를 타설한다. 콘크리트의 1층 두께는 다진 후에 40~50cm로 한다.

② 내부콘크리트와 외부콘크리트의 접합부는 급격한 품질의 변화를 피하기 때문에 내부배합과 외부배합의 콘크리트를 교대로 층을 이뤄 타설한다.(그림 8-37 참조)

그림 8-37 내부콘크리트와 외부콘크리트의 시공 이음방법의 일례

③ 블록의 1리프트의 높이는 1.5m이상, 2.0m이하로 하고 방열기간을 두어 5일 후에 상부의 리프트를 타설한다. 단, 장기간 타설정지한 경우는 리프트 높이 0.5~1m로하고 방열기간을 3일로 한다. 또, 인접되는 블록의 타설높이의 차이는 상하류방향에서 4리프트 이하 댐축방향에서 8리프트 이하로 한다.

④ 콘크리트 다짐은 내부진동기에 의한다. 셔벨(shovel)계의 기계에 3~6대의 봉형 진동기를 탑재한 것(바이브로 도저)을 이용한다.

3) 이음
① 수평타설 이음의 시공방법에 대해서는 제45장 참조.

② 블록의 연직경계면은 수축이음으로 한다. 즉, 블록의 온도가 충분히 저하되어 수축이 거의 종료될 때에 아치식 댐의 가로이음(댐축에 직각방향의 이음), 중력식

댐의 세로이음(댐축에 평행인 이음)에 그라우팅을 실시하여 일체구조로 한다. 중력식댐의 가로 이음은 그라우팅을 하는 경우와 하지 않는 경우가 있다.
③ 가로이음에는 지수판을 삽입한다. 지수판에는 동판, 스테인레스 강판을 가공한 것으로 염화비닐제 지수판(KS M 3805) 등이 있다.

4) 인공냉각
① 인공냉각에는 파이프쿠울링(pipe cooling)과 프리쿠울링이 있다. 파이프 쿠울링은 기둥모양의 블록공법에 이용되며 이음 그라우팅을 위한 블록의 냉각에도 유효하다. 프리쿠울링은 타설시의 온도를 제어하는 것으로 파이프쿠울링과 같이 타설 후의 콘크리트 내의 온도를 자유로 조절할 수는 없다.
② 파이프 쿠울링은 냉각관(직관 25mm정도)을 리프트면상 약 1.5mm간격으로 코일상으로 부설하여 신콘크리트를 타설하고 즉시 통수를 개시하여 2~4주 계속한다. 통수량 1코일(20~30m)당 매분 13~16l로 한다. 또 통수온도와 콘크리트 온도와의 차이는 20℃ 이내로 한다.
③ 프리쿠울링은 일반적으로 하절(夏季)에 실시하고 혼합할 때 콘크리트 온도의 목표치를 기온에 의해 10~15℃낮게 한다. 얼음을 혼입하는 경우에는 혼합 중에 완전히 녹도록 튜브아이스 또는 플레이 아이스로서 이용하고 혼입율은 비비는 물의 10~40%로 한다.

5) 거푸집의 해체 및 養生
① 거푸집을 해체해도 좋을 때 콘크리트 압축강도는 연직에 가까운 면에서는 35kgf/cm^{2}이상, 監査廊 등의 개구부에서는 100kgf/cm^2 댐콘크리트의 배합예이상으로 한다.
② 양생기간은 보통 중용열시멘트를 이용하는 경우 14일 이상 플라이애쉬 시멘트 또는 고로시멘트를 이용하는 경우 21일 이상으로 한다.

5. RCD(Roller Compacted Concrete Dam, 전압콘크리트 댐)

1) RCD는 필타입 댐에 대한 層狀시공을 받아 들여서 콘크리트댐 시공의 합리화를 목적으로 한 것이며 초경련 빈배합 콘크리트를 부설하여 진동로울러에 의해 외부에서 다짐을 실시하는 것을 특징으로 하였다.

2) 재료 및 배합

① 굵은 골재의 최대치수는 초경련 콘크리트시공에 있어서 분리를 방지하기 위해 80mm이하로 한다.

② 빈배합 콘크리트의 워커빌리티를 유지할 목적으로 잔골재의 미분말로서 석분을 첨가하는 것이 유효하다.

③ 콘크리트의 배합예를 표 8-43에 표시한다. 내부에 쓰이는 초경련 콘크리트에서는 굵은 골재 간극에 모르터가 미치도록 하고 잔골재율 및 단위수량을 적당히 더할 필요가 있다. 외부 콘크리트의 배합은 통상 중력식 댐의 외부 콘크리트와 같게 한다.

표 8-43 RCD콘크리트 시험배합표

부위	G_{max} (mm)	슬럼프 (cm)	공기량 (%)	s/a	W(C+F) (%)	W (kg)	C (kg)	F (kg)	S (kg)	G (kg)
내부	80	—	—	34	90	108	96	24	723	1436
외부 岩着部	80	0~1	3.5±1	32	46	96	186	24	652	1408

④ 콘크리트의 반죽질기는 VC시험에 의한다. VC시험은 「진동대식 반죽질기 시험방법」(제6장 참조)의 장치를 초경련 콘크리트로 개량한 것이며 진동대의 진동수 3000vpm, 진폭 1.0mm(가속도 10g)로 하고 콘크리트를 용기에 판판하게 채워서 플라스틱 원판상에 20kg의 重錘를 놓는다. 시료와 용기와의 극간에서 모르터 또는 페이스트가 부상될 때까지의 시간을 측정하여 VC값(초)으로 한다. VC값은 10~40초를 표준으로 한다.

3) 시공

① 내부 콘크리트는 댐축에 직각방향으로 레인폭 약 3.5m, 1층의 두께 약 50cm에 불도저로 부설고르기 하여 무진동 전압 2회, 진동 전압 6회를 실시하여 다짐종료 끊기에 의해 줄눈을 만들고 염화비밀제줄눈판을 삽입한다. 시공순서를 그림 8-38에 표시한다.

② 외부 콘크리트 및 암착부 콘크리트(두께 1~1.15m)는 내부진동기를 이용 하여 다짐한다.

제8장 댐 콘크리트 611

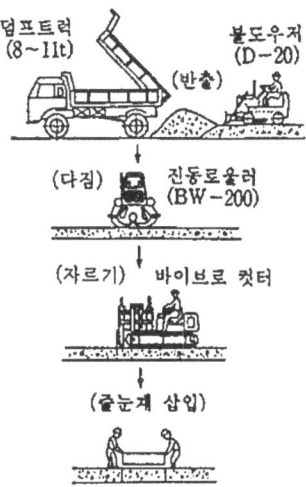

그림 8-38 RCD콘크리트의 시공순서

제 62 장   투수 콘크리트

1. 일 반

　투수 포장이란 우수 등이 포장재 내를 흐르게 하여 배수구로 통하게 하는 배수성포장과 우수 등을 지표면에 공급하므로 자연생태계를 보호할 수 있는 투수성 포장으로 구분하게 되는데 대형 차량이 통행하는 도로포장의 경우는 배수성 포장이 바람직하며 보도, 광장, 자전차 도로, 주차장의 경우는 투수성 포장이 바람직하다.
　투수의 개념도는 그림 8-39와 같다.

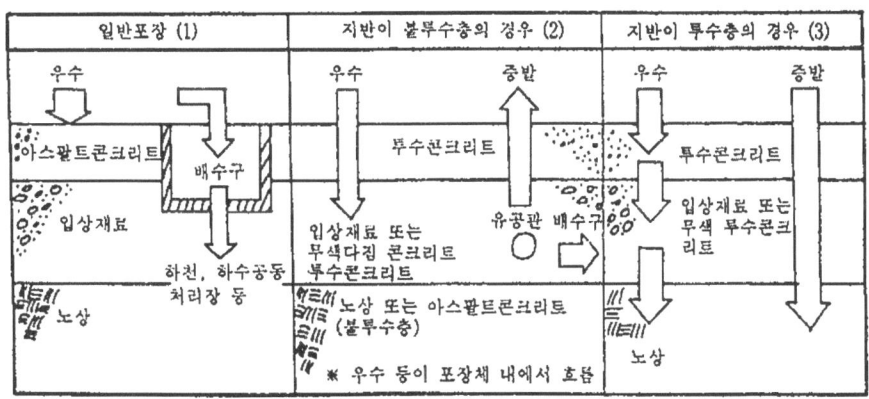

(주 1) 일반포장이라 함은 아스팔트 포장, 콘크리트 포장을 뜻한다.
(주 2) 지반이 불투수층의 경우는 지반이 연약지반으로 점토 등의 불투수층이거나 또는 지반으로 우수 등이 침수되지 못하도록 RSC 등으로 처리되었거나 기층을 불투수층인 아스팔트 콘크리트, 다짐 콘크리트 등으로 처리한 경우를 뜻한다. 이 경우 우수 등은 유공판을 통하거나 측구를 투수 콘크리트로 포설하여 측구의 투수포장 체내를 통하여 배수구로 보내지도록 한다.
(주 3) 지반이 투수층의 경우는 우수 등을 지중에 공급하는 경우로서 자연생태계보호, 하천범람 방지 등의 효과가 있다.

그림 8-39 투수 콘크리트의 개념도

2. 투수 콘크리트의 장·단점

1) 장점
① 투수성이 우수하다.
② 표면이 다공성이므로 표면의 마찰력이 증대된다.
③ 내부가 다공성이므로 차륜관의 마찰율 및 각종 소음을(흡수)감소시킨다.
④ 우수 등이 투수되므로 차륜과의 수막현상을 감소시킨다.
⑤ 지표면에 우수 및 산소공급으로 자연생태계를 보호·보존한다.
⑥ 아스팔트 포장 공법을 적용하므로 시공속도가 빠르다.
⑦ 포장 후 블리딩에 따른 레이턴스가 없으므로 먼지가 나지 않는다.
⑧ 저렴한 비용으로 다양한 색상의 포장이 가능하다.

2) 단점
① 줄눈이 필요하다.
② 차량통행시 아스팔트와 달리 양생기간이 필요하다.
③ 노상측이 연약시 투수로 인한 지지력 저하가 우려된다.
④ 동결융해의 관리가 필요하다.

3. 구조설계

1) 개설

투수 콘크리트 포장구조 설계는 대형차 교통량과 노상, 보조기층의 지지력을 기초로 하여 설계되며 투수콘크리트 포장은 10×10^{-2} cm/sec이상의 투수계수를 갖는 콘크리트로 피니셔에 의한 포설과 로라에 의한 다짐으로 완성되는 포장이다.

2) 포장의 구성

포장의 구성은 그림 8-40과 같으며 횡단구배는 2~5%를 표준으로 한다.

3) 포장두께의 설계

포장두께의 설계는 노상의 CBR을 기초로 하여 기층 및 표층의 두께를 설계하는 것으로 하며 포장체 두께의 표준단면은 그림 8-41을 기준으로 한다.

제62장 투수 콘크리트   615

(a) 배수성 포장

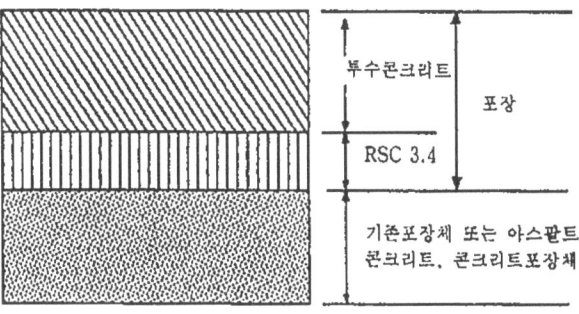

(b) 투수성 포장

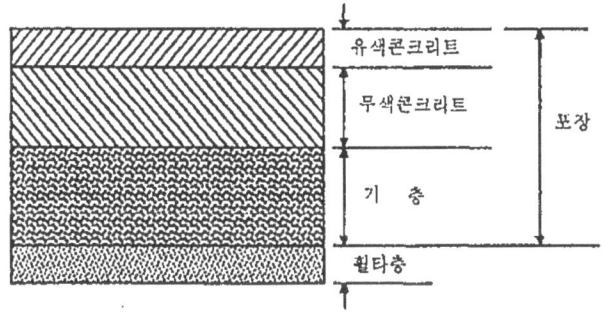

(주) 노상으로 우수 등이 투수되지 않도록 할 경우 노상은 불투수층으로 하고 유공관을 설치하거나 측구를 투수콘크리트로 포설하여 우수 등이 측구내부를 통하여 배수로로 유도될 수 있도록 한다.

그림 8-40 투수 콘크리트 포장 구성

(a) 주택가 골목 포장

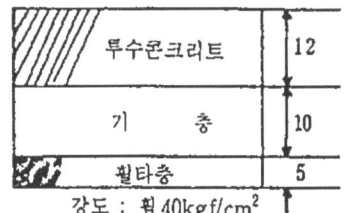 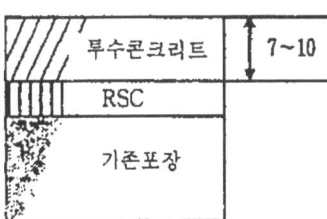

그림 8-41 도로포장용 투수콘크리트의 표준단면 (단위 : cm)

(b) 차도

① 경교통

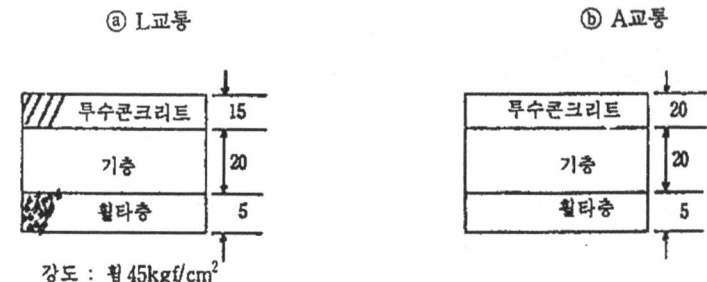

② 중교통

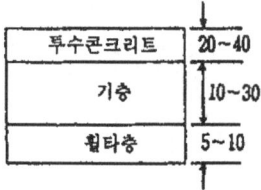

(주1) 차도를 경제적인 유색으로 포장할 경우 투수 콘크리트의 포장 총두께 중 7cm 안료를 혼합한 투수콘크리트로 표층을 포장하게 되는데 이 때는 1차 투수콘크리트 포설다짐 후 즉시 표층 포설을 하는 것이 바람직하다.

(주2) 도로를 절단하여 기존도로와의 색상차이를 두어 투수콘크리트를 포설할 경우 기존도로와의 접착력 보장을 위하여 투수콘트리트 포설완료로 접착부위를 6~8mm정도 캇타기로 절취한 후 글 사이를 브라운 아스팔트를 가열, 그 사이를 메우면 접착부위를 완벽하게 처리하게 된다.

그림 8-41 도로포장용 투수콘크리트의 표준단면 (계속)

4. 포장재료

1) 재료일반

투수콘크리트 포장재료에는 휠타층에 사용되는 재료와 기층에 사용되는 재료, 투수콘크리트 재료가 있다. 휠타층용 재료는 자연 모래를 일반적으로 사용하고 보조기층용 재료로는 지지력과 내구성을 필요로 하는 것이므로 함수량 변화와 동결, 융해 등에 의해 그 성질 변화가 적은 재료를 사용해서 균등질이 되도록 만들어야 한다. 포장용 투수콘크리트는 윤하중, 기상작용, 마모작용 등 심한 환경조건에 직접 노출되어 있으므로 사용 재료는 공사 착수 전에 충분히 조사, 시험하여 품질을 확인하도록 하여 사용여부를 가려야 한다. 공사 중 부득이 재료를 바꾸려 할 때도 사용하려는 재료에 대하여 충분히 검토 후 사용할 수 있도록 제도화되어 있어야 하며 특히 사용재료에 대한 경제성 검토도 고려되어야 한다.

2) 휠타층 재료

휠타층용 재료는 모래를 사용하고 빗물이 흙속에 침투할 때 휠터 기능과 같이 연약한 노상토가 보조기층에 침입하는 것을 방지하기 위해 두는 것이며, 휠타층의 투수계수는 10×10^{-4}cm/sec이상의 모래를 사용하며 0.074mm체 통과량이 6%이하여야 한다.

3) 보조기층 재료

차도용 기층재는 단입도의 부순돌을 사용하며 수정 CBR이 60%이상, PI가 6이하이며 마모율 40%이하, 투수계수는 10×10^{-2}cm/sec, 입도범위는 표 8-44와 같다.

표 8-44 차도용 기층재 입도범위

호수 \ 체크기(mm)	체통과 중량 배분율(%)					
	50	40	30	19	5	2.5
C-40	100	95~100	—	50~80	15~40	5~25
C-30	—	100	95~100	55~85	15~45	3~30

4) 유색투수 콘크리트용 재료

① 시멘트

투수콘크리트 포장에 사용하는 시멘트는 KSL 5201(포틀랜드 시멘트)에 적합한 것이어야 하며 일반적으로 보통 포틀랜드 시멘트를 사용한다.

(주 1) 조강 또는 초조강 포틀랜드 시멘트, 초속경 시멘트는 조기 강도가 필요한 경우나 차량이 다량 통행하는 도로의 하자보수시 사용한다.
(주 2) 콘크리트의 품질은 시멘트 및 기타 재료의 성질만이 아니고 시공조건 등에 의하여 상당한 차이가 생기므로 시멘트 선정에 대해서는 공사예의 참조와 함께 콘크리트의 시험을 하여 사용여부를 검토하는 것이 좋다.

② 골재

㉮ 잔골재

잔골재는 깨끗하고 강하며 적당한 입도를 가져야 하며 유기불순물, 염분 등 이물질이 혼입되어서는 안되며 일반적으로 강모래를 사용한다.

ⓐ 입도

잔골재의 입도는 세립분, 조립분의 분포가 좋아야 하며 조립율이 2.3~3.1 범위에서 관리되어야 하며 입도표준은 8-45와 같으며 입도시험은 KSF

2502(골재의 체가름 시험방법)에 따른다.

표 8-45 잔골재의 표준입도

체크기	3/10″	#5	#2.5	#1.2	#0.6	#0.3	#0.15
통과중량 (%)	100	90~100	80~100	50~90	25~65	10~35	2~10

ⓑ 물리적 성질

잔골재의 물리적 성질은 표 8-46범위에 있어야 한다.

표 8-46 잔골재의 물리적 성질

항 목	밀도	흡수율	안정성
규 격	2.50이상	2.0% 이하	$MgSO_4$ 155% 이하 Na_2SO_4 10% 이하
시험방법	KS F 2504	KS F 2504	KS F 2507

ⓒ 유해물 함유량

잔골재의 물리적 성질은 표 8-47의 값이어야 한다.

표 8-47 잔골재의 유해물 함유량

항 목	점토덩어리	씻기 손실량	유기불순물	염화물 함유량
규 격	1.0%이하	3.0%이하	표준색 이하	0.04% 이하
시험방법	KS F 2512	KS F 2511	KS F 2504	KS F 2515

㉯ 굵은 골재

굵은 골재는 부순돌, 부순자갈 등을 사용하며 깨끗하고 단단하며 강하고 내구적이어야 하며 얇은 석편, 가늘고 긴 석편, 먼지, 흙, 유기불순물 등 유해물질이 함유되어서는 안된다.

ⓐ 입도

굵은 골재는 대소립이 적당히 혼입되어야 하며 입도범위는 표 8-48과 같고 체가름 시험은 KS F 2502(골재의 체가름 시험방법)에 따른다.

표 8-48 굵은 골재의 표준입도

골재번호 체크기	3/4″	1/2″	3/8″	#4	#8	#16
#7 통과중량	100	95~100	40~70	0~5	0~15	--
#78 백분율(%)	100	90~100	40~75	5~25	0~10	0~5

ⓑ 물리적 성질

굵은 골재의 물리적 성질은 표 8-49 범위에 있어야 한다.

표 8-49 굵은 골재의 물리적 성질

항 목	밀 도	흡 수 율	마 모 (로스앤젤레스)	안정성
규 격	2.50이상	3.0%이하	35%이상	$MgSO_4$ 15%이하 Ma_2SO_4 10%이하
시험방법	KS F 2504	KS F 2504	KS F 2516	KS F 2507

ⓒ 유해물 함유량

굵은 골재의 함유량의 범위는 표 8-50의 값이어야 한다.

표 8-50 굵은 골재의 유해물 함유량

항 목	점토덩어리	연식량	씻기 손실량
규 격	1.0% 이하	3.0% 이하	1.0% 이하
시험방법	KS F 2512	KS F 2516	KS F 2511

③ 물

물은 기름, 산, 유기물 등 이물질이 혼합되어 투수 콘크리트 품질에 영향을 미쳐서는 안되면 일반적으로 음료수는 사용수로서 우수하나 지하수, 공업용수, 하천수 등은 사용할 때 검토 후 사용토록 하여야 한다.

④ 혼화제

투수 콘크리트에 사용하는 혼화제는 일반 콘크리트에서 사용되는 혼화제를 모두 사용할 수 있으며 혼화제의 품질 및 시험방법은 KS F 2560(콘크리트용 화학 혼화제), KS F 5404(플라이애쉬) 규격에 합당한 것이어야 한다.

⑤ 안료

안료는 내후성이 우수하며 색상 변화가 적은 무기질 안료를 사용하는 것이 바람직하며 제63장의 표 8-55의 안료를 참고하여 사용한다.

5. 투수 콘크리트 혼화제(폴리머)

1) 개설

투수 콘크리트는 일반 콘크리트에 비하여 모래의 사용량이 적어 입자의 단위체적이 작아지므로 일반콘크리트와 같은 시멘트량을 사용했을 경우 일반콘크리트보다 부배합이 되게 된다. 또한, 투수 콘크리트 포장공법은 내부의 공극율이 높다 하여도 다짐효과로 완성될 수 있으므로 다짐율에 따라 강도가 증가되므로 시멘트 사용량과 입도에 따라 400kgf/cm^{2}이상 강도까지 무난하게 유도할 수 있다. 그러나 콘크리트는 물과 접촉되는 표면은 내부에 비하여 약하게 되는데 투수콘크리트는 표면뿐만 아니라 내부도 물과 계속 직접 접촉되므로 내구성이 약해질 수 있으며 강도에도 영향을 받게 된다. 따라서 수분의 침해로부터 보호하고 강도의 증가를 위하여 폴리머를 사용하게 된다. 폴리머는 일반 콘크리트에 침투시키기 위하여 여러 가지 방법을 사용하고 있으나 투수 콘크리트는 내부 공극으로서 침투시키므로 쉽게 침투될 수 있다.

2) 폴리머 사용방법
 ① 폴리머 혼합방법은 생산시 폴리머를 혼합하는 방법이다. 수용성 수지를 사용하여야 하며 아크릴계, 에폭시계, 아스팔트계를 사용할 수 있으며 아크릴계가 가장 바람직하다.
 ② 폴리머 침투방법
   폴리머 침투방법은 투수콘크리트를 포설 후 양생 살수하면서 같이 살포하는 방법과 양생 후 살포하는 방법이 있는데 전자는 수용성계를 사용하고 후자는 유지계를 사용하며 전자와 후자를 같이 사용할 때는 양질의 투수콘크리트 포장을 보장할 수 있게 된다. 일반 콘크리트의 경우는 진공법, 가압법, 합침법 등이 있으나 사용하는데는 어려움이 따른다.

6. 배합설계

(1) 입도
투수 콘크리트의 합성 입도분포는 그림 8-42와 같다.

(2) 제품의 품질
유색 투수성 콘크리트의 배합설계는 표 8-51의 기준치에 합격한 것이어야 한다.

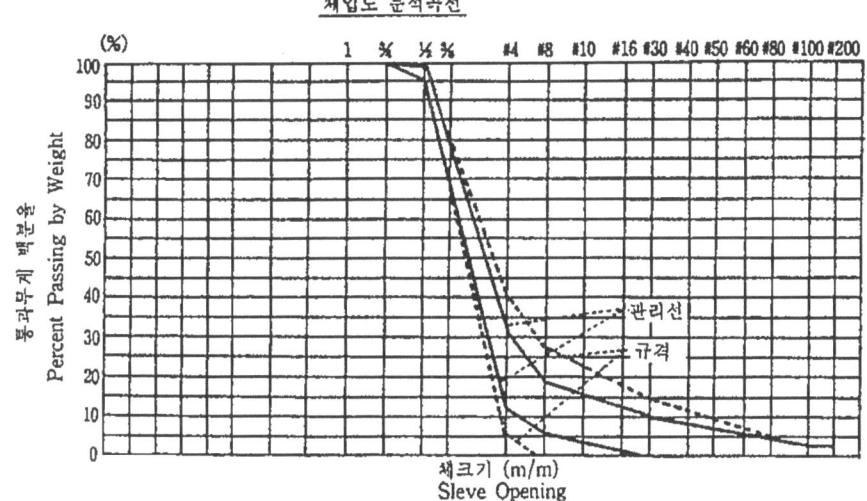

그림 8-42 투수 콘크리트 합성입도표

표 8-51 유색 투수 콘크리트 품질 기준

항 목		기 준 치
슬 럼 프	(cm)	0
공 극 율	(%)	12이상
강 도	(kgf/cm^2)	호칭강도(기준강도) 이상
투 수 계 수	(cm/sec)	10×10^{-2} 이상
색	상	협의사항 (한도견본)

7. 시 공

1) 시공일반

시공에 있어서 각 층별 소정의 품질인 재료를 확보하고 적절한 장비, 인원을 투입하여 소정의 품질인 투수성 콘크리트 포장이 될 수 있도록 시공계획을 세워야 한다.

2) 시공계획

투수 콘크리트는 투수의 특성 및 유색을 띠는 포장체로서 그 특징을 살려서 시공되어야 하는 것 외에는 아스팔트 포장 시공방법과 동일하며 양생시에만 콘크리트의 양생방법을 따르는 것인 만큼 이에 따른 자재사용, 공정, 노무, 장비, 품질관리 계획 등을 세워야 한다.

3) 시공순서

시공계획 → 착공 → 노상 → 휠타층 → 보조기층 → 투수포장

① 노상면
  ㉮ 노상면은 소정의 형상이 흩어지지 않도록 평탄하게 마무리한다.
  ㉯ 다짐은 노상토의 특징을 파악하여 오버 콤팩션이 되지 않도록 한다.
  ㉰ 강우시의 배수는 충분히 고려한다.
② 휠타층
  ㉮ 휠타층의 두께가 균일하게 부설하고 인력 또는 소형도우저, 모터 그레이더 등으로 정형한다
  ㉯ 휠타층은 노상토와 섞이지 않도록 부설한다.
  ㉰ 노상이 약한 경우에는 보조 기층재를 깔고 동시에 전압해도 좋다.
  ㉱ 다짐은 소형 로울러나 소형 콤팩터 등을 사용한다.
③ 기층
  ㉮ 입상재료는 소정의 형상이 되도록 인력 또는 소형 도우저로 재료분리가 되지 않도록 주의하여 부설한다.
  ㉯ 다짐은 최적 함수비에서 소형로라 또는 콤팩타 등으로 한다.
④ 유색 투수 콘크리트 포장
  ㉮ 피니셔로 포설하며 포설전 기층면에 약간의 물을 살포하며 슬럼프의 저하를 방지하기 위해 신속하게 포설하고 특히 재료분리가 생기지 않도록 하여야 한다.
  ㉯ 포설이 끝나면 로라로 다지며 로라로 다짐이 곤란한 면은 소형 콤팩타 등으로 전압을 하며 평판성을 유지하기 위하여 계속 체크하고 요철 부분은 인력으로 삽 또는 그림 8-42의 플로우트 등을 이용하여 표면을 정리한다.
  ㉰ 양생
    ⅰ) 양생은 투수 콘크리트의 경화 중 이상 기상작용과 기타 하중에 의한 표면손상을 입지 않도록 표면을 보호하고 습도손실을 방지하여 저온에 노출되어도 동결하지 않도록 하기 위하여 실시하는 것으로, 통행을 양생 완료까지 차단하는 경우 비닐만을 덮고 통행을 차단할 수 없거나 저온에서 보호해야 할 경우에는 양생포로 덮는 것이 바람직하다.
    ⅱ) 양생기간 : 양생시간은 포설시기에 따라 현저하게 다르므로 원칙적으로 시험에 의하여 정한다. 이 경우 현장조건과 같은 상태에서 양생하여 설계기준 강도의 80%이상이 되기까지를 양생기간으로 정한다. 시험에 의하지 않을 경우에는 보통 포틀랜드 시멘트는 2주간, 조강시멘트는 1주간 양생기간으로 한다.

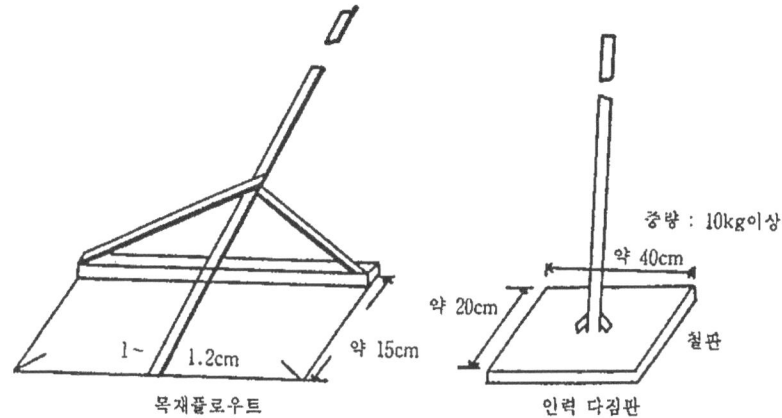

(주 1) 다짐은 시험실에서 제작된 시료의 밀도 이상으로 다져야 하며 투수계수가 10×10^{-2}cm/sec이상이어야 한다.
(주 2) 다짐은 1차 전압으로 끝낼 수 있도록 하며 유색의 경우 로라면을 깨끗이 세척 후 사용토록 한다.
(주 3) 투수콘크리트 포장은 횡, 종단 방향의 조인트와 구조물 접촉부 등 다짐이 곤란한 구역은 그림 8-43의 다짐판을 이용하여 인력으로 충분히 다진다.

그림 8-43 다짐판

㉣ 운반

투수 콘크리트의 운반은 덤프트럭으로 운반하여 장거리 운반시(120분 이내)는 투수 콘크리트 표면에 가볍게 스프레이로 살포하여 운반하는 것이 좋으며 운반시 반드시 덮개로 덮어 투수콘크리트가 노출되어서는 안된다.

㉤ 표면처리

투수콘크리트의 포설과 양생 후 색상이 시멘트 백화에 의하여 변색되는 것을 방지하기 위하여 아크릴, 우레탄, 에폭시 등으로 표면처리를 하게 되는데 에폭시는 1차 표면처리를 하고 수용성 아크릴 수지를 물과 혼합하여 양생 살수를 하면 표면보호에 더욱 효과가 크게 된다.

㉥ 줄눈

투수 콘크리트의 줄눈은 콘크리트 줄눈과 같이 한다.

8. 품질관리 및 검사

1) 일반

투수성 콘크리트의 품질의 변질을 방지하고 시공을 확실하게 하기 위하여 필요에 따라 시험이나 측정을 하여 그 품질과 규격을 확인해 두어야 한다. 선정시험은 공사를 개시함에 있어서 재료나 장비가 적정한 것인가를 확인하기 위하여 또 관리를 한 다음에 필요한 기준치를 얻기 위하여 실시하는 것이다. 품질 및 규격관리는 시방서 및 설계도서에 합격하는 품질과 규격을 갖는 포장을 경제적으로 만들기 위한 수단을 말한다. 검사는 시방서 및 설계도서에 정해진 조건을 만족하는 포장이 되어 있는가 어떤가를 확인하기 위하여 하는 것이다.

2) 품질관리

투수콘크리트 포장의 품질관리 및 검사의 대상, 항목, 빈도, 규격은 표 8-53과 같다.

표 8-53 품질관리 및 검사의 기준

공 종		항 목	빈 도	규 격
차도	노상	마무리면		+20m/m~50m/m
	휠타층	두께	수시	
		입도	1~2회/일	규격 이내
	기층	두께	20m마다 1개소	설계두께의 +10%
		함수비	수시	
		다짐율	1000m^2마다 1~2개소	96%이상
		입도	1~2회/일	규격이내
	표층	두께	20m마다 1개소	-15m/m이내(평균 -3.5m/m)
		평탄성	3m직선자로 측정시 3m/m이내	
		입도	1~2회/일	규격이내
		공극율	1000m^2당 1회	8%이상
		현장밀도	1000m^2당 1회	100%이상
		강도	150m^3당 1회	1회 시험 85%이상 3회 시험 100%이상
		현장투수계수	100m^2마다 1개소	10×10^{-2}cm/sec이상
		색상	수시	한도 견본 비교
		외관	수시	

제 63 장 칼라(착색안료) 콘크리트

1. 일 반

국가가 발전하고 경제수준이 향상됨에 따라 아름답고 주변환경과 잘 어울리는 색조의 건축, 토목 구조물을 모두가 원하게 되었다. 따라서 잿빛 콘크리트 구조물 등에 페인트 도색을 하거나 칼라 건축·토목 자재를 사용하는 사례가 급격히 증가하고 있다. 그러나 착색제로서의 안료에 대한 정보 및 인식부족으로 인하여 부적합한 안료를 사용한다면 콘크리트 강도의 저하는 물론 색상이 변색 탈색됨으로써 본래의 목적과는 달리 오히려 경관을 해칠 뿐만 아니라 경제적인 손실을 초래할 수 있다는 점에서 안료는 건축·토목 자재의 1차 재료로서 매우 중요한 의미를 지니게 되었다. 칼라 콘크리트 제품을 제조, 공급하는 1차 목적은 튼튼하고도 아름다운 구조물을 만들어 우리 사회의 미관을 향상시키는데 있으므로 적합한 조건을 지닌 안료를 적정한 기준과 방법에 따라 사용함으로써 그 목적을 달성할 수 있을 것이다. 만약, 우리 모두가 이러한 분야에 계속적인 관심을 갖는다면 우리도 선진국 못지 않은 수준 높은 건축·토목 문화를 창조해 낼 수 있으리라고 생각한다.

2. 안료의 정의

건축·토목 분야에서는 안료라는 화학용어 자체가 생소하기는 하나 실제로는 우리 일상생활에서 접하는 모든 제품의 색상은 안료 또는 염료라는 물질에 의해서 결정되어 있다. 염료에 의하여 채색되는 대부분의 섬유 및 가죽 제품을 제외하고 색상이 있는 제품 즉, 페인트, 잉크, 플라스틱, 요업제품 등은 안료에 의해 그 색상이 표현된다. 페인트를 예를 들면, 다량의 안료에다 소량의 화학재료를 혼합하여 제조되나 안료가 페인트의 색상을 정해 주는 주요 재료라는 것은 보통 잘 모르는 것이 사실이다.

안료의 종류로는 천연안료(꽃잎 등 자연식물에서 추출되는 색재료)와 화학합성 안료가 있으며 합성안료는 무기안료와 유기안료로 구분된다. 무기안료는 금속물질을 소성 등 화학공정을 거쳐 산화시켜 제조하는 금속산화물로서 유기 합성물질인 유기안료에 비하여 화학적으로 안정성이 좋으며 내열·내후·내광성이 높고 비교적 가격이 저렴하여 각종 칼라, 건축·토목 자재의 착색제로서 다양하게 사용되고 있다.

3. 콘크리트 강도와 안료

흔히「안료를 사용하면 콘크리트 강도에 악영향을 주지 않을까」하고 의문을 가질 수 있으나 콘크리트에 적합한 안료를 사용할 경우에는 별 문제가 없음을 알 수 있다. 그러나 반대로 부적합한 안료를 사용할 경우는 콘크리트 강도를 현저히 저하시킬 수 있으므로 안료의 선택에 유의해야 한다.

표 8-54 콘크리트 안료의 강도비교

양생된 콘크리트		입방체의 28일 파괴강도	인장강도	압축강도
포틀란드 시멘트 275 상표	착색제 첨가		동결용해 후 측정(12주)	
—	%[3]	kgf/cm²	kgf/cm²	kgf/cm²
Fortuna[1]	착색제를 넣지 않을 때	475	63	515
	10% Iron Oxide Red 130	447	60	500
	10% Iron Oxide Black 318F	464	62	509
Dyckerhoff-white[1]	착색제를 넣지 않을 때	473	59	515
	10% Chrome Oxide Green GN	467	55	483
Germania[2]	착색제를 넣지 않을 때	465	58	474
	6% Iron Oxide Yellow 420	452	50	457
Dyckerhoff-white[2]	착색제를 넣지 않을 때	563	57	552
	6% Iron Oxide Yellow 420	555	56	571

공기건조상태의 입방체 파괴강도, 침수상태에서의 인장강도 및 압축강도
(각 값은 공시체 3개로부터 평균한 값)

1) 콘크리트 배합실험 독일 시방서 No.2/13300
2) 콘크리트 배합실험 독일 시방서 No.2/13300¹
3) 시멘트 무게당 %

4. 콘크리트 착색용 안료의 조건

일반적으로 안료의 품질은 물 용해염분의 양, 입도분포의 일정성, 입도크기의 균일성 등에 좌우된다. 따라서 콘크리트 착색에 적합한 안료는 안료 자체에 대한 각국의 표준 규격에 적합하고 이에 추가하여 다음의 조건을 갖추어야 한다.

- 내광, 내후성, 내알칼리성이 좋고 색강도가 높아서 변색·탈색이 되지 않아야 하며
- 강알카리성인 시멘트와 물성적으로 적합하며,
- 콘크리트 강도 저하가 없어야 하며,
- 적정량(시멘트 무게의 3~6%)을 투입함으로서 경제적이어야 하며,
- 무독성으로 환경, 공해의 문제가 없어야 한다.

참고적으로 선진국에서는 콘크리트 제품에 사용되는 안료의 중요성을 인식하여 시험, 검사기준 등을 국가표준으로 제정, 운용하고 있다.

5. 콘크리트 착색용 안료의 종류

무기안료 중에서 정상적인 화학공정을 거쳐 제조되고 일정조건을 갖춘 각종 합성 산화철 안료, 산화크롬, 코발트 블루, 이산화티타늄 등이 콘크리트 착색용 안료로 사용될 수 있으며 이중에서 코발트 블루는 가격이 너무 비싸기 때문에(일반 산화철 안료의 50~60배 정도) 보편적으로 사용되지는 않고 있다.

표 8-55 콘크리트 착색용 안료의 종류

콘크리트 색상	안 료	화학기호	주요 성분
적색	적색 산화철(Iron Oxide Red)	$\alpha\ Fe_2O_3$	Fe_2O_3
흑색	흑색산화철(Iron Oxide Black)	Fe_3O_4	Fe_2O_3
갈색	갈색산화철(Iron Oxide Brown)	$[\alpha\ Fe_2O_3+Fe_2O_4]$ $[\alpha\ FeOOH+Fe_3O_4]$	Fe_2O_3
황색	황색산화철(Iron Oxide Yellow)	$\alpha\ FeOOH$	Fe_2O_3
녹색	녹색 산화크롬(Chreome Oxide Green)	$\alpha\ Cr_2O_3$	Cr_2O_3
청색	코발트 블루(Cobalt Blue)	$Co\ Al_2O_4$	$CoAl_2O_4$
백색	이산화티타늄(Titantium Dioxide)	TiO_2	TiO_2

★ 주요 성분을 일정비율 이상 함유하지 않을 경우 채색안료로서 적합한 기능을 갖지 못하므로 우리 나라도 선진국 기준을 참고하여 국가표준 기준을 제정, 운용하여야 할 것으로 판단된다.

6. 안료 사용시 유의할 점

입자가 균질하지 않아 적정한 색강도와 순수색상을 낼 수 없는 철부산물은 다량의 투입으로 콘크리트 강도를 상당히 저하시킬 수 있으므로 콘크리트 착색용 색소로서는 부적합하다. 적합한 안료의 혼합은 시멘트 무게의 3~6%정도의 안료 투입으로 충분하며 6%이상 투입시는 색상은 별 진전이 없이 경제적 손실만 초래될 수 있다.

또한 각각의 안료가 혼합된 색상을 내기 위하여 2개 이상의 안료를 혼합 사용할 때는 입자 크기가 비슷해야 한다. 만약 입자 크기가 상당히 다른 때에는 작은 입자를 갖는 안료가 큰 입자크기를 갖는 안료 쪽으로 점진적으로 변색하기 때문이다. 더구나 물성이 다른 안료끼리 혼합할 경우에는 더욱 그러하다. 예를 들면, 갈색 안료라고 할 때 적색 산화철 안료와 내후성이 강한 흑색 안료를 혼합하지 않고 적색 산화철에 카본블랙을 혼합하면 카본 블랙의 특성상 내후성이 약해 탈색이 되어 결국 갈색이 적색으로 변하게 되므로 안료의 특성을 알고 신중히 사용하여야 할 것이다.

7. 칼라 콘크리트 완성품의 색조 구성요소

최종 콘크리트 제품의 색조는 안료뿐만 아니라 다른 요소 등에 의해서 영향을 받으므로 안료 자체의 색상과는 비교할 수 없다. 이러한 요소들 중에서 주로 시멘트와 골재 본연의 색상, 물과 시멘트의 배합비율, 양생조건 및 공급전 보관 상태 등에 따라 전체적인 색조가 구성된다.

8. 콘트리트 착색제 사용의 실태와 문제점

안료에 대한 정보 및 인식 부족으로 인하여 선진국과는 달리 부적합한 색소를 콘크리트 및 기타 건축·토목 자재의 착색용으로 사용하는 사례가 많아 표로 작성해 보면 다음과 같다.

표 8-56 사용 색도에 대한 문제점

색상	사용 색소	문제점
적색	제철회사의 철 부산물	① 입자가 균질하지 않을 뿐 아리라 철 부산물 처리시 함 유된 염산 성분으로 강산성(PH2-3)을 띄우게 되어 강알카리성인 시멘트에 악영향을 주게 되어 변색·탈색은 물본 콘크리트 강도에도 영향을 준다. 이런한 철부산물은 선진국은 물론 후진국에서도 사용하지 않으며 다만 본래의 용도인 전자석 제조시 부재료로 사용되어야 한다.
갈색	철 부산물+카본+철가루	
흑색 녹색	카본+철가루 크로그린 또는 저급 유기안료+돌가루	② 카본은 반드시 탈색하는 발암성 물질로서 작업자의 건강은 물론 공해 유발요인이 된다. ③ 크롬 그린은 유독물질이며 저급 유기안료인 경우 내광, 내후성이 약해 반드시 탈색하게 된다.

참고적으로 각 산업별 합성 산화철을 사용하고 있는 사례를 표로 보면 다음과 같으며 전 세계적으로 칼라 건축·토목자재의 착색용으로 많이 사용되고 있음을 알 수 있다.

표 8-57 안료의 사용 비율

용 도	비율 (%)		
	유 럽	미 국	세계전체
칼라 건축·건설 자재	64	37	60
페 인 트	30	48	29
플라스틱과 고무	4	14	6
기 타	2	1	5
	100	100	100

【연습문제】

제 49 장 Mass Concrete

다음 기술 내용의 적정 여부를 판단하고, 물음에 답하시오.

(1) 매스콘크리트의 설계기준강도로서 재령 91일의 압축강도를 사용하는 것은 저열형 시멘트를 이용하는 경우에 특히 유리하다.

(2) 매스콘크리트의 시공에 있어서는 온도상승을 적게 하기 위해 방열성의 거푸집을 이용해야 한다.

(3) 단위 시멘트량 $10kg/m^3$의 증감에 따라 콘크리트의 온도상승량은 약 1℃증감된다.

(4) 타설시간 간격이 적을수록 일반적으로 신·구콘크리트의 유효영계수 및 온도차이가 커지기 때문에 온도균열 발생의 가능성이 커진다.

(5) 콘크리트에 있어서 열원은 시멘트의 수화열이기 때문에 온도해석에 있어서 부재 중심부의 온도변화는 콘크리트의 단열 온도상승 곡선에 따르는 것으로 한다.

(6) 매스콘크리트의 열적 경계조건은 열전도경계, 단열경계 및 고정온도 경계로 구분된다.

(7) 매스콘크리트의 온도응력은 온도변형에 그 재령에 대한 콘크리트의 영계수를 곱해서 구한다.

(8) 온도균열지수는 매스콘크리트 부재내의 최대의 온도응력을 재령 91일의 콘크리트의 인장강도로 나눈 값이다.

제 50 장 한중 콘크리트

다음 기술 내용의 적정 여부를 판단하고, 물음에 답하시오.

(1) 일평균기온이 4℃이하인 경우 한중콘크리트로서의 시공을 한다.

(2) 콘크리트는 초기동해를 받아도 경화 후 충분히 양생을 할 수 없으며 장기재령에 대한 압축강도는 회복하여 동해를 받지 않는 것과 동등하다.

(3) 한중 콘크리트에서는 시멘트의 수화를 촉진하기 위해 시멘트를 직접 가열하고 고온으로 하여 이용하는 것이 유리하다.

(4) 온도 5℃의 시멘트, 물, 골재 중 물만을 60℃로 가열한 경우 비빔콘크리트의 온도는 15℃상승한다. 단, 콘크리트의 배합은 단위 시멘트량 Wc=300 kg/m^3, 단위수량 W_w : $160kg/m^3$, 단위골재량 W_a : $1800kg/m^3$하고 시멘트 및 골재의 비열 Cs=0.2로 한다.

제 51 장 서중 콘크리트

다음 기술 내용의 적정 여부를 판단하고, 물음에 답하시오.

(1) 일평균 기온이 25℃이상의 시기에는 暑中 콘크리트로서의 시공이 될 수 있도록 준비한다.
(2) 콘크리트의 비빔온도를 저하시키는 데는 시멘트를 냉하게 하여 이용하는 것이 가장 효과적이다.
(3) 서중콘크리트의 타설온도는 35℃를 한도로 하고 있으나 가급적 30℃이하로 하는 것이 바람직하다.
(4) 서중콘크리트의 양생은 타설 후 24시간 습윤상태로 유지하면 좋다.

제 52 장 수밀 콘크리트

다음 기술 내용의 적정 여부를 판단하고, 물음에 답하시오.
(1) 水密을 요하는 콘크리트 구조물을 만들기 위해서는 콘크리트에 결함이 생기는 것을 막는 것이 가장 중요하다.
(2) 수밀을 요하는 콘크리트 구조물을 만들기 위해서는 콘크리트를 가급적 연속적으로 타설하여 일체 구조물로 할 필요가 있기 때문에 타설이음 간격을 가급적 크게 할 필요가 있다.
(3) 수밀을 요하는 타설이음은 반드시 지수판을 삽입해야 한다.
(4) 콜드조인트는 콘크리트 구조물의 수밀성을 잃는 가장 중대한 결함으로 생각하여 그 대책을 충분히 검토해야 한다.

제 53 장 인공 경향 골재 콘크리트

다음 기술 내용의 적정 여부를 판단하고, 물음에 답하시오.
(1) 경량골재 콘크리트는 다공질로 투수되기 쉬우므로 수밀성을 필요로 하는 경우, 최대의 물시멘트비는 보통 콘크리트보다 저감할 필요가 있다.
(2) 경량골재 콘크리트를 콘크리트 펌프로 압송하는 경우는 원칙으로 유동화 콘크리트로 한다.
(3) 콘크리트 속의 삽입에 의한 내부진동기의 가속도 減衰(부하감쇠)는 콘크리트가 가벼울수록 커진다.
(4) 보통 합성빔 형식의 도로교에 있어서 상판에 경량골재 콘크리트를 사용하는 경우, 구조물 전체의 공사비는 보통 콘크리트를 이용하는 경우보다 일반적으로 싸진다.

제 54 장 해양 콘크리트

다음 기술 내용의 적정 여부를 판단하고, 물음에 답하시오.
(1) 고로시멘트 C종은 해양 콘크리트용으로서 적합하다. 초기강도가 작은 결점이 있

으나 타설후 재령 5일까지 해수에 씻기지 않도록 보호하면 좋다.

(2) 해양 콘크리트는 원칙으로서 AE콘크리트로 하는 이유는 워커빌리티를 개량하여 부분적인 결점이 적은 콘크리트로 하기 위해서이다.

(3) 해양 콘크리트에서는 최소단위 시멘트량이 정해져 있으나 C_3A의 함유량이 비교적 많은 시멘트를 이용하는 경우는 단위 시멘트량이 적을수록 팽창균열이 발생하기 쉽게 되는데 주의를 요한다.

(4) 해양콘크리트 구조물에 부득이 이어치기를 하는 경우, 그 위치는 최고조위와 최저조위의 중간을 취한다.

제 55 장 수중 콘크리트

다음 기술 내용의 적정 여부를 판단하고, 물음에 답하시오.

(1) 수중 콘크리트의 시공에 있어서 수중불분리성 콘크리트인 경우를 제외하고 수중에 낙하시켜서는 안된다.

(2) 수중콘크리트는 물과 접촉하여 수분이 너무 과다하기 쉬우므로 가급적 단위수량이 적은 된비빔 콘크리트를 이용하는 것이 가장 중요하다.

(3) 수중콘크리트의 타설작업 중, 트레미의 선단은 항상 콘크리트에 삽입해 두지만 삽입 깊이는 보통 수중 콘크리트인 경우도 현장치기 말뚝인 경우와 같다고 해도 과언이 아니다.

(4) 수중불분리성 콘크리트는 혼화제의 첨가에 의해 콘크리트에 분리저항성을 부여하여, 타설 중 수중낙하도 허용하는 공법이다.

제 56 장 프리팩트 콘크리트

다음 기술 내용의 적정 여부를 판단하고, 물음에 답하시오.

(1) 프리팩트 콘크리트용 혼화제는 주입모르터에 주로 유동성, 보수성, 지연성 및 팽창성을 부여하는 것을 목적으로 하는 것이다.

(2) 프리팩트 콘크리트에 있어서는 굵은 골재의 최대치수를 가급적 크게 최소치수를 가급적 작게 하는데 따라 굵은 골재의 실적율을 크게 하여 주입모르터량을 최소로 하는 것이 가장 중요하다.

(3) 프리팩트 콘크리트 시공 순서는 ① 거푸집의 조립, ② 철근의 배치 및 주입관, 검사관을 세우고, ③ 굵은 골재의 충전, ④ 모르터의 제조 및 주입이다.

(4) 프리팩트 콘크리트에 있어서 시공이음은 중대한 결함부가 되기 때문에 설계 또는 시공계획에 없는 위치에서 주입작업을 중단하고 시공이음을 두는 것은 기계의 고장 등 부득이한 경우를 제외하고 절대로 피해야 한다.

(5) 거푸집의 설계에 쓰이는 프리팩트 콘크리트의 압축은 굵은 골재 투입시의 충격에 따른 골재압과 모르터 주입시의 유체압의 합으로 한다.

(6) 주입모르터의 단위수량과 P로트 유하시간과 사이에는 넓은 범위에 걸친 직선관계가 인정되므로 P로트 시험은 주입모르터 반죽질기 시험으로서 극히 우수한 방법이다.

(7) 대규모 프리팩트 콘크리트에 있어서는 굵은 골재의 최소치수를 40mm정도 이상으로 모르터의 투과성을 좋게 하여 그 결과 주입관의 배치간격을 5m정도로 확대하고 작업능률의 증대를 도모한다.

(8) 고강도 프리팩트 콘크리트용의 모르터 펌프에는 피스톤식 펌프보다 스크류식 펌프쪽이 적당하다.

제 57 장 뿜기 콘크리트

다음 기술 내용의 적정 여부를 판단하고, 물음에 답하시오.

(1) 뿜기 콘크리트의 토출배합의 대개의 겨냥은 굵은 골재의 최대치수 10~15mm, 잔골재율 55~75%, 단위시멘트량 300~400kg/m^{3}이다.

(2) 건식법에서는 반발이 심하기 때문에 부착배합은 토출배합보다 항상 빈배합이 되는 경향이 있다.

(3) 건식뿜기 공법에서는 급결제의 효과에 따라 반발이 적게 되므로 부착된 콘크리트의 단위 시멘트량은 급결제를 이용하지 않는 경우보다 대폭으로 감소될 수가 있고 보통 경제적이다.

(4) 뿜기 콘크리트의 압축강도 시험용 공시체는 KS F 2413에 규정되는 보통의 원통 거푸집을 이용하여 작성하는 것을 표준으로 한다.

제 58 장 공장 제품

다음 기술 내용의 적정 여부를 판단하고, 물음에 답하시오.

(1) 진동식 반죽질기 측정기를 이용하여 된비빔 콘크리트 반죽질기를 평가하는 경우, 측정기의 진동 가속도는 제품의 제조기의 진동 가속도와 유사한 것을 이용하는 것이 좋다.

(2) 콘크리트의 진동다짐도는 진폭진동수, 진동시간에 불구하고 콘크리트에 주어지는 총진동에너지에 의해 결정된다.

(3) 상압증기 양생은 콘크리트의 혼합 종료 후 가급적 빨리 개시하는 것이 유효하다.

(4) KS에 규정되어 있는 콘크리트 공장제품의 강도검사는 콘크리트의 강도가 정규분포되는 일, 판별불능이 높은 것 등의 이유로 모두 계량기준형 1회 발취검사가 적용된다.

(5) 원심력 다짐에 있어서 원심력은 회전수의 2승에 비례한다.

(6) 오터크리이브 양생에 의해 양생 종료 직후에 고강도가 얻어지나 클립, 건조수축이 커진다.

(7) 프리히트된 거푸집에 하트콘크리트를 타설하여 증기양생을 실시하면 보통 재령 3시간에 거푸집떼기가 가능하다.

(8) 즉시 거푸집떼기용 초경련 콘크리트의 워커빌리티로서 거푸집에의 충전성 뿐만 아니라 즉시 거푸집떼기성 및 거푸집떼기 후의 변형저항성이 요구된다.

제 59 장 프리스트레스트 콘크리트

다음 기술 내용의 적정 여부를 판단하고, 물음에 답하시오.

(1) PC강봉은 PC강선이나 PC강연선에 비하여 강도레벨은 낮으나 리렉세이션이 작다.

(2) PC강재는 콘크리트와의 부착을 잘하기 위해 사용전에 반드시 가벼운 녹이 슬게 해야 한다.

(3) 포스트텐션 방식의 프리스트레스트 콘크리트에 있어서 긴장재를 순차로 인장하는 경우 긴장재 끝에 주는 인장력은 콘크리트의 탄성변형에 의한 손시 세트에 의한 손실 콘크리트의 클립, 건조수축 및 PC강재의 리렉세이션에 의한 손실 등을 고려하여 정해야 한다.

(4) 프리스트레싱을 실시해도 좋을 때 콘크리트의 압축강도는 콘크리트가 짧은 재려에서 강성도 작고 프리스트레스 힘이 대단히 큰 편심 축방향이라는 데서 보통 설계하중에 대한 것보다 큰 안전도를 갖도록 정해야 한다.

(5) 정착구의 세트에 의한 긴장재에 주어진 인장력이 감소되나 이 때 마찰저항이 재 끝방향으로 작용되기 때문에 부재 중앙의 설계단면까지 세트의 영향을 미치는 일은 거의 없다.

(6) 프리스트레싱에 대한 만류의 하중은 프리스트레싱 관리도에 기입한 하중계의 시도와 빼낸량(拔出量)과의 관계직선에서 구한다.

(7) PC강재와 콘크리트와의 부착의 유무에 따라서 프리스트레스트 콘크리트부재의 역학적 거용에 차이는 없다.

(8) 고성능 감수제를 이용한 물시멘트비를 35%정도로 한 PC그라우트는 동해를 잘 받지 않고 한중시공에 대해 유리하다.

제 60 장 포장 콘크리트

다음 기술 내용의 적정 여부를 판단하고, 물음에 답하시오.

(1) 콘크리트 포장면은 주행차의 승차기분 및 안전성을 확보하기 때문에 평탄성이 양호하며 평활하게 마무리해야 한다.

(2) 콘크리트 포장면의 마무리 작업중 콘크리트가 부족한 경우 이것을 모르터로 보완해야 한다.

(3) 포장콘크리트의 후생양생은 원칙으로 현장양생 공시체의 휨강도가 소요의 배합강도에 도달할 때까지 습윤양생을 계속해야 한다.

(4) 시공줄눈은 수축줄눈의 일종이며 콘크리트의 포장 후 통상의 수축줄눈을 만들 때까지의 사이에 발생한다. 균열을 막는 것처럼 고안된 것이다.

제 61 장 댐 콘크리트

다음 기술 내용의 적정 여부를 판단하고, 물음에 답하시오.

(1) 댐콘크리트의 시공에서는 온도균열 저감을 위한 수단으로서 재료 및 배합의 제한, 리프트의 높이 및 타설속도의 제한, 인공냉각 등을 실시하여 콘크리트의 온도상승을 제어하는 동시에 수축이음을 둔다.

(2) 중력식 콘크리트댐에서는 보통 提體의 부위에 의해 배합구분을 실시하나 아치식 콘크리트댐은 단면이 비교적 얇으므로 배합구분을 하지 않는 경우가 많다.

(3) 중력식 콘크리트댐에 있어서 가로이음 및 세로이음의 어느 수축이음도 블럭의 온도가 충분히 저하된 후 반드시 그라우팅을 실시하여 일체 구조로 하지 않으면 안된다.

(4) 댐 콘크리트의 시공은 타설된 콘크리트에서의 방열, 수축이음 위치의 설정 등 때문에 柱狀 블록 공법에 의한다.

제 62 장 투수 콘크리트

다음 기술 내용의 적정 여부를 판단하고, 물음에 답하시오.

(1) 투수콘크리트의 단점은 줄눈과 양생기간이 필요하고 동결융해에 대한 관리가 필요하다.

(2) 투수포장이란 우수 등이 포장재 내를 흐르게 하여 자연생태계를 보호하는데 큰 효과가 있다.

(3) 투수콘크리트 혼화재(폴리머)는 수분을 흡수하여 강도의 증가를 위하여 사용하게 된다.

(4) 투수콘크리트의 골재입도는 일반 콘크리트 입도와 동일하게 사용한다.

제 63 장 칼라(착색안료) 콘크리트

다음 기술 내용의 적정 여부를 판단하고, 물음에 답하시오.

(1) 유기안료는 화학적으로 안정성이 좋으며 내열, 내후, 내광성이 좋고 값이 저렴하여 건설자재의 착색제로써 사용된다.

(2) 콘크리트용 안료를 혼합할 시는 시멘트 무게의 3%이상 혼합하고 그 이상 혼합시 색상은 더욱 더 밝아지고 선명하여 진다.

(3) 콘크리트 착색용 안료의 조건으로는 내광, 내후성, 내알카리성이 좋고, 콘크리트 강도저하가 없어야 하며 환경, 공해의 문제가 없어야 한다.

(4) 철부산물의 안료를 사용할 때는 강산성을 띄우게 되어 강알카리성인 시멘트에 악영향을 주게되어 변색, 탈색 등 강도에도 나쁜 영향을 준다.

제 9 편 콘크리트 시험

제64장 재료의 시험
제65장 굳지 않은 콘크리트의 시험
제66장 경화 콘크리트의 시험

콘크리트 품질관리는 사용재료의 관리, 제조과정의 관리, 시공시의 관리, 사후관리 등으로 구분할 수 있으며 이를 확인하는 수단은 시험을 통하여야 한다. 콘크리트 품질을 모든 과정이 시험을 통하여 그 적정여부와 품질의 변동을 판단하여야 하기 때문에 품질의 기준, 시험방법, 시험자의 능력 및 판단력이 중요하다 하겠다. 이를 위하여는 품질관리 기술자는 구조물의 설계내용을 면밀히 검토하여 설계에서 요구하는 품질을 정확히 인식하여야 하고 품질기준이 타당한가, 시험방법이 품질기준과 재료의 특성에 부합하고 있는가, 시험장비는 이를 만족할 수 있으며 시험자의 능력은 충분한가를 판단하고 검토하는 품질관리 계획을 수립하고 시행할 수 있는 능력을 갖추어야 한다. 우리의 잘못된 시험관행을 살펴보면,

첫째, 설계내용 등 품질관리계획과 검토가 없이 일반화된 관습으로 품질관리의 기능적인 측면만을 요구하며 시행하는 것이며

둘째, 품질관리기술자에 대한 인식부족으로 일정한 학력과 경험만 가지면 누구나 할 수 있다는 편견과 단순시험 기능인식으로 낮은 대우

셋째, 가장 기본이 되는 사용재료의 철저한 확인이 없이 몇 가지 규정된 시험종목만으로 품질을 판단하려는 것

넷째, 시험장비구입 및 사용에 있어 정도, 용도 등이 맞지 않은 장비를 사용하며

다섯째, 시험인력에 있어서 교육과 훈련을 통하여 표준화된 자격을 갖춘 기술자가 부족하다는 것이다.

콘크리트 품질관리를 위하여는 상기에서 지적한 사항들이 빨리 시정되어야 하고 새로운 공법과 재료, 신속하고 정확한 시험을 위하여 계속 연구하고 노력하여야 한다.

제 64 장 재료의 시험

1. 일 반

1) 콘크리트시공을 확실히 하기 위해서는 공사 개시 전, 공사 중 또는 필요한 경우에는 공사종료 후에도 시험을 실시하고 재료, 배합, 시공방법 등의 적부나 구조물의 안정성 등을 확인하지 않으면 안된다. 즉 공사 개시 전에는 재료 및 배합의 선정, 시공법의 결정을 위한 시험, 공사 중에는 품질관리를 위한 시험, 거푸집 해체시기나 양생의 적부를 판단하기 위한 시험 등을 실시할 필요가 있으며, 공사 종료 후에 구조물의 콘크리트가 소요의 품질이 되어 있는가의 여부가 의심나는 경우에는 코어시험, 재하시험 등을 실시할 필요가 있다.

2) 본 장에서는 주로 어떠한 경우에 어떤 시험을 실시하고 그 결과를 어떻게 평가하는가에 대해서 기술한다. 개개의 시험방법의 내용은 대부분 각장에서 그 개요가 기술되었으며, 상세한 것은 KS, 콘크리트 시방서를 참조하기 바란다.

2. 재료선정을 위한 시험

1) 시멘트의 시험

① 시멘트의 물리적 성질(밀도, 분말도, 응결, 안정성 및 강도)의 시험은 KS L 5100 「시멘트의 물리시험방법」에 화학성분의 측정은 KS L 5120 「포틀랜드시멘트의 화학분석방법」에 수화열의 시험은 KS L 5121 「시멘트의 수화열 시험방법」에 규정되었다. 이러한 시험은 모두 숙련을 요하므로 보통 출하시의 품질확인에는 제조자의 시험성적표에 의하는 것이 좋다.

② 상당한 기간 현장에 저장하여 풍화의 우려가 있는 시멘트는 사용 전에 재시험을 실시할 필요가 있다. 풍화의 정도를 간단히 시험하는데 밀도시험이 편리하다. 비중이 0.04~0.05 저하되면 풍화에 의한 시멘트강도의 저하는 20~25%로 추정된다.

③ 시험결과는 대응하는 포틀랜드시멘트 또는 혼합시멘트의 KS 규격치 (물리적 성

질은 비표면적, 응결, 안정성 및 압축강도로 수화열은 중용열시멘트에만 규격치가 있다)와 비교하여 合否를 판정한다.

④ 전알카리량이 포틀랜드시멘트의 경우 0.75% 이하, 저알카리량형의 경우 0.6% 이하라는 것을 확인한다. 염화물이온 함유율은 0.02% 이하로 한다.

2) 골재의 시험

① 천연골재

㉮ 모래, 자갈의 품질시험 중 유해물의 시험과 그 기준치 (덩어리, 점토, 실토 등의 미분, 석탄, 갈탄 등의 경량입자, 염화물)에 적합하고, 유기불순물 시험은 KS F 2537 「잔골재의 유기 불순물 시험방법」에 의한다.

㉯ 골재의 내동해성은 사용 실례에서 판단하는 것이 가장 확실하나 그 자료가 없는 경우에는 KS F 2507 「황산나트륨에 의한 골재의 안정성 시험방법」에 의한다. 시방서에서는 내구적인 골재의 기준치로서 잔골재에 대해 손실중량 10% 이하, 굵은 골재에 대해 12% 이하로 규정되어 있으나 콘크리트에 요구되는 내구성의 정도와 강도레벨에 따라서 흡수율과 안정성 시험결과를 조합하여 굵은 골재의 품질을 표현한 표 8-40(제61장)은 굵은 골재의 사용의 가부를 판단하는데 실용상 유용하다.

㉰ 굵은 골재의 마모저항성은 KS F 2508 「로스엔젤레스시험기에 의한 굵은 골재의 마모시험」에 의한다. 시방서에서는 마모를 받는 구조물로서 포장, 댐 등에 쓰이는 굵은 골재에 대해 손실량의 한도를 규정하였다.

㉱ 해사 중의 염화물함유량의 시험방법 기준치에 대해서는 제1장 참조. 시험은 「이온전극법, 전극전위법, 모르법 또는 전량적정법을 원료로 한 측정기기」가 사용된다.

㉲ 반응성골재가 의심이 있는 경우에는 골재의 잠재적 알카리실리커 반응성을 판정하기 위한 시험방법으로서 KSF 4009 「레디믹스트 콘크리트」의 부속서 「화학법」 및 「모르터법」에 규정되어 있다. 화학법은 시험결과를 마크하여 「무해」, 「잠재적 유해」 또는 「유해」로 판정한다. 이 시험은 결과가 신속히 판명되나 극히 안전측의 대개의 가늠을 주는데 지나지 않는다. 따라서 「잠재적 유해」, 「유해」로 판정된 골재는 「모르터법」에 의해 사용의 가부를 확인할 필요가 있다.

② 인공골재

㉮ 쇄석골재, 고로슬래그 골재 및 인공경량골재는 공장제품이므로 각각의 KS에 유해물 기타, 밀도, 흡수율, 단위 용적질량 또는 실적율, 내구성, 입도 및 그

허용변화 등이 규정되었으며 시험치가 이것들의 규격치를 벗어나면 불합격품이 되어 상품가치를 잃는다.

㉯ 시험방법 및 규격치는 부순돌 및 부순 모래의 경우 KS F 2527「콘크리트용 부순돌」및 KS F 2588「콘크리트용 부순모래」에 고로슬래그 굵은 골재 및 잔골재는 각각 KS F 2544「콘크리트용 고로슬래그 굵은 골재」및 KS F 2559「콘크리트용 고로슬래그 잔골재」에 인공 경량골재는 KS F 2534「구조용 경량콘크리트 골재」에 규정되어 있다.

3) 혼화재료의 시험

① 플라이애쉬, 고로슬래그 미분말 및 팽창재의 단독 품질시험 및 규격치는 각각 KS L 5211「플라이애쉬 시멘트」(실리커, 습분, 강열감량, 밀도, 분말도, 단위수량비, 압축강도), 일본토목학회 규정(염기도, S, SO_3, MgO, 습분, 비중, 비표면적, 활성도 지수) 및 KS F 2562「콘크리트용 팽창재」(MgO, 강열감량, 비표면적, 1.2mm 체잔류분, 응결, 팽창성, 압축강도)에 의한다.

② AE제, 감수제 및 AE감수제의 품질시험 및 규격치는 KS F 2560「콘크리트용 화학혼화제」(콘크리트로서의 감수율, 블리딩량, 응결시간, 압축강도, 길이변화, 동결융해저항성)에 규정되었다.

③ 상기의 혼화재료의 품질확인에는 제조자의 시험성적표에 의하면 좋다. 혼화재료의 효과는 사용재료, 콘크리트의 배합, 시공방법, 온도 등에 의해 다르므로 사용자는 실정에 맞는 시험 즉, 일반적으로 시험비빔을 실시할 필요가 있으며 경우에 따라서는 다시 광범위한 시험 또는 조사를 하지 않으면 안된다.

4) 철근의 시험

① 인장시험 및 휨시험

㉮ 철근의 품질을 확인하기 위해서 통상 인장시험 및 시험을 실시한다. 인장시험은 KS B 0802「금속재료 인장시험방법」에 의하고 항복점 인장강도 및 연신율을 요구하며, 휨시험은 KS B 0804「금속재료 굽힘 시험방법」에 의해 소정의 휨내측 반경에서 구부린 철근표면의 균열, 상처의 유무를 검사한다.

㉯ 시험결과를 열간압연봉강(고로철근 및 전로철근의 경우는 KS D 3504「철근콘크리트용 봉강」의 규정치와 재생봉강의 경우는 KS D 3527「철근콘크리트용 재생봉강」의 규정치와 비교하여 합부를 판정한다.

㉰ 상기의 시험은 상업베이스의 시험이며 항복점, 인장강도, 연신율의 진 값을 주는 것은 아니다. 이것은 예를 들면 인장강도는 최대하중을 시료의 파단시 단

면적으로 나누는 것이 아니라 원단면적으로 나누며 또, 파단시의 큰 연신율은 부분적으로 일어나는데 소정구간(∅25mm 미만의 경우 직경의 8배, ∅25mm 이상의 경우 직경의 4배)의 평균연신율을 파단 후 절편을 접합하여 구하기 때문이다. 그러나 철근 콘크리트의 설계계산에서는 재하에 의해 철근 단면적이 변화되지 않는다 하며, 또 연신율의 측정치에서 철근의 연성을 유추할 수 있으므로, 이것들의 시험치는 실용상 충분히 유리하다.

② 피로시험

㉮ 큰 하중의 반복을 받는 부재에 쓰이는 철근은 내피로성을 검토할 필요가 있다. 피로시험에는 축인장피로시험, 양진(兩振)휨피로시험 등이 있다. 후자는 전자식이므로 단기간에 시험을 마칠 수가 있어서 편리하지만 철근콘크리트 부재에 있어서 인장철근은 보통 축인장력을 받는 것으로 생각되기 때문에 가급적 축인장피로시험에 의하는 것이 좋다. 축인장피로시험에는 편진(片振)과 양진(兩振)(정부⊕교본응력)시험이 있다. 이 경우 시료양단의 잡는 부분이 응력집중에 의해 파단되기 쉬우므로 잡는 부분을 보강할 필요가 있다. 보강방법은 시료를 잡는 부분을 고주파로 소입하던가 내경이 시료지름에 의해 15×20mm 큰 강관을 시료의 단말에 용접하여, 시료와 강관과의 틈에 바비드메탈(납과 주석의 합금, 저온용융하여 시료에 열영향을 주지 않는다)을 흘려 넣는다.

㉯ 그림 9-1에 이형철근(D19)의 축인장피로시험 결과(片振)의 한 예를 표시한다. 그림 9-1에 표시한 바와 같이 세로축에 대수표시 응력의 진폭, 가로축에 대수표시의 반복회수를 취하여 정리하면 S-N 선도는 선형이 된다. 단, 그 구배 10^6회 미만과 10^6회 이상에서 다르며, 10^6회 이상에서는 유연하게 된다. 내피로성은 보통 2×10^6회 또는 1×10^7회의 피로강도로 표시된다. 또 축인장피로시험에 의한 피로강도는 양진 휨피로시험에 의한 피로강도의 약 80%로 되어 있다.

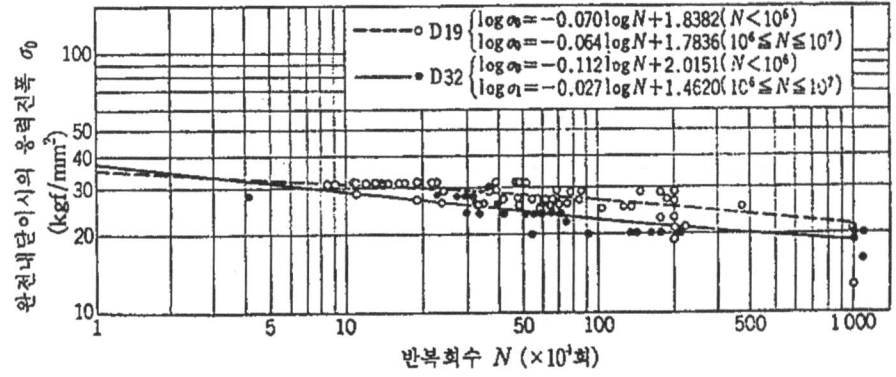

그림 9-1 이형철근의 S-N선도

③ 이음의 시험

㉮ 가스압접이음의 시험은 「철근콘크리트용 봉강 가스압접이음의 검사방법」에 의한다. 즉 시험편은 압접 그대로 절삭하지 않음으로 하고 외관시험과 인장시험을 실시한다.

㉯ 외관시험에 의해 편심량이 철근직경의 1/5 이하 부풀어 난 지름은 원칙으로서 철근직경의 1.4배 이상에서 부풀어 난 형상이 양호하다는 것을 확인한다. 인장시험은 KS B 0802에 의해 인장강도 KS D 3504「철근콘크리트용 봉강」에 규정된 인장강도의 규정하한치 이상이면 합격으로 한다. 또 인장시험이 실시되지 않는 경우는 굽힘시험으로 대용해도 좋다. 이 경우 굽힘내 반경은 KS D 3504의 규정치의 1/2로서 굽힘각도를 90°로 한다.

3. 품질관리를 위한 재료시험

① 원재료의 수입검사를 위한 시험항목 및 시험회수에 대해서는 제39장 표 6-2 참조.

② 현장 배합에의 환산을 위해 골재의 표면수율시험 및 입도시험을 실시한다.(제39장 참조)

제 65 장 굳지 않은 콘크리트의 시험

1. 일 반

1) 슬럼프 시험
   ① 슬럼프시험은 KS F 2402「슬럼프 시험방법」에 의한다. 슬럼프시험은 현장, 연구실을 불문하고 반죽질기 시험으로서 반드시 실시하는 것이므로 슬럼프시험에 대한 정확한 지식이 필요하며 시험 실시시 고려해야 할 요점을 이하에 표시한다.
      ㉮ 슬럼프대를 수평으로 설치하고 페이스트나 누수가 생기지 않도록 고무판을 통하여 슬럼프 콘을 연직(중력방향)으로 설치한다. 이 경우 고무판 표면, 콘내면은 습포로 깔아 둔다.
      ㉯ 콘크리트를 소정의 방향에서 채운 다음 콘을 연직으로 인발한다. 콘을 수시로 끌어올리면 시료의 강하가속도에 기인되는 관성력에 의해 슬럼프는 큰 값이 되며 너무 천천히 끌어올리면 변형이 구속되어 작은 값이 되므로 적당한 속도로 올리도록, 특히 묽은 비빔 콘크리트인 경우 주의를 요한다.
      ㉰ 슬럼프시험은 연속체로서 콘크리트의 변형의 측정이므로 콘인상 후 콘크리트가 균열된다든지 붕괴되어 전단파괴 되는 경우는 슬럼프치의 의미가 없다. 또한 슬럼프시험은 자중에 의한 변형량을 반죽질기의 척도로 하기 때문에 자중이 큰 콘크리트일수록 겉보기상 유동성이 커진다. 그러나 실시공에 있어서도 자중은 항상 콘크리트를 유동시키기 위한 외력으로서 작용하며, 자중이 큰 쪽이 유동되기 쉬우므로 슬럼프시험은 실용상 유리한 평가를 준다. 콘크리트 자중의 영향을 받지 않는 반죽질기 시험으로서 케리볼시험, 관입시험 등이 있다.

2) 진동식 반죽질기 시험
   ① 슬럼프치가 극히 작거나 0이 되는 된비빔 콘크리트인 경우에는 슬럼프시험이 적용되지 않으므로 진동에 의해 액상화된 콘크리트의 변형이나 공극률을 척도로 하는 진동식 반죽질기 시험을 이용한다.
   ② 진동식 반죽질기 시험에는 진동대식 시험, VC시험, 공시체 성형기에 의한 초경

런 콘크리트 반죽질기 시험 등이 있으나 이것들은 각각 대상구조물의 콘크리트를 다지는 경우에 쓰이는 진동기의 능력과 동등의 가진기가 이용되고 있다. 표 9-1에 각종 진동식 반죽질기 시험의 대상, 가진기의 가속도 및 측정 항목을 표시한다.

표 9-1 진동식 반죽질기 시험

시 험	대 상	진원의 가속도 (g)	측정항목
진동대식 반죽질기시험	포장콘크리트	1	소정의 변형에 도달할 때까지의 진동시간
VC시험	RCD	10	소정의 다짐도(공극율이 아주 작다)를 얻기 위한 진동시간
공시체 성형기에 의한 초경량콘크리트의 반죽질기 시험	즉시 거푸집떼기의 제품블럭	11	소정의 진동시간에 공극율

2. 굳지 않은 콘크리트의 유동 및 변형해석에 쓰이는 물성치(물리량)의 시험

1) 굳지 않은 콘크리트의 유동 및 변형에 관한 물성치(레오로지 정수)
   ① 점성액체로 간주되는 묽은 비빔콘크리트 물성치는 소성점도와 항복치 이다(제6장 참조). 그림 9-2는 슬럼프(자중에 의한 변형량)의 실측치와 계산치를 비교한 것으로 슬럼프 15cm 정도, 이상의 묽은 비빔 범위에서는 콘크리트를 점성액(Bingham)체로 가정하여 양자는 잘 일치된다.
   ② 슬럼프 12cm 정도 이하의 범위에서는 콘크리트는 입상체 효과가 현저하며 점성액체로 가정하는데 무리가 생긴다. 이 경우는 습한 흙과 같이 소성체로 가정하여 계산하면 실측치와 잘 일치된다. 소성체의 물성치는 내부마찰각과 점착력이다.

2) 물성치의 측정방법
   ① 묽은 비빔 콘크리트(슬럼프 12~15cm 정도 이상)
      ㉮ 소성점도 및 항복치는 2중원통형 회전점도계에 의해 측정한다. 점도계의 제원은 내원통반경 15cm, 높이 20cm, 외원통반경 20cm 정도가 적당하며 일반적으로 내원통회전형이 편리하다.

㉯ 내원통형의 간극에 시료를 채운다. 측정에 있어서 시료와 원통벽면과의 사이에 미끄럼이 생기며 또, 보통 전시료는 유동되지 않는 것을 고려하여 시료상면에 기포스티로울 분말을 살포하여 부자로 한다.

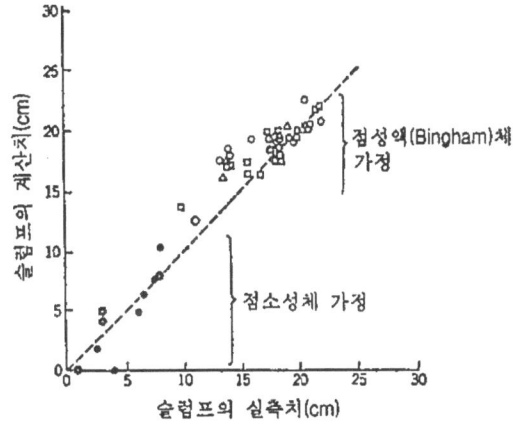

그림 9-2 슬럼프의 실측치와 계산치와의 관계

내원통을 회전시켜 비접촉형 변위계 등을 이용하여 7~8점을 부자에 유속을 측정하고 내원통 부근점(반경 r_i)의 유속 및 시료의 유동역(반경 r_j)를 구하고 그림 9-3에 표시하는 반죽질기 곡선을 묘사하여 직선부의 역구배로서 소성점도 η_{pl}을 결정하고 항복치는 다음 식에서 제시한다.

$$\tau_f = \frac{(r_i/r_j)^2 - 1}{2 l_n(r_i/r_j)} \tau a \tag{9-1}$$

여기서, τ_f : 항복치(g/cm²), τ_a : 반죽질기 곡선의 직선부에 의한 가로축의 절편(g/cm²), r_i : 내원통부근의 측점반경(cm)(내원통벽면에서 0.2cm 전후로 한다), r_j : 시료 유동역의 반경(cm)

② 된비빔 콘크리트(슬럼프 10~12cm 정도 이하)

㉮ 내부마찰각 및 점착력은 굳지 않은 콘크리트용 3축 압축시험기에 의해 측

정한다. 공시체는 $\phi 10 \times 20cm$로 하고 원통거푸집 내에 고무슬래브를 통하여 콘크리트 타설, 성형하고 즉시 거푸집 폐기를 하여 시료로 한다.

㉯ 수압에 의해 3~4단계로 측압을 변화시켜 각각에 대한 축방향의 항복응력을 구한다. 이 경우 항복응력의 판정이 곤란하므로 동시에 간극수압을 측정하여 간극수압이 급격히 저하되는 축차응력으로서 결정된다. 각 단계의 측압 σ_3과 축차응력 σ_1을 써서 모아원을 그리고 그것들의 공통접선의 경사각을 내부 마찰각 공통접선에 의한 세로축(τ축)의 절편이 점착력으로 한다.(그림 9-4 참조)

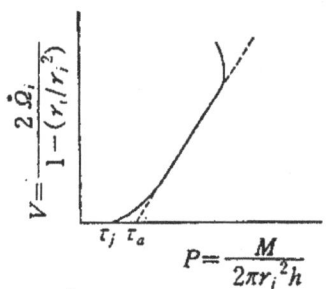

그림 9-3 반죽질기 곡선

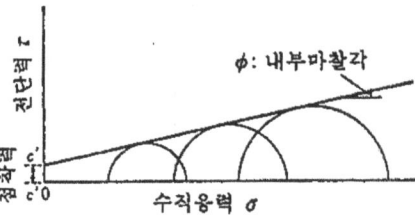

그림 9-4 모아원

3. 공기량 시험

1) 중량법(KS F 2409), 용적법(KS F 2409), 공기실 압력법(KS F 2421)등이 있다. 용적법은 측정정밀도가 가장 높으나 시험에 시간과 품이 들기 때문에 공기실 압력법이 일반적으로 이용되고 있다. 단 공기실 압력법은 경량골재와 같은 다공질골재를 이용한 콘크리트에는 적용되지 않는다.

2) 공기실 압력법의 원리에 대해서는 이 시험에서 압력계가 틀리기 쉽기 때문에 케리브레이션을 빈번히 실시하는 것이 중요하다.

3) 초경련 콘크리트의 공기량시험

즉시 거푸집 폐기 제품용의 초경련 콘크리트에 있어서는 비빔시에 도입되는 공기량(에어앤트레인드 및 앤트럽트 에어)과 성형시에 혼입되는 공극률을 구별하여 측정되는 시험방법이 필요하다. 전자에 대해 공기실압력법을 수정한 「초경련 콘크리트의 공기량 시험방법」(일본 토목콘크리트 블록협회규격)이 있다. 이 시험순서는 다음과 같다.

① 용기 내에 약 2ℓ의 물을 넣고, 콘크리트 시료 10kg을 혼합하며 조용히 투입하

여 큰 기포를 추출한다.
② 용기의 상연까지 물을 채우고 부상된 기포를 제거한 후 뚜껑을 장착하여 이후는 KS F 2421의 순서에 따라 공기량의 눈금을 파악한다.
③ 공기량은 다음 식에서 계산한다.

$$A = \frac{7 W_0 A_0}{10 + 0.07 W_0 A_0} \tag{9-2}$$

여기서, A : 공극을 포함치 않은 시료의 공기량(%), A_0 : 에어미터의 공기량 눈금의 파악(%), W_0 : 공기를 무시하고 계산한 콘크리트의 단위용질량(kg/ℓ)

초경련 콘크리트의 공기량은 중량법에 의해 성형시의 전 공기률(공기량＋공극률) 측정하여 식 9-2의 결과를 검산하여 구한다.

4. 콘크리트 응결속도의 시험

1) 콘크리트 응결속도의 시험

KS F 2500 「콘크리트용 화학혼화제」의 부속서에 규정되어 있다. 「콘크리트의 응결시간 시험방법」(프록터 관입저항시험방법에 준한 것)에 의한다.

2) 시험방법의 요점

① 시료용기는 내경 또는 단변 15cm 이상, 안높이 15cm 이상으로 하고 관입침은 단면적이 1, 0.5, 0.25 및 0.125cm²의 원형강으로서 시료의 경화상태에 따라 선택한다.
② 시료는 콘크리트 5mm체로 웨트스크린하여 얻는 모르터로 하고 용기에 1층에 채워서 다짐봉으로 6cm²로 1회의 비율로 다진다.
③ 관입시험의 직전에 용기를 기울여서 피펫 등으로 블리딩수를 빨아올린 다음 관입침을 25mm의 깊이까지 관입하는데 필요한 압력을 파악한다.
④ 경과시간(시멘트와 물이 최초에 접촉되었을 때부터 각 관입시험까지의 시간)과 관입저항과의 관계곡선을 그리고 그림상태에서 관입 저항이 35kgf/cm² 및 280kgf/cm²가 될 때까지의 경과시간을 구하고 콘크리트의 초결 및 종결의 응력시간으로 한다.

5. 염화물량의 시험

 콘크리트 속의 물(콘크리트의 대표적 시료 또는 웨트스크리닝한 모르터에서 흡인과다 또는 원심분리에 의해 채취하든가 블리딩수로 한다)의 염화물 이온농도를 바다모래 염화물 이온함유율 시험방법에 준하여 측정하고 이 시험치와 배합에서 콘크리트 속의 염화물 이온량을 구한다.

 KS F 4009 부속서「콘크리트 속 물의 염소이온농도 시험방법」에는 액의 분석방법(소산은적정법 전위차 전류 전량적정법) 등이 규정되어 있다.

제 66 장 경화 콘크리트의 시험

1. 일 반

1) 콘크리트의 품질평가를 위한 강도시험

콘크리트의 강도는 여러 가지의 시험조건의 영향을 받기 때문에 KS에 표준시험방법을 정하였으며 이것에 의해 품질평가를 실시하였다.

① 압축강도 시험

㉮ 콘크리트의 압축강도는 공시체의 형상 및 치수, 양생방법, 재령, 재하방법 등에 영향되므로, 이것들을 통일한 표준 시험방법으로서 KS F 2403 「콘크리트의 강도시험용 공시체를 만드는 방법」 및 KS F 2405 「콘크리트의 압축강도 시험방법」이 규정되었다.

㉯ 콘크리트 품질평가는 상기의 규격시험에 의해 표준양생한 재령 28일의 압축강도 $f'_{c(28)}$ 에 의한다.

㉰ 구조물 콘크리트의 압축강도는 설계하중 재하시에는 $f'_{c(28)}$ 을 약간 상회하는 것이 보통 인정되고 있으므로 $f'_{c(28)}$ 을 그대로 배합설계 및 구조설계에 있어 설계기준강도 또는 압축강도의 특성치로 사용하고 있다.

㉱ 품질관리를 위한 시험에는 조기 재령시험이 유효하나 품질검사를 위한 시험은 ㉯·㉰의 이유에서 표준양생 28일 강도시험을 실시하여야 한다.

② 인장강도 시험

㉮ 인장강도시험은 KS F 2423 「콘크리트의 인장강도시험방법」에 의한다. 이 시험의 역학적 의미에 대해서는 제14장 참조.

㉯ 시험에 있어서 공시체를 바른 형상으로 성형할 것과 시험기에 편심되지 않도록 공시체를 정확히 설치하는 것이 극히 중요하다. 표 9-2는 공시체의 길이의 방향 및 이것에 직각방향의 편심이 인장강도 시험치에 미치는 영향을 표시한 것으로 약간의 편심에 의해 인장강도가 10% 이상 저하되는 것을 표시하였다.

표 9-2 공시체의 편심설치가 인장강도시험치에 미치는 영향

편심량	공시체를 길이의 방향으로 편심하여 설치했을 때 편심하여 장치했을 때의 파괴하중 / 편심되지 않도록 장치했을 때의 파괴하중	편심량	공시체를 연직직경을 편심으로 하여 장치했을 때 편심하여 장치했을 때의 파괴하중 / 편심되지 않도록 장치했을 때의 파괴하중
a=0.5cm l=20cm a/l=2.5%	0.88	a=0.2cm d=15cm a/d=1.3%	0.97
a=0.3cm l=12cm a/l=2.5%	0.88	a=0.3cm d=15cm a/d=2%	0.93
a=0.6cm l=12cm a/l=5%	0.89		

③ 기타의 강도시험
㉮ 휨강도는 KS F 2407 「콘크리트의 휨강도 시험방법」에 의한다.
㉯ 전단강도 및 부착강도 시험방법은 아직 KS화 되지 않았다.
㉰ 2축압축응력을 받는 콘크리트의 강도시험은 KS F 2442 「직방체에 의한 콘크리트의 2축압축시험방법」에 의한다.

2) 거푸집 해체시기 또는 조기 재하시기 및 양생의 적부를 판단하기 위한 시험
① 통상구조물의 부근에 놓고 현장 양생한 공시체의 강도가 이용되고 있다. 이와 같이 하면 공시체의 강도와 구조물 콘크리트의 강도가 대개 동등하게 되는 것으로 가정한 것이다. 그러나 구조물 내 콘크리트의 온도나 건조되는 소형공시체와 상당히 다른 경우가 있으므로 배합조건이나 부재치수에 의해 공시체의 보온방법 등 적절한 조치를 취할 필요가 있다.
② 구조물 콘크리트의 온도를 계속적으로 측정하여 적산온도(온도시간)에서 강도를 추정하는 방법도 실시되고 있다.
③ 구조물의 여러 가지 면에 대해 거푸집을 해체해도 좋을 때, 콘크리트의 강도는 제47장 표 7-10 참조.

3) 구조물 콘크리트의 강도판정시험

① 구조물에서 따낸 코어의 강도시험에 의하는 것이 좋다. 이 시험은 KS F 2422 「콘크리트에서 코어 및 보의 절취방법」에 의한다. 그 요점은 다음과 같다.

㉮ 코어공시체의 端面과 축선이 이루는 각도가 85° 이하인 경우는 콘크리트커터 등에 의해 정형된다.

㉯ 코어공시체의 端面은 연마 마무리 또는 黃캡핑으로 하는 것이 적당하다. 황캡핑은 황과 광물질미분말(플라이애쉬, 석분 등)을 3:1~6:1로 혼합하여 180~210℃로 가열하여 페이스트 상으로 해서 이용한다.

㉰ 코어공시체의 높이는 직경의 2배로 하는 것이 바람직하나 2배가 아닌 경우는 표 9-3의 계수를 곱해서 보정한다.

표 9-3 보정계수(KS F 2422)

높이와 직경과의 비 $\frac{H}{D}$	보정계수	비 고
2.00	1.00	
1.75	0.98	H/D가 이 표에 표시하는 값의 중간에 있는 경우는 보정계수는 보간법으로 구한다.
1.50	0.96	
1.25	0.93	
1.00	0.89	

② 인공경량골재 콘크리트의 코어는 주변부의 골재가 부분적으로 절삭되고 골재표피가 각 구조로서의 기능을 잃기 때문에 강도가 작게 나타난다. 실험결과에 의하면,

(코어강도)/(현장양생공시체의 강도) = 평균 0.92

따라서, 인공경량골재 콘크리트의 경우 구조물 콘크리트의 강도는 코어강도보다 10% 정도 크다고 생각하면 된다.

③ 테스트 햄머시험은 테스트 햄머에 의해 콘크리트 표면의 반발도를 측정하고 구조물 콘크리트강도를 추정하는 방법이므로 규준 「경화콘크리트의 테스트 햄머 강도의 시험방법(안)」에 의한다. 단, 추정강도(테스트 햄머강도라 함)는 같은 콘크리트로 만든 표준원주시공체 강도와 ±50% 정도 오차가 있는 경우가 있는 것에 주의를 요한다.

㉮ 반발도의 측정개소는 두께 10cm 이하의 상판이나 벽, 단면 15cm 이하의 기둥 등 적은 치수로 지간이 긴 부재를 피한다. 부득이 측정을 할 경우는 배후에서 견고하게 지지한다.

㉯ 측정개소는 되도록 배판에 접한 면으로 하고 침에는 측면 또는 저면으로 한다.

㈐ 반발도의 추정면은 두판 등의 결함이 있는 부분을 피하고 연마청소한다. 상칠은 제거한다.

㈑ 타격은 측정면에 수직방향으로 한다.

㈒ 1개소의 측정은 연부에서 3cm 이상, 내측으로 상호의 간격이 3cm 이상의 20점에 대해서 실시하고 이 평균치를 측정반발도(R)로 한다. 단, 타격의 반향 등에서 확실히 이상이 인정되는 값 또는 평균치에서 ±20% 이상은 어긋난 값을 제외, 이것에 대신하는 새로운 측정값을 보충해서 평균치를 구한다.

㈓ 측정반발도에서 테스트 햄머강도를 구하기 위한 환산식은 재료학회(Schmidt 햄머 N-2형 사용인 경우)

$$\left.\begin{array}{l} F = -184 + 13.0 \times R_0 \\ R_0 = R + \Delta R \end{array}\right\} \quad (9\text{-}3)$$

여기서, F : 테스트 햄머강도(kgf/cm^2), R_0 : 기준반발도, R : 측정반발도, ΔR : 보정치에 의한다.

(ⅰ) 타격방향이 수평이 아닌 경우 ΔR은 그림 9-5에 의한다.

(ⅱ) 콘크리트가 타격방향에 직각으로 압축응력을 받는 경우 $\Delta R/R_0$은 그림 9-6에 의한다.

(ⅲ) 수중양생을 지속하여 습윤상태에서 시험할 경우 $\Delta R = \pm 5$로 한다.

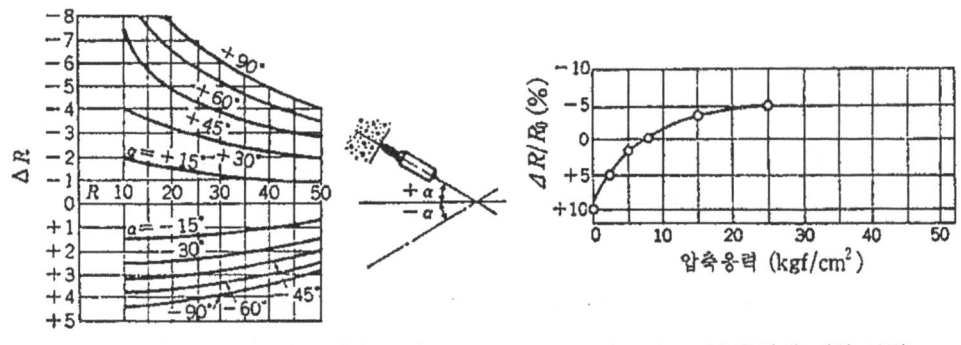

그림 9-5 타격방향에 대한 보정   그림 9-6 압축응력에 대한 보정

2. 정영계수시험

1) 정영계수(할선영계수)의 시험은 기준「콘크리트의 정탄성계수 시험방법(안)」에 의한다.

① 3매 이상의 원주공시체 중 1개에 대해서 압축강도시험을 하여 최대하중을 구한다.
② 나머지 공시체에 콘프레이셔 메터를 장치하고 또는 와이어 스트랜게이지를 첨부하여 압축 재하하고 변형이 50×10^{-6}일 때 하중(S_2) 및 상한하중(S_1 : 최대하중 ⅓로 한다)에 있어 변형(ε_1)을 읽고 재하한다. 이 측정은 2회째 이후의 재하시에 실시한다. 이는 초기회의 재하시에는 시험기에 확인할 것 등을 위해 반복한다. 재하는 적어도 3회 이상 시행한다.
③ 정탄성계수는 다음 식에서 계산한다.

$$E = \frac{S_1 - S_2}{\varepsilon_1 - 50 \times 10^{-6}} \tag{9-4}$$

여기서, E : 정탄성계수(kg/cm²), S_1 및 S_2 : 각각 상한하중 및 변형이 50×10^{-6}일 때 하중(kgf/cm²), ε_1 : 상한하중 재하시의 변형

2) 그림 9-7의 탄성, 소성 및 항복의 전역에 걸치는 응력·변형선도를 구하고자 하는 경우에는 그림 9-8에 표시하는 재하장치를 이용한다. 이것은 공시체 주위의 플레임으로 하중의 일부를 분담하고 공시체의 급격한 파괴를 막고 공시체에 가해지는 실하중은 삽입한 로트셀에 의해 측정한다.

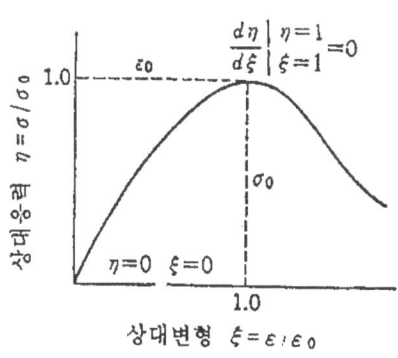

그림 9-7 콘크리트의 응력·변형선도

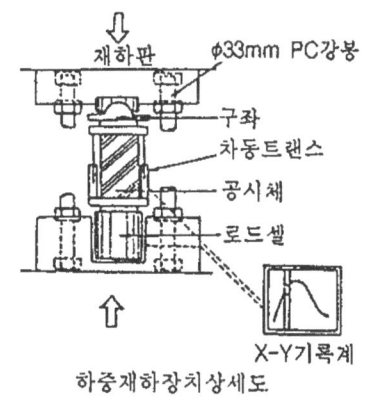

그림 9-8 재하장치

3) 인장영계수

인장영계수를 구하는데 KS F 2423의 균열시험 공시체의 끝면 중앙에 수평으로 변형 게이지를 첨부하여 시험하는 경우가 있다. 그러나 그림 9-9에 표시한 바와 같이 CD축에 수평인장응력의 분포는 균등하지는 않다. 변형은 게이지 검사길이($2c$)의 구간의 평균

치로 측정되기 때문에 영계수를 산정하기 위한 인장응력도 이 구간의 평균응력이 아니면 안된다. 게이지 검사 길이구간의 평균인장응력은 다음 식으로 주어진다.

$$\sigma_m = \frac{1}{c} \int_0^c \sigma_x dx$$

$$= \frac{2P}{\pi dl}\left(-\frac{rd}{r^2+c^2} + \frac{d}{c}\tan^{-1}\frac{c}{r} - 1\right) = \frac{2P}{\pi dl}\varphi \tag{9-5}$$

여기서, σ_m : 평균인장응력(kgf/cm²), P : 하중(kg), d 및 l : 공시체의 직경 및 길이(cm), r : 공시체의 반경(cm), $2c$: 변형게이지의 검사길이(cm), φ : 평균응력의 환산계수

게이지 검사 길이는 일반적으로 굵은 골재의 최대치수의 2배 정도로 하는 것이 바람직하다. 지금 직경 $d=15cm$의 공시체에 검사길이 $2c=30mm$ 및 $60mm$의 게이지를 첨부한 경우, 식(9-5)에서 $\varphi=0.95$ 및 0.82가 된다. $d=10cm$의 경우는 각각 $\varphi=0.89$ 및 0.57이 되며, 인장응력을 $\sigma_t = 2P/\pi dl$로 하여 계산하면 오차가 상당히 커지는 것을 알 수 있다. 인장영계수의 측정은 가급적 축인장시험에 의하는 것이 바람직하다.

4) 동탄성계수의 시험은 KS F 2437「공명진동에 의한 콘크리트의 동탄성계수, 동전단탄성계수 및 동포아슨비 시험방법」에 의한다.

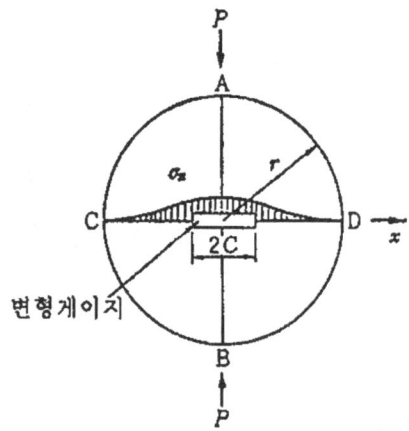

그림 9-9 CD축에 수평인장응력의 분포

3. 내구성 시험

1) 동결융해시험

동결융해시험은 KS F 2560 「콘크리트용 화학혼화제」의 부속서에 규정되어 있는 「콘크리트의 동결융해시험방법」(ASTMC 666 A 빔 「콘크리트의 수중 급속 동결융해시험방법」에 준한 것)에 의한다. 이 시험을 구조물이 실제로 받는 기상작용과 떨어진 극히 가혹한 조건에서 실시하기 때문에 AE제 등의 효과를 판정하는 시험으로서는 충분히 필요가 있으나 실 구조물의 내구성의 평가는 어렵다. 현재 콘크리트 구조물의 내구성 설계법의 확립의 입장에서 이 시험의 결과와 구조물의 콘크리트 경련변화와의 관계가 검토되고 있다.

2) 화학저항성시험

콘크리트의 화학저항성 시험방법은 아직 KS화 되어 있지 않다. 산(酸) 또는 염류용액에의 침지에 의한 콘크리트의 열화상황의 평가는 전자의 경우 주로 외관관찰, 질량변화에 의하는 것이 적당하다. 후자의 경우는 외관, 동탄성계수, 강도 등에 의하는 것이 적당하며 특히 황산염의 경우는 길이변화, 염산염의 경우는 포로시미터에 의한 세공용적(細孔容積)의 증가가 지표가 된다.

4. 수밀성 시험

1) 콘크리트의 수밀성시험 방법

아직 KS화되어 있지 않으나 가압투과법, 가압침투법, 모관침투법 등이 이용되고 있다.

2) 가압투과법(아우트푸트법)

원주공시체의 측면을 수밀하게 유지하여 일단면에서 물을 압입하여 다른 단면에 유출시키는(그림 9-10 참조) 유입량과 유출량이 거의 같게 되었을 때, 또는 유출량이 거의 일정하게 되었을 때(정상류)의 유량을 써서 다음 식에 투수계수를 계산한다.

$$k = \frac{QL}{AH} \tag{9-6}$$

여기서, k : 투수계수(cm/S), Q : 유량(cm/s), A 및 L : 공시체의 단면적(cm^2) 및 길이(cm), H : 수두(cm)

그림 9-11에 유량곡선의 한 예를 표시한다. 유입량과 유출량이 거의 같으며, 정상상태

가 될 때까지의 보통 장시일을 요한다.

3) 가압침투법(인푸트법)

그림 9-10의 장치를 이용하여 양생 종료후 약 일주간 기건상태로 한 원주공시체의 측면을 수밀하게 유지하여 일단면에서 소정시간(통상 48시간 해도 좋다) 물을 압입한다.

공시체를 직경방향으로 나눈 물의 평균침투깊이 D_m을 측정하여 다음 식에서 콘크리트속 물의 확산계수를 계산한다.

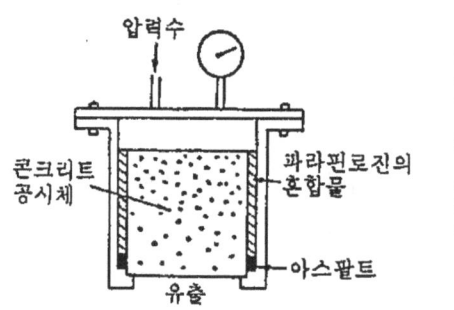

그림 9-10 투수시험 장치

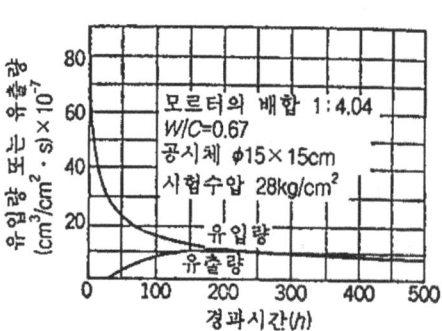

그림 9-11 유량곡선의 일례
(미국개척국 콘크리트 매뉴얼)

$$\beta_i^2 = \alpha \frac{D_m^2}{4t\xi^2} \tag{9-7}$$

여기서, β_i^2 : 초기확산계수(cm²/s), D_m : 평균침투깊이(cm), t : 수압을 가한 시간(s),
α 및 ξ : 각각 수압을 가한 시간 및 수압의 크기에 관한 계수로 표시하였다.

4) 모관침투 시험

각주 공시체를 양생 종료 후 2주간 45℃로 건조하여 항상 습윤으로 유지한 흡수매트 상에 세운다. 3, 6, 12, 24 및 48시간 후에 있어서 물의 침투높이를 고주파 수분계를 이용하여 측정하고 다음 식에서 모관 침투계수 및 최종 침투높이를 산정한다.

차분화된 유속

$$U_i = \left\{ \left(\frac{Z_i - Z_{i-1}}{t_i - t_{i-1}} \right) + \left(\frac{Z_{i+1} - Z_i}{t_{i+1} - t_i} \right) \right\} \frac{1}{2} \tag{9-8}$$

$$Z_e - \frac{\varepsilon}{K_c} \ Z_i U_i - Z_i = 0 \tag{9-9}$$

여기서, U_i : 차분화된 유속(cm/s), t_i : 및 Z_i : i번째의 측정시까지의 경과시간(s), 및 침투높이(cm), Z_e : 최종침투높이(cm), K_c : 모관침투계수(cm/s), ε : 공시체의 공극률

3~48시간까지 5회의 측정을 실시하면 식(9-8)에서 3조의 U_i가 얻어지므로 식(9-9)를 이용하여 최소자승법을 적용하여 K_c 및 Z_e가 구해진다.

5. 투기성 시험

압력에 따른 투기시험장치의 예를 그림 9-12에 표시한다. 각주 또는 원주 공시체를 기건으로 하고 측면을 수지 등으로 실험하여 투기시험에 제공한다. 공시체 내의 압력분포는 그림 9-13에 표시한 바와 같이 이론적으로 실험적으로도 곡선상이 되며, 투기계수는 다음 식에서 계산된다.

$$K_a = \frac{2lP_2\gamma}{P_1^2 - P_2^2} \frac{Q}{A} \tag{9-10}$$

여기서, K_a : 투기계수(cm/s), Q : 투기량(cm³/s), A : 투기면적(cm²), l : 공시체의 길이(cm), P_1 : 압력(g/cm²), P_2 : 대기압(g/cm²), γ : 공기의 단위용적질량(g/cm³)

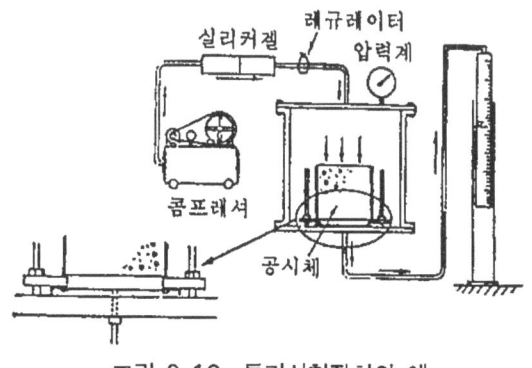

그림 9-12 투기시험장치의 예

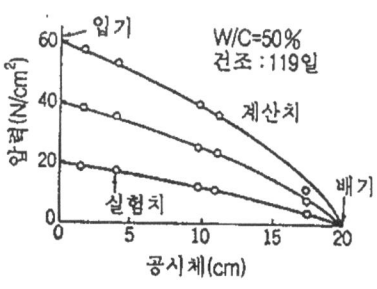

그림 9-13 공시체내의 압력분포

【연습문제】

제 64 장 재료의 시험

다음 기술 내용의 적정 여부를 판단하고, 물음에 답하시오.

(1) 반응성 골재가 의심이 가는 경우에는 사용 전에 JIS A 5308 「레디믹스트콘크리트」의 부속서에 규정되어 있는 「화학법」 및 「모르터법」에 의해 사용의 가부를 검토할 필요가 있다.

(2) 콘크리트용 고로슬래그 미분말의 품질시험 및 규격치는 KS에 규정되어 있다.

(3) 철근의 내피로성은 일반적으로 2×10^6회 또는 1×10^7회의 피로강도로 나타낸다.

(4) 휨모멘트를 받는 부재의 인장철근의 피로강도는 양진 휨 피로시험에 의해 구하지 않으면 안된다.

제 65 장 굳지 않은 콘크리트의 시험

다음 기술 내용의 적정 여부를 판단하고, 물음에 답하시오.

(1) 슬럼프시험은 연속체로서 콘크리트의 변형 측정이 되므로 콘 인상후 콘크리트가 균열된다든지 붕괴된 경우는 슬럼프치의 의미가 없다.

(2) 굳지 않은 콘크리트의 유동, 변형에 관한 물성치는 묽은 비빔콘크리트의 경우 소성점도와 항복치, 된비빔 콘크리트의 경우 내부마찰각과 점착력이 생긴다.

(3) 공기실 압력법은 규격화되어 있는 콘크리트의 공기량시험 중에서 시험조작이 간단한데다 측정정밀도가 가장 높으나 다공질 골재를 이용한 콘크리트에는 적용되지 않는다.

(4) 콘크리트의 응결시간의 시험으로서, 외국에서는 프록터 관입저항시험 등이 있으나 아직 규격화된 시험방법은 아니다.

제 66 장 경화 콘크리트의 시험

다음 기술 내용의 적정 여부를 판단하고, 물음에 답하시오.

(1) 콘크리트의 강도시험중 KS화 되어 있지 않은 것이 압축강도, 인장강도 및 휨강도 시험방법의 3종이다.

(2) KS F 2423의 인장강도시험 방법에 의해 콘크리트의 인장영계수를 구하는 경우 공시체 끝면의 수평직경에 따라 가급적 긴 검사길이의 변형 게이지를 첨부할 필요가 있다. 단, 인장응력은 KS에 따라 $\sigma_t = 2\rho/\pi dl$ (ρ : 하중, d 및 l : 공시체의 직경 및 길이)로 계산한다.

(3) 황산염 용액에 침지한 콘크리트의 화학저항성을 평가하는 데는 외관, 동탄성계수,

팽창율, 강도 등의 경시변화가 좋은 지표가 된다.

(4) 콘크리트 속에 물 또는 공기를 가압투과 시킨 경우 콘크리트 내의 압력분포는 물의 경우는 선형, 공기의 경우는 곡선형이 된다.

제 10 편 구조설계

제67장 철근콘크리트의 각종 설계법
제68장 허용 응력도 설계법
제69장 극한강도 설계법
제70장 한계상태 설계법
제71장 철근의 배치법

구조물은 그 목적에 적합하고 안전하며 또한 경제적이어야 한다. 그러므로 구조설계자는 공인된 이론, 실험결과 및 과거의 경험을 토대로 하여 구조물이 받는 각종 하중, 온도변화, 기상작용, 지진의 영향, 지반의 지지력 등에 맞도록 사용재료, 구조물의 형태, 재료의 강도 또는 허용응력, 구조세목 등을 정하여 설계해야 한다.

구조물의 설계에는 설계자의 경험과 학식에서 판단하지 않으면 안될 것이 많으므로 경험이나 학식이 풍부한 기술자가 설계에 종사해야 되며, 한편 철근콘크리트 구조물은 강구조물에 비하여 보강이나 개량이 곤란하므로 설계당초에 설계에 필요한 자료와 중요한 사항을 충분히 조사하여, 그 결과에 대하여 적절한 조치와 판단을 내려서 구조물의 사용 중에 부당한 균열이나 부등침하가 생기지 않도록 해야 한다.

따라서 이 조항에 규정한 여러 설계조건을 두루 생각하여 구조물의 형식을 정하고 적합한 재료의 강도 또는 허용응력, 구조세목 등을 정하여 내구적이고 경제적인 구조물을 설계하도록 노력해야 한다.

제 67 장 철근콘크리트의 각종 설계법

1. 철근콘크리트

1) 철근 콘크리트는 콘크리트 속에 철근을 묻어 양자가 일체가 되어 외력에 저항하도록 한 것이며, 원칙으로서 압축력은 콘크리트로 인장력은 철근에서 받지만 기둥과 같이 단면축소의 목적으로 압축력의 일부를 철근에서 부담시키는 경우도 있다.

2) 철근 콘크리트는 다음과 같은 소재간의 합리적인 복합작용에 의해 성립된다.
   ① 콘크리트와 철근의 열팽창계수는 거의 같다. 따라서 온도변화에 의해 양자사이에 어긋나는 응력은 생기지 않는다.(열팽창계수 : 콘크리트에 있어서 평균 1×10^{-5}, 철근 1.2×3^{-5})
   ② 시멘트의 수화에 의해 생기는 수산화칼슘 등의 알카리성에 의해 치밀한 콘크리트 속의 철근은 녹슬지 않는다.
   ③ 콘크리트와 철근과의 부착강도는 보통 부재에 생기는 부착응력에 비하여 아주 크다.

2. 설계법의 변천

1) 철근 콘크리트는 비탄성재료인 콘크리트와 항복점까지는 탄성거동을 하는 철근이 일체가 되어 외력에 저항하는 것이기 때문에 하중의 각 단계에 있어서 콘크리트 및 철

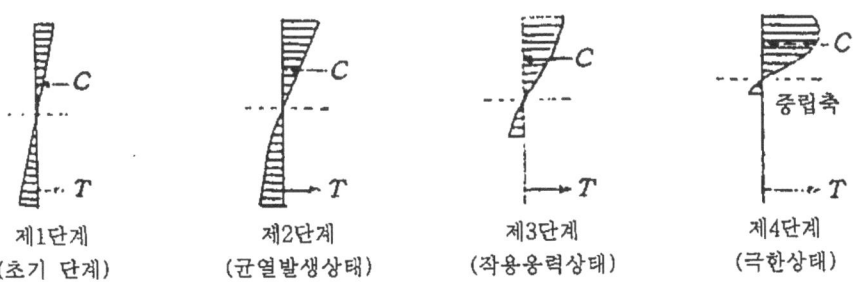

그림 10-1 철근 콘크리트 휨부재에 의한 콘크리트 응력 분포
(C : 콘크리트전압 축력, T : 철근전인장력)

근에 생기는 응력을 정확히 구하는 것은 대단히 어렵고, 실용설계에는 미숙하다. 그 때문에 오늘날까지 간이성과 안전성 그리고 합리성을 추구하며, 여러 가지의 설계법의 변천이 있었다.

2) 초기에 있어서는 콘크리트의 소성변형을 고려하여 빔의 압축측에 대한 콘크리트의 응력분포를 포물선이나 대형분포로서 계산을 실시하는 것이 시도되었다. 그러나 이 방법은 계산이 번잡하기 때문에 수학적인 단순화를 목적으로 하여 콘크리트 및 철근을 탄성체로 가정하고, 설계에 쓰이는 작용하중의 재하시에 의한 응력을 산정하여 허용응력도와 비교하는 허용응력설계법을 널리 이용하게 되었다. 현재에도 허용응력도 계산법이 보통 사용되고 있다.

3) 그림 10-1은 휨부재의 각 하중 단계에 있어서 콘크리트의 응력분포 등을 표시하였다. 허용응력도 설계법은 이 그림의 제3단계에 의거하고 있다. 그러나 극한시(제4단계)의 응력상태는 제3단계의 그것을 단순히 확대한 것이 아니라 중립축위치는 상승하고 압축응력분포도 삼각형에서 오히려 장방형에 가까운 분포로 변화되었다. 따라서 허용응력도 설계법에 의해 부재의 파괴시의 정보는 얻어지지 않았다. 그 때문에 제4단계의 응력상태에 준하여 부재의 파괴안전도를 확인할 수 있는 극한강도설계법이 개발되어 세계의 대다수의 나라들에서 채용하게 되었다. 도로교 시방서에서 허용응력도 설계법과 함께 규준화 되고 파괴에 대한 안전도의 검토가 실시되었다.

4) 한계상태 설계법은 1964년 유럽 콘크리트위원회에서 제창한 것으로 사용 한계상태(응력상태로서는 그림 10-1의 제3단계에 준함) 및 극한 한계상태(제4단계에 준함)에 대해, 전자는 변형이나 균열 등에 대해서 후자는 극한내력에 대해서 안전성을 확인하는 것이다. 또 허용응력도 설계법 및 극한강도설계법에서는 안전율은 각각 허용응력도 및 하중계수로서 다른 불확정 요소도 모두 포함한 대충의 것으로 되어 있으나, 한계상태 설계법에서는 하중에 대한 안전율, 재료강도에 대한 안전율, 구조해석수법의 불확실성에 대한 안전율, 부재의 치수오차에 대한 안전율 등으로 구분한 부분안전율을 설정하여 합리성을 높이게 되었다. 영국 규준에서는 이미 한계상태 설계법을 채용하였으며, 일본에서도 토목학회 시방서 1986년 편에 전면적으로 받아들였고, 점차로 이 설계법이 실용화된 것으로 생각된다.

3. 각종 설계법의 특징

1) 허용응력도 설계법

① 허용응력도 설계법은 설계에 쓰이는 하중에 대한 응력이 콘크리트나 철근도 그

림 10-2에 표시한 탄성역에 있다고 하기 때문에 탄성설계법이라고도 부르고 있다.

② 작용하중시에 있어서 콘크리트와 철근의 응력을 탄성이론에 의해 계산하고 재료강도를 안전율로 나누어 구한 허용응력도보다 작다는 것을 확인하였다. 따라서 이 방법에 의해 작용하중에 있어서 재료강도에 대한 안전성은 확인되었으나 그림 10-1에 표시한 바와 같이 작용응력시와 극한시에서는 콘크리트의 압축응력 분포가 전혀 다른데서 파괴 안전도는 확인되지 않는 결점이 있다.

③ 허용응력도 설계법은 탄성이론에 따르기 때문에 이론식의 유도가 극히 용이하고 명쾌하다. 그리고 허용응력도를 정하기 위한 안전율을 콘크리트에 대해서 약 3, 철근에 대해서 1.7~1.8 정도로 하고, 현장제조와 공장제품에 대한 신뢰도의 차이가 자연적으로 설계에 반영되도록 하고 또 부재의 파괴가 철근의 항복에 의해 일어나도록 배려하였다. 또 철근의 허용응력도는 강도 뿐 아니라, 유해한 균열이나 내피로성을 고려하여 정하도록 되었으며, 철근의 허용응력도를 적절하게 선정하는데 따라, 부재의 내구성이나 내피로성을 만족하도록 설계할 수가 있다.

2) 극한강도설계법(하중계수 설계법)

① 극한강도설계법은 재료의 비탄성적 성질, 즉 그림 10-2의 소성역을 고려한 응력상태(그림 10-1의 제4단계)에 준하므로 소성설계법이라고도 부른다.

② 적용하중에 하중계수를 곱하여 구한 하중의 설계용치를 써서 부재단면에 작용하는 단면력(휨모멘트, 축력, 전단력)을 계산하여, 이것이 그림 10-1의 제4단계에 준하여 계산한 단면내력보다 작다는 것을 확인한다. 하중계수는 사하중과 활하중에서 안전도를 바꾸는 합리성을 가졌으며, 하중계수를 도입에 따라 소요의 파괴안전도를 갖는 부재를 설계할 수 있으므로 이 방법을 하중계수설계법이라고도 부른다.

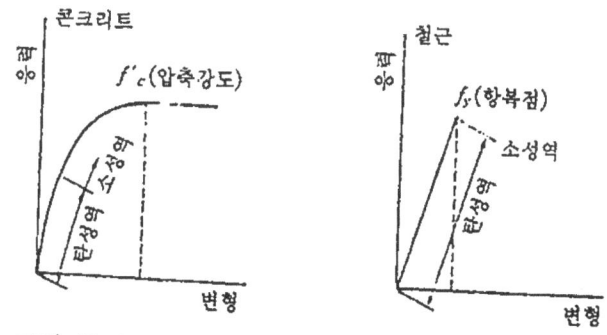

그림 10-2 콘크리트 및 철근의 모델화된 응력-변형선도

③ 극한강도설계법에 의해 부재의 극한내력을 구할 수는 있으나, 작용하중시의 정보는 전혀 입수되지 않았다. 따라서 변형이나 균열에 대한 안전성은 별도로 검토하지 않으면 안된다.

3) 한계상태 설계법

① 허용응력도 설계법에서는 작용응력상태에 대해서, 극한강도 설계법에서는 극한상태에 대해서, 각각 안전성을 검토하여 안전율은 전자의 경우 허용응력(재료강도의 설계용치)에 후자의 경우 하중의 설계용치에 포함시켰다. 이것에 대해 한계상태 설계법은, ㉮ 여러 가지의 한계상태에 대해서 안정성을 검토하고 ㉯ 안전율을 하중·재료강도, 계산방법 등에 세분화하여 소위 부분안전계수를 설정하는 것을 특징으로 한다.

② 한계상태로서 보통 극한한계상태, 사용한계상태 및 큰 하중의 되풀이를 받는 구조물의 경우, 피로한계상태를 고려한다. 피로한계상태는 극한한계상태의 일종이지만 재료가 탄성상태에서 돌연피로에 의한 취성파괴를 일으키기 때문에(그림 10-1의 제3단계가 종국시의 응력상태가 된다), 보통 극한 한계상태와는 별개로 취급한다. 극한 한계상태에 있어서는 내력에 대해서 안전성을 검토하고 사용한계상태에 있어서는 균열(내구성), 변형 등에 대해서 검토한다.

③ 부분 안전계수로서 하중계수 γ_f(극한강도 설계법에 대한 하중계수와는 별개의 것), 재료계수 γ_m(콘크리트와 철근에서 다른 값), 구조해석계수 γ_a(구조해석방법의 불확실성에 대한 안전계수), 부재계수 γ_b(단면내력의 계산방법의 불확실성이나 부재의 치수오차 등에 대한 안전계수) 및 구조물계수 γ_i(구조물의 중요도, 한계상태에 도달했을 때의 사회적 영향 등을 고려하기 위한 안전계수)를 생각한다. 또 허용응력도설계법에 있어서 허용응력도를 정하기 위한 안전율이나 극한강도설계법에 대한 하중계수는 상기의 안전계수 모두를 대충, 그 한 마무리로 한 것으로 생각해도 된다.

④ 한계상태 설계법에 있어서는 하중 및 재료강도에 대해 특성치를 이용한다. 하중작용의 특성치란 구조물의 공사 중 및 내용기간 중 통계적으로 그 값을 웃도는 것은 거의 없다고 생각되는 하중의 크기를 말하며, 재료강도의 특성치는 통계적인 그 값을 밑도는 것은 거의 없다고 생각되는 재료강도의 크기를 말한다. 따라서 하중작용 및 재료강도의 설계용치는 다음과 같다.

하중작용의 설계용치 = (하중작용의 특성치) × (하중계수)
재료강도의 설계용치 = (재료강도의 특성치) ÷ (재료계수)

따라서, 극한 한계상태에 대해서는 재료강도의 설계용치를 이용하여 구한 단면내력을 부재계수를 나눈 것과 하중작용의 설계용치를 이용하여 구한 단면력에 구조해석계수를 곱한 것을 비교하여 안전도를 검토한다.

표 10-1은 각종 설계법의 특징을 일람으로 하여 표시한 것이다.

표 10-1 각종 설계법의 특징

설계법	하 중	재료강도	재료의 역학상태
허용응력도 설계법	작용하중 [항시 지진시]	허용응력도 콘크리트 : (설계기준강도)/(안전율) 철 근 : (항복점)/(안전율)	콘크리트 철근 } 탄성역
극한강도 설계법	(작용하중)×(하중계수)	콘크리트 : 설계기준강도 철근 : 항복점	콘크리트 : 소성역 철근 : 소성(또는 탄성역)
한계상태 설계법	(하중작용 특성치)×(하중계수)×(하중조합계수)	(재료강도의 특성치)/(재료계수)	극한한계상태 : 극한강도설계법과 같음 사용한계상태 : 허용응력도 설계법과 같음 피로한계상태 : 콘크리트, 철근과의 탄성역

* 구조물 또는 부재에 변경 또는 응력을 일으키는 모든 작용으로 건조수축, 온도변화 프리스트레스 등을 포함하는 용어.

제 68 장 허용 응력도 설계법

1. 계산상의 가정

1) 응력계산상의 주요한 가정으로서 다음 3항을 두고 있다.
   ① 변형은 중립축에서의 거리에 비례한다.(평면유지의 법칙)
   ② 콘크리트 및 철근의 영계수는 일정하다.
   ③ 콘크리트의 인장응력은 무시한다.

2) ①의 가정은 단면은 부재의 휨변형후도 평면이라는 것을 가리키며 이 가정은 사실에 극히 가깝다. 변형도로 나타내면 그림 10-3이 되며, 변형의 변화는 직선적이 된다. 지금, 중립축에서의 거리 y에 대한 변형률 ε_y, 압축응력을 σ_y로 하면, ②의 가정도 겸하여,

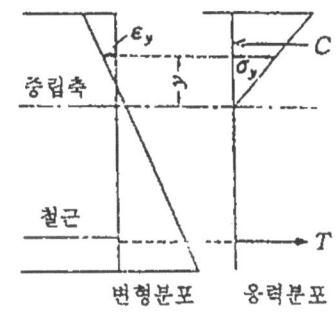

그림 10-3 단면의 변형 및 응력분포

$$\sigma_y = E_c \cdot \varepsilon_y = E_c \cdot k \cdot y = K \cdot y \tag{10-1}$$

여기서, E_c : 콘크리트의 영계수 k, K : 정수

식(10-1)에서 콘크리트의 압축응력은 중립축에서 거리에 비례하며 그림 10-3과 같이 삼각형분포가 된다. ③의 가정을 가하면 인장력은 모두 철근으로 부담하게 되므로 계산상 근거되는 단면의 응력상태는 그림 10-3이 된다.

3) 콘크리트의 영계수 $E_c = 1.4 \times 10^5 \text{kg/cm}^2$, 철근의 영계수 $E_s = 2.1 \times 10^6 \text{kg/cm}^2$로 가정한다. 철근의 영계수는 실정에 가까우나 콘크리트의 영계수는 압축강도의 1000배 정도이므로 초기의 시대에 대한 $100 \sim 120 \text{kgf/cm}^2$의 저강도의 콘크리트에 대해서는 적당하나 현재 사용되고 있는 콘크리트에 있어서는 대단히 작다. 그러나 그림 10-4에 표시한 바와 같이 콘크리트의 영계수를 변화시켜서 식(10-5) 및 식(10-7)에서 계산되는 철근의 인장응력은 거의 변화되지 않고 또 안전측의 계산이 되므로 (콘크리트의 압축응력은 약간 변화된다) 모든 강도의 콘크리트에 대해서 $E_c = 1.4 \times 10^5 \text{kg/cm}^2$로 하고, 영계수비 $n = E_s/E_c = 15$의 일정치로 한다.

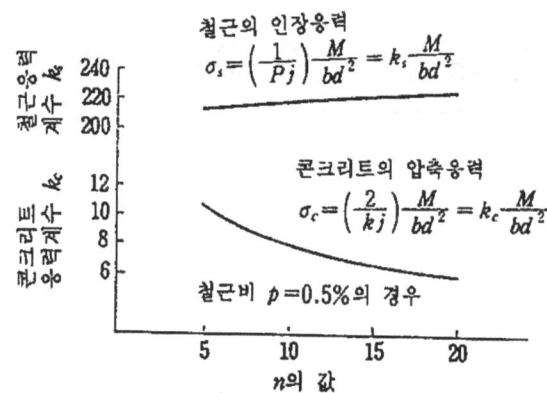

그림 10-4 n의 변화가 철근의 인장응력 및 콘크리트의 압축응력에 미치는 영향

2. 휨응력의 계산

가장 간단한 단철근 장방형단면(인장철근만 배치한 것으로)에 대해서 기술한다. 응력계산은 단면에 작용하는 힘의 균형조건과 변형의 접합조건에 의거하여 실시한다. 그림 10-5에 있어서 단면에 있어서 단면에 작용하는 수평방향의 힘의 균형식

$$C - T = 0 \quad [\text{힘의 균형조건}] \tag{10-2}$$

여기서, C : 콘크리트의 전압축응력(kg), T : 철근의 전인장응력(kg)

$$C = \frac{bx}{2}\sigma_c, \quad T = A_s \sigma_s = A_s \frac{d-x}{x} n\sigma_c$$

$$\left(\because \frac{\varepsilon_s}{\varepsilon_c} = \frac{\sigma_s/E_s}{\sigma_c/E_c} = \frac{\sigma_s}{n\sigma_c} = \frac{d-x}{x} \quad : \text{변형의 적합조건} \right)$$

을 식(10-2)에 대입하여,

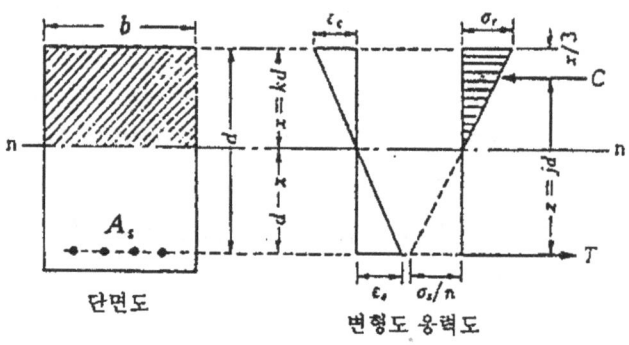

그림 10-5 단면변형 및 응력도

$$\frac{bx^2}{2} - nA_s(d-x) = 0 \tag{10-3}$$

중립축위치 $x = \frac{nA_s}{b}\left(-1 + \sqrt{1 + \frac{2bd}{nA_s}}\right)$ (10-4)

여기서, b 및 d : 단면의 폭(cm) 및 유효높이(cm), x : 상연에서 중립축까지의 거리 (cm), A_s : 철근의 총단면적(cm^2), σ_c 및 σ_s : 콘크리트 및 철근의 응력(kg/cm^2), n : 영계수비($n = E_s/E_c$)

$x = kd$(k : 중립축 위치계수), 철근비 $p = A_s/bd$를 이용하여 식 10-4를 다시 쓰면,

$$k = \sqrt{2np + (np)^2} - np \tag{10-5}$$

응력모멘트의 암(arm)길이 $Z = jd$로 쓰면,

$$j = 1 - \frac{k}{3} \tag{10-6}$$

$$\left.\begin{array}{l} M = C_z\text{에서},\ \sigma_c = 2M/k_jbd^2 \\ M = T_z\text{에서},\ \sigma_s = M/p_jbd^2 \end{array}\right\} \tag{10-7}$$

여기서, M : 휨모멘트(kg · cm^2)

표 10-2 k 및 j의 값

P	k	j	P	k	j	P	k	j
0.0050	0.319	0.894	0.0070	0.365	0.878	0.0090	0.402	0.866
52	0.325	0.892	72	0.369	0.877	92	0.405	0.865
54	0.330	0.890	74	0.373	0.876	94	0.409	0.864
56	0.334	0.889	76	0.377	0.874	96	0.412	0.863
58	0.339	0.887	78	0.381	0.873	98	0.415	0.863
0.0060	0.344	0.885	0.0080	0.384	0.872	0.0100	0.418	0.861
62	0.348	0.884	82	0.388	0.821	102	0.421	0.860
64	0.353	0.882	84	0.392	0.869	104	0.424	0.859
66	0.357	0.881	86	0.395	0.869	106	0.427	0.858
68	0.361	0.880	88	0.399	0.867	108	0.430	0.857

식(10-5) 및 식(10-6)을 쓰며, 여러 가지의 p에 대해서 사전에 k, j를 계산해 둘 수가 있다(표 10-2 참조). 또 $j \fallingdotseq 7/8$이 되므로 철근의 응력은 근사적으로 다음 식에서 계산해도 된다.

$$\sigma_s = \frac{M}{A_s \frac{7}{8} d} \tag{10-8}$$

계산의 결과 $\sigma_c \leq \sigma_{ca}$, $\sigma_s \leq \sigma_{sa}$라는 것을 확인하면 된다. 그러므로 σ_{ca} 및 σ_{sa}는 콘크리트 및 철근의 허용응력도로 각각 표 10-3 및 표 10-4에 의한다.

표 10-3 콘크리트의 허용휨압축응력 σ_{ca}(kgf/cm^2)

항 목	설계기준강도 f'_{ck} (kgf/cm^2)			
	180	240	300	400
허용휨압축응력도	70	90	110	140

표 10-4 철근의 허용인장응력 σ_{sa}(kgf/cm^2)

철근의 종류	SR24	SR30	SD30A,B	SD35	SD40
(a) 일반적인 경우의 허용인장응력	1400	1600(1500)	1800	2000	2100
(b) 피로강도에서 정하는 허용인장응력도	1400	1600(1500)	1600	1800	1800
(c) 항복강도에서 정하는 허용인장응력도	1400	1800	1800	2000	2200

주 : ( )내는 경량골재 콘크리트에 대한 값

또, 빔의 단면 및 콘크리트와 철근의 재질을 알고 있으면, 허용휨모멘트 M_a를 다음 식 중 어느 것인가 작은 값으로서 산정할 수가 있다.

$$\left. \begin{array}{l} Ma = k\dot{\gamma}bd^2\sigma_{ca}/2 \\ Ma = \dot{p}\dot{\gamma}bd^2\sigma_{sa} \end{array} \right\} \quad (10\text{-}9)$$

3. 전단응력 및 부착응력의 계산

1) 전단응력

① 휨모멘트를 받는 빔에 있어서 그림 10-6에 표시한 바와 같이 미소거리 dl 만 떨어진 2단면 I, II를 생각한다. 지금 I, II단면에 끼워져서 중립축에서 임의의 거리 v위치의 수평면에서 위쪽의 콘크리트블럭(헌치부)에 작용하는 힘의 균형을 생각한다. 왼쪽에서 $v \sim x$간의 전압축응력 C_v, 좌우에서 $C_v + dC_v$가 작용하며, 이것들의 차와 수평면에 작용하는 전단응력 τ_v가 균형되어 있다.

$$\tau_v bdl = dC_v \quad (10\text{-}10)$$

v가 작을수록 (중립축에 가까울수록) dC_v는 증대되고, 중립축 이하에서는 콘크리트의 인장응력을 무시하기 때문에 dC_v는 dC(중립축에서 위쪽 콘크리트의 전압축응력의 차)가 된다. 따라서 장방형 단면에 있어서 전단응력의 분포는 그림

10-6에 표시한 바와 같이 상연에서 중립축까지 점차로 증가되어 중립축 및 그 이하에 있어서 최대치가 된다.

② 전단응력의 계산목적은 4.에 기술한 바와 같이 사면인장응력의 크기를 판단하는 일이므로 단면에 대한 최대전단응력 τ(중립축위치의 전단응력)를 알면 좋다.

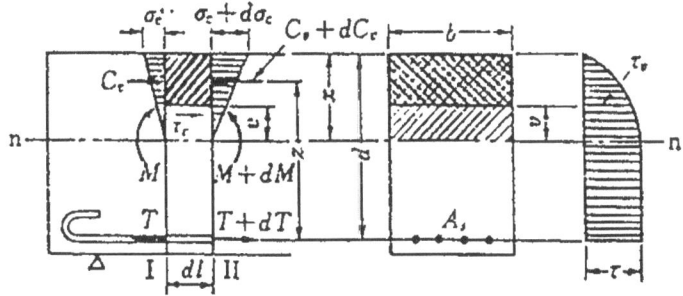

그림 10-6 전단응력 및 부착응력을 구하는 경우의 힘의 균형과 전단응력분포도

표 10-5 허용전단응력도(kgf/cm²)

항 목		설계기준강도 f'_{ck}(kgf/cm²)			
		180	240	300	400 이상
사면인장철근의 계산을 하지 않는 경우 τ_{a1}	보의 경우	4	4.5	5	5.5
	슬래브의 경우	8	9	10	11
사면인장철근의 계산을 하는 경우 τ_{a2}	전단력만의 경우	18	20	22	24

1) 압발전단에 대한 값이다.
2) 비틀림을 고려하는 경우에는 이 값을 할증해도 좋다.

$$\tau = \frac{dC}{bdl} = \frac{1}{bz} = \frac{dM}{dl} = \frac{V}{bz} = \frac{V}{bjd} \tag{10-11}$$

여기서, τ : 중립축에 대한 전단응력(kgf/cm²), d_c 및 dM : 2단면간의 콘크리트의 전 압축응력의 차(kg) 및 휨모멘트의 차(kg/cm), V : 전단력(kg)

식(10-11)으로 계산한 전단응력이 표 10-5에 표시한 허용전단응력도 τ_{a1} 이하라면, 계산상 전단보강의 필요는 없으나 τ_{a1}을 초과하여 τ_{a2} 이하의 경우는 4에 따라 사면인 장철근을 배치한다.

2) 압발(눌러빼기) 전단응력

슬래브의 경우는 폭이 넓은 빔으로 1)에 표시한 방법으로 휨전단응력을 검토하는 동시에 집중하중에 대해 다음 식을 이용하는 압발전단응력에 대해서도 검토를 실시한다.

$$\tau_p = \frac{P}{Upd} \tag{10-12}$$

여기서, τ_p : 압발전단응력(kgf/cm²), P : 집중하중(kg), U_p : 설계단면의 둘레 길이로 하중은 재하면에서 45°의 범위에 확대분포되는 것으로서, 깊이 $d/2$의 위치에서 둘레길이를 산정한다.(cm), d : 슬래브의 유효높이(cm)

허용압발전단응력도도 표 10-5 「슬래브의 경우」에 표시되어 있다.

3) 부착응력

그림 10-6의 dl 구간의 인장철근에 작용하는 인장력의 차 dT와 철근주위에 작용하는 부착응력 τ_0이 균형되어 있다.

균형식 $\tau_0 U dl = dT$ \hfill (10-13)

$$\tau_0 = \frac{dT}{Udl} = \frac{1}{U_z} \cdot \frac{dM}{dl} = \frac{V}{U_z} = \frac{V}{Ujd} \tag{10-14}$$

단, 절곡철근 및 스터럽을 이용하여 전단력을 받는 경우는 전단력을 $V/2$로 해도 좋다.
여기서, U : 철근의 둘레길이(cm)

식(10-14)에서 계산한 부착응력이 표 10-6에 표시하는 허용부착응력보다 작은 것을 확인한다.

표 10-6 허용부착응력(kgf/cm²)

	설계기준강도 f'_{ck}(kgf/cm²)			
	180	200	300	400 이상
원 형 강	7	8	9	10
이형철근	14	16	18	20

4. 사면인장철근의 배치

1) 사면인장응력

① 탄성빔의 내부에는 전단응력과 축방향응력의 합성에 의한 주응력(사면인장응력으로 이것에 직교되는 사면압축응력)이 생긴다.(그림 10-7 참조) 이중사면인장응력의 크기 및 방향은 다음 식으로 나타낸다.

$$\left.\begin{array}{l}\sigma_1 = \dfrac{\sigma}{2} + \sqrt{\dfrac{\sigma^2}{4} + \tau^2} \\ \tan 2\theta = 2\tau/\sigma \end{array}\right\} \qquad (10\text{-}15)$$

여기서, σ_1 : 사면인장응력(kgf/cm^2), σ : 인장응력(kgf/cm^2), τ : 전단응력(kgf/cm^2),
θ : 사면인장응력이 생기는 면(주응력면)이 빔의 축선을 이루는 각(rad).

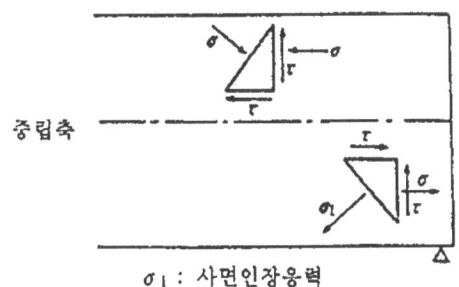

σ_1 : 사면인장응력
σ_2 : 사면압축응력

그림 10-7 σ와 τ의 합성에 의한 주응력

그림 10-8은 등분포하중을 받는 단순지지의 탄성빔내의 주응력의 방향선을 표시한다. 받침부근에는 $\sigma \fallingdotseq 0$이므로, 식(10-15)에서 $\sigma_1 = \tau$, $\theta = 45°$이다. 사실상 철근 콘크리트 빔에 있어서는 그림 10-9에 표시한 바와 같이 받침가까이에서 전단력이 큰 영역에 사면균열이 발생한다. 이것에 대응하는 사면인장철근의 산정에 필요한 사면인장응력의 크기를 판단하는데 중립축에 대한 전단응력을 이용하는 것이다.

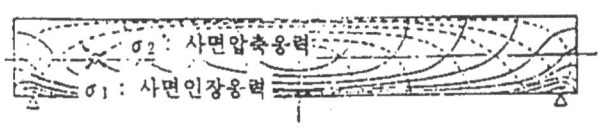

그림 10-8 탄성빔의 주응력선

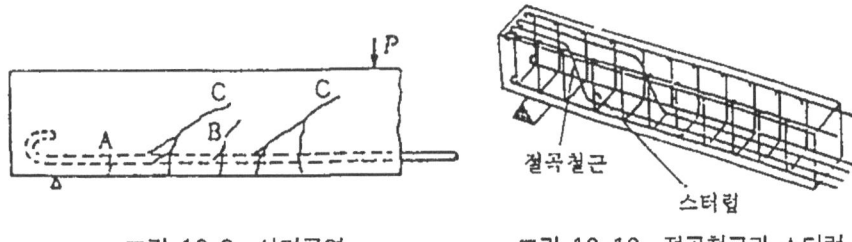

그림 10-9 사면균열   그림 10-10 절곡철근과 스터럽

2) 사면인장철근

① 사면인장철근(복철근이라고도 함)에는 절곡철근과 스터럽이 있다. 전자는 받침부 근에서 휨모멘트에 대해 여유가 생긴 축인장철근을 구부려서 사면인장응력에 저항시키는 것으로 후자는 연직 또는 이것에 가까운 방향으로 배치하는 철근이며 (그림 10-10 참조), 양자를 병용하는 경우가 많다. 빔으로는 압축측과 인장측의 연결을 확실히 하기 위해 스터럽을 반드시 배치한다.

② 복철근을 배치해도 사면균열의 발생시기를 다소 지연시킬 수는 있으나 발생을 막을 수는 없다. 그러나 사면균열발생 후는 사면인장응력의 대부분을 복철근으로 부담하고, 전단파괴에 대한 안전성을 유지한다. 단 내구성 등의 견지에서 설계하중 하에서는 사면균열은 발생치 않도록 배려되고 있다. 즉 τ가 τ_{az}(표 10-5에 표시한 것처럼 f'_{ck}의 1/10~1/16으로 인장강도에 상당한다)를 초과한 경우는 τ_{az} 이하가 되도록 단면을 변경한다.

③ 복철근의 설계는 일반적으로 트러스 이론에 의한다. 즉 빔의 압축측 콘크리트를 상현재, 축인장철근을 하현재로 생각하고 절곡철근은 사면균열간의 콘크리트를 압축경사재로 생각한 워어런트러스(Warren truss)의 인장경사재로서 작용(실제로는 절곡철근을 d 이하의 간격에 배치하므로 래티스트러스(lattice truss)가 된다), 스터럽은 하우트러스(Howe truss)의 인장연직재로서 작용하는 것으로 생각한다.(그림 10-11 참조)

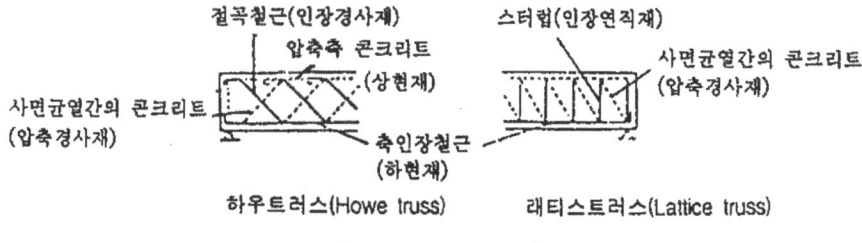

그림 10-11 트러스이론

④ 전단응력이 τ_{a1}을 초과하는 범위로 계산상 복철근을 배치하고, 그 단면적은 다음 식에서 계산되는 값 이상으로 한다.

$$\text{스터럽} \quad A_w = \frac{V_s \cdot s}{\sigma_{sa} j d} \tag{10-16}$$

$$\text{절곡철근} \quad A_b = \frac{V_b \cdot s}{\sigma_{sa} j d (\sin \alpha_b + \cos \alpha_b)} \tag{10-17}$$

여기서, A_w 및 A_b : 구간 s에 있어서 스터럽 및 절곡철근의 단면적(cm^2), s : 스터럽 또는 절곡철근의 부재축방향의 간격(cm)으로, 보통 전자에 대해 $d/2$ 이하, 후자에 대해 $d(1+\cot \alpha_b)/2$ 이하로 한다. α_b : 절곡철근이 부재축이 되는 각, $\alpha_b = 45°$의 경우, $\sin \alpha_b = \cos \alpha_b = 1/\sqrt{2}$, V_s 및 V_b : 스터럽 및 절곡철근이 받는 전단력(kg)으로, $V_c + V_s + V_b > V$(전 전단력)로 한다. V_c는 콘크리트에서 부담되는 전단력으로 안전을 위해 $V_c = \frac{1}{2} \tau_{a1} b j d$로 한다. 또 스터럽과 절곡철근을 병용하는 경우, $V_s \geq V_b$가 되도록 설치한다. 복철근은 안전을 위해 (τ_{a1}을 초과하는 범위)$+d$의 구간에 배치한다.

5. 허용응력도의 할증

특별한 하중을 받는 경우는 경제성을 고려하여 콘크리트 및 철근의 허용응력도를 다음과 같이 할증하는 수가 있다.
  ① 온도변화, 건조수축을 생각하는 경우 1.15배까지
  ② 지진의 영향을 고려하는 경우 1.5배까지
  ③ 온도변화, 건조수축 및 지진의 영향을 고려하는 경우 1.65배까지
  ④ 일시적 하중(공사용 차량 등에 의함), 또는 극히 드문 하중을 생각하는 경우, 콘크리트는 2배까지 철근의 1.65배까지

제 69 장 극한강도 설계법

1. 일 반

 미국 콘크리트학회기준(ACI 기준) 및 「도로교 시방서」에 표시되어 있는 방법을 중심으로 하여 기술한다. 전자에서는 구조물 또는 부재의 설계전반을 극한강도설계법에 의해 실시하게 되어 있으나 후자에서는 설계는 허용응력도 설계법에 의해 파괴 안전도의 조사를 극한강도설계법에 의해 실시되었다.

2. 휨모멘트를 받는 철근콘크리트 빔의 파괴의 형식

  1) 파괴의 형식은 다음의 3가지가 있다.
     형식 I : 최대 휨모멘트가 생기는 단면부근(단순지지인 경우 지간중앙부)에 있어서 인장철근의 항복에 의한다.
     형식 II : 최대 휨모멘트가 생기는 단면부근에 있어서 압축측 콘크리트의 압지에 의한다.
     형식 III : 최대 전단력이 생기는 단면부근(받침부)에 있어서 사면인장 파괴에 의한다.

  2) 철근콘크리트 빔의 휨파괴시에 있어서 콘크리트 및 철근의 응력상태는 다음과 같다.
     ① 형식 I에서는 인장철근의 응력은 항복점에 도달하기 때문에 철근의 변형은 크게 증대하고 휨균열폭이 확대된다. 그 때문에 중립축이 상승하고 콘크리트의 압축측 면적이 급격히 감소되기 때문에 콘크리트가 압궤(壓潰)되어 빔의 파괴가 된다. 따라서, 이 경우에는 인장철근의 응력은 항복점과 같고 압축연의 콘크리트응력은 압축강도와 비등하다고 생각된다.
     ② 형식 II에서는 인장철근이 아직 항복되지 않은 중에 압축측 콘크리트가 壓潰되므로 빔의 파괴시 인장철근의 응력은 탄성역에 있으며 콘크리트의 응력은 압축강도와 같다고 생각된다.

③ 빔의 휨파괴시 재료의 응력은 다음과 같이 나타내며, 형식 I, 형식 II 중 어느 경우에도 압축연의 콘크리트응력은 압축강도와 같으므로,

$$\left.\begin{array}{ll} \text{형식 I} & \sigma_s = f_y \quad \sigma_c = f'_c \\ \text{형식 II} & \sigma_s < f_y \quad \sigma_c = f'_c \end{array}\right\} \quad (10\text{-}18)$$

여기서, σ_s 및 σ_c : 인장철근 및 압축연 콘크리트의 응력(kgf/cm^2),
f_{sy} : 철근의 항복점(kgf/cm^2),
f'_c : 콘크리트의 압축강도(kgf/cm^2)

형식 II의 파괴는 빔의 변형이 별로 진행되지 않은 중에 돌연 발생하는 취성적인 파괴이므로, 또 콘크리트강도는 시공조건에 따라 폭이 있으며 안정성이 부족하다. 따라서 형식 II에 의한 파괴는 가급적 피하며 보통인장철근의 항복이 선행되도록 설계하는 것이 좋다.

3. 계산상의 가정

계산상의 가정은 다음과 같다.
① 변형은 중립축에서의 거리에 비례한다.
② 철근의 응력은 항복점에 도달한 후는 변형에 관계없이 일정하다.(철근의 응력-변형선도는 제10편 제1장, 그림 10-2 참조)

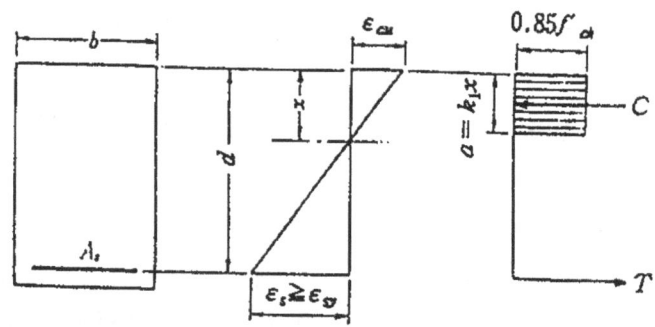

그림 10-12 단철근 장방형단면의 극한 휨모멘트 작용시의 변형 및 응력분포

③ 압축콘크리트의 응력분포는 일반적인 단면(장방형 단면이나 T형 단면)의 경우는 장방형 분포로 하고(그림 10-12), 압축응력의 크기는 0.85 f'_{ck}로 한다.(f'_{ck} : 콘크리트의 설계기준강도)
④ 콘크리트의 최대휨 압축변형은 0.003(ACI기준) 또는 0.0035(도로교시방서)로 한다.

⑤ 콘크리트의 인장응력은 무시한다.

4. 극한 휨모멘트의 계산

1) 단철근 장방형 단면의 극한시의 저항 휨모멘트는 그림 10-12를 참조하여 다음과 같이 계산한다.

$$\left.\begin{array}{ll}\text{콘크리트의 전압축응력} & C=0.85f'_{ck}ab \\ \text{철근의 전인장응력} & T=A_sf_y=pbdf_y \end{array}\right\} \quad (10\text{-}19)$$

여기서, a : 콘크리트의 압축응력 블록의 높이(cm), f_y : 철근의 항복점(kgf/cm²),
  p : 철근비

$C=T$에서

$$a = \frac{A_sf_y}{0.85f'_{ck}b} = 1.18p\frac{f_y}{f'_{ck}}d \quad (10\text{-}20)$$

$$M_u = A_sf_y\left(d-\frac{a}{2}\right) = bd^2pf_y\left(1-0.59p\frac{f_y}{f'_{ck}}\right) \quad (10\text{-}21)$$

여기서, M_u : 극한 휨모멘트(kg·cm)

식(10-21)에서 계산되는 극한 휨모멘트가 하중계수(6절 참조)를 고려하여 정한 하중의 설계용치를 써서 구한 최대 휨모멘트보다 큰 것을 확인한다. 또 식(10-21)에 있어서 $pf_y | f'_{ck} < 0.1$이기 때문에 $(1-0.59 pf_y | f'_{ck}) > 0.9$, 따라서 극한 휨모멘트의 개략치는 다음 식에서 간단히 추측된다.

$$M_u \fallingdotseq 0.9A_sf_yd \quad (10\text{-}22)$$

2) 식(10-21)에 의해 극한 휨모멘트가 계산되는 것은 콘크리트의 압축파괴 이전에 인장철근의 항복이 선행되는 경우, 즉 균형철근비(콘크리트의 압축파괴와 인장철근의 항복이 동시에 일어나는 철근비) 이하의 경우이다.

균형철근비 p_b의 경우의 중립축위치 x는,

$$\left.\begin{array}{l} x = \dfrac{\varepsilon_{cu}}{\varepsilon_{cu}+\varepsilon_{sy}}d \\ \text{또, } x = \dfrac{a}{k_1} = \dfrac{p_bdf_y}{k_1 0.85f'_{ck}} \end{array}\right\} \quad (10\text{-}23)$$

$$\therefore p_b = \frac{k_1 0.85f'_{ck}}{f_y}\frac{\varepsilon_{cu}}{\varepsilon_{cu}+\varepsilon_{sy}} \quad (10\text{-}24)$$

여기서, p_b : 균형철근비,

k_1 : 콘크리트의 압축응력블럭의 높이를 나타내는 계수($a=k_1x$),

ε_{cu} : 최대휨압축변형

ACI기준에서는, $\varepsilon_{cu}=0.003$, $\varepsilon_{sy}=f_y/E_s=f_y/2.1\times10^6$

$$p_b=\frac{k_1 0.85 f'_{ck}}{f_y}\frac{6300}{6300+f_y} \tag{10-25}$$

k_1은 콘크리트강도에 따라 표 10-7과 같으며, 이것을 이용하여 계산한 균형 철근비의 예도 표 10-7에 표시한다.

표 10-7 균형철근비(ACI 기준)

f'_{ck} (kgf/cm^2)	$0.85\sigma_{ck}$ (kgf/cm^2)	k_1	p_b(%)	
			σ_{sy}=2400kgf/cm^2	σ_{sy}=3000kgf/cm^2
200	170	0.85	4.36	3.26
240	204	0.85	5.23	3.92
280	238	7.85	6.10	4.56
320	272	0.821	6.73	5.05
360	306	0.793	6.32	5.48
400	340	0.764	7.83	5.87

주) k_1은 f'_{ck}=280kgf/cm^{2}까지는 0.85, σ_{ck}>280kgf/cm^{2}의 경우는 14kgf/cm^{2}의 증가에 대해서 0.01의 비율로 감한다.

도로교 시방서의 경우는 ε_{cu}=0.0035, k_1=0.8로 하였기 때문에(제10편 제4장 그림 10-14)(좌)의 응력·변형곡선을 등가면적의 장방향으로 환산하면 k_1=0.81이 된다.

$$p_b=\frac{0.68 f'_{ck}}{f_y}\frac{7350}{7350+f_y} \tag{10-26}$$

또 ACI기준에서는 실시설계에서는 안전을 위해 인장철근비 $P\leq 0.75 P_b$에 제한한다.

5. 전단력에 대한 보강 및 부착응력의 계산

1) ACI기준에 표시되어 있는 전단보강법에 대해서 기술한다. 그 기본적인 견해는 다음과 같다.

① 부재가 휨파괴를 일으키기 이전에 전단파괴가 선행되지 않도록 한다. 그 때문에 종국 휨모멘트시의 파괴하중에 의해 일어나는 전단력 V_u에 대해서 전단보강을

실시한다.

② 철근콘크리트 부재의 전단파괴기구는 복잡하며 수종의 파괴형식(전단오차 파괴, 전단압축파괴, 전단부착파괴 등)이 포함되므로 아직 유효로 안정적인 보강방법은 확립되어 있지 않다. 그 때문에 허용하중시에 있어서 트러스이론을 극한시까지 확장하여 복철근의 안전한 설계를 실시한다.

③ ① 및 ②에서 중립축위치의 극한시 전단응력은 다음 식에서 계산한다.

$$\tau_u = V_u / bjd \tag{10-27}$$

여기서, τ_u : 극한시 전단응력(kgf/cm^2)

V_u : 휨파괴하중에 의한 전단력(kg)

b : 복부폭(cm)

jd : 우력모멘트의 암(arm) 길이(cm)로 단철근장방향단면의 경우 $jd = d - \dfrac{a}{2}$

2) 스터럽 및 절곡철근의 소유량은 다음 식으로 계산한다.

$$\text{스터럽} \quad A_w = \frac{V_{us} s}{f_y jd} \tag{10-28}$$

$$\text{절곡철근} \quad A_b = \frac{V_{ub} s}{f_y jd (\sin \alpha_b + \cos \alpha_b)} \tag{10-29}$$

여기서, A_w 및 A_b : 구간 s에 있어서 스터럽 및 절곡철근의 단면적(cm^2),

s : 스터럽 또는 절곡철근의 부재축방향의 간격(cm),

V_{us} 및 V_{ub} : 스터럽 및 절곡철근이 부담하는 전단력(kg)으로, $V_{us} + V_{ub} \geq V_u$로 한다.

f_y : 스터럽 또는 절곡철근의 항복점(kgf/cm^2),

α_b : 절곡철근이 부재축과 이루는 각(도)

복철근의 간격 등에 대해서는 허용응력도 설계법에 준한다.

3) 극한시에 있어서 콘크리트의 전단응력의 한도

① 복철근의 계산을 필요로 하지 않는 경우의 전단응력의 한도

$$\tau_{u1} = 0.45 \sqrt{f'_{ck}} \tag{10-30}$$

② 복철근을 배치하는 경우의 전단응력의 상한

$$\tau_{u2} = 2.25 \sqrt{f'_{ck}} \tag{10-31}$$

4) 부착응력은 다음 식에서 계산한다.

$$\tau_{ou} = V_u / U_j d \tag{10-32}$$

여기서, τ_{ou} : 극한시 부착응력(kgf/cm^2), U : 철근의 둘레길이의 총합(cm)
ACI기준에 규정되어 있는 부착응력의 한도는 직경 9~35mm의 이형철근에 대해,

$$\left. \begin{array}{l} \text{상부철근} \quad \tau_{oa} = 3.8\sqrt{f'_{ck}}/D \quad \text{또는} \ 34\,\text{kgf/cm}^2 \ \text{이하} \\ \text{하부철근} \quad \tau_{oa} = 5.4\sqrt{f'_{ck}}/D \quad \text{또는} \ 48\,\text{kgf/cm}^2 \ \text{이하} \end{array} \right\} \tag{10-33}$$

여기서, D : 공칭직경(cm), 상부철근이란 철근의 하측 콘크리트 두께가 30cm 이상의 수평철근을 말한다.

6. 하중계수

1) 극한 강도 설계법

극한 강도 설계법에 있어서는 설계강도에 하중계수를 고려하여 하중 속에 안전율이 담겨 있다. 주하중의 설계강도는 다음 식으로 나타낸다.

$$U = \alpha_D D + \alpha_L L$$

여기서, U : 하중 설계강도
D : 고정하중
L : 적재하중

α_D 및 α_L 을 하중계수라 하며 고정하중 및 적재하중에 대해 다른 안전율을 줄 수가 있다.

2) 하중계수의 예

① ACI기준에서는 건축물에 대해,

$$\left. \begin{array}{l} U = 1.5D + 1.8L \\ U = 0.75(1.5D + 1.8L + 1.8W) \\ U = 0.75(1.5D + 1.8L + 1.8E) \end{array} \right\} \tag{10-35}$$

여기서, W : 풍하중, U : 설계강도, D : 고정하중, L : 적재하중, H : 토압하중,
E = 지진의 영향

고정하중, 적재하중과 지진 또는 풍하중이 동시에 작용한 경우는 저감계수 0.75를 곱하고 지진의 영향과 풍하중이 동시에 작용한 경우는 고려하지 않는다.

② 도로교 시방서의 경우

차량하중 등 충격의 영향이 있는 경우 충격영향을 고려하여야 하며, 지하에 매설된 구조물인 경우 관련시방서 또는 문헌에 따르되 미국 도로교시방서 AASHTO (1994년판) 3.6.2.2절에는 충격계수를 토피두께의 함수로 제시하고 있다.(AASHTO 도로교시방서 3.6.2.2절 참조)

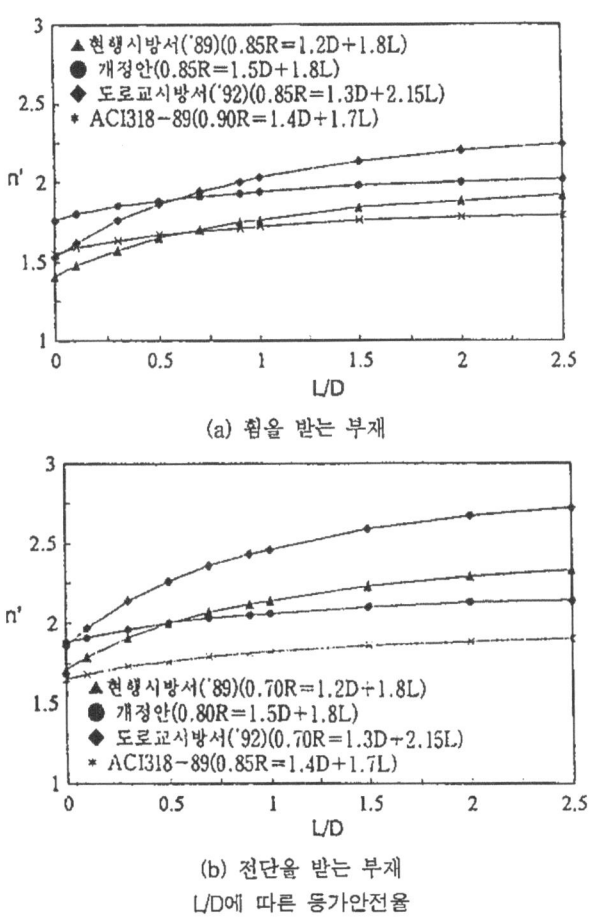

(a) 휨을 받는 부재

(b) 전단을 받는 부재

L/D에 따른 등가안전율

제 70 장 한계상태 설계법

1. 한계상태

　허용응력도 설계법에서는 작용응력상태에 대해서 극한강도 설계법에서는 파괴상태에 대해서 안전성을 검토하지만, 한계상태설계법에 있어서는 다음의 각 단계(한계상태)에 대해서 안전성을 검토한다.
　(1) 극한한계상태 : 최대 내하능력에 대한 한계상태이며, 그 주요한 것은 단면파괴에 의한 극한상태이다. 기타 대변형에 의해 구조물이 내하능력을 잃은 상태나 옹벽 등의 접지 구조물이 구조물 전체로서 도괴, 활동 등에 의해 안전율 잃은 상태(剛體안전 극한한계 상태라함) 등이 있다.
　(2) 사용한계상태 : 통상의 사용 또는 내구성에 관한 한계상태에서 내구성이나 수밀성에 대한 균열의 한계상태, 통상 사용에 대한 변형의 한계상태 등이다.
　(3) 피로한계상태 : 되풀이 하중에 의한 단면의 피로파괴에 대한 극한한계상태이다. 재료가 탄성상태에서 돌연성적 파괴를 줌으로써 극한한계상태의 일종이나 (1)과는 별도로 취급한다.

2. 재료의 설계용치

　1) 재료강도의 설계용치도(한계상태 설계법에서는 이것을 설계강라 부른다)
　　① 설계강도는 재료강도의 특성치를 재료계수(안전율)로 나누어 구한다.

　　　설계강도=(특성치)/(재료계수)

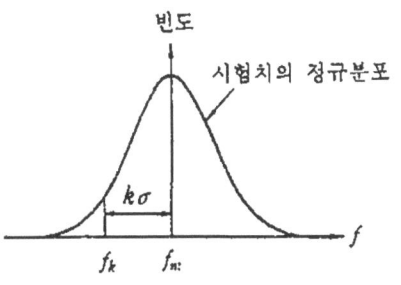

그림 10-13 재료강도의 특성치

　　② 재료강도의 특성치란 강도의 편차를 고려하여 대부분의 시험치가 이 값을 밑돌지 않는 것이 보정되는 값(공시체강도)이다. 즉, 시험치의 분포가 정규분포로서(그림 10-13 참조), 특성치는 다음 식으로 나타낸다.

$$f_k = f_m - k\sigma = f_m(1-K\delta) \tag{10-36}$$

여기서, f_k : 특성치(kgf/cm^2), f_m : 평균치(kgf/cm^2), σ : 표준편차(kgf/cm^2),
  δ : 변동계수,
  k : 정규편차[불량율을 5%로서, $k=1.64$]

$$f_k = f_m(1-1.64\delta) \tag{10-37}$$

㉮ 콘크리트강도의 특성치 f'_{ck}

　불량율 5%는 배합강도를 정하기 위한 조건과 같으며, 특성치는 설계기준강도와 동일하다. 레디믹스트 콘크리트를 이용하는 경우에는 할증계수가 일반의 콘크리트와 유사한 값이 되기 때문에 특성치로서 구입자가 지정하는 호칭강도라 해도 좋다.

㉯ 강재의 항복강도의 특성치 f_{yk}

　철근의 항복강도의 특성치도 콘크리트의 경우와 같이 시험치의 편차를 고려하여, 식(10-37)에서 구하는 것을 원칙으로 하나 KS의 규격 하한치와 큰 차가 없으므로 편의상 이것을 이용해도 좋다.

③ 재료계수 γ_m은 재료강도에 대한 안전율이며, 특성치에서의 바람직하지 않은 방향에의 변동, 공시체와 구조물과의 재료특성의 상위, 재료특성이 한계상태에 미치는 영향 등을 고려하여 정한다.

㉮ 콘크리트의 재료계수 γ_c

　계량, 혼합과정에서 기인되는 변동은 특성치에 포함되지만 그 이외의 운반, 타설, 다짐불량, 양생부족 등에 의한 품질저하는 공시체강도에 반영되지 않으므로 이것을 보충하기 위해 극한한계상태, 피로한계상태에 대해 콘크리트의 재료계수 $\gamma_c=1.3$으로 한다. 사용한계상태의 경우는 특성치를 밑도는 값이 간혹 생기더라도 실제상 문제가 되지 않으므로 $\gamma_c=1.0$으로 한다.

㉯ 강재의 재료계수 γ_s

　철근, PC강재의 재료계수는 극한 사용 및 피로의 각 한계상태에 대해 $\gamma_s=1.0$으로 해도 좋다. 단, 철골용강재 등에는 시험편과 치수차를 고려해서 $\gamma_s=1.05$로 한다.

④ 압축강도 이외의 콘크리트강도 설계용치는 다음 식으로 나타내는 것으로 한다.

설계인장강도(kgf/cm^2)　　$f_{td} = 0.5 f'^{\frac{2}{3}}_{ck} / \gamma_c$ 　　　(10-38)

설계휨강도(kgf/cm^2)　　$f_{bd} = 0.9 f'^{\frac{2}{3}}_{ck} / \gamma_c$ 　　　(10-39)

설계부착강도(kgf/cm²)

KS D 3504에 적합한 이형철근 $f_{bod} = 0.6 f'_{ck}{}^{\frac{2}{3}}/\gamma_c$ 및

33kgf/cm² 이하 (10-40)

원형강의 경우는 이형철근의 40%로 한다. 단, 철근단부에 반원형훅을 둔다.

설계지압강도(kgf/cm²) $f'_{ad} = \eta f'_{ck}/\gamma_c$ (10-41)

단, $\eta = \sqrt{A/A_a} \leq 2$

여기서, A : 콘크리트면의 지압분포면적(cm²), A_a : 지압을 받는 면적(cm²)

표 10-8에 $\gamma_c = 1.3$의 경우 각종 설계강도를 표시.

표 10-8 콘크리트의 각종 설계강도(kgf/cm²) ($\gamma_c = 1.3$의 경우)

설계기준강도 f'_{ck}	180	240	300	400
압축강도 f'_{cd}	138	185	231	308
인장강도 f_{td}	12	15	17	21
휨강도 f_{bd}	22	27	31	38
부착강도 f_{bod}	15	18	21	25

2) 응력·변형곡선, 영계수 및 포아슨비의 설계용치

① 콘크리트

㉮ 휨부재의 극한한계상태의 검토에 이용되는 압축측 콘크리트의 응력·변형곡선은 적당한 곡선, 장방형 등으로 가정해도 좋다. 시방서 설계편에서는 그림 10-14에 표시하는 모델화된 곡선을 표준으로 한다. 즉 $\varepsilon'_0 = 0.2\%$까지 2차곡선, 이후 일정한 응력으로서 최대휨압축변형을 $\varepsilon'_u = 0.35\%$로 한다. 최대응력은 kf'_{cd}로 하고, k는 공시체의 치수효과, 구조물에 대한 지속적인 재하상태 등을 고려하여 $k = 0.85$로 한다.

㉯ 사용한계상태의 검토에 쓰이는 응력, 변형곡선은 직선으로 가정하고 이경우의 영계수는 일반적으로 표 10-9의 값으로 한다. 또 포아슨비는 0.2로 한다.

② 철근

각 한계상태에 대해 철근의 응력-변형곡선은 그림 10-14와 같이 모델화하고, 영계수는 $E_s = 2.1 \times 10^6 \mathrm{kgf/cm^2}$로 해도 좋다.

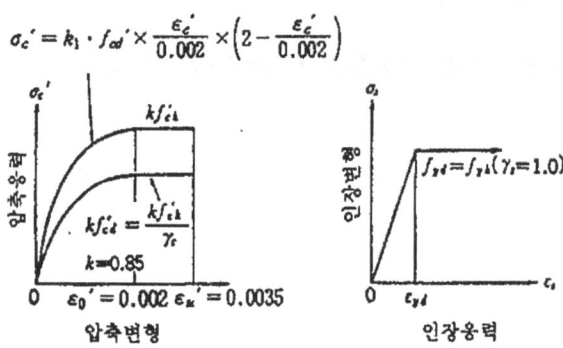

그림 10-14 콘크리트 및 철근의 응력·변형곡선

표 10-9 콘크리트의 영계수 E_c

	f'_{ck}(kgf/cm²)	180	240	300	400	500	600
E_c(×10⁵kg/cm²)	보통콘크리트	2.2	2.5	2.8	3.1	3.3	3.5
	경량골재콘크리트	1.3	1.5	1.6	1.9	-	-

* 골재의 전부를 경량골재로 한 경우

3. 하중의 설계용치

1) 하중의 종류

하중은 다음 3가지로 분류된다.

① 영구하중 : 변동이 극히 드물거나, 무시될 정도로 작고, 지속적으로 작용하는 하중으로 고정(사)하중, 정지토압 등이다

② 변동하중 : 변동이 크고, 빈번하게 일어나는 하중으로 적재(활)하중, 온도의 영향, 풍하중, 설하중 등이다. 또 하중조합 시킬 때 변동하중은 主된 변동하중과 副된 변동하중으로 구분된다.

③ 우발하중 : 내용기간 중에 작용하는 빈도는 극히 작으나 작용하면 그 영향이 대단히 큰 하중으로 지진, 충돌하중, 태풍시의 풍하중 등이다. 구조물의 설계에는 이것들의 하중을 적절히 조합하여 이용한다.

2) 설계하중

① 설계하중 F_d는 하중 특성치 F_k에 하중계수 γ_f(안전율)를 곱한 것으로 한다.

　　설계하중=(하중의 특성치)×(하중계수)

② 특성치

표 10-10 하중계수

한 계 상 태	하중의 종류	하중계수
극한한계상태	영구하중 주변동하중 부(부)변동하중 우발하중	1.0~1.2* 1.1~1.2 1.0 1.0
사용한계상태	모든 하중	1.0
피로한계상태	모든 하중	1.0

* 자중 이외의 영구하중에서 적은 쪽이 불리한 경우는 0.9~1.0으로 하는 것이 좋다. 또 자중 등의 고정하중에 대해 1.0~1.1, 포장, 버러스트 등의 부가 사하중에 대해 1.1~1.2로 한다.

㉮ 극한한계상태에 검토에 사용한 하중의 특성치는 구조물의 시공 중 또는 설계 내용기간 중에 가해지는 최대하중(작은 쪽이 불리한 경우는 최소치), 기대치로 하고 전문가와 협의에 의해 사용 한계상태에 대해서는 내용기간 중에 자주 생기는 크기의 것으로 한다.

㉯ 하중의 규격치가 정해져 있는 경우는 적절한 하중수정계수 ρf를 이용하여, 특성치로 환산한다.

㉰ 하중계수는 하중의 산출방법의 불확실성이나 특성치에서 바람직하지 않은 방향에 변동을 고려하기 위한 안전계수로 극한한계상태에 대해 1.0~1.2, 사용한계상태에 대해 1.0으로 한다.

3) 하중의 조합

① 각각의 설계하중을 적절한 조합하중의 설계용치로 한다. 각 한계상태에 대하여 설계하중조합의 기본을 표 10-11에 표시한다.

② 복수의 변동하중 조합인 경우 주변동하중과 부변동하중으로 구분한다. 이것은 복수의 변동하중이 동시에 각각의 최대치의 기대치로 되는 가능성은 적으므로 이것을 주로 하중계수에 의해 조정하고 있다.(표 10-11 참조) 또 우발하중과 변

표 10-11 설계하중의 조합

한 계 상 태	설계하중의 조합
극한한계상태	영구조합+주변동하중+부변동하중
	영구하중+우발하중+부변동하중
사용한계상태	영구하중+변동하중
피로한계상태	영구하중+변동하중

동하중을 조합한 경우는 아주 드문 엄한 재하조건인 것을 고려해서 부변동하중으로 한다.(표 10-11 참조)

③ 「철도 건조물 설계표준」에 기본해서 설계하중의 조합의 구체적인 예를 아래에 표시한다.

(ⅰ) 극한한계상태에 대해서

㉠ 열차하중을 주변하중으로 하는 경우 충격 및 원심하중도 주변동하중으로 한다.

㉡ 제동하중을 주변동하중(이하 主로 표기함)으로 하는 경우는 열차하중은 부변동하중(이하 부(副)로 표기함)으로 충격 및 원심하중을 고려하지 않는다.

㉢ 열차하중을 주로 하는 경우 풍하중을 주로 한다.

㉣ 풍하중을 주로 하는 경우는 열차하중을 조합하지 않는다.

㉤ 우발하중으로 지진의 영향을 고려한 경우는 열차하중을 부로 충격 및 원심하중은 고려하지 않는다.

㉥ 우발하중으로 지진의 영향과 풍하중은 조합하지 않는다.

(ⅱ) 사용한계로서 열차하중에 의한 변위 변형량을 검토할 경우는 변동하중으로서 열차하중 및 원심하중을 고려한다.(필요에 따라 충격도 고려한다)

(ⅲ) 피로한계상태에서 열차하중에 의한 피로를 검토할 경우는 변동하중으로서 열차하중충격 및 원심하중을 고려한다. 따라서 하중의 설계용치의 예는 다음과 같이 된다. 예를 들면,

RC거더(극한한계상태)

$$1.1D_1+1.2D_2+L+1.1L+1.1I+1.1C$$

RC거더(사용한계상태, 열차하중에 의한 휨)

$$D_1+D_2+L+(1)+C$$

RC교각, 교대(극한한계상태, 지진의 영향을 고려할 경우)

$$1.1D_1+1.2D_2+1.0E+(L)$$

여기서, D_1 : 고정하중, D_2 : 부가사하중, L : 열차하중, I : 충격, C : 원심하중, E : 지진의 영향

4. 안전성의 검토방법과 안전계수

1) 안전성의 검토방법

① 단면파괴에 대한 안전성의 검토는 하중의 설계용치 F_d를 사용하여 산정한 설계단면력 S_d와 재료의 설계강도를 사용하여 산정한 단면내력 R_d의 비에 구조

물 계수 γ_i를 곱한 값이 1.0 이하인 것을 확인한다.

$$\gamma_i S_d / R_d \leq 1.0 \qquad (10\text{-}42)$$

② 설계용의 단면력이나 단면내력을 산정하는 경우, 계산방법의 불확실성이나 부재의 치수오차 등을 고려할 필요가 있으며, 이를 위한 부분 안전율(구조해석계수, 부재계수)을 마련한다. 즉,

$$\left. \begin{array}{l} S_d = S \cdot \gamma_a \\ R_d = R / \gamma_b \end{array} \right\} \qquad (10\text{-}43)$$

여기서, S : 단면적, R : 단면내력, γ_a : 구조해석계수, γ_b : 부재계수

2) 안전계수

① 부분안전율로 안전계수에는 하중계수 γ_f, 재료계수 γ_m, 부재계수 γ_b, 구조해석계수 γ_b 및 구조물 계수 γ_i가 있다. 이중 前 2개의 계수(하중계수, 재료계수)에 대해서는 이미 설명하였다.

㉮ 부재계수 γ_b : 부재내력의 계산상의 불확실성, 부재치수 편차의 영향, 부재의 중요도 등을 고려하기 위한 안전계수로 이 값은 사용하는 내력산정식에 의해 정한다.

㉯ 구조해석계수 γ_a : 단면의 산출을 위한 구조해석의 불확실성을 고려하기 위해 안전계수로 극한한계상태에 대해, 보통 1.0~1.2 기타에 대해 1.0으로 한다.

㉰ 구조물계수 γ_i : 구조물의 중요도, 한계상태에 도달할 때의 사회적 영향 등을 고려하기 위한 안전계수로, 극한한계상태에 대해 보통 1.0~1.2, 사용한계상태에 대해 1.0으로 해도 좋다. 표 10-12에 각 한계상태에 대한 안전계수의 표준치를 일람표로 하여 표시한다.

표 10-12 안전계수의 표준치

안전계수 한계계수	재료계수 γ_m		부재계수 γ_b	구조해석계수 γ_c	하중계수 γ_a	구조물계수 γ_i
	콘크리트 γ_c	강재 γ_s				
극한한계상태	1.3	1.0(1.05)	1.15~1.3*	1.0	1.0~1.2	1.0~1.2
사용한계상태	1.0	1.0	1.0	1.0	1.0	1.0
피로한계상태	1.3	1.0	1.0~1.1	1.0	1.0	1.0~1.1

* 내진설계에 있어서 전단내력에 관한 값은, 이것들의 값을 할증하는 것이 좋다.

5. 극한 한계상태에 대한 검토

극한한계상태에 대한 설계단면내력 R_d와 설계단면력 S_d에 대한 비가 구조물계수 γ_i을 곱한 값이 1.0 이하인 것을 확인한다.

1) 휨모멘트에 대한 안전성의 검토

① 계산상의 가정, 계산순서는 제67장의 3.에 표시한 것과 같다. 단 그림 10-12(제10편 제3장)에 있어서 콘크리트의 압축응력 $0.85 f'_{cd} = 0.85 f'_{ck}/\gamma_c$로 하고, k_1(압축응력블록의 높이)=0.8로 하면 된다.

② 단철근 장방형단면의 설계휨내력은 식(10-21)(제10편 제3장)을 참조하여,

$$M_{ud} = bd^2 p f_{yd}\left(1 - 0.59 p \frac{f_{yd}}{f'_{cd}}\right) \bigg/ \gamma_b \tag{10-44}$$

여기서, M_{ud} : 설계용 휨내력(kg/cm), b 및 d : 단면의 폭 및 유효높이(cm),
p : 축방향인장철근비, f_{yd} : 철근의 설계항복강도(kgf/cm^2),
f'_{cd} : 콘크리트의 설계압축강도(kgf/cm^2), γ_b(부재계수)=1.15로 한다.

③ 철근비 p는 균형철근비 p_b의 0.75배 이하($p \leq 0.75 p_b$)로 하고, 균형철근비는 다음 식에서 계산한다.(제10편 제3장 식 10-26 참조)

$$p_b = 0.68 \frac{\varepsilon'_{cu}}{\varepsilon'_{cu} + f_{yd}/Es} \cdot \frac{f'_{cd}}{f_{yd}} \tag{10-45}$$

여기서, ε'_{cu} : 콘크리트의 최대 휨압축변형(=0.0035)

2) 전단력에 대한 안전성의 검토

① 한계상의 설계법에 있어서는 안전율을 세분화하여 설계의 합리화를 도모하였으므로 전단내력의 계산식도 사실과 가급적 일치되도록 시험결과에 의거하여 조립된다.

② 복철근을 배치하지 않은 빔의 전단파괴의 양상은 전단지간($a=M/V$)의 중앙부근의 휨균열이 돌연 사면균열로

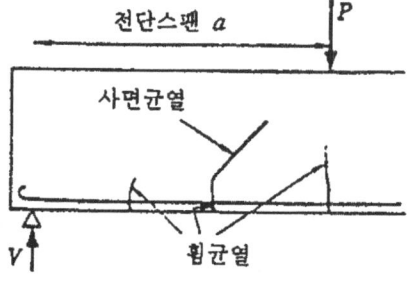

그림 10-15 전단균열의 발생

진전되어 (그림 10-15 참조) 파괴에 이른다. 허용응력도 설계법에서는 사면인장응력이 콘크리트의 허용전단응력도(콘크리트강도만의 함수)를 초과하면 사면균

열이 발생하는 것으로 생각하나 실험결과에 의하면 사면균열 발생시의 전단응력은 콘크리트의 강도 뿐 아니라 사면균열면의 굵은 골재 맞물림 작용이나 축인장철근의 장부작용 등에 의존한다. 이것들의 요인의 내용을 검토하면 복철근이 없는 빔의 전단내력은 콘크리트강도, 부재높이 및 축철근비의 함수가 된다.

③ 복철근이 배치되어 있다면 사면균열발생 후 유효하게 작용하여 그 재하기구는 트러스이론에 의하는 것으로 생각해도 된다.

④ 복철근을 배치한 빔의 설계전단내력 V_{yd}는 식(10-47)에 표시한 바와 같이 콘크리트 등 복철근 이외에 의한 분담분 V_{cd}와 복철근에 의한 분담분 V_{sd}의 합으로 나타낸다.

$$V_{yd} = V_{cd} + V_{sd} \tag{10-46}$$

㉮ 복철근 이외에 의한 분담분(복철근이 없는 빔의 설계전단내력)

$$V_{cd} = f_{vcd} b_w d / \gamma_b \tag{10-47}$$

여기서, V_{cd} : 복철근이 없는 빔의 설계전단내력(kg),

f_{vcd} : 콘크리트의 설계전단강도(kgf/cm^2), b_w ; 복부의 폭(cm),

d : 유효높이(cm),

f_{vcd}는 콘크리트강도, 부재높이, 철근비의 함수이며 그 실험식은 다음과 같다.

$$f_{vcd} = 0.9 \beta_d \beta_p {}^2\sqrt{f'_{cd}} \tag{10-48}$$

$$\left.\begin{array}{l} \beta_d = {}^4\sqrt{100/d} \\ \beta_p = {}^3\sqrt{100 P_w} \end{array}\right\} \tag{10-49}$$

단, β_d, β_p는 1.5 이상이 되는 경우는 1.5로 한다.

$\gamma_b = 1.3$으로 한다.

㉯ 복철근에 의한 분단분 트러스이론을 적용하여

$$V_{sd} = [A_w f_{vyd} (\sin \alpha_s + \cos \alpha_s) z / s] / \gamma_b \tag{10-50}$$

여기서, V_{sd} : 복철근의 설계전단내력(kg)

A_w : 구간 s에 대한 복철근의 총단면적(cm^2)

f_{vyd} : 복철근의 설계항복강도(kgf/cm^2)

α_s : 복철근과 부재축선을 이루는 각(度)

z : 콘크리트의 전압축응력의 작용점에서 인장철근도심까지의 거리(cm) $z = d/1.15$로 해도 좋다.

s : 복철근의 간격(cm)

$\gamma_b = 1.15$로 한다.

⑤ 스터럽은 인장철근을 둘러싼 사면균열이 인장철근에 따라 진전되는 것을 막기 때문에 절곡철근과 스터럽을 병용하는 경우에는 양자에서 부담하는 전단력의 50% 이상을 스터럽에서 부담하도록 설계한다.

3) 압발전단력에 대한 안전성의 검토

슬래브의 설계압발 전단내력 V_{pcd}는 다음 식에서 계산한다.

$$V_{pcd} = f_{pcd} \cdot U_p d / \gamma_b \tag{10-51}$$

여기서, V_{pcd} : 설계압발 전단내력(kg), f_{pcd} : 설계압발전단강도(kgf/cm^2),

f_{pcd} : $0.6\beta_d \cdot \beta_p \cdot \beta_r \sqrt{f'_{cd}}$,

$\beta_d = \sqrt[4]{100/d}$, $\beta_p = \sqrt[3]{100p}$, $\beta_r = 1 + 1/(1 + 0.25 U/d)$

단, β_d, β_p는 1.5 이상이 되는 경우는 1.5로 한다.

여기서, U : 재하면의 둘레길이(cm),

U_p : 설계단면의 둘레길이(cm)로 재하면에서 $d/2$ 떨어진 위치에서 산정한다.

$\gamma_b = 1.3$으로 한다.

6. 사용한계상태에 대한 검토

구조물이 내용기간 중 사용성, 내구성을 유지하여 충분히 기능을 발휘할 수 있도록 균열이나 변동 등에 대한 한도(한계상태)를 설정하여, 적절한 방법으로 이것을 검토해야 한다.

1) 응력의 산정

콘크리트 및 철근의 응력계산을 필요로 하는 경우, 계산상의 가정, 계산순서는 「허용응력설계법」에 표시한 바와 같다. 단 콘크리트의 영계수는 표 10-8에 의한다.

2) 휨균열의 검토

① 철근부식에 대한 내구성을 유지하기 위해 사용하중에 의한 휨균열폭 w를 산정하여 이것이 허용균열 폭 w_a보다 작은 것을 확인한다.

$$w \leq w_a \tag{10-52}$$

② 휨균열폭의 계산

㉮ 콘크리트표면에 있어서 휨균열폭은 일반적으로 다음 식에서 계산한다.

$$w = k_1 \left\{ 4c + 0.7(c_s - \phi)\left(\frac{\sigma_{se}}{E_s} + \varepsilon'_{cs}\right) \right\} \tag{10-53}$$

여기서, w : 휨균열폭(cm), c : 피복(cm), c_s : 철근의 중심간격(cm),
ϕ : 철근직경(cm), σ_{se} : 철근의 응력의 증가량(kgf/cm²),
E_s : 철근의 영계수(kgf/cm²),
ε'_{cs} : 콘크리트의 건조수축, 크리이프에 의한 균열폭의 증가를 고려하기 위한 수치로 환경조건이나 응력의 크기에 따라 다르나 보통 150×10^{-6} 정도로 해도 좋다.
k_1 : 철근의 부착특성을 표시하는 계수로 이형철근의 경우 1.0원형강의 경우 1.3으로 한다.

㉯ σ_{se}는 식(10-54)에 주어지는 단면적 S_e에서 구한다.

$$S_e = S_p + k_2 S_r \tag{10-54}$$

여기서, S_p 및 S_r : 영구하중 및 변동하중에 의한 단면력,
k_2 : 영구하중에 의한 균열폭과 변동하중에 의한 균열폭이 철근의 부식에 미치는 영향의 차이를 고려하기 위해 정수로 전하중에 대한 변동하중의 비율이나 지속성에 의해 다르나, 보통 $k_2 = 0.5$ 정도로 해도 좋다.

③ 허용균열폭

허용균열폭은 구조물이 놓여 있는 환경조건 및 피복에 의해 표 10-13에 표시하는 값으로 한다. 단, 표 10-13에 적용되는 피복은 10cm 이하로 한다. 또한「일반환경」에서 동결융해의 되풀이를 받는 경우는 균열폭이 확대될 우려가 있으므로「부식성환경」에 포함된 것으로 한다.

표 10-13 허용균열폭 w_a(cm)

강재의 종류	강재의 부식에 대한 환경조건		
	일반적 환경	부식성 환경	특히 심한 부식성 환경
이형철근·원형강	0.005c	0.004c	0.0035c
PC강재	0.004c	—	—

④ 간이계산

휨균열의 검토는 식(10-35)을 이용하여 실시하는 것이 원칙이지만 간편법으로서 다음에 의해도 좋다. 철근콘크리트 구조물에서는 일반적으로 영구하중의 비율이 크고 또 지속적인 하중이며 균열폭에 미치는 영향이 크기 때문에 영구하중에 의한 철근의 인장응력의 증가량이 표 10-14 이하라면 부식에 대해서 매우 안전하며 균열폭에 대한 검토를 생략할 수가 있다.

표 10-14 균열폭의 검토를 생략할 수 있는 영구하중에 의한 철근응력의 한도(kgf/cm^2)

강재의 종류	강재의 부식의 난이에 의한 환경조건		
	일반적 환경	부식성 환경	특히 심한 부식성 환경
이 형 철 근	1200	1000	800
원 형 강	1000	800	600

3) 전단균열의 검토

전단균열폭의 산정법은 아직 명확하지는 않다. 그러므로

① $V_d \geq V_{cd}$의 경우는 균열의 검토는 필요치 않다.

    여기서 V_d : 사용하중작용시의 설계전단력(kg),

           V_{cd} : 복철근 이외에 의한 설계단내력(kg)

② 영구하중에 의한 복철근의 응력이 표 10-12에 표시한 값 이하라면 부식에 대해서 문제가 없다고 생각해도 된다.

4) 변위, 변형에 대한 검토

예를 들면, 과대한 변형에 의한 차량주행의 위험성, 쾌적성(사용성)을 손실치 않는 강성의 확보나 추월 등에 대해서 검토할 필요가 있다.

① 실용상, 변형의 개략치를 알면 좋은 경우에는 콘크리트의 인장측을 무시하지 않고 전단면을 유효로 간주하여 계산해도 좋다.

② 엄밀한 값이 필요한 경우는 휨균열에 의한 단면의 강성저하를 고려한다.

③ 장기에 있어서 변형은 하중작용시에 수시로 일어나는 변형과 영구하중에 의한 콘크리트의 건조수축, 크리이프에 기인되는 부가변형의 합으로서 산정한다.

7. 피로한계상태에 대한 검토

1) 일반

① 철도교의 주빔이나 도로교의 슬래브와 같이 큰 하중의 되풀이를 받는 부재에서는 피로에 대한 안전성의 검토를 실시할 필요가 있으며 이 방법은 설계피로강도 f_{rd} 와 설계변동응력 σ_{rd} 의 비가 구조물 계수 γ_i 이상이라는 것을 확인한다.

$$f_{rd}/\sigma_{rd} \geq \gamma_i \tag{10-55}$$

② 부재의 피로파괴가 압축측 콘크리트의 피로에 기인되는 것은 극히 드문 일이며, 인장철근의 피로파단에 의하는 것이 일반적이므로 후자에 대해서 기술한다. 또한 이밖에 빔의 경우는 복철근의 피로파괴, 슬래브의 경우는 압발전단에 의한 피로파괴에 대해서 검토하지 않으면 안되는 경우가 있다.

2) 설계변동응력 σ_{rd}

부재에 실제로 가해지는 변동응력은 여러 가지의 크기를 가진 복잡한 것이기 때문에 이것과 등가의 되풀이 회수가 되는 설계변동응력을 설정한다. 이 방법은 우선 변동응력을 $\sigma_{r1}, \sigma_{r2}, \cdots \sigma_{rn}$ 으로 나누며 각각의 되풀이 회수 $n_1, n_2, \cdots n_n$ 을 구한다. 마이너치를 적용하여 설계변동응력의 등가 되풀이 횟수를 다음 식에서 계산한다.

$$N = \sum_{i=n}^{n} n_i (\sigma_{ri}/\sigma_{rd})^B \tag{10-56}$$

여기서, B : 재료특성에 관한 정수

또, 변동응력의 계산은 2. 사용한계상태의 검토의 (1)의 탄성계산에 의하면 된다.

3) 철근의 설계피로강도 f_{srd}

이형철근의 설계피로강도는 다음 식에서 계산한다.

$$f_{srd} = 1900 \frac{10\alpha}{N^k} \left(1 - \frac{\sigma_{sp}}{f_{ud}}\right) \bigg/ \gamma_s \tag{10.57}$$

단, N(피로수명)$\leq 2 \times 10^6$인 경우

$$\alpha = k_0(0.82 - 0.003\phi), \quad k = 0.12$$

(이형철근의 $S-N$선도는 10^6회 이하와 그 이상에서 구배가 다른 것에 주의하여 α, k 는 시험에 의해 구하는 것을 원칙으로 한다.)

여기서, f_{srd} : 이형철근의 설계피로강도(kgf/cm^2)

N : 피로수명(파단까지의 되풀이회수)

f_{ud} : 철근의 설계인장강도(kgf/cm^2)

σ_{sp} : 영구하중에 의한 철근의 설계응력(kgf/cm^2)

γ_s : 철근의 재료계수로 1.0으로 한다.

k_0 : 마디 근원의 원호 유무 및 마디와 철근축과 이루는 각도에 의해 표 10-15의 값을 이용한다.

ϕ : 철근지름(mm)

표 10-15

마디근원의 원호 유무	마디와 철근축과 이루는 각도	k_0의 값
없 음	60° 이상	1.0
없 음	60° 미만	1.05
있 음	—	1.10

제 71 장 철근의 배치법

1. 철근의 명칭

1) 주철근 : 설계용 단면력과 철근의 설계강도에서 계산에 의해 소요 단면적을 산정하는 철근으로 인장주철근과 압축주철근이 있다.

2) 정철근 : 슬래브, 빔 등에 있어서 正(+)의 휨모멘트(보오 중력방향에 변형이 생기게 하는 휨모멘트)에 의해 생기는 인장응력에 저항하도록 배치되는 주철근.

3) 부철근 : 슬래브, 빔 등에 있어서 負(-)의 휨모멘트에 의해 생기는 인장응력에 저항하도록 배치되는 주철근.

4) 배력철근 : 일방향 슬래브(정 또는 부철근이 지간 방향에만 배치되어 있는 슬래브)에 있어서 주철근의 응력을 분포시킬 목적으로 보통의 경우, 정철근 또는 부철근에 직각으로 배치되는 철근.

5) 사면인장철근(전단보강철근) : 전단력에 의해 부재에 생기는 사면인장응력에 저항되도록 배치되는 주철근.

6) 복철근 : 빔에 있어서 사면인장철근으로 스터럽, 절곡철근 또는 양자를 총칭하여 말한다.

7) 스터럽 : 정철근 또는 부철근을 둘러싸서 이것과 직각 또는 직각에 가까운 각도를 이루는 가로방향 철근.

8) 절곡철근 : 정철근 또는 부철근을 구부려 올리고 또는 구부려 내린 철근.

9) 대철근 : 기둥의 축방향 주철근을 소정의 간격마다 둘러싸서 배치되는 가로방향 철근(그림 10-16 참조)으로, 축방향철근의 좌굴을 막고 또 전단력에 저항한다.

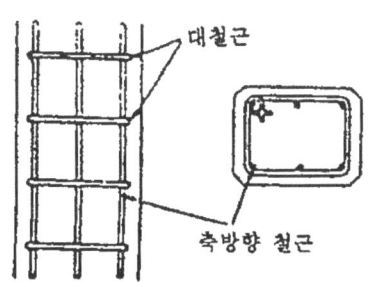

그림 10-16 대철근 기둥

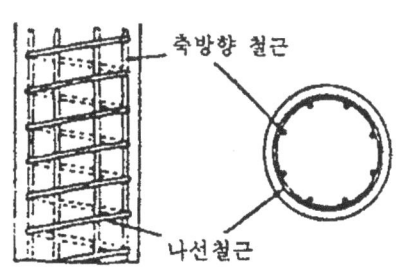

그림 10-17 나선철근 기둥

10) 나선철근 : 기둥의 축방향 주철근을 나선상으로 둘러싸서 배치되는 주철근.(그림 10-17 참조)

11) 용심철근 : 하중에 의한 응력집중, 온도변화나 건조수축에 의한 균열에 대해서 배치되는 보조의 철근

12) 조립철근 : 주철근이나 용심철근의 위치를 유지하기 위해 배치되는 철근.

2. 배근에 관한 구조세목

1) 덮개

① 덮개는 철근의 방청, 부착강도의 발현 등에 기여하는 것으로 그 두께는 부재의 중요도 및 환경조건, 콘크리트의 품질, 철근직경에 의해 다음과 같이 정한다.

$$C_{min} = \alpha C_0 \tag{10-58}$$

여기서, C_{min} : 최소덮개(cm)로 철근직경 이상으로 한다.

α : 콘크리트의 품질에 따라 정하는 계수로 $f'_{ck} \leq 180 kgf/cm^2$인 경우, α =1.2, $180 kgf/cm^2 < f'_{ck} < 350 kgf/cm^2$인 경우, α =1.0, $f'_{ck} \geq 350 kgf/cm^2$인 경우, α =0.8로 한다.

C_0 : 기본덮개(cm)로 표 10-16에 의한다.

② 기본덮개 C_0에 대해서

㉮ 현장치기 콘크리트의 경우, 표 10-16의 「부식환경」 및 「특히 심한 부식환경」에 대한 값은 영구적인 철근의 방청에는 반드시 충분하지는 않으나 너무 피복을 크게 하는 것은 사하중 증가 등 설계상 문제가 있다. 그러므로 표 10-16의 값은 점검이 용이하고 보수도 비교적 간단한 경우를 대상으로 한 것이다. 점검, 보수가 안되는 부위에서는 「부식환경」에 대해 7.5cm 이상, 「특히 심한

표 10-16 기본덮개(cm)

(일본시방서 기준)

환경조건 \ 부재	슬래브	보	기둥	최소덮개의 값(cm)	슬래브 와 벽	보와 기둥
일반적인 환경	2.5	3.0	3.5	·일반적인 경우	2	4
부식성 환경	4.0	5.0	6.0	·유해한 화학작용을 받을 우려가 있는 경우	3	4
특히 심한 부식성 환경	5.0	6.0	7.0			

부식환경」에 대해 10cm 이상이 바람직하다.
- ㉯ 공장제품의 경우는 표 10-16의 값을 20%까지 감해도 좋다.
- ㉰ 양질의 에폭시 수지철근 기타 방청효과가 인정되고 있는 특수철근을 사용하는 경우 콘크리트 표면에 유효한 보호층을 두는 경우에는 환경조건에 불구하고 「일반환경」으로서 기본덮개를 정해도 좋다.
- ㉱ 후팅 등 중요한 부재로 지중에 직접 타설되는 경우는 소정의 덮개를 확실히 취하는 것이 곤란하므로 평균 7.5cm 이상이 되도록 한다.
- ㉲ 수중 콘크리트인 경우는 다짐이 안되며 거푸집과 철근과의 간극에 콘크리트가 잘 미치게 하는 등에서 10cm 이상으로 한다. 현장치기 말뚝의 경우에는 원지반의 凹凸이나 철근상자의 세우기 오차를 고려하여 15cm 이상으로 한다.
- ㉳ 산성하천 중의 구조물이나 강한 화학작용을 받는 구조물의 경우는 콘크리트만으로 철근을 보호할 수는 없으므로 콘크리트표면에 보호층을 둔다.
- ㉴ 화재에 있어서도 거의 손상을 받지 않도록 하기 위한 기본덮개는 「일반환경」의 값에 2cm 정도를 가한 값을 표준으로 한다.

2) 철근의 간격

① 보의 경우

㉮ 보의 축방향철근의 수평간격은 2cm 이상, 굵은 골재의 최대치수의 4/3배 이상 및 철근직경 이상으로 한다. 또 내부진동기가 용이하게 삽입되는 간격으로 한다. 수평간격을 철근직경 이상으로 한 것은 부착강도를 충분히 발휘시키기 위한 것이다.

㉯ 축방향철근을 2단 이상으로 배치하는 경우 연직의 간격은 2cm 이상, 철근직경 이상으로 한다.(그림 10-18 참조)

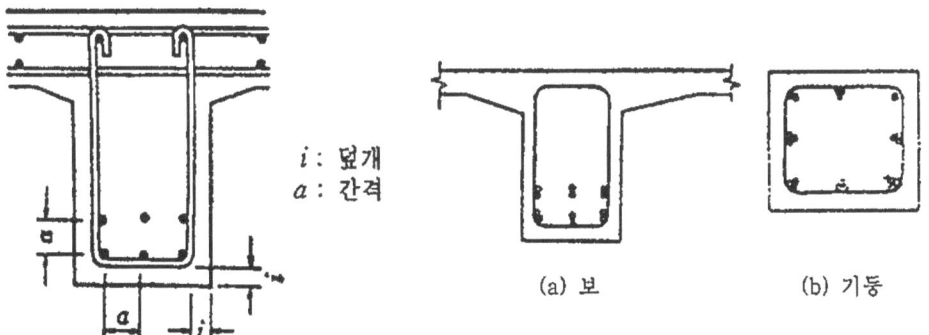

그림 10-18 철근의 간격 및 덮개   그림 10-19 다발로 배치하는 철근

② 기둥의 경우

기둥의 축방향철근의 간격은 보에 비하여 콘크리트치기가 어려우므로 다소 여유를 두고 4cm 이상, 굵은 골재의 최대치수의 4/3배 이상 및 철근직경 1.5배 이상으로 한다.

③ T형보의 플랜지(장선구조 제외)로 취급되는 슬래브에서 주철근이 보의 방향과 같은 때에는 다음 요구조건에 따라 보의 직각방향으로 슬래브 상부에 철근을 두어야 한다.

㉮ 횡방향 철근은 T형보의 내민플랜지를 캔틸레버로 보고 그 플랜지에 작용하는 극한(설계)하중에 대하여 설계하여야 한다. 이 때 독립 T형보에 대해서는 내민플랜지 전 폭을 유효폭으로 보아야 하며, 그 밖의 T형보에 대해서는 2.8.2에 따라 계산된 유효폭만 고려한다.

㉯ 횡방향 철근의 간격은 슬래브 두께의 4배 이하 또는 40cm 이하이라야 한다.

④ 다발철근의 경우

㉮ 철근은 1개씩 간격을 벌려서 콘크리트 속에 매립하는 것이 원칙이나 철근량이 극히 많고 복잡한 배근이 되는 경우에는 다짐이 불충분하게 되어 오히려 콘크리트의 품질이나 부착을 잃게 된다. 그러므로 이와 같은 경우에는 직경 32mm 이하의 이형철근에 한하여 다발로 배치해도 좋도록 하였다. 즉, 그림 10-19에 표시한 바와 같이 보, 슬래브 등의 수평의 축방향철근은 상하에 2개씩 동바리기둥, 벽 등의 연직축방향 철근은 2개 또는 3개씩 동바리로 배치해도 좋다.

㉯ 간격이나 덮개를 정하는데 필요한 다발철근의 환산직경은 동바리철근을 그 단면적의 합에 비등한 면적을 갖는 1개의 가상철근의 직경으로 해도 좋다. (그림 10-20 참조)

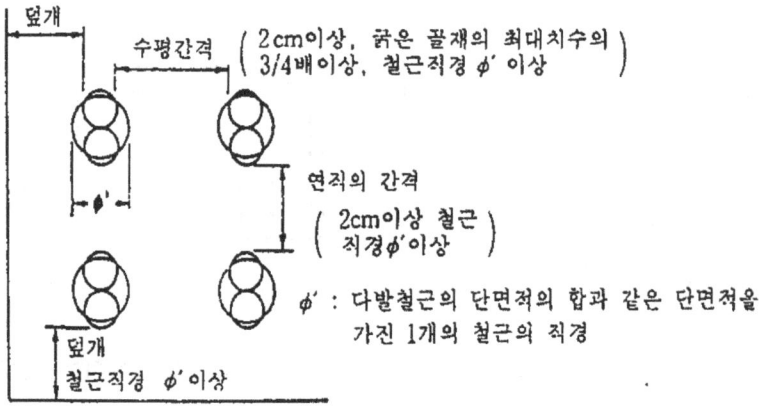

그림 10-20 다발철근의 간격

㉰ 철근단의 표준훅, 절곡철근이나 우각부 철근의 휨내반경 등 또 철근이음의 종류, 겹이음의 겹쳐지는 길이 등.

3) 철근의 정착
① 일반
㉮ 철근과 콘크리트가 외력에 대해서 일체가 되어 저항하도록 철근단을 콘크리트 속에 충분한 길이를 매립해서 부착력에 의해 정착되던가, 혹 또는 기계적 정착에 의하지 않으면 안된다.
㉯ 원형강의 끝에는 반드시 반원형훅을 둔다. 이형철근의 경우에도 일단고정보나 고정보의 고정단의 인장철근, 후팅의 인장철근의 양단, 일단고정보의 자유단의 인장철근 등에는 직각훅 또는 반원형훅을 둔다.
㉰ 슬래브 또는 보의 정철근이 적어도 1/3은 구부리지 않고 지점을 넘어서 정착한다. 또 부철근이 배치되는 경우 그것이 적어도 1/3은 반곡점을 넘어서 압축측콘크리트에 정착하던가 다음의 부철근에 연속시킨다.
㉱ 절곡철근을 연장하여 정철근 또는 부철근으로서 이용하던가, 단부를 보의 압축연에 평행으로 늘여져 정착한다. 정착길이(이형철근의 경우)는 훅을 붙이지 않는 경우 15ϕ 이상 (ϕ : 철근직경), 훅을 두는 경우 10ϕ 이상으로 한다.
㉲ 스터럽의 단부는 압축측콘크리트에 정착한다. 압축철근이 있는 경우는 폐합스터럽으로 하고 압축철근을 둘러싸서 정착하는 동시에 압축철근의 좌굴을 막는다.
㉳ 대철근의 단부에는 축방향철근을 둘러싸는 반원형훅 또는 예각훅을 둔다.
㉴ 나선철근을 1바퀴반 여분으로 감게 하여 나선철근에 의해 둘러싸인 콘크리트 속에 정착한다.
② 정착의 기점
㉮ 휨과 전단을 받는 보의 축방향철근의 인장응력은 트러스기구에 의거하여 산정하면 통상의 보이론에 의한 값보다 커진다. 양자가 같게 되는 2단면간의 거리를 l_s로 하면, l_s는 다음 식으로 나타낸다.

$$\frac{l_s}{d} = \frac{\cot \alpha_s - \cot \alpha_b}{2} \tag{10-59}$$

여기서, α_s 및 α_b : 스터럽 및 절곡철근이 보의 축선과 이루는 각(度)
$\alpha_s=90°$, $\alpha_b=45°\sim 25°$로 하면 $l_s=0.5d\sim 1.07d$가 되며 안전측의 값으로서 $l_s=d$로 한다.

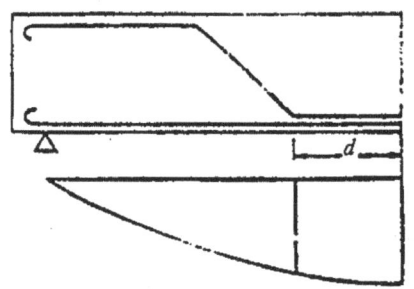

구부려 올리는 철근이 계산상 불필요한 단면
그림 10-21 절곡철근의 구부려 올리는 점

따라서 슬래브나 보의 인장철근을 휨모멘트에 대해서 여유가 생긴 단면으로 정착하는 경우 그 단면에서 휨모멘트가 작은 방향으로 $l_s=d$만 비켜놓은 단면을 정착의 기점으로 한다. 이것을 쉬프트라 한다.

㉯ 정착의 기점
ⓐ 그림 10-21은 휨모멘트에 대해서 여유가 생긴 인장철근을 구부려 올려서 절곡철근으로 하는 예이며 휨모멘트에 대해서 여유가 생긴 단면에서 $l_s=d$ 만 쉬프트하여 절곡하였다.
ⓑ 기둥의 하단에서는 $d/2$ 또는 10ϕ만 후팅 내에 들어간 위치를 정착기점으로 한다.
ⓒ 일단고정보 등의 고정단에서는 인장철근의 정착부의 구속 유무에 따라 $d/2 \sim d$ 만 정착부 내에 들어간 위치를 정착길이를 계산하는 기점으로 한다.

㉰ 철근의 정착길이
ⓐ 일반의 경우 : 정착길이 l_0는 기본정착길이 l_d 이상으로 한다. 단, 실제로 배치되어 있는 철근량 A_s가 계산상 필요한 철근량 A_{sc} 보다 많은 경우에는 다음 식에 의해 저감할 수가 있다.

$$\left.\begin{array}{l} l_s \geq l_d(A_{sc}/A_s) \\ l_0 \geq l_d/3 \end{array}\right\} \qquad (10\text{-}60)$$

기본정착길이 l_d 는 설계항복강도를 설계부착강도에 의해 콘크리트에 전달되는 길이이며, 겹이음의 이중맞춤길이로서 제7편 제1장 식(7-2)에 표시하였다.

ⓑ 인장연정착 : 인장철근은 인장응력을 받지 않는 콘크리트에 정착되는 것을 원칙으로 하나, 다음 조건의 어느 것인가가 만족되는 경우에는 인장측 콘크리트에 정착되어도 좋다. 정착길이는 정착되는 철근이 계산상 불필요한 단면에서(l_0+l_s) 이상으로 한다. 여기서, $l_s=d$로 한다.

ⅰ) 철근의 절단점에서 계산상 불필요한 단면까지의 구간에서는 설계전단 내력이 설계전단력의 1.5배 이상이어야 한다.

ⅱ) 철근절단부에서의 연속철근에 의한 설계휨내력이 설계휨모멘트의 2배 이상이며, 또 절단점에서의 계산상 불필요한 단면까지의 구간에서 설계전단내력이 설계전단력의 4/3배 이상이어야 한다.

ⓒ 슬럼프 또는 보의 정철근단의 정착 : 지점을 초과하여 정착하는 경우, 받침중심에서 $l_s = d$ 만 떨어진 단면위치의 철근응력에 대응하는 정착길이 l_0 이상을 받침중심에서 취하고 부재단까지 연장한다.

3. 배근예

1) 슬래브 또는 보의 축방향 인장철근

그림 10-22에 일단 고정보, 단순보 및 연속보의 축방향 인장철근을 표시한다.(인장철근은 변형도에 있어서 만곡의 외연에 따라 배치되는 것으로 생각하면 된다.)

2) 도립 T형 옹벽

도립 T형 옹벽은 3장의 일단고정 슬래브가 결합된 구조로서 설계한다. 그림 10-23은 각각의 일단고정슬래브(연직벽 및 기초)의 인장주철근의 배치를 표시한다. 그림 10-24는 배근도의 예이며, 연직벽에 대해서는 배면 가까이 연직방향으로 주철근, 수평방향으로 배력철근이 배치되며 표면 가까이에는 수평방향으로 온도변화, 건조수축에 대한 용심철근, 연직방향으로 이것을 조립하기 위한 조립철근이 배치된다.

3) 공벽(뒤부벽)식 옹벽

그림 10-25에 뒤부벽식 옹벽의 배근도의 예를 표시한다. 뒤부벽의 간격에 비하여 벽의 높이가 높은 경우는 연직벽은 뒤부벽과의 접합부를 지점으로 하는 연

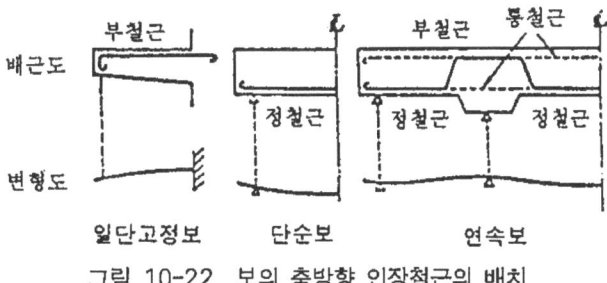

그림 10-22 보의 축방향 인장철근의 배치

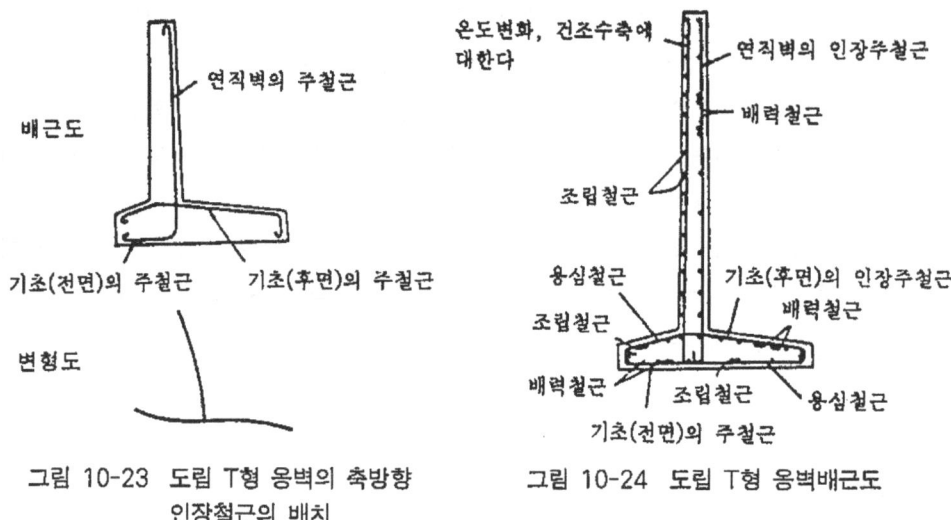

그림 10-23 도립 T형 옹벽의 축방향 인장철근의 배치

그림 10-24 도립 T형 옹벽배근도

속슬래브로 생각해도 좋기 때문에 수평방향으로 인장주철근, 연직방향으로 배력철근이 배치된다.

뒤부벽은 그림 10-26에 표시한 바와 같이 연직벽을 플랜지로 하고, 기초에 고정된 T형 단면의 연직 일단고정보의 복부로 생각하여 설치하기 때문에 뒤부벽의 외연에 따라 사면방향으로 인장주철근이 배치된다. 수평 및 연직방향의 철근은 토압의 수평분력 및 배면토의 중량이 각각 연직벽 및 기초에 작용하며, 그 때문에 뒤부벽에 발생하는 수평 및 연직방향의 인장응력에 저항시키기 위한 인장철근이다. 또 기초의 저판부는 일단고정슬래브로서 기초부 뒤쪽은 연속슬래브로서 설계된다.

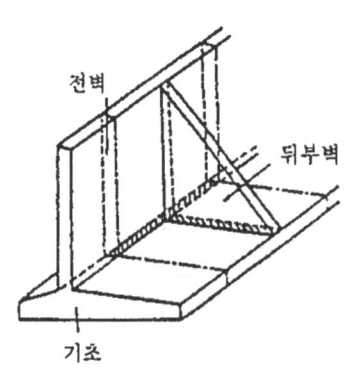

그림 10-25 뒤부벽식 옹벽

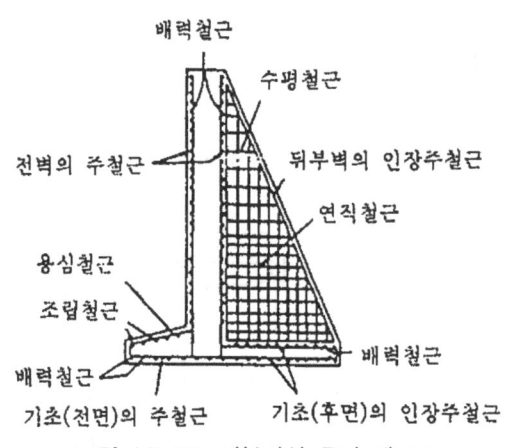

그림 10-26 뒤부벽식 옹벽 배근도

4) 박스컬버트

폐합라멘으로서 배근도의 예를 그림 10-27에 표시한다.

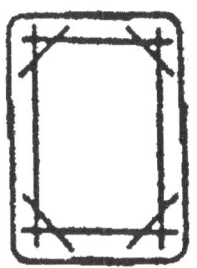

그림 10-27 박스컬버트 배치도

【연습문제】

제 67 장 철근콘크리트의 각종 설계법

다음 기술 내용의 적정 여부를 판단하고, 물음에 답하시오.

(1) 철근 콘크리트 휨부재의 압축측 콘크리트응력은 하중이 작은 단계에서 극한시까지 거의 삼각형분포이다.

(2) 철근 콘크리트 부재의 극한강도 설계법에 있어서는 재료의 비탄성적 성질을 고려하므로 파괴안전도를 확인할 수가 있다.

(3) 철근 콘크리트의 한계상태 설계법의 특징은, ① 여러 가지의 한계상태에 대해서 안전성을 검토하고, ② 안전율을 세분화하여 하중, 재료강도, 계산방법 등에 부분적으로 안전계수를 설정하는 일이다.

(4) 한계상태 설계법에 있어서 통상 안전성을 검토해야 할 한계상태로서 사용한계상태, 극한 한계상태 및 큰 하중의 되풀이를 받는 경우 피로한계상태를 생각한다.

제 68 장 허용 응력도 설계법

다음 기술 내용의 적정 여부를 판단하고, 물음에 답하시오.

(1) 허용응력도 설계법에 있어서는 콘크리트나 철근도 탄성체로 가정하고, 응력계산에서는 그것들의 탄성계수를 강도에 관계없이 각각 일정하게 한다.

(2) 허용응력도 설계법에 있어서는 계산상 콘크리트 휨인장응력 및 사면인장응력은 모두 무시하는 것으로 한다.

(3) 복철근에는 스터럽과 절곡철근이 있으며 빔의 경우는 어느 것인가 한 쪽을 배치하는 것으로 한다.

(4) 지진의 영향이나 공사용 차량 등의 일시적 하중 등, 특별한 하중을 받는 경우에는 경제성을 고려하여 콘크리트 및 철근의 허용응력을 할증할 수가 있다.

제 69 장 극한강도 설계법

다음 기술 내용의 적정 여부를 판단하고, 물음에 답하시오.

(1) 극한강도 설계법에 있어서는 일반적으로 콘크리트의 압축응력분포는 장방향분포로 가정해도 좋다.

(2) 단철근 장방형단면에 있어서 유효높이 d, 인장철근 단면적 A_s 및 철근의 재질을 알고 있는 경우 허용 휨모멘트 $Ma = \frac{7}{8} A_s \sigma_{sad}$, 극한 휨모멘트 $M_u = 0.9\, A_s\, f_y\, d$ 에서 계산된다. 단, σ_{sa} : 철근의 허용인장응력도, f_y : 철근의 항복점

(3) 복철근의 설계에 대해서 허용응력도 설계법의 경우는 트러스이론을 적용해도 좋

으나, 극한강도 설계법에 있어서는 전단파괴기구가 다양하므로 트러스이론을 이용해서는 안된다.

(4) 하중계수는 하중의 설계용치에 안전율이 담겨 있기 때문에 고정하중, 적재하중 등으로 다른 값을 부여할 수가 있는 것이 특징이다.

제 70 장 한계상태 설계법

다음 기술 내용의 적정 여부를 판단하고, 물음에 답하시오.

(1) 피로한계상태로 재료의 응력이 탄성역 내에 있으나 극한한계상태의 일종이다.

(2) 레디믹스트콘크리트를 이용하는 경우에는 구입자가 지정하는 호칭강도를 콘크리트강도의 특성치로 해도 좋다.

(3) 극한한계상태의 검토에 대해 콘크리트의 강재의 재료계수는 동일한 것으로 한다.

(4) 극한한계상태에 있어서 안정성의 검토는 재료의 설계강도와 부재계수를 이용하여 산정한 단면내력의 설계용치가 설계하중과 구조해석계수를 이용하여 산정한 단면력의 설계용치보다 크다는 것을 확인하면 된다.

(5) 철근콘크리트빔에 작용하는 전단력은 보통 압축연의 콘크리트, 사면균열면의 굵은 골재의 맞물림 작용, 축방향인장철근의 장부작용은 복철근에 의해 지니게 된다.

(6) 절곡철근은 사면인장력의 방향으로 배치되기 때문에 스터럽에 비하여 유효하게 작용되며 복철근에서 부담하는 전단력의 50% 이상을 절곡철근으로 받게 되도록 설계해야 한다.

(7) 시방서에서는 부식 환경조건을 3단계로 구분하여 각기에 대해 허용균열폭을 피복의 함수로서 표시한다.

(8) 철근콘크리트 빔의 피로파괴는 압축측 콘크리트의 피로파괴, 인장철근의 피로파단 또는 복철근의 피로파단에 기인되나, 이중 콘크리트의 압축피로에 의한 파괴가 가장 일반적이다.

제 71 장 철근의 배치법

다음 기술 내용의 적정 여부를 판단하고, 물음에 답하시오.

(1) 시방서에 규정되어 있는 기본덮개의 「부식환경」 및 「특히 심한 부식환경」에 대한 값은, 철근의 반영구적인 방청에는 그렇게 충분치 못하고 점검, 보수를 할 것을 전제로 해서 정한 것이다.

(2) 기둥의 콘크리트치기는 보에 비하면 힘드므로, 축방향 철근의 수평간격은 기둥의 경우가 보보다 크게 잡도록 하고 있다.

(3) 어떠한 경우에도 인장철근과 인장응력을 받는 콘크리트에 정착해서는 안된다.

(4) 도립 T형 옹벽에서도 뒤부벽식 옹벽에서도 연직벽의 인장주철근은 연직방향에만 배치된다.

제 11 편 콘크리트 품질관리 검사기준(요약)

- 제72장　콘크리트 자재 품질검사
- 제73장　콘크리트 제조설비 및 공정검사
- 제74장　콘크리트 운반·타설·양생 등의 검사
- 제75장　레디믹스트 콘크리트 품질
- 제76장　철근콘크리트 품질검사
- 제77장　경량콘크리트 품질검사
- 제78장　매스콘크리트 품질검사
- 제79장　한중 및 서중, 수밀콘크리트 품질검사
- 제80장　유동화 콘크리트 품질검사
- 제81장　고강도 콘크리트 품질검사
- 제82장　수중콘크리트 품질검사
- 제83장　프리팩트 콘크리트 품질검사
- 제84장　해양 및 팽창 콘크리트 품질검사
- 제85장　숏크리트 품질검사
- 제86장　섬유보강 및 강콘크리트 품질검사
- 제87장　프리스트레스트 콘크리트 품질검사

제 72 장 콘크리트 자재 품질검사

● 시멘트

시멘트의 품질관리

종 류	항목	시험·검사 방법	시기 및 횟수	판정기준
KS에 규정되어 있는 시멘트	해당 시멘트의 KS에 규정되어 있는 항목	제조회사의 시험성적표에 의한 확인 또는 KS L 5201의 방법	공사 시작 전, 공사중 1회/월 이상 및 장기간 저장한 경우	해당 시멘트의 KS 규격에 합격한 것.
KS에 규정되어 있지 않은 시멘트	필요로 하는 항목			사용목적을 달성하기 위해 정한 규격에 적합한 것.

● 혼합수

혼합수의 품질관리

종 류	항목	시험·검사방법	시기 및 횟수	판정기준
상수도수	-	상수도수를 사용하고 있다는 것을 나타내는 자료로 확인	공사 시작 전	상수도수일 것
상수도수 이외의 물	KS F 4009 부속서 2의 항목	KS F 4009 부속서의 방법	공사 시작 전, 공사중 1회/년 이상 및 수질이 변한 경우	KS F 4009 부속서에 적합한 것

● 잔골재

잔골재의 품질관리

종류	항 목	시험 및 검사방법	시기 및 횟수	판정기준
천연모래	절대건조밀도	KS F 2504의 방법	공사시작 전, 공사 중 1회/월 이상[1] 및 산지가 바뀐 경우	제2장 「2.1.3 잔골재」의 각각의 규정에 적합할 것
	흡수율			
	입 도	KS F 2502의 방법		
	점토덩어리	KS F 2512의 방법		
	0.08mm 체 통과량	KS F 2511의 방법		
	염화물이온량	KS F 2515의 방법		
	유기불순물	KS F 2510의 방법		
	물리 화학적 안정성 (알칼리실리카반응성)	KS F 2545의 방법 KS F 2546의 방법	공사시작 전, 공사 중 1회/6개월 이상 및 산지가 바뀐 경우	
	골재에 포함된 경량편	KS F 2513의 방법	공사시작 전, 공사 중 1회/년 이상 및 산지가 바뀐 경우	
	내동해성(안정성)	KS F 2507의 방법		
부순모래	KS F 2527의 품질항목	KS F 2527의 방법	공사시작 전, 공사 중 1회/월 이상[2] 및 산지가 바뀐 경우	KS F 2527에 적합할 것
고로슬래그 잔골재	KS F 2544의 품질항목	KS F 2544의 방법	공사시작 전, 공사 중 1회/월 이상 및 산지가 바뀐 경우	KS F 2527에 적합할 것

주 1) 산모래의 경우 0.08mm 체 통과량 시험은 1회/주 이상 실시할 것.
  바다모래의 경우 및 바다모래를 다른 잔골재와 혼합하여 사용하는 경우 염화물이온량은 1회/주 이상 실시할 것.
 2) 알칼리실리카 반응성은 1회/6개월 이상, 안정성은 1회/년 이상 실시할 것.

● 굵은 골재

굵은 골재의 품질관리

종류	항 목	시험 및 검사방법	시기 및 횟수	판정기준
강자갈	절대건조밀도 흡수율	KS F 2503의 방법	공사시작 전, 공사중 1회/월 이상 및 산지가 바뀐 경우	제2장 「2.1.4 굵은 골재」의 각각의 규정에 적합할 것
	입 도	KS F 2502의 방법		
	점토덩어리	KS F 2512의 방법		
	0.08mm 채 통과량	KS F 2511의 방법		
	물리 화학적 안정성 (알칼리실리카반응성)	KS F 2545의 방법 KS F 2546의 방법	공사시작 전, 공사 중 1회/6개월 이상 및 산지가 바뀐 경우	
	석탄, 갈탄 등으로 밀도 2.0g/cm³의 액체에 뜨는 것	KS F 2513의 방법	공사시작 전, 공사 중 1회/년 이상 및 산지가 바뀐 경우	
	내동해성(안정성)	KS F 2507의 방법		
부순골재	KS F 2527의 품질항목	KS F 2527의 방법	공사시작 전, 공사중 1회/월 이상¹⁾ 및 산지가 바뀐 경우	KS F 2527 에 적합할 것
고로슬래그 굵은골재	KS F 2544의 품질항목	KS F 2544의 방법	공사시작 전, 공사중 1회/월 이상 및 산지가 바뀐 경우	KS F 2527 에 적합할 것

주 1) 알칼리실리카 반응성은 1회/6개월 이상. 안정성은 1회/년 이상

● 혼화제

혼화제의 품질관리

종류	항목	시험 및 검사방법	시기 및 횟수	판정기준
AE제, 감수제, AE 감수제, 고성능 AE 감수제	KS F 2560의 품질항목	제조회사의 시험성적서에 의한 확인 또는 KS F 2560의 방법	공사시작 전, 공사중 1회/월 이상 및 장기간 저장한 경우	KS F 2560에 적합할 것
유동화제	KCI-AD101에서 필요로 하는 항목	제조회사의 시험성적서에 의한 확인 또는 KCI-AD101의 방법		KCI-AD101에 적합할 것
수중불분리성 혼화제	KCI-AD102에서 필요로 하는 항목	제조회사의 시험성적서에 의한 확인 또는 KCI-AD102의 방법		KCI-AD102에 적합할 것
철근콘크리트용 방청제	KS F 2561의 품질 항목	제조회사의 시험성적서에 의한 확인 또는 KS F 2561의 방법		KS F 2561에 적합할 것
그 밖의 혼화재	필요로 하는 항목	제조회사의 시험성적서에 의한 확인 또는 KS F 2560 등에 규정된 시험 및 검사방법 등을 참조하여 필요로 하는 항목		KS F 2560 등에 규정된 시험 및 검사방법 등을 참조하여 정한 판정기준에 적합할 것

● 혼화재

혼화재의 품질관리

종류	항목	시험 및 검사방법	시기 및 횟수	판정기준
플라이애쉬	KS L 5405의 품질항목	제조회사의 시험성적서에 의한 확인 또는 KS L 5405의 방법	공사시작 전, 공사중 1회/월 이상 및 장기간 저장한 경우	KS L 5405에 적합할 것
콘크리트용 팽창재	KS F 2562의 품질항목	제조회사의 시험성적서에 의한 확인 또는 KS F 2562의 방법		KS F 2562에 적합할 것
고로슬래그 미분말	KS F 2563의 품질항목	제조회사의 시험성적서에 의한 확인 또는 KS F 2563의 방법		KS F 2563에 적합할 것
실리카 흄	필요로 하는 항목	제조회사의 시험성적서에 의한 확인 또는 제2장 「2.1.5.2(4)」의 내용을 참조하여 필요로 하는 항목		제2장 「2.1.5.2(4)」의 내용을 참조하여 사용목적을 달성하기 위해 정한 규격에 적합할 것
그 밖의 혼화재				

제 73 장 콘크리트 제조설비 및 공정검사

● 제조설비

제조설비의 검사

종류		항목	시험 및 검사방법	시기 및 횟수	판정기준
재료의 저장 설비		필요한 항목	외관 관찰, 설비의 구조도 확인, 온도 및 습도 측정	공사시작 전, 공사중	제2장 「2.3.1.1 저장설비」의 규정에 적합할 것
계량설비	계량기	계량 정밀도	분도, 전기식 검사기	공사시작 전 및 공사중 1회/6개월 이상	계량법의 사용 오차 이내에 있을 것
	계량제어 장치	계량 정밀도	지시치와 설정치의 오차 측정		소요의 정밀도 이내에 있을 것
믹서	가경식	성능	KS F 2455 및 KS F 8008의 방법	공사시작 전 및 공사중 1회/6개월 이상	KS F 2455 및 KS F 8008에 적합할 것
	중력식	성능	KS F 2455 및 KS F 8009의 방법		KS F 2455 및 KS F 8009에 적합할 것

● 제조공정

제조공정에 있어서의 검사

종류	항목	시험 및 검사방법	시기 및 횟수	판정기준
배합	시방배합	시방배합을 하고 있는 것을 나타내는 자료에 의한 확인	공사중 적절히 실시함	시방배합에 적합할 것
	잔골재 조립률	KS F 2502의 방법	1회/일 이상	시방배합으로부터 현장배합으로의 수정이 적절하게 되어 있을 것
	잔골재 표면수율	KS F 2550 및 KS F 2509의 방법	2회/일 이상	
	굵은골재 조립률	KS F 2502의 방법	1회/일 이상	
	굵은골재 표면수율	KS F 2550의 방법		
계량	계량설비의 계량 정밀도	임의의 연속된 10배치에 대하여 각 계량기별, 재료별로 실시	공사시작 전 및 공사중 1회/6개월 이상	제2장 「2.5.1 재료의 계량」에 적합할 것
비비기	재료의 투입순서	외관 관찰	공사중 적절히 실시함	투입순서가 올바를 것
	비비기 시간	설정치의 확인		소정의 값일 것
	비비기량	설정치의 확인		소정의 양일 것

제 74 장 콘크리트 운반·타설·양생 등의 검사

● 양생

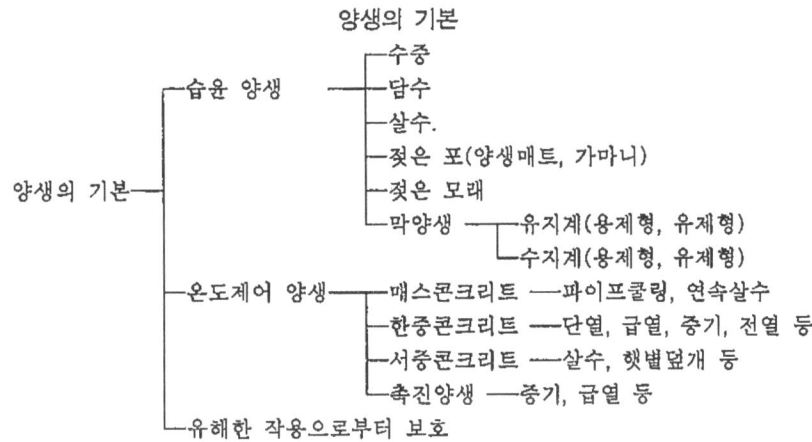

습윤양생기간의 표준

일평균기온	보통포틀랜드 시멘트	고로슬래그 시멘트 플라이애쉬 시멘트 B종	조강포틀랜드 시멘트
15℃ 이상	5일	7일	3일
10℃ 이상	7일	9일	4일
5℃ 이상	9일	12일	5일

● 콘크리트 이음 표준값

콘크리트 마무리의 평탄성 표준값

콘크리트면의 마무리	평탄성	참 고	
		기둥, 벽의 경우	바닥의 경우
마무리 두께 7mm 이상 또는 바탕의 영향을 많이 받지 않는 마무리의 경우	1m당 10mm 이하	바름 바탕 띠장 바탕	바름 바탕 이중마감 바탕
마무리 두께 7mm 이하 또는 양호한 평탄함이 필요한 경우	3m당 10mm 이하	뿜칠 바탕 타일압착 바탕	타일 바탕 융단깔기 바탕 방수 바탕
제물치장 마무리 또는 마무리 두께가 얇은 경우	3m당 7mm 이하	제물치장 콘크리트 도장 바탕 천붙임 바탕	수지 바름 바탕 내마모 마감 바탕 쇠손 마감 마무리

● 콘크리트 운반 검사

콘크리트의 운반 검사

항목	시험·검사방법	시기 및 횟수	판정기준
운반설비 및 인원배치	외관 관찰	콘크리트 타설 전 및 운반 중	시공계획서와 일치할 것
운반방법	외관 관찰		시공계획서와 일치할 것
운반량	양의 확인		소정의 양일 것
운반시간	출하 및 도착시간의 확인		제2장 「3.3 운반」에 적합할 것

● 현장반입된 콘크리트 품질검사

콘크리트의 받아들이기 품질검사

항 목		시험·검사방법	시기 및 횟수	판정기준
굳지 않은 콘크리트의 상태		외관 관찰	콘크리트 타설 개시 및 타설중 수시로 함.	워커빌리티가 좋고, 품질이 균질하며 안정할 것
슬럼프		KS F 2402의 방법	압축강도시험용 공시체 채취시 및 타설중에 품질변화가 인정될 때	30mm 이상 80mm 미만 : 허용오차 ±15mm 80mm 이상 180 mm 이하 : 허용오차 ±25mm
공기량		KS F 2409의 방법 KS F 2421의 방법 KS F 2449의 방법		허용오차 : ±1.5%
온 도		온도측정		정해진 조건에 적합할 것
단위용적질량		KS F 2409의 방법		정해진 조건에 적합할 것
염화물이온량		KS F 4009 부속서 1의 방법	바다모래를 사용할 경우 2회/일, 그 밖의 경우 1회/주	원칙적으로 0.3kg/m³ 이하
배합	단위수량	굳지 않은 콘크리트의 단위수량 시험으로부터 구하는 방법	내릴 때 오전 2회 이상, 오후 2회 이상	허용치 내에 있을 것
		골재의 표면수율과 단위수량의 계량치로부터 구하는 방법	내릴 때 전배치	허용치 내에 있을 것
	단위시멘트량	시멘트의 계량치	내릴 때 전배치	허용치 내에 있을 것
	물-시멘트비	굳지 않은 콘크리트의 단위수량과 시멘트의 계량치로부터 구하는 방법	내릴 때 오전 2회 이상, 오후 2회 이상	허용치 내에 있을 것
		골재의 표면수율과 콘크리트 재료의 계량치로부터 구하는 방법	내릴 때 전배치	허용치 내에 있을 것
	기타, 콘크리트 재료의 단위량	콘크리트 재료의 계량치	내릴 때 전배치	허용치 내에 있을 것
펌퍼빌리티		펌프에 걸리는 최대 압송 부하의 확인	펌프 압송시	콘크리트 펌프의 최대 이론 토출압력에 대한 최대 압송부하의 비율이 80% 이하

콘크리트의 성능과 관계되는 주된 지표

콘크리트의 성능	관계되는 주된 지표
단열온도상승특성	결합재의 품질, 단위결합재량, 온도(타설시)
강도	시멘트(결합재)-물비
중성화속도계수	결합재의 품질, 유효 물-결합재비
염화물이온에 대한 확산계수	물-시멘트비(염화물이온량 : 내적 염해의 경우)
동결융해 저항성	물-시멘트비, 공기량, 골재의 품질
내화학적 침식	결합재의 품질, 물-결합재비
알칼리 골재 반응성	골재 및 결합재의 품질, 단위시멘트량
투수계수	물-시멘트비
내화성	골재의 품질, 단위수량
수축특성	콘크리트 재료의 품질, 단위수량, 단위시멘트량
워커빌리티	굵은골재 최대치수, 슬럼프, 블리딩(육안 관찰에 의한 재료분리의 정도)
펌퍼빌리티	골재의 품질, 굵은골재 최대치수, 슬럼프, 블리딩(육안 관찰에 의한 재료분리의 정도)
응결특성	시멘트의 품질, 혼화재료의 품질, 온도(타설시)

압축강도에 의한 콘크리트의 품질 검사

종류	항목	시험·검사 방법	시기 및 횟수	판정기준
설계기준강도로부터 배합을 정한 경우	압축강도 (일반적인 경우 재령 28일)	KS F 2405 의 방법[1]	1회/일, 또는 구조물의 중요도와 공사의 규모에 따라 150m^3마다 1회, 배합이 변경될 때마다	3회 연속한 압축강도 시험값의 평균이 설계기준강도에 미달하는 확률이 1% 이하라야 하고 또한 각각의 압축강도 시험값이 설계기준강도보다 3.5MPa에 미달하는 확률이 1% 이하인 것을 적당한 생산자 위험률로 추정할 수 있을 것.
그 밖의 경우				압축강도의 평균치가 소요의 물-시멘트비에 대응하는 압축강도 이상일 것.

주 1) 1회의 시험치는 현장에서 채취한 시험체 3개의 연속한 압축강도 시험값의 평균치임.

콘크리트의 타설 검사

항 목	시험·검사방법	시기 및 횟수	판정기준
타설설비 및 인원배치	외관 관찰	콘크리트 타설 전 및 타설중	시공계획서와 일치할 것
타설방법	외관 관찰		시공계획서와 일치할 것
타설량	타설 개소의 형상치수로부터 양의 확인		소정의 양일 것

콘크리트의 양생 검사

항 목	시험·검사방법	시기 및 횟수	판정기준
양생설비 및 인원배치	외관 관찰	콘크리트 양생중	시공계획서와 일치할 것
양생방법	외관 관찰		시공계획서와 일치할 것
양생기간	일수, 시간의 확인		정해진 조건에 적합할 것

콘크리트의 표면상태 검사

항 목	검사방법	판정기준
노출면의 상태	외관 관찰	평탄하고 곰보, 자국, 기포 등에 의한 결함, 철근피복 부족의 징후 등이 없으며, 외관이 정상일 것.
균 열	스케일에 의한 관찰	균열폭은 콘크리트 구조설계기준 「4.2 균열」의 규정에 따르되, 구조물의 성능, 내구성, 미관 등 그의 사용목적을 손상시키지 않는 허용치의 범위 내에 있을 것.
시공이음	외관 및 스케일에 의한 관찰	신·구콘크리트의 일체성이 확보되어 있다고 판단되는 것.

제 75 장 레디믹스트 콘크리트 품질

레디믹스트 콘크리트의 종류

콘크리트의 종류	굵은골재의 최대치수 (mm)	슬럼프 (mm)	호칭강도(MPa)										
			18	21	24	27	30	35	40	45	50	휨 4	휨 4.5
보통콘크리트	20, 25	25, 65	-	-	-	-	-	-	-	-	-	○	○
		80, 120	○	○	○	○	○	○	○	○	○	-	-
		150, 180	○	○	○	○	○	○	○	-	-	-	-
		210	-	○	○	○	○	○	-	-	-	-	-
	40	25, 65	-	-	-	-	-	-	-	-	-	○	○
		50, 80, 120, 150	○	○	○	○	○	-	-	-	-	-	-
경량콘크리트	15, 20	80, 120, 150, 180, 210	○	○	○	○	○	-	-	-	-	-	-

주) 호칭강도를 보증할 재령에 대하여 강도시험에서 공시체의 재령은 지정이 없는 경우 28일, 지정이 있는 경우는 구입자가 지정한 일수로 한다.

슬럼프의 허용오차(mm)

슬럼프	슬럼프 허용차
25	±10
50 및 65	±15
80 이상	±25

계량 오차

재료의 종류	측정 단위	1회 계량분량의 한계오차
시멘트	질량	1% 이내
골재	질량	3% 이내
물	질량 또는 부피	1% 이내
혼화재	질량	2% 이내
혼화제	질량 또는 부피	3% 이내

굵은골재의 최대치수에 대한 압송관의 최소 호칭치수

굵은골재의 최대치수(mm)	압송관의 호칭치수(mm)
20	100 이상
25	100 이상
40	125 이상

검사 로트 및 시험횟수

원칙적인 검사로트 ($450m^3$의 배수)	원칙적인 검사로트 $\pm 150m^3$	본 학회안 (m^3)	검사 로트수	시험횟수
450 이하	—	0↑[2] ~ 50↓[2] 50↑ ~ 150↓ 150↑ ~ 300↓	1	1×[0+3[1]]=3 1×[1+2[1]]=3 1×[2+1[1]]=3
450	300~600	300↑ ~ 600↓	1	1×3=3
900	750~1,050	600↑ ~1,050↓	2	2×3=6
1,350	1,200~1,500	1,050↑ ~1,500↓	3	3×3=9
1,800	1,650~1,950	1,500↑ ~1,950↓	4	4×3=12

주 1) 동일강도, 동일재료로 본 공사와 다른 공사현장에서 출하된 레미콘의 시험자료를 받는다. 단, 동일강도, 동일재료로 출하되는 다른 현장이 없는 경우는 3회 시험을 실시할 수 밖에 없다.
 2) ↑는 이상, ↓는 미만임.

제 76 장 철근콘크리트 품질검사

철근 고임대 및 간격재의 종류, 수량 및 수량 배치간격의 표준

부 위	종 류	수량 또는 배치간격
기 초	강재, 콘크리트	8개/4m² 20개/16m²
지중보	강재, 콘크리트	간격은 1.5m 단부는 1.5m 이내
벽, 지하외벽	강재, 콘크리트	상단 보 밑에서 0.5m 중단은 1.5m 이내 횡간격은 1.5m 단부는 1.5m 이내
기 둥	강재, 콘크리트	상단은 보밑 0.5m 이내 중단은 주각과 상단의 중간 기둥 폭방향은 1m까지 2개 1m 이상 3개
보	강재, 콘크리트	간격은 1.5m 단부는 1.5m 이내
슬래브	강재, 콘크리트	간격은 상·하부 철근 각각 가로 세로 1m

주) 수량 및 배치간격은 5~6층 이내의 철근콘크리트 구조물을 대상으로 한 것으로서, 구조물의 종류, 크기, 형태 등에 따라 달라질 수 있음.

철근의 품질 검사

종 류	항 목	시험 및 검사방법	시기 및 횟수	판정기준
철근콘크리트용 봉강	KS D 3504의 품질 항목	제조회사의 시험성적서에 의한 확인 또는 KS D 3504의 방법	입하시	KS D 3504에 적합할 것
철근콘크리트용 재생강	KS D 3527의 품질 항목	제조회사적합시험성적서에 의한 확인 또는 KS D 3527의 방법		KS D 3527에 적합할 것
에폭시 피복철근	KS D 3629의 품질 항목	제조회사적합시험성적서에 의한 확인 또는 KS D 3629의 방법		KS D 3629에 적합할 것
철근콘크리트용 아연도금봉강	KS D 3613의 품질 항목	제조회사적합시험성적서에 의한 확인 또는 KS D 3613의 방법		KS D 3613에 적합할 것

철근 가공 및 조립에 대한 품질 검사

항목		시험·검사방법	시기·횟수	판정기준
철근의 종류, 지름, 수량		제조회사의 시험성적서에 의한 확인, 육안 관찰, 지름의 측정	가공 및 조립시	철근가공조립도와 일치할 것
철근의 가공치수		스켈 등에 의한 측정		소정의 허용오차 이내일 것
간격재의 종류, 배치, 수량		육안 관찰		철근의 피복이 바르게 확보되도록 적절히 배치되어 있을 것
철근의 고정방법		육안 관찰	조립후 및 조립 후 장기간 경과한 경우	콘크리트를 타설할 때 변형, 이동의 우려가 없을 것
조립된 철근의 배치	이음 및 정착 위치	스켈 등에 의한 측정 및 육안 관찰		철근가공조립도와 일치할 것
	철근피복			허용오차 : $d \leq 200mm$인 경우 -10mm, $d > 200mm$인 경우 -13mm
	유효높이			허용오차 : $d \leq 200mm$인 경우 ±10mm, $d > 200mm$인 경우 ±13mm

가공치수의 허용오차

철근의 종류		부호 (오른쪽 그림)	허용오차 (mm)
스터럽, 띠철근, 나선철근		a, b	± 5
그밖의 철근	D25 이하의 이형철근	a, b	±15
	D29 이상 D32 이하의 이형철근	a, b	±20
가공 후의 전 길이		L	±20

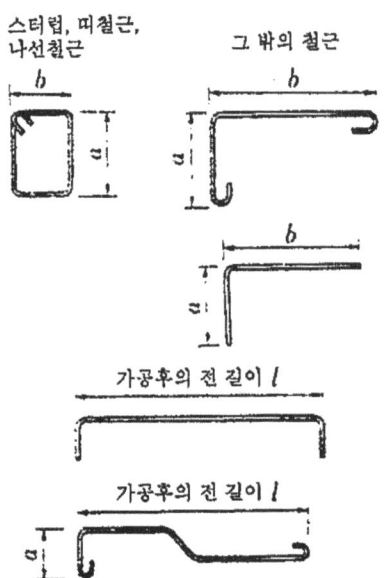

철근이음의 검사

종류	항목	시험·검사방법	시기·횟수	판정기준
겹이음	위치	육안 관찰 및 스켈에 의한 측정	가공 및 조립시	철근가공조립도와 일치할 것
	이음길이			
가스압접 이음	위치	외관 관찰, 필요에 따라 스켈, 버니어캘리퍼스 등에 의한 측정	전체 개소	철근가공조립도와 일치할 것
	외관검사			사용목적을 달성하기 위해 정한 별도의 규격에 적합할 것
	초음파탐상검사	KS D 0273	1검사 로트[1]마다 30개소 발취	
	인장시험에 의한 검사	KS D 0244	설계도서에 의함	
기계적 이음	위치	육안 관찰, 필요에 따라 스켈, 버니어캘리퍼스 등에 의한 측정	전체 개소	철근가공조립도와 일치할 것
	외관검사			사용목적을 달성하기 위해 정한 별도의 규격에 적합할 것
	각각의 이음에 요구되는 항목	제조회사의 시험성적서에 의한 확인 또는 필요로 하는 항목	설계도서에 의함	

주 1) 1검사롯트는 원칙적으로 동일 작업반이 동일한 날에 시공한 압접개소로서 그 크기는 200개소 정도를 표준으로 함.

콘크리트의 압축강도를 시험할 경우

부 재	콘크리트 압축강도(f_{cu})
확대기초, 보 옆, 기둥 등의 측벽	5MPa 이상
슬래브 및 보의 밑면, 아치 내면	설계기준강도×2/3 ($f_{cu} \geq 2/3 f_{ck}$) 다만, 14MPa 이상

콘크리트의 압축강도를 시험하지 않을 경우 기초, 보 옆, 기둥 및 벽의 측벽

시멘트의 종류 평균 기온	조강포틀랜드 시멘트	보통포틀랜드시멘트 고로슬래그시멘트(특급) 포틀랜드포졸란시멘트(A종) 플라이애쉬시멘트(A종)	고로슬래그시멘트(1급) 포틀랜드포졸란시멘트(B종) 플라이애쉬시멘트(B종)
20℃ 이상	2일	4일	5일
10℃ 이상 20℃ 미만	3일	6일	8일

거푸집 및 동바리의 품질검사

항 목	시험·검사방법	시기·횟수	판정기준
거푸집, 동바리의 재료 및 체결재의 종류, 재질, 형상치수	외관검사	거푸집, 동바리 조립 전	지정한 품질 및 치수의 것일 것
동바리의 배치	외관검사 및 스케일에 의한 측정	동바리 조립 후	경화한 콘크리트 부재가 표 2.38 및 제5장 「3.4 거푸집의 허용오차」 규정에 적합할 것
조임재의 위치 및 수량	외관검사 및 스케일에 의한 측정	콘크리트 타설 전	
거푸집의 형상치수 및 위치	스케일에 의한 측정	콘크리트 타설 전 및 타설 도중	
거푸집과 최외측 철근과의 거리	스케일에 의한 측정		표 4.3의 철근피복 허용오차 규정에 적합할 것

제 77 장 경량콘크리트 품질검사

경량콘크리트의 설계기준강도 및 기건 단위용적질량의 범위

사용한 골재에 의한 콘크리트의 종류	사용골재		설계기준강도 (MPa)	기건 단위 용적질량 (kg/m³)
	굵은골재	잔골재		
경량골재콘크리트 1종	경량골재	모래, 부순 잔골재, 고로슬래그 잔골재	15 21 24	1700~2000
경량골재콘크리트 2종	경량골재	경량골재나 혹은 경량골재의 일부를 모래, 부순 잔골재, 고로슬래그 잔골재로 대치한 것	15 18 21	1400~1700

단위용적질량에 대응하는 강도

단위용적질량 (kg/m³)	기준재령 인장강도 (MPa)	기준재령 압축강도 (MPa)
1680 이하	2 이상	17 이상
1760 이하	2 이상	21 이상
1840 이하	2 이상	28 이상

경량골재의 단위용적질량

치 수	건조된 상태의 최대 단위용적질량 (kg/m³)
잔골재	1120
굵은골재	880
잔골재와 굵은골재의 혼합물	1040

경량골재의 입도의 표준

골재의 치수(mm)	체의호칭 (mm)	각 체를 통과하는 질량백분율(%)								
		25	20	15	10	5	2.5	1.2	0.3	0.15
잔골재	5~0	–	–	–	100	85~100	–	40~80	10~35	5~25
굵은골재	25~5	95~100	–	25~60	–	0~10	–	–	–	–
	20~5	100	90~100	–	10~50	0~15	–	–	–	–
	15~5	–	100	90~100	40~80	0~20	0~10	–	–	–
	10~2.5	–	–	100	80~100	5~40	0~20	0~10	–	–
잔골재와 굵은골재의 혼합물	13~0	–	100	95~100	–	50~80	–	–	5~20	2~15
	10~0	–	–	100	90~100	65~90	35~65	–	10~25	5~15

유해물 함유량의 한도(질량백분율)

종 류	최대치
강열감량	5%
얼 룩	진한 얼룩이 생기지 않을 것 (진한 얼룩이 생길 경우 Fe_2O_3 1.5mg 이하일 것)
유기불순물	시험용액의 색이 표준색보다 진하지 않을 것
점토덩어리	2%
굵은골재의 부립률	10%

경량골재 콘크리트의 내동해성을 기준으로 하여 물-시멘트비를 정하는 경우 AE콘크리트의 최대 물-시멘트비(%)

구조물의 노출상태	기상조건 단면	기상작용이 심한 경우 또는 동결융해가 종종 반복되는 경우		기상작용이 심하지 않은 경우, 빙점 이하의 기온으로 되는 일이 드문 경우	
		얇은 경우[2]	보통의 경우 두꺼운 경우	얇은 경우[2]	보통의 경우 두꺼운 경우
① 계속해서 또는 종종 물로 포화되는 부분[1]		45	50	50	55
② 보통의 노출상태에 있으며 ①에 해당하지 않는 경우		50	55	55	60

주 1) 수로, 수조, 교대, 교각, 옹벽, 터널의 라이닝 등으로서 수면에 가까워 물로 포화되는 부분 및 이들 구조물 의에 보, 슬래브 등으로서 수면으로부터 떨어져 있기는 하나, 융설, 유수 등 때문에 물로 포화되는 부분
2) 단면두께가 약 200mm 이하인 구조물

경량골재 콘크리트의 시방배합 표시법

굵은 골재의 최대치수 (mm)	슬럼프의 범위 (cm)	공기량의 범위 (%)	물-시멘트비 W/C (%)	잔골재율 S/a (%)	단위량(kg/m³)					
					물 W	시멘트 C	혼화재 F	잔골재의 절대용적 (ℓ)	굵은골재의 절대용적 (ℓ)	혼화제 (cc 또는 g)

주 1) 이 표의 잔골재는 5mm 체에 전부 통과한 것이고, 굵은골재는 5mm 체에 전부 남은 것으로 한다.
  2) 잔골재와 굵은골재를 경량골재와 보통골재로 구분하여 표시한다.

현장배합의 표시법

굵은 골재의 최대치수 (mm)	단위용적질량 (kg/m³)	슬럼프 범위 (mm)	공기량 범위 (%)	물-시멘트비 W/C (%)	잔골재율 S/a (%)	단위량(kg/m³)					
						물 W	시멘트량 C	혼화재량 F	잔골재질량 S	굵은골재질량 G	혼화제 (mℓ 또는 g)

경량골재의 품질 검사

항 목	시험·검사방법	시기·횟수	판정기준
KS F 2534의 품질 항목	제조회사의 시험성적표에 의한 확인 또는 KS F2534의 방법	공사시작 전, 공사중 1회/월	KS F 2534에 적합할 것
굵은골재의 부립률	KS F 2531의 방법		부립률 상한값 10%
흡수율	KS F 2529의 방법 KS F 2533의 방법	1회/일 이상	시공계획서에 정한 범위에 들 것

굳지 않은 콘크리트의 품질 검사

항 목	시험·검사방법	시기·횟수	판정기준
단위용적질량	KS F 2409의 방법	압축강도 시험용 시험체 채취시	시방배합으로부터 계산한 값과 실측치와의 차가 50kg/m³ 이내

찔러넣기 간격 및 시간의 표준

콘크리트의 종류	찔러넣기 간격 (m)	진동시간 (초)
유동화되지 않은 것	0.3	30
유동화된 것	0.4	10

제 78 장 매스콘크리트 품질검사

설계인자와 온도균열 제어인자

설계인자	온도상승	온도응력	균열폭
부재단면	◎	◎	◎
여러가지 줄눈		◎	◎
철근 배치			◎
설계기준강도	◎	○	○

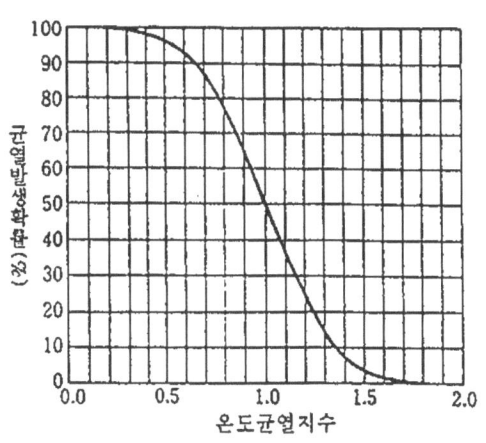

온도균열지수와 발생확률

설계인자와 온도균열 제어인자와 매스콘크리트의 온도관리에서의 Q_∞ 및 r 의 표준값

시멘트의 종류	타설온도 (℃)	$Q(t)=Q_\infty(1-e^{-rt})$			
		$Q_\infty(C)=aC+b$		$r(C)=gC+h$	
		a	b	$g(\times 10^{-3})$	h
보통포틀랜드시멘트	10	0.12	11.0	1.5	0.135
	20	0.11	13.0	3.8	−0.036
	30	0.11	12.0	4.0	0.337
중용열포틀랜드시멘트	10	0.11	6.0	0.3	0.303
	20	0.10	9.0	1.5	0.279
	30	0.11	9.0	2.1	0.299
고로슬래그시멘트 1급	10	0.11	14.0	1.4	0.073
	20	0.10	15.0	2.5	0.207
	30	0.10	15.0	3.5	0.332
플라이애쉬시멘트 B종	10	0.15	−3.0	0.7	0.141
	20	0.12	8.0	2.8	−0.143
	30	0.11	11.0	3.0	0.059

주) 이 표에서 C는 시멘트 질량으로서 단위는 kg/m³임.

콘크리트의 열계수 일반값

열계수	사용값
열전도율($W/m^2℃$)	2.6~2.8
비열($KJ/kg℃$)	1.05~1.26
열확산율(m^2/s)	$(0.83~1.1) \times 10^{-6}$

계수 a, b의 값

시멘트의 종류	a	b	$d(28)$
보통포틀랜드시멘트	4.5	0.95	1.11
중용열포틀랜드시멘트	6.2	0.93	1.15
조강포틀랜드시멘트	2.9	0.97	1.07

열전달률 η의 참고값

No.	양생방법	η ($W/m^2℃$)
1	강제거푸집 살수(담수깊이 10mm 미만)	14
2	담수(담수깊이 10mm 이상 50mm 미만) 거적을 덮는 양생 포함	8
3	담수(담수깊이 50mm 이상 100mm 미만)	8
4	합 판	8
5	시 트	6

6	양생매트
	  담수＋양생매트
	  담수＋시트를 포함
		5

7	발포스티롤(두께 50mm)＋시트	2

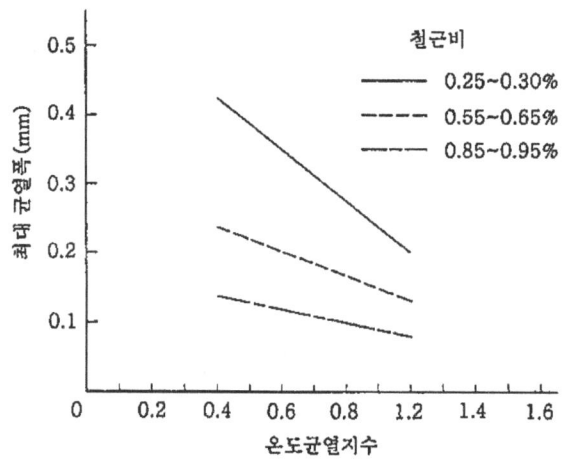

최대균열폭과 온도균열지수와의 관계

제 78 장 매스콘크리트 품질검사   741

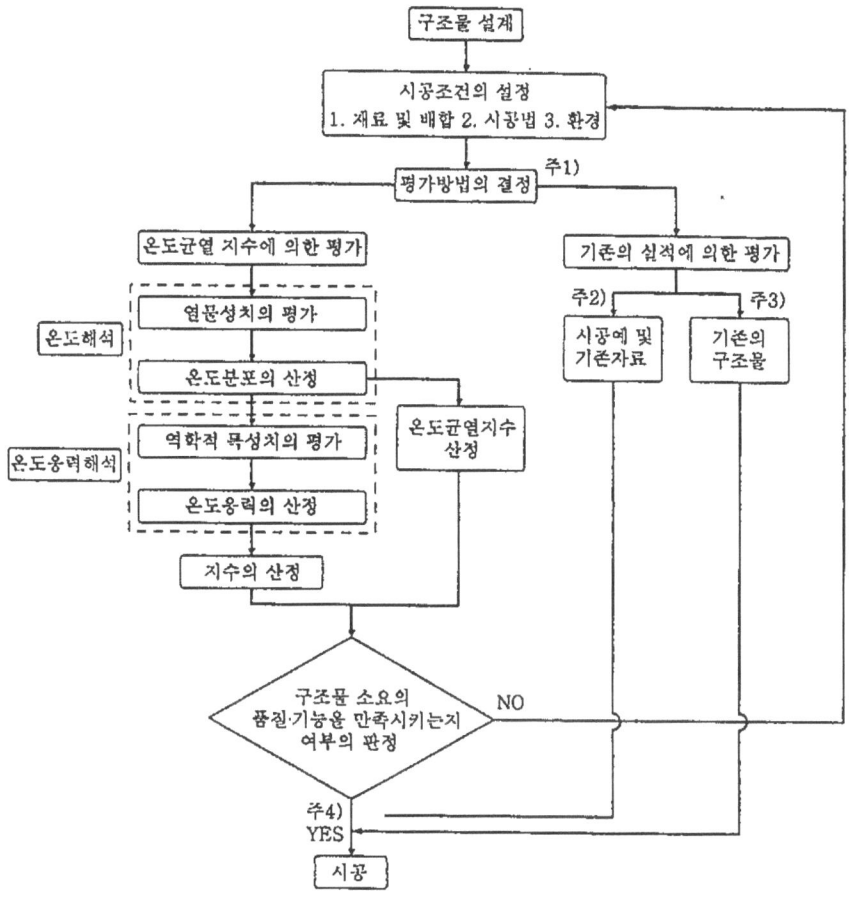

주 1) 검토대상 구조물이 기존의 실적 범위 내에 있는지 확인이 필요함.
   2) 같은 종류의 구조물에 대해서는 같은 종류의 시공법을 사용하여 문제가 생기지 않았다는 것이 사례로서 알려져 있는 경우
   3) 중요도가 낮은 구조물에서 이와 같은 검토의 필요성이 없다는 사실이 지금까지 경험에 의해 알려져 있는 경우
   4) 균열유발 줄눈을 설치해서 균열위치를 제어하여 발생된 균열을 보수함으로서 구조물의 기능을 만족시킬 수 있는 경우를 포함한다.

균열발생 검토 흐름도

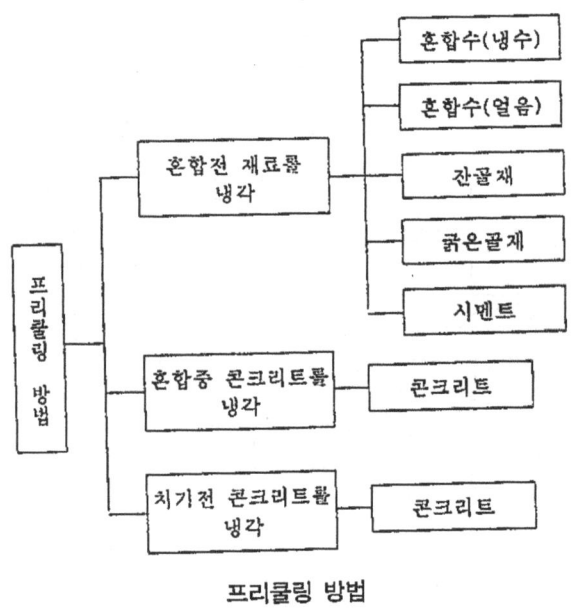

프리쿨링 방법

매스콘크리트의 온도관리 및 검사

항 목	시험검사 방법	시기횟수	판정기준
콘크리트 타설온도	온도측정	공사중	계획온도에 적합할 것
양생중의 콘크리트 온도 혹은 보온 양생된 공간의 온도			
균열	육안관찰		계획된 온도균열에 적합할 것

제 79 장 한중 및 서중, 수밀콘크리트 품질검사

적산온도 M에 대응하는 물-시멘트비의 보정계수 α의 산정식

시멘트의 종류	산정식
조강포틀랜드시멘트	$\alpha = \dfrac{\log M + 0.08}{3}$
보통포틀랜드시멘트 고로슬래그시멘트 특급 포틀랜드포졸란시멘트 A종 플라이애쉬시멘트 A종	$\alpha = \dfrac{\log(M-100) + 0.13}{3}$
고로슬래그시멘트 1급[1)] 포틀랜드포졸란시멘트 B종 플라이애쉬시멘트 B종	$\alpha = \dfrac{\log(M-100) - 0.37}{2.5}$

심한 기상작용을 받는 콘크리트의 양생종료시의 소요압축강도의 표준(MPa)

구조물의 노출 \ 단면	얇은 경우	보통의 경우	두꺼운 경우
(1) 계속해서 또는 자주 물로 포화되는 부분	15	12	10
(2) 보통의 노출상태에 있고 (1)에 속하지 않는 부분	5	5	5

소요의 압축강도를 얻는 양생일수의 표준(보통의 단면)

구조물의 노출상태	시멘트의 종류	보통포틀랜드 시멘트	조강포틀랜드 보통포틀랜드+촉진제	혼합시멘트 B종
(1) 계속해서 또는 자주 물로 포화되는 부분	5℃	9일	5일	12일
	10℃	7일	4일	9일
(2) 보통의 노출상태에 있고 (1)에 속하지 않는 부분	5℃	4일	3일	5일
	10℃	3일	2일	4일

한중콘크리트의 온도관리 및 검사

항 목	시험·검사방법	시기·횟수	판정기준
외기온	온도측정	공사시작 전 및 공사중	일평균기온 4℃ 이하
타설시의 온도			5~20℃ 이내 및 계획된 온도의 범위내, 계획하는 온도의 범위는 「3.1 운반 및 타설」에 적합할 것.
양생 중의 콘크리트 온도 혹은 보온양생된 공간의 온도			계획된 온도 범위 내, 계획할 온도 범위는 「3.2 양생」에 적합할 것.

· 서중콘크리트 품질검사

서중콘크리트의 품질관리 및 검사

항 목	시험·검사 방법	시기·횟수	판단 기준
외기온	온도측정	공사시작 전 및 공사중	일평균기온 25℃를 초과하는 경우
타설시 온도		공사중	35℃ 이하 및 계획한 온도의 범위내, 계획하는 온도의 범위는 「3.2 콘크리트의 타설」에 적합할 것. 매스콘크리트의 경우는 제7장 「3 시공」에 준할 것.
운반시간	시간의 확인	공사시작 전 및 공사중	비비기로부터 타설 종료까지의 시간은 1.5시간 이내 및 계획한 시간 이내일 것.

· 수밀콘크리트 품질검사

수밀콘크리트의 품질검사

종류	항목	시험·검사방법	시기·횟수	판단기준
팽창재	KS F 2562의 품질항목	제조회사의 시험성적표에 의한 확인 또는 KS F 2562의 방법	공사시작 전, 공사중 1회/월 이상 및 장기간 저장한 경우	KS F 2562에 적합할 것
방수제	KS F 4926의 품질항목	제조회사의 시험성적표에 의한 확인 또는 KS F 4926의 방법		KS F 4926에 적합할 것
물-시멘트비	압축강도로 추정할 경우	KS F 2405의 방법	1회/일 또는 구조물의 중요도와 공사의 규모에 따라 150m³마다 1회, 배합이 변경될 때마다	제2장 표 2-35에 적합할 것
	물-시멘트비	1) 굳지 않은 콘크리트의 단위수량분석과 시멘트의 계량치로부터 구하는 방법 2) 골재의 표면수율과 콘크리트 재료의 계량치로부터 구하는 방법		제2장 표 2-34에 준하여 소요의 값에 만족할 것

제 80 장 유동화 콘크리트 품질검사

유동화제의 품질규정

항목		유동화제의 종류	표준형	지연형
시험항목	슬럼프(cm)	베이스 콘크리트	8±1	
		유동화 콘크리트	20±1	
	공기량(%)	베이스 콘크리트	4.5±0.5	
		유동화 콘크리트	4.5±0.5	
블리딩량의 차(cm^3/cm^2)			0.1 이하	0.2 이하
응결시간의 차(분)		초 결	-30~+90	-60~+210
		종 결	-30~+90	+210 이하
시간에 따른(15분) 슬럼프 감소량(cm)			4.0 이하	4.0 이하
시간에 따른(15분) 공기량의 감소(%)			1.0 이하	1.0 이하
압축강도비[1](%)		재령 3일	90 이상	90 이상
		재령 7일	90 이상	90 이상
		재령 28일	90 이상	90 이상
길이변화비(%)			120 이하	120 이하
동결융해에 대한 저항성[1](상대동탄성계수비 %)			90 이상	90 이상

주 (1) 이 값은 일반적인 경우의 시험오차를 고려한 것으로, 유동화 콘크리트 역시 보통콘크리트와 동등한 품질을 가질 수 있음을 의미한다.

유동화 콘크리트의 슬럼프(mm)

콘크리트의 종류	베이스 콘크리트	유동화 콘크리트
일반 콘크리트	150 이하	210 이하
경량 콘크리트	180 이하	210 이하

유동화 책임면에서의 종류

책임구분	베이스 콘크리트 제조	유동화 콘크리트 제조
① 레미콘사와 현장시공자의 공동책임	레미콘사	현장시공자
② 레미콘사 책임	레미콘사	레미콘사
③ 시공자 책임	현장시공자	현장시공자

유동화 콘크리트의 슬럼프의 표준범위(콘크리트 타설 위치에서의 슬럼프)

구조물의 종류			슬럼프(mm)
큰 교각, 큰 기초 등 매시브한 콘크리트			80~120
교각, 두꺼운 벽체, 기초, 큰 아치 등 비교적 매시브한 콘크리트			100~150
두꺼운 판			80~120
일반적인 철근콘크리트			120~180
프리스트레스트 콘크리트 보			80~150
수밀 콘크리트			100~150
터널라이닝 콘크리트			80~150
경량골재 콘크리트	철근콘크리트	슬래브	150~180
		보	120~180
		벽체 및 기둥	120~180
	프리스트레스트 콘크리트 보		100~150

배합의 표시법

굵은 골재의 최대 치수 (mm)	슬럼프(mm)[1]		공기량(%)[1]		물-시멘트비 W/C (%)	잔골재율 S/a (%)	절대용적(ℓ/m^3)				혼화재료			단위질량(kg/m^3)				혼화재료		
	베이스 콘크리트	유동화 콘크리트	베이스 콘크리트	유동화 콘크리트			W	C	S	G	혼화재	혼화제[2]	유동화제[2]	W	C	S	G	혼화재	혼화제[2]	유동화제[2]

주 1) 슬럼프 및 공기량은 유동화 전후의 것으로 한다.
  2) 혼화재 및 유동화제의 사용량은 mℓ/m^3 또는 g/m^3로 나타내고 희석시키지 않거나, 녹이지 않은 것을 표시하는 것으로 한다.
    또한 유동화제의 용적은 콘크리트를 비비는 용적계산에서 무시하는 것으로 한다.

유동화 콘크리트의 품질관리 및 검사

종류	항목	시험·검사방법	시기·횟수	판단기준
유동화제	KCI-AD101의 품질항목	제조회사의 시험성적표에 의한 확인 또는 KCI-AD101의 방법	공사시작 전, 공사 중 1회/월 이상 및 장기간 저장한 경우	KCI-AD101에 적합할 것
베이스 콘크리트	슬럼프	KS F 2402의 방법	50m³마다 1회의 빈도를 표준으로 한다. 타설 당초는 빈도를 높인다.	계획한 범위 내에 있을 것. 「2.2 배합」에 적합할 것.
	공기량	KS F 2409의 방법 KS F 2421의 방법 KS F 2449의 방법		정해진 조건에 적합할 것.
유동화 콘크리트	슬럼프	KS F 2402의 방법		계획한 범위 내에 있을 것. 「2.2 배합」에 적합할 것.
	슬럼프 증가량			
	공기량	KS F 2409의 방법 KS F 2421의 방법 KS F 2449의 방법		정해진 조건에 적합할 것.

제 81 장 고강도 콘크리트 품질검사

골재의 품질

항목 종류	절건 밀도 (g/cm³)	흡수율 (%)	실적률 (%)	점토량 (%)	씻기시험에 의한 손실량 (%)	유기 불순물	염화물 이온량 (%)	안정성 (%)
굵은골재	2.5 이상	2.0 이하	59 이상	0.25 이하	1.0 이하	–	–	12 이하
잔골재	2.5 이상	3.0 이하	–	1.0 이하	2.0 이하	표준색 이하	0.02 이하	10 이하

고강도 콘크리트의 받아들이기 검사

종류	항목	시험 및 검사방법	시기 및 횟수	판정기준
배합	압축강도	KS F 2405의 방법	·받아들이기 시점 ·1회/일 또는 구조물의 중요도와 공사의 규모에 따라 20~150m³마다 1회	제2장 표 2-34에 준함.
유동성	슬럼프 또는 슬럼프 플로	KS F 2402의 방법 또는 KCI-CT103의 방법	상동	·슬럼프 : 설정치 ±25mm(180mm 이하의 경우) 설정치 ±15mm(180mm를 초과하는 경우) ·슬럼프플로 : 설정치 ± 50mm

제 82 장 수중 콘크리트 품질검사

수중 불분리성 혼화제를 첨가한 콘크리트의 품질규준(안)

항 목		표준형	지연형
블리딩률(%)		0.01 이하[1]	0.01 이하[1]
공기량(%)		4.5 이하	4.5 이하
슬럼프 플로의 시간적 감소량(cm)	30분 후	3.0 이하	–
	2시간 후	–	3.0 이하
수중분리도	현탁물질량(mg/ℓ)	50 이하	50 이하
	pH	12.0 이하	12.0 이하
응결시간(시간)	초결	5 이상	18 이상
	종결	24 이내	48 이내
수중제작 공시체의 압축강도 (MPa)	재령 7일	15.0 이상	15.0 이상
	재령 28일	25.0 이상	25.0 이상
수중기중 강도비(%)[2]	재령 7일	80 이상	80 이상
	재령 28일	80 이상	80 이상

주 1) 이 값은 블리딩 시험 결과의 표시에 대한 최소량이며, 실질적으로는 블리딩이 확인되지 않는 것을 의미한다.
   2) 기중 제작 공시체의 압축강도에 대한 수중 제작 공시체의 압축강도의 비율.

수중 콘크리트의 물-시멘트비 및 단위시멘트량

	일반 수중콘크리트	현장타설말뚝 및 지하연속벽에 사용하는 수중콘크리트
물-시멘트비	50% 이하	55% 이하
단위시멘트량	370kg/m³ 이상	350kg/m³ 이상

일반 수중 콘크리트의 슬럼프의 표준값(mm)

시공방법	일반 수중 콘크리트	현장타설말뚝 및 지하연속벽에 사용하는 수중 콘크리트
트레미	130~180	180~210
콘크리트펌프	130~180	-
밑열림 상자, 밑열림 포대	100~150	-

수중 불분리성 콘크리트의 슬럼프 플로

시공 조건	슬럼프 플로의 범위 (mm)
급경사면의 장석(1:1.5~1:2)의 고결, 사면의 엷은 슬래브(1:8 정도까지)의 시공 등에서 유동성을 작게 하고 싶은 경우	350~400
단순한 형상의 부분에 타설하는 경우	400~500
일반적인 경우, 표준적인 철근 콘크리트 구조물에 타설하는 경우	450~550
복잡한 형상의 부분에 타설하는 경우 특별히 양호한 유동성이 요구되는 경우	550~600

내구성으로부터 정해진 콘크리트의 최대 물-시멘트비(%)

환경 \ 콘크리트의 종류	무근 콘크리트	철근 콘크리트
담수중	65	55
해수중	60	50

일반 수중 콘크리트의 품질 검사

종류	항목	시험·검사방법	시기·횟수	판단기준
배 합	압축강도	KS F 2405의 방법	·받아들이기 시점 ·1회/일 또는 구조물의 중요도와 공사의 규모에 따라 20~150m³마다 1회	수중 시공시의 할증을 고려한 설계기준강도를 바탕으로 제2장 「2.4.2 배합강도」에 준함.
수중불리 저항성	물-시멘트비	배합시험에 의함	〃	규정치 이하, 규정치가 없는 경우는 50% 이하
	단위시멘트량	배합시험에 의함	〃	규정치 이상, 규정치가 없는 경우는 370kg/m³ 이하
유동성	슬럼프	KS F 2402의 방법	〃	시공계획서의 값, 트레미, 콘크리트 펌프의 경우 130~180mm

수중 불분리성 콘크리트의 품질 검사

종류	항 목	시험·검사방법	시기·횟수	판단기준
배 합	수중제작 공시체 압축강도	KCI-CT103의 방법	· 받아들이기 시점 · 1회/일 또는 구조물의 중요도와 공사의 규모에 따라 20~150m³ 마다 1회	제2장 「2.4.2 배합강도」에 준함.
	굵은골재의 최대치수	배합시험에 의함	〃	· 40mm 이하 · 부재최소치수의 1/5 및 철근의 최소 순간격의 1/2을 초과하지 않을 것
수중불리 저항성	수중불리도	KCI-AD102의 방법	〃	규정치 이하, 규정치가 없는 경우는 현탁물 질량은 50mg/ℓ 이하, pH는 12.0 이하
	수중·기중 강도비	KCI-AD102의 방법	〃	일반적인 경우 0.7 이상, 철근콘크리트의 경우는 0.8 이상
유동성	슬럼프 플로	KCI-CT103의 방법	〃	규정치 ±30mm

현장타설말뚝 및 지하연속벽에 사용하는 수중콘크리트의 품질검사

종류	항 목	시험·검사방법	시기·횟수	판단기준
배합	압축강도	KS F 2405의 방법	· 받아들이기 시점 · 1회/일 또는 구조물의 중요도와 공사의 규모에 따라 20~150m³마다 1회	수중 시공시의 할증을 고려한 설계기준강도를 바탕으로 제2장 「2.4.2 배합강도」에 준함.
	굵은골재의 최대치수	배합시험에 의함	〃	· 25mm 이하 · 철근 최소순간격의 1/2을 초과하지 않을 것
수중불리 저항성	물-시멘트비	배합시험에 의함	〃	규정치 이하, 규정치가 없는 경우는 55% 이하
	단위시멘트량	배합시험에 의함	〃	규정치 이상, 규정치가 없는 경우는 350kg/m³ 이하
유동성	슬럼프 또는 슬럼프 플로	KS F 2402 또는 KCI-CT103의 방법	〃	시공계획서의 값, 지시가 없는 경우의 슬럼프는 180~210mm, 슬럼프 플로우의 규정치±30mm

일반 수중콘크리트의 콘크리트공 검사

종류	항 목	시험·검사방법	시기·횟수	판단기준
타설	물의 유속	시공계획서에 의함	타설 중 적절한 시기	유속 50mm/s 이하
	트레미 혹은 펌프 안지름		공사시작 전	트레미의 경우 굵은골재의 최대치수의 8배 이상 펌프의 경우 0.10~0.15m
	트레미 혹은 펌프통 선단 삽입깊이		타설 도중	0.3~0.5m

수중 불분리성 콘크리트공의 검사

종류	항 목	시험·검사방법	시기·횟수	판단기준
타설	물의 유속	시공계획서에 의함	타설 중 적절한 시기	50mm/s 이하
	수중낙하높이			0.5m 이하
	수중유동거리			5m 이하

현장타설말뚝 및 지하연속벽 수중콘크리트공의 검사

종류	항 목	시험·검사방법	시기·횟수	판단기준
타설	진흙 제거	시공계획서에 따름	굴착 종료시와 콘크리트 타설 직전	시공계획서와 일치
	트레미 안지름		공사시작 직전	굵은골재 최대치수의 8배 이상
	트레미 삽입깊이		타설중	2m 이상
	타설속도		타설중	시공계획서와 일치
	여분으로 더 타설하는 높이		타설 종료시	설계면보다 0.5m 이상

제 83 장 프리팩트 콘크리트 품질검사

잔골재의 표준입도

체의 호칭치수(mm)	체를 통과한 것의 질량백분율(%)
2.5	100
1.2	90~100
0.6	60~80
0.3	20~50
0.15	5~30

배합의 표시법

굵은골재			주입 모르타르								
최소치수 (mm)	최대치수 (mm)	공극률 (%)	유하시간 범위 (S)	물-결합재비 (%) W/(C+F)	혼화재의 혼합률 (%) F/(C+F)	모래결합재비 (%) S/(C+F)	단위량(kg/m³)				
							W	C	F[1]	S	혼화제[2]	알루미늄분말[3]

주 1) 혼화재를 표시함.
2) 혼화제 사용량은 ㎖ 또는 g으로 표시하고 희석하거나 또는 용해하지 않은 것을 말함.
3) 알루미늄분말의 사용량은 g으로 표시하고 프리팩트콘크리트용 혼화제에 포함되지 않은 것을 말함.

주입 모르타르에 사용할 재료의 받아들이기 검사

종 류	항목	시험 및 검사방법	시기 및 횟수	판정기준
알루미늄분말	품질	제조회사 시험성적표에 의한 확인 또는 KS M 5604의 방법	공사시작 전 및 1회/1개월	KS M 5604에 적합할 것
	모르타르 팽창률	KS F2433의 방법		「1.7 주입모르타르의 품질」의 규정에 적합할 것
프리팩트콘크리트용 혼화제	모르타르 성능	KS F2433의 방법		

프리팩트 콘크리트 및 주입모르타르의 품질검사

종류	항목	시험 및 검사방법	시기 및 횟수	판정기준
콘크리트 검사	압축강도	KS F 2431의 방법	시공계획서에 의함	제2장 「2.4.2 배합강도」에 준함
주입 모르타르 검사	주입모르타르의 온도	온도계	공사시작 전 및 1회/1개월	시공계획서와 일치할 것
	압축강도	KS F 2426의 방법		제2장 「2.4.2 배합강도」에 준함
	유동성(유하시간)	KS F 2432의 방법		
	재료분리 저항성 (블리딩률)	KS F 2433의 방법		「1.8 주입모르타르의 품질」의 규정에 적합할 것
	팽창성(팽창률)	KS F 2433의 방법		

시공의 품질 검사

종류	항목	시험·검사방법	시기·횟수	판정기준
굵은골재	최소치수	KS F 2502의 방법	공사시작 전 및 산지가 변한 경우	15mm 이상일 것
주입관리	모르타르 압송압력	시공계획서에 의함	시공계획서에 의함	시공계획서와 일치할 것
	주입량			
	모르타르면 높이			
	모르타르면 유동경사			
	주입관 선단위치			

제 84 장 해양 및 팽창 콘크리트 품질검사

내구성으로 정하여진 AE콘크리트의 최대 물-시멘트비(%)

시공조건 환경구분	일반 현장시공의 경우	공장제품 또는 재료의 선정 및 시공에서 공장제품과 동등 이상의 품질이 보증될 때
(a) 해중	50	50
(b) 해상 대기중[1]	45	50
(c) 물보라 지역[2]	45	45

주 1) 해상 대기중이란 물보라의 위쪽에서 항상 조풍을 받으며 파도의 물보라를 가끔 받는 열악한 환경을 말함.
2) 물보라 지역은 평균 간조면에서 파고의 범위에 있으므로 조석의 간만, 파랑의 물보라에 의한 건습의 반복작용을 받는 내구성면에서 가장 열악한 환경이기 때문에 콘크리트 속의 강재부식, 동해, 화학적 침식 등의 손상을 받을 가능성이 큼.
3) 실적, 연구성과 등에 의하여 확증이 있을 때는 물-시멘트비를 위 값에 5~10% 정도 더한 값으로 할 수 있음.

콘크리트 표면의 염화물이온 농도 $C_0(kg/m^3)$

비말대	해안으로부터의 거리(km)				
	해안선 부근	0.1	0.25	0.5	1.0
13.0	9.0	4.5	3.0	2.0	1.5

내구성으로 정해지는 단위시멘트량(kg/m^3)

환경구분	굵은골재의 최대치수(mm) 25	40
물보라 지역 및 해상 대기중	330	300
해 중	300	280

콘크리트 공기량의 표준값(%)

환경조건		굵은골재의 최대치수(mm)	
		25	40
동결융해작용을 받을 염려가 있는 경우	(a) 물보라	6	5.5
	(b) 해상 대기중	5	4.5
동결융해작용을 받을 염려가 없는 경우[1]		4	4

주 1) 동결융해작용을 받을 염려가 없는 경우란 항상 해중에 있는 구조물로서 기온이 0℃ 이하로 되는 일이 거의 없는 경우를 말함.

· 팽창 콘크리트 검사

팽창률 및 압축강도의 품질 검사

항 목	시험·검사방법	시기·횟수	판정기준
팽창률	KS F 2562 참고 1의 A방법	구조물의 중요도와 공사의 규모에 따라 정한다.(재령 7일 표준)	· 수축보상용 콘크리트의 경우 : 150×10^{-6} 이상, 250×10^{-6} 이하 · 화학적 프리스트레스용 콘크리트의 경우 : 200×10^{-6} 이상, 700×10^{-6} 이하
강 도	· 수축보상용 콘크리트인 경우 : KS F 2405의 방법 · 화학적 프리스트레스용 콘크리트인 경우 : KS F 2562 참고 2의 방법	1회/일 또는 구조물의 중요도와 공사의 규모에 따라 $150m^3$마다 1회, 배합이 변경될 때마다(재령 28일 표준)	· 압축강도를 근거로 물-결합재비를 정한 경우 : 3회 연속한 압축강도의 시험값 평균이 설계기준강도에 미달하는 확률이 1% 이하라야 하고, 또 설계기준강도보다 3.5MPa를 미달하는 확률이 1% 이하일 것 · 내구성, 수밀성을 근거로 물-결합재비를 정한 경우 : 콘크리트 압축강도의 평균값이 소정의 물-결합재비에 상당하는 압축강도를 초과할 것.

제 85 장 숏크리트 품질검사

분진 농도의 표준값

갱내 환기, 측정방법, 측정위치	분진농도(mg/m^3)
갱내 환기를 정지한 환경, 뿜어 붙이기 작업 개시 5분 후로부터 원칙적으로 2회 측정, 뿜어 붙이기 작업 개소로부터 5m 지점	5 이하

건식방식에 의한 숏크리트의 배합에 대한 평균치

배합의 항목	평균치
굵은골재 최대치수	10~15mm
잔골재율(S/a)	61.6%
단위시멘트량(C)	359kg/m^3
물-시멘트비(W/C)	53%
급결제 첨가량($\times C$)	6.7%

숏크리트의 초기강도 표준값

재령	숏크리트의 초기강도(MPa)
24시간	5.0~10.0
3시간	1.5~2.0

습식방식에 의한 숏크리트 배합에 대한 평균치

배합의 항목	평균치
굵은골재 최대치수	10~15mm
잔골재율(S/a)	62.0%
단위 시멘트량(C)	360kg/m^3
물-시멘트비(W/C)	56%
급결제 첨가량($\times C$)	5.9%

급결제의 품질검사

종류	항목	시험·검사방법	시기·횟수	판정기준
급결제	품질	KCI-SC102의 방법	공사시작 전, 공사중 1회/월, 장기간 저장한 경우 및 종류를 변경한 경우	KCI-SC102의 방법에 적합할 것

강도시험의 검사시기 및 횟수와 판정기준의 사례

시기·횟수	판정기준
터널시공길이 40m마다 1회	28일 압축강도가 18MPa 이상
터널시공길이 50m마다 1회	1일 압축강도가 5MPa 이상 28일 압축강도가 18MPa 이상
굴착 초기 20m마다 1회 그 후는 50m마다 1회	3시간 압축강도가 1.5MPa 이상 1일 압축강도가 8MPa 이상 28일 압축강도가 18MPa 이상

리바운드율과 분진농도의 검사

항목	시험 및 검사방법	시기 및 횟수	판정기준
리바운드율	리바운드된 재료의 전 질량을 토출된 재료의 전 질량으로 나눈 값[1]	숏크리트 작업시작 전 및 시공중의 소정의 빈도	소정의 값을 초과하지 않을 것
분진농도	「1.7.2 해설」의 방법	숏크리트 작업시작 전 및 시공중의 소정의 빈도	소정의 값을 초과하지 않을 것
숏크리트의 초기강도	KCI-SC103의 방법 KCI-SC104의 방법	시공시작 전 및 시공중, 소정의 배합조건 변화시	소정의 값 이상일 것

주 1) 시험 시공에 있어서 숏크리트면에 0.5~1.0 정도의 뿜어 붙이기를 실시하여 시트 위에 떨어진 리바운드량을 계량해서 리바운드율을 산출한다.

뿜어 붙이기 두께의 검사시기 및 횟수와 판정기준의 사례

시험·검사방법	시기·횟수	판정기준
전동오거에 의해 지름 32mm 이상인 검측공을 착공한다.	연장 20m마다 1단면의 검측개소를 설치하고, 아치부 5개소와 측벽 좌우 1개소의 합계 7개소를 계측	설계 숏크리트 두께 이상
① 검측 핀을 설치하여 뿜어 붙인다. ② 전동오거에 의해 지름 32mm 이상인 검측공을 착공한다.	연장 20m 이내에 1단면의 검측개소를 설치하고, 적어도 아치부 5개소와 측벽 좌우 각 1개소의 합계 7개소를 계측한다.	① 설계두께가 최소두께인 경우 계측두께≥설계두께 ② 설계두께가 평균두께인 경우 계측두께의 평균치≥설계두께

숏크리트 두께 및 변상 검사

항 목	시험·검사방법	시기·횟수	판정기준
숏크리트 두께	검측핀, 착공검측 등	시공 중 소정의 빈도 및 시공 완료 후	설계 숏크리트 두께 이상일 것
숏크리트 상태	육안관찰	시공 중 소정의 빈도 및 시공 완료 후	유해한 균열 등의 변상이 없을 것

숏크리트 작업 환경의 검사

항 목	시험·검사방법	시기·횟수	판정기준
갱내 환기를 실시한 경우의 분진농도	「3.2.5 해설」의 방법	터널 굴착거리가 50m 이상인 시점 및 그 이후의 시공중의 소정의 빈도	$3mg/m^3$ 이하

제 86 장 섬유보강 및 강콘크리트 품질검사

여러가지 섬유의 물리적 성질

섬유의 종류	구 분	지름 (10^{-3}mm)	길이 (mm)	밀도 (g/cm³)	탄성계수 ($\times 10^3$ MPa)	인장강도 (MPa)	파괴시의 변형률 (%)
강섬유		200~600	10~60	7.85	200	400~2,000	3.5
유리섬유	E-Glass	8~10	10~50	2.54	73.5	3,570	4.8
	Cem-Fil	125		2.54	81.6	2,550	3.6
탄소섬유	PAN계	7~8		1.78	370	2,500	~0.5
	Pitch제	9		2.00	280	2,500	~1.0
폴리비닐·알코올계(비닐론)				1.30	11~37	310~770	3~13
폴리프로필렌섬유		100~600		0.90	3.6~18	260~710	5~21
아라미드섬유(HM-50)				1.45	63~136	70~920	2.1~2.7
폴리아라미드계(나일론)			5~50	1.14	4.1	765~918	13.5
폴리에틸렌섬유				0.95	0.14~2.2	2,000~2,960	10~15
폴리에스테르계(테트론)				1.40	8.1	740~880	11~13
셀룰로오스계(레이온)				1.20	10.2	310~510	10~20

강섬유의 품질검사

종류	항목	시험·검사방법	시기·횟수	판정기준
강섬유	품질	KS F2564의 규준	공사착수 전, 공사 중 및 종류가 변했을 때	KS F 2564에 적합할 것

강섬유 혼입률에 대한 품질검사

항 목	시험·검사방법	시기·횟수	판정기준
강섬유 혼입률	KCI-SF102의 규준	강도용 시험체 채취시 및 품질변화를 보였을 때	허용차(%) ±0.5
강섬유 혼입률 (숏크리트)	KCI-SF103의 규준	강도용 시험체 채취시 및 품질변화를 보였을 때	허용차(%) ±0.5

설계기준 휨강도와 휨인성계수

설계기준 휨강도(MPa)	휨 인성계수(MPa)
4.5 이상	3.0 이상
5.5 이상	3.5 이상
7.0 이상	5.5 이상
9.0 이상	7.0 이상

휨강도 및 인성에 대한 품질검사

항목	시험·검사방법	시기·횟수	판정기준
휨강도 및 휨인성계수	KS F 2566의 규준	강도용 시험체 채취시 및 품질변화를 보였을 때	설계시에 고려된 휨인성계수값에 미달할 확률이 5% 이하일 것
압축인성	KCI-SF105의 규준	강도용 시험체 채취시 및 품질변화를 보였을 때	설계시에 고려된 압축인성값에 미달할 확률이 5% 이하일 것

· 강콘크리트 검사

강재의 검사

종류	항목	시험·검사방법	시기 횟수	판정기준
일반구조용 압연강재	KS D 3503의 품질항목	제조회사의 시험성적서에 의한 확인 또는 KS D 3503의 방법	입하시	KS D 3503에 적합할 것
용접구조용 압연강재	KS D 3515의 품질항목	제조회사의 시험성적서에 의한 확인 또는 KS D 3515의 방법		KS D 3515에 적합할 것
건축구조용 압연강재	KS D 3861의 품질항목	제조회사의 시험성적서에 의한 확인 또는 KS D 3861의 방법		KS D 3861에 적합할 것
일반구조용 탄소강관	KS D 3566의 품질항목	제조회사의 시험성적표 또는 KS D 3566의 방법		KS D 3566에 적합할 것
일반구조용 각형강관	KS D 3568의 품질항목	제조회사의 시험성적표 또는 KS D 3568의 방법		KS D 3568에 적합할 것
용접구조용 원심력주강관	KS D 4108의 품질항목	제조회사의 시험성적표 또는 KS D 4108의 방법		KS D 4108에 적합할 것

샤르피 흡수에너지에 대한 냉간 휨가공 반지름의 허용차

샤르피 흡수에너지 : J	냉간 휨가공의 내측 반지름
150 이상	판두께의 7배 이상
200 이상	판두께의 5배 이상

접합용 재료의 검사

종류	항목	시험·검사방법	시기·횟수	판정기준
연강용 피복 아크용접봉	KS D 7004의 규정	제조회사의 시험성적표 또는 KS D 7004의 방법	입하시	KS D 7004에 적합할 것
고장력강용 피복아크용접봉	KS D 7006의 규정	제조회사의 시험성적표 또는 KS D 7006의 방법	입하시	KS D 7006에 적합할 것
탄소강 및 저합금강용 서브머지드 아크용접 와이어 및 플럭스	KS D 7103 및 KS D 7102	제조회사의 시험성적표 또는 KS D 7103 및 KS D 7102의 방법	입하시	KS D 7103 및 KS D 7102에 적합할 것
비틀림전단형 고력볼트	필요로 하는 항목	제조회사의 시험성적표 또는 필요로 하는 방법	입하시	사용목적을 달성하기 위하여 정해진 규격에 적합할 것
고장력 육각볼트	KS B 1010의 규정	제조회사의 시험성적표 또는 KS B 1010의 방법	입하시	KS B 1010에 적합할 것

고장력볼트 장력

볼트의 호칭	볼트 축력(kN)	
	F8T	F10T, S10T
M16	94	117
M20	146	182
M22	182	226
M24	211	262

제 87 장 프리스트레스트 콘크리트 품질검사

PS강재의 품질검사

종류	항목	시험 및 검사방법	시기 및 횟수	판정기준
PS강선 및 PS강연선	KS D 7002의 품질항목	제조회사의 시험성적서에 의한 확인 또는 KS D 7002의 방법	입하시	KS D 7002에 적합할 것
PS경강선	KS D 7009의 품질항목	제조회사의 시험성적서에 의한 확인 또는 KS D 7009의 방법		KS D 7009에 적합할 것
PS강봉	KS D 3505의 품질항목	제조회사의 시험성적서에 의한 확인 또는 KS D 3505의 방법		KS D 3505에 적합할 것

마찰계수의 허용 한계 표준치

한조내의 긴장재 개수	μ의 허용오차
1	±0.4
4	±0.2
6	±0.16
10 이상	±0.13

PSC 그라우트의 품질검사

항목	시험·검사방법	시기·횟수	판정기준
유동성	KS F 2432의 방법	주입 전, 1회/일 이상 및 품질변화가 인정될 때	시공계획서에 규정된 범위
블리딩률	KS F 2433의 방법		0%
팽창률	KS F 2433의 방법		팽창성 타입 : 0~10% 비팽창성 타입 : 시험 생략
압축강도	KS F 2426의 방법		팽창성 타입 : 20MPa 이상(재령 28일) 비팽창성 타입 : 30MPa 이상(재령 28일)
염화물 함유량	KS F 4009 부속서 1의 방법		$0.3kg/m^3$ 이하

정착장치 및 접속장치의 품질검사

항목	시험·검사방법	시기·횟수	판정기준
성능	KCI-PS101의 방법	원칙적으로 공사시작 전, 실적이 있고 품질이 보증되는 것은 생략	규정된 하중에 견딜 수 있을 것.
외관	육안관찰	배치하기 전, 전체 수량	유해한 부식, 오염, 손상, 변형 등이 없을 것

PSC 그라우트 제조공정의 검사

항 목	시험·검사방법	시기·횟수	판정기준
재료의 준비	육안관찰, 시멘트 포대수 확인	공사 시작 전 및 공사중	시공계획서와 일치할 것
제조설비 및 인원배치	육안관찰		
재료의 투입순서	육안관찰		
교반시간	시 계	공사중	

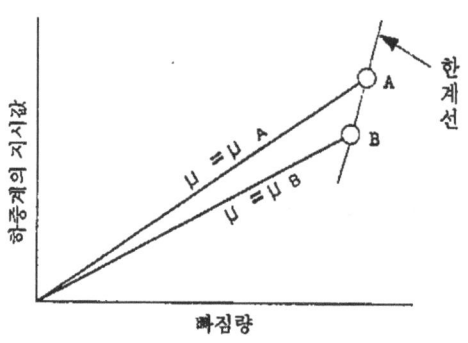

프리스트레싱 관리도

PSC 그라우트 주입공정의 검사

항 목	시험·검사방법	시기·회수	판정기준
주입설비 및 인원배치	육안관찰	공사 시작 전 및 공사중	시공계획서와 일치할 것
주입방법	육안관찰	공사 시작 전 및 공사중	시공계획서와 일치할 것
주입량	유량계	공사중	소정의 양일 것

주입구, 배기구, 배출구의 후처리 검사

항 목	시험·검사방법	시기·횟수	판정기준
주입구, 배기구, 배출구 및 정착부의 후처리	육안관찰	처리 후	시공계획서와 일치할 것

쉬스, 보호관 및 긴장재의 배치 검사

항 목	시험·검사방법	시기·횟수	판정기준
종류, 지름, 수량	육안관찰, 지름의 측정	배치 후	설계도서와 일치할 것.
고정방법	육안관찰	콘크리트 타설 전	콘크리트를 타설할 때 변형 및 이동의 우려가 없을 것.
배치위치	스켈 등에 의한 측정 및 육안관찰	콘크리트 타설 전	허용오차 : 설계도서와 일치할 것, 또는 긴장재 중심과 부재 가장자리와의 거리가 1m 미만인 경우에는 ±5mm, 1m 이상의 경우에는 부재 치수의 1/200 이하 또는 ±10mm 가운데 작은 값(표준)

정착장치 및 접속장치의 조립 및 배치 검사

항 목	시험·검사방법	시기·횟수	판정기준
종류, 지름, 수량	육안관찰, 지름의 측정	배치 후	설계도서와 일치할 것
고정방법	육안관찰	콘크리트 타설 전	콘크리트를 타설할 때 변형 및 이동의 우려가 없을 것
배치위치	스켈 등에 의한 측정 및 육안관찰	콘크리트 타설 전	허용오차 : 설계도서와 일치할 것, 또는 긴장재 중심과 부재 가장자리와의 거리가 1m 미만인 경우에는 ±5mm, 1m 이상의 경우에는 부재치수의 1/200 이하 또는 ±10mm 가운데 작은 값(표준)
보강철근의 배치	육안관찰	배치 후	설계도서와 일치할 것

PSC 그라우트의 주입구, 배기구, 배출구 배치의 검사

항 목	시험·검사방법	시기·횟수	판정기준
종류, 지름, 수량	육안관찰, 지름의 측정	배치 후	시공계획서와 일치할 것.
고정방법	육안관찰	콘크리트 타설 전	콘크리트를 타설할 때 변형 및 이동의 우려가 없을 것.
배치위치	육안관찰	콘크리트 타설 전	시공계획서와 일치할 것.

● 콘크리트 구조물의 유지관리

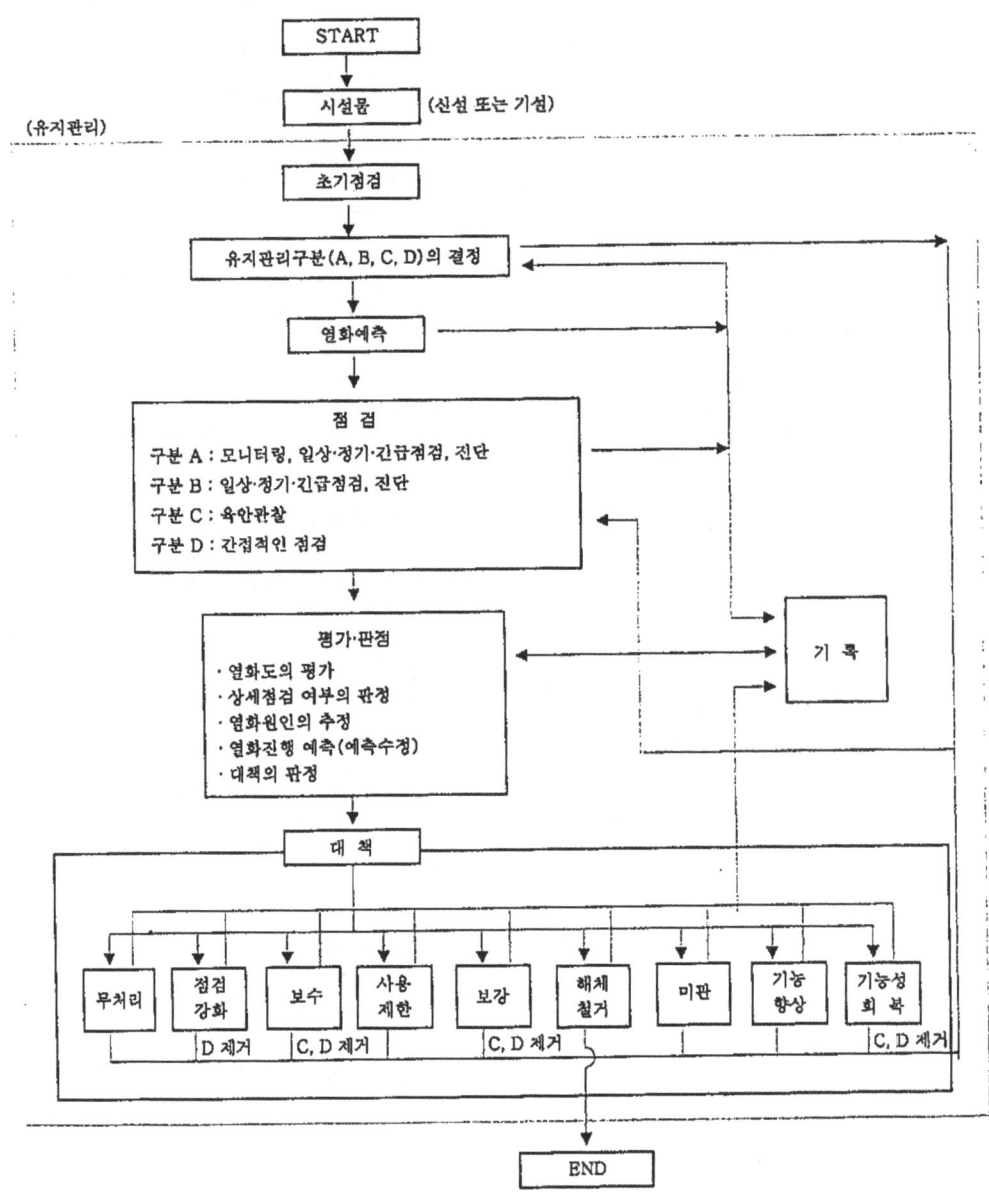

일반적인 유지관리 방법

시설물 관리 대장의 표지 예

시설물 관리 대장(시설물 종류)

시설물 번호	
관리번호	
시설물명	
내 용	
1. 기본현황	
2. 상세제원	
3. 안전점검 및 정밀안전진단 이력	
4. 보수·보강 이력	
5. 첨부 : 1) 위치도 　　　 2) 전경사진 　　　 3) 설계도서 목록 　　　 4) 기타 관리주체에서 유지관리에 필요한 자료	

관리주체 : _____
소 유 자 : _____ 전화번호
보 관 자 : _____

시설물 관리 대장의 표지 예

기본현황(공통)

시설물 번호	관리번호	시설물명	노선	시설물 종류	시설물 종별	시설물 구분

위치(시, 도) (시, 군, 구) (읍, 면, 동) (리, 번지 등 주소)			관리주체	관리주체구분 공공·민간	소유자

준공일	하자담보 책임만료일	상세제원	안전점검 및 정밀안전진단 이력	보수·보강 이력	첨부자료 목록
			유·무	유·무	유·무

설계기간	설계자	공사기간	시공자	총공사비(백만원)
~		~		

시특법 시행령 10조 대상 예·아니오	감리기간 ~	감리자(책임관리원)	공사발주자	공사명	공사감독· 공사관리관

▷ 기타 기본현황

작성일	작성자		
	(인)		

▷ 비고

시설물 관리 대장의 표지 예

안전점검 및 정밀안전진단 이력(공통)

번호	점검·진단기간	점검·진단기관명	비용(천원)	점검·진단결과	주요점검·진단내용	작성일
	점검·진단구분	점검·진단 책임기술자	상태등급		조치내용	작성자(인)
	~					
	~					
	~					
	~					

시설물 관리 대장의 표지 예

보수·보강 이력(공통)

번호	공사기간	부위	공사내역	설계자	시공자	공사감독	작성일
	공사구분			공사비(천원)	책임기술자		작성자(인)
	~						
	~						
	~						
	~						

1종 시설물 및 2종 시설물의 범위

구 분	1종 시설물	2종 시설물
1. 도로 ・교량	・특수교량(현수교, 사장교, 아치교, 최대경간장 50미터 이상의 교량) ・연장 500미터 이상의 교량	・연장 100미터 이상의 교량으로서 1종 시설물에 해당하지 아니하는 교량
・터널	・연장 1천미터 이상의 터널 ・3차원 이상의 터널	・고속국도・일반국도 및 특별시도・광역시도의 터널로서 1종시설물에 해당하지 아니하는 터널
・지하차도	・연장 500미터 이상의 지하차도	・연장 100미터 이상의 지하 차도로서 1종 시설물에 해당하지 아니하는 지하차도
・복개구조물	・폭 6미터 이상으로서 연장 500미터 이상인 복개구조물	・폭 6미터 이상이고 연장 100미터 이상인 복개구조물로서 1종 시설물에 해당하지 아니하는 복개구조물
2. 철도 ・고속철도 ・도시철도 ・일반철도 -교량	・교량, 터널 및 역사 ・교량, 고가교 및 터널 ・트러스교량 ・연장 500미터 이상의 교량	・역사 ・연장 100미터 이상의 교량으로서 1종시설물에 해당하지 아니하는 교량
-터널	・연장 1천미터 이상의 터널	・특별시 또는 광역시 안에 있는 터널로서 1종 시설물에 해당하지 아니하는 터널
3. 항만	・갑문시설 ・20만톤 이상 선박의 하역 시설로서 원유부이(BUOY)식 계류시설 및 그 부대시설인 해저송유관시설 ・말뚝구조의 계류시설(5만톤급 이상)	・1만톤급 이상의 계류시설로서 1종 시설물에 해당하지 아니하는 계류시설
4. 댐	・다목적 댐, 발전용 댐 및 저수용량 2천만톤 이상의 용수전용 댐	・1종 시설물 외의 지방상수도 전용 댐으로서 1종 시설물에 해당하지 아니하는 댐
5. 건축물	・21층 이상의 공동주택 ・공동주택 외의 건축물로서 21층 이상 또는 연면적 5만제곱미터 이상의 건축물	・16층 이상 20층 이하의 공동주택 ・1종 시설물에 해당하지 아니하는 공동주택 외의 건축물로서 16층 이상 또는 연면적 3만제곱미터 이상의 건축물 ・1종시설물에 해당하지 아니하는 건축물로서 연면적 5천제곱미터 이상의 문화 및 집회시설(전시장 및 동식물원을 제외한다.), 판매 및 영업시설, 의료시설 중 종합병원 또는 숙박시설 중 관광숙박시설
・지하도 상가	・연면적 1만제곱미터 이상의 지하도상가	・연면적 5천제곱미터 이상의 지하도상가로서 1종 시설물에 해당하지 아니하는 지하도상가

구 분	1종 시설물	2종 시설물
6. 하천	· 하구둑 · 특별시 또는 광역시(군 지역을 제외한다.) 안에 있는 직할하천의 수문	· 특별시 또는 광역시(군지역을 제외한다) 안에 있는 직할하천의 제방 및 그 부속시설(수문을 제외한다.) · 특별시 또는 광역시(군지역을 제외한다.) 안에 있는 지방 1급하천 및 지방 2급하천의 수문 · 시(읍·면지역을 제외한다.) 안에 있는 직할·지방 1급하천의 수문
7. 상하수도 · 폐기물 매립시설	· 광역상수도(수원지시설을 포함한다) · 공업용수도(수원지시설을 포함한다) · 1일 공급능력 3만톤 이상의 지방상수도(수원지시설을 포함한다) · 폐기물매립시설(매립면적 40만제곱미터 이상인 것에 한한다)	· 1종 시설물에 해당하지 아니하는 지방상수도 · 하수처리장 · 매립면적 20만제곱미터 이상의 폐기물 매립시설로서 1종 시설물에 해당하지 아니하는 폐기물 매립시설
8. 도로·철도·항만·댐 또는 건축물의 부대시설로서 옹벽 및 절토사면		· 지면으로부터 노출된 높이가 5미터 이상으로서 연장 100미터 이상인 옹벽 · 연직높이 50미터 이상(옹벽이 있는 경우 옹벽상단으로부터의 높이)을 포함한 절토부로서 단일 수평연장 200미터 이상인 절토사면

주 1) 위 표의 건축물에는 건축설비·소방설비·승강기 설비 및 전기설비를 포함하지 아니한다.
  2) 교량의 "최대경간장"이라 함은 한 경간에 대하여 교대와 교대 사이(교대와 교각 사이)에 대하여는 상부구조의 단부와 단부 사이 거리를, 교각과 교각 사이에 대하여는 교각과 교각의 중심선간의 거리를 경간장으로 정의할 때, 교량의 경간장 중에서 최대값을 말한다.
  3) 도로의 "복개구조물"이라 함은 하천 등을 복개하여 도로 용도로 사용하는 일체의 구조물을 말한다.
  4) 건축물의 연면적은 지하층을 포함한 동별로 산정한다.
  5) 건축물의 지하도상가의 경우 2 이상의 지하도상가가 연속되어 있는 경우에는 연면적의 합계를 말한다.

안전점검 및 정밀안전진단을 실시할 수 있는 책임기술자의 자격

구분	기술자격자	학력·경력자
정기점검	· 토목·건축·건설안전 분야의 기사 1급 이상의 자격을 가진 자 · 토목·건축·건설안전 분야의 기사 2급의 자격을 가진 자로서 당해 분야에서 3년 이상 근무한 자	· 토목·건축분야의 석사 이상의 학위를 가진 자 · 토목·건축분야에서 학사학위를 가진 자로서 당해 분야에서 1년 이상 근무한 자 · 토목·건축분야의 전문대학을 졸업한 자로서 당해 분야에서 3년 이상 근무한 자 · 토목·건축분야의 고등학교를 졸업한 자로서 당해 분야에서 6년 이상 근무한 자 · 토목·건축분야의 학위를 가졌으나 토목·건축분야의 전문대학 또는 고등학교를 졸업한 자로서 공공관리주체에 소속되어 유지관리 업무에 종사하는 자 · 건설기술관리법시행령 별표 1의 규정에 의한 경력자로서 토목·건축·건설안전 분야에서 근무한 경력이 있는 자
정밀점검 및 긴급점검	· 토목·건축·건설안전 분야의 기술사 · 토목·건축·건설안전 분야의 기사로서 당해 분야에서 7년 이상 근무한 자 · 토목·건축·건설안전 분야의 기사 2급의 자격을 가진 자로서 당해 분야에서 10년 이상 근무한 자 · 건축사 면허를 가진 자로서 연면적 5천제곱미터 이상의 건축물에 대한 설계 또는 감리 실적이 있는 자	· 토목·건축분야의 박사학위를 가진 자 · 토목·건축분야의 석사학위를 가진 자로서 당해 분야에서 6년 이상 근무한 자 · 토목·건축분야의 학사 학위를 가진 자로서 당해 분야에서 9년 이상 근무한 자 · 토목·건축분야의 전문대학을 졸업한 자로서 당해 분야에서 12년 이상 근무한 자 · 토목·건축분야의 고등학교를 졸업한 자로서 당해 분야에서 15년 이상 근무한 자
정밀안전진단	· 토목·건축분야의 기술사 · 토목·건축분야의 기사 1급의 자격을 가진 자로서 당해 분야에서 10년 이상 근무한 자 · 토목·건축분야의 기사 2급의 자격을 가진 자로서 당해 분야에서 13년 이상 근무한 자 · 건축면허를 가진 자로서 연면적 5천제곱미터 이상의 건축물에 대한 설계 또는 감리 실적이 있는 자	· 토목·건축분야의 박사 학위를 가진 자로서 당해 분야에서 3년 이상 근무한 자 · 토목·건축분야에서 석사학위를 가진 자로서 당해 분야에서 9년 이상 근무한 자 · 토목·건축분야의 학사학위를 가진 자로서 당해 분야에서 12년 이상 근무한 자 · 토목·건축분야의 전문대학을 졸업한 자로서 당해 분야에서 15년 이상 근무한 자

주 1) 기술자격자는 국가기술자격법에 의한 해당 기술분야의 자격을 취득한 자를 말한다.
2) 토목건축분야는 건축기계설비·건축전기설비·건축설비 및 의장종목을 제외한 것을 말한다.
3) 건축사는 건축사법에 의한 건축사면허증을 받은 자를 말한다.
4) 학력·경력자는 고등교육법에 의한 해당학과에서 해당 기술 분야와 관련한 소정의 과정을 이수하거나 이와 동등 이상의 학력이 있다고 인정되는 자를 말한다.

유지관리구분과 검검의 종류와의 관계

구분	초기점검	모니터링	정기점검	정밀점검	긴급점검	정밀안전진단
A	○	(○)[1]	○	○	○	○
B	○		○	○	○	○
C	○		○	○	○	(○)[3]
D	○				(○)[2]	

주 1) 구분 A는 모니터링을 실시하는 것이 바람직하다.
  2) 직접점검이 곤란한 것, 주변의 시설물과 부위, 부재의 점검결과에 기초하여 간접적으로 실시한다.
  3) 필요한 경우에 실시한다.

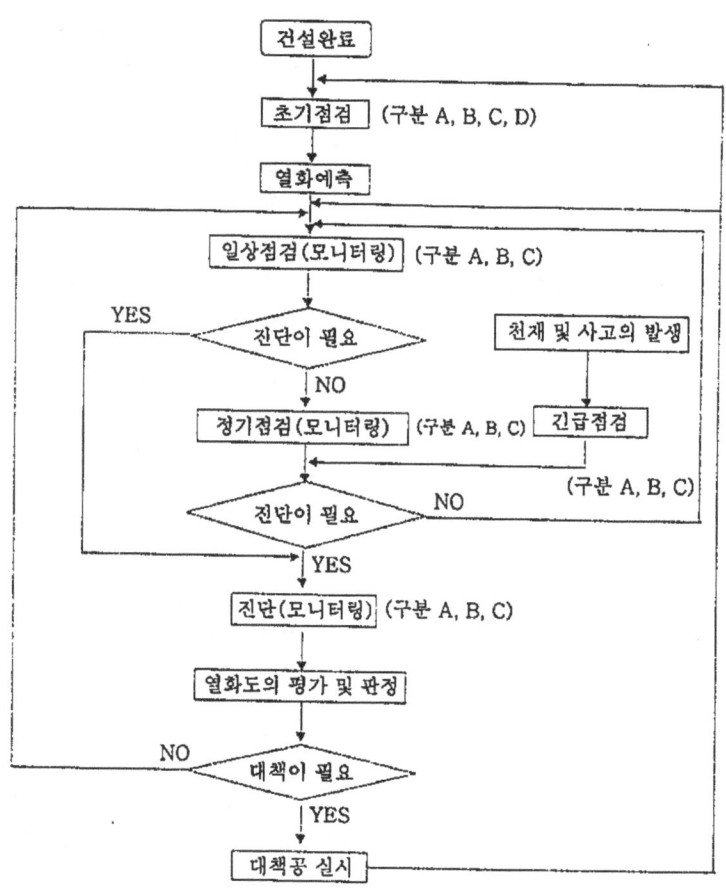

유지관리구분에 따른 점검의 흐름도

제 87 장 프리스트레스트 콘크리트 품질검사 777

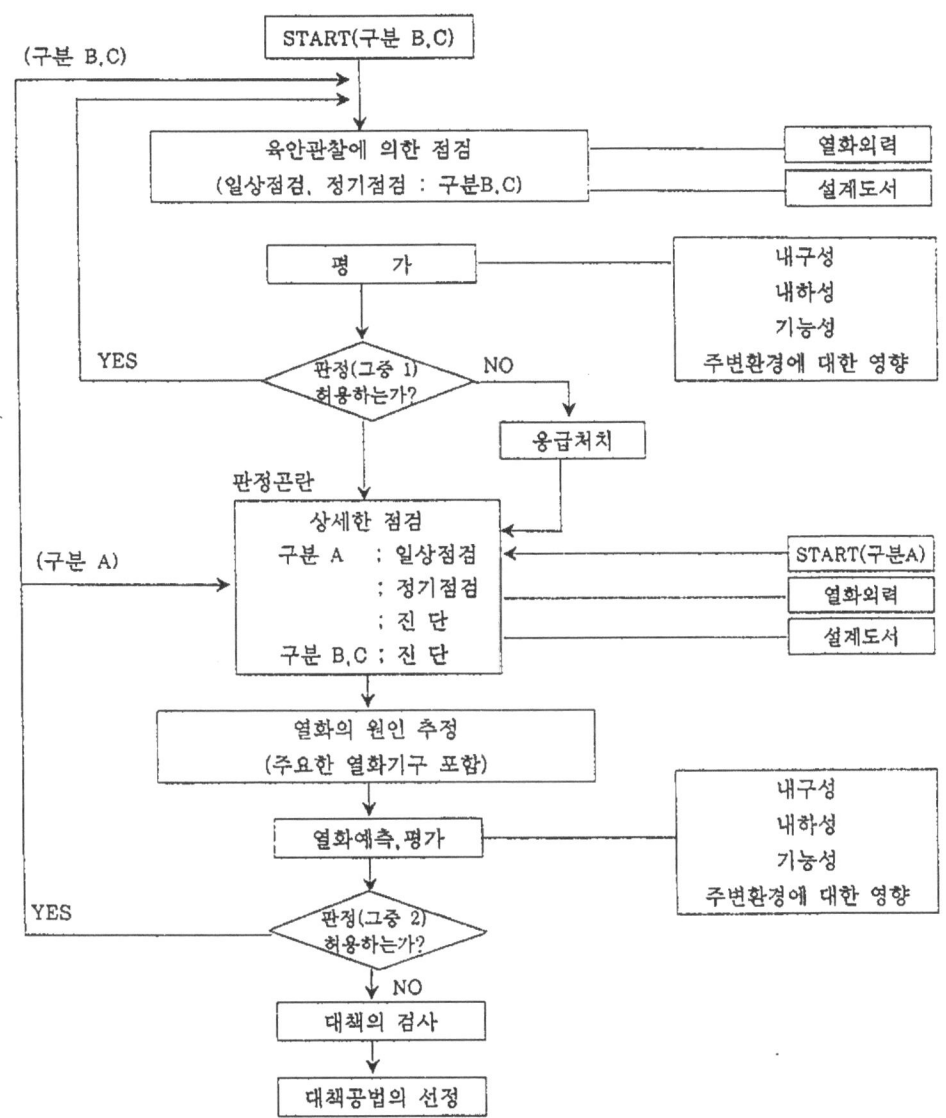

평가·판정의 흐름도

열화기구별 보수계획

열화기구	보수방침	보수공의 구성	보수수준을 만족시키기 위해 고려하여야 할 요인
염 해	· 침입한 Cl^-의 제거 · 보수후의 Cl^-, 수분, 산소의 침입 억제	· 단면복구공 [1)] · 표면보호공	Cl^- 침입부 제거의 정도 철근의 방청처리 단면복구재의 재질 표면보호공의 재질과 두께
	· 철근의 전위 제거	· 양극재료 · 전원장치	양극재의 품질 분극량
중성화	· 중성화된 콘크리트의 제거 · 보수 후의 CO_2, 수분의 침입 억제	· 단면복구공 · 표면보호공	중성화부분 제거의 정도 철근의 방청처리 단면복구재의 재질 표면보호공의 재질과 두께
동 해	· 열화한 콘크리트의 제거 · 보수 후의 수분침입 억제 · 콘크리트의 동결융해저항성 향상	· 단면복구공 · 균열주입공 · 표면보호공	단면복구재의 동결융해저항성 균열주입재의 재질과 시공법 표면보호공의 재질과 두께
알칼리골재반응	· 수분의 공급억제 · 내부 수분의 산화 촉진	· 균열주입공 · 표면보호공	균열주입제의 재질과 시공법 표면보호공의 재질과 두께
화학적 콘크리트 침식	· 열화한 콘크리트의 제거 · 유해화학물질의 침입 억제	· 단면복구공 · 표면보호공	단면복구공의 재질 표면보호공의 재질과 두께 열화콘크리트 제거의 정도
피로(도로교철근콘크리트상판의 경우)	· 경미할 경우에는 균열 진전의 억제(대부분은 보강에 해당한다.)		

주 1) 열화된 콘크리트부분을 없애고, 단면을 복구하는 것을 나타낸다.

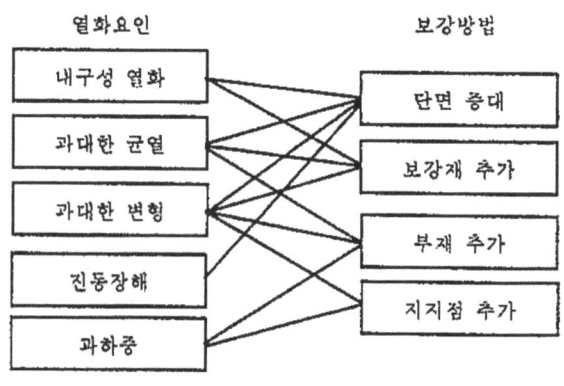

열화요인과 보강방법

보강공법의 종류

목 적		보강공법
보강·사용성 회복 또는 향상	콘크리트 부재 교체	교체공법
	콘크리트 단면 증가	두께중설공법
		콘크리트감기공법
	부재 추가	종방향 거더 중설공법
	지지점 추가	지지공법
	보강재 추가	강판접착공법
		연속섬유시트 접착공법 (FRP 접착공법)
		강판감기공법
		FRP감기공법
	프리스트레스 도입	프리스트레스 도입공법

보강과 관련 주된 공법의 예와 적용부재

보강·사용성 회복의 목적	대책 개요	주된 공법의 예	적용부재					
			전반	보	기둥	슬래브	벽2	슈
콘크리트 부재	부재 교체	교체공법		○	○	◎	◎	
	단면두께 증설	두께중설공법		○		◎		
	접 착	접착공법	◎	○	◎	○		
	감 기	감기공법			◎		○	
	프리스트레스 도입	외부케이블공법	◎	○	○			
구조체	보(거더) 증설	증설공법		◎		◎		
	벽 증설	증설공법					◎	
	지지점 증설	증설공법	◎			◎		
	면진화	면진공법	◎					◎

주 1) 두께중설공법 : 상부 면두께 증설공법, 하부 면두께 증설공법
　　접착공법 : 강판접착공법, 연속섬유시트접착공법(FRP 접착공법)
　　감기공법 : 강판감기공법, 연속섬유시트감기공법, RC감기공법, 모르타르뿜칠공법. 프리캐스트패널감기공법
　　프리스트레스 도입 : 외부케이블공법. 내부케이블공법
　　증설공법 : 보(거더) 증설공법. 내진벽 증설공법. 지지점 증설공법
2) 벽식 교각을 포함함.
　　◎ : 실적이 비교적 많은 것, ○ : 적용이 가능하다고 사료되는 것

부 록

콘크리트 용어 정리
연습문제 해답

콘크리트 용어 정의

용 어	정 의
가열콘크리트 (hot concrete)	비빈 직후의 콘크리트 온도를 40℃ 이상 되게 한 콘크리트
가외철근	콘크리트의 건조수축, 온도변화, 기타의 원인에 의하여 콘크리트에 일어나는 인장응력에 대비해서 가외로 더 넣는 보조적인 철근
간격재(spacer)	철근 또는 긴장재나 쉬스에 소정의 덮개를 가지게 하거나 그 간격을 정확하게 유지시키기 위하여 쓰이는 콘크리트제, 모르터제, 금속제, 플라스틱 등의 부품
갇힌공기 (entrapped air)	혼화제를 쓰지 않아도 콘크리트 속에 자연적으로 함유되어 있는 공기 기포
갈고리(hook)	철근의 정착 또는 겹이음을 위하여 철근 끝의 구부린 부분을 말한다. 철근 끝부분을 반원형으로 180°구부린 갈고리를 반원형 갈고리, 철근 끝 부분을 90°구부린 갈고리를 90°갈고리, 철근 끝부분을 135°구부린 갈고리를 135°갈고리라 한다.
감수제	혼화제의 일종으로, 시멘트의 분말을 분산시켜서 콘크리트의 워커빌리티를 얻는데 필요한 단위수량을 감소시키는 것을 주목적으로 한 재료
강도감소계수 (ϕ계수)	재료의 공칭강도와 실강도 간의 불가피한 차이, 제작 또는 시공, 저항의 추정 및 해석 모형 등에 관련된 불확실성 등을 고려하기 위한 안전계수를 말하며, 저항계수라고도 한다.
강섬유보강콘크리트	강섬유를 혼입시킴으로써 주로 인성이나 내마모성 등을 높인 콘크리트
강재(鋼材)	철을 주성분으로 한 구조용 탄소강의 총칭으로서, 철근콘크리트용 봉강(捧鋼), PS강재, 형강, 강판 등을 포함한다.
거듭비비기	콘크리트 또는 모르터가 엉기기 시작하지는 않았으나 비빈 후 상당한 시간이 지났거나 또는 재료가 분리된 경우에 다시 비비는 작업.

용어	정의
거친면마무리	솔이나 비, 마대 등으로 콘크리트 표면을 거칠게 마무리 하는 것.
거푸집판	거푸집의 일부로서 콘크리트가 직접 닿는 목재나 금속 등의 널판
건조수축 (shirnkage)	콘크리트는 습기를 흡수하면 팽창하고 건조하면 수축한다. 이와 같이 하중의 재하없이 습기가 증발함에 따라 콘크리트가 수축하는 현상
경량골재	팽창성혈암(膨脹性頁岩), 팽창성점토, 플라이애쉬 등을 주원료로 하여 인공적으로 소성하여 만든 구조용 인공경량골재로서, 골재알의 내부는 다공질이고 표면은 유리질의 피막으로 덮힌 구조로 잔골재는 절건밀도가 1.8미만, 굵은 골재는 절건밀도가 1.5미만인 것.
경량골재의 표건밀도	표면건조상태에 있는 경량골재알의 밀도
경량골재의 표면건조상태	습윤상태의 경량골재에 있어서 표면수가 없는 상태
경량골재콘크리트	골재의 전부 또는 일부로 인공경량골재를 써서 만든 콘크리트
곡률마찰 (curvature friction)	긴장재의 배치현상이 굴곡 또는 곡선일 때 생기는 마찰
골재	모르터 또는 콘크리트를 만들기 위하여 시멘트 및 물과 혼합하는 모래, 바순모래, 자갈, 부순자갈, 부순돌, 바다모래, 고로슬래그잔골재, 고로슬래그굵은골재, 기타 이와 비슷한 재료
골재의 실적률(實積率)	용기에 채운 골재절대용적의 그 용기용적에 대한 백분율
골재의 유효흡수율	공기중 건조상태의 골재가 표면건조포화상태까지 흡수하는 수량의 절건상태의 골재질량에 대한 백분율
골재의 입도	골재의 크고 작은 알이 섞여 있는 정도

용 어	정 의
골재의 절건밀도	절대건조상태의 골재알의 밀도
골재의 절대건조상태	골재알 내부의 빈틈에 포함되어 있는 물이 전부 제거된 상태
골재의 조립률(組粒率)	80mm, 40mm, 20mm, 10mm, 5mm, 2.5mm, 1.2mm, 0.6mm, 0.3mm, 0.15mm체 등 10개의 체를 1조로 하여 체가름 시험을 하였을 때, 각 체에 남는 누계량의 전시료(全試料)에 대한 중량백분율의 합을 100으로 나눈 값
골재의 표건밀도	표면건조포화상태에 있는 골재알의 밀도를 말하며, 일반적으로 골재의 밀도는 이 골재의 표건밀도를 말한다.
골재의 표면건조포화상태	골재의 표면수는 없고 골재알 속의 빈틈이 물로 차 있는 상태
골재의 표면수량(水量)	골재알의 표면에 붙어있는 수량을 말하며, 골재가 가지고 있는 물의 전량에서 골재알 속에 흡수되어 있는 수량을 뺀 나머지 수량
골재의 표면수율	골재의 표면에 붙어있는 수량의, 보통골재에서는 표면건조포화상태, 경량골재에서는 표면건조상태의 골재질량에 대한 백분율
골재의 함수율	골재의 표면 및 내부에 있는 물의 전질량의, 절건상태의 골재질량에 대한 백분율
골재의 흡수율	표면건조포화상태의 보통골재 또는 표면건조상태의 경량골재에 함유되어 있는 전수량의, 절건상태의 골재질량에 대한 백분율
공장제품	관리된 공장에서 계속적으로 제조되는 프리캐스트콘크리트 제품
공칭강도 (nominal strength)	이 시방서의 강도설계법의 규정과 가정에 따라 계산된 부재 또는 단면의 강도를 말하며, 강도감소계수를 적용하기 전의 강도
관리도	공정이 안정한 상태에 있는가 아닌가를 조사하기 위해, 또는 공정을 안정한 상태로 유지하기 위해 쓰이는 도면

용 어	정 의
굵은골재	(1) 5mm체에 거의 다 남는 골재 (2) 5mm체에 다 남는 골재
굵은골재의 최대치수	중량으로 90% 이상을 통과시키는 체 중에서 최소치수의 체눈을 체의 호칭치수로 나타낸 굵은골재의 치수
굵은골재의 최소치수	프리팩트콘크리트에 쓰이는 굵은 골재에서 중량으로 적어도 95% 이상 남는 체 중에서 최대치수의 체눈의 호칭치수로 나타낸 굵은골재의 치수
균열보수	임시적인 유지관리차원의 채움재주입을 통한 차수기능 복구의 보수와 타이바를 설치하여 완전 복구하는 스팃칭(Stitching) 등이 사용됨.
균형철근비 (balanced steel ratio)	주인장철근이 설계항복강도에 도달하는 동시에 콘크리트의 압축연단 변형률이 극한변형률에 도달하는 단면의 인장철근비이다.
그라인딩	콘크리트 포장면에 요철이 있거나 튀어나온 부분을 갈아내거나 깎아내어 평활한 평면을 유지하는 것.
극한하중 (factored load)	시방서의 강도설계법으로 부재를 설계할 때 사용하는 하중으로서, 사용하중에 하중계수를 곱한 하중
극한한계상태	구조물 또는 부재가 파괴되어 전도, 좌굴, 대변형 등을 야기시킴으로써 불안정을 초래하는 상태로서 최대내하응력에 대응하는 한계 상태
급열양생	양생기간 중 어떤 열원(熱源)을 이용하여 콘크리트를 가열하는 양생
기둥	연직 또는 연직에 가까운 압축재로서 그 높이가 단면의 최소치수의 3배 이상인 것
긴장재(tendon)	PS강재를 단독 또는 몇 개의 다발로 하여 기존콘크리트에 프리스트레스를 주기 위하여 사용된 PS강선, PS강봉, PS스트랜드와 같은 강재

용어	정의
나선철근(spiral reinforcement)	기둥의 축방향철근을 나선형으로 둘러싼 철근
내구성(durability)	품질의 시간경과에 따른 열화(劣化)가 적고, 소요의 사용기간중 요구되는 성능의 수준을 지속시킬 수 있는 정도
내동해성(耐凍害性)	동결융해의 되풀이작용에 대한 저항성
내부구속응력	콘크리트 단면 내의 온도차에 의해 발생하는 내부 구속작용에 의한 응력
노상지지력계수	콘크리트 포장의 두께 설계와 노상, 보조 기층, 기층의 지지력 판정을 위해 이용되는데, 평판재하시험에 의해 구할 수 있다.
단위굵은골재용적	단위굵은골재량을 그 굵은골재의 단위용적질량으로 나눈 값 0.6mm, 0.3mm, 0.15mm체 등 10개의 체를 1조로 하여 체가름 시험을 하였을 때, 각 체에 남는 누계량의 전 시료(全試料)에 대한 질량백분율의 합을 100으로 나눈 값
단위량	콘크리트 $1m^3$를 만들 때 쓰이는 각 재료의 양
덕트(duct)	포스트텐션 방식의 PSC부재에서 긴장재를 수용하기 위하여 미리 콘크리트 속에 뚫어 둔 구멍
덧씌우기	손상이 심한 콘크리트 포장 위에 새로운 구조층의 덧씌우기 시공방법으로서 완전 접착식, 부분 접착식, 분리식 덧씌우기가 시행될 수 있음. 덧씌우기 두께에 따라 얇은 덧씌우기와 일반 덧씌우기로 구분되며 사용재료는 콘크리트계 재료와 아스팔트계 재료가 모두 사용될 수 있음.
덮개	최외단 철근의 표면과 콘크리트 표면사이의 콘크리트의 최소 순두께
도막	도장에 의해 철근표면에 형성된 에폭시수지 피막
동결깊이	노면에서 지중의 얼음이 결정되는 가장 깊은 곳까지의 깊이

용어	정의
동결지수	동결 기간 중의 기온과 시간과의 적의 누계치
동탄성계수	동적삼축압축시험에서 반복축차응력을 가했을 때 측정한 축방향 회복 변형률에 대한 반복축차응력의 비로서 동적시험에 의해 결정되는 탄성물성치.
되비비기	콘크리트 또는 모르터가 엉기기 시작하였을 경우에 다시 비비는 작업
등가단축하중계수	임의의 축배열(단축, 복축, 3축)의 축하중이 1회에 8.2t 단축하중교통의 통과에 따라 생기는 PSI손실과 같은 양의 손실을 일으키는데 필요한 반복 통과회수의 비
등가매립길이	갈고리 또는 기계적인 정착장치가 전달하는 응력과 동등한 응력을 전달할 수 있는 철근의 묻힘길이
띠철근	기둥의 축방향철근을 소정의 간격마다 둘러싼 횡방향의 보조적 철근
레디믹스트콘크리트	정비된 콘크리트 제조 설비를 갖춘 공장으로부터 수시로 구득할 수 있는 굳지 않은 콘크리트
레이탄스(laitance)	블리딩으로 인하여 콘크리트나 모르터의 표면에 떠올라서 가라앉은 물질로서 시멘트나 골재 중의 미립자로 되어 있다.
로울러전압콘크리트 포장	단위수량이 적고, 단위시멘트량은 일반콘크리트 포장과 비슷하며, 추가의 표면처리가 필요하지 않을 만큼 충분한 압축강도와 휨강도를 가지고 있다. 시공순서는 배치플랜트에서 혼합하여, 운반 후 펴고르기를 하고 로울러 다짐과정을 거쳐, 양생, 표면처리를 하게 된다.
맞댄줄눈	경화된 콘크리트 슬래브에 맞대서 서로 이웃한 콘크리트 슬래브를 치면 만들어지는 줄눈으로 시공줄눈의 대표적인 것
매립길이	설계단면을 넘어 더 연장하여 묻어 넣은 철근의 묻힘 길이
매스콘크리트 (mass concrete)	부재 또는 구조물의 치수가 커서 시멘트의 수화열로 인한 온도의 상승을 고려하여 시공해야 하는 콘크리트

용 어	정 의
모르터	시멘트, 잔골재, 물 및 필요에 따라 첨가하는 혼화재료를 구성재료로 하여, 이들을 비벼서 만든 것
무근콘크리트	강재로 보강하지 않은 콘크리트를 말한다. 그러나 콘크리트 수축 균열 등에 대비하여 강재를 사용한 것도 무근콘크리트로 본다.
무근콘크리트 포장	다우웰바나 타이바를 제외하고는 일체의 철근 보강이 없는 포장형태로 일정한 간격으로 줄눈을 두고, 이곳에서만 균열이 발생하도록 조절하고 필요에 따라 줄눈부에 다우웰바를 사용하여 하중전달을 돕는다.
물-결합재비	프리팩트콘크리트에 있어서 플라이애쉬 또는 기타의 혼화재를 사용하여 비빈 모르터 또는 콘크리트에서 골재가 표면건조포화상태에 있다고 보았을 때 풀(paste)속에 있는 물과 시멘트 및 플라이애쉬, 기타 혼화재와의 중량비
물-시멘트비	콘크리트 또는 모르터에서 골재가 표면건조포화상태에 있다고 보았을 때 시멘트풀 속에 있는 물과 시멘트의 중량비(기호 : W/C) 일반적으로 재령 28일의 압축강도를 기준으로 한다(기호 : f_{28}).
반강성 포장 (Semi-Rigid Pavement)	골재의 입도를 조정하여 공극률이 20~25% 정도인 모체 아스콘을 제조하여 포설하고, 공극에 시멘트 페이스트를 침투시켜 양생시킨 공법으로 아스팔트 포장보다 교통하중, 대기온도 등에 대한 변형저항성이 크다.
반죽질기 (consistency)	주로 물의 양이 많고 적음에 따른 반죽이 되고 진 정도를 나타내는 굳지 않은 콘크리트의 성질
받침대	연직 또는 연직에 가까운 압축재로서 그 높이가 단면의 최소치수의 3배 미만의 구조
배력철근	응력을 분포시킬 목적으로 정철근 또는 부철근과 직각에 가까운 방향으로 배치한 보조적인 철근

용 어	정 의
배치믹서 (batch mixer)	콘크리트 재료를 1회분씩 혼합하는 믹서
배합	콘크리트 또는 모르터를 만들 때 소요되는 각 재료의 비율이나 사용량
배합강도(f_{cr})	콘크리트의 배합을 정하는 경우에 목표로 하는 압축강도를 말한다. 일반적으로 재령 28일의 압축강도를 기준으로 한다 (기호 : f_{28}).
변동하중	변동이 빈번하거나 연속적으로 발생하고, 또한 지속적 성분에 비하여 무시할 수 없을 정도로 큰 하중
보온양생	단열성이 높은 재료 등으로 콘크리트 표면을 덮어 열의 방출을 적극 억제하여 시멘트의 수화열을 이용해서 필요한 온도를 유지시키는 양생
부립률(浮粒率)	경량굵은골재 중 물에 뜨는 입자의 중량백분율
부철근	슬래브 또는 보에서 부(-)의 휨모멘트에 의해서 일어나는 인장응력을 받도록 배치한 주철근
블리딩(bleeding)	굳지 않은 콘크리트나 모르터에서 물이 상승하는 현상
비비타임 (Vebe Time)	포장콘크리트의 반죽질기를 표시하는 값으로 KS F 2427의 「굳지 않은 콘크리트의 반죽질기 시험방법(비비방법)」으로 얻은 시험치를 초로 표시한다.
비틀림철근	비틀림응력이 크게 일어나는 부재에서 이에 저항하기 위하여 배치하는 철근을 말하며, 폐합스터럽과 종방향 철근으로 되어 있다.
사용하중	사하중 및 활하중과 같이 이 시방서에서 규정하는 각종 하중으로서 하중계수를 곱하지 않은 실제의 하중을 말하며 작용하중이라고도 한다.
사용한계상태	구조물 또는 부재가 과도한 처짐, 균열, 진동, 피로균열 발생 등에 의해 사용성의 건전성을 상실하는 한계상태로서 통상의 사용 또는 내구성에 관련된 한계상태

용 어	정 의
사인장 철근	사인장 응력을 받는 철근을 말하며 전단보강 철근이라고도 한다.
사하중	구조수명간 상시 작용하는 하중으로서 거더, 슬래브, 기둥, 벽, 지붕, 천정, 계단, 난간, 수도관 기타 부속 시설물의 무게 및 고정된 사용장비 등을 포함한다.
생산자위험률	합격으로 하고 싶은 좋은 품질의 로트(lot)가 불합격이 되는 확률
서비스지수	도로의 상태를 운전자가 느끼는 쾌적에 따라 5단계(매우 좋음, 좋음, 보통, 나쁨, 매우 나쁨)로 구분하여 숫자로 표시한 것
설계강도	공칭강도에 강도감소계수 ϕ를 곱한 강도
설계기준강도	콘크리트 부재의 설계에 있어서 기준으로 한 압축강도를 말하며 일반적으로 재령 28일의 원주형 표준공시체의 압축강도를 기준으로 한다.(σ_{ck})
설계단면력	설계하중에 의해 발생하는 부재의 단면력
설계수명길이	구조물 또는 부재가 그 사용에 적합한 목적과 기능을 충분히 발휘하도록 설계상 고려하는 수명기간
설계압축응력	콘크리트 댐의 설계계산에서 생기는 압축응력
설계하중	부재 설계시 적용하는 하중으로서, 강도설계법에 의할 때는 극한하중을 적용하고, 허용응력설계법에 의할 때는 사용하중을 적용한다.
성형(molding)	콘크리트를 몰드에 채워넣고 다져서 제품의 모양을 만드는 것
성형성(plasticity)	거푸집에 쉽게 다져 넣을 수 있고, 거푸집을 제거하면 천천히 형상이 변하기는 하지만 허물어지거나 재료가 분리되거나 하는 일이 없는 굳지 않은 콘크리트의 성질

용어	정의
성형줄눈재	빗물이나 작은 돌 등이 줄눈에 들어가는 것을 막기 위하여 줄눈의 윗쪽에 주입시켜 채우는 성형재료
숏크리트(shotcrete)	압축공기를 이용하여 호스 속으로 운반한 콘크리트, 모르터 또는 그들의 재료를 시공면에 뿜어서 만든 콘크리트 또는 모르터
수밀콘크리트	특히 수밀성이 큰 콘크리트 또는 투수성이 작은 콘크리트
수중불분리성콘크리트	수중불분리성 혼화제를 혼합함에 따라 재료분리 저항성을 높이는 수중콘크리트
수중콘크리트	담수 중, 안정액 중 혹은 해수 중에서 시공하는 콘크리트
수지콘크리트	고강도, 양호한 접착성, 조기교통개방 가능성 등의 장점으로 긴급보수용 팻칭재로서 폴리머 콘크리트로도 호칭됨
수축이음	콘크리트의 수축으로 인한 균열을 방지하기 위하여 설치하는 이음, 이 중에서 댐축에 직각으로 설치하는 수축이음을 가로수축이음, 댐축에 평행으로 설치하는 수축이음을 세로수축이음이라 한다.
수축줄눈	콘크리트 슬래브의 수축응력을 줄이고 줄눈 사이에 발생하는 불규칙한 균열을 최소로 줄이거나 막을 수 있도록 만드는 줄눈
수평환산거리	콘크리트 펌프의 배관이 수직관, 벤트관, 테이퍼관, 플렉시블관 등을 공유하는 경우에 이들을 모두 수평환산길이에 의해 수평관으로 환산하고, 배관 중의 수평관 부분과 합계한 전체의 거리
수평환산길이	콘크리트의 펌프 압송에 쓰이는 수지관, 벤트관, 테이퍼(taper)관, 플렉시블관 등을 동등의 관내 압력손실로 대응하는 수평관으로 환산할 때에 상당하는 길이
쉬스(sheath)	PS콘크리트 시공시 텐던 덕트를 형성하기 위한 가요성 금속 원형덕트

용 어	정 의
스터럽(stirrup)	보의 정철근 또는 부철근을 둘러싸고 이에 직각되게 또는 경사지게 배치한 복부철근
스프레더(spreader)	포설현장까지 운반된 슬래브용 콘크리트를 소정의 위치 또는 높이까지 깔아펴는 기계
슬래브 재킹	콘크리트 포장 슬래브가 침하되어 있는 경우 슬래브를 들어 올려 소요평탄성을 회복시키는 보수
슬립바(slip bar)	팽창줄눈, 수축줄눈 등을 횡단하여 사용하는 원형철근으로서, 하중전달을 원활히 하고, 수축에 뒤따를 수 있도록 한쪽에 아스팔트 등을 칠하여 미끄러질 수 있도록 한 것으로, 팽창줄눈에 사용하는 슬립바는 콘크리트 슬래브의 팽창에 뒤따를 수 있도록 캡(cap)을 한 쪽에 씌운다. 이것을 일명 다우웰바(dowel bar)라고도 부른다.
슬립바 어셈블리 (slip bar assembly)	홈줄눈의 경우 한 개의 슬립바와 체어(chair)를 조립한 것을 말하며, 팽창줄눈의 경우는 슬립바, 체어 및 줄눈판을 조립한 것을 말한다.
슬립폼 공법 (slip form 工法)	슬래브 측면 거푸집을 사용하지 않고 콘크리트 치기, 다짐, 표면마무리 등의 기능을 겸비한 슬립폼 페이버(slip form paver)를 사용하여 콘크리트 슬래브를 연속적으로 포설(鋪設)하는 공법.
습윤양생	콘크리트를 친 후 일정기간을 습윤상태로 유지하는 양생
시공이음	콘크리트 치기를 일시 중지할 때 만드는 이음으로, 각 리프트마다 생기는 시공이음 중에서 리프트 경계에 수평방향에 설치하는 시공이음을 수평시공이음, 리프트 안에 연직 또는 연직에 가까운 방향에 설치하는 시공이음을 연직시공이음이라 한다.
시공줄눈	콘크리트 치기를 일시 중지해야 할 때 만드는 줄눈
시멘트	KS L 5201에 규정된 포틀랜드시멘트, KS L 5210 고로슬래그시멘트, KS L 5211 플라이애쉬시멘트, 또는 이와 동등 이상의 시멘트

용 어	정 의
시멘트 안정 처리 공법	현지 재료 또는 여기에 보충 재료를 섞은 것에 시멘트를 첨가하여 혼합하고 깔아서 다짐하는 공법
시멘트 풀 (cement paste)	시멘트와 물 및 필요에 따라 첨가하는 혼화재료를 구성재료로 하여, 이들을 비벼서 만든 것
시방배합(示方配合)	시방서 또는 책임기술자가 지시한 배합, 이때 골재는 표면건조포화상태에 있고, 잔골재는 5mm체를 다 통과하고, 굵은골재는 5mm체에 다 남는 것으로 한다.
아치식 콘크리트 댐	작용하는 하중에 대하여 주로 아치 작용에 의하여 저항하며, 양안(兩岸)의 암반까지 그 힘을 전달하도록 한 형식의 콘크리트 댐
알칼리골재반응	골재 중 어떤 종류의 광물과 콘크리트의 작은 구멍의 용액 중에 존재하는 수산화알칼리와의 화학반응
압축철근비	콘크리트의 유효단면적에 대한 주압축철근의 단면적의 비
얇은 덧씌우기	콘크리트 포장에 콘크리트 포장을 덧씌우기 하는 경우로서 두께가 5cm 전후의 얇은 두께의 덧씌우기 공법임
AE감수제	혼화제의 일종으로서, AE제 및 감수제의 두가지 효과를 모두 갖는 재료
AE공기 (entrained air)	AE제, AE감수제 등의 표면활성작용에 의하여 콘크리트 속에 생기게 되는 미소하고 독립된 기포로서 연행공기라고도 한다.
AE제	혼화제의 일종으로 미소하고 독립된 수 없이 많은 기포를 발생시켜 이를 콘크리트 중에 고르게 분포시키기 위하여 쓰이는 재료
AE콘크리트	AE공기를 함유하고 있는 콘크리트
에폭시도막철근	에폭시를 정전분사(靜電噴射)도장한 이형철근 및 원형철근
연속믹서	콘크리트용 재료의 계량, 공급 및 비비기를 하는 각 기구를 일체화하여 굳지 않은 콘크리트를 연속해서 제조하는 장치

용 어	정 의
연직하중	사하중이나 활하중과 같이 구조물의 연직방향으로 작용하는 하중
오토클래이브양생 (autoclave curing)	콘크리트의 경화를 촉진하기 위하여 고온고압증기솥 중에서 실시하는 양생
온도균열지수	매스콘크리트의 균열발생검토에 쓰이는 것으로, 콘크리트의 인장강도를 온도응력으로 나눈 값
온도제어양생 (溫度制御養生)	콘크리트를 친 후 일정기간 콘크리트 온도를 제어하는 양생
외부구속응력	새로 친 콘크리트 블록의 자유로운 열변형이 외부적으로 구속을 받을 때의 외부구속작용에 의한 응력
워커빌리티 (workability)	반죽질기 여하에 따르는 작업의 난이의 정도 및 재료분리에 저항하는 정도를 나타내는 굳지않은 콘크리트의 성질
원심력다지기	몰드를 고속으로 회전시켜서 원심력을 이용하여 콘크리트를 다지는 것
원형철근	표면에 리브 또는 마디 등의 돌기가 없는 원형단면의 봉강으로서, KS D 3504에 규정되어 있는 원형철근
유동화콘크리트	미리 비빈 콘크리트에 유동화제를 첨가하여 이를 교반해서 유동성을 증대시킨 콘크리트
유지관리 (maintenance)	포장의 기능을 어느 정도 회복, 유지시키는 범위의 관리활동
유효높이	휨모멘트를 받는 부재의 단면에서 압축측 콘크리트 표면으로부터 정철근 또는 부철근 단면의 도심까지의 거리
유효인장력	프리스트레스를 준 후 PS강재의 리락세이션, 콘크리트의 크리프와 건조수축 등의 영향으로 프리스트레스 손실이 완전히 끝난 후에 긴장재에 작용하고 있는 인장력
유효프리스트레스	긴장재의 유효인장력에 의해 콘크리트에 전달되는 프리스트레스

용 어	정 의
이방향슬래브	직교하는 두 방향으로 정철근 또는 부철근을 배치한 슬래브
2차다짐	소정의 다짐 밀도를 얻기 위하여 1차 다짐에 계속하여 실시하는 다짐
이형철근	표면에 리브 또는 마디 등의 돌기가 있는 봉강으로서, KS D 3504에 규정되어 있는 이형철근 또는 이와 동등한 품질과 형상을 가지는 철근
인장철근비	콘크리트의 유효단면적에 대한 주인장철근의 단면적의 비
일라스타이트	콘크리트 포장에서 팽창 줄눈의 채움재로 사용하는 판
일방향슬래브	1방향으로만 정철근 또는 부철근을 배치한 슬래브
1차다짐	혼합물을 포설한 후 될 수 있는 대로 빨리, 수회 실시하는 다짐
입도 조정 공법	좋은 입도가 되도록 몇가지 종류의 골재를 섞어서 깔고 다짐하는 공법
잔골재	(1) 10mm체(호칭 치수)를 전부 통과하고 5mm체를 거의 다 통과하여 0.08mm체에 거의 다 남은 골재 (2) 5mm체를 다 통과하여 0.08mm체에 다 남는 골재
잔골재율	골재 중 5mm체를 통과한 부분을 잔골재로 보고, 5mm체에 남은 부분을 굵은골재로 보아 산출한 잔골재량의 전체 골재량에 대한 절대용적비를 백분율로 나타낸 것(기호:S/a)
장부줄눈	줄눈부에서 하중전달을 원활히 하기 위하여 슬래브의 한쪽에 凸(철)부가 닿는 다른 쪽에 凹(요)부를 만드는 줄눈
장선구조(joist)	1방향 또는 2방향으로 일정한 간격으로 배치된 장선(리브 또는 세장보)이 그 위의 슬래브와 일체로 시공된 구조형태
재크인장력	긴장재에 인장력을 주기 위하여 사용한 기구의 계기에 나타난 일시적인 힘

용 어	정 의
재포장	콘크리트 파손이 심하고 도로의 구조상 건축한계 부족 등의 문제로 기존 포장을 걷어 내고 다시 포장을 새로이 하는 경우
저항계수	강도감소계수의 총칭
전단보강철근	전단력에 저항하도록 배치하는 철근
절곡철근	정철근 또는 부철근을 구부려 올리거나 또는 구부려 내린 복부 철근
접속장치	긴장재와 긴장재 또는 정착장치와 정착장치를 접속시키는 장치
정착길이	설계단면에서 철근의 설계강도를 전달하기 위하여 필요한 철근을 묻어 놓은 길이
정착장치	긴장재의 끝부분을 콘크리트에 정착시켜 프리스트레스를 부재에 전달하기 위한 장치
정철근	슬래브 또는 보에서 정(+)의 휨모멘트에 의해서 일어나는 인장응력을 받도록 배치한 주철근
제조책임자	공장제품의 제조에 책임을 가진 공장의 기술자
조립용철근	철근을 조립할 때 철근의 위치를 확보하기 위하여 사용하는 보조적인 철근
주입모르터	프리팩트콘크리트의 주입에 쓰는 모르터로서 시멘트, 플라이애쉬 또는 기타의 혼화재료, 모래, 감수제, 알미늄분말, 물 등을 혼합하여 만든 것
주입줄눈재	빗물이나 작은 돌 등이 줄눈에 들어가는 것을 막기 위하여 줄눈의 위쪽에 주입시켜 채우는 재료
주철근	설계하중에 의하여 그 단면적이 정해지는 철근
줄눈보수	줄눈재 충전, 줄눈재 재설치 등의 보수 공법을 의미하며 줄눈재는 씰링재, 탄성압입식재, 판재형 줄눈재가 있음

용 어	정 의
줄눈판	콘크리트 슬래브의 팽창에 의한 좌굴을 막고, 주입줄눈재를 떠 받치기 위하여 팽창줄눈의 아래쪽에 넣는 판
중력시 콘크리트 댐	작용하는 하중에 대하여 주로 댐 자체의 콘크리트자중에 의하여 저항하며, 밑부분의 암반까지 그 힘을 전달하도록 하는 형식의 콘크리트 댐
즉시탈형	반죽이 매우 된콘크리트에 강력한 진동다짐이나 압력 등을 가하여 성형시킨 후 즉시 거푸집의 일부 또는 전부를 떼어 내는 것
증가계수	배합강도를 정하는 경우 품질의 변동을 고려하여 설계기준강도를 증가시키기 위해 곱하는 계수
증기양생	콘크리트의 경화를 촉진하기 위하여 상압(常壓)의 증기로 실시하는 양생
지연제(遲延劑)	혼화제의 일종으로 시멘트의 응력시간을 늦추기 위하여 사용하는 재료
지진하중	지각변동으로 인해 발생하는 지진의 구조물에 대한 작용력을 말하며, 지진이 심한 지방 또는 지진에 민감한 구조물은 지진에 견디도록 설계되어야 한다.
진동 줄눈절단기	줄눈재료를 넣기 위하여 아직 굳지 않은 슬래브용 콘크리트의 윗쪽에 폭 10mm 정도, 깊이 70mm 정도의 홈을 진동에 의하여 만드는 기계
책임기술자	공사에 관한 전문지식을 가지고 그 공사에 책임을 가지는 기술자
철골철근콘크리트	철골과 철근으로 보강한 콘크리트
철근	콘크리트 속에 묻혀서 콘크리트를 보강하기 위하여 사용되는 봉강
철근콘크리트	철근을 사용한 콘크리트로서, 외력에 대해 양자가 일체로 작용하도록 한 것

용 어	정 의
철근 콘크리트 포장	줄눈의 개수를 줄이는 반면(줄눈과 줄눈간의 간격은 증가) 줄눈 이외의 부분에서 발생되는 균열을 어느 정도 허용하는데 이렇게 발생된 균열이 과대하게 벌어지는 것을 방지하기 위하여 일정량의 종방향철근을 사용하는 포장
체	KS A 5101「표준체」에 규정되어 있는 망체
초기동해	응결경화의 초기에 받는 콘크리트의 동해
초기양생	표면마무리가 끝난 후 콘크리트가 굳을 때까지 약 12시간 실시하는 양생
초벌마무리	피니셔에 의한 기계마무리, 간이 피니셔나 템플리트 탬퍼(templet tamper)에 의한 마무리
촉진양생	콘크리트의 경화를 촉진하기 위하여 실시하는 양생
축방향철근	부재의 축방향으로 배치한 철근
치기줄눈	콘크리트 슬래브가 아직 굳지 않은 동안에 슬래브 상부에 홈을 파서 만든 줄눈으로 홈줄눈의 일종
커터줄눈	콘크리트가 굳은 후에 커터(cutter)로 잘라서 만든 줄눈으로 홈줄눈의 일종
콘크리트	시멘트, 물, 잔골재, 굵은골재 및 필요에 따라 첨가하는 혼화재료를 구성재료로 하여 이들을 비벼서 만든 것
콘크리트 스프레더	공사현장에 운반된 콘크리트를 분배상 스크류 또는 정리판에 의하여 소정의 두께로 일정하게 까는 기계
콘크리트 커터	콘크리트 포장을 보수할 때나 홈줄눈 절단시 사용되며, 경화한 콘크리트 바닥을 고속으로 회전하는 다이아몬드 또는 카본 칼날로 소정의 깊이와 폭으로 절단하는 기계
콘크리트 페이버	투입 스크류에 의하여 콘크리트 재료를 믹서에 공급하여 혼합하고, 혼합한 콘크리트를 상하 좌우로 자유로이 선회하여 운반하는 기계로 크롤러식과 타이어식이 있다.

용 어	정 의
콘크리트 페이버 피니셔	공급된 콘크리트를 스크류에 의하여 펴서 깔고 전면의 스크라이크 오프 플레이트를 상하로 이동시켜 소정의 두께로 콘크리트를 깎은 다음, 다짐기로 다져 최후의 정리 스크류로 표면을 정리하는 기계
콜드 조인트 (cold joint)	계속해서 콘크리트를 칠 경우, 먼저 친 콘크리트와 나중에 친 콘크리트와의 사이에서 비교적 긴 시간차로 인하여 계획되지 않은 부분에 생기는 이음부로서, 이것이 발생하면 내구적으로 좋지 않고 외관도 좋지 않으므로 주의해야 한다.
크리프(creep)	지속하중으로 인하여 콘크리트에 일어나는 장기소정변형
타이바(tie bar)	홈줄눈, 맞댄줄눈, 장부줄눈 등을 횡단하여 콘크리트 슬래브에 집어 넣는 이형철근으로서 줄눈이 벌어지거나 층이 지는 것을 막는 역할을 하는 것
파상마찰 (wobble friction)	긴장재가 소정의 위치에서 이탈됨으로써 생기는 마찰
파이프쿨링 (pipe-cooling)	매스콘크리트의 시공에서 콘크리트를 친 후 콘크리트의 온도를 억제시키기 위해 미리 콘크리트 속에 묻은 파이프 내부에 냉수 또는 찬공기를 보내 콘크리트를 냉각시키는 방법
팻 칭	콘크리트의 단면손실이 있는 경우 단면을 보수하는 방법으로서 부분단면 팻칭과 전단면 팻칭이 있음. 팻칭 재료는 시멘트 콘크리트계 재료, 수지 콘크리트, 에폭시 콘크리트, 아스팔트의 재료가 사용됨
팻칭, 팻칭부 재파손	콘크리트 포장의 팻칭부위는 파손된 부위로 관리되며, 팻칭부 재파손시 이 역시 재파손으로 분류함
팽창줄눈	콘크리트 슬래브의 팽창, 수축을 쉽게 할 수 있도록 만드는 줄눈
팽창콘크리트	혼화재로서 팽창재를 첨가해서 만든 콘크리트
평탄마무리	표면마무리에 의한 기계마무리나 플로트(float)에 의한 인력마무리

용 어	정 의
포스트텐션 방식	콘크리트가 굳은 후에 긴장재에 인장력을 주고 그 끝부분을 콘크리트에 정착시켜서 프리스트레스를 주는 방법
포졸란	혼화재의 일종으로서 그 자체에는 수경성이 없으나 콘크리트 중의 물에 용해되어 있는 수산화칼슘과 상온에서 천천히 화합하여 물에 녹지 않는 화합물을 만들 수 있는 실리카질 물질을 함유하고 있는 미분말 상태의 재료
표면마무리	콘크리트 슬래브 표면의 초벌마무리, 평탄마무리 및 거친면 마무리의 총칭
표면마무리기	스크리드(screed)를 세로방향으로 움직이든가 사방향으로 움직여서 콘크리트 슬래브의 평탄마무리를 하는 기계로 스크리드가 움직이는 방향에 따라서 세로마무리기와 사방향마무리기가 있다.
표면처리공법	구조적인 성능보강보다는 미끄럼 저항회복, 평탄성 불량구간 교정, 포장 콘크리트 보도, 스케일링 구간을 수지계, 아스팔트계 등의 재료를 이용하여 얇은 두께로 씌우는 활동
표준양생	$-20\pm3^\circ C$로 유지하면서 수중 또는 습도 100%에 가까운 습윤 상태에서 양생하는 것
표준허용응력	콘크리트의 압축강도를 기준으로 하여 댐 자체에서 생기는 허용될 수 있는 압축응력, 설계기준강도를 안전율로 나누어서 구한다.
풍하중	바람이 어떤 구조물에 부딪히면 구조물은 작용력을 받게 된다. 이것을 풍하중 또는 풍압이라 하며, 이론적으로는 풍속, 압력계수, 노출계수와 단기돌풍의 영향 및 구조물의 동역학적 응답을 포함한 돌풍계수 등에 대한 통계자료에 의해 추출된다.
프라이머(primer, 주입줄눈재용)	주입줄눈재와 콘크리트 슬래브와의 부착이 잘 되게 하기 위하여 주입줄눈재의 시공에 앞서 미리 줄눈의 홈에 바르는 휘발성 재료

용 어	정 의
프리스트레스 (prestress)	외력에 의하여 일어나는 인장응력을 소정의 한도까지 상쇄할 수 있도록 미리 계획적으로 콘크리트에 주는 응력도
프리스트레스 도입	긴장재의 인장력을 콘크리트에 전달하기 위한 조작
프리스트레스트콘크리트	소정의 한도까지 상쇄할 수 있도록 미리 인위적으로 그 응력의 분포와 크기를 정하여 내력을 준 콘크리트를 말하며 PS 콘크리트 또는 PSC라고 약칭하기도 한다.
프리스트레스힘	프리스트레싱에 의하여 부재의 단면에 작용하고 있는 힘
프리스트레싱	프리스트레스를 주는 일
프리웨팅 (pre-wetting)	경량골재를 사용하기 전에 미리 흡수시키는 작업
프리캐스트 콘크리트 (precast concrete)	사용되기 전에 공장이나 현장에서 미리 제작한 후에 제자리에 옮겨 놓거나, 또는 조립하는 콘크리트 부재
프리쿨링 (pre-cooling)	콘크리트의 치기온도를 낮추기 위하여 콘크리트용 재료를 냉각시키는 것 또는 치기 전에 콘크리트를 냉각시키는 것
프리텐션 방식	긴장재를 먼저 긴장한 후에 콘크리트를 치고, 콘크리트가 굳은 다음 긴장재에 가해 두었던 인장력을 긴장재와 콘크리트의 부착에 의해서 콘크리트에 정착시켜 프리스트레스를 주는 방법
프리팩트콘크리트 (Prepacked concret)	소요의 품질을 가지는 콘크리트를 얻을 수 있도록 먼저 특정한 모르터를 주입하여 만든 콘크리트
플랜트혼합	연속 믹서나 뱃치 믹서를 이용하여 혼합하는 것
피니셔(finisher)	고르게 깐 슬래브용 콘크리트를 다지고, 초벌마무리를 하는 기계로 깐 콘크리트를 다시 잘 펴기 위한 장치를 앞부분에 갖춘 것이 많다.
피니셔빌리티 (finishability)	굵은골재의 최대치수, 잔골재율, 잔골재의 입도, 반죽질기 등에 따르는 마무리하기 쉬운 정도를 나타내는 굳지 않은 콘크리트의 성질

용 어	정 의
PS강재 (prestressing steel)	프리스트레스를 주기 위하여 사용되는 고강도의 강재
PS강재의 리락세이션 (relaxation)	PS강재에 인장력을 주어 변형률을 일정하게 하였을 때 시간의 경과와 함께 일어나는 응력의 감소
필러(filler)	0.08mm체를 통과하는 광물질의 분말
하부씰링	슬래브 하부에 공동발생, 또는 슬래브 침하시 그라우트 재료를 가압주입하여 슬래브를 들어올리거나 공동을 채워주는 보수
하중	구조물 또는 부재에 응력 및 변형의 증감을 발생시키는 일체의 작용
하중계수	하중의 공칭치와 실제 하중 간의 불가피한 차이, 하중을 작용외력으로 변환시키는 해석상의 불확실성, 예기치 않은 초과하중, 환경작용 등의 변동을 고려하기 위하여 사용하중에 곱해 주는 안전계수
하중의 공칭값	하중의 특성치와는 별도로 관련시방서 등에서 규정하고 또 관용적으로 사용되고 있는 하중치
하중조합	구조물 또는 부재에 동시에 작용할 수 있는 각종 하중의 조합
해양콘크리트	항만, 해안 또는 해안에 위치하여 해수 또는 조풍(潮風)의 작용을 받는 구조물에 쓰이는 콘크리트
현장배합	시방배합에 맞도록 현장에서 재료의 상태와 계량방법에 따라 정한 배합
현장혼합	노상에서 로드 스테빌라이저 등을 이용하여 혼합하는 것
혼화제	혼화재료 중 사용량이 비교적 많아서 그 자체의 부피가 콘크리트의 배합 계산에 관계되는 것
혼화재료	시멘트, 골재, 물 이외의 재료로서 혼합할 때 필요에 따라 콘크리트의 한 성분으로 더 넣는 재료

용어	정의
혼화제	혼화재료 중 사용량이 비교적 적어서 그 자체의 부피가 콘크리트의 배합 계산에서 무시되는 것
홈줄눈	수축줄눈의 일종으로서 콘크리트 슬래브 상부에 슬래브 두께의 1/3~1/4 정도의 깊이로 홈을 만들고 주입줄눈재로 채운 줄눈
활하중	풍하중, 설하중, 강우하중, 지진하중과 같은 환경하중이나 사하중을 포함하지 않고, 건물이나 다른 구조물의 사용 및 점용에 의해 발생되는 하중으로서 이동차량 하중, 군중, 가구, 가동칸막이, 창고의 저장물, 설비 기계등이 포함된다.
횡하중	풍하중이나 지진하중과 같이 구조물의 연직방향에 직각으로 작용하는 하중
후기양생	초기양생에 이어 콘크리트가 충분히 경화할 수 있도록 수분의 증발을 막는 양생 또는 물을 주는 양생

〈연습문제 해답〉

제1편

제1장

(1) ○ (2) × (3) ○ (4) ○

<(3)의 힌트>

(3) 절건밀도 $\rho_D(1+0.03)=2.65$

$$\rho_D=\frac{2.65}{1.03}=2.57$$

<(4)의 힌트>

흡수율(용적비) $w=0.03\rho_D=0.03\times 2.57=0.077$

진비중(眞比重) $\rho_A=\frac{\rho_D}{1-0.03\rho_D}=\frac{2.57}{1-0.077}=\frac{2.57}{0.923}=2.78$

(5) ○ (6) ○ (7) × (8) ○ (9) ×

<(5)의 힌트>

$$FM=\frac{2+14+38+69+88+97}{100}=3.08$$

<(6)의 힌트>

$$\begin{cases} 3.0m+2.2n=2.5 \\ m+n=1 \end{cases}$$

$m=3/8 \quad n=5/8$

(10) ○ (11) ○ (12) × (13) ○ (14) × (15) × (16) ○ (17) ○
(18) ○ (19) × (20) ○ (21) ○ (22) ○ (23) × (24) ○ (25) ○

제2장

1. (1) ○ (2) × (3) ○ (4) ○
2. (1) × (2) ○ (3) ○ (4) ○ (5) ○ (6) ×
3. (1) × (2) ○ (3) ○ (4) ×

제3장

(1) × (2) ○ (3) ○ (4) ○ (5) ○

제4장

1. (1) × (2) ○ (3) ○ (4) ○ (5) ○

<(4)의 힌트>

$$\sigma c=P\varepsilon Es=\frac{1^2}{10^2}\times\frac{0.48}{400}\times 2.1\times 10^6=25.2\,\text{kgf/cm}^2$$

2. (1) ×　(2) ×　(3) ○　(4) ○
3. (1) ○　(2) ×　(3) ○　(4) ○　(5) ○
4. (1) ×　(2) ○　(3) ×　(4) ○
5. (1) ○　(2) ○　(3) ○　(4) ○

제5장

1. (1) ×　(2) ×　(3) ○　(4) ○
2. (1) ○　(2) ×　(3) ○　(4) ○

제2편

제6장

1. (1) ○　(2) ×　(3) ○　(4) ○

<(3)의 힌트>

$$\eta = \frac{\tau}{\gamma} = \frac{1 \times 10^{-5}}{1} = 1 \times 10^{-5} (\text{gf} \cdot \text{s/cm}^2)$$
$$= 1 \times 10^{-5} \times 980 (\text{dyne} \cdot \text{s/cm}^2)$$
$$= 0.0098 \text{ poise}$$

2. (1) ×　(2) ○　(3) ×　(4) ○　(5) ○

제7장

(1) ○　(2) ○　(3) ×　(4) ×

제8장

(1) ○　(2) ○　(3) ○　(4) ×

제9장

(1) ○　(2) ○　(3) ×　(4) ○　(5) ○　(6) ○

제10장

(1) ○　(2) ○　(3) ×　(4) ×

제11장

1. (1) ○　(2) ○　(3) ○　(4) ×
2. (1) ×　(2) ○　(3) ○　(4) ○

제12장

(1) ×　(2) ○　(3) ○　(4) ○

제3편

제13장

1. (1) × (2) × (3) ○ (4) ○
2. (1) × (2) × (3) × (4) ○
3. (1) ○ (2) × (3) × (4) × (5) ○

제14장

1. (1) × (2) × (3) × (4) ○

    <(2)의 힌트>

    $$f_b = \frac{Pl}{bh^2} = \frac{100 \times 30}{10 \times 10^2} = 30\,\text{kgf/cm}^2$$

2. (1) × (2) ○ (3) × (4) ×

제15장

1. (1) ○ (2) ○ (3) × (4) ×
2. (1) ○ (2) ○ (3) ○ (4) ×

제16장

1. (1) × (2) × (3) × (4) ○
2. (1) × (2) ○ (3) ○ (4) ○

제17장

(1) ○ (2) ○ (3) × (4) ○

제4편

제18장

1. (1) ○ (2) ○ (3) × (4) ×

    <(3)의 힌트>

    보통골재콘크리트의 균열

    $$\lim_{t \to \infty} s = \lim_{t \to \infty} \frac{1}{\frac{0.056}{t} + 0.0147 \times 10^{-6}} = \frac{1}{0.0147 \times 10^{-6}} = 680 \times 10^{-6}$$

    인공경량골재콘크리트의 수축균열

    $$\lim_{t \to \infty} s = \lim_{t \to \infty} \frac{1}{\frac{0.72}{t} + 0.0164 \times 10^{-6}} = \frac{1}{0.0164 \times 10^{-6}} = 610 \times 10^6$$

2. (1) ○ (2) × (3) ○

    <(3)의 힌트>

단축량 $\Delta l = 10000(1 \times 15 \times 10^{-5} + 20 \times 10^{-5}) = 3.5\,\text{mm}$

제19장
(1) × (2) × (3) ○ (4) ×

제20장
(1) ○ (2) × (3) ○ (4) ○

제21장
(1) ○ (2) ○ (3) ○ (4) ×

제22장
(1) × (2) × (3) ○ (4) ○

제23장
(1) ○ (2) × (3) × (4) ○

제24장
(1) × (2) ○ (3) × (4) ○

제25장
(1) × (2) ○ (3) × (4) ○

제26장
(1) ○ (2) × (3) ○ (4) ○

제27장
(1) ○ (2) ○ (3) × (4) ○

제28장
(1) × (2) ○ (3) ○ (4) ○

<(4)의 힌트>

영계수비 $n = \dfrac{E_s}{E_c} = \dfrac{2.1 \times 10^6}{3 \times 10^5} = 7$

콘크리트의 압축응력 $\sigma c = \dfrac{P}{Ac + nAs} = \dfrac{214000}{2100 + 7 \times 20} = 100\,\text{kgf/cm}^2$

철근의 압축응력 $\sigma_s = n\sigma c = 7 \times 100 = 700\,\text{kgf/cm}^2$

기둥의 압축균열 $\varepsilon = \dfrac{\sigma c}{Ec} = \dfrac{\sigma s}{Es} = \dfrac{100}{3 \times 10^5} = 0.00033$

제29장
(1) ○ (2) × (3) × (4) ○

제30장
(1) ○ (2) ○ (3) ○ (4) ○

연습문제 해답 809

<(2)의 힌트>

압축력 $f_c = \dfrac{P}{Ac} = \dfrac{6000}{100} = 60\,\text{kgf/cm}^2$

세로균열 $\varepsilon l = \dfrac{f_c}{Ec} = \dfrac{60}{2\times 10^5} = 0.0003$

가로균열 $\varepsilon b = \dfrac{\varepsilon l}{m} = 0.2 \times 0.0003 = 0.00006$

제31장

(1) ○ (2) ○ (3) × (4) ○

<(2)의 힌트>

$$\max \varepsilon \varphi = \lim_{t\to\infty} \dfrac{t}{A+Bt} \times 10^{-5} = \dfrac{1}{B} \times 10^{-5}$$
$$= \dfrac{1}{0.0125} \times 10^{-5} = 80 \times 10^{-5}$$

<(4)의 힌트>

크리이프

압축응력 $f_c = \dfrac{A}{P} = \dfrac{10000}{100} = 100\,\text{f/cm}^2$

압축균열 $\varepsilon = \dfrac{\sigma c}{Ec} = \dfrac{100}{2.5 \times 10^5} = 4 \times 10^{-4}$

크리이프균열 $\varepsilon \varphi = \varphi \varepsilon c = 2 \times 0.4 \times 10^{-3} = 8 \times 10^{-4}$

처짐량 $\Delta l = l(\varepsilon c + \varepsilon \varphi)$
$= 4000 \times (4+8) \times 10^{-4}$
$= 0.48\,\text{mm}$

제32장

(1) ○ (2) × (3) ○ (4) ○

제5편

제34장

(1) ○ (2) × (3) ○ (4) ○

<(4)의 힌트>

굵은 골재의 단위량 $G = 1700 \times 0.67 = 1139\,\text{kg/m}^3$

잔골재의 절대용적 $s = 1000 - \left(45 + 154 + \dfrac{290}{3.15} + \dfrac{1139}{2.70}\right) = 287.09$

단위잔골재량 $s = 287.09 \times 2.60 = 746.43\,\text{kg/m}^3$

810 부 록

제35장

(1) × (2) × (3) ○ (4) ○

<(3)의 힌트>

$$\alpha \geq \frac{0.8}{1-0.83V} = \frac{0.8}{1-0.183} = 0.98$$

$$\alpha \geq \frac{1}{1-0.842V} = \frac{1}{1-0.0842} = 1.09$$

<(4)의 힌트>

$$\alpha \geq \frac{0.85}{1-3V} = \frac{0.85}{1-3\times 0.12} = 1.33$$

제36장

(1) × (2) ○ (3) ○ (4) × (5) ○ (6) ○
(7) ○ (8) × (9) × (10) × (11) ○ (12) ○
(13) ○ (14) ○ (15) × (16) ×

<(1)의 힌트>

$$\alpha = M/S_L = 1 - \frac{0.85}{1-3V} = \frac{0.85}{1-0.3} = 1.21$$

$$\alpha = M/S_L = \frac{1}{1-\frac{3V}{\sqrt{3}}} = \frac{1}{1-0.173} = 1.21$$

제6편

제38장

(1) × (2) ○ (3) × (4) ○

제39장

(1) ○ (2) × (3) ○ (4) × (5) × (6) × (7) ○ (8) ×

제40장

(1) ○ (2) × (3) ○ (4) ×

제41장

(1) × (2) × (3) ○ (4) ○

<(4)의 힌트>

$$f'_{ck} + k\sigma e = 270 + 1.12 \times 2.2 = 294.6 < 302 \, \text{kgf/cm}^2$$

제7편

제42장

(1) ○ (2) × (3) × (4) × (5) ○ (6) ○ (7) ○

제43장
  (1) × (2) ○ (3) × (4) ×
제44장
  (1) ○ (2) ○ (3) × (4) ×
제45장
  (1) ○ (2) × (3) ○ (4) ×
제46장
  (1) ○ (2) × (3) × (4) × (5) × (6) ○ (7) × (8) ○
제47장
  (1) ○ (2) ○ (3) × (4) ○ (5) ○ (6) × (7) ○ (8) ○
제48장
  (1) × (2) ○ (3) × (4) ○

제8편

제49장
  (1) ○ (2) × (3) ○ (4) ○ (5) ○ (6) ○ (7) × (8) ×
제50장
  (1) ○ (2) × (3) × (4) ○

  <(4)의 힌트>

  온도상승 $\Delta T = \dfrac{0.2(5 \times 300 + 5 \times 1800) + 60 \times 160}{0.2(300 + 180) + 160} = 20 - 5 = 15℃$

제51장
  (1) ○ (2) × (3) ○ (4) ×
제52장
  (1) ○ (2) × (3) × (4) ○
제53장
  (1) × (2) ○ (3) × (4) ○
제54장
  (1) ○ (2) ○ (3) ○ (4) ×
제55장
  (1) ○ (2) × (3) × (4) ○
제56장

(1) × (2) × (3) ○ (4) ○ (5) ○ (6) × (7) ○ (8) ○

제57장
   (1) ○ (2) × (3) ○ (4) ×

제58장
   (1) ○ (2) ○ (3) × (4) × (5) ○ (6) × (7) ○ (8) ○

제59장
   (1) ○ (2) × (3) ○ (4) × (5) ○ (6) ○ (7) × (8) ○

제60장
   (1) ○ (2) ○ (3) × (4) ○

제61장
   (1) ○ (2) ○ (3) × (4) ○

제62장
   (1) ○ (2) ○ (3) × (4) ×

제63장
   (1) × (2) × (3) ○ (4) ○

제9편

제64장
   (1) ○ (2) × (3) ○ (4) ×

제65장
   (1) ○ (2) ○ (3) × (4) ×

제66장
   (1) × (2) × (3) ○ (4) ○

제10편

제67장
   (1) × (2) ○ (3) ○ (4) ○

제68장
   (1) ○ (2) × (3) × (4) ○

제69장
   (1) ○ (2) ○ (3) × (4) ○

제70장

(1) ○ (2) ○ (3) × (4) × (5) ○ (6) × (7) ○ (8) ×

제71장

(1) ○ (2) ○ (3) × (4) ×

참고문헌

- 建交部, 콘크리트 標準示方書
- 大韓建築學會,「建築工事 標準示方書」
- 김수마, 建設材料工學, 1985
- 日本 土木學會 콘크리트 標準示方書
- 日本 土木學會 論文集
- 콘크리트 技術100講(山海堂)
- 日本 コンクリート工學協會 : コンクリート技術의 基礎
- 全國 生コンクリート工學組合聯合協編 :「生コンクリート의 品質管理 ガイド ブック」
- A. E. Broks and K. N ewman Ed. The Structure of Concrete Cement & Concrete Assocíetion, 1968
- Highway Research Board Committee MC-B4, "Recommended Practice for Determination of Relative Merit of Field Curing Methods for Portland Cement Concrete Pavement"
- U. S. Bureau of Reclamation, concrete Manual, 8th Edition U. S. Department of Interior, Denver, Colorado, 1975
- 日本建築學會 : 鐵筋コンクリート構造物의 終局强度耐震建設指針, 昭和63年
- R. Shalon and D. Ravina, "Studies in concreting in hot countries". R. I. L. E. M. Int Symp on Concrete and Reinforced concrete in Hot Countries Halfa July 1960
- 武藤 滑 : 鐵筋コンクリート構造物의 塑性設計, 耐震設計 シリズ 2. 丸善
- 土木學會 : コンクリートポンプ施工指針案.
- Ross A. D. and J. W. Bray, The Prediction of Temperaturess in mass Concrete by Numerical Computation Mag of Concrete. 1949-1
- ULLMAN'S ENCYCLOPEDIA OF INDUSTRIAL CHEMISTRY
- BAYER "BETONWERK+FERTIGTEIL-TECHNIK" HEFT 9/86 UND HEFT 1,2UND 3/87
- TEST CERTIFICATE NO. 2/13 300 BY BAM (GERMAN FEDERAL INSTITUTE FOR MATERIALS TESTING)
- ASTM C 979-82(STANDARD SPECIFICATION FOR PIGMENTS FOR

INTEGRALLY COLORED CONCRETE)
- BS 1014 : 1975 (SPECIFICAION FOR PIGMENTS FOR PORTLAND CEMENT AND PORTLAND CEMENT PRODUCTS)
- DIN 53 237 (PIGMENTS ZUM EINFARBEN VON ZEMENT-UND KALKGEBUNDENEN BAUSTOFFEN)
- KSM 5102 산화철(적색 및 갈색 안료)
- KSM 1308 산화크롬
- 콘크리트 품질관리, 콘크리트 변형과 파괴, 강창구
- 콘크리트공학, 한국콘크리트학회

<저자소개>

강창구 (姜昶求)

서울시립대학교 대학원 토목공학과
기술사 (토목품질)
ISO인증 심사원(한국 건설기술연구원)
인덕전문대, 서일전문대 강사
건설교통부 건설공무원 교육원 강사
건설교통부 국립건설연구소(시험소)
건설교통부 서울지방 국토관리청
한국 건설기술인협회 면접심사위원
경기도 지방공무원 교육원 강사
서울산업대학교 토목공학과 강사
기술사 시험 출제위원

<저서 및 역서>

콘크리트품질관리FN/원기술
콘크리트 변형과파괴/원기술
건설공사의 품질관리개론/원기술

콘크리트공법 품질해설

2023년 1월 15일 인쇄
2023년 1월 20일 발행

저　자　강 창 구
발행인　김 대 원
발행처　도서출판 원기술
주　소　경기도 안양시 동안구 경수대로 507번길 18
전　화　031-451-8730
팩　스　031-429-6781
등　록　제2-1063호

ⓒ 2023. by DoserChulpan WONGISUL Publishing Co.

ISBN 978-89-7401-424-7

정가 98,000원